给水排水设计手册
第三版

第5册
城　镇　排　水

北京市市政工程设计研究总院有限公司　主编

中国建筑工业出版社

图书在版编目(CIP)数据

给水排水设计手册 第5册 城镇排水/北京市市政工程设计研究总院有限公司主编. —3版. —北京：中国建筑工业出版社，2017.2（2024.8重印）

ISBN 978-7-112-20074-0

Ⅰ.①给… Ⅱ.①北… Ⅲ.①给排水系统-设计-手册②城镇-给排水系统-设计-手册 Ⅳ.①TU991.02-62

中国版本图书馆CIP数据核字（2016）第269757号

本书为《给水排水设计手册》第三版第5册，主要内容包括：排水管渠及附属构筑物、城镇河湖、排水泵站、城镇污水处理总论、一级处理、二级处理—活性污泥法、二级处理—生物膜法、深度处理、污泥处理与处置、城镇污水处理厂的总体设计、城镇垃圾处理及处置、村镇排水。

本书可供给水排水专业设计人员使用，也可供相关专业技术人员及大专院校师生参考。

* * *

责任编辑：于 莉 田启铭
责任校对：王宇枢 关 健

给水排水设计手册
第三版
第5册
城镇排水
北京市市政工程设计研究总院有限公司 主编
*
中国建筑工业出版社出版、发行(北京海淀三里河路9号)
各地新华书店、建筑书店经销
北京红光制版公司制版
河北鹏润印刷有限公司印刷
*
开本：787×1092毫米 1/16 印张：53 字数：1323千字
2017年5月第三版 2024年8月第二十三次印刷
定价：**178.00**元
ISBN 978-7-112-20074-0
(29533)

《给水排水设计手册》第三版编委会

《城镇排水》第三版编写组

主　编：李　艺

副主编：黄　鸥　曹志农　李振川　宋文波

成　员：（按姓氏笔画排序）

马顺勤　王　平　王　铜　王　琦　王进民
邓卫东　冯　硕　冯　凯　刘　力　刘　斌
刘雷斌　刘德昭　刘燕云　关春雨　汤曙光
李　安　李　浩　李　萍　李慧颖　杨京生
吴　巍　何　翔　张　成　张　楠　陈　怡
杭世珺　罗　凯　周　楠　孟瑞明　赵　捷
赵志军　赵和惠　侯良洁　姚玉健　顾升波
高守有　高杰飞　郭　磊　崔　健　矫　伟
梁小田　程树辉　戴明华　戴前进

序

给水排水勘察设计是城市基础设施建设重要的前期性工作，广泛涉及项目规划、技术经济论证、水源选择、给水处理技术、污水处理技术、管网及输配、防洪减灾、固废处理等诸多内容。广大工程设计工作者，肩负着保障人民群众身体健康和环境生存质量的重任，担当着将最新科研成果转化成实际工程应用技术的重要角色。

改革开放以来，特别是近10年来，我国给水排水等基础设施建设事业蓬勃发展，国外先进水处理技术和工艺的引进，大批面向工程应用的科研成果在实际中的推广，使得给水排水设计从设计内容到设计理念都已发生了重大变化；此间，大量的给水排水工程标准、规范进行了全面或局部的修订，在深度和广度方面拓展了给水排水设计规范的内容。同时，我国给水排水工程设计也面临着新的形势和要求，一方面，水源污染问题十分突出，而饮用水卫生标准又大幅度提升，给水处理技术作为饮用水安全的最后屏障，在相当长的时间内必须应对极其严峻的挑战；另一方面，公众对水环境质量不断提高的期望以及水环境保护及污水排放标准的日益严格，又对排水污水处理技术提出了更高的要求。在这些背景下，原有的《给水排水设计手册》无论是设计方法还是设计内容，都需要一定程度的补充、调整与更新。为此，住房城乡建设部与中国建筑工业出版社组织各主编单位进行了《给水排水设计手册》第三版的修订工作，以更好地满足广大工程设计者的需求。

《给水排水设计手册》第三版修订过程中，保持了整套手册原有的依据工程设计内容而划分的框架结构，重点更新书中的设计理念和设计内容，首次融入"水体污染控制与治理"科技重大专项研究成果，对已经在工程实践中有应用实例的新工艺、新技术在科学筛选的基础上，兼收并蓄，从而为今后给水排水工程设计提供先进适用和较为全面的设计资料和设计指导。相信新修订的《给水排水设计手册》，将在给水排水工程勘察、设计、施工、管理、教学、科研等各个方面发挥重要作用，成为行业内具权威性的大型工具书。

仇保兴 博士

第三版前言

《给水排水设计手册》系由原城乡建设环境保护部设计局与中国建筑工业出版社共同策划并组织各大设计研究院编写。1986年、2000年分别出版了第一版和第二版，并曾于1988年获得全国科技图书一等奖。

《给水排水设计手册》自出版以来，深受广大读者欢迎，在给水排水工程勘察、设计、施工、管理、教学、科研等各个方面发挥了重要作用，成为行业内最具指导性和权威性的设计手册。

近年来我国给水排水行业技术发展很快，工程设计水平随之提升，作为设计人员必备的《给水排水设计手册》(第二版) 已不能满足现今给水排水工程建设和设计工作的需要，设计内容和理念急需更新。为进一步促进我国市政建筑工程设计事业的发展，推动市政行业的技术进步，提高给水排水工程的设计水平，应广大读者需求，中国建筑工业出版社组织相关设计研究院对原手册第二版进行修订。

第三版修订的基本原则是：整套手册仍为12分册，依据最新颁布的设计规范和标准，更新设计理念和设计内容，遴选收录了已在工程实践中有应用实例的新工艺、新技术，为工程设计提供权威的和全面的设计资料和设计指导。

为了《给水排水设计手册》第三版修订工作的顺利进行，在编委会领导下，各册由主编单位负责具体修编工作。各册的主编单位为：第1册《常用资料》为中国市政工程西南设计研究总院有限公司；第2册《建筑给水排水》为中国核电工程有限公司；第3册《城镇给水》为上海市政工程设计研究总院（集团）有限公司；第4册《工业给水处理》为华东建筑设计研究院有限公司；第5册《城镇排水》、第6册《工业排水》为北京市市政工程设计研究总院有限公司；第7册《城镇防洪》为中国市政工程东北设计研究总院有限公司；第8册《电气与自控》为中国市政工程中南设计研究总院有限公司；第9册《专用机械》、第10册《技术经济》为上海市政工程设计研究总院（集团）有限公司；第11册《常用设备》为中国市政工程西北设计研究院有限公司；第12册《器材与装置》为中国市政工程华北设计研究总院有限公司和中国城镇供水排水协会设备材料工作委员会。在各主编单位的大力支持下，修订编写任务圆满完成。在修订过程中，还得到了国内有关科研、设计、大专院校和企业界的大力支持与协助，在此一并致以衷心感谢。

《给水排水设计手册》第三版编委会

编 者 的 话

《城镇排水》自 2003 年第二版修订以来，已有 13 年之久，有必要进行第三版修订。

其中主要章节的修改为：第二版中第 8 章“三级处理”，改为深度处理；第 12 章改为村镇排水；原 12 章内容“有关标准、规范、规程”改编为附录 5 。

主要内容修改为：

第 1 章　结合海绵城市建设，增设内涝防治设施章节，增加低影响开发雨水系统、排水管道系统及超标雨水径流系统描述；增加“数学模型法计算雨水流量”、“管线综合规划”及“综合管廊设计”小节。

第 2 章　城镇河湖工程设计中特别增加了对河道的生态功能要求，将水闸设计章节改为闸坝类型，并简化内容；将原手册 4.6 利用水体稀释和自净能力的计算、4.7 污水排入江海的扩散稀释计算章节转入第 2 章内容里并做了相应的修改。

第 5 章　删除了原手册中斜板沉淀池章节；增加了一级强化处理章节；新增有效水深、沉淀时间与表面负荷关系表的内容。

第 6 章　补充完善了活性污泥系统的泥龄计算方法及实例；新增紫外消毒、外加碳源、化学除磷及活性污泥数学模型介绍及应用实例。

第 8 章　深度处理部分，相比原手册增加了深度处理常用方法及处理对象表，对适用条件进行了适当归纳，重新梳理了深度处理流程组合。对于用于深度处理中的生化工艺如 MBR、生物滤池等做了关联性介绍，并增加了反硝化深床滤池、活性砂滤池等内容。

第 9 章　污泥处理与处置，新增污泥干化、好氧发酵、污泥焚烧、污泥碳化和污泥的最终处置章节。

第 11 章　主要对焚烧技术的特点、焚烧特性、焚烧厂选址、建设规模以及焚烧厂工艺设施的组成进行了描述。与之前版本相比，本章节的改动较大，本章注重了垃圾焚烧原理的介绍以及基础计算的思路与过程，本章中的计算方法、公式适用于实际工程的基础验算。此外，在理论描述的同时本章节对项目工程中经常涉及的选址原则、工艺、设备的选择要求进行了阐述，尽可能全面地覆盖了垃圾焚烧过程中的关键要点。

第 12 章　村镇排水为新增章节，主要包括村镇污水排放特点，水量、水质确定方法、污水处理工艺、流程和设施选择等内容。

本手册主编单位为北京市市政工程设计研究总院有限公司。由李艺主编，黄鸥、曹志农副主编。以下为各章节的编写人员：1-曹志农、姚玉健、赵和惠、张楠、郭磊、侯良洁；2-邓卫东、刘德昭；3-宋文波、李萍、王铜、李慧颖、李浩；4-李艺、吴巍；5-崔健、高守有、程树辉；6-冯凯、戴前进、周楠、冯硕、王铜、李振川、黄鸥、顾升波、刘雷斌；7-李振川、杭世珺、程树辉、顾升波、何翔；8-李振川、杨京生、赵志军、冯硕、孟瑞明；9-黄鸥、王平、陈怡、戴明华、关春雨；10-宋文波、高守有、王铜、冯硕、刘斌；11-杭世珺、曹志农、罗凯、梁小田、刘力、张成、王琦、矫伟、马顺勤、高杰飞；12-赵志军、戴前进；附录-李萍、郭磊、汤曙光、李安；机械设备专业相关内容-刘燕云；电气专业相关内容-王进民；自控专业相关内容-赵捷。

由于本册涵盖城镇排水各个方面，内容较多，受编者水平及掌握资料的局限性，修编工作肯定不能完全满足各方面人士的期望，不当之处以及错误在所难免，敬请读者提出意见，以利再版时修正。

目　　录

1　排水管渠及附属构筑物

1.1　管渠水力计算

1.1.1　流量公式

$$Q=Av \tag{1-1}$$

式中　Q——设计流量，m^3/s；

A——水流有效断面面积（m^2）；

v——水流断面的平均流速（m/s）。

1.1.2　流速公式

排水管渠的水力计算根据流态可以分为恒定流和非恒定流两种条件。

（1）恒定流条件下排水管渠的流速，应按下列公式计算：

$$v=\frac{1}{n}R^{\frac{2}{3}}\ i^{\frac{1}{2}} \tag{1-2}$$

式中　i——水力坡降，重力流管渠按管渠底坡降计算，$i=\frac{h}{l}$（即管渠段的起点与终点的高差与该段长度之比）；

R——水力半径（m），$R=\frac{A}{P}$，P 为湿周（m）；

n——粗糙系数。

设计常用的排水管渠水力计算及管道粗糙系数，见给水排水设计手册第1册《常用资料》。

（2）非恒定流条件下的排水管渠流速计算应根据具体数学模型确定。

1.2　污　水　管　道

1.2.1　一般规定

1.2.1.1　流速、充满度、坡度

最大设计流速、最大设计充满度、最小设计流速见表1-1。

根据泥沙运动的概念，运动水流中的泥沙由于惯性作用，其止动流速（由运动变为静止的临界流速）在0.35～0.40m/s（沙粒径 d=1mm）左右，大于止动流速就不会沉淀，但在过小流速下所沉淀的泥沙要使它由静止变为着底运动的开动流速需要较大，要从着底运动变为不着底运动或扬动的流速则需要更大，扬动流速约为止动流速的2.4倍，设计中

主要考虑止动流速。

污水管道最大设计流速、最大设计充满度、最小设计流速　　表 1-1

<table>
<tr><th rowspan="2">管径
(mm)</th><th colspan="2">最大设计流速（m/s）</th><th rowspan="2">最大设计充满度</th><th rowspan="2">在设计充满度下最小
设计流速（m/s）</th></tr>
<tr><th>金属管</th><th>非金属管</th></tr>
<tr><td>200～300</td><td rowspan="4">⩽10</td><td rowspan="4">⩽5</td><td>0.55</td><td rowspan="4">0.6</td></tr>
<tr><td>350～450</td><td>0.65</td></tr>
<tr><td>500～900</td><td>0.70</td></tr>
<tr><td>⩾1000</td><td>0.75</td></tr>
</table>

注：1. 在计算污水管道充满度时，不包括淋浴水量或短时间内突然增加的污水量。但当管径⩽300mm 时，应按满流复核。
2. 含有金属、矿物固体或重油杂质的工业废水管道，其最小设计流速宜适当提高。

北京市市政工程设计研究总院有限公司（前北京市市政工程设计研究总院）1965 年对北京已建成的污水管道进行了大量观测，得到的不淤流速一般在 0.4～0.5m/s 左右，它与上述止动流速值相近似，鉴此在平坦地区的一些起始管段用略小的流速与管坡设计不致产生较多淤积，当流量与流速增大时已沉淀的微小泥粒也会被扬动随水下流，但因此可降低整个下游管系的埋深，在地形不利的情况下，起始管段的管坡与流速可以考虑适当降低。

1.2.1.2　设计最小管径及最小坡度

设计最小管径及最小坡度见表 1-2。

最小管径与相应最小设计坡度　　表 1-2

管道类别	最小管径（mm）	相应最小设计坡度
工业废水管道	200	0.004
污水管	300	塑料管 0.002，其他管 0.003
合流管	300	塑料管 0.002，其他管 0.003
压力输泥管	150	—
重力输泥管	200	0.01

注：1. 对受水质水温影响，易在管壁上结垢或易附着纤维的管道，其断面的确定必须考虑维护检修的方便，或适当放大管径一至二级。
2. 工业废水出厂管道的管径，不得小于厂房排出管的管径。

1.2.1.3　最小覆土厚度与冰冻层内埋深

（1）管道最小覆土厚度，一般在人行道下不小于 0.6m，在车行道下不小于 0.7m；但在土壤冰冻线很浅（或冰冻线虽深，但有保温及加固措施）时，在采取结构加固措施，保证管道不受外部荷载损坏的情况下，也可小于 0.7m，但应考虑是否需要保温。常用混凝土 360°满包。

（2）冰冻层内管道埋设深度

1）无保温措施时，管内底可埋设在冰冻线以上 0.15m。

2）有保温措施或水温较高的管道，管内底埋设在冰冻线以上的距离可以加大，其数值应根据该地区或条件相似地区的经验确定。

以上两种情况的最小覆土厚度均不宜小于（1）条要求。

1.2.1.4 工业废水排入城市污水管道的水质标准

工业废水排入城镇排水系统，应取得当地相关主管部门的同意。其排入的水质最高允许浓度及排放总量必须符合现行《污水排入城镇下水道水质标准》CJ 343—2010、《污水综合排放标准》GB 8978—1996 及相关行业污染物排放标准等有关标准。不应影响城镇排水管渠和污水处理厂等的正常运行，不应对养护管理人员造成危害，不应影响处理后出水的再生利用和安全排放，不应影响污泥的处理与处置。

1.2.2 污水量标准及变化系数

1.2.2.1 污水量

（1）居住区生活污水量标准，应根据本地区气候条件、建筑物内部设备情况、生活习惯、生活水平等因素确定。表 1-3 和表 1-4 引自《室外给水设计规范》GB 50013—2006。

居民生活用水定额（平均日）[L/（人·d）] **表 1-3**

城市规模 分区	特大城市	大城市	中、小城市
一	140～210	120～190	110～170
二	110～160	90～140	70～120
三	110～150	90～130	70～110

综合生活用水定额（平均日）[L/（人·d）] **表 1-4**

城市规模 分区	特大城市	大城市	中、小城市
一	210～340	190～310	170～280
二	150～240	130～210	110～180
三	140～230	120～200	100～170

注：1. 居民生活污水定额和综合生活污水定额应根据当地采用的用水定额，结合建筑内部给水排水设施水平和排水系统普及程度等因素综合考虑确定。对给水排水系统完善的地区可按用水定额的 90%计。一般地区可按用水定额的 80%计。

2. 居民生活污水指居民日常生活中洗涤、冲厕、洗澡等产生的污水；综合生活污水指居民生活污水和公共设施排水两部分的总水量。公共设施排水指娱乐场所、宾馆、浴室、商业网点、学校和机关办公室等地方产生的污水。

3. 特大城市指：市区和近郊区非农业人口 100 万人及以上的城市；大城市指：市区和近郊区非农业人口 50 万人及以上不满 100 万人的城市；中、小城市指：市区和近郊区非农业人口不满 50 万人的城市。

4. 一区包括：湖北、湖南、江西、浙江、福建、广东、广西、海南、上海、江苏、安徽、重庆；二区包括：四川、贵州、云南、黑龙江、吉林、辽宁、北京、天津、河北、山西、河南、山东、宁夏、陕西、内蒙古河套以东和甘肃黄河以东的地区；三区包括：新疆、青海、西藏、内蒙古河套以西和甘肃黄河以西的地区。

5. 经济开发区和特区城市，根据用水实际情况，用水定额可酌情增加。

如有本地区或相似条件地区实际统计的生活用水量（或当地污水量标准）时，生活污水量标准也可按实际生活用水量（或当地污水量标准）计算。

(2) 工业企业中的生活污水量和淋浴水量及厂内公用建筑物排水量见给水排水设计手册第2册《建筑给水排水》或其他有关资料。

(3) 工业废水量，按单位产品的废水量计算，或按实测的排水量计算，并与国家现行的工业用水量有关规定协调。

(4) 在地下水位较高的地区，宜适当考虑入渗地下水量，其量宜根据测定资料确定。无测定资料时，一般可按设计污水量的5%～15%计，或按1000m³/(km²·d)估算。

1.2.2.2　变化系数

(1) 综合生活污水量变化系数：

$$日变化系数\ K_1=\frac{最大日污水量}{平均日污水量} \tag{1-3}$$

$$时变化系数\ K_2=\frac{最大日最大时污水量}{最大日平均时污水量} \tag{1-4}$$

$$总变化系数\ K_z=K_1K_2 \tag{1-5}$$

一般城市缺乏 K_1 及 K_2 数据而有实测的 K_z 数据。综合生活污水量总变化系数可根据当地实际综合生活污水量变化资料确定。无测定资料时，可按《室外排水设计规范》GB 50014—2006（2014年版）采用表1-5的值。

综合生活污水量总变化系数 K_z 值　　**表1-5**

平均日流量（L/s）	5	15	40	70	100	200	500	≥1000
总变化系数	2.3	2.0	1.8	1.7	1.6	1.5	1.4	1.3

注：1. 当污水平均日流量为中间数值时，总变化系数可用内插法求得。
2. 新建分流制排水系统的地区，宜提高综合生活污水量总变化系数；既有地区可结合城区和排水系统改建工程，提高综合生活污水量总变化系数。

(2) 工业区内工业废水量和变化系数的确定，应根据工艺特点，并与国家现行的工业用水量有关规定协调。

1.2.3　生活污水量和工业废水量计算公式

生活污水量和工业废水量计算公式见表1-6。

计算公式　　**表1-6**

名称	计算公式	符号说明
居住区生活污水设计最大流量	$Q=\frac{qNK_z}{86400}$（L/s）	q——每人每日平均污水量定额[L/(人·d)]； N——设计人口数（人）； K_z——总变化系数
工业企业工业废水设计最大流量	$Q=\frac{mMK_g}{3600T}$（L/s）	m——生产过程中单位产品的废水量定额（L）； M——每日的产品数量； K_g——总变化系数，根据工艺或经验确定； T——工业企业每日工作小时数

续表

名 称	计算公式	符 号 说 明
工业企业生活污水设计最大流量	$Q=\frac{q_1N_1K_z+q_2N_2K_z}{3600T}$ (L/s)	q_1——一般车间每班每人污水量定额[L/(人·班)]，一般以30计； q_2——热车间每班每人污水量定额[L/(人·班)]，一般以50计； N_1——一般车间最大班工人数(人)； N_2——热车间最大班工人数(人)； T——每班工作小时数
工业企业淋浴用水设计最大流量①	$Q=\frac{q_3N_3+q_4N_4}{3600}$(L/s)	q_3——不太脏车间每班每人淋浴水量定额[L/(人·班)]，一般以40计； q_4——较脏车间每班每人淋浴水量定额[L/(人·班)]，一般以60计； N_3——不太脏车间最大班使用淋浴的工人数(人)； N_4——较脏车间最大班使用淋浴的工人数(人)

① 每班使用淋浴时间按1h计。

1.2.4 管道设计

1.2.4.1 一般规定

(1) 管道系统布置要符合地形趋势，一般宜顺坡排水，取短捷路线。每段管道均应划给适宜的服务面积。汇水面积划分除依据明确的地形外，在平坦地区要考虑与各毗邻系统的合理分担。

(2) 尽量避免和减少管道穿越不容易通过的地带和构筑物，如高地、基岩浅露地带、基底土质不良地带、河道、铁路、地下铁道、人防工事以及各种大断面的地下管道等。当必须穿越时，需采取必要的处理或交叉措施，以保证顺利通过。

(3) 安排好控制点的高程。一方面应根据城市竖向规划，保证汇水面积内各点的水都能够排出，并考虑发展，在埋深上适当留有余地；一方面又应避免因照顾个别控制点而增加全线管道埋深。对于后一点，可分别采取下列几项办法和措施：

1) 局部管道覆土较浅时，采取加固措施、防冻措施。

2) 穿过局部低洼地段时，建成区采用最小管道坡度，新建区将局部低洼地带适当填高。

3) 必要时采用局部提升办法。

4) 在局部地区，雨水道可采用地面式暗沟，以避免下游过深。

(4) 查清沿线遇到的一切地下管线，准确掌握它们的位置和高程，安排好设计管道与它们的平行距离，处理好设计管道与它们的竖向交叉。

(5) 管道在坡度骤然变陡处，其管径可根据水力计算确定由大改小，但不得超过2级，并不得小于相应条件下的最小管径。

(6) 同直径及不同直径管道在检查井内连接，一般采用管顶平接，不同直径管道也可采用设计水面平接，但在任何情况下进水管底不得低于出水管底。

（7）当有公共建筑物（如浴室、食堂等）位于管线始端时，除用街坊人口的污水量计算外，还应加入该集中流量进行满流复核，以保证最大流量顺利排泄。

（8）流量很小而地形又较平坦的上游支线，一般可采用非计算管段，即采用最小管径，按最小坡度控制。

（9）在上述管段中，当有适用的冲洗水源时，可考虑设置冲洗井。最好是设法接入附近可利用的工厂洁净废水或河水，定期冲洗。

（10）当污水管道的下游是泵站或处理厂时，为了保证安全排水，在条件允许的情况下，可在泵站和处理厂前设事故溢流口，但必须取得当地有关部门的同意。

（11）在需要通风的井位宜设置通风管，如实际充满度已超过设计较多的管段，或大浓度污水接入的井位、跌落井等。

（12）在适当管段中，宜设置观测和计量构筑物，以便积累运行资料。如不同区域的支线接入处、不同工业污水接入处等。

（13）输送腐蚀性污水的管渠必须采用耐腐蚀材料，其接口及附属构筑物必须采取相应的防腐蚀措施，以保证管渠系统的使用寿命。

（14）重力流管道系统可设排气和排空装置，在倒虹管、长距离直线输送后变化段宜设置排气装置。设计压力管道时，应考虑水锤的影响，在管道的高点以及每隔一定距离处，应设排气装置，排气装置有排气井、排气阀等，排气井的建筑应与周边环境相协调，在管道的低点以及每隔一定距离处，应设排空装置。

1.2.4.2 设计步骤

根据确定的设计方案，进行管道设计，主要步骤如下：

（1）在适当比例的、并绘有规划总图的地形图上，按地形并结合排水规划布置管道系统，划定排水区域。

（2）根据管道综合布置，确定干支线在道路（或规划路）横断面和平面上的位置，确定井位及每一管段长度，并绘制平面图。

（3）根据地形、干支管和一切交叉管线的现状和规划高程，确定起点、出口和中间各控制点的高程。

（4）根据规划确定的人口、污水量定额等标准，或折合为面积的污水量模数，计算各管段的设计流量。

（5）进行水力计算，确定管道断面、纵坡及高程，并绘制纵断面图。

1.3 雨 水 管 渠

1.3.1 一般规定

1.3.1.1 雨水管

（1）重力流管道按满流计算，并应考虑排放水体水位顶托的影响。

（2）管道满流时最小设计流速一般不小于0.75m/s，如起始管段地形非常平坦，最小设计流速可减小到0.60m/s。

最大允许流速同污水管道。

（3）最小管径和最小坡度：雨水管与合流管不论在街坊和厂区内或在街道下，最小管径均宜为300mm，最小设计坡度为0.003。

雨水口连接管管径不宜小于200mm，坡度不宜小于0.01。

（4）管道覆土：最小覆土参照污水管道规定。

1.3.1.2 雨水明渠

本节主要指平时无水的雨期排水明渠。平时有水的明渠见第2章。

（1）断面：根据需要和条件，可以采用梯形或矩形。梯形明渠最小底宽不得小于0.3m。

用砖石或混凝土块铺砌的明渠边坡，一般采用1∶0.75～1∶1.0。无铺砌的梯形明渠边坡，按表1-7采用。

（2）流速：明渠最小设计流速一般不小于0.4m/s，最大设计流速见表1-8。

无铺砌的梯形明渠边坡　　表1-7

土　质	边　坡
粉砂	1∶3～1∶3.5
松散的细砂、中砂和粗砂	1∶2～1∶2.5
密实的细砂、中砂、粗砂或黏质粉土	1∶1.5～1∶2
粉质黏土或黏土砾石或卵石	1∶1.25～1∶1.5
半岩性土	1∶0.5～1∶1
风化岩石	1∶0.25～1∶0.5
岩石	1∶0.1～1∶0.25

明渠最大设计流速　　表1-8

明渠类别	最大设计流速（m/s）
粗砂或低塑性粉质黏土	0.8
粉质黏土	1.0
黏土	1.2
草皮护面	1.6
干砌块石	2.0
浆砌块石（片石）或浆砌砖	3.0
石灰岩和中砂岩	4.0
混凝土	4.0

注：当水流深度h在0.4～1.0m范围以外时，表1-8所列最大设计流速宜乘以下列系数：$h<0.4$m，0.85；1.0m$<h<$2.0m，1.25；$h\geq$2.0m，1.40。

（3）超高：一般不宜小于0.3m，最小不得小于0.2m。

（4）折角与转弯：明渠线路转折和支干渠交接处，其水流转角不应小于90°；交接处须考虑铺砌。

转折处必须设置曲线：曲线的中心线半径，一般土明渠不小于水面宽的5倍，铺砌明渠不小于水面宽的2.5倍。

（5）跌水：土明渠跌差小于1m，流量小于2000L/s时，可用浆砌块石铺砌，厚度0.3m，构造尺寸见图1-1。

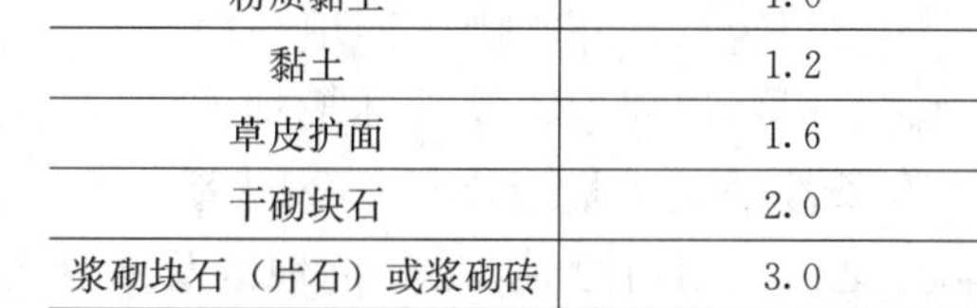

土明渠跌差大于1m，流量大于2000L/s时，按水工构筑物设计规范计算。

图1-1　土明渠跌水示意图

明渠在转弯处一般不宜设跌水。

1.3.1.3 地面式暗沟

地面式暗沟为一种无覆土的盖板渠，这种做法在国内外已有广泛的实践，故在此作简单介绍，以供参考。

地面式暗沟主要用于排除雨水，也可用于排除具有一定水温的冷却水，但不宜用于排除污水。

地面式暗沟的布置及断面做法见图 1-2～图 1-4。这种做法适用于雨水管系统中的高程控制点地区或其他平坦地区，可以减少全系统的沟槽挖深，一般能节约造价。

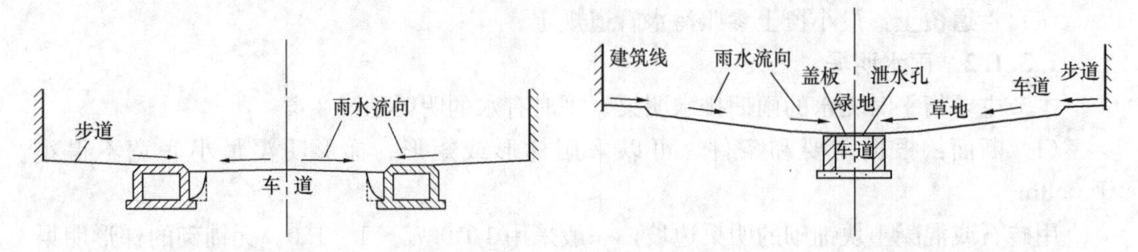

图 1-2　地面式暗沟在道路断面内布置示例（一）　　图 1-3　地面式暗沟在道路断面内布置示例（二）

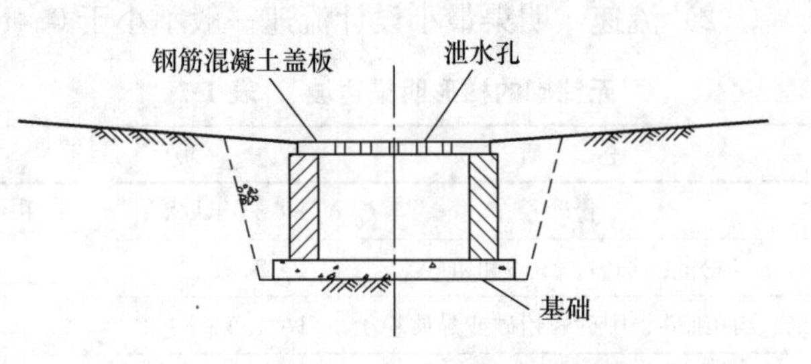

图 1-4　地面式暗沟断面做法示意图

地面式暗沟的全部或大部处于冻层之内，因此应考虑冻害问题。一般防冻做法：施工时尽量开小槽，在侧墙（块石墙或装配式钢筋混凝土构件，不宜用砖墙）外肥槽中回填焦碴或混碴等材料以保温，并破坏毛细作用，有条件处宜尽量用块石。我国南方温暖地区采用问题不大，华北地区及寒冷地区采用时则应慎重。此外，对浅埋的地下管线增加了交叉的机会，须作妥善规划和处理。

设计时，应注意盖板直接承受活荷载或静荷载的情况，在小区中要考虑承受至少汽－20级的直接轮压。布置地面式暗沟时，宜适当利用地面径流，延长集水距离。暗沟断面不宜过小，起点沟宽不宜小于 0.5m，沟深不宜小于 0.6m，盖板兼作步道时，在构造上应考虑启盖后便于复原，板面应光滑耐磨。

1.3.2　计算公式

1.3.2.1　雨水流量公式

采用推理公式法计算雨水设计流量，可按公式（1-6）计算。当汇流面积超过 $2km^2$ 时，宜考虑降雨时空分布的不均匀性和管网汇流过程，采用数学模型法计算雨水设计流量，详见 1.3.4 节。

$$Q_s = q\Psi F \tag{1-6}$$

式中　Q_s——雨水设计流量（L/s）；

q——设计暴雨强度［L/（s·hm^2）］；

Ψ——径流系数；

F——汇水面积（hm^2）。

注：当有允许排入雨水管道的生产废水排入雨水管道时，应将其水量计算在内。

1.3.2.2　暴雨强度公式

$$q = \frac{167\,A_1(1 + C\lg P)}{(t+b)^n} \tag{1-7}$$

式中 q——设计暴雨强度 [L/(s·hm^2)];

t——降雨历时 (min);

P——设计重现期 (a);

A_1——重现期为 1a 的设计降雨的雨力;

C——雨力变动系数，是反映设计降雨各历时不同重现期的强度变化程度的参数之一;

b, n——参数，根据统计方法进行计算确定，b、n 两个参数联用，共同反映同重现期的设计降雨随历时延长其强度递减变化的情况。

具有 20 年以上的自动雨量记录地区的排水系统，设计暴雨强度公式应采用年最大值法，按现行《室外排水设计规范》GB 50016—2006（2014 年版）附录 A 的有关规定编制。我国若干城市的暴雨强度公式见附录 4。

1.3.3 基本参数的确定

1.3.3.1 设计降雨的重现期

雨水管渠设计重现期，应根据汇水地区性质、城镇类型、地形特点和气候特征等因素，经技术经济比较后按表 1-9 的规定取值，并应符合下列规定：

(1) 人口密集、内涝易发且经济条件较好的城镇，宜采用规定的上限。

(2) 新建地区应按本规定执行，既有地区应结合地区改建、道路建设等更新排水系统，并按本规定执行。

(3) 同一排水系统可采用不同的设计重现期。

雨水管渠设计重现期（年） 表 1-9

城区类型 / 城镇类型	中心城区	非中心城区	中心城区的重要地区	中心城区地下通道和下沉式广场等
超大城市和特大城市	3～5	2～3	5～10	30～50
大城市	2～5	2～3	5～10	20～30
中等城市和小城市	2～3	2～3	3～5	10～20

注：1. 按表中所列重现期设计暴雨强度公式时，均采用年最大法。

2. 雨水管渠应按重力流、满管流计算。

3. 超大城市指城区常住人口在 1000 万人以上的城市；特大城市指城区常住人口 500 万以上 1000 万人以下的城市；大城市指城区常住人口 100 万以上 500 万人以下的城市；中等城市指城区常住人口 50 万以上 100 万人以下的城市；小城市指城区常住人口在 50 万人以下的城市（以上包括本数，以下不包括本数）。

1.3.3.2 内涝防治设计重现期

内涝防治设计重现期，应根据城镇类型、积水影响程度和内河水位变化等因素，经技术经济比较后按表 1-10 的规定取值，并应符合下列规定：

(1) 人口密集、内涝易发且经济条件较好的城镇，宜采用规定的上限。

(2) 目前不具备条件的地区可分期达到标准。

(3) 当地面积水不满足表 1-10 的要求时，应采取渗透、调蓄、设置雨洪行泄通道和内河整治等措施。

（4）超过内涝设计重现期的暴雨，应采取应急措施。

内涝防治设计重现期 **表 1-10**

城镇类型	重现期（年）	地面积水设计标准
超大城市	100	1. 居民住宅和工商业建筑物的底层不进水； 2. 道路中一条车道的积水深度不超过 15cm
特大城市	50～100	
大城市	30～50	
一般城市	20～30	

注：1. 表中所列设计重现期适用于采用年最大值法确定的暴雨强度公式。
2. 超大城市指城区常住人口在 1000 万人以上的城市；特大城市指城区常住人口 500 万以上 1000 万人以下的城市；大城市指城区常住人口 100 万以上 500 万人以下的城市；中等城市指城区常住人口 50 万以上 100 万人以下的城市；小城市指城区常住人口在 50 万人以下的城市（以上包括本数，以下不包括本数）。
3. 规定的地面积水设计标准没有包括具体的积水时间，各城市应根据地区重要性等因素，因地制宜确定设计地面积水时间。

1.3.3.3 设计降雨历时

雨水管渠的设计降雨历时，根据推理公式的极限强度原理，即按设计汇流时间计算，它包括地面集水时间和管渠内流行时间两部分，计算公式为

$$t=t_1+t_2 \tag{1-8}$$

式中 t——设计降雨历时（min）；

t_1——地面集水时间（min），应根据汇水距离、地形坡度和地面种类计算确定，一般采用 2～15min；

t_2——管渠内雨水流行时间（min）。

地面集水时间是管渠起点断面在设计重现期、设计历时降雨的条件下达到设计流量的时间，确定这个时间，要考虑地面集水距离、汇水面积、地面覆盖、地面坡度和降雨强度等因素。在地面坡度皆属平缓、地面覆盖相互接近、降雨强度都差不多的情况下（我国多数平原大中城市即属这种情况），地面集水距离成为主要因素。从汇水量上考察，平坦地形的地面集水距离的合理范围是 50～150m，比较适中的是 80～120m。

应采取雨水渗透、调蓄等措施，从源头降低雨水径流产生量，延缓出流时间。

1.3.3.4 径流系数

降雨条件（包括强度、历时、雨峰位置、雨型、前期雨量、强度递减情况、全场雨量、年雨量等）和地面条件（包括覆盖、坡度、汇水面积及其宽长比、地下水位、管渠疏密等）是影响径流系数的两大基本因素。其中降雨因素中的前期雨量，对径流系数的影响比较突出。我国近年来的灾害性降雨，如 1975 年 8 月河南暴雨、1981 年 7 月四川暴雨、2012 年 7 月北京暴雨，除重现期高这一基本特点外，都是前期雨量很多的降雨。因此在选用径流系数时，要注意各地不同雨型、不同年降雨量的影响。

各种单一覆盖径流系数按表 1-11 采用。

单一覆盖径流系数　　表 1-11

覆盖种类	径流系数
各种屋面、混凝土或沥青路面	0.85～0.95
大块石铺砌路面或沥青表面处理的碎石路面	0.55～0.65
级配碎石路面	0.40～0.50
干砌砖石或碎石路面	0.35～0.40
非铺砌土路面	0.25～0.35
公园或绿地	0.10～0.20

注：在北京市地方标准《雨水控制与利用工程设计规范》DB 11/685—2013 中透水铺装地面径流系数取值为 0.08～0.45（仅供参考）。

各城市应参照降雨因素、地面因素等各种具体条件，根据单一覆盖径流系数用加权平均法计算综合径流系数，并应核实地面种类的组成和比例。应严格执行规划控制的综合径流系数，综合径流系数高于 0.7 的地区应采用渗透、滞留、调蓄等措施。表 1-12 的数据可作为参考。

综合径流系数　　表 1-12

区域情况	综合径流系数	区域情况	综合径流系数
城镇建筑密集区	0.60～0.85	城镇建筑稀疏区	0.20～0.45
城镇建筑较密集区	0.45～0.60		

1.3.4 数学模型法计算雨水流量

依据《室外排水设计规范》GB 50014—2006（2014 年版）第 3.2.1 条的规定，当汇水面积超过 $2km^2$ 时，宜考虑降雨时空分布的不均匀性和管网汇流过程，采用数学模型法计算雨水设计流量。

目前市场上应用比较广泛的模型软件有：英国的综合流域排水模型软件 InfoWorks ICM、丹麦 DHI 的 Mike 系列、美国 EPA 的 SWMM 等软件。各个软件都有其各自的特点及适用性，在选用模型软件的过程中，应当根据项目的特点和需求进行选择。

1.3.4.1 规划设计基本流程

数学模型法设计基本流程如图 1-5 所示。

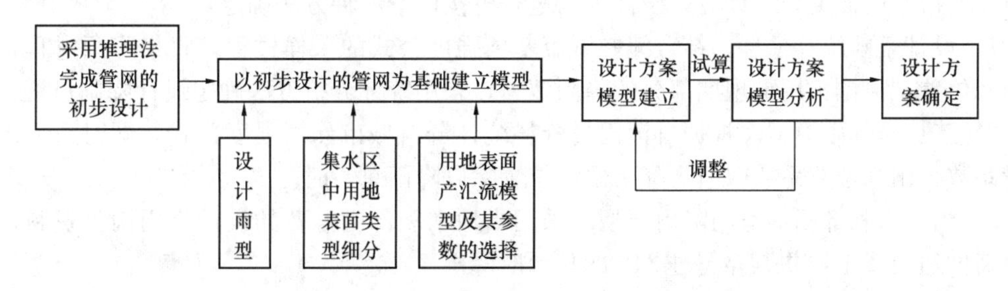

图 1-5　数学模型法设计基本流程图

以下为一个实例，是针对超过 $2km^2$ 的排水系统的规划和设计，设计重现期 5 年一遇，在设计的过程中，将采用模型来进行排水系统的规划和设计。

1.3.4.2 模型实例

1. 模型的建立过程

(1) 管网数据的导入及参数的设置（在管网数据初步设计基础上进行），包括：

1) 节点数据的导入以及出水口的设定；

2) 管网数据的导入；

3) 管网参数的设置，包括：

① 粗糙系数的类型及参数；

② 局部水头损失的设置（可以根据一定的原则推断）。

(2) 管网拓扑结构的基本检查，保证拓扑的完整性和合理性。

(3) 集水区的设置

1) 集水区的划分（集水区对应到相应的检查井节点上）；

2) 集水区用地表面的设置，包括：

① 集水区用地表面类型的设定；

② 为每个类型的用地表面选定产汇流模型及其对应参数。

排水工程设计常用的产汇流计算方法包括扣损法、径流系数法和单位线法（Unit Hydrograph）等。扣损法是参考径流形成的物理过程，扣除集水区蒸发、植被截留、低洼地面积蓄和土壤下渗等损失之后所形成径流过程的计算方法。降雨强度和下渗在地面径流的产生过程中具有决定性的作用，而低洼地面积蓄量和蒸发量一般较小，因此在城市暴雨计算中常常被忽略。Horton 模型或 Green-Ampt 模型常被用来描述土壤下渗能力随时间变化的过程。当缺乏详细的土壤下渗系数等资料，或模拟城镇建筑较密集的地区时，可以将汇水面积划分成多个片区，采用径流系数法，计算每个片区产生的径流，然后运用数学模型模拟地面漫流和雨水在管道内的流动，以每个管段的最大峰值流量作为设计雨水量。单位线是指单位时间段内均匀分布的单位净雨量在流域出口断面形成的地面径流过程线，利用单位线推求汇流过程线的方法称为单位线法。单位线可根据出流断面的实测流量通过倍比、叠加等数学方法生成，也可以通过解析公式如线性水库模型来获得。目前，单位线法在我国排水工程设计中应用较少。

(4) 设置降雨雨型，本例中选定 5 年一遇降雨，芝加哥雨型 2h 降雨历时。

数学模型中用到的设计暴雨资料包括设计暴雨量和设计暴雨过程，即雨型。设计暴雨量可按城市暴雨强度公式计算，设计暴雨过程可按以下三种方法确定：

1) 设计暴雨统计模型。结合编制城市暴雨强度公式的采样过程，收集降雨过程资料和雨峰位置，根据常用重现期部分的降雨资料，采用统计分析方法确定设计降雨过程。

2) 芝加哥降雨模型。根据自记雨量资料统计分析城市暴雨强度公式，同时采集雨峰位置系数，雨峰位置系数取值为降雨雨峰位置除以降雨总历时。

3) 当地水利部门推荐的降雨模型。采用当地水利部门推荐的设计降雨雨型资料，必要时需做适当修正，并摒弃超过 24h 的长历时降雨。

(5) 模型试算的设定，包括以下内容：

1) 计算时间步长可以为 1～5min，条件允许的情况下，尽量设定较短的时间步长，当需要进行二维模拟或特殊情况宜用 1～10s；

2) 计算时间长度，应当大于 2h 降雨历时，请根据实际情况选定。

2. 模型的计算过程和结果

按照以上步骤将部分按照推理法得到的管网和现状管网输入模型软件，建立该排水片区的模型，如图 1-6 所示。按照设计重现期 5 年一遇降雨来进行计算，得到计算结果，查看其中是否有不符合设计标准的（即雨水管渠按满流进行设计，管道中的最大流速应满足规范要求）。

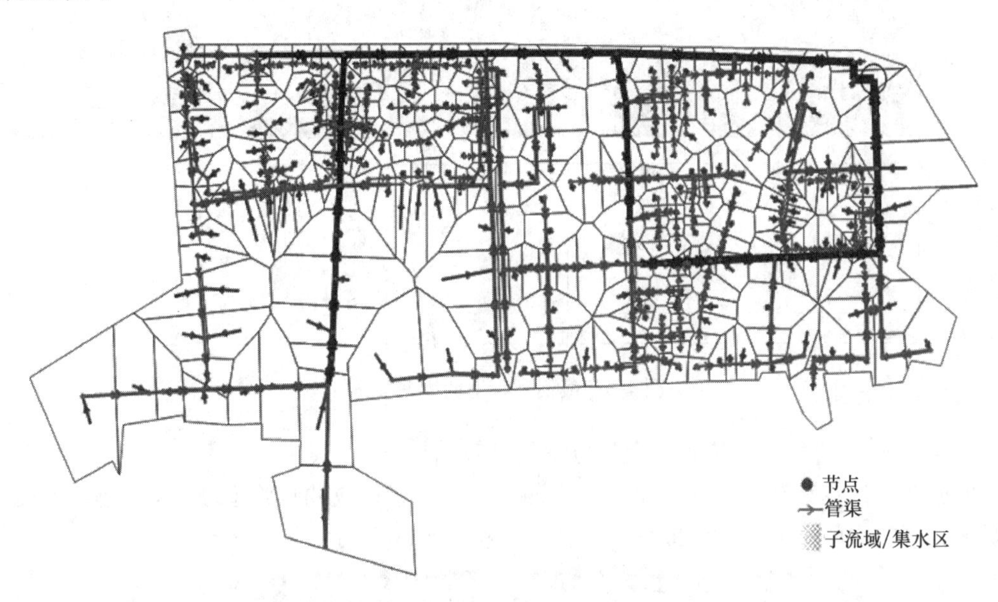

图 1-6 北京某流域排水系统模型图

（1）管道最不利的超负荷状态（充满度）主题图（见图 1-7），图中显示为深色加粗的管线即为非重力流，是不满足设计要求的部分。

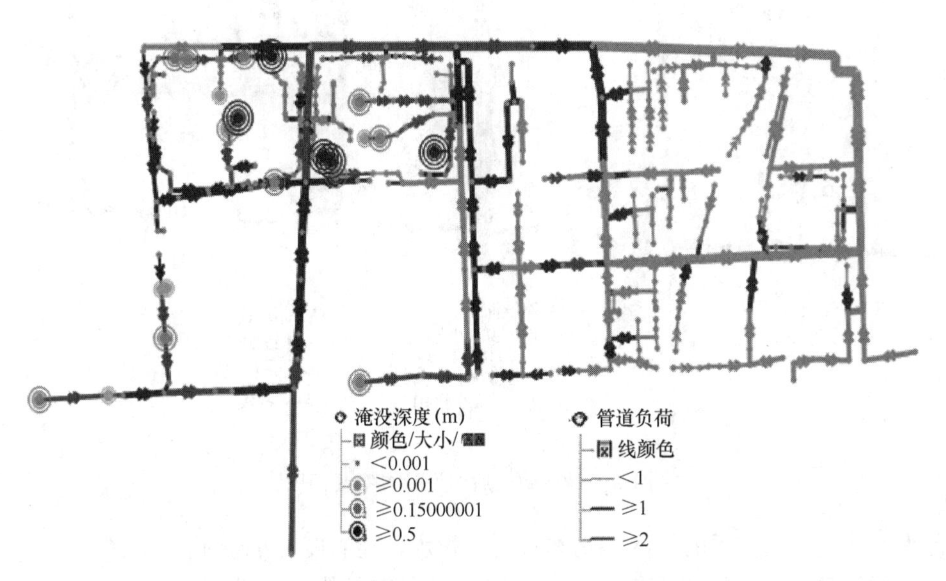

图 1-7 管道最不利的超负荷状态（充满度）主题图

（2）不利管道纵断面图，如图 1-8 所示。

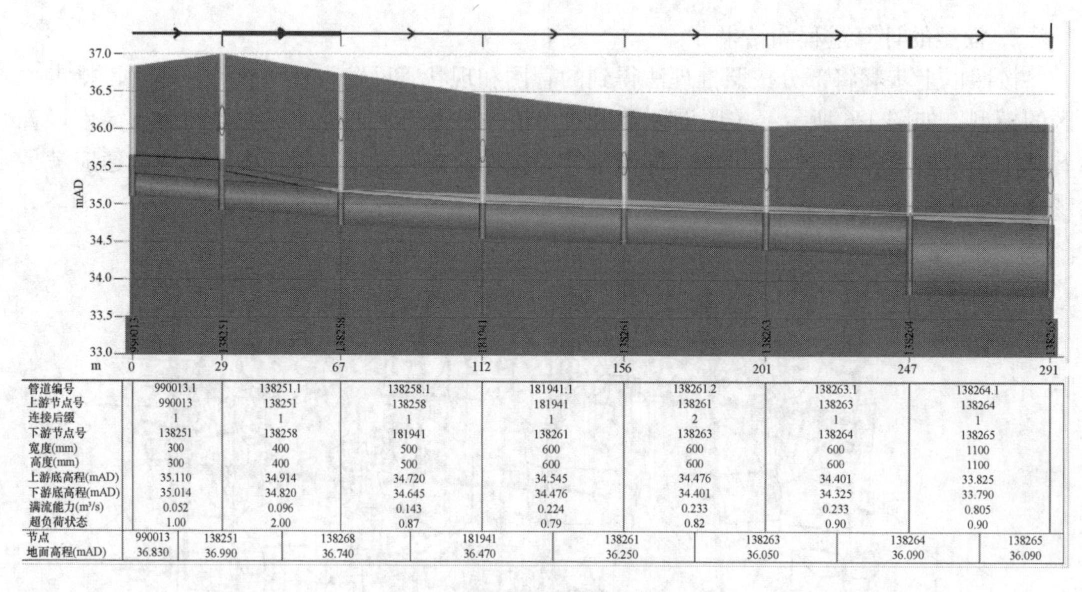

管道编号	990013.1	138251.1	138258.1	181941.1	138261.2	138263.1	138264.1
上游节点号	990013	138251	138258	181941	138261	138263	138264
连接后缀	1	1	1	1	2	1	1
下游节点号	138251	138258	181941	138261	138263	138264	138265
宽度(mm)	300	400	500	600	600	600	1100
高度(mm)	300	400	500	600	600	600	1100
上游底高程(mAD)	35.110	34.914	34.720	34.545	34.476	34.401	33.825
下游底高程(mAD)	35.014	34.820	34.645	34.476	34.401	34.325	33.790
满流能力(m³/s)	0.052	0.096	0.143	0.224	0.233	0.233	0.805
超负荷状态	1.00	2.00	0.87	0.79	0.82	0.90	0.90

节点	990013	138251	138268	181941	138261	138263	138264	138265
地面高程(mAD)	36.830	36.990	36.740	36.470	36.250	36.050	36.090	36.090

图 1-8　最不利管道的纵断面图

3. 基于模型的最终调整后的设计方案的计算结果

根据初步计算结果可以通过调整汇水面积、调整管径或调整管道坡度等方法，满足设计要求。调整后的平面图和纵断面图如图 1-9 和图 1-10 所示。

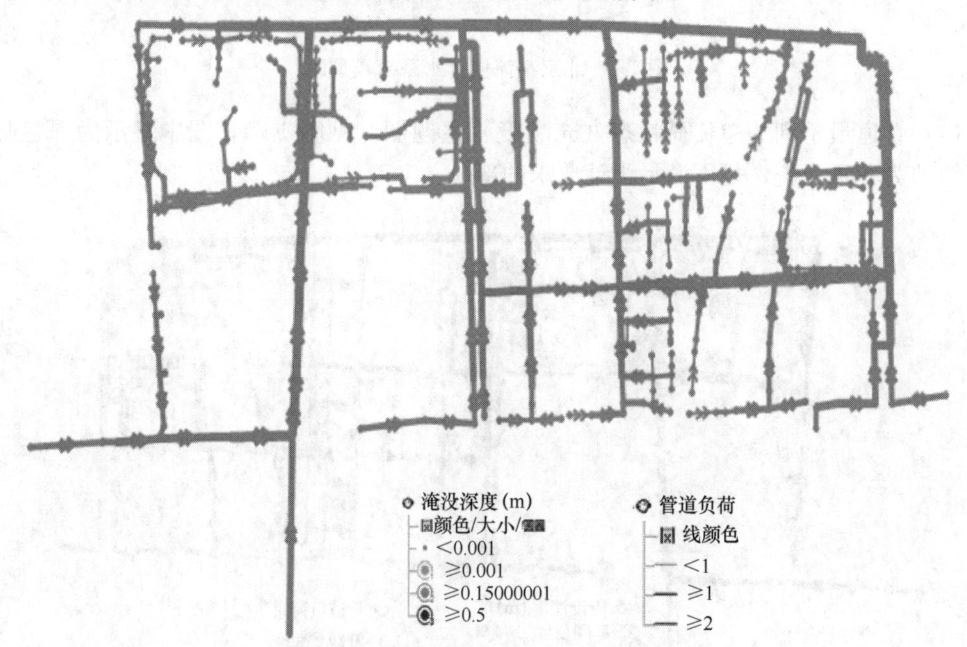

图 1-9　最终调整后的设计方案平面图

此平面图显示调整后的管网，基本管网无积水，充满度都小于 1。

采用数学模型进行排水系统设计时，除应按《室外排水设计规范》GB 50014—2006（2014 年版）执行外，还应满足当地的地方设计标准，应对模型的适用条件和假定参数做详细分析和评估。当建立管道系统的数学模型时，应对系统的平面布置、管径和标高等参

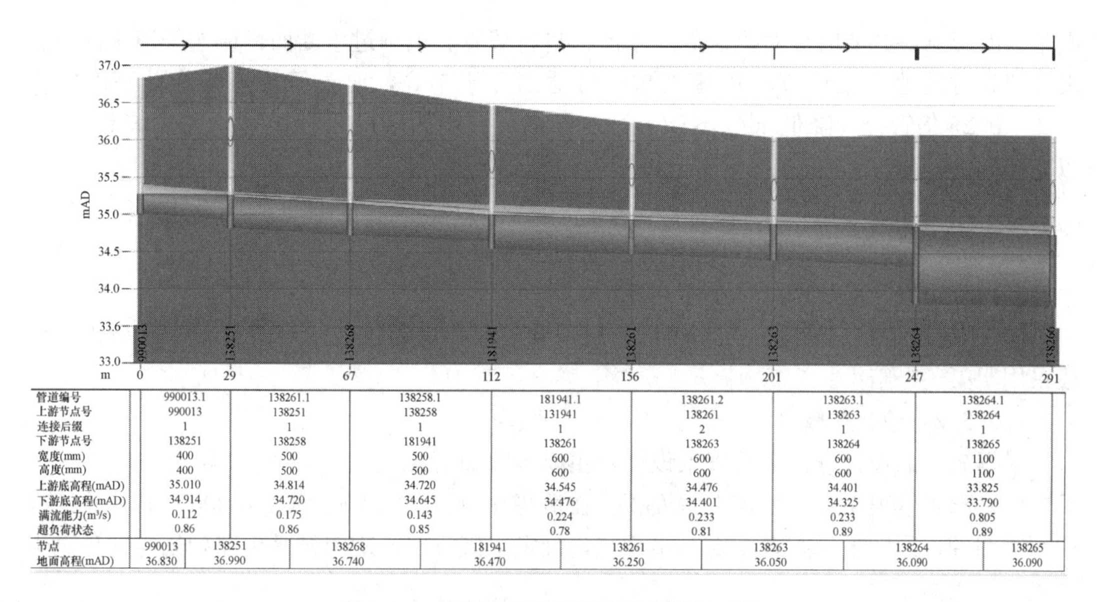

图 1-10　最终调整后的设计方案纵断面图

数进行核实，并运用实测资料对模型进行校正。

1.3.5　管渠设计

1.3.5.1　一般规定

（1）污水管道设计一般规定 1～5 条（见第 1.2.4 节），对于雨水管渠设计，同样适用。

（2）管道在检查井内连接，一般采用管顶平接，不同断面管道必要时也可采用局部管段管底平接，但在任何情况下进水管底不得低于出水管底。

（3）在有池塘坑洼的地方，应根据可能，考虑雨水的调蓄。

（4）在有条件的地方，应考虑两个管道系统之间的连通。

（5）雨水管道一般不做倒虹管。

（6）渠道与涵洞的连接：

1）明渠接入暗管，一般有跌差，其护砌做法以及端墙、格栅等均按进水口处理，见图 1-11，并在断面上设渐变段，一般长 5～10m。

2）暗管接入明渠，应考虑淤积问题，也宜安排适量跌差，其端墙及护砌做法按出水口处理，见图 1-12。

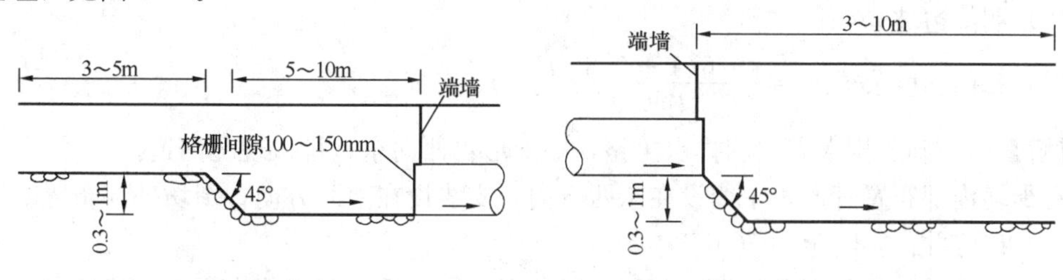

图 1-11　明渠接入暗管示意图　　图 1-12　暗管接入明渠示意图

（7）渠道与涵洞连接：渠道连接涵洞，要考虑水流断面收缩、流速变化等因素造成水面壅高的影响，必要时需对涵洞的过水能力进行核算。涵洞过水断面，应按渠道水面达到设计超高时的泄水量计算。桥涵流水面可适当低于渠底，对于管涵，其降低高度宜为0.20～0.25倍管径，降低部分不计入过水断面。涵洞两端应设挡土墙，并护坡和护底，以防冲刷。

（8）明渠穿过洼地和高地：

1）明渠穿过洼地，应尽可能允许洼地的雨水排入。需顺渠身筑堤时，宜按土质情况决定其内外边坡，堤顶宽度不小于0.5m。

2）明渠避免穿过高地，当不得已需局部穿过时，应通过技术经济比较，然后再定该段采用明渠还是暗渠。

1.3.5.2　设计步骤

根据确定的设计方案进行管渠设计，主要步骤如下：

（1）布置管渠系统，划定汇水面积：在适当比例（1∶2000～1∶10000）的、并绘有规划总图的地形图上，布置干支管渠系统，确定水流方向，确定排水出路，划定并计算干支线的汇水面积。

（2）定线：在较大比例（1∶500～1∶1000）的、并绘有规划路的地形条图上，根据现场实际测量定线的成果，定出干支管渠的准确线路，并确定井位（计算断面）及每一管（渠）段长度。如线路较短，情况简单，也可图上定线，但施工时应以实际的位置、长度为准。

（3）定控制高程：根据现况的、规划的各种有关条件，确定控制点的高程。

（4）选定设计数据，包括设计降雨的重现期、地面集水时间和径流系数。设计降雨强度根据暴雨强度公式计算采用。当地尚无暴雨强度公式时最好配合工程设计进行编制，或参用邻近气象条件相似地区的暴雨强度公式。

（5）进行水力计算，确定管渠断面、纵坡及高程。

（6）布置雨水口。

（7）绘制管道高程断面图，比例一般为：纵向1∶50～1∶100，横向1∶500～1∶1000。

（8）进行构筑物的选用和设计，一般应优先选用标准图，特殊的专门设计。

【例1-1】图1-13为一小型居住街坊，地形西高东低，东侧有一天然河道，常水位为17.00m。要求布置雨水管渠，进行水力计算。

已知：（1）粗糙系数：混凝土管 $n=0.013$

土明渠 $n=0.025$

（2）明渠边坡 $m=1:1.5$

（3）暴雨强度公式 $q=\dfrac{1976(1+0.8\lg P)}{(t+8)^{0.7}}$

【解】（1）确定排水方向和排水出路，顺地形自西向东，排入现况河道。

在街坊内部布置管道，干线设在东西方向，支线设在南北方向，街坊外部布置明渠。

（2）确定井位，间距为50m。

（3）划分并计算各管段的汇水面积。因地形坡度较缓，且未给出具体的建筑布置，两井间按顺坡汇流长度为30m、反坡汇流长度为20m划分。

（4）求算平均径流系数，见表1-13。

平均径流系数计算 **表 1-13**

覆盖种类	面积 F（hm^2）	单一径流系数 ψ	ψF
屋顶	2.60	0.9	2.34
道路（沥青表面处理）	2.91	0.9	2.619
草地	1.00	0.15	0.15
合计	6.51		5.109

平均径流系数=5.109/6.51=0.785。

(5) 设计降雨的重现期，采用 $P=3a$，

$$q=\frac{1976(1+0.8\lg P)}{(t+8)^{0.7}}=\frac{2730}{(t+8)^{0.7}}$$

(6) 起点井以上地面汇流长度为 120m，地面集水时间为 10min。

(7) 全线控制高程有以下三点：

1) 起点覆土 1m；

2) 4 号西侧与 DN300 自来水管交叉，自来水管外底高程 18.70m；

3) 河道常水位 17.00m。

根据三个控制高程进行计算，确定断面、坡度和管底高程，见表 1-14。

(8) 绘制平面图、纵断面图，见图 1-13。本例题因情况简单，不另绘制总平面图，其内容并入平面图中。

(9) 布置雨水口（略）。

(10) 检查井种类、雨水口种类、出水口形式、接口做法、基础做法等，均采用标准图。

雨水管渠计算表 **表 1-14**

线路					汇水面积（hm^2）		径流系数	面积×径流系数		设计降雨			
线段名称或街道名称	管段编号 起	管段编号 迄	长度（m）	起点桩号	本段面积	累计面积		本段面积×径流系数	累计面积×径流系数	重现期（a）	历时（min） 汇流时间	历时（min） 沟内时间	降雨强度［L/(s·hm^2)］
1	2	3	4	5	6	7	8	9	10	11	12	13	14
	1	2	50	0+310	0.525	0.525	0.785	0.41	0.41	3	10.0	0.97	361
		3	50	0+260	0.80	1.325	0.785	0.63	1.04	3	11.0	0.96	348
		4	50	0+210	0.55	1.875	0.785	0.43	1.47	3	11.9	0.85	336
		5	50	0+160	2.30	4.175	0.785	1.81	3.28	3	12.8	0.85	327
		6	50	0+110	0.55	4.725	0.785	0.43	3.71	3	13.6	0.81	317
		7	50	0+060	0.80	5.525	0.785	0.63	4.34	3	14.4	0.82	309
		出口	10	0+010	0.985	6.51	0.785	0.77	5.11	3	15.3	0.16	302
		河	120	0+000							15.4	2.60	300

设计汇水流量（L/s）	设计管渠 直径或宽×高（mm）	坡度（‰）	流速（m/s）	流量（L/s）	坡降（m）	内底高程（m） 上端	内底高程（m） 下端	备注
15	16	17	18	19	20	21	22	23
149	500	2.0	0.86	169	0.100	18.500	18.400	
362	800	1.1	0.87	438	0.055	18.100	18.045	
495	800	1.4	0.98	495	0.070	17.745	17.675	避让给水管跌 0.3m
1070	1200	0.8	0.98	1102	0.040	17.575	17.535	
1178	1200	0.9	1.02	1169	0.045	17.535	17.490	
1342	1400	0.7	1.02	1555	0.035	17.290	17.255	
1542	1400	0.7	1.02	1555	0.007	17.255	17.248	
1534	1200×820 $m=1.5$	1.0	0.77	1544	0.120	17.148	17.028	

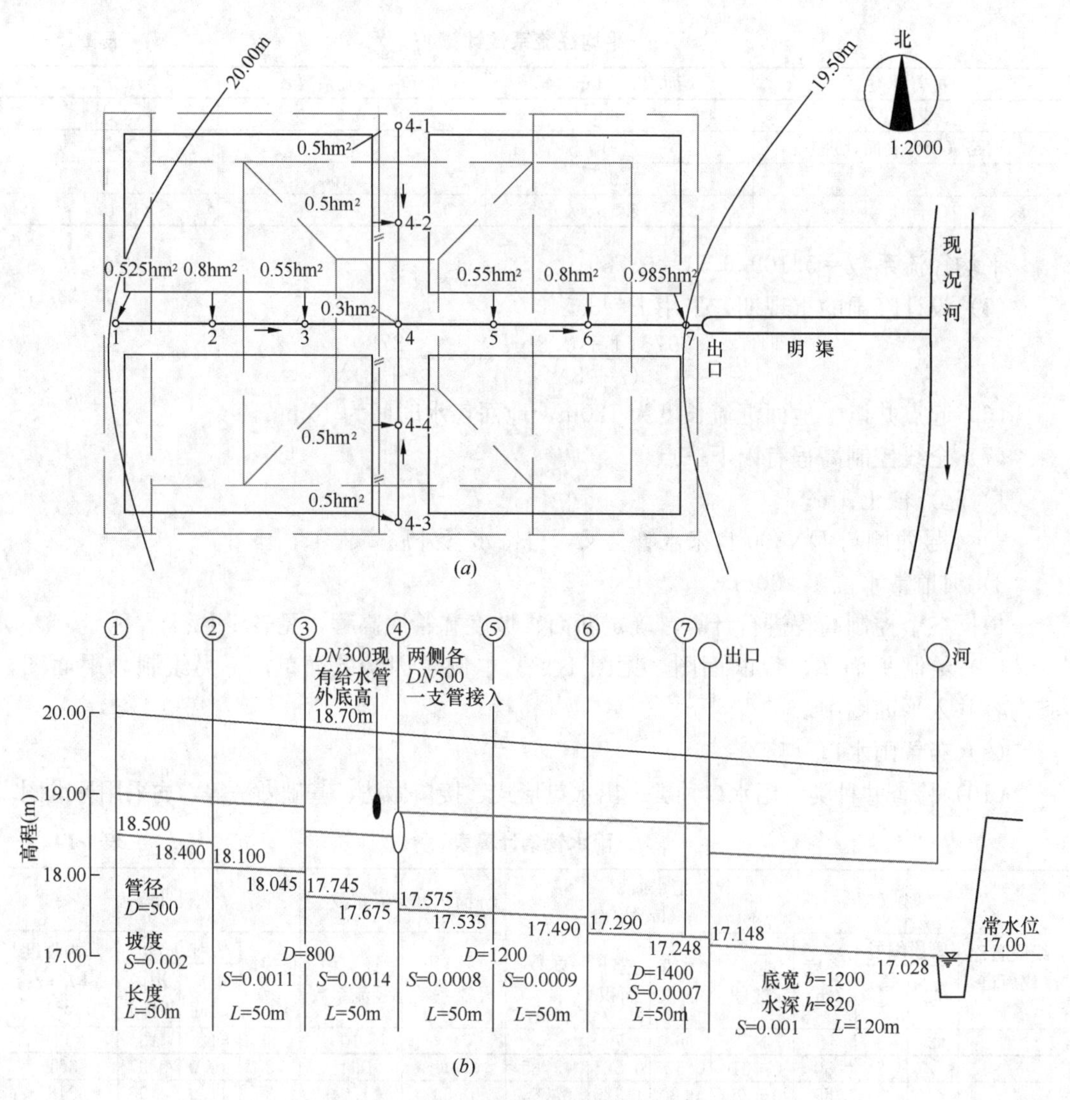

图 1-13　雨水管道设计平面、纵断面图

（a）平面图；（b）纵断面图

1.3.6　特殊情况雨水管渠设计流量计算

1.3.6.1　多个设计重现期地区的雨水管渠流量计算（供参考）

在雨水管渠设计中，根据地区的特点，相应采用多个设计重现期来设计是合理的。根据径流成因概念，在满足多个地区的相应要求下，可以概括出以下两条计算准则：

（1）各区域干管交汇点的上游沟道，按各个地区的重要性和具体特点所确定的设计重现期作相应的常规计算。

（2）各区域干管交汇点的下游管道，因上游各区域所用设计重现期不同，需假设上游地区中所用的高重现期设计暴雨来临时，相应这时上游低重现期设计地区的管道因泄水能力不够而在该地区产生积水，沟道将产生压力流，所以这时实际泄水能力约为原设计流量的1.2倍，为此全流域的设计流量可以统一在用高重现期的设计暴雨雨力 A_{max} 下计算各地

区的当量泄量系数 $K_i=\frac{A_i}{A_{max}}$，所以全流域的流量 Q：

$$Q=166.7[1.2K_1F_1\psi_1+1.2K_2F_2\psi_2+\cdots\cdots]\frac{A_{max}}{(t+b)^n} \quad (1\text{-}9)$$

式中 $166.7\times1.2K_1F_1\psi_1\times\frac{A_{max}}{(t+b)^n}$ 量为区域1在高重现期暴雨时排出的流量，余同。但 $1.2K_i$ 应≤1.0，当计算值>1.0时，则应取1.0。

【例1-2】计算以下示例各管段流量，暴雨公式 $i=\frac{18+14.4\lg P}{(t+10)^{0.80}}$，$t=t_1+\Sigma\frac{l}{v}$，$t_1=10\text{min}$，$\psi=0.60$，各管段平均流速 $v=1.0\text{m/s}$，管长120m，其他条件见图1-14。

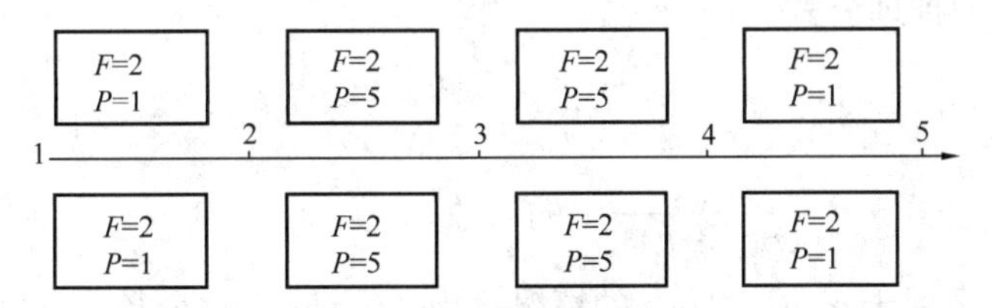

图1-14 各管段 F、P

【解】$P=1\text{a}$；$i=\frac{18}{(t+10)^{0.80}}$；$P=5\text{a}$；$i=\frac{28.06}{(t+10)^{0.80}}$；$A_{max}=28.06$；$K_1=\frac{A_1}{A_5}=\frac{18}{28.06}=0.64$，$K_2=K_3=1.0$，$K_4=0.64$。

(1) 管段1—2：$Q_{1-2}=166.7\times4\times0.6\times\frac{28.06}{(10+10)^{0.80}}=1022\text{L/s}$

(2) 管段2—3：

$$Q_{2-3}=166.7\times[\Sigma 1.2K_iF_i\psi_i]\frac{A_{max}}{\left(t_1+b+\Sigma\frac{l}{v}\right)^{0.80}}$$

$$=166.7\times[1.2\times0.64\times4\times0.6+1.0\times4\times0.6]\times\frac{28.06}{\left(10+10+\frac{120}{60\times1}\right)^{0.80}}$$

$$=1674\text{L/s}$$

(3) 管段3—4：

$$Q_{3-4}=166.7\times[1.2\times0.64\times4\times0.6+2\times1.0\times4\times0.6]\times\frac{28.06}{\left(10+10+\frac{2\times120}{60\times1}\right)^{0.80}}$$

$$=2445\text{L/s}$$

(4) 管段4—5：

$$Q_{4-5}=166.7\times[2\times1.2\times0.64\times4\times0.6+2\times1.0\times4\times0.6]\times\frac{28.06}{\left(10+10+\frac{3\times120}{60\times1}\right)^{0.80}}$$

$$=2929\text{L/s}$$

1.3.6.2 部分径流的雨水管道的最大径流量计算（供参考）

雨水流量公式（1-6）是为全面积径流产生最大流量的计算公式，它是常用的计算方法，其基本概念是全流域径流时产生最大流量。但在实践中表明：对于渗水性较大且集流时间较长的流域，产生流域最大径流的造峰历时 t_{max} 往往会小于流域的集流时间 $t=t_1+\sum l/v$。此外，畸形流域的最大流量也往往来自部分面积的径流。

部分径流的最大流量公式：

$$Q=\beta i\psi F \tag{1-10}$$

式中　β——产生最大流量的径流面积完全度系数。$\beta=\frac{f}{F}\leqslant 1$，$f$ 为相应造峰历时 t_{max} 的最大径流面积，当径流面积随历时不均匀增长时割除的面积（$F-f$）应是流域的尖角部分。

造峰历时 t_{max} 的推理公式：

$$t_{max}=\frac{\psi b}{n-\psi} \tag{1-11}$$

式中 b 与 n 为暴雨公式 $i=\frac{A}{(t_{max}+b)^n}$ 中的参数。

公式（1-11）适用于 $b>0$，$\psi<n$ 的情况，当 $\psi\geqslant n$ 时为完全径流，则用 $Q=i\psi F$ 计算。

【例 1-3】 设某地的暴雨公式 $i=\frac{4.8}{(t+10)^{0.625}}$，$\psi=0.50$，全流域面积为 $60hm^2$，流域集流时间为 50min，径流面积随历时的增长比例见表 1-15，求流域的最大流量。

径流面积增长比例　　**表 1-15**

历时	0～0.1	0.1～0.2	0.2～0.3	0.3～0.4	0.4～0.5	0.5～0.6	0.6～0.7	0.7～0.8	0.8～0.9	0.9～1.0	$\sum\tau=50min$
面积增长	0.0396	0.0764	0.0936	0.1198	0.1374	0.1432	0.1407	0.1276	0.0900	0.0335	$\sum F=60hm^2$

【解】 已知：$b=10$，$n=0.625$，$\psi=0.50$

$$t_{max}=\frac{\psi b}{n-\psi}=\frac{0.50\times 10}{0.625-0.5}=40min$$

（1）按部分径流流量公式（1-10），并由面积增长比例表 1-15，应切割掉流域面积的两端尖角部分，则 $\beta=\frac{f}{F}=\frac{1-0.0396-0.0335}{1}=0.9269$，得

$$Q=166.7\times\frac{A\beta\psi F}{(t_{max}+b)^n}=166.7\times\frac{4.8\times 0.9289\times 0.50\times 60}{(40+10)^{0.625}}=1929L/s$$

（2）一般情况很少有类似表 1-15 的资料，通常看作径流面积随历时均匀增长，即 $\beta=\frac{f}{F}=\frac{t_{max}}{\tau}=\frac{40}{50}=0.80$，得

$$Q=166.7\times\frac{4.8\times 0.80\times 0.50\times 60}{(40+10)^{0.625}}=1665L/s$$

（3）当按常规的全面积径流产生最大流量的概念计算本例时：

$$Q=166.7\times\frac{A\psi F}{(\tau+b)^n}=166.7\times\frac{4.8\times 0.50\times 60}{(50+10)^{0.625}}=1857L/s$$

本例对比计算表明：

（1）部分面积径流产生最大流量的现象在一定条件下是存在的。

（2）按部分径流产生最大流量的计算，必须要有面积随历时增长的比例表结合计算才

能获得合理的结果，如仍按面积均匀增长考虑，计算值将小于全面积径流量，产生不合理现象。

1.4 合 流 管 道

1.4.1 一般规定

（1）合流制排水管道的布置原则同分流制中的雨污水管道，其截流干管尽可能布置在河岸或水体附近，以便于截流、溢流、设置处理厂就近处理，然后排放。

（2）设计流量按下列要求计算：

1）生活污水量的总变化系数可采用1。

2）工业废水宜采用最大生产班内的平均流量。

3）短时间内工厂区淋浴水的高峰流量不到设计流量的30％时，可不计入。

4）雨水设计重现期可适当地高于同一情况下的雨水管道设计标准。

5）在按旱季流量校核时，工业废水量和生活污水量的计算方法，同污水管道。

（3）设计充满度按满流计算。

（4）设计流速、最小坡度、最小管径、覆土要求等设计数据以及雨水口等构筑物同雨水管道。但最热月平均气温大于或等于25℃的地区，合流管的雨水口应考虑防臭、防蚊蝇的措施。

（5）旱季流量的管内流速，一般不小于0.2～0.5m/s，对于平底管道，宜在沟底做低水流槽。

（6）在压力流情况下，须保证接户管不致倒灌。

（7）合流管道的短期积水会污染环境，散发臭味，引起较严重的后果，故合流管道的雨水设计重现期可适当高于同一情况下的雨水管道设计重现期。

1.4.2 计算公式

（1）合流管渠的总设计流量，应按下列公式计算：

$$Q = Q_d + Q_m + Q_s = Q_{dr} + Q_s \tag{1-12}$$

式中 Q——总设计流量（L/s）；

Q_d——设计综合生活污水量（L/s）（在高要求场合，可取最大时综合生活污水量）；

Q_m——设计工业废水量（L/s）（在高要求场合，可取最大生产班内的最大时工业废水量）；

Q_s——雨水设计流量（L/s）；

Q_{dr}——截流井以前的旱流污水量（L/s）。

（2）截流井以后管渠的流量，应按下列公式计算：

$$Q' = (n_0 + 1) Q_{dr} + Q'_s + Q'_{dr} \tag{1-13}$$

式中 Q'——截流井以后管渠的流量（L/s）；

n_0——截流倍数，即在降雨时被截流的雨水径流量与平均旱流污水量的比值；

Q'_s——截流井以后汇水面积的雨水设计流量（L/s）；

Q'_{dr}——截流井以后的旱流污水量（L/s）。

1.4.3　截流倍数分析及选取

（1）截流倍数 n_0 应根据旱流污水的水质、水量、排放水体的环境容量、当地水文、气候、经济和排水区域大小等因素经计算确定。截流倍数的设置直接影响环境质量，其取值应综合考虑受纳水体的水质要求、受纳水体的自净能力、城市类型、人口密度和降雨量等因素。

（2）当合流制排水系统具有排水能力较大的合流管渠时，可采用较小的截流倍数，或设置一定容量的调蓄设施。

（3）同一排水系统中可采用不同截流倍数。

（4）为有效降低初期雨水污染，截流倍数 n_0 宜采用 2～5。

（5）截流倍数分析计算流程见图 1-15。可采用流域排水数学模型软件进行合流制排水系统截流倍数的分析计算。

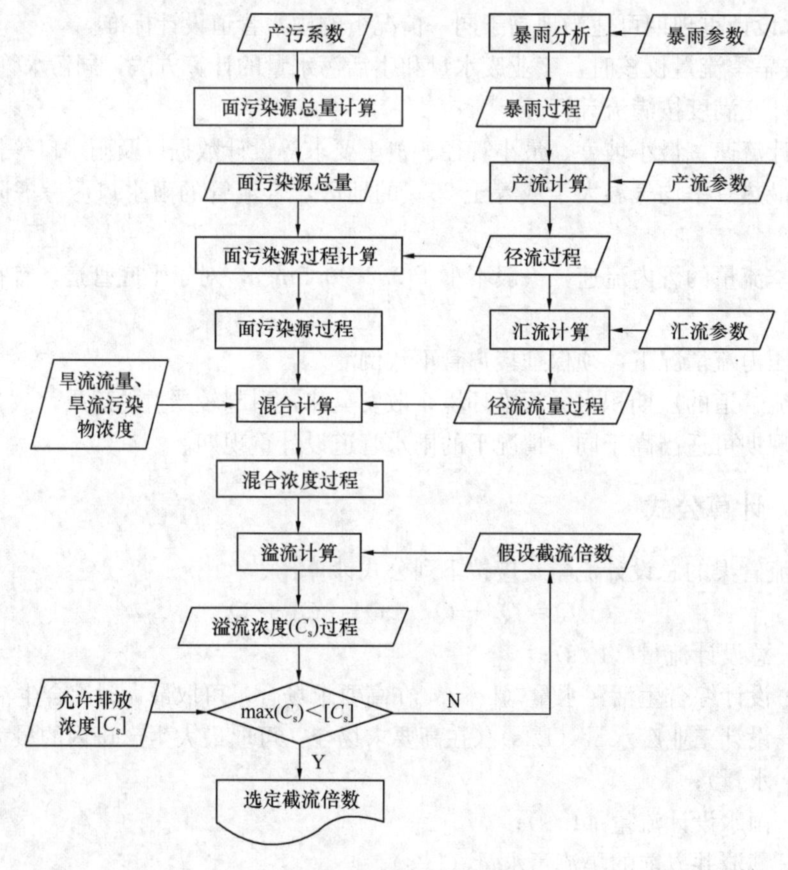

图 1-15　截流倍数分析计算流程图

1.4.4　管网水力计算

（1）须合理地确定溢流井的位置和数目。

（2）水力计算方法同分流制中雨水管道。

（3）按总设计流量设计，用旱季流量校核。

1.5 管材、接口、基础及附属构筑物

1.5.1 管材

目前国内常用的几种管材见表1-16，主要有钢筋混凝土管、钢管及铸铁管、排水塑料管（包括高密度聚乙烯双壁波纹管、硬聚氯乙烯双壁波纹管、硬聚氯乙烯环形肋管、高密度聚乙烯缠绕结构壁管、玻璃钢夹砂管等）、砖石砌筑沟渠、预制混凝土沟渠、混凝土模块沟渠等。另外还有大型钢筋混凝土沟渠（适用于特大断面）、石砌渠道（适用于出产石料的地方或流速很大的地方）等。

设计时应考虑就地取材，根据水质、断面尺寸、土壤性质、地下水位侵蚀性、内外所受压力、耐腐蚀性、止水密封性以及现场条件、施工方法等因素进行选择。

管材种类及其优缺点比较 **表1-16**

管材种类	优　点	缺　点	适用条件
钢管及铸铁管	1. 质地坚固，抗压、抗震性强； 2. 每节管子较长，接头少，加工方便	1. 综合造价较高； 2. 钢管对酸碱的防蚀性较差，必须衬涂防腐材料，并注意绝缘；内外防腐的施工质量直接影响管道的使用寿命	适用于受高内压、高外压或对抗渗漏要求特别高的场合，如泵站的进出水管，穿越其他管道的架空管，穿越铁路、河流、谷地等
钢筋混凝土管及混凝土管	1. 造价较低，耗费钢材少； 2. 大多数是在工厂预制，也可现场浇制； 3. 可根据不同的内压和外压分别设计制成无压管、低压管、预应力管及轻重型管等； 4. 采用预制管时，现场施工时间较短	1. 管节较短，接头较多； 2. 大口径管质量大，搬运不便； 3. 容易被含酸含碱的污水侵蚀	钢筋混凝土管适用于自流管、压力管或穿越铁路（常用顶管施工）、河流、谷地（常做成倒虹管）等； 混凝土管适用于管径较小的无压管
陶管（无釉、单面釉、双面釉）	1. 双面釉耐酸碱，抗蚀性强； 2. 便于制造	1. 质脆，不宜远运，不能受内压； 2. 管节短，接头多； 3. 管径小，一般不大于600mm； 4. 有的断面尺寸不规格	适用于排除侵蚀性污水或管外有侵蚀性地下水的自流管
砌体沟渠	1. 可砌筑成多种形式的断面，如矩形、拱形、圆形等； 2. 抗蚀性较好； 3. 可就地取材	1. 断面小于800mm时不易施工； 2. 现场施工时间较预制管长	适用于大型排水系统工程
塑料排水管	1. 质量轻，单节管长，利于施工安装； 2. 抗蚀性强； 3. 内壁光滑，粗糙系数小； 4. 使用周期长	1. 价格较高； 2. 抗击集中外力和不均匀外力能力较弱，对于基础及回填施工质量要求高	用于排除侵蚀性污水或管外有侵蚀性地下水的环境

注：1. 依据建设部建科〔2007〕74号文件，禁止使用实心黏土砖砌筑砖砌沟渠。
2. 依据建设部第659号公告，平口、企口混凝土排水管（$DN \leqslant 500$mm）不得用于城镇市政污水、雨水管道系统。

1.5.2　管道基础与接口

（1）管道基础见表1-17。管道基础应根据管道材质、接口形式和地质条件确定，对地基松软或不均匀沉降地段，管道基础应采取加固措施。

管道基础　表1-17

参见《市政排水管道工程及附属设施》06MS201

基础种类	适用条件	方　法
砂垫层基础	开槽施工的柔性接口混凝土管、塑料排水管道	管底部分砂石垫层厚度为100～300mm，选用粒径小于等于25mm的天然级配砂石、级配碎石、石屑或中粗砂等材料。根据管材等级及覆土情况选用90°、120°、150°、180°等不同角度砂垫层基础
顶管基础	顶进施工的柔性接口混凝土管、雨水或污水管道	管道下部135°范围内为原状土，不得超挖
混凝土基础	开槽施工的刚性接口混凝土管、雨水管道，管道覆土在0.7～7m之间	根据管材等级及覆土情况选用120°、180°等不同角度混凝土基础，每隔20m左右设柔性接缝，接缝设置在管道接口处

（2）管道接口应根据管道材质和地质条件确定，污水管道及合流管道应选用柔性接口。当管道穿过粉砂、细砂层并在最高地下水位以下，或在地震设防烈度为7度设防区时，必须采用柔性接口。如遇特殊情况，则需专门设计接口。

（3）钢筋混凝土管和混凝土管常用接口分为刚性接口和柔性接口。刚性接口为水泥砂浆抹带接口和钢丝网水泥砂浆抹带接口；柔性接口采用橡胶圈及密封膏等柔性嵌缝材料，具体形式有承插口、企口、钢承口、双插口、双胶圈钢承插口等，见表1-18。

（4）埋地塑料排水管道基础及接口做法参见《埋地塑料排水管道施工》06MS201-2。

钢筋混凝土管和混凝土管接口　表1-18

参见《市政排水管道工程及附属设施》06MS201

接口名称	适用条件	做　法
水泥砂浆抹带接口/钢丝网水泥砂浆抹带接口	用于地基土质较好的开槽施工雨水管。平口管和企口管均可使用	接口处用1∶2.5或1∶3水泥砂浆抹成半椭圆形的砂浆带，带宽200～250mm，中间厚25～30mm（钢丝网水泥砂浆抹带接口在带中设置钢丝网，钢丝网锚入混凝土基础内，与抹带接触部分的管外壁凿毛）。每隔20m左右设柔性接口，接口与混凝土基础柔性接缝位置一致
承插口	适用于开槽施工雨水管和污水管	在承口和插口间嵌入滑动式橡胶圈。$DN \geq$ 1000mm污水管道采用柔性材料嵌缝，采用聚硫或聚氨酯密封膏封堵
企口	适用于雨水管和污水管，管径一般大于等于1000mm，开槽、顶管施工均可	在承口和插口间嵌入滑动式橡胶圈。$DN \geq$ 1000mm污水管道采用柔性材料嵌缝，采用聚硫或聚氨酯密封膏封堵

续表

接口名称	适用条件	做法
钢承口	一般用于顶管施工雨水管和污水管，管径一般大于等于1000mm	管道承口部分为钢制，在承口和插口间嵌入滑动式橡胶圈。污水管道采用柔性材料嵌缝，采用聚硫或聚氨酯密封膏封堵。钢套环需进行防腐处理
双插口	一般用于顶管施工雨水管和污水管，管径一般大于等于1000mm	管道两端均为插口，连接处为钢套环，在两端嵌入滑动式橡胶圈。污水管道采用柔性材料嵌缝，采用聚硫或聚氨酯密封膏封堵。钢套环需进行防腐处理
双胶圈钢承插口	适用于顶管施工污水管，管径一般大于等于1000mm	在承口和插口间嵌入2道滑动式橡胶圈，并在两道橡胶圈之间预留打压孔。污水管道采用柔性材料嵌缝，采用聚硫或聚氨酯密封膏封堵。可采用管口打压试验替代全管段闭水试验

1.5.3 检查井

1.5.3.1 设置条件

(1) 管道方向转折处。

(2) 管道坡度改变处。

(3) 管道断面（尺寸、形状、材质）、基础、接口变更处。

(4) 管道交汇处，包括当雨水管直径小于800mm时，雨水口连接管接入处。

(5) 直线管道上每隔一定距离处，见表1-19。

直线管道上检查井最大间距 **表1-19**

管径或暗渠净高（mm）	最大间距（m）	
	污水管道	雨水（合流）管道
200～400	40	50
500～700	60	70
800～1000	80	90
1100～1500	100	120
1600～2000	120	120

注：1. 口径大于2000mm的排水管渠，在不影响用户接管的前提下，其检查井最大间距可不受上表规定的限制。
2. 大城市干道上的大直径直线管段，检查井最大间距可按养护机械的要求确定。
3. 检查井最大间距大于上表规定数据的管段应设置冲洗设施。

(6) 特殊用途处（跌水、截流、溢流、连通、设闸、通风、沉泥、冲洗以及倒虹吸、顶管、断面压扁的进出口等处）。

1.5.3.2 构造要求

(1) 井口、井筒和井室的尺寸应便于养护和检修，爬梯和脚窝的尺寸、位置应便于检修和上下安全。

(2) 检修室高度在管道埋深许可时宜为1.8m，污水检查井由流槽顶算起，雨水（合流）检查井由管底算起。

(3) 检查井井底宜设流槽。污水检查井流槽顶可与0.85倍大管管径处相平，雨水（合流）检查井流槽顶可与0.5倍大管管径处相平。流槽顶部宽度宜满足检修要求。

(4) 在管道转弯处，检查井内流槽中心线的弯曲半径应按转角大小和管径大小确定，但不宜小于大管管径。

(5) 位于车行道的检查井，应采用具有足够承载力和稳定性良好的井盖与井座。

(6) 设置在主干道上的检查井的井盖基座宜和井体分离。

(7) 检查井宜采用具有防盗功能的井盖。位于路面上的井盖，宜与路面持平；位于绿化带内的井盖，不应低于地面。

(8) 排水系统检查井应安装防坠落装置。

(9) 在污水干管每隔适当距离的检查井内，需要时可设置闸槽。

(10) 接入检查井的支管（接户管或连接管）管径大于300mm时，支管数不宜超过3条。

(11) 检查井与管渠接口处，应采取防止不均匀沉降的措施。

(12) 检查井和塑料管道应采用柔性连接。

(13) 在排水管道每隔适当距离的检查井内和泵站前一检查井内，宜设置沉泥槽，深度宜为0.3～0.5m 。

(14) 在压力管道上应设置压力检查井。

(15) 高流速排水管道坡度突然变化的第一座检查井宜采用高流槽排水检查井，并采取增强井筒抗冲击和冲刷能力的措施，井盖宜采用排气井盖。

1.5.3.3 形式与适用条件

常用的检查井形式、适用条件详见《市政排水管道工程及附属设施》06MS201。

1.5.4 跌水井

1.5.4.1 一般要求

(1) 设置条件

1) 管道跌水水头为1.0～2.0m时，宜设跌水井；跌水水头大于2.0m时，应设跌水井。

2) 管道转弯处不宜设跌水井。

3) 跌水井的进水管管径不大于200mm时，一次跌水水头高度不得大于6m；管径为300～600mm时，一次跌水水头高度不宜大于4m，跌水方式可采用竖管或矩形竖槽；管径大于600mm时，一次跌水水头高度及跌水方式应按水力计算确定。

4) 管道中的流速过大，需要加以调节处。

5) 管道垂直于陡峭地形的等高线布置，按照设计坡度将要露出地面处。

6) 管道遇地下障碍物，必须跌落通过处。

7) 当淹没排放时，在水体前的最后一个井。

(2) 跌水井形式、适用条件详见《市政排水管道工程及附属设施》06MS201。

(3) 污水管和合流管上的跌水井，不宜设置在管道拐弯处。跌水井宜设排气通风管，在其跌水井井室内部及上下游管段宜采取防腐措施。

1.5.4.2 消力槛式跌水井

消力槛式跌水井计算公式见表1-20。

消力槛式跌水井计算公式　　表1-20

序号	名　称	计算公式	符号说明
1	断面比能 T_0	$T_0=h+\frac{q_0^0}{2g\phi^2h^2}$ $=H+\frac{0.451q_0}{\sqrt{h}}-0.5h-h_2+h_1+\frac{v^2}{2g}$(m)	h—收缩水深（m） q_0—单宽流量［m^3/（s·m）］ g—重力加速度（9.81m/s^2） ϕ—流速系数，实用中可取1 H—跌落高度（m） h_1—上游进水管水深（m） h_2—下游进水管水深（m） v—进水管内流速（m/s）
2	单宽流量 q_0	$q_0=\frac{Q}{d_2}[m^3/(s\cdot m)]$	Q—进水管流量（m^3/s） d_2—下游管渠的管径或宽度（m）
3	水垫高度 B	$B=\frac{0.451q_0}{\sqrt{h}}-0.5h$(m)	符号同前
4	消力槛深度 P	$P=B-h_2$(m)	B—跌水井中水垫高度（m） 其余符号同前
5	井长度 l	$l=2l_1$ $l_1=1.15\sqrt{H_0（H+0.33H_0）}$ $H_0=h_1+\frac{v^2}{2g}$	H_0—上游进水管出口处水深（m） 其余符号同前
6	溢流堰上各点坐标值	$x=l_1\sqrt{\frac{y}{H}}$	x—溢流堰上水流曲线横坐标值 y—溢流堰上水流曲线纵坐标值 其余符号同前

消力槛深度的确定，在实际计算中可根据上列公式并结合图1-16进行。图中实线表示B值的范围，虚线表示T_0值的范围。应用该曲线图解时，先假定消力槛深度$P=0$，用公式$T_0=H+h_1+P+\frac{v^2}{2g}=H+h_1+\frac{v^2}{2g}$，求得近似的$T_0$，并用公式$q_0=\frac{Q}{d_2}$，求$q_0$，而后在图上找到$T_0$及$q_0$值的交点，以该点找$B$值，则$P=B-h_2$。将已求得之$P$，代入上式并重复以上计算过程，则可求得消力槛的深度。

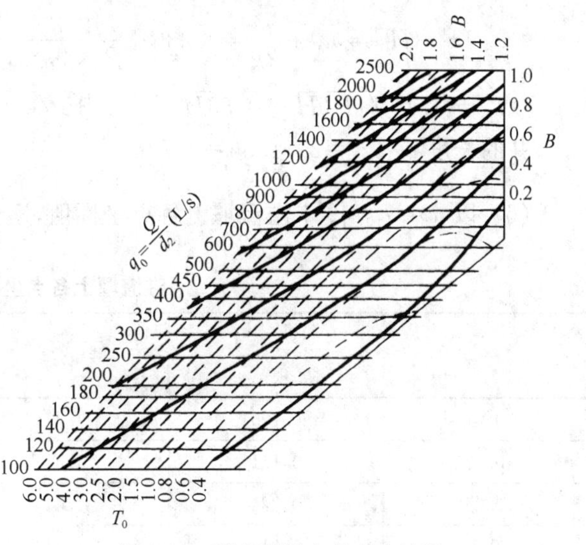

图1-16　消力槛跌水井水力计算

【例1-4】上游管段d_1=600mm，

$i=0.01$，$v=2.3\text{m/s}$，$Q=400\text{L/s}$，充满度 $h_1=0.60d_1$，跌落高度 $H=2.0\text{m}$，下游出水管渠宽度 $d_2=800\text{mm}$，$h_2=0.58\text{m}$，见图 1-17。

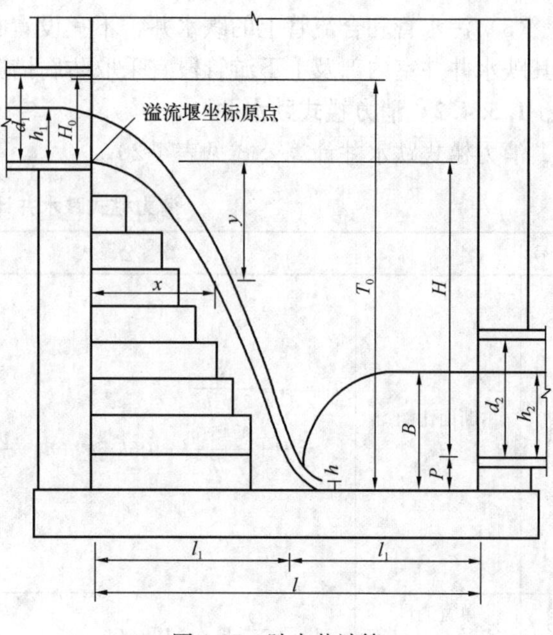

图 1-17　跌水井计算

【解】（1）断面比能（第一次假定的近似值）：

$$T=H+h_1+\frac{v^2}{2g}$$

$$=2+0.6\times0.6+\frac{2.3^2}{2\times9.81}$$

$$=2.63\text{m}(P=0,T\approx T_0)$$

（2）单宽流量：

$$q_0=\frac{Q}{d_2}=\frac{0.4}{0.8}=0.5\text{m}^3/(\text{s}\cdot\text{m})$$

（3）水垫高度及消力槛深度，第一次由图 1-16 查得的近似值：以 $q_0=0.5\text{m}^3/(\text{s}\cdot\text{m})$ 和 $T=2.63\text{m}$ 之值查得 $B=0.75\text{m}$，则消力槛深度：

$$P=B-h_2=0.75-0.58=0.17\text{m}$$

（4）水垫高度及消力槛深度，第二次调整后由图 1-16 查得的近似值：在计算得到的 T 上加 P，$T_0=2.63+0.17=2.8\text{m}$，再以 $q_0=0.5\text{m}^3/(\text{s}\cdot\text{m})$ 及 $T_0=2.8\text{m}$ 之值查得 $B=0.78\text{m}$。则消力槛深度：

$$P=0.78-0.58=0.20\text{m}$$

为了保证得到沉溺式水跃，并避免继续试算的麻烦，将求得的消力槛深度，再加 10%～20%，取 15%，得 $P=0.23\text{m}$。

（5）井的长度：

$$H_0=h_1+\frac{v^2}{2g}=0.36+\frac{2.3^2}{2\times9.81}=0.36+0.27=0.63\text{m}$$

$$l_1=1.15\sqrt{H_0(H+0.33H_0)}=1.15\sqrt{0.63(2.0+0.33\times0.63)}=1.36\text{m}$$

井的长度 $l=2l_1=2\times1.36=2.72\text{m}$

（6）以 $x=l_1\sqrt{\frac{y}{H}}$ 求溢流堰上各点坐标值，逐步假设 y 值求出相应的 x 值，见表 1-21。

溢流堰上各点坐标值　　表 1-21

y	$\sqrt{y}$	$\sqrt{H}$	t_1	$x=l_1\sqrt{\frac{y}{H}}$
0.01	0.100	1.414	1.36	1.10
0.02	0.141	1.414	1.36	0.14
0.05	0.224	1.414	1.36	0.22
0.1	0.316	1.414	1.36	0.30

续表

y	$\sqrt{y}$	$\sqrt{H}$	t_1	$x=l_1\sqrt{\frac{y}{H}}$
0.2	0.447	1.414	1.36	0.43
0.4	0.632	1.414	1.36	0.61
0.6	0.775	1.414	1.36	0.745
0.8	0.894	1.414	1.36	0.86
1.0	1.000	1.414	1.36	0.96
1.2	1.095	1.414	1.36	1.05
1.4	1.183	1.414	1.36	1.14
1.6	1.265	1.414	1.36	1.22
1.8	1.342	1.414	1.36	1.29
2.0	1.414	1.414	1.36	1.36

注：1. 消力槛深度 P，经用水力学常用计算公式验算，先求 h，再反复试算，也得出 $P=0.23$m 的同样结果。

2. 溢流堰各点坐标公式 $x=l_1\sqrt{\frac{y}{H}}$，只能适用到 $y=H$，$y>H$ 的消力池部分，应用圆滑曲线接顺。

1.5.5 雨水口

1.5.5.1 雨水口设置

雨水口的设置应根据道路（广场）情况、街坊及建筑情况、地形情况（应特别注意汇水面积较大、地形低洼的积水地点）、土壤条件、绿化情况、降雨强度、汇水面积所产生的流量，以及雨水口的泄水能力等因素决定。

（1）布设位置：雨水口宜设置在汇水点（包括集中来水点）上和截水点上，前者如道路上的汇水点、街坊中的低洼处、河道或明渠改建暗沟以后原来向河渠进水的水路口、靠地面淌流的街坊或庭院的水路口、沿街建筑物雨落管附近（繁华街道上的沿街建筑雨落管，应尽可能以暗管接入雨水口内）等。后者如道路上每隔一定距离的地方、沿街各单位出入路口上游及人行横道线上游（分水点情况除外）等。

十字路口处，应根据雨水径流情况布置雨水口，见图 1-18。

雨水口不宜设置在道路分水点上、地势高的地方、其他地下管道上等处。

（2）设置数量：雨水口设置数量主要依据来水量而定。雨水口和雨水连接管流量应为雨水管渠设计重现期计算流量的 1.5～3.0 倍，并应按该地区内涝防治设计重现期进行校核。立箅式雨水口的宽度和平箅式雨水口的开孔长度和开孔方向应根据设计流量、道路纵坡和横坡等参数确定。

（3）设置间距：雨水口设置间距应根据前述有关因素和实践经验确定，宜为 25～50m。当道路纵坡大于 0.02 时，雨水口的间距可大于 50m，其形式、数量和布置应根据具体情况和计算确定。坡段较短（一般在 300m 以内）时可在最低点处集中收水，其雨水口的数量或面积应适当增加。

（4）箅面高：道路横坡坡度不应小于 1.5%，平箅式雨水口的箅面标高应比周围路面标高低 3～5cm，立箅式雨水口进水处路面标高应比周围路面标高低 5cm。当设置于下凹

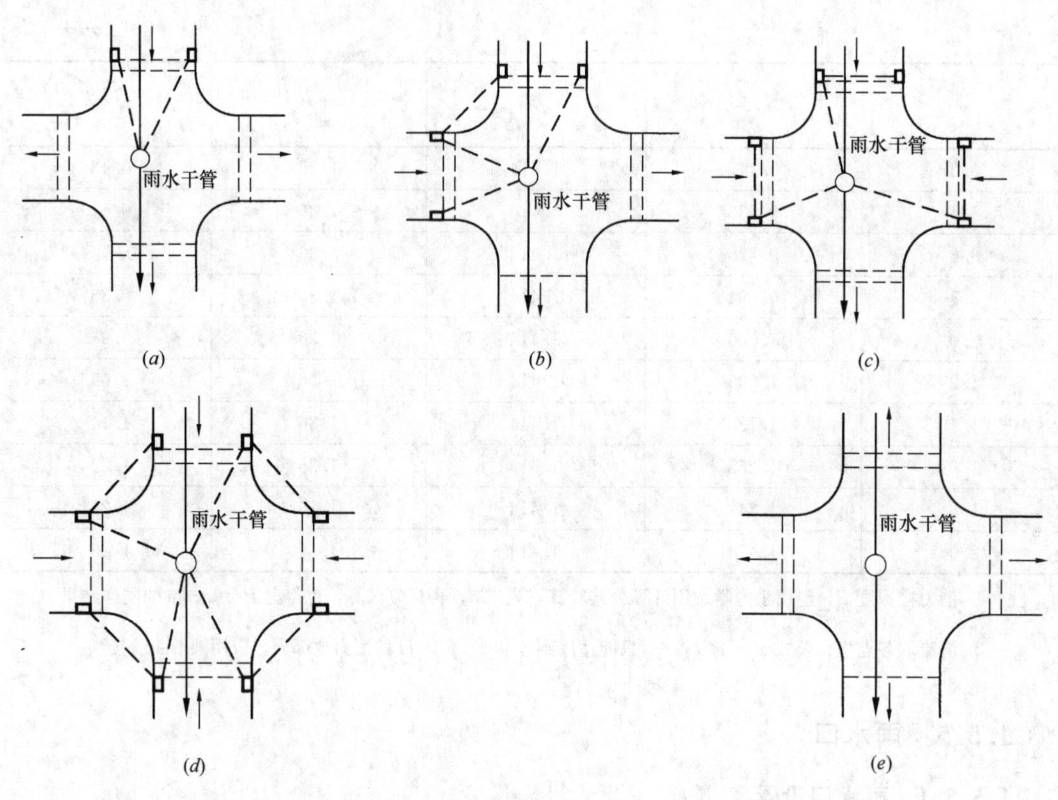

图 1-18　路口雨水口布置

(a) 一路汇水三路分水；(b) 二路汇水二路分水；(c) 三路汇水一路分水；
(d) 四路汇水（最不利情况）；(e) 四路分水

式绿地中时，雨水口的箅面标高应根据雨水调蓄设计要求确定，且应高于周围绿地平面标高。

(5) 串联设置：雨水口串联时一般不宜多于 3 个。

(6) 与检查井的连接：雨水口以连接管接入检查井，连接管管径应依据箅数及泄水量由计算确定，不计算时可按表 1-22 采用。连接管坡度一般不宜小于 0.01，每段长度一般不宜大于 25m。下穿式立体交叉道路排水系统雨水口连接管管径不应小于 300mm。

雨水口连接管管径　　表 1-22

雨水口连接管管径（mm） / 雨水口形式		串联雨水口数量（个） 1	2	3
平箅式、偏沟式、联合式、立箅式	单箅	200	300	300
	双箅	300	300	400
	多箅	300	300	400

注：上表只适用于同型雨水口串联，如为不同型雨水口串联，由计算确定。

1.5.5.2　雨水口的构造要求

(1) 进水量大、进水效果较好：经验证明铸铁平箅进水孔隙长边方向与来水方向一致的进水效果较好，750mm×450mm 的铁箅进水量较大，比较适用。在有大量树叶杂物的地方宜堵塞箅子应加设立式进水孔。目前一些地区开始尝试应用具有防止堵塞功能且进水量大的新型雨水口，例如拦截式防堵雨水口、涡轮立体雨水口及专用于下穿式立体交叉道路系统的大过水量装配式雨水口等。

（2）易于施工养护：构造须简单，尽可能设计或选用装配式的。雨水口井深度不宜大于 1m，并根据需要设置沉泥槽。遇特殊情况需要浅埋时，应采取加固措施。有冻胀影响地区的雨水口深度，可根据当地经验确定。

（3）安全卫生：平箅栅条间隙不大于 30mm。合流制系统中的雨水口宜加设防臭设施，一般可采取设置水封或翻板等机械隔离形式，或投加药剂等措施，防止臭气外溢。

（4）位于道路下的雨水口强度应满足相应等级道路荷载要求。

（5）雨水口宜设置污物截留设施。

1.5.5.3 雨水口形式及过流量

雨水口的泄水能力与道路的横坡和纵坡、雨水口的形式、箅前水深等因素有关。根据对不同型式的雨水口、不同箅数、不同箅形的室外 1∶1 的水工模型的水力实验（道路纵坡 0.3%～3.5%、横坡 1.5%、箅前水深 40mm），各类雨水口的设计过流量见表 1-23。

其余箅前水深雨水口的过流量可参考《雨水口》16S518 中各雨水箅子过流特性曲线。

雨水口过流量 **表 1-23**

雨水口形式		过流量（L/s）
平箅式雨水口 偏沟式雨水口	单箅	20
	双箅	35
	多箅	15（每箅）
联合式雨水口	单箅	30
	双箅	50
	多箅	20（每箅）
立箅式雨水口	单箅	15
	双箅	25
	多箅	10（每箅）

注：1. 雨水箅子尺寸为 750×450mm，开孔率 34%。实际使用时，应根据所选箅子实际过水面积折算过流量。
2. 联合式雨水口在正常路段与偏沟式雨水口收水能力相近，只有当产生积水时，立箅才可较好发挥作用，表中过流量为箅前水深 60mm 的实验数据。

大雨时易被杂物堵塞的雨水口，泄水能力应按乘以 0.3～0.7 的系数计算。

雨水口形式及适用条件详见《雨水口》16S518。

1.5.5.4 雨水横截沟

（1）横截沟可以看作是多组雨水口沿道路横断面方向布置的特殊形式，在征得相关管理部门许可下，一般设置于道路纵坡大于横坡的道路上，在拦截雨水径流方面较雨水口有较大的优势，其截流量大、效率高。

（2）横截沟设置数量应视汇水面积的大小及横截沟下雨水收集系统的过水能力确定。

（3）横截沟箅面高程应与路面齐平。

（4）横截沟的构造要求：

1）横截沟进水空隙长边方向与道路纵坡方向一致的进水效果较好；

2）横截沟应有防滑、防跳、防噪声、防沉降、防盗等措施；

3）横截沟应满足相应等级道路的荷载要求。

横截沟其余要求同雨水口要求。

1.5.6　倒虹管

1.5.6.1　一般规定

（1）敷设位置及要求：污水管穿过河道、旱沟、洼地或地下构筑物等障碍物不能按原高程径直通过时，应设倒虹管。倒虹管尽可能与障碍物轴线垂直，以求缩短长度。通过河道地段的地质条件要求良好，否则要更换倒虹管位置，无选择余地时，也可据以考虑相应处理措施。

（2）倒虹管形式：有多折型和凹字型两种（见图 1-19）。多折型适用于河面与河滩较宽阔、河床深度较大的情况，需用大开挖施工，所需施工面较大；凹字型适用于河面与河滩较窄，或障碍物面积与深度较小的情况，可用大开挖施工，有条件时还可用顶管法施工。

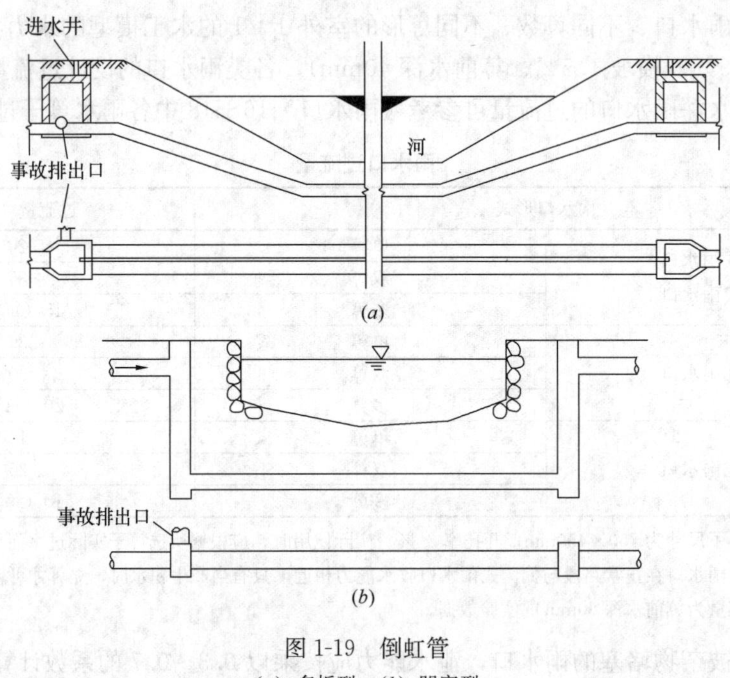

图 1-19　倒虹管

（a）多折型；（b）凹字型

（3）敷设条数：穿过河道的多折型倒虹管，一般敷设 2 条工作管道。但近期水量不能达到设计流速时，可使用其中的 1 条，暂时关闭另一条。穿过小河、旱沟和洼地的倒虹管，可敷设 1 条工作管道。穿越特殊重要构筑物（如地下铁道）的倒虹管，应敷设 3 条管道，2 条工作，1 条备用。凹字型倒虹管因易于清通，一般设 1 条工作管道。

（4）管材、管径及敷设长度、深度、斜管角度：倒虹管一般采用金属管或钢筋混凝土管，管径一般不小于 200mm。倒虹管水平管的长度应根据穿越物的现状和远景发展规划确定，水平管的外顶距规划河底一般不小于 1.0m。遇冲刷河床应考虑防冲措施。穿越航运河道，应与当地航运管理机关协商确定。多折型倒虹管的下行上行斜管与水平管的交角一般不大于 30°。

（5）流速：倒虹管内设计流速应大于 0.9m/s，并应大于进水管内的流速。当流速达不到 0.9m/s 时，应增加定期冲洗措施，冲洗流速不小于 1.2m/s。合流管道设倒虹管时，应按旱流污水量校核流速。

（6）进出水井：倒虹管井应布置在不受洪水淹没处，必要时可考虑排气设施。井内应设闸槽闸板或闸门。进水井内应备有冲洗设施。井的工作室高度（闸台以上）宜高于 2m。井室人孔中心应尽可能安排在各条管道的中心线上。

（7）沉泥槽和事故排出口：位于倒虹管进水井前的检查井，应设置沉泥槽，其作用是沉淀泥土、杂物，保证管道内水流通畅。凹字型倒虹管的进出水井中应设沉泥槽，一般井底落底 0.50m。进水井应设置事故排出口，如因卫生要求不能设置时，则应设备用管线。但在有 2 条以上工作管线情况下，当其中 1 条发生故障，其余管线在提高水压线后并不影响上游管道正常工作仍能通过设计流量时，也可不设备用管线。

1.5.6.2　水力计算

水力计算公式及各种阻力损失值见表 1-24～表 1-28。

倒虹管计算公式　　表 1-24

序号	名　称	计 算 公 式	符 号 说 明
1	进出水井水面差 H_1	$H_1=Z_1-Z_2$(m) $H_1>H$	H—倒虹管全部水头损失（m） Z_1—进水井水面标高（m） Z_2—出水井水面标高（m）
2	倒虹管全部水头损失 H	$H=il+\Sigma\xi_i\frac{v^2}{2g}$(m)	i—水力坡降（即倒虹管每米长的水头损失） l—倒虹管长度（m） ξ_i—局部阻力系数（m） v—倒虹管内流速（m/s） g—重力加速度（m/s^2）
3	倒虹管管段水头损失 h_0	$h_0=il$（m）	符号同前
4	进口局部水头损失 h_1	$h_1=\xi\frac{v^2}{2g}$（m）	ξ—系数，一般 $\xi=0.5$ 其余符号同前
5	出口局部水头损失 h_2	$h_2=\xi\frac{v^2}{2g}$（m）	ξ—系数，一般 $\xi=1.0$ 其余符号同前
6	弯头局部水头损失 h_3	$h_3=\Sigma\xi\frac{v^2}{2g}$（m）	当 $\theta=30°$，$\frac{r}{R}=0.125\sim1.0$，$\xi=0.10\sim0.55$，一般用 0.30 θ—倒虹管转弯角度（°） r—倒虹管半径（m） R—倒虹管转弯半径（m） 其余符号同前

注：1. 每米水头损失值 i 见给水排水设计手册第 1 册《常用资料》。
2. 进口、出口及转弯的局部损失值见表 1-25、表 1-26 和表 1-28。
3. 估算倒虹管进口、出口及弯头的水头损失，一般按管段水头损失的 5%～10%考虑。当倒虹管长度大于 60m 时，采用 5%；小于 60m 时，采用 10%。
4. H_1 应稍大于 H，H_1-H 一般可取 0.05～0.10m。

进口阻力损失值　　**表 1-25**

v (m/s)	0.75	0.80	0.90	1.00	1.10	1.20	1.25
h_1 (m)	0.0161	0.0183	0.0232	0.0287	0.0347	0.0413	0.0448

出口阻力损失值　　**表 1-26**

$v-v_0$ (m/s)	0.10	0.15	0.20	0.25	0.30	0.35	0.40	0.45	0.50
h_2 (m)	0.00051	0.00115	0.00204	0.00319	0.00459	0.00624	0.00815	0.01032	0.01274

v=1.0m/s 时，标准弯曲管的阻力值　　**表 1-27**

弯曲 θ (°)	10	15	22.5	30	45	60	90
r/R	1/18	1/12	1/8	1/6	1/4	1/3	1/2
h' (m)	0.00074	0.00112	0.00169	0.00228	0.00371	0.00579	0.01500

转角处的阻力损失值　　**表 1-28**

角 θ (°)	v (m/s)						
	0.75	0.80	0.90	1.00	1.10	1.20	1.25
10	0.00042	0.00047	0.00060	0.00074	0.00090	0.00107	0.00116
15	0.00063	0.00072	0.00091	0.00112	0.00136	0.00161	0.00175
22.5	0.00095	0.00108	0.00137	0.00169	0.00204	0.00243	0.00264
30	0.00128	0.00146	0.00185	0.00228	0.00276	0.00328	0.00356
45	0.00209	0.00237	0.00301	0.00371	0.00449	0.00534	0.00580
60	0.00326	0.00371	0.00469	0.00579	0.00701	0.00834	0.00905
90	0.00844	0.00960	0.01215	0.01500	0.01815	0.02160	0.02344

【例 1-5】多折型倒虹管：已知最大和最小流量为 Q_{max}=510L/s、Q_{min}=120L/s，倒虹管长为 100m，共 4 只 30°弯头。倒虹管上游沟管流速 v=1.0m/s，下游为 1.24m/s。

【解】（1）采用三条管径相同而平行敷设的工作管线，每条倒虹管流量 $q_{max}=\frac{510}{3}=$ 170L/s，查表得 D=400mm。q=170L/s，i=0.0065。v=1.37m/s>0.9m/s，同时 v=1.37m/s>1.0m/s。

（2）倒虹管管段水头损失：

$$h_0=il=0.0065\times100=0.65\text{m}$$

（3）进口局部水头损失：

$$h_1=\xi\times\frac{v^2}{2g}=0.5\times\frac{1.37^2}{2\times9.8}=0.048\text{m}$$

（4）出口局部水头损失：

$$h_2=\xi\frac{v^2}{2g}=1.0\times\frac{1.37^2}{2\times9.8}=0.096\text{m}$$

（5）弯头局部水头损失：

$$h_3 = \Sigma\xi \times \frac{v^2}{2g}, \xi = 0.3，4 只弯头$$

$$h_3 = 4 \times 0.3 \times \frac{1.37^2}{2 \times 9.8} = 0.115\text{m}$$

（6）倒虹管全部水头损失：

$$H = 0.65 + 0.048 + 0.096 + 0.115 = 0.909\text{m}$$

【例 1-6】凹字型倒虹管：流量与流速条件完全同上例，倒虹管长度为 50m。

【解】（1）用一条水平敷设的工作管线，倒虹管前检查井中设沉泥槽，倒虹管的进出水井各落底 0.50m。查水力计算表得 $D=700\text{mm}$，$Q=510\text{L/s}$，$i=0.00305$，$v=1.30\text{m/s}>0.90\text{m/s}$，同样 $v=1.30\text{m/s}>1.0\text{m/s}$。

（2）倒虹管全部水头损失：

$$h = il + \Sigma\xi\frac{v^2}{2g} = 0.00305 \times 50 + (0.5 + 1.0)\frac{1.30^2}{2 \times 9.8} = 0.282\text{m}$$

1.5.7 管道穿越铁路或公路

（1）管线最好垂直于铁路或公路，以缩短穿越长度。

（2）穿越的管道在可能条件下宜争取敷设在铁路、公路桥下或已有的涵洞中。

（3）穿越铁路或公路的管道，其断面、坡度、流速、流量等设计数据宜与上下游管段相同或相当，高程应相互衔接。但管道结构尺寸应按照相应的外部荷载计算，并经当地有关铁路交通管理部门同意。

（4）被穿越的铁路或公路车流较大、断路困难的，一般采用顶管法或暗挖法施工。车流很小或有副线能够临时通行的，可争取采用开槽法施工。

采用顶管施工时应注意覆土厚度、土质情况、地下水位等条件。管材一般采用专用加固管。管径不小于 900mm（穿越铁路顶管管径一般不小于 1550mm），如上下游管径很小，可在顶管内再敷设一条相同断面的小管，或根据设计流量在顶管内砌筑一个流槽。

（5）压力管或带有侵蚀性的污水管道，在穿越重要的铁路干线或公路时，管道宜设在套管或地沟中，并设事故排出口和为排除套管或地沟内积水的措施。两端设检查井，井位宜在车轮活荷载压力线以外，并在路堤坡脚或路堑顶以外。

（6）顶管或套管管顶与铁路轨底之间的垂直距离应不小于 1.2m，与公路路基底部之间的垂直距离应不小于 0.5m。

管顶穿越铁路见图 1-20。

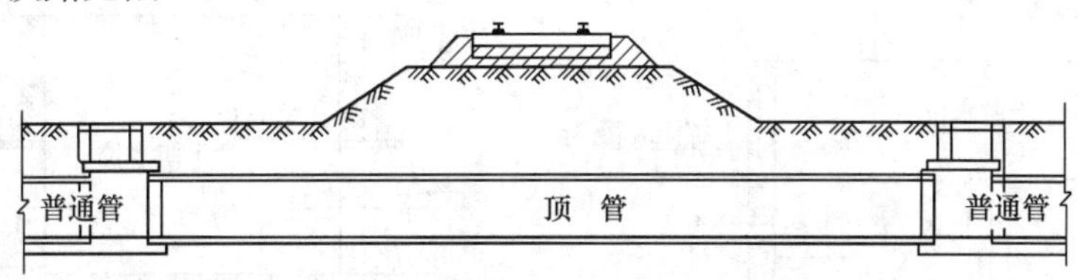

图 1-20 穿越铁路顶加固钢筋混凝土管

1.5.8 出水口

（1）位置：排水管道出水口的位置和形式，应取得当地卫生监督机关、水体管理养护部门的同意；如出水口伸入通航河道时，尚应取得当地航运管理机关的同意。在较大的江河岸边设置出水口时，应保持与取水构筑物、游泳区及家畜饮水区有一定距离。同时也要注意不影响下游居民点的卫生和饮用。在城市河渠的桥、涵、闸附近设置雨水出水口时，应选在它们的下游，并保证结构条件、水力条件所需要的距离。在海岸设置排水出水口时，应考虑潮位变化、水流方向、波浪情况、主导风向、海岸与海底高程的变迁情况、是否有码头驳岸设施、是否为风景游览地区和游泳区、水产情况等等，选择适当的位置高程和形式，以保证出水口的使用安全，不影响水产、水运，保持海岸附近地带的环境卫生。

(2) 高程：雨水出水口内顶最好不低于多年平均洪水位，一般应在常水位以上。

(3) 形式：分淹没式和非淹没式。非淹没式出水口其翼墙可分为一字式和八字式两种，参见《市政排水管道工程及附属设施》06MS201-7。

(4) 防冲措施：采用岸边式出水口时，出水口与岸边的连接部分要建挡土墙和护坡(不要侵占水体过水断面)，底板要采取防冲刷、消能、加固等措施，并视需要设置标志。

(5) 防潮防洪闸：在受潮汐影响的地区，一般应设自动式防潮闸门。在受短期洪水威胁的地区，可设置人工启闭式闸门。在受潮汐影响或洪水威胁的地区，出水口的数量要适当减少，以利控制，防止倒灌。

(6) 砌筑材料：出水口最好用耐浸泡、抗冻胀的材料砌筑，一般用浆砌块石。有冻胀影响地区的出水口，应考虑用耐冻胀材料砌筑，出水口的基础必须设在冰冻线以下。

1.5.9　截流井

1.5.9.1　一般规定

(1) 合流制管道上的截流井，目的是为了将雨污水分离。旱季时因管中只有污水，截流井可以将污水截住，流入污水管中，雨季时将部分雨水与污水截住并流入污水管中，其余超过截流倍数的雨水溢流，排入下游河道。

(2) 截流井的位置，应根据污水截流干管位置、合流管渠位置、溢流管下游水位高程和周围环境等因素确定。

(3) 截流井宜采用槽式，也可采用堰式或槽堰结合式。管渠高程允许时，应选用槽式，当选用堰式或槽堰结合式时，堰高和堰长应进行水力计算。截流井形式示意见图1-21～图1-23。

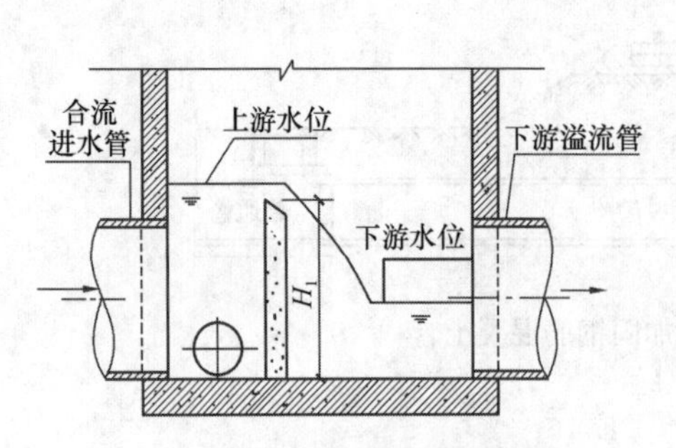

图1-21　堰式截流井示意图

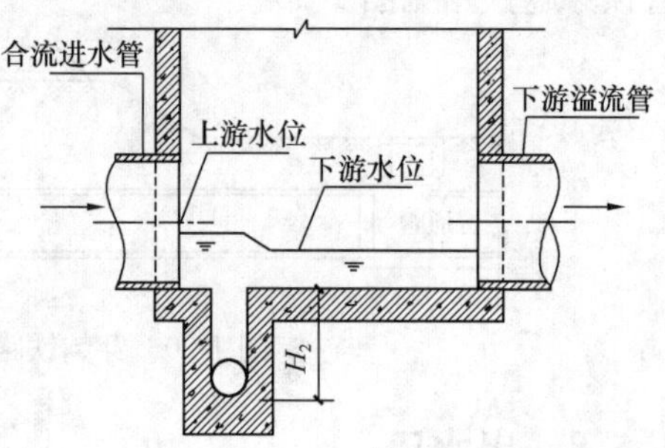

图1-22　槽式截流井示意图

(4) 截流井溢流水位，应在设计洪水位或受纳管道设计水位以上，当不能满足要求时，应设置闸门等防倒灌设施。

(5) 截流井内宜设流量控制设施。

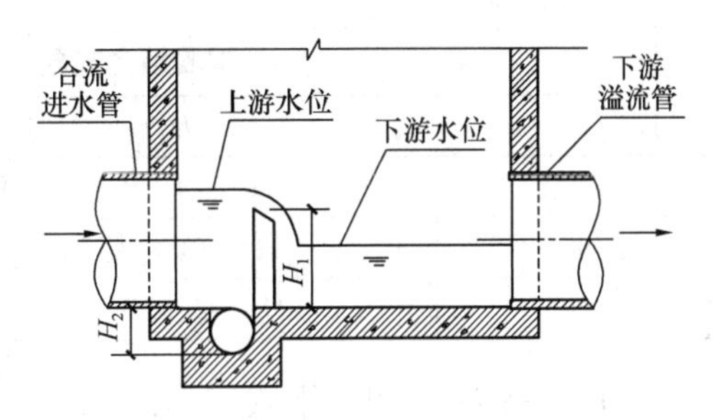

图 1-23 槽堰结合式截流井示意图

1.5.9.2 堰式截流井

当污水截流管管径为 300～600mm 时，堰式截流井内各类堰（正堰、斜堰、曲线堰）的堰高，可按下列公式计算：

(1) d=300mm 时

$$H_1=(0.233+0.013Q_j)\cdot d\cdot k \tag{1-14}$$

(2) d=400mm 时

$$H_1=(0.226+0.007Q_j)\cdot d\cdot k \tag{1-15}$$

(3) d=500mm 时

$$H_1=(0.219+0.004Q_j)\cdot d\cdot k \tag{1-16}$$

(4) d=600mm 时

$$H_1=(0.202+0.003Q_j)\cdot d\cdot k \tag{1-17}$$

其中：

$$Q_j=(1+n_0)\cdot Q_{dr} \tag{1-18}$$

式中 H_1——堰高（mm）；

Q_j——污水截流量（L/s）；

d——污水截流管管径(mm)；

k——修正系数，k=1.1～1.3；

n_0——截流倍数；

Q_{dr}——截流井以前的旱流污水量（L/s）。

1.5.9.3 槽式截流井

当污水截流管管径为 300～600mm 时，槽式截流井的槽深、槽宽，应按下列公式计算：

$$H_2=63.9\cdot Q_j^{0.43}\cdot k \tag{1-19}$$

式中 H_2——槽深（mm）；

Q_j——污水截流量（L/s）；

k——修正系数，k=1.1～1.3。

$$B=d \tag{1-20}$$

式中 B——槽宽（mm）；

d——污水截流管管径（mm）。

1.5.9.4 槽堰结合式截流井

槽堰结合式截流井的槽深、堰高，应按下列公式计算：

(1) 根据地形条件和管道高程允许降落的可能性，确定槽深 H_2。

(2) 根据截流量，计算确定截流管管径 d。

(3) 假设 H_1/H_2 比值，按表 1-29 计算确定槽堰总高 H。

槽堰结合式截流井的槽堰总高计算表　　表 1-29

d（mm）	$H_1/H_2 \leqslant 1.3$	$H_1/H_2 > 1.3$
300	$H=(4.22Q_j+94.3)\cdot k$	$H=(4.08Q_j+69.9)\cdot k$
400	$H=(3.43Q_j+96.4)\cdot k$	$H=(3.08Q_j+72.3)\cdot k$
500	$H=(2.22Q_j+136.4)\cdot k$	$H=(2.42Q_j+124.0)\cdot k$

（4）堰高 H_1，可按下式计算：

$$H_1=H-H_2 \tag{1-21}$$

式中　H_1——堰高（mm）；

H——槽堰总高（mm）；

H_2——槽深（mm）。

（5）校核 H_1/H_2 是否符合（3）的假设条件，如不符合则改用相应公式重复上述计算。

（6）槽宽计算同公式（1-20）。

1.6　雨　水　调　蓄

雨水干管附近有能利用的天然洼地、池塘、河流等可以蓄洪调节的，或有条件建造人工调蓄池的地方，宜考虑对雨水高峰流量进行调节，可降低雨水调节池下游管渠的造价，雨水调蓄还是解决原有排水系统流量不足的最好措施。

雨水调蓄池的构造有溢流堰式、底部流槽式和中部侧堰式（见图 1-24、图 1-25）。溢流堰式适用于陡坡地段；底部流槽式适用于平坦地形而沟道埋深较大的情况；中部侧堰式适用于平坦地形而沟道埋深不大的情况，其调节水量需用泵抽升排除。

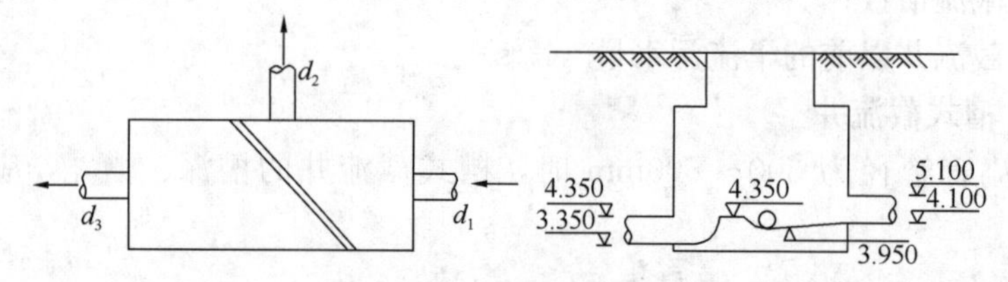

图 1-24　侧堰式溢流井

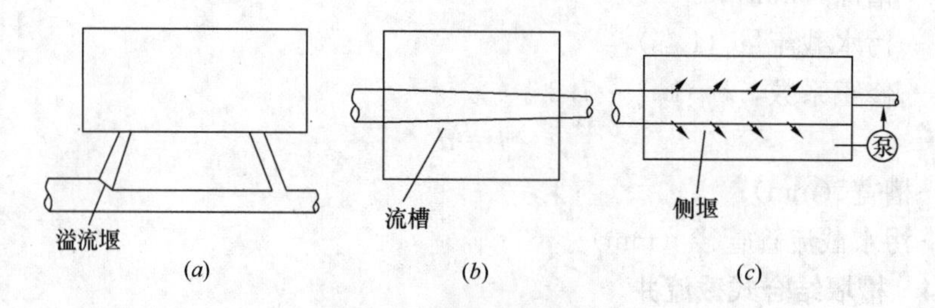

图 1-25　调蓄池构造布置

（a）溢流堰式；（b）底部流槽式；（c）中部侧堰式

需要控制面源污染、削减排水管道峰值流量防治地面积水、提高雨水利用程度时，宜设置雨水调蓄池。

（1）用于合流制排水系统的径流污染控制时，雨水调蓄池的有效容积，可按下式计算：

$$V=3600\ t_i\ (n-n_0)\ Q_{dr}\ \beta \tag{1-22}$$

式中 t_i——调蓄工程进水时间（h），宜采用 0.5～1h，当合流制排水系统雨天溢流污水水质在单次降雨事件中无明显初期效应时，宜取上限；反之，可取下限；

n——调蓄工程建成运行后的截流倍数，由要求的污染负荷目标削减率、当地截流倍数和截流量占降雨量比例之间的关系求得；

n_0——系统原截流倍数；

Q_{dr}——截流井以前的旱流污水量（m^3/s）；

β——安全系数，可取 1.1～1.5。

（2）用于分流制排水系统的径流污染控制时，雨水调蓄池的有效容积，可按下式计算：

$$V=10DF\psi\beta \tag{1-23}$$

式中 D——调蓄量（mm），按降雨量计，可取 4～8mm；

F——汇水面积（hm^2）；

ψ——径流系数；

β——安全系数，可取 1.1～1.5。

（3）用于削减排水管道洪峰流量时，雨水调蓄池的有效容积，可按下式计算：

$$V=\left[-\left(\frac{0.65}{n^{1.2}}+\frac{b}{t}\cdot\frac{0.5}{n+0.2}+1.10\right)\cdot \lg(\alpha+0.3)+\frac{0.215}{n^{0.15}}\right]\cdot Q\cdot t \tag{1-24}$$

式中 α——脱过系数，取值为调蓄池下游设计流量和上游设计流量之比；

Q——调蓄池上游设计流量（m^3/min）；

b、n——暴雨强度公式参数；

t——降雨历时（min），根据公式（1-8）计算。

脱过流量法适用于高峰流量入池调蓄，低流量时脱过。公式（1-24）适用于 $q=A/(t+b)^n$、$q=A/t^n$、$q=A/(t+b)$ 三种降雨强度公式。

用于控制径流污染的初期雨水蓄流池出水应接入污水管网输送至污水处理厂处理后排放，当下游污水处理系统不能满足初期雨水蓄流池放空要求时，应设置初期雨水蓄流池出水处理装置处理后排放。处理排放标准应考虑受纳水体的环境容量后确定。

雨水调蓄池应在降雨前放空，放空时间一般不应超过 12h。雨水调蓄池放空可采用重力放空、水泵压力放空和两者相结合的方式。有条件时，应采用重力放空。出水管管径应根据放空时间确定，且出水管排水能力不应超过市政管道排水能力。当采用重力放空和水泵压力放空相结合的放空方式时，应合理确定放空水泵启动的设计水位，避免在重力放空的后半段放空流速过小，影响调蓄池的放空时间。

依靠重力排放的调蓄设施，其出口流量随设施上下游水位的变化而改变，出流过程线也随之改变。因此，确定调蓄设施的容积时，应考虑出流过程线的变化。

采用管道重力就近出流的调蓄池，出口流量应按下式计算：

$$Q=C_dA\sqrt{2g(\Delta H)} \tag{1-25}$$

式中 Q——调蓄设施出口流量（m^3/s）；

C_d——出口管道流量系数，取0.62；

A——调蓄设施出口截面积（m^2）；

g——重力加速度（m^2/s）；

ΔH——调蓄设施上下游的水力高差（m）。

采用管道重力就近出流的调蓄池，放空时间应按下式计算：

$$t=\int_{h_1}^{h_2}\frac{A_t}{C_d A\sqrt{2gh}}dh \tag{1-26}$$

式中　h_1——放空前调蓄设施水深（m）；

h_2——放空后调蓄设施水深（m）；

A_t——t时刻调蓄设施表面积（m^2）。

采用公式（1-26）时，还需事先确定调蓄设施表面积A_t随水位h变化的关系。

公式（1-25）、公式（1-26）仅考虑了调蓄设施出口处的水头损失，没有考虑出流管道引起的沿程和局部水头损失，因此仅适用于调蓄设施出水就近排放的情况。当排放口离调蓄设施较远时，应根据管道直径、长度和阻力情况等因素计算出流速度，并通过积分计算放空时间。

采用水泵压力放空的调蓄池，放空时间可按下式计算：

$$t_0=\frac{V}{3600Q'\eta} \tag{1-27}$$

式中　t_0——放空时间（h）；

Q'——下游排水管道或设施的受纳能力（m^3/s）；

η——排放效率，一般可取0.3～0.9。

当采用水泵放空时，应综合考虑下游管道和相关设施的受纳能力的变化、水泵能耗、水泵启闭次数等因素，设置排放效率η，当排放至受纳水体时，相关的影响因素较少，η可取大值；当排放至下游污水管网时，其实际受纳能力可能由于地区开发状况和系统运行方式的变化而改变，η宜取较小值。

【例1-7】已知$Q=1.2m^3/s$，$t=20min$，脱过调蓄池的流量$Q'=0.36m^3/s$，暴雨公式参数$b=8$，$n=0.7$，计算调蓄池的容积V。

【解】计算：

$$\alpha=\frac{0.36}{1.2}=0.3$$

$$V=\left[-\left(\frac{0.65}{0.7^{1.2}}+\frac{8}{20}\times\frac{0.5}{0.7+0.2}+1.10\right)\lg(0.3+0.3)+\frac{0.215}{0.7^{0.15}}\right]\times1.2\times20\times60$$

$$=[(-2.319)\times(-0.222)+0.227]\times1440$$

$$=0.742\times1440$$

$$=1068m^3$$

1.7　立　交　排　水

1.7.1　特点

立交排水与一般道路排水不同，具有以下特点：

(1) 高程上的不利条件：无论公路立交或铁路立交，位于下边的道路，其最低点往往比周围干道低约2～3m，形成盆地，且纵坡很大，雨水很快就汇集到立交最低点，极易造成严重积水。

(2) 交通上的特殊性：立交多设在交通频繁的主要干道上，防止积水，确保车辆通行，自然成为排水设计应考虑的主要原则，因此排水设计标准要高于一般道路。

(3) 养护管理上的要求：由于立交道路一般车辆多，速度快，对排水管道的养护管理、雨水口的清淤，带来一定困难，设计上应适当考虑养护管理的便利。

(4) 地下水排除问题：当地下水位高于设计路基时，为避免地下水造成路基翻浆和冻胀，需要同时考虑地下水的排除问题。

1.7.2 一般规定

(1) 汇水面积：汇水面积应包括引道、坡道、匝道、跨线桥、绿地以及建筑红线以内的适当面积（约10m），见图1-26。

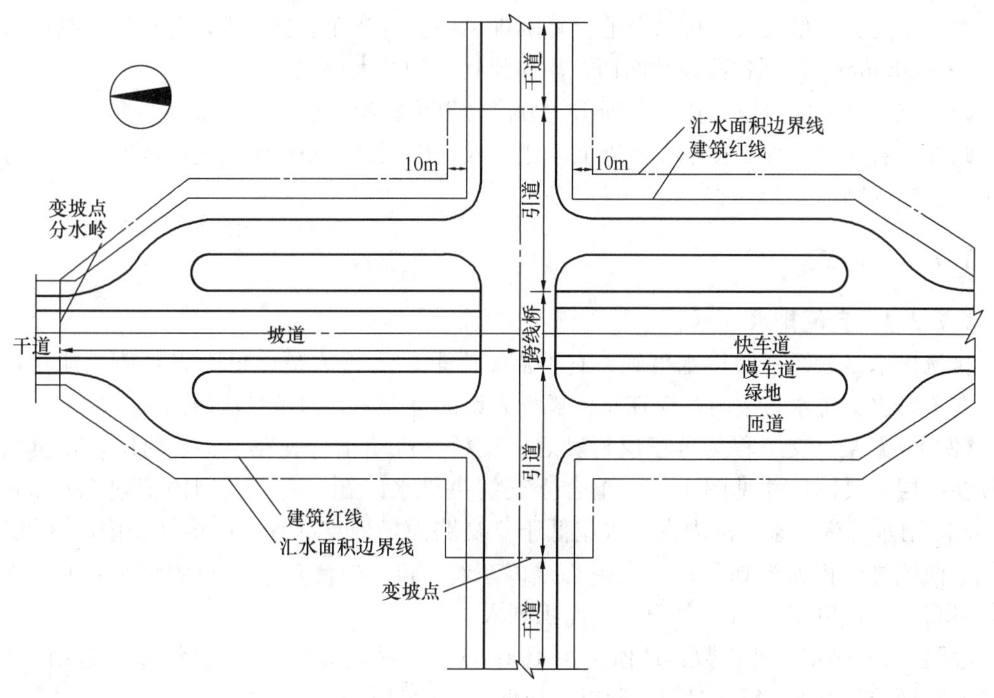

图1-26 立交排水汇水面积

立交的类别和形式较多，每座立交的组成部分也不完全相同，但对于划分汇水面积，应当提出一个共同的要求：尽量缩小其汇水面积，以减小流量，在条件许可的情况下，应争取将属于立交范围的一部分面积，划归附近另外系统，或采取分散排放且互不连通的原则，即高水高排（地面高的水接入较高的排水系统，可自流排出）、低水低排（地面低的水接入另一个较低的排水系统，不能自流排除者，经泵站抽升）；高、低两个排水系统互不连通。应采取有效地防止高水进入低水系统的拦截措施，以免使雨水都汇集到最低点，一时排泄不及，造成积水。

(2) 雨水流量公式：见公式（1-6）。

(3) 设计参数：重现期 P、径流系数 ψ、集水时间 t，见 3.4 节下穿式立体交叉道路排水泵站。

(4) 雨水口布置：立交的雨水口，一般沿坡道两侧对称布置，越接近最低点，雨水口设置越多，雨水口设置数量经计算确定。面积较大的立交，除坡道外在引道、匝道、绿地中的适当距离和位置也都应布置一些雨水口。处于最高位置的跨线桥、高架道路，为了不使雨水径流过长的距离，往往采用泄水孔或雨水口排水，通过立管引至地面排水系统的雨水口或检查井中。泄水孔或雨水口的入口应设置格网。

雨水口布置的数量，应与设计流量相符合，并应考虑到树叶杂草等堵塞的不利情况，一般在计算出雨水口的总数后，还应视重要性乘以 1.5～3.0 的安全系数。

雨水口的泄水能力：见第 1.5.5 节。

(5) 管道布置及断面选择：立交排水管道的布置，应与其他市政管道综合考虑，要避开与立交桥基础和与其他市政设施的矛盾。如不能避开时，应从结构上考虑加固、加设柔口或改用管材等，以解决承载力和不均匀下沉问题。

由于立交交通量较大，排水管道检修困难，一般将断面适当加大，起点最小断面应不小于 D=400mm，以下各段设计断面，均应比计算的加大一级。

(6) 立交排水应采取分流制，即雨污分流，以免影响环境卫生。

此外，若立交工程是在平交基础上改建而成，应在修建新排水系统的同时，解决好旧系统的改建问题。

1.7.3 形式

1.7.3.1 自流排水

自流排水是最经济的排水措施，它不需要专职的管理人员，也不需要消耗能量，因此，在考虑立交排水方案时，应在总体规划允许的范围内，力争自流排出。

【例 1-8】某立交工程为分三层行驶之立交桥，机动车行驶在上、下两层，非机动车行驶在中层。具体尺寸见图 1-27。配合立交解决排水问题。立交范围内拟建 3200mm×2500mm 雨水方沟一条，沟内设计水位低于立交路面最低点高程，可将立交中心区北侧、南侧、西侧之面积就近划入；立交中心线以东约 250m 处，有已建 DN1800 雨水干管一条，可将中心线以东 80m 以外引道之面积划入。

【解】(1) 确定设计参数：P 值选用 10a；ψ 值：绿地选用 0.2；红线以内选用 0.55；混凝土路面选用 0.9。集水时间（起点至最低点）t 采用 8min。

(2) 采用公式：

1) 求设计流量　　$Q=q\psi F$ (L/s)

[当 P=10a、t=8min，q=505L/(s·hm^2)]

2) 求雨水口数量时，安全系数取 1.5。

(3) 计算：

中心区北侧：

混凝土路面面积：1.17hm^2

流量：1.17×505×0.9=532L/s

绿地面积：0.08hm^2

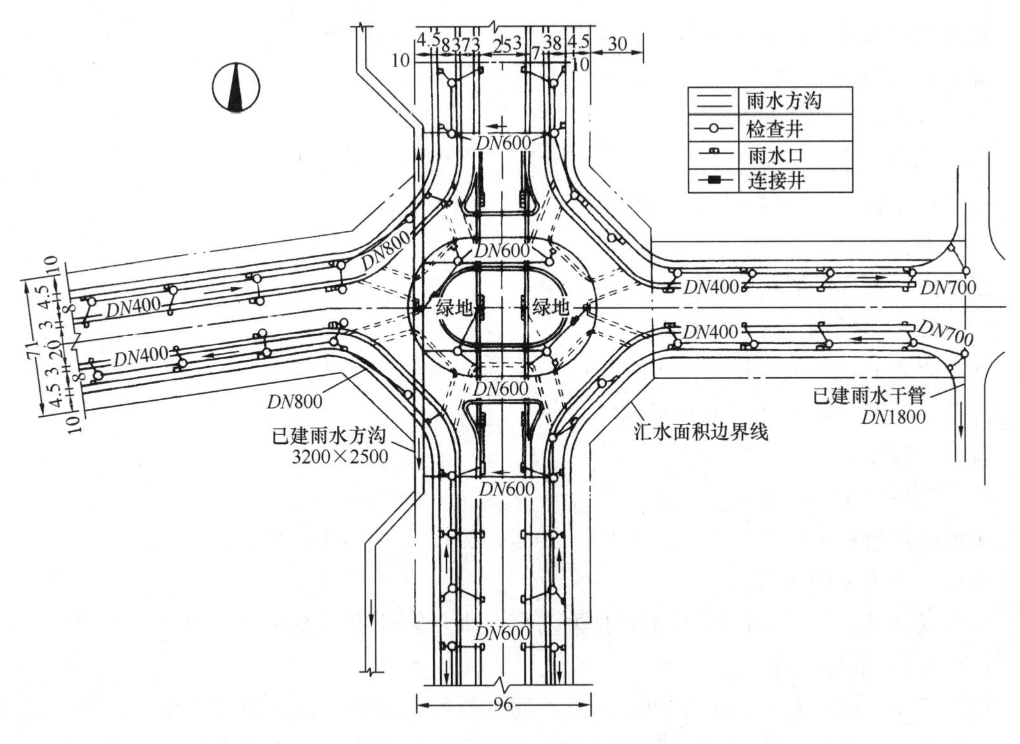

图 1-27 立交自流排水总平面

（单位：断面为 mm，距离为 m）

流量：0.08×505×0.2=8L/s

红线以内面积：0.15hm²

流量：0.15×505×0.55=42L/s

中心区北侧雨水口数量：1/2 流量为单箅，1/2 流量为多箅：

单箅数量：1/2×（532+8+42）/20×1.5=21.8 个（选用 22 个）

双箅数量：1/2×（532+8+42）/35×1.5=12.5 个（选用 13 个）

中心区南侧：

混凝土路面面积：1.36hm²

流量：1.36×505×0.9=618L/s

绿地面积：0.08hm²

流量：0.08×505×0.2=8L/s

红线以内面积：0.23hm²

流量：0.23×505×0.55=64L/s

单箅、双箅各按流量的 1/2 计：

单箅数量：1/2×（618+8+64）/20×1.5=25.9 个（选用 26 个）

双箅数量：1/2×（618+8+64）/35×1.5=14.8 个（选用 15 个）

雨水方沟以西：

混凝土路面面积：1.09hm²

流量：1.09×505×0.9=495L/s

红线以内面积：0.38hm^2

流量：0.38×505×0.55＝106L/s

雨水方沟以西雨水口数量：

双箅选用3个

单箅选用数量：(495＋106－35×3) /20×1.5＝37.2（选用38个）

雨水方沟东侧：

混凝土路面面积：0.9hm^2

流量：0.9×505×0.9＝409L/s

红线以内面积：0.31hm^2

流量：0.31×505×0.55＝86L/s

雨水口数量：

双箅选用2个

单箅选用数量：(409＋86－35×2) /20×1.5＝31.9（选用32个）

雨水口布置见图1-27。

雨水管计算：计算方法同1.3节有关内容，雨水管位置分设在慢车道上。

1.7.3.2 蓄排结合

降雨初期，雨水首先流入初期雨水池，使水质较脏的初期雨水得以截留，初期雨水池水位上涨到设计水位，初期雨水收集完毕，浮筒阀自动关闭，雨水进入泵站，泵站开始运行，将雨水提升后排河，当雨量较大超过泵站抽升能力，泵站水位上升至最高水位时，雨水通过调蓄池溢流孔进入雨水调蓄池进行调蓄。初期雨水池及雨水调蓄池在每场雨后及时排空。流程示意见图1-28。

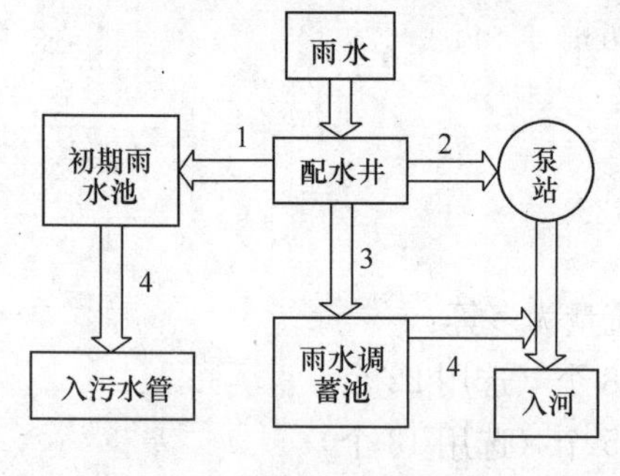

图1-28 蓄排结合流程示意图

【例1-9】 北京某下穿铁路立交工程（见图1-29）采用蓄排结合形式解决立交排水问题，求泵站流量，调蓄池容积。

【解】（1）确定参数：排水系统设计重现期 P 选择30a（根据下游河道情况，泵站重现期 P 选择5a，洪峰流量通过调蓄池削减）；道路径流系数取0.95，管道粗糙系数取0.013；用于控制径流污染调蓄量取8mm，安全系数取1.5。

（2）计算：

1）集水时间：$t_1=1.445\left(\frac{n \cdot L}{\sqrt{i}}\right)^{0.467}$

道路坡度2%，坡长250m，$t=1.445\times\left(\frac{0.013\times250}{\sqrt{0.02}}\right)^{0.467}=6.2\text{min}$

2）排水系统流量计算：$Q_s=q\Psi F$

$t=6.2\text{min}$，$P=30\text{a}$时，$q=638.9\text{L/(s}\cdot\text{hm}^2)$，$P=5\text{a}$时，$q=475.3\text{L/(s}\cdot\text{hm}^2)$

汇水面积5hm^2，则：

排水系统设计流量 $Q=638.9\times0.95\times5=3035\text{L/s}$

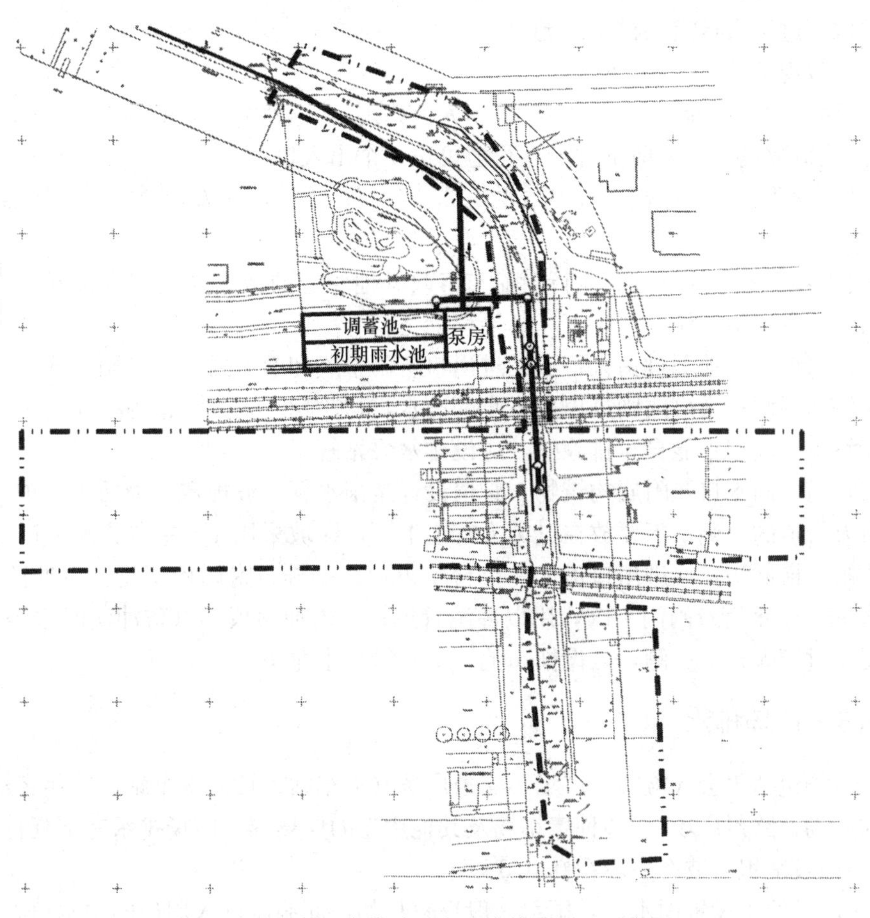

图 1-29 某下穿铁路立交雨水排除平面示意图

泵站设计流量 $Q=475.3\times0.95\times5=2258$L/s

泵站及调蓄池进水管选择 $D=1800$mm，泵站出水管选择 $D=1600$mm

3）雨水口计算：立交低点采用联合式雨水口，单算流量 20L/s，安全系数取 1.5，雨水口数量为 $3035/20\times1.5=228$ 个

4）调蓄池容积计算：初期雨水池容积计算：$V=10DF\Psi\beta$

初期雨水池容积 $V=10\times8\times5\times0.95\times1.5=570\text{m}^3$

雨水调蓄池容积计算：

$$V=\left[-\left(\frac{0.65}{n^{1.2}}+\frac{b}{t}\cdot\frac{0.5}{n+0.2}+1.10\right)\cdot\lg(\alpha+0.3)+\frac{0.215}{n^{0.15}}\right]\cdot Q\cdot t$$

（暴雨公式参数 $b=8$，$n=0.642$）

雨水调蓄池容积：

$$V=\left[-\left(\frac{0.65}{0.642^{1.2}}+\frac{8}{6.2}\times\frac{0.5}{0.642+0.2}+1.10\right)\cdot\lg(0.74+0.3)+\frac{0.215}{0.642^{0.15}}\right]\times182.1\times6.2$$
$$=202\text{m}^3$$

1.7.4 地下通道排水

在立交范围内，为免除行人过街的危险，还需要在两侧修建地下过街人行道，相应地

就需考虑地下过街人行道的排水问题。

（1）一般规定：

1）断面：地下过街人行道断面，根据人流确定，一般宽4～5m，高2.2～2.5m。

2）出入口数量：每个地下过街人行道可设4个出入口。

3）设计参数：设计重现期等参数见1.3.3章节；地下过街人行道本身的保洁污水量，按每天冲洗一次计，共$2m^3$。

4）覆土：为考虑地下过街人行道能与市政其他管道的敷设高程配合很好，覆土一般宜在路面以下1.5m左右。

（2）排水形式：地下过街人行道的进出口有雨罩式和敞口式两种，雨罩式没有雨水问题，只排保洁污水；敞口式则进出口本身的雨水将顺阶梯流入人行道内，应将雨水和清扫污水一并解决。高程不能自流排除时，应设排水泵站解决。

（3）管道、雨水口及附属构筑物：管道设计按雨水管一般规定，为便于养护，管道应埋在过街人行道的一侧，不要放在过街人行道下面，纵坡采用1%左右。雨水口可选用小号箅子或雨水横截沟，在进出口最末一个台阶下，设一排。附属构筑物：设冲洗井一座，内安装*DN*50给水管及闸门一个，用以冲洗管道；井内加闸板，以防冲洗时水溢流倒灌；工具间设于过街人行道一侧，内设拖布池、给水管、水龙头。

1.7.5 广场排水

（1）广场包括集会（检阅）广场、交通广场（火车站、长途汽车站、轮船客运站、候机楼前的广场、路口广场）、各种停车场及其他用途的广场等。广场排水有下列特点：

1）地面较平坦，坡度一般在0.005以下。

2）场内不便于设置雨水口，雨水一般靠较长的地面淌流进入周边的雨水口。

3）使用性质重要，不允许造成较严重的积水。

广场内还可能有附设的管理人员用房和临时公用厕所的生活污水，宜采用分流制。

（2）汇水面积划分：广场应尽量选择（或平整成）有利地形，防止客水流入。汇水面积按分散的原则划分，见图1-30。在建筑群中改建的广场，应对原有排水系统进行详细了解，统筹安排，不使其雨水威胁广场。

（3）竖向布置：宜尽可能设计成龟背式，向四周分散排水，减小径流长度和汇流水层厚度，见图1-31。广场较小或地形受到限制时，也可设计成坡向两侧或坡向一侧的形式，见图1-32。

（4）管线位置：管线位置应尽量安排在广场周边汇水线上，但要考虑与树木保持一定的距离，以防树根钻入，堵塞管道。

（5）管道断面：采用的断面一般与道路上的雨水管相同。为了更多地截留雨水或当覆土不够时，也可采用加箅明渠，有铁箅和钢筋混凝土箅两种，根据具体情况选用。经常过车的箅子，下面应加橡胶垫，以防振动。

（6）雨水口：广场雨水口有条件时宜对称布置，但要避开广场的出入口。应当选用泄水量大、构造坚固、造型美观的箅子。在立面进水时，也应加设箅子，以免树叶杂物进入。广场面积较大，径流系数较高，设置数量宜较计算的适当加多。由于比较集中，常以组为单位进行布置，组与组之间的距离，根据水力计算确定。

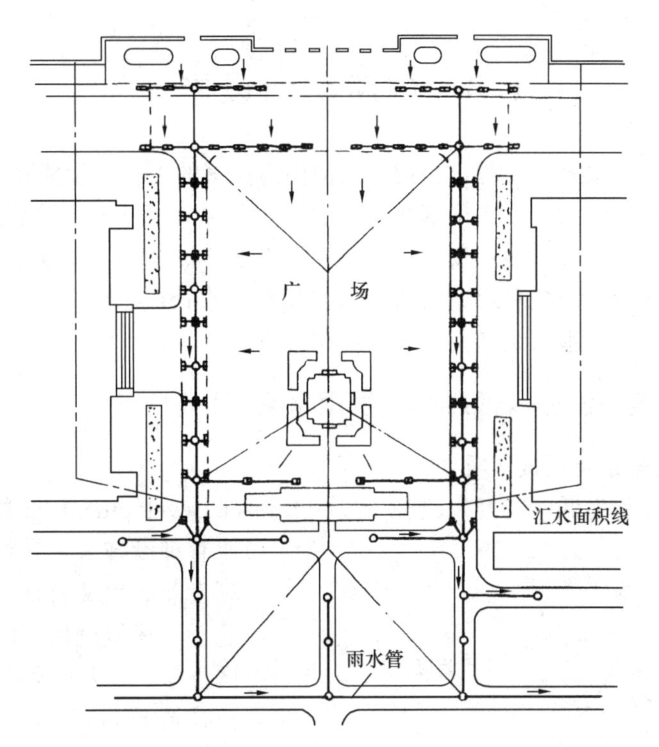

图 1-30 广场汇水面积划分及管线雨水口布置

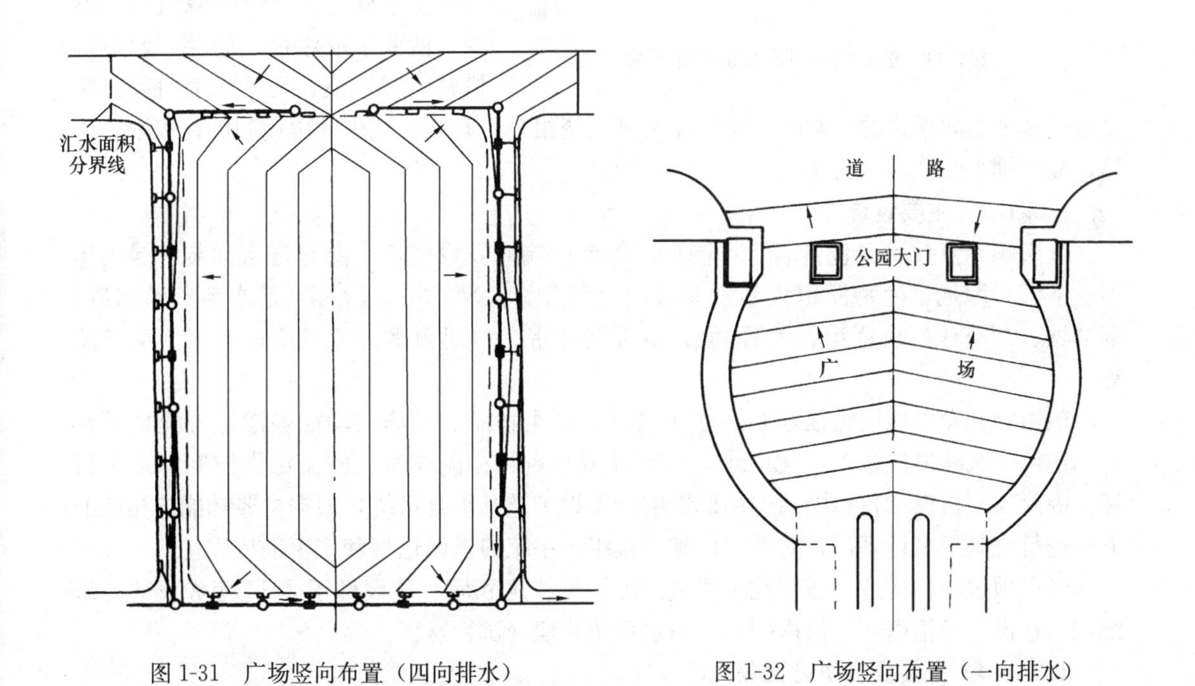

图 1-31 广场竖向布置（四向排水）

图 1-32 广场竖向布置（一向排水）

(7) 沉泥井：宜在管道的一定距离设沉泥井。

(8) 排水出路：就近接入雨水干管或水体，必要时应核算出口水位，防止发生倒灌。

(9) 设计参数：重现期见表 1-9、表 1-10，径流系数见表 1-11。

1.8　内涝防治设施

城镇内涝防治是一项系统工程，是用于防治内涝灾害的工程性设施和非工程性措施的总和，应涵盖从雨水径流的产生到末端排放的全过程控制，其中包括产流、汇流、调蓄、利用、排放、预警和应急等，而不仅仅包括传统的排水管渠设施。城镇内涝防治系统包含源头控制设施、排水管渠设施和综合防治设施（超标雨水径流系统），分别与国际上常用的低影响开发设施、小排水系统和大排水系统相对应。

1.8.1　源头控制设施（低影响开发雨水系统）

1.8.1.1　一般规定及组成

源头控制设施又称为低影响开发设施（Low Impact Development，LID）和分散式雨水管理设施等，其核心是维持场地开发前后水文特征不变，包括径流总量、峰值流量、峰现时间等（见图 1-33）。从水文循环角度，要维持径流总量不变，就要采取渗透、储存等方式，实现开发后一定量的径流量不外排；要维持峰值流量不变，就要采取渗透、储存、调节等措施削减峰值、延缓峰值时间。主要通过多种不同形式的低影响开发设施及其系统组合，有效地减少降雨期间的地表水径流量，减轻排水管渠设施的压力。

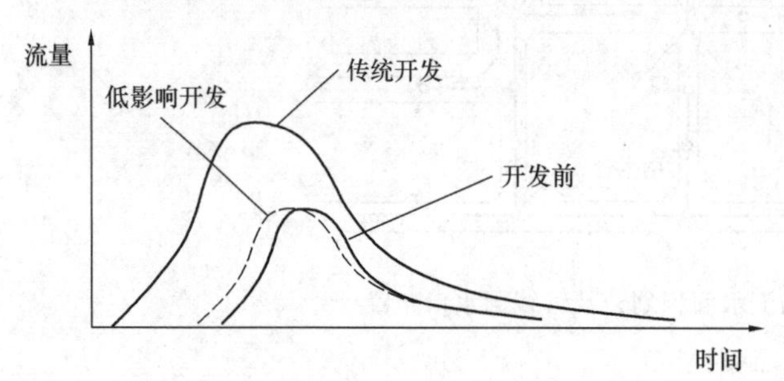

图 1-33　低影响开发水文原理示意图

1.8.1.2　主要设施

低影响开发技术又包含若干不同形式的低影响开发设施，主要有透水铺装、绿色屋顶、下沉式绿地、生物滞留设施、渗透塘、渗井、湿塘、雨水湿地、蓄水池、雨水罐、调节塘、调节池、植草沟、渗管/渠、植被缓冲带、初期雨水弃流设施、人工土壤渗滤等。

低影响开发单项设施往往具有多个功能，如生物滞留设施的功能除渗透补充地下水外，还可削减峰值流量、净化雨水，实现径流总量、径流峰值和径流污染控制等多重目标。因此应根据设计目标灵活选用低影响开发设施及其组合系统，根据主要功能按相应的方法进行设施规模计算，并对单项设施及其组合系统的设施选型和规模进行优化。

各单项设施的构造、适用性及优缺点可详见住房和城乡建设部于 2014 年颁发的《海绵城市建设技术指南——低影响开发雨水系统构建（试行）》。

1.8.1.3　主要设施功能比较

低影响开发设施往往具有补充地下水、集蓄利用、削减峰值流量及净化雨水等多个功能，可实现径流总量、径流峰值和径流污染等多个控制目标，因此应根据城市总体规划、专项规划及详细规划明确控制目标，结合汇水区特征和设施的主要功能、经济性、适用性、景观效果等因素灵活选用低影响开发设施及其组合系统。

地区开发和改建时，宜保留天然可渗透性地面。雨水入渗场所应不引起地质灾害及损害建筑物，在可能造成陡坡坍塌、滑坡灾害的场所或自重湿陷性黄土、膨胀土和高含盐土等特殊土壤地质场所不得采用雨水入渗系统。

各单项设施的功能比较详见表 1-30。

低影响开发设施功能比较 **表 1-30**

单项设施	功能					控制目标			处置方式		经济性		污染物去除率（以SS计,%）	景观效果
	集蓄利用雨水	补充地下水	削减峰值流量	净化雨水	转输	径流总量	径流峰值	径流污染	分散	相对集中	建造费用	维护费用		
透水砖铺装	○	●	◎	◎	○	●	◎	◎	√	—	低	低	80～90	—
透水水泥混凝土	○	○	◎	◎	○	◎	◎	◎	√	—	高	中	80～90	—
透水沥青混凝土	○	○	◎	◎	○	◎	◎	◎	√	—	高	中	80～90	—
绿色屋顶	○	○	◎	◎	○	●	◎	◎	√	—	高	中	70～80	好
下沉式绿地	○	●	◎	◎	○	●	◎	◎	√	—	低	低	—	一般
简易型生物滞留设施	○	●	◎	◎	○	●	◎	◎	√	—	低	低	—	好
复杂型生物滞留设施	○	●	◎	●	○	●	◎	●	√	—	中	低	70～95	好
渗透塘	○	●	◎	◎	○	●	◎	◎	—	√	中	中	70～80	一般
渗井	○	●	◎	◎	○	●	◎	◎	√	√	低	低	—	—
湿塘	●	○	●	◎	○	●	●	◎	—	√	高	中	50～80	好
雨水湿地	●	○	●	●	○	●	●	●	√	√	高	中	50～80	好
蓄水池	●	○	◎	◎	○	●	◎	◎	—	√	高	中	80～90	—
雨水罐	●	○	◎	◎	○	●	◎	◎	√	—	低	低	80～90	—
调节塘	○	○	●	◎	○	○	●	◎	—	√	高	中	—	一般
调节池	○	○	●	○	○	○	●	○	—	√	高	中	—	—
转输型植草沟	◎	○	○	◎	●	◎	○	◎	√	—	低	低	35～90	一般
干式植草沟	○	●	○	◎	●	●	○	◎	√	—	低	低	35～90	好
湿式植草沟	○	○	○	●	●	○	○	●	√	—	中	低	—	好
渗管/渠	○	◎	○	○	●	◎	○	◎	√	—	中	中	35～70	—
植被缓冲带	○	○	○	●	—	○	○	●	√	—	低	低	50～75	一般
初期雨水弃流设施	◎	○	○	●	—	○	○	●	√	—	低	中	40～60	—
人工土壤渗滤	●	○	○	●	—	○	○	◎	—	√	高	中	75～95	好

注：●——强；◎——较强；○—弱或很小。

1.8.2　排水管渠设施

城镇内涝防治系统中排水管渠设施应包括分流制雨水管渠、合流制排水管渠、泵站（详见第3章）以及雨水口、检查井、管渠调蓄设施等附属设施。

将雨水径流的高峰流量暂时储存在调蓄设施中，待流量下降后，再从调蓄设施中将水排出，可以削减峰值流量，降低下游雨水干管的管径，提高地区的排水标准和防涝能力，减少内涝灾害。

设置于排水管渠之外的源头调蓄设施和深层排水隧道也具有调节雨水峰值流量的功能。

管渠调蓄设施的建设应和城市景观、绿化、排水泵站等设施统筹规划、相互协调，并应利用现有河道、池塘、人工湖、景观水池等设施建设雨水调蓄池以削减排水管渠的峰值流量，可降低建设费用，取得良好的经济效益和社会效益。

管渠调蓄设施用于削减排水管道的洪峰流量时，其有效容积应通过比较其上下游的流量过程线，运用数学模型计算确定。当缺乏上下游的流量过程线资料时，可采用脱过系数法计算，详见1.6节。

1.8.3　综合防治设施（超标雨水径流系统）

综合防治设施的建设应以城镇总体规划和内涝防治专项规划为依据，结合地区降雨规律和暴雨内涝风险等因素，统筹规划，合理确定建设规模。

综合防治设施包含道路、河道及城镇水体（详见第2章）、绿地及广场以及调蓄隧道等设施，其承担着在暴雨期间调蓄雨水径流、为雨水提供行泄通道和最终出路等重要任务，是满足城镇内涝防治设计重现期标准的重要保障。综合防治设施的建设，应遵循低影响开发的理念，充分利用自然蓄排水设施，发挥河道行洪能力和水库、洼地、湖泊调蓄洪水的功能，合理确定排水出路。

综合防治设施具有多种功能时，应在规划和设计阶段对各项功能加以明确并相互协调，优先保障降雨和内涝发生时人民的生命和财产安全，维持城镇安全运行。

1.8.3.1　绿地调蓄

绿地调蓄工程的分类根据调蓄空间设置方法的不同分为生物滞留设施和浅层雨水调蓄池。生物滞留设施是利用绿地本身建设的调蓄设施，包括下凹式绿地、雨水花园等；浅层雨水调蓄池是采用人工材料在绿地下部浅层空间建设的调蓄设施，以增加对雨水的调蓄能力，此类绿地调蓄设施适用于土壤入渗率低、地下水位高的地区。

城市道路、广场、停车场和滨河空间等宜结合周边绿地空间建设调蓄设施，并应对硬化地面产生的地表径流进行调蓄控制。可结合道路红线内外的绿化带、广场和停车场等开放空间的场地条件和绿化方案，分散设置雨水花园、下凹式绿地和生态树池等小规模调蓄设施；滨河空间可建设干塘等大规模调蓄设施。

不同类型绿地调蓄设施的调蓄量应根据雨水设计流量和调蓄工程的主要功能，经计算确定。当调蓄设施具备多种功能时，总调蓄量应为按各功能计算的调蓄量之和，调蓄高度和平面面积等参数应根据设施类型和场地条件确定。

1.8.3.2 广场调蓄

广场调蓄指利用城市广场、运动场、停车场等空间建设的多功能调蓄设施，以削减峰值流量为主，通过与城市排水系统的结合，在暴雨发生时发挥临时的调蓄功能，提高汇流区域的排水防涝标准，无降雨发生时广场发挥其主要的休闲娱乐功能，发挥多重效益。

为减少污染物随雨水径流汇入广场，应在广场调蓄设施入口处设置格栅等拦污设施。

为防治雨水对广场空间造成冲刷侵蚀，避免雨水长时间滞留和难以排空，广场调蓄应设置专用的雨水进出口。

广场调蓄设施应设置警示牌，标明该设施发挥调蓄功能的启动条件、可能被淹没的区域和目前的功能状态，并应设置预警预报系统。

1.8.3.3 调蓄隧道

内涝易发、人口密集、地下管线复杂、现有排水系统改造难度较大的地区，可设置调蓄隧道系统。用于削减峰值流量、控制降雨初期的雨水污染或控制合流溢流污染。

调蓄隧道的设计，应在城市管理部门对地下空间的开发和管理统一部署下进行，与城市地下空间利用与开发规划相协调，合理实施。

调蓄隧道的主要功能包括：提高区域的排水标准和防洪标准，降低水浸风险；大幅度削减降雨初期雨水，实现污染控制。所以，调蓄隧道的调蓄容量应在满足该地区的城镇排水与污水处理规划的前提下，依据内涝防治总体要求，结合调蓄隧道的功能设置综合确定。

调蓄隧道系统应由综合设施、管渠、出口设施、通风设施和控制系统组成。

1.9 管线综合规划

1.9.1 一般规定

(1) 城市道路范围内的工程管线应与城市道路的建设或改造同步规划、设计和实施。

(2) 城市快速路/主干路主线的车行道下不应/不宜布置纵向地下管线设施，横穿快速路/主干路的地下管线设施应将检查井设置在车行道路面以外。位于其他道路机动车道下的管线检查井盖宜避让车轮行驶轨迹。

(3) 工程管线在道路上的规划位置宜相对固定。道路路口范围的地下管线布置宜根据路口渠化形式相应调整。

(4) 各种专业管线应在道路红线或规划的城市绿化隔离带范围内布置。同时考虑避让树木、路缘石、路灯基础和交通标志。

(5) 城市道路下的工程管线宜与道路中心线平行敷设。同一管线在一条道路内不宜占用多个路由。

(6) 工程管线在道路下面的规划位置，宜优先布置在人行道或非机动车道下面。给水输水、燃气输气、雨污水等工程管线可布置在非机动车道或机动车道下面。

(7) 要合理预留过路支线和过路套管。

(8) 城市工程管线综合规划应以城市地下管网的专项规划为依据，既要节约用地，也应考虑近远期结合，为远期扩建预留条件。

(9) 道路下实施的管线种类和规模，由各专业管线专项规划确定；各专业管线的位置，应与管线综合规划相一致。

(10) 再生水管线与给水管线不宜相邻布置。

(11) 检查井盖宜避免与路缘石发生矛盾。

(12) 通信管线的规划建设应按照统建共用的原则进行。

(13) 当道路红线宽度大于等于 40m 时，给水管线宜采用双侧布管。

(14) 当道路红线宽度大于等于 40m 时，宜双侧布置雨水管线；污水管线应结合道路横断面形式和管线位置等因素，确定采用双侧布管或单侧布管。

(15) 管线之间间距控制时要考虑管线自身结构的尺寸，满足《城市工程管线综合规划规范》GB 50289 中“工程管线之间及其与建构筑物之间的最小水平净距”和“工程管线交叉时的最小垂直净距”的要求。

(16) 城市工程管线综合规划应执行《城市工程管线综合规划规范》GB 50289 及国家现行各专业管线的有关标准、规范的规定。如遇特殊情况不能满足规范要求时可在采取安全技术措施后根据实际情况减少其最小水平和垂直净距。

1.9.2 规划内容

管线综合的目的是合理利用城市用地，统筹安排工程管线在城市地上和地下的空间位置，协调工程管线之间以及与其他工程之间的关系，规范工程管线布置。

城市道路用地范围空间有限，在其范围内除安排机动车道、非机动车道和人行步道等必不可少的交通用地外，还需安排许多市政公用设施，如地上架空线和地下各种管道、电缆等。道路红线宽度除满足交通需求外，还应满足工程管线敷设的需要。

管线综合规划的主要内容包括：确定城市工程管线在地下敷设时的排列顺序、平面位置和工程管线之间的最小水平净距、最小垂直净距及在地下敷设时的最小覆土深度；确定城市工程管线架空敷设时管线及线杆的平面位置及其与周围建（构）筑物、道路、相邻工程管线间的最小水平净距和最小垂直净距等。

管线综合规划应与城市的道路交通、轨道交通、城市居住区、城市环境、给水工程、再生水工程、排水工程、热力（制冷）工程、电力工程、燃气工程、通信工程、防洪工程、人防工程和地下空间开发等专业规划相协调。

1.9.3 管线综合规划设计

(1) 基础资料收集

1) 批准的市政工程管线规划方案综合（或给水、雨水、污水、再生水、电力、通信、燃气及热力等管线的市政专项规划方案）。

2) 通过审批的道路初步设计文件以及雨污水管线设计条件图（包括平面、横断面、纵断面等）。

3) 1∶500 地下管线及地上物实测地形图。

4) 相关河道的规划资料，如规划河道上口线、河道中线、规划河底高程及绿化控制线等。

（2）合理确定管线位置

按照管线综合规划的基本原则将管线进行排列，绘制管线横断面图，管线横断面图要反映出现状管线的位置，明确规划管线与道路永中和两侧道路红线的距离。

（3）合理控制管线高程

根据不同管线的敷设要求，依据道路的纵断面和雨污水管线的纵断面来合理安排市政管线交叉控制高程，在满足管线覆土的条件下，尽量减少市政管线埋深，节约工程造价。

（4）管线穿越河道

工程管线穿越河道时，宜采用管道桥或利用交通桥梁进行架设（电缆穿越河道时，应优先利用城市交通桥梁或交通隧道），也可选择在河道下方敷设，并应符合下列规定：

1）输送易燃易爆介质的工程管线不宜利用交通桥梁穿越河道。

2）工程管线利用桥梁穿越河道时，其规划设计应与桥梁设计相结合。

3）在河道下方敷设的工程管线，其最小覆土应满足相关规范要求并采取防冲刷措施。

1.9.4 管线横断面布置

管线标准横断面应根据管线综合规划原则并结合本地区的实际情况进行布置。

一般考虑按以下原则执行：雨污水管线布置在路中；电力、通信分两侧布置在辅路或步道；给水与再生水分两侧布置；燃气、热力分两侧布置。此外，管线横断面布置还应考虑业主征地因素。各等级城市道路管线横断面布置形式见图 1-34～图 1-37。

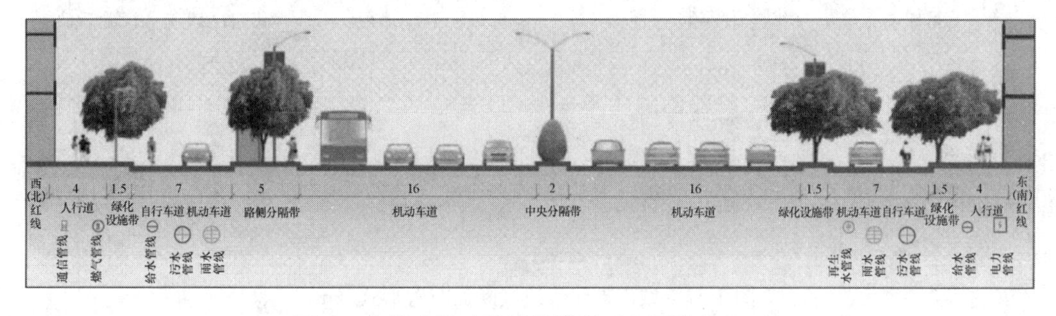

图 1-34 城市快速路管线横断面布置形式（m）

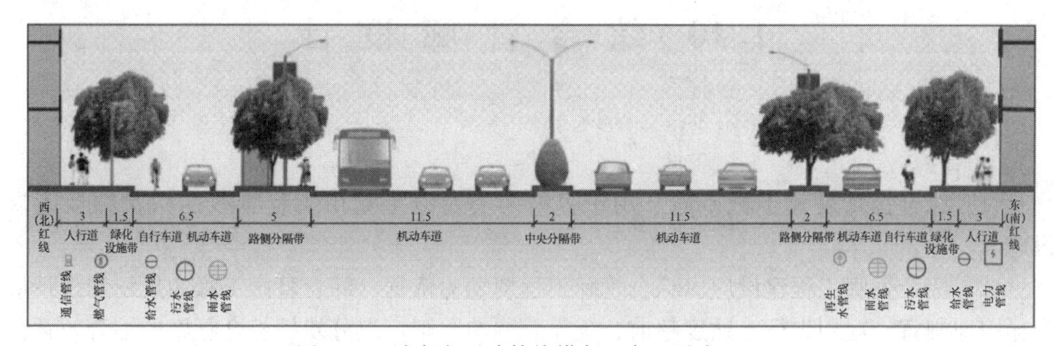

图 1-35 城市主干路管线横断面布置形式（m）

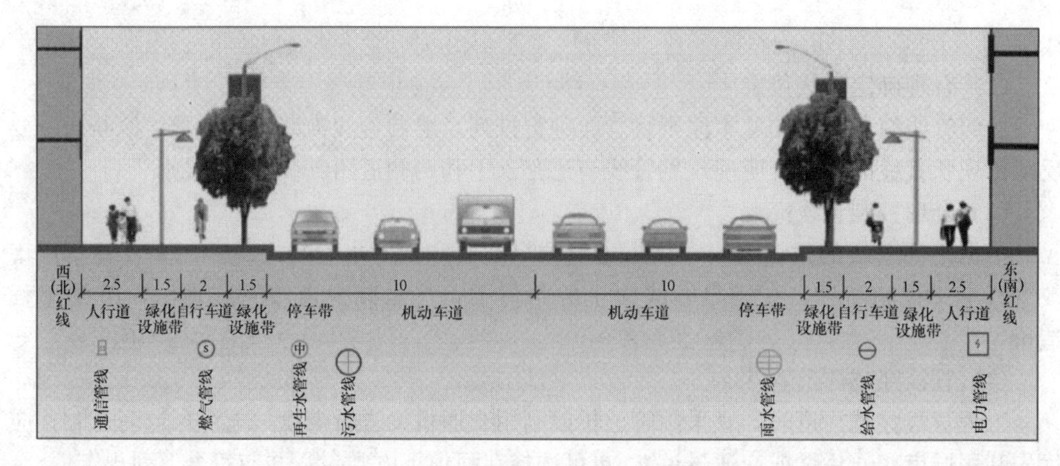

图 1-36 城市次干路管线横断面布置形式（m）

图 1-37 城市支路管线横断面布置形式（m）

1.10 综合管廊设计

1.10.1 一般规定

（1）综合管廊是建于城市地下用于容纳两类及以上城市工程管线的构筑物及附属设施。

（2）综合管廊工程建设应以综合管廊工程规划为依据。综合管廊工程的规划和设计应遵循因地制宜、规划先行、适度超前、统筹兼顾的原则，充分发挥综合管廊的综合效益。

(3) 综合管廊工程应做到全面合理、安全适用、技术先进、适度预留、保证综合管廊和容纳管线的运行安全。

(4) 综合管廊工程建设应符合城市总体规划，按照“先规划、后建设”的原则，在地下管线普查的基础上，统筹各类管线实际发展需要，编制综合管廊建设规划。与城市市政基础设施、地下空间、环境景观等相关规划协调一致，结合地下空间开发利用、各类地下管线、道路交通等专项建设规划，科学预测规划需求量，合理确定综合管廊建设布局、进入管线种类、断面形式、平面位置、竖向控制等，明确建设规模和时序，综合考虑城市发展远景，预留和控制有关地下空间。

(5) 综合管廊工程建设应以统一规划、设计、施工和运营管理为原则，宜将电力、通信、给水、再生水、热力、污水等各种市政管线集中安排，达到集约化建设的目的，实现地下空间的综合利用和资源共享。

(6) 综合管廊规划应以统筹地下管线建设、提高工程建设效益、集约利用地下空间、防止道路反复开挖、增强地下管线防灾能力为目的，合理安排规划综合管廊内部空间，协调综合管廊与其他地上、地下工程的关系，确定综合管廊的建设目标、区域和时序，同步预留综合管廊配套设施用地。

(7) 综合管廊规划应统筹兼顾城市新区和老旧城区，规划内容应包含可行性分析、目标和规模、管廊建设区域及系统布局、入廊管线种类、管廊断面形式、管廊的位置及竖向控制、重要节点控制、配套及附属设施的原则和要求、建设时序、投资估算等内容。

(8) 综合管廊应满足进入管线的安装、安全运营、检修维护、设备更换等方面的要求，具有消防、供电、照明、监控与报警、通风、排水、标识等设施。

(9) 纳入综合管廊的管道材质、支墩（支架）和接口等必须安全可靠并便于运输和安装，其支墩、托架、支架和吊架等不得侵占管廊内其他管线和人行的有效空间。

(10) 综合管廊位置应结合道路横断面和地下空间利用情况综合确定，宜设置在道路绿化带、人行道或非机动车道下，其覆土深度应满足地下设施竖向规划的要求。

(11) 应结合城市的新区建设、旧城改造、道路新（改、扩）建，在城市重要地段和管线密集区规划建设综合管廊。

(12) 综合管廊设计应包含总体设计、结构设计、附属设施工程设计等内容。纳入综合管廊的工程管线宜同步进行专项管线设计，符合综合管廊总体设计的要求，满足相应管线设计规范的规定。

特别是有热力管道、蒸汽管道、天然气管道、大口径的给水管道和再生水管道以及特种管道等纳入综合管廊时，必须同步进行专项管线设计并与综合管廊设计紧密衔接和配合，以保证综合管廊建设顺利推进并符合相关工程管线的安全运营和维护要求。

1.10.2 管线分舱及断面布置原则

(1) 给水、雨水、污水、再生水、天然气、热力、电力、通信等城市工程管线可纳入综合管廊。压力雨水和压力污水管道宜进入综合管廊。

(2) 综合管廊的断面形式及尺寸应根据施工方法及容纳的管线种类、规模、数量、分支等情况综合确定其断面大小、舱室数量及布置形式。目前国内综合管廊的断面形式通常以矩形为主，但是根据不同的施工方法，可以采用不同的断面形式，以方便、合理、适用为宜。一般明挖法施工的工程宜采用矩形断面；非开挖施工（如顶管、盾构）的工程及支线或缆线综合管廊宜采用圆形断面；暗挖法施工的工程可采用拱形、马蹄形等断面。

（3）综合管廊断面布置应考虑管网增容、扩容的需求，为远期预留必要的扩容空间。预留管位宜明确管线种类和规模，干线管廊、支线管廊和管线分支口等均须同步预留。

（4）综合管廊内部的管线布局、位置关系、间距要求、通道布置、附属设施等应满足管线及附件安装、检修维护和安全运营的要求。

（5）重力流排水管道纳入综合管廊应结合具体工程实际、场地地形条件等，通过全面的技术经济比较确定。综合管廊内的雨水、污水主干线不宜过长，宜分段排入综合管廊外的下游干线。

（6）分舱原则

1）通信电（光）缆、电压等级小于 110kV 的电力电缆、给水管道、再生水管道、压力排水管道等可同舱敷设；

2）除综合管廊自用电缆外，热力管道不应与电力电缆同舱敷设；

3）天然气管道应在独立舱室内敷设，且不能与其他建筑合建，天然气管道舱室与周边建（构）筑物的间距应符合现行国家标准《城镇燃气设计规范》GB 50028—2006 的有关规定；

4）城市热力管道采用蒸汽介质时应在独立舱室内敷设。

（7）断面布置原则

1）当含有电压等级 110kV 及以上的电力线缆时，建议单独设置电力舱；

2）电缆群敷设在综合管廊内同侧的多层支架上的配置，应按支架由低到高的次序依次敷设高压电缆、低压电缆、弱电控制和信号电缆、通信电缆等，必要时通信电缆应采取抗干扰措施；

3）同侧设置的管道应符合下列要求：热力管道宜位于给水管道上方；通信线缆宜位于电力电缆上方；电力电缆宜位于水介质管道上方；自用电缆宜布置在综合管廊的顶部；给水管道宜位于再生水管道、雨水管道上方。小断面管道宜位于大断面管道上方；出线多的配送管道宜位于上方，输送管道宜位于下方；污水管道应设置在综合管廊的底部；

4）除自用电缆外，每档支架敷设的电力电缆不宜超过 3 根；

5）进入综合管廊的排水管道应采用分流制，雨水纳入综合管廊可利用结构本体或采用管道排水方式；污水进入综合管廊应采用管道排水方式，污水管道宜设置在综合管廊的底部；

6）需要经常维护的管道宜靠近人行通道敷设。

1.10.3　平面布局

（1）城市新建开发区、重要地段和管线密集地区应划为综合管廊主要建设区域，一般包括以下范围：

1）城市中心区、中央商务区、城市地下空间高强度成片集中开发区、重要广场、高铁、机场、港口等重大基础设施所在区域等；

2）交通流量大、地下管线密集的城市主要道路、景观道路以及道路宽度难以满足直埋敷设多种管线的路段；

3）配合轨道交通、地下道路、城市地下综合体等建设工程地段和其他不宜开挖路面的路段等。

（2）老旧城区的管廊建设应结合旧城改造、棚户区改造、道路改造、河道改造、管线改造等工程同步考虑。

（3）综合管廊规划应避开文物保护区域。

（4）根据综合管廊定位，考虑城市功能分区、空间布局、土地使用、开发建设等因素，结合道路网布局、道路断面情况、市政管线供给和引入需求、市政站点位置、重要市政干线、管廊内管线的种类和规模、周边地块需求等，合理确定综合管廊的系统布局和类型。

（5）综合管廊的系统布局可通过以下方式进行优化：

1）综合管廊的平面布局应与排水管线专项设计密切配合，协调排水管线与综合管廊的相对位置关系，调整雨污水干线及支线的位置，优化平面布局，减少综合管廊与排水管线的交叉，减少综合管廊纵断面设计和节点设计的难度；

2）管线分支口的位置应靠近地块终端用户；

3）集水坑的位置应靠近市政污水管线的检查井，方便集水坑排水管中污水的排除。

（6）综合管廊的平面线形原则上应与道路平面线形一致，当综合管廊位于道路弯道时，其转折角、截面变宽等应满足各类管线转弯半径的要求。

1.10.4 位置及竖向控制原则

（1）综合管廊的位置应根据道路横断面、地下管线和地下空间利用情况，结合通风口、管线分支口、吊装口等附属设施的位置确定。

（2）综合管廊的位置宜布置在绿化带或人行道下。需满足综合管廊的人员出入口、逃生口、吊装口和通风口的设置要求，以方便人员出入口、逃生口、吊装口和通风口的地上部分引至绿化带或人行道内。缆线管廊宜设置在人行道下。

（3）综合管廊的覆土深度应根据地下设施竖向规划、行车荷载、绿化种植及设计冻深等因素确定。

（4）综合管廊的坡度原则上应与道路的坡度一致，并应满足管廊内排水需要；综合管廊节点处纵断面坡度变化需满足各类管线（尤其是热力管道）的安装要求。

1.10.5 节点设计原则

（1）综合管廊节点设施主要分为两大类：一类是各种出入口，包括人员出入口、逃生口、吊装口和通风口等；一类是管廊自身节点，包括三通和四通节点、管线分支口、端头出线节点等。

（2）综合管廊的每个舱室应设置人员出入口、逃生口、吊装口、进风口、排风口、管线分支口等。节点的间距及设置要求应满足《城市综合管廊工程技术规范》GB 50838 的规定。

（3）综合管廊的人员出入口、逃生口、吊装口、进风口、排风口等露出地面的建（构）筑物应符合城市防洪标准的规定，并满足规划部门的要求。同时应采取防止地面水倒灌及小动物进入的措施。

（4）综合管廊管线分支口应满足全部预留和设计管线的进出、管线交叉、安装作业等方面的要求。

（5）综合管廊节点处不同种类管线交叉可按照上返或下穿的方式考虑，节点处可采取局部加高、加宽或下沉的措施，以满足管线交叉、检修、人员通行、排水、通风和逃生等方面的设置要求。

1.10.6　综合管廊典型断面

综合管廊典型断面如图 1-38～图 1-46 所示。

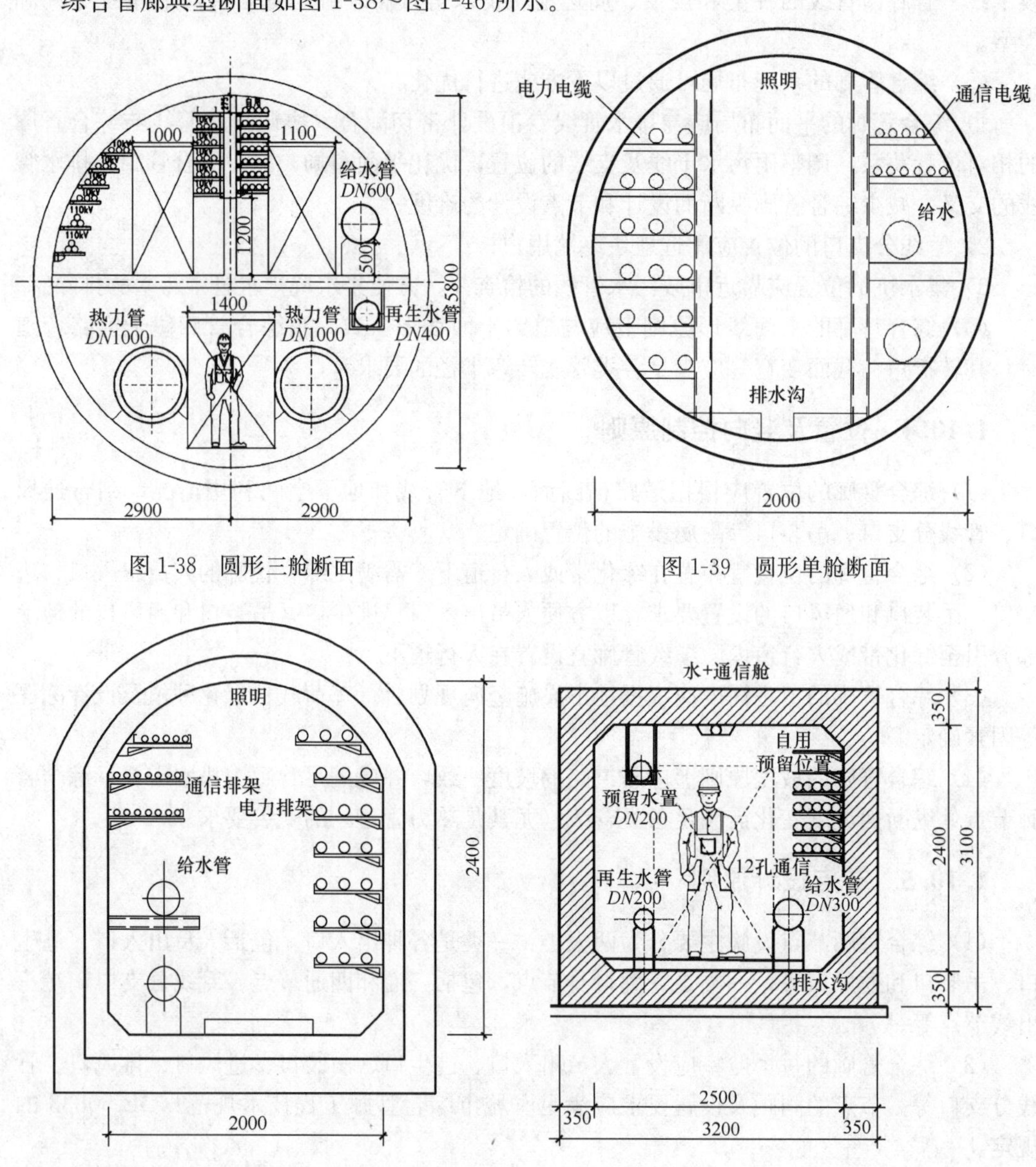

图 1-38　圆形三舱断面

图 1-39　圆形单舱断面

图 1-40　拱形单舱断面

图 1-41　矩形单舱断面

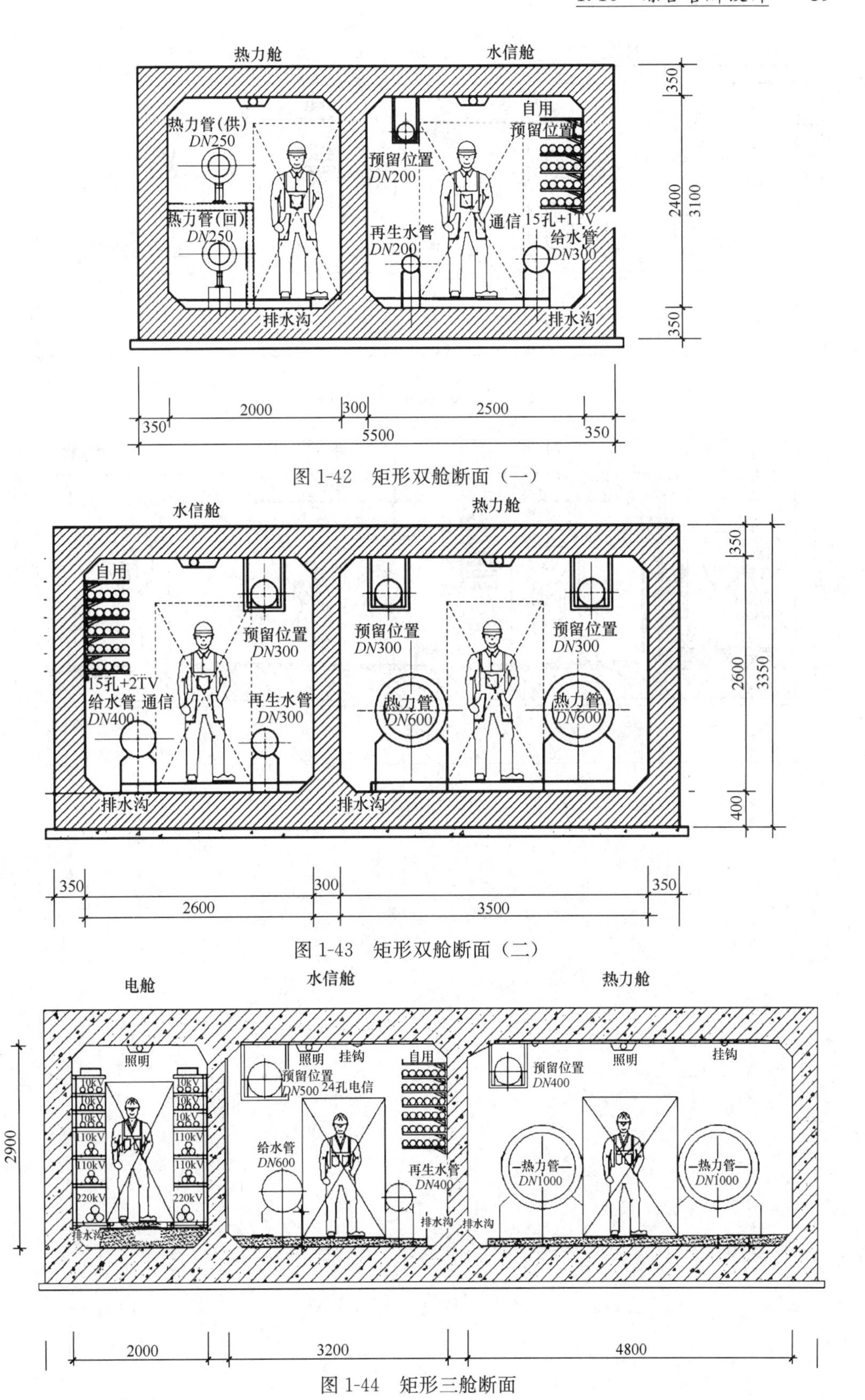

图 1-42 矩形双舱断面（一）

图 1-43 矩形双舱断面（二）

图 1-44 矩形三舱断面

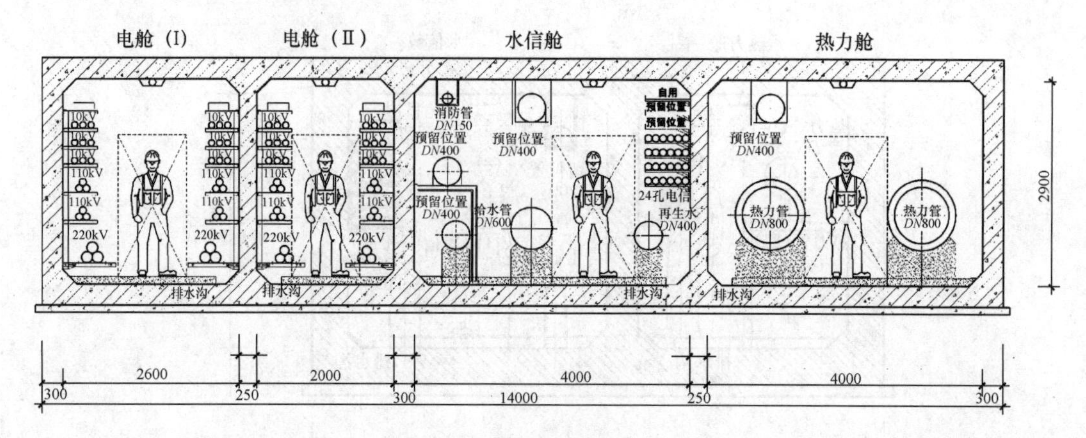

图 1-45　矩形四舱断面（一）

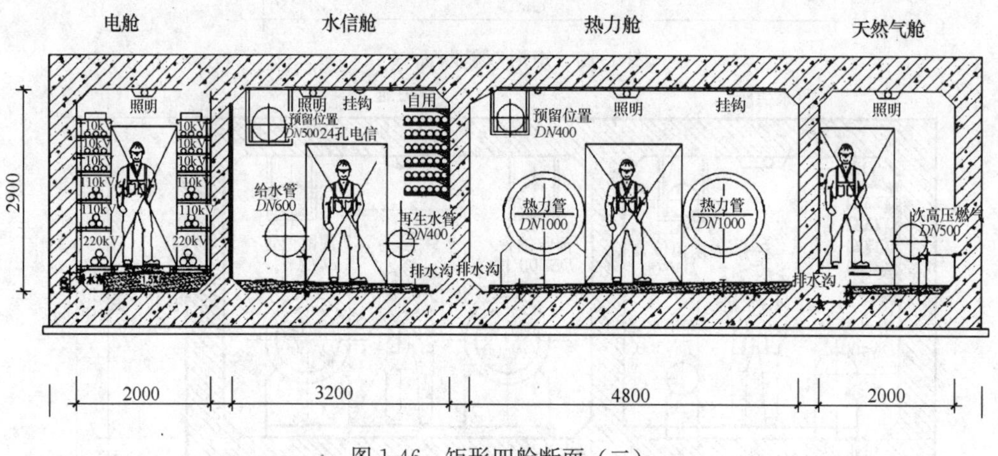

图 1-46　矩形四舱断面（二）

2 城 镇 河 湖

城镇河湖是城镇的重要组成部分，水体按形态特征分为江河、湖泊和沟渠三大类，湖泊包括湖、水库、湿地、塘堰，沟渠包括溪、沟、渠；水体按功能类别分为水源地、生态水域、泄洪通道、航运通道、雨洪调蓄水体、渔业养殖水体、景观游憩水体等；岸线按功能分为生态性岸线、生活性岸线和生产性岸线。

规划设计原则：安全性原则、生态性原则、公共性原则、系统性原则、特色化原则。

本章所涉及的城镇河湖工程指一般城镇区域内的河湖，流域面积较小。对于大型城市河湖及其附属构筑物，尚需参考给水排水设计手册第 7 册《城镇防洪》及其他有关文献。

2.1 设 计 标 准

2.1.1 防洪标准

（1）城镇河湖防洪标准应根据城镇的重要性和人口数量按表 2-1 的规定确定。

城市防护区的防护等级和防洪标准 **表 2-1**

等级	重要性	常住人口（万人）	当量经济规模（万人）	防洪标准［重现期（a）］
Ⅰ	特别重要	≥150	≥300	≥200
Ⅱ	重要	<150，≥50	<300，≥100	200～100
Ⅲ	比较重要	<50，≥20	<100，≥40	100～50
Ⅳ	一般	<20	<40	50～20

注：本表摘自《防洪标准》GB 50201—2014。

对于城镇河流流域面积较小（<30km^2）的地区，且其对本区域以内涝为主的，应根据城镇类型、积水影响程度和其水位变化等因素，经技术经济比较后按第 1 章表 1-10 的规定确定。

（2）防洪建筑物的级别，应根据城市防洪工程等别、防洪建筑物在防洪工程体系中的作用和重要性按表 2-2 确定。

防洪建筑物级别 **表 2-2**

城市防洪工程等别	永久性建筑物级别		临时性建筑物级别
	主要建筑物	次要建筑物	
Ⅰ	1	3	3
Ⅱ	2	3	4

续表

城市防洪工程等别	永久性建筑物级别		临时性建筑物级别
	主要建筑物	次要建筑物	
Ⅲ	3	4	5
Ⅳ	4	5	5

注：1. 主要建筑物系指失事后使城市遭受严重灾害并造成重大经济损失的堤防、防洪闸等建筑物。
2. 次要建筑物系指失事后不致造成城市灾害或经济损失不大的丁坝、护坡、谷坊等建筑物。
3. 临时性建筑物系指防洪工程施工期间使用的施工围堰等建筑物。
4. 本表摘自《城市防洪工程设计规范》GB/T 50805—2012。

(3) 灌溉与排水工程中引水枢纽、泵站等主要建筑物和供水工程中引水枢纽、输水工程、泵站等水工建筑物的防洪标准，应根据其级别分别按表 2-3、表 2-4 的规定确定。次要建筑物的防洪标准，可根据其级别按表 2-3、表 2-4 的规定适当降低。灌溉渠道或排水管以及与灌排有关的水闸、渡槽、倒虹吸、涵洞、隧洞等建筑物的防洪标准，应根据其级别，按现行国家标准《灌溉与排水工程设计规范》的有关规定执行。

引水枢纽、泵站等主要建筑物的防洪标准 **表 2-3**

水工建筑物级别	防洪标准［重现期（a）］	
	设计	校核
1	100～50	300～200
2	50～30	200～100
3	30～20	100～50
4	20～10	50～30
5	10	30～20

注：本表摘自《防洪标准》GB 50201—2014。

供水工程水工建筑物的防洪标准 **表 2-4**

水工建筑物级别	防洪标准［重现期（a）］	
	设计	校核
1	100～50	300～200
2	50～30	200～100
3	30～20	100～50
4	20～10	50～30
5	10	30～20

注：本表摘自《防洪标准》GB 50201—2014。

(4) 公路的各类建筑物、构筑物应根据公路的功能和相应的交通量分为四个防护等级，其防护等级和防洪标准应按表 2-5 的规定确定。

公路各类建筑物、构筑物的防护等级和防洪标准 表 2-5

防护等级	公路等级	分等指标	防洪标准［重现期（a）］							
			路基	桥涵				隧道		
				特大桥	大、中桥	小桥	涵洞及小型排水构筑物	特长隧道	长隧道	中、短隧道
Ⅰ	高速	专供汽车分向、分车道行驶并应全部控制出入的多车道公路，年平均日交通量为25000～100000辆	100	300	100	100	100	100	100	100
	一级	供汽车分向、分车道行驶，并可根据需要控制出入的多车道公路，年平均日交通量为15000～55000辆								
Ⅱ	二级	供汽车行驶的双车道公路，年平均日交通量为5000～15000辆	50	100	100	50	50	100	50	50
Ⅲ	三级	供汽车行驶的双车道公路，年平均日交通量为2000～6000辆	25	100	50	25	25	50	50	25
Ⅳ	四级	供汽车行驶的双车道或单车道公路，双车道年平均日交通量2000辆以下，单车道年平均日交通量400辆以下	—	100	50	25	—	50	25	25

注：1. Ⅳ级公路的路基、涵洞及小型排水构筑物的防洪标准，可视具体情况确定。
2. 经过蓄、滞洪区的公路，不得影响蓄、滞洪区的正常运用。
3. 本表摘自《防洪标准》GB 50201—2014。

（5）堤防工程的级别应根据确定的保护对象的防洪标准，按表 2-6 确定。堤防工程的安全加高值按表 2-7 确定。堤防工程上的闸、涵、泵站等建筑物及其他构筑物的设计防洪标准，不应低于堤防工程的防洪标准。

堤防工程的级别 表 2-6

防洪标准［重现期（a）］	≥100	100～50	50～30	30～20	20～10
堤防工程的级别	1	2	3	4	5

注：本表摘自《堤防工程设计规范》GB 50286—2013。

堤防工程的安全加高值 表 2-7

堤防工程的级别		1	2	3	4	5
安全加高值（m）	不允许越浪的堤防	1.0	0.8	0.7	0.6	0.5
	允许越浪的堤防	0.5	0.4	0.4	0.3	0.3

注：本表摘自《堤防工程设计规范》GB 50286—2013。

（6）城市生活垃圾卫生填埋工程应根据工程建设规模分为三个防护等级，其防护等级和防洪标准应按表 2-8 确定，并不得低于当地的防洪标准。

城市生活垃圾卫生填埋工程的防护等级和防洪标准 表 2-8

防护等级	填埋场建设规模（万 m^3）	防洪标准［重现期（a）］	
		设计	校核
Ⅰ	≥500	50	100
Ⅱ	200～500	20	50
Ⅲ	<200	10	20

注：1. 医疗废物化学消毒与微波消毒集中处理工程，厂区应达到100年一遇的防洪标准。
2. 危险废物集中焚烧处置工程，厂区应达到100年一遇的防洪标准。
3. 本表摘自《防洪标准》GB 50201—2014。

2.1.2 其他标准

（1）水域功能分类，依据地表水水域环境功能和保护目标，按功能高低依次划分为五类（表 2-9）。

水域功能分类 表 2-9

水域功能分类	说明
Ⅰ类	主要适用于源头水、国家自然保护区
Ⅱ类	主要适用于集中式生活饮用水地表水源地一级保护区、珍稀水生生物栖息地、鱼虾类产卵场、仔稚幼鱼的索饵场等
Ⅲ类	主要适用于集中式生活饮用水地表水源地二级保护区、鱼虾类越冬场、洄游通道、水产养殖区等渔业水域及游泳区
Ⅳ类	主要适用于一般工业用水区及人体非直接接触的娱乐用水区
Ⅴ类	主要适用于农业用水区及一般景观要求水域

（2）与城市排水系统相关的渠道及附属构筑物尚应符合现行国家标准《室外排水设计规范》及其他有关专业规范、标准的规定。

2.2 一般规定

（1）城镇河湖工程设计应遵守国家有关水利和城镇建设的法规及有关给水排水、抗震、环保、卫生、工程结构等的设计标准和规范，并根据城镇河湖特点和工程开发目标，全面考虑，适当安排，综合开发，以达到安全、经济、合理、技术先进，保护和美化环境。

（2）城镇河湖工程设计应符合所在地区的城镇总体和专业规划及本流域的流域规划。

（3）为保证防洪安全，应在城镇上游地区尽量采取拦蓄、截流、疏导等工程措施，以减少进入城镇的洪水流量。

（4）为保证城镇河湖的水质不受污染，应严格禁止不符合排放标准的污水、污物排入河湖，并必须设置污水截流管等工程措施。

（5）地基渗透性强的河湖，应根据当地的水源条件和本身的运用情况分析研究，确定是否需要采取防渗措施以及采取何种防渗措施。

（6）城镇人口稠密，为保证行人和游客的安全，河湖沿岸应根据具体情况设置必要的保护和安全设施，如栏杆、路灯等。

2.3 设 计 基 础 资 料

2.3.1 测量资料

（1）地形图：初步设计和施工图设计阶段对地形图比例尺的要求见表2-10，有特殊情况时可另定。

地形图比例尺要求 **表2-10**

初步设计	流域面积图	1∶5000～1∶50000
	工程总布置图	1∶1000～1∶5000
	河湖平面图	1∶1000～1∶5000
施工图设计	工程总布置图	1∶500～1∶5000
	河湖平面图	1∶500～1∶2000
	建筑物平面图	1∶200～1∶500

（2）河道纵横断面图：河道的纵横断面图比例尺的要求见表2-11。横断面的测量间距，应根据地形地物情况决定，一般可取20～100m，初步设计阶段可加大。横断面的测量宽度根据设计需要确定。

纵横断面图比例尺要求 **表2-11**

纵断面图	水平	1∶1000～1∶5000
	垂直	1∶100～1∶200
横断面图	水平	1∶100～1∶200
	垂直	1∶100～1∶200

（3）现况资料测量：在工程范围内，对有关的现有水工建筑物和市政工程设施如水闸、涵洞、桥梁、道路、排水管渠出口等的断面、高程和孔口尺寸进行测量，提供实测现况资料。重要建筑物应测定坐标。

2.3.2 地质资料

地质资料包括工程地质勘察报告、地质剖面图、钻孔图、建筑物地基土的物理力学指标、水文地质条件以及工程地点的地震基本烈度等。

2.3.3 水文气象资料

通过各地区的水文年鉴、成果汇编、水文手册、气象统计资料等收集设计需要的有关资料：

（1）历年或各种重现期的降水量和暴雨资料。

（2）各控制点历年最高洪水位及最大洪流量。

（3）气温、气压、湿度、蒸发量、风速、风向、日照等资料。

（4）水质、泥沙、冰情及土壤冻深资料。

2.3.4 其他资料

（1）市镇规划及流域规划中的有关资料。

（2）建设单位对工程设计的要求。

（3）现况调查资料，包括河湖及排水系统现况、水文地质、地震及流域现况、施工条件、建筑材料等的调查资料。

2.4 洪水计算

给水排水设计手册第7册《城市防洪》，对洪水计算有较详细的论述。本节仅对缺乏资料的小汇水面积的洪水计算介绍一些简单的计算方法。

2.4.1 洪流量计算

在缺乏水文资料时可利用下列经验公式进行洪流量计算，但如何选用，还应根据当地的实际调查资料确定。

（1）公路科学研究所的经验公式：当没有暴雨资料，汇水面积 F 小于 $10km^2$ 时，可按公式（2-1）计算：

$$Q_p = K_p F^m \tag{2-1}$$

式中 Q_p——设计洪峰流量（m^3/s）；

m——面积指数，当 $F \leqslant 1km^2$ 时，$m=1$；当 $1km^2 < F < 10km^2$ 时，由表2-12查取；

K_p——流量模数，根据地区划分及设计标准，按表2-13查取。

面积指数 m 值 **表2-12**

地区	华北	东北	东南沿海	西南	华中	黄土高原
m	0.75	0.85	0.75	0.85	0.75	0.80

流量模数 K_p 值 **表2-13**

频率（%）	华北	东北	东南沿海	西南	华中	黄土高原
	K_p 值					
50	8.1	8.0	11.0	9.0	10.0	5.5
20	13.0	11.5	15.0	12.0	14.0	6.0
10	16.5	13.5	18.0	14.0	17.0	7.5
6.7	18.0	14.6	19.5	14.5	18.0	7.7
4	19.5	15.8	22.0	16.0	19.6	8.5
2	23.4	19.0	26.4	19.2	23.5	10.2

注：西藏自治区及西北部分地区，由于缺乏资料，表2-12、表2-13中未包括这些地区的 K、m 值。华东地区除东南沿海单独划为一个地区外，其余部分并入华中地区。

（2）水科院水文研究所经验公式：水科院水文研究所通过洪水调查，对汇水面积 F 小于 100km²，提出的经验公式为：

$$Q_p = KS_p F^{\frac{2}{3}} \tag{2-2}$$

$$S_p = 24^{(n-1)} H_{24p} \tag{2-3}$$

式中 S_p——暴雨雨力（mm/h）；

F——汇水面积（km²）；

K——洪峰流量参数，可查表 2-14。

洪峰流量参数 K 值 **表 2-14**

汇水区	项目			
	J（‰）	ψ	v（m/s）	K
石山区	>15	0.80	2.2～2.0	0.60～0.55
丘陵区	>5	0.75	2.2～1.5	0.50～0.40
黄土丘陵区	>5	0.70	2.0～1.5	0.47～0.37
草原坡水区	>1	0.65	1.5～1.0	0.40～0.30

注：1. 参数 K 按简化公式 $K=0.42\psi v^{0.7}$ 计算，其中 ψ 为径流系数，v 为集流流速（m/s）。

2. 当地区有某频率的最大流量模数与面积关系曲线时，应以 $F=1\text{km}^2$ 的最大流量模数代替公式（2-2）中的 K、S_p 值。

2.4.2 洪水总量计算

一次洪水总量可由公式（2-4）计算：

$$W=1000h_R F=1000h\alpha F \tag{2-4}$$

式中 W——一次洪水总量（m³）；

h_R——一次净雨量（mm）；

F——流域面积（km²）；

h——一次降雨量（mm）；

α——径流系数。

城镇地区内径流系数较大，选用时尚需考虑规划发展情况适当加大。表 2-15 为北方某城市对历年次降雨量和次径流深进行分析后采用的规划径流系数，供参考。

某城市径流系数 **表 2-15**

重现期（a）	城镇地区	农田区	重现期（a）	城镇地区	农田区
10	0.50	0.15	50	0.57～0.69	0.23
20	0.50～0.66	0.19	100	0.60～0.72	0.27

2.4.3 洪水过程线计算

对缺乏资料的小流域采用简便的概化三角形过程线（见图 2-1），其特点是以洪峰流量作为三角形的高，以洪水总量控制三角形面积，其底边即为洪水过程总历时。在洪峰、

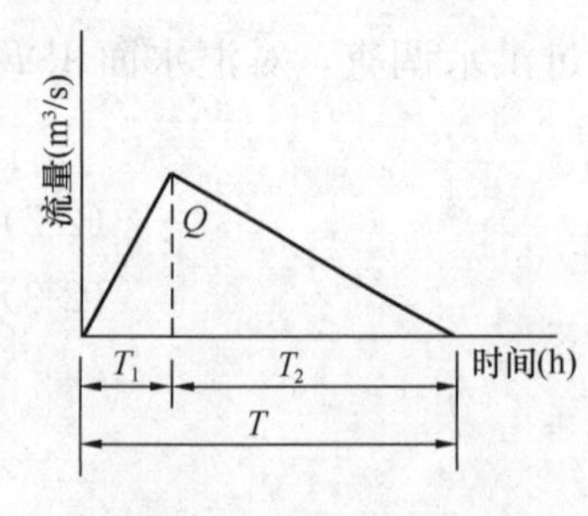

图 2-1 三角形洪水过程线

洪量已知的情况下，洪水过程总历时 T 可按公式（2-5）计算：

$$T=\frac{2W}{3600Q} \tag{2-5}$$

式中 T——洪水过程总历时（h）；

Q——洪峰流量（m^3/s）；

W——洪量（m^3）。

洪水上涨历时和退水历时的求定：

（1）当有资料时：

$$T_2=\beta T_1 \tag{2-6}$$

式中 T_2——洪水退水历时；

T_1——洪水涨水历时；

β——系数，与洪峰出现时间有关，一般 $\beta=1.5\sim3.0$，洪峰出现时间快的 β 值较大，可用实测资料分析确定。

（2）当缺乏资料时，对普通平原河流一般可采用：

$$T_1=\left(\frac{1}{3}\sim\frac{1}{5}\right)T \tag{2-7}$$

确定 T_1 及 T_2 后，即可绘出所求的洪水过程线。

2.5 水 力 计 算

2.5.1 河渠水力计算

（1）明渠均匀流

1）基本公式：

流速公式

$$v=C\sqrt{Ri} \tag{2-8}$$

流量公式

$$Q=C\omega\sqrt{Ri} \tag{2-9}$$

式中 v——平均流速（m/s）；

Q——流量（m^3/s）；

R——水力半径（m）；

i——河渠底坡；

C——流速系数（谢才系数）（$m^{0.5}/s$）；

ω——过水断面面积（m^2）。

2）流速系数：可按下列公式计算：

① 曼宁公式：

$$C=\frac{1}{n}R^{1/6} \tag{2-10}$$

式中 n——糙率，列于表 2-16。

人工河渠糙率 n 值 表 2-16

河渠特征	n	河渠特征	n
人工土明渠	0.025～0.030	砌砖护面	0.015
光滑的水泥砂浆抹面	0.013～0.014	粗糙的混凝土护面	0.017
光滑的混凝土护面	0.015	不平整的喷浆护面	0.018
平整的喷浆护面	0.015	浆砌块石渠道	0.017～0.025
料石砌护	0.015	干砌块石护面	0.025～0.033

按曼宁公式计算的 C 值见表 2-17。

谢才系数 C 值 表 2-17

（根据曼宁公式 $C=\frac{1}{n}R^{\frac{1}{6}}, m^{\frac{1}{2}}/s$）

R (m) \ n	0.010	0.013	0.014	0.017	0.020	0.025	0.030	0.035	0.040
0.05	60.7	46.7	43.4	35.7	30.4	24.3	20.2	17.3	15.2
0.06	62.6	48.1	44.7	36.8	31.3	25.0	20.9	17.9	15.6
0.07	64.2	49.4	45.9	37.8	32.1	25.7	21.4	18.3	16.0
0.08	65.6	50.5	46.9	38.6	32.8	26.3	21.9	18.8	16.4
0.10	68.1	52.4	48.7	40.1	34.1	27.3	22.7	19.5	17.0
0.12	70.2	54.0	50.2	41.3	35.1	28.1	23.4	20.1	17.6
0.14	72.1	55.4	51.5	42.4	36.0	28.8	24.0	20.6	18.0
0.16	73.7	56.7	52.6	43.3	36.8	29.5	24.5	21.1	18.4
0.18	75.1	57.8	53.7	44.2	37.6	30.1	25.0	21.5	18.8
0.20	76.5	58.8	54.6	45.0	38.2	30.6	25.5	21.8	19.1
0.22	77.7	59.8	55.5	45.7	38.8	31.1	25.9	22.2	19.4
0.24	78.8	60.6	56.3	46.4	39.4	31.5	26.3	22.5	19.7
0.26	79.9	61.5	57.1	47.0	39.9	32.0	26.6	22.8	20.0
0.28	80.9	62.2	57.8	47.6	40.4	32.4	27.0	23.1	20.2
0.30	81.8	63.0	58.4	48.1	40.9	32.7	27.3	23.4	20.4
0.35	83.9	64.6	59.9	49.4	42.0	33.6	28.0	24.0	21.0
0.40	85.8	66.0	61.3	50.5	42.9	34.3	28.6	24.5	21.4
0.45	87.5	67.3	62.5	51.5	43.8	35.0	29.2	25.0	21.9
0.50	89.1	68.5	63.6	52.4	44.5	35.6	29.7	25.5	22.3
0.55	90.5	69.6	64.6	53.3	45.3	36.2	30.2	25.9	22.6
0.60	91.8	70.6	65.6	54.0	45.9	36.7	30.6	26.2	23.0
0.65	93.1	71.6	66.5	54.7	46.5	37.2	31.0	26.6	23.3
0.70	94.2	72.5	67.3	55.4	47.1	37.7	31.4	26.9	23.6
0.80	96.4	74.1	68.8	56.8	48.2	38.5	32.1	27.5	23.1
0.90	98.3	75.6	70.2	57.8	49.1	39.3	32.8	28.1	24.6

续表

n / R(m)	0.010	0.013	0.014	0.017	0.020	0.025	0.030	0.035	0.040
1.00	100.0	77.0	71.4	58.8	50.0	40.0	33.3	28.6	25.0
1.10	101.6	78.2	72.6	59.8	50.8	40.6	33.9	29.0	25.4
1.20	103.1	79.3	73.6	60.6	51.5	41.2	34.4	29.5	25.8
1.30	104.5	80.4	74.6	61.5	52.2	41.8	34.8	29.8	26.1
1.50	107.0	82.3	76.4	62.9	53.5	42.8	35.7	30.6	26.8
1.70	109.3	84.1	78.0	64.3	54.6	43.7	36.4	31.2	27.3
2.00	112.3	86.3	80.2	66.0	56.1	44.9	37.4	32.1	28.1
2.50	116.5	89.6	83.2	68.5	58.3	46.6	38.8	33.3	29.1
3.00	120.1	92.4	85.8	70.6	60.0	48.0	40.0	34.3	30.0
3.50	123.2	94.8	88.0	72.5	61.6	49.3	41.1	35.2	30.8
4.00	126.0	97.0	90.0	74.1	63.0	50.4	42.0	36.0	31.5
5.00	130.0	100.6	93.4	76.9	65.4	52.3	43.6	37.4	32.7
10.00	146.8	112.9	104.8	86.3	73.4	58.7	49.0	41.9	—
15.00	157.0	120.8	112.2	92.4	78.5	62.8	52.3	44.9	—

② 巴甫洛夫斯基公式

$$C=\frac{1}{n}R^{y} \tag{2-11}$$

$$y=2.5\sqrt{n}-0.13-0.75\sqrt{R}(\sqrt{n}-0.1) \tag{2-12}$$

其简化公式为：

当 $R<1.0\text{m}$ 时，$y=1.5\sqrt{n}$　(2-13)

当 $R>1.0\text{m}$ 时，$y=1.3\sqrt{n}$　(2-14)

按巴甫洛夫斯基公式计算的 C 值见表 2-18。

谢才系数 C 值　**表 2-18**

（根据巴甫洛夫斯基公式 $C=\frac{1}{n}R^{y}$，$\text{m}^{\frac{1}{2}}/\text{s}$）

n / R(m)	0.011	0.012	0.013	0.014	0.015	0.017	0.020	0.0225	0.025	0.030	0.035	0.040
0.05	61.3	54.6	48.7	44.1	39.9	33.2	26.1	21.9	18.6	13.9	10.9	8.7
0.06	62.8	56.0	50.1	45.3	41.2	34.4	27.2	22.8	19.5	14.7	11.5	9.3
0.07	64.1	57.3	51.3	46.5	42.4	35.5	28.2	23.8	20.4	15.5	12.2	9.9
0.08	65.2	58.4	52.4	47.5	43.4	36.4	29.0	24.6	21.1	16.1	12.8	10.3
0.09	66.2	59.4	53.3	48.4	44.2	37.2	29.8	25.3	21.7	16.7	13.3	10.8
0.10	67.2	60.3	54.3	49.3	45.1	38.1	30.6	26.0	22.4	17.3	13.8	11.2
0.11	68.0	61.1	55.0	50.0	45.8	38.8	31.0	26.6	22.9	17.8	14.2	11.7

续表

n / R(m)	0.011	0.012	0.013	0.014	0.015	0.017	0.020	0.0225	0.025	0.030	0.035	0.040
0.12	68.8	61.9	55.8	50.8	46.6	39.5	32.6	27.2	23.5	18.3	14.7	12.1
0.13	69.5	62.6	56.5	51.5	47.7	40.1	32.8	27.7	24.0	18.7	15.0	12.5
0.14	70.3	63.3	57.2	52.2	47.8	40.7	33.0	28.2	24.5	19.1	15.4	12.8
0.15	70.9	63.9	57.8	52.7	48.5	41.2	33.5	28.3	24.9	19.4	15.7	13.1
0.16	71.5	64.5	58.4	53.3	49.0	41.8	34.0	28.5	25.4	19.9	16.1	13.4
0.17	72.0	65.1	58.9	53.8	49.5	42.2	34.4	29.2	25.8	20.3	16.5	13.9
0.18	72.6	65.6	59.5	54.4	50.0	42.7	34.8	30.0	26.2	20.6	16.8	14.0
0.19	73.1	66.0	59.9	54.8	50.5	43.1	35.2	30.4	26.5	21.0	17.1	14.3
0.20	73.7	66.6	60.4	55.3	50.9	43.6	35.7	30.8	26.9	21.3	17.4	14.5
0.21	74.1	67.0	60.8	55.7	51.3	44.0	36.0	31.2	27.2	21.6	17.6	14.8
0.22	74.6	67.5	61.3	56.2	51.7	44.4	36.4	31.5	27.6	21.9	17.9	15.0
0.23	75.1	67.9	61.7	56.6	52.1	44.8	36.7	31.8	27.9	22.2	18.2	15.3
0.24	75.5	68.3	62.1	57.0	52.5	45.2	37.1	32.2	28.3	22.5	18.5	15.5
0.25	75.9	68.7	62.5	57.4	52.9	45.5	37.5	32.5	28.5	22.8	18.7	15.8
0.26	76.3	69.1	62.9	57.7	53.3	45.9	37.8	32.8	28.8	23.0	18.9	16.0
0.27	76.7	69.4	63.3	58.0	53.6	46.2	38.1	33.1	29.1	23.3	19.1	16.2
0.28	77.0	69.8	63.6	58.4	53.9	46.5	38.4	33.4	29.4	23.5	19.4	16.4
0.29	77.4	70.1	64.0	58.7	54.2	46.8	38.7	33.6	29.6	23.7	19.6	16.6
0.30	77.7	70.5	64.3	59.1	54.6	47.2	39.0	33.9	29.9	24.0	19.9	16.8
0.31	78.0	70.8	64.0	59.4	54.9	47.5	39.3	34.2	30.1	24.2	20.1	17.0
0.32	78.8	71.1	64.9	59.7	55.2	47.8	39.5	34.4	30.3	24.4	20.3	17.2
0.33	78.6	71.5	65.2	60.0	55.5	48.0	39.8	34.7	30.6	24.7	20.5	17.4
0.34	79.0	71.8	65.5	60.8	55.8	48.3	40.0	34.9	30.8	24.9	20.7	17.6
0.35	79.3	72.1	65.8	60.6	56.1	48.6	40.3	35.2	31.1	25.1	20.9	17.8
0.36	79.6	72.4	66.1	60.9	56.3	48.8	40.5	35.4	31.3	25.3	21.1	18.0
0.37	79.9	72.6	66.3	61.1	56.6	49.1	40.8	35.6	31.5	25.2	21.3	18.1
0.38	80.1	72.9	66.6	61.4	56.8	49.3	41.0	35.9	31.7	25.6	21.4	18.3
0.39	80.4	73.1	66.8	61.6	57.0	49.6	41.3	36.1	31.9	25.8	21.6	18.4
0.40	80.7	73.4	67.1	61.9	57.3	49.8	41.5	36.3	32.2	26.0	21.8	18.6
0.41	81.0	73.6	67.3	62.1	57.5	50.0	41.7	36.5	32.4	26.2	22.0	18.8
0.42	81.3	73.9	67.6	62.4	57.8	50.2	41.9	36.7	32.6	26.4	22.1	18.9
0.43	81.5	74.1	67.9	62.6	58.0	50.5	42.1	36.9	32.7	26.5	22.3	19.1
0.44	81.8	74.4	68.1	62.9	58.3	50.7	42.3	37.1	32.9	26.7	22.4	19.2
0.45	82.0	74.6	68.4	63.1	58.5	50.9	42.5	37.3	33.1	26.9	22.6	19.4
0.46	82.3	74.8	68.6	63.3	58.7	51.1	42.7	37.5	33.3	27.1	22.8	19.5

续表

n / R(m)	0.011	0.012	0.013	0.014	0.015	0.017	0.020	0.0225	0.025	0.030	0.035	0.040
0.47	82.5	75.0	68.8	63.5	58.9	51.3	42.9	37.7	33.5	27.3	22.9	19.7
0.48	82.7	75.3	69.0	63.7	59.1	51.5	43.1	37.8	33.6	27.4	23.1	19.8
0.49	82.9	75.5	69.3	63.9	59.3	51.7	43.3	38.0	33.8	27.6	23.2	20.0
0.50	83.1	75.7	69.5	64.1	59.5	51.9	43.5	38.2	34.0	27.8	23.4	20.1
0.51	83.3	75.9	69.7	64.3	59.7	52.1	43.7	38.4	34.2	27.9	23.5	20.2
0.52	83.5	76.1	69.9	64.5	59.9	52.3	43.9	38.5	34.3	28.1	23.6	20.3
0.53	83.7	76.4	70.0	64.7	60.1	52.4	44.0	38.7	34.5	28.2	23.8	20.5
0.54	83.9	76.6	70.2	64.9	60.3	52.6	44.2	38.8	34.6	28.4	23.9	20.6
0.55	84.1	76.8	70.4	65.1	60.5	52.8	44.4	39.0	34.8	28.5	24.0	20.7
0.56	84.3	77.0	70.6	65.3	60.7	53.0	44.6	39.2	34.9	28.6	24.1	20.8
0.57	84.5	77.2	70.8	65.5	60.8	53.2	44.7	39.3	35.1	28.8	24.3	20.9
0.58	84.7	77.3	71.0	65.6	61.0	53.3	44.9	39.5	35.2	28.9	24.4	21.1
0.59	84.8	77.5	71.2	65.8	61.2	53.5	45.0	39.6	35.4	29.1	24.6	21.2
0.60	85.0	77.7	71.4	66.0	61.4	53.7	45.2	39.8	35.5	29.2	24.7	21.3
0.61	85.2	77.9	71.6	66.2	61.5	53.9	45.3	39.9	35.6	29.3	24.8	21.4
0.62	85.4	78.1	71.7	66.3	61.7	54.0	45.5	40.1	35.8	29.4	24.9	21.5
0.63	85.6	78.2	71.9	66.5	61.9	54.2	45.6	40.2	35.9	29.6	25.1	21.7
0.64	85.8	78.4	72.0	66.6	62.0	54.3	45.8	40.4	36.1	29.7	25.2	21.8
0.65	86.0	78.6	72.2	66.8	62.2	54.5	45.9	40.5	36.2	29.8	25.3	21.9
0.66	86.1	78.8	72.4	67.0	62.3	54.6	46.0	40.6	36.3	29.9	25.4	22.0
0.67	86.3	78.9	72.5	67.1	62.5	54.8	46.2	40.8	36.5	30.0	25.5	22.1
0.68	86.5	79.1	72.7	67.3	62.6	54.9	46.3	40.9	36.6	30.2	25.6	22.2
0.69	86.7	79.2	72.8	67.4	62.8	55.1	46.5	41.1	36.8	30.3	25.7	22.3
0.70	86.8	79.4	73.0	67.6	62.9	55.2	46.6	41.2	36.9	30.4	25.8	22.4
0.71	87.0	79.5	73.1	67.7	63.0	55.3	46.7	41.3	37.0	30.5	25.9	22.5
0.72	87.1	79.7	73.3	67.9	63.2	55.5	46.9	41.4	37.1	30.6	26.0	22.6
0.73	87.2	79.8	73.4	68.0	63.3	55.6	47.0	41.6	37.2	30.7	26.1	22.7
0.74	87.4	80.0	73.6	68.2	63.5	55.7	47.1	41.7	37.3	30.8	26.2	22.8
0.75	87.5	80.1	73.7	68.3	63.6	55.8	47.2	41.8	37.4	30.9	26.3	22.9
0.76	87.7	80.2	73.9	68.4	63.7	56.0	47.4	41.9	37.5	31.1	26.4	23.0
0.77	87.8	80.4	74.0	68.6	63.9	56.1	47.5	42.0	37.6	31.2	26.5	23.1
0.78	88.0	80.5	74.2	68.7	64.0	56.2	47.6	42.2	37.7	31.3	26.6	23.2
0.79	88.1	80.7	74.3	68.9	64.2	56.4	47.8	42.3	37.9	31.4	26.7	23.2
0.80	88.3	80.8	74.5	69.0	64.3	56.5	47.9	42.4	38.0	31.5	26.8	23.4
0.81	88.4	80.9	74.6	69.1	64.4	56.6	48.0	42.5	38.1	31.6	26.9	23.5
0.82	88.5	81.0	74.7	69.2	64.5	56.7	48.1	42.6	38.2	31.7	27.0	23.5

续表

n / R(m)	0.011	0.012	0.013	0.014	0.015	0.017	0.020	0.0225	0.025	0.030	0.035	0.040
0.83	88.6	81.1	74.8	69.3	64.6	56.8	48.2	42.6	38.3	31.7	27.0	23.6
0.84	88.7	81.2	74.9	69.4	64.7	56.9	48.3	42.7	38.4	31.8	27.1	23.7
0.85	88.8	81.3	75.0	69.4	64.7	57.0	48.4	42.8	38.5	31.9	27.2	23.7
0.86	88.9	81.4	75.1	69.5	64.8	57.1	48.4	42.9	38.5	32.0	27.3	23.8
0.87	89.0	81.5	75.2	69.6	64.9	57.2	48.5	43.0	38.6	32.1	27.4	23.9
0.88	89.2	81.6	75.3	69.7	65.0	57.3	48.6	43.0	38.7	32.1	27.4	24.0
0.89	89.3	81.7	75.4	69.8	65.1	57.4	48.7	43.1	38.8	32.2	27.5	24.0
0.90	89.4	81.8	75.5	69.9	65.2	57.5	48.8	43.2	38.9	32.3	27.6	24.1
0.91	89.5	81.9	75.6	70.0	65.3	57.6	48.9	43.3	39.0	32.4	27.7	24.2
0.92	89.7	82.1	75.8	70.2	65.5	57.8	49.0	43.4	39.1	32.5	27.8	24.3
0.93	89.8	82.2	75.9	70.3	65.6	57.9	49.2	43.6	39.2	32.6	27.9	24.4
0.94	90.0	82.4	76.1	70.5	65.8	58.0	49.3	43.7	39.3	32.7	28.0	24.5
0.95	90.1	82.5	76.2	70.6	65.9	58.1	49.4	43.8	39.4	32.8	28.1	24.5
0.96	90.3	82.7	76.3	70.8	66.1	58.3	49.5	43.9	39.6	32.9	28.2	24.6
0.97	90.4	82.8	76.5	70.9	66.2	58.4	49.6	44.0	39.7	33.0	28.3	24.7
0.98	90.5	83.0	76.6	71.1	66.4	58.5	49.8	44.2	39.8	33.1	28.4	24.8
0.99	90.7	83.1	76.7	71.2	66.5	58.7	49.9	44.3	39.9	33.2	28.5	24.9
1.00	90.9	83.3	76.9	71.4	66.7	58.8	50.0	44.4	40.0	33.3	28.6	25.0
1.02	91.1	83.5	77.1	71.6	66.9	59.0	50.2	44.6	40.2	33.5	28.7	25.1
1.04	91.3	83.7	77.3	71.8	67.1	59.2	50.3	44.8	40.4	33.6	28.9	25.3
1.06	91.5	84.0	77.5	72.1	67.3	59.4	50.5	44.9	40.5	33.8	29.0	25.4
1.08	91.7	84.2	77.8	72.3	67.5	59.6	50.7	45.1	40.7	33.9	29.1	25.6
1.10	92.0	84.4	78.0	72.5	67.7	59.8	50.9	45.3	40.9	34.1	29.3	25.7
1.12	92.2	84.6	78.2	72.7	67.9	60.0	51.1	45.5	41.0	34.2	29.4	25.8
1.14	92.4	84.8	78.4	72.9	68.1	60.2	51.3	45.6	41.2	34.4	29.6	25.9
1.16	92.6	85.0	78.6	73.0	68.2	60.3	51.4	45.8	41.3	34.5	29.7	26.1
1.18	92.8	85.2	78.8	73.2	68.4	60.5	51.6	45.9	41.5	34.6	29.9	26.2
1.20	93.1	85.4	79.0	73.4	68.6	60.7	51.8	46.1	41.6	34.8	30.0	26.3
1.22	9.30	85.6	79.2	73.6	68.8	60.9	51.9	46.3	41.7	34.9	30.1	26.4
1.24	93.3	85.8	79.4	73.8	69.0	61.0	52.1	46.4	41.9	35.1	30.2	26.5
1.26	93.5	86.0	79.5	73.9	69.1	61.2	52.2	46.6	42.0	35.2	30.4	26.7
1.28	93.7	86.1	79.7	74.1	69.3	61.3	52.4	46.7	42.2	35.4	30.5	26.8
1.30	94.0	86.3	79.9	74.3	69.5	61.5	52.5	46.9	42.3	35.5	30.6	26.9
1.32	94.2	86.5	80.1	74.5	69.6	61.6	52.6	47.0	42.4	35.6	30.7	27.0
1.34	94.3	86.6	80.2	74.6	69.8	61.8	52.8	47.2	42.6	35.7	30.8	27.1

续表

R(m) \ n	0.011	0.012	0.013	0.014	0.015	0.017	0.020	0.0225	0.025	0.030	0.035	0.040
1.36	94.5	86.8	80.4	74.8	69.9	61.9	52.9	47.3	42.7	35.9	30.9	27.2
1.38	94.7	87.0	80.5	74.9	70.1	62.1	53.1	47.4	42.8	36.0	31.0	27.3
1.40	94.8	87.1	80.7	75.1	70.2	62.2	53.2	47.5	43.0	36.1	31.1	27.4
1.42	95.0	87.3	80.8	75.3	70.4	62.3	53.3	47.7	43.1	36.2	31.3	27.6
1.44	95.2	87.5	81.0	75.4	70.5	62.5	53.5	47.8	43.2	36.3	31.4	27.7
1.46	95.3	87.7	81.2	75.6	70.7	62.6	53.6	47.9	43.3	36.5	31.5	27.8
1.48	95.5	87.8	81.3	75.7	70.8	62.8	53.8	48.1	43.5	36.6	31.6	27.9
1.50	95.7	88.0	81.5	75.9	71.0	62.9	53.9	48.2	43.6	36.7	31.7	28.0
1.52	95.8	88.1	81.6	76.0	71.1	63.0	54.0	48.3	43.7	36.8	31.8	28.1
1.54	96.0	88.3	81.8	76.2	71.3	63.2	54.1	48.4	43.8	36.9	31.9	28.2
1.56	96.2	88.4	81.9	76.3	71.4	63.3	54.3	48.5	43.9	37.0	32.0	28.3
1.58	96.3	88.6	82.1	76.4	71.5	63.5	54.4	48.6	44.0	37.1	32.1	28.4
1.60	96.5	88.7	82.2	76.5	71.6	63.6	54.5	48.7	44.1	37.2	32.2	28.5
1.62	96.6	88.9	82.3	76.7	71.8	63.7	54.6	48.9	44.3	37.3	32.3	28.5
1.64	96.8	89.0	82.5	76.8	71.9	63.9	54.7	49.0	44.4	37.4	32.4	28.6
1.66	97.0	89.2	82.6	76.9	72.0	64.0	54.8	49.1	44.5	37.5	32.5	28.7
1.68	97.1	89.3	82.7	77.1	72.2	64.2	55.0	49.2	44.6	37.6	32.6	28.8
1.70	97.3	89.5	82.9	77.2	72.3	64.3	55.1	49.3	44.7	37.7	32.7	28.9
1.72	97.4	89.6	83.0	77.3	72.4	64.4	55.2	49.4	44.8	37.8	32.8	29.0
1.74	97.5	89.8	83.2	77.4	72.5	64.5	55.3	49.5	44.9	37.9	32.8	29.0
1.76	97.7	89.9	83.3	77.6	72.7	64.6	55.4	49.6	45.0	37.9	32.9	29.1
1.78	97.8	90.0	83.4	77.7	72.8	64.7	55.5	49.7	45.0	38.0	33.0	29.2
1.80	98.0	90.1	83.6	77.8	72.9	64.8	55.6	49.8	45.1	38.1	33.0	29.3
1.82	98.1	90.3	83.7	77.9	73.0	64.9	55.7	49.9	45.2	38.2	33.1	29.3
1.84	98.2	90.4	83.8	78.0	73.1	65.0	55.8	50.0	45.3	38.3	33.2	29.4
1.86	98.4	90.5	83.9	78.2	73.3	65.1	55.9	50.1	45.4	38.3	33.3	29.5
1.88	98.5	90.7	84.1	78.3	73.4	65.3	56.0	50.2	45.5	38.4	33.3	29.5
1.90	98.6	90.8	84.2	78.4	73.5	65.4	56.1	50.3	45.6	38.5	33.4	29.6
1.92	98.7	90.9	84.3	78.5	73.6	65.5	56.2	50.4	45.7	38.6	33.5	29.7
1.94	98.9	91.0	84.4	78.6	73.7	65.6	56.3	50.5	45.7	38.7	33.5	29.8
1.96	99.0	91.2	84.5	78.7	73.9	65.7	56.4	50.6	45.8	38.7	33.6	29.8
1.98	99.2	91.3	84.6	78.9	74.0	65.8	56.5	50.7	45.9	38.8	33.7	29.9
2.00	99.3	91.4	84.8	79.0	74.1	65.9	56.6	50.8	46.0	38.9	33.8	30.0
2.05	99.6	91.7	85.0	79.2	74.3	66.1	56.8	51.0	46.2	39.1	34.0	30.1
2.10	99.8	91.9	85.3	79.5	74.6	66.3	57.0	51.2	46.4	39.2	34.1	30.3

续表

n / R(m)	0.011	0.012	0.013	0.014	0.015	0.017	0.020	0.0225	0.025	0.030	0.035	0.040
2.15	100.1	92.2	85.5	79.7	74.8	66.6	57.2	51.4	46.6	39.4	34.3	30.4
2.20	100.4	92.4	85.8	80.0	75.0	66.8	57.4	51.6	46.8	39.6	34.4	30.6
2.25	100.7	92.7	86.0	80.2	75.2	67.0	57.6	51.7	46.9	39.7	34.6	30.7
2.30	101.0	93.0	86.3	80.5	75.5	67.2	57.9	51.9	47.1	39.9	34.8	30.9
2.35	101.2	93.2	86.5	80.7	75.7	67.4	58.1	52.1	47.3	40.1	34.9	31.0
2.40	101.5	93.5	86.7	81.0	75.9	67.7	58.3	52.3	47.5	40.3	35.1	31.2
2.45	101.8	93.7	87.0	81.2	76.2	67.9	58.5	52.5	47.7	40.4	35.3	31.3
2.50	102.1	94.0	87.3	81.5	76.4	68.1	58.7	52.7	47.9	40.6	35.4	31.5
2.55	102.3	94.2	87.5	81.7	76.6	68.3	58.9	52.8	48.0	40.7	35.5	31.6
2.60	102.5	94.3	87.7	81.9	76.8	68.4	59.0	53.0	48.2	40.9	35.6	31.7
2.65	102.8	94.7	87.9	82.1	77.0	68.6	59.2	53.2	48.3	41.0	35.8	31.8
2.70	103.0	94.9	88.1	82.3	77.2	68.8	59.3	53.3	48.5	41.1	35.9	31.9
2.75	103.3	95.1	88.3	82.4	77.3	68.9	59.5	53.4	48.6	41.2	36.0	32.0
2.80	103.5	93.5	88.5	82.6	77.5	69.1	59.7	53.6	48.7	41.4	36.1	32.1
2.85	103.7	95.5	88.7	82.8	77.7	69.3	59.8	53.7	48.9	41.5	36.2	32.2
2.90	104.0	95.8	88.9	83.0	77.9	69.5	60.0	53.9	49.0	41.6	36.4	32.3
2.95	104.2	96.0	89.2	83.2	78.1	69.6	60.1	54.0	49.2	41.8	36.5	32.4
3.00	104.4	96.2	89.4	83.4	78.3	69.8	60.3	54.2	49.3	41.9	36.6	32.5
3.05	104.6	96.4	89.6	83.6	78.4	69.9	60.4	54.3	49.4	42.0	36.7	32.6
3.10	104.8	96.6	89.7	83.7	78.6	70.1	60.5	54.4	49.5	42.1	36.8	32.7
3.15	105.0	96.7	89.9	83.9	78.7	70.2	60.7	54.5	49.6	42.2	36.8	32.7
3.20	105.2	96.9	90.1	84.1	78.9	70.4	60.8	54.6	49.7	42.3	36.9	32.8
3.25	105.4	97.1	90.2	84.2	79.0	70.5	60.9	54.7	49.8	42.4	37.0	32.9
3.30	105.6	97.3	90.4	84.4	79.2	70.7	61.0	54.9	49.9	42.4	37.1	33.0
3.35	105.8	97.5	90.6	84.6	79.3	70.8	61.1	55.0	50.0	42.5	37.2	33.0
3.40	106.0	97.6	90.7	84.8	79.5	71.0	61.3	55.1	50.1	42.6	37.2	33.1
3.45	106.2	97.8	90.9	84.9	79.6	71.1	61.4	55.2	50.2	42.7	37.3	33.2
3.50	106.4	98.0	91.1	85.1	79.8	71.3	61.5	55.3	50.3	42.8	37.4	33.3
3.55	106.5	98.2	91.2	85.2	79.9	71.4	61.6	55.4	50.4	42.9	37.5	33.4
3.60	106.7	98.3	91.4	85.4	80.1	71.5	61.7	55.5	50.5	43.0	37.5	33.4
3.65	106.9	98.5	91.5	85.5	80.2	71.7	61.8	55.6	50.6	43.0	37.6	33.5
3.70	107.1	98.6	91.7	85.7	80.4	71.8	61.9	55.7	50.7	43.1	37.7	33.5
3.75	107.2	98.8	91.8	85.8	80.5	71.9	62.0	55.7	50.8	43.2	37.8	33.6
3.80	107.4	99.0	92.0	85.9	80.6	72.0	62.1	55.8	50.8	43.3	37.8	33.7
3.85	107.6	99.1	92.1	86.1	80.8	72.1	62.2	55.9	50.9	43.4	37.9	33.7

续表

R(m) \ n	0.011	0.012	0.013	0.014	0.015	0.017	0.020	0.0225	0.025	0.030	0.035	0.040
3.90	107.8	99.3	92.3	86.2	80.9	72.2	62.3	56.0	51.0	43.4	38.0	33.8
3.95	107.9	99.4	92.4	86.4	81.1	72.4	62.4	56.1	51.1	43.5	38.0	33.8
4.00	108.1	99.6	92.6	86.5	81.2	72.5	62.5	56.2	51.2	43.6	38.1	33.9
4.05	108.2	99.7	92.7	86.6	81.3	72.6	62.6	56.3	51.2	43.6	38.1	33.9
4.10	108.4	99.8	92.8	86.7	81.4	72.7	62.7	56.3	51.3	43.7	38.2	34.0
4.15	108.5	100.0	92.9	86.8	81.5	72.8	62.8	56.4	51.3	43.7	38.2	34.0
4.20	108.7	100.1	93.1	86.9	81.6	72.8	62.9	56.5	51.4	43.8	38.3	34.0
4.25	108.8	100.2	93.2	87.0	81.7	72.9	63.0	56.5	51.4	43.8	38.3	34.1
4.30	109.0	100.3	93.3	87.2	81.8	73.0	63.1	56.6	51.5	43.9	38.3	34.1
4.35	109.1	100.4	93.4	87.3	81.9	73.1	63.2	56.7	51.5	43.9	38.4	34.2
4.40	109.2	100.6	93.6	87.4	82.0	73.2	63.2	56.8	51.6	44.0	38.4	34.2
4.45	109.4	100.7	93.7	87.5	82.1	73.3	63.3	56.8	51.6	44.0	38.5	34.2
4.50	109.5	100.8	93.8	87.6	82.2	73.3	63.4	56.9	51.7	44.1	38.5	34.3
4.55	109.7	100.9	93.9	87.7	82.3	73.4	63.5	57.0	51.7	44.1	38.5	34.3
4.60	109.8	101.0	94.1	87.8	82.4	73.5	63.6	57.0	51.8	44.2	38.6	34.3
4.65	110.0	101.2	94.2	87.9	82.5	73.6	63.6	57.1	51.8	44.2	38.6	34.4
4.70	110.1	101.3	94.3	88.0	82.6	73.7	63.7	57.2	51.9	44.3	38.7	34.4
4.75	110.2	101.4	94.4	88.1	82.7	73.8	63.8	57.3	52.0	44.3	38.7	34.4
4.80	110.4	101.5	94.6	88.3	82.9	73.9	63.9	57.3	52.1	44.4	38.7	34.5
4.85	110.5	101.6	94.7	88.4	83.0	73.9	64.0	57.4	52.1	44.4	38.8	34.5
4.90	110.7	101.8	94.8	88.5	83.1	74.0	64.0	57.5	52.2	44.5	38.8	34.5
4.95	110.8	101.9	94.9	88.6	83.2	74.1	64.1	57.5	52.3	44.5	38.9	34.6
5.00	111.0	102.0	95.1	88.7	83.3	74.2	64.1	57.7	52.4	44.6	38.9	34.6

（2）明渠非均匀流

1）临界水深和临界坡：河渠中水流为临界流时的水深称为临界水深，以 h_k 表示。临界水深是判断河渠水流流态，定性分析水面曲线类型和进行水力计算的重要参数。

临界水深 h_k 的求法：已知渠道的流量、断面形状及尺寸，可查图 2-2 求解。对于矩形断面渠道也可用公式（2-15）求解。

$$h_k=\sqrt[3]{\frac{\alpha q^2}{g}} \tag{2-15}$$

式中 q——单宽流量［m^3/（s·m）］。

通过对比临界水深 h_k 与实际水深 h 的大小，可判别河渠水流的流态；

当 $h<h_k$ 时，为急流。

当 $h>h_k$ 时，为缓流。

当 $h=h_k$ 时，为临界流。

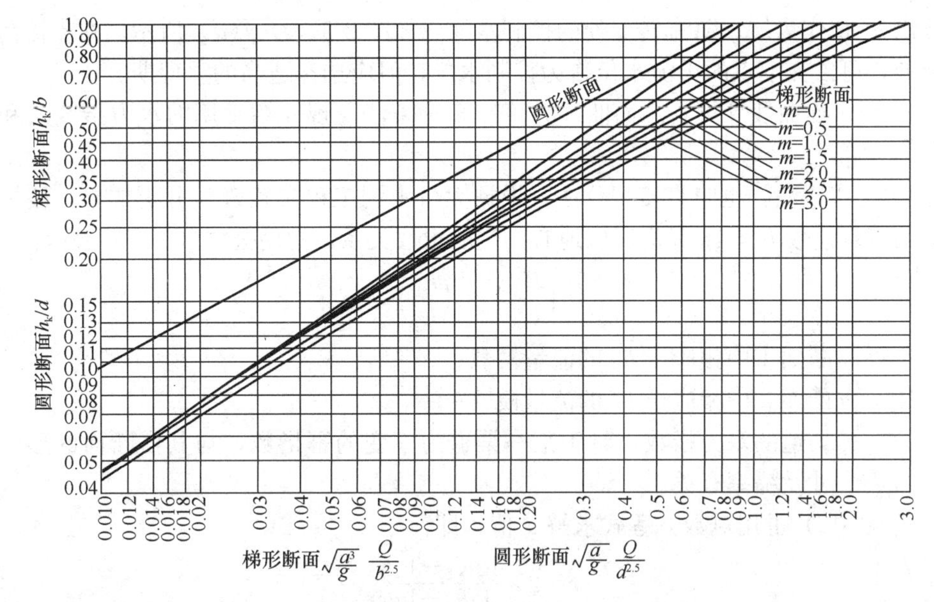

图 2-2 梯形、矩形、圆形断面临界水深求解图

h_k—临界水深（m）；Q—流量（m^3/s）；a—动能修正系数；g—重力加速度（m/s^2）；m—梯形边坡系数；b—梯形底宽（m）；d—圆形直径（m）

临界坡或临界底坡是指在均匀流的渠道中，其正常水深 $h_0=h_k$，这时渠道的底坡叫临界坡，以 i_k 表示：

$$i_k=\frac{gx_k}{aC_k^2B_k^2} \tag{2-16}$$

式中 C_k、x_k、B_k——分别表示水深为 h_k 时的流速系数、湿周和水面宽。

利用临界坡 i_k 可判断渠道底坡是缓坡还是陡坡：

实际渠道坡度 $i<i_k$，为缓坡。

实际渠道坡度 $i>i_k$，为陡坡。

2）明渠非均匀流水面曲线计算：河渠上常修建各种水工建筑物，如水闸、跌水等，有的河段河底纵坡变化较大，河渠水流受其影响将产生壅水或降水现象，因而需要进行水面曲线的计算，其计算步骤如下：

① 定性分析水面曲线是壅水还是降水。根据河渠的实际水深 h、正常水深 h_0 及临界水深 h_k 的比较或底坡 i 及临界坡 i_k 的比较，和上、下游水工建筑物的运用情况，来判断河渠水面是壅水还是降水。

② 确定起始计算断面的水深，此水深通常称为控制水深。河渠有堰闸者可根据流量计算堰闸上游的水深作为控制水深，如图 2-3（a）、（b）所示。有跌水、陡坡者可根据流

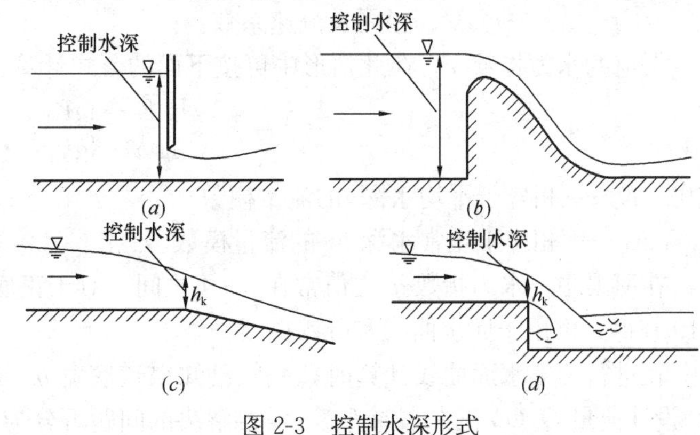

图 2-3 控制水深形式

量计算出 h_k 值作为缓、急流转变处的控制水深，如图 2-3（c）、（d）所示。在支流河渠进入干流处，可以交汇点的干流水位作为控制水位，但应选择适当的重现期。

③ 进行水面曲线计算：水面曲线计算有多种方法，现介绍常用的水力指数法和分段求和法。

a. 水力指数法：也叫直接积分法。根据大量水利工程实践资料分析成果，棱柱体明渠水流的流量模数 K 与水深 h 近似地有一定的指数关系，常用公式（2-17）表示：

$$\left(\frac{K_1}{K_2}\right)^2=\left(\frac{h_1}{h_2}\right)^x \tag{2-17}$$

式中 K_1——断面 1 中相应于 h_1 的流量模数；

K_2——断面 2 中相应于 h_2 的流量模数；

x——渠道的水力指数，对于某一渠道为不变的幂指数，与其横断面的形状、尺寸及糙率有关。

公式（2-17）可用对数方程式求解 x 值，即：

$$x=2\times\frac{\lg K_1-\lg K_2}{\lg h_1-\lg h_2} \tag{2-18}$$

在正底坡（$i>0$）河道中，由上式可推导出：

$$\frac{il}{h_0}=\eta_2-\eta_1-(1-\bar{j})[\varphi(\eta_2)-\varphi(\eta_1)] \tag{2-19}$$

式中 l——河段长度（m）；

η_1——断面 1 中的水深比，即 h_1/h_0；

η_2——断面 2 中的水深比，即 h_2/h_0；

h_1——在非均匀流时断面 1 中的水深；

h_2——在非均匀流时断面 2 中的水深；

h_0——正常水深；

$\bar{j}$——某河段中的动能变化值，可按公式（2-20）计算。

$\varphi(\eta_1)$ 及 $\varphi(\eta_2)$——与水深比 η 及水力指数 x 有关的函数。

$$\bar{j}=\frac{\alpha i\,\overline{C}^2}{g}\,\frac{\overline{B}}{\overline{x}} \tag{2-20}$$

式中 $\overline{B}$、$\overline{x}$、$\overline{C}$——对应于断面 1、2 之间的河渠平均水深即 $\bar{h}=\frac{1}{2}(h_1+h_2)$ 时的水面宽、湿周及流速系数。

渠道的水力指数 x，在此情形中可按下面的公式计算：

$$x=2\times\frac{\lg\overline{K}-\lg K_0}{\lg\bar{h}-\lg h_0} \tag{2-21}$$

式中 $\overline{K}$——相应于平均水深 $\bar{h}$ 的流量模数；

K_0——相应于正常水深 h_0 的流量模数。

在河渠中，水力指数 x 之值常在 3～4 之间。对于正底坡渠道，函数 $\varphi(\eta)$ 值可由表 2-19 查得，可用于回水曲线和降水曲线。

在进行河渠水面曲线计算时，一般已知渠道底宽 b，边坡系数 m，渠道底坡 i，糙率 n，设计流量 Q（或正常水深 h_0），需要解决的问题可分为两类：

正底坡棱柱形槽非均匀流函数 **表 2-19**

$$\varphi(\eta)=\int_0^{\eta}\frac{d\eta}{1-\eta^x}$$

η \ x	2.2	2.4	2.6	2.8	3.0	3.2	3.4	3.6	3.8	4.0	4.2	4.6	5.0	5.4	5.8	6.2	6.6	7.0	7.4	7.8	8.2	8.6	9.0	9.4	9.8
0.00	0.000	0.000	0.000	0.000	0.000	0.000	0.000	0.000	0.000	0.000	0.000	0.000	0.000	0.000	0.000	0.000	0.000	0.000	0.000	0.000	0.000	0.000	0.000	0.C00	0.000
0.02	0.020	0.020	0.020	0.020	0.020	0.020	0.020	0.020	0.020	0.020	0.020	0.020	0.020	0.020	0.020	0.020	0.020	0.020	0.020	0.020	0.020	0.020	0.020	0.C20	0.020
0.04	0.040	0.040	0.040	0.040	0.040	0.040	0.040	0.040	0.040	0.040	0.040	0.040	0.040	0.040	0.040	0.040	0.040	0.040	0.040	0.040	0.040	0.040	0.040	0.C40	0.040
0.06	0.060	0.060	0.060	0.060	0.060	0.060	0.060	0.060	0.060	0.060	0.060	0.060	0.060	0.060	0.060	0.060	0.060	0.060	0.060	0.060	0.060	0.060	0.060	0.C60	0.060
0.08	0.080	0.080	0.080	0.080	0.080	0.080	0.080	0.080	0.080	0.080	0.080	0.080	0.080	0.080	0.080	0.080	0.080	0.080	0.080	0.080	0.080	0.080	0.080	0.C80	0.080
0.10	0.100	0.100	0.100	0.100	0.100	0.100	0.100	0.100	0.100	0.100	0.100	0.100	0.100	0.100	0.100	0.100	0.100	0.100	0.100	0.100	0.100	0.100	0.100	0.100	0.100
0.12	0.120	0.120	0.120	0.120	0.120	0.120	0.120	0.120	0.120	0.120	0.120	0.120	0.120	0.120	0.120	0.120	0.120	0.120	0.120	0.120	0.120	0.120	0.120	0.120	0.120
0.14	0.140	0.140	0.140	0.140	0.140	0.140	0.140	0.140	0.140	0.140	0.140	0.140	0.140	0.140	0.140	0.140	0.140	0.140	0.140	0.140	0.140	0.140	0.140	0.140	0.140
0.16	0.161	0.161	0.160	0.160	0.160	0.160	0.160	0.160	0.160	0.160	0.160	0.160	0.160	0.160	0.160	0.160	0.160	0.160	0.160	0.160	0.160	0.160	0.160	0.160	0.160
0.18	0.181	0.181	0.181	0.180	0.180	0.180	0.180	0.180	0.180	0.180	0.180	0.180	0.180	0.180	0.180	0.180	0.180	0.180	0.180	0.180	0.180	0.180	0.180	0.180	0.180
0.20	0.202	0.201	0.201	0.201	0.200	0.200	0.200	0.200	0.200	0.200	0.200	0.200	0.200	0.200	0.200	0.200	0.200	0.200	0.200	0.200	0.200	0.200	0.200	0.200	0.200
0.22	0.223	0.222	0.221	0.221	0.221	0.220	0.220	0.220	0.220	0.220	0.220	0.220	0.220	0.220	0.220	0.220	0.220	0.220	0.220	0.220	0.220	0.220	0.220	0.220	0.220
0.24	0.244	0.243	0.242	0.241	0.241	0.241	0.240	0.240	0.240	0.240	0.240	0.240	0.240	0.240	0.240	0.240	0.240	0.240	0.240	0.240	0.240	0.240	0.240	0.240	0.240
0.26	0.265	0.263	0.262	0.262	0.261	0.261	0.261	0.260	0.260	0.260	0.260	0.260	0.260	0.260	0.260	0.260	0.260	0.260	0.260	0.260	0.260	0.260	0.260	0.260	0.260
0.28	0.286	0.284	0.283	0.282	0.282	0.281	0.281	0.281	0.280	0.280	0.280	0.280	0.280	0.280	0.280	0.280	0.280	0.280	0.280	0.280	0.280	0.280	0.280	0.280	0.280
0.30	0.307	0.305	0.304	0.303	0.302	0.302	0.301	0.301	0.301	0.300	0.300	0.300	0.300	0.300	0.300	0.300	0.300	0.300	0.300	0.300	0.300	0.300	0.300	0.300	0.300
0.32	0.329	0.326	0.325	0.324	0.323	0.322	0.322	0.321	0.321	0.321	0.321	0.320	0.320	0.320	0.320	0.320	0.320	0.320	0.320	0.320	0.320	0.320	0.320	0.320	0.320
0.34	0.351	0.348	0.346	0.344	0.343	0.343	0.342	0.342	0.341	0.341	0.341	0.340	0.340	0.340	0.340	0.340	0.340	0.340	0.340	0.340	0.340	0.340	0.340	0.340	0.340
0.36	0.372	0.369	0.367	0.366	0.364	0.363	0.363	0.362	0.362	0.361	0.361	0.361	0.360	0.360	0.360	0.360	0.360	0.360	0.360	0.360	0.360	0.360	0.360	0.360	0.360
0.38	0.395	0.392	0.389	0.387	0.385	0.384	0.383	0.383	0.382	0.382	0.381	0.381	0.381	0.380	0.380	0.380	0.380	0.380	0.380	0.380	0.380	0.380	0.380	0.380	0.380

续表

η \ x	2.2	2.4	2.6	2.8	3.0	3.2	3.4	3.6	3.8	4.0	4.2	4.6	5.0	5.4	5.8	6.2	6.6	7.0	7.4	7.8	8.2	8.6	9.0	9.4	9.8
0.40	0.418	0.414	0.411	0.408	0.407	0.405	0.404	0.403	0.403	0.402	0.402	0.401	0.401	0.400	0.400	0.400	0.400	0.400	0.400	0.400	0.400	0.400	0.400	0.400	0.400
0.42	0.442	0.437	0.433	0.430	0.428	0.426	0.425	0.424	0.423	0.423	0.422	0.421	0.421	0.421	0.420	0.420	0.420	0.420	0.420	0.420	0.420	0.420	0.420	0.420	0.420
0.44	0.465	0.460	0.456	0.452	0.450	0.448	0.446	0.445	0.444	0.443	0.443	0.442	0.441	0.441	0.441	0.441	0.440	0.440	0.440	0.440	0.440	0.440	0.440	0.440	0.440
0.46	0.489	0.483	0.479	0.475	0.472	0.470	0.468	0.466	0.465	0.464	0.463	0.462	0.462	0.461	0.461	0.461	0.460	0.460	0.460	0.460	0.460	0.460	0.460	0.460	0.460
0.48	0.514	0.507	0.502	0.497	0.494	0.492	0.489	0.488	0.486	0.485	0.484	0.483	0.482	0.481	0.481	0.481	0.480	0.480	0.480	0.480	0.480	0.480	0.480	0.480	0.480
0.50	0.539	0.531	0.525	0.521	0.517	0.514	0.511	0.509	0.508	0.506	0.505	0.504	0.503	0.502	0.501	0.501	0.501	0.500	0.500	0.500	0.500	0.500	0.500	0.500	0.500
0.52	0.565	0.557	0.550	0.544	0.540	0.536	0.534	0.531	0.529	0.528	0.527	0.525	0.523	0.522	0.522	0.521	0.521	0.521	0.520	0.520	0.520	0.520	0.520	0.520	0.520
0.54	0.592	0.582	0.574	0.568	0.563	0.559	0.556	0.554	0.551	0.550	0.548	0.546	0.544	0.543	0.542	0.542	0.541	0.541	0.541	0.541	0.540	0.540	0.540	0.540	0.540
0.56	0.619	0.608	0.599	0.593	0.587	0.583	0.579	0.576	0.574	0.572	0.570	0.567	0.565	0.564	0.563	0.562	0.562	0.561	0.561	0.561	0.561	0.560	0.560	0.560	0.560
0.58	0.648	0.635	0.626	0.618	0.612	0.607	0.603	0.599	0.596	0.594	0.592	0.589	0.587	0.585	0.583	0.583	0.582	0.582	0.581	0.581	0.581	0.581	0.580	0.580	0.580
0.60	0.676	0.663	0.653	0.644	0.637	0.631	0.627	0.623	0.620	0.617	0.614	0.611	0.608	0.606	0.605	0.604	0.603	0.602	0.602	0.601	0.601	0.601	0.601	0.600	0.600
0.61	0.691	0.678	0.667	0.657	0.650	0.644	0.639	0.635	0.631	0.628	0.626	0.622	0.619	0.617	0.615	0.614	0.613	0.612	0.612	0.611	0.611	0.611	0.611	0.611	0.610
0.62	0.706	0.692	0.680	0.671	0.633	0.657	0.651	0.647	0.643	0.640	0.637	0.633	0.630	0.628	0.626	0.625	0.624	0.623	0.622	0.622	0.621	0.621	0.621	0.621	0.621
0.63	0.722	0.707	0.694	0.684	0.676	0.669	0.664	0.659	0.655	0.652	0.649	0.644	0.641	0.638	0.636	0.635	0.634	0.633	0.632	0.632	0.632	0.631	0.631	0.631	0.631
0.64	0.738	0.722	0.709	0.698	0.690	0.683	0.677	0.672	0.667	0.664	0.661	0.656	0.652	0.649	0.647	0.646	0.645	0.644	0.643	0.642	0.642	0.641	0.641	0.641	0.641
0.65	0.754	0.737	0.724	0.712	0.703	0.696	0.689	0.684	0.680	0.676	0.673	0.667	0.663	0.660	0.658	0.656	0.655	0.654	0.653	0.653	0.652	0.652	0.651	0.651	0.651
0.66	0.771	0.753	0.738	0.727	0.717	0.709	0.703	0.697	0.692	0.688	0.685	0.679	0.675	0.672	0.669	0.667	0.666	0.665	0.664	0.663	0.662	0.662	0.662	0.661	0.661
0.67	0.787	0.769	0.754	0.742	0.731	0.723	0.716	0.710	0.705	0.701	0.697	0.691	0.686	0.683	0.680	0.678	0.676	0.675	0.674	0.673	0.673	0.672	0.672	0.672	0.671
0.68	0.804	0.785	0.769	0.757	0.746	0.737	0.729	0.723	0.718	0.713	0.709	0.703	0.698	0.694	0.691	0.689	0.687	0.686	0.685	0.684	0.683	0.683	0.682	0.682	0.681
0.69	0.822	0.804	0.785	0.772	0.761	0.751	0.743	0.737	0.731	0.726	0.722	0.715	0.710	0.706	0.703	0.700	0.698	0.696	0.695	0.694	0.694	0.693	0.692	0.692	0.692

续表

η \ x	2.2	2.4	2.6	2.8	3.0	3.2	3.4	3.6	3.8	4.0	4.2	4.6	5.0	5.4	5.8	6.2	6.6	7.0	7.4	7.8	8.2	8.6	9.0	9.4	9.8
0.70	0.840	0.819	0.802	0.787	0.776	0.766	0.757	0.750	0.744	0.739	0.735	0.727	0.722	0.717	0.714	0.712	0.710	0.708	0.706	0.705	0.704	0.704	0.703	0.702	0.702
0.71	0.858	0.836	0.819	0.804	0.791	0.781	0.772	0.764	0.758	0.752	0.748	0.740	0.734	0.729	0.726	0.723	0.721	0.719	0.717	0.716	0.715	0.714	0.713	0.713	0.712
0.72	0.878	0.855	0.836	0.820	0.807	0.796	0.786	0.779	0.772	0.766	0.761	0.752	0.746	0.741	0.737	0.734	0.732	0.730	0.728	0.727	0.726	0.725	0.724	0.723	0.723
0.73	0.898	0.874	0.854	0.837	0.823	0.811	0.802	0.793	0.786	0.780	0.774	0.765	0.759	0.753	0.749	0.746	0.743	0.741	0.739	0.737	0.736	0.735	0.734	0.734	0.733
0.74	0.918	0.892	0.868	0.854	0.840	0.827	0.817	0.808	0.800	0.794	0.788	0.779	0.771	0.766	0.761	0.757	0.754	0.752	0.750	0.748	0.747	0.746	0.745	0.744	0.744
0.75	0.940	0.913	0.890	0.872	0.857	0.844	0.833	0.823	0.815	0.808	0.802	0.792	0.784	0.778	0.773	0.769	0.766	0.763	0.761	0.759	0.758	0.757	0.756	0.755	0.754
0.76	0.961	0.933	0.909	0.890	0.874	0.861	0.849	0.839	0.830	0.823	0.817	0.806	0.798	0.791	0.786	0.782	0.778	0.775	0.773	0.771	0.769	0.768	0.767	0.766	0.765
0.77	0.985	0.954	0.930	0.909	0.892	0.878	0.866	0.855	0.846	0.838	0.831	0.820	0.811	0.804	0.798	0.794	0.790	0.787	0.784	0.782	0.780	0.779	0.778	0.777	0.776
0.78	1.007	0.976	0.950	0.929	0.911	0.896	0.883	0.872	0.862	0.854	0.847	0.834	0.825	0.817	0.811	0.806	0.802	0.799	0.796	0.794	0.792	0.790	0.789	0.788	0.787
0.79	1.031	0.998	0.971	0.949	0.930	0.914	0.901	0.889	0.879	0.870	0.862	0.849	0.839	0.831	0.824	0.819	0.815	0.811	0.808	0.805	0.804	0.802	0.800	0.799	0.798
0.80	1.056	1.022	0.994	0.970	0.950	0.934	0.919	0.907	0.896	0.887	0.878	0.865	0.854	0.845	0.838	0.832	0.828	0.823	0.820	0.818	0.815	0.813	0.811	0.810	0.809
0.81	1.083	1.046	1.017	0.992	0.971	0.954	0.938	0.925	0.914	0.904	0.895	0.881	0.869	0.860	0.852	0.846	0.841	0.836	0.833	0.830	0.827	0.825	0.823	0.822	0.820
0.82	1.110	1.072	1.041	1.015	0.993	0.974	0.958	0.945	0.932	0.922	0.913	0.897	0.885	0.875	0.866	0.860	0.854	0.850	0.846	0.842	0.839	0.837	0.835	0.833	0.831
0.83	1.139	1.099	1.067	1.039	1.016	0.996	0.979	0.956	0.952	0.940	0.931	0.914	0.901	0.890	0.881	0.874	0.868	0.863	0.859	0.855	0.852	0.849	0.847	0.845	0.844
0.84	1.171	1.129	1.094	1.064	1.040	1.019	1.001	0.985	0.972	0.960	0.949	0.932	0.918	0.906	0.897	0.889	0.882	0.877	0.872	0.868	0.865	0.862	0.860	0.858	0.856
0.85	1.201	1.157	1.121	1.091	1.065	1.043	1.024	1.007	0.993	0.980	0.969	0.950	0.935	0.923	0.912	0.905	0.898	0.891	0.887	0.882	0.878	0.875	0.873	0.870	0.868
0.86	1.238	1.192	1.153	1.119	1.092	1.068	1.048	1.031	1.015	1.002	0.990	0.970	0.954	0.940	0.930	0.921	0.913	0.906	0.901	0.896	0.892	0.889	0.886	0.883	0.881
0.87	1.272	1.223	1.182	1.149	1.120	1.095	1.074	1.055	1.039	1.025	1.012	0.990	0.973	0.959	0.947	0.937	0.929	0.922	0.916	0.911	0.907	0.903	0.900	0.897	0.894
0.88	1.314	1.262	1.228	1.181	1.151	1.124	1.101	1.081	1.064	1.049	1.035	1.012	0.994	0.978	0.966	0.955	0.946	0.938	0.932	0.927	0.921	0.918	0.914	0.911	0.908
0.89	1.357	1.302	1.255	1.216	1.183	1.155	1.131	1.110	1.091	1.075	1.060	1.035	1.015	0.999	0.986	0.974	0.964	0.956	0.949	0.943	0.937	0.933	0.929	0.925	0.922

续表

η \ x	2.2	2.4	2.6	2.8	3.0	3.2	3.4	3.6	3.8	4.0	4.2	4.6	5.0	5.4	5.8	6.2	6.6	7.0	7.4	7.8	8.2	8.6	9.0	9.4	9.8
0.90	1.401	1.343	1.294	1.253	1.218	1.189	1.163	1.140	1.120	1.103	1.087	1.060	1.039	1.021	1.007	0.994	0.984	0.974	0.967	0.960	0.954	0.949	0.944	0.940	0.937
0.91	1.452	1.389	1.338	1.294	1.257	1.225	1.197	1.173	1.152	1.133	1.116	1.088	1.064	1.045	1.029	1.016	1.003	0.995	0.986	0.979	0.972	0.967	0.961	0.957	0.953
0.92	1.505	1.438	1.351	1.340	1.300	1.266	1.236	1.210	1.187	1.166	1.148	1.117	1.092	1.072	1.054	1.039	1.027	1.016	1.006	0.999	0.991	0.986	0.980	0.975	0.970
0.93	1.564	1.493	1.435	1.391	1.348	1.311	1.279	1.251	1.226	1.204	1.184	1.151	1.123	1.101	1.081	1.065	1.050	1.040	1.029	1.021	1.012	1.006	0.999	0.994	0.989
0.94	1.645	1.568	1.504	1.449	1.403	1.363	1.328	1.297	1.270	1.246	1.225	1.188	1.158	1.134	1.113	1.095	1.080	1.066	1.054	1.044	1.036	1.029	1.022	1.016	1.010
0.95	1.737	1.652	1.582	1.518	1.467	1.423	1.385	1.352	1.322	1.296	1.272	1.232	1.199	1.172	1.148	1.128	1.111	1.097	1.084	1.073	1.062	1.055	1.047	1.040	1.033
0.96	1.833	1.741	1.665	1.601	1.545	1.497	1.454	1.417	1.385	1.355	1.329	1.285	1.248	1.217	1.188	1.167	1.149	1.133	1.119	1.106	1.097	1.085	1.074	1.063	1.053
0.97	1.969	1.866	1.780	1.707	1.644	1.590	1.543	1.501	1.464	1.431	1.402	1.351	1.310	1.275	1.246	1.219	1.197	1.179	1.162	1.148	1.136	1.124	1.112	1.100	1.087
0.975	2.055	1.945	1.853	1.773	1.707	1.649	1.598	1.554	1.514	1.479	1.447	1.393	1.348	1.311	1.280	1.250	1.227	1.207	1.190	1.173	1.157	1.147	1.134	1.122	1.108
0.98	2.164	2.045	1.946	1.855	1.783	1.720	1.666	1.617	1.575	1.536	1.502	1.443	1.395	1.354	1.339	1.288	1.262	1.241	1.221	1.204	1.187	1.175	1.160	1.150	1.132
0.985	2.294	2.165	2.056	1.959	1.880	1.812	1.752	1.699	1.652	1.610	1.573	1.508	1.454	1.409	1.372	1.337	1.309	1.284	1.263	1.243	1.224	1.210	1.196	1.183	1.165
0.99	2.477	2.333	2.212	2.106	2.017	1.940	1.873	1.814	1.761	1.714	1.671	1.598	1.537	1.487	1.444	1.404	1.373	1.344	1.319	1.297	1.275	1.260	1.243	1.228	1.208
0.995	2.792	2.621	2.478	2.355	2.250	2.159	2.079	2.008	1.945	1.889	1.838	1.751	1.678	1.617	1.565	1.519	1.479	1.451	1.416	1.388	1.363	1.342	1.320	1.302	1.280
0.999	3.523	3.292	3.097	2.931	2.788	2.663	2.554	2.457	2.370	2.293	2.223	2.102	2.002	1.917	1.845	1.780	1.725	1.678	1.635	1.596	1.560	1.530	1.500	1.476	1.447
1.00	∞	∞	∞	∞	∞	∞	∞	∞	∞	∞	∞	∞	∞	∞	∞	∞	∞	∞	∞	∞	∞	∞	∞	∞	∞
1.001	3.317	2.931	2.640	2.399	2.184	2.008	1.856	1.725	1.610	1.508	1.417	1.264	1.138	1.033	0.951	0.870	0.803	0.746	0.697	0.651	0.614	0.577	0.546	0.519	0.494
1.005	2.587	2.266	2.022	1.818	1.649	1.506	1.384	1.279	1.188	1.107	1.036	0.915	0.817	0.737	0.669	0.612	0.553	0.526	0.481	0.447	0.420	0.391	0.368	0.350	0.331
1.01	2.273	1.977	1.757	1.572	1.419	1.291	1.182	1.089	1.007	0.936	0.873	0.766	0.681	0.610	0.551	0.502	0.459	0.422	0.389	0.360	0.337	0.13	0.294	0.278	0.262
1.015	2.090	1.807	1.602	1.428	1.286	1.166	1.065	0.978	0.902	0.836	0.778	0.680	0.602	0.537	0.483	0.440	0.399	0.366	0.336	0.310	0.289	0.269	0.255	0.237	0.223
1.02	1.961	1.711	1.493	1.327	1.191	1.078	0.982	0.900	0.828	0.766	0.711	0.620	0.546	0.486	0.436	0.394	0.358	0.327	0.300	0.276	0.257	0.237	0.221	0.209	0.196
1.03	1.779	1.531	1.340	1.186	1.060	0.955	0.866	0.790	0.725	0.668	0.618	0.535	0.469	0.415	0.370	0.333	0.300	0.272	0.249	0.228	0.212	0.195	0.181	0.170	0.159

续表

η \ x	2.2	2.4	2.6	2.8	3.0	3.2	3.4	3.6	3.8	4.0	4.2	4.6	5.0	5.4	5.8	6.2	6.6	7.0	7.4	7.8	8.2	8.6	9.0	9.4	9.8
1.04	1.651	1.410	1.232	1.086	0.967	0.868	0.785	0.714	0.653	0.600	0.554	0.477	0.415	0.365	0.324	0.290	0.262	0.236	0.214	0.195	0.173	0.165	0.152	0.143	0.134
1.05	1.552	1.334	1.150	1.010	0.896	0.802	0.723	0.656	0.598	0.548	0.504	0.432	0.374	0.328	0.289	0.259	0.231	0.208	0.189	0.174	0.158	0.143	0.132	0.124	0.115
1.06	1.472	1.250	1.082	0.948	0.838	0.748	0.672	0.608	0.553	0.506	0.464	0.396	0.342	0.298	0.262	0.233	0.209	0.187	0.170	0.154	0.140	0.127	0.116	0.106	0.098
1.07	1.404	1.195	1.026	0.896	0.790	0.703	0.630	0.569	0.516	0.741	0.431	0.366	0.315	0.273	0.239	0.212	0.191	0.168	0.151	0.136	0.123	0.112	0.102	0.094	0.086
1.08	1.346	1.139	0.978	0.851	0.749	0.665	0.595	0.535	0.485	0.441	0.403	0.341	0.292	0.252	0.220	0.194	0.172	0.153	0.137	0.123	0.111	0.101	0.092	0.084	0.077
1.09	1.295	1.089	0.935	0.812	0.713	0.631	0.563	0.506	0.457	0.415	0.379	0.319	0.272	0.234	0.204	0.179	0.158	0.140	0.125	0.112	0.101	0.091	0.082	0.075	0.069
1.10	1.250	1.050	0.897	0.777	0.681	0.601	0.536	0.480	0.433	0.392	0.357	0.299	0.254	0.218	0.189	0.165	0.146	0.129	0.114	0.102	0.092	0.083	0.074	0.067	0.062
1.11	1.209	1.014	0.864	0.746	0.652	0.575	0.511	0.457	0.411	0.372	0.338	0.282	0.239	0.204	0.176	0.154	0.135	0.119	0.105	0.094	0.084	0.075	0.067	0.060	0.055
1.12	1.172	0.981	0.833	0.718	0.626	0.551	0.488	0.436	0.392	0.354	0.321	0.267	0.225	0.192	0.165	0.143	0.125	0.110	0.097	0.086	0.977	0.069	0.062	0.055	0.050
1.13	1.138	0.950	0.805	0.692	0.602	0.529	0.468	0.417	0.374	0.337	0.305	0.253	0.212	0.181	0.155	0.135	0.117	0.102	0.090	0.080	0.071	0.063	0.056	0.059	0.045
1.14	1.107	0.921	0.780	0.669	0.581	0.509	0.450	0.400	0.358	0.322	0.291	0.240	0.201	0.170	0.146	0.126	0.109	0.095	0.084	0.074	0.065	0.058	0.052	0.046	0.041
1.15	1.078	0.892	0.756	0.647	0.561	0.490	0.432	0.384	0.343	0.308	0.278	0.229	0.191	0.161	0.137	0.118	0.102	0.089	0.078	0.068	0.061	0.054	0.048	0.043	0.038
1.16	1.052	0.870	0.734	0.627	0.542	0.473	0.417	0.369	0.329	0.295	0.266	0.218	0.181	0.153	0.130	0.111	0.096	0.084	0.072	0.064	0.056	0.050	0.045	0.040	0.035
1.17	1.027	0.850	0.713	0.608	0.525	0.458	0.402	0.356	0.317	0.283	0.255	0.208	0.173	0.145	0.123	0.105	0.090	0.078	0.068	0.060	0.052	0.046	0.041	0.036	0.032
1.18	1.003	0.825	0.694	0.591	0.509	0.443	0.388	0.343	0.305	0.272	0.244	0.199	0.165	0.138	0.116	0.099	0.085	0.073	0.063	0.055	0.048	0.042	0.037	0.033	0.029
1.19	0.981	0.810	0.676	0.574	0.494	0.429	0.375	0.331	0.294	0.262	0.235	0.191	0.157	0.131	0.110	0.094	0.080	0.068	0.059	0.051	0.045	0.039	0.034	0.030	0.027
1.20	0.960	0.787	0.659	0.559	0.480	0.416	0.363	0.320	0.283	0.252	0.226	0.183	0.150	0.125	0.105	0.088	0.076	0.064	0.056	0.048	0.043	0.037	0.032	0.028	0.025
1.22	0.922	0.755	0.628	0.531	0.454	0.392	0.341	0.299	0.264	0.235	0.209	0.168	0.138	0.114	0.095	0.080	0.068	0.057	0.049	0.042	0.037	0.032	0.028	0.024	0.021
1.24	0.887	0.725	0.600	0.505	0.431	0.371	0.322	0.281	0.248	0.219	0.195	0.156	0.127	0.104	0.086	0.072	0.060	0.051	0.044	0.038	0.032	0.028	0.024	0.021	0.018
1.26	0.855	0.692	0.574	0.482	0.410	0.351	0.304	0.265	0.233	0.205	0.182	0.145	0.117	0.095	0.079	0.065	0.055	0.046	0.039	0.033	0.028	0.024	0.021	0.018	0.016

续表

η \ x	2.2	2.4	2.6	2.8	3.0	3.2	3.4	3.6	3.8	4.0	4.2	4.6	5.0	5.4	5.8	6.2	6.6	7.0	7.4	7.8	8.2	8.6	9.0	9.4	9.8
1.28	0.827	0.666	0.551	0.461	0.391	0.334	0.288	0.250	0.219	0.193	0.170	0.135	0.108	0.088	0.072	0.060	0.050	0.041	0.035	0.030	0.025	0.021	0.018	0.016	0.014
1.30	0.800	0.644	0.530	0.442	0.373	0.318	0.274	0.237	0.207	0.181	0.160	0.126	0.100	0.081	0.066	0.054	0.045	0.037	0.031	0.026	0.022	0.019	0.016	0.014	0.012
1.32	0.775	0.625	0.510	0.424	0.357	0.304	0.260	0.225	0.196	0.171	0.150	0.118	0.093	0.075	0.061	0.050	0.041	0.034	0.028	0.024	0.020	0.017	0.014	0.012	0.010
1.34	0.752	0.605	0.492	0.408	0.342	0.290	0.248	0.214	0.185	0.162	0.142	0.110	0.087	0.069	0.056	0.045	0.037	0.030	0.025	0.021	0.018	0.015	0.012	0.010	0.009
1.36	0.731	0.588	0.475	0.393	0.329	0.278	0.237	0.204	0.176	0.153	0.134	0.103	0.081	0.064	0.052	0.042	0.034	0.028	0.023	0.019	0.016	0.013	0.011	0.009	0.008
1.38	0.711	0.567	0.459	0.378	0.316	0.266	0.226	0.194	0.167	0.145	0.127	0.097	0.076	0.060	0.048	0.038	0.032	0.026	0.021	0.017	0.014	0.012	0.010	0.008	0.007
1.40	0.692	0.548	0.444	0.365	0.304	0.256	0.217	0.185	0.159	0.138	0.120	0.092	0.071	0.056	0.044	0.036	0.028	0.023	0.019	0.016	0.013	0.011	0.009	0.007	0.006
1.42	0.674	0.533	0.431	0.353	0.293	0.246	0.208	0.177	0.152	0.131	0.114	0.087	0.067	0.052	0.041	0.033	0.026	0.021	0.017	0.014	0.011	0.009	0.008	0.006	0.005
1.44	0.658	0.517	0.417	0.341	0.282	0.236	0.199	0.169	0.145	0.125	0.108	0.082	0.063	0.049	0.038	0.030	0.024	0.019	0.016	0.013	0.010	0.008	0.007	0.006	0.005
1.46	0.642	0.505	0.405	0.330	0.273	0.227	0.191	0.162	0.139	0.119	0.103	0.077	0.059	0.046	0.036	0.028	0.022	0.018	0.014	0.012	0.009	0.008	0.006	0.005	0.004
1.48	0.627	0.493	0.394	0.320	0.263	0.219	0.184	0.156	0.133	0.113	0.098	0.073	0.056	0.043	0.033	0.026	0.021	0.017	0.013	0.010	0.009	0.007	0.005	0.004	0.004
1.50	0.613	0.480	0.383	0.310	0.255	0.211	0.177	0.149	0.127	0.108	0.093	0.069	0.053	0.040	0.031	0.024	0.020	0.015	0.012	0.009	0.008	0.006	0.005	0.004	0.003
1.55	0.580	0.451	0.358	0.288	0.235	0.194	0.161	0.135	0.114	0.097	0.083	0.061	0.046	0.035	0.026	0.020	0.016	0.012	0.010	0.008	0.006	0.005	0.004	0.003	0.003
1.60	0.551	0.425	0.335	0.269	0.218	0.179	0.148	0.123	0.103	0.087	0.074	0.054	0.040	0.030	0.023	0.017	0.013	0.010	0.008	0.006	0.005	0.004	0.003	0.002	0.002
1.65	0.525	0.402	0.316	0.251	0.203	0.165	0.136	0.113	0.094	0.079	0.067	0.048	0.035	0.026	0.019	0.014	0.011	0.008	0.006	0.005	0.004	0.003	0.002	0.002	0.001
1.70	0.501	0.381	0.298	0.236	0.189	0.155	0.125	0.103	0.086	0.072	0.060	0.043	0.031	0.023	0.016	0.012	0.009	0.007	0.005	0.004	0.003	0.002	0.002	0.001	0.001
1.75	0.480	0.362	0.282	0.222	0.177	0.143	0.116	0.095	0.079	0.065	0.054	0.038	0.027	0.020	0.014	0.010	0.008	0.006	0.004	0.003	0.002	0.002	0.002	0.001	0.001
1.80	0.460	0.349	0.267	0.209	0.166	0.133	0.108	0.088	0.072	0.060	0.049	0.034	0.024	0.017	0.012	0.009	0.007	0.005	0.004	0.003	0.002	0.001	0.001	0.001	0.001
1.85	0.442	0.332	0.254	0.198	0.156	0.125	0.100	0.082	0.067	0.055	0.045	0.031	0.022	0.015	0.011	0.008	0.006	0.004	0.003	0.002	0.002	0.001	0.001	0.001	0.001
1.90	0.425	0.315	0.242	0.188	0.146	0.117	0.094	0.076	0.062	0.050	0.041	0.028	0.020	0.014	0.010	0.007	0.005	0.004	0.003	0.002	0.001	0.001	0.001	0.001	0.000
1.95	0.409	0.304	0.231	0.178	0.139	0.110	0.088	0.070	0.057	0.046	0.038	0.026	0.018	0.012	0.008	0.006	0.004	0.003	0.002	0.002	0.001	0.001	0.001	0.000	0.000

续表

η \ x	2.2	2.4	2.6	2.8	3.0	3.2	3.4	3.6	3.8	4.0	4.2	4.6	5.0	5.4	5.8	6.2	6.6	7.0	7.4	7.8	8.2	8.6	9.0	9.4	9.8
2.00	0.395	0.292	0.221	0.169	0.132	0.104	0.082	0.066	0.053	0.043	0.035	0.023	0.016	0.011	0.007	0.005	0.004	0.003	0.002	0.001	0.001	0.001	0.000	0.000	0.000
2.10	0.369	0.273	0.202	0.154	0.119	0.092	0.073	0.058	0.046	0.037	0.030	0.019	0.013	0.009	0.006	0.004	0.003	0.002	0.001	0.001	0.001	0.000	0.000	0.000	0.000
2.20	0.346	0.253	0.186	0.141	0.107	0.083	0.065	0.051	0.040	0.032	0.025	0.016	0.011	0.007	0.005	0.004	0.002	0.001	0.001	0.001	0.000	0.000	0.000	0.000	0.000
2.30	0.326	0.235	0.173	0.129	0.098	0.075	0.058	0.045	0.035	0.028	0.022	0.014	0.009	0.006	0.004	0.003	0.002	0.001	0.001	0.001	0.000	0.000	0.000	0.000	0.000
2.40	0.308	0.220	0.160	0.119	0.089	0.068	0.052	0.040	0.031	0.024	0.019	0.012	0.008	0.005	0.003	0.002	0.001	0.001	0.001	0.001	0.000	0.000	0.000	0.000	0.000
2.50	0.292	0.207	0.150	0.110	0.082	0.062	0.047	0.036	0.028	0.022	0.017	0.010	0.006	0.004	0.003	0.002	0.001	0.001	0.000	0.000	0.000	0.000	0.000	0.000	0.000
2.60	0.277	0.197	0.140	0.102	0.076	0.057	0.043	0.033	0.025	0.019	0.015	0.009	0.005	0.003	0.002	0.001	0.001	0.001	0.000	0.000	0.000	0.000	0.000	0.000	0.000
2.70	0.264	0.188	0.131	0.095	0.070	0.052	0.039	0.029	0.022	0.017	0.013	0.008	0.005	0.003	0.002	0.001	0.001	0.000	0.000	0.000	0.000	0.000	0.000	0.000	0.000
2.80	0.252	0.176	0.124	0.089	0.065	0.048	0.036	0.027	0.020	0.015	0.012	0.007	0.004	0.002	0.001	0.001	0.001	0.000	0.000	0.000	0.000	0.000	0.000	0.000	0.000
2.90	0.241	0.166	0.177	0.083	0.060	0.044	0.033	0.024	0.018	0.014	0.010	0.006	0.004	0.002	0.001	0.001	0.000	0.000	0.000	0.000	0.000	0.000	0.000	0.000	0.000
3.00	0.230	0.159	0.110	0.078	0.056	0.041	0.030	0.022	0.017	0.012	0.009	0.005	0.003	0.002	0.001	0.001	0.000	0.000	0.000	0.000	0.000	0.000	0.000	0.000	0.000
3.50	0.190	0.126	0.085	0.059	0.041	0.029	0.021	0.015	0.011	0.008	0.006	0.003	0.002	0.001	0.001	0.000	0.000	0.000	0.000	0.000	0.000	0.000	0.000	0.000	0.000
4.00	0.161	0.104	0.069	0.046	0.031	0.022	0.015	0.010	0.007	0.005	0.004	0.002	0.001	0.000	0.000	0.000	0.000	0.000	0.000	0.000	0.000	0.000	0.000	0.000	0.000
4.50	0.139	0.087	0.057	0.037	0.025	0.017	0.011	0.008	0.005	0.004	0.003	0.001	0.001	0.000	0.000	0.000	0.000	0.000	0.000	0.000	0.000	0.000	0.000	0.000	0.000
5.00	0.122	0.076	0.048	0.031	0.020	0.013	0.009	0.006	0.004	0.003	0.002	0.001	0.000	0.000	0.000	0.000	0.000	0.000	0.000	0.000	0.000	0.000	0.000	0.000	0.000
6.00	0.098	0.060	0.036	0.022	0.014	0.009	0.006	0.004	0.002	0.002	0.001	0.000	0.000	0.000	0.000	0.000	0.000	0.000	0.000	0.000	0.000	0.000	0.000	0.000	0.000
7.00	0.081	0.048	0.028	0.017	0.010	0.006	0.004	0.002	0.002	0.001	0.001	0.000	0.000	0.000	0.000	0.000	0.000	0.000	0.000	0.000	0.000	0.000	0.000	0.000	0.000
8.00	0.069	0.040	0.022	0.013	0.008	0.005	0.003	0.002	0.001	0.001	0.000	0.000	0.000	0.000	0.000	0.000	0.000	0.000	0.000	0.000	0.000	0.000	0.000	0.000	0.000
9.00	0.060	0.034	0.019	0.011	0.006	0.004	0.002	0.001	0.001	0.000	0.000	0.000	0.000	0.000	0.000	0.000	0.000	0.000	0.000	0.000	0.000	0.000	0.000	0.000	0.000
10.00	0.053	0.028	0.016	0.009	0.005	0.003	0.002	0.001	0.001	0.000	0.000	0.000	0.000	0.000	0.000	0.000	0.000	0.000	0.000	0.000	0.000	0.000	0.000	0.000	0.000
20.00	0.023	0.018	0.011	0.006	0.002	0.001	0.001	0.000	0.000	0.000	0.000	0.000	0.000	0.000	0.000	0.000	0.000	0.000	0.000	0.000	0.000	0.000	0.000	0.000	0.000

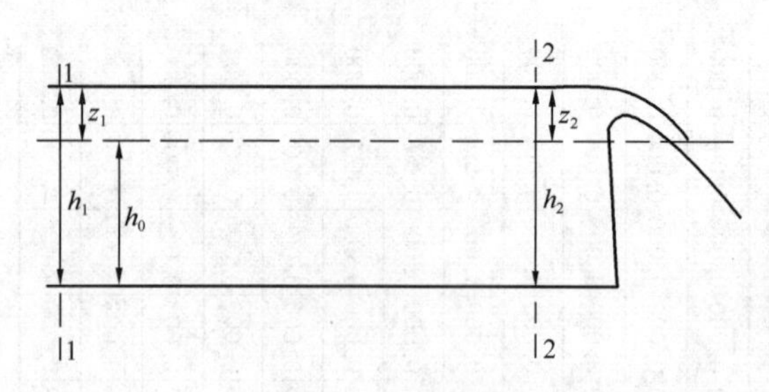

图 2-4　计算图式

(a) 已知 h_1 和 h_2，求断面 1 和断面 2 之间的距离，计算中不需计算。

(b) 已知两断面之间的距离和一个断面处的水深（h_1 和 h_2），求另一断面处的水深。此时需要试算，用所介绍的两种方法，均只需试算一次，第二次即可求出水深。

【例 2-1】 有一梯形断面的河渠（见图 2-4），已知下列各值：$b=10.0\text{m}$，$m=1.5$，$i=0.0007$，$n=0.030$，$h_0=1.75\text{m}$。溢流堰前壅水值 $z_2=2.0\text{m}$。另一横断面 1 处的回水值为 $z_1=0.01\text{m}$，求断面 1 与堰之间的距离。

【解】 本题应用下列方程式，即 $\dfrac{il}{h_0}=\eta_2-\eta_1-(1-\bar{j})[\varphi(\eta_2)-\varphi(\eta_1)]$

断面 1 中的水深为　$h_1=h_0+z_1=1.75+0.01=1.76\text{m}$

断面 2 中的水深为　$h_2=h_0+z_2=1.75+2.00=3.75\text{m}$

水深比为

$$\eta_1=\frac{1.76}{1.75}=1.006；\eta_2=\frac{3.75}{1.75}=2.143$$

平均水深为

$$\bar{h}=\frac{h_1+h_2}{2}=\frac{1.76+3.75}{2}=2.76\text{m}$$

在 $h_0=1.75\text{m}$ 及 $\bar{h}=2.76\text{m}$ 时，可计算出对于决定 $\bar{j}$ 值的公式（2-20）中各水力要素的值，并列于表 2-20 中。

水力要素计算　　**表 2-20**

h（m）	B（m）	ω（m^2）	x（m）	R（m）	$C=\frac{1}{n}R^y$	$K=\omega C\sqrt{R}$（m^3/s）
$h_0=1.75$	15.25	22.1	16.3	1.35	35.8	920
$\bar{h}=2.76$	18.28	39.0	19.95	1.96	38.7	2110

故 $\bar{j}=\dfrac{\alpha i\bar{C}^2}{g}\times\dfrac{\bar{B}}{x}=\dfrac{1.1\times0.0007\times38.7^2}{9.81}\times\dfrac{18.28}{19.95}=0.108$

按下式求出渠道的水力指数 x 为

$$x=2\times\frac{\lg\bar{K}-\lg K_0}{\lg\bar{h}-\lg h_0}=2\times\frac{\lg2110-\lg920}{\lg2.76-\lg1.75}=3.64$$

查表得：

$$\varphi（1.006）=1.223$$

$$\varphi（2.143）=0.0527$$

代入公式（2-19）中得：

$$\frac{0.0007l}{1.75}=2.143-1.006-（1-0.108）（0.0527-1.223）$$

求解得　$l=5450\text{m}$

此例为由两端水深 h_1 及 h_2 推算两断面间的距离。若需求解某一渠段各点的水深，可多设几个断面及各断面的水深，然后依次计算这些断面与已知水深的断面的距离。根据这些计算所得的距离和假设的水深即可在方格纸上点绘出各断面的位置及水位，连接起来即得所需的水面曲线。由此水面曲线可查得河道各点的水深。

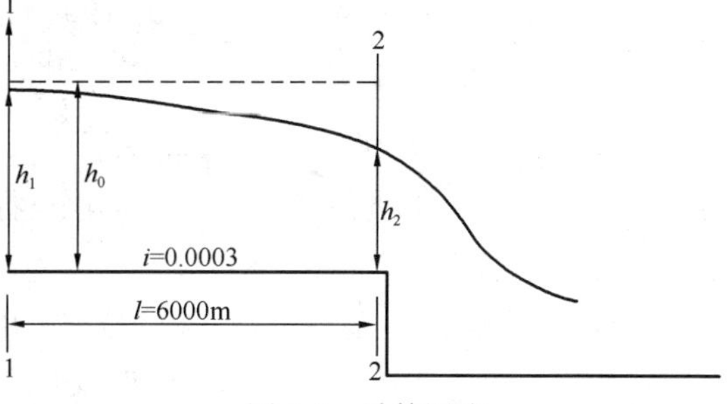

图 2-5　计算图式

【例 2-2】 有一梯形断面河渠（见图 2-5）：$h_0=4$m，$b=10$m，$i=0.0003$，$m=1.5$，$n=0.0225$，河渠终点 $h_2=3.00$m。水面呈降水曲线，求距终点 $l=6000$m 处的水深 h_1。

【解】 计算 $h_0=4$m，$h_2=3.0$m 时各水力要素值并列于表 2-21 中，表中 C 值由表 2-18 查得。

水力要素计算　　表 2-21

h (m)	B (m)	x (m)	ω (m²)	R (m)	C	K (m³/s)
$h_0=4.0$	22.0	24.42	64.0	2.62	53.1	5500
$h_2=3.0$	19.0	20.82	43.5	2.09	51.2	3220
$\bar{h}-=3.46$	20.38	22.48	52.55	2.34	52.1	4190

先假定平均水深$\bar{h}=h_2=3.0$m，计算水力指数为：

$$x=2\times\frac{\lg3220-\lg5500}{\lg3-\lg4}$$

$$=2\times\frac{3.5078-3.7404}{0.4771-0.6021}=3.72$$

计算$\bar{j}$值　$$\bar{j}=\frac{1.1\times0.0003\times51.2^2}{9.81}\times\frac{19}{20.82}=0.08$$

公式（2-19）可改写为：

$$\eta_2-(1-\bar{j})\ \varphi(\eta_2)\ -\frac{il}{h_0}=\eta_1-(1-\bar{j})\ \varphi(\eta_1)$$

令　$$A_2=\eta_2-(1-\bar{j})\varphi(\eta_2)-\frac{il}{h_0}$$

$$=\frac{3.0}{4.0}-(1-0.08)\varphi\left(\frac{3.0}{4.0}\right)-\frac{0.0003\times6000}{4.0}$$

$$=0.75-0.92\varphi(0.75)-0.45$$

当 $x=3.72$ 时查表得 $\varphi(0.75)=0.819$

故　$$A_2=0.75-0.92\times0.819-0.45=0.45$$

因此　$$\eta_1-(1-\bar{j})\varphi(\eta_1)=0.45$$

即　$$\eta_1-(1-0.08)\varphi(\eta_1)=0.45$$

计算求得　$$\eta_1=0.98$$

故　$$h_1=\eta_1h_0=0.98\times4.0=3.92\text{m}$$

再假设 $h_2=3.92$m，重新计算：

$$\bar{h}=\frac{1}{2}(h_1+h_2)=\frac{1}{2}(3.92+3.0)=3.46\text{m}$$

$$x=2\times\frac{\lg4190-\lg5500}{\lg3.46-\lg4}=3.75$$

$$\bar{j}=\frac{1.1\times0.0003\times52.1^2}{9.81}\times\frac{20.38}{22.48}=0.083$$

故
$$A_2=0.75-(1-0.083)\varphi(0.75)-0.45$$

当 $x=3.75$ 时，$\varphi(0.75)=0.817$

$$A_2=0.75-0.917\times0.817-0.45=-0.45$$

故
$$\eta_1-0.917\varphi(\eta_1)=-0.45$$

用试算法求得
$$\eta_1=0.98$$

$$h_1=\eta_1 h_0=0.98\times4.0=3.92\text{m}$$

计算结果与第二次假定值相同，故 $h_2=3.92$m。同时可看出第一次假定 $\bar{h}=h_2=3.0$m 对最后结果影响很小。

城镇河渠上常设有水闸等各种水工建筑物。当进行水面线计算遇建筑物时，应在建筑物上、下游各加设一个断面，并求出水流通过建筑物的水头损失，以求得建筑物上游或下游水位，并按此水位继续向上游或下游进行水面线计算，最后得出整个河渠的水面线。

b. 分段求和法：用分段求和法求水面曲线，是把非均匀流河道分为若干段，利用能量方程由控制水深的一端逐段向另一端推算，将求得的各断面水面连接起来即得到所求的水面曲线。它适用于棱柱体渠道，也可用于非棱柱体河渠，其方法是先设定各断面水深，然后推求各段距离，因此不需要试算。

计算公式：

$$\frac{\left(h_i+\frac{v_i^2}{2g}\right)-\left(h_{i+1}+\frac{v_{i+1}^2}{2g}\right)}{\Delta L}=i-\bar{J} \tag{2-22}$$

式中　ΔL——河段长度（m）；

$\bar{J}$——河段平均水力坡度。

$$\bar{J}=\frac{\bar{v}^2}{\bar{C}^2\bar{R}} \tag{2-23}$$

其中
$$\bar{v}=\frac{v_i+v_{i+1}}{2} \tag{2-24}$$

$$\bar{C}=\frac{C_i+C_{i+1}}{2} \tag{2-25}$$

$$\bar{R}=\frac{R_i+R_{i+1}}{2} \tag{2-26}$$

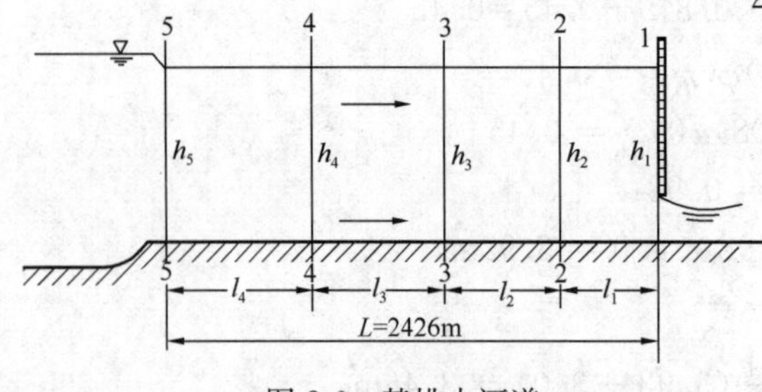

图 2-6　某排水河道

公式（2-22）～公式（2-26）中，下标 i 和 $i+1$ 分别表示下段断面和上段断面的水力要素。

【例 2-3】 图 2-6 所示为一排水河道，下游为一座水闸，上游为一内湖，河道全长 2426m，底宽为 20m，边坡系数 $m=2.0$，糙率 $n=0.025$，底坡

$i=0.0004$，设计流量 $Q=100\text{m}^3/\text{s}$，下游闸前水深 $h_1=3.5\text{m}$，河道设计流量的正常水深 $h_0=2.85\text{m}$，试推算河道的水面曲线。

【解】(1) 分析水面曲线性质，求临界水深 h_k：

$$\sqrt{\frac{\alpha^3}{g}}\frac{Q}{b^{2.5}}=\sqrt{\frac{1}{9.81}}\times\frac{100}{20^{2.5}}=0.01785\text{m}$$

查图 2-2，$h_k/b=0.0653$，$h_k=1.306\text{m}$。$h_1>h_0>h_k$ 为缓流壅水曲线，采用分段求和法求解。

(2) 水面曲线计算：根据 $h_1=3.5\text{m}$，$h_2=3.4\text{m}$，按表中项目分别计算后填入第一行和第二行。

计算第一、第二两行中的 v、C、R 的平均值 $\overline{v}$、$\overline{C}$、$\overline{R}$ 后，计算 $\overline{J}$ 及其后各项：

$$\overline{v}=\frac{v_1+v_2}{2}=\frac{1.0582+1.0975}{2}=1.0779\text{m/s}$$

$$\overline{C}=\frac{C_1+C_2}{2}=\frac{47.0563+46.8701}{2}=46.9632$$

$$\overline{R}=\frac{R_1+R_2}{2}=\frac{2.6506+2.5883}{2}=2.6195$$

$$\overline{J}_{1-2}=\frac{\overline{v}^2}{\overline{C}^2\,\overline{R}}=\frac{1.0779^2}{46.9632^2\times2.6195}=0.000201$$

$$l_1=\frac{\left(h_1+\frac{v_1^2}{2g}\right)-\left(h_2+\frac{v_2^2}{2g}\right)}{i-\overline{J}_{1-2}}=\frac{3.557-3.461}{0.0004-0.000201}=482\text{m}$$

同理，设：

$h_3=3.3\text{m}$，求得 $l_2=538\text{m}$

$h_4=3.2\text{m}$，求得 $l_3=629\text{m}$

$h_5=3.1\text{m}$，求得 $l_4=777\text{m}$

计算过程列表见表 2-22。

计算过程 **表 2-22**

断面	h (m)	ω (m²)	v (m/s)	$\frac{v^2}{2g}$ (m)	$h+\frac{v^2}{2g}$ (m)	x (m)	R (m)	C ($\text{m}^{\frac{1}{2}}/\text{s}$)	$\overline{J}=\frac{\overline{v}^2}{\overline{C}^2\overline{R}}$	$i-\overline{J}$	L_i (m)	ΣL (m)
1—1	3.5	94.500	1.0582	0.057	3.557	35.6520	2.6506	47.0563	0.000201	0.000199	482	482
2—2	3.4	91.120	1.0975	0.061	3.461	35.2048	2.5883	46.8701	0.0002236	0.0001764	538	1020
3—3	3.3	87.780	1.1392	0.066	3.366	34.7576	2.5255	46.6786	0.000249	0.000151	629	1649
4—4	3.2	84.480	1.1837	0.071	3.271	34.3104	2.4622	46.4815	0.000279	0.000121	777	2426
5—5	3.1	81.220	1.2312	0.077	3.177	33.8632	2.3985	46.2789				

c. 逐段试算法：逐段试算法与分段求和法计算理论相同，只是计算条件不同，需要

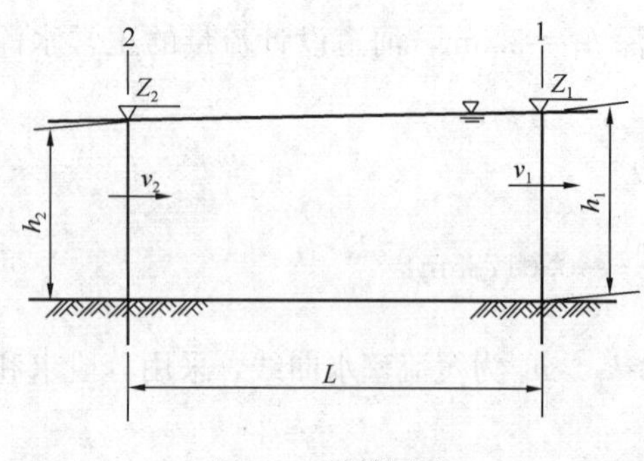

图 2-7　计算图式

计算距控制水深断面一定距离处另一断面的水深，也需先假定该断面水深进行一次试算，如所得结果不符合要求，则再以同法计算一次即可得出所求的水深。如此逐段试算，得出各断面水深，连接起来即可得到所求的水面曲线。

基本方程式及计算方法（见图 2-7）：

$$Z_2+\frac{\alpha_2 v_2^2}{2g}=Z_1+\frac{\alpha_1 v_1^2}{2g}+h_y \tag{2-27}$$

$$E_2=E_1+h_y \tag{2-28}$$

式中　E_1、E_2——下断面及上断面的总水头（m），一般单式断面取 $\alpha_1=\alpha_2=1.0$；

v_1、v_2——下断面及上断面的流速（m/s）；

Z_1、Z_2——下断面及上断面的水位（m）；

h_y——上下断面间沿程水头损失（m）；

$\frac{\alpha_1 v_1^2}{2g}$、$\frac{\alpha_2 v_2^2}{2g}$——下断面及上断面的流速水头。

沿程水头损失 h_y 的计算：

$$h_y=\overline{J}L \tag{2-29}$$

河段的平均水力坡度$\overline{J}$按公式（2-30）计算：

$$\overline{J}=\frac{n^2\overline{v}^2}{(\overline{R}^{1+2y})} \tag{2-30}$$

式中　n——糙率；

y——指数，平原河道 $y=\frac{1}{6}$；

$\overline{R}$——两断面平均水力半径（m），$\overline{R}=\frac{1}{2}$（R_1+R_2）；

$\overline{v}$——两断面流速的平均值，$\overline{v}=\frac{1}{2}$（v_1+v_2）。

动能改正系数 α，对平原河道单式断面可采用 $\alpha=1$。

计算时已知下游断面 1—1 处的水深 h_1，先假设上游断面 2—2 处水深 h_2，求得总水头 E_2 及 E_1+h_y，当 $E_2\neq E_1+h_y$ 时，按公式（2-31）求出水位计算的校正值 ΔZ，再求修正后的 E_2 及 E_1+h_y，当 $E_2=E_1+h_y$ 时，所得结果可采用。

$$\Delta E=\frac{\Delta Z}{1-\alpha F_r^2+\frac{3JL}{2R}} \tag{2-31}$$

式中　ΔE——第一次试算的总水头误差（m）；

ΔZ——第一次水位计算的校正值（m）；

J、R——第一次试算中上断面的能坡及水力半径；

L——两断面间的距离（m）；

F_r——上断面的弗劳德数。

$$F_r^2=\frac{1}{\frac{R}{2}}\frac{v^2}{2g} \tag{2-32}$$

在实际计算中常采用列表计算。

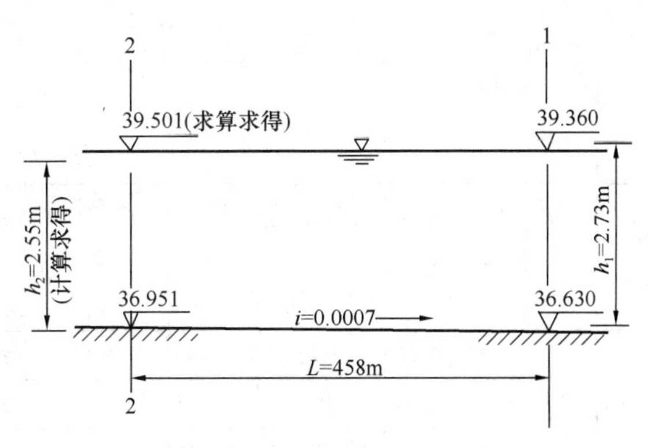

图 2-8 某河道断面

【例 2-4】某河道断面为梯形，底宽 $b=13$m，边坡系数 $m=2$，河道糙率 $n=0.020$，设计流量 $Q=69.7\text{m}^3/\text{s}$，设计正常水深 $h_0=2.17$m，断面 1—1 处修建水闸后，水深提高至 $h_1=2.73$m，1—1 处河底高程为 36.630m，水面高程为 39.360m，断面 2—2 处河底高程为 36.951m，两断面间距离 $L=458$m，河底坡度 $i=0.0007$，求断面 2—2 处水深 h_2 及水位（见图 2-8）。

【解】确定水面线性质，求临界水深 h_k：

$$\sqrt{\frac{\alpha^3}{g}}\frac{Q}{b^{2.5}}=\sqrt{\frac{1}{9.81}}\times\frac{69.7}{13^{2.5}}=0.0365\text{m}$$

查图 2-2 得：

$$\frac{h_k}{b}=0.103$$

$$h_k=0.103\times13=1.339\text{m}$$

$$h_1=2.73\text{m}>h_0=2.17\text{m}>h_k=1.339\text{m}，为缓流壅水曲线。$$

采用列表计算法计算水面曲线：

根据 $h_1=2.73$m 计算表 2-23 中各项目并列入表中第一行。

第一次试算：设 $h_2=2.69$m，则水位为 2.69+36.951=39.641m，计算表 2-23 中各项目，列入表中第二行，并计算$\overline{R}$等最后四项。表中 E_1 为断面 1 的总水头。计算结果：

$$E_1+h_y=39.601\text{m}\neq39.742\text{m}$$

故需再进行一次试算。

第二次试算：先按公式（2-31）求出水位校正值 ΔZ。调整试算水位后求得第二次试算水深 h_2，再重复进行计算并列入表中第三行：

$$\Delta E=39.742-39.601=0.141\text{m}$$

$$F_r^2=\frac{2}{R}\frac{v^2}{2g}=\frac{2}{1.975}\times0.101=0.1023$$

$$\frac{3JL}{2R}=\frac{3\times0.000312\times458}{2\times1.975}=0.1085$$

$$\Delta Z=\frac{\Delta E}{1-F_r^2+\frac{3JL}{2R}}=\frac{0.141}{1-0.1023+0.1085}=0.140\text{m}$$

校正后水面高程及水深：

$$Z_2=39.641-0.140=39.501\text{m}$$

$$h_2=2.69-0.14=2.55\text{m}$$

计算结果：

$E_1+h_y=39.458+0.158=39.616\text{m}\approx E_2=39.617\text{m}$（符合要求），故 $h_2=2.55$m，

$Z_2=39.501\text{m}$。

计算成果见表 2-23。

计 算 成 果　　　　**表 2-23**

断面号	断面间距 (m)	水位 Z (m)	水深 h (m)	断面积 ω (m^2)	流速 v (m/s)	$\frac{v^2}{2g}$ (m)	总水头 $E_2=Z+\frac{v^2}{2g}$ (m)	湿周 χ (m)	水力半径 R (m)	$\overline{R}$ (m)	平均能坡 $\overline{J}$	沿程损失 h_y (m)	E_1+h_y (m)
1		39.360	2.73	50.396	1.383	0.098	39.458	25.209	1.999	1.987	0.000312	0.143	39.601
试算 2	458	39.641	2.69	49.442	1.41	0.101	39.742	25.030	1.975	1.945	0.000345	0.158	39.616
2	458	39.501	2.55	46.155	1.51	0.116	39.617	24.404	1.891				

求得 h_2 后，再设 h_3 值进行试算以求出断面 3 的水位和水深，以此类推即可得出此段河渠的全部水面曲线。

2.5.2　堰流及闸孔出流计算

凡具有自由表面的水流，受局部的侧向收缩或底坎的垂向收缩，而形成的局部降落变流称为堰流。若同时受闸门（或胸墙）控制，水流经闸门下缘泄出的，称为闸孔出流（简称孔流）。

根据底坎的形状和厚度，堰流又可分为：

$\delta/H<0.67$，为薄壁堰流；

$0.67<\delta/H<2.5$，为实用堰流，又可分为折线型和曲线型实用堰；

$2.5<\delta/H<10$，为宽顶堰流；

$10<\delta/H$，为短渠水流。

其中，δ 为堰顶宽度，如图 2-9 所示；H 为堰前水头（不包括堰前行近流速水头），它是距上游堰壁（3～4）H 处，从堰顶起算的水深。

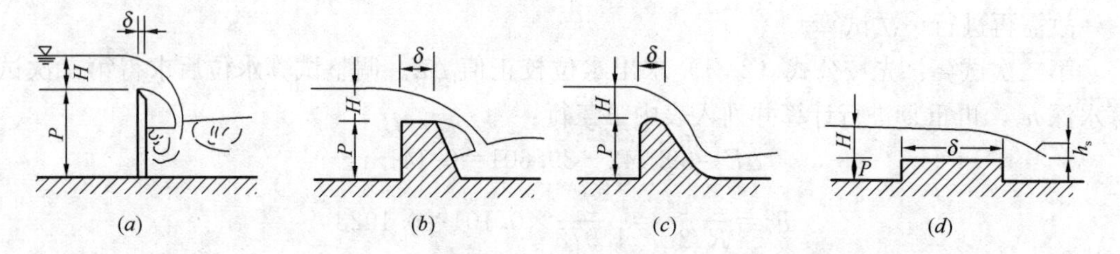

图 2-9　堰流种类

（a）薄壁堰流；（b）折线型实用堰流；（c）曲线型实用堰流；（d）宽顶堰流

2.5.2.1　宽顶堰

宽顶堰分有底槛和无底槛两种情况。

宽顶堰流的基本公式：

1）计算公式：

非淹没堰［见图 2-10（a）］

$$Q=\sigma_c mb\sqrt{2g}H_0^{3/2} \tag{2-33}$$

或

$$Q=\sigma_c MbH_0^{3/2} \tag{2-34}$$

淹没堰［见图 2-10（b）］

$$Q=\sigma_s\sigma_c mb\sqrt{2g}H_0^{3/2} \tag{2-35}$$

或

$$Q=\sigma_s\sigma_c MbH_0^{3/2} \tag{2-36}$$

式中　b——堰孔净宽（m）；

H_0——包括行近流速的堰前水头（m），即 $H_0=H+\dfrac{v_0^2}{2g}$；

v_0——行近流速（m/s）；

m——自由溢流的流量系数，与堰型、堰高等边界条件有关，$M=m\sqrt{2g}$；

σ_c——侧收缩系数；

σ_s——淹没系数，可查表 2-24。

宽顶堰淹没系数 σ_s　　　　表 2-24

h_s/H_0	≤0.80	0.81	0.82	0.83	0.84	0.85	0.86	0.87	0.88
σ_s	1.000	0.995	0.990	0.980	0.970	0.960	0.950	0.930	0.900

h_s/H_0	0.89	0.90	0.91	0.92	0.93	0.94	0.95	0.96	0.97	0.98
σ_s	0.870	0.840	0.820	0.780	0.740	0.700	0.650	0.590	0.500	0.400

流态判别界限：

$h_s/H<0.8$，自由流；

$h_s/H>0.8$，淹没流。

其中 h_s 为堰顶以上下游水深，参见图 2-10。

2）有底坎宽顶堰的流量系数：

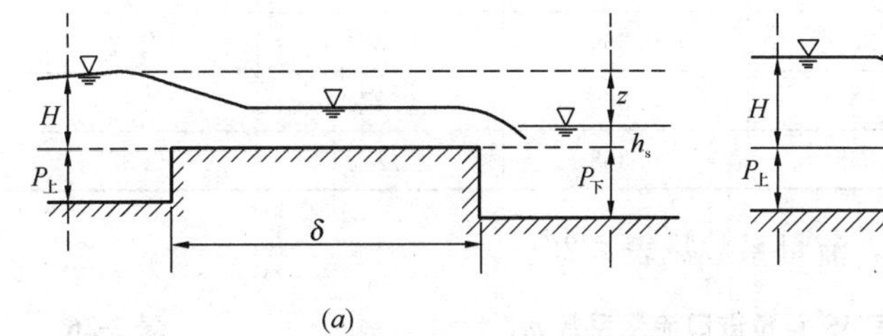

(a)

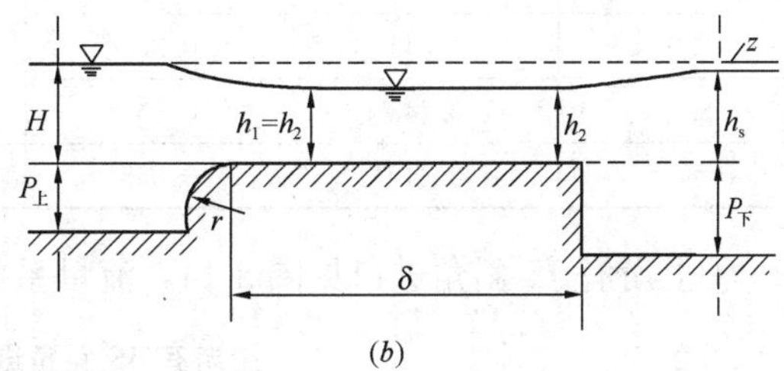

(b)

图 2-10　宽顶堰

（a）非淹没堰；（b）淹没堰

① 进口边缘为直角，见图 2-11：

当 $0<P/H<3.0$ 时，

$$m=0.32+0.01\frac{3-P/H}{0.46+0.75P/H} \tag{2-37}$$

当 $P/H\geqslant 3.0$ 时，

$$m=0.32$$

②进口边缘为圆角，见图 2-12：

当 $0<P/H<3.0$ 时，

$$m=0.36+0.01\frac{3-P/H}{1.2+1.5P/H} \tag{2-38}$$

当 $P/H\geqslant3.0$ 时，

$$m=0.36$$

③斜坡式进口见图 2-13，流量系数见表 2-25。

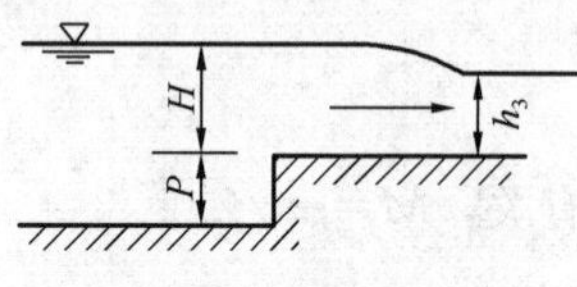

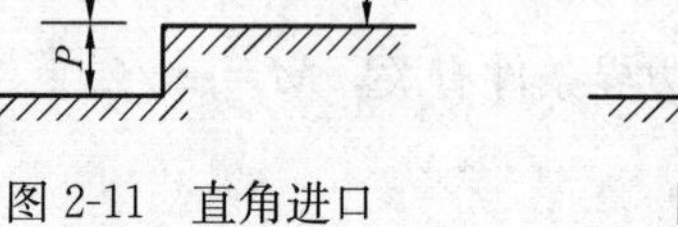

图 2-11　直角进口

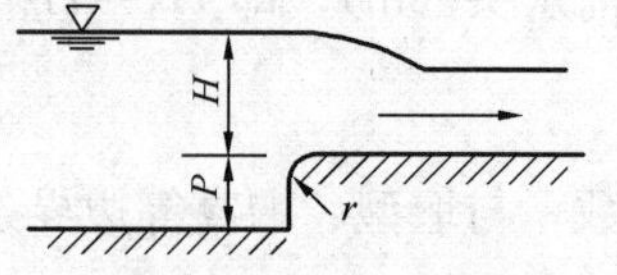

图 2-12　圆角进口

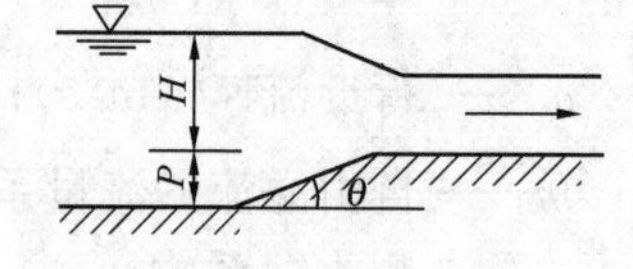

图 2-13　斜坡式进口

上游斜坡式进口流量系数 *m*　　**表 2-25**

P/H	$\cot\theta$				
	0.5	1.0	1.5	2.0	≥2.5
0	0.385	0.385	0.385	0.385	0.385
0.2	0.372	0.377	0.380	0.382	0.382
0.4	0.365	0.373	0.377	0.380	0.381
0.6	0.361	0.370	0.376	0.379	0.380
0.8	0.357	0.368	0.375	0.378	0.379
1.0	0.355	0.367	0.374	0.377	0.378
2.0	0.349	0.363	0.371	0.375	0.377
4.0	0.345	0.361	0.370	0.374	0.376
6.0	0.344	0.360	0.369	0.374	0.376
8.0	0.343	0.360	0.369	0.374	0.376
∞	0.340	0.358	0.368	0.373	0.375

④上游有 45°斜角进口见图 2-14，流量系数见表 2-26。

上游有 45°斜角进口流量系数 *m*　　**表 2-26**

P/H	f/H			
	0.025	0.050	0.100	≥0.200
0	0.385	0.385	0.385	0.385
0.2	0.371	0.374	0.376	0.377
0.4	0.364	0.367	0.370	0.373
0.6	0.359	0.363	0.367	0.370
0.8	0.356	0.360	0.365	0.368
1.0	0.353	0.358	0.363	0.367
2.0	0.347	0.353	0.358	0.363
4.0	0.342	0.349	0.355	0.361
6.0	0.341	0.348	0.354	0.360
∞	0.337	0.345	0.352	0.358

3）无底坎宽顶堰的流量系数：

①直角翼墙见图 2-15，流量系数见表 2-27。

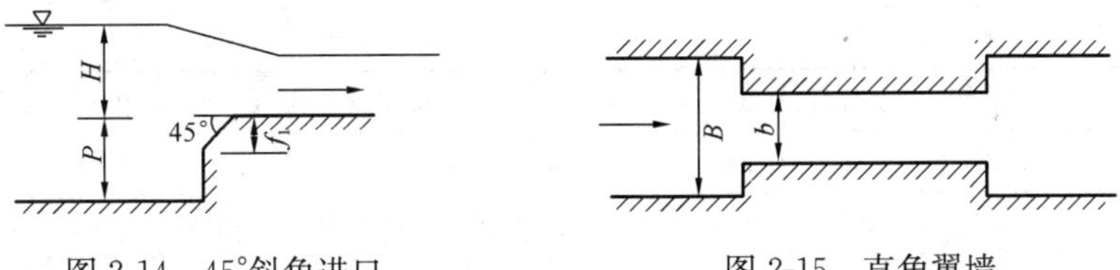

图 2-14 45°斜角进口　　图 2-15 直角翼墙

直角翼墙进口的平底宽顶堰流量系数 m　　**表 2-27**

b/B	≈0.0	0.1	0.2	0.3	0.4	0.5	0.6	0.7	0.8	0.9	1.0
m_1	0.320	0.322	0.324	0.327	0.330	0.334	0.340	0.346	0.355	0.367	0.385

②八字形翼墙见图 2-16，流量系数见表 2-28。

八字形翼墙进口的平底宽顶堰流量系数 m　　**表 2-28**

$\cot\theta$	b/B										
	≈0.0	0.1	0.2	0.3	0.4	0.5	0.6	0.7	0.8	0.9	1.0
0.5	0.343	0.344	0.346	0.348	0.350	0.352	0.356	0.360	0.365	0.373	0.385
1.0	0.350	0.351	0.352	0.354	0.356	0.358	0.361	0.364	0.369	0.375	0.385
2.0	0.353	0.354	0.355	0.357	0.358	0.360	0.363	0.366	0.370	0.376	0.385
3.0	0.350	0.351	0.352	0.354	0.356	0.358	0.361	0.364	0.369	0.375	0.385

③圆弧形翼墙见图 2-17，流量系数见表 2-29。

圆弧形翼墙进口的平底宽顶堰流量系数 m　　**表 2-29**

r/b	b/B										
	0.0	0.1	0.2	0.3	0.4	0.5	0.6	0.7	0.8	0.9	1.0
0.00	0.320	0.322	0.324	0.327	0.330	0.334	0.340	0.346	0.355	0.367	0.385
0.05	0.335	0.337	0.338	0.340	0.343	0.346	0.350	0.355	0.362	0.371	0.385
0.10	0.342	0.344	0.345	0.343	0.349	0.352	0.354	0.359	0.365	0.373	0.385
0.20	0.349	0.350	0.351	0.353	0.355	0.357	0.360	0.363	0.368	0.375	0.385
0.30	0.354	0.355	0.356	0.357	0.359	0.361	0.363	0.366	0.371	0.376	0.385
0.40	0.357	0.358	0.359	0.360	0.362	0.363	0.365	0.368	0.372	0.377	0.385
≥0.50	0.360	0.361	0.362	0.363	0.364	0.366	0.368	0.370	0.373	0.378	0.385

④斜角形翼墙见图 2-18，流量系数见表 2-30。

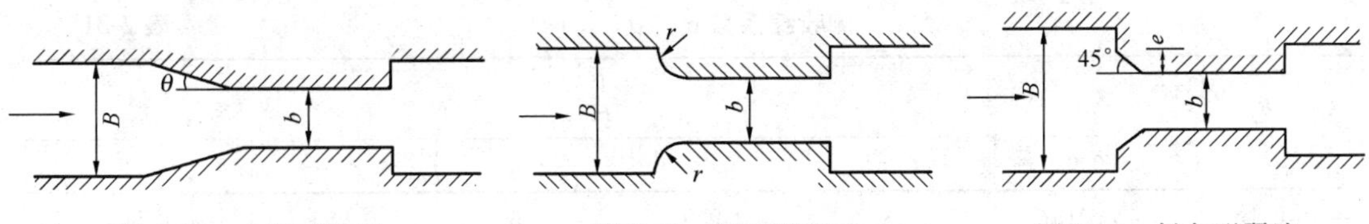

图 2-16 八字形翼墙　　图 2-17 圆弧形翼墙　　图 2-18 斜角形翼墙

斜角形翼墙进口的平底宽顶堰流量系数 m　　表 2-30

e/b	b/B										
	≈0.0	0.1	0.2	0.3	0.4	0.5	0.6	0.7	0.8	0.9	1.0
0.000	0.320	0.322	0.324	0.327	0.330	0.334	0.340	0.346	0.355	0.367	0.385
0.025	0.335	0.337	0.338	0.341	0.343	0.346	0.350	0.355	0.362	0.371	0.385
0.050	0.340	0.341	0.343	0.345	0.347	0.350	0.354	0.358	0.364	0.372	0.385
0.100	0.345	0.346	0.348	0.349	0.351	0.354	0.357	0.361	0.366	0.374	0.385
≥0.200	0.350	0.351	0.352	0.354	0.356	0.358	0.361	0.364	0.369	0.375	0.385

4）侧收缩系数：目前计算 σ_c 多采用经验公式，应用时应注意经验公式的适用范围。

①有坎宽顶堰流侧收缩系数 σ_c 的计算：

$$\sigma_c = 1 - \frac{\alpha}{\sqrt[3]{0.2 + P/H}}\sqrt[4]{\frac{b}{B}}(1 - b/B) \tag{2-39}$$

式中　P——上游堰高；

H——堰前水头；

b——两墩间净宽；

B——上游引渠宽，对于梯形断面，近似用一半水深处的渠道宽，即 $B=b'_0+mh/2$，b'_0 为底宽，m 为边坡系数，h 为渠道水深；

α——系数，闸墩（或边墩）墩头为矩形，宽顶堰进口边缘为直角时，$\alpha=0.19$；闸墩（或边墩）墩头为曲线形，宽顶堰进口边缘为直角或圆弧时，$\alpha=0.10$。

公式（2-39）适用条件：$b/B \geqslant 0.2$，$P/H \leqslant 3.0$。

当 $b/B<0.2$ 时，用 $b/B=0.2$ 计算；

当 $P/H>3.0$ 时，用 $P/H=3.0$ 计算。

多孔闸过流时，σ_c 的确定可取加权平均值 $\bar{\sigma}_c$，按公式（2-40）计算：

$$\bar{\sigma}_c = \frac{\sigma_{cm}(n-1) + \sigma_{cs}}{n} \tag{2-40}$$

式中　n——孔数；

σ_{cm}——中孔侧收缩系数，按公式（2-39）计算，式中 b/B 用 $\frac{b}{b+d}$ 代替，d 为墩厚；

σ_{cs}——边孔侧收缩系数，按公式（2-39）计算，式中 b/B 用 $\frac{b}{b+\Delta b}$ 代替，Δb 为边墩边缘线与建筑物上游引渠水边线之间的距离。

为简化公式（2-39）的计算，可查表 2-31、表 2-32 得 σ_c 值。

侧收缩系数 σ_c（$\alpha=0.10$）　　表 2-31

$\frac{b}{B}$	$\frac{P}{H}$					
	0.0	0.25	0.5	1.0	2.0	3.0
0.1	0.913	0.930	0.939	0.950	0.959	0.964
0.2	0.913	0.930	0.939	0.950	0.959	0.964

续表

$\frac{b}{B}$	$\frac{P}{H}$					
	0.0	0.25	0.5	1.0	2.0	3.0
0.3	0.915	0.932	0.941	0.951	0.960	0.965
0.4	0.918	0.936	0.946	0.955	0.963	0.968
0.5	0.929	0.945	0.953	0.960	0.967	0.971
0.6	0.940	0.954	0.961	0.967	0.973	0.976
0.7	0.955	0.964	0.970	0.974	0.979	0.982
0.8	0.968	0.976	0.979	0.983	0.986	0.988
0.9	0.984	0.988	0.990	0.992	0.993	0.994
1.0	1.000	1.000	1.000	1.000	1.000	1.000

侧收缩系数 σ_c（α=0.19） **表 2-32**

$\frac{b}{B}$	$\frac{P}{H}$					
	0.0	0.25	0.5	1.0	2.0	3.0
0.1	0.836	0.868	0.887	0.904	0.922	0.931
0.2	0.836	0.868	0.887	0.904	0.922	0.931
0.3	0.836	0.872	0.890	0.907	0.924	0.933
0.4	0.845	0.882	0.898	0.915	0.930	0.938
0.5	0.864	0.896	0.911	0.925	0.939	0.945
0.6	0.886	0.913	0.925	0.937	0.950	0.955
0.7	0.911	0.933	0.941	0.951	0.961	0.966
0.8	0.940	0.953	0.958	0.965	0.972	0.977
0.9	0.970	0.976	0.978	0.983	0.986	0.988
1.0	1.000	1.000	1.000	1.000	1.000	1.000

②无底坎宽顶堰侧收缩系数：对于无底坎的平底闸，其宽顶堰流的出现，是由于平面上闸孔宽小于引河宽，过水断面收缩而引起的，因而边墩侧收缩对溢流能力的影响已包含在流量系数 m 中，计算时分以下几种情况处理：

a. 单孔闸：若流量系数 m 按表 2-27～表 2-30 直接选用，则侧收缩系数 σ_c 不再计算（即取 $\sigma_c=1$），侧收缩对溢流能力的影响已包含到 m 中。

b. 多孔闸：对于多孔闸，其水流状态除受边墩影响以外，还受中墩的影响，因而要综合考虑边墩和中墩对过水能力的影响，其计算方法如下：

若用表 2-27～表 2-30 直接计算流量系数，则侧收缩系数不再计算，综合流量系数为：

$$m=\frac{m_m(n-1)+m_s}{n} \tag{2-41}$$

式中 n——闸孔数；

m_m——中孔的流量系数，将中墩的一半看成边墩（见图 2-19），然后按此边墩形状查表 2-27～表 2-30 中相应的值，表中 b/B 用 $b/(b+d)$ 代替，b 为每孔净宽，d 为墩厚；

m_s——边孔流量系数，按边墩形状查表 2-27～表 2-30 中相应的值，表中 b/B 用 $b/(b+\Delta b)$ 代替，Δb 为边墩边缘线与上游引水渠水边线之间的距离。

若用公式（2-40）计算多孔闸的综合侧收缩系数 $\bar{\sigma}_c$，则公式（2-33）及公式（2-35）中的 $m\sigma_c=0.385\bar{\sigma}_c$。

2.5.2.2　薄壁堰

薄壁堰常作量水设备用。

矩形薄壁堰：见图 2-20。无侧收缩、自由出流的矩形薄壁堰水流稳定，流量精度高。自由流薄壁堰应满足以下条件：

图 2-19　闸墩　　　图 2-20　矩形薄壁堰流

1）堰上水头 $H>3\text{cm}$。

2）水舌下面的空间应与大气相通，避免造成真空。

计算公式为：

$$Q=mb\sqrt{2g}H_0^{3/2} \tag{2-42}$$

$$Q=m_0b\sqrt{2g}H^{3/2} \tag{2-43}$$

根据经验公式为：

$$m_0=0.407+0.533\frac{H}{P} \tag{2-44}$$

式中　m_0——流量系数；

其他符号意义同前。

公式（2-43）适用于 $0<\dfrac{H}{P}<6$。

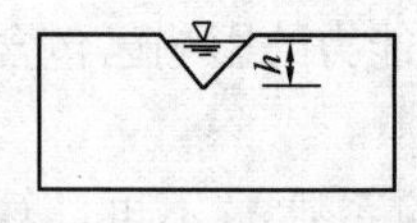

图 2-21　直角三角形薄壁堰流

（2）直角三角形薄壁堰：见图 2-21。当所测量的流量较小（例如 $Q<0.1\text{m}^3/\text{s}$）时，可采用直角三角形薄壁堰，其计算公式如下：

当 $h=0.021\sim0.200$ 时，

$$Q=1.4h^{5/2} \tag{2-45}$$

当 $h=0.301\sim0.350$ 时，

$$Q=1.343h^{2.47} \tag{2-46}$$

当 $h=0.201\sim0.300$ 时，Q 采用公式（2-45）及公式（2-46）计算的平均值。测量 h 时，应在堰口上游$\geqslant3h$ 处进行。

2.5.2.3　侧堰

河道分洪处，有时需设置侧堰，下面介绍侧堰分流的水力计算。

分水角为锐角时的侧堰水力计算：

侧堰泄流量按公式（2-47）计算：

$$Q = m\left(1-\frac{v_1}{\sqrt{gh_1}}\sin\alpha\right)b\sqrt{2g}H_1^{3/2} \tag{2-47}$$

式中 Q——侧堰流量（m^3/s）；

m——正堰时的流量系数，按前述内容采用；

v_1——侧堰首端河渠断面（水深为 h_1）的平均流速；

α、b、h_1、H_1 符号意义见图 2-22。

侧堰两端忽略沿途能量损失并设底坡为平坡，则有能量方程：

$$h_1+\frac{v_1^2}{2g}=h_2+\frac{v_2^2}{2g} \tag{2-48}$$

流量关系为：

$$Q_1 = Q + Q_2 \tag{2-49}$$

式中 Q_1、Q_2——侧堰上、下游流量；

v_2、h_2、H_2——侧堰下端的流速、水深和堰顶水头。

求侧堰泄流量 Q 时，用公式（2-47）～公式（2-49）试算求解。

（2）分水角为直角时的侧堰水力计算：

假设断面单位能量 E_s 沿程不变，可得：

$$Q = cb\sqrt{2g}H^{3/2} \tag{2-50}$$

$$b=\frac{B}{c}\left[F\left(\frac{h_2}{E_{s2}},\frac{P}{E_{s2}}\right)-F\left(\frac{h_1}{E_{s1}},\frac{P}{E_{s1}}\right)\right] \tag{2-51}$$

式中 H——H_1 和 H_2 的平均值，见图 2-22；

B、b——河宽及侧堰宽；

E_s——断面单位能量，$E_s=h+\frac{v^2}{2g}$；

h、v——变流断面的水深和流速；

c——流量系数，可取 $c=0.95m$，m 为正堰流量系数；

F——为 h/E_s 和 P/E_s 的函数，用公式（2-52）或图 2-23 确定；

P——堰高。

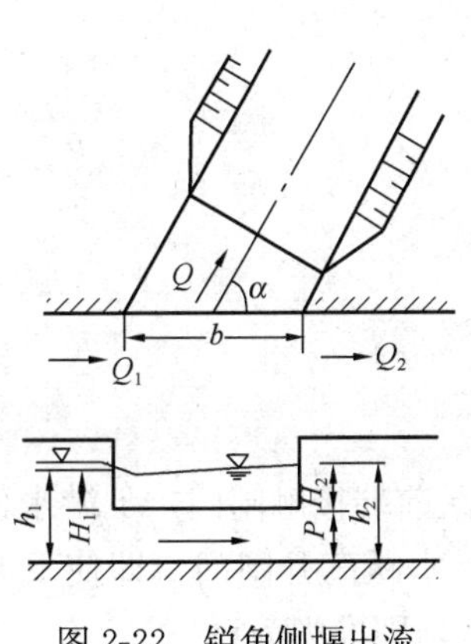

图 2-22 锐角侧堰出流

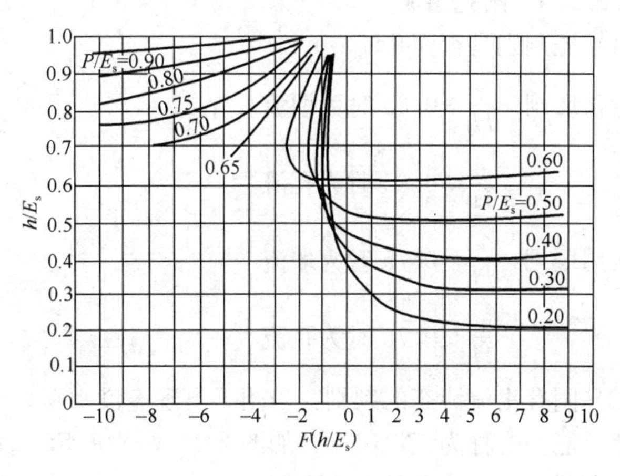

图 2-23 侧堰水力计算

$$F\left(\frac{h}{E_s},\frac{P}{E_s}\right)=\frac{2E_s-3P}{E_s-P}\sqrt{\frac{E_s-h}{h-P}}-3t_g^{-1}\sqrt{\frac{E_s-h}{h-P}} \tag{2-52}$$

求直角侧堰流量时，用公式（2-48）～公式（2-51），以试算法求解。

【例 2-5】 有一矩形河渠，宽 10m，流量为 $25m^3/s$，现从河渠一侧直角引水，侧堰流量为 $12m^3/s$，堰坎高 0.9m，侧堰流量系数为 0.415，侧堰下游渠道水深流量关系如下：

水深（m）	1.0	1.2	1.6	2.0
流量（m^3/s）	6.8	8.5	13	18.2

试求侧堰堰宽。

【解】（1）由公式（2-49）得 $Q_2=25-12=13m^3/s$

（2）由渠道的流量水深关系知 $h_2=1.6m$，故 $H_2=h_2-P=1.6-0.9=0.7m$

（3）由 $v_2=Q_2/\omega_2=13/（10\times1.6）=0.813m/s$，$E_{s2}=h_2+\frac{v_2^2}{2g}=1.6+0.813^2/19.6=1.634m$，以及 $E_{s1}=E_{s2}$ 的条件有：$h_1+v_1^2/2g=1.634m$

通过试算得 $h_1=1.5m$，故 $H_1=1.5-0.9=0.6m$

（4）$h_1/E_{s1}=1.5/1.634=0.918$，$h_2/E_{s2}=1.6/1.634=0.98$，$P/E_{s1}=P/E_{s2}=0.9/1.635=0.55$，查图 2-23 得：

$$F\left(\frac{h_1}{E_{s1}},\frac{P}{E_{s1}}\right)=-0.9、F\left(\frac{h_2}{E_{s2}},\frac{P}{E_{s2}}\right)=-0.4$$

故侧堰宽 $b=\frac{10}{0.415}[-0.4-(-0.9)]=12m$

（5）以 $\overline{H}=\frac{H_1+H_2}{2}=\frac{0.6+0.7}{2}=0.65m$，$b=12m$ 代入公式（2-46）进行校核：

$$Q=cb\sqrt{2g}H^{3/2}=0.415\times12\times4.43\times0.65^{3/2}=11.7m^3/s\approx12m^3/s$$

故可取 $b=12m$。

2.5.2.4 闸孔出流

（1）先判别是否为孔流：

宽顶堰闸 $\frac{e}{H}\geqslant0.65$ 时为堰流

$\frac{e}{H}<0.65$ 时为孔流

实用堰闸 $\frac{e}{H}\geqslant0.75$ 时为堰流

$\frac{e}{H}<0.75$ 时为孔流

（2）闸孔出流流态的判别：当闸下出现淹没水跃，水跃前端接触闸门，下游水位影响闸孔泄流能力时称为淹没出流，如图 2-24（*a*）所示；如果水跃离开闸门，即使下游水位高于闸孔开启高度，仍是自由出流，如图 2-24（*b*）所示。判别准则为：

$h''_c\geqslant h_t$ 属自由出流

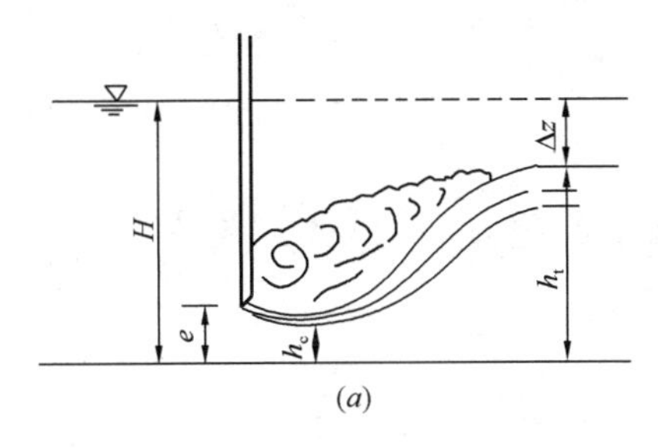

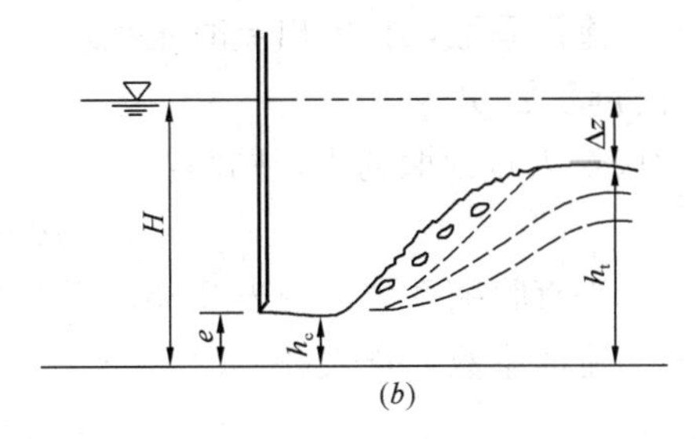

图 2-24 闸孔出流流态判别

(a) 淹没出流；(b) 自由出流

$h''_c < h_t$ 属淹没出流

h_t——自闸室坎顶起算的下游水深；

h_c——收缩断面水深（收缩水深）；

h''_c——收缩水深的共轭水深。

收缩水深 h_c 用公式（2-53）计算：

$$h_c = \varepsilon e \tag{2-53}$$

式中 e——闸门开启高度；

ε——垂直收缩系数。

垂直收缩系数 ε：平板闸门可查表 2-33；弧形闸门可查表 2-34，表中 $\theta = \cos^{-1}\frac{C-e}{R}$，$C$、$e$、$R$ 符号意义见图 2-25。

平板闸门垂直收缩系数 ε **表 2-33**

闸门相对开度 $\left(\frac{e}{H}\right)$	0.10	0.15	0.20	0.25	0.30	0.35	0.40	0.45	0.50	0.55	0.60	0.65
ε	0.615	0.618	0.620	0.622	0.625	0.630	0.630	0.638	0.645	0.650	0.660	0.675

弧形闸门垂直收缩系数 ε **表 2-34**

θ	35°	40°	45°	50°	55°	60°	65°	70°	75°	80°	85°	90°
ε	0.789	0.766	0.742	0.720	0.698	0.678	0.662	0.646	0.635	0.627	0.622	0.620

流量可按公式（2-54）或公式（2-55）计算：

$$Q = \sigma_s \mu e n b \sqrt{2g(H_0 - \varepsilon e)} \tag{2-54}$$

$$Q = \sigma_s \mu_0 e n b \sqrt{2gH_0} \tag{2-55}$$

式中 e——闸门开启高度；

b——每孔净宽；

n——孔数；

H_0——包括行近流速水头的闸门水头；

ε——垂直收缩系数，采用表 2-33、表 2-34；

μ——闸孔自由出流流量系数；

μ_0——闸孔自由出流流量系数；

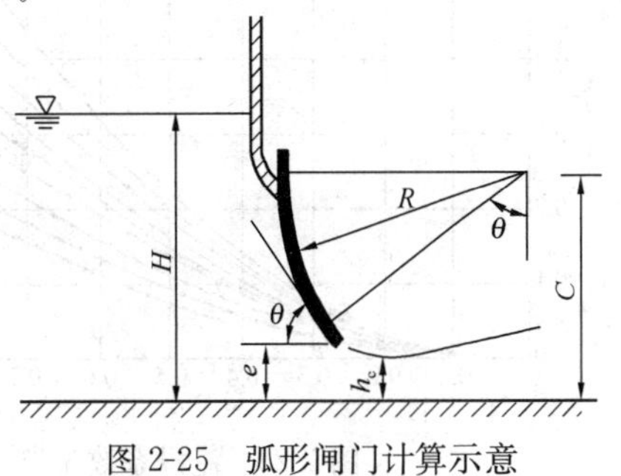

图 2-25 弧形闸门计算示意

σ_s——淹没系数，自由出流时 $\sigma_s=1$。

(3) 流量系数 μ、μ_0：

1) 闸底坎为宽顶堰的平板闸门：

$$\mu=\varepsilon\varphi \tag{2-56}$$

式中　ε——垂直收缩系数，查表 2-33、表 2-34；

φ——流速系数，查表 2-35.

应用范围：$0.1<\dfrac{e}{H}<0.65$。

流速系数 φ 值　　**表 2-35**

闸门孔口形式	图　形	φ
闸底板与引水渠道底齐平，无坎		0.95～1.00
闸底板高于引水渠道底，有平顶坎		0.85～0.95
无坎跌水		0.97～1.00

2) 闸底坎为宽顶堰的弧形闸门：

$$\mu_0=\left(0.97-0.81\frac{\theta}{180°}\right)-\left(0.56-0.81\frac{\theta}{180°}\right)\frac{e}{H} \tag{2-57}$$

应用范围：$25°<\theta<90°, 0<\dfrac{e}{H}<0.65$。

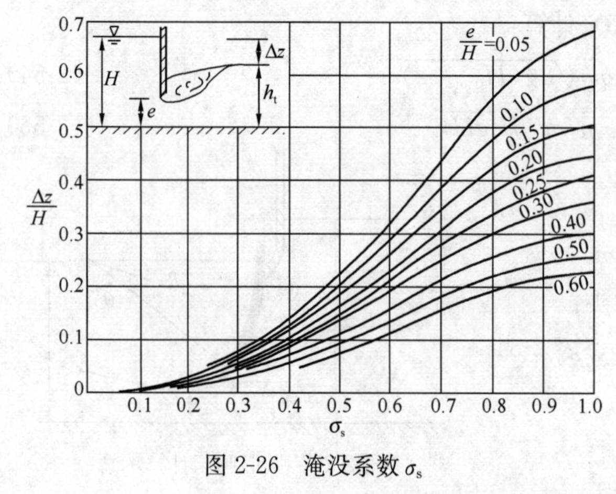

图 2-26　淹没系数 σ_s

(4) 淹没系数：闸底坎为宽顶堰的闸孔淹没出流的淹没系数可查图 2-26。

2.5.3　消能水力计算

(1) 消力池池深计算：消力池是降低水闸或其他水工建筑物的下游护坦形成的水池，以使闸下急流形成的水跃在消力池内被淹没而转为缓流，从而防止下游的冲刷。

1) 矩形断面消力池：该池的池深

d 应满足下列条件：

$$d = \sigma h''_{c} - (h_{s} + z_{1}) \tag{2-58}$$

式中 σ——保证水跃淹没的安全系数，通常采用1.05～1.10；

z_1——出池水流的落差（m），见图2-27；

h_s——下游水深（m）。

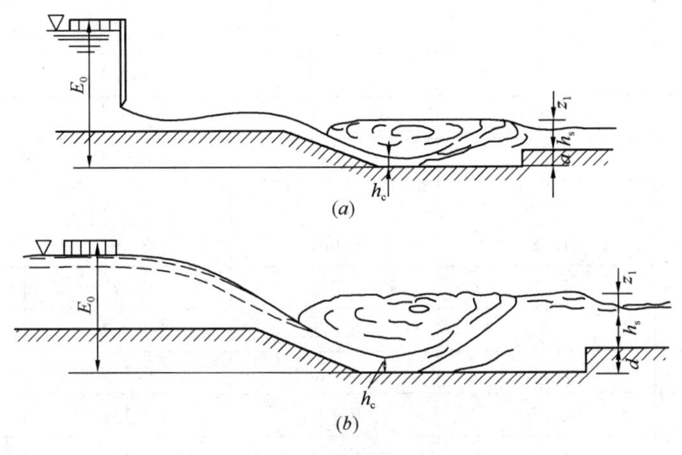

图2-27 降低护坦高程形成的消力池

（*a*）有闸式；（*b*）无闸式

如忽略 z_1，则公式（2-58）可简化为：

$$d = \sigma h''_{c} - h_{s} \tag{2-59}$$

①池深计算：

a. 闸孔局部开启时水跃计算：

$$h_{c} = \varepsilon e \tag{2-60}$$

$$h''_{c} = \frac{h_{c}}{2}\left[\sqrt{1 + \frac{8q^{2}}{gh_{c}^{3}}} - 1\right] \tag{2-61}$$

式中 ε——垂直收缩系数；

e——闸门开启高度（m）；

q——单宽流量（m^2/s）。

b. 闸孔全部开启时，可用公式（2-62）试算以求得 h_c：

$$E_{0} = h_{c} + \frac{q^{2}}{2g\varphi^{2}h_{c}^{2}} \tag{2-62}$$

式中 φ——流速系数，可取为0.95；

E_0——对消力池底而言的上游比能。

用公式（2-61）和公式（2-62）推求 h_c 和 h''_c 时，须用试算法，比较麻烦。实际计算时可借助于表2-36。

表2-36中列出了三种 φ 值情况下 $\left(\frac{q^{2/3}}{E_0}\right)$ 与 $\left(\frac{h_c}{q^{2/3}}\right)$ 及 $\left(\frac{h''_c}{q^{2/3}}\right)$ 的相关值。计算时，步骤如下：

（a）先算出比值 $\frac{q^{2/3}}{E_0}$，并选定 φ 值。

(b) 查出相应的$\left(\frac{h_c}{q^{2/3}}\right)$和$\left(\frac{h''_c}{q^{2/3}}\right)$值。

②计算 $h_c=\left(\frac{h_c}{q^{2/3}}\right)q^{2/3}$，$h''_c=\left(\frac{h''_c}{q^{2/3}}\right)q^{2/3}$，求 z_1 值可用公式（2-63）。

求矩形断面水深 h_c 和 h''_c所用的相关值 表 2-36

$\frac{h_c}{q^{\frac{2}{3}}}$	$\frac{h''_c}{q^{\frac{2}{3}}}$	$\frac{q^{2/3}}{E_0}$		
		φ=0.90	φ=0.95	φ==1.00
0.051	2.000	0.041	0.046	0.051
0.055	1.923	0.047	0.053	0.058
0.059	1.852	0.054	0.060	0.066
0.063	1.786	0.061	0.068	0.075
0.067	1.724	0.069	0.077	0.085
0.071	1.667	0.078	0.087	0.096
0.075	1.613	0.089	0.099	0.109
0.079	1.563	0.100	0.111	0.123
0.084	1.515	0.111	0.124	0.137
0.089	1.471	0.124	0.138	0.153
0.094	1.429	0.138	0.153	0.170
0.096	1.408	0.145	0.161	0.178
0.099	1.389	0.152	0.169	0.187
0.101	1.370	0.160	0.178	0.197
0.104	1.351	0.168	0.187	0.207
0.106	1.333	0.176	0.196	0.217
0.109	1.316	0.184	0.205	0.227
0.111	1.299	0.193	0.214	0.237
0.114	1.282	0.202	0.224	0.247
0.116	1.266	0.211	0.234	0.257
0.119	1.250	0.220	0.244	0.269
0.122	1.235	0.229	0.254	0.281
0.124	1.220	0.238	0.264	0.293
0.127	1.205	0.248	0.275	0.305
0.130	1.190	0.258	0.286	0.317
0.132	1.176	0.268	0.297	0.329
0.135	1.163	0.278	0.309	0.341
0.138	1.149	0.289	0.321	0.354
0.141	1.136	0.300	0.333	0.367
0.143	1.124	0.311	0.345	0.380
0.146	1.111	0.322	0.357	0.393

续表

$\frac{h_c}{q^{\frac{2}{3}}}$	$\frac{h''_c}{q^{\frac{2}{3}}}$	$\frac{q^{2/3}}{E_0}$		
		φ=0.90	φ=0.95	φ==1.00
0.149	1.099	0.333	0.369	0.406
0.151	1.087	0.344	0.381	0.419
0.154	1.075	0.356	0.394	0.439
0.157	1.064	0.368	0.408	0.449
0.160	1.053	0.381	0.422	0.464
0.163	1.042	0.394	0.436	0.479
0.165	1.031	0.406	0.449	0.493
0.168	1.020	0.418	0.462	0.507
0.171	1.010	0.430	0.475	0.522
0.174	1.000	0.443	0.489	0.537
0.188	0.952	0.508	0.560	0.613
0.202	0.909	0.574	0.631	0.688
0.216	0.870	0.640	0.701	0.763
0.230	0.833	0.705	0.771	0.838
0.244	0.800	0.769	0.839	0.910
0.258	0.769	0.831	0.904	0.977
0.272	0.741	0.890	0.965	1.040
0.285	0.714	0.946	1.022	1.098
0.298	0.689	0.997	1.074	1.150
0.312	0.665	1.045	1.122	1.198
0.326	0.645	1.088	1.165	1.240
0.339	0.625	1.127	1.203	1.277
0.351	0.606	1.161	1.236	1.308
0.364	0.588	1.192	1.265	1.335
0.377	0.571	1.219	1.290	1.358
0.389	0.556	1.242	1.311	1.377
0.401	0.541	1.262	1.329	1.392
0.413	0.526	1.278	1.343	1.404
0.424	0.513	1.292	1.355	1.413
0.436	0.500	1.303	1.364	1.420
0.447	0.488	1.312	1.370	1.424
0.458	0.476	1.319	1.375	1.426
0.467	0.467	1.323	1.377	1.426

$$z_1=\frac{Q^2}{2g\varphi^2h_s^2S_s^2}-\frac{v_s^2}{2g} \tag{2-63}$$

此处 B_s 是消力池出口处宽度。v_s 是水流出池前的行近流速，可用公式（2-64）推求：

$$v_s=\frac{Q}{\sigma h''_c B_1} \tag{2-64}$$

如 $v_s<0.5$m/s，$\frac{v_s^2}{2g}$可以不计。在公式（2-62）中，通常取 $\varphi=0.95$。

从公式（2-59）可见，欲决定池深 d，必先知道 h''_c。而欲求 h''_c 又须先知道 d 值。因此求 d 值须用试算法。第一次试算时，池深可按下式求取：

$$d_1=\sigma h''_c=h_s \tag{2-65}$$

此处 h''_c 是未设消力池前的第二共轭水深。求得 d_1 值后，可初步决定 E_0、h''_c（设池后有 E_0 与 h''_c 值）及 z_1 值。如将各值代入下式而得到满足，则池深是合适的。

$$\sigma=\frac{d_1+(h_s+z_1)}{h''_c}=1.05\sim1.10 \tag{2-66}$$

如 $\sigma<$（1.05～1.10），则须加大池深，再行试算，直到公式（2-66）满足为止。

【例 2-6】 某水闸闸孔宽 10m，闸底高程 100.0m，闸前水位 104.75m，下游水深 1.0m，流量 $Q=18\text{m}^3/\text{s}$，求消力池深度。

【解】 判断闸下是否需设消力池：

$$q=18/10=1.8\text{m}^2/\text{s}$$

取 $E_0\approx E=4.75$m 及 $\varphi=0.95$

计算：$\frac{q^{2/3}}{E_0}=\frac{1.8^{2/3}}{4.75}=0.311$

查表 2-36 得$\frac{h''_c}{q^{2/3}}=1.161$，$h''_c=1.161\times1.8^{2/3}=1.72$m，$h''_c=1.72\text{m}>h_s=1.0$m 故需设消力池。第一次试算：根据公式（2-59），设池深为 $d_1=1.06\times1.72-1.00=0.825$m，取 $d_1=0.85$m，此时 $E_0=4.75+0.85=5.60$m

$$\frac{q^{2/3}}{E_0}=\frac{1.480}{5.60}=0.264$$

再查表 2-36 得$\frac{h''_c}{q^{2/3}}=1.220$，$h''_c=1.220\times1.480=1.81$m

$$v_{1_0}=18/(1.06\times1.81\times10)=0.94\text{m/s}$$

$$\frac{\alpha v_{1_0}^2}{2g}=\frac{1.1\times0.94^2}{2g}=0.049\text{m}$$

$$z_1=\frac{18^2}{19.62\times0.95^2\times1.0^2\times10^2}-0.049=0.134\text{m}$$

$$\sigma=\frac{0.85+1.00+0.13}{1.81}=1.09$$

结果符合要求，故取消力池深为 0.85m。

2）梯形断面消力池：此型消力池的消能流态不太理想，两侧可能出现回流。但在小型水闸中常有采用。

梯形断面消力池池深需满足下列条件：

$$d=\sigma h''_{c}-h_{s}$$

此式略去了公式（2-58）中的 z_1。

梯形断面消力池池深可利用图 2-29 以简化计算，图中 $n=m\frac{q^{2/3}}{b}$，m 为边坡系数，b 为渠底宽（见图 2-28）。

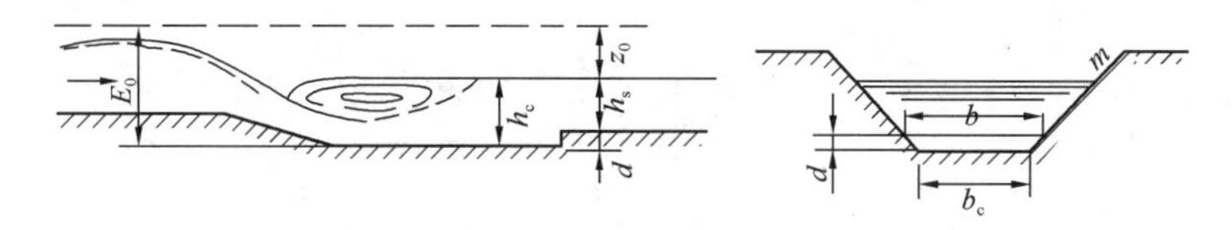

图 2-28 梯形断面的消力池

先算出 n 值及 $\frac{z_0}{q^{2/3}}=\frac{E_0-h_s}{q^{2/3}}$，式中 E_0 为未设池前的数值。由图 2-29 查出 $\frac{h''_c}{q^{2/3}}$ 值后即可求得 h''_c，然后再按 $d=\sigma h''_c-h_s$ 计算消力池深度。

3）消力坎水力计算：消力坎是一种辅助消能设施，可布置于闸后的不同部位（见图 2-30）。有些小型水闸利用连续式的消力坎在闸的下游形成消力池，此时，消力坎的高度 c 应满足下列条件以保证形成淹没式水跃：

$$c=\sigma h''_{c}-H_{1} \tag{2-67}$$

式中 σ——淹没安全系数，σ=1.05～1.10；

h''_c——第二共轭水深；

H_1——消力坎上壅高的水头，可按公式（2-68）推算。

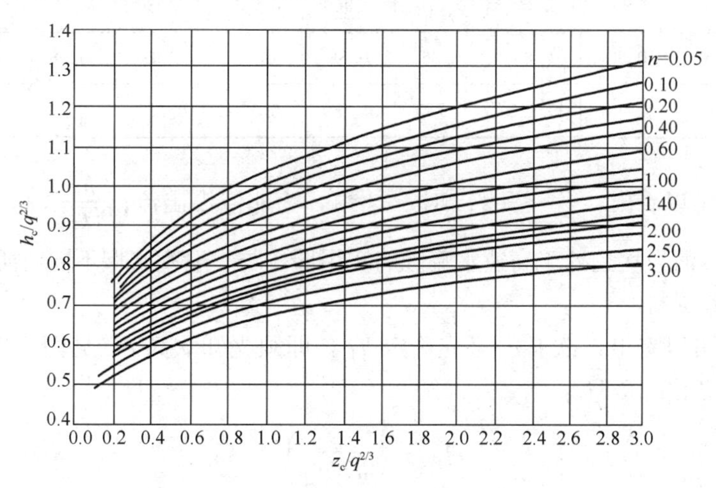

图 2-29 决定梯形断面消力池深度的曲线图

$$H_{1}=\left(\frac{q}{\sigma_{s}m\sqrt{2g}}\right)^{2/3}-\frac{v_{1_0}^{2}}{2g} \tag{2-68}$$

式中 m——消力坎的流量系数。根据实验，对于图 2-31 所示三种坎形，m 分别等于 0.40、0.41 和 0.42；

v_{1_0}——坎前行近流速，仍可用公式（2-64）推求之；

σ_s——淹没系数，与淹没程度$\frac{h_n}{H_{1_0}}$有关，根据实验，前三种槛形的σ_s值列于表2-37中。

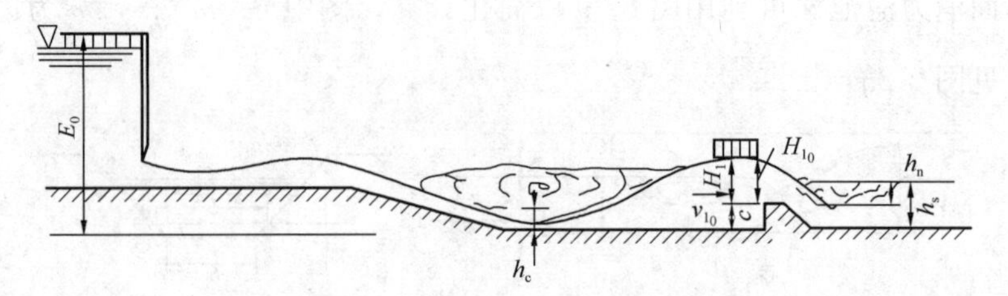

图 2-30 用消力坎形成的消力池

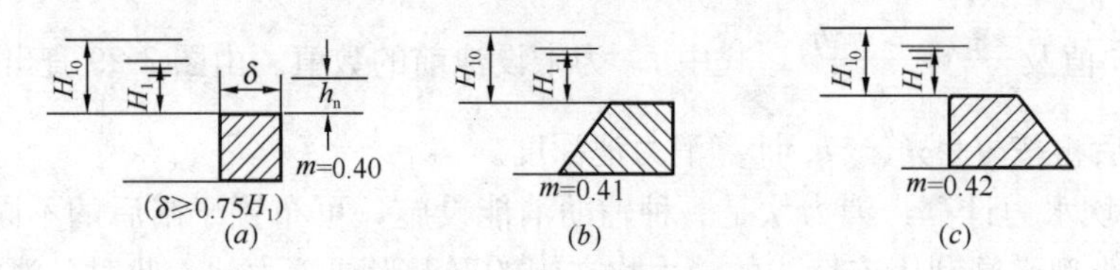

图 2-31 消力坎的流量系数

(a) 矩形；(b) 梯形Ⅰ；(c) 梯形Ⅱ

σ_s 值 **表 2-37**

h_n/H_{1_0}	≤0.45	0.50	0.55	0.60	0.65	0.70	0.72	0.74	0.76	0.78
σ_s	1.000	0.990	0.985	0.975	0.960	0.940	0.930	0.915	0.900	0.885
h_n/H_{1_0}	0.80	0.82	0.84	0.86	0.88	0.90	0.92	0.95	1.00	
σ_s	0.865	0.845	0.815	0.785	0.750	0.710	0.651	0.535	0.000	

从表 2-37 可以看出，$\frac{h_n}{H_{1_0}} \leqslant 0.45$时，$\sigma_s=1$，为非淹没出流；$\frac{h_n}{H_{1_0}} > 0.45$时为淹没出流。必须指出，消力坎是处于高速水流区的实用堰，与一般壅水堰不同，所以不能采用一般壅水堰的实验资料。

从表 2-37 可以看出，欲求σ_s必先确定$h_{\text{Ⅱ}}$，即须先知坎高c（见图 2-30）。所以在初步试算时，可按下式求H_1：

$$H_1=\left(\frac{q}{m\sqrt{2g}}\right)^{2/3} \tag{2-69}$$

即在公式（2-68）中假定$\sigma_s=1$并不计行近流速。待按公式（2-67）求得c值和σ_s值后，再代入公式（2-68）求H_1，然后再用公式（2-67）确定坎高c。

应当指出，由于消力坎壅高了池内水位，因此在坎的下游也有一个水跃是否淹没的问题，也要求对坎下情况进行核算。如有必要，为了防止坎下发生远驱式水跃，须设置第二道较低的消力坎。此外，还须指出，消力坎的设置固然壅高了出闸水流在坎顶的水位，淹没了水跃。但如布置不当，也可能影响水闸的过水能力，值得注意。

【例 2-7】某水闸闸孔宽 12.5m，闸底高程 100.0m，上游水位 104.75m，流量$Q=$

$15m^3/s$，下游护坦高程 99.60m，水深 $h_s=1.40m$，拟设矩形坎处渠道宽 20m，求消力坎的高度 c。

【解】 检查闸下水跃形式，是否需要设置消力坎：

$$q=\frac{15.0}{12.5}=1.20m^2/s, \frac{q^{2/3}}{E_0}=\frac{1.129}{5.15}=0.219$$

查表 2-36 得：

$$\frac{h''_c}{q^{2/3}}=1.290，h''_c=1.290\times1.129=1.456m>h_s=1.40m$$

故需设消力坎。

第一次试算：从公式（2-69）得坎顶水头的近似值为：

$$H_1=\left(\frac{15.0/20}{0.40\times4.43}\right)^{2/3}=0.564m$$

从公式（2-67）得第一次近似 c 值为：

$$c=1.05\times1.456-0.564=0.965m，取\ c=0.95m$$

确定坎高：从公式（2-64）得：

$$v_{1_0}=\frac{15.0}{1.05\times1.456\times20}=0.491m/s$$

$$\frac{v_{1_0}^2}{2g}=\frac{0.491^2}{19.6}=0.012$$

因 $h_n=1.40-0.95=0.45m$，$\dfrac{h_n}{H_{1_0}}=\dfrac{0.45}{0.564+0.012}=0.782>0.45$，故消力坎淹没，查表 2-37 得 $\sigma_s=0.883$。由公式（2-68）得：

$$H_1=\left(\frac{15.0/20}{0.883\times0.40\times4.43}\right)^{2/3}-\frac{0.491^2}{19.6}=0.612-0.012=0.600m$$

消力坎高：$c=1.05\times1.456-0.600=0.927m<$ 取用的 $c=0.95m$

（2）消力池池长的确定：欲使水流在消力池内形成淹没的水跃，消力池不仅须有足够的池深，还须有足够的池长。消力池的池长应容纳下水跃，即包括水舌水平射程长度（见图 2-32）和水跃长度，即：

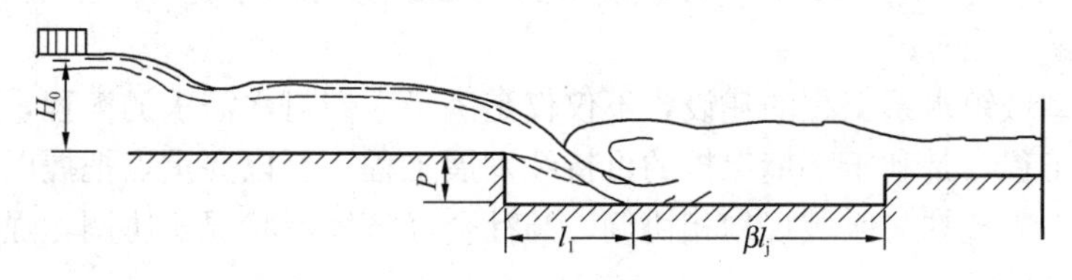

图 2-32 消力池的长度

$$l_k=l_1+\beta l_j \tag{2-70}$$

式中 l_k——消力池长度；

l_1——下降水舌的水平射程；

l_j——平底护坦上自由水跃长度。

由于消力池末端的池壁或尾槛对水流的壅水作用，缩短了水跃所需的消力池长度，所以公式（2-70）的第二项 l_j 应乘以系数 β。根据实验，可取 $\beta=0.7\sim0.8$；也有人认为 β 取较大值安全些，即 $\beta=0.8\sim1.0$。

自宽顶堰下射水舌的水平射程可用公式（2-71）计算：

$$l_1 = 1.74\sqrt{H_0(P+0.24H_0)} \tag{2-71}$$

式中　H_0——计入行近流速水头的堰顶上游水头；

　　P——堰高。

水跃长度可用公式（2-72）计算：

$$l_j = 2.5(1.9h''_c - h_c) \tag{2-72}$$

水跃共轭水深也可用图 2-33 求解。

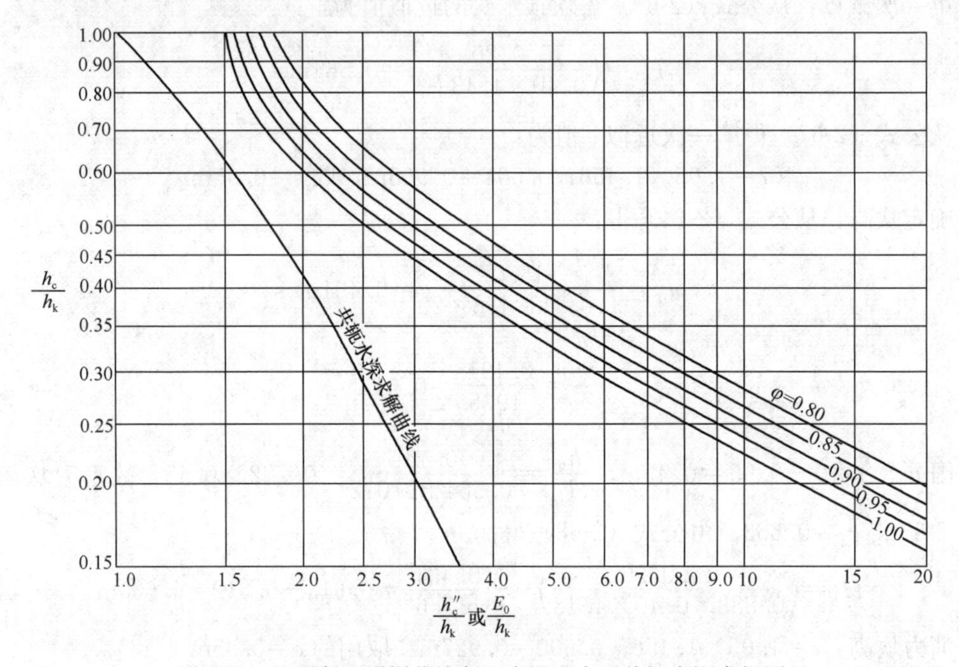

图 2-33　矩形断面明渠收缩断面水深及水跃共轭水深求解图

2.6　城镇河湖工程设计

生态景观型城镇水系工程的建设，不仅仅是满足人们对水需求的工程，更是改善和恢复生态系统的工程，是利于环境保护的可持续发展工程，所以要重点把握以下几点：

（1）水系工程规划与区域规划相协调，与社会经济发展状况相协调，强调治理模式与周边环境的适应性。

（2）尽量保持水系的原始形态，保留深潭与浅滩的分布，形成对各种既存生物有利的多样性的流速带。

（3）设计中可以采用复式断面或不规则断面，汛期全断面过水，平时部分断面过水，并利用河漫滩设计简易的游乐设施或运动场地，满足人们的运动休闲、亲水亲自然的需求。

（4）尽量选择生态型护岸材料与结构，或者采用隐形护岸，提高透水性，兼顾安全与生态及景观的需求。因地制宜，对护岸本身的材料、结构、模型等要进行精细处理。

（5）堤防必须有足够的强度和剖面尺寸保证水的安全下泄。在防洪允许的情况下，灵活运用堤防上的坡道和阶梯等构造改善单调呆板的景观，使上下游、左右岸的堤防相协调。

（6）水系环境同流域密切相关，由于流域的自然风貌、地方经济、社会文化等有所不同，河流的特点也不同。水系工程的目标并不是建设统一风格的工程，而是要创造出有当地特色的秀美宜人的河流环境。

2.6.1 河道工程设计

在进行现有河道或新开河道工程设计时，应根据地区及流域规划，拟定河道工程的设计方案，主要包括河道平面、纵断面、横断面的形式和尺寸，新建、改建的水工建筑物及交叉建筑物的类型和孔口尺寸。对初拟的方案进行河道和沿线建筑物的水力计算，再对所选定的控制断面由下而上地推算河道的水面曲线，并根据初步计算成果对初拟的各种数据进行调整。然后重新计算以得到符合要求的设计方案。重大项目或情况复杂时，应进行工程方案比较。

流经城镇地区的河道，所受限制较多，要求较高，并需与其他市政工程配合进行。设计中应充分考虑各种有关因素，确保河道本身及沿河各种建筑物的安全，并发挥河道在美化环境、改善居民生活条件等方面应有的功能。

确定设计方案后，河道各点的设计流量和设计水位也随之确定。此时即可开始进行河道和建筑物的具体设计。

土质河道的最小边坡系数可参照表 2-38 选定。雨水土明渠的边坡见《室外排水设计规范》。

灌溉、动力渠道最小边坡系数 *m*　　表 2-38

土　类	灌溉渠道		动力渠道
	水深＜1m	水深 1～3m	
稍胶结的卵石	1.00	1.00	1.00～1.25
夹砂的卵石和砾石	1.25	1.50	1.25～1.50
黏土、重壤土、中壤土	1.00	1.00～1.25	1.25～1.50
轻壤土	1.25	1.25～1.50	2.00～2.50
砂壤土	1.50	1.50～1.75	1.50～2.00
砂　土	1.75	2.00～2.50	3.00～3.50
风化的岩石	0.10～0.20	0.20～0.25	0.25～0.50
未风化的岩石	0～0.05	0.05～0.10	0.10～0.25

2.6.2 湖泊工程设计

湖泊有美化环境、改善气候、提供游憩场所、调节水量、拦、蓄洪水等功能，还可进行水产养殖。在城镇地区整治或新建湖泊应根据当地情况，综合考虑，充分发挥湖泊的功能。

（1）湖泊设计原则：

1）湖泊设计应符合城镇规划，充分考虑水利、园林、旅游、水产等方面的结合，发挥综合效益。

2）新建湖泊宜利用低洼荒地，地基渗透性小，地下水位较高的地带；有水量充足、水质良好的水源，以补充或更换湖水；应设置适当的进水和退水设施，保证湖泊运用安全灵活。

3）湖泊周围的污水不得排入湖泊，必要时应采取污水截流措施。经处理符合国家规定排放标准的方可排入。

（2）设计要点：

1）平面布置：一般顺自然地形布置，形成水面、湖岸、堤、岛的有机结合，达到水面与陆地互相衬托，岸边宜曲折有致，但应注意不存死角，应结合园林、旅游等方面的规划进行布置，以达到兼顾水利和人文各方面的要求。

2）水位：湖泊的常水位可根据进出水渠水位及周围地形、地物选定。为使人们有良好的亲水感觉，除需留有适当的超高外，水面宜尽量接近地面，必要时可适当降低岸边的地面高程。如湖泊需滞、蓄洪水，汛期可适当降低水位。

3）湖底：为减少水草和蚊虫滋生，常水位以下的水深一般应大于2m。采用直墙护岸时，为减轻岸边游人落水和减少护岸工程量，宜沿岸边设置一条浅水带，宽2～5m左右，常水位时水深0.6～1.3m，并以1∶2～1∶3的斜坡与湖底相连。如拟种植水生植物，则湖底高程根据水生植物的种类和生长条件确定。湖底应设纵坡以便检修时自流排水。如湖底土壤渗透性强需采取防渗措施，参阅第2.6.4节。

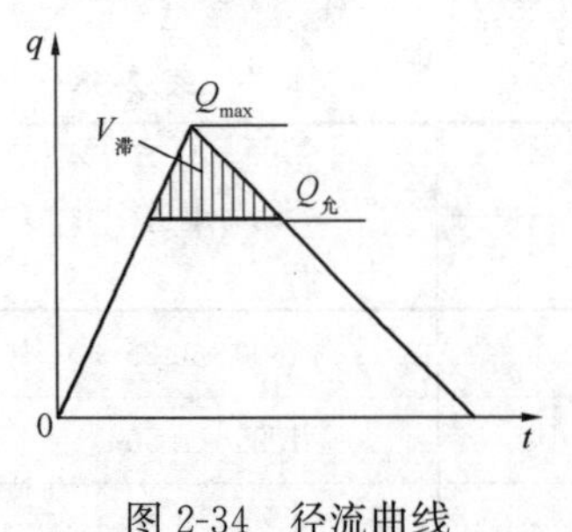

图2-34　径流曲线

$Q_{允}$—允许下泄流量（m^3/s）；

$V_{滞}$—需要的滞洪量（m^3）

4）进水闸与退水闸：进水闸与退水闸的设计流量一般可按湖泊容量和充水或泄空天数确定。在有防洪或输水任务时，应在洪水流量、输水流量及充水、泄空流量中选择较大者作为设计流量。

进水闸闸底高程可根据闸址处进水渠渠底高程确定。退水闸闸底高程可根据闸址处退水渠渠底高程确定。

（3）洪水调蓄：城镇湖泊一般可供调蓄洪水的容量有限，大多只能起到削减小汇水面积洪峰流量的作用。为充分利用这有限的滞洪容量，最好在河道的适当位置处设闸控制，当上游来水不超过下游允许泄量时尽量下泄；超过允许泄量时则控制下泄量，将多余水量分流入湖泊。这样，在相同的洪水过程的条件下，所需的滞洪容量最小，如图2-34所示。

洪水调蓄可利用河道上的分水闸、节制闸侧堰或湖泊的进水闸等控制分流流量，分流入湖的洪水量应小于湖泊的滞洪容量和分洪期湖泊下泄量之和。洪水过后应尽快腾出滞洪容量，准备调蓄下一次洪水。

采用侧堰自动分流因需壅高河道水位，在平原地区常难以采用。为不壅高水位，可降低堰顶高程，并在堰顶加闸控制，或改用水闸为好。

当排洪河道穿过湖泊且退水闸为开敞式水闸时，可用简化法进行调洪估算。简化法假定设计洪水过程线及下泄流量过程线均呈三角形变化，如图 2-35 所示，由此，可推导出公式（2-73）：

$$q_{\mathrm{m}} = Q_{\mathrm{m}}\left(1 - \frac{V_{滞}}{W}\right) \tag{2-73}$$

式中 q_{m}——最大泄洪流量（$\mathrm{m^3/s}$）；

Q_{m}——设计洪水的洪峰流量（$\mathrm{m^3/s}$）；

W——设计洪水的洪水总量（$\mathrm{m^3}$）；

$V_{滞}$——滞洪容量，为设计洪水位与汛期限制水位之间的容积（$\mathrm{m^3}$）。

W 及 Q_{m} 可由水文计算求得，q_{m} 和 $V_{滞}$ 是互相关联的两个变数，可用图解法求解，参见图 2-35，图中 T 为设计洪水历时（s）。

由公式（2-73）可知，当 $q_{\mathrm{m}}=0$ 时，$V_{滞}=W$；当 $V_{滞}=0$ 时，$q_{\mathrm{m}}=Q_{\mathrm{m}}$，据此，可在图 2-36 中截取 A、B 两点并连成 $\overline{AB}$ 直线。再根据泄水设施条件绘出 $q \sim V$ 关系曲线，与 $\overline{AB}$ 线相交于 C 点，C 点在 V 轴上的读数即为滞洪容积 $V_{滞}$，在 q 轴上的读数即为最大下泄量 q_{m}。

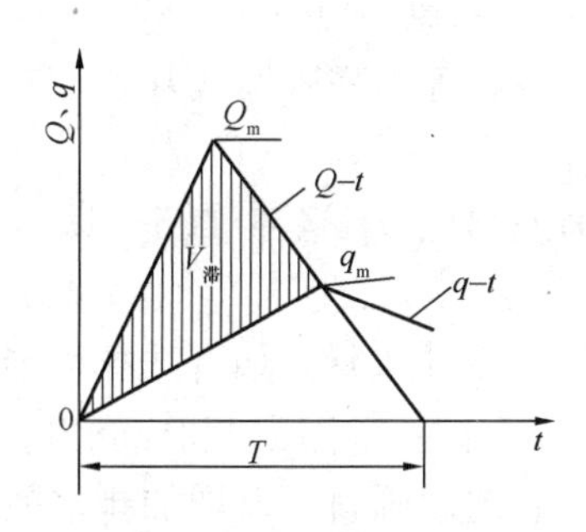

图 2-35 调洪计算简化法

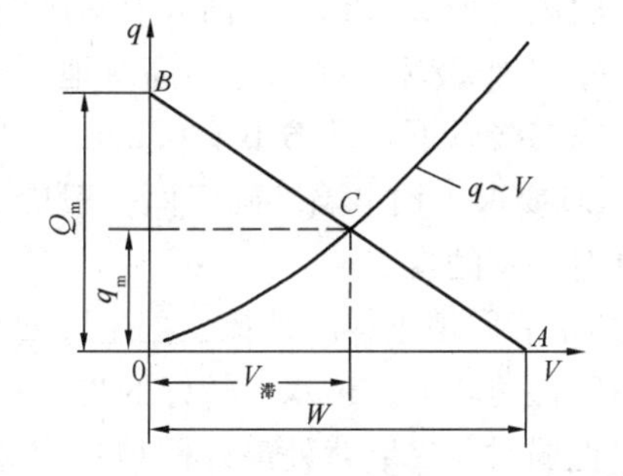

图 2-36 简化法图解示意图

2.6.3 河湖护岸设计

河湖护岸工程可选择直墙式（挡土墙式）、斜坡式及其他新型生态型护岸。直墙式（挡土墙式）护岸造价较高，但占地、拆迁较少；斜坡式护岸工程量较小、造价较低、水面较宽；生态型护岸能较好地满足护岸工程的结构要求和生态、景观要求。

（1）直墙式护岸

1）断面形式：护岸高度小于 6m 时可采用重力式挡土墙，高度大于 6m 时宜采用半重力式、衡重式、悬壁式或扶壁式挡土墙。中、小型工程常用的是重力式挡土墙。重力式挡土墙常用的断面形式见图 2-37。

A 型 墙背所受的主动土压力较小，在地基较密实开挖面不需采取处理措施时可采用。墙面坡宜尽量与墙背坡平行，坡度常采用 4∶1。加设墙趾台阶有利于减小地基压应力，也有利于挡土墙的抗倾稳定。墙趾高 h 和宽度 a 之比约为 2∶1，$a \geqslant 20\mathrm{cm}$。

B 型 墙背所受的主动土压力在 A 型、C 型之间，迎水面向前坡有利于抗倾稳定，故结构断面较C型小。迎小面坡度一般采用20∶1～4∶1。

C型 墙背所受的主动土压力最大。在墙后地下水位较低时，墙底宽约为墙高的0.6～0.7倍。墙顶宽一般取0.3～0.5m。

衡重式挡土墙（见图2-38）一般用于墙高大于6m处，有时为解决存土困难，节约开挖、回填土料往返运费，减少施工干扰，在墙高3～4m情况下，也采用衡重式挡土墙。

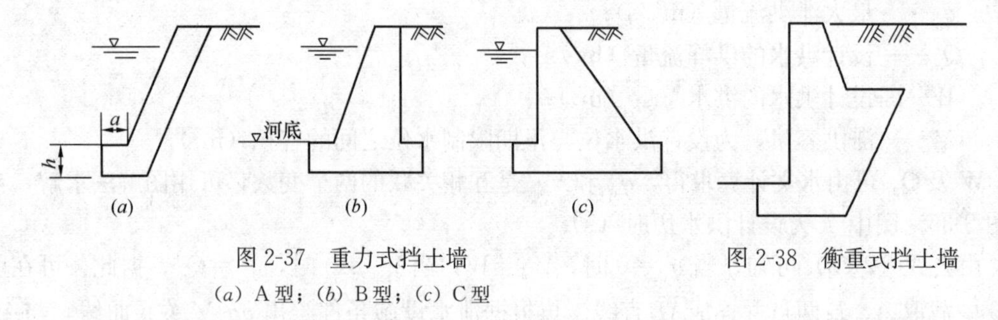

图2-37 重力式挡土墙
(a) A型；(b) B型；(c) C型

图2-38 衡重式挡土墙

2）挡土墙基础埋置深度：

① 防止冲刷破坏 在河底可能受冲刷处基础底面应设置在设计洪水冲刷线以下一定深度，一般规定为1～2m；在河底有衬砌时，基底面应在衬砌面以下1m。

② 防止冻胀破坏 在寒冷和高寒地区，除岩石、砂砾等非冻胀性地基外，基础底部应埋置在冻结线以下并且不小于0.25m。

③ 地基要求 挡土墙基础底面一般应设在原地面或河底以下至少0.5～1.0m，以保证地基具有一定的稳定性。

3）挡土墙回填土料的选择：挡土墙回填土料一般为就地取材，如有选择可能，应尽量选用内摩擦角较大，透水性较好的粗砂、砂砾等，以减小主动土压力和冻胀力。当回填土料透水性弱时，靠墙背处最好回填一层厚0.2～0.3m的砂砾料，以增加排水效果，减小墙后地下水压力，其顶部应填黏性土，以防雨水渗入。

4）挡土墙的分缝和止水：为避免地基不均匀沉陷而引起挡土墙墙身裂缝，在地基条件变化处和墙高变化较大处应设置沉降缝。为防止墙体材料干缩和温度变化而产生裂缝，需设置伸缩缝。沉降缝与伸缩缝一般合并设置。土基上的混凝土和钢筋混凝土挡土墙横缝间距为10～20m，可根据各地经验选定。将砌石挡土墙也应设置伸缩缝和沉降缝，并使缝距规则，缝形整齐。

沉降缝、伸缩缝缝宽2～3cm，缝内填沥青麻筋、沥青木板等各种填料。防渗要求较高的河湖，伸缩缝内应设置塑料止水或其他金属材料止水。

5）挡土墙的计算：

① 抗滑稳定：

$$k_{\mathrm{c}}=\frac{f\sum V}{\sum H} \tag{2-74}$$

式中 k_{c}——抗滑稳定安全系数；

f——基底面与地基之间或软弱结构面之间的摩擦系数，摩擦系数可参考表2-39中数值采用；

挡土墙基底摩擦系数 表 2-39

基底岩土的分类名称		摩擦系数 f	基底岩土的分类名称	摩擦系数 f
淤　泥		0.10～0.20	砂类土	0.30～0.50
黏性土	软塑	0.20～0.25	碎、卵石类土	0.40～0.50
	硬塑	0.25～0.30	软质岩石	0.30～0.50
粉质黏土、粉土		0.30～0.40	硬质岩石	0.60～0.70

ΣV——包括墙身自重、土重等垂直荷载以及基底面上扬压力的总和；

ΣH——包括土压力、水压力等水平荷载的总和。

安全系数要求：

设计情况下：$k_c \geqslant 1.3 \sim 1.5$；

校核情况下：$k_c \geqslant 1.1 \sim 1.3$。

建筑物级别高的取较大值。

② 抗倾覆稳定：

$$k_0 = \frac{\Sigma M_y}{\Sigma M_0} \tag{2-75}$$

式中　k_0——抗倾覆稳定安全系数；

ΣM_y——作用于墙身各力对墙前趾的稳定力矩；

ΣM_0——作用于墙身各力对墙前趾的倾覆力矩。

抗倾覆稳定安全系数的取值与抗滑稳定安全系数的要求相同。

③ 墙底压力的偏心距及基底应力：

a. 墙底压力的偏心距：

$$e = \frac{B}{2} - C = \frac{B}{2} - \frac{\Sigma M_y - \Sigma M_0}{\Sigma V} \tag{2-76}$$

式中　e——墙底压力的偏心距；

B——墙底宽度；

C——墙底面上垂直合力作用点与墙前趾之间的距离；

ΣM_0、ΣM_y——意义与公式（2-75）中相同；

ΣV——意义与公式（2-74）中相同，已包括基底面的扬压力。

偏心距的一般规定：

当地基为土基时，$e \leqslant \frac{B}{6}$；

当地基为坚硬土或岩基时，$e \leqslant \frac{B}{5}$。

b. 基底应力：

$$\sigma_{u \cdot d} = \frac{\Sigma V}{B}\left(1 \pm \frac{6e}{B}\right) \tag{2-77}$$

式中　σ_u——墙前基底处的应力；

σ_d——墙背基底处的应力；

其他符号意义与公式（2-76）中相同。

挡土墙底的压应力应小于地基的承载能力。

（2）斜坡式护岸

1）护坡材料及构造：在梯形断面河道上常采用干砌块石、浆砌块石、现浇混凝土、预制混凝土块等作为护面。护面下，根据地基的情况，一般均铺设砂砾或其他各种材料的垫层。

斜坡式护岸设计需根据地基土质，两岸地下水位，河道中水深、流量、流速，冻深及冻胀量大小，周围环境及景观要求以及投资条件等来确定。

混凝土衬砌优点是厚度薄，工程量小；糙率小，相同断面情况下流速较大，过水能力强；相同流量条件下，需要的过水断面小，可减少土方开挖。如有防渗要求也易于得到较好的防渗效果。

浆砌块石护坡常可就地取材，施工较简单，护面厚度较大，有利于抗冻胀破坏，但防渗性能较差，糙率也较大。

从景观看，混凝土和浆砌石均可得到良好的景观效果。

斜坡式护岸的最小边坡系数可参照表 2-44、表 2-45 选用。护面厚度：混凝土护面一般为 6～12cm，浆砌块石护面为 20～30cm。护坡的糙率可参照表 2-47 选用。护面的伸缩缝间距可参照表 2-48 选用。

斜坡式护岸的垫层起着排水、保护地基不被掏刷和减小冻胀危害的作用。垫层的厚度一般采用 20～30cm，但在冻土厚度较大的地区，为防止冻胀破坏护面，砂砾垫层所需的厚度较大，宜采用其他措施。

2）几种常用的斜坡式护岸做法：

① 浆砌块（片）石护岸：护砌厚度根据水力条件、水文地质情况确定，做法见图 2-39。

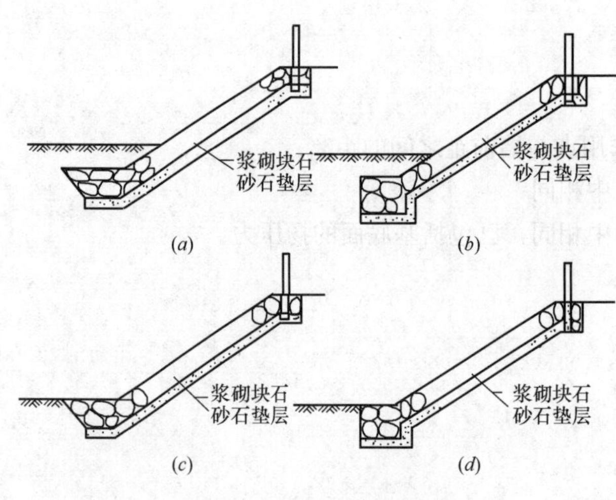

图 2-39 浆砌块石斜坡护岸

（a）形式一；（b）形式二；（c）形式三；（d）形式四

② 混凝土预制块护岸：此种护岸造价省、施工方便，预制块厚度为 6～12cm 左右，做法见图 2-40。

③ 混凝土预制块、混凝土网格草坡护岸：水下部分用混凝土预制块，上部用混凝土预制网格块，网格中央种人工草皮。这种做法施工方便，绿化效果好，环境美观，近年来被广泛采用。做法见图 2-41。

3）河道护岸设计应注意的问题：

① 护岸垫层及基础的材料及厚度应根据当地的水文地质、材料、施工、气象条件确定，北方寒冷地区需考虑冰冻深度

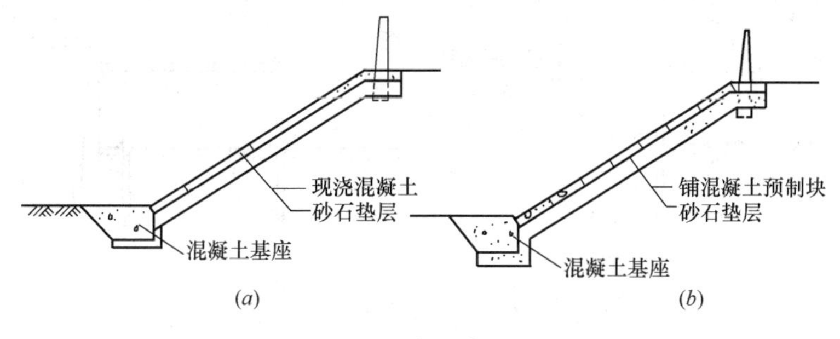

图 2-40 混凝土斜坡护岸

(a) 形式一；(b) 形式二

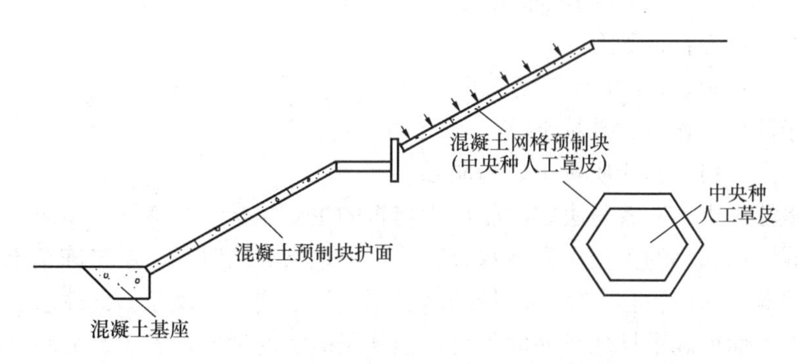

图 2-41 混凝土预制块及网格预制块护岸

及冻胀力的影响，有水地区应铺砂砾垫层。

② 地下水位较高及有地面雨水流入时，护岸应设置适量的排水孔，孔后需设反滤层。

③ 整体浇筑的混凝土护岸，需设置伸缩缝。护岸斜长较大时，水平方向也需设伸缩缝。

④ 直墙式护岸岸边应根据当地游览、安全等要求，酌设栏杆。栏杆可放在直墙顶上，应避免落在施工回填土上；斜坡式护岸设栏杆时，栏杆基础应单独设置，避免将栏杆落在护坡上，以免发生沉陷。

⑤ 护岸顶部需与绿化、道路及排水设计相结合，使地面雨水通过排水口、水簸箕等流入河道，避免雨水沿岸漫流而从上部渗流至垫层。

⑥ 护岸设计应与绿化、岸边道路及水簸箕、排水口等排水设施相结合。

⑦ 护岸基座土质松软或河道冲刷严重时，应考虑打桩等加固措施。

⑧ 具有游览功能的河道，每隔一定距离，设置上下用人行阶梯，每步台阶宽度宜为30cm左右，阶梯斜度应与岸坡斜度一致。通航游览河道根据需要设置游船码头。

⑨ 游船码头：旅游河道需设游船码头，码头数量及位置根据当地游览要求确定。码头长度一般考虑2～4条游船能同时靠岸。码头建筑材料可用木材或钢筋混凝土、石料等，一般做法可参见图2-42。

(3) 冻胀破坏的防治：北方地区河渠护坡常因冻胀而损坏。影响冻胀的因素主要有：

1) 气温：冬季日平均气温在0℃以下的负气温总和愈大，冻深愈大，在一定的土壤、水分条件下，冻胀量也愈大。

2) 水分：地下水埋深浅、土壤含水量大的冻胀量大。

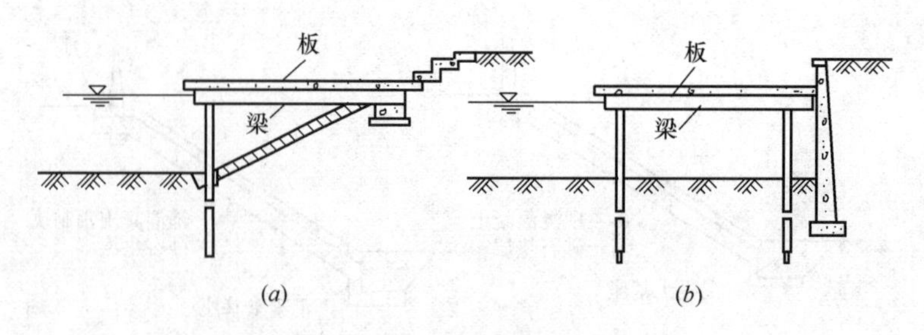

图 2-42　游船码头
(a) 构造做法一；(b) 构造做法二

3) 土壤：土壤冻胀性强的冻胀量大，土壤按冻胀性可分为：

无冻胀性土：碎石、砾石

微冻胀性土：中砂、细砂

中等冻胀性土：粉砂、砂壤土

强冻胀性土：粉土、粉质壤土、粉质黏土

气温、水分、土壤三者是决定冻胀产生与否的主要因素。当冻胀发生时，水分转移条件又是影响冻胀量大小的关键因素。水分转移，即地层冻结时，下层未冻结土层的水分和地下水缓慢地向结冻面转移，使结冰处的冰层厚度逐渐增加的现象。此冰层愈厚，产生的冻胀量愈大。因而形成了挤压护面向外变形，甚至破坏的现象。若无水分转移，土层冻结后、其体积仅增加约 1%，冻胀量很小。由于水分转移的影响，有时产生的冻胀量较大，如长春地区冻深约 1.8m，其冻胀量可达 32cm，约为冻深的 18%。粉土等之所以成为强冻胀性土，也正是因为其毛细现象上升高度较大、有较强的水分转移条件。

冻胀破坏常是因多年冻胀累积造成的。每年冻胀变形后，开春化冻不能完全恢复到原位，以致残余变形逐年增加，最终造成护坡破坏。

为防止护坡冻胀破坏，常用以下办法：

1) 换土：以非冻胀性土替代强冻胀性土。在护面下铺设砂砾或碎石等非冻胀性材料的垫层实际上就是换土。换土层的厚度需考虑冻深、地基土壤和水分转移等因素，一般约为最大冻深的 70%，对于工程重要性不高，维修较易的可适当减薄。

2) 适应变形：采用适应变形性能较好的材料，如采用沥青混凝土护坡等。

3) 保温：在冻深较大的地区采用砂砾垫层等换土方法以防止冻胀破坏，往往工程量很大。因此，近年来许多地区采用保温防冻的方法来解决冻胀破坏问题。在护面层下铺设导热性能差的保温材料可以减小甚至消除地基的冻结，从而防止冻胀破坏。目前，保温层材料采用较多的是聚苯乙烯泡沫板，其物理力学性能如下：

密度 (kg/m^3)：18～30；

吸水率 (g/m^2)：≤80；

压缩强度（压缩 50%）(MPa)：≥0.20；

弯曲强度 (MPa)：≥0.22；

尺寸稳定性（−40～+70℃）(%)：±0.5；

热导率 [W/(m・K)]：0.035～0.044。

实际工程中，多以聚苯乙烯板的密度作为主要控制指标，常用密度大于 25kg/m^3 的聚苯板作为保温板，其设计厚度应根据各地具体情况确定，北京地区多为3～5cm。

聚苯乙烯板保温效果显著，施工方便，可减少土方开挖和填筑垫层的工作量，是一种值得推广的防冻胀材料。

在护坡设计中尚需考虑渠坡冻深随其所处位置不同而变化，如东西走向的渠道，其两岸冻深有显著的差别，即阴坡冻深＞地面冻深＞阳坡冻深；南北走向的渠道，其两岸边坡的冻深相差较小，其冻深在阴坡、阳坡之间。因此，在设计时应考虑渠道走向而区别对待。

此外，河渠中的水温对冻胀影响显著，如北京市部分河渠因有热电厂冷却水汇入，冬季水温较高、水面不结冰，沿线衬砌受冻胀影响较小，基本完好。

4）工程实例：北京市某供水渠道的一段南北向渠段，因冻胀护坡出现不同程度的损坏，需维修。原护坡采用砂砾垫层，维修时改用聚苯乙烯板，厚3.3cm，护面用厚10cm的六角形混凝土砖。维修后，1990年冬至1994年春的观测资料显示聚苯乙烯板下的地温未出现负温，护坡未出现冻胀破坏，仅有局部损坏。

在另一段东西向渠道上，1997年新铺现浇混凝土板护面，其下垫层采用聚苯乙烯板，阴坡板厚5cm，阳坡板厚3cm。短期最大冻胀量：阴坡29mm，阳坡5mm（1975—1976年冬春曾在附近同一渠道上实测最大冻深为：地面63.5cm，阴坡65.1cm，阳坡22cm）。

（4）生态型护岸

1）石笼护岸

石笼结构与浆砌石结构相比，其施工简单、填料容易获得，具有较好的综合经济性。此外，对风景和生态具有较好的适应性。

① 网笼防锈蚀措施。采用增加钢丝镀锌层厚度及PVC涂层，以提高网笼的防锈蚀性，延长石笼结构寿命。

② 网笼规格。见表2-40。

网笼规格 **表2-40**

长L（m）	宽W（m）	高H（m）	格数	容积（m^3）
2	1	1	2	2
3	1	1	3	3
4	1	1	4	4
2	1	0.5	2	1
3	1	0.5	3	1.5
4	1	0.5	4	2
2	1	0.3	2	0.6
3	1	0.3	3	0.9
4	1	0.3	4	1.2
1.5	1	1	1	1.5

③ 石笼挡土墙。挡墙体型要经过抗滑稳定、抗倾覆稳定、总体稳定、挡墙内部应力

和基础承载能力的演算。其特点是：易于施工，无需重型设备和熟练的劳工；石笼为柔性结构，适应基础的不均匀沉陷而不导致内部结构的破坏；水下施工方便；普通卵砾石作为填料；石笼堤本身十分透水，不需另设排水；厚层镀锌以及用于腐蚀环境中的外加 PVC 涂层可保证网笼的长期寿命；竣工几年之后，淤积物在填石体空隙中的沉着增加了填石体的固结度，促进植物在填石体中的生长，有利于网笼的稳定；植物的根系可起到“活”的网笼作用，加强后期的岸坡稳定；网笼结构可提供植物生长的条件、维护自然生态环境，因而与周围景观更加融洽。铁丝网笼挡土墙结构如图 2-43 所示。

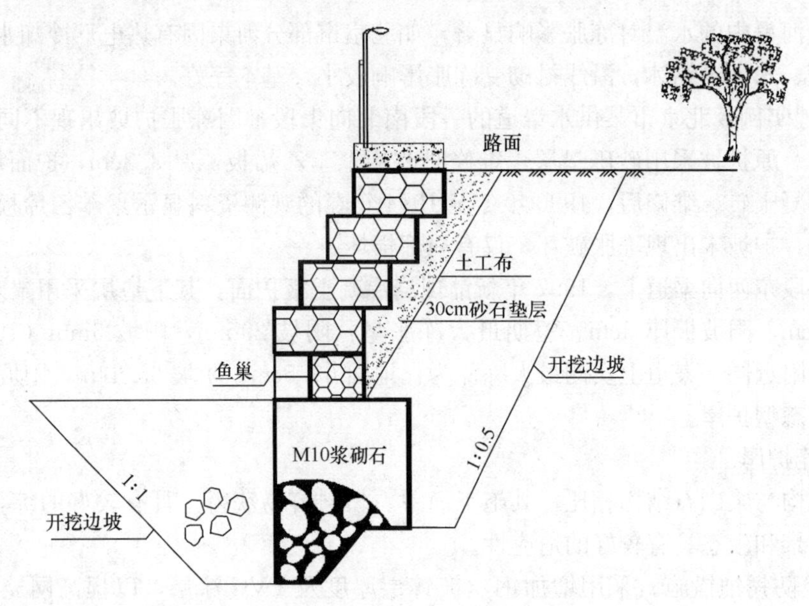

图 2-43 铁丝网笼挡土墙结构示意图

2）多孔质护岸

多孔质护岸形式主要有混凝土预制件构成的各种带有孔状的适合动植物生存的护岸结构，如不规则的鱼巢结构、盒式结构、自然石连接等结构形式。多孔质护岸大多是预制构件，施工方便，既为动植物生长提供了有利条件，又抗冲刷。其兼顾了生态型和景观型护岸的要求。其优点如下：

① 施工简单快捷；

② 利于植物及小生物生长、繁殖；

③ 可防止水土流失，耐冲刷；

④ 可净化水质。

3）土工格室护岸

土工格室是 20 世纪 80 年代初在国际上出现的一种新型土工合成材料，是一种三维网状结构（见图 2-44）。土工格室护岸是由格室、填料、土工复合材料和植被所构筑的柔性土工复合构造物（见图 2-45），为在间歇水流或连续水流冲蚀下的堤岸、堤坝提供稳定表土，具有保护堤岸、绿化坡面等复合功能。

最初的土工格室采用铝合金材料，铝合金材料较笨重、昂贵且可能造成意外伤害，不久即为第 2 代材料——高密度聚乙烯（HDPE）所替代。但 HDPE 的抗蠕变（长期结构

图 2-44 土工格室示意图

稳定性）、抗冻胀及高温性能表现不佳。第 3 代材料——高分子合金（MPA），其显著改善了材料的抗蠕变性能，材料强度有所提高，但其高温性能提高有限。第 4 代材料——高分子纳米复合合金（NPA），在聚合物共混改性的基础上复合了高分子纳米纤维，它既具有高密度聚乙烯（HDPE）的易加工性和低温柔韧性，又结合了聚酯的抗蠕变性；同时，它还具有在高温下的长期服务寿命。不同材料的土工格室性能见表 2-41。

不同材料的土工格室性能简介 **表 2-41**

材料	铝合金	高密度聚乙烯（HDPE）	高分子合金（MPA）	高分子纳米复合合金（NPA）
性能特点	1. 笨重； 2. 昂贵； 3. 可能造成意外伤害	1. 轻便、廉价； 2. 抗蠕变性能差（不适合长期使用）； 3. 高温性能差（40℃时结构失效）； 4. 热膨胀系数大（温变结构稳定性差，抗冻胀性能差）	1. 长期耐用性有较大提高（抗蠕变）； 2. 材料强度有所提高； 3. 价格较 HDPE 高； 4. 高温性能较 HDPE 无显著改善	1. 强度较强； 2. 抗蠕变性能强； 3. 可在高达 75℃温度下使用，且对抗蠕变性能仅有极小影响； 4. 在 −70～75℃范围内，可提供可靠约束； 5. 较强的抗氧化性和抗紫外光降解性； 6. 价格较高
产品标准		1. 焊缝剥离强度； 2. 片材断裂强度	1. 最小环境应力开裂耐性测试（ESCR）； 2. 长期焊缝剥离强度	1. 片材抗拉屈服强度； 2. 长期设计强度； 3. 热膨胀系数； 4. 高温储能模量； 5. 高温

4）多段式自然型护岸

对于冲刷不太严重的河湖，护岸趋向于以自然的植被、原石、木材等材料来代替混凝土，尽量创造多自然型的河道。根据河湖的不同特征水位，将坡面划分为底岸带、水旱交错岸带和顶岸带，如图 2-46 所示，并针对不同岸带的特点对护岸进行生态化建设。三段式生态护岸结构如图 2-47 所示。

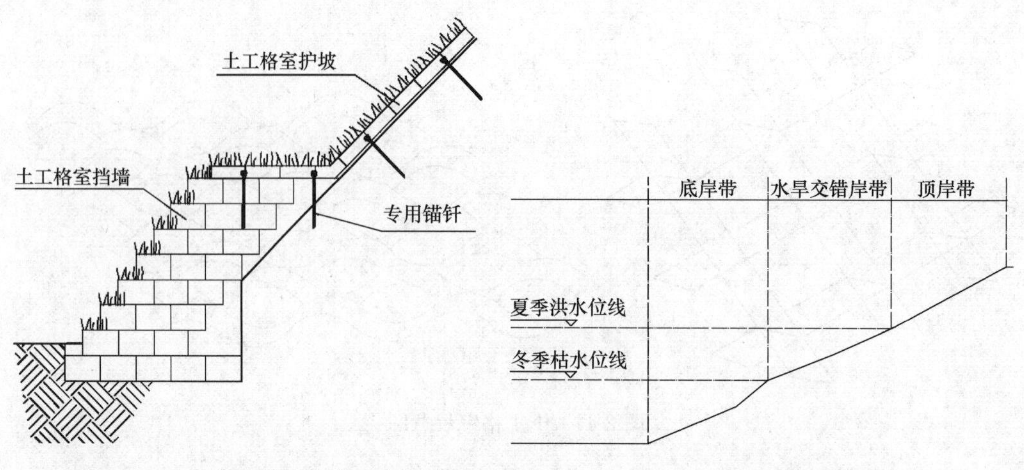

图 2-45　土工格室护岸结构示意图

图 2-46　护岸划分示意图

底岸带：冬季枯水位以下常年没入水下的部分。
水旱交错岸带：夏季洪水位与冬季枯水位之间，经常出现干湿交替的部分。
顶岸带：夏季洪水位与岸顶之间，通常不接触河水的部分。

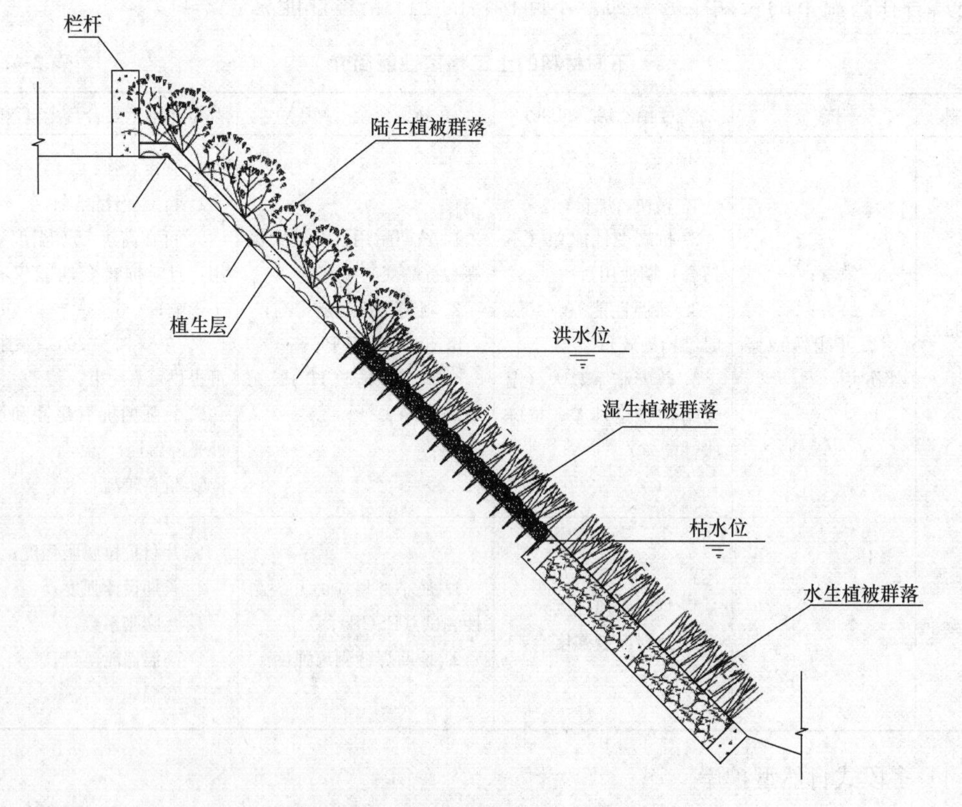

图 2-47　三段式生态护岸结构示意图

2.6.4　河湖防渗

当地基渗透性强时，为防止大量的渗漏损失，应采取必要的防渗措施。

（1）河渠防渗：防渗措施种类繁多，按防渗材料分类，主要有表 2-42 所列的 6 类，现将各类防渗材料的主要性能、特点简示于表中，以供参考。表中的防渗效果因影响因素较多，如地基的渗透性、渠道中的水深、设计和施工的质量等，可能出入较大；使用年限受设计标准、施工质量、气候条件、地基情况等因素的影响也可能有较大的变化，表中数值只能供一般的参考和比较。

各种防渗材料的防渗效果及适用条件比较 表 2-42

防渗衬砌结构类别		主要原材料	允许最大渗漏量 [m³/(m²·d)]	使用年限（a）	适用条件
土料	黏性土 黏砂混合土	黏质土、砂、石、石灰等	0.07～0.17	5～15	就地取材，施工简便，造价低，但抗冻性、耐久性较差，工程量大，质量不易保证。可用于气候温和地区的中、小型渠道防渗衬砌
	三合土 四合土 灰土			10～25	
水泥土	干硬性水泥土 塑性水泥土	壤土、砂壤土、水泥等	0.06～0.17	8～30	就地取材，施工较简便，造价较低，但抗冻性较差。可用于气候温和地区，附近有壤土或砂壤土的渠道衬砌
砌石	干砌卵石 （挂淤）	卵石、块石、料石、石板、水泥、砂等	0.20～0.40	25～40	抗冻、抗冲、耐磨和耐久性好，施工简便，但防渗效果不易保证。可用于石料来源丰富、有抗冻、抗冲、耐磨要求的渠道衬砌
	浆砌块石 浆砌卵石 浆砌料石 浆砌石板		0.09～0.25		
混凝土	现场浇筑	砂、石、水泥、速凝剂等	0.04～0.14	30～50	防渗效果、抗冲性和耐久性好。可用于各类地区和各种运用条件下的各级渠道衬砌；喷射法施工宜用于岩基、风化岩基以及深挖方或高填方渠道衬砌
	预制铺砌		0.06～0.17	20～30	
	喷射法施工		0.05～0.16	25～35	
沥青混凝土	现场浇筑	沥青、砂、石、矿粉等	0.04～0.14	20～30	防渗效果好，适应地基变形能力较强，造价与混凝土防渗衬砌结构相近。可用于有冻害地区且沥青料来源有保证的各级渠道衬砌
	预制铺砌				
埋铺式膜料	土料保护层 刚性保护层	膜料、土料、砂、石、水泥等	0.04～0.08	20～30	防渗效果好，质量轻，运输量小，当采用土料保护层时，造价较低，但占地多，允许流速小。可用于中、小型渠道衬砌；采用刚性保护层时，造价较高，可用于各级渠道衬砌

渠道防渗结构的厚度宜按表 2-43 确定。渠道水流含推移质较多且粒径较大时，宜按表 2-43 所列数值加厚 10%～20%。

防渗结构的厚度 **表 2-43**

防渗结构类别		厚度（cm）
土料	黏土（夯实）	≥30
	灰土、三合土	10～20
水泥土		6～10
砌石	干砌卵石（挂淤）	10～30
	浆砌块石	20～30
	浆砌料石	15～25
	浆砌石板	＞3
混凝土	现场浇筑（未配置钢筋）	6～12
	现场浇筑（配置钢筋）	6～10
	预制铺砌	4～10
	喷射法施工	4～8
沥青混凝土	现场浇筑	5～10
	预制铺砌	5～8
埋铺式膜料（土料保护层）	塑料薄膜	0.02～0.06
	膜料下垫层（黏土、砂、灰土）	3～5
	膜料上土料保护层（夯实）	40～70

（2）最小边坡系数

1）水深小于等于 3m 的挖方段，最小边坡系数可按表 2-44 选用，也可根据工程经验，通过工程类比法确定；填方段填方高度小于等于 3m 时，其最小边坡系数可按表 2-45 选用。

挖方段最小边坡系数 **表 2-44**

土类	水深（m）		
	＜1	1～2	2～3
稍胶结的卵石	1.00	1.00	1.00
夹砂的卵石和砾石	1.25	1.50	1.50
黏土、重粉质黏土、中壤土	1.00	1.00	1.25
轻粉质黏土	1.25	1.25	1.50
粉土	1.50	1.50	1.75
砂土	1.75	2.00	2.25
风化的岩石	0.10～0.20	0.20	0.25
未风化的岩石	0～0.5	0.05	0.10

填方段最小边坡系数 表 2-45

土类	水深（m）					
	<1		1～2		2～3	
	内坡	外坡	内坡	外坡	内坡	外坡
黏土、重粉质黏土	1.00	1.00	1.00	1.00	1.25	1.00
中壤土	1.25	1.00	1.25	1.00	1.50	1.25
轻粉质黏土、粉土	1.50	1.25	1.50	1.25	1.75	1.50
砂土	1.75	1.50	2.00	1.75	2.25	2.00

2）膜料防渗渠道的土料保护层的内坡坡比，可按表 2-46 选用。

膜料防渗渠道的土料保护层的内坡坡比 表 2-46

保护层土料类别	渠道设计流量（m^3/s）			
	<2	2～5	5～20	>20
黏土、重粉质黏土、中壤土	1∶1.50	1∶1.50～1∶1.75	1∶1.75～1∶2.00	1∶2.25
轻粉质黏土	1∶1.50	1∶1.75～1∶2.00	1∶2.00～1∶2.25	1∶2.50
粉土	1∶1.75	1∶2.00～1∶2.25	1∶2.25～1∶2.50	1∶2.75

（3）防渗渠道的糙率，可按表 2-47 选用；膜料防渗砂砾料保护层渠道的糙率，可按公式（2-78）计算。

不同材料防渗渠道糙率 表 2-47

防渗结构类别	防渗渠道表面特征	糙率
黏性土、黏砂混合土	平整顺直，养护良好	0.0225
	平整顺直，养护一般	0.0250
	平整顺直，养护较差	0.0275
灰土、三合土、四合土	平整，表面光滑	0.0150～0.0170
	平整，表面较粗糙	0.0180～0.0200
水泥土	平整，表面光滑	0.0140～0.0160
	平整，表面粗糙	0.0160～0.0180
砌石	浆砌料石、石板	0.0150～0.0230
	浆砌块石	0.0200～0.0250
	干砌块石	0.0300～0.0330
	浆砌卵石	0.0250～0.0275
	干砌卵石，砌工良好	0.0275～0.0325
	干砌卵石，砌工一般	0.0325～0.0375
	干砌卵石，砌工粗糙	0.0375～0.0425
混凝土	抹光的水泥砂浆面	0.0120～0.0130
	金属模板浇筑，平整顺直，表面光滑	0.0120～0.0140
	刨光木模板浇筑，表面一般	0.0150

续表

防渗结构类别	防渗渠道表面特征	糙率
混凝土	表面粗糙，缝口不齐	0.0170
	修整及养护较差	0.0180
	预制板砌筑	0.0160～0.0180
	预制渠槽	0.0120～0.0160
	平整的喷浆面	0.0150～0.0160
	不平整的喷浆面	0.0170～0.0180
	波状断面的喷浆面	0.0180～0.0250
沥青混凝土	机械现场浇筑，表面光滑	0.0120～0.0140
	机械现场浇筑，表面粗糙	0.0150～0.0170
	预制板砌筑	0.0160～0.0180
膜料	土料保护层	0.0225～0.0275

$$n = 0.028\, d_{50}^{0.1667} \tag{2-78}$$

式中　n——砂砾料保护层的糙率；

d_{50}——砂砾料重50%通过时的筛孔直径（mm）。

渠道防渗层采用几种不同材料，当最大糙率与最小糙率的比值小于1.5时，其综合糙率可按湿周加权平均计算。

（4）刚性材料渠道防渗结构及膜料防渗的刚性保护层，均应设置伸缩缝（见图2-48）。伸缩缝的间距应根据渠基情况、防渗材料和施工方式按表2-48选用；伸缩缝的宽度应根据缝的间距、气温变幅、填料性能和施工要求等因素确定，宜采用2～3cm；当采用衬砌机械连续浇筑混凝土时，切割缝宽可采用1～2cm。伸缩缝的填充材料应采用黏结力强、变形性能大、耐温性好、耐老化、无毒、无环境污染的弹塑性止水材料，可采用石油沥青聚氨酯接缝材料、高分子止水带及止水管等。封盖材料可采用沥青砂浆。

防渗渠道的伸缩缝间距（m）　表2-48

防渗结构	防渗材料和施工方式	纵缝间距	横缝间距
土料	灰土，现场填筑	4～5	3～5
	三合土或四合土，现场填筑	6～8	4～6
水泥土	塑性水泥土，现场填筑	3～4	2～4
	干硬性水泥土，现场填筑	3～5	3～5
砌石	浆砌石	只设置沉降缝	
沥青混凝土	沥青混凝土，现场浇筑	6～8	4～6
混凝土	钢筋混凝土，现场浇筑	4～8	4～8
	混凝土，现场浇筑	3～5	3～5
	混凝土，预制铺砌	4～8	6～8

注：当渠道为软基或地基承载力明显变化时，浆砌石防渗结构宜设置沉降缝。

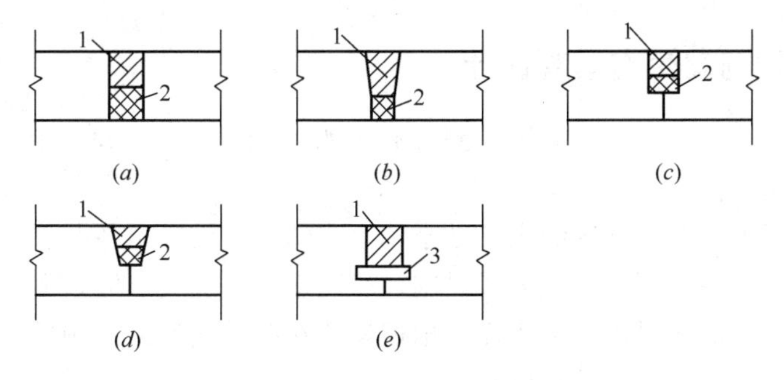

图 2-48 渠道护面伸缩缝形式

(a) 矩形缝；(b) 梯形缝；(c) 矩形半缝；(d) 梯形半缝；(e) 止水带

1—封盖材料；2—弹塑性填充材料；3—止水带

(5) 封顶板：防渗渠道在边坡防渗结构顶部应设置水平封顶板，其宽度应为 15～30cm。当防渗结构下有砂砾石置换层时，封顶板宽度应大于防渗结构与置换层的水平向厚度 10cm；当防渗结构高度小于渠深时，应将封顶板嵌入渠堤(见图 2-49)。

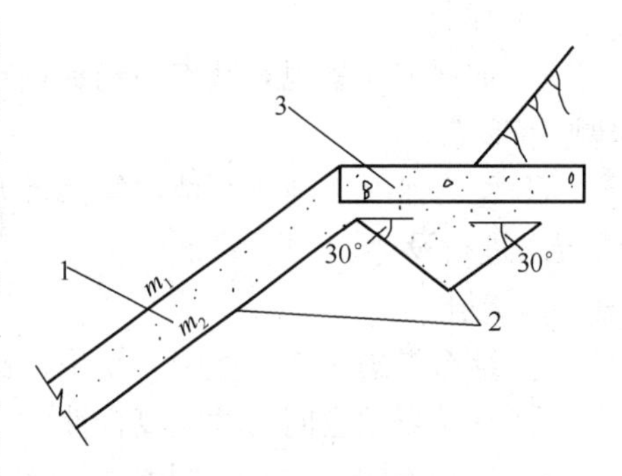

图 2-49 膜层顶部铺设形式

1—保护层；2—膜料防渗层；3—封顶板

(6) 防渗层的排水设施：由于地下水位上升或渠道放空而引起的地下水对刚性材料及防渗膜料的顶托，有可能引起防渗体的破坏时，应设置排水设施以消释地下水对防渗层的顶托。一般可采用图 2-50所示的排水布置。当附近有可利用的排水出路时可不设排水阀，如图 2-51 所示。

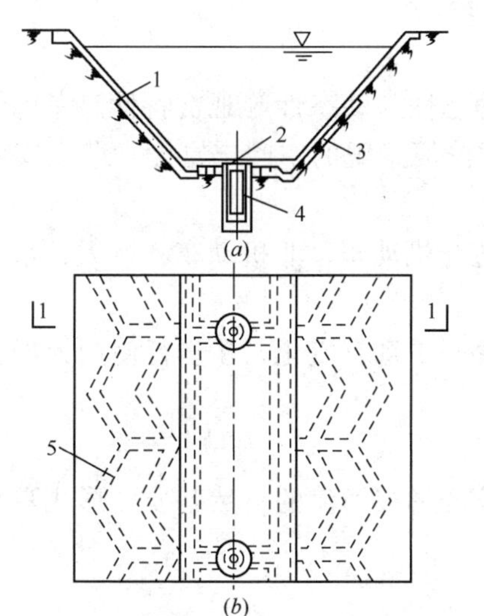

图 2-50 排水沟与集水井组合式排水

(a) Ⅰ-Ⅰ剖面图；(b) 平面图

1—混凝土防渗板；2—塑料逆止阀；

3—碎石卵石过滤层；4—集水井；

5—引水沟

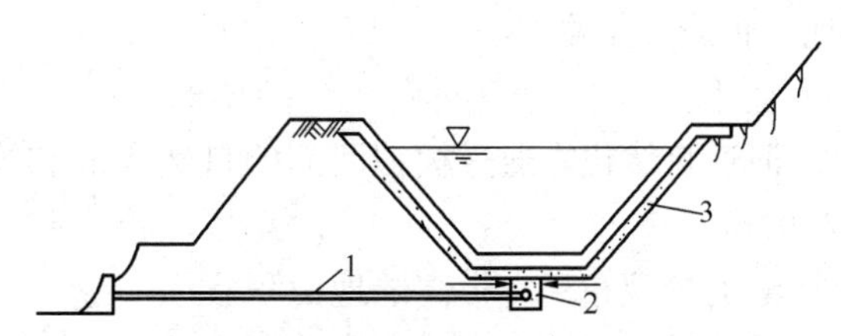

图 2-51 纵横向沟（管）组合式排水

1—排水暗沟；2—纵向排水管；3—垫层

2.6.5　城镇河湖生态景观设计

水是美化环境的重要因素。城镇、园林有了水，景观才会生动。在城镇河湖设计中，应充分重视水景设计。

水景设计要因地制宜，利用静水、动水和水声的特点设计出各种引人入胜的水景。

为了美化城镇河道，可在沿线分段设闸，壅高水位，加大水面，突出水景；同时，修建美观的护岸，岸边地面尽量接近水面；根据需要在两岸或河道一侧适当设置人行道、车行道、绿化带和各种休闲、旅游设施。

人工湖生态景观设计应注意以下几点：

(1) 整体控制

1) 整体性

① 加强滨河景观对城市功能和城市布局结构的作用，滨河景观与城市功能相结合构建城市形态。

② 结合水文、地质、植被等条件及水质、航运、调洪排涝、植被及动物栖息地保护等要求进行设计。

2) 功能

① 综合考虑生态、休闲、娱乐、文化科普、避灾等多种使用需求。

② 注重场地空间的功能复合性。

③ 实现不同水位、不同水景的景观类型与不同城市功能区、城市活动场所的结合，注重人的亲水需求。

④ 注重当地人文特色的引入，体现地方精神和场地文脉，满足人的精神需求。

⑤ 根据条件建立区域性的滨河生态廊道景观系统。

3) 美学

① 空间上，综合考虑景观多方位、多角度、静态性与动态性等观赏特性。考虑纵向观景、对岸观景和鸟瞰观景等观赏需要，充分考虑滨河景观的空间丰富度和节点空间的处理。

② 尺度上，应根据观赏视距、观赏速度确定适合机动车、非机动车、行人、水上交通等的景观尺度。

③ 色彩上，应充分考虑色彩的协调与统一，统一中富有变化，在步行使用人群比较多的地方色彩应丰富。

4) 生态

① 河道自然化，通过模拟河流的自然构成和演变形成河流的自然基质，形成自然的水体和驳岸。

② 滨河景观布局宜提高绿地面积。

③ 采取措施减少水土流失、改良水质。

(2) 布局

1) 综合布局

把滨河景观作为一个综合的功能、空间、景观系统，对园路、广场、停车场、山形水系、植被、建筑小品、城市家具等进行综合布局，加强整体设计。

滨河景观中绿地、园林建筑、园路及铺装等主要用地比例符合《公园设计规范》中关于带状公园的相关要求。

2）交通

根据规划、现状条件、使用要求和行为习惯，合理规划布置绿地出入口、停车场地、码头和人行、自行车、机动车、水上交通等交通方式，明确各种交通方式与外部交通的关系，注重无障碍设计，注重交通与广场、水系、植物景观的关系。

3）功能分区

根据使用需求及相关条件，确定各部分的主要功能，对绿地进行功能分区。

4）休闲活动空间

为满足各类休闲要求，合理、有序地组织人们在滨河绿地内开展活动，需制定合理的活动休闲场地及布局。根据现状条件，与周围环境的关系，所要开展的活动项目的服务对象，即人的不同年龄特征，不同人的兴趣、爱好、习惯等活动规律进行规划。

尽量把游客参观游览的主要景点与市民健身娱乐的场所区分开。根据需求，合理规划各种休闲空间，尤其是滨水空间，满足多种亲水需求，指出空间类型及空间分级，注重空间功能的复合性。

5）竖向设计

根据现状和设计意图，对地形进行塑造，地形尽量自然，形成平面和竖向的空间关系。满足排水、收集雨水、土方尽量平衡和丰富景观、亲水等方面的要求。

（3）水体与水岸

1）在满足使用要求的前提下，根据河流与水的运行与演变，尽可能追求水体的自然形态，设计凹岸、凸岸、浅滩和沙洲等，河道平面应尽量保持河道的自然弯曲，河道断面收放有致，形成多变的自然景观。设计一个能够常年保证有水的水道及能够应对不同水位、水量的河床。

2）水岸根据功能、生态、防洪、使用安全和景观需求，采用不同的驳岸类型，合理处理驳岸与人、水、绿地、交通的关系，注重水体岸线的自然性，设计多水位的亲水驳岸景观，形成亲水、亲自然的环境。

（4）植物景观

1）协调植物与绿地的功能布局、园路场地、水岸的关系，协调平面和竖向的空间关系。

2）种植形式宜采用自然生态群落立体复层种植，以乔木为主，乔木、灌木、地被植物相结合。

3）种植管理粗放的植物，选择适应性强、长势良好、病虫害少的树种。

4）选择树姿端庄、体型优美、冠大荫浓、观赏性强的树种。

5）水生植物应根据具体的种植区域和水质、水深情况及植物的净化能力确定植物的种植方式。

6）应选择无毒、无刺、无臭、无飞絮飞粉、不招惹蚊蝇、落花落果不易伤人、不污染路面的植物。

7）注重应用乡土地被植物，减少草坪使用。

8）挡墙、边坡不应有大面积硬质裸露面，挡墙可布置立体绿化，边坡在稳固安全的前提下宜采用自然群落式的多种植物种植形式。

2.6.6 管理运行设施

为保证城镇河湖工程的正常运行及工程安全，充分发挥工程效益，维护水域生态环境等，工程设计中应对河湖管理运行设施给予充分的重视。管理运行设施的标准应根据工程等级区别对待。

(1) 工程管理和保护范围：城镇河道两侧及湖泊周围需明确划定管理和保护范围，由管理机构会同有关部门，共同协商确定后报请政府部门批准，并设立界标。

(2) 管理道路：河道沿线及湖泊周围应设置道路以满足工程管理、维修和防汛的需要。

(3) 信息监控：以水环境自动监测、视频、语音、会商平台等基站建设为基础，通过数据传输整合，综合信息展示及管理，完成河道水文、水质、气象、视频图像等信息在线管理。

(4) 管理单位生产、生活设施：根据管理单位的规模，本着有利管理、方便生活、经济适用的原则，配备适当的管理设施，包括总部和各管理点的办公用房、通信、加工、仓库等专用房屋，以及宿舍等。

(5) 其他：

1) 城镇河湖沿岸应设置里程碑，以方便维护管理。

2) 城镇河湖沿岸应设置照明设施，以利夜间巡视和保护行人安全。

2.7 闸坝类型

在水闸工程设计中，闸门类型的选择，关系到整个工程的结构形式、造价及安全。除了应用广泛的平板闸门外还有一些新型闸门，主要有水力自控翻板闸、平板升卧式闸门、上下扉门平板闸、气动盾形闸、钢坝闸、双向旋转闸等。各种闸门的优缺点见表 2-49。

各种闸门优缺点 表 2-49

序号	闸门类型	优点	缺点
1	平板闸门	安全可靠，技术成熟，维修方便	自重、启闭力大，启闭所需空间大
2	水力自控翻板闸	造价低，结构简单，施工期短，管理运行方便	经不住特大洪水的冲击，易被洪水冲毁；易被漂浮物卡塞或淤积
3	平板升卧式闸门	降低启闭机的安装高度，提高了抗震能力	闸门启闭设备多，止水结构复杂
4	上下扉门平板闸	降低启闭机的安装高度，提高了抗震能力	闸门启闭设备多，止水结构复杂
5	气动盾形闸	人造景观，高效泄水，安装简易，维修方便	造价较高，挡水高度有限，无法双向启闭
6	钢坝闸	土建结构简单，景观性好，运行简单可靠，管理方便	工程造价较高，挡水高度有限，抗水流冲击能力较差
7	双向旋转闸	景观性好，检修方便，具有通航功能	闸门结构复杂，工程造价较高

2.8 城镇河湖水生态与水环境

2.8.1 最大安全纳污容量的计算

水生态系统最大安全纳污量计算分为正向计算和反向推算两种类型。正向计算主要是根据规划区的水文条件和污染源条件，计算水域污染物浓度分布规律，并根据确定的水质目标，分析和评价区域水质状况。反向推算主要是根据确定的水质目标，运用水质模型反向推算污染物允许排入量，根据计算结果分析论证水域纳污能力，主要是污染负荷计算法。

2.8.1.1 河流纳污能力数学模型计算法

(1) 一般规定

采用数学模型计算河流水域纳污能力，应根据污染物扩散特性，结合我国河流具体情况，按计算河段的多年平均流量 Q 将计算河段划分为以下三种类型：

$Q>150\text{m}^3/\text{s}$ 的为大型河段；

$15\text{m}^3/\text{s}<Q\leqslant150\text{m}^3/\text{s}$ 的为中型河段；

$Q\leqslant15\text{m}^3/\text{s}$ 的为小型河段。

采用数学模型计算河流水域纳污能力，可按下列情况对河道特征和水力条件进行简化：

1) 断面宽深比不小于 20 时，简化为矩形河段；

2) 河段弯曲系数不大于 1.3 时，简化为顺直河段；

3) 河道特征和水力条件有显著变化的河段，应在显著变化处分段。

有多个入河排污口的水域，可根据排污口的分布、排放量和对水域水质的影响等进行简化。

有较大支流汇入或流出的水域，应以汇入或流出的断面为节点，分段计算水域纳污能力。

(2) 基本资料调查收集

1) 采用数学模型计算河流水域纳污能力的基本资料应包括水文资料、水质资料、入河排污口资料、旁侧出入流资料及河道断面资料等。

2) 水文资料包括计算河段的流量、流速、比降、水位等。资料应能满足设计水文条件及数学模型参数的计算要求。

3) 水质资料包括计算河段内各水功能区的水质现状、水质目标等。资料应既能反映计算河段主要污染物，又能满足计算水域纳污能力对水质参数的要求。

4) 入河排污口资料包括计算河段内入河排污口的分布、排放量、污染物浓度、排放方式、排放规律以及入河排污口所对应的污染源等。

5) 旁侧出入流资料包括计算河段内旁侧出入流的位置、水量、污染物种类及浓度等。

6) 河道断面资料包括计算河段的横断面和纵剖面资料。资料应能反映计算河段河道简易地形现状。

7) 基本资料应出自有相关资质的单位。当相关资料不能满足计算要求时，可通过扩大调查收集范围和现场监测获取。

(3) 污染物的确定

1) 根据流域或区域规划要求，应以规划管理目标所确定的污染物作为计算水域纳污能力的污染物。

2) 根据计算河段的污染特性，应以影响水功能区水质的主要污染物作为计算水域纳污能力的污染物。

3) 根据水资源保护管理要求，应以对相邻水域影响突出的污染物作为计算水域纳污能力的污染物。

(4) 设计水文条件

1) 计算河流水域纳污能力，应采用90%保证率最枯月平均流量或近10年最枯月平均流量作为设计流量。

2) 季节性河流、冰封河流，宜选取不为零的最小月平均流量作为样本，按上条的规定计算设计流量。

3) 流向不定的水网地区和潮汐河段，宜采用90%保证率流速为零时的低水位相应水量作为设计流量。

4) 有水利工程控制的河段，可采用最小下泄流量或河道内生态基流作为设计流量。

5) 以岸边划分水功能区的河段，计算纳污能力时，应计算岸边水域的设计流量。

6) 设计水文条件的计算按《水利水电工程水文计算规范》的规定执行。

2.8.1.2 湖（库）纳污能力数学模型计算法

(1) 不同类型的湖（库）应采用不同的数学模型计算水域纳污能力。根据湖（库）的污染特性，将湖（库）按不同情况区分为以下类型：

1) 按平均水深和水面面积区分大型、中型、小型；

2) 按水体营养状态指数区分富营养化型；

3) 按水体交换系数区分分层型；

4) 按平面形态区分珍珠串型。

(2) 根据湖（库）枯水期的平均水深和水面面积划分。划分的类型如下：

1) 平均水深不小于10m：

① 水面面积大于25km^{2}的为大型湖（库）；

② 水面面积在2.5～25km^{2}之间的为中型湖（库）；

③ 水面面积小于2.5km^{2}的为小型湖（库）。

2) 平均水深小于10m：

① 水面面积大于50km^{2}的为大型湖（库）；

② 水面面积在5～50km^{2}之间的为中型湖（库）；

③ 水面面积小于5km^{2}的为小型湖（库）。

(3) 按水体营养状态指数区分富营养化型：

营养状态指数不小于50的湖（库），宜采用富营养化模型计算湖（库）水域纳污能力。水体营养状态指数的计算按《地表水资源质量评价技术规程》的规定执行。

(4) 按水体交换系数区分分层型：

平均水深小于10m、水体交换系数α<10的湖（库），宜采用分层模型计算水域纳污

能力。水体交换系数 α 的计算按《水利水电工程水文计算规范》的规定执行。

(5) 按平面形态区分珍珠串型：

珍珠串型湖（库）可分为若干区（段），各区（段）分别按湖（库）或河流计算水域纳污能力。

入湖（库）排污口比较分散，可根据排污口分布进行简化。均匀混合型湖（库），入湖（库）排污口可简化为一个排污口计算水域纳污能力。

2.8.1.3 水域纳污能力污染负荷计算法

(1) 一般规定

1) 污染负荷法计算水域纳污能力，可根据实际情况，采用实测法、调查统计法或估算法。

2) 应以影响水功能区水质的陆域作为调查和估算范围，收集基本资料。

3) 资料收集的内容应按计算方法的要求确定。实测法以调查收集或实测入河排污口资料为主；调查统计法以调查收集工矿企业、城镇污废水排放资料为主；估算法以调查收集工矿企业和第三产业产量、产值以及城镇人口资料为主。

4) 应根据管理和规划的要求，用实测法、调查统计法和估算法计算得到的污染物入河量作为水域纳污能力。

(2) 基本资料调查收集

1) 实测法所需资料应包括入河排污口的位置、分布、排放量、污染物浓度、排放方式、排放规律以及入河排污口所对应的污染源等。

2) 调查统计法所需资料应包括下列内容：

① 工矿企业的地理位置、生产工艺、废水和污染物产生量、排放量以及排放方式、排放去向和排放规律等；

② 城镇生活污水排放量、污染物种类及浓度等。

3) 估算法所需资料应包括下列内容：

① 工矿企业产品、产量，单位产品用、耗、排水量等；

② 城镇人口数量、人均生活用水量等；

③ 第三产业产值、万元产值污废水排放量等。

(3) 污染物的确定

1) 应根据管理和规划的要求，确定计算水域纳污能力的污染物。

2) 应根据工矿企业类型、城镇生活污水的主要污染物确定计算水域纳污能力的污染物。

(4) 实测法

1) 实测法应拟定监测方案，对水质、水量进行同步监测，计算入河排污口污染物入河量，确定水域纳污能力。

2) 监测方案应根据入河排污口的位置和排放方式拟定。

3) 入河排污口水量、水质同步监测的方法按《水环境监测规范》的规定执行。

4) 污染物入河量应根据水质、水量同步监测成果分析计算。

5) 水域纳污能力应根据污染物入河量分析确定。

(5) 调查统计法

1）调查统计法应通过调查统计影响水功能区水质的陆域范围内的工矿企业、城镇污废水排放量，分析确定污染物入河系数，计算污染物入河量，确定水域纳污能力。

2）污染物排放量应根据工矿企业及城镇污废水排放量分析计算。

3）入河系数应通过不同地区典型污染源的污染物排放量和入河量的监测调查资料分析，按公式（2-79）计算；也可分析采用相似地区的入河系数。

$$入河系数 = \frac{污染物入河量}{污染物排放量} \tag{2-79}$$

4）污染物入河量应根据污染物排放量和入河系数，按公式（2-80）计算。

$$污染物入河量 = 入河系数 \times 污染物排放量 \tag{2-80}$$

5）水域纳污能力应根据污染物入河量分析确定。

（6）估算法

1）估算法应根据影响水功能区水质的陆域范围内的工矿企业和第三产业产值、城镇人口，分析拟定万元产值和人口的污废水排放系数，计算污染物排放量，再根据入河系数估算污染物入河量，确定水域纳污能力。

2）工矿企业、第三产业和城镇人口应根据当地经济社会统计资料分析确定。

3）工矿企业、第三产业和城镇污废水排放系数可通过调查分析确定，也可根据典型地区实测资料分析计算。

4）工矿企业和第三产业废水排放量应根据产值和废水排放系数分别估算。

5）城镇生活污水排放量应根据城镇人口和污水排放系数估算。

6）水域纳污能力应根据工矿企业、第三产业和城镇生活污染物入河量分析确定。

2.8.1.4 合理性分析与检验

（1）合理性分析与检验的内容

水域纳污能力计算的合理性分析与检验应包括基本资料的合理性分析、计算条件简化和假定的合理性分析、数学模型选用与参数确定的合理性分析与检验，以及水域纳污能力计算成果的合理性分析与检验。

（2）基本资料的合理性分析

基本资料的合理性分析应符合以下要求：

1）水文资料：对河流和湖（库）的流（水）量、流速、水位等进行代表性、一致性和可靠性分析，分析方法按《水利水电工程水文计算规范》的规定执行；

2）水质资料：对水质监测断面、监测频次、时段、污染因子、水质状况等，应结合地区污染源及排污状况，进行代表性、可靠性和合理性分析；

3）入河排污口资料：根据入河排污口实测或调查资料，对入河排污口的污废水排放量、排放规律、污染物浓度等资料用类比法进行合理性分析；

4）陆域污染源资料：根据当地经济社会发展水平、产业结构、GDP、取水量、工农业用水量、生活用水量、污废水处理水平等资料，按照供、用、耗、排水的关系分析污废水排放量、污染物及其排放量等，分析其合理性；

5）河流、湖（库）特征资料：对调查收集到的河流和湖（库）河道断面、水下地形、比降等资料，可采用不同方法获得的资料进行对比，分析其可靠性和合理性。

(3) 计算条件简化和假定的合理性分析

计算条件简化和假定的合理性分析，应通过对比，分析河流、湖（库）边界条件、水力特性、入河排污口等的简化是否合理，能否满足所选模型的假定条件；确定的代表断面是否能够反映水功能区的水质状况。

(4) 数学模型选用与参数确定的合理性分析与检验

数学模型选用与参数确定的合理性分析与检验，应符合以下要求：

1) 根据计算水域的水力特性、边界条件、污染物特性等，分析所选数学模型和参数以及适用范围的合理性；

2) 与已有的实验结果和研究成果比较，分析模型参数的合理性；也可通过实测资料，对模型参数及模型计算结果进行验证。

(5) 水域纳污能力计算成果的合理性分析与检验

水域纳污能力计算成果的合理性分析与检验，应符合以下要求：

1) 可根据河段现状污染物排放量，结合水质现状，分析计算成果的合理性；

2) 与上下游或条件相近的水功能区水域纳污能力比较，分析计算成果的合理性；

3) 采用不同的模型计算水域纳污能力，通过比较，分析计算成果的合理性；

4) 根据当地自然环境、水文特点、污染物排放及水质状况等，分析判断一条河流、一个水系或整个流域的水域纳污能力计算成果的合理性。

2.8.2 生态环境需水量计算方法

2.8.2.1 Q_P 法

又称不同频率最枯月平均值法，以节点长系列（$n \geqslant 30$ 年）天然月平均流量、月平均水位或径流量（Q）为基础，用每年的最枯月排频，选择不同频率下的最枯月平均流量、月平均水位或径流量作为节点基本生态环境需水量的最小值。

频率 P 根据河湖水资源开发利用程度、规模、来水情况等实际情况确定，宜取 90% 或 95%。实测水文资料应进行还原和修正，水文计算按《水利水电工程水文计算规范》的规定执行。不同工作对系列资料的时间步长要求不同，各流域水文特性不同，因此，最枯月也可以是最枯旬、最枯日或瞬时最小流量。

对于存在冰冻期或季节性河流，可将冰冻期和由于季节性造成的无水期排除在 Q_P 法之外，只采用有天然径流量的月份排频得到。

2.8.2.2 流量历时曲线法

利用历史流量资料构建各月流量历时曲线，应以 90% 或 95% 保证率对应流量作为基本生态环境需水量的最小值。

在使用该方法时，应分析至少 20 年的日均流量资料。

2.8.2.3 $7Q_{10}$ 法

又称“最小流量法”，通常选取 90%～95% 保证率下、年内连续 7d 最枯流量值的平均值作为基本生态环境需水量的最小值。也可采用一年 364 天都能保证的流量。

该方法适用于水量较小，且开发利用程度已经较高的河流。使用时应有长系列水文资料。

采用 Q_P 法、流量历时曲线法、$7Q_{10}$ 法等利用长系列水文资料分析确定最枯月（旬、日）频率时，可针对不同的河流及不同的水生态特点，通过调整保证频率达到所需的保护和管理目标。

2.8.2.4 近10年最枯月平均流量（水位）法

缺乏长系列水文资料时，可用近10年最枯月（或旬）平均流量、月（或旬）平均水位或径流量，即10年中的最小值，作为基本生态环境需水量的最小值。

本方法适合水文资料系列较短时近似采用。

2.8.2.5 Tennant 法

依据观测资料建立的流量和河流生态环境状况之间的经验关系，用历史流量资料就可以确定年内不同时段的生态环境需水量，使用简单、方便。不同河道内生态环境状况对应的流量百分比见表2-50。不同类型河流水系生态环境需水量参考阈值见表2-51。

不同河道内生态环境状况对应的流量百分比（%） 表2-50

不同流量百分比对应河道内生态环境状况	占同时段多年平均天然流量百分比（年内较枯时段）	占同时段多年平均天然流量百分比（年内较丰时段）
最大	200	200
最佳	60～100	60～100
极好	40	60
非常好	30	50
好	20	40
中	10	30
差	10	10
极差	0～10	0～10

不同类型河流水系生态环境需水量参考阈值（%） 表2-51

河流类型		开发利用程度					
		高		中		低	
		基本[a]	目标[b]	基本	目标	基本	目标
大江大河	北方	10～20	40～50	15～25	45～55	≥25	≥60
	南方	20～30	65～80	25～35	70～80	≥35	≥80
较大江河	北方	10～15	40～50	10～25	40～55	≥25	≥55
	南方	15～30	60～70	20～35	65～75	≥35	≥75
中小河流	北方	5～10	40～45	10～20	40～50	≥20	≥50
	南方	15～25	50～60	20～30	55～65	≥30	≥65
内陆河	西北干旱区	—	40～50	—	45～55	—	≥55
	青藏高原区	—	—	—	—	≥80	≥80

a：基本生态环境需水量。

b：目标生态环境需水量。

注：表中值为“生态环境需水量/地表水资源量”。

从表 2-50 第一列中选取生态环境保护目标对应的生态环境功能所期望的河道内生态环境状态，第二列、第三列分别为相应生态环境状态下年内水量较枯和较丰时段（或非汛期、汛期）生态环境流量占同时段多年平均天然流量的百分比。两个时段包括的月份根据计算对象实际情况具体确定。该百分比与同时段多年平均天然流量的乘积为该时段的生态环境流量，与时长的乘积为该时段的生态环境需水量。

该方法作为经验公式，主要适用于北温带较大的、常年性河流，作为河流规划目标管理、战略性管理方法。使用时，较枯较丰时段的划分，可根据多年平均天然月径流量排序确定；也可根据当地汛期、非汛期时段划分确定，汛期和非汛期时段应根据南北方气候调整。

基本生态环境需水量取值范围应符合下列要求：水资源短缺、用水紧张地区河流，可在表 2-50“好”的分级之下，根据节点径流特征和生态环境状况，选择合适的生态环境流量百分比值。水资源较丰沛地区河流，宜在表 2-50“非常好”的分级之下取值。

目标生态环境需水量取值范围应符合下列要求：水资源短缺、用水紧张地区河流，宜在表 2-50“非常好”和“极好”的分级范围内，根据水资源特点和开发利用现状，合理取值。水资源较丰沛地区河流，宜在表 2-50“非常好”和“极好”的分级之上合理取值。不同地区、不同类型、不同开发利用程度的河流生态环境需水量取值范围，宜参考表 2-51 不同类型河流水系生态环境需水量参考阈值，结合表 2-50 分级，合理确定不同时段生态环境需水量。

2.8.2.6 频率曲线法

用长系列水文资料的月平均流量、月平均水位或径流量的历史资料构建各月水文频率曲线，将 95%频率相应的月平均流量、月平均水位或径流量作为对应月份的节点基本生态环境需水量，组成年内不同时段值，用汛期、非汛期各月的平均值复核汛期、非汛期的基本生态环境需水量。

频率宜取 95%，也可根据需要做适当调整。该方法一般需要 30 年以上的水文系列数据。

2.8.2.7 河床形态分析法

维持河床形态的河流造床功能所需水量，可根据对枯水期、平水期、丰水期，或汛期、非汛期维持河床形态的水量分析，分别求得。维持河流形态功能不丧失的水量，可用维持枯水河槽的水量估算，通过分析枯水期河道横、纵断面形态和水量与流量的关系，推求维持枯水河槽对应的需水量。

2.8.2.8 湿周法

水力学法中最常用的方法，利用湿周作为水生生物栖息地指标，通过收集水生生物栖息地的河道尺寸及对应的流量数据，分析湿周与流量之间的关系，建立湿周与流量的关系曲线（见图 2-52）。

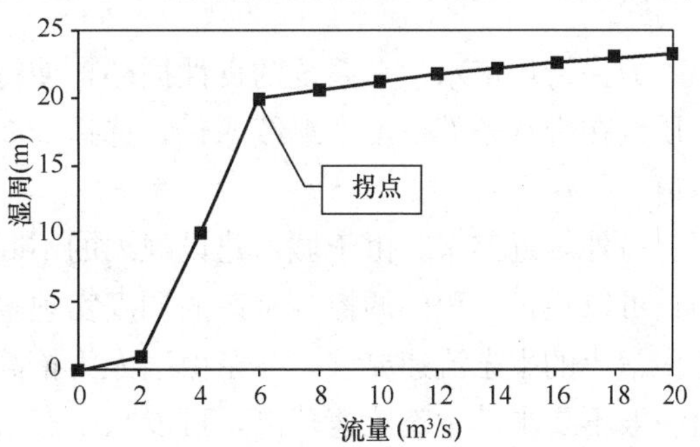

图 2-52 湿周—流量关系示意图

将图 2-52 中拐点对应的流量作为基本生态环境需水量，即维持生物栖息地功能不丧失的水量。基本生态环境需水量可按下列三种方法获取：

(1) 选取湿周与流量过程曲线中斜率为 1 曲率最大处的点，将该点对应的流量作为河道的生态需水量。有多个拐点时，可采用湿周率最接近 80%的拐点。

(2) 选取湿周与流量过程曲线的转折点，将该转折点对应的流量作为河道的基本生态需水量。

(3) 选取河流平均流量作为基准点，其对应的湿周为 R，将该湿周 R 的 80%对应的流量作为河道的基本生态需水量。

其中，方法 3 为平均流量的百分比，方法 2 中转折点很难确定并且误差较大，方法 1 的应用性相对较广。

本方法主要适用于河床形状稳定的宽浅矩形和抛物线形河道。

2.8.2.9 生物空间法

该方法基于湖泊各类生物对生存空间的需求来确定湖泊的生态环境水位。可用于计算各类生物对生存空间的不同需求对应的水位。

2.8.3 城市内河水系河道最小生态流速及生态水深的确定

在城市水体中，由于受人为影响和地形的限制，水流速度一般不会很大。城市水生态系统中能对系统产生良好作用的最小流速如何限制呢？相关的研究可参考澳大利亚维多利亚州对维多利亚河流 868 个地点的自然特征和植被参数进行的调查统计成果。成果中的自然特征包括河床组成、流速和水深；植被特征包括河岸植被率、边缘界限、水下植物及鱼类遮掩物等，这些特征按其对水生生物的适宜性进行评价，由此形成五个环境级别，对研究河流进行生态评判。其中，关于河流保护的流速（平均流速）要求，见表 2-52。

维多利亚河流的环境等级标准（平均流速）(m/s)　　表 2-52

河流类别	环境等级				
	极差	差	中等	好	丰富
小支流	0	0.1～0.2	0.3～0.6	0.6～0.7	>0.8
干流	0	0	0.1	0.2	0.3

为保持城市水生态系统的良性循环，使得系统中大多数水生动植物能够生存，水体环境质量在现状条件下不会继续恶化，选择 0.3m/s 作为城市河流系统的最小生态流速的参考值。

另外，近年来，由于城市建设规划的不断完善和居民对水生态环境要求的提高，部分河道可以通过工程的调控、水源的调度实现景观用水，但在枯水期水量有限，不能保证河道内常年的生态流速要求，甚至由于人为抬高水面使用拦水坝，导致河水滞流。对这类河流一般不要求其生态流速范围，可以从生态水深方面考虑它的生境适宜性，生态水深的成果可参照维多利亚河流的调查评价成果，见表 2-53。

维多利亚河流的环境等级标准（平均水深）(m) 表 2-53

河流类别	环境等级				
	极差	差	中等	好	丰富
小支流	干涸或细流	<0.2	0.3～0.5	0.6～1.0	>1.0
干流	<0.3	0.4	0.5～0.9	1.0～2.0	>2.0

2.9 利用水体稀释和自净能力的计算

2.9.1 稀释平均浓度

$$C_m = \frac{QC_R + qC_{SW}}{Q+q} \tag{2-81}$$

式中 C_m——稀释平均浓度（mg/L）；

Q——河水流量（m^3/s）；

q——污水流量（m^3/s）；

C_R——河水中污染质的浓度（mg/L）或其他参数（如水温、溶解氧浓度等）；

C_{SW}——污水中污染质的浓度（mg/L）或其他参数。

以上公式中河水流量 Q 是河水的全部流量，即假定污水与河水完全混合。这是工程上常用的一种近似计算方法。当河的流量很大或水力条件比较特殊时可能不适用，那时就要应用二维或三维数学模式进行计算。

若污染质不能降解（如某重金属），则 C_m 需符合地面水水质标准中的要求。若排入水体中的污染质可以降解，则 C_m 为起始浓度。

2.9.2 耗氧有机物质在河流中的降解

污水的最终出路是受纳水体（河、湖、海洋）。可被微生物降解的有机物质（以 BOD 表示）排入水体后，由于需氧性降解而消耗水中的溶解氧。与此同时，大气中的氧也可溶入水中，称为复氧。

2.9.2.1 河中耗氧有机物质的耗氧速率

$$\gamma_D = -K_1L_t = -K_1L_0 10^{-K_1 t} \tag{2-82}$$

式中 γ_D——有机物耗氧速率[mg/(L·d)]；

K_1——有机物耗氧常数（d^{-1}）(20℃)；

L_t——时间为 t 时的生化需氧量 BOD_t（mg/L）；

L_0——起始点（排放口处）的有机物浓度，以第一阶段完全生化需氧量 BOD_u 表示（mg/L）；

t——河水与污水混合后，流至某断面的时间（d）。

不同河流的耗氧常数 K_1 的变化幅度较大。过去往往采用 $K_1=0.1d^{-1}$。当河流的 K_1 值大于或小于 0.1 时，往往会造成较大误差。在有条件时应根据水团追踪的同步监测数据，用数值计算方法（以计算机为工具）求出 K_1 值，或者通过实验室的实验数据求出

K_1 值。

可用公式（2-83）求出水温不是20℃时的 K_1 值：

$$K_1(T) = K_{1(20)}\theta^{(T-20)} \tag{2-83}$$

式中 θ——温度系数，4～20℃时，θ=1.135；20～30℃时，θ=1.056。

2.9.2.2 河流的复氧速率

河流的复氧速率为：

$$\gamma_R = K_2(C_s - C) \tag{2-84}$$

式中 K_2——复氧常数（d^{-1}）；

C_s——饱和溶解氧浓度（mg/L），可由表2-54中查出；

C——河流中实际溶解氧浓度（mg/L）。

饱和溶解氧的数据 表2-54

温度（℃）	饱和溶解氧值（mg/L）氯化物浓度（mg/L）				
	0	5000	10000	15000	20000
0	14.62	13.79	12.97	12.14	11.32
1	14.23	13.41	12.61	11.82	11.03
2	13.84	13.05	12.28	11.52	10.76
3	13.48	12.72	11.98	11.24	10.50
4	13.13	12.41	11.69	10.97	10.25
5	12.80	12.09	11.39	10.70	10.01
6	12.48	11.79	11.12	10.45	9.78
7	12.17	11.51	10.85	10.21	9.57
8	11.87	11.24	10.61	9.98	9.36
9	11.59	10.97	10.36	9.76	9.17
10	11.33	10.73	10.13	9.55	8.98
11	11.08	10.49	9.92	9.35	8.80
12	10.83	10.28	9.72	9.17	8.62
13	10.60	10.05	9.52	8.98	8.46
14	10.37	9.85	9.32	8.80	8.30
15	10.15	9.65	9.14	8.60	8.14
16	9.95	9.46	8.96	8.47	7.99
17	9.74	9.26	8.78	8.30	7.84
18	9.54	9.07	8.62	8.15	7.70
19	9.35	8.89	8.45	8.00	7.56
20	9.17	8.73	8.30	7.86	7.42
21	8.99	8.57	8.14	7.71	7.28
22	8.83	8.42	7.99	7.57	7.14
23	8.68	8.27	7.85	7.43	7.00

续表

温 度（℃）	饱和溶解氧值（mg/L）				
	氯化物浓度（mg/L）				
	0	5000	10000	15000	20000
24	8.53	8.12	7.71	7.30	6.87
25	8.38	7.96	7.56	7.15	6.74
26	8.22	7.81	7.42	7.02	6.61
27	8.07	7.67	7.28	6.88	6.49
28	7.92	7.53	7.14	6.75	6.37
29	7.77	7.39	7.00	6.62	6.25
30	7.63	7.25	6.86	6.49	6.13

注：表中淡水和海水中饱和溶解氧值的条件是：在总压力为0.1MPa时，干空气中含氧20.90%，一般工程计算可直接采用表中数据，中间数值可近似地用线性插入法求得。

可用下列经验公式求出 K_2：

$$K_2 = \frac{294(D_L V)^{1/2}}{H^{3/2}} \tag{2-85}$$

式中 D_L——氧的分子扩散系数（m^2/d）；

V——河流的平均流速（m/s）；

H——河流的平均深度（m）。

当温度为 T 时，氧的分子扩散系数可用公式（2-86）求得：

$$D_L = 1.76 \times 10^{-4} \times [1.037^{(T-20)}] \tag{2-86}$$

当缺乏水体的实测数据时，可按表2-55粗估 K_2 值。

复氧常数 K_2 **表2-55**

水体类型	20℃时的 K_2 值	水体类型	20℃时的 K_2 值
小池塘和受阻回流的水	0.043～0.1	正常流速的大河	0.2～0.3
迟缓的河流和大湖	0.1～0.152	流动快的河流	0.3～0.5
低流速的大河	0.152～0.2	急流和瀑布	>0.5

可用公式（2-87）求出水温不是20℃时的 K_2 值：

$$K_{2(T)} = K_{2(20)} \times 1.024^{(T-20)} \tag{2-87}$$

2.9.2.3 氧垂曲线的模式

当把污水排入受纳河流后，污水中的耗氧性有机物会消耗河水中的溶解氧；同时大气中的氧会不断地溶入河水中。污水排放口下游河水中溶解氧的浓度 C 随流行距离而不断变化。可用下式表示河中溶解氧在耗氧和复氧的共同作用下的变化速率：

$$\frac{dc}{dt} = -K_1 L + K_2 (C_s - C) \tag{2-88}$$

开始时，由于 BOD_u 较高，耗氧速率 γ_D 大于复氧速率 γ_R，故河水中的溶解氧不断减少，由于耗氧性有机物被微生物不断地降解，因而 BOD_u 不断地减小，耗氧速率也随之减小。假如起始的 BOD_u 不是过高，总会有某一点的耗氧速率等于复速率，这一点称为临界

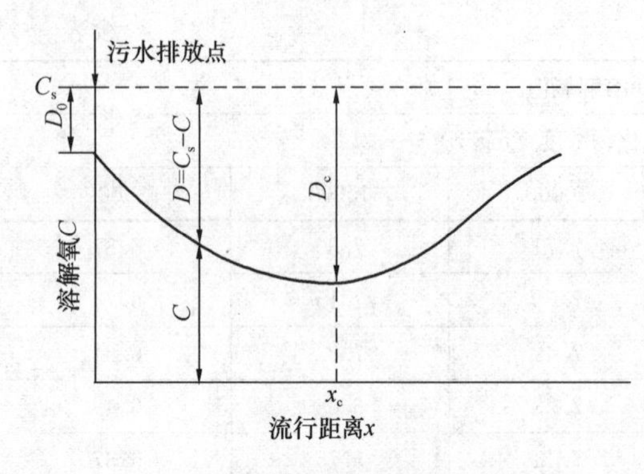

图 2-53　氧垂曲线

点。由起点到这一点流行的距离称为临界距离；由起点流到临界点所需的时间称为临界时间。河水流过临界点以后，耗氧速率即小于复氧速率，此后，河水中的溶解氧会不断增加，假如没有新的污染，溶解氧会恢复到未受污染前的状态。以纵坐标代表溶解氧，以横坐标代表流行距离，所画出的曲线称为氧垂曲线。见图 2-53。

经推导，污水排放口下游任一时间 t 的亏氧量以公式（2-89）表示：

$$D_t=\frac{K_1L_0}{K_2-K_1}(10^{-K_1t}-10^{-K_2t})+D_0\times10^{-K_2t} \tag{2-89}$$

式中　D_t——时间为 t 时的亏氧量（mg/L）；

D_0——在污水排放口处，时间 $t=0$ 的起始亏氧量（mg/L）。

在临界点处的亏氧量可用下式表示：

$$D_c=\frac{K_1}{K_2}L_0 10^{-K_1t_c} \tag{2-90}$$

式中　t_c——临界时间（d）。

临界时间 t_c 可用下式求得：

$$t_c=\frac{1}{K_2-K_1}\lg\left\{\frac{K_2}{K_1}\left[1-\frac{D_0(K_2-K_1)}{K_1L_0}\right]\right\} \tag{2-91}$$

临界点溶解氧的量不得低于国家规定的标准（4mg/L），从而可确定临界点的 $D_c=(C_s-4)$。再应用上述公式，可求得起始点河水与污水的混合浓度 L_0（以 BOD_u 表示）。再根据 L_0 确定污水的处理程度。在进行以上计算时，代入的数据应为最不利情况下的数据，若无法判断最不利情况，则应用不同季节的数据分别进行计算，最后采用最不利的一组计算结果。

以上公式只考虑了污水排入河流后，生物降解耗氧与大气复氧两种因素对河水中溶解氧的影响，这种方法只是工程上常用的一种粗略计算方法。这里忽略了藻类光合作用的产氧量、藻类呼吸耗氧和污泥沉降等影响，对某些河流，这些因素的耗氧是不容忽视的。

以上的计算方法应用了一维模式，只考虑了沿河流流动方向水质的变化，在某些条件下须应用二维模式甚至三维模式进行较精确的计算。

2.9.3　污水处理程度的计算

2.9.3.1　按河流中悬浮物允许增加量计算对悬浮物的处理程度

可用公式（2-92）计算污水排放口处允许的 SS 浓度：

$$C_e=p\left(\frac{Q}{q}+1\right)+b \tag{2-92}$$

式中　C_e——污水排放口处允许的 SS 浓度（mg/L）；

p——污水排入水体与河水完全混合后，混合水中 SS 允许增加量（mg/L）；

q——排入水体的污水流量（m^3/s）；

b——污水排入河流前，河流中原有 SS 的浓度（mg/L）；

Q——河流 95%保证率的最小月平均流量（m^3/s）。

2.9.3.2 按河水中溶解氧的容许最低浓度，计算污水中 BOD_5 的处理程度

根据临界点溶解氧浓度不得低于 4mg/L 的要求。在已知条件下，利用公式（2-90）和公式（2-91）可求得未知数 L_0 和 t_c。由于解联立方程较繁琐，一般用试算法计算。也可应用各种可编程序计算器（如 TI-58C、TI-59 型）、袖珍计算器（如 PC-1500 型等）或各种微型计算机，编制程序进行计算。

2.9.3.3 按河流中 BOD_5 的最高允许浓度，计算污水 BOD_5 的处理程度

需根据河水和污水的实际温度，并将 K_1 值按温度做必要的调整后，再进行计算。有时为了简化计算，往往假定河水和污水温度皆为 20℃，然后进行粗略计算，这两种算法皆可应用公式（2-93）、公式（2-94）。

$$L_{5e}=\frac{Q}{q}\left(\frac{L_{5ST}}{10^{-K_1t}}-L_{5R}\right)+\frac{L_{5ST}}{10^{-K_1t}} \tag{2-93}$$

式中 L_{5e}——排放污水中 BOD_5 的允许浓度（mg/L）；

L_{5R}——河流中原有的 BOD_5 浓度（mg/L）；

L_{5ST}——水质标准中河水的 BOD_5 最高允许浓度（mg/L）。

一般往往是按河流上某一验算点（例如，水源卫生防护区）进行计算。故公式（2-93）中的 t 为由污水排放口到计算断面的流行时间，可用公式（2-94）求得：

$$t=\frac{1000x}{86400v} \tag{2-94}$$

式中 t——由污水排放口到计算断面的流行时间（d）；

x——由污水排放口到计算断面的距离（km）；

v——河水平均流速（m/s）。

【例 2-8】 某城市的城市污水总流量 $q=4.2m^3/s$，污水的 $BOD_5=420mg/L$，SS=400mg/L，污水温度 $T=20℃$，污水经二级处理后 $DO_{SW}=1.5mg/L$。处理后的污水拟排入城市附近的河流。在水体自净的最不利情况下（若无法估计最不利情况，则需以不同季节的数据分别进行计算，然后选用最不利的一组计算结果），河水流量 $Q=19.5m^3/s$。河水平均流速 $v=0.6m/s$，河水温度 $T=25℃$。河中原含溶解氧 $DO_R=6.0mg/L$。$BOD_5=3.0mg/L$，SS=55mg/L，SS 允许增加量 $p=0.75mg/L$，设河水与污水能很快地完全混合，混合后 20℃的 $K_1=0.18d^{-1}$，$K_2=0.3d^{-1}$。在污水总出口下游 35km 处为集中取水口的卫生防护区，要求 BOD_5 不得超过 4mg/L。

试确定该城市污水处理厂的处理程度。

【解】 计算：

（1）求 SS 的处理程度：

1）计算污水总出口处 SS 的允许浓度：

$$C_e=p\left(\frac{Q}{q}+1\right)+b=0.75\left(\frac{19.5}{4.2}+1\right)+55$$
$$=59.2mg/L$$

2）求 SS 的处理程度：

$$E = \frac{C_i - C_e}{C_i} \times 100 = \frac{400 - 59.2}{400} \times 100$$
$$= 85.2\%$$

(2) 按河水中DO的容许最低浓度，计算对污水中BOD_5的处理程度：

1) 求排放口处DO的混合浓度及混合温度：

$$DO_m = \frac{QC_R + qC_{SW}}{Q + q} = \frac{19.5 \times 6.0 + 4.2 \times 1.5}{19.5 + 4.2}$$
$$= 5.2 \text{mg/L}$$
$$t_m = \frac{19.5 \times 25 + 4.2 \times 20}{19.5 + 4.2} = 24.1℃$$

2) 求水温为24.1℃时的常数：

$$K_{1(24.1)} = K_{1(20)} \times \theta^{(24.1-20)} = 0.18 \times 1.056^{4.1}$$
$$= 0.225 \text{d}^{-1}$$
$$K_{2(24.1)} = K_{2(20)} \times 1.024^{(24.1-20)}$$
$$= 0.3 \times 1.024^{4.1} = 0.331 \text{d}^{-1}$$

3) 求起始点的亏氧量D_0和临界点的亏氧量D_c：查表（见给水排水设计手册第1册《常用资料》）得出24.1℃时的饱和溶解氧$DO_s = 8.51$mg/L。可算出：

$$D_c = 8.51 - 5.2 = 3.31 \text{mg/L}$$
$$D_c = 8.51 - 4.0 = 4.51 \text{mg/L}$$

4) 用试算法求起始点L_0和临界时间t_c

第一次试算：设临界时间$t'_c = 1.0$d，将此值及其他已知数代入公式（2-90）：

$$D_c = \frac{K_1}{K_2} L_0 10^{-K_1 t_c}$$
$$4.51 = \frac{0.225}{0.331} L_0 10^{-0.225 \times 1}$$
$$L_0 = 11.13 \text{mg/L}$$

将$L_0 = 11.13$mg/L代入公式（2-91）：

$$t_c = \frac{1}{K_2 - K_1} \lg \left\{ \frac{K_2}{K_1} \left[1 - \frac{D_0 (K_2 - K_1)}{K_1 L_0} \right] \right\}$$
$$= \frac{1}{0.331 - 0.225} \lg \left\{ \frac{0.331}{0.225} \left[1 - \frac{3.31(0.331 - 0.225)}{0.225 \times 11.13} \right] \right\}$$
$$= 0.9627 \text{d} < t'_c = 1.0 \text{d}$$

第二次试算：

设临界时间$t'_c = 0.944$d，代入公式（2-90），得出：

$$L_0 = 10.82 \text{mg/L}$$

将上值代入公式（2-91），得出：

$t_c = 0.944\text{d} = t'_c$ 符合要求[一般$|(t_c - t'_c)| \leqslant 0.001$即符合要求]。

5) 求起点容许的混合20℃BOD_5：

$$L_{5m} = L_0 (1 - 10^{-K_1 t}) = 10.82(1 - 10^{-0.18 \times 5})$$
$$= 9.46 \text{mg/L}$$

6）求污水处理厂允许排放的20℃BOD_5；

$$L_{5e}=L_{5m}\left(\frac{Q}{q}+1\right)-\frac{Q}{q}L_{5R}$$

$$=9.46\left(\frac{19.5}{4.2}+1\right)-\frac{19.5}{4.2}\times 3.0=39.43\text{mg/L}$$

7）求处理程度：

$$E=\frac{420-39.43}{420}\times 100=90.6\%$$

（3）按河流中BOD_5的最高允许浓度，计算污水BOD_5的处理程度：

第一种方法：按河水与污水混合后的实际温度（24.1℃）计算。

1）计算由污水排放口流到35km处的时间：

$$t=\frac{1000x}{86400v}=\frac{1000\times 35}{86400\times 0.6}=0.675\text{d}$$

2）将20℃L_{5R}、L_{5ST}的数值换算成24.1℃的数值：20℃的L_{5ST}=4mg/L

$$4=L_0(1-10^{-0.18\times 5})$$

$$L_0=\frac{4}{0.874}=4.58\text{mg/L}$$

化为24.1℃的L_{5ST}：

$$L_{5ST}=4.58(1-10^{-0.225\times 5})=4.58\times 0.925$$

$$=4.24\text{mg/L}$$

20℃的L_{5R}=3mg/L

$$L_0=\frac{3}{0.874}=3.43\text{mg/L}$$

24.1℃的L_{5R}=3.43×0.925=3.17mg/L

3）求24.1℃时的L_{5e}：

$$L_{5e}=\frac{Q}{q}\left(\frac{l_{5ST}}{10^{-K_1t}}-L_{5R}\right)+\frac{L_{5ST}}{10^{-K_1t}}$$

$$=\frac{19.5}{4.2}\left(\frac{4.24}{10^{-0.225\times 0.675}}-3.17\right)+\frac{4.24}{10^{-0.225\times 0.675}}$$

$$=19.21\text{mg/L}$$

4）将24.1℃的L_{5e}转换成20℃的数值：

$$L_0=\frac{19.21}{0.925}=20.77\text{mg/L}$$

其20℃的L_{5e}为：

$$L_{5e}=20.77\times 0.874=18.15\text{mg/L}$$

5）计算处理程度：

$$E=\frac{420-18.15}{420}\times 100=95.7\%$$

第二种方法：按河水与污水皆为20℃计算。

1）求L_{5e}：由排放口流到35km处的时间与第一种方法相同，即t=0.675d：

$$L_{5e}=\frac{19.5}{4.2}\left(\frac{4}{10^{-0.18\times 0.675}}-3\right)+\frac{4}{10^{-0.18\times 0.675}}$$

$$=15.77\text{mg/L}$$

2）求污水 BOD_5 的处理程度：

$$E = \frac{420 - 15.77}{420} \times 100 = 96.25\%$$

（4）根据以上计算，可确定污水的处理程度：

1）悬浮物 SS 的处理程度为 85.2%。

2）由于按河流中 BOD_5 的最高允许浓度计算的污水处理程度为 95.7%，高于按河水中 DO 的容许最低浓度的计算结果 90.6%，故污水处理厂的 BOD_5 处理程度定为 95.7%。

2.10 污水排入江海的扩散稀释计算

为了充分利用大水体（江、海）的稀释和自净能力，以及防止在岸边形成明显的污染带，宜采取多孔扩散器将污水从水体底部均匀排放。当排入海域时，根据海水流向，所用扩散器有 I、T、Y 型之分（见图 2-54）。当排入大江时，扩散器一般采用 I 型，其长度可只占部分江宽，以节省基建投资。

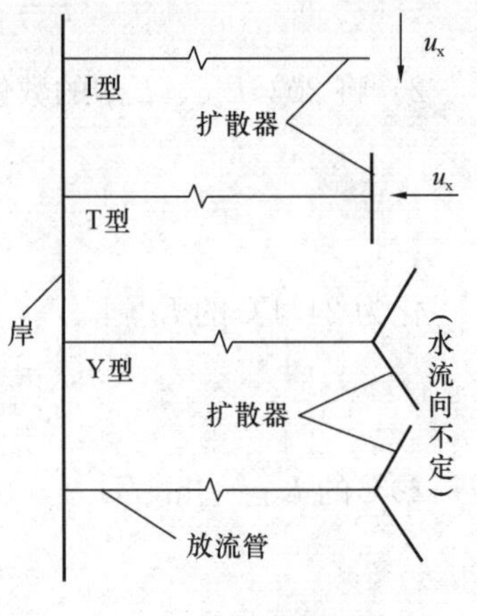

图 2-54 扩散器形式

污水排入大水体，其自然的生物降解效果与水流的输移扩散造成的稀释效果相比是很小的，在初步计算中，生物自净作用可忽略不计，即 $K_1=0$，以留有余地。

2.10.1 污水排海的扩散稀释

2.10.1.1 总稀释度 *S*

总稀释度 S 为：

$$S = S_1 S_2 S_3 \tag{2-95}$$

式中 S_1——流动水体中污水的初始轴线稀释度，即污水自扩散器孔口喷出后，在水流和排放水动量及海水浮力的共同作用下，浮升至最大高度时，轴线处污水被周围海水稀释的程度；

S_2——输移扩散稀释度，即污水经初始稀释后，在各种水动力因素的作用下，污染物沿水流方向输移扩散至 x 处轴线上的稀释度；

S_3——大肠菌群的衰亡稀释度。

2.10.1.2 初始稀释度

计算初始稀释度的数学模型，到目前为止，从其实质来看，可以分成三大类：

第一类是以动量、质量和浮力（或能量）守恒的精确的数学描述为基础的计算模型。其中最具有代表性的是 1993 年美国环保局推荐使用的 UM 模型，美国环保局于 1994 年对该模型又作了若干修改。

第二类模型是由量纲分析和物理模型（或现场测试）产生的。从量纲分析中找出包含稀释度的无量纲数与影响稀释度的其他参数之间的关系。然后通过物理实验或现场测试来校准这种关系。其结果通常用图表形式来表述；在某些极限情况下，可以获得带有实验参数的渐近解形式。属于这类模型的有 Lee and Neville-Jones 模型（1987）和 RSB 模型

(1989) 等。

第三类模型主要是由现场和实验数据回归得出的经验公式。这些公式中比较著名的有 Agg-Wakeford 公式（1972)、Bennett 公式（1983）和 Sharp and Moore 公式（1987)。在应用上述公式时，应注意其使用条件：单孔射流排入密度均匀水体。属于此类模型的 CORMIX 模型（1993)，其适用范围则广泛得多。

为便于在设计中采用上述三类模型，现将 UM 模型、RSB 模型和 CORMIX 模型的性能、要求输入的参数和输出的结果，分别介绍于后，以供读者根据实际情况选用。

(1) UM 模型：UM 模型是在理论模型的基础上建立起来的。它是最新的一种 Lagrangian 模型。原来应用于大气和淡水（1976 年)，1979 年开始应用于海洋。该模型在一定的假设条件下，可以给出描述羽流运动的积分方程的精确解；但在复杂条件下，某些简化可能使理论有时不适用。UM 模型的两个显著的特点：Lagrangian 表述和投影面积卷吸假定。Lagrangian 表述使问题简化并有助于处理投影面积卷吸假定。投影面积卷吸是强制卷吸的另一种说法（所谓强制卷吸是由于存在环境横流，使得羽流周围流动的水体卷入到羽流中去)。

UM 模型计算需输入的参数：

排放的污水流量（m^2/s)。

污水中污染物浓度（mg/L)。

污水中可衰减物质的衰减率（d^{-1})。

污水的盐度（‰)、密度（kg/m^3）和温度（℃)。

扩散器喷孔数。

扩散器喷孔间距（m)。

扩散器喷孔直径（m)。

喷孔处的水深（m)。

喷孔距海床的高度（m)。

环境水流速度（m/s)、流向及与扩散器夹角。

环境水流密度、盐度和温度的垂向变化值（单位同前)。

UM 模型的输出结果如下：

污染物所获得的羽流轴线平均稀释度随距扩散器水平距离的变化情况。

污染物所获得的羽流轴线最小稀释度随距扩散器水平距离的变化情况。

污染羽流抬升高度随距扩散器水平距离的变化情况。

污染羽流的宽度随时间的变化情况。

(2) RSB 模型：RSB 模型是由 Roberts 等人（1989a、b、c）采用量纲分析方法得到的模型。其所基于的条件是存在环境横流、环境水体密度线性分层、直线型的扩散器，其上有等距离的水平圆形喷器，喷口位于扩散器两侧，喷口轴线与扩散器主管轴线相垂直，而与环境水流方向平行。

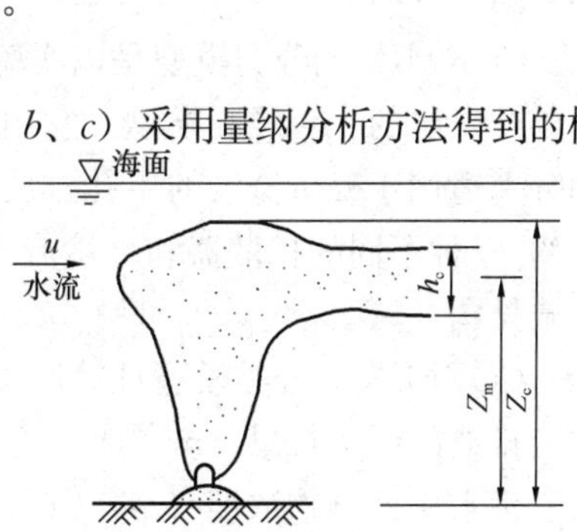

在模型实验中，当排放的污水形成了稳定的污水场以后，可得到图 2-55 的污水场侧面形状，图中 h_e、Z_c 和 Z_m 分别表示污水场厚度、污水场顶部高度和最

图 2-55　横流中污水场的侧面形状

大浓度处高度。Z_m 处的最小初始稀释度为 S_m。计算中需用的其他参数有：污水的总流量（m^3/s）、单位长度扩散器上的污水流量 $q[m^3/(s \cdot m)]$、扩散器长度 $L(m)$、扩散器与水流的夹角 θ、浮力频率 $N=\left(-\frac{g d\rho_a}{\rho_{a0} dz}\right)^{1/2}$、重力加速度 g（m/s^2）、海水密度 ρ_a、排放孔处海水密度 ρ_{a0}，以及喷孔流速 u_j（m/s）、单宽动量通量 $m=u_j q(m^4/s^2)$、单宽浮力通量 $b=g(\rho_{a0}-\rho_0/\rho_{a0})q(m^4/s^3)$、排放的污水密度 ρ_0、环境横流速 u（m/s）、环境横流的弗劳德数 $F=u^3/b$（1/m）和孔距 s（m）。

进行量纲分析时，定义了三种特征长度：

$$l_q=\frac{q^2}{m}、l_b=\frac{b^{1/3}}{N} 和 l_m=\frac{m}{b^{2/3}}$$

利用量纲分析最后获得了初始稀释度的表达式为：

$$\frac{S_m qN}{b^{2/3}}=\left[\frac{l_m}{l_b}、\frac{s}{l_b}、F、\theta\right] \tag{2-96}$$

RSB 模型的具体关系式是通过实验室的试验得出的，试验的参数范围应满足下述条件（此也是采用 RSB 模型进行计算时应满足的条件）：

$$0.31<\frac{s}{l_b}<1.92，0.078<\frac{l_m}{l_b}<0.5$$

RSB 模型所需输入的参数与 UM 模型一样。

RSB 模型计算所得到的结果如下：

污染羽流最大抬升高度。

污染羽流最大抬升高度处，污染物所获得的羽流轴线平均稀释度。

污染羽流最大抬升高度处，污染物所获得的羽流轴线最小稀释度。

污染羽流最大抬升高度处，距离扩散器的水平距离。

污染物所获得的羽流轴线平均稀释度随距离扩散器的水平距离变化情况。

污染物所获得的羽流轴线最小稀释度随距离扩散器的水平距离变化情况。

污染羽流宽度的变化情况。

（3）CORMIX 模型：又称 CORMIX 流分类模型，是“Cornell Mixing Zone”模型的缩写，由美国 CORNELL 大学的许多水力学与水动力学专家共同开发。目的在于弥补许多理论模型（如 UM 模型）和量纲分析模型（如 RSB 模型）应用于许多具体工程案例中的缺陷。

CORMIX 流分类模型是以实验室试验数据和已建成的工程案例海区现场测试数据为基础开发出的一套经验模型。它由 CORMIX1、CORMIX2 和 CORMIX3 三部分组成，它们分别适用于分析淹没的单孔排放、淹没的多孔排放和表面排放等情况。该组模型代表了大约 80 种不同的扩散器和环境流体条件的情景组合。CORMIX 流分类模型适用的扩散器形式见图 2-56。

CORMIX 流分类模型计算所需输入的参数：

排放的污水总量（m^3/s）。

污水中污染物浓度（mg/L）。

污水中衰减物质的衰减率（d^{-1}）。

污水中的盐度（‰）、密度（kg/m^3）和温度（℃）。

排放口处平均水深（m）。

扩散器喷孔处水深（m）。

扩散器喷孔处距海床高度（m）。

环境水流速度（m/s）、流向 θ（°）。

海床摩阻系数。

海面平均风速（m/s）。

排放口处海水密度（kg/m^3）、盐度（‰）和温度（℃）的分层情况。

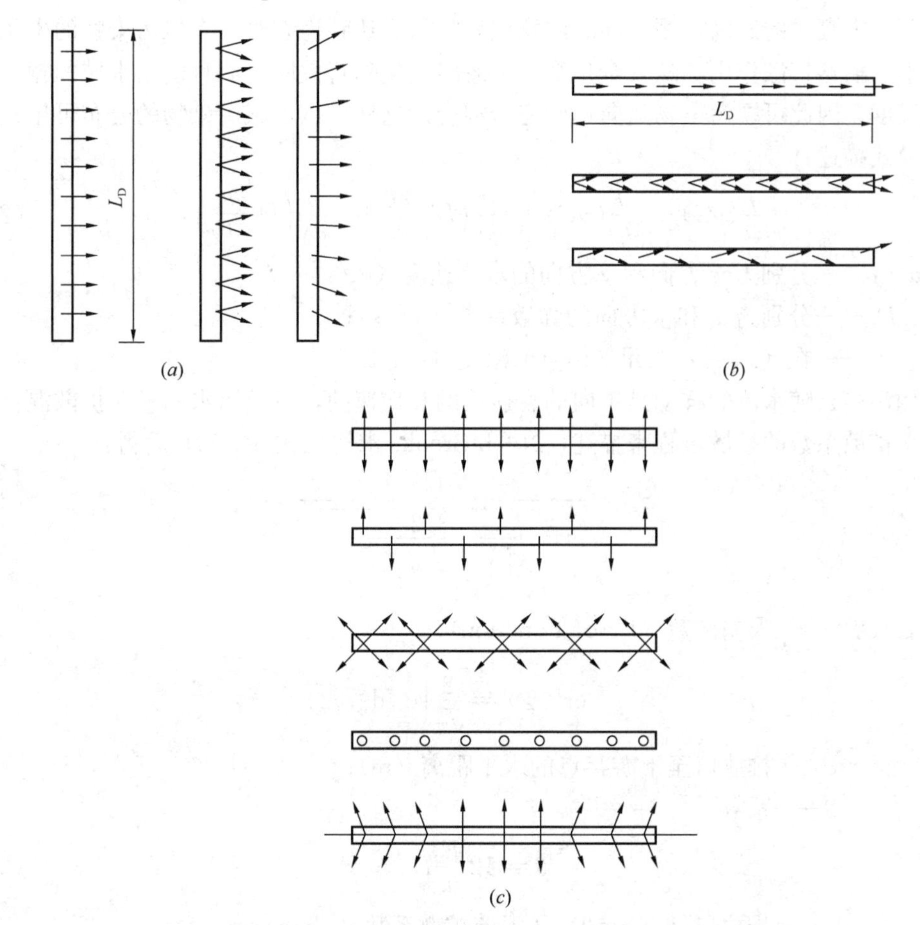

图 2-56 适用于 CORMIX 模型的扩散器结构类型

（*a*）第一种类型 污水出流方向与扩散器轴线方向基本垂直；（*b*）第二种类型 污水出流方向与扩散器轴线方向基本一致；（*c*）第三种类型 多喷孔扩散器类型

扩散器类型（从图 2-56 中选取）。

扩散器长度（m）。

喷孔数。

喷孔直径（m）。

上述盐度的实际输入值为 $X‰\times1000=X$。

CORMIX 流分类模型计算所输出的结果如下：

污染羽流轴线的运动轨迹。

污染物所获得的轴线稀释度在 x、y、z 三个方向上的变化情况。

污染羽流的宽度、厚度随时间的变化情况。

上述三种计算排放口近区稀释度的数学模型，实际上是三组（套）数学公式，不是三个独立的计算式，但国外已将其编成计算软件，国内已有许多单位拥有这种软件。因此只要输入有关参数，便可方便地打印出所需结果。

2.10.1.3　输移扩散稀释度

（1）不考虑回荡的影响：对于海域、宽阔的海湾，宽阔的没有明显槽滩分布的潮汐河口，可不考虑潮汐的回荡作用。同时注意到，排污后达到稳态时，有机污染物的生化降解作用远小于输移扩散作用，从安全角度，可忽略生化降解效应。而且由于水域的宽度远大于水深尺度，因此可视污染物竖向达到完全混合。这样，该水域污染物的分布可用二维水质扩散模式描述：

$$-\frac{\partial}{\partial x}(uC)-\frac{\partial}{\partial y}(vC)+\frac{\partial}{\partial x}\left(D_{\mathrm{x}}\frac{\partial C}{\partial x}\right)+\frac{\partial}{\partial y}\left(D_{\mathrm{y}}\frac{\partial C}{\partial y}\right)=0 \tag{2-97}$$

式中　u、v——分别为 x 方向和 y 方向的水流速度（m/s）；

D_{x}、D_{y}——分别为 x 和 y 方向的弥散系数（$\mathrm{m^2/s}$）；

C——在（x，y）二元坐标点的浓度（mg/L）。

假如污染云随水流的移动是单向的、连续的和均速的，以及污水的横向扩散混合可用具有水平扩散系数的扩散过程来描述，N. H. Brooks 求解公式（2-98）后得：

$$S_2=\frac{1}{\mathrm{erf}\sqrt{\dfrac{3/2}{\left[1+\dfrac{2}{3}\beta\dfrac{x}{L_{\mathrm{D}}}\right]^3}-1}} \tag{2-98}$$

式中　$\mathrm{erf}(\Psi)$——误差函数（Error Function）；

$$\mathrm{erf}(\Psi)=\frac{2}{\sqrt{\pi}}\int_0^{\Psi}\mathrm{e}^{-\xi}\mathrm{d}\xi$$

x——排放口至下游某点的水平距离（m）；

β——系数；

$$\beta=12\frac{E_0}{u}L_{\mathrm{D}} \tag{2-99}$$

E_0——排放口处（x=0）的涡流扩散系数（$\mathrm{m^2/s}$）；

$$E_0=4.64\times10^{-4}L_{\mathrm{D}}^{\frac{4}{3}}(\mathrm{m^2/s}) \tag{2-100}$$

$$=0.01L_{\mathrm{D}}^{\frac{4}{3}}(\mathrm{cm^2/s})$$

L_{D}——扩散器有效长度，公式（2-100）中用 cm。

（2）考虑回荡的影响：对于不太宽的潮汐河口，污水在一段受纳水体内经 n 次回荡叠加方能离开排放口向外海方向输移，此时的 S_2 由公式（2-101）计算：

$$S_2=C_1\left[\frac{u_{\mathrm{E}}(L_{\mathrm{D}}+L_{\mathrm{y}})hC_{\mathrm{P}}+2nQC_0}{u_{\mathrm{E}}(L_{\mathrm{D}}+L_{\mathrm{y}})h+2nQ}\right]^{-1} \tag{2-101}$$

式中　C_1——经初始稀释后污染云轴线上的浓度（mg/L）；

C_0——原污水中污染物的浓度（mg/L）；

Q——排放的污水量（m^3/s）；

C_p——海水中污染物的本底浓度（mg/L）；

u_E——涨潮流速（m/s）；

n——污染物在潮汐作用下的回荡次数；

$$n=\frac{\sum_{i=1}^{K}\frac{u_{Ei}t_{Ei}}{u_{Fi}t_{Fi}-u_{Ei}t_{Ei}}}{K} \quad (2\text{-}102)$$

其中 t_{Ei}——第 i 个潮周的涨潮历时（s）；

t_{Fi}——第 i 个潮周的落潮历时（s）；

u_{Ei}，u_{Fi}——分别为第 i 个潮周的涨、落潮流速（m/s）；

K——观测的潮周期数；

L_y——污染云经 nT 时间后的横向增宽（m）；

$$L_y=4\sqrt{2nTD_y} \quad (2\text{-}103)$$

其中 T——涨落潮历时（s）；

$$T=t_{涨}+t_{落}$$

D_y——横向弥散系数（m^2/s），对于潮汐河口，D_y 可由公式（2-104）估算：

$$D_y=0.96hu_* \quad (2\text{-}104)$$

其中 u_*——河口的摩阻流速（m/s）；

$$u_*=\sqrt{ghi} \quad (2\text{-}105)$$

其中 i——河床的坡降；

其他符号意义同前。

做规划设计时，从安全考虑，可忽略由横向扩散所增加的稀释作用，或河口不宽，无充分的空间让污染物横向扩散，即 $L_y=0$，由此计算的扩散器长度，应满足水质目标 C_m，即：

$$\frac{u_EL_DhC_P+2nQC_0}{u_EL_Dh+2nQ}\leqslant C_m \quad (2\text{-}106)$$

此时，

$$S_2=\frac{C_1}{C_m}=\frac{C_0}{S_1C_m} \quad (2\text{-}107)$$

2.10.1.4 大肠菌群的衰亡稀释度

$$S_3=\exp\left[\frac{2.3x}{T_{90}(3600)u}\right] \quad (2\text{-}108)$$

式中 u——x 处的流速（m/s）；

T_{90}——大肠菌群衰亡 90%所需的时间（h）；

其他符号意义同前。

2.10.1.5 扩散器的计算

（1）长度的计算：

1）确定平均起始稀释度 $\overline{S}_1$：计算方法有两种：

① 由规划部门或环境保护管理部门，根据水域规划功能或相应的水质目标要求，提出一个设计中必须执行的平均起始稀释度 $\overline{S}_1$。

② 由实测的污水浓度、纳污水域的背景浓度和水质目标值，计算所要求的稀释度：

$$\overline{S}_{ni}=\frac{C_i}{C_{is}-C_{ib}} \tag{2-109}$$

式中 $\overline{S}_{ni}$——排放第 i 种污染物所要求的平均起始稀释度；

C_i——外排污水中第 i 种污染物的浓度（mg/L）；

C_{is}——第 i 种污染物的水质标准（mg/L）；

C_{ib}——受纳水体中第 i 种污染物的背景浓度（mg/L）。

将①中污染物所要求的平均起始稀释度列成表，然后进行逐个分析，根据技术经济与环境保护的可能与要求，排除最大和最小的值，选择一个合适的所要求的平均起始稀释度 $\overline{S}_{nk}$，并由公式（2-110）计算设计用的平均起始稀释度：

$$\overline{S}_1=\frac{\overline{S}_{nk}}{\alpha} \tag{2-110}$$

式中 α——调整系数，一般取1.2～1.5。

2）利用经验公式计算扩散器长度：

$$L_D=4.27Q(g')^{-\frac{1}{2}}(S_c/h)^{\frac{3}{2}} \tag{2-111}$$

式中 L_D——扩散器长度（m）；

Q——排放的污水总量（m^3/s）；

g'——折减加速度（m/s^2）；

$$g'=\frac{\rho_a-\rho_0}{\rho_0}g$$

式中 ρ_a——周围海水密度；

ρ_0——污水密度；

g——重力加速度（m/s^2）；

h——污水排放深度（m）；

S_c——憩潮时羽流轴线处的起始稀释度，它与平均稀释度的关系为：

$$S_c=\frac{1}{\sqrt{2}}\overline{S}_1 \text{ 或 } S_c=\frac{1}{\sqrt{2}}\overline{S}_{n1k}$$

3）利用经验曲线查找：污水量较大时，可利用图2-57经验曲线查找扩散器长度。

4）如考虑潮汐回荡的影响，则可由公式（2-106）计算扩散器长度。

（2）喷孔数 m：海底排污时，扩散器上喷孔的间距约取1/3水深，能较有效地利用海水的稀释能力，缩短扩散器的长度，减少投资。扩散器上的喷孔数目为：

$$m=\frac{3L_D}{h} \tag{2-112}$$

（3）喷孔的孔径 d：为使扩散器各孔口相对均匀地喷出污水，可把扩散器设计成直径不同的3段或4段管。这样，在每孔排放量基本相同的情况下，适当变动调整各段扩散器上喷孔的孔径和喷流速度。

假定污水的设计流量为 Q，则每个孔口的出流量为：

$$q_d = \frac{Q}{m} \tag{2-113}$$

孔口出流公式为：

$$q_{di} = C_{Di}A_i\sqrt{2gE_i} \tag{2-114}$$

式中 C_{Di}——第 i 段管上喷口的出流系数，C_D 值与孔口的几何形状有关，N. H. Brooks 等人经过试验获得经验公式：

对圆形入口的喷孔：

$$C_{Di} = 0.975(1 - V_{Di}^2/2gE_i)^{\frac{3}{8}} \tag{2-115}$$

对锐角形入口的喷孔：

$$C_{Di} = 0.63 - 0.58(V_{Di}^2/2gE_i) \tag{2-116}$$

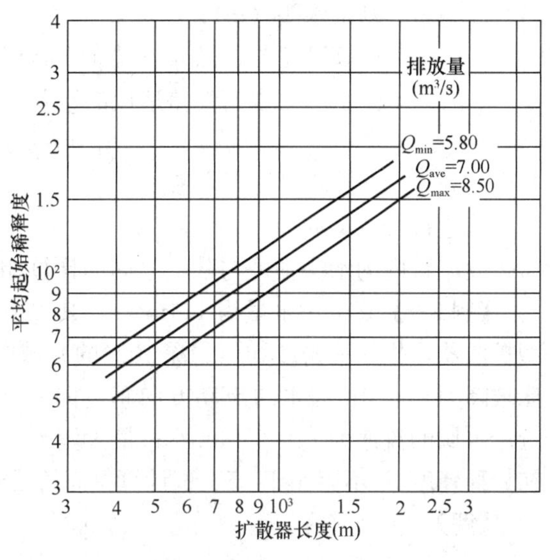

图 2-57 平均起始稀释度与扩散器长度的关系

其中 V_{Di}——第 i 段扩散器内特定排放孔处的平均流速，其值就是该段管内已选定的经济流速（m/s）；

A_i——第 i 段扩散器中一个孔的截面积（m²）；

$$A_i = \frac{\pi}{4}d_i^2 \tag{2-117}$$

其中 d_i——第 i 段扩散器上喷孔的孔径（m）；

E_i——第 i 段扩散器上喷孔的总水头差（m）；

$$E_i = \left(\frac{\Delta P}{r}\right)_i + \frac{V_{Di}^2}{2g} \tag{2-118}$$

其中 $\left(\frac{\Delta P}{r}\right)_i$——第 i 段扩散器上喷孔处管内外压力差（m），$\frac{\Delta P}{r}$ =剩余水头+喷口局部水头损失+沿程水头损失；

$\frac{V_{Di}^2}{2g}$——第 i 段扩散器上喷孔的动水水头（m）。

第 i 段扩散器上喷孔的孔径：

$$d_i = \sqrt{\frac{4q_{di}}{\pi C_{Di}\sqrt{2gE_i}}} \tag{2-119}$$

污水在第 i 段扩散器上喷孔处的出流速度：

$$V_{di} = \frac{4q_{di}}{\pi d_i^2} = C_{Di}\sqrt{2gE_i} \tag{2-120}$$

（4）污水入海的总水头 H_a：

$$H_a = h_1 + h_2 + h_3 + h_4 \tag{2-121}$$

式中 h_1——放流管与扩散器水头损失（m）；放流管就是扩散器与岸上污水转输管相连接的那段污水输送管道（见图 4-3），其长度由水下地形和对近岸水域的水质要求来确定；

h_2——剩余水头（m）；

h_3——最高潮位与扩散器终端海底高程（m）；

h_4——海水与污水密度差造成的压差（m）；

$$h_4=(\rho_{a,0}-\rho_0)h_3 \tag{2-122}$$

其中　$\rho_{a,0}$——排放口处海水密度；

其他符号意义同前。

放流管内的水头损失与陆上管内的计算相同。

【例 2-9】 某市污水量为 1.4m³/s，其 BOD_5 为 100mg/L，污水密度为 0.999。拟用 T 型扩散器，排入一密度均匀、深 10m 的海域中，海水密度为 1.026，岸边至排放口处的海床坡降为 0.020；海水的流动方向垂直向岸（涨潮），排放口处的水流速度 u_a=0.3m/s，近岸水域的流速为 u_x=0.03m/s；最大潮差 1.5m。规划要求排污后，憩潮时污染云轴线初始稀释度 S_c 不得小于 85。试计算排海管及近岸水域 BOD_5 浓度的增值。

【解】

$$g'=\frac{\rho_{a,0}-\rho_0}{\rho_0}g=\frac{1.026-0.999}{0.999}\times 9.8$$

$$=0.265\text{m/s}^2$$

$$L_D=4.27Q(g')^{-\frac{1}{2}}(S_c/\text{h})^{\frac{3}{2}}$$

$$=4.27\times 1.4\times(0.265)^{-\frac{1}{2}}(85/10)^{\frac{3}{2}}$$

$$=288\text{m，取 300m。}$$

放流管长 L_0 为：

$$L_0=10/0.020=500\text{m}$$

放流管直径取 1.2m，管内流速为 1.24m/s，属经济流速。

孔间距取 1/3 水深，即 3.3m。

孔数：

$$m=\frac{3L_D}{h}=\frac{3\times 300}{10}=90\text{ 个}$$

为使污水均匀排放，将扩散器分三段，每段长 100m；中间段（带三通）管径取 0.9m 两侧（即 2、3）管段管径均取 0.7m；相应各管段的流速分别为 1.10m/s 和 1.21m/s，均在经济流速范围内；相应各段扩散器的孔数为 30 个。

取扩散器剩余水头 0.7m；喷口局部水头损失 0.3m；中间段三通局部水头损失 1.5m；计算结果见表 2-56。

扩散器水力学计算结果　　　　**表 2-56**

管段号	多孔扩散器									喷孔		
	管长 L_D (m)	管径 D (m)	流量 Q (m³/s)	流速 V_D (m/s)	孔距 ΔL (m)	孔数 m (个)	沿程损失 (m)	$V_D^2/2g$ (m)	E (m)	C_D	孔径 d (m)	流速 V_d (m/s)
1	100	0.9	2×0.7	1.10	3.3	30	0.075	0.062	1.405	0.60	0.08	3.12
2	100	0.7	0.47	1.21	3.3	30	0.134	0.075	1.405	0.60	0.08	3.12
3	100	0.7	0.47	1.21	3.3	30	0.134	0.075	1.346	0.60	0.08	3.12

海底排污管总长：

$$L = L_0 + L_D = 500 + 300 = 800\text{m}$$

污水入海的总水头（不包括岸上管线损失等）：

$$\begin{aligned} H_a &= [0.65 + (0.075 + 0.134 + 0.134) \times 2 + 1.5 + 0.3] \\ &\quad + 0.7 + (1.5 + 10) + (1.026 - 0.999) \times (1.5 + 10) \\ &= 1.57\text{m} \end{aligned}$$

其中 0.65m 是 500m 放流管的沿程损失。其计算方法与一般管道阻力损失的计算方法一样，且扩散管的摩阻系数因防腐可按旧铁管考虑。

计算 $x=500\text{m}$ 处，BOD_5 浓度的增值 ΔC：

$$E_0 = 0.01(30000)^{\frac{4}{3}}\text{cm}^{\frac{2}{3}}/\text{s} = 0.932\text{m}^2/\text{s}$$

$$\beta = \frac{12E_0}{u_x L_D} = \frac{12 \times 0.932}{0.03 \times 300} = 1.24$$

$$S_2 = \cfrac{1}{\text{erf}\sqrt{\cfrac{3/2}{\left[1 + \cfrac{2}{3} \times 1.24 \times \cfrac{500}{300}\right]^3 - 1}}}$$

$$= \frac{1}{0.38} = 2.63$$

由公式（2-96）得：

$$S_1 = 85 \times \left(1 + \frac{\sqrt{2} \times 85 \times 0.00467}{0.3 \times 10}\right)^{-1} = 71.7$$

$$S = S_1 \times S_2 = 71.7 \times 2.63 = 188.6$$

$$\Delta C = \frac{[BOD_5]}{S} = \frac{100}{188.6} = 0.53\text{mg/L}$$

其中的总稀释度 S，亦可由 UM、RSB 和 CORMIX 模型中的任一个直接求得。

2.10.2 污水排江的扩散稀释

污水在江河中的扩散见图 2-58。

由公式（2-97），当横向流速 $v=0$；纵向弥散系数 D_x 与流速 u 相比作用甚微，可忽略不计；横向弥散系数 D_y 为常数时，解公式（2-97）可得：

$$C(x、y) = \frac{M\sqrt{h}}{\sqrt{2}\pi u\sigma_y}\exp\left(-\frac{y^2}{2\sigma_y^2}\right) \tag{2-123}$$

$$\sigma_y^2 = 2D_y\frac{x}{u} \tag{2-124}$$

$$D_y = \alpha_y \bar{h} u_* \tag{2-125}$$

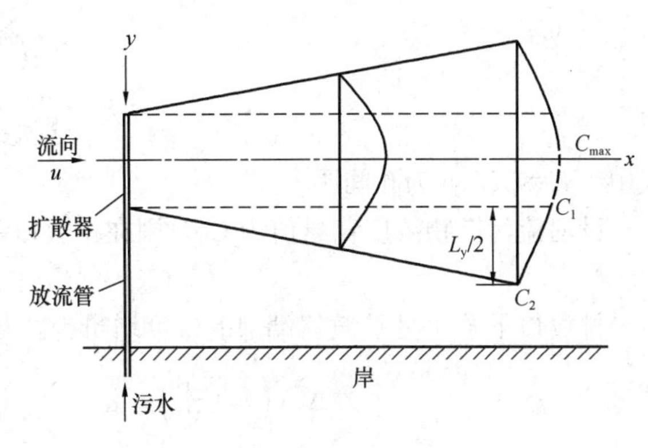

图 2-58 污水在江河中的扩散示意图

$$u_* = \sqrt{g\bar{h}i}$$

式中 $C(x、y)$——在（x、y）坐标点的浓度（mg/L）；

M——排放源强度（g/s）；

h——河流平均水深（m）；

$\overline{u}$——河流平均流速（m/s）；

σ_y——横向均方差；

α_y——无因次横向弥散系数；

u_*——摩阻流速（m/s）；

i——河流平均水力坡降；

g——重力加速度（m/s^2）。

污水排放口下游 x 处的污染云横向增宽为：

$$L_y = 4\sqrt{2T_x D_y}$$

式中 T_x——河水流到 x 处所需时间（s）。

竖向混合系数为：

$$\varepsilon_z = 0.067\overline{h}u_* \tag{2-126}$$

污水在竖向上与河水完全混合的时间为：

$$T_z = 0.4\frac{\overline{h}^2}{\varepsilon_z} \tag{2-127}$$

这时污水流经距离为：

$$L_z = \overline{u}T_z \tag{2-128}$$

公式（2-123）为单孔排放的计算式。从扩散稀释效果看，多孔排放显著优于单孔排放。这时排放源的强度为 M/n，n 为扩散孔数目。多孔排放的扩散计算只是单孔出流对（x，y）点的多孔叠加结果而已。很明显，扩散器中央的污染云浓度值为最大，其浓度增量为：

$$\Delta C(x,0) = a + 2\sum_{i=1}^{\frac{n-1}{2}} a \times \exp\left(-\frac{y_i^2}{2\sigma_y^2}\right) \tag{2-129}$$

$$\left(i = 1、2、\cdots、\frac{n-1}{2}\right)$$

$$a = \frac{\dfrac{M}{n\overline{h}}}{\sqrt{2\pi}\overline{u}\sigma_y} \tag{2-130}$$

式中 $y_i = pi$，p 为孔间距。

设河流污染物浓度背景值为 C_b，则在排放口下游 x 处的最大浓度为：

$$C_{max} = C_b + \Delta C \tag{2-131}$$

排放口下游 x 处扩散器端部的浓度增量为：

$$\Delta C_1\left(x、\frac{L_D}{2}\right) = \alpha + \sum_{i=1}^{n-1} a \times \exp\left(-\frac{y_i^2}{2\sigma_y^2}\right) \tag{2-132}$$

此处 y_i 的坐标原点在扩散器一端，则：

$$C_1 = C_b + \Delta C_1$$

污染云边缘的浓度增量为：

$$\Delta C_2\left(x、\frac{L+L_y}{2}\right)=\sum_{i=1}^{n-1}a\times\exp\left(-\frac{y_j^2}{2\sigma_y^2}\right) \tag{2-133}$$

式中
$$y_j=\frac{L_y}{2}+p_i$$

y_j 的坐标原点在沿扩散器方向污染云的一端，则：

$$C_2=C_b+\Delta C_2$$

【例 2-10】某市污水流量为 5.4m³/s，一级处理后的 BOD_5＝280mg/L，通过多孔扩散器排入长江。该市长江宽 2000m，平均水深 20m，枯水期的日平均流量为 6000m³/s，江水 BOD_5＝2.3mg/L，江水平均流速为 0.16m/s，平均水力坡度为 6.7×10^{-6}。以排污口下游 8km 且距岸 350m 处作为计算点，计算污水排放后对此处水质的影响。

【解】扩散器长度取 300m，分三段，各长 100m，管径分别为 2m、1.6m、1.2m。孔径 ϕ175mm，孔数 45 个，孔间距 6.5m（取江水深的 1/3）。扩散器终端距岸 1000m。

$$u_*=\sqrt{g\bar{h}i}=\sqrt{9.8\times20\times6.7\times10^{-6}}$$
$$=0.0362\text{m/s}$$
$$\varepsilon_z=0.067\bar{h}u_*=0.067\times20\times0.0362$$
$$=0.0485\text{m}^2/\text{s}$$
$$T_z=0.4\frac{\bar{h}^2}{\varepsilon_z}=0.4\times\frac{20^2}{0.0485}=3300\text{s}$$
$$L_z=\bar{u}T_z=0.16\times3300=528\text{m}$$

根据华东水利学院对长江（南京段）的现场示踪试验结果，得到 $\alpha_y=0.5$。该市长江江段的水文条件与南京段相接近，故亦采用此值。

$$D_y=\alpha_y\bar{h}u_*=0.5\times20\times0.0362=0.362\text{m}^2/\text{s}$$

单个喷孔的排放源强度为：

$$m=\frac{M}{n}=\frac{5.4\times280}{45}=33.6\text{g/s}$$

通过公式（2-123）～公式（2-133）计算污染物扩散结果，见表 2-57。

污染物扩散结果 **表 2-57**

x（m）	2000	4000	8000
T_x（s）	12500	25000	50000
l_y（m）	380	538	760
σ_y^2	9050	18100	36200
σ_y	95	135	190
a（mg/L）	0.044	0.031	0.022
ΔC（mg/L）	1.41	1.16	0.90
C_{max}（mg/L）	3.71	3.46	3.2
ΔC_1（mg/L）			0.7

续表

C_1（mg/L）			3.0
ΔC_2（mg/L）			0.04
C_2（mg/L）			2.34

计算结果表明，计算点位于污染云边缘处，该处江水 BOD_5 约为 2.4mg/L，仍属二级水体（$BOD_5 < 3mg/L$），可认为是安全的。超过二级水体的江面面积约为 $3km^2$，其宽度约占江宽的 1/5，不致影响鱼类回游通道。

3 排 水 泵 站

3.1 一 般 规 定

3.1.1 基本要求

（1）排水泵站应安全、可靠、高效地提升、排除雨水和污水。

（2）排水泵站的水泵应满足在最高使用频率时处于高效区运行，在最高工作扬程和最低工作扬程的整个工作范围内应安全稳定运行。

（3）排水泵站宜独立设置。抽送产生易燃易爆和有毒有害气体的室外污水泵站，必须独立设置，并采取防硫化氢等有毒有害气体或可燃气体的安全防护措施。安全防护措施一般包括：具有良好的通风设备；采用防火防爆的照明和电气设备；安装有毒有害气体检测和报警设施等。操作人员进入泵房作业前，必须采取自然通风或人工强制通风等措施使易爆或有毒气体浓度降至安全范围。

（4）污水泵站和合流污水泵站应设置备用泵。下穿式立体交叉道路雨水泵站和为大型公共地下设施设置的雨水泵站应设置备用泵。

（5）排水泵站出水口的设置不得影响受纳水体的使用功能，并应按当地航运、水利、港务和市政等有关部门的要求设置消能设施和警示标志。

（6）排水泵站宜按远期规模设计，水泵机组可按近期规模配置。

（7）排水泵站的建筑物和附属设施宜采取防腐蚀措施。

（8）单独设置的泵站与居住房屋和公共建筑物的距离，应满足规划、消防和环保部门的要求。泵站的地面建筑物造型应与周围环境协调，做到适用、经济、美观，泵站内应绿化。

（9）泵站室外地坪标高应按城镇防洪标准确定，并符合规划部门要求；泵站室内地坪应比室外地坪高 0.2～0.3m；易受洪水淹没地区的泵站，其入口处设计地面标高应比设计洪水位高 0.5m 以上；当不能满足上述要求时，可在入口处设置闸槽等临时防洪措施。

（10）泵房宜有两个出入口，其中一个应能满足最大设备或部件的进出。

（11）排水泵站供电应按二级负荷设计，特别重要地区的泵站，应按一级负荷设计。当不能满足上述要求时，应设置备用动力设施。

（12）自然通风条件差的地下式水泵间应设机械送排风综合系统。

（13）雨污分流不彻底、短时间难以改建的地区，雨水泵站可设置混接污水截流设施，并应采取措施排入污水处理系统。

（14）雨水泵站应采用自灌式泵站。污水泵站和合流污水泵站宜采用自灌式泵站。

（15）位于居民区和重要地段的污水、合流污水泵站，应设置除臭装置。

3.1.2 泵站分类及规模

3.1.2.1 泵站分类

(1) 按排水的性质，分为污水泵站、雨水泵站、合流泵站、立交排水泵站、污泥泵站等。

(2) 按在排水系统中的作用，分为终点泵站、中途提升泵站（加压泵站、接力泵站）等。

(3) 按水泵安装形式，分为湿式泵站和干式泵站。

(4) 按主体地下构筑物的平面形状，分为圆形泵站、矩形泵站、矩形与梯形组合形泵站或其他异形泵站。

(5) 按水泵的启动方式，分为自灌式泵站和非自灌式泵站。

(6) 按机器间是否有地面以上部分，分为半地下式泵站和全地下式泵站。

(7) 按使用情况，分为永久性泵站、半永久性泵站及临时泵站。

3.1.2.2 泵站规模

(1) 泵站规模一般根据设计流量大小确定，单位是 m^3/s、m^3/h 或 m^3/d，已经建成泵站的规模也可以用装机总容量表示。

(2) 泵站的设计流量由上游排水系统管道终端的设计流量提供，远期设计流量由城镇排水规划确定。

(3) 泵站建设规模应能满足近期及远期发展的需要。在远期流量已经确定的情况下，泵站征地应该一次完成。主要构筑物的土建部分宜按远期规模一次设计建成，水泵机组可按近期规模配置，根据需要，随时添装机组。

3.1.3 水泵类型及特点

3.1.3.1 水泵基本类型

水泵分为叶片式泵、容积泵和其他类型泵。排水泵站中常用泵类型为叶片式泵，其主要分类如下：

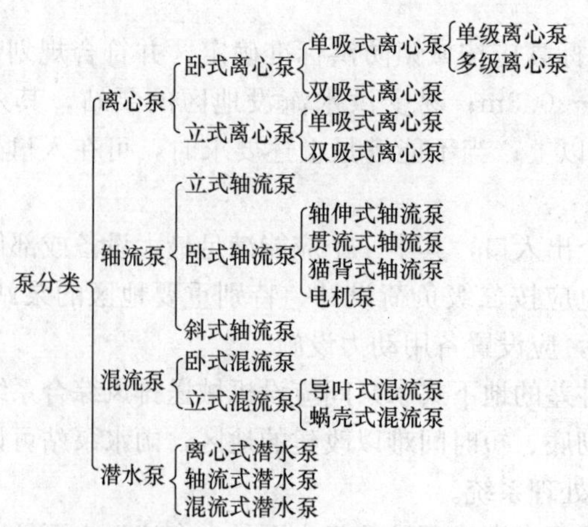

有关各类水泵的规格、型号、特性曲线和安装尺寸详见给水排水设计手册第11册《常用设备》和《给水排水设计手册·材料设备》（续册）第2册，以及相关的更新产品样本。

3.1.3.2 水泵结构特点与安装

各类水泵的基本构造与特性见表3-1。

水泵结构特点及安装条件 表3-1

泵类	叶轮内流态及图示	特点	安装条件
离心泵	离心泵是一种通过叶轮高速转动，产生离心力而使液体的压能、位能和动能得到增加的机具。水在蜗形泵壳中，被甩成与泵轴成切向流动，使叶轮中心形成真空，在大气压作用下，水被吸入泵内。除部分大型立式水泵外，一般水泵具有允许吸上真空高度 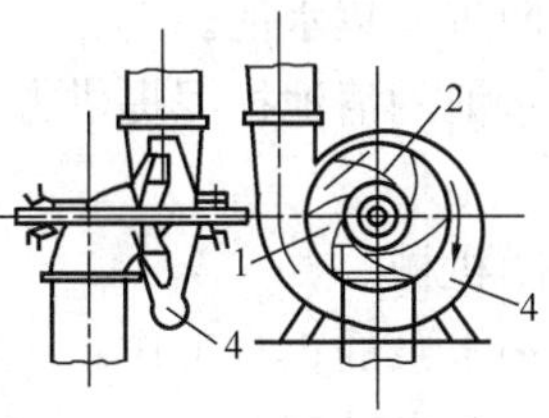 2 1 4 4	1. 流量、扬程的适用范围广； 2. 结构简单、体型轻便、效率较高、但流量很小时，效率较低； 3. 离心泵主要有卧式及立式，单吸及双吸，单级及多级等； 4. 除离心式杂质泵外，一般离心泵仅适用于输送清水； 5. 启动前必须预先充水	可利用离心泵的允许吸上真空高度，提高水泵安装标高，减小泵房埋深，节约土建造价。但启动时要求叶轮灌水或真空引水
轴流泵	轴流泵叶轮转速较低；叶轮中液体围绕泵轴螺旋上升，在导叶作用下将水流转为轴向流动 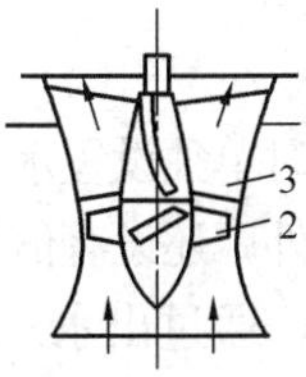 3 2	1. 轴流泵适用于低扬程、大流量，常用于取水泵房、排水泵房； 2. 一般为立式，泵构造简单、紧凑，安装占地面积小； 3. 一般与立式电动机配套，电动机安装在泵房上部电机层内，操作条件好；也可配用卧式电动机，采用水平安装或倾斜安装	叶轮必须具有一定的淹没水深，泵房埋深较大
混流泵	混流泵亦为低转速泵 叶轮的出水缘相对水泵轴呈倾斜，水流介于径向和轴向流动，立式导叶形泵偏向轴向，卧式蜗壳形偏向径向 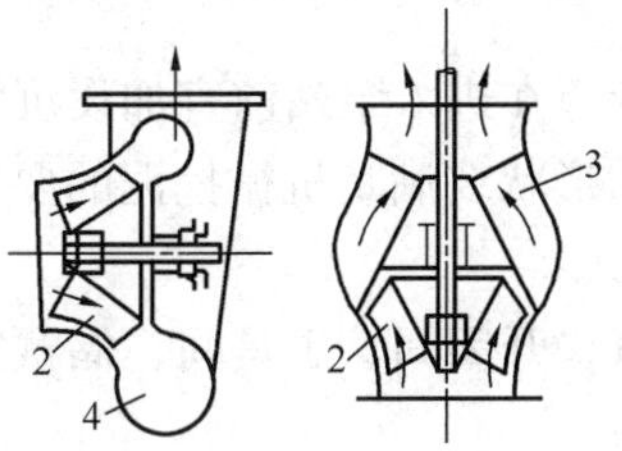 2 4 3 2 (*a*) (*b*)	1. 混流泵适用于中、低扬程、大水量的工程，扬程较轴流泵高，性能较好；近年来应用发展较快； 2. 流量大于同尺寸的离心泵，小于轴流泵；扬程高于同尺寸的轴流泵，低于离心泵； 3. 有类似于轴流泵的立式导叶式混流泵，采用立式电动机；有类似于离心泵的卧式蜗壳式混流泵，可采用立式电动机亦可采用卧式电动机； 4. 抗气蚀性能和效率较轴流泵高	长轴立式混流泵安装条件类似于轴流泵；卧式蜗壳形类似于离心泵

注：表内图中1—叶轮；2—叶片；3—导叶；4—泵壳；(*a*) 为卧式蜗壳轮；(*b*) 为立式导叶轮。

3.1.4 泵站组成

3.1.4.1 工艺流程

泵站的工艺流程和主体构（建）筑物的组成，随着泵站性质、水泵型号、布置形式等各种因素而变化。

基本工艺流程见图3-1。

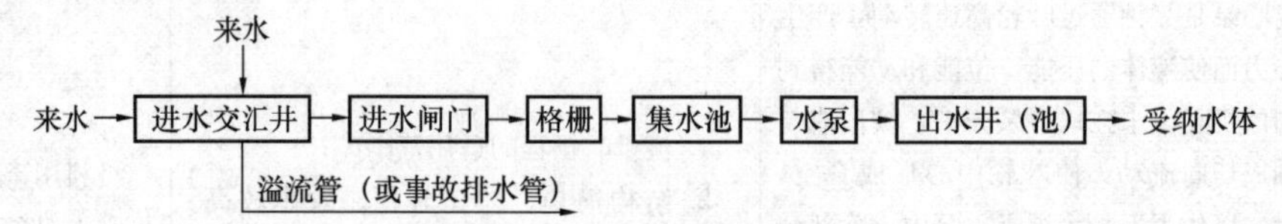

图3-1 基本工艺流程框图

(1) 进水交汇井：汇合不同方向来水，尽量保持正向进入集水池。

(2) 进水闸门：截断进水，为机组的安装检修、集水池的清池挖泥提供方便。当发生事故和停电时，也可以保证泵站不受淹泡。

一般采用提板式铸铁闸门，配用手动或手电两用启闭机械。

(3) 格栅：拦截进水中大于格栅间隙的污杂物、保护水泵的正常工作。

格栅上的污杂物可以用人工清捞，也可以用格栅除污机自动清捞。

(4) 前池、集水池：前池可以调整进水流态，集水池的容积可以调蓄变化的进水量，提供水泵机组稳定运行的条件。

前池和集水池一般为钢筋混凝土结构。前池的布置应满足水流顺畅、流速均匀的要求。集水池的布置应满足调蓄容积和水泵吸水管安装的工艺要求。

(5) 机器间：包括主厂房和副厂房。

主厂房设置水泵、电动机组及天车等附属设备，立式水泵有时单独设置水泵间及电机间。

副厂房的组成由布置形式决定，一般除设置配电及启动设备外，还设有值班室、控制室。

(6) 出水井（池）：汇集各台水泵的出水，调节出水压力，通过出水总管排出泵站。

(7) 出水闸门：防止在水泵停止运转时受纳水体或下游排水系统通过出水总管向泵站倒流，并且为水泵的检修维护提供方便。

(8) 溢流道（或事故排出口）

1) 凡是有溢流条件的泵站，应该设置溢流道；并设溢流闸门控制。

2) 有条件时应尽量设置事故排出的管道及闸门，平时闸门关闭，排放要取得当地卫生监督机关同意。

(9) 沉泥井：为了减少集水池的淤积，市政排水管道在进入泵站前宜加设沉泥井，沉泥井的窝泥深度可采用管底以下0.6～1.0m，沉泥槽的形状要满足机械挖泥的要求。

3.1.4.2 附属建筑

(1) 生产性的附属建筑有高、低压配电室、变电室、开闭间、工具间、储藏室等。在常年运转的大型或一组泵站的中心站中还应设修配车间。

(2) 生活性的附属建筑有办公室、休息室、厨房、卫生间（包括淋浴设施），在一组泵站的中心站，还应设会议室、活动室等。经常有人管理的泵站内，应设隔声值班室并有通信设施。对远离居民点的泵站，应根据需要适当设置工作人员的生活设施。

（3）附属建筑宜采用整体式布置，大中型泵站可为多层建筑，以减少占地、便于管理。

（4）泵站建筑物之间应保持适当的距离，满足防火和交通的要求。附属建筑还应该同地下构筑物保持足够的间距，避免建筑在回填土上，增加基础处理的难度。

3.1.4.3 附属设施

（1）围墙、大门、护栏：泵站周围一般设围墙，成为独立的院落。围墙一般采用敞开式或半敞开式围墙，泵站建筑一般应设有防盗门、防盗护栏等安全防护设施。

进站门应有进出设备的大门和平日管理人员进出的小门。

（2）道路：站内应设道路，将主体及附属建筑连通，并满足设备和材料运输、栅渣外运及消防、安全的要求。

站内道路应同市政道路连通，路面结构设计标准可参考道路设计规定。站内道路单独铺设时，路面种类的选择应注意施工的方便，尽量采用透水铺装。

（3）给水：站内必须引入可靠的给水水源，供生产、生活、消防、绿化、清扫使用。进水总管设水表井及总闸。给水管道在引入站内的建筑物时应分设截门，并在院内为绿化、清扫和冲洗格栅工作台设置水龙头。有再生水水源的地区，应优先采用再生水作为日常生产、消防、绿化、清扫的水源。

需要用循环水冷却电机和润滑水泵填料时，应该设置有调蓄水池和专用水泵的供水系统，以保证可靠的水量和水压。

（4）排水：站内的排水系统应该雨、污水分流。与泵站性质相同的雨水或污水可直接排入前池。性质不同的应排入市政排水系统。

站内的雨污水一般采用管道排除。地形条件允许时，也可以用暗渠。院内的检查井及收水井的布置要适当，不宜过密。

（5）绿化：泵站内应有适当比例的绿化，以减轻对周围环境的污染，改善工作和生活条件。站内绿化面积的比例，应根据所处位置及环境要求决定并符合相关部门的规定。绿地标高宜低于周边地面标高5～25cm，形成下凹式绿地。

（6）平面布置：一般泵站院内面积较小，而需要布置的地下管线较多，更有绿化、消防等方面的要求，所以平面布置必须紧凑有序，地下管线要进行平、立面综合处理，按园林绿化的标准布置绿化，争取良好的站容站貌。

3.1.5 站址选择

3.1.5.1 一般原则

（1）符合城市总体规划。

（2）靠近排水系统需要提升的管段。

（3）靠近下游的受纳水体或排水系统。

（4）尽量减少拆迁、少占农田。

（5）结合城市防涝规划，选择地势较低的位置，以便减少挖深，但不得位于可能发生积水或受洪水威胁的地段，防洪标准不应低于城镇防洪标准。

（6）具有比较良好的工程地质条件。

（7）交通便利，附近有可以利用的电源、水源、热源。

（8）位于城镇夏季最大频率风向的下风侧，并应满足环境保护的要求。

(9) 排水泵站宜设计成单独的建筑物。为了减少臭味、噪声的污染，应结合当地的环境条件，与住宅和公共建筑保持必要的距离。抽送能够产生易燃易爆和有毒有害气体的污水泵站，必须设计为单独的建筑物，并应采取相应的防护措施。防护措施一般包括：有良好的通风设备；采用防火防爆的照明、电机和电气设备；设置有毒气体监测和报警设施；与其他建筑物保持一定的防护距离等。单独设置的泵站与居民住宅和公共建筑物的距离，应满足规划、消防和环保等相关部门的要求。

3.1.5.2 隔离带

在进行城市规划和选择排水泵站位置时，凡是有条件的地方，都应留有绿化带与住房和公共建筑物隔离，隔离带的宽度可以根据气候、风向、泵站性质、规模等因素确定。

3.1.5.3 占地面积

泵站占地面积与泵站性质、规模大小以及所处的区域位置有关。根据雨水和污水泵站性质和水量的不同，占地面积控制指标分别见表3-2和表3-4。

雨水泵站规划用地指标（m²·s/L） **表3-2**

建设规模	雨水流量（L/s）			
	20000以上	10000～20000	5000～10000	1000～5000
用地指标	0.4～0.6	0.5～0.7	0.6～0.8	0.8～1.1

注：1. 用地指标是按生产必须的土地面积。
2. 雨水泵站规模按最大秒流量计。
3. 本指标未包括站区周围绿化带用地。
4. 合流泵站可参考雨水泵站指标。
5. 表3-3提供《城市排水工程规划规范》（正在修订，未正式发布）中的雨水泵站用地指标，仅供参考，最终应以正式文件为准。雨水泵站宜独立设置，规模应按进水总管设计流量和泵站调蓄能力综合确定，规划用地指标宜按表3-3的规定取值。有调蓄功能的泵站，用地宜适当扩大。

雨水泵站规划用地指标 **表3-3**

建设规模（L/s）	＞20000	10000～20000	5000～10000	1000～5000
用地指标（m²·s/L）	0.28～0.35	0.35～0.42	0.42～0.56	0.56～0.77

污水泵站的建设用地应根据规模等条件确定，不应超过表3-4所列指标。

污水泵站建设用地指标（m²） **表3-4**

建设规模（m³/d）	50～100	20～50	10～20	5～10	1～5
指标（m²）	2700～4700	2000～2700	1500～2000	1000～1500	550～1000

注：1. 表中指标为泵站围墙以内，包括整个流程中的构筑物和附属建筑物、附属设施等的用地面积。
2. 小于Ⅴ类规模的泵站用地面积按Ⅴ类规模的指标控制。
3. 表3-5提供《城市排水工程规划规范》（正在修订，未正式发布）中的污水泵站用地指标，仅供参考，最终应以正式文件为准。污水泵站规划用地面积应根据泵站的建设规模确定，规划用地指标宜按表3-5的规定取值。

污水泵站规划用地指标 **表3-5**

建设规模（万m³/d）	＞20	10～20	1～10
用地指标（m²）	3500～7500	2500～3500	800～2500

注：1. 用地指标是指生产必需的土地面积。不包括有污水调蓄池及特殊用地要求的面积。
2. 本指标未包括站区周围卫生防护绿地。

3.1.5.4 地形、地质资料

（1）地形资料：站址必须进行地形图测绘及地物调查。

泵站站址定线和主要建（构）筑物定位设计，一般在1∶200～1∶500地形图上绘制。地形图应测绘地形、地貌、坐标网、水准点，并对地下障碍如涵闸、管道进行调查。附近河渠及受纳水体应测绘纵、横断面图。有房屋拆迁时作分户调查。

（2）地质资料：站址必须进行地质勘查，避免因土质不良，影响建、构筑物的稳定性，以致增加施工难度和工程造价。

通过地质勘查，取样化验的项目，一般有地基承载力、内摩擦角、物理性、渗透性、液化指标等，并须完成站址范围的柱状图及土质分析报告。

钻孔不宜少于三个，注意地质勘探孔位以布置在泵房地基范围之外为宜，避免施工时产生管涌现象，扰动地基。

3.1.6 泵房形式

泵房形式取决于泵站性质、建设规模、选用的泵型与台数、进出水管渠的深度与方位、出水压力与接纳泵站出水的条件、施工方法、管理水平，以及地形、水文地质情况等诸多因素。所以选择排水泵房的形式，应该因地制宜地从设计、施工、管理、造价各方面综合分析，通过方案比较后决定。排水泵站的布置应满足安全防护、机电设备安装、运行和检修的要求。泵房常用形式的优缺点及适用条件如下：

3.1.6.1 干式泵房和湿式泵房

立式轴流泵房可以布置为干式或湿式泵房。潜水泵房为湿式泵房。

（1）干式泵房：集水池和机器间用隔墙分开。只有水泵的吸水管和叶轮淹没在水中。机器间能够保持干燥，同时避免了污水的污染。具有养护、管理条件好，便于进行机组检修的优点。

（2）湿式泵房：立式电动机设在上部的电机间内，水泵及管件淹没在电机间下面的集水池中。优点是结构简单，集水池有效容积的范围大。缺点是养护管理条件差，设备直接受污水腐蚀。

干式和湿式泵房见图3-2。

3.1.6.2 合建式泵房和分建式泵房

合建式与分建式泵房主要指集水池与机器间是合建在一起，还是分成两个独立的构筑物。应根据水文地质、地形、地物条件，以及水泵型号、管理要求等选定。

（1）合建式泵房：机器间与集水池合建在一座构筑物里面，或上、下设置，或前、后设置。合建式泵房大多采用自灌式启动水泵。合建式泵房的优点是布置紧凑、占地少、水头损失小、管理方便。

（2）分建式泵房：机器间和集水池分建为两个独立的构筑物。两个构筑物的间距和高差，既要满足水泵吸程的限制，也要减少施工中的相互干扰，不宜将机器间的基础落在集水池开挖的范围内。分建式泵房的主要优点是结构处理比合建式简单，施工较方便，机器间也没有被污水渗透的危险。对于土质条件差的泵房，采用非自灌或半自灌启动的排水泵站，分建式可以减少施工困难和降低工程造价。

以上根据泵房集水池与机器间的位置关系，将泵房区分为合建式泵房和分建式泵房。

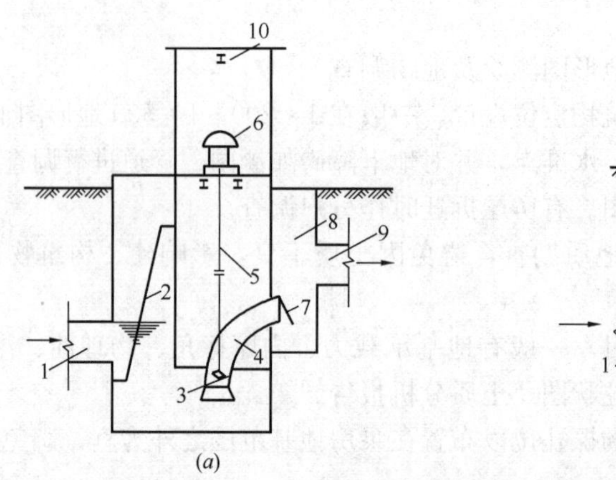

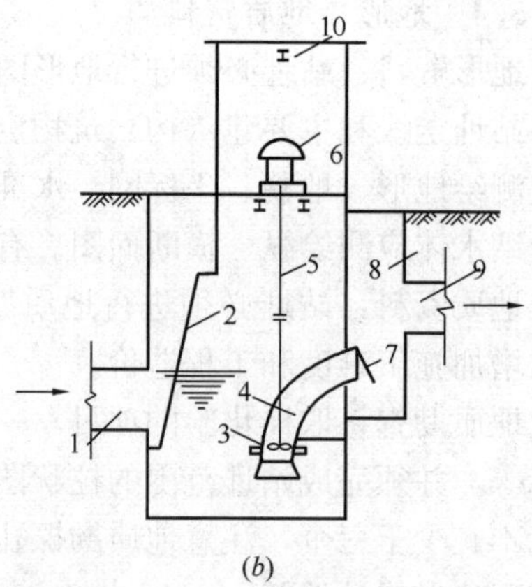

图 3-2　干式和湿式泵房
(*a*) 干式雨水泵房；(*b*) 湿式雨水泵房
1—来水管渠；2—格栅；3—水泵；4—压水管；5—传动轴；6—立式电动机；
7—拍门；8—出水井；9—出水管；10—单梁吊车

此外，在泵房设计中，有时为了方便管理、集约用地，同时既做到雨水污水分流，又能使雨水污水共享机器间，而将雨水污水泵房合建在一座建筑物里，这种形式亦被称为合建泵房。具体内容详见本章第 3.3 节。

3.1.6.3　圆形泵房和矩形、组合形泵房

泵房下部集水池和上部机器间的形状与水量大小、机组台数、施工条件及工艺要求有关。采用较多的有圆形、下圆上方形、矩形、矩形与梯形组合形等结构形式。

(1) 圆形及下圆上方泵房：当泵站规模较小，水泵台数≤4 台时，下部结构宜采用圆形，具有受力条件合理、便于沉井法施工的优点，上部建筑可以布置成圆形或方形，方形机器间平面利用率高，机组与附属设备布置方便，有利于管理维护。

(2) 矩形及组合形泵房：当设计规模较大，水泵台数≥4 台时，地下部分多采用矩形或梯形与矩形组合形。组合形更具有水力条件较好的优点。即进水部分包括进水闸门井、格栅井和前池布置成渐扩的梯形；出水部分包括水泵出水管路、出水池、出水闸门布置成渐缩的梯形，中间呈矩形，下部是集水池，上部建筑是机器间。

矩形及组合形泵房，多采用明开槽或半明开、半支撑的施工方法。矩形地下结构也可以采用沉井法施工。

3.1.6.4　自灌式泵房和非自灌式泵房

(1) 水泵启动时，叶轮和吸水管应及时灌水。灌水的方式有自灌（包括半自灌）和非自灌两种。当最低水位高于叶轮淹没水位时为自灌式，最高水位低于叶轮淹没水位时为非自灌式。叶轮淹没水位在最高与最低水位之间时为半自灌式。

(2) 自灌式泵房的优点是不需要设置引水的辅助设备，操作简便，启动及时，便于自控。缺点是泵房深度大，增加地下工程的造价和施工难度，上下巡视也不方便，在地下水位高的地方，电机容易受潮，必须加设通风和除湿或烘干空气的设施。自灌式泵房在排水泵站中应用广泛，特别是在需要频繁开启的污水泵站、要求及时启动的下穿式立体交叉道路雨水泵站，均应采用自灌式泵房，并按集水池的液位变化自动控制运行。

(3) 非自灌式泵房，由于排水泵的吸水管不能设底阀，所以每一次启动都需要采用引水设备灌水启动，手续比较繁琐。但是非自灌式泵房机器间的深度浅，采光和通风条件好，巡视维修方便。所以当地下水位高、地质条件差、施工困难时，以采用非自灌式为宜。如果管理人员能熟练地掌握水泵启动工序，或采取启动一步化的自动操作，也可以达到管理方便的效果。

(4) 半自灌式泵房：对于进水水位变化较大的泵房，可以采用半自灌的运行形式。即水位高时自灌，水位低时引水灌泵。设计时，泵房的深度由经常水位控制水泵安装高程。既保持自灌启动，同时也配置引水设备，来满足低水位时非自灌的启动要求。

(5) 常用的引水设备：采用真空泵引水见图 3-3。

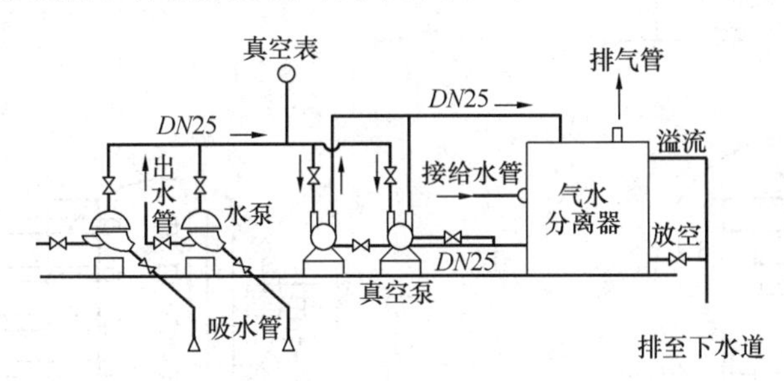

图 3-3 引水设备——真空泵引水

3.1.6.5 半地下式泵房和全地下式泵房

泵房的机器间包括地上及地下两部分，称为半地下式泵房；地面以上没有厂房，水泵、电机机组全部封闭在地面以下的称为全地下式泵房。

(1) 半地下式泵房：地面以上建筑物的空间能够满足吊装、运输、采光、通风等机器间的操作要求，并能设置管理人员工作的值班室和配电室。具有良好的运行、管理、维护的工作条件。一般排水泵站均采用半地下式泵房。

(2) 全地下式泵房：地面以上只留有供出入地下泵房的门（或人孔）、通气孔、吊装孔。全地下式泵房不应设在易受洪水淹没地区，并应采取可靠的防水淹措施。所有进出口的高程都应比室外地面高出 0.5m 以上，并高出防洪设计的洪水位 0.5m 以上。全地下式泵房可以满足在地面上不允许有建筑物的特定地点设置泵房，也有利于减少噪声、气味等对周围环境的影响。

全地下式泵房宜采用潜水泵。

3.1.6.6 合流污水泵房

合流污水泵房的规模应按远期设计合流污水量确定。合流污水泵房宜采用自灌式。

对于雨污分流不彻底、短时间难以改建的地区，雨水泵房内可设置污水截流设施将旱季污水全部截流，排入污水处理系统。

合流污水泵房集水池的设计最高水位，应与进水管管顶相平。合流污水泵房应设置备用泵。

3.1.6.7 示例

泵房各种布置形式见图3-4～图3-10。

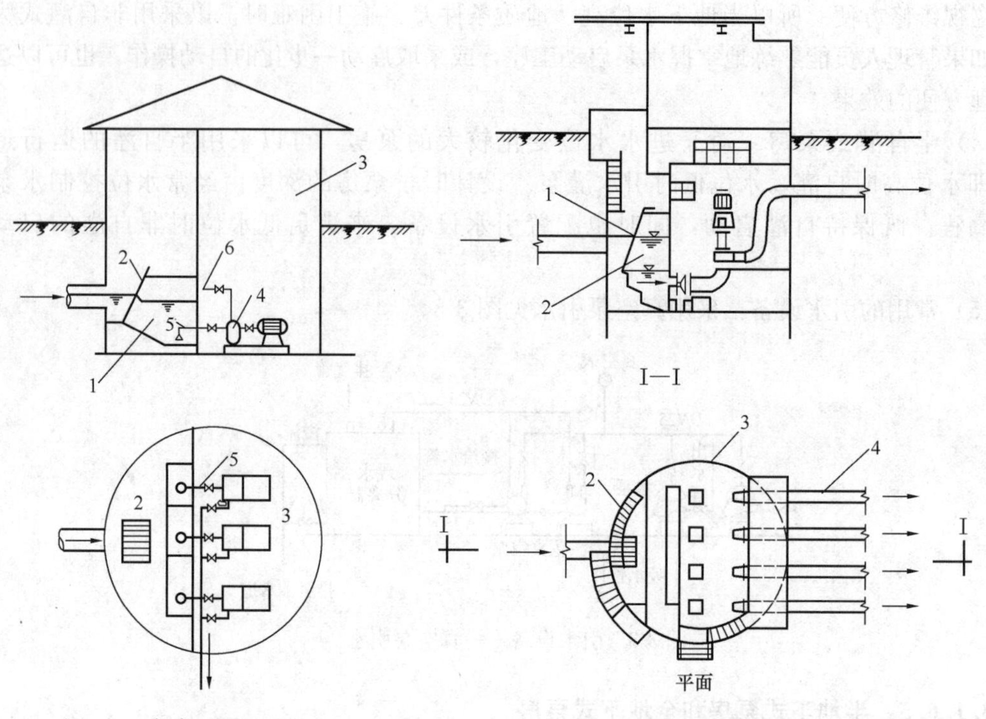

图3-4　合建、圆形、半地下、自灌式污水泵房

1—集水池；2—格栅；3—机器间；4—机组；5—吸水管；6—出水管

图3-5　合建、下圆上方形、半地下、自灌式污水泵房

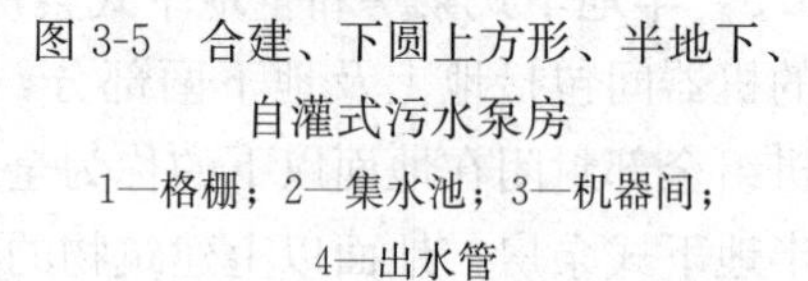

1—格栅；2—集水池；3—机器间；4—出水管

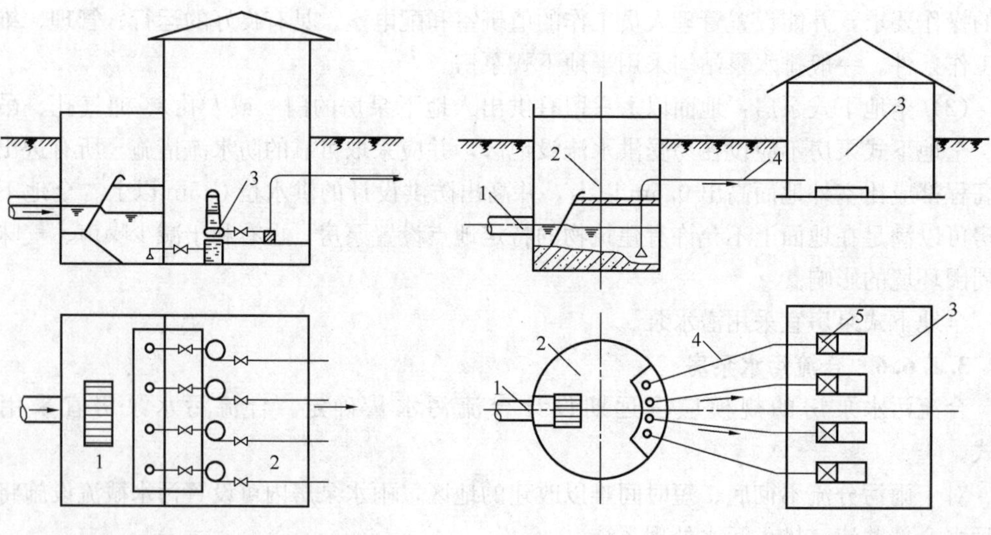

图3-6　合建、矩形、半地下、自灌式雨水泵房

1—集水池；2—机械间；3—立式水泵

图3-7　分建、半地下、非自灌式污水泵房

1—排水管渠；2—集水池；3—机械间；4—吸水管路；5—机组

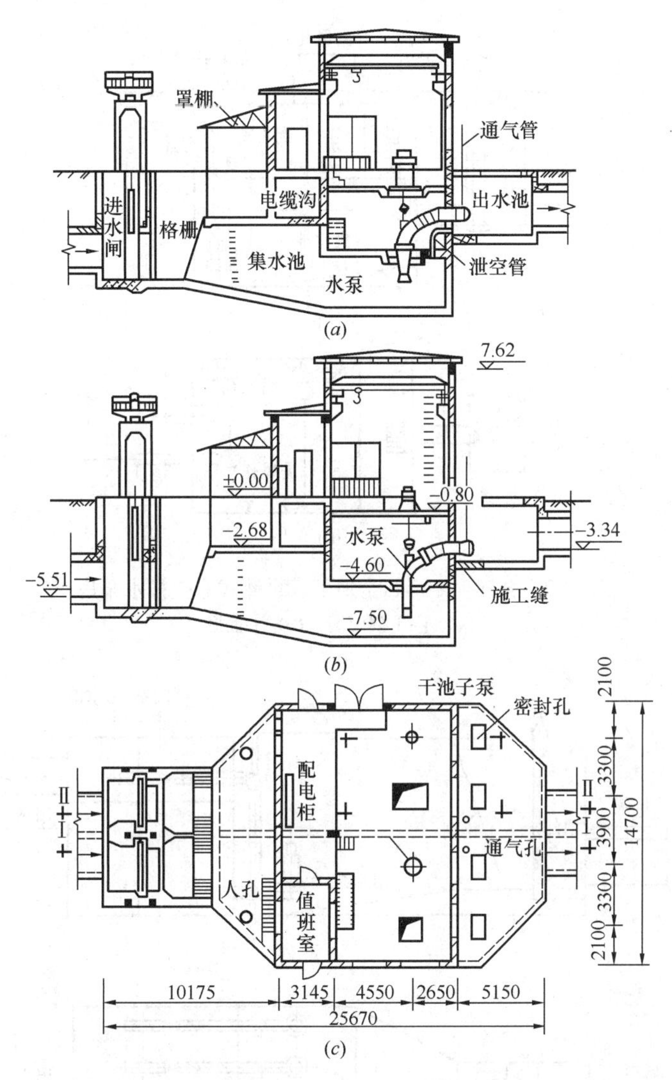

图 3-8 合建、组合形、半地下、自灌式雨水泵房
(a) Ⅰ-Ⅰ剖面图；(b) Ⅱ-Ⅱ剖面图；(c) 平面图

3.1.7 格栅

格栅用于拦截雨水、生活污水和工业废水中较大的漂浮物及杂质，起到净化水质、保护水泵的作用，也有利于后续处理和排放。流入集水池的污水和雨水均应通过格栅。格栅由一组（或多组）平行的栅条组成，斜置在进站雨、污水流经的渠道或集水池的进口处。雨水泵站可无备用格栅，污水泵站规模较大时，宜按两个及以上系列设置格栅。有条件时应设格栅间，以减少对周围环境的污染。污水泵站格栅间应设置通风设施和有毒有害气体的检测与报警装置，同时应根据周围环境要求设置除臭装置。

清捞格栅上拦截的污物，可以用人工，也可以用格栅除污机，多台格栅除污机并用时配以带式输送机及栅渣箱。不方便栅渣外运的中心城区或重要地带，可配置粉碎型格栅除污机。新建城镇排水泵站，宜采用格栅除污机，机械清污可保证劳动安全、减轻管理工人

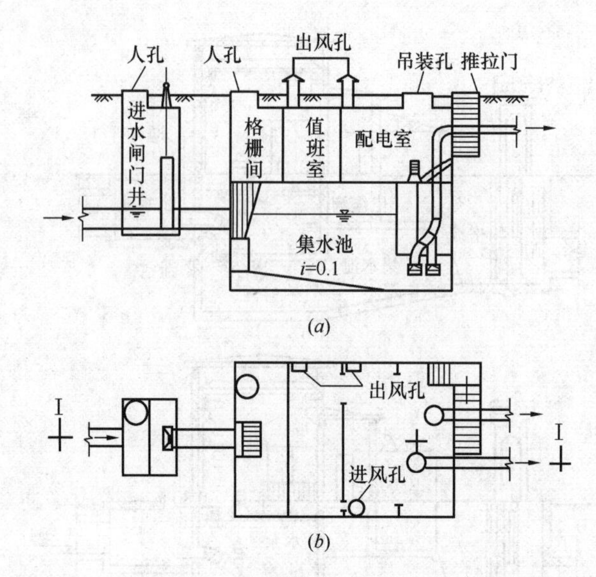

图 3-9　合建、矩形、全地下、自灌式立交排水泵房

（a）Ⅰ-Ⅰ剖面图；（b）平面图

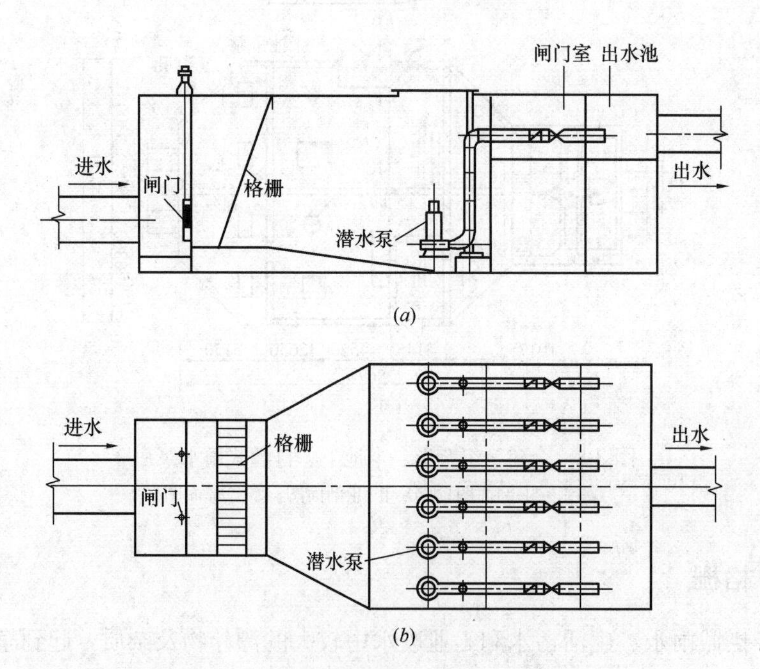

图 3-10　合建、组合形、全地下、潜水泵房

（a）剖面图；（b）平面图

的劳动强度、改善劳动条件。

3.1.7.1　栅条

（1）栅条断面：应根据跨度、格栅前后水位差和拦污量计算确定。栅条一般可采用10mm×50mm～10mm×100mm的扁钢制成，后面使用槽钢相间作为横向支撑，格栅渠道断面较大时可预先加工成500mm左右宽度的格栅组合模块。

（2）栅条间隙：应根据水质、水泵类型及叶轮直径确定。

按照泵站性质，一般污水格栅的间隙为16～25mm，雨水格栅的间隙≥40mm。

按照水泵类型及口径D，栅条间隙应小于水泵叶片间隙。一般轴流泵$<\frac{D}{20}$，混流泵和离心泵$<\frac{D}{30}$。

人工清除时宜为25～40mm。

格栅间隙总面积应根据计算确定。当用人工清除时，应不小于进水管渠有效断面的2倍；当采用格栅除污机清除时，应不小于进水管渠有效断面的1.2倍，格栅的详细计算见第5.1节。

3.1.7.2 流速

格栅通过设计流量时的流速一般采用0.6～1.0m/s，格栅前渠道内的流速可采用0.6～0.8m/s，栅后到集水池的流速可采用0.5～0.7m/s。

3.1.7.3 格栅倾斜角度

机械清污时格栅倾斜角度宜为60°～90°，常用75°倾角；特殊情况下也可采用带强制靠耙机构或配抓斗式机耙的90°垂直格栅。人工清污时倾角宜为30°～60°。

3.1.7.4 工作台（箅台）

（1）人工清捞格栅的工作台都是敞开式的，周围设防护栏杆或矮墙（高1m）。工作台上设遮阳防雨顶棚，以改善工作条件。同时应安装工字钢梁、电动或手动葫芦，为吊运污物及拆装格栅提供方便。

（2）格栅上部必须设置工作平台。格栅工作平台的高度，应高出最高设计水位（或可能出现的最高水位）以上0.5m，并应高于溢流水位，但工作台至格栅底高差不宜太大，人工清除污物时一般不宜超过4m，高差太大时应设上下双层格栅。用机械清污时，尽量不超过6m。

（3）格栅与水泵的吸水管之间，最好不留敞开部分，以防物件掉入和保证操作人员的安全。

（4）工作台要设楼梯，向上至地面宜为混凝土阶梯；向下至池底可设人孔（直径为1.5～1.8m）加盖和铸铁踏步。台上可设铸铁箅子（或带梅花孔的混凝土板）用以泄水。

（5）在工作台上约1m高的墙壁上，宜设不小于DN25的水龙头，以便冲洗。工作台地面应设1%坡度坡向泄水孔，平台迎水面应设防滑栏杆等安全设施。

（6）格栅工作平台两侧边道宽度宜采用0.7～1.0m。工作平台平面过道宽度，采用机械清除时不应小于1.5m，采用人工清除时不应小于1.2m。

3.1.7.5 格栅除污机

（1）城镇雨、污水及合流泵站，应尽量采用格栅除污机。目前国内常用的格栅形式按栅条分为直条、弧形和回转式。常用的除污机按安装形式分为固定式和移动式；按驱动齿耙的方式分为臂式、链式和钢索牵引式。

（2）格栅宽度不大于3m时，使用固定式除污机，大于3m时，宜使用移动式或多台固定式除污机；格栅深度不大于2m时，宜采用弧形和链式格栅除污机，大于7m时，宜采用钢丝绳除污机。为了保证来水全部经过栅条，栅条的高度应比正常高水位高出1.0m以上。在使用机械清污的同时，要尽量考虑人工清污的可能性，以便在除污机机械故障时，维持泵站正常运行。

(3) 格栅除污机底部前端距井壁尺寸，钢丝绳牵引除污机或移动悬吊葫芦抓斗式除污机应大于1.5m；链动刮板除污机或回转式固液分离机应大于1.0m。

粗格栅栅渣宜采用带式输送机输送；细格栅栅渣宜采用螺旋输送机输送。

格栅除污机、输送机和压榨脱水机的进出料口宜采用密封形式，根据周围环境情况，可设置除臭处理装置。

(4) 格栅除污机应配有自动控制和保护装置。控制水泵同步运行、定时或由格栅前后水位差控制开停；并应具备符合电气安全要求及超载时自动保护功能。泵站常用格栅除污机的类型及主要性能参数见表3-6，详见《给水排水设计手册·材料设备》（续册）第3册。

泵站常用格栅除污机性能参数表 **表3-6**

名称	格栅宽度（mm）	安装角度（°）	渠深	栅条间距（mm）
钢丝绳牵引式格栅除污机	500～4000	60～80	较深	10～100
回转式链条传动格栅除污机	300～3000	60～80	中等深度	10～100
高链式格栅除污机	300～2000	60～80	较浅	8～60
弧形格栅除污机	300～2000	—	较浅	5～80
移动式格栅除污机	500～1500（齿耙或抓斗宽度）	60～85	较深	10～100
粉碎型格栅除污机	250～500	90	较浅	6～12

注：300mm≤格栅除污机宽度≤1000mm时，格栅除污机宽度系列的间隔为50mm；1000mm＜格栅除污机宽度≤4000mm时，格栅除污机宽度系列的间隔为100mm。

1) 钢丝绳牵引式格栅除污机

由钢丝绳驱动装置牵引齿耙将拦截在固定栅条前的漂浮物体捞上来的格栅除污机。钢丝绳牵引式格栅除污机根据翻耙卸渣装置的不同可分为二索式和三索式两种类型。格栅较窄时采用二索式结构，较宽时宜采用三索式结构。该机型水下无转动部件，易于维修。但如果钢丝绳受力不均会发生偏载卡滞等问题。抓斗式机耙结构的除污机可垂直放置。

2) 回转式链条传动格栅除污机

由多个齿耙等距离设于环形链条上，由环形链条驱动装置牵引齿耙将拦截在固定栅条前的漂浮物体捞上来的格栅除污机。齿耙间距根据液位深度选定，不宜大于1.5m，保持运行时液位中至少有一个齿耙，以保证格栅清污的连续性。该机型结构简单，但水下有转动部件，链条磨损后如未及时张紧在水流冲击下易发生脱链，故液位不宜太深。

3) 高链式格栅除污机

链轮和链条在水面以上工作，由回转式链条驱动装置牵引长臂齿耙将拦截在固定栅条前的漂浮物体捞上来的格栅除污机。该机型结构较复杂，水下无转动部件，但耙臂过长或过宽都会使设备结构失稳，且液位波动会淹没液位以上的链轮和链条，故格栅宽度和水深皆不宜超过2000mm。

4) 弧形格栅除污机

齿耙在驱动装置带动下，沿圆弧形固定栅条（近似1/4圆周）做360°回转或摆臂运动，将拦截在固定栅条前的漂浮物体捞上来的格栅除污机。该机型结构简单，水下无转动部件，易于维修，但因耙臂长度有限，回转式结构所占空间较大，故渠深不宜过深。

5）移动式格栅除污机

由钢丝绳驱动装置牵引齿耙（抓斗）将拦截在固定栅条前的漂浮物体捞上来，并通过横向水平行走装置将其移送至指定收集处的格栅除污机。该机型水下无转动部件，易于维修，抓斗开耙闭耙由液压或机械装置控制，清污能力强、效率高，渠深可达20m。由于工作时是逐条渠道顺序清污，当渠道数量过多时，或是雨污合流制泵站，应配置双抓斗或布置成两个系列。

6）粉碎型格栅除污机

破碎刀盘转动切割由格栅转鼓拦截的漂浮物体，并输送至旋转刀盘处，经刀盘切割破碎后流入下游渠道。格栅转鼓由不锈钢钢筋缠绕制成，亦有孔式栅鼓。根据流量分单鼓和双鼓两种结构形式。该机型宜用于不允许栅渣外运等特殊条件，如果峰值流量可能溢流时，在格栅转鼓上方可加装溢流格栅。如果驱动电机有可能淹没于水中，宜选用潜水电机。如泵站为雨污混流，且位于重要区域的地下，应考虑选用防爆电机。

3.1.8 集水池

3.1.8.1 集水池容积

集水池容积根据进水管的设计流量、水泵提升能力、台数、工作情况、启动时间、开停次数以及泵站前的进水管道是否可以作为调蓄容积而定。

集水池容积要满足水工布置、安装格栅、安装水泵吸水管的要求，而且在及时将来水抽走的基础上，既要避免水泵启闭过于频繁，又要减小池容，以降低运行和施工费用，减轻杂物的沉积和腐化。集水池应根据进水水质情况采取相应的防腐措施。同时，排水泵站集水池应有清除沉积泥沙的措施。

集水池容积一般指死水容积和有效容积两部分。死水容积是最低水位以下的容积，主要由水泵吸水管的安装条件决定。死水容积不能作为集水池的有效容积。

3.1.8.2 集水池水位与有效容积

（1）集水池的最高水位与最低水位：集水池水位是指进水干管设计水位减去过栅损失至集水池的水位。

1）最高水位：在正常运行中，进水达到设计流量时，集水池中的水位。

雨水泵站和合流污水泵站集水池的设计最高水位，应与进水管管顶相平。当设计进水管道为压力管时，集水池的设计最高水位可高于进水管管顶，但不得使管道上游地面冒水。污水泵站集水池的设计最高水位，应按进水管充满度计算。

2）最低水位：最低水位取决于不同类型水泵的吸水喇叭口的安装条件及叶轮的淹没深度。集水池的设计最低水位，应满足所选水泵吸水头的要求。自灌式泵房尚应满足水泵叶轮浸没深度的要求。

确定的最低水位应该同时满足不高于按照集水池最高水位和集水池有效容积推算的最低水位，以及管道、泵站养护管理需要的最低水位。

一般雨水按相当于最小一台水泵流量时进水干管充满度的水位，污水按管底或低于管底的高程确定最低水位。见图3-11。

（2）自灌式（半自灌式）：卧式离心泵见图3-12(*a*)。

当吸水喇叭口流速 v=1.0m/s 时，h=0.4m；v=2.0m/s 时，h=0.8m；v=3.0m/s 时，h=1.6m。一般可采用 v=1.0m/s 时，h=0.4m。

立式轴流泵：其叶轮淹没深度与水泵大小、转速有关，见图 3-12(b)。

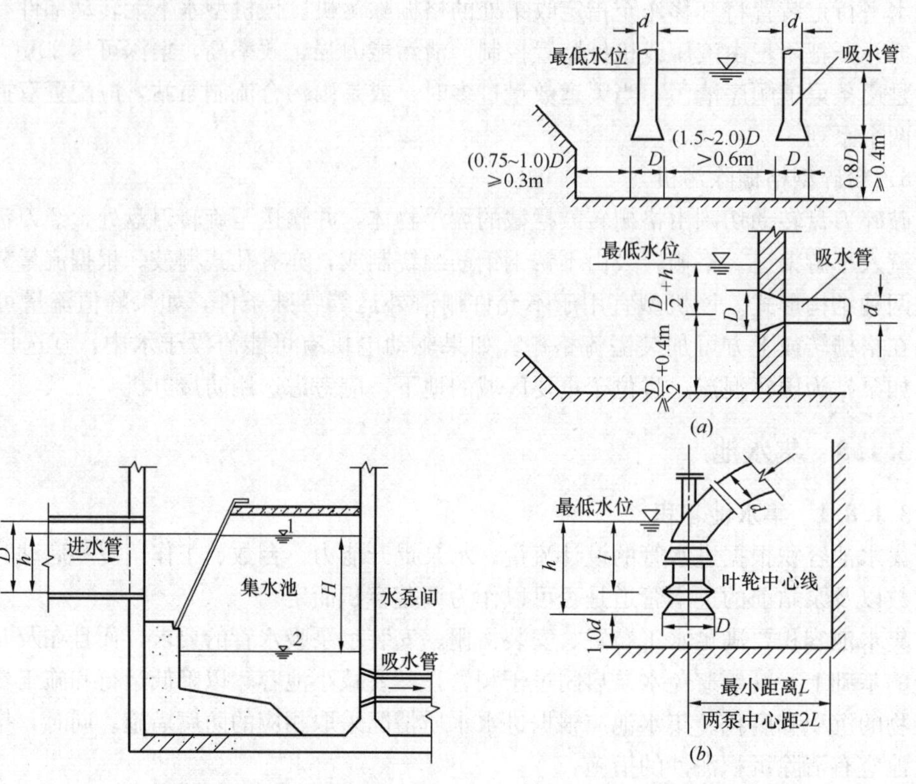

图 3-11　集水池有效容积示意图

1—最高水位（开动水泵时出现的最高水位）；

2—最低水位（停泵时之最低水位）；

H—有效水深

图 3-12　集水池最低水位

(a) 卧式离心泵；(b) 立式轴流泵

(3) 集水池有效水深

最高水位和最低水位之间的水深，见图 3-11 值。

(4) 集水池有效容积

1) 集水池的有效容积应根据设计水量、水泵能力和水泵工作情况等因素确定，并应符合下列要求：

① 污水泵房的集水池容积，不应小于最大一台水泵 5min 的出水量。如水泵机组为自动控制时，每小时开动水泵不得超过 6 次。

② 雨水泵房的集水池容积，不应小于最大一台水泵 30s 的出水量。

③ 合流污水泵房的集水池容积，不应小于最大一台水泵 30s 的出水量。

④ 污泥泵房的集水池容积，应按一次排入的污泥量和污泥泵抽送能力计算确定。活性污泥泵房的集水池容积，应按排入的回流污泥量、剩余污泥量和污泥泵抽送能力计算确定。

⑤ 一体化预制泵站的集水池有效容积和水泵启动次数由生产厂家确定。

2) 在液位控制水泵自动开停的泵站，可以用集水池的来水和每台水泵抽水之间的规律推算出有效容积的基本公式为：

$$V_{\min} = \frac{T_{\min} Q}{4} \tag{3-1}$$

式中 $V_{\min}$——集水池最小有效容积（m^3）；

$T_{\min}$——水泵最小工作周期（s）；

Q——水泵流量（m^3/s）。

因此，集水池的最小有效容积与水泵的出水量和允许的最小工作周期成正比。

3）水泵工作情况特殊的泵站，如电动机调速运行的泵站可以根据具体情况推算。

4）水标尺：在集水池侧墙明显的位置设水标尺或液位计，并引入机器间或值班室，以供控制水泵启闭和记录水位时观察之用。

3.1.8.3 集水池形式及吸水管布置

（1）集水池的形状、尺寸及泵吸水管的布置适当与否，直接影响到水泵的运行状态，特别是立式轴流泵、立式混流泵等叶轮靠近吸水管进口的情况，其影响更大。

泵房应尽量采用正向进水，应考虑改善水泵吸水管的水力条件，减少滞留或涡流。侧向进水的前池，宜设分水导流设施，可通过水工模型试验验证。

如果形状和布置不当，池内会因流态紊乱，产生漩涡而带入空气，从泵的吸水管进入水泵，影响泵的性能，出现汽蚀现象，加速水中叶轮的磨损。集水池的布置应充分考虑防止汽蚀作用的产生。汽蚀计算参见给水排水设计手册　第3册《城镇给水》相关章节。

（2）吸水管布置：为得到较好的吸水效果，应注意以下几点：

1）要使来水管（渠道）至集水池进口不发生方向上的急剧变化或显著的流速变化，流向集水池的流速最好平均为0.5～0.7m/s，不大于1.0m/s。

2）因集水池过宽也会产生漩涡，为防止集水池内的水流发生偏流和回流，应装设整流板（导流板）。

3）保证吸水管的淹没深度，其最小尺寸见图3-12或为吸水管管径的1.5倍。

4）吸水管喇叭口至集水池底距离不宜过大，也不宜太小，否则效率会降低，一般为0.8D或1.0D，见图3-12。

（3）集水池形式与吸水管布置，见图3-13。

（4）池底布置：集水池进水管管底与格栅底边的落差不得小于0.5m，以防止淤积的杂物影响过水断面。集水池池底应设集水坑，集水坑的深度一般采用0.5～0.6m。

（5）松动沉渣设备：集水池应采取措施，防止淤积。集水池面积较大（大于50m^2）时，应装设松动沉渣设备。如采用离心泵，一般可在水泵出水管上安装回流反冲管，伸入吸水坑内；或在集水池的两侧安装喷嘴射向池底，喷嘴控制阀可设在机器间内以便于操作。设计时应考虑将池角抹成弧形，避免死角。见图3-14。

（6）排空和清泥：为便于集水池的排空和清泥，除检查孔外，应留有安装临时污泥泵的孔洞和位置。在必须连续运转的泵站中，宜将集水池分为可连通的两格（中间以闸板分隔），以便检修。

必要时应备橡胶或塑料软管，以便冲洗时用。

（7）照明：照明设备所选用器材应耐蒸汽腐蚀，并须防爆。照明灯安装位置要考虑更换的可能性。

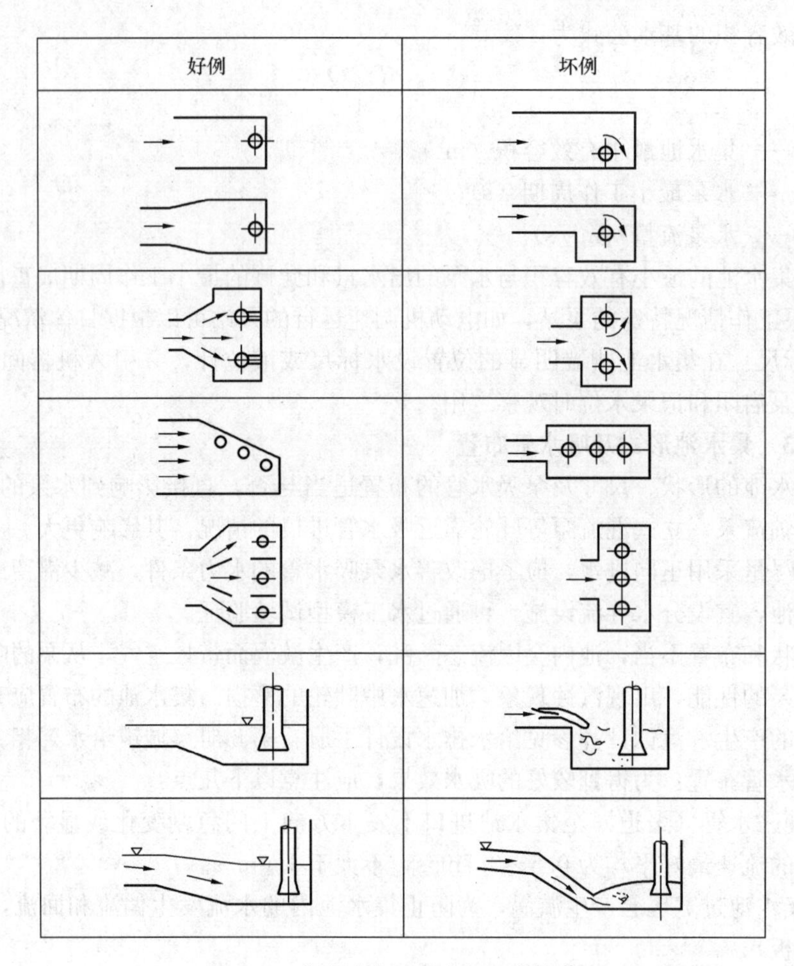

图 3-13　集水池布置形式与吸水管布置

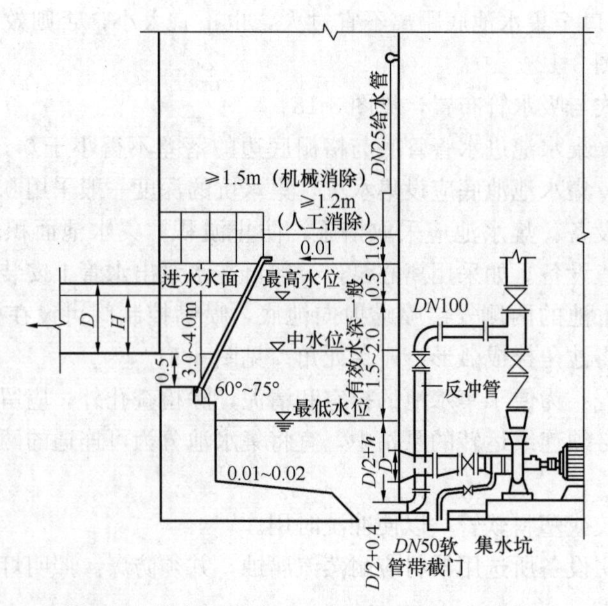

图 3-14　格栅间集水池及水泵间反冲洗管安装图

(8) 其他要求：泵站集水池前，应设置闸门或闸槽；泵站宜设置事故排出口，污水泵站和合流污水泵站设置事故排出口应报有关部门批准。雨水进水管沉砂量较多地区宜在雨水泵站集水池前设置沉砂设施和清砂设备。

3.1.9 机器间

机器间布置应满足设备安装、运行、检修的要求，要有良好的运输、巡视和工作的条件，符合防火、防噪声及采光的技术规定，做到管理方便、安全可靠、整齐美观。泵房内应有排除积水的设施。机器间的建筑形式，应符合当地规划的要求，与周围环境协调，建筑风格统一。机器间内值班室向内侧墙宜设大面积、低开、双层玻璃窗。墙壁采用轻质、隔声、保温材料。

3.1.9.1 机器间尺寸

(1) 机器间的平面尺寸，主要决定于设计水量、所选水泵的型号和数目、管件的布置、起重条件以及泵站的深度。

机器间布置要求对地面和空间要充分利用，为保证管理人员的通行和水泵的拆卸安装，泵站机器间布置应符合有关规定，机组的一般布置尺寸，见表 3-7。

水泵机组布置间距　　表 3-7

序号	布置情况	最小距离	一般采用距离
1	两相邻机组基础间的净距： (1) 电动机容量≤55kW 时 (2) 电动机容量>55kW 时 (3) 轴流泵和混流泵泵轴间距	不宜小于 1.0m 不宜小于 1.2m 应为口径的 3 倍且不宜小于 1.0m	1.0～1.2m 1.5～1.6m
2	无吊车起重设备的泵房	至少在每个机组的一侧应有比机组宽度大 0.5m 的通道，但不得小于第 1 条之规定	
3	相邻两机组突出基础部分的间距（或与墙的间距）	应保证水泵及电动机能在检修时拆卸，并不得小于第 1 条之规定，同时机组突出部分与墙壁的净距不宜小于 1.2m	
4	作为主要通道的宽度	不宜小于 1.5m	1.5～2.0m
5	配电盘前面的通道宽度： (1) 低压配电时 (2) 高压配电时 (3) 当采用在配电盘后面检修时	不宜小于 1.5m 不宜小于 2.0m 后面距墙的净距不宜小于 1.0m	1.5～1.6m 2.0～2.2m 1.0m
6	有桥式吊车设备的泵房内应有吊运设备的通道	应保证吊车运行时，不影响管理人员通行	吊装最大部件尺寸加 0.8～1.0m
7	设专用装修点时	应根据机组外形尺寸决定，且应在周围设有不小于 0.7m 的通道	周围设有 0.7～1.0m 的通道
8	辅助泵（真空泵、排水泵等）	利用泵房内的空间不增加泵房尺寸，可靠墙设置，只需一边留出通道	

(2) 高度：高度是指泵房室内地面与屋顶梁底距离。泵房各层层高，应根据水泵机组、电气设备、起吊装置、安装、运行和检修等因素确定。泵房内不设吊车时，泵房高度

以满足临时架设起吊设备和采光通风的要求为原则，一般不小于3m。泵房内设吊车时，其高度通过计算确定。辅助用房的高度一般采用3m。

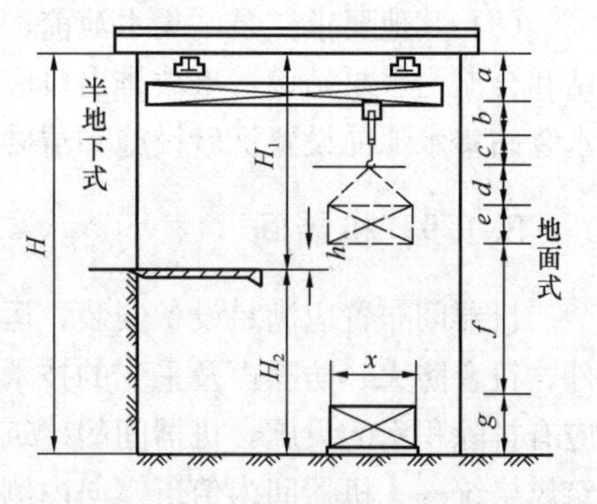

图3-15 设有单梁悬挂式吊车的地面式和半地下式泵房高度简图

1）地面式泵房（见图3-15）：

$$H=a+b+c+d+e+f+g \tag{3-2}$$

式中 H——泵房高度（m）；

a——单轨吊车梁的高度（m）；

b——滑车架高度（m）；

c——起重葫芦在钢丝绳绕紧状态下的长度（m）；

$a+b+c$——起吊设备在钢丝绳绕紧时所需最小起吊高度（m）；

d——起重绳的垂直长度（对于水泵为$0.85X$，对于电动机为$1.2X$，X为起重部件宽度）（m）；

e——最大一台水泵或电动机的高度（m）；

f——吊起物底部和最高一台机组顶部的距离（一般不小于0.5m）；

g——最高一台水泵或电动机顶至室内地坪的高度（m）。

2）半地下式泵房：

当$H_2 \geqslant f+g-h$时，

$$H=H_1+H_2 \tag{3-3}$$

式中 H_2——泵房地下部分高度（m）；

H_1——泵房地上部分高度（m）。

$$H_1=a+b+c+d+e+h \tag{3-4}$$

其中h=吊起物底部与泵房进口处室内地坪或平台的距离（一般不小于0.2m）。

当$H_2<f+g-h$时，

$$H_1=(a+b+c+d+e+f+g)-H_2 \tag{3-5}$$

3.1.9.2 门、窗、走廊

(1) 门：机器间至少应有一个能满足设备的最大部件搬运出入的门。门宽一般不小于1.5m，高度不小于2.0m。

(2) 窗：在炎热地区，窗应尽量面向夏季主导风向，且两边开窗，以形成对流；在寒冷地区，窗应向阳，为使空气对流，背面也可适当开窗。窗的总面积不小于泵房面积的1/6。寒冷地区应设双层玻璃保暖。为了便于开关和清擦玻璃，在室内无走廊的情况下，应考虑可在室外进行工作的条件。门窗应设纱门、纱窗防蚊虫。

门窗材料应能耐久，不变形，以免增加维修工作。

(3) 走廊：在较大的泵站内，为了便于管理和使用，靠窗（或靠墙）一边宜设有走廊，其宽度可采用1.0～1.2m，走廊的栏杆高度为0.9～1.0m。

3.1.9.3 起重设备

根据泵站的大小和设备的质量等条件，可分别考虑安装单轨手动或电动葫芦、电动单梁悬挂起重机、电动单梁起重机等起吊装置，以便于移动和拆装水泵、电机、管道、闸阀等。所有门、过道及孔洞等可能用于设备出入和移动的地方，都应有足够的宽度及净空。当泵房为多层时，楼板应设吊物孔，其位置应在起吊设备的工作范围内。吊物孔尺寸应按需起吊最大部件外形尺寸每边放大0.2m以上。装有立式机组的泵房，应有直通水泵层的吊物孔。大型泵站机组部件应能吊装放置到车辆或其他运输设备上。起重设备的行走及吊勾运行轨迹必须避开各种管道、阀门、支架、平台、走廊等设施。为减轻工作人员的劳动强度，凡起吊高度大、吊运距离长、起吊较频繁的泵站，应尽量采用电动操作，只有在小型泵站或非常年运转的泵站，才采用手动。在起重设备的选择上，应根据水泵重量、提升高度、数量、布置方式、吊运点、吊装频率等因素综合考虑。一般情况下可按表3-8选用。

起重设备选择 **表3-8**

起重量（t）	起重设备形式
<0.5	单泵配固定或单轨手动葫芦。多台泵配带手动葫芦的移动吊架或单轨手动葫芦
0.5～1	单泵配固定或单轨手动/电动葫芦。多台泵配带手动/电动葫芦的移动吊架或单轨手动/电动葫芦
1～3	单泵配固定或单轨电动葫芦。多台泵时，线性输送配单轨电动葫芦；需要较大的平面吊装工作范围时配电动单梁悬挂式起重机
3～5	单泵配固定或单轨电动葫芦。多台泵时，线性输送配单轨电动葫芦；需要较大的平面吊装工作范围时配电动单梁悬挂式起重机
>5	单泵配固定或单轨电动葫芦。多台泵时，线性输送配单轨电动葫芦；需要较大的平面吊装工作范围时配电动单梁式起重机

注：1. 起重量：可根据水泵机组允许拆解后的最重起吊部件的质量计算起重机的起吊能力；不允许拆解的水泵机组，则应以整台机组的总质量计算起重机的能力；吊装潜水泵的起重机在计算起吊能力时，还应考虑泵腔内水的质量，以及水泵握持器与导杆之间的摩擦力引起的附加荷载。
2. 非常年运转的泵站，标准可适当降低。起重量小于5t且提升高度小于6m时，也可选用手动操作。
3. 起吊高度大于6m或泵房长度大于18m时，应采用电动吊运起重设备。
4. 移动式起重机轨道两端应设置阻进器。
5. 起重机须经当地安监局特种设备检验部门验收合格后方可投入使用。
6. 起吊用电动葫芦，宜选用双速电机。
7. 起重机跨度级差应按0.5m选取。

各种吊车的型号、起重量及构造，详见给水排水设计手册第11册《常用设备》中有关内容。

3.1.9.4 地面排水

干式水泵间室内地面应做成0.01～0.02的坡度，倾向排水沟或集水坑。集水坑尺寸，可采用直径为500～600mm，深度为600～1000mm。水泵水封滴水宜通过排水管收集排入集水坑或排水沟内。地面排水沟可根据水量确定宽度和深度，宽度一般为200～300mm，深度一般为100～200mm，顶部为滤水箅子。

为保持室内清洁，应备有供冲洗用的橡胶（或塑料）软管。

排除集水坑之污水有以下方式：

（1）利用污水泵在吸水管处加*DN*50软管（带截门）伸入集水坑将污水抽除，见

图3-14。

(2) 利用小口径潜水泵放在集水坑内抽水。

3.1.9.5　采光

室内应有充足的自然采光，检修和操作点处灯光要能集中，照明器件应耐蒸汽腐蚀并防爆。

3.1.9.6　通风

当地下式泵房的水泵间有顶板结构时，其自然通风条件差，应设置机械送排风综合系统排除可能产生的有害气体以及泵房内的余热、余湿，以保障操作人员的生命安全和健康。通风换气次数一般为6～12次/h，通风换气体积以地面为界。当地下式泵房的水泵间为无顶板结构，或为地面层泵房时，则可视通风条件和要求，确定通风方式。送排风口应合理布置，防止气流短路。

自然通风条件较好的地下式水泵间或地面层泵房，宜采用自然通风。当自然通风不能满足要求时，可采用自然与机械联合通风、全机械通风、局部空气调节等方式。封闭式泵房在有条件利用孔洞形成热压差使空气对流并满足室内空气参数要求时，可采用自然通风或部分自然通风结合机械通风的方式。当室内空气参数不满足要求时，可采用空气调节装置。

自然通风条件一般的地下式泵房或潜水泵房的集水池，可不设通风装置。但在检修时，应设临时送排风设施。通风换气次数不小于6次/h。

通风主要须解决高温散热、散湿和空气污染的问题，夏季室内温度应不超过35℃。自然通风在开窗方向上，注意使空气对流，地下部分在相对应的位置设拔风筒两个，通向室外，风筒进出风口应一高一低，高差不小于2m，使空气流通；机械通风常用的有轴流通风机、离心通风机和排风扇。排风扇一般设在窗子的高处，排成一排，个数可根据气温和机器间大小而定。大型泵房可设机械排风与进风。通风机设在室内，由通风管道将热空气排出室外，并引进新鲜空气。

(1) 风量计算

1) 按泵房换气量计算：泵房每小时换气量应根据室内温度而定。

换气量计算公式为：

$$Q = nV \tag{3-6}$$

式中　Q——换气量（m^3/h）；

n——换气次数（次/h）；

V——泵房容积（m^3）。

2) 消除室内余热所需要的换气量为：

$$L = \frac{Q'}{C\gamma(t_1 - t_2)} \tag{3-7}$$

$$Q' = nN(1-\eta)K \tag{3-8}$$

式中　L——消除室内余热所需要的换气量（m^3/h）；

Q'——泵房内同时运行的电动机总散热量（J/h）；

C——空气比热，一般取C=1003J/(kg·℃)；

γ——泵房外空气密度，随温度而变，见给水排水设计手册第1册《常用资料》；当 $t=30$℃时，$\gamma=1.12\text{kg/m}^3$；

t_1-t_2——泵房内外温差（℃）；

N——电动机功率（kW）；

η——电动机效率，一般取 $\eta=0.9$；

n——同时运行的电动机台数；

K——热功换算系数，$K=860\times4180\text{J/(kW}\cdot\text{h)}$。

（2）风压计算：风压包括沿程损失和局部损失两部分。

1）沿程损失

$$h_f = Li \tag{3-9}$$

式中 h_f——沿程损失（Pa）；

L——风管的长度（m）；

i——每米风管的沿程损失（Pa/m），见给水排水设计手册第1册《常用资料》。

2）局部损失

$$h_l = \Sigma\xi\frac{v^2\gamma}{2} \tag{3-10}$$

式中 h_l——局部损失（Pa）；

ξ——局部阻力系数，见给水排水设计手册第1册《常用资料》。

风管中的全部阻力损失为：

$$H = h_f + h_l \tag{3-11}$$

应根据风量和风压选择风机及通风通道，风机与风管的选用，参见给水排水设计手册第3册《城镇给水》。

3.1.9.7 除臭

位于居民区和重要地段的污水、合流污水泵站，应设置除臭装置。污水、合流污水泵站的格栅井及污水敞开部分，有臭气逸出，影响周围环境。目前我国应用的臭气处理装置一般有生物除臭装置、活性炭除臭装置、化学除臭装置等。具体详见第10章相关章节。

3.1.9.8 防潮

为防止（或解除）由于雨季和南方黄梅季节连续降雨所产生的湿气，或室内外温差所引起的室内结露，使电动机受潮而不能运转，一般可在电动机上加设散热片，或在电机旁设烘干机，也可在通风管中加设抽屉式空气电加热器，或在电动机两端下部安设电加热器，备用泵的电动机使用前可用红外线烤干或放吸湿剂吸湿。在非全年运转的泵站内，亦可利用反冲管，形成循环抽水，每周可开泵一次，每次运转4～6h，亦可防电动机受潮。

（1）电动机防潮的计算

根据广州电器科学研究所提供的资料，停止运转的电动机，在周围环境相对湿度高于75%时才会受潮。因此，在空气中绝对湿度不变的情况下，可以用升高温度的办法降低湿度。对于停转电动机，用此法使相对湿度降低，就可达到防潮目的。

假设电动机是在40℃，相对湿度为100%的极端不利的条件下停止工作，则电动机内部升高温度可按公式（3-12）求出：

$$\varphi = \frac{e}{E} \tag{3-12}$$

式中 φ——相对湿度；

e——绝对湿度；

E——某温度下的饱和水蒸气压。

已知 $\varphi_1 = 100\%$，40℃的 E_1 为 0.07521 绝对压力，故：

$$e_1 = \varphi_1 E_1 = 0.07521 \text{ 绝对压力}$$

已知 $\varphi_2 = 75\%$时，

$$E_2 = \frac{0.07521 \times 100}{75} = 0.10028 \text{ 绝对压力}$$

$E_2 = 0.10028$ 绝对压力时，查表得温度为 45.5℃，故电动机内部比周围环境温度高 45.5－40＝5.5℃即可使绝缘附近的相对湿度降低至 75%以下。

（2）加热器容量计算

加热器的容量 Q 决定于电动机的结构尺寸，计算公式为：

$$Q = dS(t_1 - t_2) \tag{3-13}$$

式中 Q——加热器的容量（W）；

d——表面散热系数［W/(cm² · ℃)］；

S——电动机表面散热面积（cm²）；

t_1——电动机机壳温度（℃）；

t_2——电动机周围空气温度（℃）。

一般涂过漆的铸铁或铜表面的散热系数 $d = 1.67 \times 10^{-3}$ W/(cm² · ℃)。如果考虑到风速影响时，则表面散热系数为：

$$d_v = d(1 + 0.1v) \tag{3-14}$$

式中 v——风速（m/s）。

（3）加热器的形状选择与安装

根据使用要求可选用抽屉式空气电加热器，或外表呈 U 形的电加热器。

加热器安装要求如下：

1）要求加热器有较长的使用寿命。

2）装在电动机两端下部的加热器长度按电动机大小而定。

3）要求加热器本身有较低的表面温度，最好不超过 200℃。表面温度低一些可以防止靠近加热器的绝缘层由于过热而加速老化。加热器与线圈端部的距离应以温度不超过该种绝缘长期使用所允许的温度为准。

4）加热温度应尽可能均匀分布。

5）加热器容量可根据电动机防护形式及尺寸大小决定，开启式电动机应比相应的封闭式电动机加热器容量稍大一些。

（4）吸湿剂去湿

利用一些吸湿性较强的物质（吸湿剂）除湿，如生石灰、硅胶木炭、氯化钙、活性氧化铝等固体吸附剂或氯化锂。由于它们的吸湿能力强，能使空气很干燥，吸湿后可加工再生重复使用。

（5）使用除湿机除湿。

3.1.9.9 冷却

水泵因冷却、润滑和密封等需要的冷却用水可接自泵站供水系统，具水量、水压、管路等应按设备要求设置。当冷却水量较大时，应考虑循环利用。

3.1.10 水泵、电动机和管件

3.1.10.1 水泵

（1）一般要求

1）水泵的选择应根据设计流量和所需扬程等因素确定。水泵宜选用同一型号。当水量变化很大时，可配置不同规格的水泵，但不宜超过两种，或采用变频调速装置，或采用叶片可调式水泵。

2）选用的水泵宜在满足设计扬程时在高效区运行；在最高工作扬程与最低工作扬程的整个工作范围内应能安全稳定运行。2台以上水泵并联运行合用一根出水管时，应根据水泵特性曲线和管路工作特性曲线验算单台水泵工况，使之符合设计要求。

3）多级串联的污水泵站和合流污水泵站，应考虑级间调整的影响。

4）非自灌式水泵应设引水设备，并均宜设备用。小型水泵可设底阀或真空引水设备。

5）水泵吸水管设计流速宜为0.7～1.5m/s。出水管流速宜为0.8～2.5m/s。

（2）水泵数量

水泵台数要在扬程、流量合适的基础上，根据水泵特性曲线选用，并应考虑到泵站构筑物的经济与工艺布置合理。水泵宜选用同一型号，台数不应少于2台，中小型泵站一般不超过4台，大型泵站不超过8台。当水量变化很大时，可配置不同规格的水泵，但不宜超过两种，或采用变频调速装置，或采用叶片可调式水泵。污水泵站和合流污水泵站应设备用泵，当工作泵台数不大于4台时，备用泵宜为1台；工作泵台数不小于5台时，备用泵宜为2台；潜水泵站备用泵为2台时，可现场备用1台，库存备用1台。雨水泵站可不设备用泵。

道路立体交叉地道雨水泵站和为大型公共地下设施设置的雨水泵站应设置备用泵。

（3）水泵选择

选泵首先要根据泵站的性质、设计水量和预计的水泵数量计算出单台水泵的设计水量，再根据对泵站进出水的水位分析和估算的管道水头损失，决定水泵的设计扬程，包括最高扬程和最低扬程。

初步选定水泵以后，要用水泵的实际水量和水泵机管安装设计的结果进行扬程的计算复核。如果水泵在复核扬程条件下的出水量同设计流量差距大，则需要将初始选泵的工作反复进行，直至选出符合要求的水泵。

选泵应该通过对多方案进行经济技术分析比较后决定。要符合流量、扬程、效率的要求，而且要达到投资少、电耗低、运行安全可靠、维护管理方便的标准。

（4）泵型

泵型应根据水质、水量和提升高度确定，要采用高效率、低能耗、易于检修而又耐用的水泵。在同一泵站内，宜使用相同类型的水泵，宜采用相同口径或大小泵级配的方式设置，以便于维修管理。立交雨水泵站在有条件时，建议采用大小泵级配的配置方式。

排水泵站常选用轴流泵、混流泵、离心泵和潜水泵，其性能范围，见图 3-16。详见《给水排水设计手册・材料设备》（续册）第 2 册。

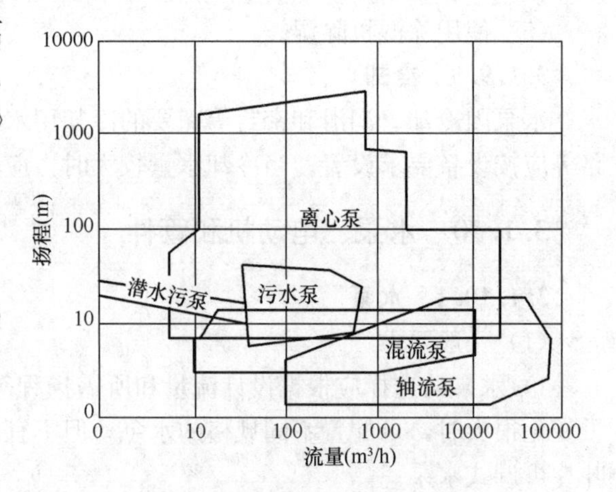

图 3-16　常用排水泵性能范围

（5）轴功率计算

1）水泵的轴功率为：

$$N=\frac{\gamma QH}{102\eta} \quad (3\text{-}15)$$

式中　N——水泵的轴功率（kW）；

γ——水的密度（kg/L）；

Q——水泵的输水量（L/s）；

H——水泵的总扬程（m）；

η——水泵的总效率（%）。

2）水泵发动机所需功率为：

$$N'=KN \quad (3\text{-}16)$$

式中　N'——水泵发动机所需功率（kW）；

K——发动机的超负荷系数，可参考给水排水设计手册第 3 册《城镇给水》。

（6）水泵工作的特性曲线：水泵的工作点是由水泵的 Q-H 特性曲线与管路的特性曲线相交得出，一般选用效率较高的范围。

（7）管路的特性曲线

水泵的总扬程为：

$$H=H_1+\Sigma h \quad (3\text{-}17)$$

式中　H——水泵的总扬程（m）；

H_1——吸水高度和扬水高度之和（m）；

Σh——吸水管路和压水管路的总水头损失（m）。

水泵的总扬程也可以用流量的函数来表示：

$$H=H_1+SQ^2 \quad (3\text{-}18)$$

式中　S——长度和直径已定的吸水管中的摩擦阻力和局部阻力的总阻力损失的比阻（s^2/m^5）；

Q——水泵输水量（m^3/s）。

利用流量函数关系，可绘制某一水泵工作时的管路特性曲线或管路阻力曲线。

1）并联：在固定压力下，几台相同或不同型号的水泵联合工作来增加排水量，并可提高水泵运转的灵活性及可靠性。

① 同型号同口径的水泵并联工作：合成的特性曲线各点是在同一水头上把输水量加倍，再把所得各点连接起来而成的曲线。见图 3-17。

从图 3-17 中得知两台并联运行时流量为 Q_1，而 $Q_1=2Q_2<2Q_3$（约小于 15%～20%）。由于管路阻力的存在，即使两台并联运行，流量也不足两倍的关系。并联运行时流量增加的比例，随着管路阻力曲线的变陡而减小。

② 特性曲线不同的水泵并联工作：见图 3-18。只有在第一台水泵产生的水头由于输

水量的增加而减小到相当于点 A 的数量之后，第二台水泵才能协同第一台水泵开始并联工作。合成特性曲线应从点 A 开始，再按通常的方法绘制，即把两条特性曲线上相当于同一水头之点的横坐标加起来并连成曲线。

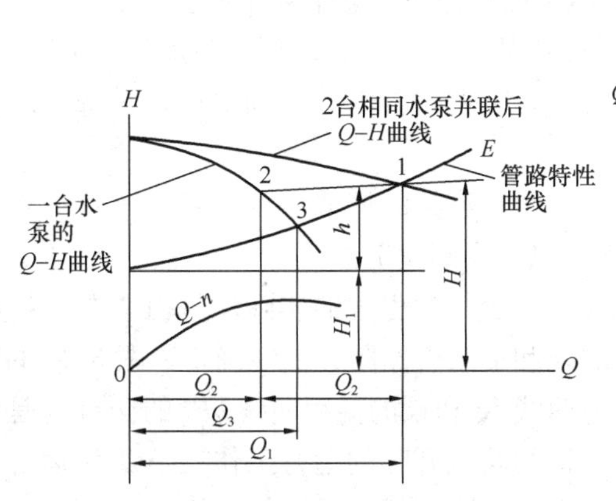

图 3-17 两台相同水泵的并联工作

H—水泵总扬泵（m）；H_1—总几何高差（m）；h—总水头损失（m）；点 1—两台水泵并联时的工作点；点 2—并联时，每台水泵的工作点；点 3— 一台水泵单独工作时的工作点

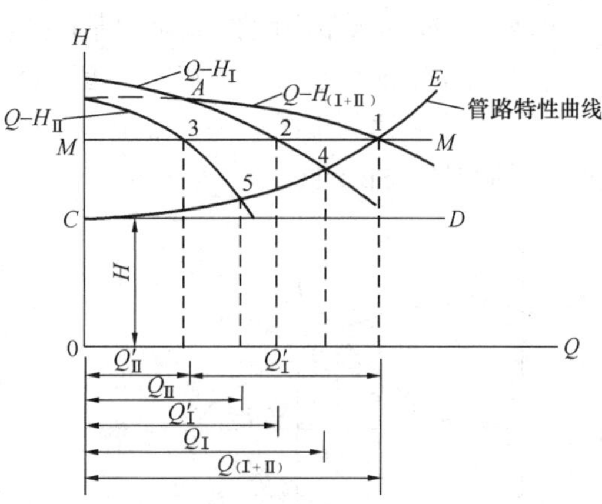

图 3-18 特性曲线不同的两台水泵并联

点 1—并联水泵的极限工作点，给出水泵的合成输水量；点 2 与点 3—并联时各台水泵的工作点；点 4—第一台水泵单独工作时的工作点；点 5—第二台水泵单独工作时的工作点

从图 3-18 中得知两台特性曲线不同的水泵并联运行时流量 $Q_{(Ⅰ+Ⅱ)}$ 为：

$$Q_{(Ⅰ+Ⅱ)} = Q'_Ⅱ + Q'_Ⅰ < Q_Ⅱ + Q_Ⅰ$$

解决并联的输水量小于并联前水泵各自流量之和的问题，必须加大输水管径，减少摩擦阻力。

排水泵站中必要时可采用每台泵单独设出水管，以免增加摩阻减少流量。

2）串联：用于流量不变的情况下，一台水泵不能产生较大的扬程时，需将两台相同流量的水泵串联使用。

在绘制两台相同水泵串联工作时的合成特性曲线时，要把两条 Q-$H_{(Ⅰ,Ⅱ)}$ 特性曲线在同一输水量（横坐标）时的扬程（纵坐标）加倍，见图 3-19。

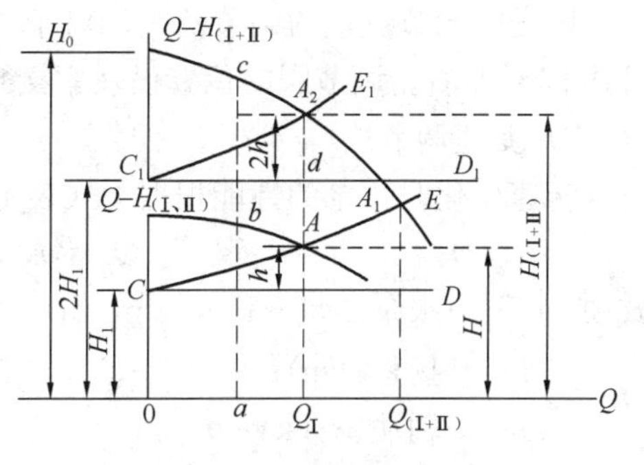

图 3-19 水泵串联时的合成特性曲线

水头 H_0 相当于压水管路闸门关闭时两台水泵的串联工作。

点 A 是在给定的管路特性曲线 C-E 和扬水地形高度 H_1 时，一台水泵的工作状况。点 A_1 是在同一管路特性曲线时，两台水泵串联的工作状况。串联工作的水泵输水量等于 $Q_{(Ⅰ+Ⅱ)}$，它比 $Q_Ⅰ$ 大些。

如图 3-19 所示，如果扬水地形高度 H_1 加倍，即假定增为 $2H_1$（直线 C_1D_1），并假定管路中的水头损失如线段 $A_2d = 2hA$ 所示也增加了一倍，则水泵将在极限点 A_2 的情况下工作，其流量为 $Q_Ⅰ$，总水头等于 $H_{(Ⅰ+Ⅱ)} = 2H$。

若非对口串联，而是设在两地的水泵串联时，第一台泵出水管接第二台泵吸水管处之余压，不应小于第二台泵的吸程（即真空度），或应超过第二台泵轴的高程，以满足自灌启动。

当两台不同的水泵串联工作时，情况和上述类似，但应注意下列条件：

① 两台水泵的出水量应该相同，否则容量较小的一台会产生严重的超负荷；

② 串联在后边的水泵，构造必须能承受前泵的压力，否则会遭到损坏，在选泵时需征得水泵制造厂方的同意。

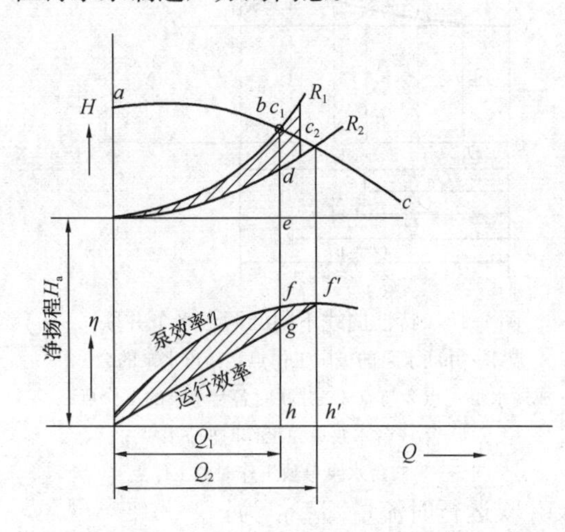

图 3-20　变阀调节流量造成的阻力变化

(8) 流量的调节

1) 变阀调节法

泵运行过程中的实际流量由该泵的扬程曲线和输水管路阻力曲线确定，图 3-20 的阻力曲线 R_2 和泵的扬程曲线 abc 的交点 c_2 是泵出口闸阀全开时的运行工作点，Q_2 为运行过程中的实际流量，$f'h'$ 为效率。

关小出口闸阀时，阀的阻力变大，阻力曲线从 R_2 变到 R_1，流量减少成 Q_1，这时的摩擦阻力从 de 变成 c_1e。其中 c_1d 是阀的损失，即由于调节流量而造成的额外的损失。因此，Q_1 处泵的运行效率就从原来的 fh 变成了 gh，表示如下：

$$gh = fh\frac{dh}{c_1h} = \eta\frac{dh}{c_1h} \tag{3-19}$$

泵的扬程曲线愈陡，由变阀带来的效率降低愈大。

用变阀调节流量的调节范围，对于离心泵大致到额定流量的 50%左右；对于轴流泵可达 80%左右。调节阀的位置设在紧接泵出口处为宜。

2) 变速调节法

转速变化时，泵的性能根据下式表示的相似律产生变化：

$$Q \propto n,\ H \propto n^2,\ N \propto n^3 \tag{3-20}$$

式中　Q——水泵流量（L/s 或 m^3/h）；

H——扬程（m）；

N——轴功率（kW）；

n——转速（r/min）。

由转速变化引起的泵特性的变化，见图 3-21。转速为 n_1 时，工作点在 C_1。将转速改为 n_2，则工作点由 C_1 移至 C_2，流量由 Q_1 变为 Q_2，扬程由 H_1 变为 H_2，轴功率由 N_1 变为 N_2。如果以 R_2 作为输水管路的阻力曲线，则把转速改变成 n_2 之后的工作点变为 C'_2。

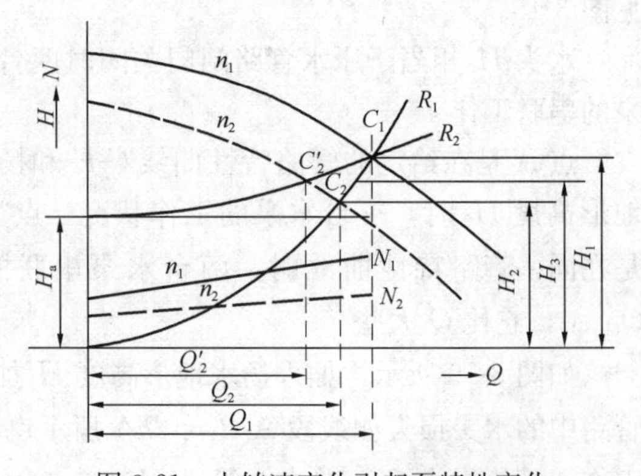

图 3-21　由转速变化引起泵特性变化

① 改变传动装置转速的调节法：这种方法即原动机虽然仍作定转速运行，但是通过传动装置来改变泵的转速。传动装置有液力联轴器、电磁联轴器、齿轮变速装置、皮带轮变速装置等。其中电磁联轴器价格比较便宜，控制范围在30%～80%之间。其特点为较易控制，传动效率高，装置简单，多用于小容量机组。液力联轴器控制范围：能使最低转速变到额定转速的40%～60%左右，一般使用在传动比接近于1的地方。特点是：从动轴的力矩不会超过主动轴的力矩。传递一定的功率时，转速和直径越大，则传动效率越高，但价格比较贵。适用于大、中容量机组。

② 改变电动机转速的调节法：可变速电动机分为直流电动机和交流电动机两种。对于水泵来说，从运行、保养的角度考虑，多使用交流可变速电动机。电动机的转速控制，见给水排水设计手册第8册《电气与自控》。

水泵配置电动机变频调速，是目前国内排水泵站较常采用的形式。电动机的选用应遵照《中小型三相异步电动机能效限定值及能效等级》GB 18613和《高压三相笼型异步电动机能效限定值及能效等级》GB 30254标准要求选择高效电机。中小型三相异步电动机的能效限定值为在额定输出功率时的效率应不低于GB 18613表1中2级的规定。

3）变径调节法

变径法是把水泵叶轮外径切削得小些使用，经过切削的叶轮，特性曲线就按切削律的规律发生变化。变径调节法是一种简便改变水泵性能的方法。

① 切削率：

$$\frac{Q'}{Q}=\frac{D'_2}{D_2} \tag{3-21}$$

$$\frac{H'}{H}=\left(\frac{D'_2}{D_2}\right)^2 \tag{3-22}$$

$$\frac{N'}{N}=\left(\frac{D'_2}{D_2}\right)^3 \tag{3-23}$$

式中Q'、H'、N'分别为叶轮外径切削为D'_2时的流量、扬程和轴功率。

根据水泵的比转数，将叶轮切削量控制在一定限度内，可以对水泵的效率影响很小。见表3-9。

叶轮切削量限定值 **表3-9**

比转数 n_s	60	120	200	300	350	350以上
最大允许切削量（%）	20	15	11	9	7	0
效率下降值	切削10%效率下降1%		切削4%效率下降1%			

② 变径调节法可以在已知叶轮切削量时，得到切削前后水泵特性曲线的变化，解决了为使水泵的特性曲线通过需要的工况点，应该将叶轮直径切削多少的问题。

对于近远期水量有变化的泵站，可以采用同一台水泵，配以外径不同的叶轮，满足现状及发展的要求。

（9）水泵的排列形式

水泵平面布置形式，可直接影响机器间面积的大小，同时也关系到养护管理的方便与否，排列水泵时应根据具体情况，分别按并列式、交错式和斜置式等布置形式排列，见图3-22。水泵布置宜采用单行排列，对运行、维护有利，且进出水方便。

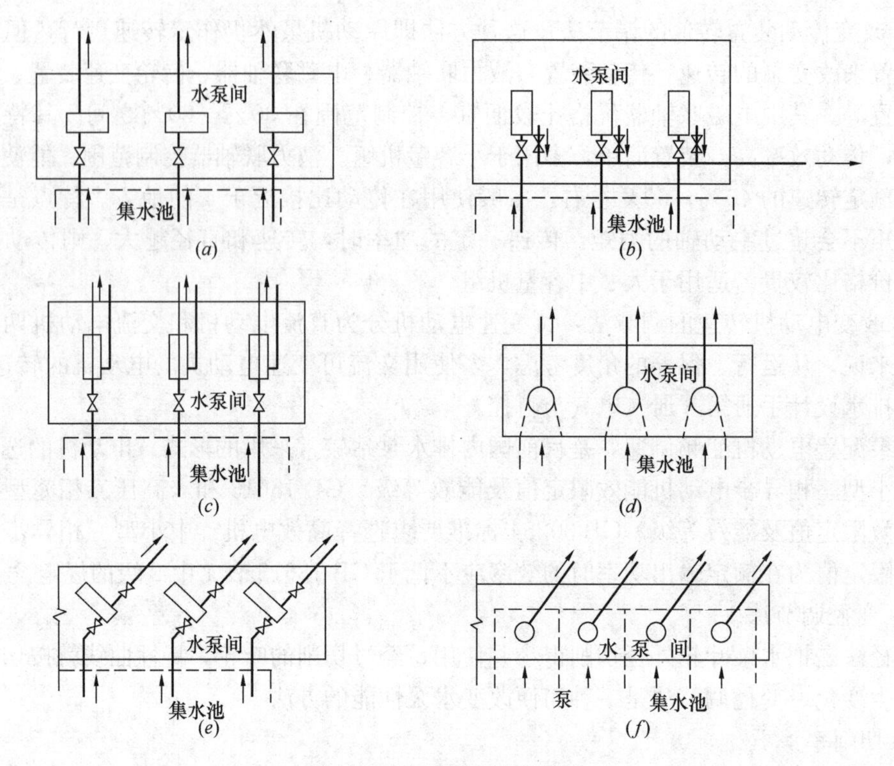

图 3-22　水泵平面布置形式

(*a*) 并列式卧式泵（直进直出）；(*b*) 并列式卧式泵（直进侧出）；(*c*) 并列式卧式混流泵；
(*d*) 并列式立式轴流泵（或立式混流泵）；(*e*) 斜置式卧式泵；
(*f*) 斜置式立式轴流泵（或立式混流泵）

(10) 水泵安装

1) 采用两台卧式水泵，其中一台运转，一台备用时，则基础可合并为一整体，以节约用地，但两台泵之间的净距应满足安装和检修要求，一般可采用 400～500mm，另一侧应按一般通道标准确定宽度尺寸。

2) 卧式离心泵与电动机的通用底座，基础边缘到螺孔中心距离应不小于 100～200mm，螺栓长度不得小于螺栓直径的 30 倍。

3) 立式轴流水泵可与电动机或内燃机相连接，连轴长度可根据需要确定，水泵间与电动机间的层高差超过水泵技术性能中规定的轴长时，应设中间轴承和轴承支架，水泵油箱和填料函处应设操作平台等设施。中间轴承要润滑，其直径要能保证运转平稳、不抖动，并应安全地固定在支承结构上或支承在轴箱中。安装要求精确，上下轴对准中心轴线。操作平台工作宽度不应小于 0.6m，并应设置栏杆等安全设施。平台的设置应满足管理人员通行和不妨碍水泵装拆。

立式轴流水泵，在有条件时可将电动机直接安装在水泵上，取消传动轴，直接耦合，有利于运转平稳，且安装较为方便。

4) 基座与水泵、电动机连接处，要求平稳，易于拆装，避免在拆卸安装时出现两次混凝土浇筑。水泵机组基座，应按水泵要求配置，并应高出地坪 0.1m 以上。

3.1.10.2 电动机

电动机的分类及选择，见给水排水设计手册第11册《常用设备》有关内容。电动机启动方式、电压降计算等内容，见给水排水设计手册第8册《电气与自控》。

3.1.10.3 管件

(1) 管件材料及接口：应能承受水泵突然停止运转及急速关闭压力管道上的闸门时管道中的水锤，并能耐腐蚀和磨损。室内接口一般采用法兰、电焊接口或沟槽式连接；室外采用球墨铸铁管时为承插接口，采用钢管时为焊接或法兰、沟槽式连接，法兰、沟槽式连接埋入土中时，应采取防腐措施。

(2) 管径及长度：管径大小用流速控制，一般要比水泵进出口断面大一级，以减小水头损失。吸水管及出水管管径不得小于100mm，以利于清通。进水管和出水压力管长度越短越好，并尽量少改变方向，以减少水头损失。

(3) 水泵吸水管设置：每台泵应设置单独的吸水管，吸水管的进水要平顺，进口处不得安装底阀，应设置喇叭口，其大口直径为吸水管直径的1.3～1.5倍。

(4) 水泵吸水管的流速及安装要求：吸水管的流速一般采用0.7～1.5m/s，最低不得小于0.7m/s。吸水管的安装要求应有向水泵不断上升的坡度（$i \geqslant 0.005$）。吸水管水平段不应有高点，以免形成气囊，影响输水量或造成气蚀现象，水平变管径时，采用的偏心渐缩管应使管顶成水平面，管底成斜坡面。

(5) 水泵出水压力管的流速及设置：出水压力管的流速一般为0.8～2.5m/s，压力管的经济流速，应按不同管径选用。每台泵应设置单独的出水管，在限于条件必须合用一条出水管时，其管径应加大，并应核算仅一台水泵工作的流速，不得小于0.7m/s。

(6) 管道支墩和吊架：管道接近地面安装时应设支墩，并应根据需要设置跨越设施。若架空敷设时，应有支架（或吊架），管底距地面不应小于2.0m，并不得跨越水泵、电气设备和阻碍人行、货运通道。平行敷设的管道，其净距不应小于0.4m。

立式泵出水管路应另设支架，不得借泵体本身支承。

(7) 穿墙管：需与墙壁垂直，以利于施工与安装。穿墙管应加套管，套管管径应比穿墙管加大一级（或套管内径与穿墙管外径之间留有一定的空隙）以便打口堵塞严密，在无地下水的情况下，亦可预留孔洞，管道安装后再将周围封严。

(8) 水锤问题：水锤的危害性体现在能使管件因受压力的冲击而损坏，或泵、电动机在没有考虑反转的情况下，由于反转出事故。为避免水锤现象发生，可采用延长关闭或开启闸门的时间，如设自动锥形阀、球阀、液位控制阀、排水用缓闭止回阀等。在可能发生严重停泵水锤的泵房应安装水锤消除器。

水锤计算及水锤消除设备的选定，参见给水排水设计手册第3册《城镇给水》。

(9) 活接头（人字接口）：活接头一般安装在进水闸门与水泵之间和水泵出水压力管（或出水闸）与穿墙管之间以及并联管路上，若水泵出水管至穿墙管之间有弯管，可不设活接头。设活接头的目的是便于管件的拆卸安装。

(10) 补偿接头：管路补偿接头按功能分为松套补偿接头、松套限位补偿接头、松套传力补偿接头、大挠度松套补偿接头、球形补偿接头、压力平衡型补偿接头等。具体设计应根据其特点、适用要求和使用条件选用。

(11) 异形管：同心或偏心渐缩管、同心或偏心渐扩管、各种不同角度的弯管、同径和异径丁字管、十字管和吸水喇叭口管等所有异形管，应根据工艺需要设置，并满足水力条件。

(12) 闸门和阀门

1) 总进水闸门：泵站应在干管（沟）进入格栅（或集水池）前设总进水闸门，以便于清淤和检修或事故时使用。要求闸门截水性能良好，尽量减少渗水量，一般常用的有铸铁闸。也可以使用止水性能良好的钢板闸。

2) 进水阀门：对于自灌式水泵，除立式轴流泵外，应在每台水泵的吸水管上设截止阀，以便在水泵停止运行、保养检查及拆卸水泵时，不致向机器间灌水。进水管上的阀门在运行中一直打开，在关闭时尽量严密，减少漏水量。

3) 出水阀门、止回阀：

① 几台泵合用一条总出水管时，应在每台泵的出水压力管上设阀门，以免水泵之间发生串水现象，并在阀门与水泵之间设止回阀。当污水泵出水管与压力管或压力井相连时，出水管上必须安装止回阀和闸阀等防倒流装置。雨水泵的出水管末端宜设防倒流装置，其上方宜考虑设置起吊设施。

② 当出水压力管高于出口水位，而出水管又坡向出水口，无倒灌逆流现象发生或者污水泵站扬程不高（10m 左右）时，在产生倒转也不会使叶轮松动的情况下，可取消止回阀（或拍门）以节省能耗。

③ 阀门形式较多，有球形阀、蝶阀、止回阀、拍门等，排水泵站应该以上提式闸板阀及旋启式止回阀为主。排水泵站中蝶阀需慎用。中、小型水泵可使用普通止回阀。对于回水压力高的大型泵站，当有必要抑制水锤压力上升时，往往选用缓闭止回阀。

④止回阀安装位置应紧接泵的出水口，以便将水保留在压力管中。其口径一般与泵相同，止回阀宜水平安装，以免垂直安装时阀瓣上面聚集杂物，影响开启，减小泵的工作能力。

(13) 泄水管：为便于检修时放空出水管，一般在止回阀上安装泄水管（带阀），可将管内的水泄至集水坑中。

3.1.11 楼梯及踏步（爬梯）

3.1.11.1 分类

应根据管理人员上下以及搬运小型设备工具等需要，在机器间、集水池格栅间、高型出水池、高架进水闸井启闸架等外露部位设楼梯；在进出水井、溢流井、闸井及前池等井内隐蔽部位设踏步；其他附属构筑物及生活用房等根据需要设置楼梯。

3.1.11.2 形式

楼梯及踏步应根据使用的次数多少及安全程度的要求来决定其形式：

(1) 坡度：经常上下的楼梯，如泵房、格栅间，其楼梯坡度一般可采用 1：0.75，最陡不得超过 1：1，每隔 11～12 阶设一平台；踏步（爬梯）间隔不大于 350mm，可交错布置两排（净距 150mm）。

(2) 宽度：楼梯及平台宽度一般采用 0.8～1.0m；踏步宽度不应小于 0.2m。

(3) 扶手：楼梯应设扶手以保证行人安全，其高度 1m，中间加一横竖杆，外露楼梯扶手应起到装饰作用。

3.1.11.3 材料

一般上下阶梯较多时，应采用钢筋混凝土楼梯，否则可采用钢板压花焊接楼梯。冬季降雨的地区，选择材料时应考虑防止管理人员上下楼梯时滑倒，扶手可用镀锌钢管焊接。爬梯宜采用铸铁制作，并涂以防腐油漆。

造型美观、简便的旋转楼梯使用也很普遍。

3.1.12 进水交汇井、溢流井和出水井（池）

3.1.12.1 进水交汇井

将各排水管道的来水汇集在一起后再流入集水池。通过进水井可以改变不利的进水方向，以保证进水平稳，避免滞流涡流，使吸水管能均匀地抽升。如果不存在以上情况，进水井亦可不设，来水管道可直接经进水闸门、格栅，再流入集水池。

（1）进水井形式和尺寸：进水井形式可以为圆形、矩形、梯形，也可以与进水闸井、溢流井合并成一个构筑物（多用在雨水泵站或合流泵站）。其具体尺寸应根据来水管渠的断面和数量决定，但直径不得小于1.5m（或矩形时为1.2m×1.5m），以便于管理。

（2）进水井井底高程：井底高程可与最低来水管（渠）底相平，其设计水面应以不淹没所有来水管道的管顶为准。

3.1.12.2 溢流井（或事故排出口）

溢流井的设置，是由于停电或抽升水泵（或压力管）发生故障时，要求关闭进水闸，或出现雨水、合流泵站超频率、污水超设计流量等情况时，来水管之流量不能及时抽升，此时就要通过溢流井中的溢流管临时流入天然水体（或污水排入雨水沟渠），以免淹没集水池和影响排水。溢流井的设置，必须取得当地环境和卫生主管部门的同意。

（1）溢流井位置：应设在来水干管进水闸之前，在较长的来水管上，可在上游一定距离加设溢流井。

（2）溢流口高度：应根据排入水体的洪水位决定，必须高于设防洪水位，不允许河水倒灌，同时在溢流口处应设置闸门。

（3）溢流口断面尺寸：溢流口过水能力可按来水设计流量计算，但在与规划、环保、市政管理等有关方面协商后，也可适当减小。溢流口的形式，可以采用溢流堰的做法。

无溢流条件者，重要地区的排水泵站供电应按不低于二级负荷设计，或设备用泵临时接电源抽升。

3.1.12.3 出水井（池）

（1）出水井（池）的作用是将多台水泵的出水汇合，经过压力调整，由出水总管排出泵站。

（2）出水井（池）同集水池可以合建、也可以分建。合建时，由于两座池子的深浅不一，应选择适当的基础处理方法；或用橡胶止水带同集水池连接；或在出水井（池）的底部设空箱，以便同集水池底板相平。分建时，应同集水池保持适当的距离。避免建在回填土上。

（3）出水井（池）的形式分为密闭式出水压力井和敞开式出水井。密闭式出水压力井的盖板必须密封，所受压力由计算确定。密闭式出水压力井必须设透气筒，筒高和断面应根据计算确定，且透气筒不宜设在室内。密闭式出水压力井的井座、井盖及螺栓应采用防锈材料，以利拆装。敞开式出水井的井口高度，应高于下游水体最高设防水位时开泵形成的高水位，以及可能出现的水泵骤停时水位上升的高度。出水井敞开部分应有安全防护措施。

排水泵站一般应注重开泵时的出水壅高，以确定出水井（池）承受的内压和选择必要的技术措施。

1）重力流和低压出水时宜采用敞开式出水井。为保证泵站出水顺利排出，出水井顶面高程一般应高出泵站室外地面1.0m以上。

2）出水压力较高时，可采用密闭式出水压力井或带溢流设施的半敞开式（敞开式）出水井。

3）出水压力高时，宜设置封闭式出水压力井。当出水压力井所需溢流、透气设施的高度超过机房高度时，则应采用出水管并联的方式，不再设出水井（池）。

4）小型水泵重力流出水，出口为自由流时，可以只设出水井（池）。

（4）泵站出水总管闸门，应该尽量设在泵站院内，以便于管理。

3.1.13 电气

3.1.13.1 供配电系统

（1）泵站负荷等级及供电方式应根据工程性质、规模和重要性合理确定。

（2）一、二级负荷采用双（回）路供电时，其每一（回）路电源均能承担泵站全部负荷。特别重要的泵站，还应预留发电机备用电源接口。

（3）供配电系统应根据泵站性质、规模、运行方式、重要性等因素综合考虑确定。分期建设的泵站，供电系统应结合近远期具体情况综合考虑，便于过渡。

（4）备用发电机电源应接入低压系统，与市电电源要有联锁，保证不能同时工作或反送。

（5）低压进线应装设电流、电压、有功电度、无功电度、有功功率、无功功率、功率因数等功能测量表计，并带通信接口可传送至PLC。

（6）泵站操作电源宜采用直流操作系统，直流电压为DC100V或DC220V。

3.1.13.2 变配电室

（1）变配电室设置应尽量靠近泵房，便于电缆进出；也可与泵房合建在一起，但要有防止泵房内的有害气体进入变配电室的措施。

（2）室外电缆沟在进入配电室入口处及电缆穿墙管处应做好封堵，防止小动物及室外水进入室内电缆沟内。电缆沟应设排水设施。

（3）配电室长度大于7m时，应设两个出口。

（4）变配电室内电气设备布置应满足《20kV及以下变电所设计规范》GB 50053及《低压配电设计规范》GB 50054的相关规定。

3.1.13.3 泵房

（1）变配电室与泵站接地宜采用综合接地方式。接地装置应充分利用格栅间、泵房等建（构）筑物地下结构内的钢筋、金属构件等自然接地体。

（2）泵房设备间与配电室分建时，就地应设控制按钮及急停按钮。

（3）水泵调速宜优先采用变频调速方式，根据工艺运行要求，按照经济运行和减少水泵启停次数的原则配置调速装置。

(4) 对于雨水泵站，现场电气设备布置要考虑防淹没。

(5) 泵站照明灯具宜采用防潮、防腐型，便于安装、维护、更换。必要时可设应急照明。

电气一、二次系统设计，设备布置、选型、安装等参见给水排水设计手册第8册《电气与自控》相关章节内容。

3.1.14 自控仪表

3.1.14.1 自控

(1) 污水泵站格栅宜采用液位差计和时间自动控制方式。

(2) 泵站应采用可编程控制器控制；应设置根据水泵启停次数和运行时间来实现轮换控制功能。

(3) 泵站自动化程度及远控功能应根据运营管理部门的要求确定。

(4) 泵站应预留通信、数据采集及上报等功能接口。

(5) 有人值守的泵站应具有运行统计、设备管理、报表管理等功能。

(6) 应测量采集配电系统电能参数，宜采用带通信功能的变送表。

(7) 应设置存储设备，按照运营管理部门要求的内容及时间确定其容量及存取方式。

(8) 泵站控制系统应配置 UPS 作为备用电源。

(9) 根据运营管理部门的需求设置监控系统设备。

3.1.14.2 仪表

(1) 不同区域的重要雨水泵站应设置雨量计。

(2) 大型水泵应设置轴温、电机定子温度、振动保护，当发生异常时应报警或停机。

(3) 立交桥排水低点应设液位监控及视频监视装置。

(4) 格栅间及重要地点应有视频监视。

(5) 污水泵站应设有害气体报警装置，雨水泵站宜设有害气体报警装置。

(6) 排水泵站液位测量宜采用超声波或雷达液位计。

(7) 除液位计外，水泵还应设置专业低液位保护开关，防止水泵空转。

(8) 无人值守泵站应设置视频安防系统。

自控仪表系统配置，设备布置、选型、安装等参见《给水排水设计手册》第8册《电气与自控》相关章节内容。计量设备参见本册第10章相关内容。

3.1.15 噪声的消减

3.1.15.1 噪声的发生及传播

噪声是由水锤、泵的气蚀及阀门振动产生的脉动水流使管道振动而发生的，动力设备的转动、立式泵电动机与其基础的共振等都会发生噪声。这些噪声直接向空间扩散。

3.1.15.2 噪声的消减方法

为减轻噪声对值班人员的干扰和对外界的影响，应采用一定的消声和隔声措施。

(1) 隔声与加大传播距离

隔声一般采用空心墙、双层玻璃窗、隔声板等，或设置地下式、半地下式泵站。

加大传播距离，可将带声源的建筑物同生活用的附属建筑物分开。

(2) 振动绝缘和振动衰减措施

1) 将泵及电动机的基础与构筑物的基础分开，使传播的物体失去连续性或切断传播途径。

2) 在振动体（泵、电动机等）的基础下放置可隔振的弹性材料，如橡胶隔振垫、软木浸沥青、毛毡、玻璃纤维泡沫塑料等，使振动衰减。

3) 减振器：采用弹簧减振器、空气或油压缩减振器等。

(3) 改变声源的方向

声源有方向性，离开声源一定距离的地方，随着方向的不同，声压能级也不同。可利用排气孔或室内换气孔的方向进行调整。

(4) 绿化隔声

可设置绿化隔离带，密植常青树，宽度 10～30m，约降低噪声 5～10dB。

噪声消减的计算，参见给水排水设计手册第 1 册《常用资料》。

3.2 污水泵站

3.2.1 特点及一般规定

3.2.1.1 特点

污水泵站的特点是连续进水，水量较小，但变化幅度大；水中污杂物含量多，对周围环境的污染影响大。所以污水泵站应该使用适合污水的水泵和清污量大的格栅除污机，集水池要有足够的调蓄容积，水泵的运行时间长，应考虑备用泵；泵站的设计应尽量减少对环境的污染，站内要提供较好的管理、检修条件。

污水泵站规模较大时，为便于检修，设计上应考虑分系列设置。

3.2.1.2 一般规定

(1) 应根据近远期污水量，确定污水泵站的规模。污水泵站的设计流量，应按泵站进水总管的最高日最高时流量计算确定。

污水泵站和合流污水泵站宜采用自灌式泵站。

(2) 应明确泵站是一次建成还是分期建设，是永久性还是半永久性，以决定其标准和设施。

(3) 在分流制排水系统中，雨水泵房与污水泵房可分建在泵站院内不同的位置，也可以合建在一座构筑物里面，但水泵、集水池和管道应自成系统。

(4) 污水泵站的集水池与机器间合建在同一构筑物内时，集水池和机器间须用防水隔墙分开，不允许渗漏；集水池与机器间分建时要保持一定的施工距离，避免不均匀沉降，其中集水池多采用圆形，机器间多采用方形。

(5) 泵站地下构筑物不允许地下水渗入，应设有高出地下水位 0.5m 以上的防水措施，做法见《给水排水工程构筑物结构设计规范》GB 50069。

(6) 注意减少对周围环境的影响，结合当地条件，使泵站与居住房屋和公共建筑保持一定的距离，院内须加强绿化，尽量做到庭院园林化，四周建隔离带。泵站绿化率应该满足当地绿化指标要求。

(7) 污水泵站宜根据其所在位置及周边条件确定是否设置除臭装置。

3.2.2 格栅除污机

3.2.2.1 机械格栅除污机

为了改善管理人员的工作条件，减轻劳动强度，污水泵站宜采用机械格栅除污机。配用的电动机及启动设备应放在池顶上，避免淹泡，顶上设罩棚，防止雨淋。

格栅除污机的种类较多，要根据安装格栅除污机渠道的宽度、深度、污物量、污物性质及安装角度等因素综合考虑选用。污水泵站规模较大时，设计上应考虑分系列设置。

污水泵站一般采用固定式格栅除污机，单台工作宽度不宜超过3m，否则应使用多台，以保证运行效果。

3.2.2.2 栅条的间隙

(1) 栅条间隙大小可分为三级，小于10mm为细格栅，大于40mm为粗格栅，中间为中格栅。中途提升的污水泵站宜采用粗格栅；在污水处理厂的进水泵房中，泵前设一道中格栅，泵后再设一道细格栅，以利于污水的后续处理。

(2) 格栅间隙大小

1) 根据水泵叶轮间隙允许通过的污物能力决定，即格栅间隙应小于水泵叶轮的间隙。

2) 根据泵站收水范围的地区特点、栅渣的性质决定。

3.2.2.3 材质

格栅除污机的格栅一般分上下两部分。在最高水位以上设置钢板，下部设栅条。栅条宜采用不锈钢材质。

3.2.3 集水池

3.2.3.1 形式

(1) 集水池与进水闸井、格栅井合建时，宜采用半封闭式。闸门及格栅处敞开，其余部分尽量加顶板封闭，以减少污染，敞开部分设栏杆及活盖板，确保安全。

(2) 集水池单建或与机器间合建时，应做成封闭式，池内设通气管，通向池外，并将管口做成弯头或加罩，高出室外地面至少0.5m，以防雨水及杂物入内。

3.2.3.2 有效容积

(1) 全日制运行的污水泵站，集水池有效容积是根据工作水泵机组停车时启动备用机组所需的时间来计算的，也就是由水泵开停次数决定的。当水泵机组为人工管理时，每小时水泵开停次数不宜多于3次；当水泵机组为自动控制时，每小时开停次数由电动机的性能决定。污水泵站的集水池有效容积一般按不小于最大一台泵的5min出水量计算。污水泵站集水池的设计最高水位，应按进水管充满度计算。

(2) 小型污水泵站，由于夜间流量很小，通常在夜间停止运行，在这种情况下集水池的有效容积必须能容纳夜间的流量。

(3) 集水池的有效容积在满足安装格栅、吸水管的要求，保证水泵工作时的水力条件，能够及时将流入污水抽走的前提下，应尽量小些，以降低造价，减轻污染物的沉积和腐化。

3.2.3.3 集水池清池排空设施

集水池一般设有污泥斗，池底做成不小于0.01的斜坡，坡向污泥斗。从平台到池底，应设供上下用的扶梯。平台上应有供吊污物用的梁勾、滑车。

3.2.4 选泵

3.2.4.1 设计水量、水泵全扬程

(1) 污水泵站设计流量按最大日最大时流量计算，并应以进水管最大充满度的设计流量为准。

(2) 污水泵和合流污水泵的设计扬程，应根据设计流量时的集水池水位与出水管渠水位差和水泵管路系统的水头损失以及安全水头确定。

水泵全扬程 H 计算公式为：

$$H \geqslant H_1 + H_2 + h_1 + h_2 + h_3 \tag{3-24}$$

式中 H_1——吸水地形高度（m），为集水池经常水位与水泵轴线标高之差；其中经常水位是集水池运行中经常保持的水位，在最高与最低水位之间，由泵站管理单位根据具体情况决定；一般可采用平均水位；

H_2——压水地形高度（m），为水泵轴线与经常提升水位之间高差；其中经常提升水位一般用出水正常高水位；

h_1——吸水管水头损失（m），一般包括吸水喇叭口、90°弯头、直线段、闸门、渐缩管等；

$$h_1 = \xi_1 \frac{v_1^2}{2g}$$

h_2——出水管水头损失（m），一般包括渐扩管、止回阀、闸门、短管、90°弯头（或三通）、直线段等；

$$h_2 = \xi_2 \frac{v_2^2}{2g}$$

ξ_1、ξ_2——局部阻力系数（见给水排水设计手册第1册《常用资料》）；

v_1——吸水管流速（m/s）；

v_2——出水管流速（m/s）；

g——重力加速度，为9.81m/s²；

h_3——安全水头（m），估算扬程时可按0.5～1.0m计；详细计算时应慎用，以免工况点偏移，见图3-23。

3.2.4.2 选泵考虑的因素

(1) 设计水量、水泵全扬程的工况点应靠近水泵的最高效率点。

(2) 当泵站内设有多台水泵时，选择水泵应当注意不但在联合运行时，而且在单泵运行时都应在高效区范围。

(3) 尽量选用同型号水泵，方便维护管理；当水量变化大，且水泵台数较多时，采用大小水泵级配方式设置较为合适。

(4) 远期污水量发展的泵站，水泵要有足够的适应能力。

(5) 污水泵站尽量采用污水泵，并且根据来水水质，采用不同的材质。

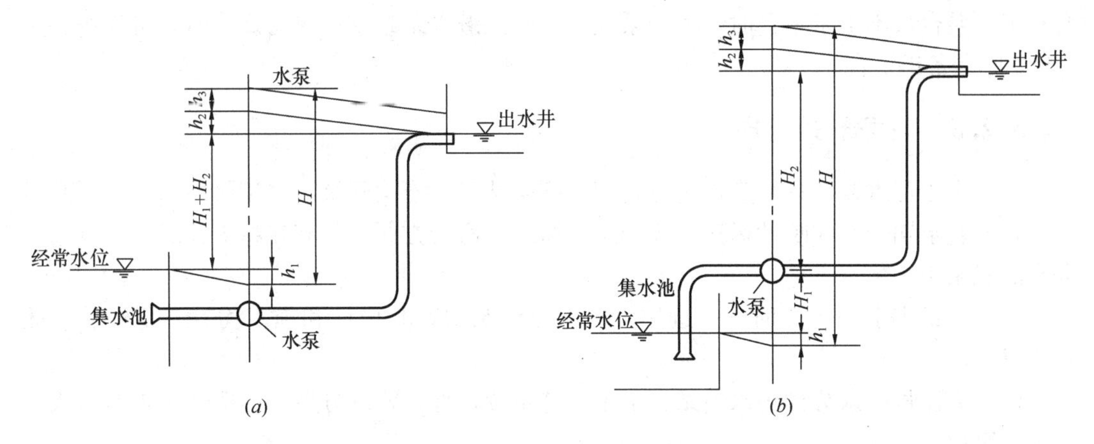

图 3-23 水泵扬程示意图

(*a*) 自灌式；(*b*) 非自灌式

3.2.4.3 常用污水泵

常用的污水泵按安装方式分有干式安装的立式或卧式泵、湿式安装的立式泵（电机为干式安装，水泵安装于集水池内）以及潜水泵等。参见给水排水设计手册第 11 册《常用设备》和《给水排水设计手册·材料设备》（续册）第 2 册。

3.2.4.4 污水泵站的调速运行

在污水泵站中，根据运行工况需要，采用变速与定速水泵组合运行，可以保持进水水位及出水压力稳定，降低能耗、提高自动化程度，是一种节能的有效方法。

在定速泵站中，水泵按额定转速运行，工况点随着进出水水位的变化，只能沿着一条流量—扬程曲线推移，流量调节的范围很窄，无法保证高效；水泵的变速运行是利用调节转速的手段，扩展水泵特性曲线，增加工况点，使一台定速水泵发挥出符合比例定律的一组大小不同水泵的作用。电动机调速方式见给水排水设计手册第 8 册《电气与自控》相关章节内容，宜优先采用变频调速方式。

调速电动机的数量可根据水泵的总台数、来水量变化曲线及水泵压力管路的特性曲线选用，一般常用一台调速电动机配一台水泵，与一台或多台常速电动机配备的水泵同时运转较宜。常速电动机所配水泵每台的容量应小于变速电动机所配水泵最高速率运转时的容量，两者配合运行较稳定。

3.2.4.5 水泵启动方式

（1）自灌式：污水泵站为常年运转，宜采用自灌式。自灌式启动及时，管理简便，尤其对开停比较频繁的泵站，使用自灌式效果较好。

（2）非自灌式：在泵站深度大、地下水位高的情况下，也可采用非自灌式污水泵站。大中型泵站可采用真空泵启动，为减少真空泵的开停次数，亦可采用加真空罐的办法。中小型泵站可采用密闭水箱、泵前水柜引水，或鸭管式无底阀引水等方式。

3.2.4.6 水泵数量

水泵宜选用同一型号，台数不应少于 2 台，不宜多于 8 台。当水量变化很大时，可配置不同规格的水泵，但不宜超过两种，或采用变频调速装置，或采用叶片可调式水泵。

污水泵站和合流污水泵站应设备用泵，当工作泵台数不多于 4 台时，备用泵宜为 1

台；工作泵台数不少于5台时，备用泵宜为2台。潜水泵站备用泵为2台时，可现场备用1台，库存备用1台。

3.2.5 泵房形式选择

（1）由于污水泵站一般为常年运转，大型泵站多为连续开泵，小型泵站除连续开泵运转外，亦有定期开泵间断性运转，故选用自灌式泵房较方便。只有在特殊情况下才可选用非自灌式泵房。

（2）流量小于$2m^3/s$时，常选用下圆上方形泵房，其设计和施工均有一定经验，故被广泛选用。

（3）大流量的永久性污水泵站，由于工艺布置合理，管理方便，一般选用矩形（或组合形）泵房。

（4）分建与合建式泵房的选用，一般自灌启动时应采用合建式泵房；非自灌启动或因地形地物受到一定限制时，可采用分建式泵房。

（5）日污水量在$500m^3$以下时，如某些仓库、铁路车站或人数不多的单位、宿舍等，可选用较简便的小型污水泵站。

（6）小型污水泵站一般宜采用潜水排污泵。

3.2.6 构筑物及附属建筑

3.2.6.1 污水泵站构筑物

污水泵站如图3-24所示。

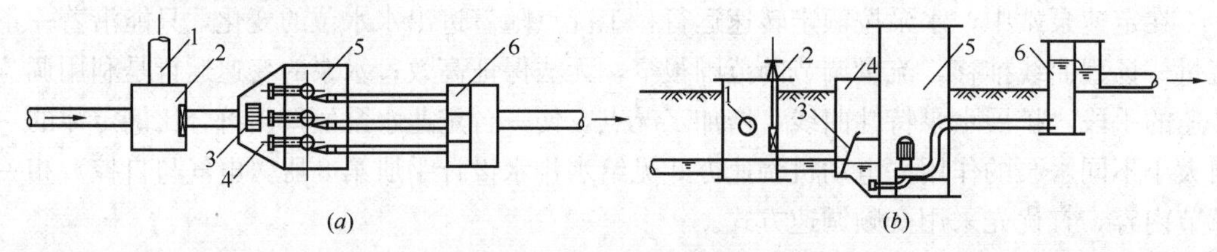

图3-24　污水泵站组成示意

(*a*) 平面图；(*b*) 剖面图

1—事故出水口；2—闸门井；3—格栅间；4—集水池；5—机械间；6—出水池

3.2.6.2 附属建筑

一般根据泵站规模、污水量大小、控制方式、所在位置及其重要性等因素而定。

（1）经常有人管理的泵站应设值班室，值班室应设在机器间一侧，有门相通或设置观察窗，并根据运行控制要求设置控制屏（和控制台）和配电柜。其面积约为$12\sim18m^2$，能满足1～2人值班。

（2）泵站应设置相关通信设施，便于实时监控和集中控制。

（3）根据需要设置必要的生活设施。

3.2.7 污水泵站计算

【例3-1】自灌式（见图3-25），已知：

（1）城市人口为80000人，生活污水量定额为135L/(人·d)。

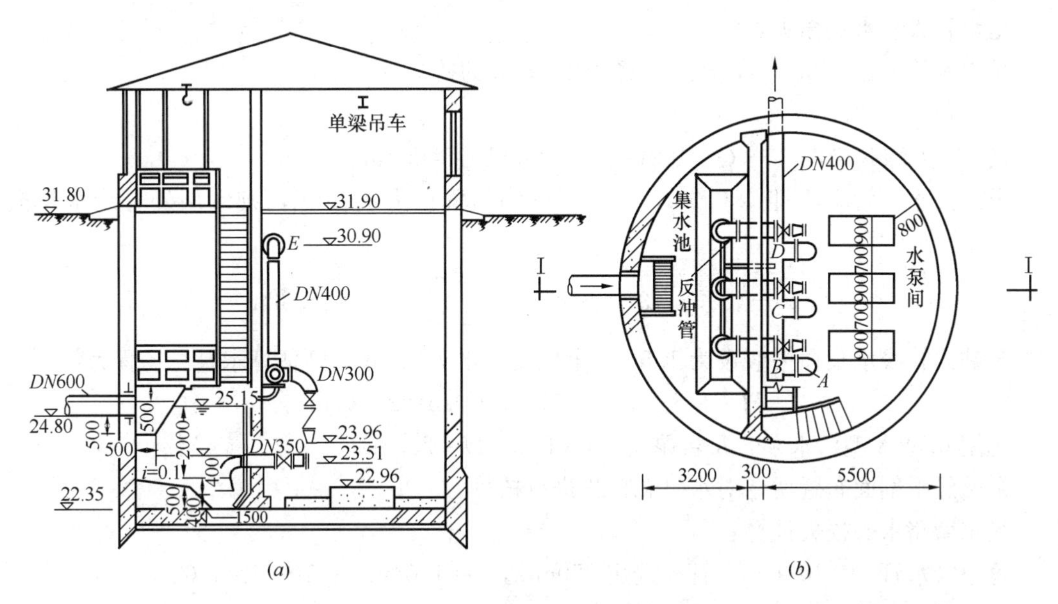

图 3-25 自灌式污水泵房

(a) Ⅰ-Ⅰ剖面图；(b) 平面图

(2) 进水管管底高程为 24.80m，管径 DN600，充满度$\frac{H}{DN}$=0.75。

(3) 出水管提升后的水面高程为 41.80m，经 320m 管长至处理构筑物。

(4) 泵房选定位置不受附近河道洪水淹没和冲刷，原地面高程为 31.80m。

(5) 地质条件为砂黏土，地下水位高程为 29.30m，最低为 28.00m，地下水无侵蚀性，土壤冰冻深度为 0.7m。

(6) 供电电源为两个回路双电源（因无法设事故排出口），电源电压为 10kV。

【解】 平均秒流量：

$$Q=\frac{135\times 80000}{86400}=125\text{L/s}$$

最大秒流量：

$$Q_1=QK_2=125\times 1.59=199\text{L/s}$$

取 200L/s。

选择集水池与机器间合建式的圆形泵站，考虑 3 台水泵（其中 1 台备用），每台水泵的容量为$\frac{200}{2}$=100L/s。

集水池容积，采用相当于一台泵 6min 的容量：

$$W=\frac{100\times 60\times 6}{1000}=36\text{m}^3$$

有效水深采用 H=2m，则集水池面积为 F=18m^2

选泵前总扬程估算：

经过格栅的水头损失为 0.1m

集水池正常工作水位与所需提升经常高水位之间的高差为：

41.8−(24.8+0.6×0.75−0.1−1.0)=17.65m（集水池有效水深一般宜为 1～2m）

出水管管线水头损失：

总出水管：Q=200L/s，选用管径为400mm的铸铁管

查表得：v=1.59m/s，1000i=8.93m

当一台水泵运转时　Q=100L/s，v=0.8L/s＞0.7m/s

设总出水管管中心埋深0.9m，局部损失为沿程损失的30%，则泵站外管线水头损失为：

$$[320+(39.8-31.8+0.9)]\times\frac{8.93}{1000}\times1.3=3.82\text{m}$$

泵站内管线水头损失假设为1.5m，考虑安全水头0.5m，则估算水泵总扬程为：

$$H=1.5+3.82+17.65+0.5=23.47\text{m}$$

选用6PWA型污水泵，每台泵Q=100L/s，H=23.3m

泵站经平剖面布置后，对水泵总扬程进行核算。

吸水管路水头损失计算：

每根吸水管Q=100L/s，管径选用350mm，v=1.04m/s；1000i=4.62

根据图3-25所示：

直管部分长度1.2m，喇叭口1个（ξ=0.1），DN350×90°弯头1个（ξ=0.5），DN350闸门1个（ξ=0.1），DN350×dn150渐缩管1个（由大到小）（ξ=0.25）：

沿程损失：
$$1.2\times\frac{4.62}{1000}=0.006\text{m}$$

局部损失：
$$(0.1+0.5+0.1)\frac{1.04^2}{2g}+0.25\frac{5.7^2}{2g}=0.453\text{m}$$

吸水管路水头总损失：　0.453+0.006=0.459≈0.46m

出水管路水头损失计算：

每根出水管Q=100L/s，选用300mm的管径，v=1.41m/s，1000i=10.2，以最不利点A为起点，沿A、B、C、D、E线顺序计算水头损失。

A—B段：

dn150×DN300渐扩管1个（ξ=0.375），DN300止回阀1个（ξ=1.7），DN300×90°弯头1个（ξ=0.50），DN300阀门1个（ξ=0.1）：

局部损失：
$$0.375\times\frac{5.7^2}{19.62}+(1.7+0.5+0.1)\frac{1.41^2}{19.62}=0.85\text{m}$$

B—C段（选DN400管径，v=0.8m/s，1000i=2.37）：

直管部分长度0.78m，丁字管1个（ξ=1.5）：

沿程损失：
$$0.78\times\frac{2.37}{1000}=0.002\text{m}$$

局部损失：
$$1.5\times\frac{1.41^2}{19.62}=0.152\text{m}$$

C—D段（选DN400管径，Q=200L/s，v=1.59m/s，1000i=8.93）：

直管部分长度0.78m，丁字管1个（ξ=0.1）：

沿程损失：
$$0.78\times\frac{8.93}{1000}=0.007\text{m}$$

局部损失：
$$0.1\times\frac{1.59^2}{19.62}=0.013\text{m}$$

D—E 段：

直管部分长度 5.5m，丁字管 1 个（$\xi=0.1$），$DN400\times90°$弯头 2 个（$\xi=0.6$）：

沿程损失：
$$5.5\times\frac{8.93}{1000}=0.049\text{m}$$

局部损失：
$$(0.1+0.6\times2)\frac{1.59^2}{19.62}=1.3\times0.129=0.168\text{m}$$

出水管路水头总损失：

$$3.82+0.85+0.002+0.152+0.007+0.013+0.049+0.168=5.061\text{m}$$

则水泵所需总扬程（不再加安全水头）：

$H=0.46+5.061+17.65=23.171\text{m}$，故选用 6PWA 水泵是合适的。

【例 3-2】 非自灌式（见图 3-26），已知：

（1）进水管管径 $DN700$，充满度$\frac{h}{DN}=0.75$，坡度 $i=0.0015$，流速 $v=0.98\text{m/s}$，设计流量 $Q=300\text{L/s}$，进水管管底标高为 54.575m。

（2）出水管提升后排入灌渠，灌渠距泵房 23m，灌渠水面标高为 67.00m。

（3）泵房位置不受洪水淹没，原地面标高为 59.50m。

（4）地质情况为黏砂土，地下水位为 55.00～53.00m，土壤冰冻深度为 0.7m。

（5）供电为单电源。设有溢流口，在停电或发生故障时，可溢流至附近排洪沟，沟底标高为 55.10m。

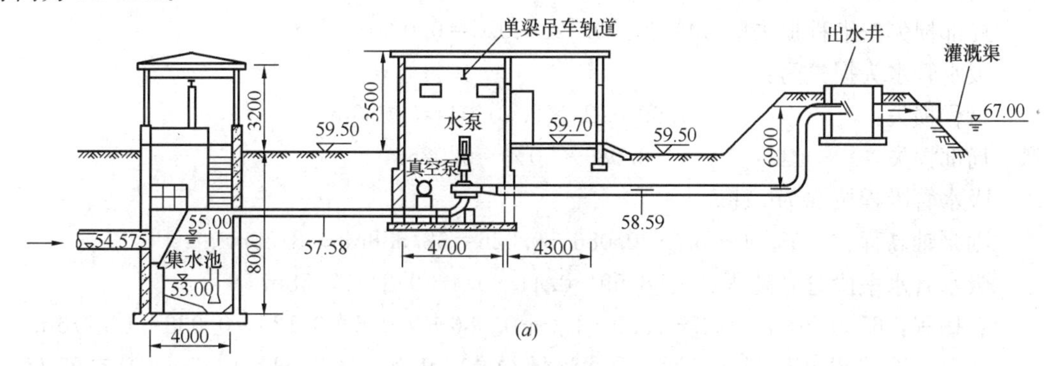

(a)

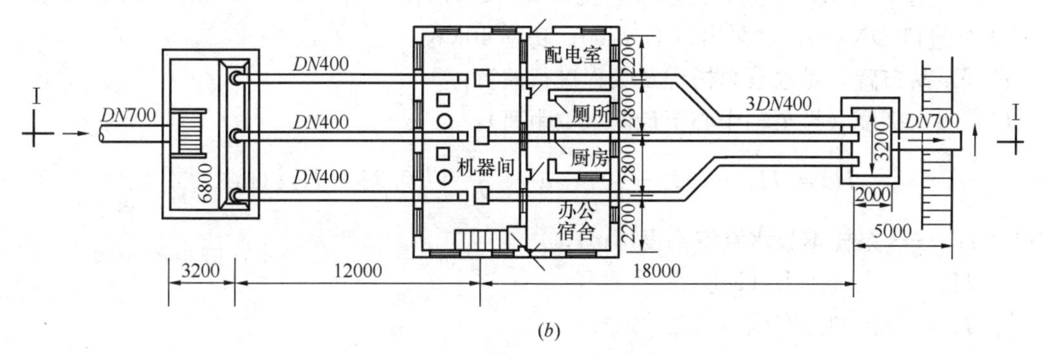

(b)

图 3-26　非自灌式污水泵房

(a) Ⅰ-Ⅰ剖面图；(b) 平面图

【解】 按进水管设计流量 Q=300L/s，设3台水泵（其中1台备用），每台水泵的容量为$\frac{300}{2}$=150L/s。

集水池选用方形，与机器间分建。集水池容积，采用相当于1台泵6min的容量：

$$W=\frac{150\times60\times6}{1000}=54\text{m}^3$$

有效水深采用2.0m，则集水池面积：

$$F=\frac{54}{2.0}=27\text{m}^2$$

集水池尺寸：宽度采用4m，长度为$\frac{27}{4}$=6.75m，采用6.8m。

选泵前总扬程估算：

经过格栅的水头损失为0.1m

集水池正常水位与灌渠水位差为：

67.0−(54.575+0.7×0.75−0.1−1.0)=13m（集水池有效水深一般宜为1～2m）

出水管水头损失：按每台有单独的出水管计：Q=150L/s，选用管径 DN400 的铸铁管。

已知 DN、Q，可求得：

$$v=1.19\text{m/s};\ 1000i=5.04$$

出水管水头损失为：

沿程损失：　　(6.9+18)×0.00504=0.125m

局部损失按沿程损失的30%为：0.125×0.3=0.038m

吸水管水头损失为：

沿程损失：　　(4.99+12)×0.00504=0.086m

局部损失：　　0.086×30%=0.026m

吸水管吸程按5.7m计。

则泵轴高程：　53.00+5.7−0.086−0.026=58.588m≈58.59m

吸水管水平段管底高程：　58.59−0.41−0.4−0.2=57.58m

总扬程：67.0+0.7−0.2−53.0−1.0+0.086+0.026+0.125+0.038=13.775m

选泵：选用8PWL型立式污水泵，流量 Q=150L/s；扬程 H=13.5m；真空度 H_s=6m；水泵进口 DN250；水泵出口 DN200；功率40kW。

根据泵站布置，对水泵总扬程及吸程进行核算：

(1) 吸水高度（指泵轴中心至最低水位距离）：

$$H_s=H'_s+(H_q-10)-h_1-\frac{v_1^2}{2g}+(0.24-H_z)\ (\text{m})$$

式中　H'_s——泵样本吸水真空高度（m）；

H_q——大气压力（MPa）；

H_z——饱和蒸汽压力水头（m）；

g——重力加速度，9.81m/s²；

v_1——水泵吸入口的流速（m/s）；

0.24——水温为20℃时的饱和蒸汽压力水头（MPa）；

h_1——吸水管路全部水头损失（m）。

$\Sigma\xi_{吸}$：无底阀滤水网 $DN400$，$\xi=3$；90°铸铁弯头2个、$DN400$，$\xi=0.6$；偏心渐缩管 $DN400\times dn250$，$\xi=0.19$。

$$h_1=0.00504\times(4.99+12)+(3+2\times0.6+0.19)\times\frac{1.19^2}{19.62}=0.403\text{m}$$

$$H_s=H'_s+(H_q-10)-h_1-\frac{v_1^2}{2g}+(0.24-H_z)$$

$$=6+(10.25-10)-0.403-\frac{1.19^2}{19.62}+(0.24-0.24)=5.77\text{m}$$

(2) 总扬程：

$$H=h_1+h_2+h'_3$$

式中 h_2——出水管路全部水头损失（m）；

h'_3——集水池最低水位与灌渠水位差；

$\Sigma\xi_{出}$：偏心渐扩管 $dn250\times DN400$，$\xi=0.24$

90°弯头 $DN400$（2个），$\xi=0.48$

45°弯头 $DN400$（2个），$\xi=0.3$

活门（拍门），$\xi=1.7$（开启70°）

$$h_2=0.0046\times(18+6.9)+(0.24+0.48\times2+1.7+0.3\times2)\times\frac{1.19^2}{19.62}=0.367\text{m}$$

$$h'_3=h_3+D=65.00-53.00+0.7-0.2=12.5\text{m}$$

$$H=0.403+0.367+12.5=13.270\text{m}$$

3.2.8 污水压力泵站

3.2.8.1 压力排水泵站的特点

由于污水量随着时间在不断地变化，所以水泵的运行工况也要尽量适应来水量的变化，因此排水泵的启闭、增减必然频繁，这就导致泵站出水经常发生压力壅高，出水管道内经常是有压的恒定流与非恒定流的交替。于是在压力水头高的系统中，就可能发生破坏力很大的开泵与停泵水锤。如果处理不当，会危及整个系统的安全。所以泵站既要为系统运行提供足够的压力，又要能控制住超常的压力水头，为安全运行提供可靠的保证。

3.2.8.2 选泵要点

(1) 一般使用扬程较高的污水离心泵及污水混流泵。

(2) 应提供准确的流量和扬程选泵。避免运行工况点偏移，影响水泵的正常工作。

(3) 应充分估算可能出现的各种运行工况，包括单台水泵和多台水泵的组合运行，近期和远期运行工况的变化。选用的水泵应有充分的适应能力，保持高效率运行。

(4) 要掌握水泵的全扬程性能曲线。

(5) 近远期水量变化大时，宜采用调速运行方法，也可以采用全扬程水泵或更换叶轮的方法，不宜过分依靠水泵出水管上的闸阀开启度进行调节。

3.2.8.3 水泵出水形式

(1) 采用高型敞开或半敞开出水池

1) 池内设溢流设施控制压力。按出水的工作压力水头设定溢流堰顶高程，再加上安全超高确定池顶高程。敞开的部分与大气连通，起到放气和防止负压的作用。

2）当开泵瞬间的压头超高时，浸过堰顶溢流，通过回流管道返回泵站前池。尽管出水会一时短路，抽升循环水，但是可以控制下游管道的工作压力，保证系统的安全。

3）池内压力应在钢筋混凝土结构承受范围内。

带溢流设施的半敞开出水池，见图 3-27。

（2）采用水泵出水管并联方式

1）在水泵出水管上安装液压缓动阀门，水泵启动时，阀门缓缓打开，使出水管道从有压非恒定流缓缓过渡到恒定流，减少冲击水柱的压力。

2）在出水液压阀门之前可安装调试水泵用的直通向进水池的旁通管路，以使泄流减压，直到运转正常后，旁通阀门关闭，停止泄流。

由于管路阻力的存在，2 台水泵并联运行时，其流量小于并联前水泵各自流量之和，设计中应特别注意。

布置并联出水管示意图见图 3-28。

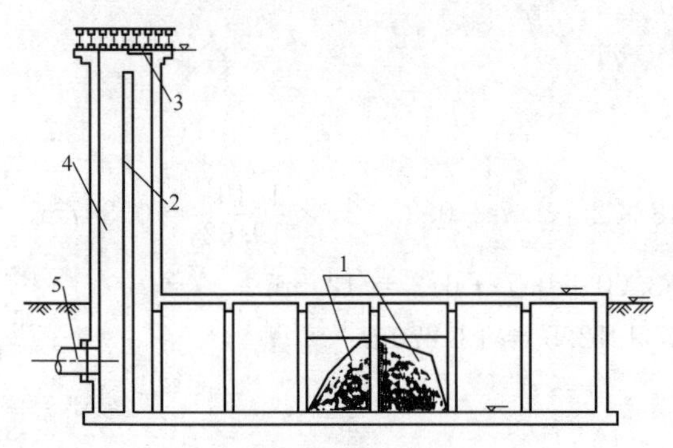

图 3-27　半敞开式出水池示意图

1—出水口；2—溢流堰；3—遮出板；4—回流井；5—回流管

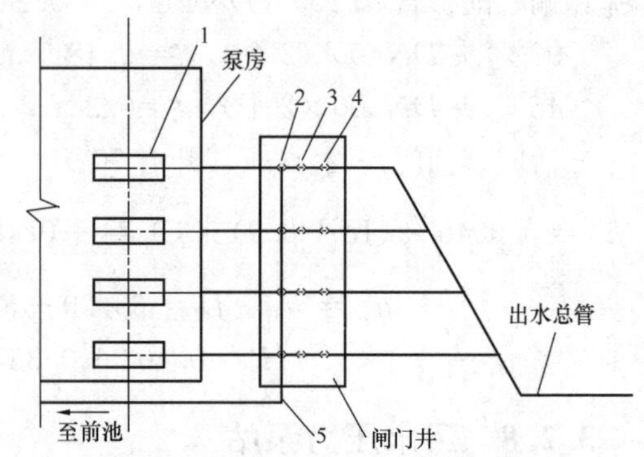

图 3-28　布置并联出水管示意图

1—水泵；2—回水电动闸门；3—液压缓动闸门；4—手动闸门；5—回流管

3.2.8.4　压力泵站的联网控制

在长距离的输水工程中，经常需要多级压力泵接力提升，每座泵站既收集自己系统的来水，还要接纳上游泵站的来水，各站之间形成了相互制约、相互依托的有机整体。如果串联的上下游泵站之间不能按顺序科学运行，就会发生事故，为此，在可能的条件下，应该采取计算机控制联网运行的措施。

（1）联网控制网络一般分为两级，即中央控制级和泵站控制级。

（2）中央控制级是在整个排水系统中设置一个中央调度中心，负责全系统的调度、管理和控制，以掌握所有泵站的运行情况，及时发布调度指令。

（3）泵站控制级既可以按照中央控制指令进行控制，也可以根据本站的运行参数和上下游泵站传来的运行情况进行控制。

（4）通信方式可以根据当地条件选择铺设专线通信线路、租用电话线路或采用无线通信的方式。

3.2.8.5　压力管道及附属设施

排水压力管道及附属构筑物与给水压力管道工程相近。同时应该根据排水工程在水质、运行规律和养护管理等方面的特点，注意下列各点：

（1）选线：尽量沿道路敷设，发生跑冒情况时必须及时修复，减少污染。

（2）管材：参照给水管道的相关规定执行，可以按压力衰减的规律，分段选择内压不同的管材。

（3）排水管道采用压力流时，管道的设计流速宜采用 0.7～2.0m/s。

（4）坡度、放气、泄水：根据排水管道水量不断变化和污水中气体较多的特点，埋设管道宜具有一定的坡度，沿线高点设放气井，低点设泄水井，全线设置压力检查井，井距随流速的降低相应减小。

（5）防腐：根据污水水质采取相应的防腐措施。

3.2.9　示例

（1）图 3-29 为立式污水泵房。

1）规模：立式污水泵 3 台。

2）布置要点：

① 格栅、集水池、机器间合建。圆形构筑物，自灌式启动。

② 格栅设在室内，对环境影响小。

③ 明开或沉井法施工。

（2）图 3-30 为无堵塞污水泵房。

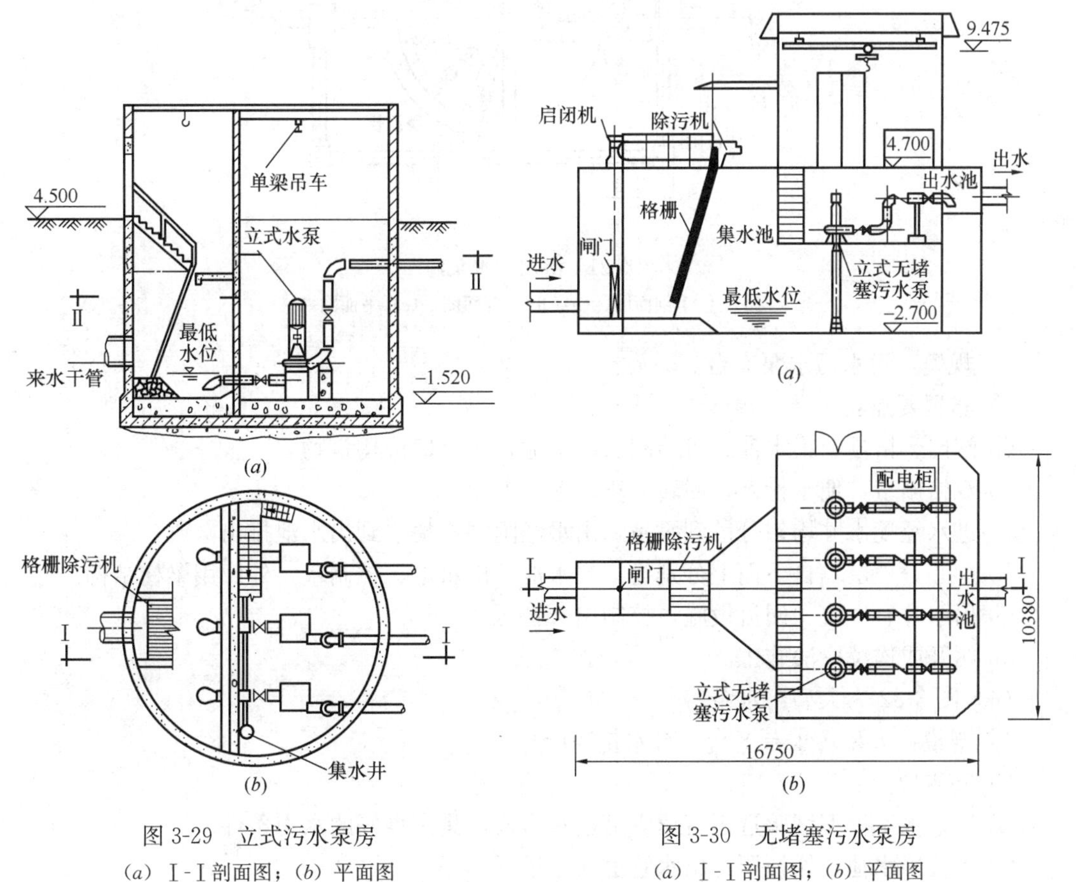

图 3-29　立式污水泵房
(*a*) Ⅰ-Ⅰ剖面图；(*b*) 平面图

图 3-30　无堵塞污水泵房
(*a*) Ⅰ-Ⅰ剖面图；(*b*) 平面图

1）规模：无堵塞污水泵 4 台。

2）布置要点：

① 闸门、格栅、集水池、机器间、出水池合建。组合形构筑物，非自灌启动。

② 宜用固液筛分的回转格栅。

③ 明开法施工。

（3）图 3-31 为潜水污水泵房。

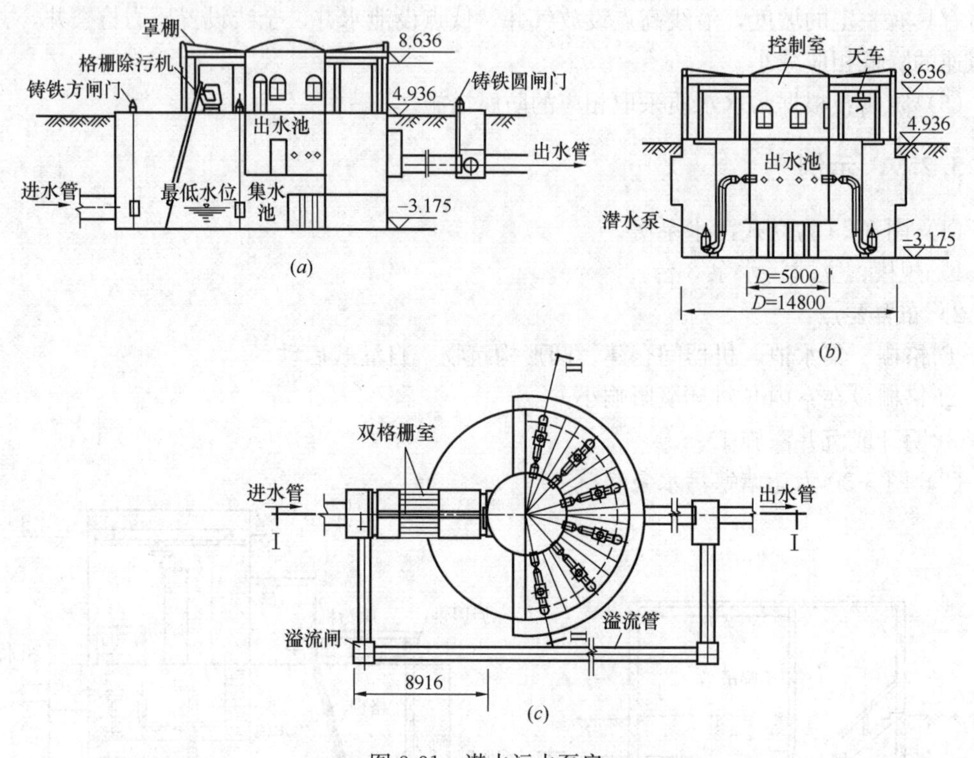

图 3-31　潜水污水泵房

（a）Ⅰ-Ⅰ剖面图；（b）Ⅱ-Ⅱ剖面图；（c）平面图

1）规模：潜水污水泵 6 台。

2）布置要点：

① 闸门、格栅、集水池、机器间、出水池合建。扇形构筑物。

② 双格栅室，便于检修，回转天车，起吊方便。

③ 进水经配水井均匀分散到泵室，出水经闸阀室集水到出水池排出。

④ 中心分三层，自下而上分别为：集水池、出水池、控制室。外廊用梁柱结构。

⑤ 出水井有溢流、回流设施，控制出水管压力。

⑥ 明开或连续壁法施工。

（4）图 3-32 为大型污水泵房。

1）规模：大型污水泵 8 台，排水量 $40m^3/s$。

2）布置要点：

① 通过水工模型试验选定有压管道进水形式，具有良好的水力条件。

② 高位出水池，保证压力出水管道安全运行。

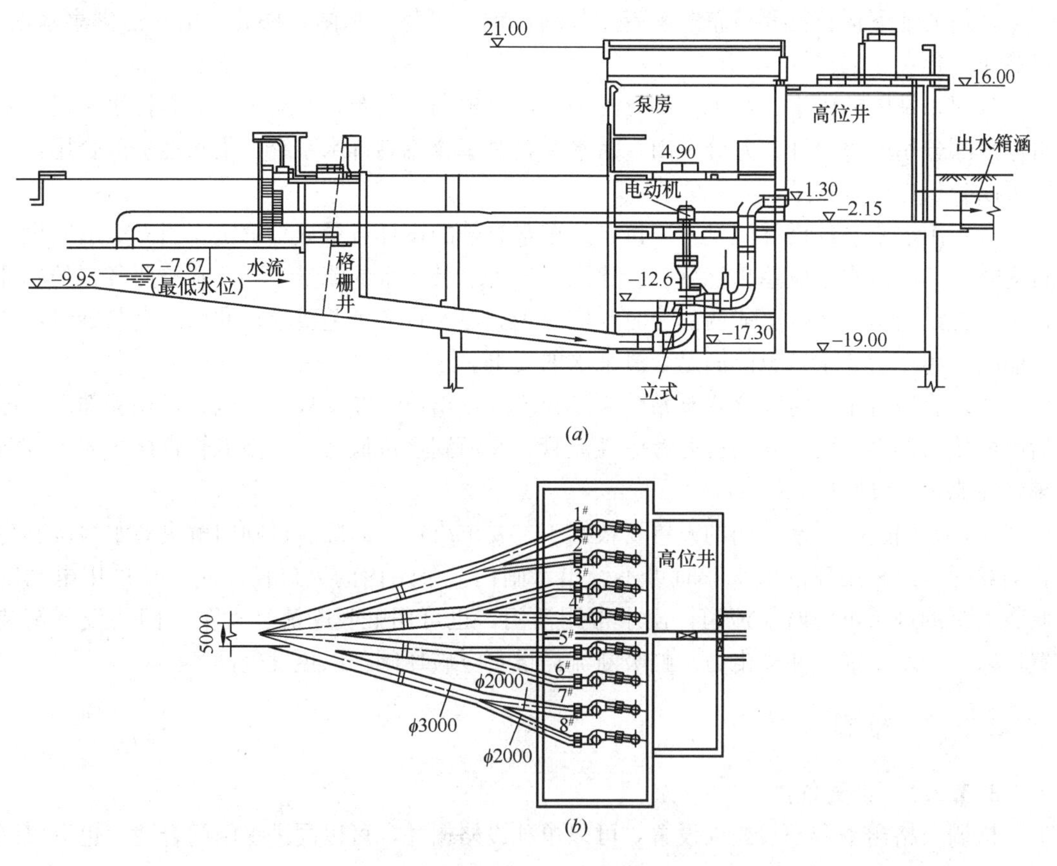

图 3-32 大型污水泵房

(a)立面图；(b)平面图

③ 调速电动机驱动，提高运行效率。

④ 设有格栅清污机、电动闸门、机械通风、电梯运输等辅助设施。

3.3 雨水泵站及合建泵站

3.3.1 特点及一般规定

3.3.1.1 特点

雨水泵站的特点是汛期运行，洪峰水量大，泵站规模大，扬程相对较低，雨水能否及时排除的社会影响大。大型雨水泵站的设计以使用轴流泵为主，要求尽量保持良好的进出水水力条件和降雨时运行管理的工作条件。充分估计有压进水和受纳水体高水位时出水发生的工况。

合建泵站的特点是雨、污水泵房要合建在一座构筑物里面，水泵台数多，进出水的高程流向不一。设计既要保持雨、污水各自流程的特点，又能有雨、污水泵共享的机器间。

3.3.1.2 一般规定

(1) 雨水泵站应采用自灌式泵站。

泵站的地下构筑物要求布置紧凑，节约占地，可将进水闸、格栅、出水池同集水池、机器间合建在一起。

合建泵站内的雨水、污水两部分的关系，要根据工艺布置，对于分流制排水系统，要将进水部分用隔墙分开，并分设雨、污水泵，对于合流制排水系统，集水池一般合用，水泵可以分设也可以共用。

（2）雨水泵站的设计流量，应按泵站进水总管的设计流量计算确定。当立交道路设有盲沟时，其渗流水量应单独计算。合建泵站的雨水及污水的流量，要分别按照各自的标准计算。当站内雨、污水分成两部分时，应分别满足各自的工艺要求；共用一套装置时，应既能满足污水的要求，也能满足合流来水的要求。

（3）有溢流条件时，合建泵站前应设置事故排出口，在事故、停电时经相关部门许可后由事故口排出；雨水泵站也可考虑溢流管，在河湖水位低时，由溢流管直接排入附近河渠（溢流道应设闸门）。

（4）泵站进、出水闸门的设置要根据工艺要求决定。一般应设闸门解决断水检修和防止倒灌问题，采用高位出水管时可不设出水闸门。泵站内的大口径闸阀，宜采用电动闸阀。大泵的进水可为肘形流道，出水常用活门，也可用虹吸断流。大泵活门要设平衡装置，以减小水头损失和撞击力。虹吸断流需设真空破坏阀，以免发生倒灌。

3.3.2 格栅

3.3.2.1 设置条件

格栅及格栅平台一般露天设置，可以单独设格栅井，可以同进水闸门合建，也可以同集水池合建成整体构筑物。

3.3.2.2 格栅除污机

雨水泵站及合建泵站的格栅，宜采用机械清污装置。

装设机械清污装置的泵站，格栅及有关部位的设计，要满足格栅除污机的具体要求。

大中型雨水泵站及合建泵站的格栅宽度大，适合采用移动式格栅除污机，有时为了提高清污效果，也可以将格栅分成窄跨，采用多台固定式格栅除污机。

3.3.2.3 格栅的计算和其他要求

合建泵站的雨水及污水分开时，格栅按照各自的流量、水深、流速及栅条间隙分别计算，格栅公用时，应同时满足雨、污水的要求。

格栅的计算及其要求见第5.1节。

3.3.3 集水池

3.3.3.1 有效容积

雨水泵站由于雨前能够腾空管道，每场降雨水泵连续地运行，同时一般进入雨水泵站的管渠断面大、坡度小，能够起到水量调节的作用。雨水泵站集水池有效容积采用不小于最大一台水泵30s的出水量。雨水泵站的设计最高水位，应与进水管管顶相平。当设计进水管道为压力管时，集水池的设计最高水位可高于进水管管顶，但不得使管道上游地面冒水。

3.3.3.2 集水池布置

集水池布置应尽量满足进水水流平顺的要求和水泵吸水管安装的条件。雨水泵站以轴流泵为主，轴流泵基本没有吸水管，所以集水池中水的流态会直接影响叶轮进口的水流条件，关系着水泵性能的发挥。集水池设计一般应满足以下要求：

（1）应采用正向进水。当进水来自不同方向时，应在站前交汇，再进入集水池，直线段的长度应尽量放长，不宜小于5～10倍进水管直径。

（2）进入集水池的水流要平缓地流向各台水泵，进水扩散角一般不宜大于40°，底坡不宜陡于1：4，流速变化要求均匀，防止出现旋流、回流。

（3）水泵安装的泵间距离、泵与池壁间距离、叶轮淹没深度以及吸水口的防涡措施，均应满足水泵样本的规定。

（4）集水池的形状和尺寸受到条件限制时，应该通过水工模拟进行验证并采取必要的技术措施。

3.3.4 水泵选择、安装

3.3.4.1 选泵

（1）选择水泵时，要在流量、扬程适合的基础上，注意采用效率较高的水泵。具体参见国家标准《泵站设计规范》GB 50265—2010中第9章“水力机械及辅助设备”的第9.1节“主泵”条款。

雨水泵的设计扬程，应根据设计流量时的集水池水位与受纳水体平均水位差和水泵管路系统的水头损失确定。雨水泵站的出水大多直接排入水体，应该收集历年的水文资料，统计分析受纳水体的最高洪水位，规划设防洪水位，汛期正常、高、低等特征水位。用经常出现的扬程作为选泵的依据。对于出口水位变动大的雨水泵站，要同时满足在最高扬程条件下流量的需要。

（2）选泵宜选用相同类型和规格的水泵。

雨水泵站的特点是流量大、扬程低，大型雨水排涝泵站主要使用立式轴流泵。扬程较高时，可使用混流泵或斜流泵；小型泵站可使用混流泵或潜水泵。雨水泵通常在旱季检修，不设备用泵，但工作泵要同时满足设计频率和初期雨水的需要，一般不少于两台，如果水泵的流量和扬程不能满足所有工况条件，宜采用大小泵搭配，或是搭配变频泵；合流泵站的污水泵同污水泵站一样要考虑备用。

3.3.4.2 水泵安装

轴流泵的进、出水管上一般不设置阀门，仅在出水管上安装拍门。卧式混流泵和离心泵的进水管上应设置阀门，出水管上应安装拍门或止回阀。离心泵出口宜安装微阻缓闭止回阀。

轴流泵的机管安装，可采取下列措施：

（1）拍门前装设通气管，以便排出空气和防止管内出现负压。通气管顶要高于水泵可能出现的最高出水位。通气孔的面积可按公式（3-25）计算：

$$F=\frac{V}{uvt} \tag{3-25}$$

式中 F——通气孔面积（m^2）；

V——出水管道内的空气体积（m^3）；

u——风量系数，$u=0.71\sim0.815$；

v——最大空气速度，可取 $v=90\sim100m/s$；

t——排气或进气时间，可取 $t=10\sim15s$。

（2）泵体和出水管之间用活接头连接，以便检修水泵时不必拆除出水管，并且可以调整组装时的偏差。

（3）水泵的传动轴要尽量缩短，最好不设中间轴承，以免出现泵轴不同心的现象。

3.3.5 出水设施

3.3.5.1 出水井（池）

出水井（池）分为密闭式和敞开式两种，敞开式高出地面，池顶可以做成全敞开或半敞开，池顶高程应满足出水排放的要求。出水井（池）的布置应满足水泵出水的工艺要求。

水泵在出水管口淹没条件下启动时，出水井（池）会发生壅高水位，以克服出水井（池）到水体的全部水头损失，并提供推动静止水柱的惯性水头。由于排水泵站的来水量不断改变，水泵启闭比较频繁，对出水井（池）可能发生的水位壅高现象应有充分估计，并采取稳妥措施，以保证出水井（池）和出水总管的安全运行。

（1）在出水总管长，水头损失大，估算水位壅高值困难时，工程设计中采取的方法是将出水井（池）局部做成敞开的高型井，井内设溢流设施。

（2）在出水总管不长，水头损失不大时，出水井（池）一般做成封闭式。池顶设防止负压的空气管和用于维护检修的压力人孔。池底安装泄空管。水位壅高值可以根据经验，采用排入水体的最高水位加超高值估算，也可以根据调压塔原理进行近似计算。

出水井（池）最大水位壅高的近似计算法：

1）最大水位壅高为：

$$Y_M = Q\sqrt{\frac{L}{Aag}} \tag{3-26}$$

式中 Y_M——最大水位壅高（m）；

Q——水泵出水量（m^3/s）；

L——出水总管长度（m）；

A——出水井（池）面积（m^2）；

a——出水总管断面积（m^2）；

g——重力加速度，为 $9.81m/s^2$。

2）出水井（池）至排放河道之间的全部水头损失为：

$$Y_0 = \frac{Lv^2}{C^2R} + (\xi_{进} + \xi_{出})\frac{v^2}{2g} \tag{3-27}$$

式中 Y_0——出水井（池）至排放河道之间的全部水头损失（m）；

v——出水总管流速（m/s）；

C——流速系数；

R——出水总管水力半径（m）；

$\xi_{进}$——出水总管进口水头损失系数；

$\xi_{出}$——出水总管出口水头损失系数。

3）出水井（池）最大壅高为：

$$Z = Z_0 + Y_M + Y_0 \tag{3-28}$$

式中 Z——出水井（池）最大壅高（m）；

Z_0——放流河道最高水位（m）。

【例 3-3】 雨水泵站内设置水泵四台，全负荷运行时，水泵出水量 $Q=3.94\text{m}^3/\text{s}$。站内设封闭式出水池，其断面积 $A=30\text{m}^2$，出水总管为双排直径 1.3m 圆管，管长 42m，放流河道最高水面高 $Z_0=5.52\text{m}$。求出水池水位最大壅高是多少？

【解】（1）Y_M：

已知：$Q=3.94\text{m}^3/\text{s}$，$A=30\text{m}^2$，$L=42\text{m}$，$a=\frac{\pi}{4}\times1.3^2\times2=2.65\text{m}^2$

$$Y_M = Q\sqrt{\frac{L}{Aag}} = 3.94\sqrt{\frac{42}{30\times2.65\times9.81}} = 0.91\text{m}$$

（2）Y_0：

$$v = \frac{Q}{a} = \frac{3.94}{2.65} = 1.49\text{m/s}$$

$$R = \frac{1}{4}\times1.3 = 0.325\text{m}$$

当粗糙系数 $n=0.013$ 时，$C=65$。

$\xi_{进}$、$\xi_{出}$ 分别为 0.5 及 1.0。

故 $$Y_0 = \frac{Lv^2}{C^2R} + (\xi_{进}+\xi_{出})\frac{v^2}{2g} = \frac{42\times1.49^2}{65^2\times0.325} + 1.5\times\frac{1.49^2}{2\times9.81}$$

$$= 0.068 + 0.17 = 0.238\text{m}$$

（3）求最大壅水高程 Z：

已知 $Z_0=5.52\text{m}$，

故 $Z=5.52+0.91+0.238=6.668\text{m}$

3.3.5.2 出水管道

出水管道的压力水头高于检查井顶时检查井应做压力井。

3.3.5.3 出水口

雨水泵站出水口位置选择，应避让桥梁等水中构筑物。出水口和护底、护坡结构应满足河道管理部门的要求，不得影响航道，水流不得冲刷河道和影响航运安全，出水口处流速宜小于 0.5m/s，并取得航运、水利等部门的同意。泵站出水口处应设警示标志。是否设置出水口闸门宜根据排入河道具体条件和要求确定。

泵站出水部分工艺布置见图 3-33。

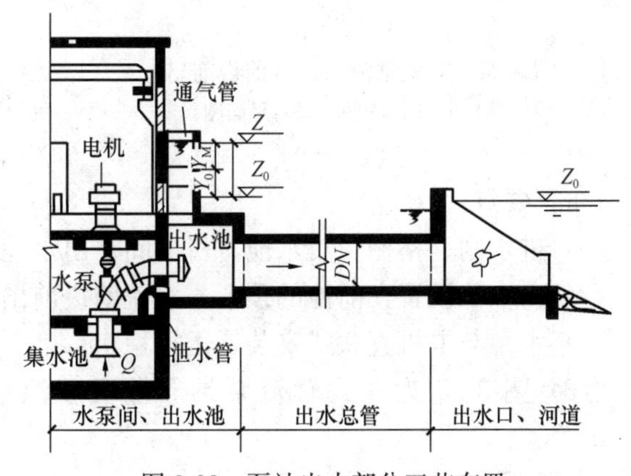

图 3-33 泵站出水部分工艺布置

3.3.6 泵站布置形式选择

3.3.6.1 布置条件

泵站布置应根据排水制度（分流制或合流制），水泵的型号、台数，进出水管的管径、高程、方位，站址的地形、地貌、地质条件及施工方法、管理要求等各种因素综合考虑后决定。

3.3.6.2 布置形式

(1) 雨水泵站及合建泵站水泵台数较多，规模较大，除了小型泵站的集水池和机房采用圆形、下圆上方形或矩形外，大中型泵站多采用包括梯形的前池、矩形的集水池、机器间和倒梯形的出水井（池）的组合形式。组合形泵站采用明开、半明开方法施工，大型或软土地基的泵站还采用连续壁、桩梁支护、逆作法等深基坑处理技术的施工方法。

(2) 雨污水合建泵站，一般采用进水井、集水池和出水井（池）分建（也可集中布置），机器间合建的方式。在设计中，根据雨污水进出水方向及高程的不同，充分利用地下结构的空间，达到雨水、污水两站合一的效果。

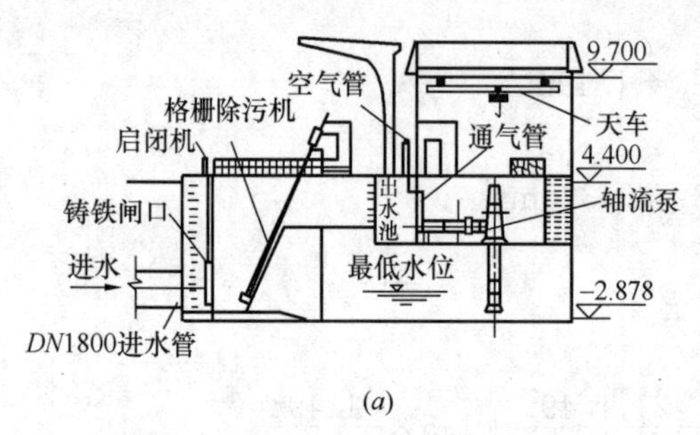

(a)

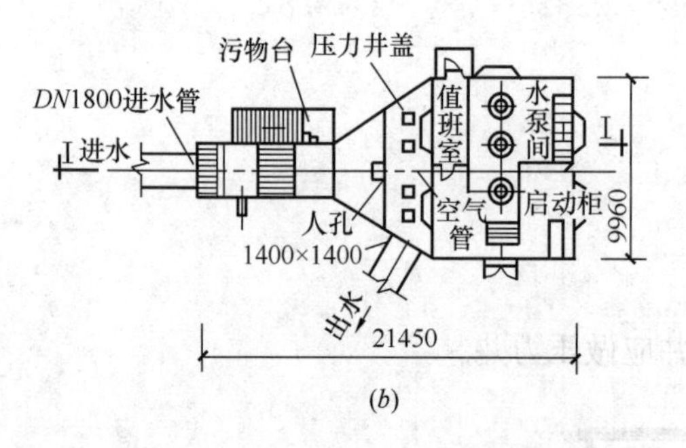

(b)

图 3-34 立式轴流泵站（前进前出）
(a) Ⅰ-Ⅰ剖面图；(b) 平面图

(3) 大型雨水泵站及合建泵站有时还兼有排涝、排咸或引灌的要求。由于各种来水均有各自的工艺流程，在工艺布置时要使几个部分既成为有机的整体，又保持其独立性。一般是将地上部分建成为通跨的大型厂房，地下部分根据各个流程的要求，制定出平面和高程互相交错的布置方案，以达到合理、紧凑、充分利用空间的目的。有时还需要通过模型试验选择最合适的水工条件。

(4) 泵站布置有多种形式。如：前进前出的泵站，将出水井（池）放在进水池上部，结构更加紧凑；在软土地基建设大型泵站，可采用卵形布置，具有较好的水力条件。

3.3.6.3 布置示例

(1) 图 3-34 为立式轴流雨水泵站（前进前出），其规模：立式轴流泵 4 台，排水量 $4\times0.5=2.0\text{m}^3/\text{s}$。

布置要点：

1) 进水闸、格栅、集水池、机器间、出水池等集中布置。

2) 出水池设置在前池的顶上、水流前进前出。充分利用空间，布置紧凑。

3) 水泵与电机直联式安装，运行稳定。

(2) 图 3-35 为立式轴流泵站（带沉砂池），其规模：立式轴流泵 6 台，排水量 $8.1\text{m}^3/\text{s}$。

布置要点：

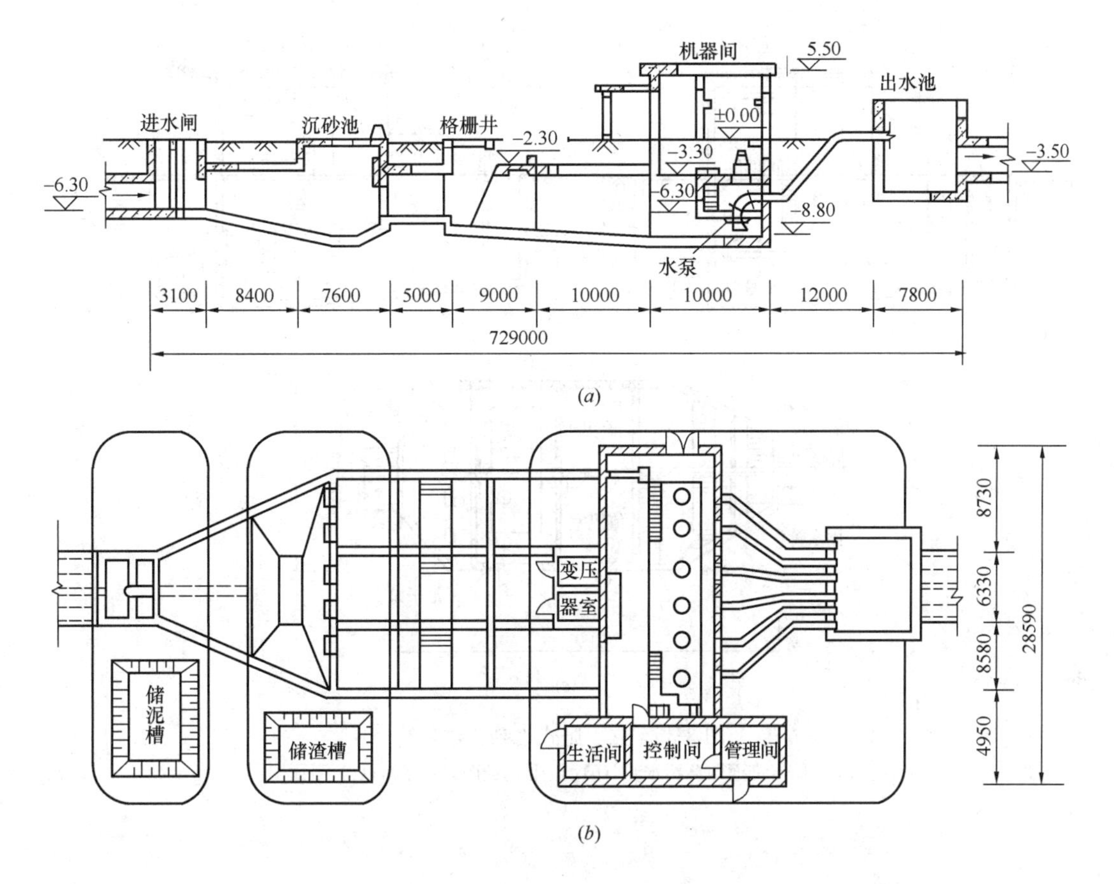

图 3-35 立式轴流泵站（带沉砂池）

(*a*) 剖面图；(*b*) 平面图

1）进水闸、沉砂池、格栅、集水池、机器间、出水池等集中布置，用开挖法施工。

2）格栅前加沉砂池。

3）出水压力管道无倒灌问题，不设出水闸门。

(3) 图 3-36 为立、卧式污水泵合建泵站，其规模：设卧式污水泵 2 台，用于抽升污水；立式轴流泵 2 台，用于抽升雨水。

布置要点：

1）适用于分流制排水系统的雨、污水合建泵站。

2）进水闸、格栅、集水池、机器间、出水池等集中布置，中间设置隔墙将水流分成两个部分，采用开挖法施工。

3）污水泵使用抽真空方式启动。

4）立式轴流泵的电动机、水泵直联，取消传动轴，并将水泵进水直管加长，以抬高水泵层楼板。

5）设压力出水池，主机房与出水池之间用施工缝相接。

(4) 图 3-37 为混流雨水泵和无堵塞污水泵合建下圆上方形泵站，其规模：雨水用立式混流泵 6 台，无堵塞污水泵 4 台。

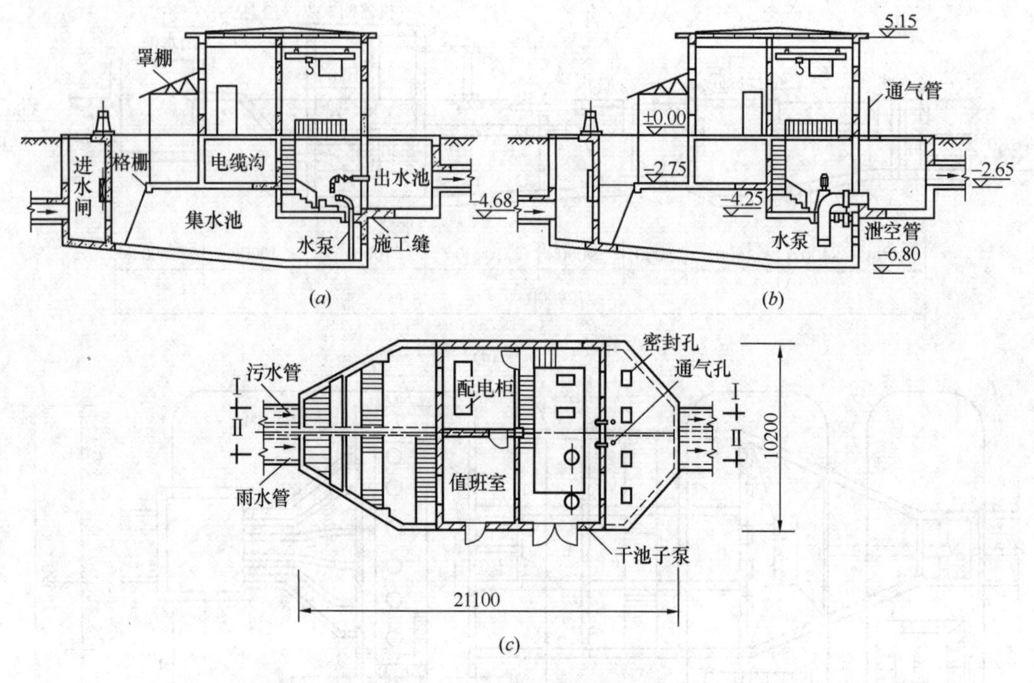

图 3-36　立、卧式水泵合建泵站

(a) Ⅰ-Ⅰ剖面图（污水）；(b) Ⅱ-Ⅱ剖面图（雨水）；(c) 平面图

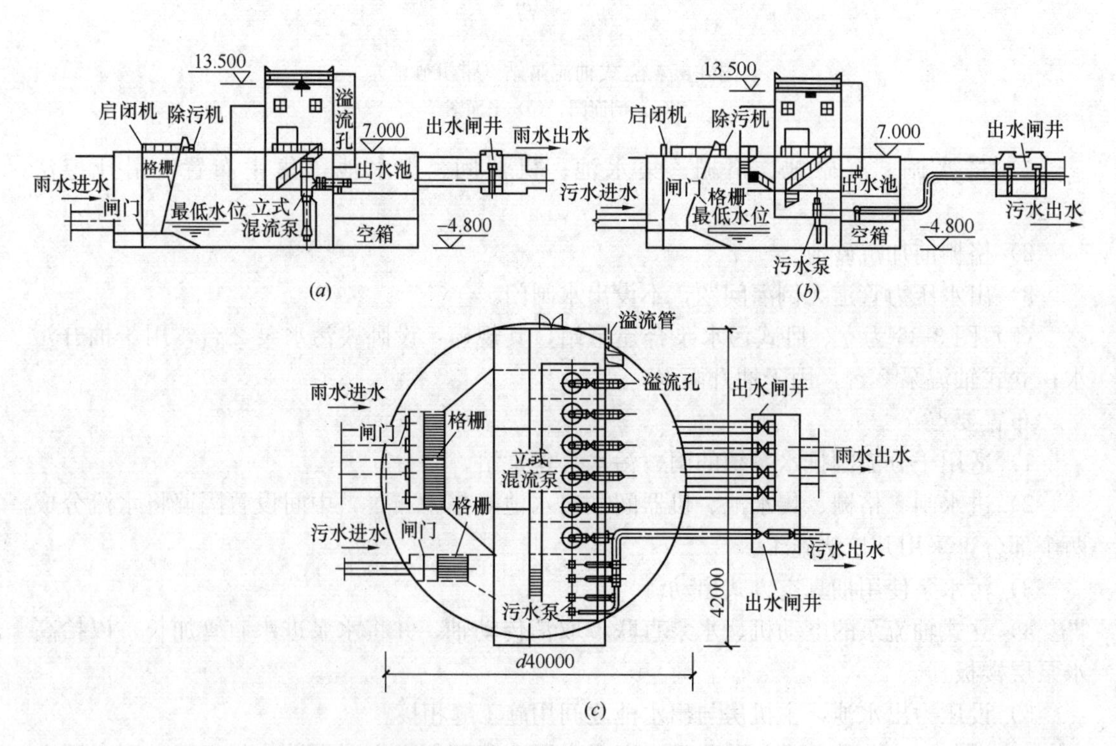

图 3-37　混流雨水泵和无堵塞污水泵合建下圆上方形泵站

(a) 雨水流程；(b) 污水流程；(c) 平面图

布置要点：

1）雨水及污水泵房布置成一体，机器间互通，便于管理。采用直径 40m 圆形整体构筑物。

2）利用空箱作斜流泵润滑水清水池，潜水泵供水。

3）雨水、污水出水均为压力管道。出水池半敞开式，内设溢流及回流设施，控制压力。

4）软土地基、埋深大，采用护壁合一，逆作法施工。

（5）图 3-38 为轴流雨水泵和潜水排污泵合建泵站，其规模：雨水用轴流泵 4 台，污水用潜水排污泵 4 台。

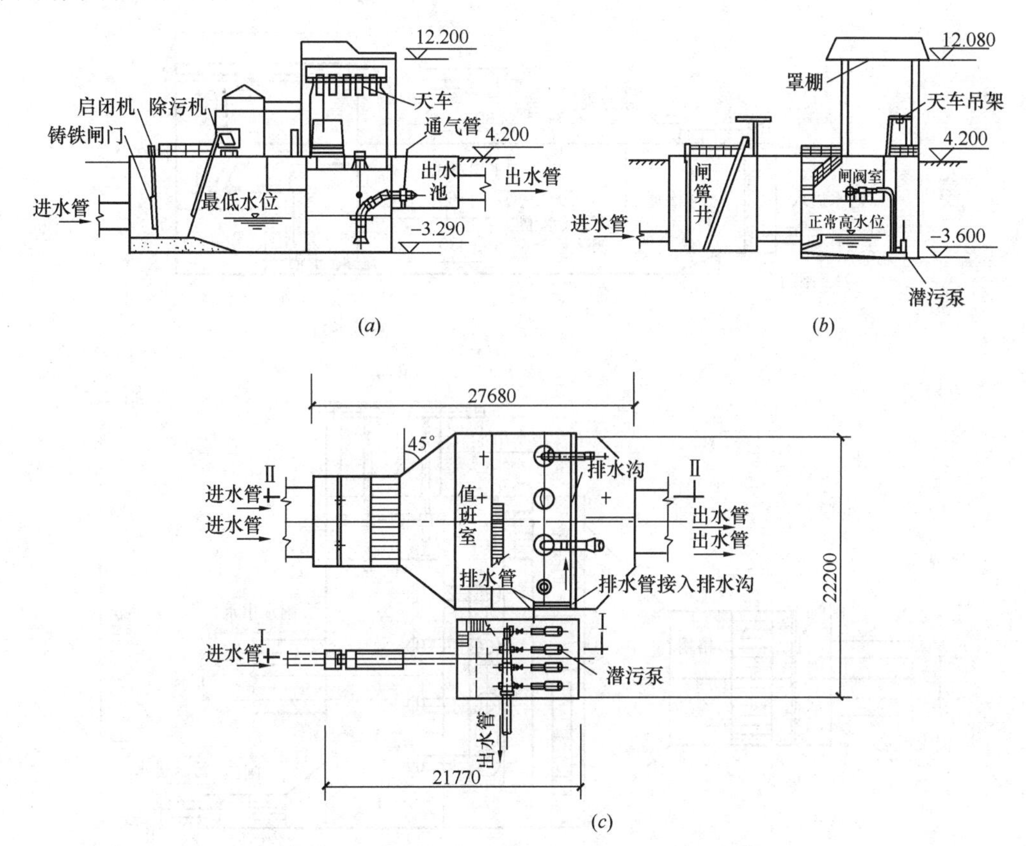

图 3-38 轴流雨水泵与潜水排污泵合建组合形泵站

（*a*）Ⅱ-Ⅱ剖面图（雨水流程）；（*b*）Ⅰ-Ⅰ剖面图（污水流程）；（*c*）平面图

1）雨水和污水泵房为独立结构，并列设置，中间作施工缝。

2）雨水泵上部机房同潜水排污泵上部罩棚的建筑形式协调一致。

3）轴流泵出水管配活门，潜水排污泵出水管配闸阀、止回阀，并联管路。

4）半明开法施工。

（6）图 3-39 立式混流雨水泵和潜水排污泵合建泵站，其规模：雨水用立式混流泵 4 台；污水用潜水排污泵 4 台。

布置要点：

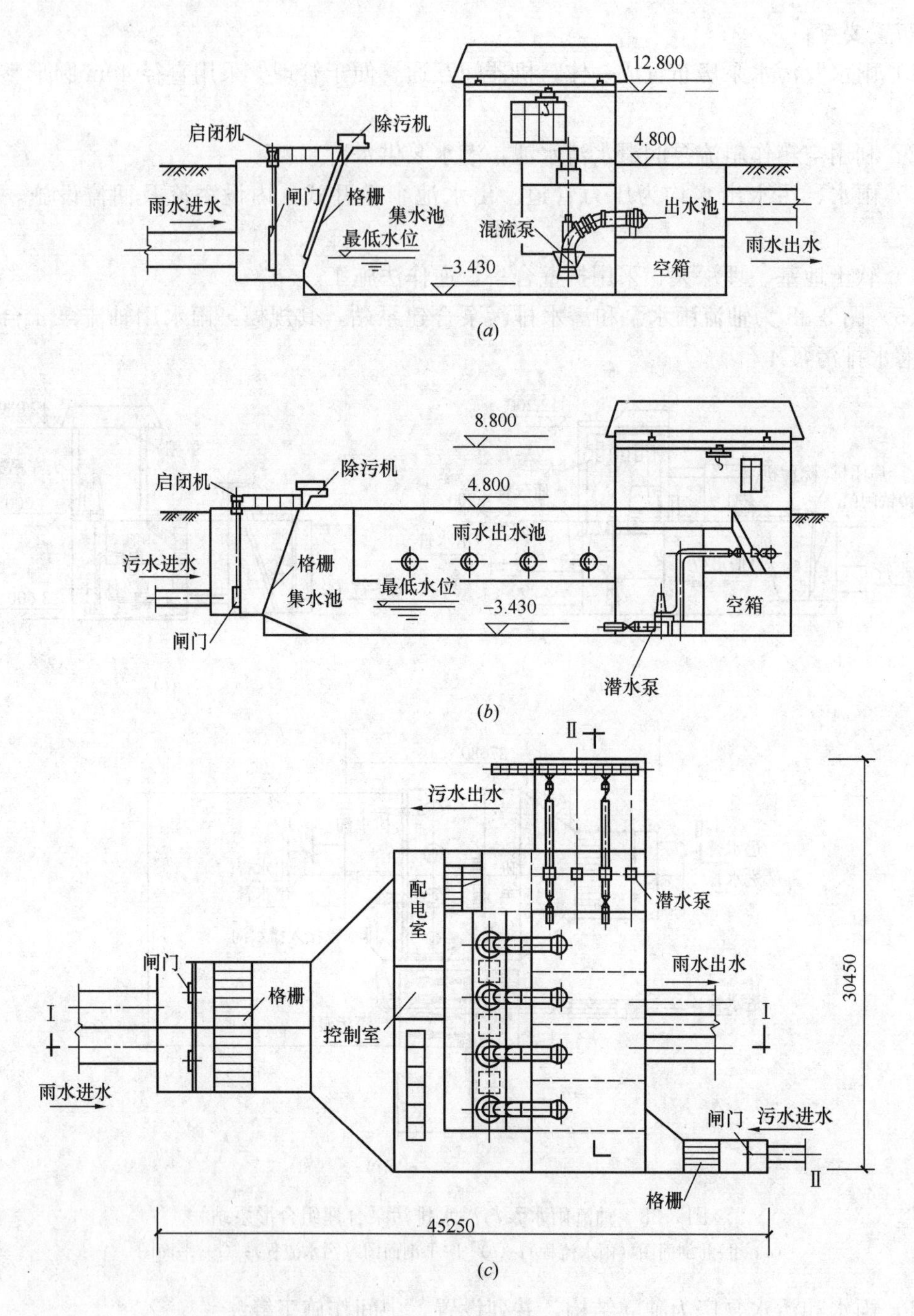

图 3-39　立式混流雨水泵和潜水排污泵合建组合形泵站

(a) Ⅰ-Ⅰ剖面图（雨水流程）；(b) Ⅱ-Ⅱ剖面图（污水流程）；(c) 平面图

1）雨水和污水泵房整体布置，机器间互通，方便管理。

2）污水泵利用雨水泵房出水池的下部空箱作集水池，减少占地，节省造价。

3）采用地下连续壁、逆作法施工。

（7）图 3-40 为大型雨水泵站，其规模：立式混流泵 10 台，排水量 $32m^3/s$。

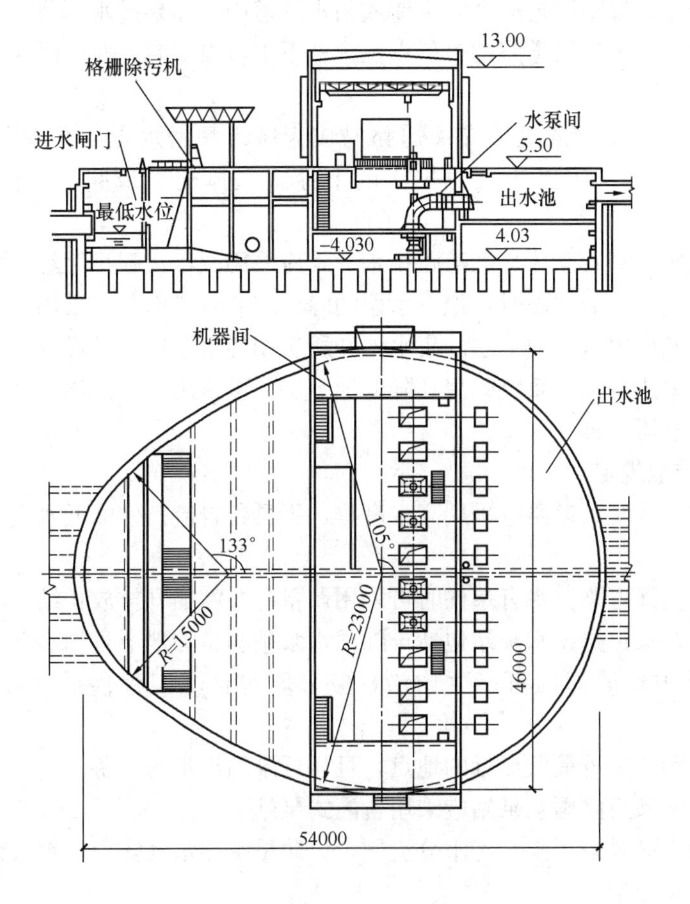

图 3-40　大型雨水泵站

布置要点：

1）在软土地基上建设大型雨水泵房，采用了卵形地下结构，由尖端进水，扩散角小，均匀，水力条件较好，出水池利用圆端，集水效果适当。

2）采用深基坑施工的桩基支护，分层逆作，护壁合一。

3）配用移动式格栅除污机，自动控制。

4）有压出水，排入高型渠道。

3.4　下穿式立体交叉道路排水泵站

3.4.1　特点及一般规定

3.4.1.1　特点

立体交叉道路排水应排除汇水区域的地面径流水和影响道路功能的地下水，其形式应根据当地规划、现场水文地质条件和立交形式等工程特点确定。下穿式立体交叉道路的地面径流，具备自流条件的，宜采用自流排除，不具备自流条件的，应设泵站排除。立体交叉道路的下穿部分往往是所处汇水区域最低洼的部分，雨水径流汇流至此后再无其他出路，只能通过泵站强排至附近河湖等水体或雨水管道中，如果排水不及时，必然会引起严重积水。当下穿式立体交叉道路的最低点位于地下水位以下时，应同时采取排水或控制地下水的措施。

低于周边地面的下穿式立体交叉道路易成为城市积滞水点，严重时可阻断道路交通，造成交通瘫痪。对于无法重力排水的下穿式立体交叉道路，应设置排除雨水的泵站。

北京地区规定下穿式立体交叉道路排水形式应采用调蓄与强排相结合的方式。

当地下水位高于立交地面时，地下水位的降低应一并考虑，可采用布置盲沟系统收集地下水。立交泵站中雨水和地下水的集水池和所选用的水泵应分开设置。由于水资源日益稀缺，目前不宜采用盲沟管系统收集和降低地下水。可采用封闭式路堑结构，采取相应密闭措施，使地下水不外排。

3.4.1.2　一般规定

(1) 下穿式立体交叉道路应采用高水高排，不具备自流条件的低水设泵站抽升排放的原则。

下穿式立体交叉道路排水有条件时可采用调蓄与泵站抽升排放相结合的方式。

下穿式立体交叉道路排水泵站包括排除雨水泵站和排除地下盲沟水泵站（如果有）。

超过设计重现期的降雨将产生内涝，应采取包括非工程性措施在内的综合应对措施。

泵站宜建在距立交桥最低点近的地点，且靠近泵站出水的下游。

下穿式立体交叉道路雨水泵站应采用自灌式泵站。

(2) 立交排水必须采用雨、污水分流制，以防旱季污水气味由雨水口散发出来，影响立交范围内的环境卫生。

当采用调蓄与强排相结合的方式排除下穿式立体交叉道路排水时，应同步设置初期雨水收集系统，将初期雨水排放至污水管线或就地处理后利用或排放。

(3) 在平交路口改建为立交时，应在修建泵站的同时，解决好旧排水系统的改建问题。

(4) 下穿式立体交叉道路排水应设独立的排水系统，其出水口必须可靠。其排水出水可排入下游受纳水体或附近的雨水管网，出水设计应符合以下规定：

1) 有条件的地区，出水必须就近排入下游受纳水体；

2) 当出水管接入排水管渠时，不得超过受纳排水管渠的排水能力；

3) 应采取防倒灌和调蓄等综合措施，保障独立排水和出水口可靠，使得下穿式立体交叉道路排水满足相关雨水管渠设计重现期的要求。

(5) 排雨水泵和排地下水泵均应采用可靠的水位自控开停车系统。

(6) 在有条件的地区应设溢流井，溢流口高程应不使出口发生洪水倒灌，并应不高于慢车道高程，以便在出现超标准降雨、供电全部中断或水泵意外发生故障时，尚能保证车辆在慢车道上通行。

(7) 应合理确定新建下穿式立体交叉道路排水系统的汇水面积，采用高水高排、低水低排、互不连通的原则，应有控制汇水面积、减少低点聚水量、防止客水流入低水系统的可靠拦截措施（引道两端设置明显变坡高点、两侧挡土墙顶明显高出附近地面等措施）。

外部重力流排水管线不宜穿越下穿式立体交叉道路。同时在下穿式立体交叉道路范围应避免开设路口。

(8) 立体交叉道路范围的绿地宜建成下凹式绿地或与雨水调蓄设施相结合。

(9) 下穿式立体交叉道路雨水调蓄设施宜结合立体交叉雨水泵站设置，无法结合时可充分利用立交范围内绿地或相邻区域建设。

(10) 排水泵站供电应按二级负荷设计，特别重要地区的泵站，应按一级负荷设计。当不能满足上述要求时，应设置备用动力设施。

(11) 下穿式立体交叉道路雨水调蓄排放系统的电气设备应有应对50年重现期降雨不被淹渍的措施。配电室、控制室及值班室等宜采用地上式，并设有防淹措施。

(12) 用于排除雨水的水泵在非运转期，必须考虑电动机的防潮问题。一般采用电加热器或定期抽循环水，或临时将电动机拆除保存在干燥的地方。

(13) 由于下穿式立体交叉道路雨水泵站的设计重现期一般高于周边地面道路的设计雨水重现期，所以其敞开式出水井（池）顶高程应满足水体最高水位时开泵形成的高水位或水泵骤停时水位上升的高度，或可采用出水压力井。

(14) 下穿式立体交叉道路低点的雨水口数量应根据设计重现期的雨水流量和单个雨水箅子的过流能力计算确定，并采用1.5～3.0的安全系数。

(15) 下穿式立体交叉道路雨水泵站的进水部分不宜设置闸门。

3.4.2 汇水面积和设计参数

下穿式立体交叉道路雨水泵站设计应包括：规划复核、特征水位、特征扬程、起重设施、建筑结构、雨水泵站用电、雨水泵站通风、通信设施、其他设备、安全监测、自控系统和视频监控系统等内容。

3.4.2.1 汇水面积

一般能自流入干管的单独成一系统；不能自流入干管的，另设排水系统，由泵站抽升后排入干管（或河道）。低水的收水系统应为一个独立的封闭系统。根据立体交叉道路组成，一般包括以下汇水面积：

(1) 引道：由干道开始爬坡到立交桥头，此段面积地势较高，坡度大（5%左右），如有条件排入附近干管最为理想，否则排入立交泵站。

(2) 坡道：由立交另外两侧干道路面的分水岭起，坡向下穿式立体交叉道路的最低点，形成一个盆地，此处最易造成积水，一般沿路的两侧各设置数量不等的几组雨水口，将此面积的雨水截流入泵站。

(3) 匝道：上下层道路相连接段及用于车辆行驶变换方向的弯道；其中高于或接近一般路面高程的面积，可自流入干管，剩余面积排入泵站。

(4) 跨线桥：处于立交的最高点，自流排水条件比较有利，但为了不使其径流过长，往往采用泄水孔直接排入立管的做法，将水引入下层的雨水口或检查井中再流入泵站。立体交叉道路排水泵站宜采用高水高排、低水低排，且互不连通的系统。

(5) 绿地：在立体交叉道路系统中，绿地占有较大的比例，宜做成下凹式绿地，绿地内可设置溢流排放的雨水口。

(6) 建筑红线以内面积：建筑红线以内适当距离所包括的面积，主要是在小区雨水系统超频率的情况下，所增加的流量往往排入立交范围。

3.4.2.2 控制水位

为了保证立交排水，特别是下穿式立交不发生雨水积水和地下水的渗入，泵站必须严格控制水位。

立体交叉道路排水泵站雨水集水池的最高水位，可根据下穿式立体交叉道路最低点高程，下返1m安全水头，按道路最低点到泵站的实际距离，推算到泵站集水池的水位决定。地下水的最高水位必须以降水曲线低于下穿式立体交叉道路断面的水位决定。

3.4.2.3 设计参数

(1) 雨水流量计算公式

$$Q = q\psi F \tag{3-29}$$

式中 Q——雨水设计流量（L/s）；

q——设计暴雨强度［L/（s·hm²）］；

ψ——径流系数；

F——汇水面积（hm^2）。

q值各地区不同，应根据当地暴雨强度公式选用。

(2) 重现期P值

立体交叉道路排水泵站设计重现期不应小于10年，位于中心城区的重要地区，设计重现期应为20～30年，同一立体交叉道路的不同部位可采用不同的重现期。校核计算的水面线应不高于下穿式立体交叉道路最低点地面高程。

(3) 综合径流系数ψ值

应根据地面种类分别计算，一般为0.8～1.0。

(4) 集水时间t

地面集水时间应根据道路坡长、坡度和路面粗糙度等计算确定，一般宜为2～10min。因为立体交叉道路坡度大（一般是2%～5%），坡长较短（100～300m），集水时间常常小于5min。鉴于道路设计千差万别，坡度、坡长均各不相同，应通过计算确定集水时间。

当道路形状较为规则，边界条件较为明确时，可采用以下公式计算（恒定流条件下排水管渠的流速）：

$$v = \frac{1}{n}R^{\frac{2}{3}}I^{\frac{1}{2}}$$

式中 v——流速（m/s）；

R——水力半径（m）；

I——水力坡降；

n——粗糙系数。

当道路形状不规则或边界条件不明确时，可按照坡面汇流公式计算：

$$t = 1.445\left(\frac{n \cdot L}{\sqrt{i}}\right)^{0.467} \quad (L \leqslant 370\text{m})$$

式中 L——径流长度（m）；

i——径流坡度；

n——地表粗糙系数。

集水时间亦可根据径流长度与路面坡度确定：

$$t = \frac{L}{v \times 60} \tag{3-30}$$

式中　t——集水时间（min）；

L——径流长度（m）；

v——道路偏沟流速（m/s），可采用表 3-10 中数值。

v 值 参 用　　表 3-10

使 用 条 件	v 值(m/s)	使 用 条 件	v 值(m/s)
地面径流，坡度 $S=1\%$	$v=0.6$	地面径流，坡度 $S=2.5\%\sim5\%$	$v=0.9\sim1.3$
地面径流，坡度 $S=1\%\sim2.5\%$	$v=0.6\sim0.9$		

管道内径流、坡度 S、流速 v 同管道设计。

（5）雨水口

1）联合式雨水口过流能力大，下穿式立体交叉道路雨水口形式宜采用联合式雨水口。

2）雨水口设置应满足下穿式立体交叉道路雨水重现期标准，数量应采用 1.5～3.0 的安全系数。雨水口的数量应按立体交叉系统设计流量计算确定，下穿立交道路纵坡大于 2%时，因纵坡大于横坡，雨水流入雨水口少，故沿途可不设或少设雨水口。坡段较短（一般在 300m 以内）时，应在最低点集中收水。

3）雨水口连接管管径不应小于 300mm。

（6）初期雨水收集

1）初期雨水收集池有效容积应按下穿式立体交叉道路汇水区域内 7～15mm 降雨厚度确定。

2）初期雨水收集量可按下式计算：

$$W = 10\psi hF \tag{3-31}$$

式中　W——初期雨水收集量（m^3）；

ψ——综合径流系数；

h——（初期）降雨厚度（mm）；

F——汇水面积（hm^2）。

3）初期雨水收集池内应设置小型排水设施，雨后就近排入污水管中或就地处理设施中，排空时间应小于 12h。

（7）雨水调蓄设施

1）下穿式立体交叉道路雨水调蓄设施用于削减低水系统峰值流量时，调蓄设施的有效容积应为桥区降雨产汇流过程中不能由雨水泵站排出的产流量叠加，计算方法如下：

第 t 时刻下穿式立体交叉道路低水产流量：

$$Q_L^t = 10h_t\psi F \tag{3-32}$$

式中　Q_L^t——下穿式立体交叉道路降雨产流量（m^3）；

h_t——第 t 时刻 5min 时段降雨厚度（mm）；

ψ——径流系数；

F——下穿式立体交叉道路汇水面积（hm^2）。

第 t 时刻下穿式立体交叉道路低水系统收集水量：

$$Q_C^t=\begin{cases}Q_L^t, Q_L^t\leqslant C_L\\ C_L, Q_L^t>C_L\end{cases} \tag{3-33}$$

式中 Q_C^t——第 t 时刻 5min 时段下穿式立体交叉道路低水系统收集的雨水量（m^3）；

C_L——5min 时段下穿式立体交叉道路低水系统能收集的最大雨水量（m^3）。

第 t 时刻低水区积水量 Q_F^t，按下式计算：

$$Q_F^t=Q_L^t-Q_C^t \tag{3-34}$$

式中 Q_F^t——第 t 时刻 5min 时段下穿式立体交叉道路积水量（m^3）。

下穿式立体交叉道路积水量应累计到下一时段下穿式立体交叉道路产流量：

调蓄池容积：

$$Q_R^t=\begin{cases}Q_C^t-300Q_b,(Q_C^t-300Q_b)\geqslant 0\\ 0,(Q_C^t-300Q_b)<0\end{cases} \tag{3-35}$$

式中 Q_R^t——第 t 时刻 5min 时段进入调蓄设施的雨水量（m^3）；

Q_b——雨水泵站排水量（m^3/s）。

$$Q_R=\sum_{t=1}^{288}Q_R^t \tag{3-36}$$

式中 Q_R——调蓄设施有效容积（m^3）。

2）雨水调蓄设施进水高度应为雨水泵站的设计最高运行水位，宜采用溢流方式进入雨水调蓄设施。

3）雨水调蓄设施的排水设施宜采用潜水泵，且不宜少于 2 台。雨水调蓄设施应在降雨前排空，排空时间不应超过 12h，且出水管排水能力不应超过市政管道排水能力。雨水调蓄设施的放空出水可排入下游雨水管道、河道或其他水体中。

4）有条件的下穿式立体交叉道路雨水调蓄系统宜设雨水净化和综合利用设施。

5）建设在绿地内的地下雨水调蓄设施应满足绿地建设的总体要求，地上和地下统一规划设计，保证绿地性质和功能不变。雨水调蓄设施覆土厚度一般应不小于 3m，最低应不小于 1.5m。

6）下穿式立体交叉道路雨水调蓄排放系统的初期雨水收集池、雨水调蓄设施等应设置固定或配备移动式清洗、通风等附属设施和检修通道，并配备相应的安全防护、检测维护设备与用品。

① 为保证调蓄设施的正常运行，应设置调蓄设施与外部大气环境连通的进/排气装置，一般采用在调蓄设施顶部设置进/排气管道方式。

② 为确保运行管理人员进入雨水调蓄设施检修维护时的安全，调蓄设施应设置通风装置和出入检修通道。

③ 通风装置应保证调蓄设施总容积 4～6 次/h 的通风换气量。

④ 可在调蓄设施内设置永久机械通风设备和通风管道，也可配备移动式机械通风设备，移动式机械通风设备可置于雨水泵站库房备用，避免长期在较恶劣环境中闲置损坏。调蓄设施附近应具备机械通风设备用电保证装置。

⑤ 调蓄设施的清洗宜采用水力自清和设备冲洗等方式，人工冲洗作为辅助手段。调蓄设施自冲洗可分为水射器冲洗、水力冲洗翻斗、连续沟槽自清冲洗、门式自冲洗系统等，自冲洗方式应结合调蓄池的构造、运行维护和建造成本等综合考虑。调蓄设施冲洗水宜采用雨水调蓄池内存储的雨水或再生水作为清洗水源。

⑥ 调蓄设施的检修通道应设置防滑地面和栏杆，确保人员出入安全。

3.4.3 选泵

下穿式立体交叉道路雨水泵站雨水泵的设计扬程，应根据设计流量时的集水池水位与受纳水体水位差的平均值和水泵管路系统的水头损失确定。

流入集水池的雨水应通过格栅，集水池应有清除沉积泥沙的措施。

(1) 泵站设计流量为1～2m^3/s，扬程为5～10m时宜选用潜水泵或立式、卧式混流泵，结构简单，维修方便，效率高。

(2) 当设计流量为1.5～2m^3/s或更大，扬程为8m以内时，可采用潜水轴流泵，启动迅速，效率也比较高。

(3) 当设计流量小于1m^3/s，而扬程为10～20m时，根据水泵的特性曲线宜选用效率值较高的潜水泵、卧式离心式或混流式污水泵。

(4) 下穿式立体交叉道路雨水泵站水泵宜选用同一型号，台数不应少于2台，且不宜多于8台，应设置备用泵。当水量变化很大时，宜配置不同规格的水泵，但不宜超过两种，或采用变频调速装置。

(5) 使用潜水泵时，可根据水量及扬程分别选用潜水离心泵、潜水混流泵或潜水轴流泵。详见给水排水设计手册第11册《常用设备》和《给水排水设计手册·材料设备》(续册)第2册。

3.4.4 布置形式选择

3.4.4.1 自灌式

下穿式立体交叉道路雨水泵站应采用自灌式泵站。

3.4.4.2 合建式

由于立交泵站汇水面积较小，设计流量一般为1～2m^3/s，通常采用潜水泵，集水池与机器间适于合建。

3.4.4.3 圆形和矩形

圆形、矩形均可，主要根据施工条件决定，立交泵站更多地注意外形与周围环境的协调和美观。高架式立交，应注意从桥上俯视的立体外观效果。

3.4.4.4 半地下式

立交泵站深度较大，为非全年性运转，电动机受潮现象比较严重，干式泵宜采用半地下式泵站；采用潜水泵站时，非汛期可将潜水泵提出封存。

3.4.5 下穿式立体交叉道路地下水量估算

3.4.5.1 下穿式立体交叉道路地下水排除的意义及方法

为保证路基经常处于干燥状态，使其具有足够的稳定性，不致发生翻浆和冻胀，必须解决好地下水的排除问题。

解决方法有两种：①采用盲沟管系统，埋设无砂滤管或不做封闭接口的水泥管，管外用倒滤层包住，以吸收、汇集地下水自流到附近的排水干管或河湖，当高程不允许自流时，设泵站抽升；②采用封闭式路堑结构。

采用方法①时，地下水抽升和雨水抽升应分开设置为两个系统，由各自的进水管分别接入各自的集水池，各自分别选泵。

当今水资源日益紧缺，应优先考虑采用封闭式路堑结构隔离地下水。若采用盲沟管系统，则应同步考虑地下水利用措施。

3.4.5.2 下穿式立体交叉道路地下水流量的确定

地下水流量，因受多种因素的影响，其计算结果往往出入很大，主要原因是地下水的变化幅度除受大气降水影响外，与附近地形地貌有关。在地势低洼或靠近河道、排灌渠道的地区，计算结果偏大，而在地表排水通畅的地区则偏小。一般应通过抽水试验，取得渗透系数、影响半径、给水度等有关参数，再进行计算。在无抽水试验资料时，可根据钻探孔的水文地质剖面图，选择地下水的最高水位，合理采用土壤渗透系数值，进行估算和确定设计流量。

(1) 当不透水(或渗透系数值较小)的底层呈水平埋藏时，从一侧(或两侧)流向通过隔水层廊道和沟渠(排水沟管)的水流量(见图3-41)，按公式(3-37)～公式(3-39)计算：

1) 一侧进水：

$$q = K\frac{H_1^2 - H_2^2}{2R} \tag{3-37}$$

或

$$Q = BK\frac{H_1^2 - H_2^2}{2R} \tag{3-38}$$

式中 q——流向沟渠的单位（每 m 长度）流量［m^3/（m·d)］;

Q——流向长度为 B 的沟渠的水流量（m^3/d）;

H_1——含水层的厚度（m）;

H_2——沟渠中的水深（m）;

R——沟渠影响带的宽度（m）;

K——渗透系数（m/d）。

2) 潜水从两侧流入时，水流量将增加一倍：

$$Q = BK\frac{H_1^2 - H_2^2}{R} \tag{3-39}$$

(2) 未达到水平隔水层的长度为 B 的排水廊道（排水沟渠及管道）的水流量（见图3-42），按公式（3-40）～公式（3-45）计算：

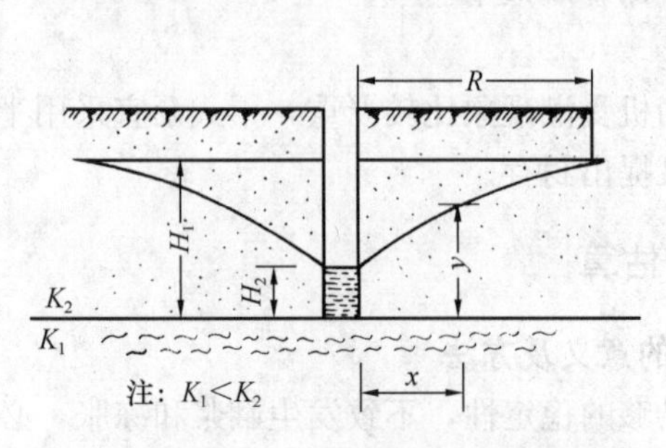

图 3-41　地下水潜流（两侧流）达到隔水层

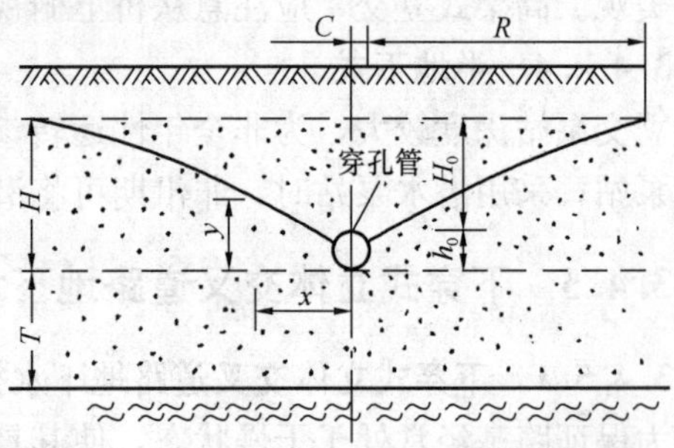

图 3-42　地下水潜流（两侧流）未达到隔水层

1）一侧进水：

$$Q = BK\left[\frac{H_1^2 - h_0^2}{2R} + H_0 q_r\right] \tag{3-40}$$

2）两侧进水：

$$Q = 2BK\left[\frac{H_1^2 - h_0^2}{2R} + H_0 q_r\right] \tag{3-41}$$

式中 q_r——引用流量值，可按图解法求得，见图 3-43，它取决于 α 和 β；

$$\alpha = \frac{R}{R+C} \text{及} \beta = \frac{R}{T} \tag{3-42}$$

其中 R——廊道影响带的宽度（m）；

C——廊道宽度之半（m）；

T——从廊道底部至隔水层的距离（m）。

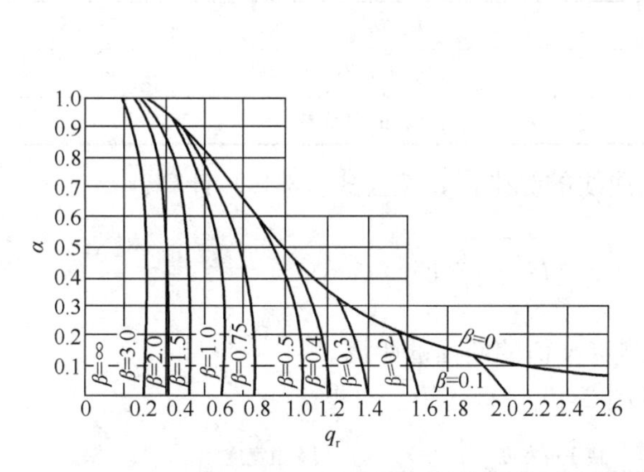

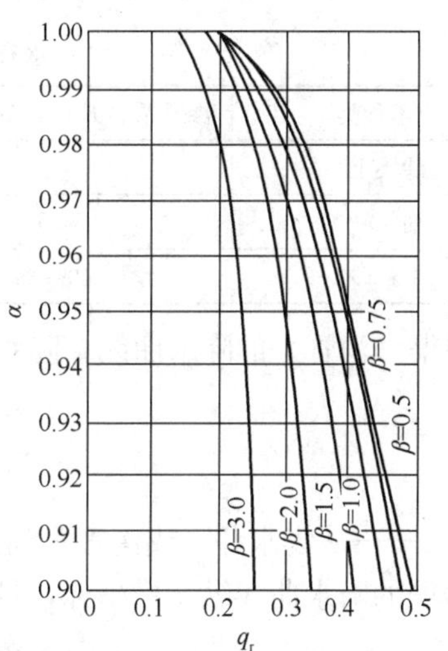

图 3-43 求 q_r 值之图解

当 $\beta>3$ 时，q_r 值按公式（3-43）确定：

$$q_r = \frac{q'r}{(\beta-3)q'_r + 1} \tag{3-43}$$

式中的 q'_r 值，可按图 3-44 中的 $q'_r = f(\alpha_0)$ 图解确定。

$$\alpha_0 = \frac{T}{T + \frac{1}{3}C} \tag{3-44}$$

影响半径的确定：影响半径的大小取决于渗透系数，给水度和含水层厚度取决于抽水时的降深值补给条件及其与上、下含水层的水力联系。

确定潜水井的影响半径，常采用公式（3-45）计算：

$$R = 2S\sqrt{HK} \tag{3-45}$$

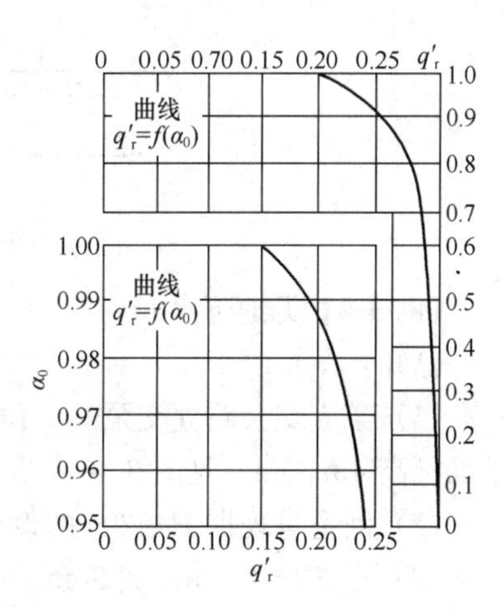

图 3-44 求 q'_r 值之图解

式中　R——潜水井的影响半径（m）；

S——井中水位降深（m）；

H——无压含水层的厚度或承压含水层底板以上的测压水头值（m）；

K——渗透系数（m/d）。

在无抽水试验资料时可参考表 3-11。

在无抽水试验资料的 R 值参考　　**表 3-11**

岩石名称	影响半径 R(m)	岩石名称	影响半径 R(m)
亚砂质岩石	10～20	中粒砂	75～100
微粒砂	20～50	粗粒砂	100～150
细粒砂	50～75	卵石质砂	150～200

水在土壤中的渗流系数 K 值参见表 3-12。

水在土壤中的渗流系数 K 值　　**表 3-12**

土壤种类	渗透系数 K 的大约值(m/d)	土壤种类	渗透系数 K 的大约值(m/d)
砂壤土	1～5	粗粒砂	25～75
细粒砂	5～10	粗砂夹卵石	50～100
中粒砂	10～25	夹有砂粒的卵石层	75～150

沟渠（沟管）的降水曲线：降水曲线的纵坐标，按公式（3-46）计算：

$$y=\sqrt{H_2^2+\frac{2q}{K}x} \tag{3-46}$$

式中　x——从集水井（或沟管）到测定 y 值的断面的距离。

沟渠的降水曲线纵、横坐标，见图 3-45。

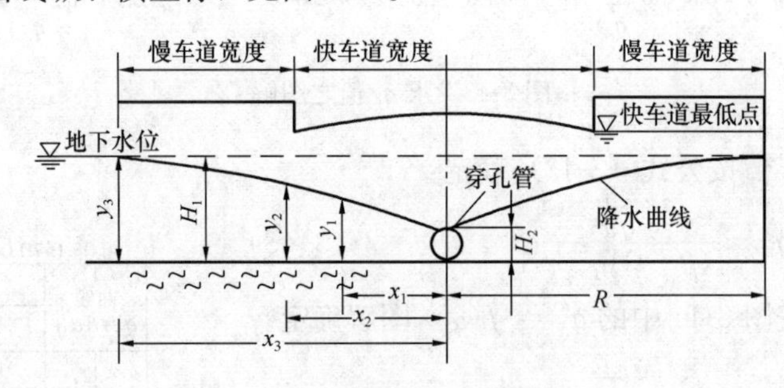

图 3-45　降水曲线纵、横坐标

【例 3-4】无地下水：

已知：

（1）某立交公路立交泵站，位于河道南岸，距堤边约 15m，在立交桥西北 120m 处。地面标高 45.30m，见图 3-46、图 3-47。

（2）河道重现期 P=20a 的设计洪水位为 42.40m。

（3）立交长 400m，宽 90m。

（4）快车道最低点路面高程为 40.30m。

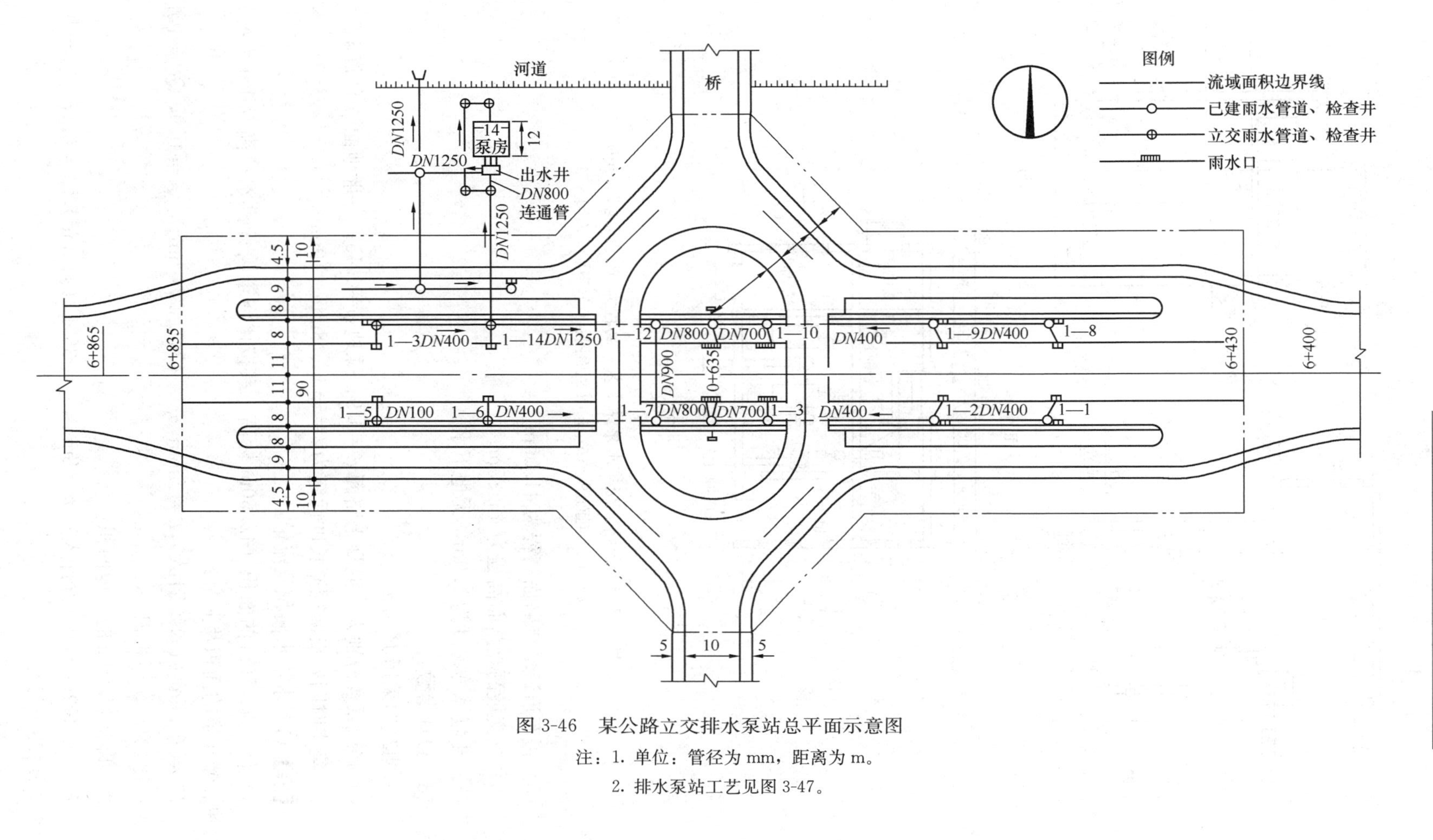

图 3-46 某公路立交排水泵站总平面示意图

注：1. 单位：管径为 mm，距离为 m。

2. 排水泵站工艺见图 3-47。

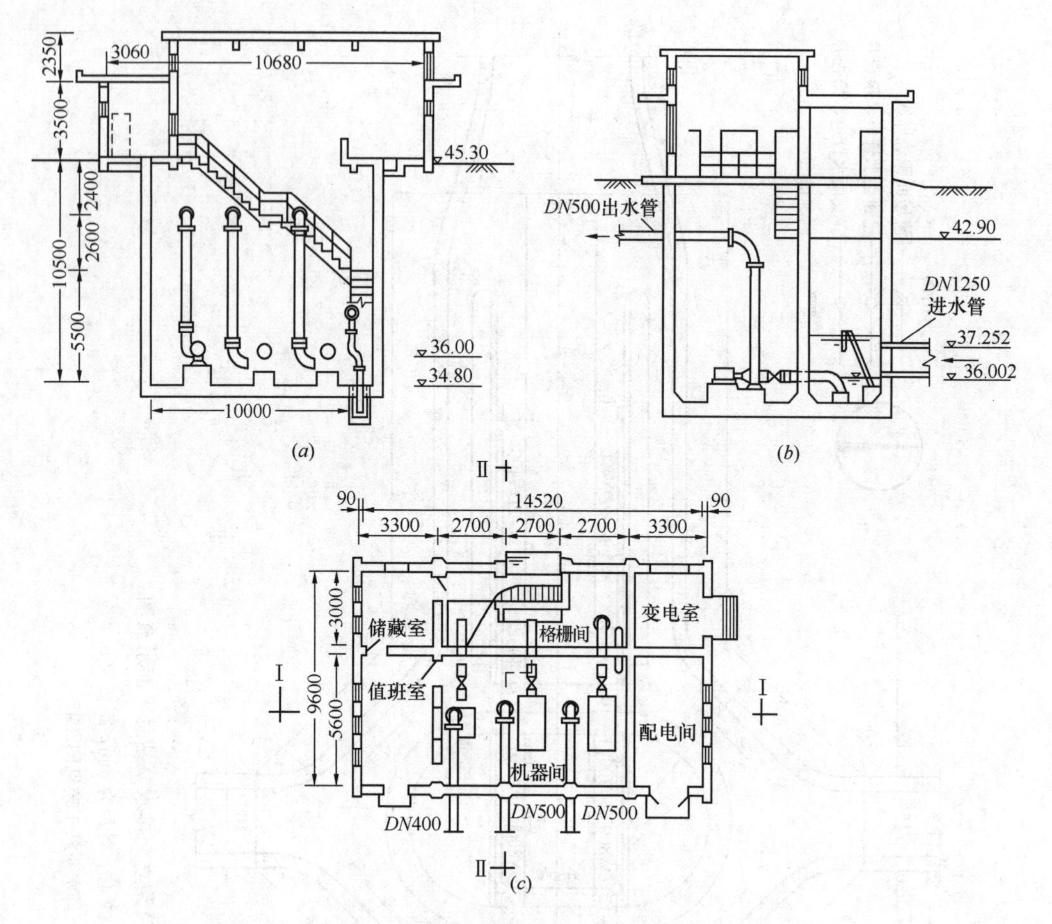

图 3-47　某公路立交排水泵站工艺（高程为 m，其他为 mm）

(a) Ⅰ-Ⅰ剖面图；(b) Ⅱ-Ⅱ剖面图；(c) 下层平面图

(5) 慢车道最低点路面高程为 41.30m。

(6) 立交最高点路面高程为 45.85m。

(7) 土壤冰冻深度为 1.0m，无地下水。

(8) 设计参数：

1) 重现期采用 $P=2a$。

2) 径流系数分别为：混凝土路面 $\psi=0.9$；绿地 $\psi=0.15$；一般地面 $\psi=0.55$。

3) 集水时间，根据径流长度而定为 $t=5min$、$8min$、$10min$。

【解】 (1) 求汇水面积及流量：

1) 低于 42.50m 的面积（42.50m 标高，系按比河道设计洪水位高 0.1m 为准），部分快、慢车道的面积及流量：

$F_1=0.9hm^2$(100% 计入)，$t=5min$，$q=434L/(s\cdot hm^2)$，$\psi=0.9$，$Q_1=\psi qF_1=0.9\times434\times0.9=352L/s$。

2) 低于 42.50m 的绿地面积：

$F_2=0.409hm^2$(100% 计入)，$t=8min$，$q=362L/(s\cdot hm^2)$，$\psi=0.15$，$Q_2=0.15\times362\times0.409=22L/s$。

3）高于 42.50m 的面积（部分快、慢车道坡向立交最低点）：

$F_3 = 1.6hm^2$（70% 计入），$t = 8min$，$q = 362L/(s \cdot hm^2)$，$\psi = 0.9$，$Q_3 = 0.9 \times 362 \times 1.6 \times 0.7 = 364L/s$。

4）匝道面积（漫过雨水口流入低点的流量）：

$F_4 = 0.9hm^2$（50% 计入），$t = 10min$，$q = 329L/(s \cdot hm^2)$，$\psi = 0.9$，$Q_4 = 0.9 \times 329 \times 0.9 \times 0.5 = 132L/s$。

5）步道至建筑红线以内 10m 的面积：

$F_5 = 1.7hm^2$（50% 计入），$t = 10min$，$q = 329L/(s \cdot hm^2)$，$\psi = 0.55$，$Q_5 = 0.55 \times 329 \times 1.7 \times 0.5 = 154L/s$。

总汇水面积：

$$\begin{aligned} F &= F_1 + F_2 + F_3 \times 0.7 + F_4 \times 0.5 + F_5 \times 0.5 \\ &= 0.9 + 0.409 + 1.6 \times 0.7 + 0.9 \times 0.5 + 1.7 \times 0.5 \\ &= 3.73hm^2 \end{aligned}$$

总流量：

$$Q = 352 + 22 + 364 + 132 + 154 = 1024L/s$$

（2）确定进、出水管断面、坡度及高程：

选用 $DN1250$，$s=0.0008$，$v_1=1.0m/s$，$Q=1229L/s>1024L/s$。

进水管管底标高定为 36.00m（经市政管道综合后确定）。

总出水管 $DN1250$，$s=0.0008$，$v=1.0m/s$，管底高程定为 40.82m（淹没式）。

（3）选泵：考虑不同强度的降雨量，选用一种型号、两种级别，无备用泵。选泵的总扬程估算：

水泵提升高度 42.90m（比洪水位高 0.5m）。

经过格栅的水头损失 0.1m。

集水池最低工作水位 36.00m（与进水管管底高程相同）。

局部损失按 1.0m 估算，沿程损失 $0.0008 \times 15 = 0.012m$。

则总扬程估算：

$$H = 42.90 - 36.00 + 1 + 0.1 + 0.012 = 8.012m$$

选用混流泵 2 台，其性能为 $Q=0.415m^3/s$，$H=8.3m$，$N=55kW$，$\eta=82.4\%$。

选用混流泵 1 台，其性能为 $Q=0.19m^3/s$，$H=8.3m$，$N=22kW$，$\eta=83\%$。总抽水量：

$$Q = 0.415 \times 2 + 0.19 = 1.02m^3/s$$

（4）集水池：集水池不考虑调节作用，有效容积按最大 1 台泵 1min 的容量 $W = 0.415 \times 1.0 \times 60 = 24.9m^3$，采用有效水深 1.25m，集水池最高水位 37.25m，$F=20m^2$，池底标高定为 34.80m。

（5）泵站形式：选用干式、自灌、方形泵站，集水池与机器间合建式，由中隔墙隔开。下部尺寸 10m×9m，深度（地面至池底）45.50－34.80＝10.7m；上部尺寸 14.52m×9m，高度 5.85m。

（6）格栅：采用人工清除，格栅间采用敞开式，顶板考虑吊物梁勾（20a 工字钢梁），格栅之栅条净距根据水泵类型和容量确定为 70mm。

（7）泵站经平面布置后（见图 3-47），对水泵总扬程进行核算：

1）格栅水头损失

水与格栅夹角 $\alpha=70°$。

栅条宽 $b=10$mm。

栅条间隙 $S=70$mm。

栅条厚 $L=50$mm。

$\frac{b}{S}=\frac{10}{70}=0.14$，$\frac{L}{S}=\frac{50}{70}=0.71$

查得阻力系数 $\xi=0.27$

水头损失 $h_1=\xi\frac{v_1^2}{2g}, v_1=1.0$m/s（进水流速），即：

$$h_1=0.27\times\frac{1.0^2}{2\times9.81}=0.014\text{m}$$

2）吸水喇叭口水头损失

当 $\frac{L}{DN}=\frac{1.2}{0.4}=3<4, \xi=0.2\sim0.56$，采用 $\xi=0.4$，$v_2=2.04$m/s 时：

$$h_2=\xi\frac{v_2^2}{2g}=0.085\text{m}$$

3）吸水管及出水管水头损失

$Q=0.415\text{m}^3/\text{s}$，选用 $DN500$，求得 $v=2.04$m/s，$i=0.0107$，$L=1.35+4.5+3.0+2=10.85$m，则：

$$h_3=0.0107\times10.85=0.116\text{m}$$

4）弯头水头损失

90°焊接弯头 1 个，$\xi=0.96$；90°铸铁弯头 2 个，$\xi=0.64$，则：

$$h_4=(0.96+0.64\times2)\times\frac{2.04^2}{2\times9.81}=0.475\text{m}$$

5）闸门水头损失

$DN500$ 闸门 1 个，$\xi=0.06$，则：

$$h_5=0.06\times\frac{2.04^2}{2\times9.81}=0.013\text{m}$$

6）拍门水头损失

出口拍门 1 个，$\xi=1.8$，则：

$$h_6=1.8\times\frac{2.04^2}{2\times9.81}=0.382\text{m}$$

局部损失 $h=0.014+0.085+0.116+0.475+0.013+0.382=1.085$m。

沿程损失 $h'=15\times0.0008=0.012$m。

故水泵所需总扬程为 H=6.9+1.085+0.012=8.0m<水泵扬程（8.3m）。因此，所选水泵是合适的。

（8）泵站机器间起吊设备：3t 电动单梁悬挂式起重机，1 台。

（9）附属构筑物：此泵站由于交通方便，又居城区附近，故不设休息室、厨房、厕所等附属建筑物，又距市政设施很近，无需再埋设市政管道，只考虑泵站周围的绿化。

（10）泵站占地面积：由于受周围条件的限制，共占地面积为 357m^2。

【例 3-5】有地下水：

已知：

（1）某郊区铁路与公路立交排水泵站，位于立交东岸约 35m 处。主要解决立交排水和降低地下水位。立交长约 380m，宽 50m，见图 3-48、图 3-49。

（2）所排入河道（P=20a）的设计洪水位为 32.15m。

（3）立交桥下道路最低点高程为 31.80m。

（4）泵站附近地面高程为 37.65m。

（5）立交范围内地下水位为 33.50m。

（6）土壤冰冻深度为 1.0m（为砂壤土夹细砂）。

（7）设计参数：

1）重现期 P=2a。

2）径流系数 ψ=0.9（混凝土路面）。

3）集水时间 t=6min。

【解】（1）求汇水面积及流量：

1）低于 35.00m（河水位加 0.2m 超高）的面积：F_1=1.4hm^2（100%计入），t=6min，q=406L/s/hm^2，Q_1=1.4×406×0.9=511L/s。

2）高于 35.00m 的面积：F_2=0.5hm^2（50%计入），t=6min，Q_2=0.5×50%×406×0.9=91L/s。

总汇水面积 F=1.4+0.25=1.65hm^2。

总流量 Q=511+91=602L/s。

（2）确定进、出水管断面、坡度、高程：进水管选用 DN900，i=0.0015，v=1.10m/s，Q=701L/s，进水管管底标高定为 28.80m；出水管 2 条 DN500，管底标高定为 32.20m。

（3）进入泵站的地下水估算：采用下式计算：

两侧进水：

$$Q = BK\frac{H_1^2 - H_2^2}{R}$$

式中符号见图 3-50。

根据土质查表 3-9，得影响带的宽度 R=50m；查表 3-10，得渗透系数 K=5m/d。

采用 DN300 穿孔管，埋设长度 280m。

计算：

$$H_1 = 33.50 - 29.50 = 4\text{m}$$

$$H_2 = 0.3\text{m}$$

$$Q = 280 \times 5 \times \frac{4^2 - 0.3^2}{50} = 445.48\text{m}^3/\text{d}(\text{相当于 } 5.2\text{L/s})$$

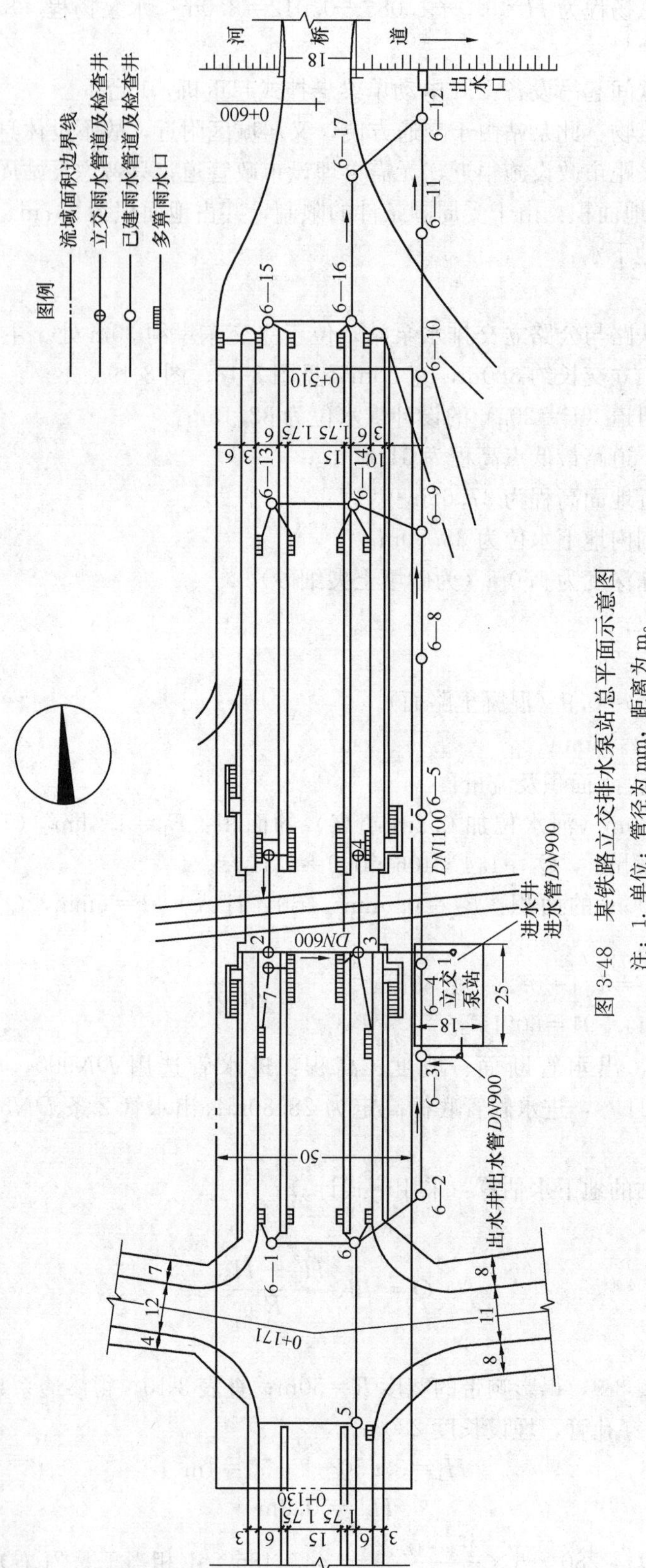

图 3-48 某铁路立交排水泵站总平面示意图

注：1. 单位：管径为 mm，距离为 m。

2. 排水泵站工艺见图 3-49。

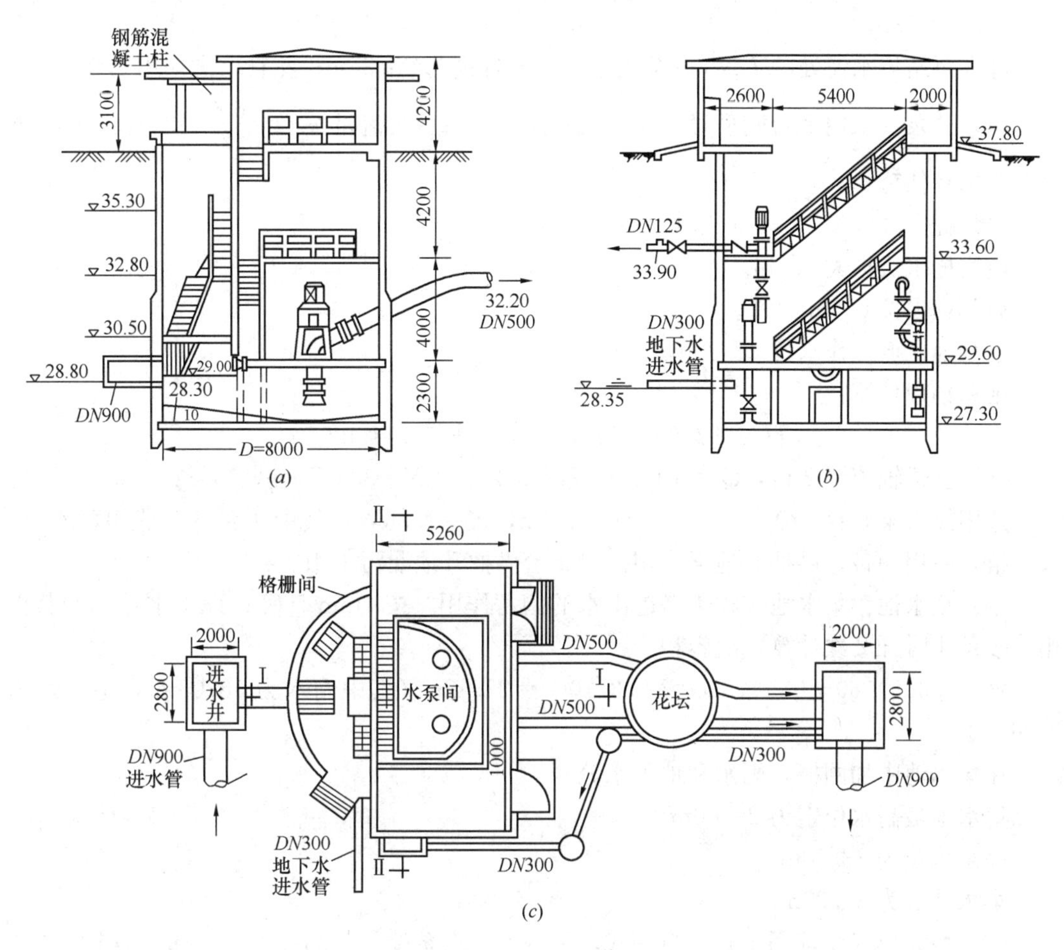

图 3-49　某铁路立交排水泵站工艺（高程为 m，其余为 mm）

(a) Ⅰ-Ⅰ剖面图；(b) Ⅱ-Ⅱ剖面图；(c) 平面图

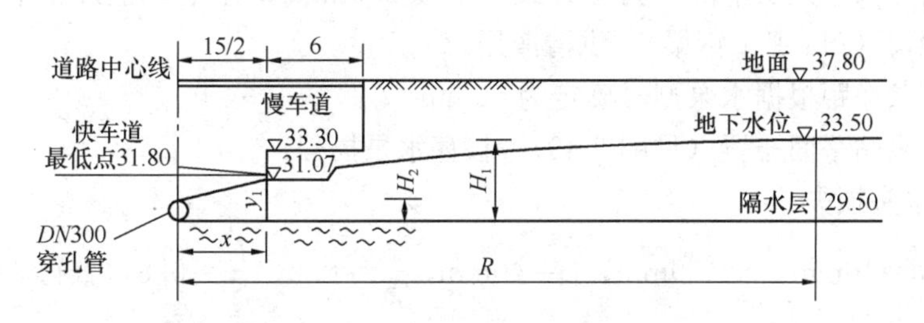

图 3-50　立交地下水潜流（两侧进水）

求降水曲线：

$$x = 7.5\text{m}$$

$$q = K\frac{H_2^2 - H_1^2}{2R} = 5 \times \frac{4^2 - 0.3^2}{2 \times 50} = 0.796$$

$$y_1 = \sqrt{H_2^2 + \frac{2q}{K}x_1} = \sqrt{0.3^2 + \frac{2 \times 0.796}{5} \times 7.5} = 1.57\text{m}$$

$x_1 = 7.5\text{m}$ 时，y_1 点高程：29.50+1.57=31.07m，y_1 点比快车道最低点低：31.80

$-31.07=0.73\mathrm{m}$。

进入泵站集水池处的 $DN300$ 穿孔管，管底标高为 28.35m；花管坡度采用 0.005。

（4）选泵：采用 2 台同型号水泵，无备用泵。每台泵流量按 $Q=\frac{602}{2}=301\mathrm{L/s}$ 计。选泵前总扬程估算：

水泵提升高度 32.65m（比洪水位高 0.5m）。

经格栅水头损失 0.1m。

局部损失按 0.5m 估算。

集水池最低工作水位 28.30m。

则总扬程估算：

$$H=32.65-28.30+0.1+0.5=4.95\mathrm{m}$$

选用立式轴流泵 2 台，$Q=301\mathrm{L/s}$，$H=5.21\mathrm{m}$，$N=30\mathrm{kW}$，$\eta=73\%$。

选用排水泵 5 台，$Q=2.5\mathrm{L/s}$，$H=3.5\mathrm{m}$，$N=1.5\mathrm{kW}$，其中 4 台安装成串联水泵，共 2 组，一用一备，供抽升地下水用。另 1 台供抽升地漏污水用。

（5）集水池：集水池容积不考虑雨水的调蓄作用，按 1min 计算；地下水考虑调蓄作用，按每小时开 2 次计算，故容积为：

$W=0.301\times60+0.5\times3600\times5.2/1000=27.42\mathrm{m^3}$（其中雨水为 $18.06\mathrm{m^3}$，地下水为 $9.36\mathrm{m^3}$）

在集水池中加闸槽，雨水和地下水分开。

集水池最高水位定为 29.00m。

停泵水位为 28.30m。

集水池底为 27.30m。

（6）泵站形式：选用干式、自灌式、下圆上方形泵站，下部尺寸 $D=8\mathrm{m}$，深度 $37.80-27.30=10.5\mathrm{m}$；上部尺寸 5.26m×10m，高度 4.0m。

（7）格栅：采用人工清除，为敞开式，下砌 0.9m 高清水墙，上加钢筋混凝土盖板，顶设有吊物梁勾（24a 工字钢梁），供清渣用。

格栅的栅条净距根据水泵型号确定为 50mm。

（8）根据泵站平面布置（见图 3-49），核算水泵扬程：

1）格栅水头损失

$\alpha=70°$，$b=10\mathrm{mm}$，$S=50\mathrm{mm}$，$L=40\mathrm{mm}$，$\frac{b}{S}=0.2$，$\frac{L}{S}=0.8$，查得 $\xi=0.35$，$h_1=0.35\times\frac{1.27^2}{2\times9.81}=0.029\mathrm{m}$。

2）吸水喇叭口水头损失

$$\frac{L}{DN}=\frac{1.35}{0.5}=2.7<4,\ \xi=0.4$$

$$h_2=0.4\times\frac{1.55^2}{2\times9.81}=0.05\mathrm{m}$$

3）吸水管及出水管水头损失

Q=301L/s，$DN500$，i=0.0064，v=1.55m/s，l=2+15=17m，h_3=0.0064×17=0.1088m。

4）弯头水头损失

30°弯头4个，ξ=0.2，则：

$$h_4 = 0.2 \times \frac{1.55^2}{2 \times 9.81} \times 4 = 0.098\text{m}$$

5）拍门水头损失

出口拍门1个，ξ=1.8，则：

$$h_5 = 1.8 \times \frac{1.55^2}{2 \times 9.81} = 0.22\text{m}$$

局部损失为：

$$h = 0.029 + 0.1088 + 0.05 + 0.098 + 0.22 = 0.506\text{m}$$

故水泵所需总扬程为：

$$H = 4.35 + 0.506 = 4.86\text{m} < 5.24\text{m}$$

（9）机器间起吊设备：3t电动单轨吊车梁，2t猫头小车手动（最大部件水泵重720kg）。

（10）附属构筑物：此泵站位于郊区，交通不太方便，设休息室、储藏室、厨房、厕所共45m^2。

（11）占地面积：共500m^2。

3.5 潜 水 泵 站

3.5.1 特点及一般规定

3.5.1.1 特点

潜水泵不同于干式水泵，潜水泵的电机防水密封，可以长期浸入清水和雨污水池中，不存在受潮问题，潜水泵电机机组整体安装，结构紧凑，运行稳定，便于就位和更换，所以潜水泵站无需上部厂房，也简化了地下结构，降低了工程造价。在当前市政工程排水泵站中应用越来越广泛。

3.5.1.2 一般规定

（1）排水泵站使用的潜水泵，主要有潜水排污泵、潜水混流泵、潜水轴流泵等类型，可以用于污水泵站、雨水泵站及合流泵站、立交排水泵站、污泥泵站等各种性质的泵站。潜水泵站为湿式泵站，采取自灌式启动，除集水池及水泵安装须符合潜水泵站要求外，其他部位设计均以有关规定为准。

（2）来水进入集水池前，应通过沉泥井沉积泥沙，通过格栅拦截污物，防止杂物堵塞集水窝，影响水泵进水条件，干扰水泵的正常运行。

（3）集水池上应设置自来水龙头，以便潜水泵吊出时及时清洗。

(4) 备用泵可以就位安装，也可以库存备用。

(5) 潜水泵上方吊装孔盖板可视环境需要采取密封措施。

(6) 潜水自耦式安装的水泵各泵最小中心距应为泵壳宽度的1.5倍，泵中心与墙壁之间的最小距离为泵壳宽度的0.8倍。

3.5.2 集水池

3.5.2.1 组成

水泵吸水口的底部有集水窝（或称泵坑），集水池的进水侧有时需要设配水区（或称沉降室）或前池。

3.5.2.2 水位

水泵停止运行的最低水位不应低于泵蜗壳的顶部，水泵运行时必须控制泵的淹没深度，保证集水池的水位不低于最低水位，以防止产生汽蚀现象。

3.5.2.3 有效容积

潜水泵站中各台水泵的开停，一般是利用液位自动控制技术有序进行的。随着水位的升高，水泵按顺序逐台启动，而随着水位的降低，水泵按相反的顺序逐台停止。备用泵应同样参与运行，在运行中备用。因此，潜水泵站有效容积的大小，应该因地制宜决定。

(1) 根据自控泵站有效容积的基本公式 $V_{\min}=\frac{T_{\min}Q}{4}$，最小有效容积 $V_{\min}$ 与水泵允许的最小工作周期 $T_{\min}$ 成正比。由于潜水泵每小时的启动次数可以达到10～15次，工作周期为240～360s，所以潜水泵的污水泵站，需要的最小有效容积比传统的干式泵小。

(2) 由于潜水泵站的水泵是按顺序轮换工作的，各台泵的调节容积与水泵工作顺序相对应。因此集水池总调节容积为逐台水泵工作所需容积的总和。有的生产厂在水泵样本上给出了多台泵集水池有效容积的计算图表，供设计选用。当水泵并联工作时，出水量 Q 应按并联水量计算。

3.5.3 一体化预制泵站

3.5.3.1 特点及一般规定

(1) 特点

一体化预制泵站是一种在工厂内将井筒、泵、管道、控制系统和通风系统等主体部件集成为一体，并在出厂前进行预装和测试的泵站。一体化预制泵站可在占地面积紧张、施工周期较短、环境要求较高等条件下，用于城镇排水系统中的雨水、污水及工业废水的提升、加压和输送。一体化预制泵站的基本形式可分为干式一体化预制泵站和湿式一体化预制泵站，如图3-51所示。对于复杂的泵站系统，可将两个或两个以上湿式或干式一体化预制泵站串联或并联。

1) 干式一体化预制泵站

干式一体化预制泵站由一个干区独立构成或者将干区和湿区集成在同一个井筒内，水泵采用干式安装。水泵间可采用维修平台分隔，上部为维修间，下部为干式水泵间。

2) 湿式一体化预制泵站

湿式一体化预制泵站将水泵间和进水井集成在同一个井筒内，水泵采用湿式安装，井

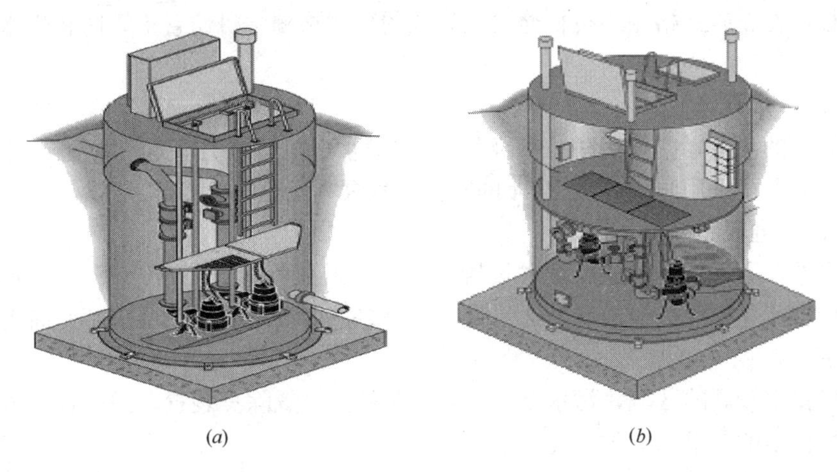

图 3-51 一体化预制泵站基本形式
(a) 湿式一体化预制泵站；(b) 干式一体化预制泵站

筒内可设置内部维修平台和地面控制面板，地面可配套设置维修间。

(2) 一般规定

1) 泵站的基本形式应根据场地的地理位置、地形条件和地质情况等因素确定。当区域用地紧张时，宜选择湿式一体化预制泵站；当应用于给水工程或地面不允许有设备和构筑物时，宜选择干式一体化预制泵站；当有较高防盗要求或地面积雪较深时，宜选择带维修间的湿式一体化预制泵站；当上游流量较大或系统复杂时，可将两个或两个以上湿式或干式一体化预制泵站进行串联或并联。

2) 泵站应统一规划、分期实施，近期工程应预留远期接口。由于一体化预制泵站安装简便、快速，近期工程可根据近期规模进行配置，并预留远期接口。待远期流量增加后，远期工程可通过预留接口连接泵站。具体型号可根据工程规模，结合国内外生产厂家的各产品适用条件选用。

3) 一体化预制泵站主体可由通风系统、井筒、出水管路、阀门、进水管路、控制柜、服务平台和水泵等部件组成。一体化预制泵站的主体应在工厂内预制，并在出厂前进行预装和测试，以缩短现场安装时间，提高系统可靠性。

4) 泵站宜设置于绿化带内。设置于绿化带内的一体化预制泵站，湿式泵站的顶盖应高出周围地面 20cm 以上；干式泵站的顶盖应高出周围地面 45cm 以上，并应进行防水设计。

5) 湿式一体化预制泵站底座内侧应采用流态优化设计，避免污泥沉积。

6) 泵站底板的尺寸应满足抗浮和结构强度要求，多井筒泵站和泵站前后端构筑物宜采用同一个底板。

3.5.3.2 格栅

一体化预制泵站可采用提篮式格栅和粉碎式格栅。泵站进水杂质较少时，宜设置提篮式格栅，杂质较多时，宜设置粉碎式格栅。提篮式格栅耦合在进水管路法兰面上，并配备有导杆和提升链；格栅间距不宜小于 40mm；可手动提升倾倒栅渣，提升次数不大于 1 次/d。粉碎式格栅可耦合在进水管路法兰面上或安装在预制格栅井内。粉碎式格栅应配套人工格栅，在粉碎式格栅主机检修时放置在粉碎式格栅主机位置上，防止进水杂质进入泵站。

3.5.3.3 水泵选型

湿式安装的水泵，应采用防护等级 IP68 的潜水电机，水泵宜配套电机冷却系统。干式安装的水泵，可采用防护等级 IP54 的电机，水泵宜配套电机冷却系统。

3.5.3.4 通风和除臭

湿式泵站，宜采用自然通风，并设置通风管，通风管管径不应小于 100mm。干式泵站，应采用轴流风机等机械通风，通风量应满足泵站内设备的散热要求，井筒内宜设置温控和报警装置。

对环境要求较高的区域，污水泵站和合流泵站宜设置除臭装置，并符合国家和当地现行相关环境标准的要求。

3.5.4 潜水泵及安装

3.5.4.1 潜水排污泵

排污性能好，采用单、双流道，无堵塞，防缠绕。

可以采取移动式、固定式两种安装方式。

移动式安装用泵底座支承，出口弯管与软管或硬管相接，用链索吊装，简单方便，容易移动。

固定式安装用固定的导杆导向，连接座支承，水泵沿导杆放下时与连接座自动锁紧，水泵沿导杆上升时，与连接座自动脱开。

城镇排水泵站主要使用固定式安装，出水管用闸门逆止阀控制。设单独闸阀室便于操作。

3.5.4.2 潜水混流泵、潜水轴流泵

(1) 大流量、扬程较低，适用于雨水和轻度污水，防汛排涝能力强。

(2) 主要采取悬吊式安装、钢制井筒式安装及混凝土预制井筒式安装，将潜水电泵装入筒中，用橡胶垫密封，出水管装活门。

(3) 城镇排水泵站的管理部门，自备（或租用）汽车吊拆卸安装时，各站可不必单独设置吊装设置。

3.5.5 布置形式选择

(1) 潜水泵站地上建筑较少，环境影响较小，特别是布置形式灵活，适应性强，便于因地造形，得到广泛使用。不设地上建筑时，应留有吊泵孔、人孔、通风孔。

(2) 为了管理方便和外形美观，有时也建设地上厂房，将起吊设备、启动设备及出水闸阀安置在厂房内，也有时在泵室上部设置罩棚，防雨、防晒，将起吊设备放在棚顶下，也能改善管理条件，装饰泵站环境。

(3) 在中小型泵站的集水池中，应防止进水管的来水直接冲入泵室集水窝，将气泡带入泵中，发生气蚀。设计中宜使来水先在配水室缓冲，再由挡水墙下部潜水进入泵室，保证进水的均匀、稳定。

(4) 下列有关潜水泵房布置的技术资料，供工程设计中参考：

1）基本布置形式：一般在进水处设配水区。A—G 数值见图 3-52。

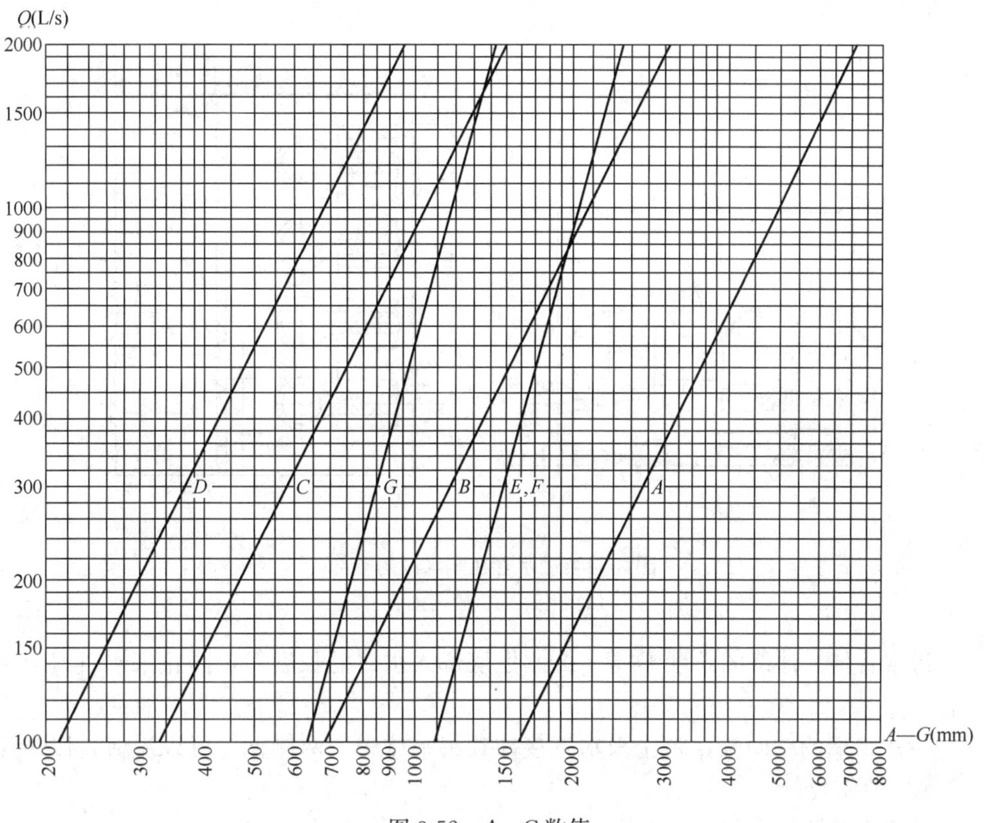

图 3-52　A—G 数值

① 上部进水：

图 3-53 为进水管在配水区的中央。

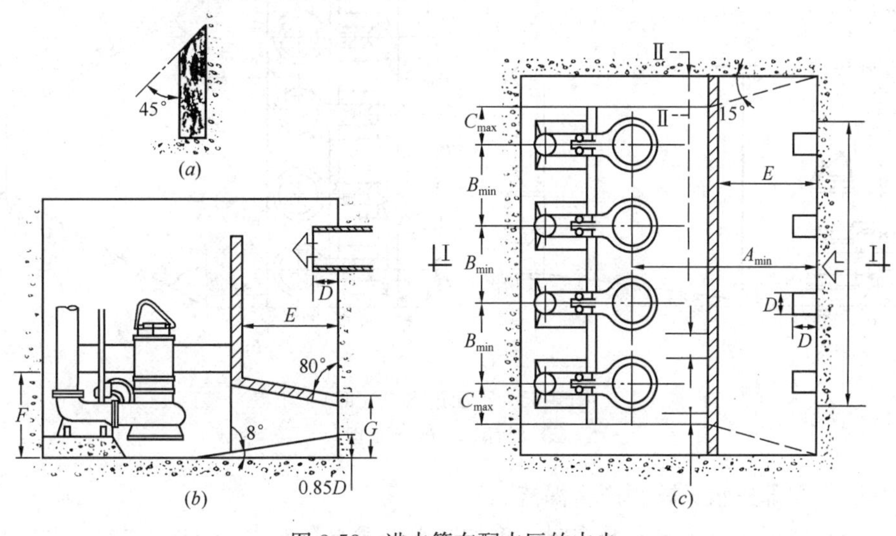

图 3-53　进水管在配水区的中央

（a）Ⅱ-Ⅱ剖面图；（b）Ⅰ-Ⅰ剖面图；（c）平面图

图 3-54 为进水管在配水区的端部：为保证良好的水力条件，来水经配水区均匀分布潜流到集水坑，要求：

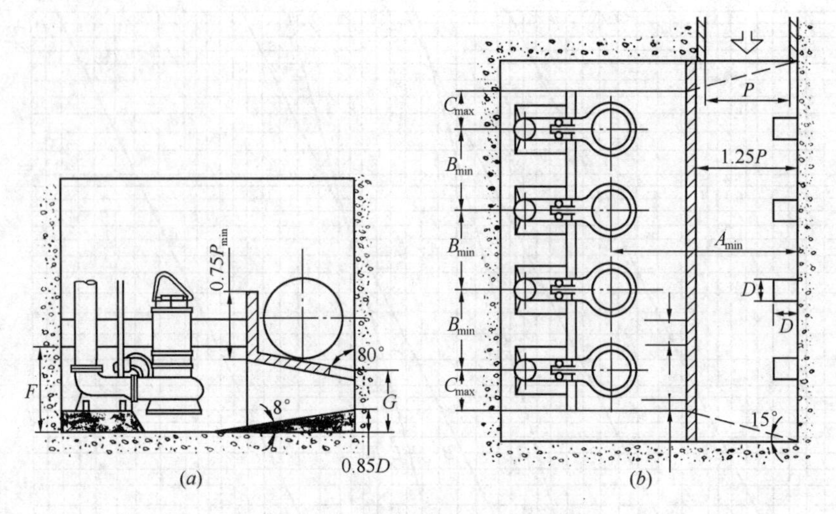

图 3-54 进水管在配水区的端部
(a) 剖面图；(b) 平面图

a. 进水管伸入池壁的长度 D 等于配水区底部入水口的长度 D，防止来水直接落到入水口中。

b. 进水挡墙的中间高，防止来水直接冲到集水坑中；两侧低，可以溢流，以避免配水区产生浮渣结壳。

c. 泵室内侧墙的下部及底板均做成 8°，使水中气体沿斜壁逸出。

② 进水沿底板进入泵房：

图 3-55 为正面进水：进水水平扩散角 15°～30°。

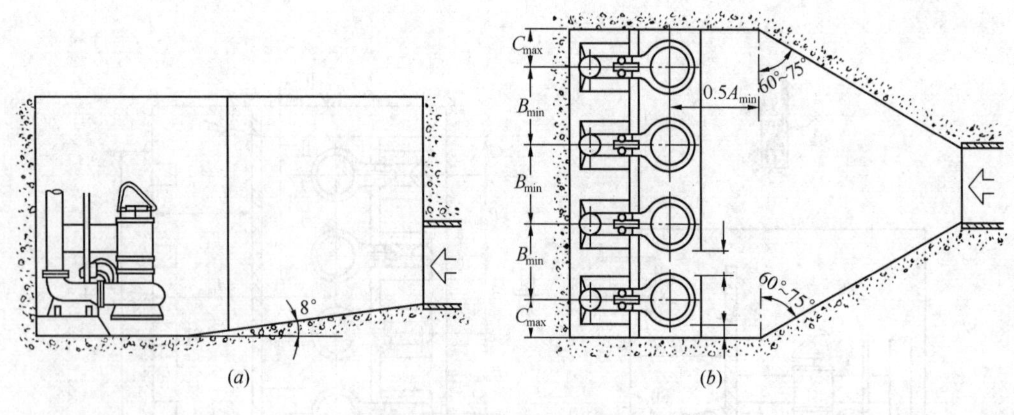

图 3-55 正面进水（底部）
(a) 剖面图；(b) 平面图

图 3-56 为端部进水：防止产生涡流。

③ 组合布置形式，水泵台数多时，可按基本形式组合而成。见图 3-57、图 3-58。

2）圆形布置形式：

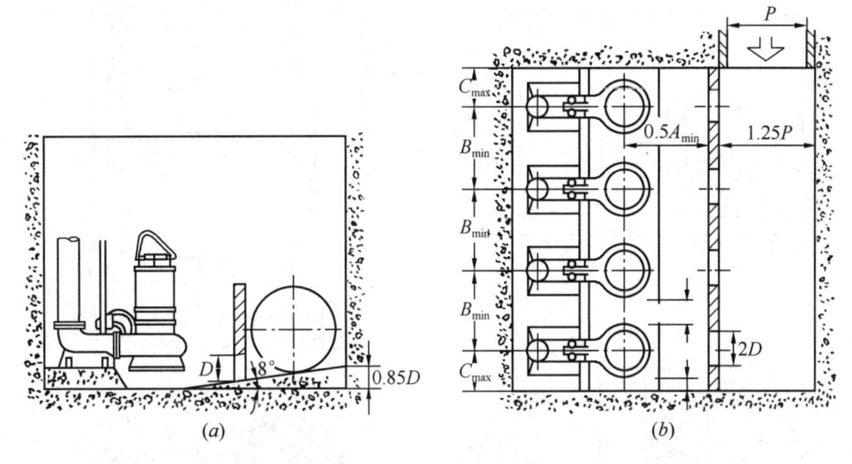

图 3-56 端部进水（底部）

（a）剖面图；（b）平面图

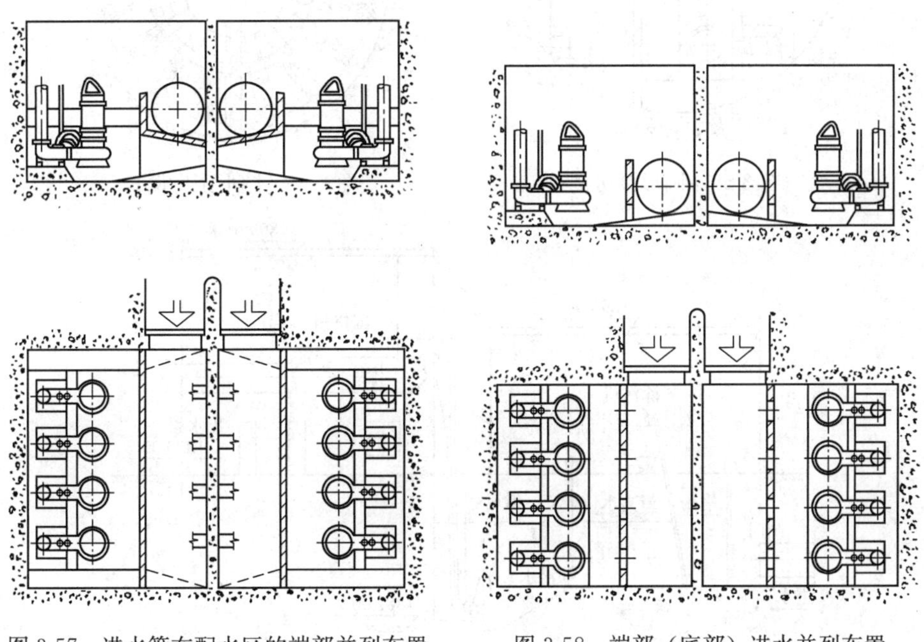

图 3-57 进水管在配水区的端部并列布置

图 3-58 端部（底部）进水并列布置

① 需要做圆形泵房时，可按基本形式中的矩形改为圆形，见图 3-59。

② 水泵台数多的圆形泵房可参考图 3-60 布置。

（5）示例：

1）图 3-61 为潜水排污泵房（污水处理厂进水泵房），其规模：潜水排污泵 5 台（其中 1 台备用）。

布置要点：

① 污水泵前后设置粗、细两道格栅，粗格栅栅隙 25mm，有两组独立格栅间，一用一备。提升后污水进入高架渠道。渠道上设置三台阶梯式细格栅，栅隙 6mm，两用一备。

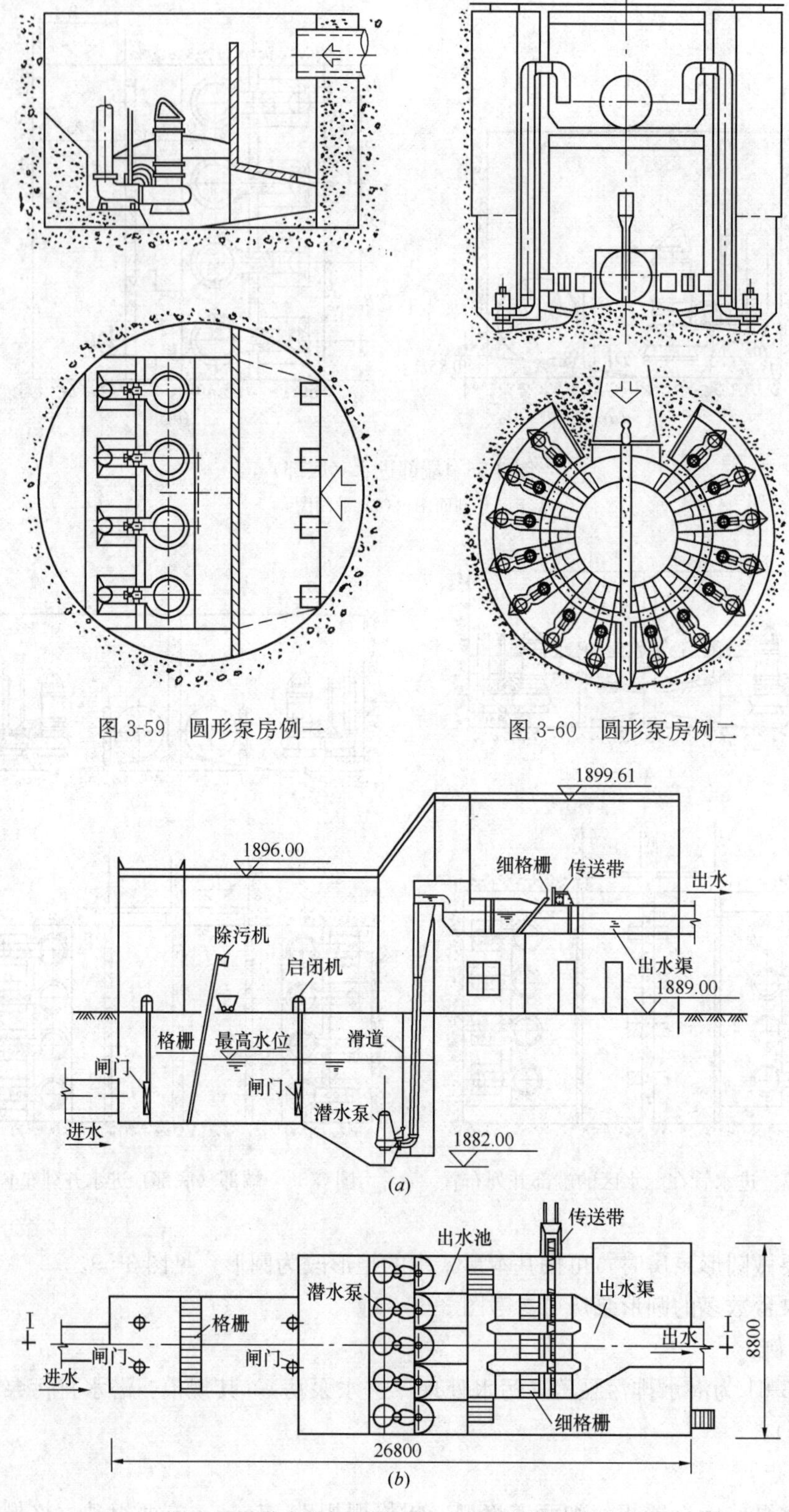

图 3-59 圆形泵房例一

图 3-60 圆形泵房例二

图 3-61 潜水排污泵房（污水处理厂进水泵房）
(*a*) Ⅰ-Ⅰ剖面图；(*b*) 平面图

② 污水泵出水管上装有调节闸阀。除按水位自控开停水泵台数外，还可用电脑调节闸阀开启度，控制水量。

2）图 3-62 为潜水轴流泵雨水泵房，具规模：潜水轴流泵，14 台。

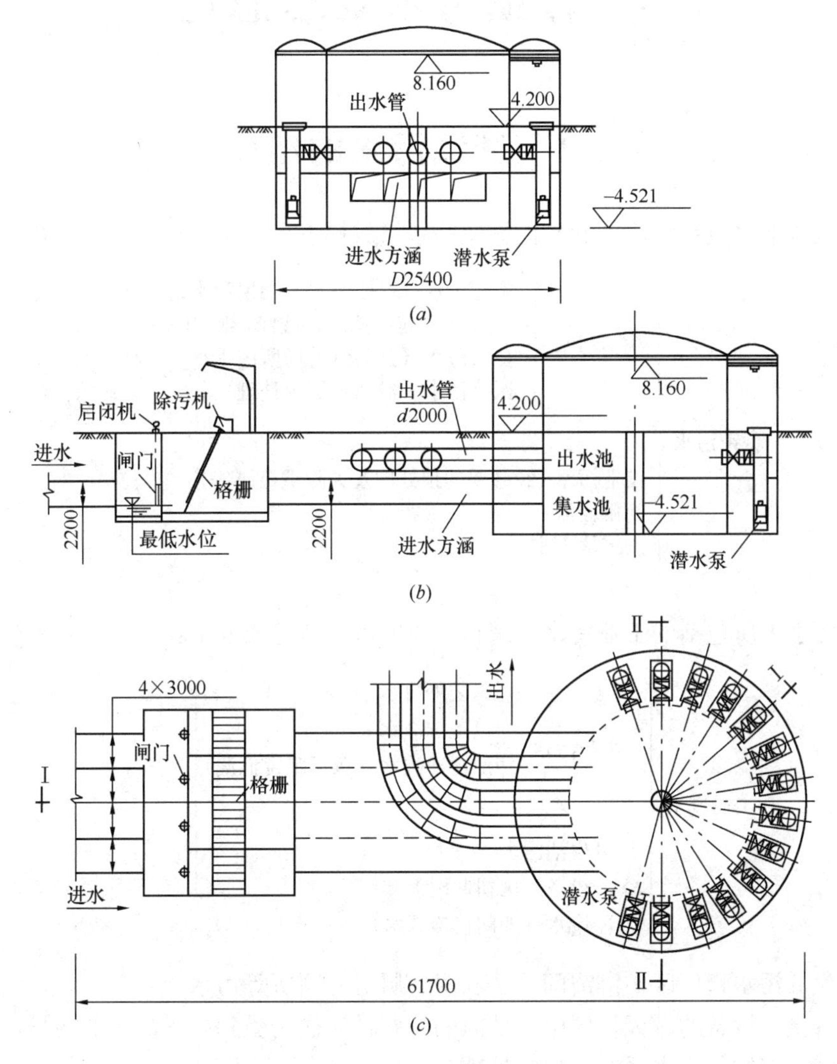

图 3-62　潜水轴流泵雨水泵房

(a) Ⅱ-Ⅱ剖面图；(b) Ⅰ-Ⅰ剖面图；(c) 平面图

布置要点：

① 圆形泵房，底部为集水池，中心圆的上部为出水池，顶部为配电室、控制室；外环的上部为机器间、顶部为外廊式吊装检修场地。布置紧凑，便于沉井法施工，适用于软土地基。

② 进出水管渠也是上、下层布置，充分利用空间，节省占地，保持良好的进出水水力条件。

4　城镇污水处理总论

4.1　城镇污水的组成

经由城镇下水道系统集中起来的城镇污水组成如下：

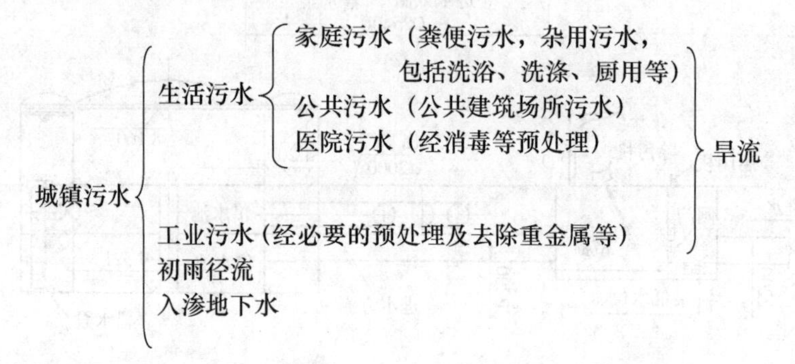

城镇污水中所包括的工业污水，来自工业废水，其组成如下：

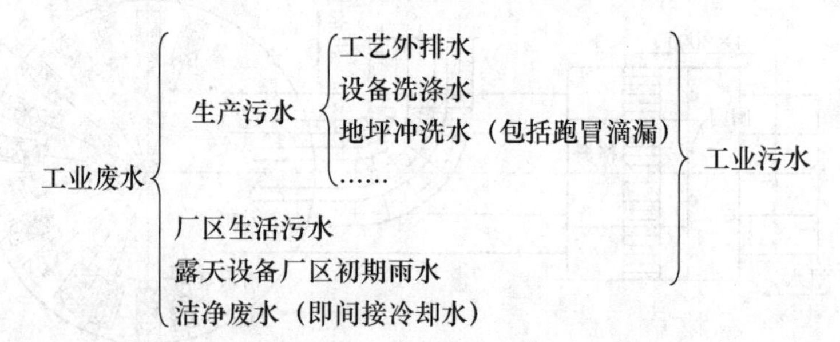

厂区生活污水指厂区中淋浴间、洗衣房、厨房、厕所等污水。

在设有生产设备的露天厂区中，地面的暴雨径流往往受到严重的工业污染，特别是初期雨水径流，应纳入污水系统，接受处理。

根据节水原则，间接冷却水（洁净废水）应单设系统，经降温后回收利用。当冷却水尚未回收时，符合水体排放标准的，可暂时排入雨水管，或直接排入水体，但一般不应排入污水系统。

由上可知，对于工业，工业废水是总称，生产污水是工业污水的主要组成，而工业污水则是需要处理的全部对象。

4.2　城镇污水的水质

城镇污水水质，在主要方面有生活污水的特征，但在不同下水道系统中，由于不同性质和规模的工业排污，又受工业污水水质的影响。

典型的生活污水水质，大体有一定的变化范围，可参见表 4-1。

典型生活污水水质示例 表 4-1

序号	指标	浓度(mg/L)		
		高	中	低
1	总固体 TS	1200	720	350
2	溶解性总固体 DTS	850	500	250
3	非挥发性	525	300	145
4	挥发性	325	200	105
5	悬浮物 SS	350	200	100
6	非挥发性	75	55	20
7	挥发性	275	165	80
8	可沉降物(mL/L)	20	10	5
9	生化需氧量 BOD_5	400	220	110
10	溶解性	200	110	55
11	悬浮性	200	110	55
12	总有机碳 TOC	290	160	80
13	化学需氧量 COD_{Cr}	1000	400	250
14	溶解性	400	150	100
15	悬浮性	600	250	150
16	可生物降解部分	750	300	200
17	溶解性	375	150	100
18	悬浮性	375	150	100
19	总氮 TN	85	40	20
20	有机氮	35	15	8
21	游离氮	50	25	12
22	亚硝酸盐	0	0	0
23	硝酸盐	0	0	0
24	总磷 TP	15	8	4
25	有机磷	5	3	1
26	无机磷	10	5	3
27	氯化物 Cl^-	200	100	60
28	硫酸盐 SO_4^{2-}	50	30	20
29	碱度 $CaCO_3$	200	100	50
30	油脂	150	100	50
31	总大肠菌(个/100mL)	10^8～10^9	10^7～10^8	10^6～10^7
32	挥发性有机化合物 VOC_5(μg/L)	＞400	100～400	＜100

城镇污水的设计水质应根据调查资料确定，无调查资料时，可根据现行排水设计规范有关规定计算。

生活污水的五日生化需氧量可按每人每天25～50g计算。生活污水的悬浮固体量可按每人每天40～65g计算，生活污水的总氮量可按每人每天5～11g计算，生活污水的总磷量可按每人每天0.7～1.4g计算。

工业污水的设计水质，可参照已有同类型工业的相关数据采用，其五日生化需氧量、悬浮固体量、总氮量和总磷量，可折合成人口当量计算。

当已知每人每日的某项污染物克数a_s，及每人每日的排水升数Q_s时，该项污染物的浓度C_s可按公式（4-1）计算：

$$C_s = \frac{1000a_s}{Q_s} \quad (\text{mg/L}) \tag{4-1}$$

4.3　下水道排放标准对城镇污水水质的限制作用

为了保护下水道设施，并尽量减轻工业污水对城镇污水水质的干扰，保证污水的可处理性，各国都制定有下水道排放标准。我国现行的《污水排入城镇下水道水质标准》CJ 343—2010规定，严禁向城镇下水道排放下列物质：

腐蚀性污水或物质，剧毒、易燃、恶臭物质，有害气体、蒸汽或烟雾，以及垃圾、粪便、积雪、工业废渣等物质。

该标准未列入的控制项目，包括病原体、放射性物质等。根据污染物的行业来源，其限值按相关行业标准执行。该标准提出了污水排入城市下水道的水质标准（见表4-2），要求凡超过该标准的污水，应按有关规定和要求进行预处理，不得用稀释法排放。

CJ 343—2010 污水排入城镇下水道水质等级标准（最高允许值，pH值除外）　**表4-2**

序号	控制项目名称	单位	A等级	B等级	C等级
1	水温	℃	35	35	35
2	色度	倍	50	70	60
3	易沉固体	mL/(L·15min)	10	10	10
4	悬浮物	mg/L	400	400	300
5	溶解性固体	mg/L	1600	2000	2000
6	动植物油	mg/L	100	100	100
7	石油类	mg/L	20	20	15
8	pH值	—	6.5～9.5	6.5～9.5	6.5～9.5
9	五日生化需氧量(BOD_5)	mg/L	350	350	150
10	化学需氧量(COD)[a]	mg/L	500(800)	500(800)	300
11	氨氮(以N计)	mg/L	45	45	25
12	总氮(以N计)	mg/L	70	70	45
13	总磷(以P计)	mg/L	8	8	5
14	阴离子表面活性剂(LAS)	mg/L	20	20	10
15	总氰化物	mg/L	0.5	0.5	0.5
16	总余氯(以Cl_2计)	mg/L	8	8	8
17	硫化物	mg/L	1	1	1
18	氟化物	mg/L	20	20	20
19	氯化物	mg/L	500	600	800

续表

序号	控制项目名称	单位	A等级	B等级	C等级
20	硫酸盐	mg/L	400	600	600
21	总汞	mg/L	0.02	0.02	0.02
22	总镉	mg/L	0.1	0.1	0.1
23	总铬	mg/L	1.5	1.5	1.5
24	六价铬	mg/L	0.5	0.5	0.5
25	总砷	mg/L	0.5	0.5	0.5
26	总铅	mg/L	1	1	1
27	总镍	mg/L	1	1	1
28	总铍	mg/L	0.005	0.005	0.005
29	总银	mg/L	0.5	0.5	0.5
30	总硒	mg/L	0.5	0.5	0.5
31	总铜	mg/L	2	2	2
32	总锌	mg/L	5	5	5
33	总锰	mg/L	2	5	5
34	总铁	mg/L	5	10	10
35	挥发酚	mg/L	1	1	0.5
36	苯系物	mg/L	2.5	2.5	1
37	苯胺类	mg/L	5	5	2
38	硝基苯类	mg/L	5	5	3
39	甲醛	mg/L	5	5	2
40	三氯甲烷	mg/L	1	1	0.6
41	四氯化碳	mg/L	0.5	0.5	0.06
42	三氯乙烯	mg/L	1	1	0.6
43	四氯乙烯	mg/L	0.5	0.5	0.2
44	可吸附有机卤化物(AOX，以Cl计)	mg/L	8	8	5
45	有机磷农药(以P计)	mg/L	0.5	0.5	0.5
46	五氯酚	mg/L	5	5	5

a 括号内数值为污水处理厂新建或扩建，且$BOD_5/COD>0.4$时控制指标的最高允许值。

4.4 城镇污水的排放和处理程度

4.4.1 城镇污水的排放

城镇污水的处理排放应执行国家标准《城镇污水处理厂污染物排放标准》GB 18918—2002中的相关要求。

该标准根据污染物的来源及性质，将污染物控制项目分为基本控制项目和选择控制项目两类。基本控制项目主要包括影响水环境和城镇污水处理厂一般处理工艺可以去除的常规污染物，以及部分一类污染物。选择控制项目包括对环境有较长期影响或毒性较大的污染物。基本控制项目必须执行。选择控制项目，由地方环境保护行政主管部门根据污水处理厂接纳的工业污染物的类别和水环境质量要求选择控制。

基本控制项目的常规污染物标准值分为一级标准、二级标准、三级标准。一级标准分为A标准和B标准。部分一类污染物和选择控制项目不分级。

一级标准的A标准是城镇污水处理厂出水作为回用水的基本要求。当污水处理厂出水引入稀释能力较小的河湖作为城镇景观用水和一般回用水等用途时，执行一级标准的A标准。

城镇污水处理厂出水排入《地表水环境质量标准》GB 3838地表水Ⅲ类功能水域（划定的饮用水水源保护区和游泳区除外）、《海水水质标准》GB 3097海水二类功能水域和湖、库等封闭或半封闭水域时，执行一级标准的B标准。

城镇污水处理厂出水排入《地表水环境质量标准》GB 3838地表水Ⅳ、Ⅴ类功能水域或《海水水质标准》GB 3097海水三、四类功能海域，执行二级标准。

非重点控制流域和非水源保护区的建制镇的污水处理厂，根据当地经济条件和水污染控制要求，采用一级强化处理工艺时，执行三级标准。但必须预留二级处理设施的位置，分期达到二级标准。

基本控制项目见表4-3，部分一类污染物见表4-4。

基本控制项目最高允许排放浓度（日均值）(mg/L)　　**表4-3**

序号	基本控制项目		一级标准		二级标准	三级标准
			A标准	B标准		
1	化学需氧量(COD)		50	60	100	120①
2	生化需氧量(BOD_5)		10	20	30	60①
3	悬浮物(SS)		10	20	30	50
4	动植物油		1	3	5	20
5	石油类		1	3	5	15
6	阴离子表面活性剂		0.5	1	2	5
7	总氮(以N计)		15	20	—	—
8	氨氮(以N计)②		5(8)	8(15)	25(30)	—
9	总磷(以P计)	2005年12月31日前建设的	1	1.5	3	5
		2006年1月1日起建设的	0.5	1	3	5
10	色度(稀释倍数)		30	30	40	50
11	pH值		6～9			
12	粪大肠菌群数(个/L)		10^3	10^4	10^4	—

① 下列情况下按去除率指标执行：当进水COD大于350mg/L时，去除率应大于60%；BOD_5大于160mg/L时，去除率应大于50%。

② 括号外数值为水温＞12℃时的控制指标，括号内数值为水温≤12℃时的控制指标。

部分一类污染物最高允许排放浓度(日均值)(mg/L)　　**表4-4**

序号	项目	标准值	序号	项目	标准值
1	总汞	0.001	5	六价铬	0.05
2	烷基汞	不得检出	6	总砷	0.1
3	总镉	0.01	7	总铅	0.1
4	总铬	0.1			

4.4.2 城镇污水的处理程度

(1) 城镇污水必须处理：城镇污水（包括生活污水和工业污水）中各种污染物的浓度，与各种水体和用水的要求相比，一般都至少高出一个数量级，因此在排入水体或使用前，都必须进行适当程度的处理。

(2) 城镇污水的处理程度：根据各种水体及用水的水质要求以及《城镇污水处理厂污染物排放标准》GB 18918—2002 的有关规定，城镇污水处理厂应为二级或加深度处理。

(3) 城镇污水的回收利用：水资源紧缺是世界性问题。我国是缺水国家，改革开放以来，各项建设事业蓬勃发展，缺水问题日益严重。通过多年的探索、试验、实践，城镇污水处理后可作为一种稳定可靠的水资源。目前，国内外很多城镇二级污水处理厂已经向城镇和工业提供相当数量的再生水，污水处理再生利用是发展趋势。

4.4.3 城镇污水处理的典型工艺

与工业污水相比，城镇污水的水质变化相对较小，所以一般城镇污水处理的工艺流程比较典型，即所谓三级处理体制。其中一级处理是预处理，二级处理是主体，三级处理为精制。如图 4-1 所示。

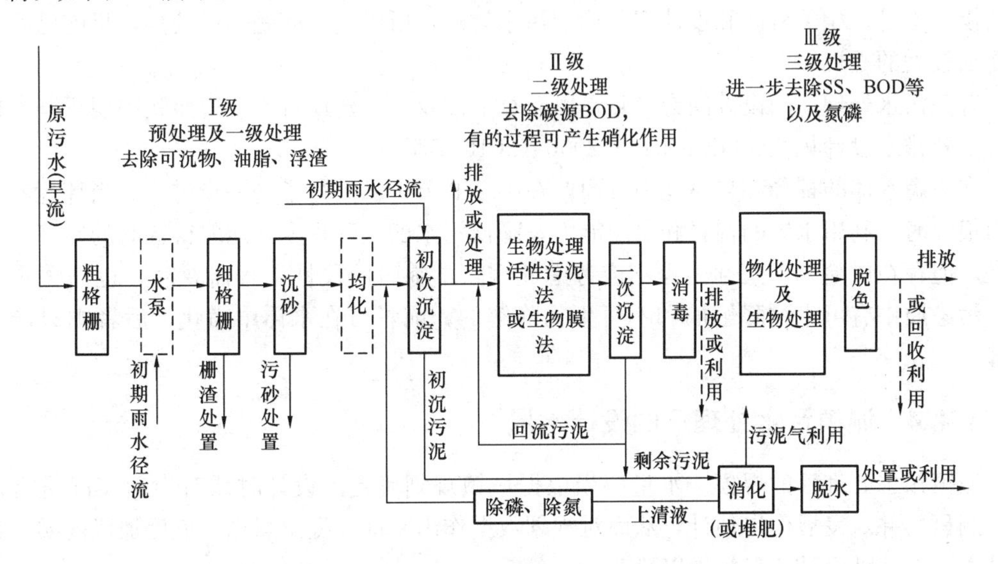

图 4-1 城镇污水的三级处理体制

注：1. 水泵有时不需要，亦可能移至沉砂后，或与均化结合。
2. 在小型污水处理厂中，可酌情使用均化。
3. 初期雨水径流可做沉淀处理或贮存调蓄后进行生物处理。
4. 在有条件的地方，可结合采用生物塘（稳定塘）及（或）土地处理。
5. 在有些处理工艺中，初次沉淀池可取消。
6. 近年预处理有用选择池或水解池，可抑制污泥膨胀。

综合实际工程选择污水处理方案时，除应在总体规划指导下进行外，必须根据当时当地的具体条件，因地制宜考虑。可能时也应适当利用自然净化能力。此外，还应考虑分期实现的方案。

三级处理的典型分级处理效率，见表4-5。

污水处理厂的处理效率 表4-5

处理级别	处理方法	主要工艺	处理效率（%）			
			SS	TP	TN	BOD_5
一级	沉淀法	沉淀（自然沉淀）	40～55	5～10	3～5	20～30
二级	生物膜法	初次沉淀、生物膜反应、二次沉淀	60～90	20～50	40～50	65～90
	活性污泥法	初次沉淀、活性污泥反应、二次沉淀	70～90	40～80	40～80	65～95
三级	物化法	混凝反应、沉淀、过滤	50～70	50～80	3～5	5～10
	生物+物化法	生物滤池、过滤	50～70	50～80	50～80	20～50

注：1. 表中SS表示悬浮固体量，BOD_5表示五日生化需氧量。
2. 活性污泥法根据水质、工艺流程等情况，可不设置初次沉淀池。

在国内外工程应用中，三级处理的最高水平已经能生产出饮用水，这在技术上已经取得成功，在技术经济上也具可比性，因此三级处理目前在某些城市是缓解水资源紧张的有效途径。

在所有三级处理中，都有大量各种污泥产生。在我国，由于长期以来对污泥处理和处置的投入不足，相关科研和设计都落后于污水处理，所以遗留问题相对较多，目前已经开始受到较大的重视。

有关污水处理厂的设计问题，除在以后章节涉及外，建议首先应遵照我国现行国家标准《室外排水设计规范》GB 50014—2006（2016年版）。

在考虑水体的稀释和自净能力方面，在第2.9节中已进行了进一步讨论。当环境容量潜力很大时，利用水体的稀释和自净能力，降低污水的处理程度，能取得暂时的经济上的好处，但存在风险，永久性工程不应考虑此因素，临时阶段性工程需要时，也需慎重考虑。污染质中有可生物降解的和不可生物降解的，前者可在水体中净化，后者则只能被稀释。

4.4.4 城镇污水处理厂的设计水量

城镇污水处理厂的规模、水量应当根据城镇规划确定。设计时须对当前实况进行调查、测量，并对发展作出估计，从而对规划数据作出验证，提出意见，最后加以落实。在设计中，有几种设计流量须加以说明。

（1）平均日流量（m^3/d），一般用以表示污水处理厂的公称规模，并用以计算污水处理厂每年的抽升等电耗、耗药量、处理总水量、处理总泥量。

（2）设计最大流量，以m^3/h或L/s表示，即进水管的设计流量，为最大日最大时流量。污水处理厂的管渠大小以及一般构筑物（另有规定者除外）水力计算，均须满足此流量。当进水系用泵抽升时，亦可用组合的工作泵流量代替设计最大流量。但工作泵组合流量应尽量与设计流量吻合，但不应小于设计流量。

（3）降雨时设计流量（当管网系统内有初期雨水截流时），以m^3/h或L/s表示，除旱流污水外，尚包括按截留倍数n_s引入的初期雨水径流。初次沉淀池前面的构筑物和设备，均应以此流量核算，此时初次沉淀池的沉淀时间不宜小于 30min。

（4）当污水处理厂为分期建设时，以上设计所用流量应为相应的各期流量。

（5）下水道设计一般不考虑污水的入渗和渗漏。但当管道施工质量不良，或管材质量不合格，或管道接口受外力而破坏（如树根伸入）时，在地下水位高于管道条件下，会发生地下水的入渗；在地下水位低于管道时，会发生污水渗漏。我国现行规范规定：在地下水位较高的地区，宜适当考虑地下水入渗量。按日本的经验数据，入渗量为每日最大污水量的 10％～20％。美国规范建议按观测现有管道的夜间流量进行估算。

5 一 级 处 理

一级处理是指在污水处理厂（站）生化处理等主要处理工艺前部对污水采取的预处理措施，其主要目的是削减和降低污水中部分污染物含量，以减轻后续处理工艺负荷，并确保后续处理工艺的安全稳定运行。一级处理通常采用物理手段处理污水，也可采用物理、化学联合处理方式。一级处理设施一般包括格栅、沉砂池、初次沉淀池等。

5.1 格 栅

在污水一级处理前端均须设置格栅，以拦截污水中较大的呈悬浮或漂浮状态的固体污染物。按形状，可分为平面格栅和曲面格栅两种；按栅条净间隙，可分为粗格栅（25～100mm）、中格栅（10～25mm）、细格栅（1.5～10mm）三种；按清渣方式，可分为人工清除格栅和机械清除格栅两种。

5.1.1 设计数据

（1）水泵前格栅栅条间隙，应根据水泵要求确定。各种类型水泵前的栅条间隙见本册3.1.7节。

（2）污水一级处理系统内格栅净间（孔）隙，应符合下列要求：

1）人工清除：25～100mm。

2）机械清除：1.5～100mm。

污水处理厂设计中，可根据建设规模及污水处理工艺，在一级处理工段设置中、细两道或粗、中、细三道格栅。

（3）城市污水处理厂一级处理工段截留的栅渣量，与地区的特点、格栅间（孔）隙大小、污水流量以及排水体制等因素有关。在无当地运行资料时，可采用：

1）格栅间隙25～100mm：0.050～0.004m^3栅渣/10^3m^3污水。

2）格栅间隙10～25mm：0.120～0.050m^3栅渣/10^3m^3污水。

3）格栅间隙1.5～10mm：0.150～0.120m^3栅渣/10^3m^3污水。

粗格栅栅渣的含水率一般为50%～90%，密度约为600～1100kg/m^3；细格栅栅渣的含水率一般为80%～90%，密度约为900～1100kg/m^3。

合流制排水系统产生的栅渣量是独立污水管道系统产生的栅渣量的数倍，特别是雨季时产生的栅渣量将比旱季时产生的栅渣量骤增。

（4）大型污水处理厂或泵站前的大型格栅（每日栅渣量大于0.2m^3），一般采用机械清渣，小型污水处理厂也可采用机械清渣。采用机械清渣时，粗格栅栅渣宜采用皮带输送机输送暂存，中、细格栅栅渣宜采用螺旋输送机输送，并可使用栅渣压榨机、磨碎机等进行压缩减量处理。污水处理厂内各处理设施截留的栅渣、浮渣等均应按规划要求统一收集、一并处置。

（5）机械格栅不宜少于 2 台。如为 1 台时，应设人工清除格栅备用。

（6）污水过栅流速宜采用 0.6～1.0m/s。

（7）格栅前渠道内的水流速度，一般采用 0.4～0.9m/s。

（8）格栅安装倾角：除转鼓式格栅除污机外，机械清除格栅的安装角度宜为 60°～90°，人工清除格栅的安装角度宜为 30°～60°，以便于人工清除栅渣。

（9）污水通过格栅的水头损失应通过计算确定。通过粗格栅的水头损失一般为0.08～0.15m；通过中格栅的水头损失一般为 0.15～0.25m；通过细格栅的水头损失一般为 0.25～0.60m。

（10）格栅除污机底部前端距井壁尺寸：钢丝绳牵引除污机或移动悬吊葫芦抓斗式除污机应大于 1.5m；链动刮板除污机、回转式固液分离机、孔（网）板式格栅除污机、倾斜转鼓式格栅除污机、破碎式格栅除污机应大于 1.0m。

（11）格栅上部必须设置工作平台，其顶面高度至少应高出格栅前最高设计水位 0.5m，工作平台上应有安全和必要的冲洗设施。

（12）格栅工作平台两侧通道宽度宜采用 0.7～1.0m。工作平台正面通道宽度：采用机械清除时不应小于 1.5m，采用人工清除时不应小于 1.2m。

（13）机械格栅的动力装置一般宜设置在室内，或采取其他保护设备的措施。

（14）格栅间应设置通风设施和有毒有害气体的检测与报警装置，并应根据环境条件要求确定对格栅间、格栅渠道、格栅及其输送设备设置除臭设施。

（15）格栅间的设计应确保所设置格栅可正常安装及运行使用，格栅间内宜配置必要的起重设备，以进行格栅附属设备的检修及栅渣的日常清除。

（16）筛网式转鼓格栅、孔板（或网板）式格栅的筛孔一般为圆形或正多边形，其他类型格栅的栅条断面形状，可按表 5-1 选用。

栅条断面形状及尺寸 **表 5-1**

栅要断面形状	一般采用尺寸(mm)	栅要断面形状	一般采用尺寸(mm)
正方形	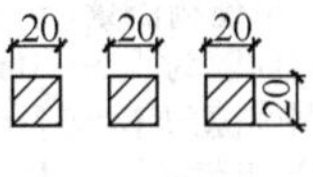 20 20 20 20	迎水面为半圆形的矩形	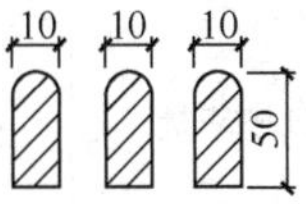 10 10 10 50
圆形	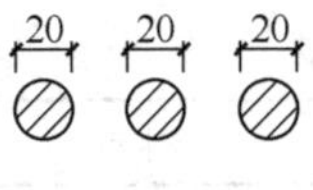 20 20 20	迎水、背水面均为半圆形的矩形	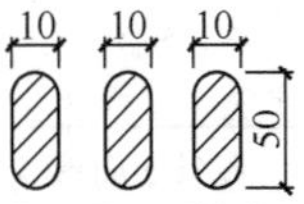 10 10 10 50
锐边矩形	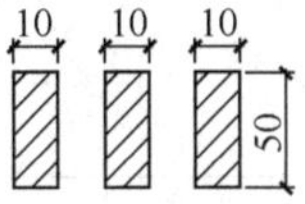 10 10 10 50		

5.1.2 计算公式

计算公式见表 5-2。

【例 5-1】已知某城市污水处理厂的最大设计污水量 $Q_{max}=0.21m^3/s$，总变化系数 $K_z=1.50$，求格栅各部分尺寸。

格栅计算公式 表 5-2

名 称	公 式	符号说明
1. 栅槽宽度	$B=S(n-1)+bn$ (m) $n=\dfrac{Q_{max}\sqrt{\sin\alpha}}{bhv}$① (个)	B—栅格宽度(m) S—栅条宽度(m) b—栅条间隙(m) n—栅条间隙数(个) Q_{max}—最大设计流量(m^3/s) α—格栅倾角(°) h—栅前水深(m) v—过栅流速(m/s)
2. 通过格栅的水头损失	$h_1=h_0k$ (m) $h_0=\xi\dfrac{v^2}{2g}\sin\alpha$ (m)	h_1—污水通过格栅的水头损失(m) h_0—计算水头损失(m) g—重力加速度(m/s^2) k—系数，格栅受污物堵塞时水头损失增大倍数，一般采用 3 ξ—阻力系数，其值与栅条断面形状有关，可按表 5-3 计算
3. 栅后槽总高度	$H=h+h_1+h_2$ (m)	H—栅后槽总高度(m) h_2—栅前渠道超高，一般采用 0.50m
4. 栅槽总长度	$L=l_1+l_2+1.0+0.5+\dfrac{H_1}{\tan\alpha_1}$ (m) $l_1=\dfrac{B-B_1}{2\tan\alpha_1}$ (m) $l_2=\dfrac{l_1}{2}$ (m) $H_1=h+h_2$ (m)	L—栅槽总长度(m) l_1—进水渠道渐宽部分的长度(m) B_1—进水渠宽(m) α_1—进水渠道渐宽部分的展开角度，一般可采用 20°，由此得： $l_1=\dfrac{B-B_1}{0.73}$ l_2—栅槽与出水渠道连接处的渐窄部分长度(m) H_1—栅前渠道深(m)
5. 每日栅渣量	$W=\dfrac{Q_{max}W_1\times 86400}{K_z\times 1000}$ (m^3/d)	W—每日栅渣量(m^3/d) W_1—单位栅渣量($m^3/10^3m^3$ 污水)， 格栅间隙为 1.5～10mm 时，$W_1=0.150$～0.120 格栅间隙为 10～25mm 时，$W_1=0.120$～0.050 格栅间隙为 25～100mm 时，$W_1=0.050$～0.004 K_z—生活污水流量总变化系数，见表 1-5

① $\sqrt{\sin\alpha}$—考虑格栅倾角的经验系数。

阻力系数 ξ 计算公式 表 5-3

栅条断面形状	公 式	说 明
锐边矩形 迎水面为半圆形的矩形 圆形 迎水、背水面均为半圆形的矩形	$\xi=\beta\left(\dfrac{S}{b}\right)^{\frac{4}{3}}$	形状系数 $\beta=2.42$ $\beta=1.83$ $\beta=1.79$ $\beta=1.67$
正方形	$\xi=\left(\dfrac{b+S}{\varepsilon b}-1\right)^2$	ε—收缩系数，一般采用 0.64

【解】格栅计算草图，见图 5-1。

栅条的间隙数：设栅前水深 $h=0.4\text{m}$，过栅流速 $v=0.9\text{m/s}$，栅条间隙宽度 $b=0.02\text{m}$，格栅倾角 $\alpha=60°$，

$$n=\frac{Q_{\max}\sqrt{\sin\alpha}}{bhv}=\frac{0.21\sqrt{\sin 60°}}{0.02\times 0.4\times 0.9}\approx 26\text{ 个}$$

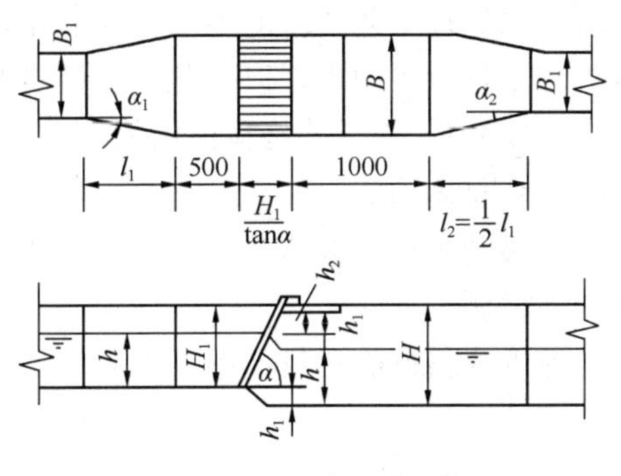

图 5-1　格栅示意图

（1）栅槽宽度：设栅条宽度 $S=0.01\text{m}$，

$$\begin{aligned}B&=S(n-1)+bn\\&=0.01(26-1)+0.02\times 26\\&=0.77\text{m 取 }0.80\text{m}\end{aligned}$$

（2）进水渠道渐宽部分的长度：设进水渠道宽 $B_1=0.64\text{m}$，其渐宽部分展开角度 $\alpha_1=20°$（进水渠道内的流速为 0.77m/s），

$$l_1=\frac{B-B_1}{2\tan\alpha_1}=\frac{0.8-0.64}{2\tan 20°}\approx 0.22\text{m}$$

（3）栅槽与出水渠道连接处的渐窄部分长度：

$$l_2=\frac{l_1}{2}=\frac{0.22}{2}=0.11\text{m}$$

（4）通过格栅的水头损失：设栅条断面为锐边矩形断面（见表 5-3）

$$\begin{aligned}h_1&=\beta\left(\frac{S}{b}\right)^{\frac{4}{3}}\frac{v^2}{2g}\sin\alpha K\\&=2.42\left(\frac{0.01}{0.02}\right)^{\frac{4}{3}}\times\frac{0.9^2}{19.6}\sin 60°\times 3\\&=0.103\text{m}\end{aligned}$$

（5）栅后槽总高度：设槽前渠道超高 $h_2=0.5\text{m}$，

$$H=h+h_1+h_2=0.4+0.103+0.5\approx 1.0\text{m}$$

（6）栅槽总长度：

$$\begin{aligned}L&=l_1+l_2+0.5+1.0+\frac{H_1}{\tan\alpha}\\&=0.22+0.11+0.5+1.0+\frac{0.4+0.5}{\tan 60°}\\&=2.35\text{m}\end{aligned}$$

（7）每日栅渣量：在格栅间隙 20mm 的情况下，设栅渣量为每 1000m³ 污水产 0.07m³，

$$\begin{aligned}W&=\frac{Q_{\max}W_1\times 86400}{K_z\times 1000}=\frac{0.21\times 0.07\times 86400}{1.5\times 1000}\\&=0.85\text{m}^3/\text{d}>0.2\text{m}^3/\text{d}\end{aligned}$$

栅渣量较大，宜采用机械清渣。

5.1.3　格栅类型

国内以往污水处理工程中常用的粗、中、细格栅类型包括：回转式固液分离机、背耙式格栅除污机、三索式格栅（钢丝绳格栅）、阶梯式格栅、弧形格栅、栅条转鼓式格栅等。

随着污水处理工艺要求的不断更新变化，除以往工程中常用的格栅类型外，目前国内外污水处理工程应用中出现以下几种新型格栅类型。

5.1.3.1　抓爪式格栅除污机

（1）总体构成

由移动小车、液压抓爪单元、悬架导轨及栅条式格栅等组成。主要用于污水一级处理系统粗格栅。

抓爪式格栅除污机如图 5-2 所示。

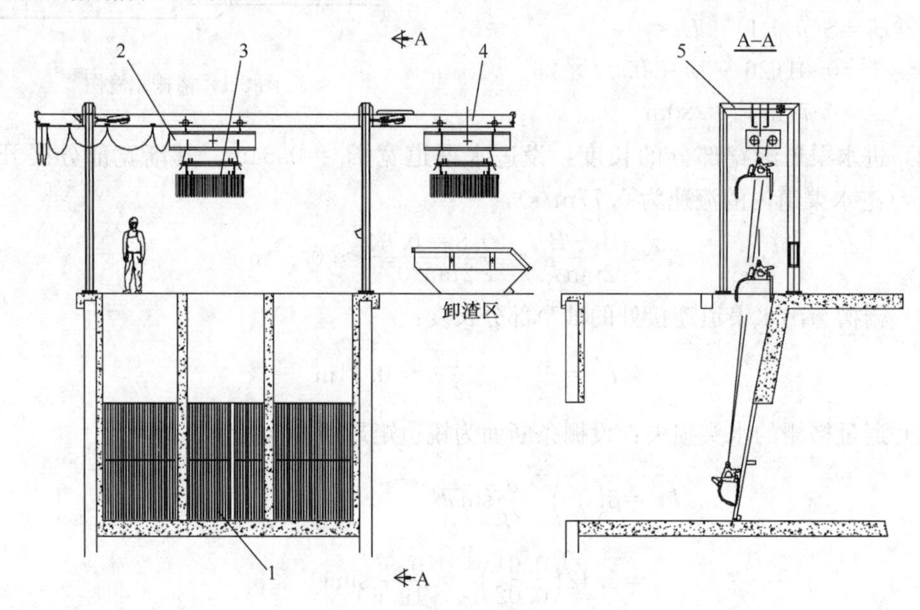

图 5-2　抓爪式格栅除污机

1—格栅；2—移动小车；3—液压抓爪单元；4—悬架导轨；5—支撑架

（2）工作原理

悬架导轨为移动小车的驱动装置及移动轮提供支撑，并延伸至栅渣暂存区。移动小车由抓爪提升装置及液压合爪执行机构等部件组成，由安装于车体一端的动力装置驱动运行。工作时，移动小车沿导轨准确移至第一个除渣位置，抓爪向下运行切入栅条间，将栅渣推至栅条底部；到达底部后，液压合爪装置驱动抓爪抓污并合拢后上行；抓爪到达顶部后，随移动小车至卸渣处，抓爪打开将栅渣放至卸渣点；然后进行第二个清污位置的除渣工作。抓爪式格栅除污机的工作原理参见图 5-3。

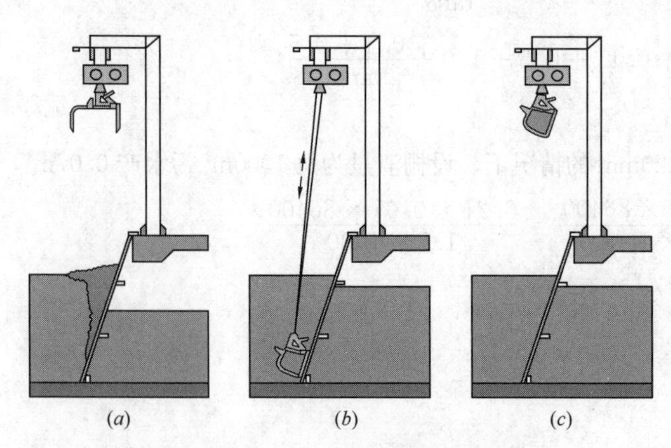

图 5-3　抓爪式格栅除污机动作说明

(*a*) 开始位置；(*b*) 合爪位置；(*c*) 平移位置

（3）性能及特点

抓爪式格栅除污机的性能及

特点见表 5-4。

抓爪式格栅除污机的性能及特点　表 5-4

主要性能参数		优　点	缺　点
单抓爪工作负荷(kg)	250～3000	1. 运行可靠； 2. 清污能力强(单抓爪工作负荷高；一个抓爪可以负责多条渠道的清污)； 3. 水下无转动部件，设备维修方便； 4. 导轨可做成曲线形式，完成到指定地点的污物倾倒。	1. 雨污合流排水体制下，暴雨时，栅渣量突增，会发生抓爪清污不及时而堵塞格栅的状况； 2. 实际运行液位高于设计最高液位时，抓爪下行时可能因水流冲击无法就位，需加设下行导轨； 3. 需要除臭时，加罩的空间和除臭的风量比较大。
栅条间距(mm)	12～300(市政污水：25～50)		
格栅安装角度(°)	60～90		
清污深度(m)	≤60		
抓爪水平运行速度(m/min)	10～30(或双倍速度 30～60)		
抓爪上下运行速度(m/min)	～15		

5.1.3.2 孔板（或网板）式格栅除污机

(1) 总体构成

由过滤孔板（或网板）、框架及可移动盖板、排渣槽、驱动装置及水冲洗系统等组成。主要用于污水处理系统细格栅。

孔板（或网板）式格栅除污机如图 5-4 所示。

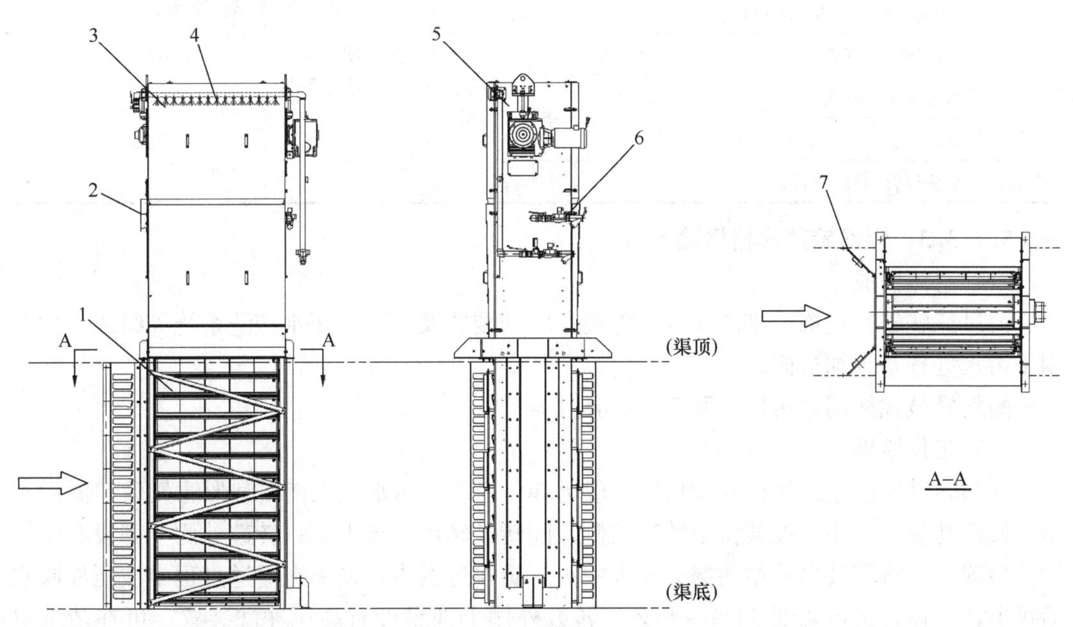

图 5-4　孔板（或网板）式格栅除污机

1—过滤孔板；2—排渣口；3—可移动盖板；4—喷淋装置；5—驱动装置；6—冲洗水管及阀门；7—导流板

(2) 工作原理

孔板（或网板）式格栅除污机由一个电机及其驱动的连续旋转的多组孔板（或网板）

和固定框架组成。污水由格栅中部进水孔口进入，由内向外通过两侧孔板（或网板），杂质被截留在格栅内侧后，污水向外侧流出。截留在格栅内侧的杂质随孔板（或网板）旋转被提升至顶部栅渣排放区，由冲洗装置将截留栅渣冲洗至收集槽后导出。污水一级处理中常用的过滤孔板（或网板）材质有不锈钢和工程塑料两种，应用最小孔径一般为 3mm。

（3）性能及特点

孔板（或网板）式格栅除污机的性能及特点见表 5-5。

孔板（或网板）式格栅除污机的性能及特点　　表 5-5

主要性能参数		优　点	缺　点
滤板材质	工程塑料或不锈钢	1. 污物截留性能稳定； 2. 由内向外水流方式，孔状过滤结构，截污效率高(＞85%)； 3. 无水下转动链轮，运行可靠； 4. 栅渣排放口方向可180°调整，方便灵活； 5. 工程塑料滤板为带有锥形孔洞的加厚一次成形板，可以防止纤维物质及毛发回穿板结； 6. 渠道较深，占地较小； 7. 格栅为全封闭式，工作环境好；车间及设备易于除臭	1. 冲洗水用量较大； 2. 排渣含水率高，需要配套高水力负荷栅渣压榨机； 3. 金属滤板过孔的纤维容易形成回穿搭桥，造成过滤孔板的堵塞板结； 4. 滤孔边缘如有加工形成的毛刺，易挂纤维，堵塞滤孔
孔径尺寸(mm)	ϕ1.5～ϕ10		
冲洗水压力(MPa)	≥0.2		
格栅安装角度(°)	90		
清污深度(m)	≤12		
滤板运行速度(m/min)	～8		
流量(L/(s·台))	50～5500		
设计流速(m/s)			
取水口流速	≤1.0		
过网孔流速	≤0.6		
出水口流速	≤1.0		
水头损失(mm)			
清水过栅水头损失	200～300		
污水过栅水头损失	350～450		
最大设计水头损失(运行状态)	1000		
最大设计水头损失(非运行状态)	1500		

5.1.3.3　倾斜转鼓式格栅除污机

（1）总体构成

由过滤转鼓、机罩、排渣及压榨螺旋、驱动装置及中、高压水冲洗系统等组成。主要用于污水处理系统细格栅。

倾斜转鼓式格栅除污机如图 5-5 所示。

（2）工作原理

倾斜转鼓式格栅除污机安装角度一般为 30°～35°。污水进入格栅圆形滤鼓后，滤后水由滤鼓筛孔流出，栅渣被截留至转鼓内侧，随转鼓转动带至上部；转鼓外侧上部设有中压清洗装置，可将转鼓内截留的栅渣冲入中央螺旋输送器内，栅渣在输送过程中被压榨脱水后排出，固体含量可达到 35%～40%。转鼓外侧上部另设有高压冲洗装置，可在清洗电机和转动螺杆带动下沿转鼓轴向运行，定期对滤鼓进行高压冲洗。2～5mm 滤孔直径的倾斜转鼓式格栅除污机的滤鼓为孔式结构，一般用作细格栅；0.5～1.0mm 滤孔直径的倾斜转鼓式格栅除污机的滤鼓为方格筛网式结构，主要用作膜格栅。

（3）性能及特点

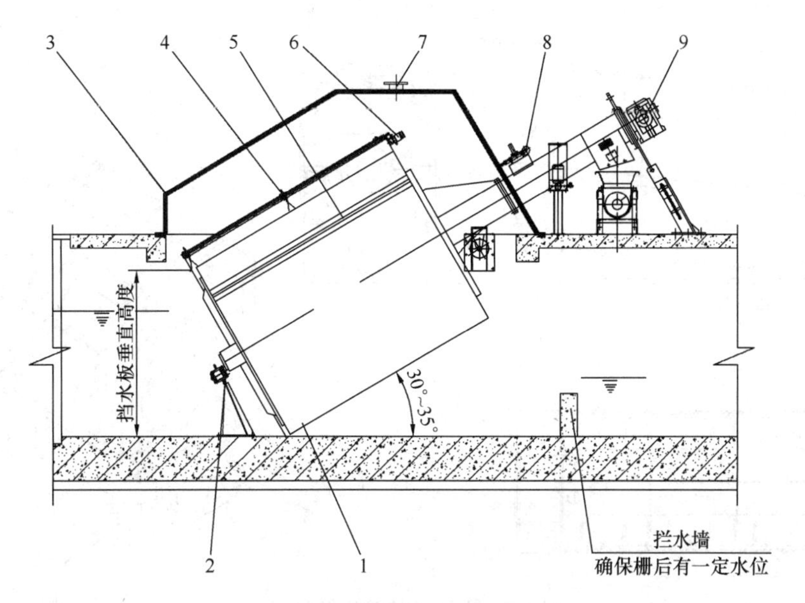

图 5-5　倾斜转鼓式格栅除污机

1—过滤转鼓；2—下部支撑轴承；3—可移动罩；4—高压移动喷淋装置；5—中压喷淋装置；6—高压喷淋装置驱动电机；7—臭气抽吸口；8—中压冲洗水管；9—格栅转鼓驱动电机

倾斜转鼓式格栅除污机的性能及特点见表 5-6。

倾斜转鼓式格栅除污机的性能及特点　　表 5-6

主要性能参数		优　点	缺　点
转鼓直径(mm)	780～2600	1. 由内向外的水流方式，孔状过滤结构，截污效率高； 2. 格栅和栅渣压榨为一体式结构，栅渣可直接外运	1. 渠深有限，设备占地面积较大； 2. 格栅对进水 SS 和纤维敏感，影响格栅过流能力； 3. 需要配 12MPa 以上压力的高压冲洗系统； 4. 高压冲洗使污水雾化，有害气体浓度高，腐蚀性强
常用过滤孔径(mm)	2.0～5.0		
方格筛网过滤孔径(mm)	0.5～1.0		
格栅安装角度(°)	30～35		
冲洗时滤鼓转速(r/min)	6～9		
排渣螺旋转速(r/min)	6～9		
排渣含水率(%)	≤65		

5.1.3.4　水平转鼓式格栅除污机

(1) 总体构成

由过滤转鼓及螺旋叶片、框架及可移动盖板、进水布水管、排渣口、驱动装置、集水槽、水冲洗系统及清洗刷等组成。主要用于污水处理系统细格栅。

水平转鼓式格栅除污机如图 5-6 所示。

(2) 工作原理

水平转鼓式格栅除污机安装角度约为 6°。污水由进水管流入连续转动的转鼓，滤后液通过转鼓表面的网孔汇至箱体下方集水槽内，截留的栅渣随转鼓的旋转，被鼓内设置的螺旋叶片推送至鼓端的排渣口排出。转鼓外侧上方设有冲洗水装置及清洗刷，可将筛孔内堵塞的栅渣清除。

(3) 性能及特点

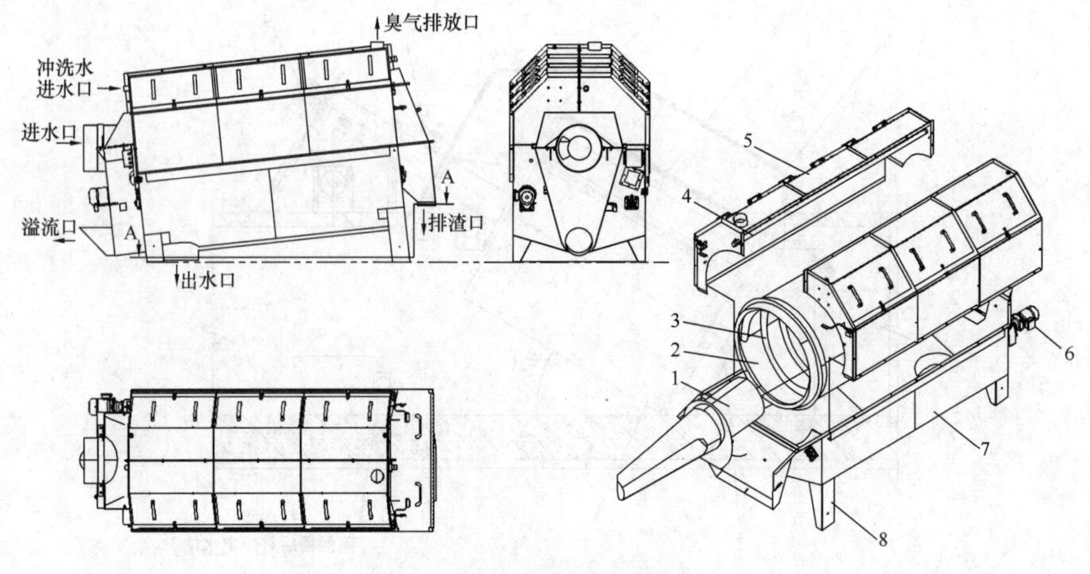

图 5-6 水平转鼓式格栅除污机

1—进水管；2—过滤转鼓；3—螺旋叶片；4—喷淋装置及清洗刷；5—可移动罩；6—格栅转鼓驱动电机；7—集水槽；8—支腿

水平转鼓式格栅除污机的性能及特点见表 5-7。

水平转鼓式格栅除污机的性能及特点　　表 5-7

主要性能参数		优点	缺点
宽度(mm)	600～1570	1. 由内向外的水流方式，孔状过滤结构，截污效率高； 2. 管道进出水方式，设备为全封闭结构，车间工作环境好； 3. 设备结构简单，无需配备高压冲洗系统	1. 单机过水能力较小，对于大型污水处理厂，设备配置数量较多，占地面积较大； 2. 需要配高水力负荷的栅渣压榨机
长度(mm)	1230～5100		
穿孔过滤孔径(mm)	0.6～2.5		
安装角度(°)	6		
滤鼓转速(r/min)	9.6～25		
冲洗水压力(MPa)	0.4		

5.1.3.5 破碎式格栅除污机

(1) 总体构成

由不锈钢绕线转鼓或不锈钢穿孔转鼓、驱动电机、切割刀盘、箱体框架等组成，分为单鼓和双鼓两种结构形式。主要用于污水一级处理系统粗格栅或排水泵站。

破碎式格栅除污机如图 5-7、图 5-9 所示，工作原理参见图 5-8、图 5-10。

(2) 工作原理

漂浮物、悬浮物等固体颗粒随原污水进入破碎式格栅除污机箱体①；固体颗粒被旋转的格栅转鼓②截留，并输送到切割室；大

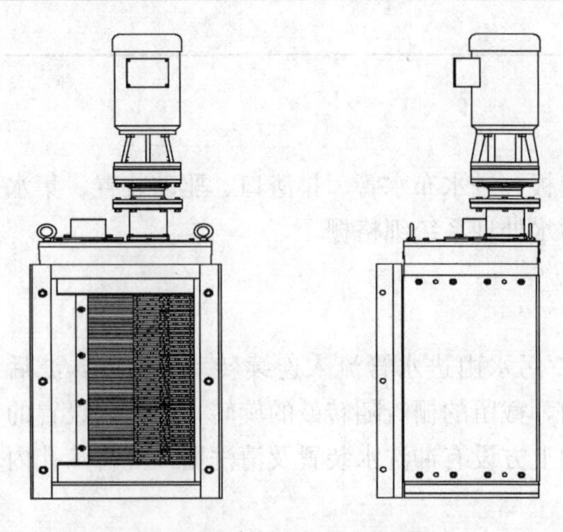

图 5-7 单鼓破碎式格栅除污机

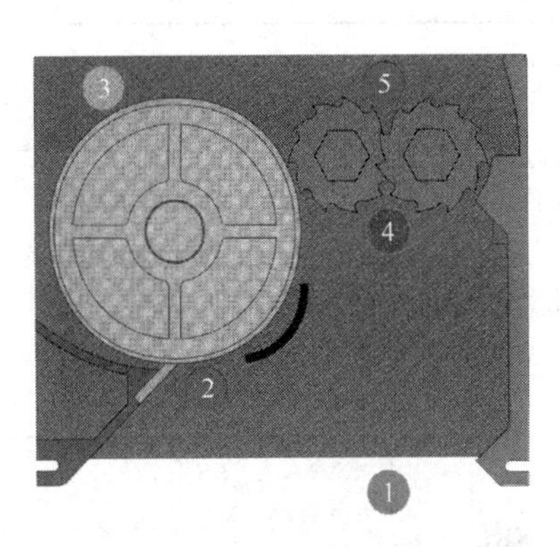

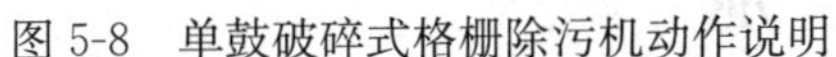

图 5-8　单鼓破碎式格栅除污机动作说明

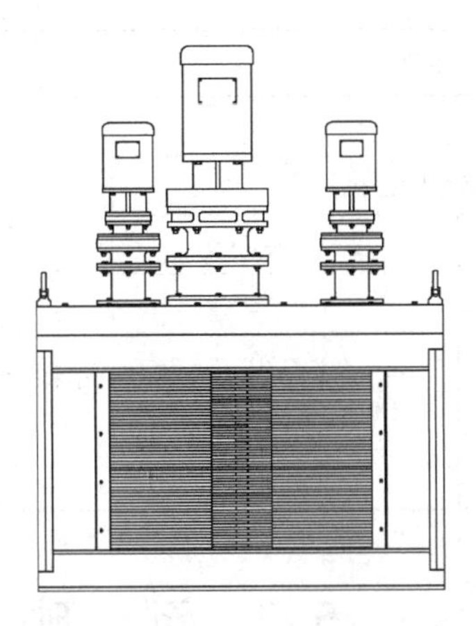
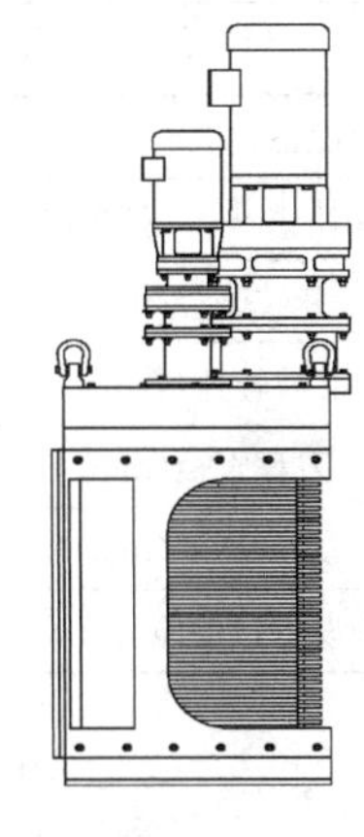

图 5-9　双鼓破碎式格栅除污机

部分污水和小于栅隙的颗粒通过格栅转鼓至栅后区③；转鼓截留的固体颗粒随鼓栅被带至切割室④切割；经切割粉碎后的颗粒通过切割室流向下游⑤。转鼓和刀盘可由一台电机驱动，也可分别驱动。双鼓和单鼓破碎式格栅除污机的工作原理基本相同，区别是双鼓设备中两个栅鼓的转动方向相反。

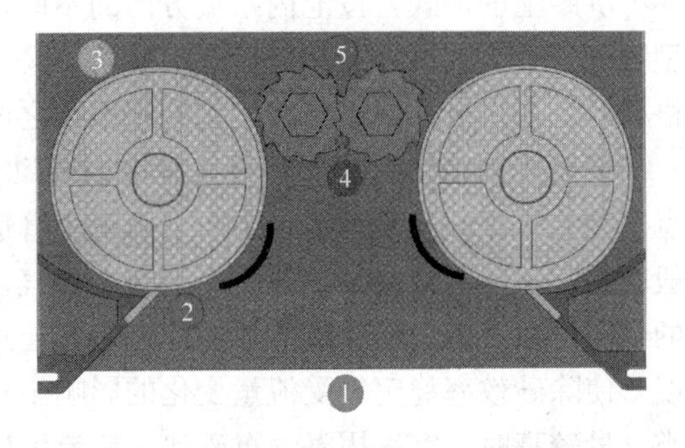

图 5-10　双鼓破碎式格栅除污机动作说明

破碎式格栅除污机宜配置备用渠道和设备，或在除污机上部配装手动格栅，用于破碎式格栅除污机停运时的溢流。

(3) 性能及特点

破碎式格栅除污机的性能及特点见表 5-8。

破碎式格栅除污机的性能及特点　　**表 5-8**

<table>
<tr><th colspan="2">主要性能参数</th><th>优　点</th><th>缺　点</th></tr>
<tr><td>不锈钢绕线转鼓栅隙(mm)</td><td>6～12</td><td rowspan="10">1. 运行过程中无需清运栅渣，不产生恶臭；
2. 地下式安装，全封闭结构，无臭气外溢</td><td rowspan="10">1. 设备价格较高；
2. 刀片需定期更换</td></tr>
<tr><td>开孔率(%)</td><td>～50</td></tr>
<tr><td>穿孔鼓孔径(mm)</td><td>6</td></tr>
<tr><td>开孔率(%)</td><td>～41</td></tr>
<tr><td>安装角度(°)</td><td>90</td></tr>
<tr><td colspan="2">单鼓破碎式格栅除污机</td></tr>
<tr><td>栅鼓鼓径(mm)</td><td>250</td></tr>
<tr><td>滤鼓转速(r/min)</td><td>9.6～25</td></tr>
<tr><td>刀盘直径(mm)</td><td>～120</td></tr>
<tr><td>刀盘高度(mm)</td><td>460～1500</td></tr>
</table>

续表

主要性能参数		优点	缺点
单台设备过滤能力(m^3/h)	1700	1. 运行过程中无需清运栅渣，不产生恶臭； 2. 地下式安装，全封闭结构，无臭气外溢	1. 设备价格较高； 2. 刀片需定期更换
双鼓破碎式格栅除污机			
栅鼓鼓径(mm)	250/400/500		
滤鼓转速(r/min)	9.6～25		
刀盘直径(mm)	～120		
刀盘高度(mm)	460～1500		
单台设备过滤能力(m^3/h)	10500		

5.2 沉砂池

沉砂池的作用是除砂，砂的组成包括砂粒、砾石、炉渣等较重固体物质，其沉降速度或相对密度明显大于污水中有机固体物质。

沉砂池的形式，按池内水流方向的不同，可分为平流式、竖流式和旋流式三种；按池型可分为平流式沉砂池、竖流式沉砂池、曝气沉砂池和旋流沉砂池。沉砂池一般设置在细格栅后、初次沉淀池或二级生化处理系统之前。

平流式沉砂池内污水呈沿水平方向流动状态，具有构造简单、截留砂砾效果好的优点。竖流式沉砂池是污水自下而上由中心管进入池内，砂砾藉重力沉于池底，处理效果一般较差。曝气沉砂池是在池的一侧通入空气，使污水沿池旋转前进，从而产生与主流垂直的横向恒速环流。曝气沉砂池的优点是，通过调节曝气量，可以控制污水在池内的旋流速度，使除砂效率稳定，受流量变化的影响小；对污水中的油脂具有较好的去除效果，当油类含量较高时，宜采用曝气沉砂池。旋流沉砂池是利用机械力或水力，控制污水在池内的流态与流速，加速砂砾的沉淀，有机物则被留在污水中，具有占地省的优点。

5.2.1 一般规定

城市污水处理厂应设置沉砂池。

(1) 沉砂池按去除相对密度1.3～2.7、粒径0.10～0.30mm的砂砾设计。

(2) 设计流量应按分期建设考虑：

1) 当污水为自流进入时，应按每期的最大设计流量计算；当污水为提升进入时，应按每期工作水泵的最大组合流量计算。

2) 在合流制处理系统中，应按降雨时的设计流量计算。

(3) 沉砂池的个数或分格数不应少于2个，并宜按并联系列设计。当污水量较小时，可考虑一格工作、一格备用。

(4) 污水中的含砂量因地域和排水体制等的不同会有很大的变化。分流制城市污水的沉砂量可按每10^6m^3污水沉砂4～30m^3计算，其含水率为60%，密度为1500～1600kg/m^3；合流制城市污水的沉砂量在雨季和旱季时变化较大，一般应根据实际情况确定，在无实测资料时，可按每10^6m^3污水沉砂4～180m^3计算。

(5) 沉砂池的砂斗容积应按不大于2d的沉砂量计算，斗壁与水平面的倾角不应小于55°。

(6) 沉砂池除砂可采用泵吸式或气提式机械排砂，排出的砂水混合物体积为洗砂后沉砂量的250～500倍；排砂管直径不应小于200mm；砂水混合物宜采用砂水分离器进行机械清洗分离。清洗后的砂砾（含水率60%）宜暂存至贮砂装置，其有效容积一般按1～3m^3配置。

(7) 当采用重力排砂时，沉砂池与贮砂池或砂水分离装置应尽量靠近，以缩短排砂管长度，并在排砂管的首端设排砂闸门，使排砂管畅通和易于养护管理。

(8) 沉砂池的超高不宜小于0.30m。

5.2.2 平流式沉砂池

5.2.2.1 设计数据

(1) 最大流速为0.30m/s，最小流速为0.15m/s。

(2) 最大流量时停留时间不小于30s，一般采用30～60s。

(3) 有效水深应不大于1.20m，一般采用0.25～1.00m，每格宽度不宜小于0.60m。

(4) 进水头部应采取消能和整流措施。

(5) 池底坡度一般为0.01～0.08。当设置除砂设备时，可根据设备要求考虑池底形状。

5.2.2.2 计算公式

第一种计算方法：当无砂粒沉降资料时，可按表5-9计算。

计 算 公 式 **表5-9**

名称	公 式	符号说明
1. 长度	$L=vt$ (m)	v—最大设计流量时的流速（m/s） t—最大设计流量时的停留时间（s）
2. 水流断面面积	$A=\frac{Q_{max}}{v}$ (m^2)	Q_{max}—最大设计流量（m^3/s）
3. 池总宽度	$B=\frac{A}{h_2}$ (m)	h_2—设计有效水深（m）
4. 沉砂室所需容积	$V=\frac{Q_{max}XT\times 86400}{K_z\times 10^6}$ (m^3)	X—城市污水沉砂量，设计时，分流制一般采用30m^3/$10^6 m^3$污水，合流制应适当放大 T—两次清除沉砂的间隔时间（d） K_z—污水流量总变化系数，见表1-5
5. 池总高度	$H=h_1+h_2+h_3$ (m)	h_1—超高（m） h_3—沉砂室高度（m）
6. 验算最小流速	$v_{min}=\frac{Q_{min}}{n_1\omega_{min}}$ (m/s)	Q_{min}—最小流量（m^3/s） n_1—最小流量时工作的沉砂池数目（个） ω_{min}—最小流量时沉砂池中的水流断面面积（m^2）

第二种计算方法：当有砂粒沉降资料时，可按砂粒平均沉降速度计算，见表5-10、表5-11。

计算公式　表 5-10

名　称	公　式	符号说明
1. 水面面积	$F=\frac{Q_{max}}{u}\times 1000$ (m²) $u=\sqrt{u_0^2-w^2}$ (mm/s) $w=0.05v$	Q_{max}—最大设计流量(m³/s) u—砂粒平均沉降速度(mm/s) u_0—水温 15℃时砂粒在静水压力下的沉降速度(mm/s)，可按表 5-11 所列值采用 w—水流垂直分速度(mm/s) v—池内污水水平流速(mm/s) n—沉砂池个数(或分格数)
2. 水流断面面积	$A=\frac{Q_{max}}{v}\times 1000$ (m²)	
3. 池总宽度	$B=\frac{A}{h_2}$ (m)	
4. 设计有效水深	$h_2=\frac{uL}{v}$ (m)	
5. 池的长度	$L=\frac{F}{B}$ (m)	
6. 每个沉砂池(或分格)宽度	$\beta=\frac{B}{n}$ (m)	

u_0 值　表 5-11

砂粒径(mm)	u_0(mm/s)	砂粒径(mm)	u_0(mm/s)
0.20	18.7	0.35	35.1
0.25	24.2	0.40	40.7
0.30	29.7	0.50	51.6

【例 5-2】 已知某城市污水处理厂的最大设计流量为 0.2m³/s，最小设计流量为 0.1m³/s，总变化系数 $K_z=1.50$，求平流沉砂池各部分尺寸。

【解】

(1) 按第一种方法计算（见图 5-11）：

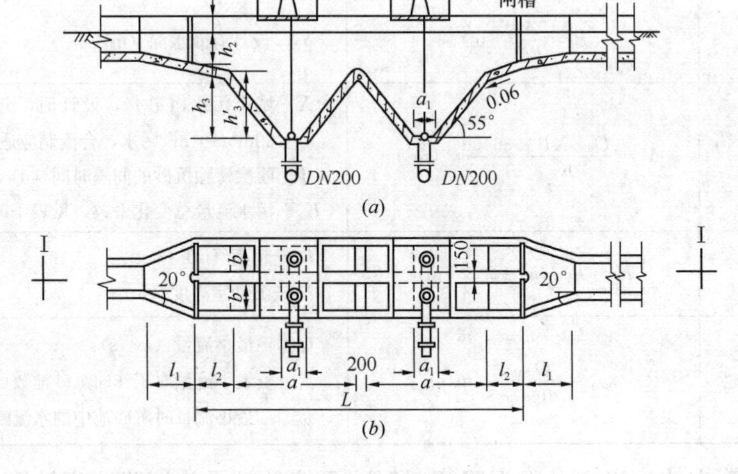

图 5-11　平流式沉砂池

(a) Ⅰ-Ⅰ剖面图；(b) 平面图

1）长度：设 v=0.25m/s，t=30s，

$$L = vt = 0.25 \times 30 = 7.5\text{m}$$

2）水流断面面积：

$$A = \frac{Q_{max}}{v} = \frac{0.2}{0.25} = 0.8\text{m}^2$$

3）池总宽度：设 n=2 格，每格宽 b=0.6m，

$$B = nb = 2 \times 0.6 = 1.2\text{m}$$

4）有效水深：

$$h_2 = \frac{A}{B} = \frac{0.8}{1.2} = 0.67\text{m}$$

5）沉砂室所需容积：设 T=2d，

$$V = \frac{Q_{max} XT \times 86400}{K_z \times 10^6} = \frac{0.2 \times 30 \times 2 \times 86400}{1.50 \times 10^6} = 0.69\text{m}^3$$

6）每个沉砂斗容积：设每一分格有两个沉砂斗，

$$V_0 = \frac{0.69}{2 \times 2} = 0.17\text{m}^3$$

7）沉砂斗各部分尺寸：设斗底宽 a_1=0.5m，斗壁与水平面的倾角为 55°，斗高 h'_3=0.35m。

沉砂斗上口宽：

$$a = \frac{2h'_3}{\tan 55°} + a_1 = \frac{2 \times 0.35}{\tan 55°} + 0.5 \approx 1.0\text{m}$$

沉砂斗容积：

$$V_0 = \frac{h'_3}{6}(a + a_1)b = \frac{0.35}{2}(1 + 0.5) \times 0.6 = 0.16\text{m}^2 (\approx 0.17\text{m}^3)$$

8）沉砂室高度：采用重力排砂，设池底坡度为 0.06，坡向砂斗，

$$h_3 = h'_3 + 0.06 l_2 = 0.35 + 0.06 \times 2.65 = 0.51\text{m}$$

9）池总高度：设超高 h_1=0.3m，

$$H = h_1 + h_2 + h_3 = 0.3 + 0.67 + 0.51 = 1.48\text{m}$$

10）验算最小流速：在最小流量时，采用一格工作（n_1=1），

$$v_{min} = \frac{Q_{min}}{n_1 w_{min}} = \frac{0.1}{1 \times 0.6 \times 0.67} = 0.25\text{m/s} > 0.15\text{m/s}$$

（2）按第二种方法计算：在沉砂池中去除砂粒的最小粒径采用 0.2mm，其 u_0=18.7m/s。

水流垂直分速度：设 v=0.25m/s，

$$w = 0.05v = 0.05 \times 250 = 12.5\text{mm/s}$$

1）砂粒平均沉降速度：

$$u = \sqrt{u_0^2 - w^2} = \sqrt{18.7^2 - 12.5^2} = 13.9\text{mm/s}$$

2）水面面积：

$$F = \frac{Q_{\max}}{u} \times 1000 = \frac{0.2}{13.9} \times 1000 = 14.4\text{m}^2$$

3）水流断面面积：

$$A = \frac{Q_{\max}}{v} = \frac{0.2}{0.25} = 0.8\text{m}^2$$

4）池总宽度：设 $n=2$，每格宽 $b=0.6$m，

$$B = nb = 2 \times 0.6 = 1.2\text{m}$$

5）有效水深：

$$h_2 = \frac{A}{B} = \frac{0.8}{1.2} = 0.67\text{m}$$

6）长度：

$$L = \frac{F}{B} = \frac{14.4}{1.2} = 12\text{m}$$

7）最大设计流量时的停留时间：

$$t = \frac{h_2}{u} = \frac{0.67}{0.0139} = 48\text{s} > 30\text{s}$$

沉砂室计算同前。

5.2.3 竖流式沉砂池

5.2.3.1 设计数据（见图 5-12）

（1）最大流速为 0.1m/s，最小流速为 0.02m/s。

（2）最大流量时停留时间不小于 20s，一般采用 30～60s。

（3）中心进水管最大流速为 0.3m/s。

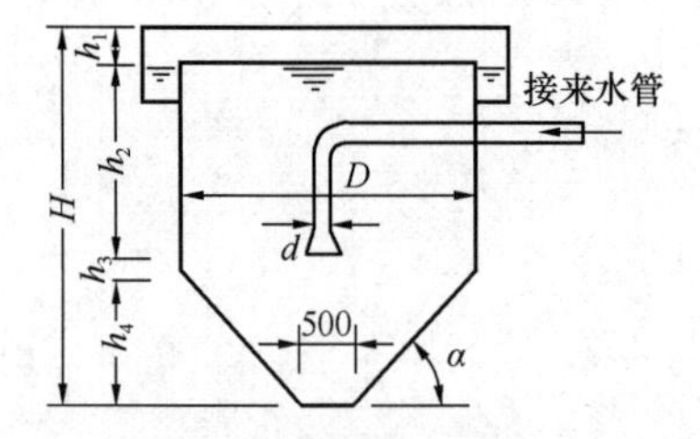

图 5-12 竖流式沉砂池

5.2.3.2 计算公式

计算公式见表 5-12。

计算公式 表 5-12

名称	公式	符号说明
1. 中心管直径	$d = \sqrt{\frac{4Q_{\max}}{\pi v_1}}$ （m）	v_1—污水在中心管内流速(m/s) $Q_{\max}$—最大设计流量(m^3/s)
2. 池子直径	$D = \sqrt{\frac{4Q_{\max}(v_1 + v_2)}{\pi v_1 v_2}}$ （m）	v_2—池内水流上升速度(m/s)
3. 水流部分高度	$h_2 = v_2 t$ （m）	t—最大流量时的停留时间(s)
4. 沉砂部分所需容积	$V = \frac{Q_{\max} XT \times 86400}{K_z \times 10^6}$ （m^3）	X—城市污水沉砂量，设计时分流制一般采用 $30m^3/10^6m^3$ 污水，合流制应适当放大 T—两次清除沉砂相隔时间(d) K_z—污水流量总变化系数

续表

名　称	公　式	符号说明
5. 沉砂部分高度	$h_4=(R-r)\tan\alpha$　(m)	R—池子半径(m) r—圆截锥部分下底半径(m) α—截锥部分倾角(°)
6. 圆截锥部分实际容积	$V_1=\frac{\pi h_4}{3}(R^2+Rr+r^2)$　(m^3)	h_4—沉砂池锥底部分高度(m)
7. 池总高度	$H=h_1+h_2+h_3+h_4$　(m)	h_1—超高(m) h_3—中心管底至沉砂砂面的距离，一般采用 0.25m

【例 5-3】 已知某城市污水处理厂的最大设计流量为 $0.2m^3/s$，竖流沉砂池中心管流速 $v_1=0.3m/s$，池内水流上升速度 $v_2=0.05m/s$，最大设计流量时的停留时间 $t=20s$，总变化系数 $K_z=1.50$，沉砂每两日清除一次，求竖流式沉砂池各部分尺寸。

【解】

(1) 中心管直径：设竖流式沉砂池数量 $n=2$，每池最大设计流量：

$$q_{max}=\frac{Q_{max}}{n}=\frac{0.2}{2}=0.1m^3/s$$

$$d=\sqrt{\frac{4q_{max}}{\pi v_1}}=\sqrt{\frac{4\times 0.1}{\pi\times 0.3}}=0.65m$$

取 $d=0.70m$。

(2) 池子直径：

$$D=\sqrt{\frac{4q_{max}(v_1+v_2)}{\pi v_1 v_2}}=\sqrt{\frac{4\times 0.1(0.3+0.05)}{\pi\times 0.3\times 0.05}}=1.72m$$

取 $D=1.80m$。

(3) 水流部分高度：

$$h_2=v_2 t=0.05\times 20=1.0m$$

(4) 沉砂部分所需容积：

$$V=\frac{Q_{max}XT\times 86400}{K_z\times 10^6}=\frac{0.2\times 30\times 2\times 86400}{1.50\times 10^6}=0.69m^3$$

(5) 每个沉砂斗容积：

$$V_0=\frac{0.69}{2}=0.35m^3$$

(6) 沉砂部分高度：设沉砂室锥底直径为 0.50m，

$$h_4=(R-r)\tan\alpha=(0.90-0.25)\tan 55^\circ=0.93m$$

(7) 圆截锥部分实际容积：

$$V_1=\frac{\pi h_4}{3}(R^2+Rr+r^2)$$

$$=\frac{\pi\times 0.93}{3}(0.90^2+0.90\times 0.25+0.25^2)$$

$$=1.07m^3>0.35m^3$$

(8) 池总高度：

$$H = h_1 + h_2 + h_3 + h_4 = 0.3 + 1 + 0.25 + 0.93 = 2.48\text{m}$$

取 H=2.50m。

(9) 排砂方法：采用重力排砂或水射器排砂。

5.2.4　曝气沉砂池

5.2.4.1 设计数据

(1) 旋流速度应保持 0.25～0.30m/s。

(2) 水平流速为 0.06～0.12m/s。

(3) 最大流量时停留时间不宜小于 5min。

(4) 池深一般采用 2.0～5.0m，有效水深宜为 2.0～3.0m，宽深比一般采用 1：1～5：1,典型值 1.5：1。

(5) 池长度为 7.5～20.0m，宽度为 2.5～7.0m，长宽比一般采用 3：1～5：1，典型值 4：1。

(6) 处理每立方米污水的曝气量宜为 0.1～0.2m^3空气，或 3.0～5.0m^3/(m^2·h)，也可按表 5-13 所列值采用。

单位池长所需空气量　　**表 5-13**

曝气管水下浸没深度(m)	最低空气用量[m^3/(m·h)]	达到良好除砂效果最大空气量[m^3/(m·h)]
1.5	12.5～15.0	30
2.0	11.0～14.5	29
2.5	10.5～14.0	28
3.0	10.5～14.0	28
4.0	10.0～13.5	25

(7) 空气扩散装置应设置在浮渣挡板对向池壁一侧（见图 5-13)，其安装高度应位于池底正常平面以上 0.45～0.90m，当采用穿孔曝气管形式时，曝气管的曝气孔径宜为ϕ3～

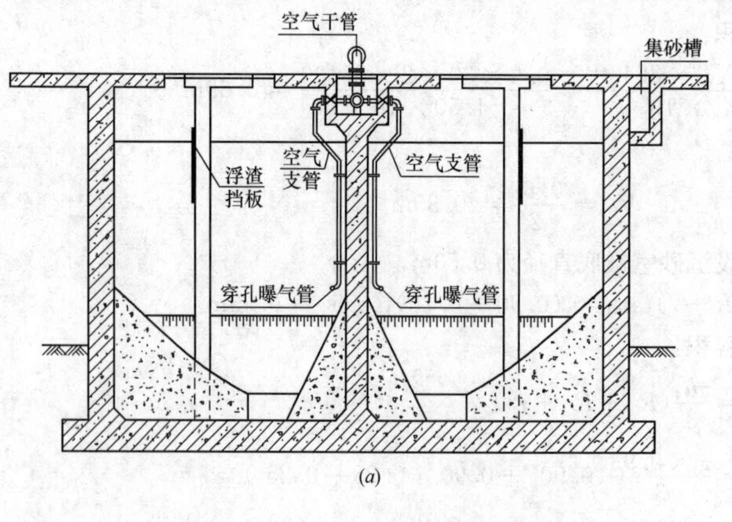

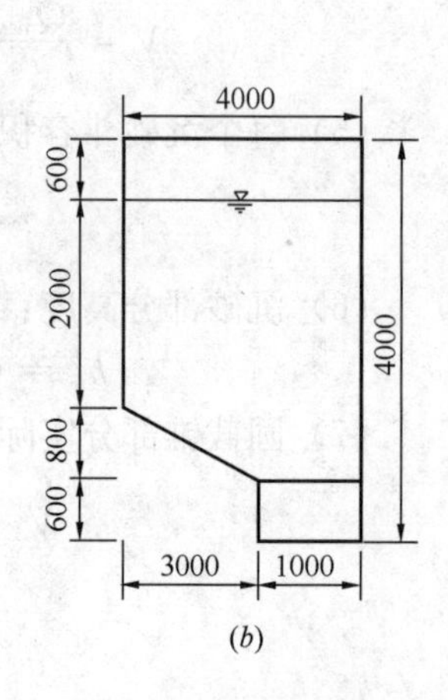

图 5-13　曝气沉砂池

(a) 外形构造；(b) 断面尺寸

5mm，并向池底方向设置。送气干管应设置调节气量的阀门。

(8) 池子的形状应尽可能不产生偏流或死角。

(9) 池子的进口和出口布置，应防止发生水流短路。进水方向宜与池中旋流方向一致，出水方向宜与进水方向垂直，并宜考虑设置挡板。

(10) 池内应设置浮渣收集及排除装置，并宜考虑设置冲洗及泡沫消除装置。

(11) 池内砂槽深度宜为 0.5～0.9m，砂槽应有倾斜度较大的侧边，其位置应在池侧空气扩散器之下。

(12) 池内一侧应设置浮渣挡板，挡板顶面应高于设计液位 0.10～0.20m，底面宜低于设计液位 0.80～1.50m。排浮渣区宽度不宜小于 0.80m，并应设有将浮渣排至收集装置的措施。

(13) 当采用浮渣槽排除浮渣时，宜设置浮渣槽冲洗措施和装置。

(14) 曝气沉砂池应根据环境条件要求采取封闭、除臭措施。

5.2.4.2 计算公式

计算公式见表 5-14。

计 算 公 式 表 5-14

名 称	公 式	符 号 说 明
1. 池子总有效容积	$V=Q_{max}t\times 60$ (m^3)	Q_{max}—最大设计流量(m^3/s) t—最大设计流量时的停留时间(min)
2. 水流断面面积	$A=\frac{Q_{max}}{v_1}$ (m^2)	v_1—最大设计流量时的水平流速(m/s)，一般采用 0.06～0.12
3. 池总宽度	$B=\frac{A}{h_2}$ (m)	h_2—设计有效水深(m)
4. 池长	$L=\frac{V}{A}$ (m)	
5. 每小时所需空气量	$q=dQ_{max}\times 3600$ (m^3/h)	d—每立方米污水所需空气量(m^3/m^3)

【例 5-4】已知某城市污水处理厂的最大设计流量为 1.2m^3/s，求曝气沉砂池的各部分尺寸（见图 5-13）。

【解】

(1) 曝气沉砂池总有效容积：设 t=5.0min

$$V=Q_{max}t\times 60=1.2\times 5\times 60=360m^3$$

(2) 水流断面面积：设 v_1=0.06m/s

$$A=Q_{max}/v_1=1.2/0.06=20m^2$$

(3) 曝气沉砂池设 2 格，每格断面尺寸如图 5-13 所示，池宽 4.0m，池底坡度 0.27，超高 0.6m，全池总高度 4.0m。

(4) 每格沉砂池实际过水断面面积：

$$A'=4.0\times 2.0+[(4.0+1.0)/2]\times 0.8=10.0m^2$$

(5) 池长计算：

$$L = V/A = 360/20 = 18.0\text{m}$$

(6) 每格沉砂池砂斗容量：

$$V_0 = 0.6 \times 1.0 \times 18 = 10.8\text{m}^3$$

(7) 每格沉砂池实际沉砂量：设进厂污水含砂量为 $30\text{m}^3/10^6\text{m}^3$ 污水，每两天排砂一次。

$$V'_0 = \frac{30 \times 0.6 \times 86400 \times 2}{10^6} = 3.11\text{m}^3 < 10.8\text{m}^3$$

(8) 每小时所需空气量：设曝气管浸没入水深度 2.5m，查表 5-13 可得单位池长所需空气量为 $28\text{m}^3/(\text{m} \cdot \text{h})$。

$$q = 28 \times 18 \times (1 + 15\%) \times 2 = 1159.2\text{m}^3/\text{h} = 19.32\text{m}^3/\text{min}$$

式中（1+15%）为考虑到进出口条件而增加的供气量。

(9) 设计参数复核：

长宽比：$L : W = 18/4 = 4.5$，满足要求；

宽深比：$W : H = 4/2 = 2.0$，满足要求。

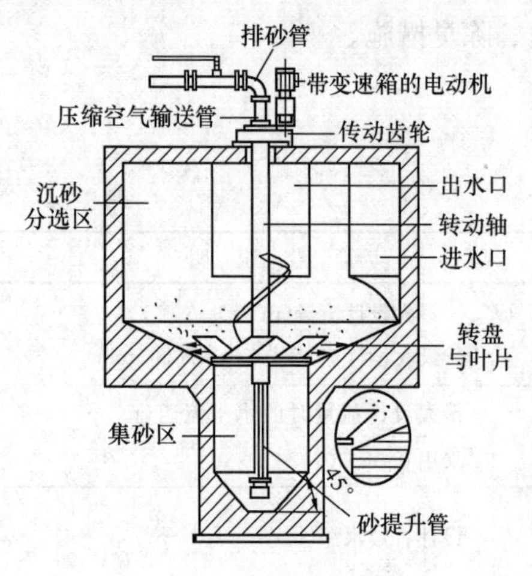

图 5-14　旋流沉砂池 Ⅰ

5.2.5　旋流沉砂池 Ⅰ

旋流沉砂池 Ⅰ 为一种涡流式沉砂池（见图 5-14），由进水口、出水口、沉砂分选区、集砂区、砂提升管、排砂管、转盘与叶片、电动机和变速箱组成。污水由进水口沿切线方向进入沉砂区，利用电动机及传动装置带动转盘和斜坡式叶片旋转，在离心力的作用下，污水中密度较大的砂砾被甩向池壁，掉入砂斗，有机物则被截留在污水中。调整叶片转速，可达到最佳沉砂效果。沉砂一般用压缩空气经砂提升管、排砂管（清洗后）排除，有连续和脉冲排砂两种形式，洗砂废水可回流至沉砂区或排至厂区污水管道。

根据处理污水量的不同，旋流沉砂池 Ⅰ 可分为不同型号，各部分尺寸见图 5-15 及表 5-15。

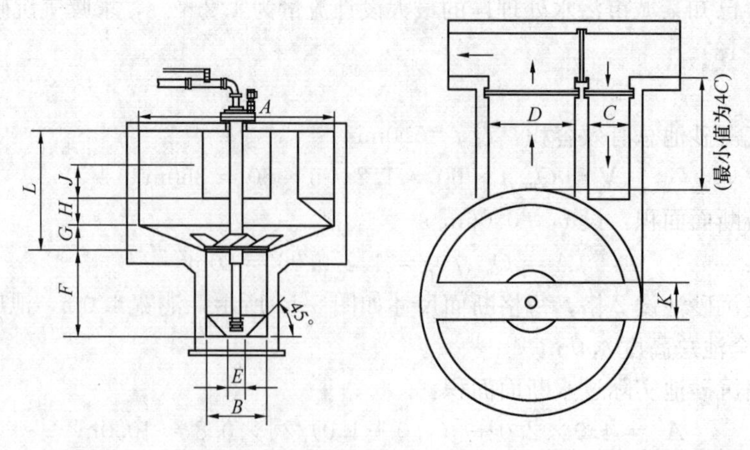

图 5-15　旋流沉砂池 Ⅰ 各部分尺寸

旋流沉砂池Ⅰ型号及尺寸（mm） 表 5-15

型号	流量(L/s)	A	B	C	D	E	F	G	H	J	K	L
50	50	1830	1000	305	610	300	1400	300	300	200	800	1100
100	110	2130	1000	380	760	300	1400	300	300	300	800	1100
200	180	2430	1000	450	900	300	1550	400	300	400	800	1150
300	310	3050	1000	610	1200	300	1550	450	300	450	800	1350
550	530	3650	1500	750	1500	400	1700	600	510	580	800	1450
900	880	4870	1500	1000	2000	400	2200	1000	510	600	800	1850
1300	1320	5480	1500	1100	2200	400	2200	1000	610	630	800	1850
1750	1750	5800	1500	1200	2400	400	2500	1300	750	700	800	1950
2000	2200	6100	1500	1200	2400	400	2500	1300	890	750	800	1950

5.2.6 旋流沉砂池Ⅱ

旋流沉砂池Ⅱ为另一种涡流式沉砂池（见图5-16），由进水口、出水口、沉砂分选区、集砂区、砂抽吸管、排砂管、轴向螺旋桨、砂泵和电动机组成。该沉砂池的特点是：在进水渠末端设有能产生池壁效应的斜坡，使砂粒下沉，沿斜坡流入池底，并设有阻流板，以防止进水紊流；轴向螺旋桨将水流带向池心，并产生向上推力，由此形成一个涡形水流，平底的沉砂分区能有效地保持涡流形态，较重的砂砾在靠近池心的一个环形孔口落入集砂区，较轻的有机物由于螺旋桨的作用而与砂砾分离，最终引向出水渠。池内沉砂一般采用砂泵经砂抽吸管、排砂管排至池外，清洗后排除，洗砂废水可回流至沉砂区或排至厂区污水管道。

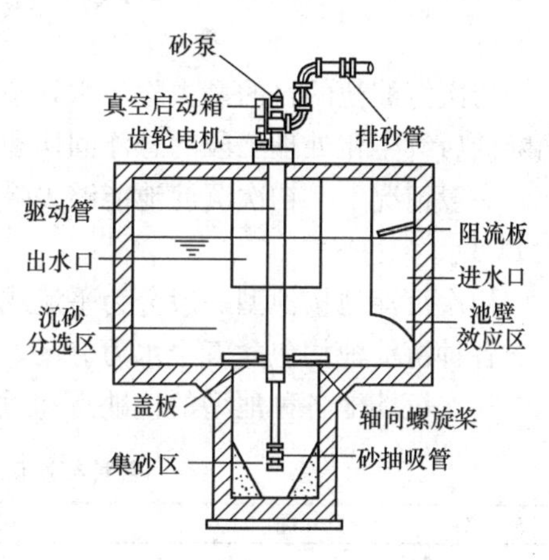

图 5-16 旋流沉砂池Ⅱ

根据处理污水量的不同，旋流式沉砂池Ⅱ可分为不同型号，其各部尺寸见图5-17及表5-16。

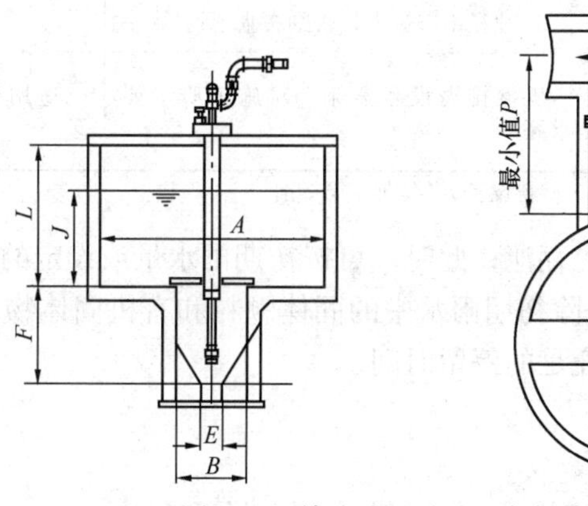

图 5-17 旋流式沉砂池Ⅱ各部分尺寸

旋流式沉砂池Ⅱ型号及尺寸（mm）　表 5-16

型号	流量（万 m^3/d）	A	B	C	D	E	F	J	L	P	A
1	0.40	1830	910	310	610	310	1520	430	1120	610	45
2.5	1.00	2130	910	380	760	310	1520	580	1120	760	45
4	1.50	2440	910	460	910	310	1520	660	1220	910	45
7	2.70	3050	1520	610	1220	460	1680	760	1450	1220	60
12	4.50	3660	1520	720	1520	460	2030	940	1520	1520	60
20	7.50	4880	1520	1070	2130	460	2080	1070	1680	1830	60
30	11.40	5490	1520	1220	2440	550	2130	1300	1980	2130	60
50	19.00	6100	1520	1370	2740	460	2440	1780	2130	2740	60
70	26.50	7320	1830	1680	3350	460	2440	1800	2130	3050	60

5.3 初次沉淀池

初次沉淀池的目的是去除污水处理厂（站）进水中易沉淀的固体颗粒和悬浮物质，从而降低后续生化处理工段的悬浮固体和有机污染物负荷。

一般情况下，初次沉淀池能够去除进厂污水中40%～55%的悬浮固体和20%～30%的BOD_5。

初次沉淀池按池型一般分为平流式、竖流式和辐流式。

各种沉淀池均包含五个水力分区，即：进水区、沉淀区、缓冲区、污泥区和出水区。

初次沉淀池各种池型的优缺点和适用条件见表5-17。

各种初次沉淀池的优缺点和适用条件　表 5-17

池型	优点	缺点	适用条件
平流式	1. 沉淀效率好； 2. 对冲击负荷和温度变化的适应能力较强； 3. 施工简易； 4. 平面布置紧凑； 5. 排泥设备已趋定型	1. 配水不易均匀； 2. 采用多斗排泥时，每个泥斗需单独设排泥管各自排泥，操作量大； 3. 采用机械排泥时，设备复杂，对施工质量要求高	适用于大、中、小型污水处理厂
竖流式	1. 排泥方便，管理简单； 2. 占地面积小	1. 池子深度大，施工困难； 2. 对冲击负荷和温度变化的适应能力较差； 3. 池径不宜过大，否则布水不均	适用于小型污水处理厂
辐流式	1. 多为机械排泥，运行可靠，管理较简单； 2. 排泥设备已定型化	机械排泥设备复杂，对施工质量要求高	适用于大、中型污水处理厂

注：排泥设备详见《给水排水设计手册·材料设备》（续册）第3册。

初次沉淀池可用作初期雨水贮存池；此时，可按初期雨水量或设定的沉淀时间（10～30min）进行设计。主要目的是去除初期雨水中的固体颗粒和有机固体物质，避免对受纳水体的污染，并为有效消毒提供充足的停留时间。

5.3.1 一般规定

（1）设计流量应按分期建设考虑：

1）当污水为自流进入时，应按每期的最大设计流量计算。

2）当污水为提升进入时，应按每期工作水泵的最大组合流量计算。

3）在合流制处理系统中，应按降雨时的设计流量计算，沉淀时间不宜小于30min。

（2）初次沉淀池的设置数量或分格数不应少于2个，并宜按并联系列设计。

（3）当无实测资料时，城市污水初次沉淀池的设计参数可按照表5-18选用。

城市污水初次沉淀池设计数据 **表5-18**

初次沉淀池类型	沉淀时间（h）	表面负荷[$(m^3/m^2 \cdot h)$]	污泥含水率（%）	污泥量指标[g/(人·d)]	出水堰口负荷[L/(s·m)]
初次沉淀池（无剩余污泥回流）	0.5～2.0	1.5～4.5	95～97	16～36	≤2.9
初次沉淀池（有剩余污泥回流）	0.5～2.0	1.0～3.0	94～98	＋剩余污泥量	≤2.9
初期雨水沉淀池	0.17～0.50	—	90～96	—	≤2.9

注：工业污水初次沉淀池的设计数据应按实际水质试验确定，或参照采用类似工业污水的运转或试验资料。

（4）初次沉淀池超高不应小于0.30m。

（5）初次沉淀池的有效水深h_2、沉淀时间t与表面负荷q'的关系见表5-19。当表面负荷确定时，有效水深与沉淀时间之比亦为定值，即$h_2/t=q'$。初次沉淀池一般沉淀时间不小于0.5h；有效水深多采用2.0～4.0m，对辐流式沉淀池指池边水深。

有效水深、沉淀时间与表面负荷的关系 **表5-19**

表面负荷q' [$m^3/(m^2 \cdot h)$]	沉淀时间t(h)				
	h_2=2.0m	h_2=2.5m	h_2=3.0m	h_2=3.5m	h_2=4.0m
4.5	0.4	0.56	0.67	0.78	0.89
4.0	0.5	0.63	0.75	0.88	1.0
3.5	0.6	0.7	0.86	1.0	1.1
3.0	0.7	0.8	1.0	1.2	1.3
2.5	0.8	1.0	1.2	1.4	1.6
2.0	1.0	1.3	1.5	1.8	2.0
1.5	1.3	1.7	2.0	2.3	2.7
1.2	1.7	2.1	2.5	2.9	3.3
1.0	2.0	2.5	3.0	3.5	4.0
0.6	3.3	4.2	5.0		

（6）初次沉淀池缓冲层高度一般采用0.30～0.50m。

（7）当采用污泥斗排泥时，每个污泥斗均应设单独的排泥阀和排泥管。污泥斗的斜壁与水平面的倾角，方斗宜为60°，圆斗宜为55°。

（8）初次沉淀池的污泥区容积，当采用静水压力排泥时，一般按不大于2d的污泥量计算；当采用机械排泥时，宜按4h污泥量计算。活性污泥法处理后的二次沉淀池污泥区容积，宜按不大于2h贮泥量计算，并应有连续排泥措施；生物膜法处理后的二次沉淀池污泥区容积，宜按4h的污泥量计算；泥斗中污泥浓度按混合液浓度及底流浓度的平均浓度计算。

（9）排泥管直径不应小于200mm。

（10）当采用静水压力排泥时，初次沉淀池的静水头不应小于1.50m；二次沉淀池的静水头，生物膜法处理后不应小于1.2m，活性污泥法处理后不应小于0.9m。

（11）初次沉淀池的污泥采用机械排泥时，可连续或间歇排泥；不采用机械排泥时应每日定时排泥。

(12) 采用多斗排泥时，每个泥斗均应设单独的排泥阀和排泥管。

(13) 初次沉淀池应设置撇渣设施。

(14) 初次沉淀池的入口和出口均应采取整流措施。

(15) 为减轻出水堰的负荷，或为改善出水水质，可采用多槽沿程出水布置形式。

(16) 当每组沉淀池有两个池以上时，为使各池的入流量均衡，应在入流口设置调节闸门，以调整流量。

(17) 当采用重力排泥时，污泥斗的排泥管下端应伸入斗内，并靠近污泥斗底面，顶端应敞口伸出水面，以便于疏通；污泥排放管应在水面以下 1.5～2.0m 处由排泥管水平接出，污泥藉静水压力由此排至池外。

(18) 当沉淀池进水为压力管渠时，应设置配水井，进水管应由井壁接入，不宜由井底接入，且应将进水管的进口弯头朝向井底。

(19) 初次沉淀池应根据环境条件要求采取封闭、除臭措施。

5.3.2 平流式沉淀池

5.3.2.1 设计数据

(1) 单池(格)的长宽比不宜小于 4，以 4～5 为宜。当长宽比过小时，池内水流的均匀性差，容积效率低，影响沉淀效果；大型沉淀池可考虑设导流墙。单池长度不宜大于 60m。

(2) 采用机械排泥时，池宽宜根据排泥设备规格确定，单池宽度不宜大于 12m。

(3) 单池(格)长度与有效水深之比宜不小于 8，以 8～12 为宜。

(4) 池底纵坡：采用机械刮泥时，不宜小于 0.005，一般采用 0.01～0.02。

(5) 沉淀池按表面负荷计算时，应对污水在池内的水平流速进行校核；初次沉淀池最大水平流速宜≤7.0mm/s，二次沉淀池宜≤5.0mm/s。

(6) 宜采用机械排泥，刮（吸）泥机的行进速度宜为 0.3～1.2m/min。

(7) 进水口的整流措施（见图 5-18），可采用溢流式入流装置，并设置多孔整流墙（穿孔墙），见图 5-18（*a*）；底孔式入流装置，底部设有挡流板，见图 5-18（*b*）；淹没孔与挡流板的组合，见图 5-18（*c*）；淹没孔与有孔整流墙的组合，见图 5-18（*d*）。有孔整流墙上的开孔总面积一般为沉淀池断面面积的 6%～20%；并应对进水孔流速进行校核，进水孔流速宜为 0.05～0.15m/s。

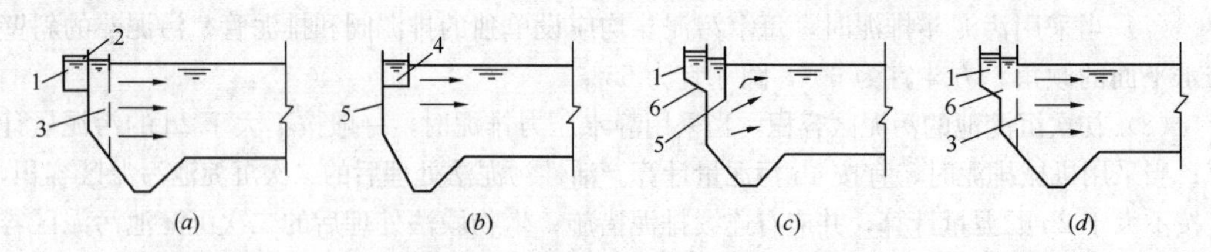

图 5-18 平流式沉淀池入口的整流措施

1—进水槽；2—溢流堰；3—有孔整流墙；4—底孔；5—挡流板；6—淹没孔

(8) 出水口的整流措施可采用溢流堰式集水槽、侧淹没孔口式集水槽、底部孔口式集水槽或溢流堰及底部孔口组合式集水槽方式。平流式沉淀池通常采用的集水槽形式见图

5-19。溢流式出水堰的形式，见图 5-20；其中锯齿形三角堰应用最普遍，水面宜位于齿高的 1/2 处。为适应水流的变化或构筑物的不同沉降，在堰口处需设置可使堰板能够上下调节的装置。

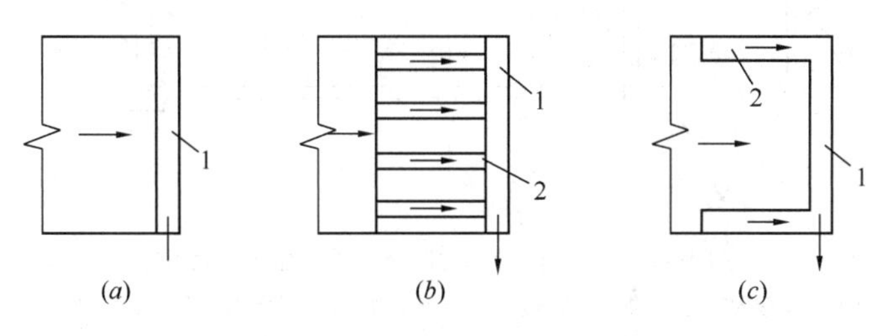

图 5-19 平流式沉淀池的集水槽形式

（a）沿沉淀池宽度设置的集水槽；（b）设置平行出水支槽的集水槽；

（c）沿部分池长设置出水支槽的集水槽

1—集水槽；2—集水支渠

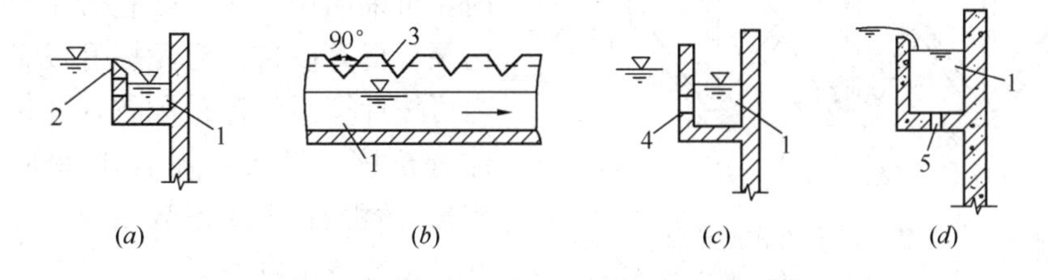

图 5-20 平流式沉淀池的出水堰形式

（a）自由堰式的出水堰；（b）锯齿形三角堰式的出水堰；

（c）出流孔口式的出水堰；（d）自由堰与底出流孔口组合的出水堰

1—集水槽；2—自由堰；3—锯齿三角堰；4—淹没孔口；5—底出流孔口

（9）出水槽前部应设置浮渣挡板，挡板顶面宜高出池内水面 0.10～0.15m；挡板淹没深度一般为 0.15～0.30m。浮渣挡板距出水槽水平距离 0.25～0.50m。

（10）在出水堰前应设置收集与排除浮渣的装置或设施（如可转动的排渣管、浮渣槽等）。当采用机械排泥时，可与排泥设备一并结合考虑。当采用可转动排渣管时，可不再设置浮渣挡板（见图 5-21、图 5-22）。

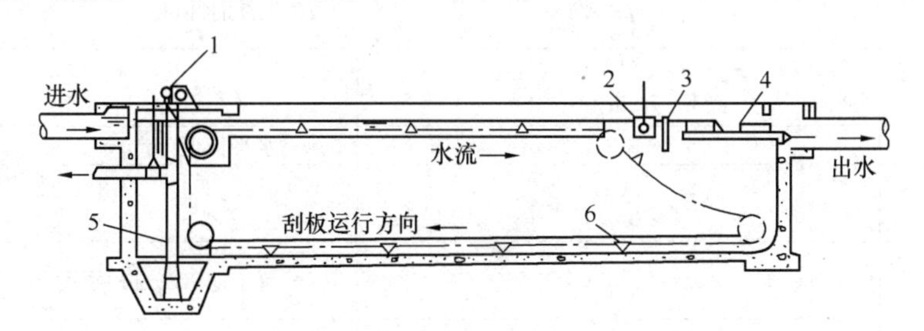

图 5-21 设有链带式刮泥机的平流式沉淀池

1—集渣器驱动；2—浮渣槽；3—挡板；4—可调节的出水堰；5—排泥管；6—刮板

（11）初沉池浮渣可采用人工或水力冲刷方式统一收集至浮渣井或浮渣压榨处理装置。浮渣井内应设置溢水管，将部分随浮渣排出的水分排至污水管道。

（12）初沉池污泥可采用重力排泥或机械提升排泥方式。当采用重力排泥方式时，应

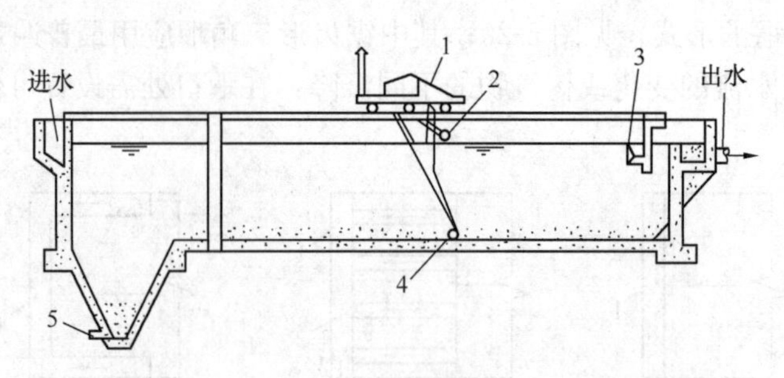

图 5-22　设有行车式刮泥机的平流式沉淀池

1—驱动装置；2—刮渣板；3—浮渣槽；4—刮泥板；5—排泥管

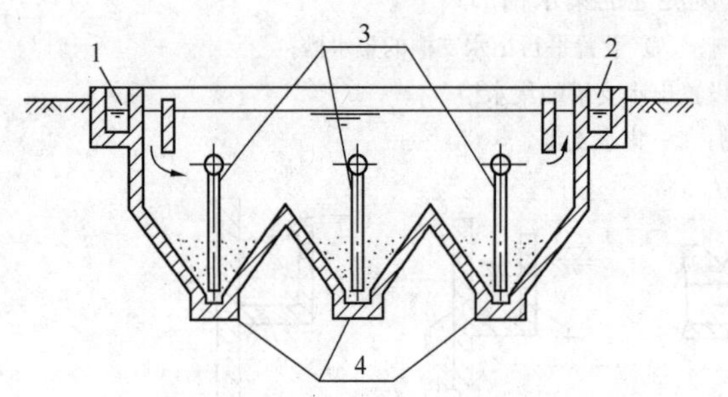

图 5-23　多斗式平流式沉淀池

1—进水槽；2—出水槽；3—排泥管；4—污泥斗

在排泥渠道内设置防止污泥沉降和淤积的搅拌或推流装置，也可在污泥渠道内设置小型刮泥设备。当采用机械提升排泥方式时，可采用螺杆泵、凸轮转子泵、潜水排污泵等提升设备。污泥提升设备的工作能力可按计算污泥体量配置，并按最大污泥体量校核（最大污泥含水率时的污泥体积）。污泥提升设备数量不宜少于 2 台，并宜设置备用设备。

（13）当初沉池采用多斗排泥时，污泥斗平面宜呈正方形或近于正方形的矩形，排数一般不宜多于两排（见图 5-23）。

5.3.2.2 计算公式

（1）第一种计算方法：当无污水悬浮物沉降资料时，可按表 5-20 计算。

计算公式　　**表 5-20**

名　称	公　式	符号说明
1. 池总表面积	$A=\frac{Q\times 3600}{q'}$　(m^2)	Q—日平均流量(m^3/s) q'—表面负荷[$m^3/(m^2\cdot h)$]
2. 沉淀部分有效水深	$h_2=q't$　(m)	t—沉淀时间(h)
3. 沉淀部分有效容积	$V'=Qt\times 3600$　(m^3) 或 $V'=Ah_2$　(m^3)	
4. 池长	$L'=vt\times 3.6$　(m)	v—水平流速(mm/s)
5. 池总宽度	$B=\frac{A}{L'}$　(m)	
6. 池个数（或分格数）	$n=\frac{B}{b}$　(个)	b—每个池(或分格)宽度(m)
7. 污泥部分所需的总容积	(1)　$V=\frac{SNT}{1000}$　(m^3) (2) $V=\frac{Q(C_1-C_2)\times 86400\times 100T}{\gamma(100-\rho_0)}$　(m^3)	S—每个每日污泥量[L/(人·d)]，一般采用 0.3～0.8 N—设计人口数(人) T—两次清除污泥间隔时间(d) C_1—进水悬浮物浓度(t/m^3) C_2—出水悬浮物浓度(t/m^3) γ—污泥密度(t/m^3)，其值约为 1 ρ_0—污泥含水率(%)

续表

名称	公式	符号说明
8. 池总高度	$H=h_1+h_2+h_3+h_4$ (m)	h_1—超高(m) h_3—缓冲层高度(m) h_4—污泥部分高度(m)
9. 污泥斗容积	$V_1=\frac{1}{3}h''_4(f_1+f_2+\sqrt{f_1f_2})$ (m^3)	f_1—斗上口面积(m^2) f_2—斗下口面积(m^2) h''_4—泥斗高度(m)
10. 污泥斗以上梯形部分污泥容积	$V_2=\frac{l_1+l_2}{2}h'_4b$	l_1、l_2—梯形上、下底边长(m) h'_4—梯形的高度(m)

(2) 第二种计算方法：当有污水悬浮物沉降资料时，可按表5-21计算。

计算公式 **表5-21**

名称	公式	符号说明
1. 池长	$L_1=\frac{v}{u-w}h_2$ (m)	v—污水水平流速(mm/s) u—与所需沉淀效率相对应的最小沉降速度(mm/s)，一般采用0.33 w—垂直分速度(mm/s)，当v在5～10mm/s时，采用0.05mm/s h_2—沉淀部分有效水深(m) Q_{max}—最大设计流量(m^3/s)
2. 池总宽度	$B=\frac{Q_{max}}{vh_2}\times1000$ (m)	
3. 沉淀时间	$t=\frac{L_1}{v\times3.6}$ (h)	
4. 污泥部分所需容积	同第一种计算方法	

(3) 第三种计算方法：当有污水悬浮物最小沉降速度和脉动垂直分速度资料时，可按表5-22计算。

计算公式 **表5-22**

名称	公式	符号说明
1. 沉淀池流动水层平均深度	$h_m=0.465h_2+0.10$ (m)	h_2—沉淀池水流部分建筑深度(m)，采用0.8～3.0
2. 池长	$L=1.15\sqrt{\frac{2.15}{K_0}(h_m-h_0)}+\frac{h_2}{\tan\alpha}$ (m)	K_0—比例系数，与流速有关，当$v=1$～10mm/s时，$K_0=0.10$～0.17 h_0—沉淀池入口处流动水层深度，与沉淀池进水设备有关；如进水设备为一般溢水槽时，$h_0=0.25$m α—沉淀池出水处水流收缩角，一般采用25°～30°
3. 沉淀时间	$t=\frac{1000h}{u_0-w}$ (s)	u_0—污水中应去除的悬浮物质的最小沉降速度，根据污水沉降曲线决定(mm/s) w—脉动垂直分速度，当$v=5$～10mm/s时，$w=0.05$mm/s；当$v<5$mm/s时，取$w=0$
4. 池总宽度	$B=\frac{Q_{max}}{vh_m}$ (m)	Q_{max}—最大设计流量(m^3/s) v—设计流速(m/s)

【例 5-5】某城市污水处理厂的日平均流量$Q=0.2m^3/s$，设计人口$N=100000$人，沉淀时间$t=1.2h$，采用链条式刮泥机刮泥。求平流式初次沉淀池各部分尺寸，见图 5-24。

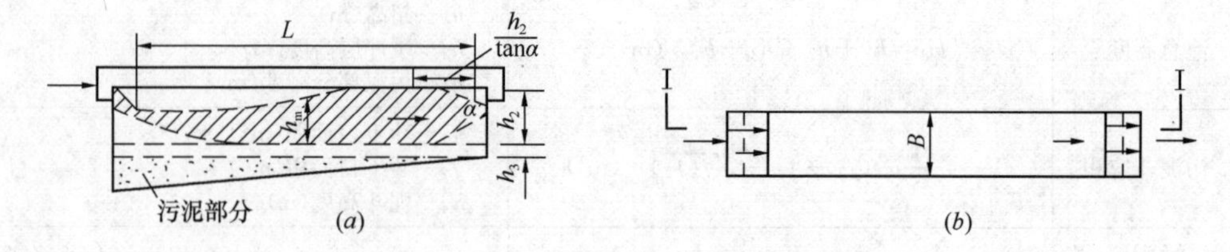

图 5-24 平流式沉淀池计算示意图

(a) Ⅰ-Ⅰ剖面图；(b) 平面图

【解】按第一种计算方法计算：

初沉池总表面积：设表面负荷$q'=2m^3/(m^2 \cdot h)$，

$$A=\frac{Q\times 3600}{q'}=\frac{0.2\times 3600}{2}=360m^2$$

(1) 沉淀部分有效水深：

$$h_2=q't=2\times 1.2=2.4m$$

(2) 沉淀部分有效容积：

$$V'=Qt\times 3600=0.2\times 1.2\times 3600=864m^3$$

(3) 池长：设水平流速v=4.63mm/s，

$$L'=vt\times 3.6=4.63\times 1.2\times 3.6=20m$$

(4) 池总宽度：

$$B=\frac{A}{L'}=\frac{360}{20}=18m$$

(5) 池个数：设每格池宽b=4.5m，

$$n=\frac{B}{b}=\frac{18}{4.5}=4\text{个}$$

(6) 校核长宽比、长深比：

长宽比：$\frac{L'}{b}=\frac{20}{4.5}=4.4>4$(符合要求)

长深比：$\frac{L'}{h_2}=\frac{20}{2.4}=8.3>8$(符合要求)

(7) 污泥部分所需的总容积：设$T=2d$，污泥量为25g/(人·d)，污泥含水率为95%，

$$S=\frac{25\times 100}{(100-95)\times 1000}=0.5L/(\text{人}\cdot d)$$

$$V=\frac{SNT}{1000}=\frac{0.5\times 100000\times 2}{1000}=100m^3$$

(8) 每格池污泥部分所需容积：

$$V''=\frac{V}{n}=\frac{100}{4}=25\text{m}^3$$

(9) 污泥斗容积：采用污泥斗尺寸见图 5-25

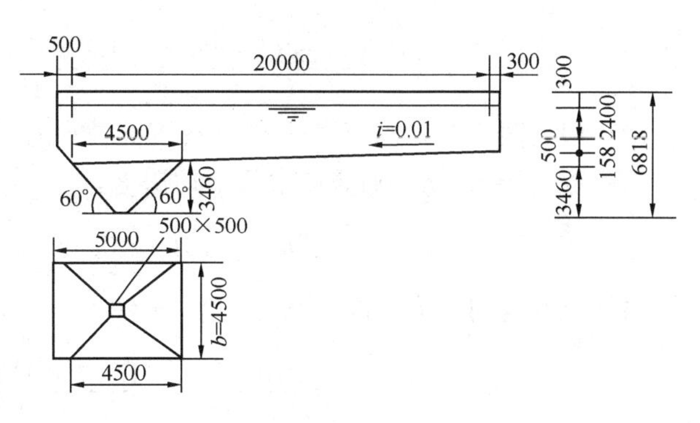

图 5-25 沉淀池污泥斗

$$V_1=\frac{1}{3}h''_4(f_1+f_2+\sqrt{f_1f_2})$$

$$h''_4=\frac{(4.5-0.5)}{2}\tan 60°=3.46\text{m}$$

$$V_1=\frac{1}{3}\times 3.46(4.5\times 4.5+0.5\times 0.5+\sqrt{4.5^2\times 0.5^2})$$

$$=26\text{m}^3$$

(10) 污泥斗以上梯形部分污泥容积：

$$V_2=\frac{l_1+l_2}{2}h'_4b$$

$$h'_4=(20+0.3-4.5)\times 0.01=0.158\text{m}$$

$$l_1=20+0.3+0.5=20.8\text{m}$$

$$l_2=4.5\text{m}$$

$$V_2=\frac{20.8+4.5}{2}\times 0.158\times 4.5=9.0\text{m}^3$$

(11) 污泥斗和梯形部分污泥容积：

$$V_1+V_2=26+9=35\text{m}^3>25\text{m}^3$$

(12) 池总高度：设缓冲层高度 $h_3=0.5$m，

$$H=h_1+h_2+h_3+h_4$$

$$h_4=h'_4+h''_4=0.158+3.46=3.62\text{m}$$

$$H=0.3+2.4+0.5+3.62=6.82\text{m}$$

斗内污泥可用静水压或泵吸式吸泥机排除。

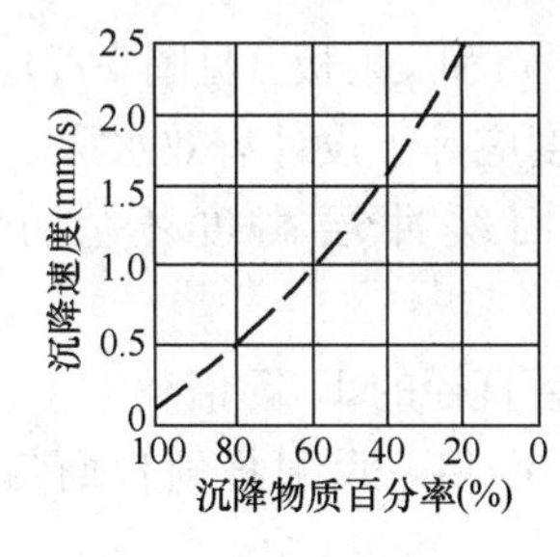

图 5-26 沉降曲线

【例 5-6】 已知某工厂的工业污水量 $Q=2400\text{m}^3/\text{d}$，总变化系数 $K_z=1.5$，原水中悬浮物质浓度 $C_1=1600$mg/L，处理后污水中悬浮物质浓度 C_2 要求不超过 80mg/L，该厂污水悬浮物质的沉降曲线，见图 5-26。求平流式初次沉淀池各部分尺寸。

【解】 用第三种计算方法计算平流式沉淀池设计污水量：

$$Q_{max}=\frac{K_zQ}{24\times 60\times 60}=\frac{1.5\times 2400}{24\times 60\times 60}=0.042\text{m}^3/\text{s}$$

(1) 处理程度：

$$E=\frac{(C_1-C_2)100}{C_1}=\frac{(1600-80)\times 100}{1600}=95\%$$

(2) 根据图5-26，当要求达到95%沉淀效率时，u_0=0.2mm/s

(3) 取h_2=2.0m，则流动水层平均深度：

$$h_m=0.465h_2+0.10=0.465\times 2+0.10=1.0\text{m}$$

(4) 沉淀时间，第一次计算时，取w=0，

$$t=\frac{1000h_m}{u_0-w}=\frac{1.0\times 1000}{0.2-0}=5000\text{s}$$

(5) 池长：

$$L=1.15\sqrt{\frac{2.15}{K_0}(h_m-h_0)}+\frac{h_z}{\tan\alpha}=1.15\sqrt{\frac{2.15}{0.10}(1.0-0.25)}+\frac{2.0}{\tan 30^\circ}=8.08\text{m}$$

取L=9m。

(6) 设计流速：

$$v=\frac{L}{t}=\frac{9000}{5000}=1.8\text{mm/s}$$

当v=3.0mm/s时，w值很小，接近w=0，故不必重新计算t值。

(7) 池总宽度：

$$B=\frac{Q_{max}}{vh_m}=\frac{0.042}{0.0018\times 1.0}=23.3\text{m},\text{取}B=24\text{m。}$$

考虑维护管理上的要求，取每格宽b=3.0m。

(8) 池数：

$$n=\frac{B}{b}=\frac{24}{3.0}=8\text{个}$$

5.3.3 竖流式沉淀池

5.3.3.1 设计数据

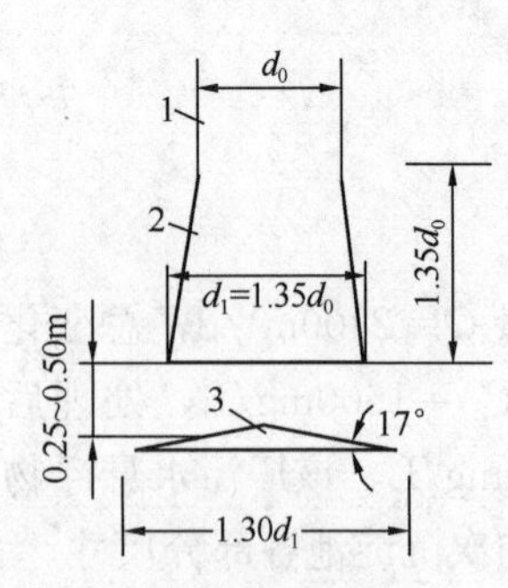

图5-27 中心管和反射板尺寸

1—中心进水管；2—喇叭口；3—反射板

(1) 为了使进水在沉淀池内均匀分布，单池直径（或正方形的一边）与有效水深之比值不宜大于3。单池直径不宜大于8.0m，一般采用4.0～7.0m；最大可达10.0m。

(2) 中心进水管内流速宜不大于30mm/s。

(3) 中心进水管下口端部应设置喇叭口和反射板（见图5-27)。

1) 中心进水管喇叭口底面淹没深度应等于设计有效水深。

2) 反射板底面距污泥层上顶面缓冲层高度不宜小于0.30m。

3) 喇叭口直径及高度为中心进水管直径的1.35倍。

4) 反射板直径为喇叭口直径的1.30倍，反射板斜板面与水平面夹角为17°。

5）中心进水管下端至反射板表面缝隙垂直间距宜为0.25～0.50m；最大进水量时，缝隙中污水流速：初次沉淀池不应大于20mm/s，二次沉淀池不应大于15mm/s。

(4) 单池直径（或正方形的一边）小于7.0m时，沉淀后污水可沿池边集水槽排出；单池直径≥7.0m时，应增设辐射式集水支渠（见图5-28）。

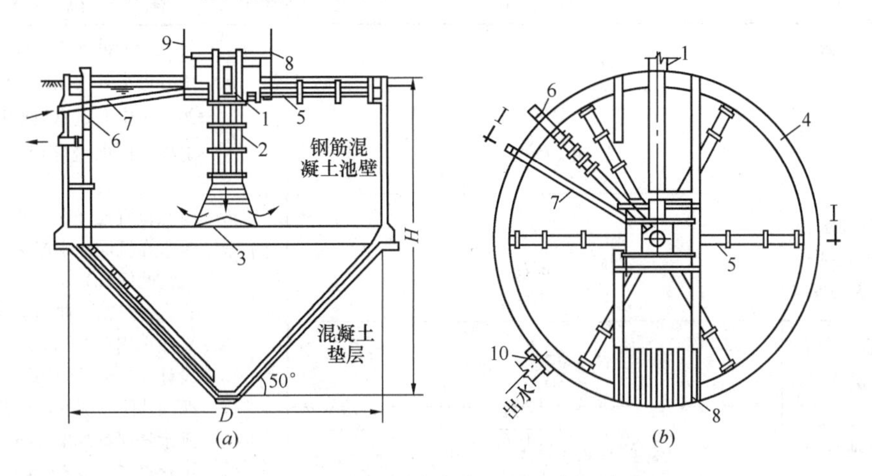

图5-28 设有辐射式支渠的竖流式沉淀池

(a) Ⅰ-Ⅰ剖面图；(b) 平面图

1—进水槽；2—中心进水管；3—反射板；4—集水槽；5—集水支渠；6—排泥管；7—浮渣管；8—盖板；9—栏杆；10—闸门

(5) 排泥管下端距池底应不大于0.20m，管上端应超出水面与大气环境连通，超出水面部分高度应不小于0.40m。

(6) 浮渣挡板距集水槽间距宜为0.25～0.50m，浮渣挡板顶面高出水面0.10～0.15m，淹没深度0.30～0.40m。竖流式沉淀池结构见图5-29。

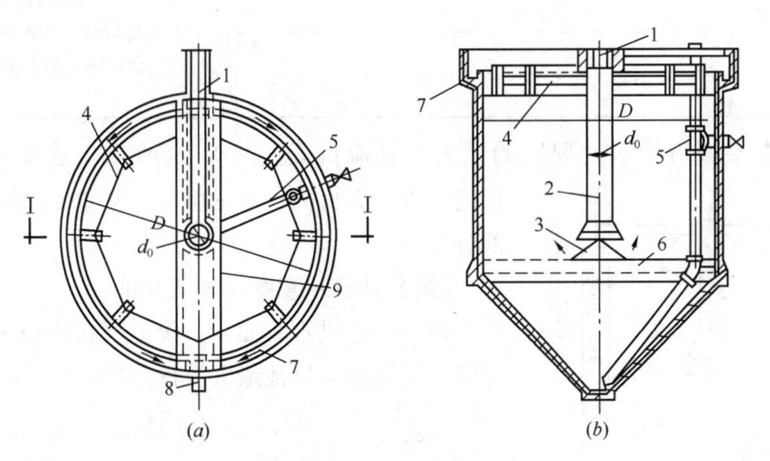

图5-29 竖流式沉淀池

(a) 平面图；(b) Ⅰ-Ⅰ剖面图

1—进水槽；2—中心进水管；3—反射板；4—浮渣挡板；5—排泥管；6—缓冲管；7—集水槽；8—出水管；9—上部走道板

5.3.3.2 计算公式

竖流式沉淀池计算公式见表 5-23。

计算公式 表 5-23

名称	公式	符号说明
1. 中心进水管面积	$f=\frac{q_{max}}{v_0}$ (m^2)	q_{max}—每池最大设计流量(m^3/s) v_0—中心进水管内流速(m/s) v_1—污水由中心进水管喇叭口与反射板之间的缝隙流出速度(m/s) d_1—喇叭口直径(m) v—污水在沉淀池中流速(m/s) t—沉淀时间(h) S—每人每日污泥量[L/(人·d)]，一般采用 0.3～0.8 N—设计人口数(人) T—两次清除污泥间隔时间(d) C_1—进水悬浮物浓度(t/m^3) C_2—出水悬浮物浓度(t/m^3) K_z—污水流量总变化系数 γ—污泥密度(t/m^3)，其值约为 1 P_0—污泥含水率(%) h_1—超高(m) h_2—有效水深，即中心进水管淹没深度(m) h_3—中心进水管下端至反射板底面垂直高度(m) h_4—缓冲层高度(m) h_5—污泥室圆截锥部分的高度(m) R—圆截锥上部半径(m) r—圆截锥下部半径(m)
2. 中心进水管直径	$d_0=\sqrt{\frac{4f}{\pi}}$ (m)	
3. 中心进水管喇叭口与反射板之间的缝隙高度	$h_3=\frac{q_{max}}{v_1 \pi d_1}$ (m)	
4. 沉淀部分有效断面面积	$F=\frac{q_{max}}{K_z v}$ (m^2)	
5. 沉淀池直径	$D=\sqrt{\frac{4(F+f)}{\pi}}$ (m)	
6. 沉淀部分有效水深	$h_2=3600vt$ (m)	
7. 污泥斗部分所需总容积	(1) $V=\frac{SNT}{1000}$ (m^3) (2) $V=\frac{q_{max}(C_1-C_2)T\times 86400\times 100}{K_a\gamma(100-P_0)}$ (m^3)	
8. 圆截锥部分容积	$V_1=\frac{\pi h_5}{3}(R^2+Rr+r^2)$ (m^3)	
9. 沉淀池总高度	$H=h_1+h_2+h_3+h_4+h_5$ (m)	

【例 5-7】某城市污水处理厂的最大设计流量 $Q_{max}=0.088$m^3/s，总变化系数 $K_z=1.65$，设计人口 $N=50000$ 人，求竖流式初次沉淀池各部分尺寸。

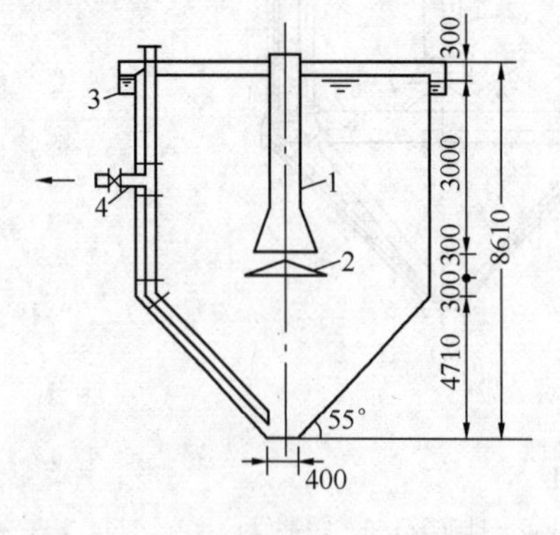

图 5-30 竖流式沉淀池计算示意图
1—中心进水管；2—反射板；3—集水槽；4—排泥管

【解】计算示意图，见图 5-30。

(1) 中心进水管面积：设 $v_0=0.03$m/s，采用 4 个竖流式沉淀池，每池最大设计流量：

$$q_{max}=\frac{Q_{max}}{n}=\frac{0.088}{4}=0.022\text{m}^3/\text{s}$$

$$f=\frac{q_{max}}{v_0}=\frac{0.022}{0.03}=0.73\text{m}^2$$

(2) 中心进水管直径：

$$d_0=\sqrt{\frac{4f}{\pi}}=\sqrt{\frac{4\times 0.73}{\pi}}=0.96\text{m}$$

取 $d_0=1$m。

(3) 中心进水管喇叭口与反射板之间的缝隙高度：设 $v_1=0.02$m/s，$d_1=1.35d_0=1.35\times1=1.35$m，

$$h_3=\frac{q_{max}}{v_1\pi d_1}=\frac{0.022}{0.02\times\pi\times1.35}=0.26\text{m}$$

取 $h_3=0.3$m。

(4) 沉淀部分有效断面面积：设表面负荷 $q'=1.5\text{m}^3/(\text{m}^2\cdot\text{h})$，则 $v=\frac{1.5}{3600}\times1000=0.4$mm/s，

$$F=\frac{q_{max}}{K_z v}=\frac{0.022}{1.65\times0.0004}=33.3\text{m}^2$$

(5) 沉淀池直径：

$$D=\sqrt{\frac{4(F+f)}{\pi}}=\sqrt{\frac{4(33.3+0.73)}{\pi}}=6.6\text{m}$$

采用 $D=7$m。

(6) 沉淀部分有效水深：设 $t=2$h，

$$h_2=vt\times3600=0.0004\times2\times3600=2.9\text{m，取 }h_2=3\text{m。}$$

$$D/h_2=7/3=2.33<3\text{（符合要求）。}$$

(7) 校核集水槽出水堰负荷：集水槽每米出水堰负荷为：

$$\frac{q_{max}}{\pi D}=\frac{22}{\pi\times7}=1.0\text{L/(s}\cdot\text{m)}<2.9\text{L/(s}\cdot\text{m)（符合要求）。}$$

(8) 污泥斗部分所需总容积：设 $T=2$d，$S=0.5$L/(人·d)，

$$V=\frac{SNT}{1000}=\frac{0.5\times50000\times2}{1000}=50\text{m}^3$$

每个池子所需污泥斗容积为：

$$\frac{50}{4}=12.5\text{m}^3$$

(9) 圆截锥部分容积：设圆截锥体下底直径为 0.4m，则：

$$h_5=(R-r)\tan55^\circ=(3.5-0.2)\tan55^\circ=4.71\text{m}$$

$$V_1=\frac{\pi h_5}{3}(R^2+Rr+r^2)=\frac{\pi\times4.71}{3}(3.5^2+3.5\times0.2+0.2^2)$$

$$=64.0\text{m}^3>12.5\text{m}^3$$

(10) 初次沉淀池总高度：设超高及缓冲层高度各为 0.3m，

$$H=h_1+h_2+h_3+h_4+h_5=0.3+3+0.3+0.3+4.71=8.61\text{m}$$

5.3.4 辐流式沉淀池

5.3.4.1 设计数据

(1) 单池直径（或正方形的一边）与有效水深的比值宜为 6～12。

(2) 单池直径不宜小于 16m。

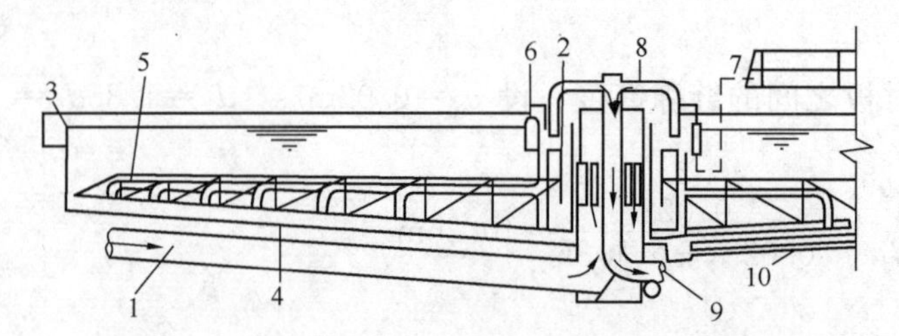

图 5-31　带有中央驱动装置的吸泥型辐流式沉淀池
1—进口；2—挡板；3—堰；4—刮板；5—吸泥管；6—冲洗管的空气升液器；7—压缩空气入口；8—排泥虹吸管；9—污泥出口；10—放空管

（3）池底坡度应根据排泥方式及排（刮）泥设备类型确定，一般不小于 0.05。

（4）中心进水周边出水和周边进水中心出水的辐流式沉淀池一般采用机械刮泥方式，也可附有空气提升或静水头排泥设施（见图 5-31）；周边进水周边出水的辐流式沉淀池一般采用中心传动单管或双管刮吸泥机。

（5）单池直径（或正方形的一边）较小（小于 20m）时，也可采用多斗排泥，并宜采用中心进水、周边出水、重力排泥方式（见图 5-32）。

（6）辐流式沉淀池进出水的布置方式可分为：

1）中心进水周边出水（见图 5-33）。

2）周边进水中心出水（见图 5-34）。

3）周边进水周边出水（见图 5-35）。

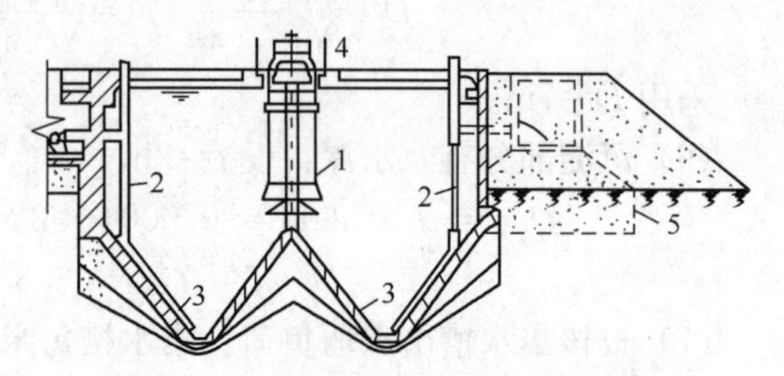

图 5-32　多斗排泥的辐流式沉淀池
1—中心进水管；2—污泥管；3—污泥斗；4—栏杆；5—砂垫

（7）池径小于 20m 时，一般采用中心传动的刮泥机，其驱动装置设在沉淀池中心支撑柱或走道板上（见图 5-36）；池径大于 20m 时，一般采用周边传动的刮泥机或刮吸泥机，其驱动装置设在桁架的外缘（见图 5-37）。

刮泥机的旋转速度一般为 1～3r/h，刮泥板的外缘线速度不宜超过 3m/min，一般采用 1.5m/min。

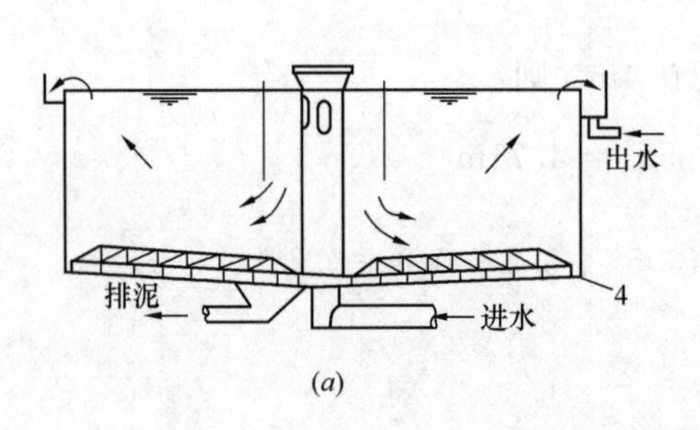

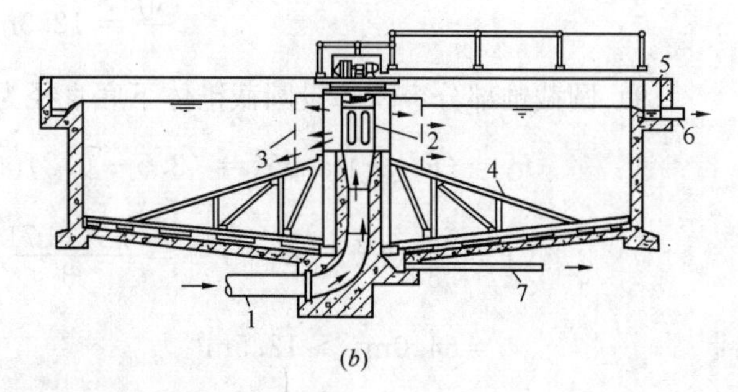

图 5-33　中心进水周边出水的辐流式沉淀池
(a) 形式Ⅰ；(b) 形式Ⅱ
1—进水管；2—中心管；3—导流筒或穿孔导流板；4—刮泥机；5—出水槽；6—出水管；7—排泥管

（8）中心进水辐流式沉淀池的进水口周围应设置整流板或整流筒，整流板或整流筒的开孔面积为池断面面积的 10%～20%；周边进水辐流式沉淀池进水口或进水管（孔）附近应根据刮（吸）泥设备要求设置进水挡板等布水装置。

（9）辐流式沉淀池出水堰前应设置浮渣挡板，浮渣由浮渣刮板收集，刮渣板一般安装

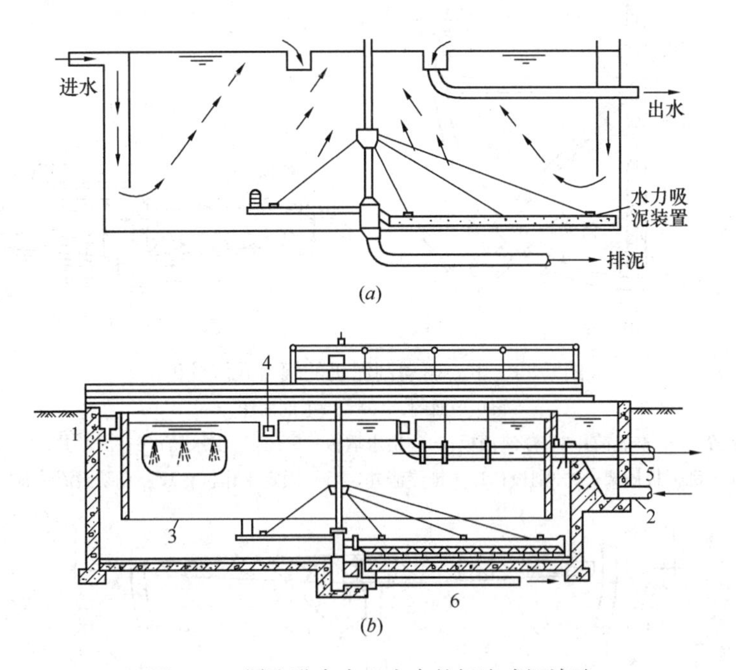

图 5-34 周边进水中心出水的辐流式沉淀池

(a) 形式Ⅰ；(b) 形式Ⅱ

1—进水槽；2—进水管；3—挡板；4—出水槽；5—出水管；6—排泥管

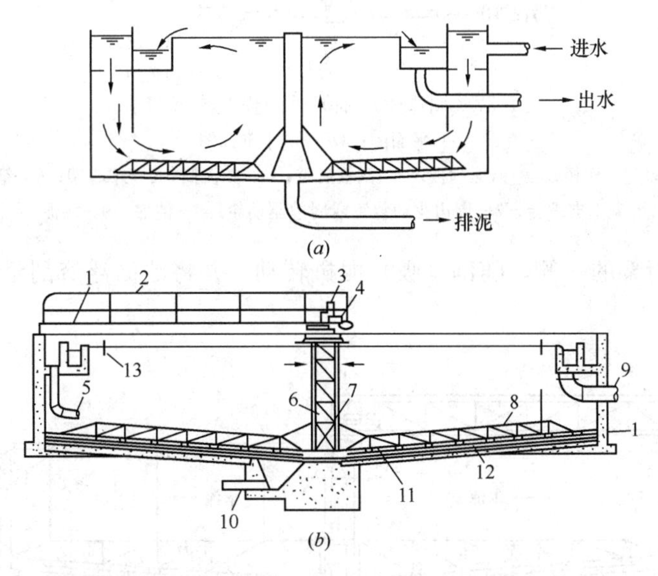

图 5-35 周边进水周边出水的辐流式沉淀池

(a) 形式Ⅰ；(b) 形式Ⅱ

1—工作桥；2—栏杆；3—传动装置；4—转盘；5—布水管；6—中心支架；7—传动器罩；8—桁架式耙架；9—出水管；10—排泥管；11—刮泥板；12—可调节的橡皮刮板；13—浮渣挡板

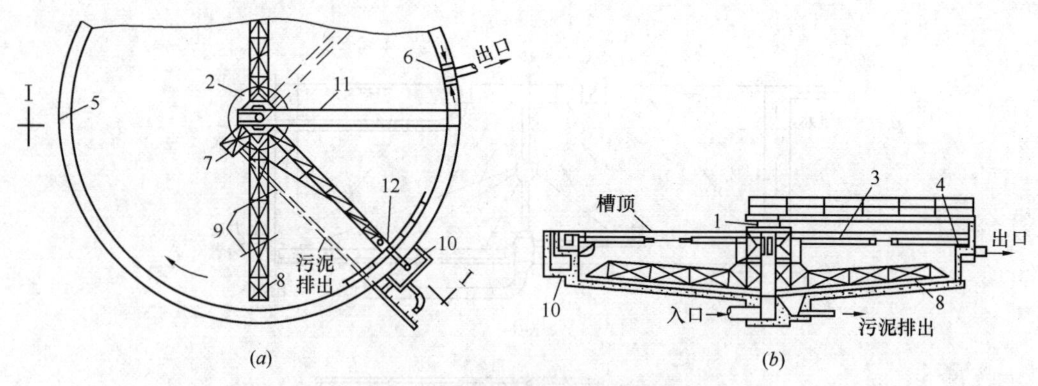

图 5-36　中心驱动刮泥机的辐流式沉淀池

(a) 平面图；(b) Ⅰ-Ⅰ剖面图

1—驱动装置；2—整流筒；3—浮渣挡板；4—出水堰板；5—周边出水槽；6—出水井；7—污泥斗；8—刮泥板桁架；9—刮板；10—排浮渣井；11—固定工作桥；12—自动撇渣装置

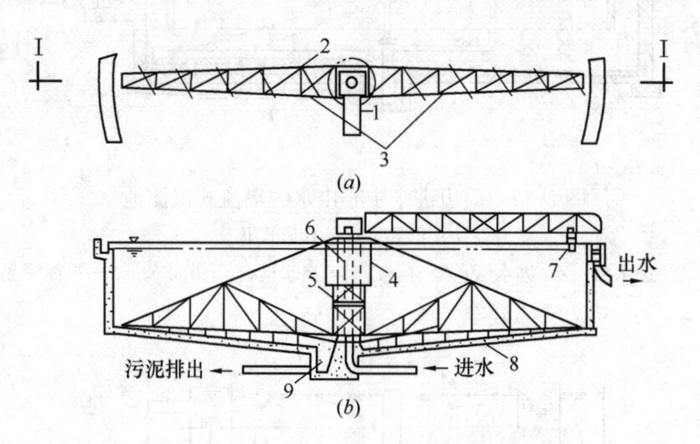

图 5-37　周边驱动刮泥机的辐流式沉淀池

(a) 平面图；(b) Ⅰ-Ⅰ剖面图

1—固定工作桥；2—弧形刮板；3—刮板旋壁；4—整流筒；5—中心架；6—钢筋混凝土支承台；7—周边驱动装置或周边驱动轮；8—池底；9—污泥斗

在刮（吸）泥机桁架的一侧，随刮（吸）泥机转动，并将池面浮渣刮至浮渣斗（槽）内（见图 5-38）。

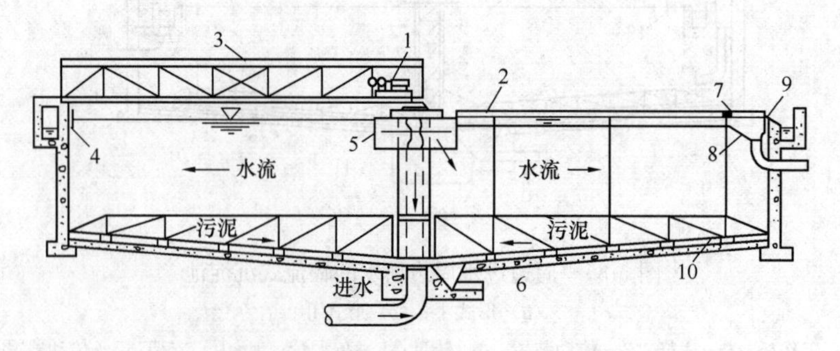

图 5-38　辐流式沉淀池（刮渣板装在刮泥机桁架的一侧）

1—驱动装置；2—装在一侧桁架上的刮渣板；3—工作桥；4—浮渣挡板；5—进水整流筒；6—排泥管；7—浮渣刮板；8—浮渣箱；9—出水堰；10—刮泥板

（10）周边进水周边出水的辐流式沉淀池是一种沉淀效率较高的池型，与中心进水、周边出水的辐流式沉淀池相比，其设计表面负荷及出水堰负荷均可提高1倍左右。

5.3.4.2 计算公式

辐流式沉淀池取半径$\frac{1}{2}$处的水流断面作为计算断面，中心进水的辐流式沉淀池计算公式见表5-24。周边进水的辐流式沉淀池计算公式见表5-25。

计算公式 **表5-24**

名称	公式	符号说明
1. 沉淀部分水面面积	$F=\frac{Q}{nq'}$ （m^2）	Q—日平均流量（m^3/h） n—池数（个） q'—表面负荷[$m^3/(m^2\cdot h)$]
2. 沉淀池直径	$D=\sqrt{\frac{4F}{\pi}}$ （m）	
3. 沉淀部分有效水深	$h_2=q't$ （m）	t—沉淀时间（h）
4. 沉淀部分有效容积	$V'=\frac{Q}{n}t$ （m^3） 或$V'=Fh_2$ （m^3）	
5. 污泥部分所需的容积	（1） $V=\frac{SNT}{1000n}$ （m^3） （2） $V=\frac{Q(C_1-C_2)24\times100T}{\gamma(100-\rho_0)n}$ （m^3）	S—每人每日污泥量[L/（人·d）]，一般采用0.3～0.8 N—设计人口数（人） T—两次清除污泥间隔时间（d） C_1—进水悬浮物浓度（t/m^3） C_2—出水悬浮物浓度（t/m^3） γ—污泥密度（t/m^3），其约值为1 ρ_0—污泥含水率（%）
6. 污泥斗容积	$V'=\frac{\pi h_5}{3}(r_1^2+r_1r_2+r_2^2)$ （m^3）	h_5—污泥斗高度（m） r_1—污泥斗上部半径（m） r_2—污泥斗下部半径（m）
7. 污泥斗以上圆锥体部分污泥容积	$V_2=\frac{\pi h_4}{3}(R^2+Rr_1+r_1^2)$ （m^3）	h_4—圆锥体高度（m） R—池子半径（m）
8. 沉淀池总高度	$H=h_1+h_2+h_3+h_4+h_5$ （m）	h_1—超高（m） h_3—缓冲层高度（m）

计算公式 表5-25

名称	公式	符号说明
1. 沉淀部分水面面积	$F=\frac{Q}{nq'}$ (m²)	Q—日平均流量(m^3/h) n—池数(个) q'—表面负荷[$m^3/(m^2 \cdot h)$]
2. 沉淀池直径	$D=\sqrt{\frac{4F}{\pi}}$ (m)	
3. 校核堰口负荷	$q'=\frac{Q_0}{3.6\pi D}$ ($m^3/s \cdot m$)	Q_0—单池设计流量(m^3/h)，$Q_0=Q/n$
4. 校核固体负荷	$q'_2=\frac{(1+R)Q_0N_w\times 24}{F}$ [$kg/(m^2 \cdot d)$]	N_w—混合液悬浮物浓度(kg/m^3) R—污泥回流比
5. 澄清区高度	$h'_2=\frac{Q_0t}{F}$ (m)	t—沉淀时间(h)
6. 污泥区高度	$h''_2=\frac{(1+R)Q_0N_wt'}{0.5(N_w+C_u)F}$ (m)	t—污泥停留时间(h) C_u—底流浓度(kg/m^3)
7. 池边水深	$h_2=h'_2+h''_2+0.3$	0.3—缓冲层高度(m)
8. 沉淀池总高度	$H=h_1+h_2+h_3+h_4$	h_1—池子超高(m) h_3—池中心与池边落差(m) h_4—池泥斗高度(m)

【例5-8】某城市污水处理厂的日平均流量$Q=2450m^3/h$，设计人口$N=34$万人，采用机械刮泥，求中心进水周边出水辐流式初次沉淀池各部分尺寸。

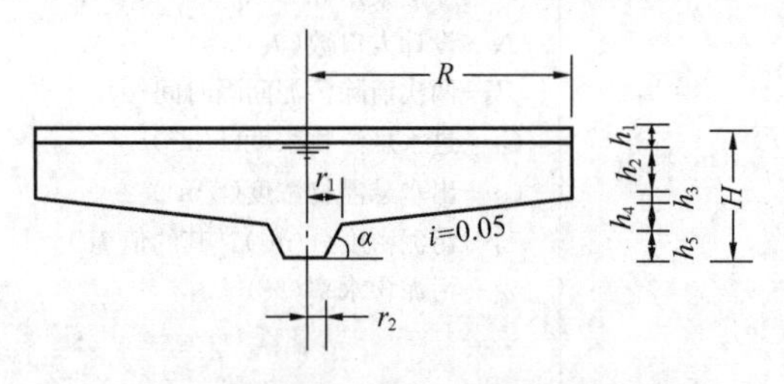

图5-39 辐流式沉淀池计算示意图

【解】计算示意图，见图5-39。

(1) 沉淀部分水面面积：设表面负荷$q'=2m^3/(m^2 \cdot h)$，$n=2$个，

$$F=\frac{Q}{nq'}=\frac{2450}{2\times 2}=612.5m^2$$

(2) 初沉淀单池直径：

$$D=\sqrt{\frac{4F}{\pi}}=\sqrt{\frac{4\times 612.5}{\pi}}=27.9m$$

取$D=28m$。

(3) 沉淀部分有效水深：设$t=1.5h$，

$$h_2=q't=2\times 1.5=3m$$

(4) 沉淀部分有效容积：

$$V'=\frac{Q}{n}t=\frac{2450}{2}\times 1.5=1838m^3$$

(5) 污泥部分所需的容积：设$S=0.5L/(人 \cdot d)$，$T=4h$，

$$V=\frac{SNT}{1000n}=\frac{0.5\times 340000\times 4}{1000\times 2\times 24}=14.2m^3$$

(6) 污泥斗容积：设$r_1=2m$，$r_2=1m$，$\alpha=60°$，则：

$$h_5 = (r_1 - r_2)\tan\alpha = (2-1)\tan60° = 1.73\text{m}$$

$$V_1 = \frac{\pi h_5}{3}(r_1^2 + r_1 r_2 + r_2^2) = \frac{\pi \times 1.73}{3}(2^2 + 2\times 1 + 1^2) = 12.7\text{m}^3$$

(7) 污泥斗以上圆锥体部分污泥容积：设池底径向坡度为 0.05，则：

$$h_4 = (R-r)\times 0.05 = (14-2)\times 0.05 = 0.6\text{m}$$

$$V_2 = \frac{\pi h_4}{3}(R^2 + Rr_1 + r_1^2) = \frac{\pi \times 0.6}{3}(14^2 + 14\times 2 + 2^2) = 143.3\text{m}^3$$

(8) 沉淀池污泥部分总容积：

$$V_1 + V_2 = 12.7 + 143.3 = 156\text{m}^3 > 14.2\text{m}^3$$

(9) 沉淀池总高度：设 $h_1=0.3\text{m}$，$h_3=0.5\text{m}$，

$$H = h_1 + h_2 + h_3 + h_4 + h_5 = 0.3 + 3 + 0.5 + 0.6 + 1.73 = 6.13\text{m}$$

(10) 沉淀池池边高度：

$$H' = h_1 + h_2 + h_3 = 0.3 + 3 + 0.5 = 3.8\text{m}$$

(11) 径深比：

$D/h_2 = 28/3 = 9.3$(符合要求)。

5.4　一级强化处理

污水一级强化处理主要是采用物理和化学方法，或物理、化学与生物处理联合方式，强化预处理和一级处理的效果，使出水达到一定的排放标准，可节省污水处理设施工程建设投资和运行费用。

污水经一级强化处理后，COD 去除率可达 70%，BOD 去除率可达 60%，TP 去除率可达 80%以上，SS 去除率可达 90%以上，对 TN 和氨氮的去除效果有限。

一级强化污水处理工艺适用于对出水污染物浓度要求不高（或对部分污染物浓度要求不高）的污水处理工程建设项目，通常用于投资较少、临时或应急污水处理工程项目。

常用污水一级强化处理工艺中，物化法主要包括：混凝、沉淀、过滤、磁分离技术等；生物法主要包括：高负荷活性污泥法、水解酸化法等。

5.4.1　高效沉淀池

高效沉淀池是一种利用物理/化学处理和特殊的絮凝和沉淀体系，达到快速沉淀的污水处理工艺。该工艺将快速混合、絮凝反应、沉淀分离进行综合，其核心是利用池中聚集的泥渣，通过池外回流与水中的颗粒进行相互接触、吸附，加速颗粒絮凝，促进杂质颗粒的快速分离，并结合斜管或斜板，加速沉淀过程，实现高效的固液分离。

高效沉淀池布置紧凑，节约占地，同时，沉淀池启动快速，在很短的时间（通常小于 30min）内即可完成启动并进入正常运行，并且实现出水水质较好的效果。

5.4.1.1　工艺流程

高效沉淀池工艺流程见图 5-40。

污水首先进入混合池，与投加的混凝剂进行快速混合，混凝剂可采用铝盐或铁盐。混合后的污水进入絮凝反应池，在此投加高分子絮凝剂，通常采用聚丙烯酰胺，并与沉淀池

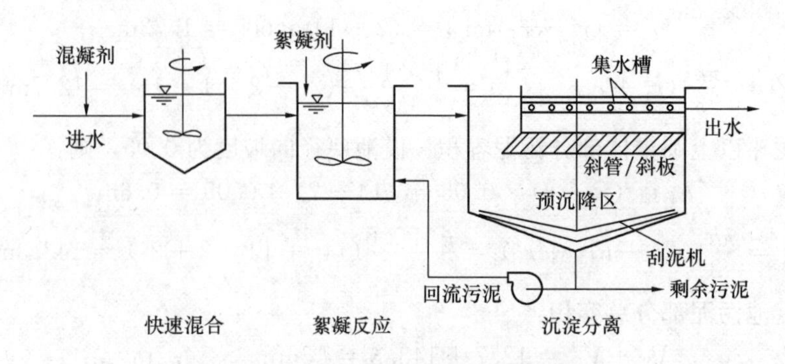

图 5-40 高效沉淀池工艺流程图

回流的污泥进行慢速搅拌，完成絮凝反应，循环固体可加速絮凝过程并促进密实、均匀的絮体颗粒形成。随后水流从絮凝反应池进入沉淀池的预沉降区，污泥进入沉淀池底部，清水通过斜管/斜板流入池顶集水槽；大部分悬浮固体在预沉降区直接分离，剩余的絮凝颗粒在斜板/斜管中去除。底部设置带栅条浓缩功能的刮泥机，浓缩后污泥一部分回流到快速混合池出水端，剩余的高浓度污泥排放处理。

为了控制斜板/斜管上微生物生长造成的堵塞，工程设计中应考虑设置冲洗系统进行周期性冲刷或人工定期冲洗。

5.4.1.2 技术特点

高效沉淀池与传统沉淀池以及污泥循环型机械搅拌澄清池相比，有以下特点：

(1) 快速混合池、絮凝反应池与沉淀池三个单元紧密相连，水流条件易于控制；池型皆采用矩形结构，易于布置及施工，节省占地面积。

(2) 快速混合池与絮凝反应池均采用机械方式搅拌，便于对不同运行工况进行调控。沉淀池设置斜管或斜板，可进一步提高表面负荷，节省占地面积。

(3) 沉淀池下部即为污泥浓缩区，设栅条式浓缩刮泥机，可有效提高排泥浓度，沉淀-浓缩在一个池内完成，排泥活性好、浓度高，可省去机械式污泥浓缩设备。

(4) 不需设置污泥浓缩池，节省占地。浓缩污泥从沉淀池下部锥底排放，在提高污泥排放浓度的同时，可以通过设定排泥管的排泥口高度，利于回流高活性污泥。

(5) 使用助凝剂及有机高分子絮凝剂作为促凝药剂，提高整体凝聚效果，加快泥水分离。

(6) 自动化控制程度高，可通过调整搅拌机速度、投加药量、回流污泥量及排出污泥量等手段实现不同工况下的最佳效果。

(7) 在清水区集水槽下方设置分隔板，使各分区斜管的水力负荷平均，确保出水水质。

5.4.1.3 设计要点

高效沉淀池设计和运行的技术要点包括：池体结构的合理设计，加药量、污泥回流量控制，搅拌提升机械设备工况调节，污泥排放的时机和持续时间等。

(1) 全系统布水配水应均匀、平稳。各池内合理设置配水设施和挡板，使各部分布水均匀，水流平稳。

(2) 絮凝搅拌机要求在较慢转速（<50r/min）的工况下具备设计水量 8～12 倍的提

升能力，采用变频调整转速，用以改变池体水力条件，适应原水水质和水量变化。

(3) 絮凝池出水段至沉淀池的过渡段要求水流缓慢平稳，水流须设计于层流状态，可适当加大过渡段的过水断面，使絮凝后的水流均匀稳定地进入沉淀区。

(4) 沉淀池下部空间为布水预沉淀和污泥浓缩区。沉淀分两个阶段进行：首先是在斜管下部容积内进行的深层拥挤沉淀，使大部分污泥絮体在此去除；而后进入斜管内进行浅层沉淀，去除剩余的较小、较轻的絮体颗粒。

(5) 沉淀区的下部主要作为污泥浓缩使用，应根据所需污泥浓缩效果进行合理设计。其中，较上层部分浓缩污泥的沉淀时间短、活性高，一般用作回流污泥；较下层部分浓缩污泥的沉淀时间长、活性差，浓度高，一般作为外排污泥。

(6) 污泥回流泵可按设计水量的 10%～20%配置，宜采用变频调速电机，便于根据水量、水质条件调整回流量。

(7) 污泥排放量可通过调整废弃污泥泵排放流量或排放时间进行调节，并应保证布水、出水和污泥浓缩效果。

(8) 污泥浓缩机的外缘线速度一般取 1.2～1.8m / min。

高效沉淀池的设计参数见表 5-26。

高效沉淀池设计参数 **表 5-26**

项 目	典型值	范围值
快速混合池		
快速混合池搅拌机		
水力停留时间(min)	2.0～3.5	1.5～5
单位消耗功率(W/m^3)	120～170	100～300
速度梯度 G(L/s)		300～500
絮凝反应池		
絮凝反应池搅拌机		
水力停留时间(min)	7～10	6～12
单位消耗功率(W/m^3)	30～55	25～70
速度梯度 G(L/s)		75～250
涡轮提升量/原污水比值	8～12	7～15
导流筒		
筒内流速(m/s)	0.4～1.2	
筒外流速(m/s)	0.1～0.3	
出水区(上升区)流速(m/s)	0.01～0.1	
出水区水力停留时间(min)	2.0～4.0	1.5～5.0
污泥回流量(%)	2～5	2～10(原污水流量)
沉淀浓缩池		
斜管表面负荷[m^3/(m^2·h)]		12～25
斜管直径(mm)	60～80	50～100
斜管倾角(°)	60	
斜管斜长(mm)		600～1500
清水区高度(m)		0.5～1.0
污泥浓缩时间(h)		5～10
储泥区高度(m)		0.65～1.05

5.4.2 磁混凝澄清技术

磁混凝澄清技术是一种新型的加载絮凝沉淀技术，在污水处理应用中既可以作为一级强化处理，达到快速去除水中SS、TP及部分悬浮状和胶体类COD、BOD、TN等的目的，也可作为深度处理单元，进一步去除水中的TP、SS、COD、浊度、色度、细菌等污染物，达到一级A或更高的处理要求。

5.4.2.1 工艺流程

磁混凝澄清技术工艺流程见图5-41。

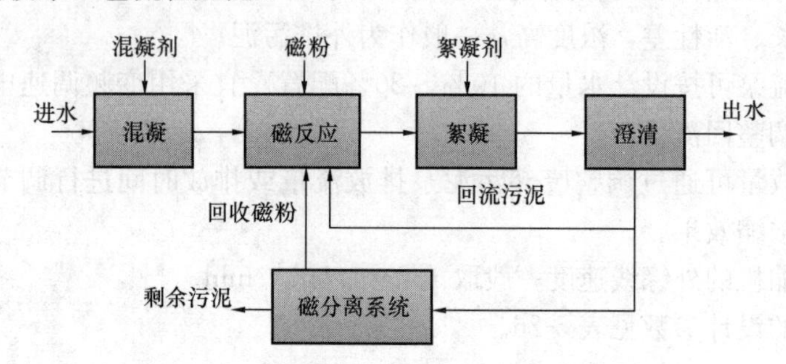

图5-41　磁混凝澄清技术工艺流程图

5.4.2.2 技术特点

磁混凝澄清技术是在常规混凝沉淀工艺中添加粒径为100μm的磁粉，磁粉在液相中充分分散并与混凝絮体有效结合，形成沉淀析出晶核。因磁粉的密度大，提升了整体混凝絮体的密度，使得絮体的沉降速度大幅度提升。

磁混凝澄清技术同时设置了污泥回流系统，使得污泥中磁粉及混凝剂循环使用，有利于节约药剂的使用量。

磁分离系统是磁混凝澄清技术的核心，高回收效率能使污泥中的磁粉完全分离出来循环使用，降低运行费用，并可使分离后的污泥不会对后续污泥处理系统造成不利影响。

5.4.2.3 设计要点

(1) 反应池形式

混凝反应池、磁粉反应池及絮凝反应池宜采用机械搅拌的形式，搅拌强度可随水量、污染物浓度或投药量的变化来调整，达到最佳的混合或反应效果，节约药剂用量。

(2) 加药量

1) 投药量：混凝剂、助凝剂投加量可参考5.4.1节高效沉淀池部分。

2) 药剂的最佳投加量应通过烧杯实验数据确定。

3) 磁粉投加量分初次投加量和补充投加量，初次投加量需根据磁粉反应池、絮凝反应池及沉淀池的有效容积和设计污泥浓度确定。补充投加量一般为3～5mg/L处理水量。

(3) 搅拌强度

1) 混凝反应池：使投加的混凝剂与进水充分混合。

2) 磁粉反应池：提供足够的搅拌强度保证与混凝液充分混合，并保障磁粉不会沉积；同时，澄清池污泥回流至此，为絮体提供共沉内核。

3) 絮凝反应池：设置合适的搅拌强度，促使充分的絮凝反应，并防止絮体被打碎。

（4）水力停留时间

1）混凝反应停留时间：1～2min；

2）磁粉反应停留时间：1～2min；

3）絮凝反应停留时间：～5min。

（5）斜管区上升流速：20～40m/h。

（6）污泥回流量：4%～8%。

（7）排泥浓度：10～15g/L。

6　二级处理—活性污泥法

6.1　活性污泥法原理

6.1.1　污水生物净化过程

活性污泥法为污水生物处理的一种方法。其处理过程为：在人工条件下，对经过预处理（一般包括粗格栅、细格栅和沉砂池等）或初次沉淀的污水中的各类微生物群体进行连续混合和培养，形成悬浮状态的活性污泥。利用活性污泥的生物作用，以分解去除污水中的有机污染物，然后使污泥与水分离，大部分污泥回流到生物反应池，多余部分作为剩余污泥排出活性污泥系统。

活性污泥主要由微生物（M_a）、微生物内源呼吸自身氧化残留物（M_e）、吸附的难降解惰性有机物（M_i）、吸附的无机物（M_{ii}）四部分组成，其中微生物由细菌、真菌、原生动物和后生动物组成。

活性污泥法的净化过程是利用活性污泥中的微生物对污水中的有机污染物进行吸附、氧化、分解，最终把这些有机污染物变成二氧化碳和水的过程。在活性污泥系统内，污水开始与活性污泥接触后的较短时间（10～30min）内，污水中的有机污染物即被大量去除，出现很高的生化需氧量（BOD）去除率，这种初期高速去除现象是由物理吸附和生物吸附相结合形成的，原因是活性污泥絮体具有较大的比表面积和网状结构，絮体表面也含有多糖类黏质层；污水中的有机污染物随后与活性污泥中的微生物细胞表面接触，在微生物透膜酶的催化作用下，透过细胞壁进入微生物细胞体内，小分子的有机物如葡萄糖、有机酸等能够直接透过细胞壁进入微生物体内，淀粉、蛋白质、纤维、脂肪等大分子有机物在胞外酶——水解酶的作用下，被水解为小分子后再被微生物摄入细胞体内。被摄入细胞体内的有机污染物在各种胞内酶如脱氢酶、氧化酶等的催化作用下，被微生物代谢利用合成新细胞，并将有机污染物分解为二氧化碳和水，从而完成净化过程，并同时发生硝化反应（见 6.1.3）。如下列方程所示。

（1）氧化分解代谢：

$$C_xH_yO_z+\left(x+\frac{y}{4}-\frac{z}{2}\right)O_2\rightarrow xCO_2+\frac{y}{2}H_2O+\Delta H \tag{6-1}$$

（2）合成代谢：

$$\begin{aligned}&nC_xH_yO_z+nNH_3+n\left(x+\frac{y}{4}-\frac{z}{2}-5\right)O_2\longrightarrow\\&(C_5H_7NO_2)_n+n(x-5)CO_2+\frac{n}{2}(y-4)H_2O-\Delta H\end{aligned} \tag{6-2}$$

（3）内源呼吸：

$$(C_5H_7NO_2)_n+5nO_2\longrightarrow 5nCO_2+2nH_2O+nNH_3+\Delta H \tag{6-3}$$

式中 $C_xH_yO_z$——污水中的有机污染物；

$(C_5H_7NO_2)_n$——活性污泥微生物细胞。

6.1.2 活性污泥法基本系统

活性污泥法基本系统组成如图 6-1 所示。

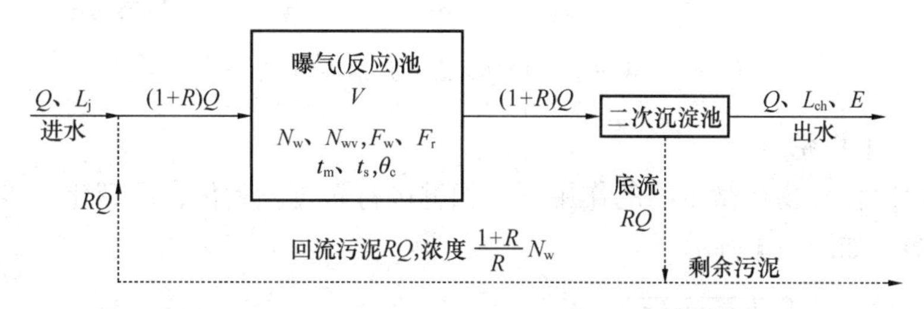

图 6-1 常规曝气活性污泥法的基本系统组成

活性污泥法基本系统由多个互相关联的部分组成。

(1) 生化反应池：单个曝气池或多个曝气池，是活性污泥法系统的核心部分。一般按混合式或推流式设计，池容大小需满足一定的水力停留时间（HRT）。

(2) 供气部分：通过将空气（或氧气）加压、输送到曝气池的设备，能使曝气池微生物生长保持足够的含氧量。

(3) 曝气混合部分：曝气池内的混合液充分混合的方法，以保持曝气池固体颗粒呈悬浮状态。一般通过曝气装置即可实现。

(4) 固液分离部分：指曝气池后续的沉淀池，用来沉淀曝气池流出混合液中悬浮态的固体颗粒（MLSS），实现泥水分离澄清。在序批式工艺（SBR）系统里，曝气池通过停止混合和曝气的间歇期，同时实现混合液悬浮固体颗粒（MLSS）的沉淀和处理后水的排放，从而省去后续沉淀池。

(5) 污泥回流部分：将沉淀池里沉淀的活性污泥固体颗粒（MLSS）回流到曝气池，以保证曝气池里的污泥浓度。对于序批式工艺（SBR）系统则不需要该方法。

(6) 剩余污泥排放：将多余的活性污泥排出系统。

活性污泥法基本系统通常用于 BOD 的去除，在此基础上用于污水的除磷和脱氮处理。

6.1.3 生物除磷脱氮原理

6.1.3.1 生物除磷

在厌氧条件下，聚磷菌消耗糖元，将胞内的聚磷酸盐水解为正磷酸盐释放到胞外，并从中获取能量，同时将环境中的有机碳源(挥发性脂肪酸 VFA)以胞内碳能源存贮物(主要为聚-β-羟基丁酸，PHB)的形式贮存。在好氧条件下，聚磷菌(PAOs)以 O_2 为电子受体，氧化胞内贮存的 PHB，利用产生的能量过量地从环境中摄取磷，以聚磷酸高能键的形式存贮，通过排放富磷的剩余污泥可实现系统中磷的去除。生物除磷工艺便是利用聚磷菌在厌氧和好氧两种条件下不同的生理特性，促进聚磷菌的生长及其对磷的吸收，并通过排放富磷的剩余污泥达到除磷目的。微生物正常生长时，活性污泥中磷含量一般为干重的1.5%～2.5%，通过剩余污泥排放可获得 10%～30%的除磷效果。生物除磷工艺系统如图 6-2 所示。

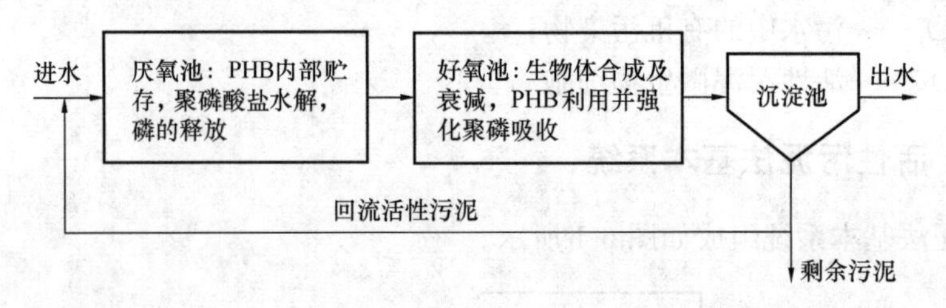

图 6-2　生物除磷工艺系统图

6.1.3.2　生物脱氮

污水中含氮化合物在微生物的作用下，相继进行氨化、硝化、反硝化三步反应，从而达到脱氮目的。如图 6-3 所示。

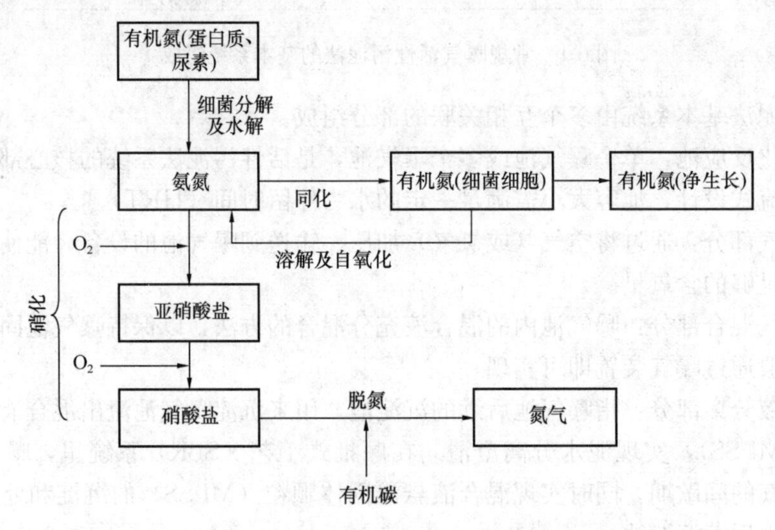

图 6-3　生物处理过程中氮的转化

污水中的有机氮化合物首先在氨化菌的作用下分解转化为氨态氮，这一过程称为“氨化反应”。在好氧或厌氧条件下，氨化反应均能进行。一般的异养微生物都能进行高效的氨化作用，在传统活性污泥工艺中，伴随 BOD_5 的去除，95%以上的有机氮会被氨化成 NH_4^+-N。

在好氧环境中，在硝化菌的作用下，氨态氮进一步分解氧化，进行硝化反应。首先在亚硝化菌的作用下使氨氮（NH_4^+-N）转化为亚硝酸盐氮（NO_2^--N），NO_2^--N 在硝化菌的作用下进一步转化为硝酸盐氮（NO_3^--N）。亚硝化菌和硝酸菌统称为硝化菌，硝化菌是化能自养菌。

亚硝化菌：　$$2NH_4^+ + 3O_2 \xrightarrow{\text{亚硝化菌}} 2NO_2^- + 4H^+ + 2H_2O \tag{6-4}$$

硝酸菌：　$$2NO_2^- + O_2 \xrightarrow{\text{硝酸菌}} 2NO_3^- \tag{6-5}$$

硝化反应的总反应式为：

$$NH_4^+ + 2O_2 \xrightarrow{\text{硝化菌}} NO_3^- + H_2O + 2H^+ \tag{6-6}$$

按照硝化反应的总反应式，氨氧化过程所需要的氧量为 4.57gO_2/gN（被氧化的），其中 3.43gO_2用于产生亚硝酸盐，1.14gO_2用于氧化亚硝酸盐。

为完成公式（6-6）的硝化反应，由于有酸根的产生，故硝化反应需要消耗污水中的碱度，消耗的碱度由公式（6-7）计算得出（细胞组织忽略不计），转化 1g 氨氮（以 N 计），需要消耗 7.14g 碱度（以 $CaCO_3$计，以下同）。

$$NH_4^+ + 2HCO_3^- + 2O_2 \longrightarrow NO_3^- + 3H_2O + 2CO_2 \quad (6\text{-}7)$$

反硝化反应是指经硝化反应产生的硝酸盐氮(NO_3^--N)在缺氧条件中和反硝化菌的作用下，被还原为亚硝酸盐氮(NO_2^--N)，亚硝酸盐氮(NO_2^--N)再还原为氮气(N_2)的过程。反硝化菌是兼性异养菌。反硝化过程的电子受体是硝酸根和亚硝酸根，电子供体为各种各样的有机基质，如污水中可生物降解的有机物、内源代谢产生的可生物降解的有机物、外加碳源(如甲醇、醋酸盐等)。

$$(NO_3^3 \longrightarrow NO_2^-)\text{反应式：} 2NO_3^- + 4H^+ + 4e^- \longrightarrow 2NO_2^- + 2H_2O \quad (6\text{-}8)$$

$$(NO_2^- \longrightarrow N_2)\text{反应式：} 2NO_2^- + 6H^+ + 6e^- \longrightarrow N_2 + 2OH^- + 2H_2O \quad (6\text{-}9)$$

$$(NO_3^- \longrightarrow N_2)\text{总反应式：} 2NO_3^- + 10H^+ + 10e^- \longrightarrow N_2 + 2OH^- + 4H_2O \quad (6\text{-}10)$$

按照上述总反应式，在反硝化反应中每还原 1g 硝酸盐氮会产生 3.57g 碱度，所以在硝化反应中被消耗的碱度可在反硝化脱氮反应中恢复一半，同时每还原 1g 硝酸盐氮会消耗 2.86g 氧当量的有机物（COD_{Cr}换算）。生物脱氮工艺系统如图 6-4、图 6-5 所示。

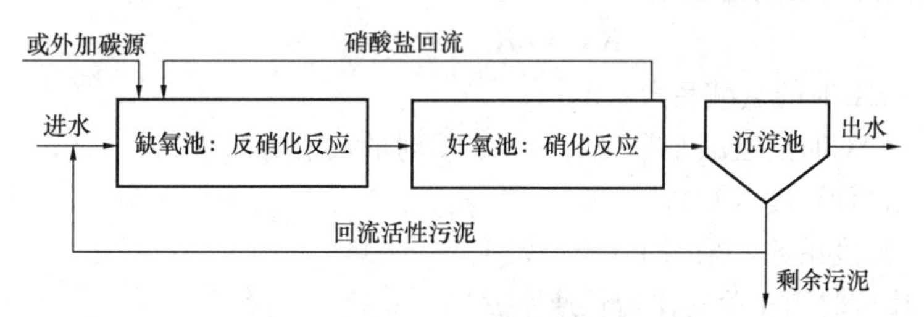

图 6-4 前置缺氧脱氮

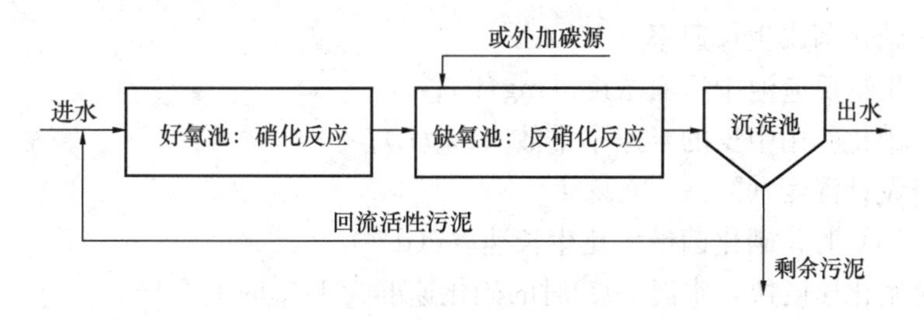

图 6-5 后置缺氧脱氮（内源呼吸驱动）

6.1.3.3 同步除磷脱氮（A^2/O）

由生物除磷和脱氮原理可知，要达到同步除磷脱氮的目的，生物除磷脱氮工艺应包括厌氧、缺氧、好氧三种状态。通过优化三种状态的组合方式、时间变化以及回流方式和回流位置等创造出更适合特定微生物生长的环境，以达到同步高效除磷、脱氮的目的。典型的同步除磷脱氮工艺系统如图 6-6 所示。

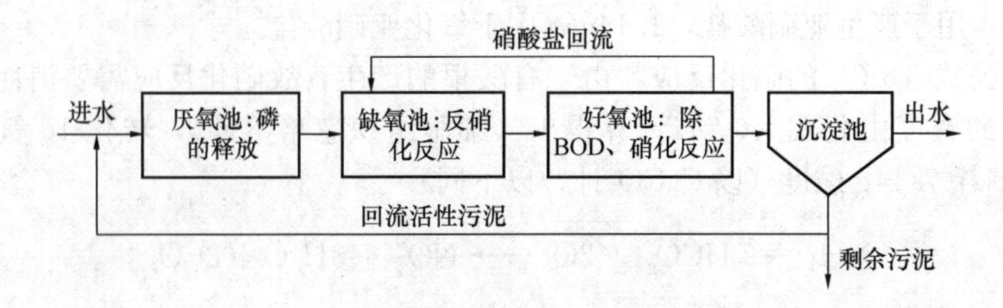

图 6-6　典型的同步除磷脱氮（A^2/O）工艺

6.2　工艺设计的主要影响因素

6.2.1　污水温度

活性污泥中的微生物属中温菌，体内的原生质和酶多由蛋白质组成。一般认为在水温为5℃的情况下，虽然不会导致微生物死亡，但会停止繁殖，当水温超过40℃时蛋白质会凝固，酶的作用气受到破坏。因此污水的温度会影响活性污泥中微生物的活性，进而影响生化反应速率、传氧速率、污泥的沉降性能和脱水性能等。进行设计时应以当地冬季和夏季的污水温度按下列公式进行修正。

（1）去除碳源污染物的衰减系数 K_d 值

$$K_{dT} = K_{d20} \times (\theta_T)^{T-20} \tag{6-11}$$

式中　K_{dT}——T℃时的衰减系数（d^{-1}）；

K_{d20}——20℃时的衰减系数（d^{-1}），20℃时的数值为0.04～0.075；

T——设计温度（℃）；

θ_T——温度系数，采用1.02～1.06。

（2）硝化反应时硝化菌的比增长速率 μ

$$\mu = 0.47 \frac{N_a}{K_n + N_a} e^{0.098(T-15)} \tag{6-12}$$

式中　μ——硝化菌比生长速率（d^{-1}）；

N_a——生物反应池中氨氮浓度（mg/L）；

K_n——硝化作用中氨的半速率常数（mg/L）；

T——设计温度（℃）；

0.47——15℃时，硝化菌最大比生长速率（d^{-1}）。

温度高时硝化速度快，水温30℃时的硝化速度为17℃时的2倍。

（3）反硝化脱氮速率 K_{de}

$$K_{de(T)} = K_{de(20)}\ 1.08^{(T-20)} \tag{6-13}$$

式中　K_{de}——反硝化脱氮速率[$(kgNO_3^- \text{-N})/(kgMLSS \cdot d)$]，宜根据试验资料确定。无试验资料时，20℃时的 K_{de} 值可采用0.03～0.06$(kgNO_3^- \text{-N})/(kgMLSS \cdot d)$，并按本公式进行温度修正；

$K_{de(T)}$、$K_{de(20)}$——分别为 T℃和20℃时的脱氮速率；

T——设计温度(℃)。

反硝化脱氮速率 K_{de} 与混合液回流比、进水水质、温度及污泥中反硝化菌的比例等因素有关。混合液回流量大时，带入缺氧池的溶解氧多，K_{de} 取低值；进水有机物浓度高且较易生物降解时，K_{de} 取高值。

生物反应池的设计应充分考虑冬季低水温对去除碳源污染物、脱氮和除磷的影响，必要时可采取降低负荷、增长泥龄、调整厌氧池及缺氧池水力停留时间和保温或增温措施。我国的寒冷地区，冬季水温一般在 6～10℃，短时间可能为 4～6℃，当污水温度低于 10℃时，应按《寒冷地区污水活性污泥法处理设计规程》CECS 111 的有关规定修正设计计算条件。

6.2.2 营养物

活性污泥处理系统正常运行时必须要有充分的营养物，主要的营养物是碳、氮和磷。污水中实际的(非拟定的设计进水水质)五日生化需氧量(BOD_5)与总凯氏氮(TKN)之比是影响脱氮效果的重要因素之一。异养型反硝化菌在呼吸时，以有机基质作为电子供体，硝态氮作为电子受体，即反硝化时需要消耗有机物。运行实践表明，当 BOD_5 与 TKN 之比大于 4 时可达到理想的脱氮效果，小于 4 时脱氮效果不好。因此脱氮时，污水中的 BOD_5 与 TKN 之比宜大于 4，过小时需要外加碳源才能达到理想的脱氮效果。外加碳源可采用甲醇，它被分解后产生二氧化碳和水，不会留下任何难以分解的中间产物。由于城镇污水水量大，外加甲醇的费用较高，以及安全问题等原因，有些污水处理厂将淀粉厂、制糖厂、酿造厂等排出的高浓度有机废水作为外加碳源，取得了良好的效果。当 BOD_5 与 TKN 之比为 4 或略小于 4 时，可不设初次沉淀池或缩短污水在初次沉淀池中的停留时间，以增大进生物反应池污水中 BOD_5 与 TKN 的比值。

生物除磷由吸磷和放磷两个过程组成，聚磷菌在厌氧放磷时，伴随着溶解性可快速生物降解的有机物在菌体内储存。若放磷时无溶解性可快速生物降解的有机物在菌体内储存，则聚磷菌在进入好氧环境后并不吸磷，此类放磷为无效放磷。生物脱氮和除磷都需要有机碳，在有机碳不足，尤其是溶解性可快速生物降解的有机碳不足时，反硝化菌与聚磷菌争夺碳源，会竞争性地抑制放磷。BOD_5 与总磷（TP）之比是影响除磷效果的重要因素之一。若比值过低，聚磷菌在厌氧池放磷时释放的能量不能很好地被用来吸收和储藏溶解性有机物，影响该类细菌在好氧池的吸磷，从而使出水磷浓度升高。实际运行表明，在 BOD_5 与 TP 之比为 17 以上时取得了良好的除磷效果，因此在除磷时 BOD_5 与 TP 之比宜大于 17。

若 BOD_5 与 TKN 之比小于 4，则难以完全脱氮而导致系统中存在一定的硝态氮的残余量，这样即使污水中 BOD_5 与 TP 之比大于 17，其生物除磷的效果也将受到影响。因此，在同时脱氮、除磷时宜同时满足 BOD_5 与 TKN 之比大于 4，BOD_5 与 TP 之比大于 17 的要求。

6.2.3 pH 值

污水的 pH 值过低或过高均会使酶的活力降低甚至丧失。正常情况下 pH 值应控制在 6.5～8.5 之间，pH 值小于 6.5 时会使丝状菌增长繁殖，导致污泥膨胀；pH 值大于 9 时菌胶团会解体，导致活性污泥絮体遭到破坏；pH 值也会影响醋酸盐进入细胞的过程，当 pH 值小于 6.9 时，生物除磷的效果会逐渐变差。当 pH 值小于 5.5 时，生物除磷就无法进行了。在高 pH 值条件下（pH＞7.5），能够强化除磷效果；pH 值会影响硝化反应的速度，当 pH 值为 8.4 时（20℃）硝化反应速度最快。

一般来说，聚磷菌、硝化菌和反硝化菌生长的最佳 pH 值在中性或弱碱性范围，当 pH 值偏离最佳值时，反应速率逐渐下降，碱度起着缓冲作用。运行实践表明，为使好氧池的 pH 值维持在中性附近，池中剩余总碱度宜大于 70mg/L。每克氨氮氧化成硝态氮需消耗 7.14g 碱度，大大消耗了混合液的碱度。反硝化时，还原 1g 硝态氮成氮气，理论上可回收 3.57g 碱度，此外，去除 1g 五日生化需氧量可以产生 0.3g 碱度。出水剩余总碱度可按下式计算：剩余总碱度＝进水总碱度＋0.3×五日生化需氧量去除量＋3×反硝化脱氮量－7.14×硝化氮量，式中 3 为美国美国环境保护署（EPA）推荐的还原 1g 硝态氮可回收 3g 碱度。当进水碱度较小时，硝化消耗碱度后，好氧池剩余碱度小于 70mg/L，可增加缺氧池容积，以增加回收碱度量。在要求硝化的氨氮量较多时，可布置成多段缺氧/好氧形式。在该形式下，第一个好氧池仅氧化部分氨氮，消耗部分碱度，经第二个缺氧池回收碱度后再进入第二个好氧池消耗部分碱度，这样可减少对进水碱度的需要量。石灰、氢氧化钠和碳酸钠都可以用来补充碱度，以保持合适的 pH 值水平。

6.2.4 溶解氧

对于去除 BOD 的系统，池内最小平均溶解氧(DO)浓度一般为 2.0mg/L，特殊情况下可降低至 0.5mg/L。硝化系统对 DO 要求较高，建议最小平均 DO 为 2.0mg/L，当 DO 由 2mg/L 下降到 0.5 mg/L 时，硝化速度由 0.09kgNH_4^+/(kgMLSS · d) 下降到 0.045kgNH_4^+/(kgMLSS · d)。

磷的吸收是在好氧区发生的。经过厌氧区 PAO_s 的选择后，PAO_s 贮存了 PHB，水中含有高浓度的溶解态磷。活性污泥进入好氧区，对其及时提供充足的 DO，可保证吸磷反应的快速发生。好氧吸磷反应主要发生在好氧区的前半段，如果好氧区前半段因 DO 不足导致吸磷不彻底，即使后续好氧区维持高浓度 DO 也无法高效完成除磷的反应。

生物除磷工艺中厌氧区最重要的作用是对 PAO_s 的选择，如果有足够的适合的底物，这个反应过程较快；但有些情况下还需要在厌氧区进行底物发酵和分解，这个过程速度则较慢。在实际工程中，通常以 DO 低于 0.2mg/L 或氧化还原电位（ORP）低于－300 mV 来判断是否处于厌氧条件。

DO 和硝酸盐都可能破坏厌氧条件，其可能的来源因素见表 6-1。这两种氧化物的引入会对厌氧条件产生破坏，一方面可能导致 PAO_s 和 VFA_s 接触时间不足，另一方面还可能导致 PAO_s 竞争菌种的繁殖并导致 VFA_s 的不足。设计时应当注意采取措施避免厌氧条件被破坏。

DO 和硝酸盐的常见来源 表 6-1

来 源	引入物	来 源	引入物
预曝气	DO	厌氧区的激烈搅拌	DO
进水螺旋泵	DO	回流污泥	硝酸盐，DO
堰后跌水[a]	DO	从好氧区到厌氧区的回流	DO
过度湍流[a]	DO	内部回流[b]	硝酸盐，DO

[a]厌氧区的上向流；[b]在脱氮系统中。

缺氧区的 DO 必须在 0.2～0.5mg/L 以下，否则反硝化作用会被抑制。

6.2.5 有毒物质

某些无机和有机组分可能会抑制或杀死悬浮生长系统中的微生物。担负去除BOD的异养菌与担负氨氧化或产生甲烷的细菌可承受更高的毒性物质浓度，而硝化过程中硝化细菌对污水中的重金属和很多有机、无机化合物都很敏感，已经证明在镍浓度为0.25mg/L、铬浓度为0.25mg/L、铜浓度为0.1mg/L时，氨氧化过程将被完全抑制。毒性有机化合物包括溶剂类有机化学品、胺类、蛋白质、单宁酸、酚类化合物、醇类、氰酸盐、醚类、氨基甲酸盐和苯。硝化也会被非离子化氨（NH_3）或游离氨和非离子化亚硝酸（HNO_2）抑制，这种抑制影响取决于总氮浓度、温度和pH值。在20℃，pH值为7.0，NH_4^+-N浓度为100mg/L和20mg/L时，NH_4^--N和NO_2^--N的氧化反应分别开始受到抑制，而当NO_2^--N浓度达到280mg/L时，NO_2^--N的氧化反应开始被抑制。美国EPA发布的《本地限制发展指南》（The Local Limits Development Guidance Manual）中提供了对包括硝化作用在内的一系列污水处理工艺有抑制作用的有关信息。实际的抑制作用都要和当地的特定情况结合，并且受到包括可生物降解有机物特点、微生物物种、适应效果、温度和水质条件等许多因素的影响。

6.2.6 泥龄

泥龄是指活性污泥在整个生物反应池中的平均停留时间。好氧泥龄是指活性污泥在好氧池中的平均停留时间。

自养硝化菌（硝化）比异养菌（除碳）的比生长速率小的多，如果没有足够长的泥龄，硝化菌就会从系统中流失，从而达不到理想的硝化效果。为了保证硝化的发生，泥龄需大于$1/\mu$。在需要硝化的场合，以泥龄作为基本设计参数是十分有力的，公式（6-12）是从纯种培养试验中得出的硝化细菌比生长速率，为了在环境条件变得不利于硝化细菌生长时，系统中仍有硝化细菌，引入安全系数F，城镇污水可生化性好，F可取1.5～3.0。

活性污泥中的聚磷菌在厌氧环境中会释放出磷，在好氧环境中会吸收超过其正常生长所需的磷，通过排放富磷剩余污泥，可比普通活性污泥法从污水中去除更多的磷。由此可见，缩短泥龄，即增加排泥量可提高磷的去除率。以除磷为主要目的时，泥龄可按经验参数取3.5～7.0d。脱氮和除磷是相互影响的，脱氮要求较低负荷和较长泥龄，除磷却要求较高负荷和较短泥龄。脱氮要求有较多硝酸盐供反硝化，而硝酸盐不利于除磷。设计生物反应池各区（池）容积时，应根据氮、磷的排放标准等要求，寻找合适的平衡点。脱氮和除磷对泥龄、污泥负荷和好氧停留时间的要求是相反的，在需同时脱氮除磷时，综合考虑泥龄的影响后，可按经验参数取10～20d。

AAO（又称A^2/O）工艺中，当脱氮效果好时，除磷效果较差，反之亦然，不能同时取得较好的效果。针对这些存在的问题，可对工艺流程进行变形改进，调整泥龄、水力停留时间等设计参数，改变进水和回流污泥等布置形式，从而进一步提高除磷脱氮效果，图6-7为一些变型的工艺流程。

6.2.7 混合液回流

混合液回流是指污水生物处理工艺中，生物反应区内的混合液由后端回流至前端的过

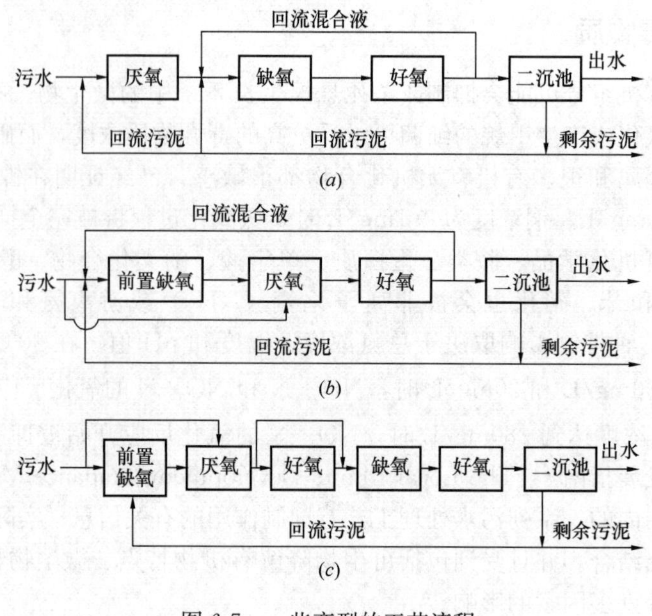

图 6-7　一些变型的工艺流程

(*a*) 流程 1；(*b*) 流程 2；(*c*) 流程 3

程（也称内回流）。该过程有别于将二次沉淀池沉淀后的污泥回流至生物反应区的过程（污泥回流，也称外回流）。

混合液回流量可按下式计算：

$$Q_{Ri}=\frac{1000V_{n}K_{de}X}{N_{te}-N_{ke}}-Q_{R} \tag{6-14}$$

式中　Q_{Ri}——混合液回流量（m^3/d），混合液回流比不宜大于 400%；

Q_R——回流污泥量（m^3/d）；

N_{ke}——生物反应池出水总凯氏氮浓度（mg/L）；

N_{te}——生物反应池出水总氮浓度（mg/L）。

如果好氧区（池）硝化作用完全，回流污泥中硝态氮进入厌氧区（池）后全部被反硝化，缺氧区（池）有足够的碳源，则系统最大脱氮速率是总回流比（混合液回流量加上回流污泥量与进水流量之比）r 的函数，$r=(Q_{Ri}+Q_R)/Q$（Q 为设计污水流量），最大脱氮率 $=r/(1+r)$。由公式可知，增大总回流比可提高脱氮效果，但是，总回流比为 4 时，再增加回流比，对脱氮效果的提高不大。总回流比过大，会使系统由推流式趋于完全混合式，导致污泥性状变差；在进水浓度较低时，会使缺氧区（池）氧化还原电位（ORP）升高，导致反硝化速率降低。回流污泥量的确定，除计算外，还应综合考虑提供硝酸盐和反硝化速率等方面的因素。

6.2.8　污泥总产率系数

由于原污水总悬浮固体中的一部分沉积到污泥中，结果产生的污泥将大于由有机物降解产生的污泥，在许多不设初次沉淀池的处理工艺中更甚。因此，在确定污泥总产率系数时，必须考虑原污水中总悬浮固体的含量，否则，计算所得到的剩余污泥量往往偏小。污泥总产率系数随温度、泥龄和内源衰减系数的变化而变化，不是一个常数。对于某种生活污水，有初次沉淀池和无初次沉淀池时，泥龄－污泥总产率曲线分别如图 6-8 和图 6-9 所示。

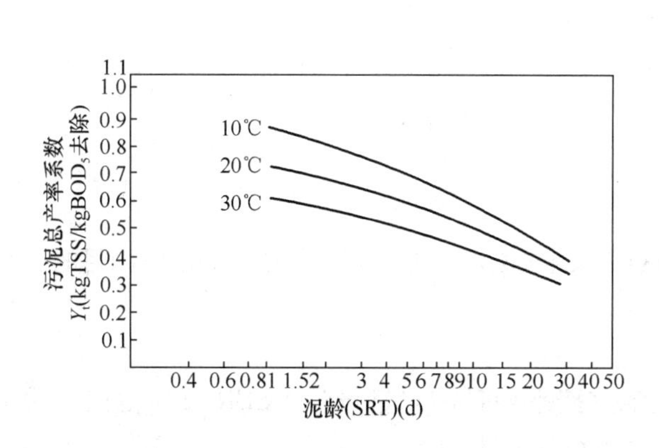

图 6-8 有初次沉淀池时泥龄-污泥总产率系数曲线

注：有初次沉淀池，TSS 去除 60%，初次沉淀池出流中有 30%的惰性物质，原污水的 COD/BOD_5 为 1.5～2.0，TSS/BOD_5 为 0.8～1.2。

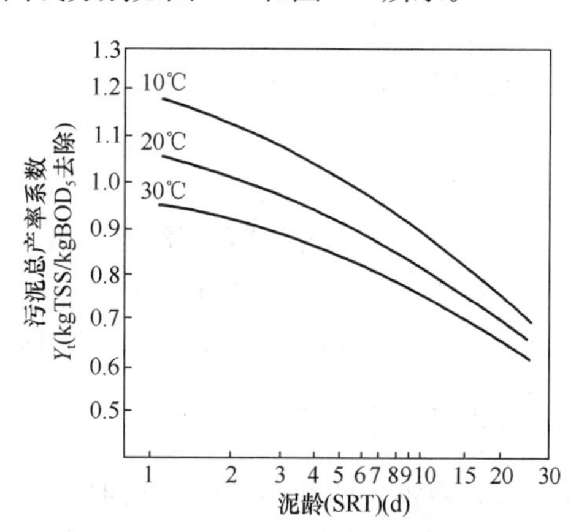

图 6-9 无初次沉淀池时泥龄-污泥总产率系数曲线

注：无初次沉淀池，TSS/BOD_5 = 1.0，TSS 中惰性固体占 50%。

TSS/BOD_5为原污水中总悬浮固体与五日生化需氧量之比，比值大，剩余污泥量大，即 Y_t值大。泥龄 θ_c 影响污泥的衰减，泥龄长，污泥衰减多，即 Y_t值小。污泥总产率系数 Y_t宜根据试验资料确定，无试验资料时，系统有初次沉淀池时取 0.3kgMLSS/kgBOD$_5$，无初次沉淀池时取 0.6～1.0kgMLSS/kgBOD$_5$。

6.3 活性污泥法的多种变型工艺

6.3.1 两段曝气（及 A-B 法）

两段曝气法指两个活性污泥系统的串联系统，两者各有其独立的二次沉淀池，分别向各自的曝气池回流处于不同生产阶段的活性污泥。以一般城市污水为例，第一段多为短时曝气，第二段多为中时曝气，而最终出水水质往往能达到延时曝气的水平，出水 BOD_5 在 20mg/L 以下。

近年来，源于德国的 A-B 法是两段曝气的一种典型。A-B 的名称，由德文缩写而来。A-B 法已有多项成功的工程实践，其典型的运行数据见图 6-10。

A 段曝气池：曝气时间 0.5h。

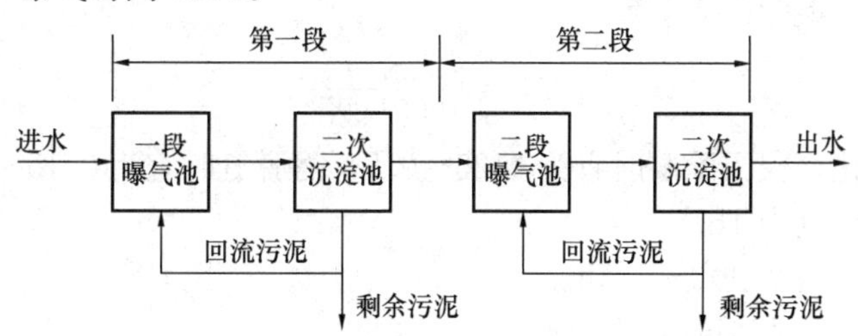

图 6-10 两段曝气系统示意图

MLVSS 约 2g/L。

污泥负荷可大于 2kgBOD$_5$/（kgMLVSS・d）

二次沉淀池水力停留时间≥1.5h。

B 段爆气池：曝气时间 5h。

MLVSS 约 3.5g/L。

污泥负荷约 0.3kgBOD$_5$/（kgMLVSS・d）

二次沉淀池水力停留时间≥4h。

A-B 法一般不设一次沉淀池。

采用两段法时，在 B 段中设置厌氧段或(及)缺氧段，也能达到除磷或(和)脱氮的目的。

6.3.2 序批式

（1）序批式活性污泥法（SBR）反应池宜按平均日污水量设计；SBR 反应池前、后的水泵、管道等输水设施应按最高日最高时污水量设计。

（2）SBR 反应池的数量宜不少于 2 个。

（3）SBR 反应池的容积，可按下式计算：

$$V = \frac{24QS_0}{1000XL_St_R} \tag{6-15}$$

式中 Q——每个周期进水量（m^3）；

t_R——每个周期反应时间（h）。

S_0——SBR 池进水五日生化需氧量，mgBOD$_5$/L；

X——SBR 池内混合悬浮固体平均浓度，mgMLSS/L；

L_s——SBR 池五日生化需氧量污泥负荷，mgBOD$_5$/（mgMLSS・d）。

（4）污泥负荷的取值，以脱氮为主要目标时，宜按本手册表 6-7（规范 6.6.18）的规定取值；以除磷为主要目标时，宜按本手册表 6-8（规范 6.6.19）的规定取值；同时脱氮除磷时，宜按本手册表 6-9（规范 6.6.20）的规定取值。

（5）SBR 工艺各工序的时间，宜按下列规定计算：

1）进水时间，可按下式计算：

$$t_F = \frac{t}{n} \tag{6-16}$$

式中 t_F——每池每周期所需要的进水时间（h）；

t——一个运行周期需要的时间（h）；

n——每个系列反应池的个数。

2）反应时间，可按下式计算：

$$t_R = \frac{24S_0m}{1000L_SX} \tag{6-17}$$

式中 m——充水比，仅需除磷时宜为 0.25～0.5，需脱氮时宜为 0.15～0.3。

3）沉淀时间 t_S 宜为 1h。

4）排水时间 t_D 宜为 1.0～1.5h。

5）一个周期所需时间可按下式计算：

$$t = t_R + t_S + t_D + t_b \tag{6-18}$$

式中 t_b——闲置时间（h）。

（6）每天的周期数宜为正整数。

（7）连续进水时，反应池的进水处应设置导流装置。

（8）反应池宜采用矩形池，水深宜为4.0～6.0m；反应池长度与宽度之比：间隙进水时宜为1∶1～2∶1，连续进水时宜为2.5∶1～4∶1。

（9）反应池应设置固定式事故排水装置，可设在滗水结束时的水位处。

（10）反应池应采用有防止浮渣流出设施的滗水器；同时，宜有清除浮渣的装置。

6.3.3 射流曝气

6.3.3.1 射流器

射流器用于污水处理供氧、搅拌等用途，它是尺寸和构造多种多样的装置。国内试验和工程中用过的射流器，其喷嘴直径有10mm、14mm、20mm、25mm、27.5mm、30mm、42mm、49.5mm、69mm、72mm等尺寸，其形式有单吸单喷嘴的、多吸多喷嘴的，也有两级吸气的，近年来还有专用于污水处理的射流曝气机系列出现。设计中选择射流器和装置时，如有必要，尚可进行生产性试验，以决定在设计条件下所选射流装置的充氧和搅拌性能。

现在无锡金源环境保护设备有限公司生产的GSASJ型射流曝气机的性能、规格，介绍如后，作为示例。

该机整机安装于水面之下，氧利用率可达15%～20%，适用于曝气池曝气、调节（均化）池预曝气及搅拌，以及接触氧化池供氧等场合。其性能见表6-2。

GSASJ型射流曝气机性能规格 表6-2

空气吸口 ϕ (mm)	型号	配套水泵 (kW)	空气量 (标 m^3/h)	工作深度 (mH_2O)	供给氧量 (kgO_2/h)	循环水量 (m^3/h)	有效工作深度 (mH_2O)	参考价格 (元)	生产厂
25	GSASJ-1	0.75	11	3	0.45～0.55	22	1～3	2500	无锡金源环境保护设备有限公司
32	GSASJ-2	1.5	28	3	1.3～1.5	41	1～5	3500	
50	GSASJ-3	2.2	45	3	22～2.6	63	1.5～3.5	4500	
50	GSASJ-4	3.7	80	3	3.6～4.3	94	2～4	5000	
50	GSASJ-5	5.5	120	3	6.0～7.0	126	2～5	5500	

该机由潜水泵、空气吸口、喷口及扩散管等组成。其工作原理、外形尺寸及安装方式见图6-11～图6-13。

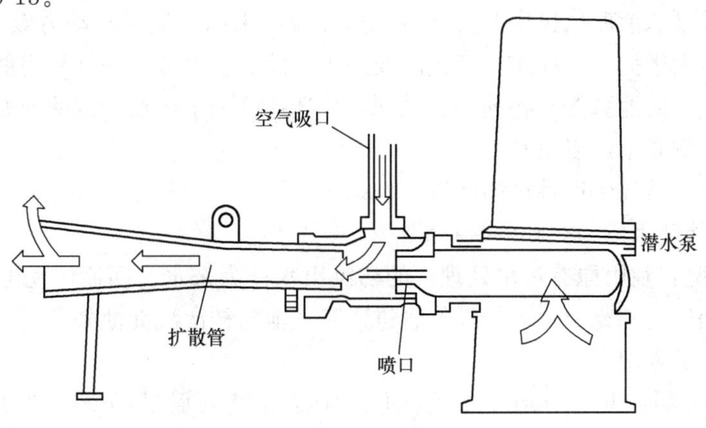

图6-11 GSASJ型射流曝气机工作原理

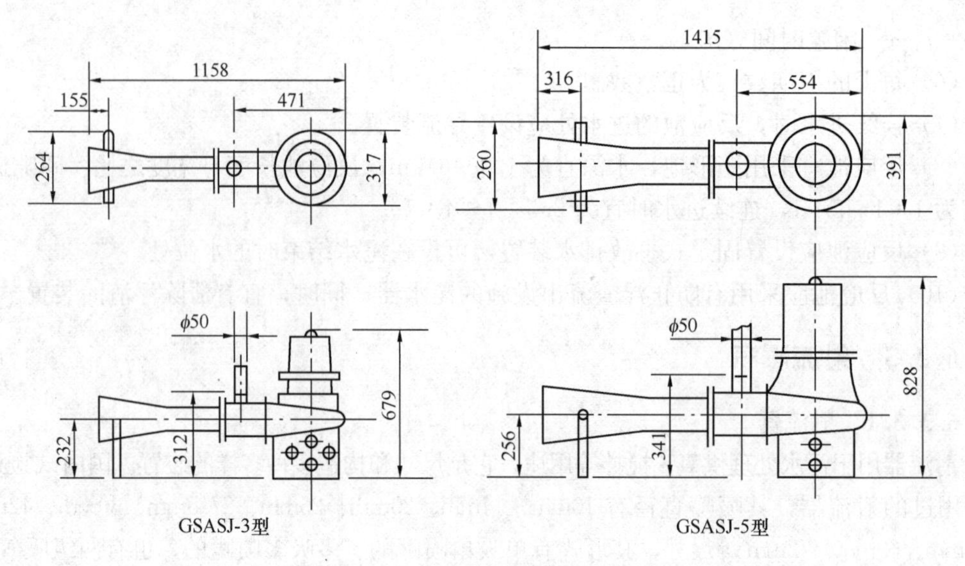

图 6-12 GSASJ 型射流曝气机外形尺寸

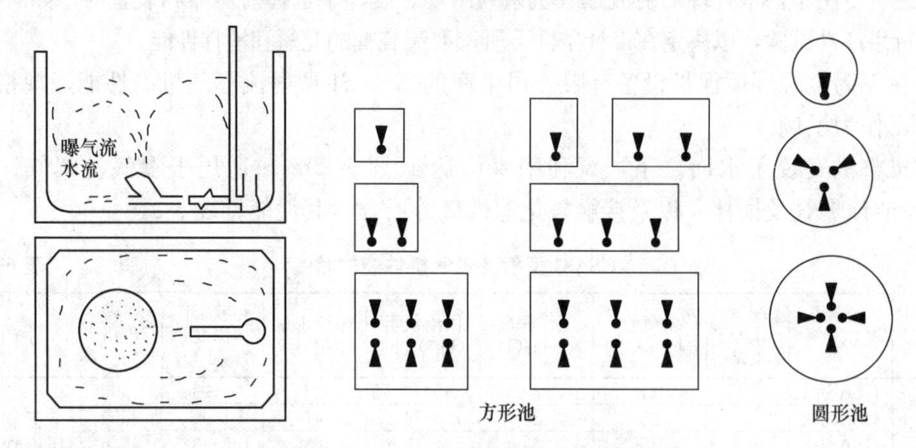

图 6-13 GSASJ 型射流曝气机安装方式

6.3.3.2 城市污水射流曝气实例

近年来国内的射流曝气装置大都采用自吸式。是从当前我国机械设备落后和短缺的现况出发。自吸式可取消鼓风机房及其设备，消除噪声来源。虽然其动力效率低于供气式，但权衡利害，得大于失，因此这一工艺路线是正确的。但具体做法（采用射流曝气器的形式、布置、曝气池的池型等）各地均有不同，兹选择已经生产检验的两处城市污水射流曝气工程，作为实例介绍，以供参考。

（1）西安射流曝气生产性试验装置：

1）规模：处理水量为 8000～9500m^3/d。

2）工艺概况：利用原有污水处理厂的初沉出水作为来水。回流污泥经特制的大喷嘴射流曝气器在曝气池外充氧后，经曝气管进入曝气池与初次沉淀池来水混合、作用，最后入二次沉淀池完成处理。

① 射流曝气器：共设两组，每组两个射流曝气器卧式安装。处理能力一组为 5000m^3/d 级，另一级为 2500m^3/d 级。图 6-14 为最大一种的示意图。

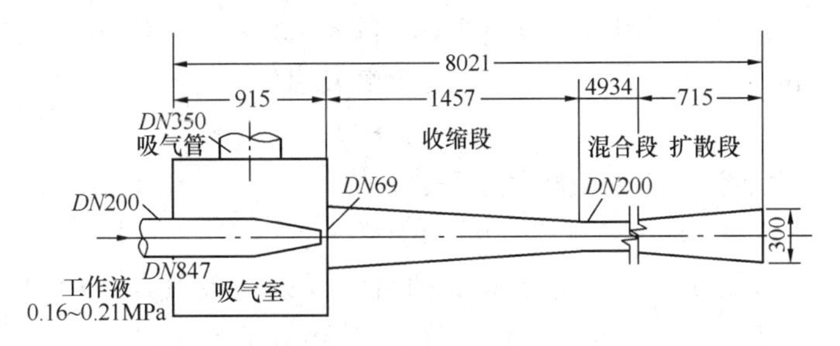

图 6-14 西安污水处理厂用射流曝气器示意图（最大一种）

曝气器工作参数：

喷嘴工作压力：0.16～0.21MPa

回流比：110％～130％

气水比：1.0～1.27

回流污泥（工作液）浓度：7～10g/L

② 曝气管：射流曝气器排出的充氧回流污泥，通过曝气管进入曝气池。5000m^3/d 级的曝气管直径为 400mm，长 16m（长度不宜小于 10m），曝气管内流速为 0.17～0.63m/s。

③ 曝气池：见图 6-15，长×宽×平均水深＝8.07m×7.7m×3.08m，有效容积 191.5m^3。

曝气管进入曝气池后为穿孔管，上部为气孔，下部为泥孔，气孔及泥孔流速均为 0.6m/s，水下孔口出流流量系数＝0.896（试验值），气孔直径为 20mm，泥孔尺寸为 70mm×500mm，共 14 孔，开孔面积不小于 $0.5\pi D^2$。

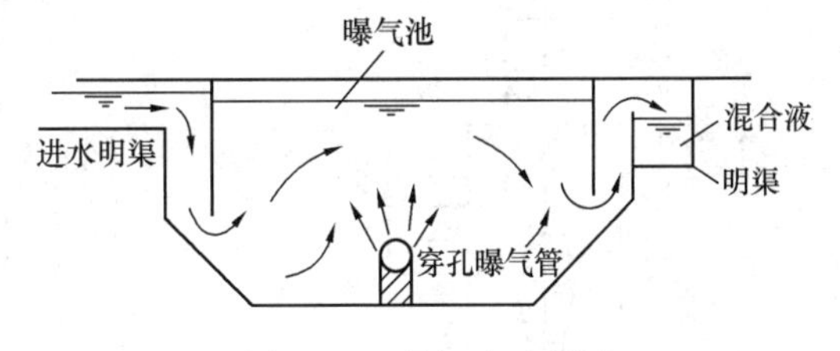

图 6-15 曝气池示意图

曝气池分混合区和稳流区。混合区的作用是使充氧回流污泥尽量与来水混合；稳流区的作用是使气泡逸出，以利沉淀，试验所得稳流区流速为 0.016～0.018m/s。

曝气池工作参数：

混合液浓度：3～7g/L

曝气时间（t_m）：28.1～44min

泥龄：1d 左右

污泥负荷：0.9～1.2kgBOD/（kg MLSS・d）

混合液溶解氧：0.5～2.5mg/L

④ 二次沉淀池：利用原有直径 9m 的竖流池，有效沉淀面积为 63.2m^2。试验中使用 5～6 个池。

二次沉淀池表面负荷：1～1.1m^3/（h・m^2）

⑤ 处理效果：以来水全部经过初沉的运行结果为例：

处理水量：8683m^3/d

曝气时间：32min

回流比：140％

BOD_5 进水 115mg/L，出水 19.6mg/L，去除率 83%

COD 进水 278mg/L，出水 60.8mg/L，去除率 78.1%

SS 进水 188mg/L，出水 32mg/L，去除率 83%

（2）北京某厂生活污区水射流曝气工程：

1）规模：污水流量 3600m^3/d（150m^3/h）

2）工艺概况：采用喷嘴直径为 14mm 的自吸式射流曝气器，用回流污泥作为工作液，射流曝气器共 32 个，竖向安装，均匀分布在推流式曝气池中。

① 射流曝气器尺寸及性能（图 6-16 为所用射流曝气器示意图）

射流曝气器的清水试验性能如下：

工作水压：1.34～1.56kg/cm^2

每个射流器充氧能力：0.52～0.608kgO_2/h

动力效率：1.7～1.6kgO_2/(kW·h)

氧利用率：16%

每个射流器负担面积：1.5m^2

搅拌效果：池中各点悬浮物浓度与平均浓度的偏差＜7%

② 曝气池（见图 6-17）

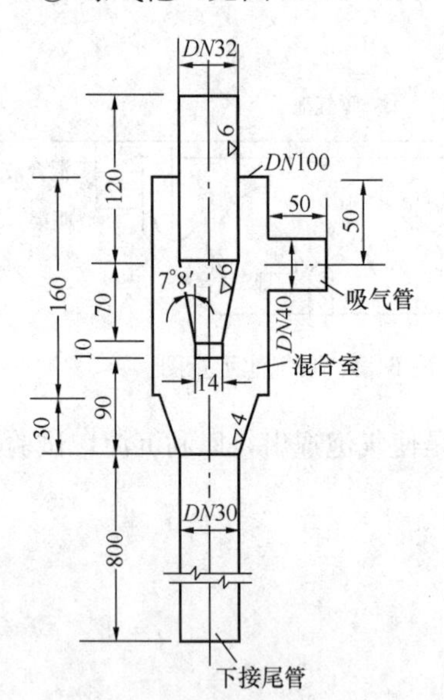

图 6-16 14mm 喷嘴射流曝气器示意图

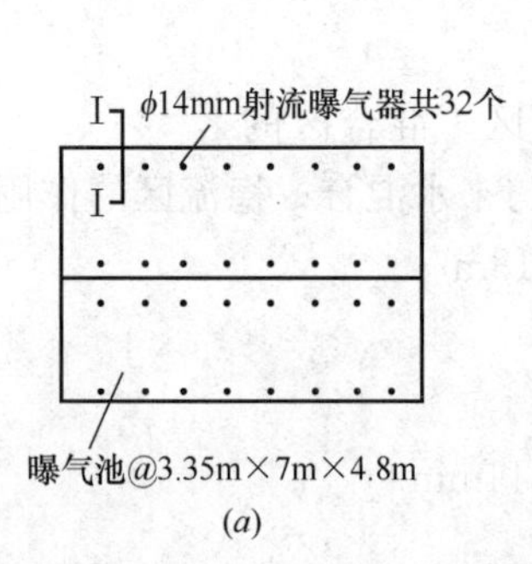

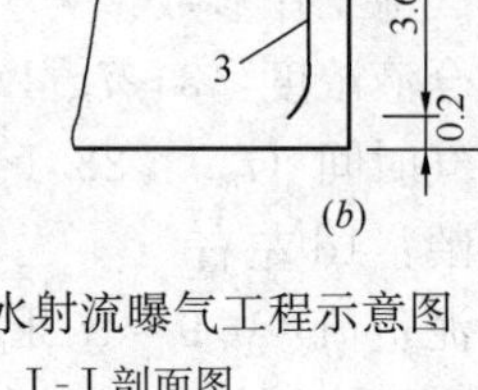

图 6-17 北京某厂生活污水射流曝气工程示意图

（a）平面图；（b）Ⅰ-Ⅰ剖面图

1—进气管；2—射流器；3—尾管

根据试验，采取以下数据及布置；

设计水量：150m^3/h

回流污泥比：150%

曝气池容积：240m^3

曝气池尺寸：(2～7)m×3.35m×4.8m

曝气时间：t_m：1.6h

射流曝气器共设32个，每池16个；分设两侧，每侧8个。

曝气池需氧量：按曝气池进水BOD_5＝80mg/L，每去除1kgBOD_5需氧1.2kg计。

$$150 \times 0.08 \times 1.2 = 14.4kgO_2/h$$

射流曝气器供氧能力：

$$32 \times 0.52 = 16.6kgO_2/h > 14.4kgO_2/h$$

实际BOD_5去除率大于75%（出水BOD_5＜20mg/L）。

6.3.4 深井曝气

随着钻井技术的发展，出现了深井曝气。这是一种完全混合式活性污泥法的变型。深井一般深达50～150m，某深度远远超过所有的曝气池。深井中的高静水压力，为微生物提供了更充足的溶解氧，同时，井内混合液反复循环所造成的强烈搅拌作用，更强化了向微生物的传质。深井曝气高效、节能、省地，对城市污水及工业污水均可应用。

深井曝气适用于用地紧张的地区。

由于深井平面面积小，便于加盖，也特别适用于寒冷地区和环境要求高的地区。

深井场地的地质和水文地质资料是深井设计的控制因素。设计人须根据勘探结果，经与勘探及施工部门研究协商后，决定采用最适宜的深井深度、结构和施工方案。由于本节主要介绍深井工艺，有关结构部分拟提请给水排水结构设计手册修订的补入，本节不再赘述。

6.3.4.1 深井曝气工艺特点

（1）流程：见图6-18。

深井曝气的流程及预处理均与一般活性污泥法相同，所不同的是通常初次沉淀池均取消，且深井及固液分离装置都有其特点。

（2）深井类型：所有深井均依据U形管概念形成，设有降流区和升流区。污水和回流污泥由降流区顶部进入，靠两区中水的空隙度差（或密度差）不断循环，出水由升流区顶部排出。

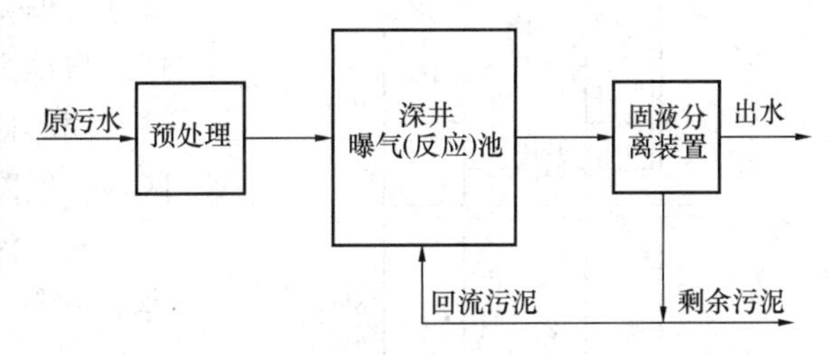

图6-18 深井曝气流程示意图

由于深井深度一般在50～100m，依据亨利定律，气体在水中的溶解度与水深成正比，因此在井底DO浓度可达30mg/L以上，而在井顶则有大量大气泡产生，气泡中主要为N_2、CO_2、剩余O_2和其他废气，故在顶部均扩大作为大气泡脱气区。

深井的类型，有U形管型、中隔板型和同心圆型。井的截面一般为圆形，但根据不同水量和不同施工方法，也可采用其他截面。

1）U形管型深井：见图6-19。

U形管降流区与升流区一般采用相同的断面面积。两管间距不小于0.2m。

U形管深井施工，系凿出长方形钻孔，将钢制U形管下放就位，在U形管外壁与钻孔壁的间隙中，浇筑水下混凝土，用以护壁加固。因此钻孔壁与U形管间的间隙也应不小于0.2m。

2）中隔板型深井：见图6-20。

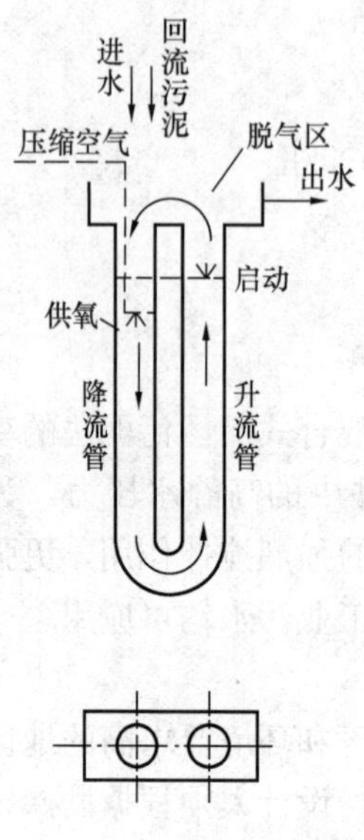

图6-19 U形管型深井

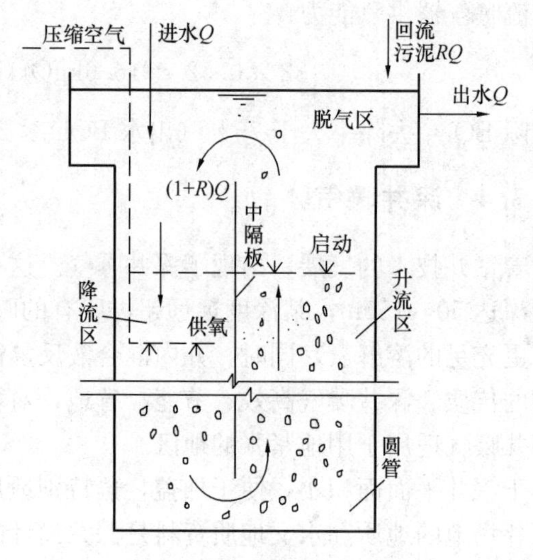

图6-20 中隔板型深井

3）同心圆型深井：见图6-21。

大口径深井多建成中隔板型，目前国内规模较大的深井曝气池，井径为4.5m者，用一字隔板构造，每格断面面积为7.5m²，按设计条件控制运行，深井循环正常。再大口径的深井，可建成多隔板型，每两格连通，以维持循环流动，但每格断面面积不宜大于8m²，以保证循环水流稳定均匀。

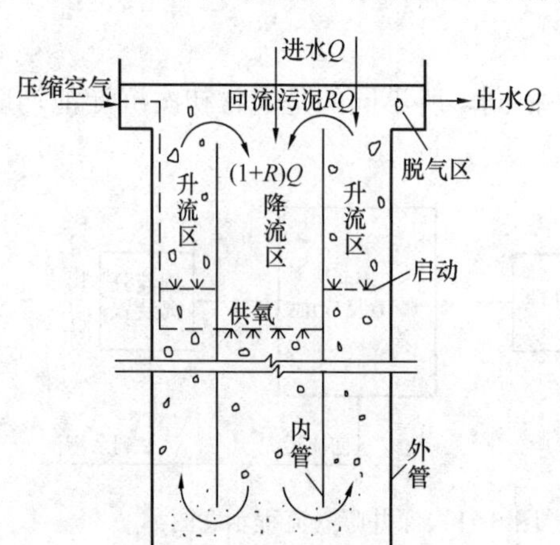

图6-21 同心圆型深井

同心圆型深井内管为降流管，外环为升流区，一般降流区与升流区断面面积相等。

所有深井顶部的大气泡脱泡池有效容积为井容的20%～40%，有效水深1～3m，超高宜采用1.0m左右。

(3) 运行方式：使混合液在深井中循环的运行方式有气提循环式和水泵循环式两种。

1）气提循环式：用压缩空气机供氧兼起气提循环作用。初期的深井多将供氧点设在降流区中间，启动用的供气点设在升流区较高处，形成循环后启动供气即可关闭。供气多用穿孔管扩散器，供氧的孔向下，启动供气的孔向上。现在的做法多将二者的曝气点设在同一高度，一般在井深的30%以内，或根据计算决定。

2）水泵循环式：见图6-22。

水泵循环自吸进气运行方式见图 6-22。这是北京市市政工程设计研究总院有限公司在深井曝气技术开发中首次采用的运行方式，利用虹吸管段的负压自吸供氧，不必再设空压机，管理简化，适用于小型深井曝气工程。

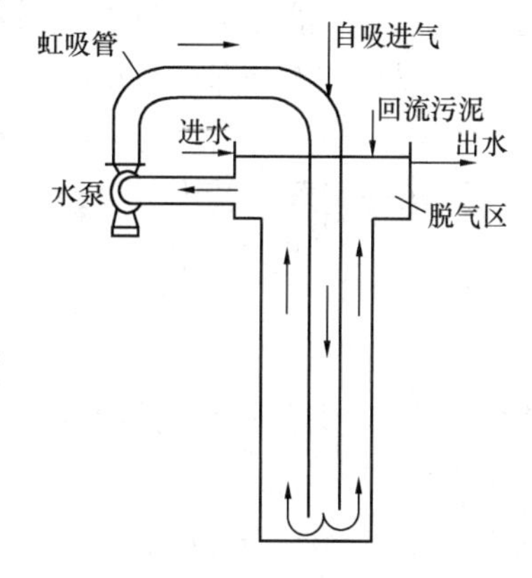

图 6-22 水泵循环自吸进气运行方式

(4) 固液分离装置：深井出水经大气泡脱气后，多采用气浮沉淀分离污泥，以平流式较多。固流污泥用泵提升，回流比一般为 50%～150%。气浮池固体负荷宜为 150～300kg/(m^2·d)，池的有效水深为 1.5～2.5m，池内设刮渣机。

如采用沉淀池分离污泥，则池前尚需用机械搅拌进一步脱气，以保证沉淀效果。亦有采用真空法者，但缺点是在脱除了微气泡的同时，也脱除了溶解氧。这两种方法的应用较气浮法为少。

6.3.4.2 深井曝气的主要设计参数

根据国内外已有经验，深井曝气的主要设计参数可参考以下数值采用。

BOD_5 容积负荷：5～15kgBOD_5/(m^3·d)

BOD_5 去除率：85%～95%

COD_{Cr}去除率：70%～85%

降流区循环流速：0.8～2.0m/s

升流区最大空隙率：≤－20%

混合液固体浓度 MLSS：4～8g/L

气体循环曝气点深度（m）：不小于井深的 30%（或按计算决定）

升流区最大空隙率超过 20%时，易发生气泡合并现象，造成气堵。

深井曝气的氧利用率可参照表 6-3 中的经验数据采用，限用于深度 H=50～100m 的深井。

深井曝气氧利用率经验数据 **表 6-3**

降流区液体流速 (m/s)	氧利用率(%)			
	$\varepsilon_1(0)=0.08$	$\varepsilon_1(0)=0.12$	$\varepsilon_1(0)=0.16$	$\varepsilon_1(0)=0.20$
1.0	$0.55H+32$	$0.57H+24$	$0.48H+23$	$0.53H+16$
1.5	$0.49H+29$	$0.53H+17$	$0.45H+18$	$0.48H+12$

6.3.4.3 深井流体力学基本计算公式

(1) 水阻：

1) 同心圆型：

$$\Delta h = \sum_{j=1}^{m} h_{ij} + K\lambda \frac{H}{d_1} \frac{V_1^2}{2g} \tag{6-19}$$

式中 Δh——深井水阻（m）；

h_{ij}——深井局部阻力（m）；

K——系数；

λ——液体单相流摩阻系数；

H——深井深度（m）；

V_1——降流管液体空管流速（m/s）；

d_1——降流管内径（m）；

g——重力加速度。

$$K = l + \frac{1}{(n-1)(n^2-1)^2} \tag{6-20}$$

式中 n——深井断面几何系数。

$$n = D/d_1 \tag{6-21}$$

其中 D——深井外圆内径（m）。

2）中隔板型：

$$\Delta h = \sum_{j=1}^{m} h_{ij} + \frac{V_1^2 l}{CR} \tag{6-22}$$

式中 l——升流区与降流区总长度（m）；

C——流速系数，

$$C = \frac{1}{n_i} R^{1/6} \tag{6-23}$$

其中 R——水力半径（m）；

n_i——粗糙系数。

3）U形管型：

$$\Delta h = \sum_{j=1}^{m} h_{ij} + \lambda \frac{l}{d} \frac{V_1^2}{2g} \tag{6-24}$$

式中 d——U形管直径（m）。

（2）气阻：

1）空隙率：

$$\varepsilon = \frac{V_a}{V_1 - V_b + V_a} \tag{6-25}$$

式中 ε——深井空隙率；

V_a——降流区空气空管流速（m/s）；

V_b——深井中气泡上浮速度（m/s），按0.3m/s考虑。

2）空隙率比值：

$$\psi = \frac{\varepsilon_2}{\varepsilon_1} \tag{6-26}$$

$$= \frac{V_2(V_1 - V_b)}{V_1(V_2 + V_b)} \tag{6-27}$$

式中 ψ——升流区与降流区空隙率比值；

ε_2——升流区空隙率；

ε_1——降流区空隙率；

V_2——升流区液体空管流速（m/s）。

3）空隙率水头：

$$J_1 = C'\varepsilon_1(0)\ln\left(1+\frac{H}{C'}\right) \tag{6-28}$$

$$J_2 = C'\varepsilon_2(0)\ln\left(1+\frac{H}{C'}\right) \tag{6-29}$$

式中 J_1——降流区空隙率水头（m）；

J_2——升流区空隙率水头（m）；

C'——常数；

$\varepsilon_1(0)$——降流区液面处空隙率；

$\varepsilon_2(0)$——升流区液面处空隙率。

4）深井气阻：

$$\Delta J = J_1 - J_2 \tag{6-30}$$

$$= J_1(1-\psi) \tag{6-31}$$

式中 ΔJ——深井气阻（m）。

5）深井总阻力：

$$Y = \Delta h + \Delta J$$

式中 Y——深井总阻力（m）。

6）气提循环式深井注气点深度：

$$h = C'\left(\frac{Y}{e^{C'\varepsilon_1(0)}-1}\right) \tag{6-32}$$

式中 h——气提循环式深井注气点深度（m）。

【例 6-1】 某项污水的设计流量为 $5000m^3/d(208m^3/h)$，污水中 $COD_{Cr}=600mg/L$，$BOD_5=300mg/L$，拟采用气提循环式深井曝气处理系统。要求 BOD_5 去除率达 90%，试设计同心圆型深井曝气系统。

【解】（1）需氧量及供气量：

1）需氧量 G_0：取耗氧量为 $1.2kgO_2/kg$ 去除 BOD_5，

$$G_0 = \frac{300-30}{1000}\times 208\times 1.2$$

$$= 67.4kgO_2/h$$

2）供气量 q_0：取氧利用率为 70%，取富余气量为 30%，

$$q_0 = \frac{67.4\times 1.3}{1.331\times 0.21\times 0.7} = 448m^3/h$$

（2）深井计算：

1）深井容积：

$$V = \frac{QL_r}{F_r} = \frac{5000\times 0.27}{10} = 135m^3$$

2）深井直径：取井深为 100m，

$$D = \sqrt{\frac{135}{0.785\times 100}} = 1.3m$$

取降流区直径 $d_1=0.9m$。

3）大气泡脱气池：采用敞开式，有效容积取深井容积的 30%，即 $135\times0.3=40.5m^3$。

池尺寸采用 6m×3m×4m（长×宽×高），池有效水深采用 2.3m。

4）循环动力计算：通过试算比较，取 $\varepsilon_1(0)=0.17$，得出：

$$V_1=1.73m/s$$

$$\psi=0.7$$

$$\varepsilon_2(0)=0.12$$

$$J_1=4.11m$$

$$J_2=2.88m$$

$$F=1.11m$$

$$Y=2.34m$$

$$h=30m$$

$$N_a=18kW$$

设计采用 $h=35m$。

6.3.5 氧气曝气

随着制氧技术的发展，用氧气（纯氧或富氧）代替空气，是近四十余年来，污水生物处理的一项重要发展。迄今世界上采用氧气法的污水处理厂已逾千座。

我国自 20 世纪 70 年代即开始氧气曝气的试验研究，自 1984 年以来，已引进了四套氧气曝气活性污泥法技术。国内自己设计、用国产设备的氧气曝气活性污泥法处理厂也相继建成多座，各种制氧设备早有定型产品。

在对氧气法的需要方面，除了高浓度工业废水适用氧气法处理外，有些城市污水中含有来自工业废水的大量难降解物质，采用氧气法优于空气法。有些地区，为了保证大气环境不受污染，可能优先考虑加盖的氧气曝气池。特别是在靠近放空氧气的空气分离站附近，综合利用，采用氧气法处理污水将是非常有利的。当然，氧气法的采用，最终取决于进行导试和技术经济比较。但采用氧气法的机会，在我国的建设中将会越来越多。

6.3.5.1 氧气曝气法的特点

由于氧气法和空气法都是利用好氧微生物处理污水，其机理本质上相同，因此其基本计算公式也相同。

氧气法的最大特点是要专设一套供氧系统，有时甚至包括制氧设施。供氧的方式有多种，须作出选择。

氧气法的另一特点是处理效率明显高于空气法。将同一污水处理到同一水平，氧气法所需曝气时间一般仅为空气法的三分之一左右。这是由于纯氧浓度比空气浓度高 4.7 倍，因此氧气法系统中氧的分压，亦即溶氧的推动力，也比空气法高 4.7 倍，从而使好氧微生物的浓度和活性都提高。处理效率提高的程度，可由后文中氧气法的一些设计参数（如容积负荷）看出。

为了充分有效地利用纯氧，氧气法的池型、溶氧装置等，有很多地方与空气法不同。到目前为止，氧气法的装置已经历了四五个世代的演变，但最主要的、也是最适合我国国情的一种是多段加盖池的表曝机溶氧系统。本节主要介绍这一种，并举例说明。

6.3.5.2 氧气曝气池常用形式

（1）加盖表面曝气叶轮式氧气曝气池。这是最常用的氧气曝气池。一般分为 3～4 段，每段设一台表曝机。见图 6-23。

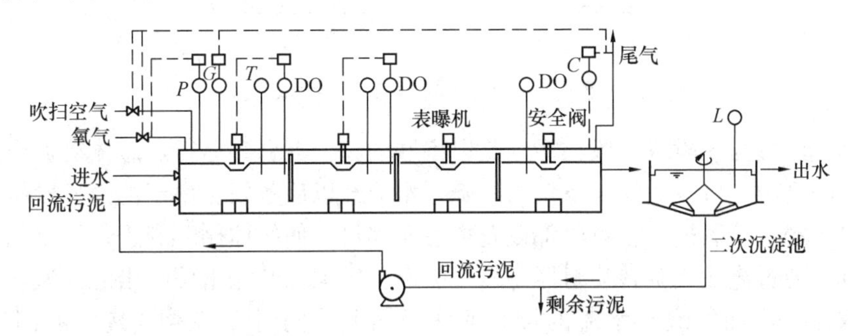

图 6-23 加盖表面曝气叶轮式氧气曝气池

1）氧气曝气池一般为 3～4 段串联，个别有 5 段的。每段内水流为完全混合式，从整体上看为推流式。

2）当采用表曝机充氧时，水深一般为 5m 左右，气相空间（超高）1m 左右。

3）为清扫时吹脱曝气池内碳氢化合物，曝气池应设空气清扫装置，换气率每小时 2～3 次。

4）各段隔墙顶部应留气孔，其断面按运行中氧气的流动以及清扫时引进空气的需要计算。

5）各段隔墙墙角处应设泡沫孔，孔顶应高于最大流量时液面，孔底应低于最小流量时液面，以保证任何时候泡沫均能通过。

6）为保证曝气池液面，并维持气相压力相对稳定，出水处须做成内堰形式，见图 6-24。

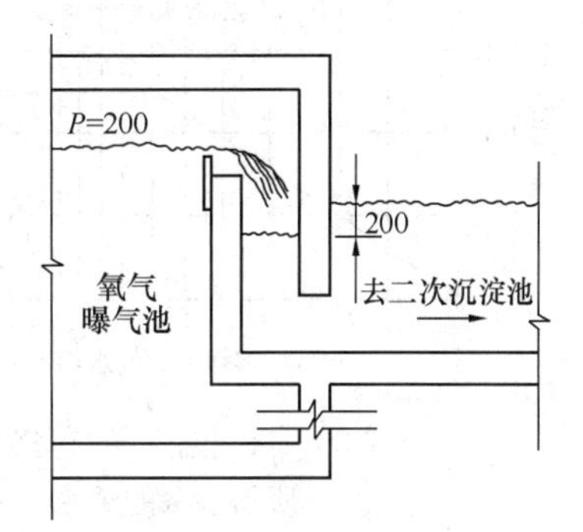

图 6-24 出水内堰示意图

7）混合液在出水处的速度不宜超过 15m/s，以免带走气体；不宜小于 9cm/s，以免形成沉淀。

8）尾气浓度控制在含氧量约 40%～50%，其流量约为进气流量的 10%～20%。

9）为避免池盖内压超载，在曝气池首尾两端，应设置双向安全阀。首端安全阀正压可取 1500～2000Pa，负压可取 500～1000MPa；尾端安全阀正压可取 1000～1500Pa，负压可取 500～1000Pa。

10）氧气曝气池一般设安全、防爆措施，在池内可燃气体浓度达到爆炸下限的 25% 时，发出警报（注：据已知文献记载，尚无警报实例）。

(2) 联合曝气式氧气曝气池：这是一种加盖密封水下叶轮的氧气曝气池，如图 6-25 所示。

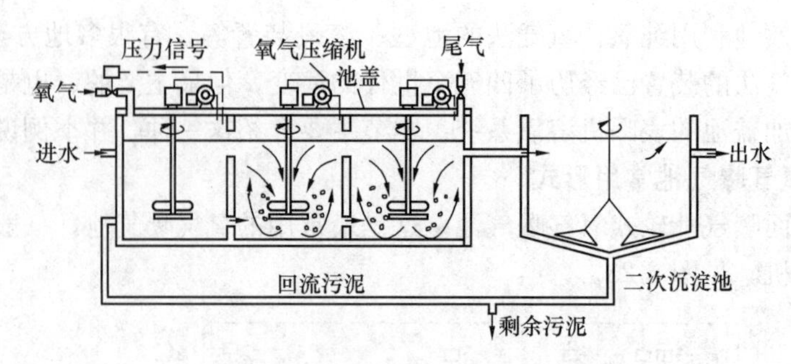

图 6-25　联合曝气式氧气曝气池

氧气曝气池分为 3 段或 4 段，污水是以串联的完全混合型运行，总体接近推流式。

氧气在曝气池进口端的池盖下供给，随污水流经以后各段。由于池内各段耗氧造成压力降低时可自动补给氧气。在每段都设置离心压缩机，使气体循环利用。将氧气压入直立的空心转轴，通过淹没式旋转喷射器将氧气喷出。轴端的叶轮击碎喷出的气泡，并造成射向池底的水流，增加气泡与水流的接触面积及时间，同时保持混合液中的固体呈悬浮状态。

未消耗的氧气和产生的二氧化碳及惰性气体混合在一起，经末段排出。这种形式的曝气设备，附属设备较多，但池深可加大，一般达 6m 以上，最大可达 9.15m，它占地面积小，适用于用地较紧张的地区。

(3) 敞开式超微气泡氧气曝气池：由于密闭式氧气曝气池的池盖需特殊设计，土建造价较高。生物反应过程中产生的二氧化碳溶解到污水中，降低了 pH 值，在某些情况下，会对生物氧化产生不利影响。另外为了使现有的空气曝气池比较容易地改建为氧气曝气池，又研究发展了敞开式氧气曝气池。这种形式的氧气曝气池，要求氧气通过污水后，接近完全溶解状态。

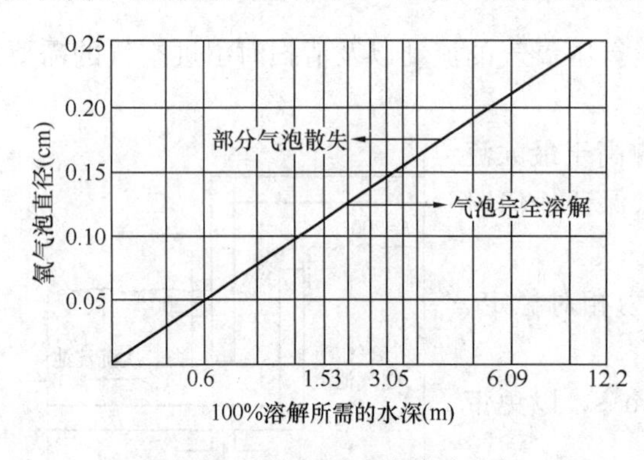

图 6-26　氧气泡直径与完全溶解所需水深的关系

图 6-26 是各种不同直径的氧气泡达到 100%溶解入清水所需的水深。

显然，为了提高氧气的有效利用率，必须采用超微气泡扩散器。

扩散器有两种，一种是固定扩散器，另一种是旋转扩散器。固定扩散器曝气池，如图 6-27 所示。

各段都设置固定扩散器。混合液用泵通过扩散器循环，产生形成微米尺寸气泡的剪力。泵的吸水管在水面附近吸水，以促进混合液在全池内循环。

这种装置产生的微气泡，易在池表面形成泡沫，就像浮选池的高浓度泡沫（4%～6%的 TSS）一样。因此混合液的出流装置需做成特殊的溢流形式。旋转扩散器曝气池，如图 6-28 所示。

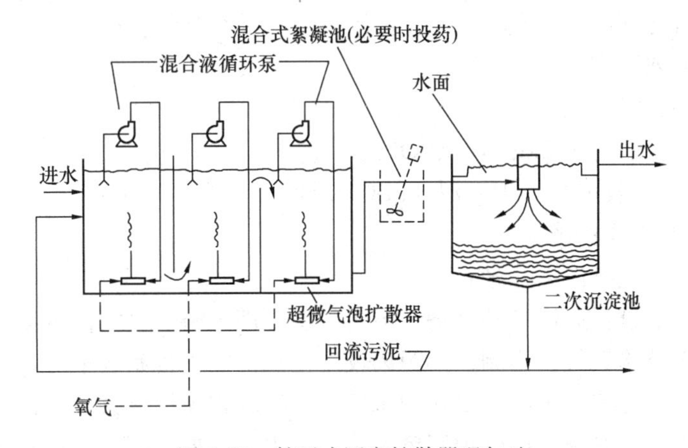

图 6-27 敞开式固定扩散器曝气池

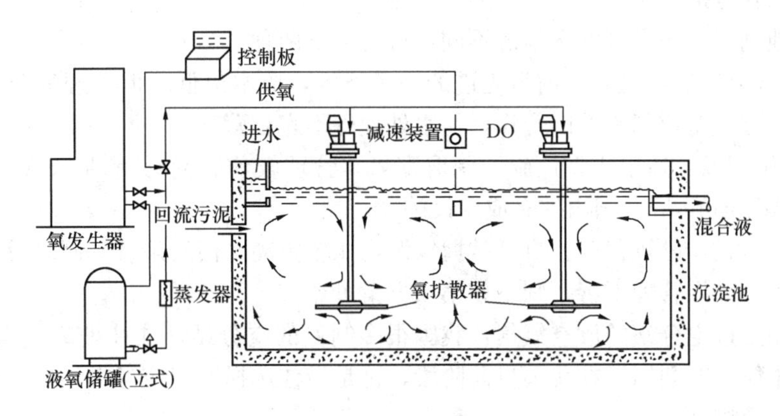

图 6-28 敞开式旋转扩散器曝气池

氧气以 0.14～0.21MPa 的压力，通过扩散器空心轴，然后径向通过安装在扩散器盘的小管供至陶瓷扩散介质。当氧气喷出时，由于旋转所产生的水力剪切力形成超微气泡。又由于旋转圆盘的特殊构造可防止微气泡聚合。在正常深度下氧的利用效率能保持大于 90%。

旋转快速扩散器，不需要水泵抽吸混合液来产生形成超微气泡所必需的剪力，简化了设备装置。见图 6-29。

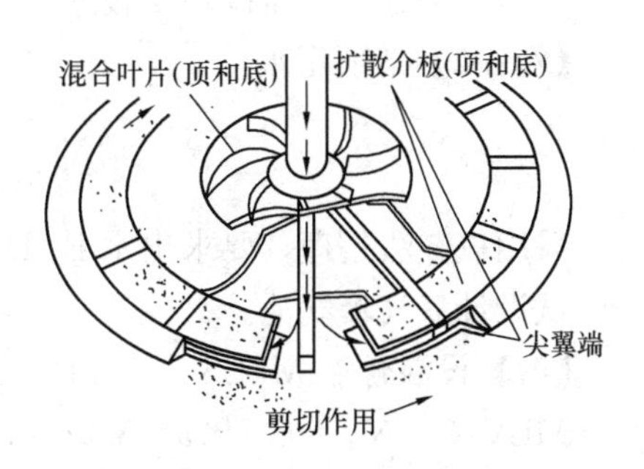

图 6-29 旋转快速扩散器透视图（表示气泡的形成）

6.3.5.3 氧气曝气设计参数

对城市污水的一般设计参数：

(1) 曝气时间：1～3h，视污水浓度而异。

(2) 混合液污泥浓度（MLSS）：一般可达 5g/L，平均 4～8g/L。

(3) 污泥负荷 F_w：0.4～0.8kgBOD$_5$/(kgMLVSS·d)左右。

(4) 容积负荷 F_r：一般为 1.1～3.4kgBOD$_5$/(m^3·d)。

(5) 处理效率 E：90%～95%。

(6) 污泥回流比 R：50%左右。

(7) 回流污泥浓度 R_s：12～20g/L。

(8) 氧利用率：90%以上。

(9) 需氧量：一般为 1.1$kgO_2/kgBOD_5$。

(10) 产泥量：一般可按 0.4kg 泥/$kgBOD_5$ 计。

6.3.5.4 供氧方式的选择

氧气法的供氧方式有以下几种：

(1) 车运外购液氧：此法最不经济，限于小型处理设施，最大供氧量 4.5t/d。

(2) 管道输送外购氧气：当制氧厂距离较近，氧价低于自制成本时，特别是对于较大的处理设施，一般是经济合理的。专业制氧厂生产技术较高，氧气质量、保证率、价格均较自制理想，处理厂可摆脱自己管理制氧设施的负担。但氧源命脉，不在自己手中，必须有切实保证的安全措施。

(3) 就地制氧：根据制氧设施的不同，可有以下两种：

1) 深冷分离制氧：这是当前最先进的制氧技术，成本最低，但管理复杂。适合于大型处理设施。宜与专业制氧部门合作，污水处理厂不宜自营。

2) 分子筛制氧：适于小型设施，制取富氧，管理较前者简易所谓 PSA 装置（Pressure-Swing-Adsorption），国内外有成套设施。

就地制氧方式，已较普遍。自己掌握氧源，比较主动，但必须管好制氧设施，也可委托专业厂代管。如果管理不善，则不如第二方案可靠。

(4) 利用附近空分站的放空氧气：我国很多制氮的空分站，往往把氧气当废气放空，限于条件，未能综合利用。在我国目前阶段，这是最佳选择。但应考虑一旦空分站实现综合利用时的应变措施。

其他三个方案所需设备、技术，均见有关专著，本手册不再涉及。

【例 6-2】某项污水：

$$Q = 20000 m^3/d$$

$$BOD_5 = 530 mg/L$$

采用氧气法处理，要求出水 $BOD_5 < 30mg/L$

试设计氧气曝气池。

【解】设混合液 MLSS 为 5g/L

MLVSS：$N_{wv} = 0.7 \times 5 = 3.5 g/L$

污泥负荷：$F_w = 0.53 kgBOD_5/(kgMLVSS \cdot d)$

曝气时间：$t_m = 24(530-30)/1000 \times 0.53 \times 3.5 = 6.47h$

曝气池容积：$V = \dfrac{20000}{24} \times 6.47 = 5392 m^3$

容积负荷：$F_r = 0.53 \times 3.5 = 1.86 kgBOD_5/(m^3 \cdot d)$

曝气池用二条四段加盖式，每段为：

$$L \times W \times H = 13 \times 13 \times 4 = 676 m^3$$

$$V = 2 \times 4 \times 676 = 5408 m^3$$

需氧量计算：

根据试验资料：$a=0.6$，$b=0.3$

故需氧量：$O_2=aQL_r+bVN_{wv}=0.6(560-56)/1000\times20000+0.3\times5408\times3.5=11726kgO_2/d=488kgO_2/h$

氧利用率按90%计，则供氧量为：

$$11726/0.9=13029kgO_2/d，合20℃时9796m^3/d$$

供氧能力核算：

四段曝气池的需氧量是沿程递减的。各段比例可据耗氧速率试验取得，分配见表6-4。

试验数据 **表6-4**

段　　数	1	2	3	4
比　　例	1.6	1.4	1.2	1
%	31	27	23	19
需氧量(kgO_2)	75	65	57	47

按各段配备的表曝机，核算供氧能力如下：

第1段：表曝机ϕ2.0m，双速

配套电动机，高速40kW，线速4.06m/s

低速17kW，线速3.05m/s

清水标准动力效率：$2kgO_2/(kW\cdot h)$

高速时轴功率约30.5kW，标准状态下充氧量N_o为$2\times30.5=61kgO_2/h$

富氧在污水中充氧时，条件为$[O_2]=78\%$，$\alpha=0.6$，$\beta=0.9$，$DO=6mg/L$

充氧量：

$$N_s=\alpha N_o\frac{\beta C_s-C_t}{C_s}\times\frac{0.78}{0.21}$$

$$=0.6\times61\times\frac{0.9\times\frac{9.17\times0.78}{0.21}-6}{9.17\times\frac{0.78}{0.21}}\times\frac{0.78}{0.21}$$

$$=98.4kgO_2/h$$

第2段：表曝机ϕ1.6m，双速，

电动机35/15kW，线速5.8/4.39m/s

轴功率约26.5kW，$N_o=2\times26.5=53kgO_2/h$

富氧在污水中充氧时，条件为 $[O_2]=70\%$，$\alpha=0.7$，$\beta=0.9$，DO=6mg/L

$$N_s=\alpha N_o\frac{\beta C_s-C_t}{C_s}\times\frac{0.7}{0.21}$$

$$=0.7\times53\times\frac{0.9\times\frac{9.17\times0.7}{0.21}-6}{9.17\times\frac{0.7}{0.21}}\times\frac{0.7}{0.21}$$

$$=87kgO_2/h$$

第3段：表曝机ϕ1.6m，电动机30kW，线速5.2m/s

轴功率约 21kW，$N_o=2\times21=42kgO_2/h$

富氧在污水中充氧时，条件为［O_2］＝60％，$\alpha=0.8$，$\beta=0.9$，DO＝6mg/L

$$N_s=0.8\times42\times\frac{0.9\times\frac{9.17\times0.6}{0.21}-6}{9.17\times\frac{0.6}{0.21}}\times\frac{0.6}{0.21}$$

$$=64.4kgO_2/h$$

第 4 段：表曝机 ϕ1.6m，电动机 30kW，线速 5.2m/s

轴功率约 21kW，$N_o=2\times21=42kgO_2/h$

富氧在污水中充氧时，条件为［O_2］＝50％，$\alpha=0.9$，$\beta=0.9$，DO＝6mg/L

$$N_s=0.9\times42\times\frac{0.9\times\frac{9.17\times0.5}{0.21}-6}{9.17\times\frac{0.5}{0.21}}\times\frac{0.5}{0.21}$$

$$=56.3kgO_2/h$$

将以上结果列于表 6-5 中。

计 算 结 果 **表 6-5**

项 目	段 数				
	1	2	3	4	共计
需氧量(kgO_2/h)	75	65	57	47	244
供氧条件	[O_2]=78% α=0.6 β=0.9 DO=6mg/L	[O_2]=70% α=0.7 β=0.9 DO=6mg/L	[O_2]=60% α=0.8 β=0.9 DO=6mg/L	[O_2]=50% α=0.9 β=0.9 DO=6mg/L	
供氧量 N_s(kgO_2/h)	98.4	87	64.4	56.3	366.1

结果表明，所选表曝机供氧能力能满足需氧量。第 1、2 段可在低负荷时低速运行，以节约电耗。

曝气池清扫风量计算：

气相空间体积为 4(13×13×1)＝676m^3

需风量按换气 3 次/h 计为 676×3＝2028m^3/h

每组各段间气孔的计算：

氧气流量为 4898m^3/d＝204m^3/h

清扫空气量为 2028m^3/h

各段隔墙在中线墙顶部开 0.3m×0.3m 孔

正常运行时氧气流动的损失：池内损失可略去不计，孔内流速：204÷(0.3×0.3)÷3600＝0.63m/s

孔内局部损失 $\Delta h=\zeta\frac{v^2}{2g}rn=(1+0.5)\frac{0.63^2}{19.6}\times1.205\times3$

$$=0.11mm$$

清扫空气流动时损失：池内损失略去不计，孔内流速为 2028÷(0.3×0.3)÷3600＝6.3m/s

孔内局部损失：$\Delta h=(1+0.5)\dfrac{6.3^2}{19.6}\times1.205\times3=11\text{mm}$

安全阀选用 $\phi300$，通过安全阀的局部损失为：

$$\Delta h=0.5\times\frac{8.9^2}{19.6}\times1.205=2.4\text{mm}$$

总损失：11＋2.4＝13.4mm（可采用）

二次沉淀池计算略。

6.3.6 A/O 工艺

1973 年，南非的 Barnard 提出改良型 Ludzack-Ettinger 脱氮工艺，即广泛应用的 A/O 工艺（见图 6-30）。这种工艺是在曝气池前设缺氧池，原污水或经过预处理的污水在缺氧池内与回流污泥充分混合。A/O 工艺中，回流液中的大量硝酸盐到缺氧池后，可以从原污水得到充足的有机物，使反硝化脱氮得以充分进行。但是 A/O 工艺不能达到完全脱氮的效果，因为好氧池总流量的一部分没有回流到缺氧池而是直接随出水排放。同时，在缺氧池中发生的反硝化反应对碳源的争夺，也阻碍了回流污泥中磷的释放。

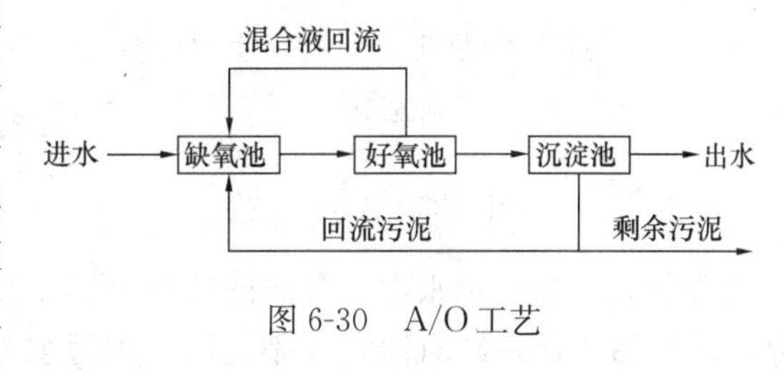

图 6-30 A/O 工艺

6.3.7 Bardenpho/Phoredox 工艺

为了克服 A/O 工艺的不足，1973 年 Barnard 提出了 Bardenpho 工艺（见图 6-31）。Bardenpho 工艺属于早期生物脱氮除磷工艺，回流液中的硝酸盐与亚硝酸盐对生物除磷效果有非常不利的影响。

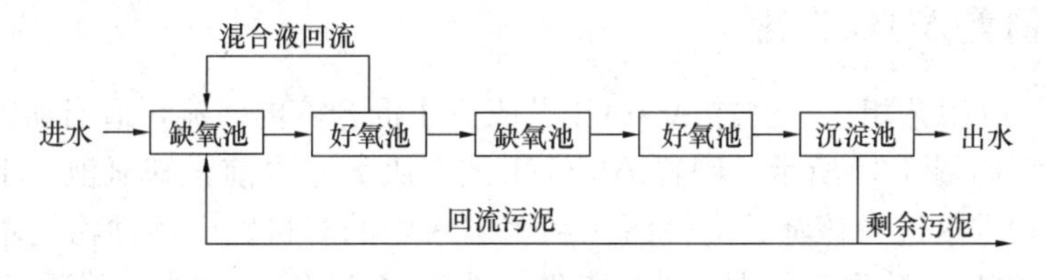

图 6-31 Bardenpho 工艺

1976 年，Barnard 提出在 Bardenpho 工艺的初级缺氧反应器前增加一厌氧反应器，该工艺在南非被称为 Phoredox 工艺，在美国被称为改良型 Bardenpho 工艺。Phoredox 工艺与 A/O 工艺一样（见图 6-32），将回流污泥与原污水或经预处理的污水在厌氧池内完全混合。接下来是两组硝化与反硝化池，在这两组池内将完成彻底的反硝化作用，这样回流污泥中就不会含有硝酸盐与亚硝酸盐。这种工艺特别适合于低负荷污水处理厂的生物脱氮除磷。如果第二级反硝化对脱氮效果的意义不大，则可以将一级曝气池后的反硝化及曝气池省略。

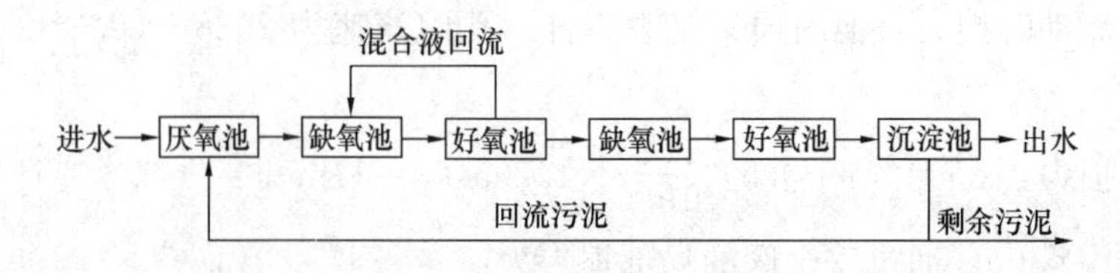

图 6-32　Phoredox 工艺或改良型 Bardenpho 工艺

6.3.8　A^2/O 工艺

1980 年 Rabinowitz 和 Marais 在对 Phoredox 工艺的研究中，提出 3 阶段的 Phoredox 工艺，即传统的 A^2/O 工艺（见图 6-33）。传统的 A^2/O 工艺中，污水首先进入厌氧池与回流污泥混合，在兼性厌氧发酵菌的作用下部分易生物降解的大分子有机物被转化为小分子的挥发性脂肪酸（VFA），聚磷菌吸收这些小分子有机物合成聚-β-羟基丁酸（PHB）并储存在细胞内，同时将细胞内的聚磷水解成正磷酸盐，释放到水中，释放的能量可供专性好氧的聚磷菌在厌氧的压抑环境下维持生存；随后污水进入缺氧池，反硝化菌利用污水中的有机物和回流混合液中的硝酸盐进行反硝化，可同时去碳脱氮；当污水进入好氧池时，有机物浓度已很低，聚磷菌主要依靠分解体内储存的 PHB 来获得能量供自身生长繁殖，同时超量吸收水中的溶解性磷以聚磷酸盐的形式储存在体内，经过沉淀，将含磷高的污泥从水中分离出来，达到除磷的效果。好氧池中有机物浓度很低，十分有利于自养型硝化细菌的生长繁殖。好氧池混合液在二次沉淀池中进行泥水分离，上清液排放，沉淀污泥一部分回流至厌氧池，一部分作为剩余污泥经后续处理后进行处置。此工艺具有较好的除磷效果，但它的脱氮能力是依靠回流比来保证的，为了达到较高的总氮去除率，就必须要有较高的混合液回流比。

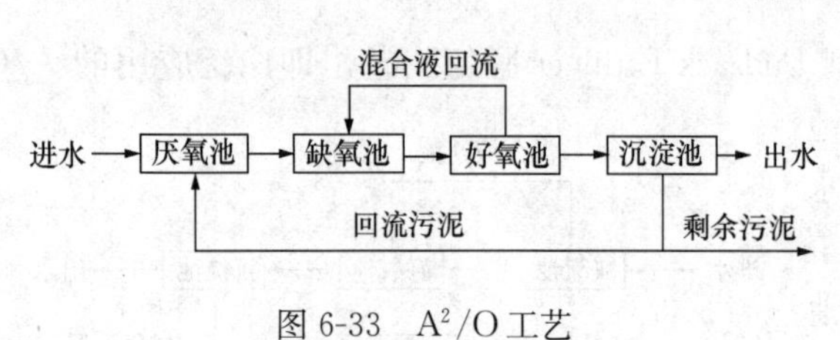

图 6-33　A^2/O 工艺

6.3.9　倒置 A^2/O 工艺

与常规 A^2/O 工艺相比，倒置 A^2/O 工艺省去了混合液内回流，适当加大了污泥回流比，其工艺流程如图 6-34 所示。倒置 A^2/O 工艺在厌氧池之前设缺氧池，来自二次沉淀池的回流污泥和进水进入该池，活性污泥利用进水中的有机物和活性污泥本身的有机物（内源反硝化）彻底去除回流污泥中的硝态氮。在倒置 A^2/O 工艺中，碳源问题仍然存在，并造成聚磷菌的释磷水平明显低于常规 A^2/O 工艺。但在该工艺中，由于硝酸盐在前面的缺氧池已经消耗殆尽，消除了硝态氮对后续厌氧池的不利影响，从而保证厌氧池的稳定性和生物除磷效果，并且微生物厌氧释磷后直接进入生化效率较高的好氧环境，使其在厌氧

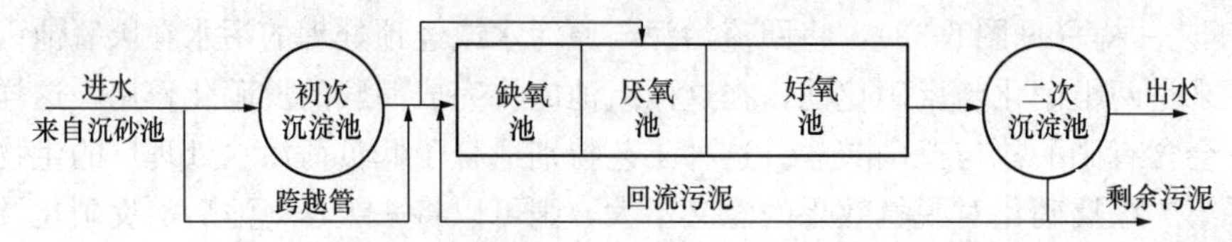

图 6-34　倒置 A^2/O 工艺

条件下形成的吸磷动力得到了更有效的利用。

6.3.10 UCT/MUCT/VIP 工艺

A^2/O工艺的回流污泥中很难保证不含有硝酸盐及亚硝酸盐，为了彻底排除在磷释放池内硝酸盐及亚硝酸盐的干扰，南非开普敦大学（University of Cape Town）在1983年提出UCT工艺（见图6-35）。UCT工艺不是将污泥回流到磷释放池，而是回流到其后的反硝化池。在反硝化池内排除硝酸盐及亚硝酸盐后，再引入磷释放池与原污水混合。

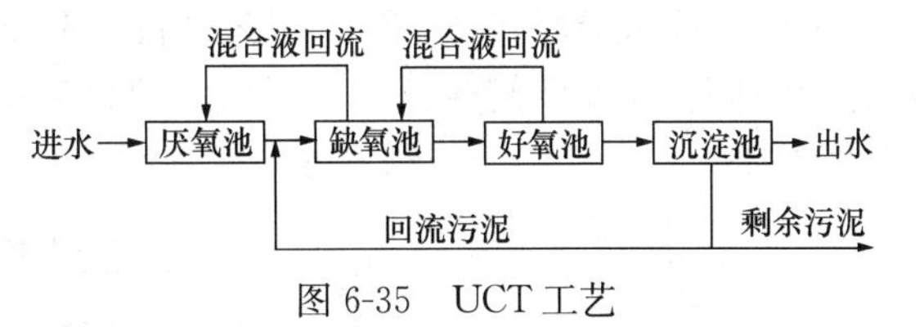

图6-35 UCT工艺

与A^2/O工艺相比，UCT工艺在适当的COD/TKN比例下，缺氧池的反硝化可使厌氧池回流液中的硝酸盐含量接近于零。当进水TKN/COD较高时，缺氧池无法实现完全的脱氮，仍有部分硝酸盐进入厌氧池，因此又产生了改良型UCT工艺——MUCT工艺（见图6-36）。MUCT工艺有两个缺氧池，前一个接受二次沉淀池回流污泥，后一个接受好氧池硝化混合液，使污泥的脱氮与混合液的脱氮完全分开，进一步减少硝酸盐进入厌氧池的可能。深圳市南山污水处理厂采用了以MUCT生化单元为主体的脱氮除磷工艺，该工艺对污水水质（碳氮比）的变化适应能力强，运行管理灵活，既可按MUCT工艺运行，也可按A^2/O工艺和改良A^2/O工艺运行。

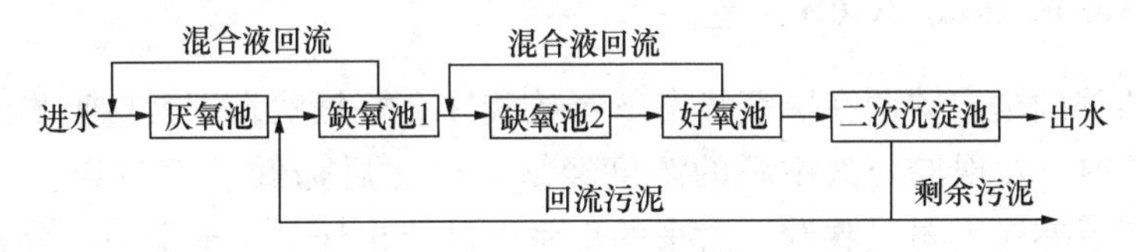

图6-36 MUCT工艺

当UCT工艺作为阶段反应器在水力停留时间较短和低泥龄下运行时在美国被称为VIP（Virginia Initiative Process，1987）工艺。VIP工艺与UCT工艺非常类似，差别在于：VIP工艺反应池由多个完全混合型反应格组成，采用分区方式，每区由2～4格组成，泥龄4～12d，工艺过程的典型水力停留时间为6～7h；而UCT工艺中厌氧、缺氧、好氧区是单个反应器，每个反应区都是完全混合的，泥龄13～25d，通常≥20d，工艺过程的典型水力停留时间为24h。

6.3.11 JHB 工艺

1991年，Pitman等人提出Johannesburg（JHB）工艺，该工艺是在A^2/O工艺到厌氧区污泥回流线路中增加了一个缺氧池（见图6-37），来自二次沉淀池的污泥可利用33%

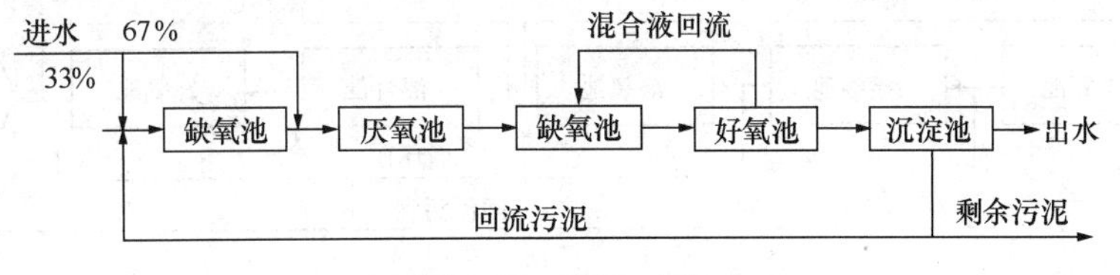

图6-37 JHB工艺

左右进水中的有机物作为反硝化碳源去除硝态氮，以消除硝酸盐对厌氧池厌氧环境的不利影响。

6.3.12 TNCU 工艺

一些研究人员将传统 A^2/O 工艺进行改造，通过在反应池内加入生物转盘可缩短硝化段停留时间，从而缓解脱氮与除磷污泥停留时间之间的矛盾，该工艺被称为 TNCU 工艺(见图 6-38)。

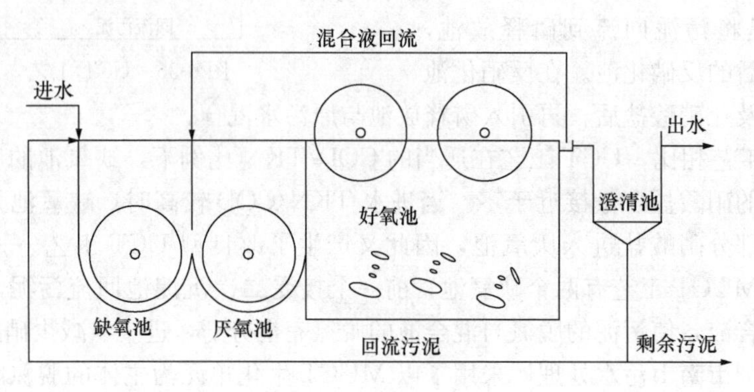

图 6-38 TNCU 工艺

6.3.13 Dephanox/BCFS 工艺

生物除磷的基础是聚磷菌在厌氧状态下释放磷，在好氧状态下大量吸收磷。但是在实际的 A^2/O 系统中，发现混合液中磷的浓度经缺氧区之后降低了 50%以上。这说明，聚磷菌在缺氧状态下亦能大量吸收磷。后来的一系列试验也证明，聚磷菌在分解有机物为大量吸收磷获取能量的过程中，可以以 NO_3^- 为最终电子受体，即聚磷菌也能进行反硝化。目前已出现基于这一现象的两种最新脱氮除磷工艺：Dephanox 工艺和 BCFS 工艺。Dephanox 工艺流程如图 6-39，BCFS 工艺流程如图 6-40 所示。

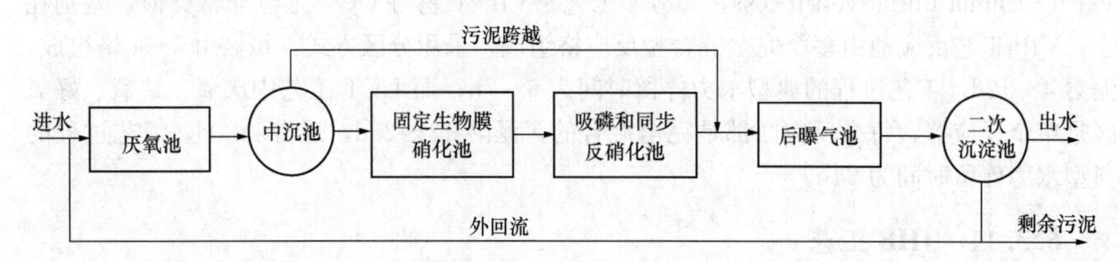

图 6-39 Dephanox 工艺

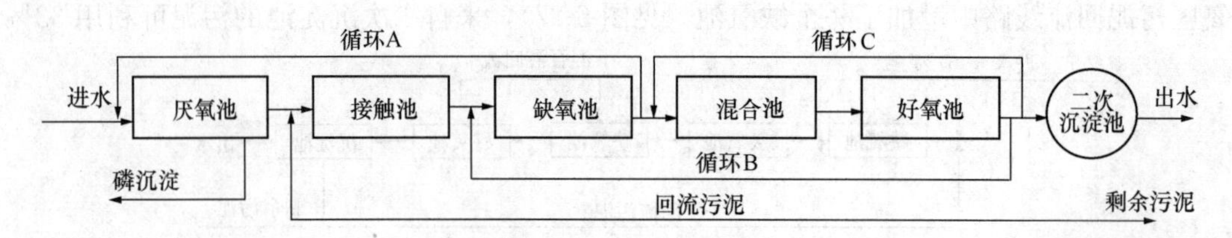

图 6-40 BCFS 工艺

这两个工艺特别适于反硝化聚磷菌的繁殖，实现脱氮与除磷的有机结合。

6.4 基本计算公式

6.4.1 常规曝气池（以去除碳源污染物为主）的基本计算

6.4.1.1 处理效率

$$E=\frac{S_o-S_e}{S_o}\times 100\% \tag{6-33}$$

式中 E——BOD_5去除效率（%）；

S_o——曝气池进水BOD_5浓度（mg/L）；

S_e——曝气池出水BOD_5浓度（mg/L）。

6.4.1.2 曝气池容积

（1）按污泥负荷计算

$$V=\frac{24Q(S_o-S_e)}{1000\,L_sX} \tag{6-34}$$

（2）按污泥泥龄计算

$$V=\frac{24QY\theta_c(S_o-S_e)}{1000\,X_v(1+K_{dT}\theta_c)} \tag{6-35}$$

$$K_{dT}=K_{d20}\times(\theta_T)^{T-20} \tag{6-36}$$

式中 V——曝气池容积（m^3）；

Q——曝气池进水设计流量（m^3/h）；

S_o——曝气池进水BOD_5浓度（mg/L）；

S_e——曝气池出水BOD_5浓度（mg/L），当去除率大于90%时可不计入；

L_s——曝气池BOD_5污泥负荷[kg BOD_5/（kg MLSS·d）]；

X——曝气池内混合液悬浮固体平均浓度（g MLSS/L）；

Y——污泥产率系数（kgVSS/kgBOD_5），宜根据试验资料确定，无试验资料时，一般取0.4～0.8；

X_v——曝气池内混合液挥发性悬浮固体平均浓度（g MLVSS /L）；

θ_c——污泥泥龄（d），其数值为0.2～15；

K_{dT}——T℃时的衰减系数（d^{-1}）；

K_{d20}——20℃时的衰减系数（d^{-1}），20℃时的数值为0.04～0.075；

T——设计水温（℃）；

θ_T——温度系数，采用1.02 ～ 1.06。

（3）水力停留时间（HRT）

$$t_m=\frac{V}{Q} \tag{6-37}$$

$$t_s=\frac{V}{(1+R)Q} \tag{6-38}$$

式中 t_m——名义水力停留时间（d）；

t_s——实际水力停留时间（d）；

R——污泥回流比。

6.4.1.3　主要设计参数

传统活性污泥法去除碳源污染物的主要设计参数可按表 6-6 的规定取值。

主要设计参数　　表 6-6

类　别	L_s [kg/(kg·d)]	X (g/L)	污泥回流比 (%)	总处理效率 (%)
普通曝气	0.2～0.4	1.5～2.5	25～75	90～95
阶段曝气	0.2～0.4	1.5～3.0	25～75	85～95
吸附再生曝气	0.2～0.4	2.5～6.0	50～100	80～90
合建式完全混合曝气	0.25～0.5	2.0～4.0	100～400	80～90

6.4.1.4　说明

（1）有关设计数据是根据我国污水处理厂回流污泥浓度一般为 4～8g/L 的情况确定的。如回流污泥浓度不在上述范围时，可适当修正。当处理效率可以降低时，负荷可适当增大。当进水 BOD_5 浓度低于一般城镇污水时，负荷应适当减小。

（2）Q 为反应池设计流量，不包括污泥回流量。

（3）X 为反应池内混合液悬浮固体 MLSS 的平均浓度，它适用于推流式、完全混合式生物反应池。吸附再生生物反应池的 X，是根据吸附区的混合液悬浮固体和再生区的混合液悬浮固体，按这两个区的容积进行加权平均得出的理论数据。

（4）生物反应池的始端可设缺氧或厌氧选择区（池），水力停留时间宜采用 0.5～1.0h，其作用是改善污泥性质，防止污泥膨胀。

（5）阶段曝气生物反应池宜在生物反应池始端 1/2～3/4 的总长度内设置多个进水口，其依据是国内外有关阶段曝气法的资料。阶段曝气的特点是污水沿池的始端 1/2～3/4 长度内分数点进入（即进水口分布在两廊道生物反应池的第一条廊道内，三廊道生物反应池的前两条廊道内），尽量使反应池混合液的氧利用率接近均匀，所以容积负荷比普通生物反应池大。

（6）吸附再生生物反应池的吸附区和再生区可在一个反应池内，也可分别由两个反应池组成，并应符合下列要求：

1）吸附区的容积，不应小于生物反应池总容积的 1/4，吸附区的停留时间不应小于 0.5h。

2）当吸附区和再生区在一个反应池内时，沿生物反应池长度方向应设置多个进水口；进水口的位置应适应吸附区和再生区不同容积比例的需要；进水口的尺寸应按通过全部流量计算。

此条依据是国内污水处理厂的运行经验及国外有关资料。吸附再生生物反应池的特点是回流污泥先在再生区作较长时间的曝气，然后与污水在吸附区充分混合，作较短时间接触，但一般不小于 0.5h。

（7）完全混合生物反应池可分为合建式和分建式。合建式生物反应池的设计，应符合下列要求：

1）生物反应池宜采用圆形，曝气区的有效容积应包括导流区部分。据资料介绍，一般生物反应池的平均耗氧速率为 30～40mg/（L·h）。通过对上海某污水处理厂和湖北某印染厂污水站的生物反应池回流缝处实际测定的溶解氧，表明污泥室的溶解氧浓度不一定能满足生物反应池所需的耗氧速率，为安全计，合建式完全混合生物反应池曝气部分的容积包括导流区，但不包括污泥室容积。

2）沉淀区的表面水力负荷宜为 0.5～1.0m^3/（m^2·h）。根据国内运行经验，沉淀区的沉淀效果易受曝气区的影响。为了保证出水水质，宜满足此数值范围。

6.4.2 脱氮及硝化（A_NO 法）的基本计算

6.4.2.1 好氧区（池）容积

好氧区（池）容积，可按下列公式计算：

$$V_0 = \frac{Q(S_o - S_e)\theta_{co} Y_t}{1000X} \tag{6-39}$$

$$\theta_{co} = F\frac{1}{\mu} \tag{6-40}$$

式中 V_0——好氧区（池）容积（m^3）；

S_o——生物反应池进水 BOD_5 浓度（mg/L）；

S_e——生物反应池出水 BOD_5 浓度（mg/L）；

θ_{co}——好氧区（池）设计污泥泥龄（d）；

Y_t——污泥总产率系数（kgMLSS/kgBOD_5），宜根据试验资料确定。无试验资料时，系统有初次沉淀池时取 0.3，无初次沉淀池时取 0.6～1.0；

F——安全系数，为 1.5～3.0。

硝化菌比生长速率 μ 可按公式（6-12）计算；混合液回流量可按公式（6-14）计算。

6.4.2.2 缺氧区（池）容积

缺氧区（池）容积，可按下列公式计算：

$$V_n = \frac{0.001Q(N_k - N_{te}) - 0.12\Delta X_V}{K_{de}X} \tag{6-41}$$

$$\Delta X_V = yY_t\frac{Q(S_o - S_e)}{1000} \tag{6-42}$$

式中 V_n——缺氧区（池）容积（m^3）；

Q——生物反应池的设计流量（m^3/d）；

X——生物反应池内混合液悬浮固体平均浓度（gMLSS/L）；

N_k——生物反应池进水总凯氏氮浓度（mg/L）；

N_{te}——生物反应池出水总氮浓度（mg/L）；

ΔX_V——排出生物反应池系统的微生物量（kgMLVSS/d）；

K_{de}——脱氮速率［（kgNO_3－N）/（kgMLSS·d)］，宜根据试验资料确定。无试验资料时，20℃的 K_{de} 值可采用 0.03～0.06（kgNO_3－N）/（kgMLSS·d)，并按公式（6-13）进行温度修正；

y——MLSS 中 MLVSS 所占比例。

6.4.2.3　主要设计参数

缺氧/好氧法（A_NO 法）生物脱氮的主要设计参数，宜根据试验资料确定；无试验资料时，可采用经验数据或按表 6-7 的规定取值。

主要设计参数　　表 6-7

项　目		单　位	参　数　值
BOD_5 污泥负荷 L_s		$kgBOD_5$/（kgMLSS·d）	0.05～0.15
总氮负荷率		kgTN/（kgMLSS·d）	≤0.05
污泥浓度（MLSS）X		g/L	2.5～4.5
污泥泥龄 θ_c		d	11～23
污泥产率系数 Y		$kgVSS/kgBOD_5$	0.3～0.6
需氧量 O_2		$kgO_2/kgBOD_5$	1.1～2.0
水力停留时间 HRT		h	8～16
			其中缺氧段 0.5～3.0
污泥回流比 R		%	50～100
混合液回流比 R		%	100～400
总处理效率 η	BOD_5	%	90～95
	TN	%	60～85

6.4.2.4　说明

（1）在设计中虽然可以从参考文献中获得一些动力学数据，但由于污水的情况千差万别，因此只有试验数据才最符合实际情况，有条件时应通过试验获取数据。若无试验条件时，可通过相似水质、相似工艺的污水处理厂，获得数据。

（2）生物脱氮时，由于硝化细菌世代时间较长，要取得较好的脱氮效果，需较长泥龄。以脱氮为主要目标时，泥龄可取 11～23d。相应的五日生化需氧量污泥负荷较低、污泥产率较低、需氧量较大、水力停留时间也较长。表 6-7 所列设计参数为经验数据。

6.4.3　生物除磷（A_PO 法）的基本计算

6.4.3.1　厌氧区（池）容积

生物反应池中厌氧区（池）的容积，可按下式计算：

$$V_P = \frac{t_P Q}{24} \tag{6-43}$$

式中　V_P——厌氧区（池）容积（m^3）；

t_P——厌氧区（池）水力停留时间（h），宜为 1～2；

Q——设计污水流量（m^3/d）。

6.4.3.2　主要设计参数

厌氧/好氧法（A_PO 法）生物除磷的主要设计参数，宜根据试验资料确定；无试验资料时，可采用经验数据或按表 6-8 的规定取值。

主要设计参数 表 6-8

项目		单位	参数值
BOD_5污泥负荷 L_s		$kgBOD_5/(kgMLSS \cdot d)$	0.4～0.7
污泥浓度（MLSS）X		g/L	2.0～4.0
污泥泥龄 θ_c		d	3.5～7
污泥产率系数 Y		$kgVSS/kgBOD_5$	0.4～0.8
污泥含磷率		kgTP/kgVSS	0.03～0.07
需氧量 O_2		$kgO_2/kgBOD_5$	0.7～1.1
水力停留时间 HRT		h	3～8
			其中厌氧段 1～2
			A_p : O=1 : 2～1 : 3
污泥回流比 R		%	40～100
总处理效率 η	BOD_5	%	80～90
	TP	%	75～85

6.4.3.3 说明

（1）采用生物除磷工艺处理污水时，剩余污泥宜采用机械浓缩。这是由于生物除磷工艺的剩余污泥在污泥浓缩池中浓缩时会因厌氧放出大量磷酸盐，用机械法浓缩污泥可缩短浓缩时间，减少磷酸盐析出量。

（2）生物除磷的剩余污泥，采用厌氧消化处理时，输送厌氧消化污泥或污泥脱水滤液的管道，应有除垢措施。对含磷高的液体，宜先除磷再返回污水处理系统。这是由于生物除磷工艺的剩余活性污泥厌氧消化时会产生大量灰白色的磷酸盐沉积物，这种沉积物极易堵塞管道。青岛某污水处理厂采用 AAO（又称 A^2O）工艺处理污水，该厂在消化池出泥管、后浓缩池进泥管、后浓缩池上清液管道和污泥脱水后滤液管道中均发现了灰白色沉积物，弯管处尤甚，严重影响了系统正常运行。这种灰白色沉积物质地坚硬，不溶于水；经盐酸浸泡，无法去除。该厂在这些管道的转弯处增加了法兰，还拟对消化池出泥管进行改造，将原有的内置式管道改为外部管道，便于经常冲洗保养。污泥脱水滤液和第二级消化池上清液，磷浓度十分高，如不除磷，直接回到集水池，则磷从水中转移到泥中，再从泥中转移到水中，只是在处理系统中循环，将严重影响磷的去除效率。这类磷酸盐宜采用化学法去除。.

6.4.4 同时脱氮除磷（A^2O 法）的基本计算

6.4.4.1 厌氧区（池）容积

宜按本手册第 6.4.3 节相关规定计算。

6.4.4.2 缺氧区（池）容积

宜按本手册第 6.4.2.2 节相关规定计算。

6.4.4.3 好氧区（池）容积

宜按本手册第 6.4.2.1 节相关规定计算。

6.4.4.4 主要设计参数

厌氧/缺氧/好氧法（AAO 法，又称 A^2O 法）生物脱氮除磷的主要设计参数，宜根据试验资料确定；无试验资料时，可采用经验数据或按表 6-9 的规定取值。

主要设计参数　表 6-9

项　目		单　位	参 数 值
BOD_5 污泥负荷 L_s		$kgBOD_5/(kgMLSS \cdot d)$	0.1～0.2
污泥浓度（MLSS）X		g/L	2.5～4.5
污泥泥龄 θ_c		d	10～20
污泥产率系数 Y		$kgVSS/kgBOD_5$	0.3～0.6
需氧量 O_2		$kgO_2/kgBOD_5$	1.1～1.8
水力停留时间 HRT		h	7～14
			其中厌氧 1～2
			缺氧 0.5～3
污泥回流比 R		%	20～100
泥合液回流比 R_i		%	≥200
总处理效率 η	BOD_5	%	85～95
	TP	%	50～75
	TN	%	55～80

6.4.4.5　说明

根据需要，厌氧/缺氧/好氧法（AAO 法，又称 A^2O 法）的工艺流程中，可改变进水和回流污泥的布置形式，调整为前置缺氧区（池）或串联增加缺氧区（池）和好氧区（池）等变形工艺。

6.4.5　剩余污泥量的基本计算

6.4.5.1　计算公式

剩余污泥量，可按下列公式计算：

（1）按污泥泥龄计算：

$$\Delta X = \frac{VX}{\theta_c} \tag{6-44}$$

（2）按污泥产率系数、衰减系数及不可生物降解和惰性悬浮物计算：

$$\Delta X = YQ(S_o - S_e) - K_d VX_V + fQ(SS_o - SS_e) \tag{6-45}$$

式中　ΔX——剩余污泥量（kgSS/d）；

V——生物反应池的容积（m^3）；

X——生物反应池内混合液悬浮固体平均浓度（gMLSS/L）；

θ_c——污泥泥龄（d）；

Y——污泥产率系数（$kgVSS/kgBOD_5$），20℃时为 0.3～0.8；

Q——设计平均日污水量（m^3/d）；

S_o——生物反应池进水 BOD_5 浓度（kg/m^3）；

S_e——生物反应池出水 BOD_5 浓度（kg/m^3）；

K_d——衰减系数（d^{-1}）；

X_V——生物反应池内混合液挥发性悬浮固体平均浓度（gMLVSS/L）；

f——SS的污泥转换率，宜根据试验资料确定，无试验资料时可取0.5～0.7 gMLVSS/gSS；

SS_o——生物反应池进水悬浮物浓度（kg/m^3）；

SS_e——生物反应池出水悬浮物浓度（kg/m^3）。

6.4.5.2 说明

（1）公式（6-44）中，剩余污泥量与污泥泥龄成反比关系。

（2）公式（6-45）中的Y值为污泥产率系数。理论上污泥产率系数是指单位五日生化需氧量降解后产生的微生物量。

（3）由于微生物在内源呼吸时要自我分解一部分，其值随内源衰减系数（泥龄、温度等因素的函数）和泥龄变化而变化，不是一个常数。

（4）污泥产率系数Y，采用活性污泥法去除碳源污染物时为0.4～0.8；采用A_NO法时为0.3～0.6；采用A_PO法时为0.4～0.8；采用AAO法时为0.3～0.6，范围为0.3～0.8。

（5）由于原污水中有相当量的惰性悬浮固体，它们原封不动地沉积到污泥中，在许多不设初次沉淀池的处理工艺中其值更大。计算剩余污泥量必须考虑原水中惰性悬浮固体的含量，否则计算所得的剩余污泥量往往偏小。由于水质差异很大，因此悬浮固体的污泥转换率相差也很大。德国废水工程协会（ATV）推荐取0.6。日本指南推荐取0.9～1.0。

（6）设计参数可选择1～1.5kgMLSS/kgBOD_5，经过核算悬浮固体的污泥转换率大于0.7。

（7）悬浮固体的污泥转换率，有条件时可根据试验确定，或参照相似水质污水处理厂的实测数据。当无试验条件时可取0.5～0.7 gMLSS/gSS。

（8）活性污泥中，自养菌所占比例极小，故可忽略不计。出水中的悬浮物没有单独计入。若出水的悬浮物含量过高时，可自行斟酌计入。

6.4.6 需氧量的基本计算

6.4.6.1 需氧量计算公式

生物反应池中好氧区的污水需氧量，根据去除的五日生化需氧量、氨氮的硝化和除氮等要求，宜按下式计算：

$$O_2 = 0.001aQ(S_o - S_e) - c\Delta X_V + b[0.001Q(N_k - N_{ke}) - 0.12\Delta X_V] - 0.62b[0.001Q(N_t - N_{ke} - N_{oe}) - 0.12\Delta X_V] \quad (6\text{-}46)$$

式中 O_2——污水需氧量（kgO_2/d）；

Q——生物反应池的进水流量（m^3/d）；

S_o——生物反应池进水BOD_5浓度（mg/L）；

S_e——生物反应池出水BOD_5浓度（mg/L）；

ΔX_V——排出生物反应池系统的微生物量（kg/d）；

N_k——生物反应池进水总凯氏氮浓度（mg/L）；

N_{ke}——生物反应池出水总凯氏氮浓度（mg/L）；

N_t——生物反应池进水总氮浓度（mg/L）；

N_{oe}——生物反应池出水硝态氮浓度（mg/L）；

$0.12\Delta X_V$——排出生物反应池系统的微生物中含氮量（kg/d）；

a——碳的氧当量，当含碳物质以 BOD_5 计时，取 1.47；

b——常数，氧化每千克氨氮所需氧量（kgO_2/kgN），取 4.57；

c——常数，细菌细胞的氧当量，取 1.42。

去除含碳污染物时，去除每千克五日生化需氧量可采用 0.7～1.2 kgO_2。

6.4.6.2　曝气装置传氧速率计算公式

（1）实际传氧速率和标准传氧速率的折算：目前广泛采用的测定曝气装置的方法，是在清水中用亚硫酸钠和氧化钴消氧，然后用拟测定的曝气装置充氧，求出该装置的总传氧系数 K_La 值。此值是在 1 个大气压、20℃、起始 DO 值为零的清水中得出的。试验在无氧消耗的不稳定状态下进行。这样最后得出的传氧速率（kgO_2/h），称为标准传氧速率(Standard Oxygen Rate)，简称 SOR。

在实际应用中，充氧的介质不是清水，而是混合液；温度不是 20℃，而是 T℃；稳定的 DO 值不是零，而是一般按 2mg/L 计算。混合液的饱和溶解氧值，曝气装置在混合液中的 K_La 值，均与在清水中不同，需要乘以修正系数。因此，在实际应用中，实际的传氧速率（Actual Oxygen Rate，简称 AOR）数值与上述的标准传氧速率不同。为了选择曝气装置和设备，需要把实际传氧速率换算为标准传氧速率。

由于表曝机和鼓风曝气装置竖向位置不同，所以其换算公式略有不同。

设以 N_0 代表 SOR，N 代表 AOR，则二者的换算公式如下：

对于表曝机：

$$N=\alpha N_0\frac{\beta C_{sw}-C_0}{C_s}\times 1.024^{(T-20)} \tag{6-47}$$

对于鼓风曝气装置：

$$N=\alpha N_0\frac{\beta C_{sm}-C_0}{C_s}\times 1.024^{(T-20)} \tag{6-48}$$

式中　α——混合液中 K_La 值与清水中 K_La 值之比，即（K_La）污（K_La）清，一般为 0.8～0.85；

β——混合液的饱和溶解氧值与清水的饱和溶解氧值之比，一般为 0.9～0.97；

C_{sw}——清水表面处饱和溶解氧（mg/L），温度为 T℃，实际计算压力 p_a；

C_0——混合液剩余 DO 值，一般用 2mg/L；

C_s——标准条件下清水中饱和溶解氧，等于 9.17mg/L；

T——混合液温度，一般为 5～30℃；

C_{sm}——按曝气装置在水下深度处至池面的清水平均溶解氧值（mg/L），温度为 T℃，实际计算压力：

$$C_{sm}=C_{sw}\left(\frac{O_t}{42}+\frac{p_b}{2\times p_a}\right) \tag{6-49}$$

其中　O_t——曝气池逸出气体中含氧量（%）；

$$O_t=\frac{21(1-E_A)}{79+21(1-E_A)}\times 100 \tag{6-50}$$

其中　E_A——氧利用率（%）；

p_b——曝气装置处绝对压力（MPa）。

（2）供空气体积（G_s）计算：

$$G_s = \frac{N_0}{0.3E_A}(m^3/h) \tag{6-51}$$

6.4.6.3 鼓风机功率计算公式

（1）鼓风曝气时，可按公式（6-52）将标准状态下的污水需氧量，换算为标准状态下的供气量。

$$G_S = \frac{O_S}{0.28E_A} \tag{6-52}$$

式中 G_S——标准状态下供气量（m^3/h）；

0.28——标准状态（0.1MPa、20℃）下每立方米空气中含氧量（kgO_2/m^3）；

O_S——标准状态下生物反应池污水需氧量（kgO_2/m^3）；

E_A——曝气器氧的利用率（%）。

（2）增加鼓风机功率计算公式

1）鼓风机功率计算公式一

$$P = \frac{G_s p}{7.5n} \times 2.05 \tag{6-53}$$

式中 P——鼓风机功率（kW）；

p——风压（MPa）；

n——风机效率，一般为0.7～0.8。

2）鼓风机功率计算公式二

离心式鼓风机的功率计算见下式：

$$P_w = \frac{\omega R T_1}{29.7n\eta}\left[\left(\frac{p_2}{p_1}\right)^n - 1\right] \tag{6-54}$$

式中 P_w——鼓风机的功率需求（kW）；

ω——空气的质量流量（kg/s）；

R——空气的工程气体常数，8.314 kJ/(kmol·K)；

T_1——鼓风机入口气体绝对温度（K）；

p_1——入口绝对压力（MPa）；

p_2——出口绝对压力（MPa）；

n——空气常数，$n = (k-1)/k = 0.283$；

k——绝热指数，空气取1.395；

η——风机效率，风机效率通常为0.70～0.90 。

鼓风机理论绝热温升计算见下式：

$$\Delta T = T_1\left[\left(\frac{p_2}{p_1}\right)^n - 1\right] \tag{6-55}$$

式中 ΔT——绝热温升（K）；

其他参数意义同前。

6.5 计 算 例 题

【例 6-3】 某拟建污水处理厂规模为 10 万 m^3/d，不设初次沉淀池，采用 A^2/O 工艺，设计进出水水质如表 6-10 所示，当地大气压力为 101325Pa，计算厌氧池、缺氧池、好氧池的有效容积及实际需氧量和标准供气量。

设计进出水水质 **表 6-10**

项　目	单位	设计进水水质	设计出水水质
BOD_5	mg/L	200	20
SS	mg/L	250	20
TN	mg/L	55	20
TKN	mg/L	50	—
NH_4-N	mg/L	—	8
TP	mg/L	5	1.0
碱度（以 $CaCO_3$ 计）	mg/L	250	—
pH 值		7	—
平均低水温	℃	15	
平均高水温	℃	25	

【解】 工艺系统示意图见图 6-6

(1) 好氧区计算

1) 计算低水温条件下硝化菌的最大比增长速率 μ

硝化作用中氮的半速率常数 K_n 的典型值为 1.0mg/L，按公式（6-12）有：

$$\mu = 0.47\frac{N_a}{K_n + N_a}e^{0.098(T-15)} = 0.47 \times \frac{8.0}{1.0 + 8.0} \times e^{0.098 \times (15-15)} = 0.418\ d^{-1}$$

2) 计算好氧区设计污泥泥龄

安全系数 $F=3.0$，按公式（6-40）有：

$$\theta_{co} = F\frac{1}{\mu} = 3.0 \times \frac{1}{0.418} = 7.18d$$

3) 计算好氧区容积

污泥总产率系数 Y_t 为 1.0 kgMLSS/kgBOD_5，混合液悬浮固体平均浓度 $X=4.0$gMLSS/L，按公式（6-39）有：

$$V_0 = \frac{Q(S_o - S_e)\theta_{co}Y_t}{1000X}$$

$$= \frac{100000 \times (200-20) \times 7.18 \times 1.0}{1000 \times 4} = 32310\ m^3$$

4) 好氧区水力停留时间 HRT_1

按公式（6-37）计算：

$$t_m = \frac{V}{Q}，则\ HRT_1 = 32310 \div 100000 \times 24 = 7.8h$$

5）污泥负荷 F/M

由 $V=\dfrac{Q(S_o-S_e)}{1000L_sX}$ 得：

$$L_s=\frac{100000\times(200-20)}{1000\times4\times32310}=0.14\text{kg BOD}_5/(\text{kg MLSS}\cdot\text{d})$$

（2）剩余污泥量计算

1）计算设计低水温下的衰减系数 K_d

$K_{dT}=K_{d20}\times(\theta_T)^{T-20}$，20℃时的衰减系数 K_{d20} 为 $0.060d^{-1}$；温度系数 θ_T 为1.05。则：

$$K_{d15}=0.06\times(1.05)^{15-20}=0.047d^{-1}$$

2）剩余污泥量 ΔX

取污泥产率系数 Y=0.6 kgVSS/kgBOD$_5$，SS的污泥转换率 f=0.5 gMLVSS/gSS；

MLSS中MLVSS所占比例 $y=\dfrac{\text{MLVSS}}{\text{MLSS}}=0.6$，生物反应池内混合液挥发性悬浮固体平均浓度 $X_V=0.6\times X=2.4$ gMLVSS/L，按公式（6-45）有：

$$\begin{aligned}\Delta X&=YQ(S_o-S_e)-K_dVX_V+fQ(SS_o-SS_e)\\&=\frac{0.6\times100000\times(200-20)}{1000}-0.047\times32310\times2.4+0.5\times\frac{100000\times(250-20)}{1000}\\&=10800-3645+11500\\&=18655\text{kg/d}\end{aligned}$$

（3）缺氧区容积计算

取20℃时的脱氮速率为0.06 kgNO$_3$－N/(kgMLSS·d)

1）计算设计低水温时的反硝化脱氮速率

按公式（6-13）计算：

$$K_{de(T)}=K_{de(20)}1.08^{(T-20)}$$

$$K_{de(15)}=K_{de(20)}1.08^{(15-20)}=0.06\times1.08^{-5}=0.0408\text{kgNO}_3-\text{N}/(\text{kgMLSS}\cdot\text{d})$$

2）计算排出生物反应池系统的微生物量 ΔX_V；

$$\Delta X_V=yY_t\frac{Q(S_o-S_e)}{1000}=0.6\times1.0\times\frac{100000\times(200-20)}{1000}=10800\text{kgMLVSS/d}$$

3）计算缺氧区容积

$$\begin{aligned}V_n&=\frac{0.001Q(N_k-N_{te})-0.12\Delta X_V}{K_{de}X}\\&=\frac{0.001\times100000\times(50-20)-0.12\times10800}{0.0408\times4}=10441\text{m}^3\end{aligned}$$

4）计算缺氧区水力停留时间 HRT$_2$

$$\text{HRT}_2=10441\div100000\times24=2.5\text{h}$$

5）计算混合液回流量 Q_{Ri}（为方便计算，取出水氨氮值为出水总凯氏氮值）

设回流污泥比 R=100%，出水氨氮值近似认为出水的总凯氏氮，按公式（6-14）有：

$$\begin{aligned}Q_{Ri}&=\frac{1000V_nK_{de}X}{N_{te}-N_{ke}}-Q_R\\&=\frac{1000\times10441\times0.0408\times4}{20-8}-100000=41998\text{m}^3/\text{d}\end{aligned}$$

混合液总回流比 $r=\frac{Q_{Ri}+Q_R}{Q}=\frac{41998+100000}{100000}=1.42$，实际设计时可适当留有余地，如取 $r=200\%$。

6）缺氧区泥龄 $=\frac{V\cdot X}{\Delta X}=\frac{10441\times4}{18655}=2.24d$

（4）厌氧区容积计算

1）厌氧区容积

取厌氧区水力停留时间 $t_p=2.0h$，按公式（6-43）有：

$$V_P=\frac{t_PQ}{24}=\frac{2.0\times100000}{24}=8333m^3$$

2）厌氧区泥龄 $=\frac{V\cdot X}{\Delta X}=\frac{8333\times4}{18655}=1.79d$

（5）小计

总水力停留时间 HRT＝7.8＋2.5＋2.0＝12.3h

总容积 $V=32310+10441+8333=51084m^3$

总泥龄 $\theta_c=7.18+2.24+1.79=11.21d$

（6）生物反应池中污水需氧量计算

污水需氧量计算公式见公式（6-46），由去除含碳污染物的需氧量、剩余污泥氧当量、氧化氨氮需氧量及反硝化脱氮回收氧量等几部分组成，下面分别计算：

1）去除含碳污染物的需氧量

$=0.001aQ(S_o-S_e)$

$=0.001\times1.47\times100000\times(200-20)$

$=26460kgO_2/d$

2）剩余污泥氧当量

$=c\Delta X_V=1.42\times10800=15336kgO_2/d$

3）氧化氨氮需氧量

$=b[0.001Q(N_k-N_{ke})-0.12\Delta X_V]$

$=4.57\times[0.001\times100000\times(50-8)-0.12\times10800]$

$=4.57\times2904$

$=13271kgO_2/d$

4）反硝化脱氮回收氧量

$=0.62b[0.001Q(N_t-N_{ke}-N_{oe})-0.12\Delta X_V]$

$=0.62\times4.57\times\{0.001\times100000\times[55-8-(20-8)]-0.12\times10800\}$

$=0.62\times4.57\times2204$

$=6245kgO_2/d$

5）需氧量

需氧量 $=26460-15336+13271-6245=18150kgO_2/d$

折合每千克 BOD_5 耗氧量 $=\frac{18150\times1000}{(200-20)\times100000}=1.01kgO_2/kgBOD_5$

（7）标准传氧速率（SOR）计算

已知当地大气压力 P=101.325kPa，设当地空气氧含量21%，混合液中 K_{la} 与清水中 K_{la} 比值 α=0.8，混合液饱和溶解氧与清水饱和溶解氧比值 β=0.9，混合液剩余溶解氧值 C_0=2mg/L，标准条件下清水中饱和溶解氧 C_s−9.17mg/L，标准气压下 T−25℃时，清水表面处饱和溶解氧为8.24mg/L。

$$C_{sw}=8.24\times101.325\div101.325=8.24\text{mg/L}$$

1）采用表曝机时的标准供氧速度 N_0

对于表曝机，将 α、β、C_{sw}、C_0、T 及 N 代入公式（6-47）中有：

$$N_0=\frac{18150\times9.17}{0.8\times(0.9\times8.24-2)\times1.024^{(25-20)}}=34118\text{kgO}_2/\text{d}$$

2）采用鼓风曝气时的标准供氧速度 N_0

设曝气装置安装水深5.8m，氧利用率 E_A=25%

① 曝气装置处绝对压力 P_b=101.325+5.8÷10.332×101.3247=158.2kPa

② 按公式（6-50）计算曝气池逸出气体中含氧率：

$$O_t=\frac{21\times(1-0.25)}{79+21\times(1-0.25)}\times100=16.6\%$$

③ 按公式（6-49）计算曝气装置处清水溶解氧 C_{sm}：

$$C_{sm}=8.24\times\left(\frac{16.6}{42}+\frac{10\times0.158}{2.068}\right)=9.45\text{mg/L}$$

④ 按公式（6-48）计算标准供氧速度 N_0

$$N_0=\frac{18150\times9.17}{0.8\times(0.9\times9.45-2)\times1.024^{(25-20)}}=28406\text{kg O}_2/\text{d}$$

⑤ 按公式（6-52）计算供空气体积 G_s

$$G_s=\frac{28406}{0.28\times0.25\times24}=16908\text{ m}^3/\text{h}$$

折合去除每千克 BOD_5 供气量（g_s）为：

$$g_s=\frac{16908\times24\times1000}{100000\times(200-20)}=22.5\text{ m}^3/\text{kg BOD}_5$$

$$气水比=\frac{16908\times24}{100000}=4.1$$

（8）碱度核算

pH值对活性污泥法的影响详见6.2.3节。

生物反应池出水的剩余总碱度 Alk_e＝进水总碱度 Alk_o＋去除 BOD_5 产生的碱度 $d_{Ca(BOD)}$＋反硝化产生的碱度 $d_{Ca(NO_3)}$－硝化过程消耗的碱度 $d_{Ca(NH_4)}$。

$d_{Ca(BOD)}$=0.3×(200−20)=54.0mgCaCO$_3$/L

$d_{Ca(NO_3)}$=3×2204×1000÷100000=66.1mgCaCO$_3$/L

$d_{Ca(NH_4)}$=7.14×2904×1000÷100000=207.3mgCaCO$_3$/L

生物反应池出水的剩余总碱度 $Alk_e=Alk_o+d_{Ca(BOD)}+d_{Ca(NO_3)}-d_{Ca(NH_4)}$

$=250+54.0+66.1-207.3$

$=162.8\text{mgCaCO}_3/\text{L}$

（9）小结

经计算，生物反应池的总容积为51084m³，其中厌氧区8333m³，缺氧区10441m³，好氧区32310m³；生物反应池的总泥龄为11.21d，其中厌氧区1.79d，缺氧区2.24d，好氧区7.18d；生物反应池的总水力停留时间为12.3h，其中厌氧区2.0h，缺氧区2.5h，好氧区7.8h；剩余污泥量为18655kg/d；混合液总回流比为200%；需氧量为18150kgO_2/d；采用表曝机时的标准供氧速度为34118kgO_2/d，采用鼓风曝气时的标准供氧速度为28406kgO_2/d；生物反应池出水的剩余总碱度为162.8mg$CaCO_3$/L，大于70mg/L，满足要求。

6.6　曝气池池型

曝气池池型主要有推流式和完全混合式两大类。影响池型的主要因素是所用曝气装置的种类及其布置方式。

6.6.1　推流式

（1）平面布置：推流池为长条形池子，水从池的一端进入，从另一端推流出去。推流池多用鼓风曝气，但表曝机同样能够应用。最简单的推流池，见图6-41。

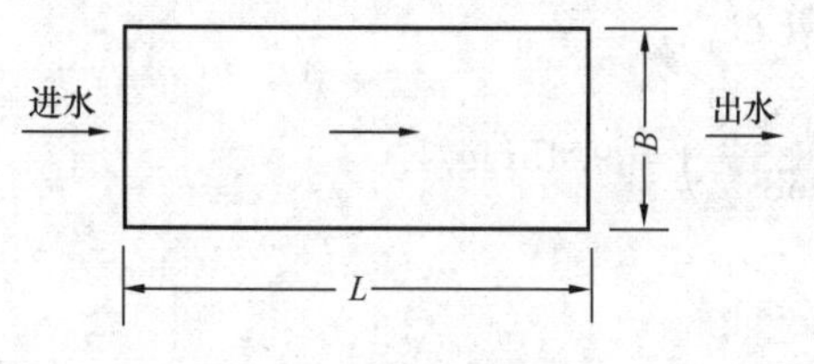

图6-41　最简单的推流池

推流曝气池池长与池宽之比（L/B），一般为5～10，视场地情况酌定。进水方式不限，出水多用溢流堰，水位较固定。

当场地有限制时，长池可以两折或多折，污水仍从一端入，一端出。见图6-42。

当两折或多折池的进口和出口连通，使污水可在曝气池中周而复始地循环流动时，即成为氧化沟的池型（见图6-43）。

（2）横断面布置：在池的横断面上，有效水深最小为3m，最大为9m。

曝气池的超高一般为0.5m，为了防风和防冻等需要，还可适当加高。当采用表曝机时，机械平台宜高出水面1m左右。

池宽与有效水深之比（B/H），一般为1～2。

当采用池底满铺多孔型曝气装置时，曝气池中水流只有沿池长方向的速度，为平移推流（见图6-44）。

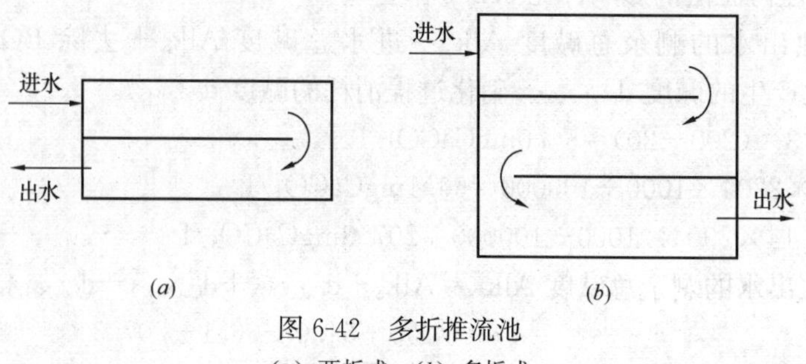

图6-42　多折推流池

（a）两折式；（b）多折式

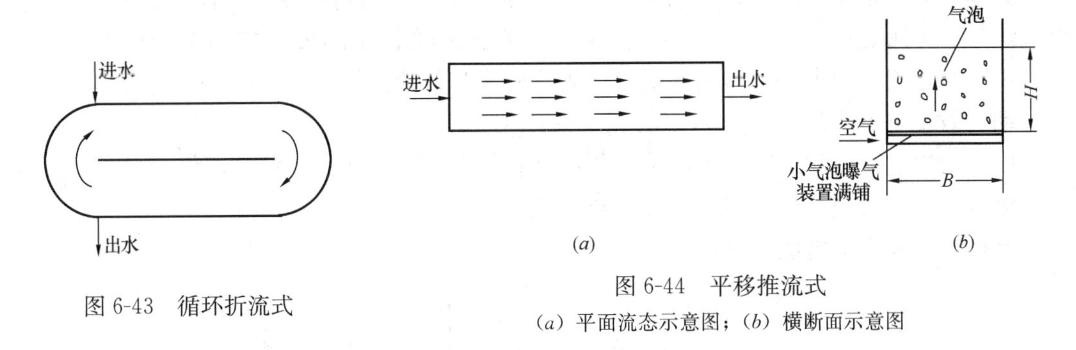

图 6-43 循环折流式

图 6-44 平移推流式
(a) 平面流态示意图；(b) 横断面示意图

6.6.2 完全混合式

完全混合式一般为圆形，也可用正方形或矩形。曝气装置多用表曝机，置于池中心，污水进入搅拌中心立即和全池混合，全池的水质没有推流式那样明显的上下游区别。

完全混合池有分建式和合建式。

(1) 分建式：在分建式表曝池中，叶轮表曝机性能与池型结构有相互影响。

当采用泵型叶轮时：

1) 影响充氧量的池型系数 K_1 及影响叶轮轴功率的池型系数 K_2 已见第 6.7.3 节。

2) 当叶轮常用线速在 4～5m/s 范围时，曝气池直径与叶轮直径之比，宜为 4.5～7.5；曝气池水深与叶轮直径之比，宜为 2.5～4.5。

3) 在圆形池中，要在水面处设置挡流板，一般为 4 块，宽度为池直径的$\frac{1}{15}$～$\frac{1}{20}$，高度为深度的$\frac{1}{4}$～$\frac{1}{5}$。在方形池中，可不设挡流板。

当采用倒伞型和平板型叶轮时，叶轮直径与曝气池直径之比，可用$\frac{1}{3}$～$\frac{1}{5}$。

分建式完全混合池既可用表曝机，也可用鼓风曝气装置。见图 6-45。

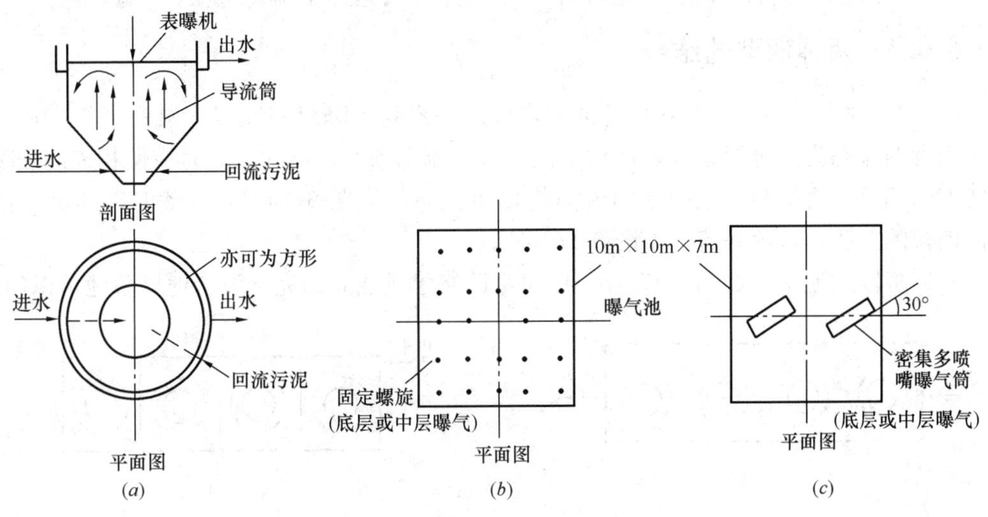

图 6-45 分建式完全混合池
(a) 分建式表曝池；(b) 分建式固定螺旋曝气池；(c) 分建式密集多喷嘴曝气池

分建式虽不如合建式紧凑，仍需专设回流污泥设备，但运行上便于控制，没有合建式中曝气池与二次沉淀池的相互干扰，回流比明确，在我国城市污水处理中应用较合建式多。

(2) 合建式：池中曝气区内应避免设置立柱或其他挡流结构，否则涡流过多，电耗增加，动力效率将下降。

由于我国已有合建式曝气沉淀池复用图（直径 14m 及 16m 两种），可供参考，有关曝气沉淀池构造的其他具体规定，在此不再赘述。

合建式还有其他做法，见图 6-46。

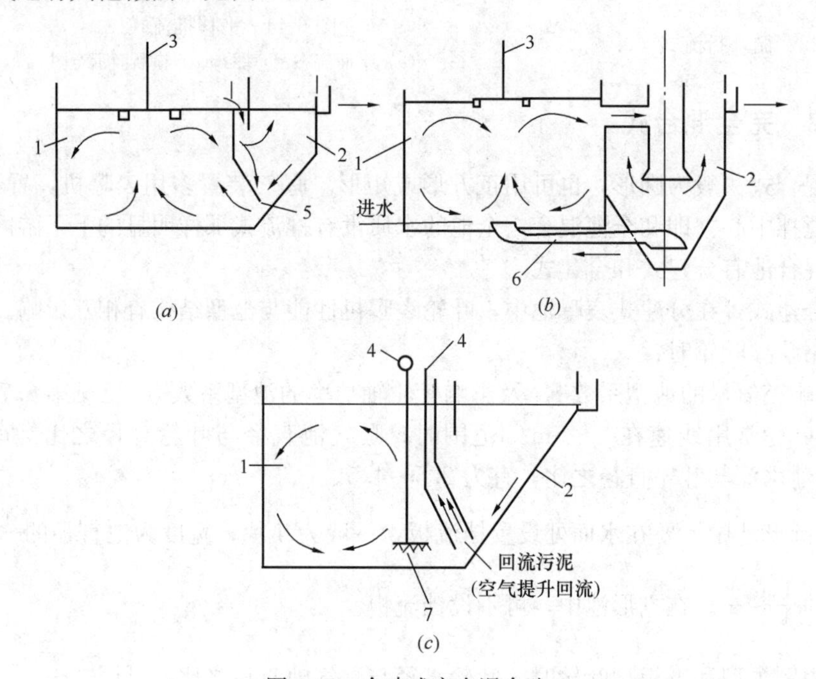

图 6-46 合建式完全混合池

(a) 方案一；(b) 方案二；(c) 方案三

1—曝气池；2—二次沉淀池；3—表曝机；4—空气管；5—回流缝；6—回流污泥管；7—曝气装置

6.6.3 两种池型的结合

(1) “一池多机”做法：在推流池中，可用一系列表曝机串联以充氧和搅拌。每个表曝机周围的流态为完全混合式，而对全池而言，流态则为推流式。此时应使相邻的表曝机旋转方向相反，否则两机之间水的流向将发生冲突，见图 6-47 (*a*)。此时，亦可采用加横向挡板的办法，避免涡流，见图 6-47 (*b*)。

(2) 多段式池型：将图 6-47 (*b*) 中每个区格建成独立的完全混合池，各池可以串联，

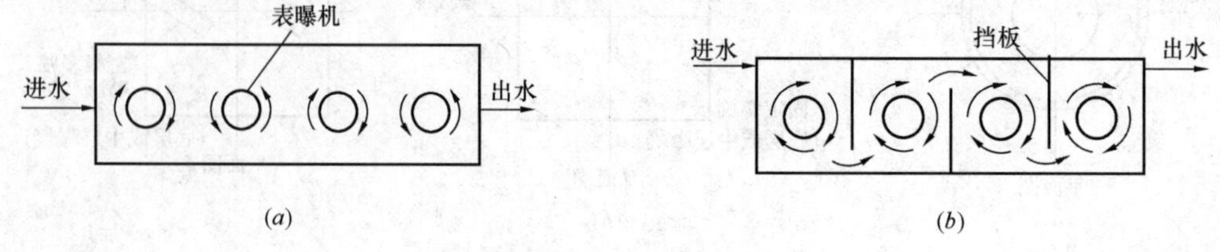

图 6-47 “一池多机”做法

(a) 方案一；(b) 方案二

亦可部分或全部并联，个别池亦可专作再生池使用。这种池型可兼有推流式和完全混合式的好处，且有更大的灵活性。近年氧气曝气、生物脱氮等工艺多采用此种池型。

最后，在所有类型的曝气池中，设计时均宜在池深二分之一处预留排液管，供驯化活性污泥时排液用。

6.7 曝气设施

6.7.1 一般要求

对曝气设施一般有以下要求：

(1) 在满足曝气池设计流量时生化反应的需氧量以外，还应使混合液含有一定剩余DO值，一般按2mg/L计。

(2) 使混合液始终保持悬浮状态，不致产生沉淀，一般应使池中平均水流速度在0.25m/s左右。

(3) 设施的充氧能力应便于调节，有适应需氧变化的灵活性。

(4) 充氧装置一般选用易于购到的可靠商品，附有清水试验的技术资料。

(5) 在满足需氧要求的前提下，充氧装置的动力效率 [kgO_2/(kW·h)] 和氧利用率 (%) 应力求较高。

(6) 充氧装置应易于维修，不易堵塞；出现故障时，应易于排除。

(7) 应考虑气候因素，如冬季溅水结冰问题。

(8) 应考虑环境因素，如噪声问题、臭气问题等。

此外，还应结合工艺的要求（如池型、水深、有无脱硝要求等）综合考虑对曝气设施的选择。

6.7.2 鼓风曝气设施

鼓风曝气亦称压气曝气，其设施包括风机、风机房、风管系统、充氧装置（或曝气头）。

(1) 风机的选择

国产各种罗茨鼓风机、离心式鼓风机、通风机的规格，参见样本。

罗茨（定容式）鼓风机在中、小型污水处理厂最常用，国产单机风量在80m^3/min以下，风压有35.5kPa、50.7kPa、71kPa、91.2kPa、111.5kPa，而以50.7kPa者运行最稳定，采用最多。罗茨鼓风机噪声大，必须采取消声、隔声措施。

离心式鼓风机噪声较小，一般可达85dB，且效率较高，适用于大、中型污水处理厂。我国离心式鼓风机使用经验还不多，特别是大型离心式鼓风机还有待试制，选用时应与生产厂密切配合。机组工作点应避开喘振区，喘振区须由生产厂提供。风压在12kPa以下的轴流通风机，在浅层曝气中采用。

(2) 风管系统计算

1) 风管系统包括由风机出口至充氧装置（曝气头）的管道。一般采用焊接钢管。

2) 曝气池的风管宜连成环网，以增加灵活性。

风管接入曝气池（或污泥池）时，管顶应高出水面至少0.5m，以免回水。

3）风管中空气流速一般采用：

干、支管：10～15m/s；

竖管、小支管：4～5m/s。

流速不宜过高，以免发出噪声。

4）计算温度采用鼓风机的排风温度（参照风机资料），在寒冷地区空气如需加温时，采用加温后的空气温度计算。

5）风管的直径 DN、流量 Q、流速 v 之间的关系见图 6-48。风管的总阻力 h 可用下

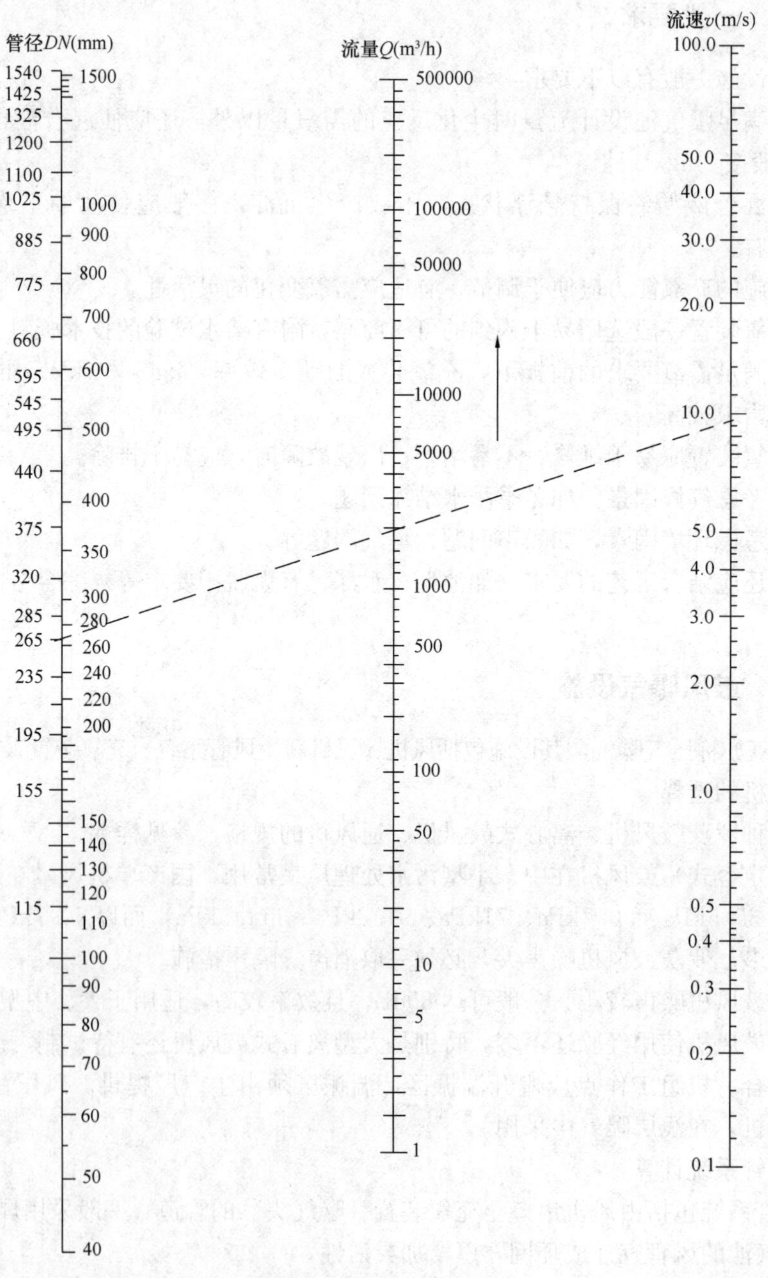

图 6-48　空气管道计算

式计算：

$$h = h_1 + h_2 \tag{6-56}$$

式中 h_1——风管的沿程阻力（Pa）；

h_2——风管的局部阻力（Pa）。

① 风管的沿程阻力，可按公式（6-57）计算（见表 6-11）：

空气管沿程阻力损失值［流速 v（m/s），阻力损失 i（Pa）］ **表 6-11**

Q		DN (mm)					
		25		40		50	
m^3/h	m^3/s	v	i	v	i	v	i
5.76	0.0016	3.26	10.38				
6.48	0.0018	3.67	13.00				
7.20	0.0020	4.08	16.00				
8.10	0.00225	4.59	19.80				
9.00	0.00250	5.10	24.50				
9.90	0.00275	5.61	29.30				
10.80	0.00300	6.12	34.60				
12.60	0.00350	7.14	46.80				
14.40	0.0040	8.16	60.70	3.18	5.42		
16.20	0.0045	9.18	76.50	3.58	7.00		
18.00	0.0050	10.20	93.00	3.97	8.40		
21.60	0.0060	12.24	131.00	4.76	11.90	3.06	3.76
25.20	0.0070	14.28	178.00	5.57	16.00	3.57	5.08
28.80	0.0080	16.30	227.00	6.38	20.60	4.08	6.56
32.40	0.0090	18.35	290.00	7.18	27.10	4.59	8.23
36.00	0.0100	20.40	353.00	7.96	31.70	5.10	10.07

Q		DN (mm)									
		40		50		75		100		150	
m^3/h	m^3/s	v	i	v	i	v	i	v	i	v	i
43.20	0.0120	9.54	44.20	6.12	14.26						
50.40	0.0140	11.20	63.00	7.14	19.25	3.17	2.40				
57.60	0.0160	12.80	81.30	8.16	24.80	3.62	3.08				
64.80	0.0180	14.30	100.00	9.18	31.10	4.08	3.92				
72.00	0.0200	15.96	121.00	10.20	38.10	4.53	4.77				
81.00	0.0225	17.90	153.00	11.50	47.70	5.09	5.95				
90.00	0.0250	19.90	188.00	12.75	59.10	5.66	7.33	3.18	1.68		
99.00	0.0275			14.04	70.50	6.23	8.75	3.50	2.02		
108.00	0.0300			15.30	83.20	6.80	10.45	3.82	2.39		
126.00	0.0350			17.85	112.50	7.93	14.05	4.45	3.20		
144.00	0.0400			20.40	144.50	9.06	18.30	5.09	4.14		
162.00	0.0450			22.95	181.00	10.20	22.70	5.72	5.18		
180.00	0.050					11.32	27.90	6.36	6.35		
216.00	0.060					13.60	39.70	7.64	9.05	3.40	1.14
252.00	0.070					15.85	52.70	8.91	12.13	3.96	1.52
288.00	0.080					18.11	69.10	10.18	15.80	4.53	1.97
324.00	0.090					20.35	86.00	11.45	19.55	5.09	2.47

续表

Q		DN (mm)													
		100		150		200		250		300		350		400	
m^3/h	m^3/s	v	i	v	i	v	i	v	i	v	i	v	i	v	i
360.00	0.100	12.72	23.90	5.66	3.01	3.18	0.692								
432.00	0.120	15.27	34.40	6.79	4.30	3.82	0.935								
504.00	0.140	17.81	46.00	7.93	5.77	4.46	1.32								
576.00	0.160	20.35	59.70	9.06	7.41	5.09	1.70	3.27	0.544						
648.00	0.180			10.19	9.30	5.73	2.150	3.68	0.683						
720.00	0.200			11.32	11.50	6.36	2.62	4.08	0.84						
810.00	0.225			12.75	14.40	7.16	3.28	4.59	1.04	3.19	0.410				
900.00	0.250			14.15	17.50	7.96	4.04	5.10	1.29	3.54	0.502				
990.00	0.275			15.55	21.10	8.78	4.88	5.61	1.54	3.90	0.608				
1080.00	0.300			16.98	24.95	9.55	5.78	6.12	1.79	4.25	0.714	3.12	0.327		
1260.00	0.350			19.80	35.20	11.13	7.68	7.14	2.46	4.96	0.950	3.64	0.438		
1440.00	0.400					12.73	9.91	8.16	3.17	5.66	1.235	4.16	0.570	3.19	0.286
1620.00	0.450					14.32	12.52	9.18	4.00	6.36	1.545	4.68	0.712	3.59	0.360
1800.00	0.500					15.91	15.30	10.20	4.87	7.08	1.90	5.20	0.870	3.99	0.440
2160.0	0.600					19.10	21.70	12.24	6.88	8.50	2.72	6.24	1.237	4.78	0.628
2520.00	0.700							14.28	9.40	9.91	3.66	7.28	1.655	5.58	0.847
2880.00	0.800							16.30	11.93	11.31	4.71	8.32	2.155	6.38	1.084

Q		DN (mm)													
		250		300		350		400		450		500		600	
m^3/h	m^3/s	v	i	v	i	v	i	v	i	v	i	v	i	v	i
1800.00	0.500									3.15	0.240				
2160.00	0.600									3.78	0.335	3.06	0.196		
2520.00	0.700									4.40	0.456	3.57	0.265		
2880.00	0.800									5.03	0.591	4.08	0.342		
3240.00	0.900	18.35	15.30	12.75	5.90	9.35	2.70	7.18	1.365	5.66	0.742	4.59	0.428	3.19	0.170
3600.00	1.000	20.40	18.50	14.15	7.19	10.40	3.32	7.96	1.67	6.29	0.910	5.10	0.524	3.54	0.209
3960.00	1.100			15.57	8.63	11.42	3.94	8.77	2.00	6.92	0.995	5.61	0.631	3.89	0.250
4320.00	1.200			17.00	10.22	12.47	4.67	9.56	2.37	7.55	1.295	6.12	0.743	4.24	0.296
5040.00	1.400			19.80	14.45	14.55	6.35	11.17	3.17	8.80	1.73	7.14	1.002	4.96	0.395
5760.00	1.600					16.61	8.10	12.75	4.10	10.06	2.25	8.16	1.28	5.66	0.512
6480.00	1.800					18.70	10.20	14.35	5.15	11.32	2.82	9.18	1.63	6.37	0.643
7200.00	2.000					20.80	12.60	15.95	6.38	12.58	3.46	10.20	1.98	7.08	0.789
8100.00	2.250							17.90	7.95	14.15	4.30	11.50	2.48	7.96	0.988
9000.00	2.500							19.95	9.80	15.71	5.30	12.75	3.08	8.85	1.22
9900.00	2.750									17.30	6.38	14.04	3.67	9.75	1.46
10800.00	3.000									18.87	7.55	15.30	4.33	10.61	1.70
12600.00	3.500											17.85	5.86	12.40	2.32
14400.00	4.000											20.40	7.52	14.15	2.98

续表

Q		DN (mm)									
		600		700		800		900		1000	
m^3/h	m^3/s	v	i	v	i	v	i	v	i	v	i
4320.00	1.200			3.12	0.140						
5040.00	1.400			3.64	0.180						
5760.00	1.600			4.16	0.234	3.19	0.1180				
6480.00	1.800			4.68	0.292	3.58	0.1485				
7200.00	2.000			5.20	0.357	3.98	0.1825	3.14	0.0985		
8100.00	2.250			5.85	0.450	4.48	0.227	3.64	0.130		
9000.00	2.500			6.50	0.550	4.98	0.279	3.93	0.153	3.18	0.0873
9900.00	2.750			7.15	0.660	5.47	0.336	4.32	0.182	3.50	0.1055
10800.00	3.000			7.80	0.780	5.97	0.395	4.71	0.213	3.82	0.124
12600.00	3.500			9.10	1.050	6.97	0.530	5.50	0.288	4.46	0.167
14400.00	4.000			10.40	1.370	7.97	0.686	6.28	0.372	5.09	0.216
16200.00	4.500	15.93	3.79	11.70	1.695	8.96	0.864	7.07	0.466	5.73	0.270
18000.00	5.000	17.70	4.61	13.00	2.08	9.95	1.055	7.85	0.569	6.37	0.331
19600.00	5.500	19.47	5.56	14.30	2.52	10.45	1.17	8.64	0.685	7.00	0.397
21600.00	6.000			15.50	2.97	11.95	1.51	9.42	0.811	7.64	0.472
25200.00	7.000			18.19	3.97	13.93	2.02	11.00	1.11	8.91	0.635
28800.00	8.000			20.78	5.17	15.91	2.63	12.57	1.42	10.20	0.821
32400.00	9.000					17.90	3.28	14.13	1.77	11.45	1.02
36000.00	10.000					19.90	4.04	15.70	2.16	12.70	1.25
39600.00	11.000							17.30	2.62	14.00	1.51
43200.00	12.000							18.85	3.10	15.28	1.80
46800.00	13.000							20.42	3.60	16.53	2.05
50400.00	14.000									17.81	2.40
54000.00	15.000									19.06	2.74
57600.00	16.000									20.35	3.12

$$h_1 = iL\alpha_T\alpha_p \tag{6-57}$$

式中 i——单位管长阻力（Pa/m），在 T=20℃，标准压力 0.1MPa 时，

$$i = 67 \times \frac{v^{1.924}}{d^{1.281}} \tag{6-58}$$

L——风管长度（m）；

α_T——温度为T℃时，空气密度的修正系数（见表6-12）；

温度修正系数 α_T 值　　表6-12

空气温度（℃）	α_T	空气温度（℃）	α_T	空气温度（℃）	α_T
−20	1.13	0	1.07	20	1.00
−15	1.10	5	1.05	30	0.98
−10	1.09	10	1.03	40	0.95
−5	1.08	15	1.02	50	0.92

$$\alpha_T = \left(\frac{\rho_T}{\rho_{20}}\right)^{0.852} \tag{6-59}$$

其中　ρ_T——温度为T℃时的空气密度（kg/m^3）；

ρ_{20}——温度为20℃时的空气密度（kg/m^3）；

α_p——大气压力为p时的压力修正系数；

$$\alpha_p = (10 \times p)^{0.852} \tag{6-60}$$

α_p值可由表6-13查得。

压力修正系数 α_p 值　　表6-13

p（MPa）	α_p	p（MPa）	α_p	p（MPa）	α_p
0.100	1.00	0.140	1.33	0.180	1.65
0.110	1.085	0.150	1.41	0.190	1.73
0.120	1.17	0.160	1.49	0.200	1.81
0.130	1.25	0.170	1.57		

② 风管的局部阻力h_2，可按公式（6-61）计算：

$$h_2 = \xi \frac{v^2}{2g}\rho \times 10 \tag{6-61}$$

式中　ξ——局部阻力系数，见给水排水设计手册第1册《常用资料》；

v——风管中平均空气流速（m/s）；

ρ——空气密度（kg/m^3）。

当温度为20℃，压力为760×133.322Pa时，空气密度为1.205kg/m^3；在其他情况下，ρ值可用公式（6-62）试算：

$$\rho = \frac{1.293 \times 273 \times p \times 10}{(273 + T)} \tag{6-62}$$

式中　p——空气绝对压力（MPa）；

T——空气温度（℃）。

③ 压缩空气的绝对压力，可由公式（6-63）计算：

$$p = \frac{h_1 + h_2 + h_3 + h_4 + h_5}{h_5} \tag{6-63}$$

式中　h_1、h_2——分别为风管的沿程阻力和局部阻力（kPa）；

h_3——充氧装置（曝气头）以上的曝气池水深（kPa）；

h_4——充氧装置的阻力（kPa），根据试验数据或有关资料确定；

h_5——当地大气压力（kPa），根据当地地面标高，由表 6-14 查得。

不同地面标高的大气压力 **表 6-14**

标高（m）	0	100	200	300	400	500	600
大气压力（kPa）	104.4	103.4	102.3	101.3	99.3	98.3	97.3
标高（m）	700	800	900	1000	1500	2000	
大气压力（kPa）	96.3	95.3	94.2	93.2	89.2	85.1	

④ 风机所需压力（相对压力），可按公式（6-64）计算：

$$H = h_1 + h_2 + h_3 + h_4 \tag{6-64}$$

此外，根据设备和系统的具体情况，尚宜酌留适当剩余压力（2000～3000Pa）。沿程阻力计算，亦可利用图 6-49。

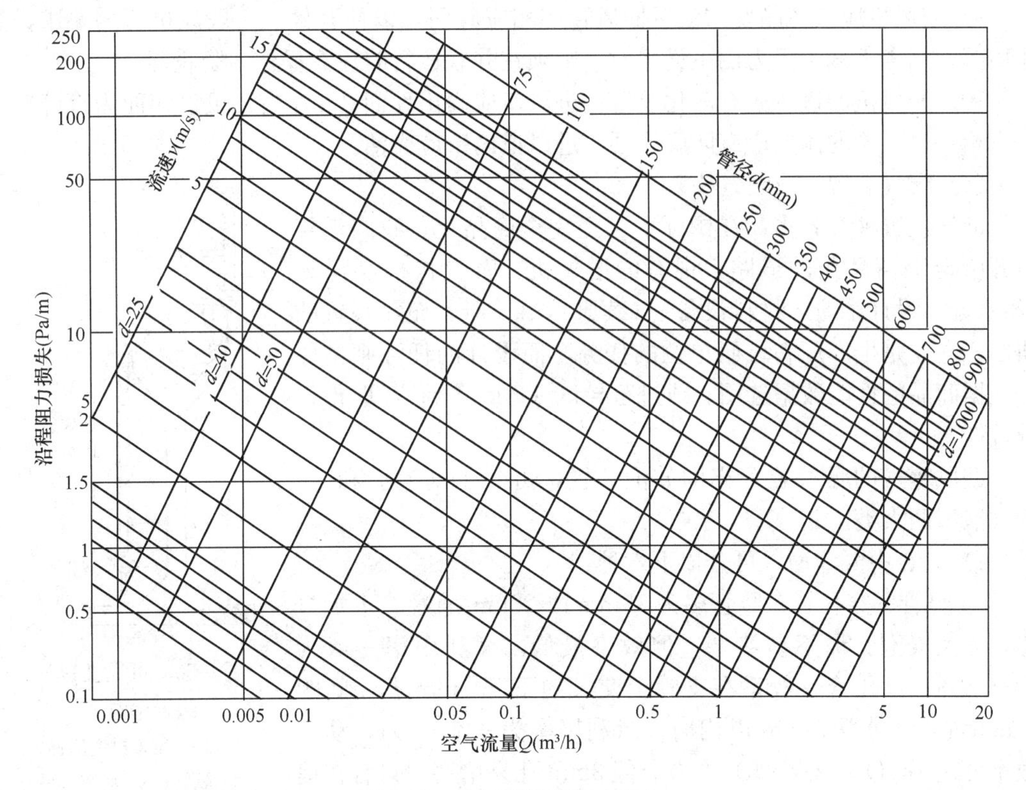

图 6-49 空气管沿程阻力损失

（3）鼓风机房

1）鼓风机房的设计（建筑、机组布置、起重设备等）应遵守排水规范有关规定，一般可参照泵房的设计，但机组基础间距应不小于 1.5m。

2）鼓风机房内外应采取必要的防噪声措施，使之分别符合《工业企业噪声控制设计规范》GB/T 50087—2013 和《声环境质量标准》GB 3096—2008 的有关规定。

吸风和出风管段上应安装消声器。

3）每台风机均应设单独基础，且不与机房基础连接。风机出口与管道连接处应采用软管减振。各种减振接头及必要的减振器可参见样本。

4）风管最低点应设油、水的排泄口。

5）机房应设双电源或其他动力源。供电设备的容量，应按全部机组（包括备用及其他用电）同时开动的负荷设计。

6）鼓风机房一般应包括值班室、配电室、工具室和必要的配套公用设施（小型机房可与其他建筑合并考虑），值班室应有隔声措施，并设有机房主要设备工况的指示或报警装置。

7）在同一供气系统中，鼓风机应选同一类型。

8）鼓风机的备用台数：

工作风机≤3 台时，备用 1 台；

工作风机≥4 台时，备用 2 台。

备用风机应按设计的最大机组设置。

9）鼓风机应按产品要求设置回风管和相应阀门，以便开停。一般风机厂均要求设置止回阀，当考虑减少阻力而不设置时，则须在并联运行时注意操作，防止回风。

10）鼓风机的进风应有净化装置。进风口应高出地面 2m 左右，可设四面为百叶窗的进风箱。进风管的内壁应有防腐涂层，进风道内壁应光洁。

（4）曝气装置（或曝气头）

曝气装置种类繁多，在国际上已经完全商品化。我国近年也开始走上商品化的道路，现有的增氧机、曝气机产品详见《给水排水设计手册·材料设备》（续册）第 3 册。充氧装置的研制，主要是生产厂和科研单位的任务，而设计的任务则主要是根据商品的性能数据选用，或进行导试（Pilot test），取得设计数据。

鼓风曝气的曝气装置亦即鼓泡装置，可分小气泡型和大、中气泡型两大类。

1）大、中气泡型，可分以下六种：

① 竖管、穿孔管：竖管多为 13mm 或 25mm 直径，下端打扁，为大气泡。最不易堵塞，但效率最低，氧利用率一般为 3%～4%；穿孔管一般系在支管上交叉向下开 3mm 孔，间距 50mm 左右，水深在 5m 以内时，氧利用率为 4%～6%，动力效率可达 1kgO_2/(kW·h) 左右。但 3mm 孔易堵塞，只有在提上式（见图 6-50）以及浅层曝气中可用，一般以开 5mm 孔为宜。

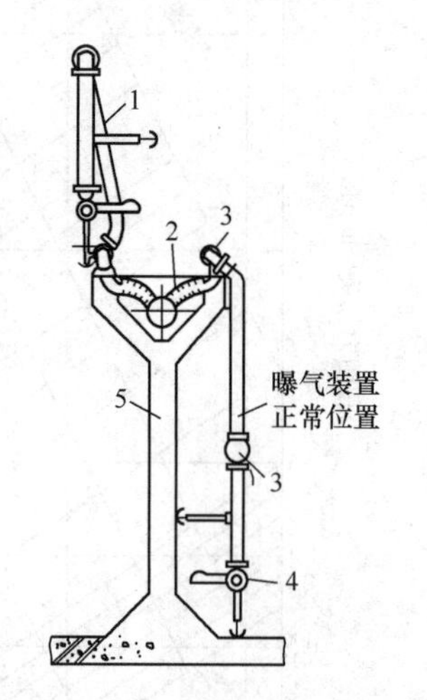

图 6-50　可提上曝气装置示意图

1—曝气装置提上位置；2—软管；3—活节（另有提升器械未示）；4—散气管或盘；5—曝气池壁

图 6-51 为浅层曝气所用穿孔管栅示意图，由于穿孔管仅在水下 800～900mm 深，故氧利用率只有 2.5%左右，但动力效率可达 2kg O_2/(kW·h) 以上。

② 防堵式：有很多曝气头的设计是立足于防堵，如盆型曝气器。曝气器的橡皮压盖在鼓风时开启，停风时关闭，可防止沉下的污泥漏入缝内，避免堵塞。这种曝气器启动阻力较大，效率一般为 0.8～1.2kg O_2/(kW·h)。

③ 水力冲击（或剪切）式：利用本身构造，通过水（气）力冲击或剪切，将大气泡

剪小，从而提高效率，如金山Ⅰ号。竖管及穿孔管如在出风孔口处加设挡板，起冲击及配气作用，也可将效率提高。

④ 空气升液式：利用空气升液的原理，将曝气筒（或管）置于水中，在筒（管）内曝气，使筒（管）内外形成密度差，造成水的提升和充氧搅拌。国内近年已采用的有固定螺旋和密集多喷嘴曝气筒。

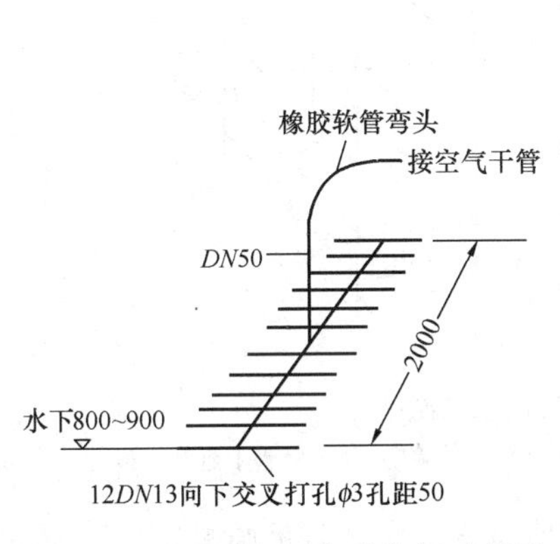

图 6-51 浅层曝气用穿孔管棚示意图

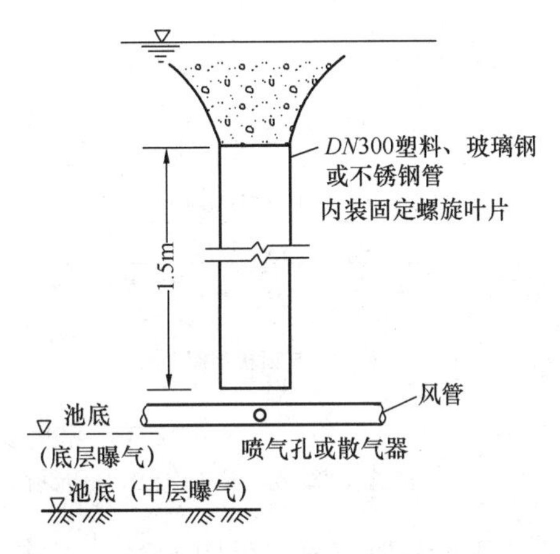

图 6-52 固定螺旋（单通道）示意图

a. 固定螺旋（静态搅拌器）见图 6-52：原为工业用搅拌器，发展到用于污水处理的充氧。国内近年有所发展，现在已有一、二、三通道的三种固定螺旋商品。单螺旋动力效率实测值为 2.1kg O_2/(kW·h)，氧利用率 10%，每个固定螺旋服务面积约 3～5m^2。二、三通道的性能还稍有提高。每个单螺旋需气量为 0.5～1m^3/min，二、三通道时需气略多。每个螺旋的阻力约为 2000Pa。

固定螺旋国外多用于生物塘（稳定塘），国内则多用于活性污泥法。固定螺旋适用于完全混合池，但也能应用于推流池。设计时应注意螺旋下面风管的出风口中宜过大，一般不大于 12mm，以免阻力过小，导致位于风管上游的螺旋进风量过大，而下游的过小。池底的风管一般设计成水平，为防止配气不均，也可使风管的坡降可调，使气量平衡。目前存在的问题是价格尚高，如能解决塑料注射的模具，则价格可以降低。

b. 密集多喷嘴曝气筒［见图 6-53 及图 6-45 (*c*)］：在 10m×10m×7m（长×宽×深）的曝气池中，设置密集多喷嘴曝气筒 2 座。筒全为钢结构。每筒中设 ϕ5.8（内径）喷嘴 120 个，在曝气池的中层喷出。喷嘴出口流速为 80～100m/s。采用此种曝气筒时，应注意曝气池水位与反射板高程的配合。曝气池出水应经溢流堰，不宜采用出水管，以保持水位稳定，否则反射板可能脱水或淹没过多。亦可将反射板的高程设计为可以调节的。此种曝气筒不易堵塞，在相同条件下，氧利用率接近固定单螺旋，多应用于中层曝气，水深可达 7～10m。

⑤ 射流器：国外用射流器充氧、搅拌，应用于活性污泥法，已有不少经验，多为用鼓风机供气。动力效率一般为 1.6～2.2kg O_2/(kW·h)。我国近年来在城市污水和工业污水射流曝气方面进行了多项试验和工程实践，但绝大多数为自吸式，动力效率也可达到 1.1～2kg O_2/(kW·h)。在后文介绍。

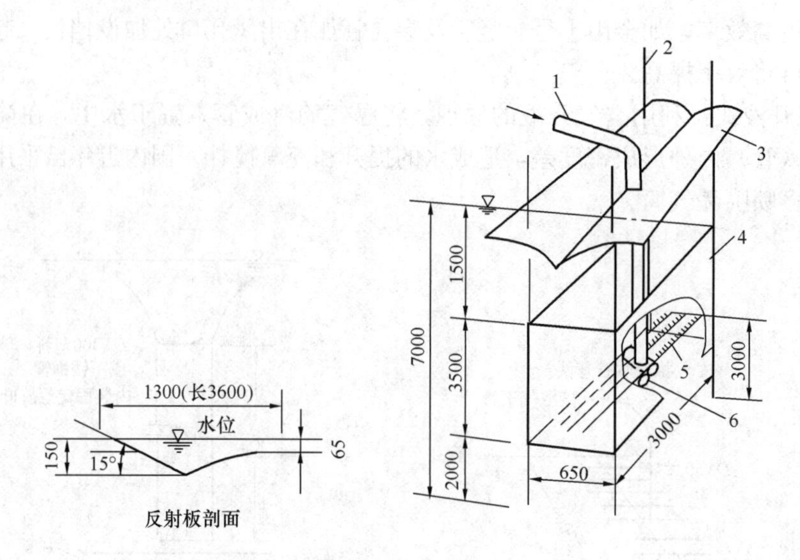

图 6-53　密集多喷嘴曝气筒示意图

1—空气管；2—支柱接工作台；3—反射板；4—曝气筒；5—喷嘴；6—竖管下延开口段

⑥ 水下叶轮曝气器（见图 6-54）：空气由水下通过环形穿孔管或喷嘴送入，水下叶轮由电机及齿轮箱传动，将气泡打碎。叶轮转速一般为 37～100r/min。叶片可为一层或多层，可为辐流式或轴流式，轴流式可以提水，亦可压水。动力效率一般为 1.1～1.4kg O_2/(kW·h)，包括风机功率在内。

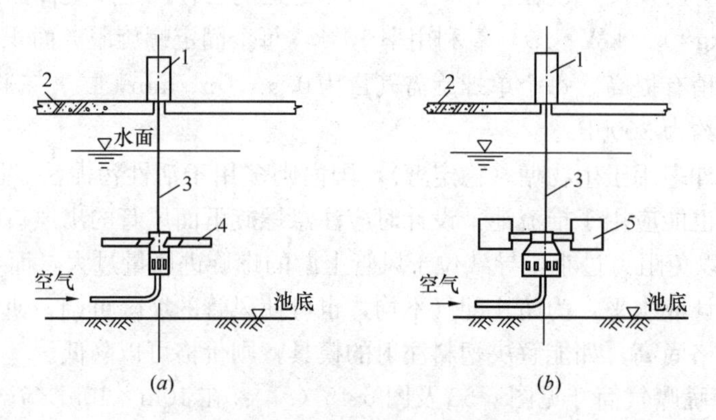

图 6-54　水下叶轮曝气器示意图

(a) 轴流叶轮；(b) 轴流叶轮

1—电动机；2—平台；3—轴；4—轴流叶轮；5—轴流叶轮

此法的优点是可以调节风量，尤其适用于寒冷地区，无结冰及溅水问题。在硝化及脱硝过程中，这种装置既可用作曝气器，也可用作搅拌器。当需要在脱硝区格内创造缺氧条件时，即可停止供风，只用搅拌器搅拌，进行生物脱硝。

缺点是既需设鼓风设备，又需设搅拌设备，造价高，所需总功率也高。

2）小气泡型：从理论上讲，在气量一定时，气泡直径越小，气泡表面积增加越多，氧传递效率越高。但产生直径在 200μm 以下的微气泡时，空气利用率虽高，阻力也大，只有在氧气曝气中有所应用。国外用微孔（陶瓷、塑料、钛板、橡胶、缠丝等）材料制成的散气板（箱、管、盘）等装置，所产小气泡直径可达1.5mm。国内目前已开始试制，并进入试用阶段。这种小气泡曝气装置，能耗比穿孔管低30%。过去虽有堵塞问题，但据国外经验，已经基本解决，使用期可达10a以上。即使出现堵塞，也有多种再生方法，因此近年日益普及。

设计这种小气泡曝气系统时，除参照产品说明，采用服务面积、充氧能力、动力效率、曝气量、阻力、氧利用率等技术数据外，尚应注意以下事项：

① 活性污泥系统的污泥负荷不宜过高，以小于0.4kg BOD_5/(kg MLVSS·d)为宜；

② 风机进风必须过滤，最好用静电除尘；

③ 供气系统应无油雾进入，采用无油气源（离心风机）；

④ 输气管如用钢管时，内壁应严格防腐，配气管及管件宜用塑料管。钢管与塑料管接口需设伸缩缝；

⑤ 曝气器一般在池底匀布，距池壁不小于200mm，配气管间距300～750mm。池的长宽比一般为8∶1～16∶1；

⑥ 全池曝气器表面高差不超过±5mm；

⑦ 运行中停气时间不应超过4h，否则宜放空污水，充以1m左右深的清水或二级出水，并以小风量持续曝气。

6.7.3 机械曝气设施

与鼓风曝气的水下鼓泡相对比，机械曝气主要是表面曝气。表面曝气机有竖轴和卧轴之分，竖轴中又分低转速和高转速。

（1）竖轴表曝机：

1）辐流式低转速表曝机：一般所谓表曝机都是专指此种。

转速：　　一般20～100r/min

最大叶轮　　直径可达4m

最大线速：　　4.5～6m/s

动力效率：　　2～3kg O_2/(kW·h)

表曝机可采用无级调速，但造价高，维修麻烦。一般多用双速或三速，双速中的低速一般为常速的50%。也有采用直流电机的调整电压来调速，效率高，运转稳定，但调压设备大、占地多。

叶轮淹没深度一般在10～100mm，视叶轮形式而异。淹没深度大时提升水量大，但功率增加，齿轮箱负荷也大。降低淹没深度，可减小负荷。可用电动堰板调节水位，从而调节淹没深度。

当池深大于4.5m（直至9m）时，可考虑设提升筒，以增加提升量，但功率也增加。当叶轮半包在提升筒内时，提升的水量会扩散到空气中；叶轮不在筒内则部分提升的水就在水下循环，未经曝气。在叶轮下面加轴流式辅助叶轮，亦可加大提升量。

当污水中含挥发物，有臭气时，可在全池分散进水。

表曝机叶轮国外常见者有Vortair型（属平板型）、Simcar型（属倒伞型）、BSK型（中心吸水，四周出水）、Simplex型（带提升筒）等。

我国目前应用的表曝机叶轮有泵型、K型、平板型和倒伞型。分述于下。

① 泵型叶轮：已有系列商品，其性能可参见最近产品说明书。

根据测定，在标准状态下的清水中，泵型曝气叶轮的充氧量（Q_s）和轴功率（N）可用下式计算：

$$Q_s = 0.379v^{2.8}D^{1.88}K_1 \tag{6-65}$$

$$N = 0.0804v^{3}D^{2.05}K_2 \tag{6-66}$$

式中　Q_s——叶轮在标准状态下的清水中充氧量（kg/h）；

N——叶轮轴功率（kW）；

v——叶轮线速（m/s）；

D——叶轮直径（m）；

K_1、K_2——池型修正系数，见表 6-15。

池型修正系数　　**表 6-15**

池型修正系数	分建式			合建式、圆形池
	圆形池	正方形池	长方形池	
K_1	1	0.64	0.90	0.85～0.98
K_2	1	0.81	1.34	0.85～0.87

注：圆形池内有挡流板，方形池内无。

② K 型叶轮：K 型叶轮为我国云南省设计院研制。叶片为双曲线型。叶轮浸没深度一般为 0～10mm。线速为 3.5～5m/s。

图 6-55 为 K 型叶轮充氧量曲线，图 6-56 为轴功率曲线。

K 型叶轮造型较复杂，制造需专用模具。目前尚无定型产品。

③ 平板型叶轮：平板型叶轮形式，见图 6-57。平板型叶轮造型简单，加工容易，不

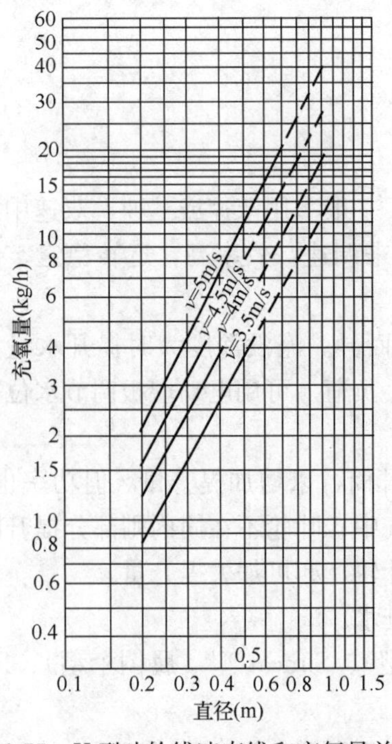

图 6-55　K 型叶轮线速直线和充氧量关系

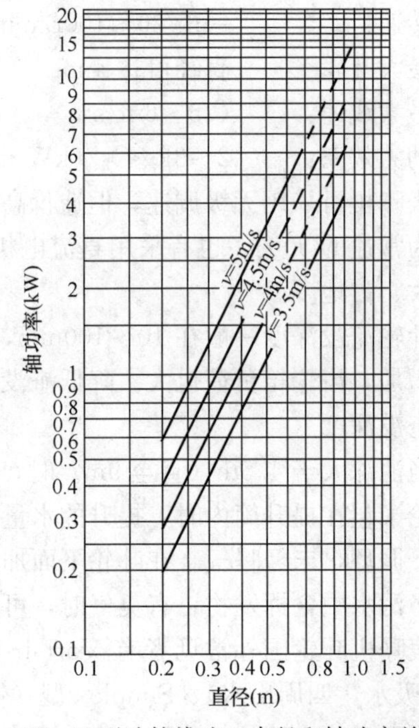

图 6-56　K 型叶轮线速、直径和轴功率关系

易堵塞。线速一般为 4.05～4.85m/s。直径 1000mm 以上的平板型叶轮，浸没深度常用 80mm，多设有浸没深度调节装置。

图 6-58～图 6-61 为平板型叶轮的有关曲线。

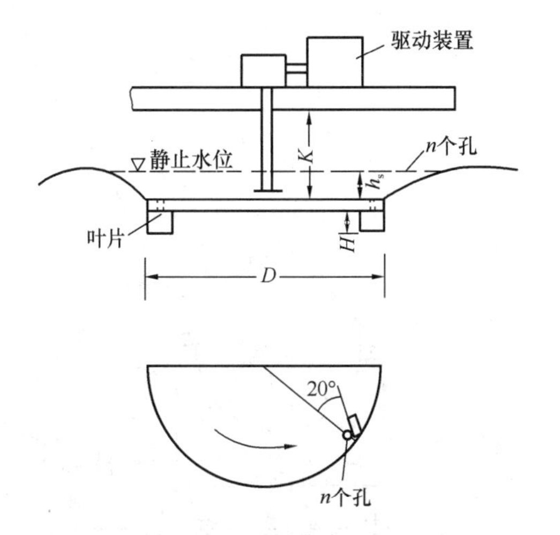

图 6-57　平板型叶轮

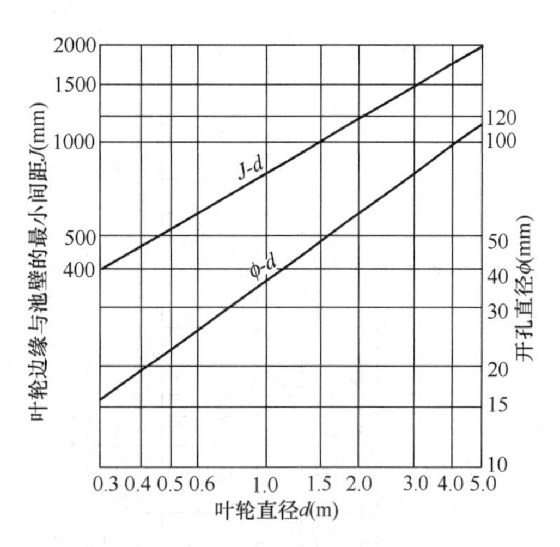

图 6-58　平板型叶轮开孔与池壁最小间距计算图

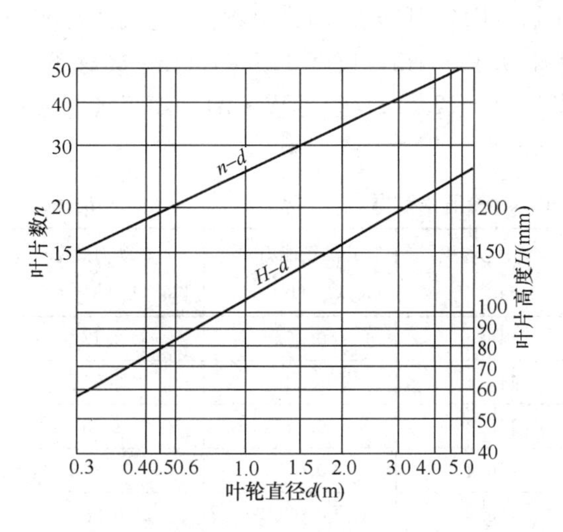

图 6-59　平板型叶轮叶片数和叶片高度计算图

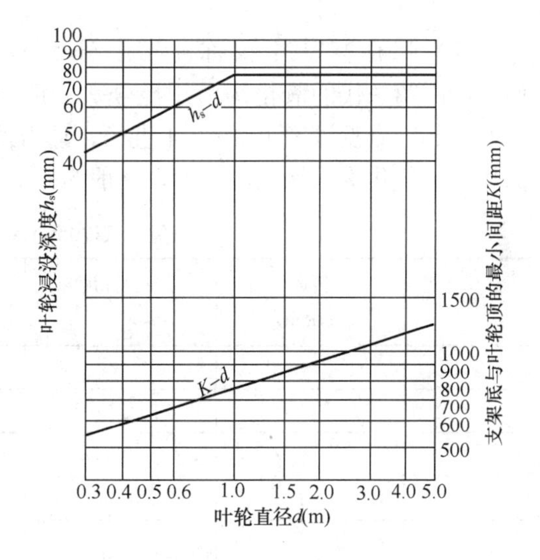

图 6-60　平板型叶轮浸没深度和支架底与叶轮顶的最小间距计算图

④ 倒伞型叶轮（见图 6-62）：倒伞型叶轮造型复杂程度介于泵型和平板型之间，与平板型相比，其动力效率较高，充氧能力则较低。由于国内此种类型资料不多，采用时宜进行试验决定设计数据。

表 6-16 为国外直径 2290mm 的 Simcar 叶轮清水数据。

2）轴流式高速表曝机：转速一般在 300～1200r/min，与电动机直联。亦称增氧机，多浮设于生物塘（稳定塘）、鲁塘，供增氧之用。一般动力效率为 1.3～1.6kg O_2/(kW・h)。

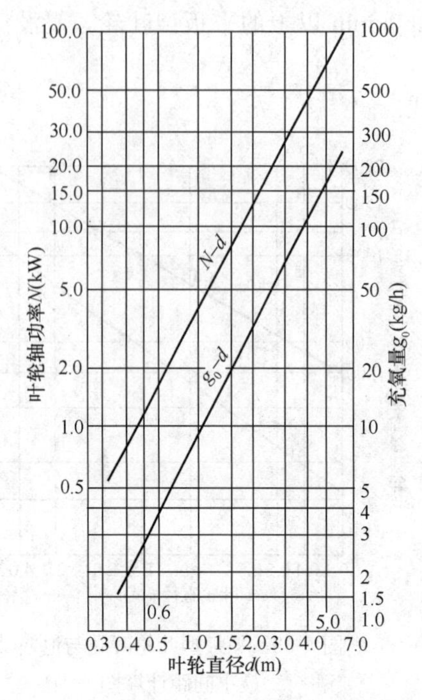

图 6-61　平板型叶轮轴功率和充氧量计算图

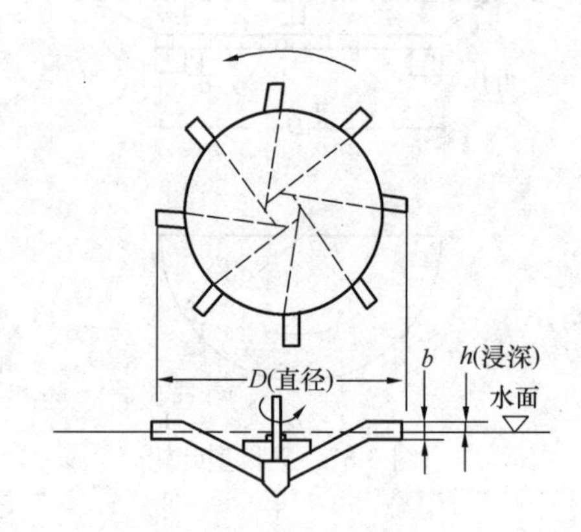

图 6-62　倒伞型叶轮示意图

（2）卧轴曝气刷：又称凯氏刷（Kessner brush），可能由浆板曝气器（已淘汰）演变而来，由第一代的氧化沟沿用至今。一般直径 0.35～1m，长度 1.5～7.5m，转速 60～140r/min，淹没深度 1/3～1/4 直径，动力效率 1.7～2.4kg O_2/(kW・h)。随曝气刷直径的加大，氧化沟水深也可加大，一般为 1.3～5m。

直径 2290mm Simcar 叶轮清水数据　　　　**表 6-16**

序号	转数 (r/min)	浸没深度 (mm)	曝气池容积 (m^3)	供氧能力 [kg O_2/(h・m^3)]	总动力效率 [kg O_2/(kW・h)]
1	36	0	115.9	0.173	2.27
2	36	50	114.1	0.146	2.27
3	36	100	112.3	0.116	2.33
4	36	150	110.4	0.085	2.31
5	41	0	115.9	0.278	2.28
6	41	50	114.1	0.240	2.29
7	41	100	112.3	0.204	2.10
8	41	150	110.4	0.168	2.31

图 6-63 为直径 500mm 曝气刷的有关技术数据。齿条一般为矩形，宽 50mm 左右。

笼型转刷（Cage rotor）为凯氏刷的改进型。图 6-64 为直径 700mm 笼型转刷数据。齿条尺寸为 50mm×150mm，齿条间隙为 50mm，间放。

曝气装置除了满足充氧要求外，还应当满足下列最低的搅拌要求：

满铺的小气泡装置：2.2m^3/(h・m^2)

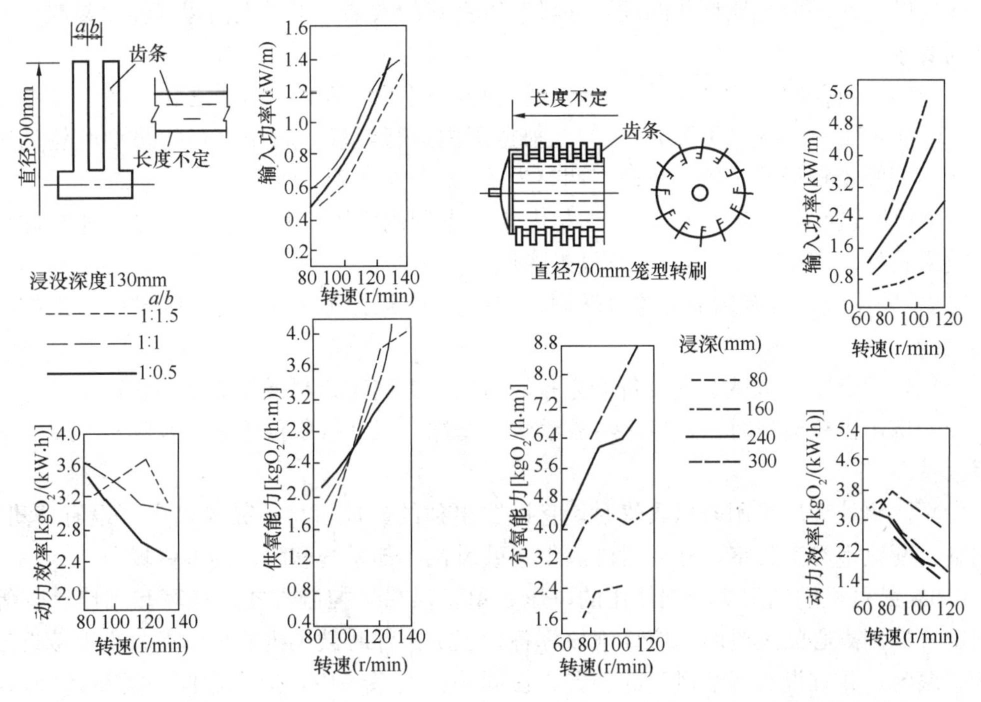

图 6-63 直径 500mm 曝气刷数据

图 6-64 直径 700mm 笼型转刷数据

旋流的大、中气泡装置：1.2m³/(h·m³)

机械曝气：13W/m³

6.7.4 说明

（1）生物反应池中好氧区的供氧，应满足污水需氧量、混合和处理效率等要求，宜采用鼓风曝气或表面曝气等方式。

（2）选用曝气装置和设备时，应根据设备的特性、位于水面下的深度、水温、污水的氧总转移特性、当地的海拔高度以及预期生物反应池中溶解氧浓度等因素，将计算的污水需氧量换算为标准状态下清水需氧量。这是由于同一曝气器在不同压力、不同水温、不同水质时性能不同，曝气器的充氧性能数据是指单个曝气器标准状态下之值（即 0.1MPa，20℃清水）。生物反应池污水需求量，不是 0.1MPa20℃清水中的需氧量，为了计算曝气器的数量，必须将污水需氧量换成标准状态下的值。

（3）鼓风曝气系统中的曝气器，应选用有较高充氧性能、布气均匀、阻力小、不易堵塞、耐腐蚀、操作管理和维修方便的产品，并应具有不同服务面积、不同空气量、不同曝气水深，在标准状态下的充氧性能及底部流速等技术资料。

（4）曝气器的数量，应根据供氧量和服务面积计算确定。供氧量包括生化反应的需氧量和维持混合液有 2mg/L 的溶解氧量。

（5）廊道式生物反应池中的曝气器，可满池布置或池侧布置，或沿池长分段渐减布置。20 世纪 70 年代前曝气器基本是在水池一侧布置，近年来多为满池布置。沿池长分段渐减布置，效果更佳。

(6) 叶轮使用应与池型相匹配，才可获得良好的效果。采用表面曝气器供氧时，宜符合下列要求：

1) 叶轮的直径与生物反应池（区）的直径（或正方形的一边）之比：倒伞或混流型为1∶3～1∶5，泵型为1∶3.5～1∶7。根据国内运行经验，较小直径的泵型叶轮的影响范围达不到叶轮直径的4倍，故适当调整为1∶3.5～1∶7。

2) 叶轮线速为3.5～5.0m/s。这是由于根据国内实际使用情况，叶轮线速在此范围内，效果较好。小于3.5m/s，提升效果降低。

3) 生物反应池宜有调节叶轮（转刷、转碟）速度或淹没水深的控制措施，来控制叶轮供氧量。

(7) 各种类型的机械曝气设备的充氧能力应根据测定资料或相关技术资料采用。

(8) 选用供氧设施时，应考虑冬季溅水、结冰、风沙等气候因素以及噪声、臭气等环境因素。

(9) 污水处理厂采用鼓风曝气时，宜设置单独的鼓风机房。鼓风机房可设有值班室、控制室、配电室和工具室，必要时尚应设置鼓风机冷却系统和隔声的维修场所。

(10) 鼓风机的选型应根据使用的风压、单机风量、控制方式、噪声和维修管理等条件确定。选用离心鼓风机时，应详细核算各种工况条件时鼓风机的工作点，不得接近鼓风机的湍振区，并宜设有调节风量的装置。在同一供气系统中，应选用同一类型的鼓风机。并应根据当地海拔高度，最高、最低空气的温度，相对湿度对鼓风机的风量、风压及配置的电动机功率进行校核。

目前在污水处理厂中常用的鼓风机有单级高速离心式鼓风机、多级离心式鼓风机和容积式罗茨鼓风机。

离心式鼓风机噪声相对较小。调节风量的方法，目前大多采用在进口调节，操作简便。它的特性是压力条件及气体相对密度变化时对送风量及动力影响很大，所以应考虑风压和空气温度的变动带来的影响。离心式鼓风机宜用于水深不变的生物反应池。

罗茨鼓风机的噪声较大。为防止风压异常上升，应设置防止超负荷的装置。生物反应池的水深在运行中变化时，采用罗茨鼓风机较为适用。

(11) 采用污泥气（沼气）燃气发动机作为鼓风机的动力时，可与电动鼓风机共同布置，其间应有隔离措施，并应符合国家现行的防火防爆规范要求。

(12) 计算鼓风机的工作压力时，应考虑进出风管路系统压力损失和使用时阻力增加等因素。输气管道中空气流速宜采用：干支管为10～15m/s；竖管、小支管为4～5m/s。

(13) 鼓风机设置的台数，应根据气温、风量、风压、污水量和污染物负荷变化等供气的需求量来确定。鼓风机房应设置备用鼓风机，工作鼓风机台数在4台或4台以上时，应设2台备用鼓风机。备用鼓风机应按设计配置的最大机组考虑。根据污水处理厂管理部门的经验，一般认为如按最大风量配置工作鼓风机时，可不设备用机组。

(14) 鼓风机应根据产品本身和空气曝气器的要求，设置不同的空气除尘设施。鼓风机进风管口的位置应根据环境条件设置，宜高于地面。大型鼓风机房宜采用风道进风，风道转折点宜设整流板。风道应进行防尘处理。进风塔进口宜设置耐腐蚀的百叶窗，并应根据气候条件加设防止雪、雾或水蒸气在过滤器上冻结冰霜的设施。

气体中固体微粒含量，罗茨鼓风机不应大于100mg/m^3，离心式鼓风机不应大于

10mg/m^3。微粒最大尺寸不应大于气缸内各相对运动部件的最小工作间隙之半。空气曝气器对空气除尘也有要求，钟罩式、平板式微孔曝气器，固体微粒含量应小于 15mg/m^3；中、大气泡曝气器可采用粗效除尘器。

在进风口设置的防止在过滤器上冻结冰霜的措施，一般是加热处理。

（15）选择输气管道的管材时，应考虑强度、耐腐蚀性以及膨胀系数。当采用钢管时，管道内外应有不同的耐热、耐腐蚀处理，敷设管道时应考虑温度补偿。当管道置于管廊或室内时，在管外应敷设隔热材料或加做隔热层。

（16）鼓风机与输气管道连接处，宜设置柔性连接管。输气管道的低点应设置排除水分（或油分）的放泄口和清扫管道的排出口；必要时可设置排入大气的放泄口，并应采取消声措施。

（17）生物反应池的输气干管宜采用环状布置，这是由于环状布置可提高供气的安全性。进入生物反应池的输气立管管顶宜高出水面 0.5m。在生物反应池水面上的输气管，宜根据需要布置控制阀，在其最高点宜适当设置真空破坏阀。

（18）鼓风机房内的机组布置和起重设备宜符合本手册第 3 章相关规定。

（19）大、中型鼓风机应设置单独基础，机组基础间通道宽度不应小于 1.5m，这是为了在发生振动时，不影响鼓风机房的建筑安全。

（20）鼓风机房内、外的噪声应分别符合国家现行标准《工业企业噪声控制设计规范》GB/T 50087—2013 和《声环境质量标准》GB 3096—2008 的有关规定。降低噪声污染的主要措施，应从噪声源着手，特别是选用低噪声鼓风机，再配以消声措施。

6.8 活性污泥法设计要点

（1）根据去除碳源污染物、脱氮、除磷、好氧污泥稳定等不同要求和外部环境条件，选择适宜的活性污泥处理工艺。外部环境条件，一般指操作管理要求，包括水量、水质、占地、供电、地质、水文、设备供应等。

（2）根据可能发生的运行条件，设置不同的运行方案。运行条件一般指进水负荷和特性，以及污水温度、大气温度、湿度、沙尘暴、初期运行条件等。

（3）生物反应池的超高，当采用鼓风曝气时为 0.5～1.0m；当采用机械曝气时，其设备操作平台宜高出设计水面 0.8～1.2m。

（4）污水中含有大量产生泡沫的表面活性剂时，应有除泡沫措施。目前常用的消除泡沫措施有水喷淋和投加消泡剂等方法。

（5）每组生物反应池在有效水深一半处宜设置放水管，是由于生物反应池投产初期采用间歇曝气培养活性污泥时，静沉后用作排除上清液。

（6）廊道式生物反应池的池宽与有效水深之比宜采用 1∶1～2∶1。这是由于此宽深比条件下，曝气装置沿一侧布置时，生物反应池混合液旋流前进的水力状态较好。有效水深应结合流程设计、地质条件、供氧设施类型和选用风机压力等因素确定，可采用 4.0～6.0m。此有效水深范围是根据国内鼓风机的风压能力，并考虑尽量减小生物反应池占地面积而确定的。在条件许可时，水深尚可加大，目前国内一些大型污水处理厂采用的水深为 6.0m，也有一些污水处理厂采用的水深超过 6.0m。此条适用于推流式运行的廊道式生物反应池。

(7) 生物反应池中的好氧区（池），采用鼓风曝气器时，处理每立方米污水的供气量不应小于 3m³。好氧区采用机械曝气器时，混合全池污水所需功率不宜小于 25W/m³；氧化沟不宜小于 15W/m³。缺氧区（池）、厌氧区（池）应采用机械搅拌，混合功率宜采用 2～8W/m³，机械搅拌器布置的间距、位置，应根据试验资料确定。在《污水处理新工艺与设计计算实例》一书中，对于缺氧区（池）、厌氧区（池）的搅拌功率推荐取 3W/m³，美国污水处理厂手册推荐取 5～8W/m³，中国市政工程西南设计研究院曾采用过 2W/m³。本手册建议为 2～8W/m³。所需功率均以曝气器配置功率表示。

(8) 生物反应池的设计，应充分考虑冬季低水温对去除碳源污染物、脱氮和除磷的影响，必要时可采取降低负荷、增长泥龄、调整厌氧区（池）及缺氧区（池）水力停留时间和保温或增温等措施。我国的寒冷地区，冬季水温一般在 6～10℃，短时间可能为 4～6℃；应核算污水处理过程中，低水温对污水温度的影响。当污水温度低于 10℃时，应按《寒冷地区污水活性污泥法处理设计规程》CECS 111—2000 的有关规定修正设计计算参数。

(9) 原污水、回流污泥进入生物反应池的厌氧区（池）、缺氧区（池）时，宜采用淹没入流方式，其目的是避免引起复氧。

(10) 设计悬浮生长硝化反应过程的基本方法与碳氧化相同，从确定合适的设计污泥龄开始。考虑硝化细菌生长及应对氮负荷、处理过程和环境因子等变化较慢，计算最小污泥泥龄时，应用安全因子以提升系统性能的稳定性。

(11) 在活性污泥反应系统中，应合理确定反应池混合液浓度，过低会增大反应池容积，且好氧池易产生泡沫；过高会增加二次沉淀池容积和污泥回流量。反应池混合液浓度取值可按表 6-17 选用。

反应池混合液浓度取值范围 **表 6-17**

处理目标	MLSS（kg/m³）	
	有初次沉淀池	无初次沉淀池
无硝化	2.0～3.0	3.0～4.0
有硝化	2.5～3.5	3.5～4.5

(12) 为了对 PAOs 形成特异选择，厌氧区的 HRT 理论上可为 30～45min，但实际工程中为了提高释磷效果，会延长厌氧段 HRT 以促进发酵。这种 A/O 的设置形式可以与任何类型的好氧反应器结合使用。

(13) 出水的 TP 包括可溶态磷和颗粒态磷，颗粒态磷指的是所有与颗粒结合的磷。有效的生物除磷工艺可以将可溶性磷的浓度降到 0.1mg/L；出水总固体和固体中的磷浓度对出水总磷（颗粒态磷）浓度贡献很大。因此，要使出水 TP 的浓度降低，需要重视二次沉淀池或滤池的设计，降低出水 SS 浓度。

(14) 生物除磷工艺中聚磷菌贮存的聚磷酸盐如果不稳定，通常会发生二次磷释放。聚磷酸盐二次释放主要与细胞裂解有关，二次释放的磷也不会在好氧区被吸收。如果大量地发生了二次释放，出水的磷浓度便会升高。二次释磷的位置及可能原因见表 6-18。

二次释磷的位置及可能原因 表 6-18

位　置	可　能　原　因
初次沉淀池	进水和生物除磷污泥一起沉淀 污泥浓缩和脱水环节中如果固体回收效果不好的话，可能会将富磷的固体返回到初次沉淀池中，从而导致二次释放发生
厌氧区	厌氧区体积过大，导致 VFA 耗尽
缺氧区	缺氧区体积过大，导致硝酸盐耗尽
好氧区	太长的 SRT 导致细胞裂解
二次沉淀池	污泥层太厚，产生腐化
污泥重力浓缩池	污泥层太厚，产生腐化
污泥储存	污泥储存不佳或未曝气导致腐化 曝气太久的储存导致细胞裂解
厌氧消化	厌氧条件和细胞裂解
好氧消化	大多数由于细胞裂解
脱水	无显著释放。然而，上向流处理中释放的磷会存在于滤液和浓缩液中 如果固体回收效果不好的话，可能会将富磷的固体返回到初次沉淀池中，从而导致二次释放发生

在表 6-18 所列磷二次释放的可能位置中，污泥处理的回流液，如脱水滤液最值得注意。不同工艺回流的水量和水质会有较大不同，一般来说，回流的水量可以占到进水磷负荷的 20%～30%。由于这类回流通常都是间歇的，这将导致营养物的负荷峰值可能超出污水处理厂工艺的处理能力。

（15）仅需脱氮设计时，宜采用缺氧/好氧法（A_N/O 法），可按以去除碳源污染物为主计算反应池的总容积，其中缺氧区的 HRT 按 0.5～3h 计算。

（16）降雨天气会导致进水流量增大，以及渗入管网系统的流量增大，从而增大污水处理厂的水力负荷。这可能反过来使 SRT 降低，从而影响硝化工艺单元的处理效果。此外，雨水和普通污水的特征并不相同，可能并不适合硝化和反硝化反应。例如碱度较低和温度的突降会对硝化反应不利，而 BOD 较低和 DO 浓度升高会对反硝化反应不利。

（17）为了达到生物同步除磷脱氮的目的，可以根据这三个设计原则来进行设计：

1）降低缺氧区的氧气浓度。DO 浓度太高或硝化液回流和进水携带进来的空气都会使可供反硝化利用的碳源减少。设计中必须注意减少带入缺氧区的氧气。

2）减少厌氧区的氧气和硝酸盐/亚硝酸盐。没有电子受体（或很少）的厌氧环境的建立对于培养 PAOs 最为有利。不同脱氮除磷工艺做的改进大多数都是用来减少氧气的引入和硝酸盐/亚硝酸盐的回流。

3）提高污泥量。一些脱氮除磷的工艺有多个回流设计，以便减少引入厌氧区的电子受体，但回流点在进水点之后。这些工艺尽管很好地控制了电子受体的引入，但是也降低了厌氧区混合液的浓度，因此进入厌氧条件的污泥量就比较少。这种方法是否是最优的设计，需要专门来进行评估。

（18）污水处理厂的内部回流是重要的营养物来源，回流的量取决于污水中的营养物量和污泥处理方式。一般来说，没有污泥消化系统的污水处理厂回流的营养物会较少；采用好氧消化的污水处理厂的回流液中氨氮较少，但是硝酸盐浓度可能较高；采用厌氧消化的污水处理厂的回流液中氨氮和磷的含量较高，但是硝酸盐基本不存在；采用生物除磷设计的污水处理厂的污泥脱水液中可溶磷浓度比较高，而未采用生物除磷设计的污水处理厂的污泥脱水液中磷浓度与污泥好氧消化系统比较相似。因此，在采用了污泥消化系统的除磷脱氮污水处理厂设计时，都必须考虑回流系统对于主要营养物去除工艺的影响。

（19）除磷脱氮系统可以通过生物、化学和物理工艺的组合使出水的营养物降到较低的水平（TN 小于 5mg/L，TP 小于 0.1mg/L）。对于要求达到更高脱氮水平的污水处理厂，通常都会额外添加碳源；而除磷则通常有生物和化学两种方式。基于化学除磷的工艺并不依赖于生物系统，因此可以独立优化，需要对投加化学药剂的混合和加药点设置加以考虑。

（20）由于内在的复杂性，同步除磷脱氮工艺很难定量地进行设计，几乎所有的系统都需利用 IWA 的 ASM 系列模型进行全过程的模拟。反应池的容积（包括厌氧区、缺氧区和好氧区）可参考之前单独脱氮或除磷的计算方法，主要设计参数宜根据试验资料确定，无试验资料时，可采用经验数据或按照表 6-6～表 6-9 的规定取值。

6.9　其　他　工　艺

6.9.1　自然处理法

6.9.1.1　一般规定

（1）污水量较小的城镇，在环境影响评价和技术经济比较合理时，宜审慎采用污水自然处理。污水自然处理主要依靠自然的净化能力，因此必须严格进行环境影响评价，通过技术经济比较后确定。污水自然处理对环境的依赖性强，所以从建设规模上考虑，一般仅应用在污水量较小的小城镇。

（2）污水自然处理必须考虑对周围环境以及水体的影响，不得降低周围环境的质量，应根据区域特点选择适宜的污水自然处理方式。污水自然处理是利用环境的净化能力进行污水处理的方法，因此，当设计不合理时会破坏环境质量，所以建设污水自然处理设施时应充分考虑环境因素，不得降低周围环境的质量。污水自然处理的方式较多，必须结合当地的自然环境条件，进行多方案的比较，在技术经济可行、满足环境评价、满足生态环境和社会环境要求的基础上，选择适宜的污水自然处理方式。

（3）在环境评价可行的基础上，经技术经济比较，可利用水体的自然净化能力处理或处置污水。江河海洋等大水体有一定的污水自然净化能力，合理有效的利用，有利于减少工程投资和运行费用，改善环境。但是，如果排放的污染物量超过水体的自净能力，会影响水体的水质，造成水质恶化。要利用水环境的环境容量，必须控制合理的污染物排放量。因此，在确定是否采用污水排海排江等大水体处理或处置污水时必须进行环境影响评价，避免对水体造成不利的影响。

（4）采用土地处理，应采取有效措施，严禁污染地下水。土地处理是利用土地对污水进行处理，处理方式、土壤的性质、厚度等自然条件是可能影响地下水水质的因素。因此采用土地处理时，必须首先考虑不影响地下水水质，不能满足要求时，应采取措施防止对地下水的污染。

（5）污水处理厂二级处理出水水质不能满足要求时，有条件的可采用土地处理或稳定塘等自然处理技术进一步处理。自然处理的工程投资和运行费用较低。城镇污水二级处理的出水水质一般污染物浓度较低，所以有条件时可考虑采用自然处理方法进行深度处理。这样，不仅可以改善水质，还能够恢复水体的生态功能。

6.9.1.2 稳定塘

（1）有可利用的荒地和闲地等条件，技术经济比较合理时，可采用稳定塘处理污水。用作二级处理的稳定塘系统，处理规模不宜大于5000m^3/d。

（2）处理城镇污水时，稳定塘的设计数据应根据试验资料确定。无试验资料时，根据污水水质、处理程度、当地气候和日照等条件，稳定塘的五日生化需氧量总平均表面有机负荷可采用1.5～10gBOD_5/(m^2·d)，总停留时间可采用20～120d。

（3）稳定塘的设计，应符合下列要求：

1）稳定塘前宜设置格栅，污水含砂量高时宜设置沉砂池。

2）稳定塘串联的级数不宜少于3级，第一级塘有效深度不宜小于3m。

3）推流式稳定塘的进水宜采用多点进水。

4）稳定塘必须有防渗措施，塘址与居民区之间应设置卫生防护带。

5）稳定塘污泥的蓄积量为40～100L/(a·人)，一级塘应分格并联运行，轮换清除污泥。

（4）在多级稳定塘系统的后面可设置养鱼塘，进入养鱼塘的水质必须符合国家现行的有关渔业水质的规定。

6.9.1.3 土地处理

（1）有可供利用的土地和适宜的场地条件时，通过环境影响评价和技术经济比较后，可采用适宜的土地处理方式。

（2）污水土地处理的基本方法包括慢速渗滤法（SR）、快速渗滤法（RI）和地面漫流法（OF）等。宜根据土地处理的工艺形式对污水进行预处理。

（3）污水土地处理的水力负荷，应根据试验资料确定，无试验资料时，可按下列范围取值：

1）慢速渗滤0.5～5m/a。

2）快速渗滤5～120m/a。

3）地面漫流3～20m/a。

（4）在集中式给水水源卫生防护带，含水层露头地区，裂隙性岩层和熔岩地区，不得使用污水土地处理。

（5）污水土地处理地区地下水埋深不宜小于1.5m。

（6）采用人工湿地处理污水时，应进行预处理。设计参数宜通过试验资料确定。

（7）土地处理场地距住宅区和公共通道的距离不宜小于100m。

（8）进入灌溉田的污水水质必须符合国家现行有关水质标准的规定。

6.9.2 MBR工艺

6.9.2.1 简介

膜生物反应器（Membrane bioreactor，简称MBR）将活性污泥处理与膜过滤设备结合，实现生物处理和固液分离。MBR系统采用低压过滤膜，通常为微滤膜或超滤膜。

按照过滤压力可分为两类：正压过滤膜，一般采用管式膜，安装在生物反应器外部，常用于处理工业废水，如采用陶瓷膜处理高温工业废水；真空压力过滤的浸没式MBR，安装在生物反应器内部或独立的膜池中，一般采用中空纤维膜或平板膜，在低压条件下运行，对固体浓度变化的适应性较强，更换费用相对较低，比较适合处理城镇污水。目前中空纤维膜的使用较为广泛。

膜材料可以是陶瓷，也可以是高分子聚合物如聚偏氟乙烯PVDF、聚丙烯PP、聚乙烯PE、聚醚砜PES等，其中PVDF在污水处理中的使用较为普遍。

6.9.2.2 组成及特点

MBR在处理污水过程中，生物处理系统采用活性污泥工艺降解污水中的COD、BOD、氨氮、总氮和磷等污染物，膜系统对生物系统处理后的混合液进行固液分离，替代传统活性污泥工艺中的二沉池和深度处理工艺的介质过滤设施，截留悬浮物、胶体等。MBR出水可排放到水质要求较高的水域，并满足回用要求。

6.9.2.3 设计要点

（1）预处理

为了减少膜损坏和人工清理膜的工作量，MBR需要设细格栅，将水中大部分固体物质和细小残留物、丝状物去除。中空纤维膜系统一般需要1～2mm的细格栅，板式膜系统可配2～3mm的细格栅。

（2）生物反应系统

1）工艺设计

按照不同的出水水质要求，如氨氮、总氮和磷等浓度，MBR的生物反应系统有多种基本组合形式，包括生物硝化工艺、硝化＋化学除磷工艺、生物脱氮工艺、脱氮＋化学除磷工艺、生物除磷脱氮工艺等。虽然活性污泥法的各种基本工艺均可用在MBR的生物反应系统中，但在设计时也有其特殊性：

膜池代替二次沉淀池，膜池回流污泥比例一般为（2～4）Q，回流污泥中溶解氧浓度可高达6mg/L，因此膜池回流污泥应输送至好氧池，膜池前面的生物池回流混合液输送至缺氧池或厌氧池，这样既可满足缺氧池或厌氧池内所需的生物污泥浓度，又可避免膜池回流污泥高溶解氧浓度对缺氧池或厌氧池产生的不良影响。如果膜池回流污泥需要直接输送至厌氧池，宜在进入厌氧池前先进入消氧池（无原污水混入），待溶解氧浓度降低后再进入厌氧池。

在后置反硝化池中投加碳源，如甲醇，强化反硝化处理，出水总氮可低于5mg/L。

化学除磷药剂的投加与常规活性污泥工艺类似，由于膜的出色截留功能，化学除磷药剂的用量可减少。

在有生物除磷的MBR中，为PAOs（除磷菌）保留更多的溶解性有机物，比为脱氮提供有机物更重要。应减少溶解氧和硝酸盐进入厌氧区。

2）泥龄

MBR的泥龄以满足硝化反应为准。泥龄与生物聚合物之间没有明显的直接关系，生物聚合物对膜产生的污堵，可由自动控制的在线膜清洗解决。

3）活性污泥浓度MLSS

浸没式MBR系统生物池的MLSS常控制在8000mg/L左右，膜池的MLSS控制在10000mg/L左右，板式膜的MLSS浓度可以更高。MBR系统的MLSS浓度明显大于传统的活性污泥法，较高的MLSS浓度可降低反应池的容积，也会降低膜的过滤能力和生物池中的充氧效率。因此，需要仔细监控，防止其超出供货商推荐的范围。

4）曝气充氧

各工艺分区的溶解氧范围：厌氧区为0～0.1mg/L；缺氧区为0～0.5mg/L；好氧区为1.5～3.0mg/L。

（3）膜系统

膜系统包括过滤膜系统、空气擦洗系统、反冲洗系统、清洗系统及混合液循环系统等。膜系统设计和运行的关键参数见表6-19。

膜系统设计和运行的关键参数 **表6-19**

原始数据	符号	规范化数据	符号
进水流量（m^3/h）	Q_p	膜通量J［$m^3/(m^2 \cdot d)$］	Q_p/A_m
膜面积（m^2）	A_m	透水率K（LMH/MPa）	$J/\Delta p_m$
平均跨膜压差（MPa）	Δp_m	单位膜面积需气量 SAD_m［$Nm^3/(m^2 \cdot h)$］	$Q_{A,m}/A_m$
膜曝气速率（m^3/h）	$Q_{A,m}$	单位透水率需气量 SAD_p	$1000 \times SAD_m/J$ 或 $Q_{A,m}/Q_p$
物理清洗间隔周期（h）	t_p	每次化学清洗周期 内的物理清洗次数n	$t_c/(t_p+\tau_p)$
物理清洗持续时间（h）	τ_p		
反冲洗通量［$m^3/(m^2 \cdot d)$］	J_b		
化学清洗间隔周期（h）	t_c		
化学清洗持续时间（h）	τ_c		

1）过滤膜系统

外置式MBR只能采用泵系统产水，而对于浸没式MBR，只需要施加较小的抽吸力即可产水。与外置式MBR相比，浸没式MBR对跨膜压差（TMP）的限制更为严格，通常TMP小于7mH_2O，当MLSS小于15000mg/L时，平均膜通量为14～25L/（$m^2 \cdot h$）。

2）空气擦洗系统

浸没式MBR的空气擦洗系统对于膜系统的稳定运行至关重要，典型的擦洗强度为0.2～0.6N·m^3/m^2（0.01～0.03scfm/ft^2）。多数空气擦洗系统为连续运行，一旦系统出现故障，TMP会迅速上升，导致膜清洗频率的明显增加。膜池的溶解氧浓度一般为2.0～6.0mg/L。

3）清洗系统

膜需要规律性清洗以维持膜通量，可采用物理清洗或者化学清洗。多采用在线清洗系统，也可采用离线清洗系统。

物理清洗是指通过人工或机械等物理作用清除污染物的方法，例如停止产水并继续曝气冲刷膜。物理清洗的持续时间一般不超过 2min，是常用的维护手段，但清洗效果有限。

对于物理清洗无法解决的污染物，可以通过化学清洗去除，从而恢复膜通量。化学清洗是采用药剂对膜表面和膜孔隙中积累的污染物进行清除的方法，分为维护性清洗和恢复性清洗：维护性清洗的频率可从一天一次到一周一次，每次清洗的时间少于 2h；恢复性清洗的频率可从每两个月一次到每六个月一次，每次清洗的时间从 6h 到 24h 不等；维护性清洗的目的是减少恢复性清洗的频率，药剂浓度低于恢复性清洗。常用的药剂有柠檬酸、草酸和次氯酸钠等。

6.9.3 短程硝化-反硝化工艺

（1）原理

短程硝化－反硝化是在亚硝化菌（AOB）完成亚硝化反应之后，由反硝化细菌将亚硝酸盐氮还原为氮气的过程。短程硝化-反硝化反应每去除 1mg 氨氮需要消耗 3.43mg 溶解氧、3.57mg 碱度和 1.71mgCOD，相对于传统硝化-反硝化过程可以减少 25％的溶解氧消耗和 40％的 COD 消耗，且硝化过程产泥量减少 25％～34％，反硝化过程产泥量减少约 50％，可明显降低污水和污泥处理的成本。

$$\text{短程硝化}\ NH_4^+ + 1.5O_2 \longrightarrow NO_2^- + 2H^+ + H_2O$$

$$\text{短程反硝化}\quad 6NO_2^- + 3CH_3OH + 3CO_2 \longrightarrow 3N_2\uparrow + 6HCO_3^- + 3H_2O$$

（2）工艺

短程硝化-反硝化反应可以通过 SHARON（Singlereactor High-rate Ammonia RemovalOver Nitrite）工艺在污水处理厂得以应用。SHARON 工艺宜采用连续流全混合式反应器，操作温度以 30～35℃为宜；pH 值以控制在 7.4～8.3 为宜；溶解氧浓度宜控制在 1.0～1.5mg/L 范围内，可采用间歇曝气；污泥以（VSS 计）氨负荷为 0.02～1.67kg/（kg·d）；泥龄宜控制在 1～2.5d。硝化和反硝化作用之所以可以在同一个反应器内完成，一般认为与生物絮体或生物膜内存在溶解氧梯度有关，AOB 主要分布在溶解氧相对丰富的生物絮体或生物膜的表层，而反硝化细菌主要分布在缺氧或厌氧的生物絮体或生物膜内部。

有研究采用 SBR 反应器实现短程硝化-反硝化工艺，发现反应器出水中氮氧化物的主要组分为亚硝酸盐氮，建议可以通过检测出水中亚硝酸盐氮的含量来判断反应器是否正常运行。短程硝化-反硝化反应也可以发生在氧化沟内，但有研究认为氧化沟的硝化抗冲击负荷能力较强，而反硝化反应则由于缺少稳定的缺氧环境和碳源而表现出相对较差的运行效果和稳定性。

（3）工程应用

SHARON 工艺是应荷兰鹿特丹 Dokhaven 污水处理厂的需求而研发的，用于处理厌氧消化污泥脱水滤液，工艺的成功应用可以明显降低整个污水处理厂的氮排放。SHARON 工艺的后续推广也基本是应用于处理污水处理厂的厌氧消化污泥脱水滤液。

6.9.4 厌氧氨氧化工艺

（1）原理

厌氧氨氧化反应（Anaerobic Ammonia Oxidation）发现于20世纪90年代，是在厌氧条件下，由厌氧氨氧化菌将氨氮与亚硝酸盐转化为氮气的过程。

$$NH_4^+ + 1.31NO_2^- + 0.0425CO_2 \longrightarrow 1.045N_2 \uparrow + 0.22NO_3^- + 1.87H_2O + 0.09OH^- + 0.0425CH_2O$$

厌氧氨氧化细菌是自养微生物，世代周期在10～12d左右，细胞的产率低，约为0.11gVSS/gNH_4^+−N，该特点决定了厌氧氨氧化反应器启动慢和污泥产量低的特征。研究初期人们认为厌氧氨氧化菌只在少数环境中存在，近些年来研究发现该细菌在海洋和土壤等多种环境中广泛存在。

采用厌氧氨氧化工艺处理污水，需解决亚硝酸盐的来源问题，因此常与短程硝化反应联用，即短程硝化-厌氧氨氧化反应：在亚硝酸细菌完成亚硝化反应生成亚硝酸盐氮之后，再由厌氧氨氧化菌将亚硝酸盐氮和氨氮转化为氮气。该过程每氧化1mg氨氮需要消耗1.71mg溶解氧和3.57mg碱度，不消耗COD，相对于传统硝化-反硝化过程可以减少62.5%的溶解氧消耗和100%的COD消耗，污泥产量可减少约90%，可显著降低污水和污泥处理的能耗和成本。

（2）工艺

短程硝化-厌氧氨氧化过程可以通过多种工艺在污水处理中实现：如果该过程在两个反应器内完成，可通过Sharon-Anammox工艺实现，一个反应器用于完成短程硝化过程，另一个反应器用于完成厌氧氨氧化过程；如果该过程在一个反应器内完成，可通过CANON（Completely Autotrophic Nitrogenremoval OverNitrite）工艺实现。一个反应器相对于两个反应器而言，在占地和土建方面可能存在优势，但是研究表明，在两个反应器内完成短程硝化-厌氧氨氧化反应相对于在一个反应器内完成该反应，运行操作参数的范围可以更广，运行和维护的难度较低。

Anammox工艺适宜的温度范围是30～40℃；适宜的pH值范围是7.5～8.0；反应器采用好氧和厌氧交替运行，充氧阶段没有厌氧氨氧化反应，停止供氧后可恢复厌氧氨氧化活性；污泥（以VSS计）氨负荷为0.02～0.3kg/(kg·d)；厌氧氨氧化菌的世代周期在10～12d左右，因此泥龄越长越好。设计Sharon反应器主要依据是HRT，设计Anammox反应器主要依据是容积负荷。SBR是厌氧氨氧化工艺的理想反应器。

（3）工程应用

荷兰鹿特丹Dokhaven污水处理厂在建成Sharon反应器之后，于2002年建成Anammox反应器，采用Sharon-Anammox工艺处理厌氧消化污泥脱水滤液。Anammox反应器所需启动时间长，从现况Anammox反应器中获取菌种作为新反应器的接种物可以显著缩短新反应器的启动时间。经过十余年的发展，目前世界范围已有上百座厌氧氨氧化工程，多用于处理高氨氮低有机物含量的废水，例如污泥脱水滤液等，一般称之为测流工艺，主要应用于欧美国家，近几年我国也有厌氧氨氧化工程开始建设和投产。

在处理市政污水的过程中分离氨氮和有机物的去除过程，即采用Sharon-Anammox工艺去除污水中的氨氮（主流工艺），采用厌氧消化去除市政污水中的有机物，可比传统的污水处理工艺获得更多的能源物质沼气，并且在污水处理过程中较少的曝气量可以为水厂节省大量的能源，非常符合资源化和能源化的污水处理发展方向。主流工艺目前应用很少，基本处于实践探索阶段，因为水中较低的氮浓度和温度不利于 Anammox 工艺的成功运行。奥地利 Strass 污水处理厂先成功运行了测流厌氧氨氧化工艺，而后尝试厌氧氨氧化工艺在主流程中运行，测流的 Anammox 菌补充主流，该厂污水处理采用 AB 工艺，B 段按照厌氧氨氧化的需求调试运行，到 2013 年已有成功运行的报道。

6.10 碳源投加

6.10.1 碳源的作用、分类及投加点

当原污水中没有足够的碳源时，投加碳源有利于营养物质的去除。在氮去除过程中，投加碳源通过直接为反硝化反应提供电子促进反硝化反应，从而有效提高脱氮效果。投加碳源对除磷效果的促进不像对脱氮效果提高那样直接，如投加的碳源中包含挥发性脂肪酸并且投加到厌氧区，那么外加碳源将作为聚磷菌的碳源，从而提高总磷的去除效果；如投加的碳源中不包含挥发性脂肪酸或者被投加至缺氧区，则外加碳源的主要作用是促进反硝化，从而减少反应装置中即将通过内回流返回到厌氧区的硝酸盐、亚硝酸盐的量。

碳源主要分为两大类。一是低分子有机物类和糖类物质等，如甲醇、乙醇、乙酸、甜菜糖浆、工业浓液及其混合物等。二是对初沉污泥或剩余活性污泥发酵实现颗粒材料至溶解性挥发性脂肪酸的转变。发酵的典型产物是乙酸和丙酸的混合物，该混合物是磷、氮去除的碳源。

碳源可投加至缺氧区、厌氧区。

当缺氧区碳源不足时，可将外加碳源的投加点设在缺氧区搅拌器附近，或在缺氧区入口处分配碳源，通过设多个缺氧区，将碳源投加至第一个缺氧区，保证外加碳源在缺氧区内最大化分布，并减少其在下游好氧区入口处的任何短路。

如果工艺进水没有包含足够的挥发性脂肪酸支持生物除磷反应，那么在厌氧区投加挥发性脂肪酸将会提高生物除磷效果。挥发性脂肪酸的投加将会改善聚磷菌在混合液中的竞争优势，提高下游好氧区磷的吸收效果。与投加碳源至缺氧区类似，减少挥发性脂肪酸在下游缺氧区和好氧区的短路是很重要的。大多数投加至厌氧区的挥发性脂肪酸，可以是纯乙酸或是乙酸和丙酸的混合物。纯乙酸作为外加碳源会促进聚糖菌的生长，聚糖菌会利用任何多余的挥发性脂肪酸来提高其在混合液中的竞争地位，从而导致除磷效果恶化。相比之下，乙酸和丙酸的混合投加对聚磷菌更有益。投加过多的挥发性脂肪酸至厌氧区可能会降低除磷效果，所以在厌氧区投加挥发性脂肪酸应该认真控制为达到目标含磷量所需要的最小投加量。

6.10.2 外加碳源的技术参数

现有的研究表明多种物质都可以作为反硝化过程所需的外加碳源，不同物质被反硝化细菌利用的程度、代谢产物均不同，其反硝化的效能和投加成本也不同。现有的外加碳源大体上分为两类：一是以葡萄糖、甲醇、乙醇、乙酸等液态有机物及其混合物为主的传统碳源；二是以一些低廉的固体有机物为主，包括含纤维素类物质的天然植物及一些可生物

降解聚合物等在内的新型碳源。目前大多数污水脱氮工艺的研究中都是采用低分子有机物类和糖类物质作为液体碳源。低分子有机物易于生物降解，极易被反硝化细菌利用且微生物细胞产率较低，因此在污水脱氮工艺中常常作为外加碳源的首选。

常用外加碳源的特性见表 6-20；常用外加碳源的生物动力学参数见表 6-21。

常用外加碳源特性 **表 6-20**

碳源	化学式	比重	估算的 COD 含量（mg/L）
甲醇	CH_3OH	0.79	1188000
乙醇	CH_3CH_2OH	0.79	1649000
乙酸（100%溶液）	CH_3COOH	1.05	1121000
乙酸（20%溶液）	CH_3COOH	1.026	219000
糖（蔗糖）（50%溶液）	$C_{12}H_{22}O_{11}$	1.22	685000

常用外加碳源生物动力学参数 **表 6-21**

碳源	反硝化菌的最大比增长速率 m_{max}（d^{-1}）	温度（℃）	Y（g 生物量 COD/g 底物 COD）	COD/NO_3-N 比率
甲醇	0.5～1.86	10～20	0.38	4.6
乙酸	1.3～4	13～20	1.18	3.5

由于添加像乙酸这样的纯化学品成本比较高，一些污水处理厂考虑把工业废料作为外碳源。这包括糖废物、糖蜜、从医药制造中得来的废乙酸溶液。当使用这些碳源时，必须确保这些物质不含污染物并且来源可靠。

如果污水中含有溶解氧，为使反硝化反应进行完全，所需碳源有机物（以 BOD 表示）总量可用下式计算：

$$C=2.86[NO_3-N]+1.71[NO_2-N]+DO$$

式中 C——反硝化过程有机物需要量(以 BOD 表示)(mg/L)；

$[NO_3-N]$——硝酸盐浓度(mg/L)；

$[NO_2-N]$——亚硝酸盐浓度(mg/L)；

DO——污水溶解氧浓度(mg/L)。

为使反硝化过程进行完全所需投加的甲醇量：

$$C_m=2.47[NO_3-N]+1.53[NO_2-N]+0.87DO$$

式中 C_m——甲醇投加量(mg/L)；

$[NO_3-N]$——硝酸盐浓度(mg/L)；

$[NO_2-N]$——亚硝酸盐浓度(mg/L)；

DO——污水溶解氧浓度(mg/L)。

1mg 甲醇理论 COD 值为 1.5mg，所以可生物降解的 COD 表示的碳源有机物需要量 CODR 可以表示为：

$$CODR=3.71[NO_3-N]+2.3[NO_2-N]+1.3DO$$

6.10.3　污水碳源的利用

对初沉污泥或剩余活性污泥发酵，产生溶解性挥发性脂肪酸。发酵相比购买外加碳源而言，运行成本低。另外，因为它源于设施的进水负荷，并没有给系统增加外加碳源，这与投加外加碳源相比，减少了总的污泥产量。

剩余活性污泥发酵的一个缺点是污泥分解产生一定量的氨氮和溶解性磷，如果投加到后置缺氧区，可能增加最终出水中的氨氮和磷的浓度。另一个设计问题是剩余活性污泥发酵过程对水温敏感。在给定的水力停留时间下，较冷的水温会减少发酵过程中挥发性脂肪酸的产量；冬天VFA产量降低，这可能会导致氮和磷去除率的降低。

初沉污泥发酵设计，一般是在正常废水温度下，污泥停留时间3～5d，以保证形成的VFAs不被消耗或转化为甲烷。有实验发现，在温度为25～30℃、污泥停留时间为2～3d的条件下，初沉污泥产生VFAs的量最多。

6.10.4　甲醇投加系统的设计要点

甲醇作为基质时本身不含有营养物质（如氮、磷），pH值呈中性，可减少对污水中微生物的影响，同时甲醇能够被完全氧化，分解后的产物为CO_2和H_2O，不留任何难降解的中间产物。采用甲醇作为外加碳源，药剂费比葡萄糖和醋酸盐略低，且反应速率较快、产泥量较低，因此作为外加碳源比葡萄糖和醋酸盐更为常用，特别是在长期使用的情况下。

设计中，甲醇投加浓度一般可按“最佳碳氮比×每日外加碳源除氮量/效率因子”来确定。效率因子一般取0.9，美国环保局建议设计时甲醇与NO_3-N比值可取3，具体设计中最佳碳氮比取值可以依据相关中试试验数据确定。为保证甲醇投加的安全性，利用厂区再生水将甲醇稀释后进行投加。实际运行中，甲醇投加量根据进水流量、硝酸盐氮、亚硝酸盐氮、溶解氧浓度由自控系统自动调整。

由于甲醇为甲类液体，其投加系统的设计不同于常规液体。甲醇投加系统由甲醇储罐区、甲醇加药间、罐区消防系统三部分组成。甲醇储罐可设计为地上式、半地下式和地埋式，储罐形式有立式和卧式，立式储罐又分为固定顶罐和浮顶储罐。甲醇储罐容积宜按5～7d甲醇储备量设计。甲醇储罐区应考虑消防设计，立式甲醇储罐区的消防系统宜采用低倍数泡沫灭火系统及自动喷水冷却系统。具体设计标准详见《泡沫灭火系统设计规范》GB 50151—2010。甲醇加药间内所有电气、仪表、通风设备须考虑防爆功能。甲醇加药间所用建筑材料应为非燃烧体。甲醇投加系统厂区布置依据《建筑设计防火规范》GB 50016—2014中相关要求执行。

6.11　辅助化学除磷

6.11.1　辅助化学除磷的目的

污水经二级处理后，其出水总磷不能达到要求时，可采用化学除磷工艺处理。污水一级处理以及污泥处理过程中产生的液体有除磷要求时，也可采用化学除磷工艺。

投加化学试剂进行辅助化学除磷是实现完全除磷的一种有效方法。污水中的磷可以通过生物和化学两种方法去除。生物除磷过程依赖于聚磷菌的生长，一些情况下污泥负荷低，因此进水中COD∶P比值和生物污泥的生长会抑制聚磷菌的产量，从而影响生物除磷效率。生物除磷是一种相对经济的除磷方法，但由于现阶段的生物除磷工艺还无法保证出水总磷稳定达标，所以常需要采用或辅助以化学除磷措施。

与生物除磷法相比，化学除磷不会由于污泥处理过程中停留时间较长而发生磷酸盐的二次释放，因此也不会产生内部磷酸盐负荷。与完全通过化学沉淀除磷的方法相比，进行生物法和化学法的复合除磷工艺能够减少化学试剂的用量，缓解化学除磷方法的一些弊端。通常以生物除磷法为主，化学除磷法为辅，组成复合工艺进行除磷。当检测的磷酸盐浓度超过了标准值时再投加化学试剂。

6.11.2 主要使用的化学除磷药剂种类

化学除磷设计中，药剂的种类、剂量和投加点宜根据试验资料确定。

化学除磷的药剂可采用铝盐、铁盐，也可采用石灰。铝盐有硫酸铝、铝酸钠和聚合铝等，其中硫酸铝较常用。铁盐有三氯化铁、氯化亚铁、硫酸铁和硫酸亚铁等，其中三氯化铁最常用。用铝盐或铁盐作混凝剂时，宜投加离子型聚合电解质作为助凝剂。

6.11.3 投加点及其对其他工艺的影响

化学除磷过程，依据投加点可划分为几种不同的化学沉淀工艺。主要有预沉淀、协同沉淀、后沉淀、直接沉淀几种。预沉淀是在初次沉淀池之前投药，投药点可设在沉砂池、初次沉淀池进水处，投药点应选在所形成的絮凝体不会被打破之处，其形成的沉淀物将在初次沉淀池中被去除；协同沉淀应用最为广泛，投药点设在曝气池中、曝气池出水处或二次沉淀池进水处；后沉淀，投药点设在处于二次沉淀池之后的混合池中，沉淀、絮凝及其絮凝体的分离将在生物处理段之后的一个单独单元来完成；直接沉淀是直接进行混凝、沉淀反应，无生物处理反应，这种处理方法主要用于强化一级处理工艺。

如采用协同沉淀方式，投加化学试剂有两种可选投加点：(1) 正磷酸盐浓度最高的厌氧段末端；(2) 进入到二次沉淀池的溢流液中（好氧区）。选择二次沉淀池前投加，比在厌氧段末端投加具有一定的优势，比如改善污泥沉淀性能，可以根据在线监测出水中磷酸盐浓度直接控制投加量。无论在任何投加点，金属盐与活性污泥的充分混合都是十分必要的。

从生化角度看，在生物除磷工艺中投加化学试剂对工艺运行有重要影响，因而需要进行必要的控制。当投加量过高时，正磷酸盐将生成化学沉淀，从而不利于聚磷菌吸磷，聚磷菌量减少，生物除磷量减少，需加大化学试剂投加量，如此形成有害循环；投药过量不仅会增加药剂费，而且会产生大量的氢氧化物絮凝体，从而增加产泥量，并会妨碍污泥脱水。

6.11.4 化学药剂（铁盐、铝盐等）投加量、形成污泥量

化学药剂投加量可以按给定的、所要求的出水总磷浓度进行设计，表6-22列出了与出水总磷浓度相关的处理方法、金属离子的投加量以及对pH值的要求。

与出水总磷浓度相关的处理方法、金属离子的投加量以及对 pH 值的要求　表 6-22

出水浓度 2～3g　P/m^3	生物除磷 协同沉淀，Fe^{2+}或Al^{3+}，MR=0.8 预沉淀，Al^{3+}，MR=1
出水浓度 1～2g　P/m^3	协同沉淀，Fe^{2+}或Al^{3+}，MR=1 预沉淀，Ca^{2+}+Fe^{2+}，pH=8～9，MR（Fe）=1 直接沉淀，Ca^{2+}，pH=10～11 直接沉淀，Al^{3+}，MR=1.5 后沉淀，Al^{3+}，pH=6.5～7.2　MR=1
出水浓度 0.5～1g　P/m^3	协同沉淀，Fe^{2+}或Al^{3+}，MR=1.5 协同沉淀+预沉淀或土池塘，Fe^{2+}或Al^{3+}，MR=1.5 后沉淀，Al^{3+}，pH=5.5～6.5　MR=2 直接沉淀，Ca^{2+}，pH=10～11+海水 预沉淀，Ca^{2+}+Fe^{2+}，pH=9～10，MR（Fe）=1.5
出水浓度 0.3～0.5g　P/m^3	协同沉淀，Fe^{2+}或Al^{3+}+接触过滤，Fe^{2+}或Fe^{3+}，两种工艺 MR=2 后沉淀，Al^{3+}，pH=5.5～6.5　MR=2，+接触过滤，Fe^{3+}，MR=2

注：MR（摩尔比）表示每摩尔进水总磷所需加入的金属离子的摩尔数。

同步沉淀除磷的产泥量取决于沉淀剂的品种、沉淀剂的单位用量（molMe（金属）/molP）。除此之外，还要考虑附带产生的其他沉淀物。在实际应用中可按每千克用铁产生2.5千克污泥或每千克用铝产生4.0千克污泥来计算产泥量。

6.12　二次沉淀池

本手册第5章有关沉淀池的规定，一般也都适用于二次沉淀池。本节根据二次沉淀池的特点，再作若干补充。

（1）二次沉淀池的两项负荷：

1）水力表面负荷［m^3/(m^2·h)］：用此项负荷保证出水水质良好。

2）固体表面负荷［kg/(m^2·d)］：用此项负荷保证污泥能在二次沉淀池中得到足够的浓缩，以便供给曝气池所需回流污泥，而维持良好的运行。

根据经验，一般二次沉淀池的固体负荷，可达到150kg/(m^2·d)。斜板（管）二次沉淀池可考虑加大到192kg/(m^2·d)。

（近年有根据沉降柱试验，绘出固体通量曲线，求算极限固体通量及设计表面负荷的方法，但实际应用中，仍多用经验数字）

（2）池边水深的建议值：根据经验，池子直径加大时，池边水深也应适当加大，否则池的水力效率将降低，池的有效容积将减小。建议对二次沉淀池采用如下池边水深（见表6-23）。

二次沉淀池池边水深建议值 表 6-23

池径（m）	池边水深（m）	池径（m）	池边水深（m）
10～20	3.0	30～40	4.0
20～30	3.5	>40	4.0

当由于客观原因达不到上述建议值时，为了维持沉淀时间不变，须采取较低的表面负荷值。

（3）出水堰负荷：二次沉淀池出水堰负荷可按 1.5～2.9L/(s·m) 考虑。

（4）污泥区容积：二次沉淀池污泥区容积按不小于 2h 贮泥量考虑，计算公式如下：

$$V=\frac{4(1+R)QR}{1+2R} \tag{6-67}$$

式中 V——二次沉淀池污泥区容积（m^3）；

Q——曝气池设计流量（m^3/h）；

R——回流比。

泥斗中污泥浓度按混合液浓度及底流浓度的平均浓度计算。

（5）污泥回流设备：污泥回流设备最好是用螺旋泵或轴流泵。采用鼓风曝气时宜用气力提升。参见图 6-65。

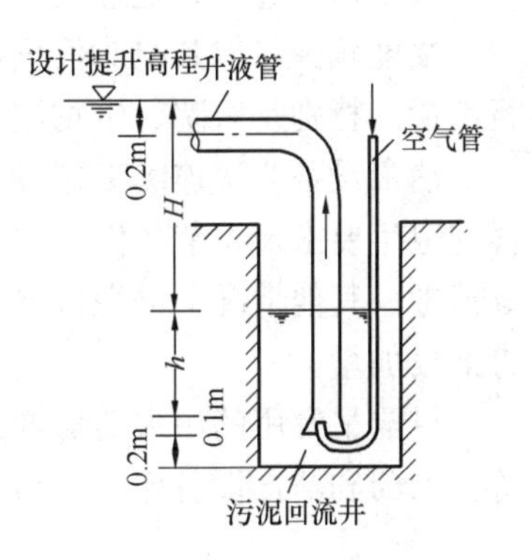

图 6-65 气力提升回流污泥

气力提升的原理是利用升液管内外液体的密度差，使污泥提升。

升液管在回流井中最小浸没深度 h，按公式（6-68）计算：

$$h=\frac{H}{(n-1)} \tag{6-68}$$

式中 h——升液管在回流井中最小浸没深度（m）；

H——拟提升高度（m）；

n——密度系数，一般用 2～2.5。

空气用量 $\overline{W}$ 按公式（6-69）计算：

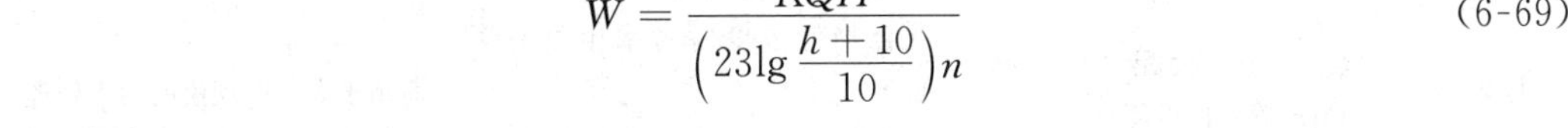

$$\overline{W}=\frac{KQH}{\left(23\lg\frac{h+10}{10}\right)n} \tag{6-69}$$

式中 $\overline{W}$——空气用量（m^3/h）；

K——安全系数，一般用 1.2；

Q——每个升液管设计提升流量（m^3/h）；

n——效率系数，一般用 0.35～0.45。

空气压力应大于浸没浓度 h 至少 3kPa。

一般空气管最小管径 25mm，升液管最小管径 75mm。

一座污泥回流井宜只设一条升液管，一座井只连通一个污泥斗（二次沉淀池），以免相互干扰。

二次沉淀池的设计参数见表 6-24。

二次沉淀池设计参数　表 6-24

参数名称	单位	活性污泥法后	生物膜法后
沉淀时间	h	2.0～5.0	1.5～4.0
表面负荷(日平均流量)	$m^3/(m^2 \cdot h)$	0.6～1.0	1.0～1.5
污泥含水率	%	99.2～99.6	96～98
固体负荷	$kg/(m^2 \cdot d)$	≤150	≤150
堰口负荷	$L/(s \cdot m)$	≤1.7	≤1.7

沉淀池一般利用静水压力排泥，二次沉淀池的静水头，生物膜法后不应小于 1.2m，曝气池后不应小于 0.9m。最终选定的静水头应按照排泥系统的水力计算确定。

6.13　污　水　消　毒

城市污水经一级处理或二级处理（包括活性污泥法和膜法）后，水质改善，细菌含量也大幅度减少，但其绝对值仍很可观，并有存在病原菌的可能，因此污水排放水体前应进行消毒，特别是医院、生物制品所及屠宰场等有致病菌污染的污水，更应严格消毒。

消毒设备应按连续工作设置。消毒设备的工作时间、消毒剂投加量，可根据所排放水体的卫生要求及季节条件掌握。一般在水源的上游、旅游区、夏季（游泳季节）应严格连续消毒，其他情况下可视排出水质及环境要求，经有关单位同意，采用间断消毒或酌减消毒剂投加量。

目前最常用的污水消毒剂是液氯，其次尚有漂白粉、臭氧、次氯酸钠、氯片、紫外线等。加药和消毒设备详见《给水排水设计手册·材料设备》（续册）第 4 册。

6.13.1　消毒方案

常用消毒方法见表 6-25。

消毒剂选择　表 6-25

消毒剂	优　点	缺　点	适用条件
液氯	效果可靠，投配设备简单、投加量准确，价格便宜	氯化形成的余氯及某些含氯化合物低浓度时对水生物有毒害； 当污水中工业污水比例大时，氯化可能生成致癌化合物	适用于大、中规模的污水处理厂
漂白粉	投加设备简单，价格便宜	除具有液氯的缺点外，尚有投加量不准确、溶解调制不便、劳动强度大等缺点	适用于消毒要求不高或间断投加的小型污水处理厂
臭　氧	消毒效率高，并能有效地降解污水中残留的有机物、色、味等，污水的 pH 值、温度对消毒效果影响很小，不产生难处理的或生物积累性残余物	投资大、成本高，设备管理复杂	适用于出水水质较好，排入水体卫生条件要求高的污水处理厂

续表

消毒剂	优　点	缺　点	适用条件
次氯酸钠	用海水或一定浓度的盐水，由处理厂就地自制电解产生消毒剂，也可买商品次氯酸钠	需要有专用次氯酸钠电解设备和投配设备	适用于边远地区，购液氯等消毒剂困难的小型污水处理厂
氯　片	设备简单，管理方便，只需定时清理消毒器内残渣及补充氯片。基建费用低	要用特制氯片及专用消毒器，消毒水量小	适用于医院、生物制品所等小型污水处理站
紫外线	有光谱性杀菌能力，不产生消毒副产物；操作安全、简单，运行成本低	消毒效果易受进水有机物成分、透光率和悬浮物的等因素影响；无后续杀菌作用	适用于各种规模的污水处理厂及再生水厂

6.13.2　药剂消毒设计要点

（1）污水氯消毒加氯量确定：污水消毒的加氯量应经试验确定。对生活污水，当无实测资料时，可参用下列数值：

1）一级处理后的污水 20～30mg/L；

2）不完全人工二级处理后的污水 10～15mg/L；

3）完全人工二级处理后的污水 5～10mg/L。

当采用漂白粉消毒时，其加氯量应按实际活性氯含量计算，其溶液浓度不得大于2.5%。

商品次氯酸钠溶液含有效氯量可按10%～12%计算。

氯片为漂白粉压制而成，其含氯有效量可按65%～70%计算。

（2）污水臭氧消毒投加量：应根据污水水质和排放水体要求，经试验确定。

（3）消毒剂的混合与接触：为了使消毒剂充分发挥效用，应有适当的混合方式和接触时间：

1）生物滤池后面的二次沉淀池，当污水不回流时，可作为加氯消毒的接触池。曝气池后的二次沉淀池则不能兼作接触池。

2）在用漂白粉消毒时，一般需设置混合池，混合池通常有隔板式与鼓风式两种。

3）混合池设计参见给水排水设计手册第3册《城镇给水》。

4）鼓风式混合池，最低供气量为 $0.2m^3/(m^3 \cdot min)$，空气压力应大于12kPa，污水在池中的流速应大于0.6m/s。

5）接触池计算公式同竖流式沉淀池。沉降速度采用1～1.3mm/s。

6）氯与污水的接触时间（包括接触池后污水在管渠中流动的全部时间），采用30min，并保证剩余氯不少于0.5mg/L。

7）生活污水采用漂白粉消毒时，接触池中沉淀物的数量，当无实际资料时，可采用下列数值：

① 含水率为96%；

② 经一级处理后的污水为0.17L/(人·d)；

③ 经生物滤池处理后的污水为0.10L/(人·d)；

④ 经曝气池处理后的污水为0.06L/(人·d)。

当采用液氯消毒时，上列沉淀物的数量应减50%。

8）臭氧消毒的混合接触一般采用专用的接触氧化塔，气、水对流混合接触。

9）采用氯片消毒时，污水流入特制的氯片消毒器，浸润溶解氯片，并与之混合，然后再进入接触池。

(4) 消毒设备的设计与计算见给水排水设计手册第3册《城镇给水》。

6.13.3 紫外线消毒

6.13.3.1 紫外线消毒原理

紫外线为波长在100～380nm的电磁波。其中具有消毒能力的是紫外线C波段，波长为200～280nm。病原微生物吸收波长在200～280nm间的紫外线能量后，其遗传物质（核酸）发生突变导致细胞不再分裂繁殖，达到消毒杀菌的目的，即为紫外线消毒。最佳紫外线消毒波长是253.7nm。

6.13.3.2 紫外线消毒系统构造及设备的分类

(1) 紫外线消毒系统构造

1）根据系统构造分为明渠式、闭渠式、压力管道式。

2）按灯管的布置方式又分为水平式（灯管轴线与水流方向平行）和垂直式（灯管轴线与水流方向垂直）。

(2) 设备类型（根据紫外灯管类型）

1）低压低强灯：单根紫外灯的紫外能输出为25～40W。

2）低压高强灯：单根紫外灯的紫外能输出为100～400W左右。

3）中压高强灯：单根紫外灯的紫外能输出在420W以上。

6.13.3.3 紫外线剂量

紫外线剂量是单位面积上接收到的紫外线能量，是紫外光强度和曝光时间的乘积。公式为：

$$紫外线剂量(mJ/cm^2=mW\cdot s/cm^2)=紫外光强度(mW/cm^2)\times 曝光时间(s)$$

(1) 平均剂量：将紫外灯简化为点光源，然后用点光源累加法计算消毒器内的平均紫外光强度，再乘以平均曝光时间得到的剂量。平均剂量为紫外线消毒设备的理论剂量，由于这一剂量常用UVDIS计算软件计算得到，因此有时也称UVDIS剂量。

(2) 有效剂量：有效剂量是紫外线消毒设备所能实现的微生物灭活剂量，是基于该设备的验证测定结果取得的，亦称之为紫外线消毒设备的生物验定剂量或传递剂量。

(3) 设计剂量：设计剂量是对于不同进水水质条件及出水消毒指标下消毒装置选配的紫外线剂量。用于紫外线消毒系统的规格描述，设计剂量测定时需要目标微生物的灭活曲线。

(4) 运行剂量：运行剂量是基于紫外线消毒设备的性能测定结果确定的消毒剂量。运行剂量作为消毒反应器的一个很有用的指标，可用于在维持设计剂量的情况下发挥消毒设备的最大效率（如：减少耗电量、减少运行的反应器个数等）。

6.13.3.4 消毒系统设计

（1）设计条件

1）紫外线消毒系统的进水条件

① 最大设计流量（须以该流量作为水力负荷计算紫外线消毒设备所能达到的有效紫外剂量。如：包含进水峰值系数、远期扩容流量等）；

② 平均设计流量；

③ 最小设计流量；

④ 最小紫外线穿透率；

⑤ 悬浮物含量或浊度（根据紫外线消毒系统的进水处理工艺确定）；

⑥ 水温变化范围；

⑦ 硬度；

⑧ pH 值；

⑨ 污水成分及其他（紫外线消毒系统进水前的处理工艺、是否含有工业废水及铁盐等化学药剂等）；

⑩ 进水粪大肠（或总大肠）菌群数（或含有其他细菌和致病菌）。

2）出水消毒指标

粪大肠或总大肠菌群数（或含其他指标）。

（2）紫外线消毒系统有效消毒剂量的确定

1）《城市给排水紫外线消毒设备》GB/T 19837—2005 中规定，紫外线消毒设备在峰值流量和紫外灯运行寿命终点时，考虑紫外灯套管结垢影响后所能达到的紫外线有效剂量不应低于表 6-26 的规定。

紫外线有效剂量的规定　　表 6-26

出水标准等级	消毒指标	SS（水中悬浮物）	紫外线有效剂量
《城镇污水处理厂污染物排放标准》GB 18918—2002 二级标准	粪大肠菌群：10000 个/L	≤30mg/L	≥15mJ/cm²
《城镇污水处理厂污染物排放标准》GB 18918—2002 一级标准的 B 标准	粪大肠菌群：10000 个/L	≤20mg/L	≥15mJ/cm²
《城镇污水处理厂污染物排放标准》GB 18918—2002 一级标准的 A 标准	粪大肠菌群：1000 个/L	≤10mg/L	≥20mJ/cm²
《城市污水再生利用　城市杂用水水质》GB/T 18920—2002	总大肠菌群：≤3 个/L	—	≥80mJ/cm²

2）《室外排水设计规范》GB 50014—2006（2016 年版）对紫外线消毒系统有效消毒剂量的规定如下：

① 二级处理的出水为 15～22mJ/cm²；

② 再生水为 24～30mJ/cm²。

3）美国《饮用水与再生水紫外线消毒指南》（NWRI 及 AwwaRF）回用水章节提出：在峰值流量，载体过滤、膜过滤、反渗透等不同的过滤工艺条件下，“消毒后，含有的致病微生物被灭活（脊髓灰质炎病毒灭活率为 10^{-5}，大肠杆菌浓度最高为 2.2 个/100mL，以最大可能数法计数)”时的设计剂量见表6-27。

美国标准对紫外线有效剂量的规定 表6-27

过滤处理工艺	滤后水紫外线穿透率	滤后水浊度	紫外线有效剂量
非膜过滤(细纱、布或其他合成载体)	≥55%	24h的平均浊度不能高于2NTU,超过5NTU的时间不能超过5%,不允许超过10NTU	≥100mJ/cm²
膜过滤(微滤和超滤)	≥65%	在95%的时间里出水的浊度应该等于或低于0.2NTU,不能超过0.5NTU	≥80mJ/cm²
反渗透	≥90%	在95%的时间里出水的浊度应该等于或低于0.2NTU,不能超过0.5NTU	≥50mJ/cm²

4)有效消毒剂量的选择

① 理论计算剂量(平均剂量)

理论计算的方法之一是由美国环保局开发的UVDIS3.1计算软件计算出来的消毒剂量。使用UVDIS软件计算紫外线消毒剂量有三个步骤:第一,确定灯管列阵内的平均光强;第二,计算紫外反应器中灯管列阵内的停留时间;第三,计算理论剂量(平均光强与停留时间的乘积)。

由于理论计算方法计算的是平均剂量,没有考虑到实际紫外线消毒器因受设备结构和水力条件等因素的影响,光强分布不均匀,部分紫外能并未发挥作用,故而理论计算的剂量值偏大。所以,以此为设计依据会高估反应器的紫外线剂量,可能会带来潜在水质安全问题。应考虑一定的安全系数。

② 生物验定剂量

生物验定剂量是用同类消毒器(相同型号的灯管、相同的灯管排布方式和间距)在类似污水中用相同的指标微生物做实际检测的方法测得实验数据,并依据这些数据绘制出该设备的性能曲线(即紫外线有效剂量曲线,参见《城市给排水紫外线消毒设备》GB/T 19837—2005图C.1)。有效剂量曲线的横坐标为单根紫外灯处理流量(总峰值流量/总紫外灯数),纵坐标为紫外线剂量。根据紫外线消毒设备的性能曲线可得出曲线公式。整个测试过程和设备性能曲线由紫外行业有资质的独立第三方认证机构执行和出具。根据这一认证结果,可以从系统性能曲线上查出所选用的紫外线消毒系统在相应参数下所能输出的紫外线剂量,亦可根据曲线公式计算出所选用的紫外线消毒设备实际输出的有效剂量值。

③ 有效剂量的修正值

在得出上述紫外线消毒剂量后,还要在计算中用紫外灯的老化系数和石英套管的结垢系数进行修正,修正后的剂量是最终要选择的紫外线消毒设备需要输出的有效剂量。即:

修正后的有效剂量(mJ/cm²)=紫外线平均剂量(mJ/cm²)×老化系数×结垢系数

紫外灯的紫外线输出功率随着紫外灯的使用而衰减,紫外灯老化系数表示的是在设备制造商保证的紫外灯运行寿命终点时的这一比值。《城市给排水紫外线消毒设备》GB/T 19837—2005中规定:紫外灯老化系数通过有资质的第三方验证后,可使用验证通过的老化系数计算设备紫外线有效剂量。若紫外灯老化系数没有通过有资质的第三方验证,应使用默认值(即0.5)作为紫外灯老化系数,来计算设备紫外线有效剂量。

紫外灯套管结垢是由于水中的各类杂质沉积在紫外灯套管表面上而形成，紫外灯套管结垢系数是系统运行一段时间后的紫外灯穿透率与使用前的紫外灯穿透率之比。《城市给排水紫外线消毒设备》GB/T 19837—2005 中规定：紫外灯套管结垢系数通过有资质的第三方验证后，可使用验证通过的结垢系数计算设备紫外线有效剂量。若紫外灯套管结垢系数没有通过有资质的第三方验证，应使用默认值（即 0.8）作为紫外灯套管结垢系数，来计算设备紫外线有效剂量。

《城市给排水紫外线消毒设备》GB/T 19837—2005 中规定：紫外线消毒设备中的低压灯和低压高强灯连续运行或累计运行寿命不应低于 12000h；中压灯连续运行或累计运行寿命不应低于 3000h。

由于污水中的成分对紫外线消毒的效果有很大影响，在设计紫外线消毒系统时，如果进水中硬度和碱度较高或含有油脂类、铁盐等，应考虑石英套管化学清洗可能发生的频率，选择可靠有效的清洗方式。因污水中的固体悬浮物颗粒对微生物的屏蔽保护作用，如果进水 TSS 较高或颗粒尺寸较大，或紫外线穿透率可能低于预估值，为保证水质的安全卫生，应考虑适当提高有效剂量值，以保证出水水质达标。

6.14 计 算 实 例

6.14.1 动力模型计算

［**例 6-4**］设计某城市污水处理厂，采用 AO 工艺（缺氧＋好氧处理工艺），无初次沉淀池。

［**解**］

（1）设计水量、水质及水温数据

1）设计进水流量 Q：100000m^3/d

2）设计进水水质

五日生化需氧量（BOD_5）S_o：200mg/L

总悬浮物 TSS_o：230mg/L

总凯氏氮 TN_K：55mg/L

碱度（以 $CaCO_3$ 计）Alko：350mg/L

pH 值：7

3）处理过程平均高水温 T_{max}：24℃

4）处理过程平均低水温 T_{min}：14℃

5）设计出水水质目标

五日生化需氧量（BOD_5）S_e：20mg/L

总氮 TN_e：20mg/L

氨氮 NH_e：5mg/L

总悬浮物 TSS_e：15mg/L

（2）按照进出水水质情况，采用 AO 工艺，即缺氧、好氧活性污泥处理工艺。

（3）好氧池设计计算

1）工艺参数选取及修正

选取标准水温（T_1）条件下的动力学反应参数（F_{T1}），按最低水温进行修正，得到实际水温（T_2）条件下的动力学反应参数（F_{T2}）。计算公式如下，参数的选取及调整结果见表 6-28。

$$F_{T2}=F_{T1}\times C^{(T_2-T_1)}$$

表 6-28

参数描述	参数符号	T_1（℃）	F_{T1}	C	T_2（℃）	F_{T2}	参数单位
异养菌的最大比生长速度	μ_h	20.0	5.00	1.07	14.0	3.33	d^{-1}
异养菌生长的半速饱和常数	K_s	20.0	60.00	1.00	14.0	60.00	$mgBOD_5/L$
异养菌理论产率系数	Y	20.0	0.60	1.00	14.0	0.60	$mgVSS/mgBOD_5$
异养菌自身氧化系数	K_d	20.0	0.06	1.04	14.0	0.05	d^{-1}
硝化菌的最大比生长速率	μ_a	20.0	0.75	1.10	14.0	0.42	d^{-1}
氨氮的半速常数	K_n	20.0	0.74	1.12	14.0	0.37	$mgNH_3-N/L$
硝化菌理论产率系数	Y_a	20.0	0.12	1.00	14.0	0.12	$mgVSS/mgNH_3-N$
硝化菌自身氧化系数	K_{da}	20.0	0.08	1.04	14.0	0.06	d^{-1}
硝化菌生长的半速氧饱和常数	K_o	20.0	0.50	1.00	14.0	0.50	mgO_2/L

主要参数的取值范围、典型值及温度修正系数见表 6-29。

主要参数的取值范围、典型值及温度修正系数 表 6-29

参数描述	参数符号	取值范围(20℃)	典型值	温度修正系数	参数单位
异养菌的最大比生长速度	μ_h	2～10	5.00	1.07(1.03～1.08)	d^{-1}
异养菌生长的半速饱和常数	K_s	25～100	60.00	1.00	$mgBOD_5/L$
异养菌理论产率系数	Y	0.4～0.8	0.60	1.00	$mgVSS/mgBOD_5$
异养菌自身氧化系数	K_d	0.04～0.075	0.06	1.04(1.02～1.06)	d^{-1}
硝化菌的最大比生长速率	μ_a	0.2～0.9	0.75	1.1(1.06～1.123)	d^{-1}
氨氮的半速常数	K_n	0.5～1.0	0.74	1.053(1.03～1.123)	$mgNH_3-N/L$
硝化菌理论产率系数	Y_a	0.10～0.15	0.12	1.00	$mgVSS/mgNH_3-N$
硝化菌自身氧化系数	K_{da}	0.05～0.15	0.08	1.04(1.03～1.08)	d^{-1}
硝化菌生长的半速氧饱和常数	K_o	0.40～0.60	0.50	1.00	mgO_2/L

2）泥龄计算

由于系统要求硝化，设计泥龄按照低温硝化反应计算。

好氧池溶解氧浓度 DO：2.0mg/L

好氧池中氨氮浓度 Na：2.0mg/L

联安全系数 F：2.0

硝化细菌比增长速率 $\mu'_a = \mu_a \times \frac{N_a}{K_n + N_a} \times \frac{DO}{K_o + DO} - K_{da}$

$$= 0.42 \times \frac{2.0}{0.37 + 2.0} \times \frac{2.0}{0.50 + 2.0} - 0.06$$

$$= 0.22d^{-1}$$

计算好氧区泥龄 $\theta_{co} = F\frac{1}{\mu'_a} = 2.0\frac{1}{0.22} = 9.1d$

选取好氧区泥龄 $\theta = 9.5d$

计算出水氨氮浓度 $N_e = K_n \frac{1 + K_{da} \times \theta}{\theta \times \left(\mu_a \frac{DO}{K_o + DO} - K_{da}\right) - 1}$

$$= 0.37 \frac{1 + 0.06 \times 9.5}{9.5 \times \left(0.42 \frac{2.0}{0.50 + 2.0} - 0.06\right) - 1}$$

$$= 0.358mgNH_3 - N/L$$

计算出水溶解性 BOD_5 浓度

$$S'_e = K_s \frac{1 + K_d \times \theta}{\theta \times (\mu_h - K_d) - 1} = 60 \frac{1 + 0.05 \times 9.5}{0.5 \times (3.33 - 0.05) - 1}$$

$$= 2.9mgBOD_5/L$$

3）好氧池容积计算

按照低温条件计算反应池容积。假设进水凯氏氮全部水解成氨氮，并完全硝化。

进水悬浮物中挥发活性组分（VSS）比例 f_v：0.75

进水 VSS 中不可生物降解组分比例 f_{nv}：0.2

假定城市污水处理中生物污泥含氮的重量比为 f_{nb}：0.12

① 进水悬浮物中的无机物形成的污泥量 W_N

$W_N = TSS_o \times (1 - f_v) \times Q = 230 \times 1 - 0.75) \times 100000 \div 1000 = 5750kgSS/d$

② 进水悬浮物中，挥发性活性物质中不可生物降解部分形成的污泥量 W_{VI}

$W_{VI} = TSS_o \times f_v \times f_{nv} \times Q = 230 \times 0.75 \times 0.2 \times 100000 \div 1000 = 3450kgVSS/d$

③ 异养型生物产泥量 W_H

异养型生物表观产泥量系数 $Y_{obs} = \frac{Y}{1 + K_d \times \theta} = \frac{0.60}{1 + 0.05 \times 9.5}$

$$= 0.41gVSS/kgBOD_5$$

异养型生物产泥量 $W_H = Q \times (S_o - S'_e) \times Y_{obs} = 100000 \times (200 - 2.9) \times 0.41 \div 1000$

$$= 8081kgVSS/d$$

④ 硝化细菌产泥量 W_A

硝化细菌表观产泥量系数 $Y'_{obs} = \frac{Y_a}{1 + K_{da} \times \theta} = \frac{0.12}{1 + 0.06 \times 9.5}$

$$= 0.076kgVSS/kgNH_3 - N$$

硝化细菌产泥量　$W_A = (Q \times TN_K - W_H \times f_{nb}) \times Y'_{obs}$

$= (100000 \times 55 \div 100 - 8081 \times 0.12) \times 0.076$

$= 344 \text{kgVSS/d}$

⑤ 产泥量及相关指标

总产泥量　$W_T = W_N + W_{VI} + W_H + W_A = 5750 + 3450 + 8081 + 344 = 17625 \text{kgSS/d}$

剩余污泥量　$W_W = W_T - Q \times TSSe = 17693 - 100000 \times 15 \div 1000 = 16125 \text{kgSS/d}$

产泥系数　$\dfrac{W_W}{Q \times (S_o - S_e)} = \dfrac{16125 \times 1000}{100000 \times (200 - 20)} = 0.90 \text{kgss/kgBOD}_5$

⑥ 好氧池容积

生物池中活性污泥浓度 MLSS＝3500mgSS/L

好氧池容积　$V_A = \dfrac{\theta \times W_T}{\text{MLSS}} = \dfrac{9.5 \times 17625 \times 1000}{3500} = 47839 \text{m}^3$

水力停留时间　$\text{HRT}_A = \dfrac{V_A \times 24}{Q} = \dfrac{48024 \times 24}{100000} = 11.5 \text{h}$

（4）反硝化池设计计算

1）工艺参数选取及修正

混合液回流比 r：100％

污泥回流比 R：100％

选取 MLSS 中 MLVSS 部分比例 f_{vss}：0.65

反硝化池溶解氧浓度 DO′：$0.05 \text{mgO}_2\text{/L}$

选取 20℃时反硝化速率 r_{NO}：$0.1 \text{mgNO}_3 - \text{N/(mgVSS} \cdot \text{d)}$

假设反硝化所需碳源充足，按照反硝化池的溶解氧浓度和最低水温修正反硝化速率 r'_{NO}

$$r'_{NO} = r_{NO} \times 1.08^{T_{min}-20} \times (1 - DO') = 0.1 \times 1.08^{(14-20)}(1 - 0.05)$$

$$= 0.060 \text{mgNO}_3 - \text{N/(mgVSS} \cdot \text{d)}$$

2）反硝化脱氮量推算

进水总氮量　$N_1 = Q \times TN_k = 100000 \times 55 \div 1000 = 5500 \text{kgN/d}$

生物合成吸收氮量　$N_2 = W_H \times f_{hb} = 8081 \times 0.12 = 970 \text{kgN/d}$

按照出水总氮的要求，出水量多排放氮量　$N_3 = Q \times TN_e = 100000 \times 20 \div 1000 = 2000 \text{kgN/d}$

反硝化池最少去除氮量（以硝酸盐氮为主）$N_1 - N_2 - N_3 = 2530 \text{kgN/d}$

按照污泥回流和混合液回流推测反硝化池最大脱氮量，满足最少除氮量要求。

$$(N_1 - N_2)\frac{R + r}{R + r + 1} = (5500 - 970)\frac{1 + 1}{1 + 1 + 1} = 3020 \text{kgN/d}$$

3）反硝化池容积计算

选择反硝化池脱氮量　$\Delta N = 2522 \text{kgN/d}$

反硝化池容积　$V_D = \dfrac{\Delta N}{\text{MLSS} \times f_{vss} \times r'_{NO}} = \dfrac{2522}{3500 \times 0.65 \times 0.06 \times 10^{-3}} = 18476 \text{m}^3$

水力停留时间　$\text{HRT}_D = \dfrac{V_D \times 24}{Q} = \dfrac{18476 \times 24}{100000} = 4.4 \text{h}$

(5) 实际需氧量计算

1) 有机物碳化需氧量 R_c

$$R_c = 1.47 \times Q \times (S_o - S'_e) \div 1000 - 1.42 \times W_H$$

$$= 1.47 \times 100000 \times (200 - 2.9) \div 1000 - 1.42 \times 8081 = 17499 kgO_2/d$$

折合每千克 BOD_5 耗氧量

$$\frac{R_c \times 1000}{(S_o - S_e) \times Q} = \frac{17499 \times 1000}{(200 - 20) \times 100000} = 0.97 kgO_2/kgBOD_5$$

2) 硝化需氧量 R_N

$$R_N = 4.57 \times [Q \times (TN_K - NH_e) \div 1000 - f_{nb} \times W_H]$$

$$= 4.57 \times [100000 \times (55 - 5) \div 1000 - 0.12 \times 8081] = 18418 kgO_2/d$$

3) 反硝化供氧量 R_{DN}

$$R_{DN} = 2.86 \times [Q \times (TN_K - TN_e) \div 1000 - f_{nb} \times W_H]$$

$$= 2.86 \times [100000 \times (55 - 20) \div 1000 - 0.12 \times 8081] = 7237 kgO_2/d$$

4) 总实际需氧量　AOR

$$AOR = R_c + R_N - R_{DN} = 17499 + 18418 - 7237 = 28680 kgO_2/d$$

折合每千克 BOD_5 耗氧量

$$\frac{AOR \times 1000}{(S_o - S_e) \times Q} = \frac{28680 \times 1000}{(200 - 20) \times 100000} = 1.59 kgO_2/kgBOD_5$$

(6) 碱度测算(碱度以 $CaCO_3$ 计)

1) 去除 BOD_5 产生的碱度　$d_{Ca(BOD)}$

$$d_{Ca(BOD)} = 0.1 \times (S_o - S'_e = 0.1 \times (200 - 2.9) = 19.7 mgCaCO_3/L$$

2) 硝化过程消耗的碱度　$d_{Ca(NH_3)}$

$$d_{Ca(NH_4)} = 7.14 \times [TN_K - NH_e - f_{nb} \times (W_H + W_A) \div Q \times 1000]$$

$$= 7.14 \times [55 - 5 - 0.12 \times (8081 + 344 \div 100000 \times 1000] = 285 mgCaCO_3/L$$

3) 反硝化产生碱度　$d_{Ca(NO_3)}$

$$d_{Ca(NO_3)} = 3.0 \times [TN_K - TN_e - f_{nb} \times (W_H + W_A) \div Q \times 1000]$$

$$= 3.0 \times [55 - 20 - 0.12 \times (8081 + 344 \div 100000 \times 1000] = 75 mgCaCO_3/L$$

4) 剩余碱度 Alk_e

$$Alk_e = Alk_o + d_{Ca(BOD)} - d_{Ca(NH_4)} + d_{(Ca(NO_3))} = 350 + 19.7 - 285 + 75$$

$$= 159.7 mgCACO_3/L$$

6.14.2 ASM1 介绍及计算

6.14.2.1 ASM1 简介

国际水协会(IWA)自 1987 年开始共推出 4 个活性污泥数学模型:ASM1、ASM2、ASM2d 和 ASM3。其中 ASM1 为基本型,它考虑了 13 种水质组分和 8 个生物反应过程,主要用于模拟有机碳的降解和生物脱氮。

为增强模型的真实性和可靠性，ASM1 数学模型在建模时假定被模拟的活性污泥过程正常运行。该假定的具体内容包括：（1）曝气池内污水处于正常 pH 值及温度条件下；（2）曝气池内微生物的种群和浓度处于正常状态下；（3）曝气池内污染物浓度可变，但成分及组成不变；（4）微生物的营养充分；（5）二次沉淀池内无生化反应，仅为固液分离装置。

该模型将曝气池的反应过程分为 8 个子生物反应过程，将曝气池内的物质分为 13 个组分。每个子过程有若干个组分参加，每个组分参与若干个子过程。

8 个子过程如下：异养菌的好氧、缺氧生长及衰减过程；自养菌的好氧生长及衰减过程；溶解性有机氮氨化；被吸附缓慢降解有机碳、氮的“水解”。13 个污水特性组分参数如表 6-30 所示。

ASM1 中各水质参数组分　　**表 6-30**

序号	组分符号	定　义
1	S_u	可溶性惰性有机物（mg/L）
2	S_S	易生物降解有机物（mg/L）
3	X_u	颗粒性惰性有机物（mg/L）
4	XC_B	慢速可生物降解有机物（mg/L）
5	$X_{Bio,OHO}$	异养菌浓度（mg/L）
6	$X_{Bio,ANO}$	自养菌浓度（mg/L）
7	X_P	生物衰减的颗粒性产物（mg/L）
8	S_O	溶解氧（mg/L）
9	S_{NOx}	硝酸态氮（mg/L）
10	S_{NHx}	氨态氮（mg/L）
11	S_{ND}	溶解性可生物降解有机氮（mg/L）
12	X_{ND}	颗粒性可生物降解有机氮（mg/L）
13	S_{ALK}	碱度

ASM1 采用了“死亡—再生”（death—regeneration）的模型化方法，体现了对代谢残余物的再利用，在表述上采用矩阵形式，共用 8 行 13 列，表示活性污泥过程的 8 种生物化学反应和 13 种模型组分，并给出了组分对过程的化学计量系数及各反应的反应速率，见表 6-31。矩阵的首尾行、首列为说明项，分别说明矩阵中元素所对应的组分（i）和反应过程（j）；矩阵的最后一列其元素（ρ_j）为代数表达式，是相应反应过程的速率表达式；矩阵的中心是一个代数矩阵，每一个元素（v_j）说明组分 i 在反应过程 j 中的化学计量系数。在整个反应系统中，8 种反应同时发生，组分 i 的总反应速率 r_i 为 $r_i=\sum_{j=1}^{8}v_{ij}\rho_j$；系统中的质量平衡可表达为：$\frac{\Delta M_i}{\Delta t}=Q(C_{in}-C_{df})+r_i\cdot V$；对于完全混合反应器，反应器内浓度相同，出水浓度等于反应器内浓度，其质量平衡式为：$V\frac{\Delta C_i}{\Delta t}=Q(C_{in}-C_{df})+r_i\cdot V$。

ASM1 的碳氧化、硝化及反硝化的过程动力学与化学计量学 表 6-31

工艺过程 j \ 组分 i		1	2	3	4	5	6	7	8	9	10	11	12	13	工艺过程速率 ρ_j [M/ (L³ · T)]
		S_u	S_S	X_u	XC_B	$X_{Bio,OHO}$	$X_{Bio,ANO}$	X_P	S_O	S_{NO}	S_{NH}	S_{ND}	X_{ND}	S_{ALK}	
1	异养菌的好氧生长		$-\frac{1}{Y_{OHO}}$				1		$-\frac{1-Y_{OHO}}{Y_{OHO}}$			$-i_{XB}$		$-\frac{i_{XB}}{14}$	$\hat{\mu}_{OHO,max}\left(\frac{S_S}{K_S+S_S}\right)\left(\frac{S_O}{K_{O.OHO}+S_O}\right)X_{Bio.OHO}$
2	异养菌的缺氧生长		$\frac{1}{Y_{OHO}}$				1			$-\frac{1-Y_{OHO}}{2.86Y_{OHO}}$		$-i_{XB}$		$\frac{1-Y_{OHO}}{14\times 2.86Y_{OHO}}$ $-\frac{i_{XB}}{14}$	$\hat{\mu}_{OHO,max}\left(\frac{S_S}{K_S+S_S}\right)\left(\frac{S_O}{K_{O.OHO}+S_O}\right)\times\left(\frac{S_{NOx}}{K_{NOx}+S_{NOx}}\right)\eta_g X_{Bio.OHO}$
3	自养菌的好氧生长						1		$\frac{4.57-Y_{ANO}}{Y_{ANO}}$	$\frac{1}{Y_{ANO}}$		$-i_{XB}$ $-\frac{1}{Y_{ANO}}$		$-\frac{i_{XB}}{14}$ $-\frac{1}{7Y_{ANO}}$	$\hat{\mu}_{ANO,max}\left(\frac{S_{NHx}}{K_{NS}+S_{NHx}}\right)\left(\frac{S_O}{K_{O,AND}+S_O}\right)X_{Bio.ANO}$
4	异养菌的衰减				$1-f_P$	-1		f_P				i_{XB} $-f_P i_{XP}$			$b_{OHO}X_{Bio.OHO}$
5	自养菌的衰减				$1-f_P$		-1	f_P				i_{XB} $-f_P i_{XP}$			$b_{ANO}X_{Bio.ANO}$
6	可溶性有机氮的氨化									1	-1			1/14	$k_a A_{ND} X_{Bio.OHO}$
7	网捕性有机物的水解		1		-1										$k_h\left(\frac{\frac{XC_B}{X_{Bio.OHO}}}{K_X+\frac{X_{CB}}{X_{Bio.OHO}}}\right)\left[\left(\frac{S_O}{K_{O.OHO}+S_O}\right)+\eta_h\left(\frac{K_{O.OHO}}{K_{O.OHO}+S_O}\right)\times\left(\frac{S_{NOx}}{K_{NOx}+S_{NOx}}\right)X_{Bio.OHO}\right]$
8	网捕性有机氮的水解											1	-1		$\rho_7\left(\frac{X_{ND}}{XC_B}\right)$
观察到的转换速率 [M/ (L³ · T)]		$r_i=\sum_j v_{ij}\rho_j$													

化学计量参数：Y_{OHO}——异养菌产率；Y_{ANO}——自养菌产率；f_P——颗粒性衰减产物；i_{XB}——N在生物量COD中的比例；i_{XP}——N在生物量产物COD中的比例；

动力学参数：$\mu_{OHO,max}$，K_S，$K_{O,OHO}$，K_{NOx}，b_H——异养菌生长与衰减；$\mu_{OHO,max}$，K_{NHx}，$K_{O,AND}$，b_A——自养菌生长与衰减；η_g——异养菌缺氧生长的校正因子；K_a——氨化；K_h、K_X——水解；H_g——缺氧水解的校正因子

6.14.2.2 进水水质分析

活性污泥数学模型选用 COD_{Cr} 作为测量有机物的参数，模型根据溶解性与非溶解性及可降解与不可降解等特性对 COD_{Cr} 进行了细化。如图 6-66 所示。

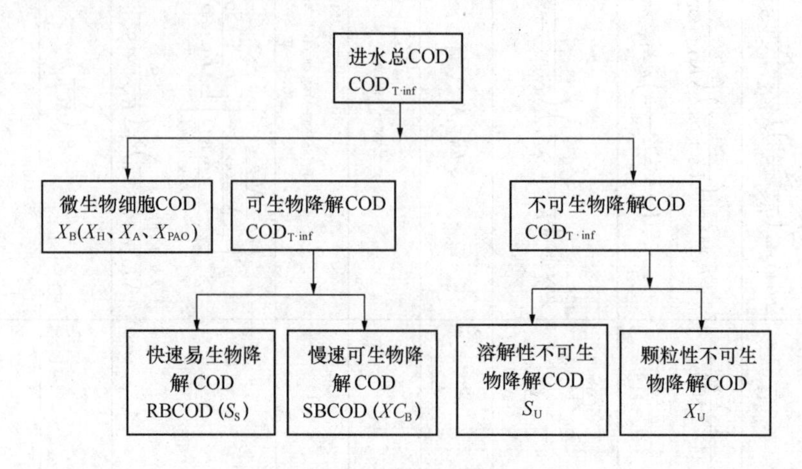

图 6-66 进水 COD_{Cr} 组分分类

(1) COD_{Cr} 组分

在划分进水 COD_{Cr} 组分时，一个重要的假设就是忽略进水中的生物量。根据可生物降解性和溶解性一般将 COD_{Cr} 划分为四个组分：易生物降解有机物 S_S、慢速可降解基质 XC_B、惰性颗粒性有机物 X_U 和惰性溶解性有机物 S_U。即 $COD_{tot}=S_S+S_U+X_U+XC_B$。

(2) COD_{Cr} 组分确定方法

1) S_U 的测定

惰性溶解性有机物 S_U 由各种大小的分子组成，可通过出水中溶解性 COD_{Cr} 来测定。在这个步骤中采用 0.45μm 的滤池进行试样过滤。由于在活性污泥工艺中，S_U 由 XC_B 水解生成，出水中溶解性 COD 不等于进水中的 S_U 量，故应采用修正系数 0.9。

$$S_U=COD_{ef\times mf}\times 0.9$$

该公式只适用于 COD 处理效率高、负荷较低的污水处理厂。

在污水处理厂处理效率低且负荷较高的情况下采用以下公式：

$$S_U=COD_{ef\times mf}\times 0.9-1.5\times BOD_{ef}$$

2) S_{VFA} 的测定

可溶极易降解有机物（发酵产物）S_{VFA} 主要指挥发性脂肪酸（短链脂肪酸），可用氧（OUR）或硝酸盐（NUR）的呼吸试验来估计，但不是很准确。城市污水中的挥发酸/发酵产物主要是乙酸，可直接用气相色谱法测得。

3) S_S 的测定

易生物降解有机物 S_S 涉及异养菌的好氧生长、缺氧生长和有机物的水解三个过程，是比较难以测定的一个组分。为确定 S_S，假设 S_S 与用 0.45μm 滤池过滤后的进水中溶解性 COD 相等。S_S 值可用溶解性 COD 减去 S_U 组分值得出，计算公式如下：

$$S_S=COD_{inf,mf}-S_U$$

4）XC_B的测定

进水中可生物降解COD（BCOD）是易生物降解COD（S_S）与慢速可生物降解COD（XC_B）两者之和。实践证明：以BOD为时间的函数计算污水中的BOD_{tot}是一个较好的方法。图6-67描述了城市污水中BOD的变化规律，其中在第1、2、4、6和8天对COD进行测定。至少需要测定BOD的5个点，特别注意最初几天的变化。对BOD的测定必须采用未过滤的试样，且还要投加ATU（丙烯基硫脲）以抑制硝化反应，否则所测得的BOD将偏高，不符合实际。

在BOD测试过程中，存在一个微生物生长和衰亡的相互作用。对于长时间的BOD测定过程，会导致一部分可生物降解BOD转化为惰性组分。因此BOD的最初浓度要比测得的BOD_{tot}值高，故需要采用稳定因子f_{BOD}校核BCOD值。从图6-67可知，BOD_{tot}的计算公式如下：

$$BOD_{tot}=\frac{1}{1-e^{-k_{BOD}\times t}}\times BODt$$

BCOD通过以下公式得到：

$$BCOD=\frac{1}{1-f_{BOD}}\times BOD_{tot}$$

其中f_{BOD}通常取0.15，取值范围为0.01～0.2。

则XC_B的计算公式如下：

$$XC_B=BCOD-S_S$$

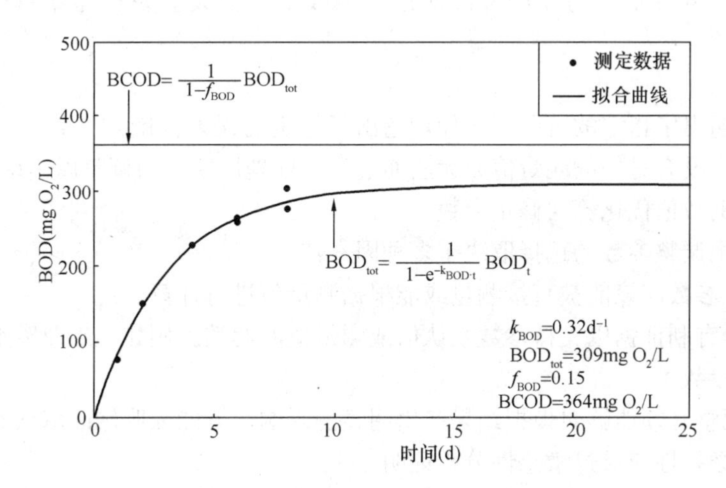

图6-67 市政污水中的BOD变化规律

5）X_U的测定

惰性颗粒性有机物X_U通常不作单独测定，而是确定了其他组分后用BOD_{tot}减去其他组分得到，如下式所示：

$$X_U=BOD_{tot}-S_S-S_U-XC_B$$

6.14.2.3 模型参数的校核

模型校核主要是指调整模型参数直至模拟结果和观测值相匹配。模型参数按照性质可以被分为物理参数、运行参数、化学计量参数和动力学参数。污水处理厂模型的参数主要分为以下几种：

(1) 原始值，即原始模型发表时的数值。

(2) 默认值，即模型校验过程中的起始值。即通过大量的污水处理厂检验统计分析得到的有普遍通用性的参数值。

(3) 测量值，即由实验所确定的值。

(4) 校验值，即经人工或自动校准后所得的值。

人工或自动校准步骤中，模型输出值和实测值之间的差异性通常用来停止“目标函数”校准过程，也可在验证测试过程中评价模型的预测结果。

(1) 停止准则的细化和验证测试

校准步骤的第一个任务是细化规定参数调整应在何时停止的准则。停止准则在数据质量和可用性（如样本的数量和频率）的基础上进行调整。

停止准则一般与目标函数的定量（最小）值相结合，但也有其他的准则如：

1) 模型运行的最大值；

2) 目标函数变化的最小值；

3) 参数变化的最大值。

(2) 模型的初步运行

处理的数据在之前被分为两个或多个数据集：校准数据集和验证数据集。在模型设置期间使用校准数据集执行模型初步运行，它提供的最初输出通常与测量的性能数据进行对比。同样，此次运行是作为完成校准而进行的改变参数设置及模型结构的迭代过程的开始。

(3) 校准

当目标值超出了指定的范围（例如，超出了指定的误差范围），第一步应复查数据和模型设置。如果没有另外的测量值或无法通过污水处理厂模型的调整以确认结果，则应该采用手动或借助数值优化算法修正参数。

校准过程中调整参数的选择取决于多种因素：

1) 首先，参数应该能被直接测量或能根据测量值进行计算。

2) 应获得有利证据以支持参数默认值或测量值的调整。例如，工业废水的大量流入，可能需要调整参数。

3) 参数调整必须能够对模拟结果产生明显的影响，方能证明修改默认参数的合理性，即参数调整的必要性应通过敏感性分析证明。

4) 从实验中得到的数据必须足够精确，方可用于修改参数值。校准与数据收集和处理步骤是紧密关联的，当校准模型遇到问题时，就需要重新评估这些数据。

(4) 验证

验证测试包括两种类型：

1) 工程检查。将模型结果和实际污水处理厂的数据进行对比。或将模型结果和其他方法所得结果（设计图表或方程式）进行对比。

2) 对特定条件（冬季环境）与临界条件（动力学模拟）的数据库进行验证模拟。

6.14.2.4 计算实例

(1) 设计水量、水质及水温数据

1）设计进水流量 Q：100000m^3/d

2）设计进水水质

化学需氧量 COD_T：350mgCOD/L

五日生化需氧量(BOD_5)S_o：200mg/L

总悬浮物 TSSo：230mg/L

总凯氏氮 TN_K：55mg/L

碱度(以 $CaCO_3$ 计)Alko：350mg/L

pH 值：7.2

3）处理过程平均高水温 T_{max}：24℃

4）处理过程平均低水温 T_{min}：14℃

5）设计出水水质目标

化学需氧量 CODe：50mgCOD/L

五日生化需氧量(BOD_5)Se：10mg/L

总氮 TNe：20mg/L

氨氮 NHe：5mg/L

总悬浮物 TSSe：20mg/L

(2) 活性污泥模型进水水质测算

1）补充水质条件及设定值

进水悬浮物中挥发活性组分(VSS)比例 f_v：0.7

按同类厂预估出水中溶解性 COD 量 $COD_{ef,mf}$：25mgCOD/L

2）溶解性不可生物降解 COD 量 S_U

预计出水溶解性 COD 中不可生物降解比例：0.9

$$S_U = 0.9 \times COD_{ef,mf} = 0.9 \times 25 = 23\text{mgCOD/L}$$

3）溶解性可生物降解 COD 量 S_s

进水悬浮物中有机组分：$COD_{ss} = TSS_o \times f_v \times 1.6$

$$= 230 \times 0.7 \times 1.6 = 258\text{mgCOD/L}$$

进水中溶解性 COD 氧量：$COD_{in,mf} = COD_T - COD_{ss}$

$$= 350 - 258 = 92\text{mgCOD/L}$$

溶解性可生物降解 COD 量：$S_s = COD_{in,mf} = S_U = 92 - 23 = 69\text{mgCOD/L}$

4）颗粒态可缓慢生物降解的 COD 量 X_S

进水中五日生化需氧量 BOD_5：200mgBOD/L

测定或选取 BOD 的一级反应速度 K_{BOD}：0.32

测定或选取 BOD 的稳定因子 f_{BOD}：0.15

进水中总生化需氧量：$BODu = BOD_5/(1 - e^{-K_{BOD} \times 5})$

$$= 200/(1 - e^{0.32 \times 5}) = 251\text{mgBOD/L}$$

进水中可生化的化学需氧量：$BCOD = BODu \div (1 - f_{BOD})$

$$= 251 \div (1 - 0.15) = 295\text{mgCOD/L}$$

颗粒态可缓慢生物降解 COD 量：$XC_B = BCOD - S_S = 295 - 69 = 226\text{mgCOD/L}$

5）颗粒态不可生物降解 COD 量：$X_U = COD_T - BCOD - S_U$

$=350-295-23=32$mgCOD/L

6)进水 COD 中各组分比例

ASM1 应用过程中，S_S 计入 X_S 的比例 b：0

调整后的溶解性可生物降解 COD 量：$S'_S=S_S\times(1-b)=69$mgCOD/L

调整后的颗粒态慢速生物降解有机物：$XC'_B=XC_B+S_S\times b=226$mgCOD/L

进水 TSS 中无机 SS 的比例：$F_{nss}=1-f_v=0.300$

进水 COD 中(溶解性)可快速生物降解部分：$F_{ss}=S'_s\div COD_T=0.197$

进水 COD 中(溶解性)不可生物降解部分：$F_{si}=S_U\div COD_T=0.066$

进水 COD 中(悬浮性)可慢速生物降解部分：$F_{xs}=XC'_B\div COD_T=0.646$

进水 COD 中(悬浮性)不可生物降解部分：$F_{xi}=S_U\div COD_T=0.091$

(3) 工艺系统的流程、生物池容积及运行参数，见表 6-32。

生物池容积及运行参数 表 6-32

序号	项目	缺氧 1	缺氧 2	好氧 1	好氧 2	好氧 3	消氧
1	单组池容 (m^3)	3958	4167	8125	8125	5208	2917
2	水力停留时间 (h)	1.90	2.00	3.90	3.90	2.50	1.40
3	池中溶解氧值 (mg/L)			1.5	2.0	2.5	

水力停留时间合计 (h)：15.6

外回流比（沉淀池至缺氧池 1）：100%

内回流比（消氧池至缺氧池 1）：100%

(4) 动力学模型 ASM1 的主要参数取值，见表 6-33。

动力学模型 ASM1 的主要参数取值 表 6-33

符号	名称	20℃取值	单位
$\mu_{OHO,max}$	异氧菌的最大比生长速率	6.00	d^{-1}
K_S	异氧菌的(基质利用)半饱和常数	20.00	$gCOD(S)/m^3$
b_{OHO}	异氧菌的衰减速率常数	0.62	d^{-1}
$K_{O.OHO}$	氧的饱和/抑制系数	0.20	$g(O_2)/m^3$
K_{NOx}	硝酸盐的饱和/抑制系数	0.50	$g(NO_3-N)/m^3$
k_a	氨化速率	0.08	$m^3(COD)/(g\cdot d)$
k_h	最大比水解速率	3.00	$gCOD(S)/[g(COD(B)\cdot d]$
K_X	慢速可生物降解底物水解的半饱和系数	0.03	gCOD(S)/GCOD(B)
η_g	缺氧条件下异氧菌比生长率的校正因子	0.80	
η_h	缺氧条件下水解校正因子	0.40	
$\mu_{ANO.max}$	自养菌的最大生长速率	0.80	d^{-1}
b_{ANO}	自养菌的衰减速率常数	0.5	d^{-1}
$K_{O.OHO}$	氧的饱和系数	0.40	$g(O_2)/m^3$
K_{NS}	自养菌的氨氮(营养物)半饱和系数	1.00	gN/m^3
Y_{ANO}	异氧菌产率系数	0.67	gCOD(B)/gCOD(S)
Y_{OHO}	自养菌产率系数	0.24	gCOD(B)/gN
f_p	生物体中可转化为颗粒性产物的比例	0.08	

(5) 计算结果

1) 各处理单元主要运行数值，见表 6-34。

各处理单元主要运行数值 表 6-34

符号	名 称	单位	缺氧 1	缺氧 2	好氧 1	好氧 2	好氧 3	消氧	沉淀出水
S_U	不可降解溶解性有机物	mgCOD/l	22.5	22.5	22.5	22.5	22.5	22.5	22.5
S_S	可降解溶解性有机物	mgCOD/L	4.9	2.4	3.0	1.8	1.4	1.1	1.1
X_U	惰性颗粒物有机物	mgCOD/L	655	655	655	655	656	656	2.5
XC_B	可降解颗粒有机物	mgCOD/L	78	73	30	13	8.7	10.0	0.04
$X_{Bio,OHO}$	异养菌	mgCOD/L	1708	1708	1725	1726	1722	1718	6.5
$X_{Bio,ANO}$	自养菌	mgCOD/L	98.3	98.0	99.3	100.2	100.3	100.3	0.4
X_P	生物衰减残留物	mgCOD/L	505	506	509	511	513	513	2.0
S_{NHx}	溶解怀氨氮	mgN/L	12.7	12.9	6.5	1.9	0.5	0.6	0.6
S_{NOx}	溶解性硝态氮	mgN/L	7.0	4.5	10.6	15.7	17.5	17.2	17.2
S_{ND}	溶解性可降解有机氮	mgN/L	0.7	0.6	0.9	0.7	0.6	0.5	0.5
X_{ND}	颗粒性可降解有机氮	mgN/L	4.8	4.7	2.1	1.0	0.7	0.8	0.0
S_O	溶解氧	mgO_2/L	0.0	0.0	1.5	2.0	2.5	0.1	0.1
S_{ALK}	碱度	mmol/L	4.7	4.8	4.0	3.3	3.0	3.1	3.1
MLVSS	挥发悬浮物浓度	mg/L	2178	2174	2157	2147	2143	2141	8.1
MLSS	总悬浮物浓度	mg/L	3575	3571	3555	3546	3541	3539	13.5
AOR	实际耗氧量	kg/d			15129	11300	4610		

2) 主要处理结果数值

出水五日生化需氧量浓度 BODe：4.7mg/L

出水化学需氧量浓度 CODe：35.0mg/L

出水悬浮固体浓芳 TSSe：13.5mg/L

出水总氮浓度 TNe：19.4mg/L

　　出水氨氮浓度 NHe：0.6mg/L

　　出水硝酸盐氮浓度 NOe：17.2mg/L

剩余污泥产量 Ww：17.8tDS/d

系统实际需氧量 AOR：31.0tO_2/d

7 二级处理—生物膜法

生物膜法是与活性污泥法并列的另一种生物处理法，分为好氧生物膜法和厌氧生物膜法两种类型。它借助附着在填料（或滤料、载体）上的生物膜的作用，在好氧或者厌氧条件下，降解污水中的有机物质，使污水得到净化。

好氧生物膜法的主要构筑物有普通生物滤池、高负荷生物滤池、塔式生物滤池、生物接触氧化池、生物流化床、悬浮填料工艺和生物转盘等。

厌氧生物膜法的主要构筑物有厌氧生物滤池、厌氧流化床和厌氧生物转盘等。

7.1 低负荷生物滤池

低负荷生物滤池，又称普通生物滤池、滴滤池或传统生物滤池，是生物滤池的早期类型，即第一代生物滤池。它具有净化效果好（BOD_5 去除率达 85%～95%）、基建投资省、运行费用低等优点。但也存在占地面积大、卫生条件较差等缺点。适用于小规模的污水处理，并且应根据污水的水质条件，在滤池前设置沉砂池、高效沉淀池、厌氧水解池等预处理设施。

7.1.1 构造

低负荷生物滤池由池体、滤料、布水装置和排水系统四部分组成（图 7-1）。

（1）池体：平面形状为矩形或圆形。池壁分带孔洞和不带孔洞两种形式，其高度一般应高出滤料表面 0.5～0.9m。池底起支撑滤料和排除处理后污水的作用。

（2）滤料：表面有生物膜附着，是净化污水的主体。滤料一般为碎石、卵石、炉渣等，其粒径为 25～100mm。同一层中滤料粒径要求均匀，以提供较高的孔隙率。当孔隙率为 45%时，滤料比表面积约为 65～100m^2/m^3。

（3）布水装置：分为固定式布水系统和移动式布水器两种。固定式布水系统由投配池、配水管网和喷嘴三部分组成。借助投配池的虹吸作用，使布水自动间歇进行。喷洒周期一般为 5～15min。安装在配水管上的喷嘴应该高出滤料表面 0.15～0.20m，喷嘴口径通常为 15～20mm。

（4）排水系统：滤池底部的排水系统，起排除处理后的污水和滤池通风的作用。滤池应采用自然通风方式进行供氧，滤池底部空间的高度不应小于 0.6m，沿滤池池壁四周下部应设置自然通风孔，其总面积不应小于池表面积的 1%。排水系统包括渗水装置、集水沟和总排水沟等，渗水装置排水孔总面积应不小于滤池表面积的 20%。滤池池底应设 1%～2%的坡度坡向集水沟，其宽 0.15m，间距 2.5～4.0m。集水沟以 0.5%～2%的坡度坡向总排水沟，总排水沟的坡度不宜小于 0.5%，其过水断面应小于全部断面的 50%，以利通风。沟内水流速度应大于 0.7m/s，并有冲洗底部排水渠的措施。

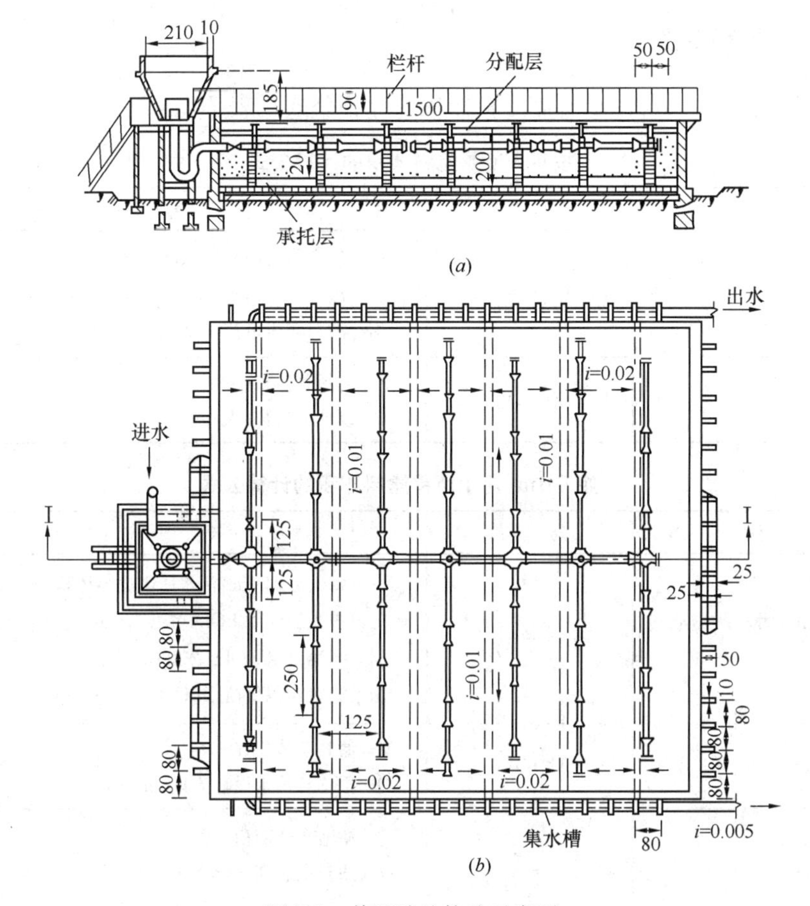

图 7-1 普通滤池构造示意图

(*a*) Ⅰ-Ⅰ剖面图；(*b*) 平面图

7.1.2 设计参数

（1）低负荷生物滤池的个数或分格数应不少于 2 个，并按同时工作设计。

（2）滤池有效容积（滤料体积）按平均日污水量计算。

（3）滤池的水力负荷。对生活污水为 $1\sim3m^3/(m^2\cdot d)$。

（4）滤料的容积负荷。在常温下为 $150\sim300gBOD_5/(m^3\cdot d)$。对生活污水，也可按表 7-1 的数据选用。

（5）当采用碎石类滤料时，滤池下层滤料粒径宜为 60～100mm，层厚 0.2m；上层滤料粒径宜为 30～50mm，层厚 1.3～1.8m。

（6）必要时，应考虑滤池的采暖、防冻和防蝇等措施（如加盖等）。

冬季污水平均温度为 10℃时滤料的容积负荷 **表 7-1**

年平均气温(℃)	容积负荷[$gBOD_5/(m^3\cdot d)$]	年平均气温(℃)	容积负荷[$gBOD_5/(m^3\cdot d)$]
3～6	100	＞10	200
6.1～10	170		

7.1.3　计算公式

按每人和按处理 $1m^3$ 污水所需滤料体积的计算公式见表 7-2、表 7-3。

按每人所需滤料体积的计算公式　　表 7-2

名　称	公　式	符号说明
每人所需滤料体积	$V_2=\frac{L_a}{M}$	V_2—每人所需滤料体积(m^3/人) L_a—进入滤池污水 BOD_5 含量[g/(人·d)] M—滤料容积负荷[$gBOD_5/(m^3 \cdot d)$]
滤料总体积	$V=NV_2$	V—滤料总体积(m^3) N—设计人口数(人)

按处理 $1m^3$ 污水所需滤料体积的计算公式　　表 7-3

名　称	公　式	符号说明
每天处理 $1m^3$ 污水所需滤料体积	$V_1=\frac{L_a-L_t}{M}$	V_1—每天处理 $1m^3$ 污水所需滤料体积[$m^3/(m^3 \cdot d)$] L_a—进入滤池的 BOD_5 浓度(g/m^3) L_t—滤池出水 BOD_5 浓度(g/m^3) M—滤料容积负荷[$gBOD_5/(m^3 \cdot d)$]
滤料总体积	$V=QV_1$	V—滤料总体积(m^3) Q—平均日污水设计流量(m^3/d)
滤池有效面积	$F=\frac{V}{H}$	F—滤池有效面积(m^2) H—滤料层总高度(m) H=1.5～2.0m
用水力负荷校核滤池面积	$F=\frac{Q}{q}$	q—滤池水力负荷[$m^3/(m^2 \cdot d)$] $q=1$～$3m^3/(m^2 \cdot d)$
处理 $1m^3$ 污水所需空气量	$D_1=\frac{L_a-L_t}{2.099\times Sn}$	D_1—处理 $1m^3$ 污水所需空气量(m^3/m^3) 2.099—空气含氧量折算系数 S—氧的密度，在标准大气压下， S=1.429g/L n—氧的利用率，一般 n=7%～8%
每天每立方米滤料所需空气量	$D_0=\frac{M}{21}$	D_0——每天每立方米滤料所需空气量[$m^3/(m^3 \cdot d)$] 21=2.099×1.427×7

7.2　高负荷生物滤池

高负荷生物滤池的有机负荷大，一般为低负荷生物滤池的 6～8 倍，因此池体较小，占地面积也较少。但 BOD_5 去除率较低，一般为 75%～90%。高负荷生物滤池内的生物膜生长非常迅速，必须采用较高的水力负荷，利用水力冲刷作用，及时冲走过厚和老化的生物膜，促进生物膜更新，防止滤池堵塞。

7.2.1 构造

高负荷生物滤池的构造与低负荷生物滤池基本相同，只是滤料粒径较大，一般为 40～100mm，以提高其孔隙率。滤料层较厚，为 2～4m。布水装置一般采用旋转布水器。图 7-2 为高负荷生物滤池构造示意图。

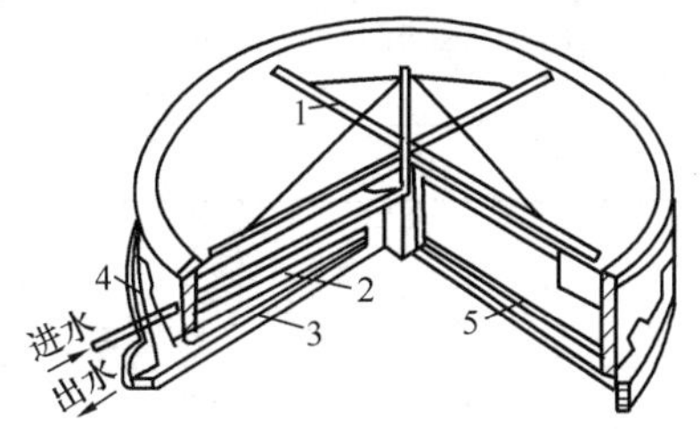

图 7-2 高负荷生物滤池构造示意图
1—旋转布水器；2—滤料；3—集水沟；4—总排水沟；5—渗水装置

7.2.2 设计参数

（1）高负荷生物滤池按平均日污水量设计。

（2）进水 BOD_5 浓度应小于 200mg/L。当污水的 BOD_5 浓度大于 200mg/L 时，必须采用处理水回流稀释到 BOD_5 浓度在 200mg/L 以下，回流比经计算求得。

（3）容积负荷一般不宜大于 $1800gBOD_5/(m^3 \cdot d)$。

（4）面积负荷一般为 $1100 \sim 2000gBOD_5/(m^3 \cdot d)$。

（5）水力负荷一般为 $10 \sim 36m^3/(m^2 \cdot d)$。

（6）滤料一般采用卵石、石英石、花岗石等，但以表面光滑的卵石较好。

（7）滤料层厚度为 2～4m。当采用自然通风时，一般不应大于 2m。当采用碎石滤料时，滤料粒径和相应厚度为：工作层：层厚 1.8m，粒径 40～70mm；承托层：层厚 0.2m，粒径 70～100mm。当滤料层厚度超过 2m 时，一般应采取人工通风措施。

7.2.3 计算公式

高负荷生物滤池计算公式，见表 7-4。

高负荷生物滤池计算公式 表 7-4

名 称	公 式	符 号 说 明
经稀释后的进水 BOD_5 浓度	$L_{a1}=KL_t$	L_{a1}—稀释后进水 BOD_5 浓度（mg/L） L_t—出水 BOD_5 浓度（mg/L） K—系数，见表 7-5
回流稀释倍数	$n=\dfrac{L_a-L_{a1}}{L_{a1}-L_t}$	L_a—原污水 BOD_5 浓度（mg/L）
滤池总面积	$F=\dfrac{Q(n+1)L_{a1}}{M}$	F—滤池总面积（m^2） Q—平均日污水量（m^3/d） M—滤池面积负荷［$gBOD_5/(m^2 \cdot d)$］
滤池滤料总体积	$V=HF$	V—滤池滤料总体积（m^3） H—滤料层厚度（m）
滤池水力负荷	$q=\dfrac{M}{L_{a1}}$	q—滤池水力负荷［$m^3/(m^2 \cdot d)$］，当 $q<10$ 时，则应加大回流稀释倍数，使 q 达到 10 以上，否则应减小滤料层厚度
滤池直径	$D=\sqrt{\dfrac{4F_1}{\pi}}$	D—滤池直径（m） F_1—每一个滤池的面积（m^2）

K值　　表 7-5

污水冬季平均温度（℃）	年平均气温（℃）	滤池滤料厚度（m）				
		2.0	2.5	3.0	3.5	4.0
8～10	＜3	2.5	3.3	4.4	5.7	7.5
10～14	3～6	3.3	4.4	5.7	7.5	9.6
＞14	＞6	4.4	5.7	7.5	9.6	12.0

7.3　塔式生物滤池

塔式生物滤池系由德国化学工程师舒个兹于1951年应用气体洗涤塔原理创立的一种污水生物膜法处理构筑物。目前在国内城市污水和石油化工、焦化、化纤、造纸、针织和冶金等行业的污水处理中得到应用。

塔式生物滤池的塔内装有轻质塑料填料或其他填料。污水自上而下滴流，水流紊动剧烈，通风良好。污水、生物膜和空气三者可获得充分接触，加快物质的传质速度和生物膜的更新速度，使单位滤料体积的有机负荷大大提高。

由于污水在塔内的停留时间很短，一般仅为几分钟。因此，对有机物的处理往往不够完全，BOD_5 去除率较低，一般为60%～85%。但是，它对有机负荷和有毒物质的冲击适应性较强。所以，常常被用来作为高浓度有机废水的预处理设施，以保证二级生物处理设施有稳定的处理效果。

7.3.1　构造

塔式生物滤池的构造与高负荷生物滤池相似，主要由塔身、滤料、布水装置及池底的通风和集水设备等部分组成，见图7-3。

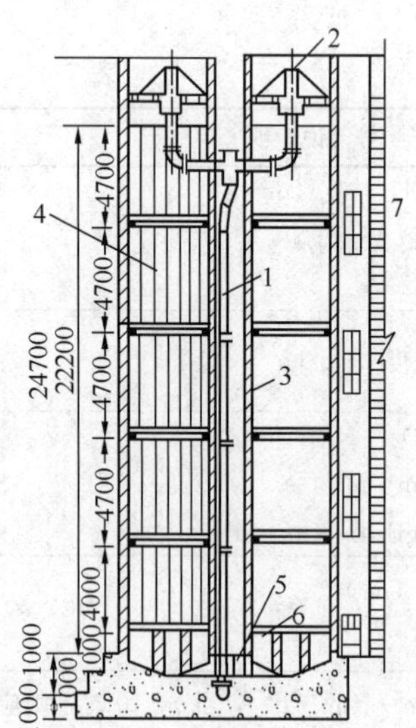

图7-3　塔式生物滤池构造示意图
1—进水管；2—布水装置；3—池壁；4—滤料；5—排水槽；6—通风口；7—塔身

（1）塔身：塔身的平面形状多呈圆形或方形。一般采用砖结构、钢筋混凝土结构或钢结构和塑料板面的混合结构。塔身高8～24m，直径为1～3.5m。塔顶高出上层滤料表面0.5m左右。塔身上开有观察窗，供观察、采样和更换滤料用。

（2）滤料：以往多采用炉渣作为滤料，粒径为40～100mm。目前一般采用轻质填料，如大孔径波纹塑料填料、蜂窝型塑料或玻璃钢填料、弹性丝填料等。

（3）布水装置：一般有旋转布水器、多孔管和喷嘴等。

（4）通风和集水设备：塔式生物滤池底部设有集水池，以收集处理后的污水，并由管、渠连续排入二次沉淀池或气浮池进行泥水分离。集水池水面以上开有许多通风窗口。为保证空气流畅，集水池最高水位与最下层滤料底面之间的空间高度一般应不小于0.5m。当污水中含有易挥发的有毒物质时，为防止污染空气，一般应采用机械通风，尾气应经水洗去除有毒物质后才能排入大气。

7.3.2 设计参数

（1）塔式生物滤池进水 BOD_5 浓度应小于 500mg/L，否则必须采用处理水回流稀释，回流比经计算求得。

（2）塔式生物滤池按平均日污水量设计。不同污水水质、不同处理程度的容积负荷不一样，一般应通过试验确定。无试验资料时，容积负荷一般宜为 1000～3000gBOD_5/(m^3·d)，水力负荷宜为 80～200m^3/(m^2·d)。对于以生活污水为主的城市污水，可参照图 7-4 选用。当缺乏污水冬季平均温度资料时，可用年平均气温推算，见表 7-6。

气温与水温的关系 **表 7-6**

年平均气温（℃）	＜3	3～6	＞6
污水冬季平均温度（℃）	8～10	12	14

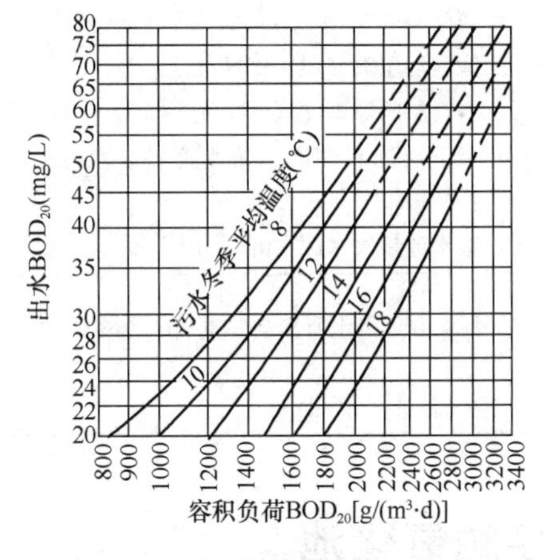

图 7-4 塔式生物滤池容积负荷与出水 BOD_{20} 的关系

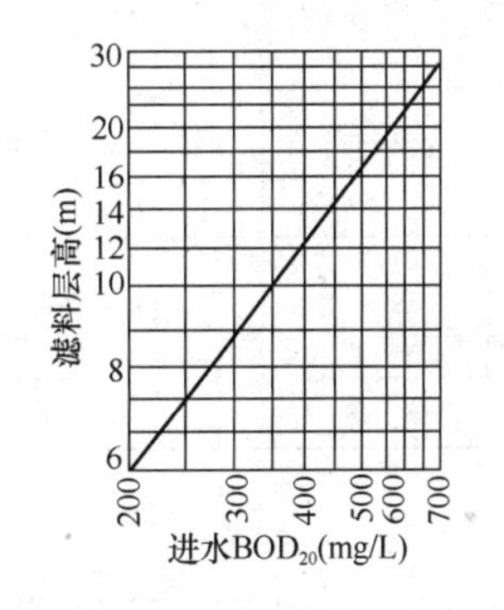

图 7-5 进水 BOD_{20} 与滤料层总高度的关系

（3）塔式生物滤池的个数应不少于 2 个，并按同时工作设计。塔身直径与塔高之比为 1∶6～1∶8。滤料层厚度与进水 BOD 浓度有关，可根据试验资料确定，或参照图 7-5 选用，宜为 8～12m。

（4）滤料选择：滤料宜采用轻质填料，如大波纹塑料填料、蜂窝型填料或弹性丝填料等。但为了降低造价，对其下层填料亦可采用炉渣填料。每层填料厚度一般不应大于 2.5m。

（5）塔式生物滤池一般采用自然通风。但对含有易挥发有毒物质的污水，宜采用机械通风，尾气应经过淋洗处理后才能排入大气。

（6）塔式生物滤池的布水装置。对大中型滤池一般采用旋转布水器，对小型滤池可采用多孔管或喷嘴布水。

7.3.3 计算公式

塔式生物滤池计算公式，见表 7-7。

塔式生物滤池计算公式 表 7-7

名 称	公 式	符 号 说 明
滤 料 总体积	$V=\frac{Q(L_a-L_t)}{M}$	V—滤料总体积（m^3） Q—平均日污水量（m^3/d） L_a—进水 BOD_{20}浓度（g/m^3） L_t—出水 BOD_{20}浓度（g/m^3） M—滤料容积负荷［$gBOD_{20}/(m^3\cdot d)$］
滤池总面积	$F=\frac{V}{H}$	F—滤池总面积（m^2） H—滤料层总高度（m）
滤池直径	$D=\sqrt{\frac{4F}{n\pi}}$	D—滤池直径（m） n—滤池个数（个），$n\geqslant 2$ 个
滤池总高度	$H_0=H+h_1+(m-1)h_2+h_3+h_4$	H_0—滤池总高度（m） H—滤料层总高度（m） h_1—超高（m），$h_1=0.5$m m—滤料层层数（层） h_2—滤料层间隙高度（m），$h_2=0.2\sim0.4$m h_3—最下层滤料底面与集水池最高水位距离（m），$h_3\geqslant 0.5$m h_4—集水池最大水深（m）
每立方米污水所需空气量	$D_0=\frac{L_a-L_t}{21}$	D_0—每立方米污水所需空气量（m^3/m^3）
空气总量	$D=D_0Q$	D—空气总量（m^3/d）

7.4 生物接触氧化池

生物接触氧化工艺是一种于 20 世纪 70 年代初开创的污水处理技术，是一种好氧生物膜法工艺。生物接触氧化工艺又名“淹没式生物滤池法”、“接触曝气法”、“固着式活性污泥法”。接触氧化池内设有填料，部分微生物以生物膜的形式固着生长在填料表面，部分则是絮状悬浮生长于水中。该工艺兼有活性污泥法与生物膜法的特点，具有容积负荷高、占地小、不需要回流、不产生污泥膨胀、气耗电耗低等优点。但如果设计或运行不当，容易引起填料堵塞。生物接触氧化池已在我国城市污水和工业废水处理中获得广泛应用。

7.4.1 构造

生物接触氧化池由池体、填料、布水装置和曝气系统等部分组成。常用下列几种形式，其中鼓风曝气式生物接触氧化池为目前最常用的形式。

（1）鼓风曝气式生物接触氧化池（见图 7-6）：此种形式的接触氧化池鼓风曝气装置安装在填料层的下面。填料表面上的生物膜直接受上升气水混合体的强烈搅动，加速生物膜的更新速度，使生物膜经常保持较高的活性，同时防止填料堵塞。此种形式多作为污水二级处理设施，应根据进水水质和处理程度确定采用一段式或二段式系统，宜采用二段式。

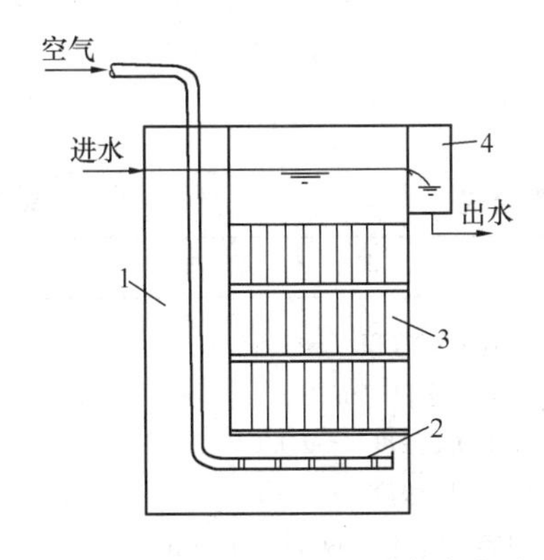

图 7-6 鼓风曝气式生物接触氧化池

1—配水室；2—穿孔管；3—填料；4—集水槽

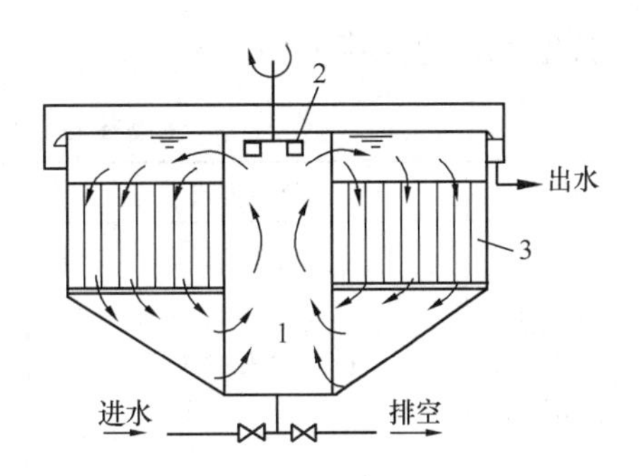

图 7-7 表面曝气式生物接触氧化池

1—充氧间；2—曝气叶轮；3—填料间

（2）表面曝气式生物接触氧化池（见图 7-7）：此种形式的接触氧化池由充氧区和填料区两部分组成。污水在池内循环流动，气、水和生物膜可得到充分接触，水中溶解氧含量较高，处理效果较好。但因通过填料孔隙的气水混合体的流速较小，对填料表面上的生物膜冲刷作用较弱，生物膜一般靠自身脱落，更新速度较慢，活性较差。对于 BOD_5 浓度较高的污水，往往容易产生填料堵塞。因此，一般仅适用于处理 $BOD_5<100mg/L$ 的低浓度有机污水。主要作为污水深度处理和水源有机微污染的预处理。

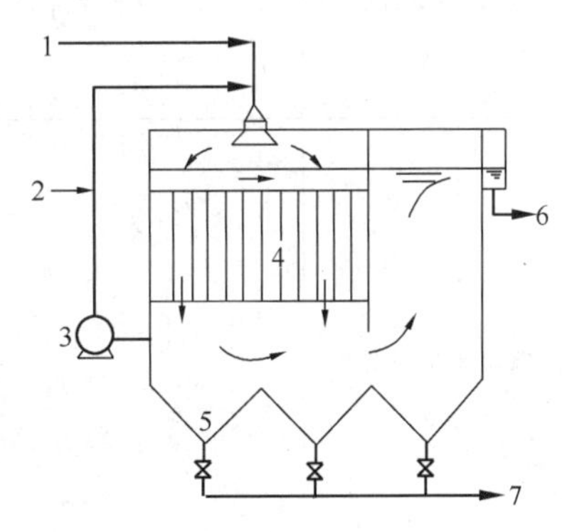

图 7-8 循环洒水式接触氧化池

1—进水；2—空气；3—循环泵；4—填料；5—沉淀区；6—出水；7—排泥

（3）循环洒水式接触氧化池（见图 7-8）：该池将氧化池和沉淀池合建。用循环水泵进行循环洒水充氧，其特点与表面曝气式接触氧化池一样，仅适用于低 BOD_5 浓度污水的处理。

7.4.2 设计参数

（1）生物接触氧化池的个数或分格数应不少于 2 个，并按同时工作设计。单格平面形状宜为矩形，有效水深宜为 3～5m。

（2）进水 BOD_5 浓度应控制在 150～300mg/L 范围内。

（3）填料的体积按照填料的容积负荷和平均日污水量计算。填料的容积负荷一般应通过试验确定。当无试验资料时，碳氧化宜为 2.0～5.0$kgBOD_5/(m^3 \cdot d)$，碳氧化/硝化宜为 0.2～2.0$kgBOD_5/(m^3 \cdot d)$。

（4）应采用对微生物无毒害、易挂膜、质轻、高强度、抗老化、比表面积大和空隙率高的填料。填料层高度宜为 2.5～3.5m。当采用蜂窝形填料时，一般应分层装填，蜂窝孔径宜为 ϕ25～30mm。

（5）污水在氧化池内的有效接触时间一般为 1.5～3.0h。接触氧化池中的溶解氧含量一般应维持在 2.5～3.5mg/L 之间，气水比宜为 8：1，曝气强度应满足 10～20$m^3/(m^2 \cdot h)$。

7.4.3　计算公式

生物接触氧化池计算公式，见表7-8。

生物接触氧化池计算公式　　表7-8

名　称	公　式	符号说明
生物接触氧化池有效容积（填料容积）	$V=\frac{Q(L_a-L_t)}{M}$	V—氧化池有效容积（m^3） Q—平均日污水量（m^3/d） L_a—进水BOD_5浓度（mg/L） L_t—出水BOD_5浓度（mg/L） M—填料容积负荷［$gBOD_5/(m^3 \cdot d)$］
有效接触时间	$t=\frac{nfH}{Q}$	t—氧化池有效接触时间（h） n—氧化池个数（个），$n \geqslant 2$个 f—每格氧化池面积（m^2），$f \leqslant 100m^2$ H—填料层总高度（m）
氧化池总高度	$H_0=H+h_1+h_2+(m-1)h_3+h_4$	H_0—氧化池总高度（m） h_1—超高（m），$h_1=0.5 \sim 0.6$m h_2—填料上水深（m），$h_2=0.4 \sim 0.5$m h_3—填料层间隙高（m），$h_3=0.2 \sim 0.3$m（当采用蜂窝形波纹板填料时） h_4—配水区高度（m），不进入检修者$h_4=0.5$m；进入检修者$h_4=1.5$m m—填料层数

7.4.4　示例

【例7-1】 已知某居民区平均日污水量$Q=2500m^3/d$，污水BOD_5浓度$L_a=150mg/L$。拟采用生物接触氧化池处理，出水BOD_5浓度$L_t \leqslant 20mg/L$。试设计生物接触氧化池。

【解】（1）确定设计参数

1）平均时污水量：$Q=2500m^3/d=104m^3/h$

2）进水BOD_5浓度：$L_a=150mg/L$

3）出水BOD_5浓度：$L_t=20mg/L$

4）BOD_5去除率：

$$\eta=\frac{L_a-L_t}{L_a}=\frac{150-20}{150}=0.867=86.7\%$$

5）填料容积负荷：$M=1500gBOD_5/(m^3 \cdot d)$

6）有效接触时间：$t=2h$

7）气水比：$D_0=15m^3/m^3$

（2）生物接触氧化池计算

1）有效容积（填料容积）：

$$V = \frac{Q(L_a - L_t)}{M} = \frac{2500(150-20)}{1500} = 216.7\text{m}^3$$

2）氧化池总面积：设 H一3m，分三层，每层高 1m，

$$F = \frac{V}{H} = \frac{216.7}{3} = 72.2\text{m}^2$$

3）每格氧化池面积：采用 8 格氧化池，每格面积为：

$$f = \frac{F}{n} = \frac{72.2}{8} = 9\text{m}^2 < 25\text{m}^2$$

每格氧化池尺寸：$L \times B = 3\text{m} \times 3\text{m}$

4）校核有效接触时间：

$$t = \frac{nfH}{Q} = \frac{8 \times 9 \times 3}{104} = 2.08\text{h} \approx 2.0\text{h},\text{合格}$$

5）氧化池总高度：

$$H_0 = H + h_1 + h_2 + (m-1)h_3 + h_4$$

$$H = 3\text{m},\ h_1 = 0.6\text{m},\ h_2 = 0.5\text{m},\ m = 3, h_3 = 0.3\text{m},\ h_4 = 1.5\text{m}$$

$$H_0 = 3 + 0.6 + 0.5 + (3-1) \times 0.3 + 1.5 = 6.2\text{m}$$

6）污水在池内实际停留时间：

$$t' = \frac{nfH}{Q} = \frac{8 \times 9 \times (6.2 - 0.6)}{104} = 3.88\text{h}$$

7）选用 ϕ25 蜂窝形玻璃钢填料，所需填料总体积：

$$V' = nfH = 8 \times 9 \times 3 = 216\ \text{m}^3$$

8）采用多孔管鼓风曝气供氧，所需气量：

$$D = D_0 Q = 15 \times 2500 = 37500\ \text{m}^3/\text{d} = 26.04\ \text{m}^3/\text{min}$$

9）每格氧化池所需空气量：

$$D_1 = \frac{D}{n} = \frac{26.04}{8} = 3.255\ \text{m}^3/\text{min}$$

10）空气管路计算：同曝气池多孔曝气系统。

图 7-9 为某居民区生物接触氧化池。

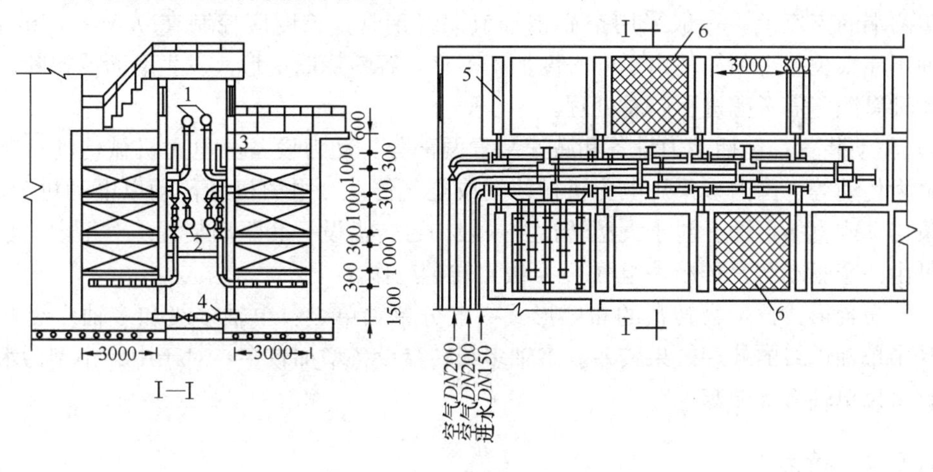

图 7-9 某居民区生物接触氧化池

1—空气管；2—进水管；3—集水槽；4—排空管；5—进水廊道；6—蜂窝形填料

7.5 生 物 转 盘

生物转盘是一种固定膜生物处理工艺，可用于污水二级处理，用于去除 BOD_5 和硝化。聚苯乙烯或聚氯乙烯的圆形转盘固定在水平转动轴上，其中部分转盘浸没在水中，转盘缓慢旋转，将生物膜与污水接触，并提供必要的氧气，多余的生物膜会从载体上脱落下来，经后续沉淀池去除。目前也有采用生物转盘处理印染废水、味精废水以及矿井水的研究和案例，也可以将生物转盘与其他工艺技术组合使用。图 7-10 为典型的生物转盘装置。

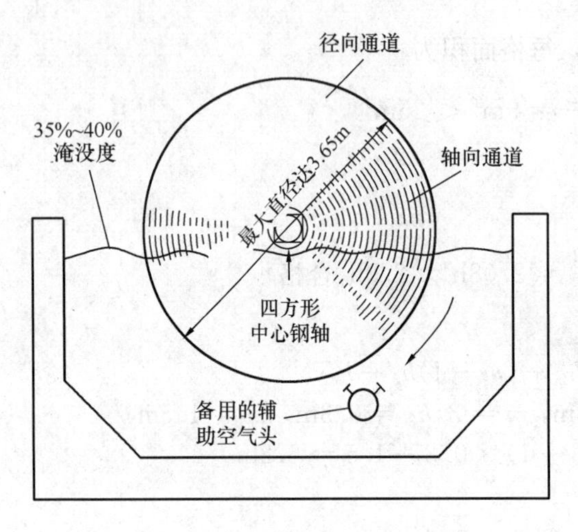

图 7-10 典型的生物转盘装置

7.5.1 构造和布置形式

（1）构造：生物转盘主要由盘体、氧化槽、转动轴和驱动装置等部分组成。

1）盘体：盘体由装在水平轴上的一系列间距很近的圆盘组成。其中一部分浸没在氧化槽里的污水中，另一部分暴露在空气中。在电机驱动下，经减速传动装置带动进行缓慢旋转，附着在盘片上的生物膜交替地与污水和空气接触，对污水中的有机物进行吸附和氧化，使得污水得以净化。盘片一般用塑料板、玻璃钢板或金属板制成。

2）氧化槽：氧化槽一般做成与盘体外形基本吻合的半圆形，槽底设有排泥管和放空管及闸门，槽的两侧设有进出水装置，常用的进水设备为三角堰。对于多级转盘，氧化槽分为若干格，格与格之间设有导流槽。大型氧化槽一般采用钢筋混凝土制成。中、小型氧化槽多用钢板焊制。

3）转动轴：转动轴是支撑盘体并带动其旋转的重要部件。转动轴两端安装在固定于氧化槽两端的支座上。一般采用空心钢轴或无缝钢管，长度应控制在 0.5～7.0m 之间。转动轴不能太长，否则往往由于同心度加工不良，容易挠曲变形，发生磨断或扭断。为防止转动轴腐蚀，需考虑进行防腐处理。

4）驱动装置：包括动力设备和减速装置两部分。动力设备分电力机械传动、空气传动和水力传动等。国内多采用电力机械传动或空气传动。电力机械传动以电动机为动力，用链条传动或直接传动。对于大型转盘，一般一台转盘设一套驱动装置。对于中、小型转盘，可由一套驱动装置带动一组（3～4 级）转盘工作。

（2）布置形式：生物转盘的布置形式一般分单轴单级、单轴多级和多轴多级三种形式。其中单轴单级的处理效果较差，多轴多级转盘设备增加较多。对于中、小型污水处理厂，宜采用单轴多级转盘。

7.5.2 特点

（1）适用范围广。可用于生活污水和多种工业废水处理。进水 BOD 达 10000mg/L 以上的超高浓度有机污水和10mg/L以下的超低浓度污水均能得到较好的处理效果。

（2）处理效果好，出水清澈。BOD_5 去除率达90%以上。

（3）维护管理简单，动力消耗低，卫生条件较好。

（4）承受冲击负荷能力强，工作较稳定。

（5）污泥产量少，且沉淀性能好，易于分离脱水。

（6）容易受低气温的影响，对于北方地区，生物转盘必须加罩或建在室内，增加基建投资。

（7）对于含有易挥发有毒物质的工业废水，因会散发出有毒气体，不宜采用生物转盘。

7.5.3 设计参数

（1）生物转盘的组数应不少于两组，并按同时工作设计。当污水量少，而且允许间歇运行时，可考虑只设1组。

（2）二级处理生物转盘，一般按平均日污水量计算。有季节性变化的污水，应按最大季节的平均日污水量计算。

（3）进入转盘的 BOD_5 浓度，按经调节沉淀后的平均值计算。

（4）转盘面积按 BOD_5 面积负荷计算，用水力负荷或停留时间校核。不同性质污水的 BOD_5 面积负荷和水力负荷，一般应通过试验确定。无试验资料时，宜为0.005～0.020kgBOD_5/(m^2·d)，首级转盘不宜超过0.030～0.040kgBOD_5/(m^2·d)；表面水力负荷以盘片面积计，宜为0.04～0.20m^3/(m^2·d)。对于生活污水，也可按表7-9选用。

表 7-9

参数	单位	处理程序（水温高于13℃）		
		去除BOD	去除BOD和硝化	单独硝化
水力负荷	m^3/(m^2·d)	0.08～0.16	0.03～0.08	0.04～0.10
有机负荷	gsBOD/(m^2·d)	4～10	2.5～8	0.5～1.0
	gBOD/(m^2·d)	8～20	5～16	1～2
第1级的最大有机负荷	gsBOD/(m^2·d)	12～15	12～15	
	gBOD/(m^2·d)	24～30	24～30	
NH_3 负荷	gN/(m^2·d)		0.75～1.5	
水力停留时间	h	0.7～1.5	1.5～4	1.2～3
出水的BOD	mg/L	15～30	7～15	7～15
出水的 NH_4-N	mg/L		<2	1～2

（5）转盘盘片尺寸：

1）盘片直径：一般为2～3m。

2）盘片厚度：一般为1～15mm。采用聚苯乙烯泡沫塑料时，厚度为10～15mm；采用硬聚氯乙烯板时，厚度为3～5mm；采用玻璃钢时，厚度为1～2.5mm；采用金属板时，厚度为1mm以下。

3）盘片净距：进水段一般为25～35mm，出水段一般为10～20mm。对于繁殖藻类的转盘，为保证阳光能照射到盘的中部，盘片间距以 65mm 为宜。

（6）盘体与氧化槽的净距，一般不宜小于 150mm。

（7）转动轴中心与氧化槽水面的距离，一般控制在 $d/D=0.05\sim0.10$ 为宜（其中 d 为轴中心与水面的距离；D 为转盘直径）。但轴中心在水面以上不得小于 150mm。

（8）转盘的转速：一般为 2.0～4.0r/min，边缘线速为 15～19m/min。

（9）转盘的浸没率：转盘浸没在水中的面积与总面积之比称为浸没率，一般为20%～40%。

（10）转盘产泥量：按 0.3～0.5kgDS/kgBOD_5 计。

（11）转盘级数：一般应不小于三级。

7.5.4 计算公式

生物转盘计算公式，见表 7-10。

生物转盘计算公式 **表 7-10**

名称	公式	符号说明
转盘总面积（按面积负荷计算）	$F=\frac{Q(L_a-L_t)}{N}$	F—转盘总面积（m^2） Q—平均日污水量（m^3/d） L_a—进水 BOD_5浓度（mg/L） L_t—出水 BOD_5浓度（mg/L） N—面积负荷[gBOD_5/（m^2·d）]
转盘总面积（按水力负荷计算）	$F=\frac{Q}{q}$	q—水力负荷[m^3/（m^2·d）]
转盘盘片总数	$m=\frac{4F}{2\pi D^2}=0.637\frac{F}{D^2}$	m—转盘盘片总数（片） D—盘片直径（m）
每组转盘的盘片数	$m_1=\frac{0.637F}{nD^2}$	m_1—每组转盘的盘片数（片） n—转盘组数（组）
每组转盘转动轴有效长度（即氧化槽有效长度）	$L=m_1(a+b)K$	L—每组转盘转动轴有效长度（m） a—盘片厚度（m） b—盘片净距（m） K—考虑循环沟道的系数，$K=1.2$
每个氧化槽的有效容积	$W=0.32(D+2C)^2L$	W—每个氧化槽的有效容积（m^3） C—转盘与氧化槽表面间距（m）
每个氧化槽的净有效容积	$W'=0.32(D+2C)^2(L-m_1a)$	W'—每个氧化槽的净有效容积（m^3）
每个氧化槽的有效宽度	$B=D+2C$	B—每个氧化槽的有效宽度（m）
转盘转速	$n_0=\frac{6.37F}{D}\left(0.9-\frac{W'}{Q_1}\right)$	n_0—转盘转速（r/min） Q_1—每个氧化槽的污水量（m^3/d）

续表

名称	公式	符号说明
电动机功率	$N_P=\frac{3.85R^4n_0^2}{b\times10^{12}}m_1\alpha\beta$	N_P—电动机功率(kW) R—转盘半径(cm) n_0—转盘转速(r/min) m_1—一根转动轴上的转盘数(片) α—同一电动机带动转动轴数 β—生物膜厚度系数(见表 7-11) b—盘片间距(cm)
污水在氧化槽内的停留时间	$t=\frac{W'}{Q_1}$	t—污水在氧化槽内的停留时间(h)，一般 t=0.25～2h Q_1—每个氧化槽的污水量(m^3/h)

生物膜厚度系数 **表 7-11**

生物膜厚度(mm)	β值	生物膜厚度(mm)	β值
0～1	2	2～3	4
1～2	3		

7.5.5 示例

【例 7-2】 已知某住宅区生活污水量为 500m³/d，污水 BOD_5 浓度为 300mg/L，平均水温为 16℃，拟采用生物转盘处理，出水 BOD_5 要求不大于 30mg/L。试设计生物转盘。

【解】（1）确定设计参数

1）平均日污水量：

$$Q=500m^3/d$$

2）进水 BOD_5 浓度：

$$L_a=300mg/L$$

3）出水 BOD_5 浓度：

$$L_t=30mg/L$$

4）BOD_5 去除率：

$$\eta=\frac{L_a-L_t}{L_s}=\frac{300-30}{300}=0.90=90\%$$

5）盘面负荷：

当 t=16℃，η=90%时，查图 7-11 和表 7-12，得 $N=25g/(m^2\cdot d)$。查图 7-12，得出：$\frac{F}{Q}=17000\frac{m^2}{m^3/min}$，即 $q=0.085m^3/(m^2\cdot d)$。

生活污水转盘面积负荷与 BOD_5 去除率 **表 7-12**

面积负荷 [$gBOD_5$/($m^2\cdot d$)]	6	10	25	30	60
BOD_5 去除率（%）	93	92	90	81	60

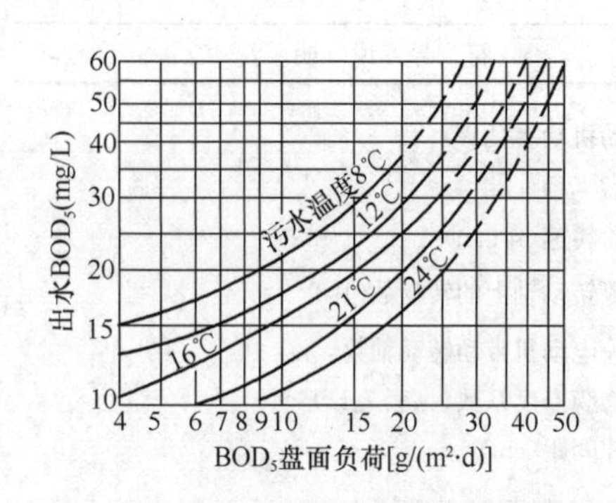

图 7-11　生活污水盘面负荷与出水 BOD_5 的关系

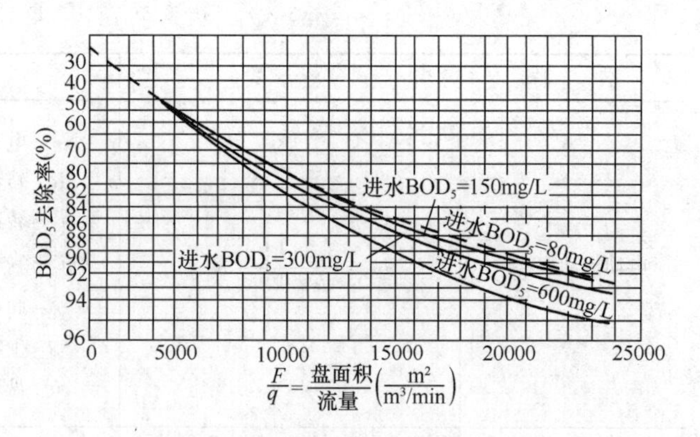

图 7-12　生活污水水力负荷与 BOD_5 去除率关系

（2）转盘计算

1）转盘总面积：

① 按面积负荷计算：

$$F=\frac{Q(L_a-L_t)}{N}=\frac{5000(300-30)}{25}=5400\text{m}^2$$

② 按水力负荷计算：

$$F=\frac{Q}{q}=\frac{500}{0.085}=5882\text{m}^2$$

采用 5882m² 作为转盘设计总面积。

2）转盘盘片总数：

取 $D=2.5$m，

$$m=\frac{0.637F}{D^2}=\frac{0.637\times5882}{2.5^2}=600\text{ 片}$$

3）转盘组数及每级盘数：转盘分为四组，每组盘片数 $m_1=150$ 片，每组设一个氧化槽，布置成单轴三级的形式，每级盘片数为 50 片。

4）氧化槽有效长度：

取 $a=5$mm，$b=20$mm。

$$L=m_1(a+b)K=150(0.005+0.02)\times1.2=4.5\text{m}$$

5）每个氧化槽有效容积：

取 $C=150$mm，

$$W=0.32(D+2C)^2L=0.32(2.5+2\times0.15)^2\times4.5=11.29\text{m}^3$$

6）每个氧化槽净有效容积：

$$\begin{aligned}W'&=0.32(D+2C^2)(L-m_1\alpha)\\&=0.32(2.5+2\times0.15)^2(4.5-150\times0.005)\\&=9.41\text{m}^3\end{aligned}$$

7）氧化槽有效宽度：

$$B=D+2C=2.5+2\times0.15=2.80\text{m}$$

8）转盘转速：

$$n_0=\frac{6.37}{D}\left(0.9-\frac{W'}{Q_1}\right)=\frac{6.37}{2.5}\left(0.9-\frac{9.41}{125}\right)$$

$$=2.10\text{r/min}$$

9）电动机功率：每组转盘由一台电动机带动，$R=125\text{cm}$，$n_0=2.10\text{r/min}$，$m_1=150$ 片，$b=2\text{cm}$，$\alpha=1$，$\beta=3$，

$$N_{\text{p}}=\frac{3.85R^4n_0^2m_1\alpha\beta}{b\times10^{12}}$$

$$=\frac{3.85\times125^4\times2.10^2\times150\times1\times3}{2\times10^{12}}$$

$$=0.932\text{kW}$$

10）污水在氧化槽内的停留时间：

$$t=\frac{W'}{Q_1}=\frac{9.41}{5.21}=1.8\text{h}$$

7.6 升流式厌氧生物滤池

按进水流向不同，将厌氧生物滤池分为两种类型。污水由池底进入以向上流的方式流过滤料层从池上部排出，称为升流式厌氧生物滤池；污水从池上部进入以降流的形式流过滤料层从池底排出，称为降流式厌氧生物滤池。

7.6.1 构造

升流式厌氧生物滤池由布水板、滤料支托层、滤料层、集水装置和集气罩等组成，见图 7-13。

布水板和滤料支托层与一般生物滤池相同。滤料一般为碎石、卵石、焦炭或各种形状的塑料制品。污水从池底部进入滤池后向上流动，通过布水板、滤料支托层和滤料层。污水与滤料表面的厌氧生物膜接触，污水中的有机物被降解。池中生物膜不断进行新陈代谢，老化的生物膜脱落后随上升水流从池上部流出池外。沼气从池顶部排出。

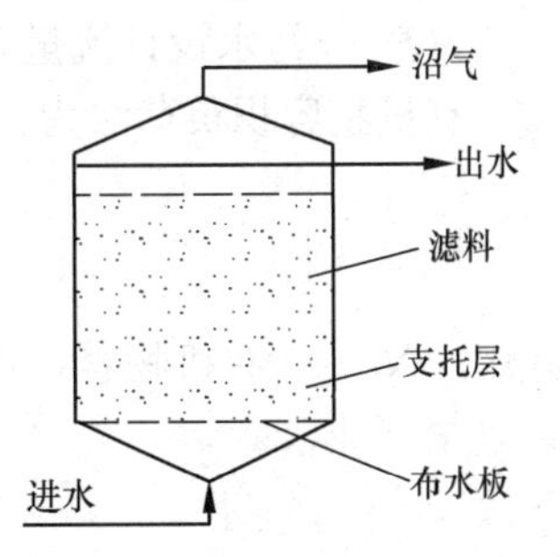

图 7-13 升流式厌氧生物滤池构造

厌氧生物滤池中污泥沿滤料层高度分布不均匀，下部的污泥浓度高，容易发生堵塞，上部的污泥浓度低，滤料得不到充分利用。为此，采用出水回流措施，稀释进水有机物浓度，使池内沿高度分布的污泥浓度大体相同，不仅能充分利用上部的滤料对有机物的处理能力，而且可减少滤池底部堵塞的可能性。

7.6.2　设计参数

厌氧生物滤池的设计主要是选择滤料和池体设计。

滤料应利于生物膜附着、比表面积大、孔隙率高、化学和生物学稳定性高、使用寿命长、具有足够的机械强度、不易破坏和磨损、质轻、不对滤池增加过大的荷载。

(1) 碎石、卵石滤料，比表面积较小，一般为40～50m^2/m^3，孔隙率低，一般为50%～60%。运行中容易发生堵塞和短流，容积负荷较低，一般为3～6kgCOD/(m^3・d)。

(2) 蜂窝填料的比表面积和孔隙率都较高，如ϕ10比表面积为360m^2/m^3，ϕ15为240m^2/m^3，ϕ20为180m^2/m^3。

(3) 化工填料塔使用的鲍尔环、拉西环、波纹状塑料滤料，以及生物接触氧化池使用的软性、半软性和弹性填料均可应用。其中波纹状塑料滤料的比表面积可达100～200m^2/m^3，空隙率达80%～90%，中温条件下有机物容积负荷可达5～15kgCOD/(m^3・d)。

池体设计：对于大型厌氧生物滤池尚缺乏定型的设计计算程序，以下是常用设计参数和设计方法。

(1) 滤料层高度：对于块状滤料，如碎石、卵石等，高度一般不超过1.2m；对于塑料滤料，高度可达5m。

(2) 布水系统：一般采用多孔管布水系统。

(3) 支撑板：一般采用多孔板。

(4) 滤池容积：可按动力学公式、有机物容积负荷或水力停留时间计算。

动力学公式法为：

$$t = \frac{1}{K}\ln\left(\frac{S_o}{S_e}\right) \tag{7-1}$$

$$V = Qt \tag{7-2}$$

式中　t——水力停留时间（d）；

K——反应动力学常数（d^{-1}）；

S_o——进水COD浓度（mg/L）；

S_e——出水COD浓度（mg/L）；

V——滤池滤料容积（m^3）；

Q——污水设计流量（m^3/d）。

有机物容积负荷法为：

$$V = \frac{Q(S_o - S_e)}{N_v} \tag{7-3}$$

式中　N_v——有机物容积负荷［kgCOD/(m^3・d)］。

7.7　厌氧流化床

7.7.1　特点

厌氧流化床内填充细小固体颗粒载体，常用的载体有石英砂、无烟煤、活性炭、陶粒和沸石等。载体粒径一般为0.2～1.0mm。废水从床底部进入，按一定流速上升，使滤料层膨胀，膨胀率一般为20%～70%。床中滤料颗粒可自由无规则运动。为使填料层膨胀，需用循环泵将部分出水回流，以提高床内水流的上升速度。厌氧流化床工艺流程见图7-14。

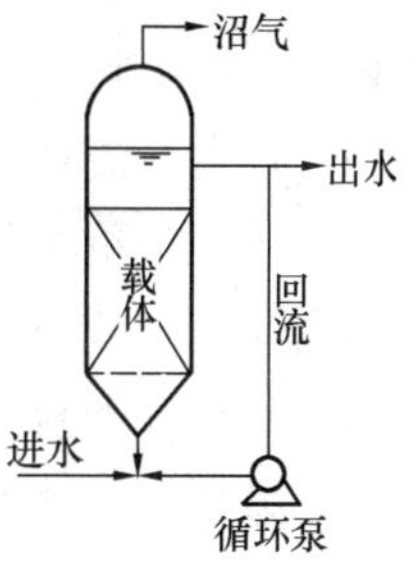

图7-14 厌氧流化床工艺流程图

厌氧流化床与其他厌氧法相比，具有如下特点：

(1) 细颗粒的载体为微生物附着生长提供了很大的表面积，使床内有很高的微生物浓度，一般为30gVSS/L左右。因此，有机物容积负荷较大，一般为10～40kgCOD/(m^3·d)，水力停留时间短，具有较好的耐冲击负荷能力，运行稳定。

(2) 载体处于流化状态，防止载体堵塞。

(3) 床内生物固体停留时间较长，剩余污泥量少。

(4) 既可用于高浓度的有机废水处理，又可用于低浓度的城市污水处理。

(5) 载体流化耗能较大。

(6) 系统的设计运行要求较高。

7.7.2 设计参数

厌氧流化床的设计主要是根据试验结果选择载体的种类、粒径、上升流速和床体容积。

(1) 载体的种类和粒径：载体的种类有石英砂、无烟煤、活性炭、陶粒和沸石等，其粒径一般为0.2～1.0mm。载体物理性质对流化床的影响，见表7-13。

载体物理性质对流化床的影响 表7-13

类别	过大时	过小时
粒径	1. 颗粒自由沉降速度大，为得到一定的接触时间必须增加流化床的高度； 2. 因水流剪切，生物膜易脱落； 3. 比表面积下降，容积负荷低	1. 操作困难； 2. 颗粒的雷诺数小于1时，液膜阻力增大
密度	1. 颗粒自由沉降速度大，为得到一定的接触时间必须增加流化床的高度； 2. 因水流剪切，生物膜易脱落； 3. 膜厚度大的颗粒移到流化床上部，使颗粒分层倒过来	
粒径分布	1. 上部孔隙增大； 2. 生物膜厚度不均匀	有助于颗粒的混合，使床内生物浓度均匀

(2) 上升速度（空塔线速度）：上升速度u应控制在临界流化速度u_m和最大流化速度u_t之间。

1) 临界流化速度u_m：填料层开始流化的最小上升速度称为临界流化速度，由公式(7-4)表示：

$$u_{\mathrm{m}}=\frac{1}{2f_{\mathrm{v}}}[gD_{\mathrm{m}}^{2}(\rho_{\mathrm{s}}-\rho_{\mathrm{F}})/\mu_{\mathrm{F}}] \tag{7-4}$$

式中 u_{m}——临界流化速度（cm/s）；

f_{v}——流体摩擦系数；

g——重力加速度（cm^2/s）；

D_{m}——载体粒径（cm）；

ρ_{s}——颗粒密度（g/cm^3）；

ρ_{F}——流体密度（g/cm^3）；

μ_{F}——流化黏滞系数［g/(cm·s)］。

2）最大流化速度 u_{t}（cm/s）：最大流化速度即单颗粒的自由沉降速度，当颗粒的雷诺数在 1～500 范围内时，可用公式（7-5）表示：

$$u_{\mathrm{t}}=\left[\frac{4(\rho_{\mathrm{s}}-\rho_{\mathrm{F}})^{2}g^{2}}{225\rho_{\mathrm{F}}\mu_{\mathrm{F}}}\right]^{1/3}D_{\mathrm{m}} \tag{7-5}$$

3）流化床载体膨胀率 N_{v}：

$$N_{\mathrm{v}}=\frac{L}{L_{0}}=(1-\varepsilon)/(1-\varepsilon_{0}) \tag{7-6}$$

式中 N_{v}——膨胀率；

L_0——载体填充高度；

L——膨胀层高度；

ε_0——填充层空隙率；

ε——膨胀层空隙率。

4）流化床膨胀层空隙率与空塔线速度的关系：

$$\frac{u}{u_{\mathrm{t}}}=\varepsilon^{\mathrm{n}} \tag{7-7}$$

式中 n 值与雷诺数有关，用公式（7-8）表示：

$$n=aRe^{\mathrm{b}} \tag{7-8}$$

式中 Re——颗粒的雷诺数；

a、b——常数，对不带生物膜的石英砂、沸石及各种合成载体，根据流化及沉淀试验结果得 $a=4.512$，$b=-0.116$。

5）流化床中微生物浓度 x：

$$x=\rho_{\mathrm{b}}(1-\varepsilon)\left[1-\left(\frac{D_{\mathrm{m}}}{D_{\mathrm{p}}}\right)^{2}\right] \tag{7-9}$$

式中 x——微生物浓度（mg/L）；

ρ_{b}——生物膜密度（kg VSS/m^3）；

D_{p}——带生物膜的颗粒直径（cm）。

7.8 升流式厌氧污泥床反应器

升流式厌氧污泥床反应器（UASB），是一种处理污水的厌氧生物方法。

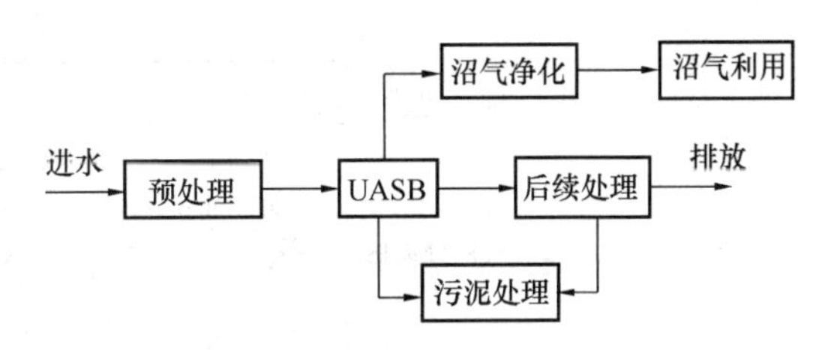

图 7-15 UASB 工艺流程图

污水自下而上通过 UASB。反应器底部有一个高浓度、高活性的污泥床，污水中的大部分有机污染物在此间经过厌氧发酵降解为甲烷和二氧化碳。反应器上部设有三相分离器，用以分离沼气、消化液和污泥颗粒。沼气自反应器顶部导出；污泥颗粒自动滑落沉降至反应器底部的污泥床；消化液从澄清区出水。UASB 负荷能力很大，适用于高浓度有机废水的处理。运行良好的 UASB 具有很高的有机污染物去除率，不需要搅拌，能适应较大幅度的负荷冲击、温度和 pH 值变化。UASB 工艺流程见图 7-15。

7.8.1 构造

UASB 构造上的特点是集生物反应与沉淀于一体，是一种结构紧凑的厌氧反应器。反应器主要由下列几个部分组成（见图 7-16）。

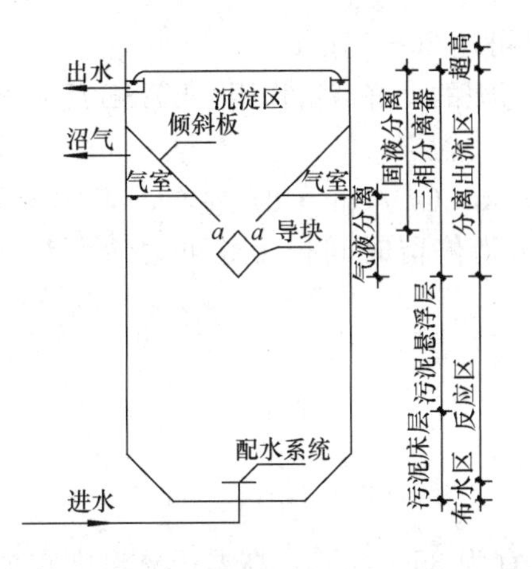

图 7-16 UASB 构造示意图

(1) 进水配水系统

其主要功能是：

1) 将进入反应器的废水均匀地分配到反应器整个横断面，并均匀上升；

2) 起到水力搅拌的作用。

(2) 反应区

是 UASB 的主要部位，包括污泥床层和悬浮污泥区。在反应区内存留大量厌氧污泥，具有良好凝聚和沉淀性能的颗粒污泥在池底部形成污泥床层。废水从污泥床层底部流入，与颗粒污泥混合接触，污泥中的微生物分解有机物，同时产生的微小沼气气泡不断放出。微小气泡上升过程中，不断合并，逐渐形成较大的气泡。在污泥床层的上部，由于沼气的搅动，形成一个污泥浓度较小的悬浮污泥层。

(3) 三相分离器

由沉淀区、斜板和导块组成，其功能是将气体（沼气）、固体（污泥）和液体（废水）三相进行分离。沼气进入气室，污泥在沉淀区进行沉淀，并经斜板与导块之间的回流缝回流到反应区。经沉淀澄清后的废水作为处理水排出反应器。如图 7-17 所示。

三相分离器的分离效果将直接影响反应器的处理效果。

(4) 气室

也称集气罩，其功能是收集产生的沼气，并将其导出气室送往沼气柜。

(5) 处理水排出系统

功能是将沉淀区水面上的处理水，均匀地加以收集，并将其排出反应器。

此外，在反应器内根据需要还要设置排泥系统和浮渣清除系统。

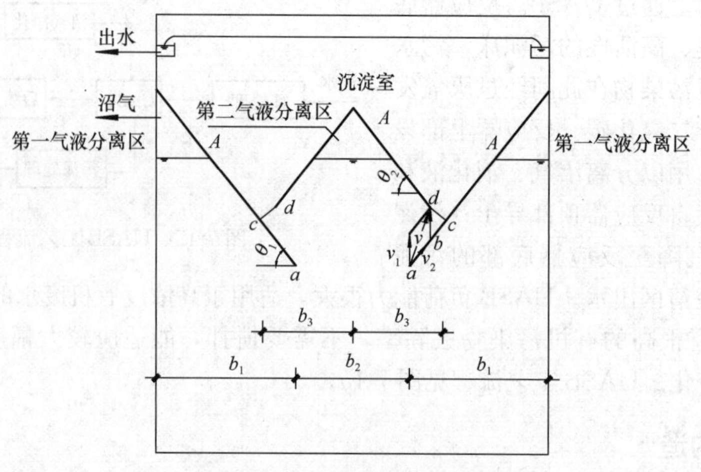

图 7-17　三相分离器示意图

7.8.2　特点

(1) 污泥床内生物量多，活性高，平均 VSS 浓度可达 20～50g/L。

(2) 由于颗粒污泥良好的沉降性和三相分离器对污泥的良好截留作用，UASB 反应器可长期稳定地保持污泥的高浓度。

(3) 容积负荷高，在中温条件下，一般可达 5～15kgCOD/(m^3·d) 左右，甚至能够高达 15～40kgCOD/(m^3·d)，废水在反应器内的水力停留时间较短并可去除大部分 COD，效率较高，因此所需池容可以缩小。

7.8.3　设计参数

(1) 进水条件：

1) pH 值宜为 6.0～8.0。

2) 常温厌氧温度宜为 20～25℃，中温厌氧温度宜为 35～40℃，高温厌氧温度宜为 50～55℃。

3) 营养组合比（COD_{Cr}：氨氮：磷）宜为（100～500）：5：1；BOD_5/COD_{Cr}的比值宜大于 0.3。

4) 进水中悬浮物含量宜小于 1500mg/L；氨氮浓度宜小于 2000mg/L；硫酸盐浓度宜小于 1000mg/L；COD_{Cr}浓度宜大于 1500mg/L。

(2) 反应器宜设置两个以上系列，便于污泥培养和启动。

(3) 反应区：

1) 组合式反应器中单个反应器的有效容积以不超过 400～500m^3 为佳；独立设置的 UASB 反应器有效容积以 1000～1500m^3 为宜。反应区高度一般为 3～6m；表面水力负荷一般为 0.25～1m^3/(m^2·h)，最好为 0.25～0.5m^3/(m^2·h)。

2) 有机物容积负荷：L_v 在很大范围内变化，小至 1kgCOD/（m^3·d）（如抗生素废水），大至 45kgCOD/（m^3·d）（如酿造，一般为废水），一般为 5～15kg/（m^3·d），其值主要取决于废水成分及可生化程度，也与运行条件有密切关系。设计前最好做试验确定。

(4) 布水区：

1) 布水区设计包括：每个布水嘴的服务面积，合理配置布水管路系统，确定配水槽的大小、高度及位置。

2) 每个布水嘴的服务面积宜≤$5m^2$，一般取 $1\sim2m^2$。

(5) 分离区设计：

1) 倾斜板和导块上表面与水平方向夹角 θ_1、θ_2 宜取 $55°\sim60°$。

2) 集气室高度一般为沼气压力允许波动值（一般为 0.4m）再加上 0.2m（上下保护高度各 0.1m）。

3) 反应区的表面负荷不应大于 $1.0m^3/(m^2 \cdot h)$。

4) 沉淀室入流断面（$a-a$）处的表面负荷应≤$1.0\sim1.25m^3/(m^2 \cdot h)$。

5) 沉淀室入流缝处的表面负荷应≤$1.25\sim1.50m^3/(m^2 \cdot h)$，且入流缝宽度不应<0.2m。

6) 沉淀室的表面负荷应≤$1.0m^3/(m^2 \cdot h)$。

7.8.4 计算公式

上流式厌氧污泥床反应器计算公式，见表 7-14。

上流式厌氧污泥床反应器计算公式 表 7-14

名称	公式	符号说明
反应区有效容积	$V=\frac{24QC_0}{L_V}$	V—反应区有效容积（m^3） C_0—进水中的有机物浓度（$kgCOD/m^3$） Q—设计进水水量（m^3/h） L_V—反应区的有机物容积负荷 [$kgCOD/(m^3 \cdot d)$]
反应区或沉淀区断面面积（按水力表面负荷计算）	$A_1=\frac{Q}{q_{f1}}$	A_1—反应区或沉淀区断面面积（m^2） Q—设计进水水量（m^3/d） q_{f1}—水力表面负荷 [$m^3/(m^2 \cdot h)$]
沉淀区入流断面面积（按水力表面负荷计算）	$A_2=\frac{Q}{q_{f2}}$	A_2—沉淀区入流断面面积（m^2），图 7-17 中 $a-a$ 断面 Q—平均日污水量（m^3/d） q_{f2}—沉淀区入流断面水力表面负荷 [$m^3/(m^2 \cdot h)$]
沉淀区入流缝处断面面积（按水力表面负荷计算）	$A_3=\frac{Q}{q_{f3}}$	A_3—沉淀区入流缝处断面面积（m^2），图 7-17 中 $a-a$ 断面 Q—平均日污水量（m^3/d） q_{f3}—沉淀区入流缝处水力表面负荷 [$m^3/(m^2 \cdot h)$]
三相分离条件	$\frac{ab}{cd}\geqslant\frac{1}{\cos\theta_1}\cdot\frac{v_2}{v_1}$	ab—上斜板垂直投影与下斜板重叠的长度（m），见图 7-17 cd—沉淀室入流缝宽度（m），见图 7-17 θ_1—下斜板倾角，见图 7-17 v_1—气泡上升速度，见图 7-17 v_2—沉淀室入流缝处水流速度，见图 7-17

续表

名　称	公　式	符　号　说　明
气泡上升速度	$v_1=\frac{g}{18\mu}(\rho_1-\rho_2)d^2$	d—气泡的直径（cm），可选取 d=0.005～0.01cm ρ_1—消化液的密度（g/cm^3），近似取1.01～1.02 ρ_2—沼气泡的密度（g/cm^3），近似取0.0012 μ—消化液的动力黏滞系数［g/（cm·s）］，与温度有关，当温度为35℃时，近似取0.008 g—重力加速度，等于981cm/s^2

7.9 移动床生物膜反应器

悬浮填料工艺，即移动床生物膜反应器（moving-bed biofilm reactor，MBBR），集悬浮生长的活性污泥和附着生长的生物膜法的特点于一体，已经发展成为简单、稳定、灵活、紧凑的污水处理工艺。不同构型的移动床生物膜反应器已经成功地用于碳化、硝化和反硝化，并能满足严格的脱氮除磷要求在内的不同出水水质标准。适用于化工、屠宰、食品加工、制药、生物发酵、纺织印染等高浓度有机废水和城市生活污水处理及现有城市污水处理厂和工业污水处理厂升级改造。

MBBR使用特殊设计的生物膜填料，通过曝气扰动、液体回流或机械混合可使填料悬浮在反应器中。大多数情况下，填料填充量在反应器容积的35%～60%之间。反应器的出水端设置滤网，把填料截留在反应器内而让处理后的水进入下一单元。

7.9.1 构造

MBBR工艺可以分为两种类型，好氧和缺氧。其中好氧MBBR池由池体、悬浮填料、曝气装置、出水格栅等部分组成；缺氧MBBR池与好氧MBBR池的区别在于不设曝气装置只设搅拌器。

（1）池体：可设计成圆形或矩形；好氧MBBR池采用鼓风底部曝气，缺氧MBBR池安装搅拌器进行混合，见图7-18。

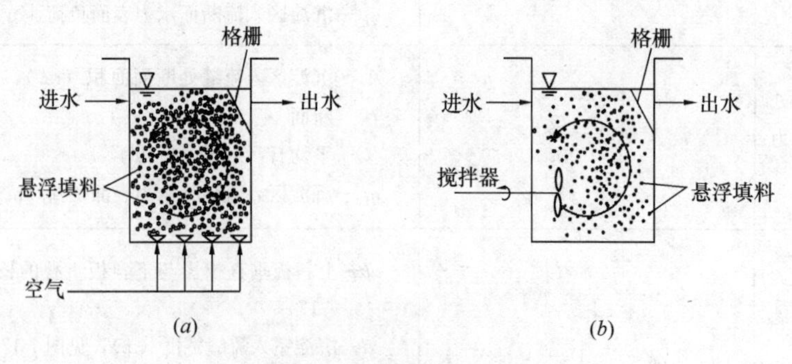

图7-18　MBBR反应器构造示意图
（a）好氧MBBR；（b）缺氧MBBR

（2）悬浮填料：目前较为常用的填料数据见7.9.3节。

（3）常用的出水截留网包括两种类型：垂直固定的不锈钢平板网和水平放置的楔形不锈钢丝网，见图 7-19。格网底部设置气流喷射装置或搅拌器，避免填料和杂物在格网上聚集。

(a) (b)

图 7-19 截留网

（a）带有气流喷射系统的垂直固定平板网；（b）水平楔形不锈钢丝网

7.9.2 特点

（1）MBBR 工艺能形成高度专性的活性生物膜，适应反应器内的具体情况。高度专性的活性生物膜使反应器单位体积的效率较高，且增加了工艺稳定性，从而减少了反应器的体积。

（2）MBBR 工艺无需对填料进行反冲洗，减少了水头和运行复杂性。

（3）MBBR 运行灵活，可将多个反应段顺序沿着水流方向布置以满足多种处理目标（碳化、硝化、前置或后置反硝化）。

（4）MBBR 工艺的适应性较强，适合升级改造工程中既有池子的改造。

7.9.3 填料类型与规格

悬浮填料是 MBBR 工艺的重要组成部分，其性能关系到系统的应用和处理效果。悬浮填料一般比表面积较大、耐腐蚀和耐磨性较好且质量小。悬浮填料多由聚乙烯、聚丙烯及其改性材料、聚氨酯泡沫体等制成，密度略小于水（0.95～0.98g/cm^3）。相关公司开发了很多不同形状、不同材质和不同制造技术的填料，目前常用的填料多为 K 型填料或类似产品（见表 7-15）。

填料类型与规格　　表 7-15

填料名称	比表面积（m^2/m^3）	填料额定尺寸（mm）（高度；直径）	填料照片
产品 1	500	7；9	

续表

填料名称	比表面积（m^2/m^3）	填料额定尺寸（mm）（高度；直径）	填料照片
产品 2	500	12；25	
产品 3	1200	2；48	
产品 4	900	2；48	
产品 5	450	15；22	
产品 6	515	15；22	
产品 7	600	14；14	
产品 8	660	12；12	
产品 9	589	14；18	
产品 10	500	12；25	

7.9.4 设计参数

移动床生物膜反应器（MBBR）的个数或分格数应不少于 2 个，并按同时工作设计。主要设计参数参考如下：

（1）填料的体积按填料容积负荷和平均日污水量计算。填料的容积负荷一般应通过试验确定。当无试验资料时，对于生活污水或以生活污水为主的市政污水，典型 MBBR 工艺的容积负荷通常维持在 1.0～1.4kgBOD$_5$/(m^3·d)。

（2）以除碳为主要目的的系统对应的 BOD 负荷范围见表 7-16。当后续步骤为硝化时，应采用较低负荷值。只有当仅仅考虑碳类物质去除时才考虑高负荷。

以除碳为主要目的的系统对应的 BOD 负荷范围 表 7-16

应用目的	单位载体表面积的 BOD 负荷（SALR）[g/(m^2·d)]
高负荷（75%～80%BOD 去除率）	>20
常规负荷（80%～90%BOD 去除率）	5～15
低负荷（硝化前）	5

（3）用于反硝化时，前置反硝化速率一般为 0.15～1.0g/(m^2·d)；后置反硝化，当碳的投加过量时，外加碳源的最大硝酸盐载体表面积去除速率可大于 2g/(m^2·d)。

（4）填料比表面积一般为 200～600m^2/m^3。

（5）填料的填充比通常在 35%～60%范围内波动，具体的填充比需要根据实际工艺流程和进出水水质等情况确定。一般来说，负荷越高，投加的填料填充比越大。反之亦然。

（6）设计过程中必须考虑高峰流量通过 MBBR 时的峰值流速。若水平流速较小（<20m/h），填料就能在反应器内均匀分布。若水平流速过大（比如>35m/h），填料会堆积在截留网处，产生较大的水头损失。有时峰值流量时的水力条件会决定 MBBR 的几何尺寸和系列的数量。

（7）反应器的长宽比会影响水平流速，长宽比越小（<1∶1）越有助于减少峰值流量下填料向截留网漂移，使填料更加均匀地分布在反应器内。

（8）缺氧 MBBR 的水力停留时间为 1.0～1.2h。

（9）好氧 MBBR 的水力停留时间为 3.5～4.5h，溶解氧浓度通常在 2.0～6.0mg/L 范围内。

（10）二沉池表面负荷一般为 0.5～0.8m^3/(m^2·h)。

7.9.5 设备选型

7.9.5.1 预处理装置

由于诸如浮渣、塑料和砂子等惰性物质一旦进入 MBBR 装置就很难清除，为了避免其在 MBBR 内长期积累，所以 MBBR 进水需要进行适当预处理。MBBR 工艺上游通常采用合格的格栅和沉砂池进行预处理。MBBR 工艺上游有一级处理时，格栅的空隙不能大于 6mm，如果没有一级处理，必须安装 3mm 甚至更小的细格栅。另外在原有工艺基础上增加 MBBR，如果原有预处理程度较高，则无需增加格栅。

7.9.5.2 曝气装置

MBBR 工艺通常采用定制的穿孔管曝气装置（见图 7-20）。曝气网格由布气管和底部设有 4mm 曝气孔的小直径扩散器组成。粗气泡曝气、不锈钢材质和结实的构造保证了穿孔管曝气装置无需日常维护，也无需周期性更换扩散组件。

图 7-20 典型的穿孔管曝气系统

7.9.5.3 搅拌器

在反硝化 MBBR 中，一般采用潜水搅拌器来循环和混合反应器内的填料。搅拌器选型时要考虑以下几个方面：(1) 搅拌器的位置和方向；(2) 搅拌器类型；(3) 搅拌能量。在 MBBR 中搅拌器应放置在接近水面的位置但不能离水面太近，否则会在水面产生漩涡从而将空气带入反应器内。搅拌器应略微向下倾斜，可以把填料推动到反应器深处。不曝气的 MBBR 需要 25～35W/m^3 的能量来搅动全部填料。

反硝化 MBBR 所需的搅拌混合能量与填料填充比和预期的生物膜生长情况有关。实践经验表明：低填料填充比下搅拌的效率较高。填料填充比较高时，搅拌器很难将填料循环，因此应避免采用高的填料填充比。低填料填充比和相应的高填料表面负荷会加大生物膜浓度，从而使填料下沉，搅拌器更容易搅动填料并使之在反应器内循环。

7.9.6 示例

1998 年，MBBR/固体接触工艺在新西兰惠灵顿市 Moapoint 污水处理厂投产运行。Moapoint 污水处理厂之所以选择 MBBR 工艺是由于其占地有限同时日处理规模较大。该污水处理厂日处理规模为 71000m^3/d，峰值流量为 259000m^3/d，对 BOD 和 SS 的去除率可达到 80%。MBBR 反应器占地较小，通过加盖的方式控制臭味。Moapoint 污水处理厂处理水来自惠灵顿北岛市，处理后通过 1.9km 的尾水排放管道送至库克海峡。工艺流程如图 7-21 所示。

作为在固体接触反应器之前和一级处理之后的粗处理步骤，MBBR 可迅速去除一级出水中绝大部分易生物降解的 COD。之后，脱落的生物膜随着 MBBR 未经沉淀的出水与来自二次沉淀池的回流污泥混合一起进入固体接触反应器。混合液在沉淀池完成絮凝和沉淀过程。表 7-17 列出了该 MBBR/SC工艺的设计参数。

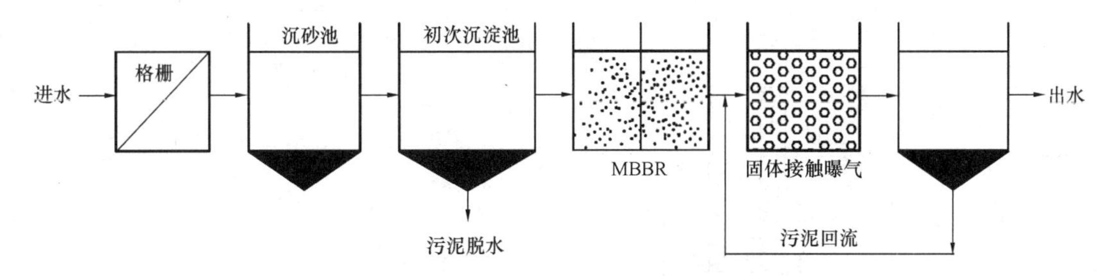

图 7-21 新西兰 Moapoint 污水处理厂工艺流程图

新西兰 Moapoint 污水处理厂的 MBBR/SC 工艺 表 7-17

类 别		设 计 参 数
MBBR/SC 流程	系列数量	3
	每个系列 MBBR 数量	1
	每个 MBBR 体积	920m^3
	每个系列 SC 反应器数量	2
	每个系列 SC 反应器体积	1940m^3
填料	类型	Kaldness K1
	反应器填充比	30%

7.10 曝 气 生 物 滤 池

曝气生物滤池工艺在国内城市污水二级处理、再生水深度处理、微污染原水预处理、原有二级生化处理后提标升级、石油化工行业、食品加工行业、造纸、印染、纺织、制药、皮革等多个领域得到了广泛应用。

曝气生物滤池采用生物膜法对污水进行生物处理，滤料多采用按照一定级配筛选的烧结的陶粒滤料或破碎的火山岩，也有采用聚苯乙烯轻质悬浮填料的。从流向上分有上向流和下向流两种，目前采用上向流较多。

7.10.1 基本构造

典型曝气生物滤池的构造分为：缓冲配水区，滤板、承托层、填料层，出水区等。配套系统还包括池内曝气系统、进水系统、出水系统、鼓风系统、压缩空气系统、气水反冲洗系统、反冲洗排水系统、配电控制系统等。采用轻质滤料的曝气生物滤池在构造上略有差别。基本构造如图 7-22 所示。

7.10.2 特点

(1) 污染物的容积负荷较高，可适用于各种规模的污水及再生水处理厂。

(2) 处理构筑物占地面积小，对于较大规模的污水处理厂可以节省约 1/3～1/2 的占地面积。

(3) 可单独使用或多级组合使用。

(4) 有较强的抗冲击负荷能力，处理效果亦比较稳定。

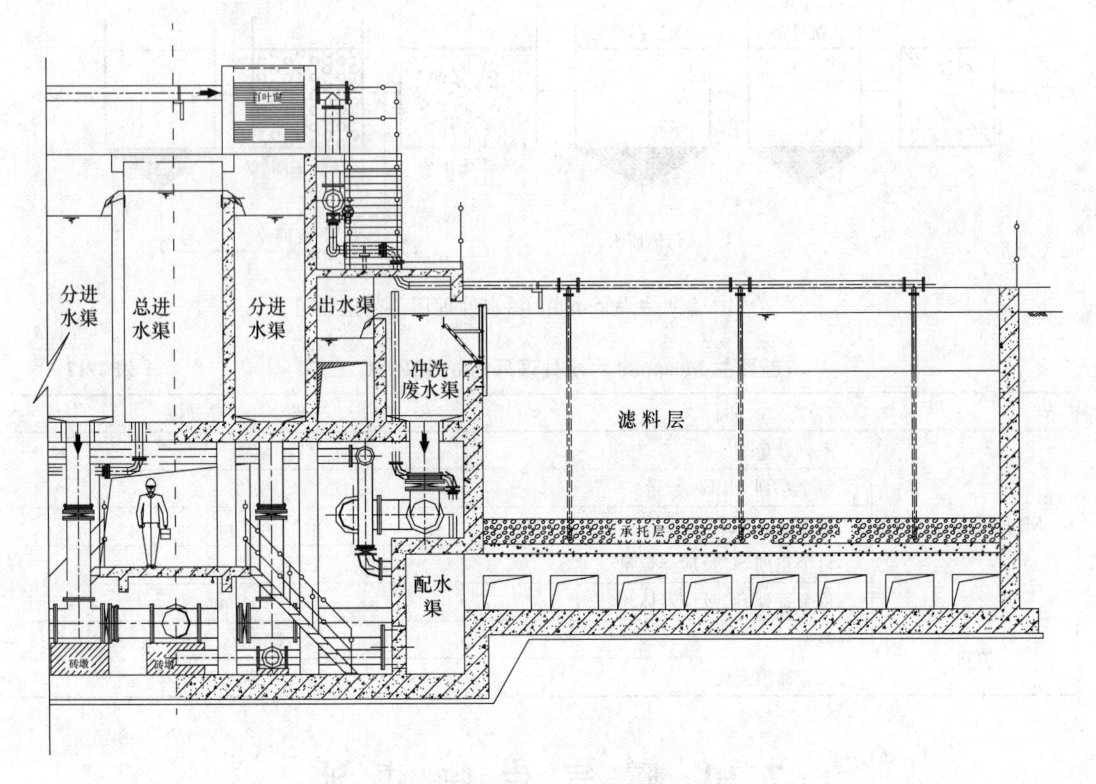

图 7-22 上向流曝气生物滤池基本构造

(5) 滤料层内氧的转移效率较高。

(6) 与其他处理工艺相比较，产生的气味较小。

(7) 可实现无人值守、全自动化控制运行。

7.10.3 应用条件

进入曝气生物滤池的污水应具有良好的可生化性，且不应含有对微生物具有抑制和毒害作用的重金属等。

污水在进入曝气生物滤池前，必须进行较高程度的预处理，使水中悬浮固体浓度降低到一定数值（通常小于 100mg/L），避免滤池堵塞，从而保证其正常运行。一般情况下应有中格栅、精细格栅或旋转滤网、沉砂池及除油设施、水解沉淀池或初次沉淀池等；必要时可针对特殊的原水水质情况考虑设置气浮池。

当曝气生物滤池出水悬浮物含量满足后续处理或排放标准要求时，可不设二次沉淀池。

由于生物处理过程同化作用的原因，对污水中含有的总磷会有一定的去除率，但此去除率远远满足不了对出水指标的要求。因此，对于国家现行排放标准中的一级标准（B 标准和 A 标准），为满足总磷指标达标均应采取辅助化学除磷的方式。

根据不同原水水质情况及所要求处理程度的不同，曝气生物滤池组合工艺的选择可分为单独碳氧化（C 池）、单独硝化（N 池）、单独反硝化（DN 池）、强化预处理—前置反硝化（DN 池）—碳氧化及绝大部分硝化（C/N 池）、碳氧化及少部分硝化（C/N 池）—硝化（N 池）—反硝化（DN 池，前置或后置）等多种组合工艺形式。

7.10.4 设计参数

每级曝气生物滤池的分格数应不少于2个，主要设计参数如下：

(1) 单格滤池面积宜为50～80m^2，不宜大于100m^2。

(2) 采用陶粒或火山岩滤料的配水区高度宜为1.35～1.5m；轻质滤料的下部配水排泥区高度宜为2.0～2.5m。

(3) 滤料填装高度宜结合占地面积、处理负荷、风机选型和滤料层阻力等因素综合考虑确定，陶粒或火山岩滤料宜为2.5～4.5m，轻质滤料宜为2.0～4.0m。

(4) 清水区高度应根据滤料性能及反冲洗时滤料的膨胀率确定，陶粒或火山岩滤料宜为1.0～1.5m，轻质滤料宜为0.6～1.0m。

(5) 碳氧化或硝化滤池的滤料粒径宜为3～5mm；前置反硝化滤池的滤料粒径宜为4～6mm。

(6) 选用不同形式的空气扩散器其氧的利用率会有所不同，专用的单孔膜空气扩散器其氧的利用率可在30%～33%之间，穿孔管空气扩散器其氧的利用率可在25%～28%之间。

(7) 对于城市生活污水，单级碳氧化其气水比的经验数值为2.5～3.5，不宜小于2.5；单级硝化其气水比的经验数值为2.0～3.0，不宜小于2.0；单级碳氧化/硝化（加前置反硝化）其气水比的经验数值为3.0～3.5，不宜小于3.0。

(8) 曝气生物滤池出水溶解氧宜为2～4mg/L，碳氧化滤池宜控制在2.00～3.00mg/L，硝化滤池宜控制在3.00～4.00mg/L。

各种类型曝气生物滤池的设计参数见表7-18。

各种类型曝气生物滤池的设计参数　　表7-18

类　型	功　能	参　数	取　值
碳氧化曝气生物滤池(C池)	降解污水中的含碳有机物	滤池表面负荷(滤速)[$m^3/(m^2 \cdot h)$]	3.0～6.0
		BOD负荷[$kgBOD/(m^3 \cdot d)$]	2.5～6.0
		空床水力停留时间(min)	40.0～60.0
碳氧化/部分硝化曝气生物滤池(C/N池)	降解污水中的含碳有机物并对氨氮进行部分硝化	滤池表面负荷(滤速)[$m^3/(m^2 \cdot h)$]	2.5～4.0
		BOD负荷[$kgBOD/(m^3 \cdot d)$]	1.2～2.0
		硝化负荷[$kgNH_4-N/(m^3 \cdot d)$]	0.4～0.6
		空床水力停留时间(min)	70.0～80.0
硝化曝气生物滤池(N池)	对污水中的氨氮进行硝化	滤池表面负荷(滤速)[$m^3/(m^2 \cdot h)$]	3.0～12.0
		硝化负荷[$kgNH_4-N/(m^3 \cdot d)$]	0.6～1.0
		空床水力停留时间(min)	30.0～45.0
前置反硝化生物滤池(pre-DN池)	利用污水中的碳源对硝态氮进行反硝化	滤池表面负荷(滤速)[$m^3/(m^2 \cdot h)$]	8.0～10.0(含回流)
		反硝化负荷[$kgNO_3-N/(m^3 \cdot d)$]	0.8～1.2
		空床水力停留时间(min)	20.0～30.0
		回流比	根据反硝化率计算
后置反硝化生物滤池(post-DN池)	利用外加碳源对硝态氮进行反硝化	滤池表面负荷(滤速)[$m^3/(m^2 \cdot h)$]	8.0～12.0
		反硝化负荷[$kgNO_3-N/(m^3 \cdot d)$]	1.5～3.0
		空床水力停留时间(min)	15.0～25.0

7.10.5 计算公式

曝气生物滤池相关计算公式见表 7-19～表 7-21。

一般规定及常规计算 表 7-19

名　称	设计参数及计算公式	符 号 说 明
滤池总高度	$H=H_0+h_0+h_1+h_2+h_3+h_4$	H—滤池总高度（m） H_0—滤料填装高度（m） h_0—缓冲配水区高度（m） h_1—滤板厚度（m） h_2—承托层厚度（m） h_3—清水区高度（m） h_4—超高（m），一般为 0.45～0.50
水力负荷	q_w 取值见参数表	按空床计算［m^3/（m^2·h）］
水力停留时间	$t=\frac{H_0}{q_w}$	t—水力停留时间，宜为 20～80min；按空床计算
所需滤料总体积	$W=\frac{Q\times(L_a-L_t)}{1000\times q_x}$	W—所需滤料总体积（m^3） Q—设计流量（m^3/d） L_a—设计进入滤池污染物浓度（mg/L） L_t—设计流出滤池污染物浓度（mg/L） q_x—设计污染物容积负荷［kgX/（m^3·d）］
所需滤池总面积	$A=\frac{W}{H_0}$	A—滤池总面积（m^2） W—滤料总体积（m^3） H_0—滤料填装高度（m）
单格面积	$a=\frac{A}{n}$	α—滤池单格面积（m^2） A—滤池总面积（m^2） n—同功能滤池格数
缓冲配水区	高度宜控制在 1.35～1.50m	池壁应设有检修人孔，人孔直径建议采用 1000mm
滤板厚度滤头布置	整体浇筑滤板由结构专业计算，或采用成品滤板，一般厚度为 150～200mm	常用规格为 980mm×970mm（块） 滤头布置常用数量为 36 个/块或 49 个/块
承托层厚度	常用厚度为 300mm 材质为天然卵石或人工瓷球	卵石级配自上而下宜为：4～8mm，8～16mm，16～32mm；厚度分别为 100mm
清水区高度	$h_3=(\xi\times H_0)+h'_3$（保护高度）	ξ—滤料在最大设计冲洗强度时的膨胀率

曝气生物滤池理论需氧量计算公式　　表 7-20

<table>
<tr><th>名称</th><th>计 算 公 式</th><th>符 号 说 明</th></tr>
<tr><td rowspan="7">理论
需氧量</td><td>碳氧化（C）曝气生物滤池
需氧量宜按下式计算
$R_T = R_0$</td><td rowspan="7">R_T—总需氧量（kgO_2/d）
R_0—每日去除 BOD_5 需氧量（kgO_2/d）
R_N—每日氨氮硝化需氧量（kgO_2/d）
R_{DN}—反硝化回收的氧量（kgO_2/d）
Q—设计污水流量（m^3/d）
ΔC_{BOD_5}—进、出滤池的 BOD_5 浓度差（mg/L）
ΔR_0—去除单位质量 BOD_5 需氧量（$kgO_2/kgBOD_5$）
SS_i—滤池进水悬浮物浓度值（mg/L）
0.82、0.28—需氧量系数（经验数值）
ΔC_{TKN}—进、出硝化滤池凯氏氮浓度差值（mg/L）
4.57—氨氮硝化需氧量系数
ΔC_{TN}—反硝化滤池进、出水总氮浓度差值（mg/L）
T_{BOD_5}—滤池进水 BOD_5 浓度（mg/L）</td></tr>
<tr><td>硝化（N）曝气生物滤池
需氧量宜按下式计算
$R_T = R_N$</td></tr>
<tr><td>同步碳氧化/硝化曝气生物滤池
需氧量宜按下式计算
$R_T = R_0 + R_N$</td></tr>
<tr><td>前置反硝化、后置曝气生物滤池
需氧量宜按下式计算
$R_T = R_0 + R_N - R_{DN}$</td></tr>
<tr><td>$R_0 = \dfrac{Q \times \Delta C_{BOD_5} \times \Delta R_0}{1000}$
$\Delta R_0 = (0.82 \times \Delta C_{BOD_5}/T_{BOD_5}) + (0.28 \times SS_i/T_{BOD_5})$</td></tr>
<tr><td>$R_N = \dfrac{Q \times 4.57 \times \Delta C_{TKN}}{1000}$</td></tr>
<tr><td>$R_{DN} = \dfrac{Q \times 2.86 \times \Delta C_{TN}}{1000}$</td></tr>
</table>

曝气生物滤池理论供气量计算公式　　表 7-21

<table>
<tr><th>名称</th><th>计 算 公 式</th><th>符 号 说 明</th></tr>
<tr><td rowspan="6">理论
供气量</td><td>$R_S = \dfrac{R_T C_{sm(20)}}{\alpha \times 1.024^{T-20}(\beta\rho C_{S(T)} - C_1)}$</td><td rowspan="6">$G_S$—标准状况下总供气量（$m^3/d$）
E_A—滤池系统氧利用率（%）
R_S—标准状态下总需氧量（kgO_2/d）
R_T—理论总需氧量（kgO_2/d）
α—氧转移系数，生活污水取 0.8
T—设计水温（℃）
β—饱和溶解氧修正系数，生活污水取 0.9～0.95
ρ—修正系数，生活污水取 1.0
C_1—滤池出水溶解氧浓度（mg/L）
$C_{sm(20)}$、$C_{sm(T)}$—20℃、设计水温 T℃时混合液溶解氧饱和浓度平均值（mg/L）
$C_{S(20)}$、$C_{S(T)}$—20℃、设计水温 T℃时清水中饱和溶解氧浓度（mg/L）
P_b—空气扩散器处的绝对压力（Pa）
Q_t—滤池逸出气体含氧百分率（%）
P—滤池水面处大气压（Pa）
H'—空气扩散器在水面下的深度（m）</td></tr>
<tr><td>$G_S = \dfrac{R_S}{0.28 E_A}$</td></tr>
<tr><td>$C_{sm(20)} = C_{S(20)} \times \left(\dfrac{Q_t}{42} + \dfrac{P_b}{2.026 \times 10^5}\right)$</td></tr>
<tr><td>$C_{sm(T)} = C_{S(T)} \times \left(\dfrac{Q_t}{42} + \dfrac{P_b}{2.026 \times 10^5}\right)$</td></tr>
<tr><td>$Q_t = \dfrac{21 \times (1 - E_A)}{79 + 21 \times (1 - E_A)}$</td></tr>
<tr><td>$P_b = P + 9.8 \times 10^3 \times H'$</td></tr>
</table>

8 深度处理

当污水经过生化二级处理后，出水仍不能满足受纳水体的排放要求时；或为提高水资源的利用率，考虑将污水再生利用、回用于工业及市政公用设施时，将会遇到提高污水处理程度的需求，以进一步降低出水中的COD、BOD_5、SS、TN、TP等污染物指标。以上提高的处理功能及其流程在以往的工程概念中被泛称为污水深度处理。但是由于污水处理技术的发展，许多污水深度处理的功能（如除磷、脱氮）已被结合进二级生化处理流程之中。根据本手册编排上的需要和查阅上的方便，凡属于生化处理范畴的深度处理方法，均归于二级处理部分，在第6、7章中详述。本章的重点则为在生化二级处理流程之后的后续处理。

8.1 概述

8.1.1 相关水质标准

由于深度处理的目标不同，难于套用统一的出水标准，在一般条件下与深度处理相关的出水水质标准可分为下述两类：

(1) 与排放相关的出水标准：通常污水排放是按照《污水综合排放标准》GB 8978—1996和《城镇污水处理厂污染物排放标准》GB 18918—2002中所规定的浓度标准进行控制的。但当污水处理后需排入水体功能类别较高，或环境容量较小、自净能力很差的受纳水体时，往往单纯的浓度标准已不能满足受纳水体的功能要求。在这种条件下，污水处理的出水标准应根据环境容量评价，或排污总量控制规划所确定的排污总量控制标准来确定污水处理程度与处理标准。

(2) 与污水再生回用相关的标准：目前可用于指导工程设计的《城市污水再生利用》系列标准，共六项。标准中针对一般的回用条件，确定了“城市杂用水”、“景观环境用水”、“地下水回灌”、“工业用水”、“农田灌溉用水”等水质标准。对于上述标准未能涉及的其他用水，需根据用户及相关行业的具体要求，与有关主管部门协商确定。主要包括：

1)《城市污水再生利用分类》GB/T 18919—2002，规定了城市污水再生利用分类原则、类别和范围，适用于水资源利用的规划、城市污水再生利用工程设计和管理，并为制定城市污水再生利用各类水质标准提供依据。

2)《城市污水再生利用　城市杂用水水质》GB/T 18920—2002，规定了城市杂用水水质标准、采样及分析方法，适用于厕所便器冲洗、道路清扫、消防、城市绿化、车辆冲洗和建筑施工杂用水。

3)《城市污水再生利用　景观环境用水水质》GB/T 18921—2002，规定了作为景观环境用水的再生水水质指标和再生水利用方式，适用于作为景观环境用水的再生水。

4）《城市污水再生利用 地下水回灌水质》GB/T 19772—2005，规定了利用城市污水再生水进行地下水回灌时应控制的项目及其限值、取样与监测，适用于以城市污水再生水为水源，在各级地下水饮用水源保护区外，以非饮用为目的，采用地表回灌和井灌的方式进行地下水回灌。

5）《城市污水再生利用 工业用水水质》GB/T 19923—2005，规定了作为工业用水的再生水的水质标准和再生水利用方式，适用于以城市污水再生水为水源，作为工业用水的冷却用水、洗涤用水、锅炉用水、工艺用水和产品用水。

6）《城市污水再生利用 农田灌溉用水水质》GB 20922—2007，规定了城市污水再生利用灌溉农田的规范性引用文件、术语和定义、水质控制项目、水质要求、其他规定和监测分析方法，适用于以城市污水处理厂出水为水源的农田灌溉用水。

8.1.2 设计规模

深度处理系统的设计规模应视深度处理的目标，即后续用途来确定。当深度处理系统是为达到更高出水水质要求而设置的二级处理系统的延伸，其最终出水全部或大部分排入受纳水体时，深度处理系统的设计规模可以与二级处理系统的规模相协调。其设计流量、峰值系数等都可以与二级处理系统一致，同时要考虑深度处理系统自身的耗水量。

对于以回用为目标的深度处理设施，其设计规模应与回用的流量要求一致，采用最高日流量进行设计。但必须在设计中考虑以下问题：

（1）与给水工程的设计规模确定不同，深度处理的原水来自于二级处理系统，其流量大小取决于受水管网的流量变化。这将会对深度处理流程的设计条件和运行工况构成直接的影响。因此在工程设计中不仅要考虑高日流量、高时流量和平均流量的差异，而且还应根据每日的低谷流量的持续时间来考虑深度处理系统的水量平衡关系和调蓄条件，以及回用水供水系统的供水保证率要求。

（2）深度处理流程中的自用水量应视工艺流程而定，但深度处理的过滤反冲洗及排泥等自用水量通常较给水处理高，一般在方案阶段可按设计供水能力的8%～12%来考虑。当深度处理流程中采用了反渗透膜处理单元时，应根据反渗透膜处理单元的回收率来确定深度处理系统的供水能力，同时还需要考虑浓液的处理和排放。

8.1.3 深度处理的一般方法与处理效果

深度处理所采用的一般方法与现代给水处理方法基本相同。在一些水体污染严重的地区，给水处理与深度处理在处理内容上都是难以严格区分的。因此在深度处理章节中大量借鉴和引用给水处理的设计方法与工艺单元是十分自然的。为节省篇幅，本章只对与给水处理不同的设计参数和设计要点进行重点描述。深度处理常用方法及处理对象参见表8-1。部分深度处理工艺对污染物的去除率见表8-2。

深度处理常用方法及处理对象 表 8-1

残留组分	混凝沉淀	滤床过滤	表面过滤	超滤、微滤	纳滤、反渗透	电渗析	活性炭吸附	离子交换	高级氧化	化学氧化
无机和有机胶体物及悬浮固体										
悬浮固体	√	√	√	√	√	√	√	√		
胶体	√	√	√	√	√	√	√	√		
有机物（颗粒）					√	√				√
溶解有机物										
总有机碳	√				√	√	√	√	√	√
难降解有机物					√	√	√		√	
挥发性有机物					√	√	√		√	
溶解无机物										
氨					√	√		√		
硝酸盐					√	√		√		
磷	√	√			√	√				
总溶解固体					√	√		√		
生物										
细菌				√	√	√				
原生动物孢囊和卵囊虫	√	√		√	√	√	√	√		
病毒					√	√				
处理单元应用条件及特点	二级处理出水 SS ≤ 20mg/L 时，宜通过试验确定取舍	使用广泛，常作为生物和化学处理后悬浮固体的补充去除，减少悬浮固体的排放，也可用于膜过滤的预处理	部分情况下代替滤床过滤，去除悬浮固体，出水的悬浮固体浓度约为 10mg/L	宜在进水浊度≤1NTU 的条件下运行	宜在进水 SDI≤3 的条件下运行	在深度处理中应用较少，宜在进水浊度≤0.5NTU 的条件下运行	主要用于去除难降解的有机化合物及残留的无机物。其中 PAC 可间歇投加使用；GAC 可再生重复使用，并应在滤床过滤后使用	单纯作为深度处理单元应用较少，多与软化处理联合使用	以羟基自由基破坏不能被臭氧、氯等传统氧化剂所氧化的特殊有机组分和化合物	使用臭氧、氯、过氧化氢等代表性的氧化剂，降低 BOD、COD，氨的氧化和生物不可降解的有机化合物的氧化

部分深度处理工艺对污染物的去除率　　表 8-2

项　目	混凝沉淀	过滤	活性炭吸附	离子交换	臭氧氧化	反渗透
BOD_5	30%～50%	25%～50%	40%～60%	25%～50%	20%～30%	≥50%
COD_{cr}	25%～35%	15%～25%	40%～60%	25%～50%	≥50%	≥50%
SS	40%～60%	40%～60%	60%～70%	≥50%		≥50%
氨氮			30%～40%	≥50%		≥50%
总氮	5%～15%	5%～15%				≥50%
总磷	40%～60%	30%～40%	80%～90%			≥50%
浊度	50%～60%	30%～50%	70%～80%			≥50%
色度			70%～80%		≥70%	≥50%

8.1.4　典型的深度处理流程

作为二级处理的后续处理，深度处理流程的设计将直接取决于二级处理系统的工艺设计条件。在二级处理流程中，生化处理系统的设计泥龄是选择深度处理流程的重要依据。国内外大量工程实践表明：一般在长泥龄、较完善的生化系统后，采用常规的深度处理流程就能达到较好的处理效果。而在高负荷、短泥龄的生化处理流程后进行深度处理，则往往需要采用较复杂的处理流程才能达到较满意的处理效果。这主要是由于生化处理越完善，尾水中的溶解性有机污染物质含量越低。在高负荷的生化处理系统尾水中往往含有大量的溶解性有机物质，对于这类污染物质采用常规的深度处理手段是难以去除的。当采用膜处理等复杂精细的深度处理工艺时，因其清洗或浓液流量较大，还会增加二级处理流程的水力负荷与污染负荷。在进行新建项目的设计时，应根据回用系统的出水水质要求来统筹考虑二级处理系统与深度处理系统的相互关系。

典型的深度处理流程见图 8-1。

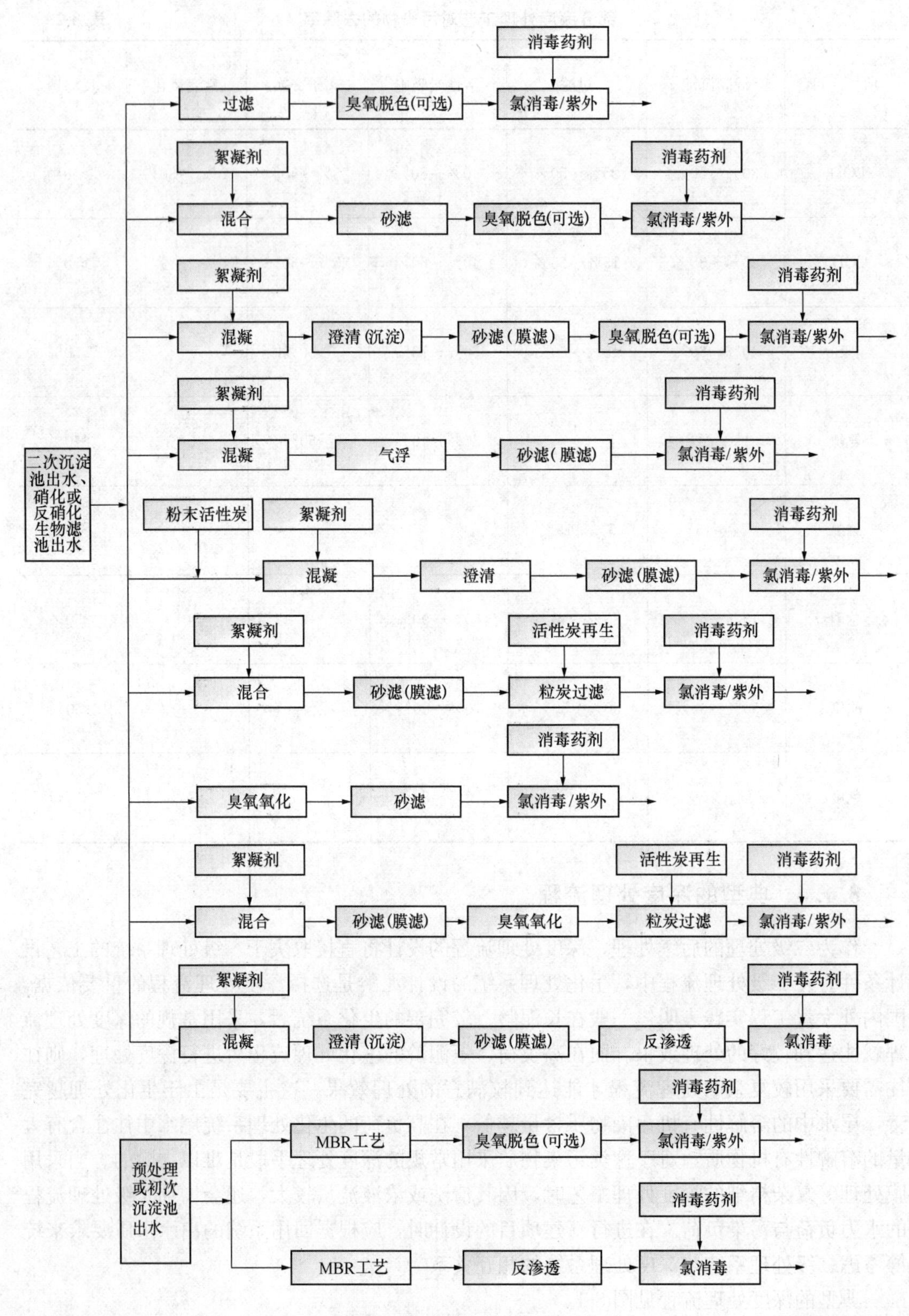

图 8-1 典型的深度处理流程图

8.2 生化处理工艺

本节主要介绍在深度处理系统中常用的生化处理工艺，主要包括MBR工艺、硝化和反硝化生物滤池等。

MBR工艺（膜生物反应器）是把膜系统和生物处理过程结合起来，增强系统对有机物和悬浮物的去除能力。膜系统代替了沉淀池和过滤系统分离产水和生物系统内的生物体。在相同的进水和出水水质条件下，MBR系统的占地要求相对传统的二级生物处理和深度处理系统的组合可以降低。由于占地面积较小，MBR工艺可以用在用地有限的地方。与传统活性污泥法相比，MBR工艺具有以下优点：（1）由于MBR工艺可以运行在比较高的污泥浓度下，因此生物池的水力停留时间可以缩短，也就是可以减小生物池的容积；（2）泥龄较长，大约可以达到传统活性污泥工艺的2～3倍，因此污泥产量可以减少，工艺运行更稳定、扰动少。MBR工艺的详细介绍和工艺设计参数，参见第6章。

用于深度处理的生物滤池，主要是硝化和反硝化生物滤池。根据滤料和水流模式不同，生物滤池有多种形式，其中采用上向流的曝气生物滤池工艺详见第7章的相关内容，参数选取上，反硝化滤池可参考第7章中的相关参数，硝化滤池可以参考表8-3。

硝化滤池设计参数 **表8-3**

类型	功能	参数	取值
深度处理曝气生物滤池	对二级出水中的含碳有机物进行降解，以及氨氮进行硝化	滤池表面负荷（滤速）[$m^3/(m^2 \cdot h)$]	3.0～5.0
		硝化负荷 [$kgNH_4-N/(m^3 \cdot d)$]	0.3～0.6
		空床水力停留时间（min）	35.0～45.0

当采用后置反硝化生物滤池作为最终过滤单元时，一般采用下向流生物滤池即深床滤池或连续反冲洗生物滤池即活性砂滤池。本节重点介绍反硝化深床滤池和连续反冲洗生物滤池。反硝化生物滤池（Denitrification Filters）是在缺氧条件下以反硝化原理进行生物处理和悬浮物处理，集反硝化与过滤于一体的技术，一般用在三级处理或深度处理中，对污水中的TN、SS进行控制。反硝化反应利用碳源将硝酸根还原成N_2，反应方程式如下：

$$5CH_3OH + 6NO_3^- \longrightarrow OH^- + 7H_2O + 3N_2 + 5HCO_3^-$$

反硝化细菌是异养型细菌，所以它们依赖于有机物质而生存。它们的营养物由水中扩散到生物活性层，是由溶解性有机物连同亚硝酸盐、硝酸盐、氢化物组成。由此提供的营养物使细菌可以生长、繁殖。新的生物群在过滤器细砂上形成。细菌的代谢产物包括：氮气、二氧化碳、碳酸氢盐和水，这些产物被排出到周围水中。

8.2.1 反硝化深床滤池

8.2.1.1 运行机理

反硝化深床滤池采用石英砂作为反硝化生物的挂膜介质，是保障硝酸氮（NO_3-N）及悬浮物去除的构筑物。

在悬浮物处理方面，由于石英砂介质的比表面积较大，具有一定深度的滤床可以避免穿透现象，即使前段处理工艺发生污泥膨胀或异常情况也可取得较好的 SS 截留效果。悬浮物不断地被截留会增加水头损失，当达到设计数值时，需要反冲洗来去除截留的固体物。由于固体物负荷高、床体深，因此需要较高强度的反冲洗。滤池采用气、水协同进行反冲洗。反冲洗污水一般返回到前段处理单元。

在生物脱氮方面，深床滤池利用适量的碳源，附着生长在石英砂表面上的反硝化细菌将 NO_x-N 转换成 N_2 完成脱氮反应过程。在反硝化过程中，由于硝酸（盐）氮不断被还原为氮气，深床滤池中会逐渐集聚大量的氮气，这些气体会使污水绕窜于介质之间，增强了微生物与水流的接触，同时也提高了过滤效率。但是当池体内积聚过多的氮气气泡时，则会造成水头损失，这时就需要驱散氮气，恢复水头，每次持续 2～5min 左右，扰动频率从 2h 一次到 4h 一次不等。

通常情况下，根据系统控制选择部分滤池逐一进行驱氮。当下一个滤池的出水阀关闭，并开启反冲洗水阀，下一个滤池便准备就绪。上个滤池的这些阀门随即会关闭。重复该程序，通过反冲洗水泵，直至所有选择的滤池都进行了驱氮。

通常每毫克 SS 中含 BOD_5 约为 0.4～0.5mg，因此在去除固体悬浮物的同时，也降低了出水中的 BOD_5。此外，出水中固体悬浮物含有氮、磷及其他重金属物质，去除固体悬浮物通常能降低部分上述杂质，配合适当的化学处理，能使出水总磷稳定降至 0.5mg/L 以下。反硝化滤池能满足出水 SS 不大于 8mg/L（通常 SS 为 5mg/L 左右）和浊度小于 5NTU 的要求。

另外，深床滤池可通过微絮凝直接过滤除磷，通过在进水中投加除磷絮凝剂，经机械混合后直接进入滤池，不仅可以进一步降低 COD_{Cr} 和 BOD_5，而且可以稳定保证 SS、TP 达标，可简化污水处理厂处理流程、降低投资费用、减少运行费用，而且还可延长过滤周期，提高产水量及出水水质。

8.2.1.2 基本构造

反硝化深床滤池工艺流程如图 8-2 所示。

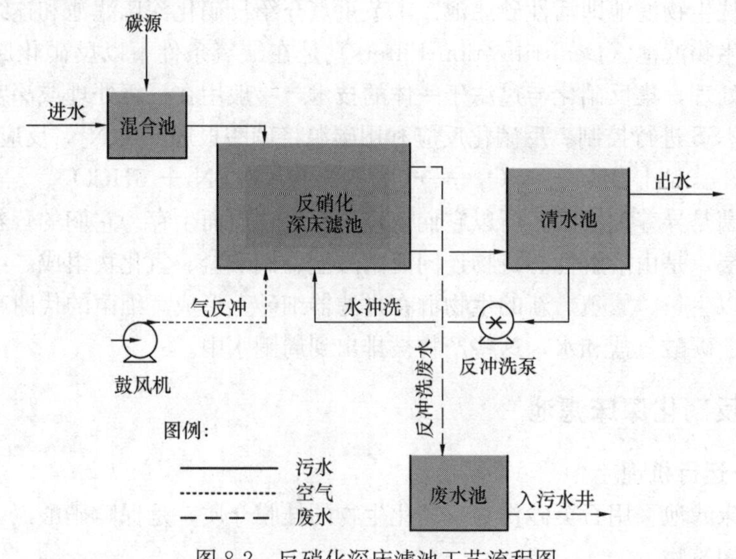

图 8-2 反硝化深床滤池工艺流程图

通常反硝化深床滤池的组成部件如下所述：

（1）池体：反硝化深床滤池池体包括滤池、管廊、清水池、反冲洗废水池，滤池通常为长方形。

（2）气水分布系统：一般采用气水分布滤砖，完成过滤水收集以及反冲洗水、气的分配。

（3）过滤介质：石英砂滤料，滤床高度一般为1.8～2.5m，有效粒径1.5～3.5mm。

（4）滤料承托层：总厚度约350～450mm，鹅卵石五种级配分布。

（5）水头损失约2m。

（6）反冲洗水泵：反冲洗时由位于清水池的反冲洗泵泵送至滤池池底，强力反向冲洗。

（7）反冲洗鼓风机：采用鼓风机，反冲洗时进行空气搓洗。

（8）滤池自控阀门：气动或电动蝶阀。

（9）滤池主控柜：PLC可编程控制器，人机对话多界面显示屏，可提供中央控制系统或SCADA系统的输出。

（10）滤池仪表：滤池进水流量计、反冲洗流量计、液位开关、相应水质仪表等。

（11）碳源投加系统：包括碳源储存设施、投加系统、控制系统等。

反硝化深床滤池一般为长方形，具体尺寸与滤砖规格有关，典型布置如图8-3所示。

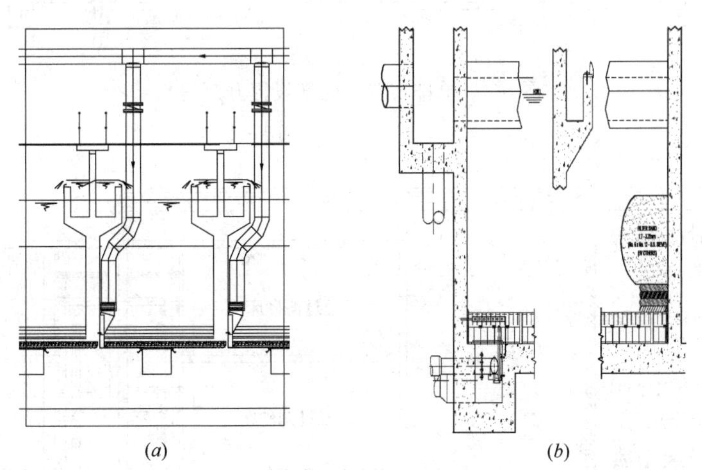

(a) (b)

图8-3 反硝化深床滤池典型布置图

(a) 配水配气位于中间；(b) 配水配气渠道位于首端

反硝化深床滤池一般为多格布置，平面布局可采用一排布置，管廊位于一侧，如图8-4所示；也可采用双排布置，管廊位于中间，如图8-5所示。

8.2.1.3 设计参数

（1）反硝化深床滤池分格不宜少于3格，并按同时工作考虑。

（2）滤料容积按平均流量负荷设计。

（3）反硝化深床滤池典型设计参数见表8-4。

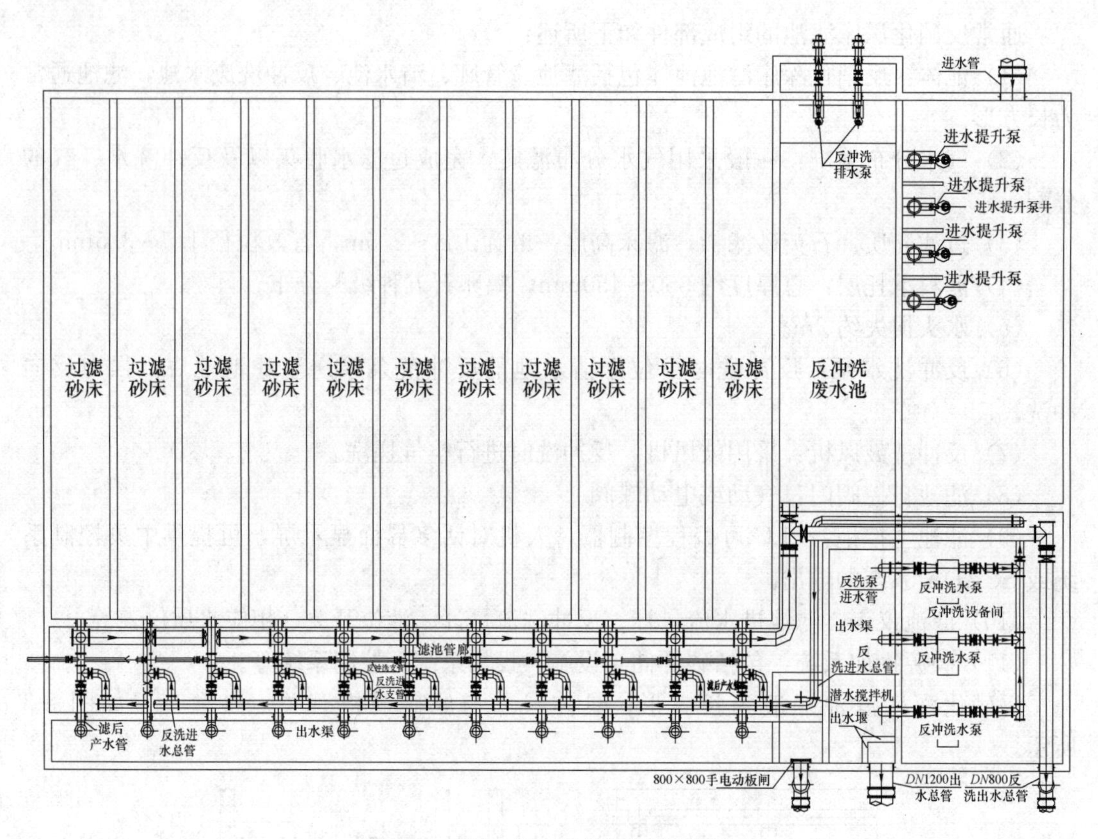

图 8-4 单排布置（前部设提升泵房）

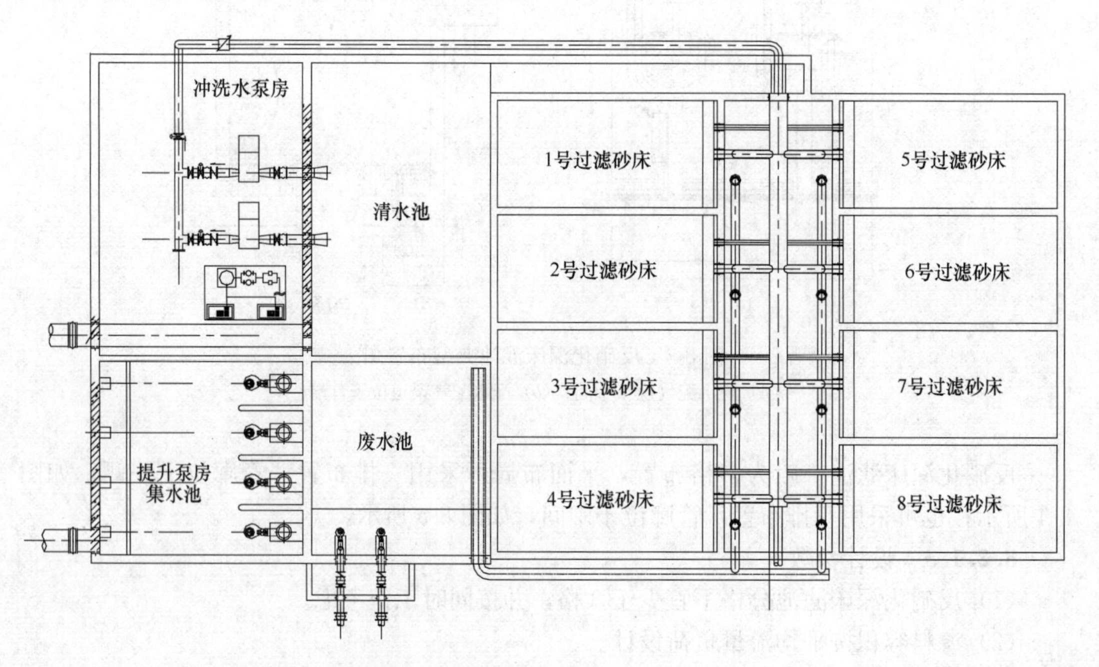

图 8-5 双排布置（前部设提升泵房）

反硝化深床滤池典型设计参数 表 8-4

参数		单位	范围	典型值
石英砂滤料	有效粒径	mm	1.8～6.0	4.0
	球形度		0.8～0.9	0.82
	密度	g/cm^3	2.5～2.7	2.65
	厚度	m	1.2～1.8	1.8
承托层	有效粒径	mm	3～38	
	密度	g/cm^3	2.5～2.7	2.65
	厚度	mm	350～450	
水力负荷	20℃	m/h	2.5～5.0	4.17
	10℃	m/h	1.25～3.75	3.33
需去除硝酸盐负荷	20℃	$kgNO_3$-N/(m^3 · d)	1.4～1.8	1.6
	10℃	$kgNO_3$-N/(m^3 · d)	0.8～1.2	1.0
空床接触时间		min	20～30	20
甲醇与硝酸盐氮投加比			3.0～3.5	3.2

(4) 反硝化深床滤池冲洗周期约为 24～48h，冲洗参数见表 8-5。每个反冲洗周期内，滤料蓄存 SS 量不超过 4kgTSS/m^3滤料。

反硝化深床滤池冲洗参数 表 8-5

参数		单位	范围	典型值
空气冲洗参数	冲洗强度	m^3/（m^2 · h）	72～96	90
	冲洗历时	s	20～40	30
气水联合冲洗参数	空气冲洗强度	m^3/（m^2 · h）	90～120	110
	水冲洗强度	m^3/（m^2 · h）	15～25	20
	冲洗历时	min	10～20	15
水冲洗参数	冲洗强度	m^3/（m^2 · h）	15～25	20
	冲洗历时	s	10～20	15

(5) 反硝化深床滤池驱氮周期约为 2～4h，使用反冲洗水泵进行扰动，参数见表 8-6。

反硝化深床滤池驱氮扰动参数 表 8-6

参数		单位	范围	典型值
驱氮扰动参数	扰动强度	m^3/(m^2 · h)	10～14	12
	扰动历时	min	3～5	4

(6) 反冲洗水宜采用滤后水，且需设置反冲洗水清水池，其调节容积不宜小于单格滤池一次反冲洗水量。反冲洗水池应设置相应设施，避免冲洗水泵运行期间由于清水池水位下降，影响后续处理设施正常运行。

(7) 建议设置反冲洗废水池，以避免冲洗排水对其他处理设施的水量冲击，且容积满足至少一格反冲洗水量，反冲洗废水池内宜设置废水排放水泵，均匀回流至对应设施。

8.2.1.4 计算公式

反硝化深床滤池主要工艺参数计算公式见表 8-7。

反硝化深床滤池计算公式 表 8-7

名称	计算公式	符号说明
所需滤料总体积	$W=\frac{Q\times(L_a-L_t)}{1000\times q_{NO_3\text{-}N}}$	W—设计所需滤料总体积（m^3） Q—设计流量（m^3/d） L_a—设计进入滤池 NO_3-N 浓度（mg/L） L_t—设计流出滤池 NO_3-N 浓度（mg/L） $q_{NO_3\text{-}N}$—设计 NO_3-N 容积负荷［$kgNO_3$-N/($m^3\cdot d$)］
所需滤池总面积（取大者）	$A=\frac{W}{H_0}$	A—设计滤池总面积（m^2） W—设计所需滤料总体积（m^3） H_0—设计滤料填装高度（m）
	$A=\frac{Q}{24\times q_w}$	A—设计滤池总面积（m^2） Q—设计流量（m^3/d） q_w—设计水力负荷［$m^3/(m^2\cdot h)$］
单格面积	$a=\frac{A}{n}$	a—滤池单格面积（m^2） A—设计滤池总面积（m^2） n—设计滤池格数，宜为 6～12 格，不宜少于 3 格
空床水力停留时间	$t=\frac{H_0}{q_w}$	t—设计空床水力停留时间（min） H_0—设计滤料填装高度（m） q_w—设计水力负荷［$m^3/(m^2\cdot h)$］，按空床计算
甲醇投加率	$C_m=2.47\times N_O+1.53\times N_1+0.87\times D_O$	C_m—甲醇投加率（mg/L） N_O—设计进入滤池 NO_3-N 浓度（mg/L） N_1—设计进入滤池 NO_2-N 浓度（mg/L） D_O—设计进入滤池 DO 浓度（mg/L）
污泥产量	$W_{SS}=\frac{K_1\times K_2\times Q\times C_m}{f}+\frac{Q\times(SS_i-SS_e)}{1000}$	W_{SS}—污泥产量（kgTSS/d） Q—设计流量（m^3/d） K_1—甲醇与 COD 换算系数（gCOD/g 甲醇），一般为 1.5 K_2—VSS 与 COD 换算系数（gVSS/gCOD），一般为 0.18 f—TSS 与 VSS 换算系数（gVSS/gTSS），一般为 0.75 SS_i—滤池进水 SS（mg/L） SS_e—滤池出水 SS（mg/L）
滤料蓄存 SS 量	$q_{ss}=\frac{W_{SS}\times T}{24\times W}$	q_{ss}—滤料蓄存 SS 量（kgTSS/m^3滤料），不宜超过 4 T—滤池冲洗周期（h）

8.2.1.5 工程参考实例

【例 8-1】某污水处理厂深度处理，采用反硝化深床滤池进行 SS、TN 去除，设计规模 15 万 m^3/d，设计进出水主要水质指标见表 8-8。

设计进出水水质指标 表 8-8

项目	BOD_5（mg/L）	COD（mg/L）	SS（mg/L）	TN（mg/L）
设计进水水质	10	40～50	20	10～15
设计出水水质	10	30	10	5

深床滤池共设置 11 格，单格过滤平面尺寸为 30.49m×3.56m，滤池砂层厚度 1.83m，采用粒径 2～3mm 的石英砂。承托层厚度 0.45m，采用粒径 3～38mm 的天然鹅卵石。承托层下面为布水布气系统，滤砖为 HDPE，布气系统采用 304 不锈钢，再之下为集水槽盖板。

深床滤池产水经出水渠输送至清水池，反冲洗用水从清水池内取，清水池有效容积约为 $1120m^3$，满足反冲洗所需水量。

冲洗废水设置废水池，有效容积约为 $883m^3$。

主要设计参数：

（1）过滤

滤池数量：11 格

总氮设计去除量：10mg/L

冬季（12℃）去除负荷：0.69kgNO_3-N/(m^3·d)

夏季（35℃）去除负荷：0.90kgNO_3-N/(m^3·d)

砂滤过滤面积：30.49m×3.56m

滤床深度：1.83m

平均滤速：5.23m/h

最大强制滤速：7.49m/h

过滤水头损失：2m

（2）反冲洗

反冲洗周期：48h

反冲洗过程：气冲 3～5min，气水混冲 15min，单独水冲 5min

反冲洗水洗强度：14.7m^3/(m^2·h)

反冲洗气洗强度：91.4m^3/(m^2·h)

8.2.2 反硝化活性砂滤池

8.2.2.1 运行机理

活性砂滤池也叫上流式连续反洗砂滤池，这种滤池为上向流砂滤池，在运行时连续反冲洗。其构造如图 8-6 所示。

废水由底部进入过滤器，通过多根竖管向上流动，再经配水装置均匀分布在砂床内，然后向上流动通过向下运动的砂床。从砂床流出的过滤水经溢流堰排出过滤器，与此同时，砂粒与被截留的固体一起向下运动被抽吸至过滤器中心的空气提升管入口处。由空气提升管底部引入少量压缩空气形成密度小于 1 的上升液流将砂粒、固体物及水经该提升管向上提升。

在向上湍动过程中，杂质从砂粒表面被清洗下来，到达空气提升管顶端时，含有污物

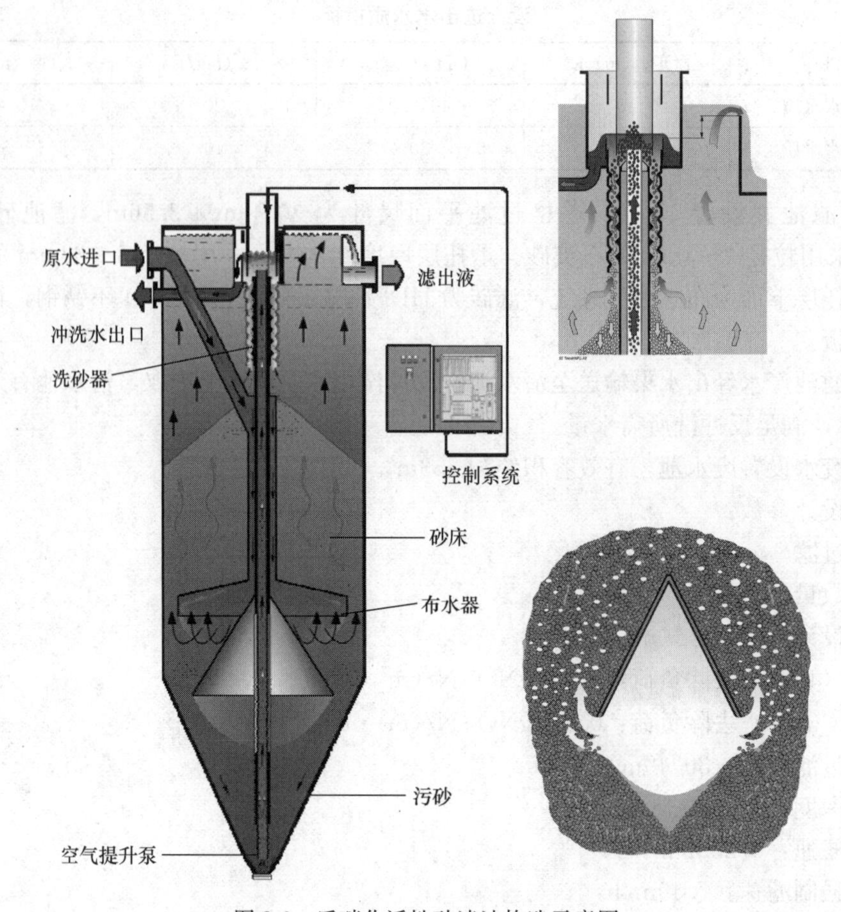

图 8-6　反硝化活性砂滤池构造示意图

的浆液进入中央排污室，干净的滤后水利用设在排泥堰上部的出水堰向上流动，而砂粒则通过清洗器段逆流向下运动，上升液体携带的固体物排出过滤器。由于砂粒沉降速度大于被去除的固体，因此不会被带出过滤器。当砂粒向下运动通过清洗装置时得到进一步清洗，清洗干净的砂粒重新分布在砂床顶部，从而形成连续不断的过滤和排泥水流。

活性砂滤池的滤床移动速率由气提来控制，对于仅仅去除 SS 的工况，滤料的移动速率可以控制在 305～460mm/h 或每天清洗 4～6 遍；对于反硝化滤池，为保持足够的生物量，滤床的移动速率必须减小到 100～250mm/h 或每天清洗 1～3 遍。

连续砂滤为上向流模式，其滤料比水重并连续向下移动，与水流方向相反，避免了由于脱氮过程中氮气积累造成的过滤损失增加，所以此种滤池不需要专门设置驱氮过程。

8.2.2.2　基本构造

活性砂滤池一般为模块化设计，由设备制造公司提供单格标准模块，单格模块基本组成如图 8-7 所示。

活性砂滤池一般采用混凝土结构池体，由多个单元格组成相对独立的过滤单元，再由多个独立的过滤单元组成完整的滤池，活性砂滤池布置形式可采取单排布置或双排对称布置。

活性砂滤池由混凝土滤池、底部锥台、过滤器组件、洗砂器、进水管道、空气提升

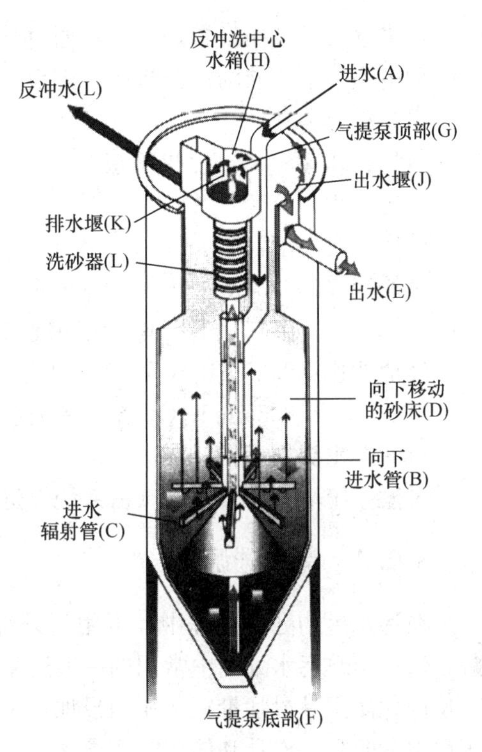

图 8-7 活性砂滤池单格基本构造

管、滤液出水管和冲洗水出水管等组成。内部过滤器组件与相应管道间采用柔性连接。压缩空气系统提供的压缩空气经空气控制柜，通过空气软管与过滤器顶部连接。

每个单元底部的锥台由 4 个瓣片组合而成，瓣片与瓣片之间采用螺栓连接，锥台与混凝土滤池池体采用螺栓连接，也可采用预制模板现场浇筑。

洗砂器是砂滤池的关键部件，由许多环绕中心保护管的环组成，具有独特的水力特性。砂粒进入清洗槽，由少量流经清洗器端口的干净的滤后水进行最后的清洗。滤砂冲洗水在滤液与清洗水的液位差作用下被排放出反应器。

砂滤池控制系统可以对气流室中的水量、空气量、反硝化反应所需碳源量、絮凝剂投加量（如需化学除磷）以及砂循环速度进行调节和控制。

8.2.2.3 主要设计参数

（1）活性砂滤池分格不宜少于 3 个独立单元，并按同时工作考虑。

（2）滤料容积按平均流量负荷设计。

（3）活性砂滤池滤料为石英砂，粒径范围为 1～1.6mm，滤池深度约 2m。

（4）容积负荷范围为 0.3～2kgNO_3-N/(m^3·d)，一般为 0.3～0.6kgNO_3-N/(m^3·d)。

（5）水力负荷一般为平均流量时 4.8～5.6m/h，峰值流量时不超过 13.4m/h。

（6）固体负荷一般不超过 2.45kg/m^2，固体负荷包括进水 SS 以及生物反应过程产泥量。

（7）外加碳源及生物产泥量同反硝化深床滤池。

（8）滤床的移动速率必须减小到 100～250mm/h 或每天清洗 1～3 遍。

8.2.2.4 工程参考实例

【例 8-2】某污水处理厂深度处理，采用反硝化活性砂滤池进行 SS、TN 去除，设计规模 20 万 m^3/d，设计进出水主要水质指标见表 8-9。

设计进出水水质指标 **表 8-9**

项目	BOD_5（mg/L）	COD（mg/L）	SS（mg/L）	TN（mg/L）
设计进水水质	10	40～50	10	10～15
设计出水水质	6	30	—	5

活性砂滤池采用双排对称布置形式，进水渠设在池体中间，出水渠设在池体两侧。池体分为南北两个系列，每个系列为 12 组，每组由 10 格过滤单元组成，每个单元格面积为 6m^2，过滤砂层有效深度为 3m。每系列滤池均可独立运行。

在进水渠道 2 中设置加药点，通过外加碳源降低出水总氮浓度。

配电室地下一层为空压机房，内设空压机 6 台及配套的储气罐和冷干机等。

主要设计参数：

数量：10 套×24 组＝240 套

过滤面积（单套）：$6m^2$

砂床有效高度：3.0m

平均滤速：6.37m/h（含 10％的反冲洗水量）

5.79m/h（不含反冲洗水量）

峰值滤速：9.23m/h（含 10％的反冲洗水量）

8.39m/h（不含反冲洗水量）

过滤器水头损失：2.1m

过滤系统清洗水自用水（占系统总进水的）比例：不大于 10％

8.2.3 常用碳源

在污水生物处理过程中，可用的外部碳源包括甲醇、乙酸钠、乙酸、葡萄糖、淀粉等，但在市政污水处理中常用的一般还是甲醇、乙酸钠和乙酸。在常用的碳源中，甲醇作为反硝化碳源其投加量小，相同投加量下效率最高，应用最为广泛；但是甲醇闪点低，属于甲类危险品，设计和使用时要求高。乙酸作为碳源投加量较大，且低温时会出现结晶造成泵和管路堵塞损坏，对工程应用影响较大。乙酸钠作为碳源投加量大，对应产生的化学污泥量也大，同时也应注意低温时溶解度降低、析出结晶的问题。常用碳源对比见表 8-10。

常用碳源对比　　表 8-10

碳源	甲醇	乙酸	乙酸钠
分子式	CH_3OH	$C_2H_4O_2$ 或 CH_3COOH	CH_3COONa $CH_3COONa\text{-}3H_2O$
分子量	32	60	82（无水） 136（三水）
特点	1. 对微生物有毒性作用； 2. 低分子量易于利用； 3. 投加量较小； 4. 应用广泛	1. 水溶液为酸性； 2. 温度低于 16℃时存在结晶问题	1. 用量大； 2. 易溶解，反硝化反应速度快； 3. 水溶液为弱碱性
1mg 碳源相当于 COD 值	1.5mg	1.07mg	0.68mg（无水） 0.42mg（三水）
理论投加量计算	转化 1g 亚硝酸盐需要有机物（BOD）1.71g 转化 1g 硝酸盐需要有机物（BOD）2.86g 所需碳源（以 BOD 计算）理论计算值为：$C=2.86[NO_3\text{-}N]+1.71[NO_2\text{-}N]+DO$		
理论投加比例（碳源与硝酸盐的质量比）	2.47∶1	2.67∶1	4.16∶1（无水）

续表

碳源	甲醇	乙酸	乙酸钠
建议最小投加比例(碳源与硝酸盐的质量比)	3∶1	3.2∶1	5.0∶1（无水） 6.8∶1（三水）
物化性质	相对密度 0.792（20/4℃），熔点−97.8℃，沸点 64.5℃，闪点 12.22℃，自燃点 463.89℃。蒸汽与空气混合物爆炸下限 6%～36.5%。 遇明火会爆炸	纯的无水乙酸（冰醋酸）是无色的吸湿性固体，凝固点为 16.6℃（62℉），凝固后为无色晶体。其水溶液呈弱酸性且腐蚀性强。 蒸汽对眼和鼻有刺激性作用	无色透明结晶或白色颗粒。水溶液呈弱碱性。一般为三水醋酸钠，密度 1.45g/cm³；熔点 58℃；在干燥空气中风化，123℃失去结晶水；水溶性 762g/L(20 ℃)。 无水醋酸钠熔点 324℃；密度 1.528g/cm³
注意事项	甲醇闪点低，易燃、易爆，火灾危险性属于甲类。 储罐的形式选择、罐区布置、加药泵间的布置、罐区和其他建筑的防火间距要求、消防措施等，需严格遵守《建筑设计防火规范》GB 50016—2014 以及相关规范的要求	建议直接购买溶液。 如果要购买纯品现场溶解，则应储存于阴凉、通风的仓库内，需远离火种、热源。冬季应保证仓库或储罐温度，防止出现凝固。应与氧化剂、碱类分开存放。储存间内的照明、通风等设施应采用防爆型，开关设在仓库外。应配备相应品种和数量的消防器材	建议直接购买溶液。 如购买固体，应存放于阴凉、通风、干燥的库房内，注意防晒、防潮

8.3 混　　凝

8.3.1 作用

混凝是水处理工艺中混合和絮凝过程的统称。混合是将混凝剂充分、均匀地扩散于水体的工艺过程，絮凝则是投加混凝剂并充分混合后的原水，在水流作用下使微絮粒相互接触碰撞，以形成更大絮粒的工艺过程。混凝对于取得良好的固液分离效果具有重要作用。在深度处理中，混凝单元的主要作用通常有以下两个方面：

(1) 澄清降浊：为使二级处理出水澄清降浊，可采用混凝方法进一步去除悬浮物和有机污染物。其混凝作用的机理较为复杂，主要有：通过双电层压缩、吸附-电中和、吸附架桥以及沉析物网捕等一系列反应作用，可以使胶体脱稳、使颗粒微小的悬浮固体凝聚成颗粒较大的絮凝体。经过后续的分离处理单元，使污水中剩余悬浮固体及有机物得到进一步的去除，同时污水中的某些溶解物质也可以得到一定程度的去除。

(2) 化学除磷：通过混凝剂与污水中的磷酸盐反应，生成难溶的含磷化合物与絮凝体，可以使污水中的磷分离出来，达到除磷的目的，化学除磷常用的混凝剂有：石灰（钙盐）、铝盐、铁盐等。

1) 石灰除磷：石灰中的钙离子与正磷酸盐作用而生成羟基磷灰石

$$5Ca^{2+} + 4OH^{-} + 3HPO_4^{2-} \longrightarrow Ca_5(PO_4)_3OH\downarrow + 3H_2O \quad (8\text{-}1)$$

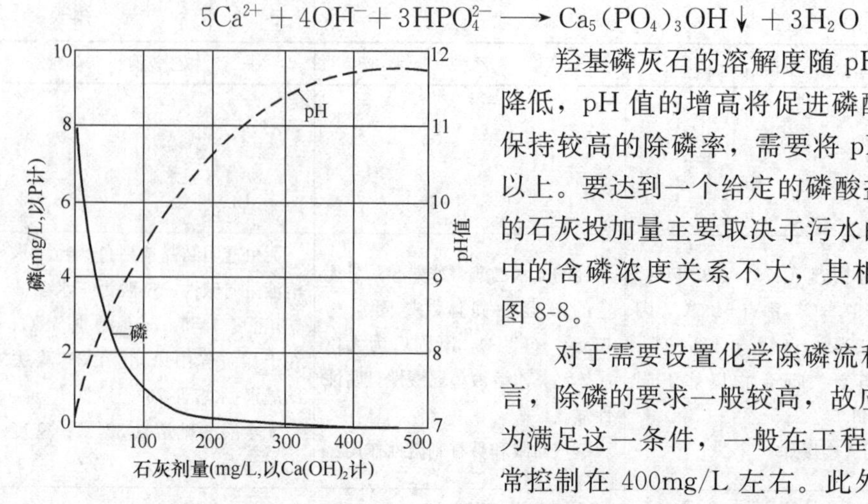

图 8-8 石灰剂量与除磷的关系

羟基磷灰石的溶解度随 pH 值增加而迅速降低，pH 值的增高将促进磷酸盐的去除。要保持较高的除磷率，需要将 pH 值提高到 9.5 以上。要达到一个给定的磷酸盐去除率，所需的石灰投加量主要取决于污水的碱度，而与水中的含磷浓度关系不大，其相关关系可参见图 8-8。

对于需要设置化学除磷流程的工程项目而言，除磷的要求一般较高，故应保证 pH≥11。为满足这一条件，一般在工程中 Ca 的投加量常控制在 400mg/L 左右。此外，值得注意的是：磷酸钙沉淀的速度和程度除了与碱度密切相关外，还取决于反应器的结构形式。由于回流中形成的沉淀物提供了更大的表面积，故以回流为特色的反应器远比无回流的反应器更为有效。因此在有条件的项目中，应优先考虑选用高密度沉淀池或澄清池作为其后续固液分离单元。

2）铝盐除磷：

① 铝离子与正磷酸盐反应，会形成固体的磷酸铝：

$$Al^{3+} + PO_4^{3-} \longrightarrow AlPO_4\downarrow \quad (8\text{-}2)$$

② 一般采用硫酸铝作为混凝剂，其反应为：

$$Al_2(SO_4)_3 + 2PO_4^{3-} \longrightarrow 2AlPO_4\downarrow + 3SO_4^{2-} \quad (8\text{-}3)$$

③ 同时硫酸铝还与污水中的碱度产生反应：

$$Al_2(SO_4)_3 + 6HCO_3^{-} \longrightarrow 2Al(OH_3)\downarrow + 6CO_2 + 3SO_4^{2-} \quad (8\text{-}4)$$

由于硫酸铝对碱度的中和，pH 值下降，形成氢氧化铝聚凝体，同时与正磷酸离子化合形成固体磷酸铝。若不是两种反应同时进行，则除磷与投铝的比例为 1∶0.87。根据一般经验，铝盐的实际用量约为磷酸盐沉淀所需量的一倍～二倍，最佳的 pH 值约为 6。除硫酸铝外，聚合氯化铝（PAC）和铝酸钠也常用于化学除磷，其化学反应同公式（8-3），但 pH 值不会降低。

3）铁盐降磷：铁离子与磷酸盐的反应同铝离子与磷酸盐的反应十分相似，生成物为 $FePO_4$ 与 $Fe(OH)_3$。国内常用的铁盐混凝剂有三氯化铁 $FeCl_3$、硫酸亚铁 $FcSO_4$ 等，硫酸亚铁适用于在曝气池内投加混凝剂的 BC 法工艺。经过曝气，氢氧化亚铁可氧化成为氢氧化铁：

$$FeSO_4 + Ca(HCO_3)_2 \longrightarrow Fe(OH)_2 + CaSO_4 + 2CO_2 \quad (8\text{-}5)$$

$$2Fe(OH)_2 + 1/2O_2 + H_2O \longrightarrow 2Fe(OH)_3\downarrow \quad (8\text{-}6)$$

铁盐的投加条件也与铝盐相似。

8.3.2 投药

(1) 投药量：混凝剂的投加量不仅取决于药剂的种类，而且还与生化系统的设计条件、污水水质以及后续固液分离方式密切相关。在有条件时，应根据实验来确定合理的投药量。当没有实验条件时，可参考以下指标估算：

1）用于澄清和进一步去除悬浮固体及有机物质，且二级生化处理系统的泥龄大于20d时，可按给水处理投药量的2～4倍考虑。一般来讲，泥龄越长，投药量越小。当二级处理流程采用的是高负荷、短泥龄生化处理系统时，则必须通过实验确定投药量。

2）用于后置除磷流程时可根据上节所述不同药剂的参考经验投药量考虑。

3）投加铝盐或铁盐与生化处理系统合并处理时，可按1mol磷投加1.5mol的铝盐（铁盐）来考虑。

（2）投加位置：

1）用于澄清降浊目的时，混凝剂应投加在二次沉淀池之后。对于深度处理流程而言，作为第一步处理单元其位置与给水工程基本相同。

2）用于化学除磷时，最适宜的投药位置应是曝气池内。将铝盐（铁盐）混凝剂投入曝气池后不仅有利于完善磷酸盐与混凝剂的反应过程，提高除磷效率、节省单位投药量，而且还可以改善活性污泥的沉降性能，提高回流污泥浓度，提高生化系统的容积负荷，缩短停留时间，节省土建投资。

3）采用石灰进行化学除磷时，为满足pH≥11的反应条件，不仅石灰投加量大，而且经石灰处理后的污水还需经过再酸化处理才能使pH值恢复到正常的范围之内，以满足排放和回用的水质要求。因此在大、中型污水处理厂中采用石灰除磷工艺来直接处理污水，往往是不经济的。合理的方法应是将生物除磷与石灰化学除磷结合起来先通过生物除磷方法将污水中的磷聚集到活性污泥中，再通过用石灰处理剩余活性污泥或污泥上清液的方法来达到除磷的目的。由于剩余污泥的流量通常只有处理污水量的百分之几，因此采用这种方法可使石灰投加量和处理单元的规模都得以大幅度降低。在有污泥消化处理和重力浓缩的系统中，用石灰来处理上清液更为经济合理。在设有污泥浓缩池和消化池等产生厌氧条件的污泥处理系统中，均可采用这种方法，将污泥中经厌氧释磷反应释放出的磷去除。

（3）投药方式及药剂制备：同给水净化处理，参见给水排水设计手册第3册《城镇给水》中的有关内容。

（4）混合絮凝：应根据深度处理流程的竖向水力衔接条件考虑选择混合单元的工艺形式。当深度处理前设置中间提升泵站时，可采用水泵混合、静态混合等方式。当流程水力衔接的水头较小时，宜首先考虑采用桨板式机械混合装置，而尽量避免采用隔板混合池，以防止因隔板上大量滋生生物膜而影响出水水质的情况发生。在絮凝单元的设计中，同样也应首先选用机械絮凝池和水力旋流絮凝池，而尽量避免采用隔板絮凝池、折板絮凝池以及网格栅条絮凝池。混合絮凝设备及构筑物的设计，可参见给水排水设计手册第3册《城镇给水》中的有关内容。其中投药混合设施中平均速度梯度值宜采用$300s^{-1}$，混合时间宜采用30～120s；絮凝时间宜采用5～20min。

目前广泛使用的管道混合器是管式静态混合器，见图8-9。在该混合器内，按要求安装若干固定混合单

图8-9 管式静态混合器示意图

元，每一个混合单元由若干固定叶片按一定的角度交叉组成。当水和混凝剂流过混合器时，被单元体多次分隔、转向并形成涡旋，以达到充分混合的目的。管式静态混合器的特点是构造简单，安装方便，混合快速而均匀。

8.4 固 液 分 离

8.4.1 作用

固液分离单元的作用是去除在混凝过程中形成的絮凝体，使水中的悬浮物和有机污染物及总磷等得到进一步的去除，以保证后续处理单元的运行要求。

深度处理的固液分离单元基本上与给水处理系统相同，但由于二级处理出水中的悬浮物主要由活性污泥构成，因此在工艺设计中应针对这一水质特点，选择适宜的处理单元。尤其在南方水温、气温较高的条件下，要特别注意在设计时考虑防止和避免处理过程中产生有机污泥腐败发酵的问题。

常用的固液分离形式有沉淀、澄清和气浮。

8.4.2 沉淀

由于在生化处理系统中产生的生物絮凝体沉淀性能通常较差，因此在沉淀单元的工艺设计中，选择设有填料的斜管、斜板类沉淀池，应采取措施防止在填料上附着、滋生的生物膜发生周期性脱落而影响出水水质。深度处理中沉淀单元的设计，可参见给水排水设计手册第3册《城镇给水》中的有关内容。其中平流沉淀池的沉淀时间为2.0h～4.0h，水平流速为4.0mm/s～12.0mm/s；斜管沉淀池的上升流速为0.4mm/s～0.6mm/s。

8.4.3 澄清

澄清池是利用悬浮层来提高絮凝和固液分离效果并适用于高浊度水处理的单元，在一般的深度处理系统中采用这类工艺单元进行固液分离时，往往会因污泥回流量过大、悬浮层的停留时间过长而产生污泥厌氧腐败、产气上浮等问题，使用效果不够理想。当深度处理系统考虑设置预加氯流程时，可有效控制污泥腐败问题，但出水水质仍不够理想。只有在设有预加粉末活性炭的工艺系统中，才推荐采用这类固液分离单元。此时，不仅澄清池的固液分离效果优于其他固液分离单元，而且通过悬浮层的接触还有助于提高活性炭的吸附率、改善出水水质。其池型选择及工艺计算详见给水排水设计手册第3册《城镇给水》中的有关章节，其中清水区上升流速可采用0.4mm/s～0.6mm/s。

8.4.4 气浮

由微生物细胞和细胞残片等形成的活性污泥具有易流动、难沉淀的特性，故难以通过沉淀等传统的固液分离方法去除。而气浮工艺的分离方式恰恰适应了上述污泥的特性，因此在深度处理系统中往往能发挥满意的效果。另一方面，由于气浮工艺中的溶气过程还有利于提高水中的溶解氧值，避免了水质恶化、发臭。目前，气浮工艺在国内外的给水和污水处理工程中都得到了广泛的应用，使用较为普遍的是部分回流压力溶气气浮流程。气浮单元的设计、计算方法及一般设计参数均可参见给水排水设计手册第3册《城镇给水》中的有关内容。下述设计参数介于一般的给水处理和污水处理工程之间，设计中可参考采用：

（1）溶气：溶气水回流比为10%～20%。

（2）气浮池：

1）表面负荷为3.6～5.4$m^3/(m^2 \cdot h)$；

2）上升流速为1.0～1.5mm/s；

3）停留时间为20～40min。

（3）参考投药量（聚合氯化铝）为20～30mg/L。

8.4.5 磁分离

加载混凝磁分离技术是利用外加磁加载物的作用增强絮凝以达到高效沉降和过滤的目的。其原理是向污水中投加少量混凝剂、磁种等与污染物絮凝结合成一体，然后通过高效沉淀将水中的污染物去除，磁种通过磁鼓分离器去除或回收循环使用；也可以通过磁盘直接吸附，将水中的污染物去除，磁种分离后再循环使用。磁种的回收率可达到99%以上。

因为整个工艺的停留时间很短，系统中投加的磁种和絮凝剂对细菌、病毒、油及多种微小粒子都有很好的吸附作用，因此对细菌、病毒、油、重金属及磷的去除效果较好。

加载混凝磁分离处理系统工艺流程如图8-10所示。

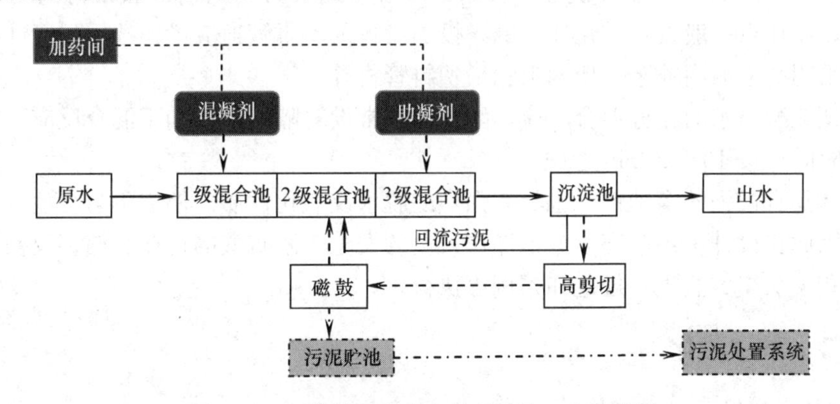

图8-10 加载混凝磁分离处理系统工艺流程图

有的加载混凝磁分离处理系统不设沉淀池，其工艺流程如图8-11所示。

磁分离技术特点如下：

1）磁分离工艺可以用于城市给水、污水和多种工业废水的处理。

2）磁分离工艺可以从水中除去部分溶解于水中的污染物、微粒污染物和微生物污染物，如：COD、BOD、TSS、TP、色度、浊度等。其中对TP、TSS以及COD去除率较高。

3）磁分离设备体积较小，占地相对较少，有车载式成套系统可以选择。

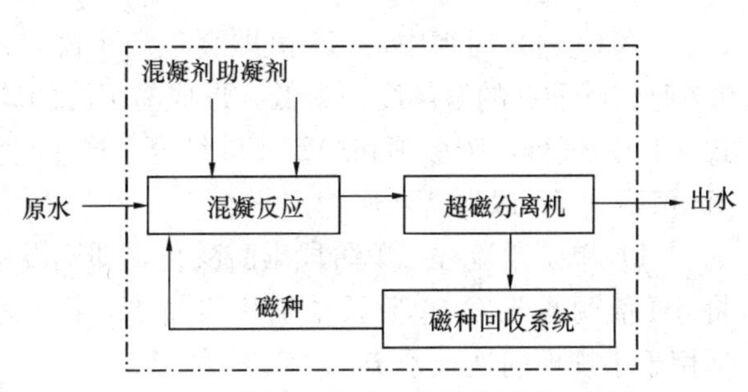

图8-11 不设沉淀池的加载混凝磁分离处理系统工艺流程图

4）系统较为简单，运行管理方便，启动快捷。

8.5 酸　　化

在深度处理过程中，有时会遇到因投加石灰而使水的 pH 值升高问题。但为了满足回用或排放以及后续处理的要求，又往往要将水的 pH 值再降到适宜的范围内，此时常用硫酸酸化或碳酸酸化的手段。

8.5.1 硫酸酸化

8.5.1.1 流程

硫酸酸化通常是将浓硫酸投入水中，通过下述反应实现降低 pH 值的目的。

$$Ca(OH)_2 + H_2SO_4 \longrightarrow CaSO_4\downarrow + 2H_2O \quad (8\text{-}7)$$

将浓硫酸投入 pH 值为 11 的污水中时，pH 值会下降，反应按式（8-7）进行，形成易沉淀的硫酸钙絮体。一般使 pH 值降到 6～8，以保持水质稳定，避免在后续的过滤、活性炭吸附及膜处理等工序中堵塞管道、滤床和炭床等。

8.5.1.2 硫酸的来源和投加

硫酸通常采用 98％的工业硫酸，投加量可根据式（8-7）计算。投加方式与投加其他药剂相似，投加点一般设在酸化池前端。投加设备及附属管道应考虑选用耐腐蚀的设备和管材，如采用高强耐腐蚀泵和聚四氟乙烯塑料管材等。

为保证硫酸与水的充分混合反应，酸化池中常设置隔板，以利于混合反应。酸化池的水力停留时间可按 10～20min 考虑。

浓硫酸具有极强的腐蚀性，也具有强烈的脱水及氧化性质。使用不当会危害人体健康和环境，因此在设计中还应充分考虑操作人员的安全。浓硫酸的运输、储存及操作使用等应按国家相关法律、法规、规范和条例等执行。

8.5.2 碳酸酸化

8.5.2.1 流程

碳酸酸化是将 CO_2 溶入水中，通过下述反应实现降低 pH 值的目的。

$$Ca(OH)_2 + CO_2 \longrightarrow CaCO_3\downarrow + H_2O \quad (8\text{-}8)$$

$$CaCO_3 + CO_2 + H_2O \longrightarrow Ca(HCO_3)_2 \quad (8\text{-}9)$$

将 CO_2 通入污水中，pH 值即会逐渐下降，反应按式（8-8）进行。当 pH 值下降至 9.3 时，碳酸钙的溶解度为最低，形成易沉淀的碳酸钙絮体。当继续通入 CO_2 时，反应按式（8-9）进行，碳酸钙和二氧化碳结合，产生易溶的重碳酸钙，pH 值继续降低。一般使 pH 值降到 7，以保持水质稳定。

（1）单阶段流程：单阶段碳酸酸化，即不设中间沉淀池，投加足量的二氧化碳，一次将 pH 值调低至 7。单阶段法需用设备少，投资小，污泥产生少，但水质较差，不稳定，适用于小规模的处理系统。

（2）两阶段流程：两阶段碳酸酸化就是分别按上述两个反应，分两个阶段进行酸化。两个阶段中间设置中间沉淀池，回收碳酸钙，再将碳酸钙焙烧成石灰。

8.5.2.2 二氧化碳的来源

二氧化碳的来源主要有商品液态二氧化碳，二氧化碳的需要量可根据式（8-8）和式（8-9）计算，在计算中所有的碱度都应以碳酸钙(分子量=100）计。此外，二氧化碳的来源还有石灰再生的煅烧炉或污泥焚烧炉的烟道气以及天然气、丙烷、燃料和焦炭等燃烧产物。

8.5.2.3 二氧化碳的投加

投加二氧化碳的方法和原理与生化处理中所采用的曝气系统十分相似。为避免结垢堵塞管路，常采用穿孔管来投加二氧化碳，穿孔管的开孔直径一般为5mm。投加管道应考虑选用耐腐蚀的管材，如采用聚氯乙烯等塑料管材或不锈钢管材。

在水中，二氧化碳与氢氧根和酸根离子之间的全部反应时间可达15min。同时，考虑到絮凝沉淀的需要，反应池的水力停留时间可按30min考虑；在二氧化碳反应池的设计中还应考虑不小于3m的淹没水深，以节省二氧化碳的消耗量，提高反应效率。沉淀池的设计参数可参照第5章中有关沉淀池的设计参数选取，表面负荷可取其上限值。

在设计中还应充分考虑操作人员的安全。长时间处于含有5%以上二氧化碳的空气中，可能失去知觉而致死亡。当含量为0.5%以上时，每天的接触时间不应大于8h。因此，二氧化碳酸化池不许设于室内，且周围建筑应考虑设置良好的通风条件。

8.6 过 滤

8.6.1 作用

在深度处理中，过滤的作用主要可分为以下几个方面：

（1）作为预处理设施：去除生化过程和化学沉淀中未能去除的颗粒、胶体物质、悬浮固体、浊度、磷、重金属、细菌、病毒等，以进一步提高水质、防止堵塞、保证后续工序的正常运转。

（2）作为水质把关单元：通过去除上述细微颗粒，以进一步降低 BOD_5、COD等指标，使出水水质达到预期的处理目标。或替代固液分离单元，通过直接过滤、截留絮凝体达到进一步去除污染物的目的。

（3）通过在过滤介质上培养生物膜，辅以投加碳源可以进一步去除硝酸盐氮，达到同时脱氮和过滤的作用。

8.6.2 滤池选用及适用条件

国内深度处理中常用的滤池形式及适用条件见表8-11。

各种滤池基本描述和适用条件 表8-11

滤池形式	基本描述及适用条件
传统的下降流滤池	污水中含有的悬浮物质积累在滤床的表面。可以使用单层、双层或多层滤料。单层滤料滤池通常使用砂或者无烟煤。 双层滤料滤池通常是在砂层上面再铺一层无烟煤。其他也可以使用：活性炭和砂，树脂球和砂，树脂球和无烟煤。 多层滤料滤池则是无烟煤、砂、石榴石或者钛铁矿。其他的组合还有：活性炭、无烟煤和砂，树脂球、无烟煤和砂，活性炭、砂和石榴石

续表

滤池形式	基本描述及适用条件
下降流深床滤池	下降流深床滤池与传统的下降流滤池类似，只是滤床厚度以及滤料（通常是无烟煤）的粒径大于传统滤池滤料。由于有较大的滤床厚度和较大的滤料（比如砂或者无烟煤）粒径，更多的固体颗粒可以被截留在滤床内部，并且运行周期加长。用于滤池的最大滤料粒径与滤池的反冲洗能力相关。通常深床滤池在反冲洗期间无法完全流化，为了达到好的清洗效果，必须采用气水联合反冲洗。可用于脱氮要求高的深度处理工程
深床上升流连续反冲洗滤池（活性砂滤池）	待过滤的水被引入滤池的底部，通过底部开孔的进水分配器均匀地分配进砂床。在水流向上流动的同时，砂层连续向下移动。污水在向上流动过程中被砂滤层净化，并经顶部溢流堰排出；同时，截留了固体颗粒的砂层向下运动，被吸入位于滤池中央的气提管道。压缩空气被导入气提管道的底部，依靠气提作用，驱使脏砂和水沿着中心上升管向上流动。剧烈扰动地向上流动过程中杂质从砂粒中分离出来，到达气提管道的顶端，脏水经过堰跌落至中心排水装置，而砂粒沉降在洗砂器中。砂粒进入洗砂器，由少量流经洗砂器端口的滤后水进行最后的清洗。由于砂比去除的颗粒物有着更高的沉降速度，因此不会随着水流带出。清洗后的砂粒重新落到砂床的顶部，连续无间断地过滤和清洗
移动罩滤池	由若干滤格组成的一组滤池，利用一个可移动的冲洗罩轮流对各滤格进行冲洗。适用于大规模深度处理工程
纤维滤池	采用合成纤维作为过滤介质，滤速高。适用于中、小规模深度处理工程
压力滤罐	一体化过滤设备，一般采用钢制压力容器。其内部结构与普通快滤池相似，进水用泵直接打入容器内，在压力下进行过滤。适用于规模小的深度处理工程
表面过滤	表面过滤是通过机械筛分作用让液体通过细的介质（过滤材料）来分离液体中的悬浮颗粒物。包括滤布过滤、转盘过滤以及膜过滤

8.6.3　设计要点

（1）过滤过程中所截留的主要是含有大量细菌、微生物等有机污染质的絮凝体和大量胶体物质，滤床截污后黏度较大，且极易发生腐败。故深度处理系统中的反冲洗要求较高。

（2）过滤系统进出水水质受二级处理系统的运行工况影响较大。特别是当深度处理系统的规模比例过大时，在实际生产中原水的水质、水量都很不稳定，这将使过滤系统的运行工况变得极为复杂，对运行的稳定性带来不利的影响。

（3）当原水浊度较低，且水质较好时，原水经投加混凝剂后不经沉淀直接进入滤池过滤，这种过滤方式称为微絮凝过滤或直接过滤。采用直接过滤工艺须注意以下几点：

1）原水浊度较低且变化较小，若对原水水质变化趋势无充分把握时，不应轻易采用直接过滤方式。

2）通常采用双层、三层或均质滤料，滤料粒径和厚度适当增加，否则滤层表面空隙易被堵塞。

3）滤速应根据原水水质而定，浊度偏高时应采用较低滤速，反之亦然。

针对深度处理的这些特点来合理地选择适宜的池型和工艺条件是十分必要的。

8.6.4 滤床过滤

滤床过滤是指传统的介质过滤滤池，以砂滤为主。由于过滤系统的反冲洗要求较高，而将气、水反冲洗与表面冲洗相结合的冲洗方式具有较强的清洗能力，非常适用于深度处理流程。在池型选择上应避免选用虹吸滤池这类反冲洗能力较差的池型，而应优先选用V型滤池、移动罩滤池、活性砂滤池等池型。

与给水工程的经验参数相比，在深度处理中不论是使用单层滤料，还是双层滤料及三层滤料的深层滤池，滤层厚度和滤料粒径都较大；但滤速则略小。除滤层厚度、粒径及滤速与给水处理不同外，其他设计参数及设计计算方法均可直接参见给水排水设计手册第3册《城镇给水》中的有关内容。与给水处理不同的设计参数如下：

（1）滤层：

1）单层滤料：采用石英砂，其有效粒径为1.2～2.4mm，层厚为1200～1600mm，不均匀系数为1.2～1.8。

2）双层滤料用石英砂时，其有效粒径为0.6～1.2mm，层厚为600～800mm，不均匀系数<1.4；用无烟煤时，其有效粒径为1.2～2.4mm，层厚为600～800mm，不均匀系数<1.8。

（2）滤速为6～10m^3/(m^2·h)。

（3）反冲洗：

1）气水同时冲洗：气13～17L/(m^2·s)，水6～8L/(m^2·s)，历时4～8min。

2）水冲洗：水6～8L/(m^2·s)，历时3～5min。

3）表面冲洗：0.5～2.0L/(m^2·s)，历时4～6min。

（4）工作周期：≤12h。

8.6.5 表面过滤

表面过滤主要用在以下几个地方：

（1）代替深床过滤去除二级出水中剩余的悬浮固体颗粒；

（2）在微滤或超滤前端作为预处理手段。

表面过滤是通过机械筛分作用让液体通过细的介质（过滤材料）来分离液体中的悬浮颗粒物。用作过滤介质的材料包括不同编制方法的纤维布、编织的金属网以及各种合成材料。膜过滤，包括MF和UF同样属于表面过滤，但是在过滤介质的微孔尺寸上是不同的。滤布典型的开孔尺寸范围在10～30μm或者更大，而MF的孔径尺寸在0.08～2.0μm，UF的孔径尺寸在0.005～0.2μm。膜过滤在第8.10节单独进行讨论。

用于再生水处理的滤布介质表面过滤设备主要类型有：滤布过滤器、盘式过滤器、板式滤布过滤器和菱形滤布过滤器等。本文重点介绍滤布过滤器和盘式过滤器。

8.6.5.1 滤布过滤器

滤布过滤器由一系列垂直安装在池内的滤盘组成（见图8-12）。过滤器可采用两种滤布：聚酯编织针毡滤布、合成纤维绒滤布。针毡滤布具有无规则的三维结构，有利于颗粒去除。滤布过滤器典型设计资料见表8-12。

滤布过滤器典型设计资料　　表 8-12

项目	单位	典型值	备注
公称孔径	μm	10	采用三维聚酯编织针毡滤布
水力负荷	$m^3/(m^2 \cdot min)$	0.1～0.27	取决于必须去除的悬浮固体的特性
通过滤盘的水头损失	mm	50～300	根据滤布表面及内部积累的固体量确定
滤盘浸没度	%高度	100	
	%面积	100	
滤盘直径	m	约 2 或 3	
滤盘转速	r/min	正常运行时滤盘静止，反冲洗时为 0.5～1	
反冲洗及排泥耗水量	%总水量	1～3	
单池盘片数	片	约 12	

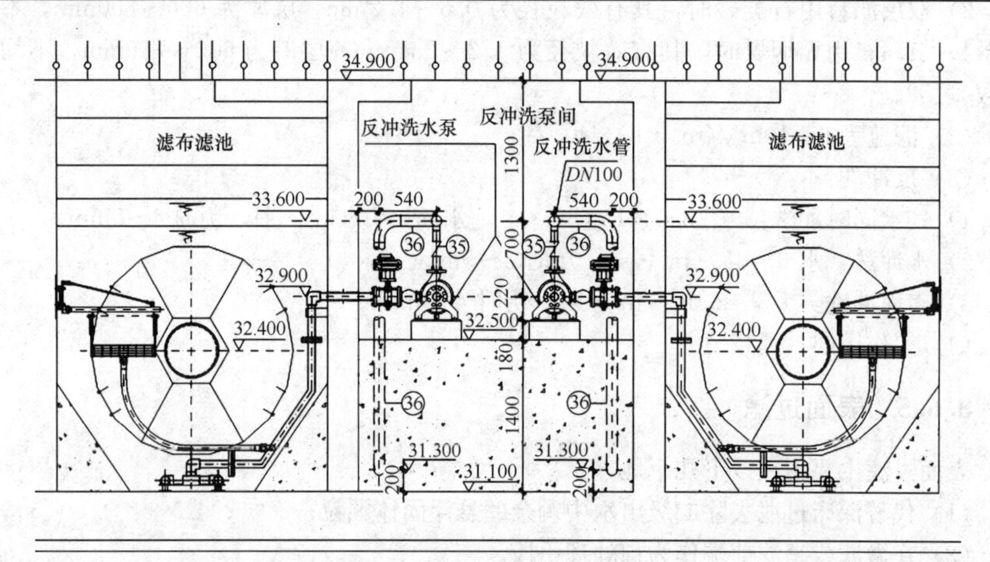

图 8-12　滤布过滤器剖面图

滤布过滤器的运行状态包括过滤、清洗、排泥三个状态。滤布过滤器在运行时，水进入池内通过滤布进入中央集水管，然后通过出水渠内的溢流堰最终排出过滤器。当通过滤布的水头损失增加并达到预先设定水位时，转盘则需进行清洗。清洗完成后，再经过短暂排污，该过滤器即可重新开始正常过滤运行。

(1) 过滤：来水重力流进入滤池，滤池中设有布水堰。滤布采用全淹没式，污水从滤布外侧进入，滤后水通过中央集水管收集，然后通过出水渠内的出水堰排出滤池。

(2) 清洗：随着固体物在滤布表面及内部的不断积累，流动阻力或水头损失随之增加。当通过滤布的水头损失增加滤池水位逐渐升高，并达到预先设定水位时，转盘则需进行反冲洗。当该池内液位到达清洗设定值（高水位）时，启动反抽吸泵，开始清洗过程。

清洗期间，过滤转盘以设定的速度旋转。抽吸泵负压抽吸滤布表面，吸除滤布上积聚的污泥颗粒，过滤转盘内的水自里向外被同时抽吸，并对滤布起清洗作用。清洗时，滤池可连续过滤。

（3）排泥：纤维转盘滤池的过滤转盘下设有斗形池底，有利于池底污泥的收集。定时启动排泥泵，通过池底穿孔排泥管将污泥排出。

8.6.5.2 盘式过滤器

盘式过滤器是由用于支撑滤网的两块垂直安装于中央给水管上的平行圆盘组成的一个个滤盘串联起来组成的过滤设备。用于盘式过滤器的二维滤网既可以为聚酯材料，亦可为316型不锈钢。盘式过滤器的典型设计资料见表8-13。

表 8-13

项目	单位	典型值	备 注
滤网孔径	μm	20～35	不锈钢编织或聚酯滤网，孔径为10～60μm
水力负荷	$m^3/(m^2 \cdot min)$	0.25～0.83	取决于必须去除的悬浮固体的特性
通过滤盘的水头损失	mm	200～300	
滤盘浸没度	%高度	70～75	
	%面积	60～70	
滤盘直径	m	0.75～3.10	
滤盘转速	r/min	1～8.5	
反冲洗耗水量	%总水量	3～5	
单台最大盘片数	片	～30	

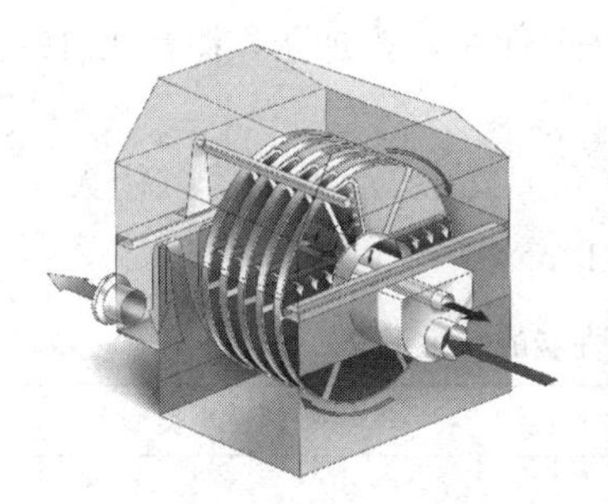

图 8-13 转盘过滤器示意图

转盘过滤器运行时，滤前水通过中央给水渠进入转盘过滤器内，向外侧流动通过滤网。在正常操作条件下，滤盘60%～70%的表面浸没于水中，并根据水头损失的不同，可以以1～8.5r/min的转速旋转。转盘过滤器可采用间歇或连续反冲洗两种模式操作。当以连续反冲洗模式操作时，滤盘在生产滤过水的同时进行反冲洗。在转动开始时，来水进入中央进水管并通过此管分配到各滤盘内，水和小于滤网孔眼的颗粒则通过滤网进入出水收集槽内，大于滤网孔径的颗粒被截留在滤盘内。当以连续反冲洗操作时，滤盘转动露出水面通过反冲洗水喷嘴处，滤网上截留的颗粒就被冲离滤网表面，反冲洗废水进入反冲洗水槽内。通过反冲洗喷嘴后，清洗干净的滤盘又重新转入水面以下开始过滤。当以间歇反冲洗模式操作时，只有在达到预先设定值时才执行清洗动作。

8.7 活性炭吸附

8.7.1 作用

通过活性炭吸附，可以去除一般的生化处理和物化处理单元难以去除的微量污染物质。活性炭吸附杂质的范围很广，不仅可以除嗅、脱色、去除微量的元素及放射性污染物质，而且还能吸附诸多类型的有机物质，如高分子烃类、卤代烃、氯化芳烃、多核芳烃、酚类、苯类以及杀虫剂、除锈剂等。随着现代给水工程面对着更多的水源遭受微有机污染，活性炭吸附在现代给水工程中的应用日益广泛。在三级处理中活性炭单元基本上是直接由给水处理工程借鉴而来，所采用的设计方法及材料设备均与给水处理系统相同。

8.7.2 活性炭的类型

活性炭既可以按生产原料来分类，也可以按其性状和使用功能来分类。生产活性炭的原料不同，产品的特性和用途也不同。如用木材制成的活性炭具有最大的孔隙，往往专门用于液相吸附。而用果壳制成的活性炭则因孔隙最小，常用于吸附气相小分子。有关各种品牌活性炭产品的规格、性能、用途及生产厂商等均可查阅给水排水设计手册第 12 册《器材与装置》和《给水排水设计手册·材料设备》（续册）第 4 册。在同一类应用领域中，活性炭产品的性状和类型又往往决定了其使用方式，因此在水处理行业中多习惯于这一分类方式。活性炭产品一般有粉状、粒状和块状三种。在各种水处理中，以粉末活性炭（PAC）和颗粒活性炭（GAC）最为常见，但粉末活性炭与颗粒活性炭的使用方法及吸附装置都是完全不同的。粉末活性炭常与混凝剂联合使用，投加于絮凝单元中。颗粒活性炭则往往装于容器内，作为滤料使用。

粉末活性炭的典型粒径小于 0.07mm（200 目），颗粒活性炭的粒径大于 0.1mm（约 140 目）。颗粒活性炭和粉末活性炭的特性汇总于表 8-14 中。

颗粒活性炭和粉末活性炭的特性汇总 表 8-14

项目	单位	活性炭类型	
		GAC	PAC
总表面积	m^2/g	700～1300	800～1800
堆密度	kg/m^3	400～500	360～740
颗粒湿密度（浸水）	kg/L	1.0～1.5	1.3～1.4
粒径范围	mm (μm)	0.1～2.36	(5～50)
有效粒径	mm	0.6～0.9	—
均匀系数	UC	≤1.9	—
平均孔径	10^{-9}	16～30	20～40
碘值		600～1100	800～1200
磨蚀数	最小	75～85	70～80
灰分	%	≤8	≤6
水分	%	2～8	3～10

8.7.3 活性炭的吸附效果

活性炭对低分子量的胺类、亚硝胺类、二醇类和醚类化合物等极性小分子有机物的吸附效果不好，对杀虫剂、多氯联苯、多核芳香烃、邻苯二甲酸酯类化合物、芳香族化合物、取代芳烃化合物有较强的吸附作用。可以根据吸附等温线判断采用活性炭处理废水的可行性。易吸附有机物及不易吸附有机物见表 8-15。

易吸附有机物及不易吸附有机物　　表 8-15

<table>
<tr><th colspan="2">易吸附有机物</th><th>不易吸附有机物</th><th colspan="2">易吸附有机物</th><th>不易吸附有机物</th></tr>
<tr><td rowspan="3">芳烃溶剂类</td><td>苯</td><td>低相对分子质量酮类、酸类及醛类</td><td rowspan="4">氯化非芳香烃类</td><td>四氯化碳</td><td></td></tr>
<tr><td>甲苯</td><td>糖及淀粉</td><td>三氯乙烯</td><td></td></tr>
<tr><td>硝基苯类</td><td>极高相对分子质量或胶体有机物</td><td>氯仿</td><td></td></tr>
<tr><td rowspan="2">氯化芳烃类</td><td>五氯酚类</td><td>低相对分子质量脂肪族类</td><td>溴仿</td><td></td></tr>
<tr><td>氯酚类</td><td></td><td colspan="2">高相对分子质量</td><td></td></tr>
<tr><td rowspan="2">多环芳香烃类</td><td>苊</td><td></td><td rowspan="4">碳氢化合物</td><td>染料</td><td></td></tr>
<tr><td>苯并芘类</td><td></td><td>汽油</td><td></td></tr>
<tr><td rowspan="4">杀虫剂及除草剂</td><td>DDT</td><td></td><td>胺类</td><td></td></tr>
<tr><td>艾氏剂</td><td></td><td>腐殖类</td><td></td></tr>
<tr><td>强力杀虫剂</td><td></td><td></td><td></td><td></td></tr>
<tr><td>除草剂</td><td></td><td></td><td></td><td></td></tr>
</table>

注：摘自 Frcelish（1978）。

8.7.4 吸附装置

8.7.4.1 悬浮吸附装置

使用粉末活性炭常采用悬浮吸附方法，将 PAC 投加到原水中，经过混合、搅拌，使活性炭表面与介质充分接触，达到吸附去除污染物的目的。其反应池大致可分为两种类型：一种是搅拌混合型，一般设于沉淀单元之前。其工作方式类似于絮凝反应池，采用搅拌器在整个池内进行快速搅拌，保持活性炭与原水充分接触。另一种是泥浆接触型，类似于澄清池。采用这种池型，一方面可以延长活性炭在池内的停留时间，使活性炭接近达到吸附平衡，提高去除效率。另一方面还可以增强反应器的缓冲能力，在原水浓度和流量发生变化时，不需频繁调整活性炭投加量就能得到稳定的处理效果。通常泥浆接触型反应池多直接借用澄清池，将吸附单元与固液分离单元结合起来。

在污水的深度处理中采用泥浆接触型反应池时，活性炭对有机物质的吸附量比一次式搅拌混合型反应池增加百分之三十，并能发挥相当于 1.5 个搅拌吸附池的能力。在这种池内又分为固液接触部分、凝聚部分以及固液分离部分。活性炭浆在池内循环的同时，与连续流入的原水相接触，逐渐趋于达到吸附平衡。为了防止活性炭流失，通常使用高分子混凝剂或者硫酸铝、铁盐等无机混凝剂来提高固液分离效果。粉末活性炭在絮凝过程中还能形成絮凝体的骨核，对提高絮凝体的沉淀性能产生积极的作用。对粉末活性炭进行再生并重复使用时，为了控制灰分的增加，最好使用高分子混凝剂。通常采用阳离子型高分子混凝剂比较适合，对某些种类的污水亦可采用非离子型的混凝剂，对不同的废水应通过试验来选择适宜的混凝剂。泥浆接触反应池内的炭浆浓度要保持在10%～20%之间。在浓缩区积存的活性炭要定期排出，可利用螺杆泵把活性炭输送到脱水装置中。

8.7.4.2 滤床吸附装置

在活性炭吸附装置中，使用最多的就是滤床类吸附装置。滤床类吸附装置又可分为固定床、移动床和流动床等，固定床的构造、工作方式、反冲洗方式等都与普通快滤池十分相似，只是把砂滤层换成了颗粒活性炭。移动床和流动床的工作方式则类似于用于水质软化的离子交换装置。有关滤床吸附装置的构造特点、工作原理、设计方法、炭粒再生方法等均在给水排水设计手册第3册《城镇给水》中有详细介绍，可在设计中参考。

8.7.5 设计要点

（1）由吸附试验确定设计参数

活性炭吸附能力不仅取决于活性炭产品本身的吸附特性，而且还取决于介质中污染物的组分构成。因此要取得有针对性的设计参数，通常都要进行活性炭吸附试验（吸附导试）。一方面，吸附试验是确定处理效果、吸附时间、活性炭用量以及过滤水头损失、反冲洗条件等设计参数的重要依据。另一方面吸附试验也是确定、选择活性炭品种的有效方法。通过对试验数据分析整理后，便能取得基本设计参数。

（2）借鉴经验数据设计

在设计前期阶段或在无法取得原水水质进行吸附导试的条件下，可采用借鉴相关工程参数的方法进行设计，但应注意在设计时留有充分的余地，以便在实际运行中能进行调整。

在活性炭吸附滤床的设计中，接触时间t与吸附滤速v、炭层厚度h以及炭床容积R、设计流量Q之间的相关关系为：

$$t=\frac{R}{Q}=\frac{h}{v}$$

由于活性炭的吸附容量和吸附速率决定了炭床容积与设计流量之间的关系，因此在接触时间、吸附滤速与炭层厚度这三个相互关联的设计参数之间，选取任何一个参数时都应考虑其他参数的取值范围。例如：在接触时间相同的条件下，当选取了较高的吸附滤速时，炭层厚度就将随之增高；反之，则炭层厚度降低。但不论如何，其过滤装置的总容积都是相对恒定的。受过滤设备构造高度的限制，要提高设计滤速，就必须通过增加滤罐（池）串联级数，来增大炭层厚度，满足接触时间的要求。而串联级数过高不仅会增大系统的水头损失、增加能耗，而且还会给运行管理带来诸多不便。为此，在设计中应充分考虑滤速与系统流程的内在关系，避免选用过高的滤速，以简化流程和运行管理，提高系统的可靠性。

拟采用滤床吸附装置可参考选用以下数值：

1）接触时间：通常可根据活性炭的柱容来计算接触时间。对于三级处理，当要求出水的COD为10～20mg/L时，接触时间可采用20～30min；当要求出水的COD为5～10mg/L时，则接触时间为30～50min。

2）吸附滤速：活性炭滤床的吸附滤速与砂滤池相似，滤速一般为6～15m/h。

3）操作压力：操作压力通常为每30cm炭层厚不大于7.1kPa，相当于采用3m高的炭柱时操作压力不超过71kPa。

4）炭层厚度：炭层厚度通常在4～12m之间选用，常用厚度为4～8m。炭层应考虑有超高，炭床膨胀率按20%～50%考虑。单柱炭床的炭层厚度一般为1.2～2.4m，炭床多为串联工作，运行时依次顺序冲洗、再生，一组串联床数通常不多于4个。并联组数不应少于2组，以便活性炭再生或维修时不致停产而影响水质。

5）反冲洗：活性炭滤床的反冲洗与快滤池十分相似。工作周期不大于12h，反冲洗时间一般为5～10min，反冲洗强度为30m^3/(m^2·h)。

采用粉末活性炭吸附时，炭浆浓度可控制在20%～30%之间，接触时间以1.0～1.5h为宜。

(3) 预处理及其他：在活性炭吸附处理之前，应对原水进行必要的预处理。以提高活性炭的吸附能力，延长活性炭的使用寿命。常用的预处理方法主要是传统的混凝、澄清、过滤。由于活性炭对小分子的有机物吸附能力更强，在活性炭吸附之前增设臭氧氧化单元，将有利于提高活性炭的吸附效果和处理能力。使用过的活性炭应再生后重复利用，活性炭的再生方法有很多，常用的再生方法和设备可参见给水排水设计手册第3册《城镇给水》。

此外，在三级处理中采用活性炭吸附单元时要特别注意吸附装置厌氧产气问题。为避免活性炭吸附装置在运行中出现厌氧条件，设计中应采取以下措施：

1）强化预处理，尽量降低原水中的BOD。

2）控制原水在装置中的水力停留时间。

3）限制工作周期，增加反冲洗次数。

4）增设气冲洗系统，提高冲洗效果，并增加介质的溶解氧值。

8.7.6 活性炭再生

活性炭的碘值和亚甲蓝值是表征其吸附性能的主要指标，当碘值小于600mg/g、亚甲蓝值小于85mg/g时认为活性炭失效。为确保活性炭的吸附效果，降低活性炭的运行成本，在活性炭失效后可进行活性炭的再生和循环利用。活性炭滤池中失效炭的运出、新炭补充宜采用水力输送，整池排炭时间不宜大于24h。

水处理用颗粒活性炭的再生一般采用高温加热法，通过对活性炭附着水的蒸发、对活性炭吸附有机物的焙烧炭化和烧灼炭化物气化恢复活性炭的吸附能力。热再生设备包括多层耙式再生炉、回转再生炉、流动床式再生炉、移动床式再生炉、直接通电加热再生炉和强制放电再生炉等。也可采用湿式氧化和微波加热等方式进行活性炭再生。

8.8 臭 氧 氧 化

8.8.1 作用

臭氧既是一种强氧化剂，也是一种有效的消毒剂。通过臭氧氧化可以去除水中的嗅、味和色度，提高和改善水的感官性状；降低高锰酸盐指数，使难降解的高分子有机物得到氧化、降解；通过诱导微粒脱稳作用，诱导水中的胶体脱稳；杀灭水中的病毒、细菌与致病微生物。污水二级出水致色有机物的特征结构是带双键和芳香环，代表物是腐殖酸和富里酸。臭氧通过与含有不饱和官能团的有机物反应，破坏不饱和双键使水脱色。

臭氧通过两种方式氧化有机物：一是臭氧分子直接对有机物进行有选择的氧化，即直接氧化，反应速度较慢；二是通过自身分解生成的羟基自由基对有机物进行无选择的快速氧化，即间接氧化。在实际的水处理反应中，臭氧去除有机物的效率是直接氧化和间接氧化的迭加，这两种反应进行的程度取决于不同的反应条件。间接氧化即高级氧化技术，在第8.9节详细阐述。

因臭氧与活性炭去除有机污染物的机理不同，两者去除的有机污染物组分也有所差异。活性炭主要侧重于吸附溶解性有机物，而臭氧则主要侧重于氧化降解高分子有机物。臭氧是一种强氧化剂，且具有亲电性质，因而能与碳－碳双键分子反应。不过，臭氧与有机物的反应并不完全，臭氧氧化前后的COD总量变化不大。但经过臭氧氧化后有机物的性质发生了变化，更易于被吸附去除，所以通过臭氧氧化与活性炭吸附联合处理能起到满意的处理效果。由于臭氧对水中溶解性铁和高分子有机物的氧化会使悬浮固体增加，因此宜将活性炭吸附单元设置在臭氧氧化单元之后。

8.8.2 臭氧制备

制备臭氧可采用多种方法，水处理领域通常采用高压无声放电法来制备臭氧。臭氧的制取原料主要为空气或氧气，采用氧气作为气源制取臭氧时，产生的臭氧浓度可以达到10%（质量比）或者更高。在污水和再生水处理中，对于臭氧氧化后的高纯氧尾气可以通过专用曝气设备投加到生物池内加以利用。有关臭氧发生器的设计、选型以及产品系列可以参见给水排水设计手册第3册《城镇给水》、第12册《器材与装备》和《给水排水设计手册·材料设备》（续册）第4册。

8.8.3 臭氧接触装置

臭氧接触装置是保证臭氧氧化处理效果的关键环节，为保证接触装置的设计合理、可靠，应通过模拟试验取得设计参数。臭氧接触装置的类型及设计方法均在给水排水设计手册第3册《城镇给水》中有系统的介绍。但由于在深度处理中使用臭氧更侧重于对有机污染物的氧化功能，且介质中的有机物浓度和细菌总数也都高于一般的地表水水源，因此在设计中应按深度处理的水质条件来确定臭氧投加量和接触时间，并根据这一特点来选择适宜的接触装置。臭氧的消耗不仅取决于COD的降解幅度，而且还与COD的组分有着密切的关系。所以对不同的原水，臭氧消耗量也是不同的。此外，在深度处理中即使单纯采用臭氧进行消毒，臭氧的消耗量也比给水消毒处理的消耗量大得多，这也是由于深度处理中原水中的有机污染物要大量消耗臭氧所造成的。如果比较一下氯气消毒的情况，就会发现同样的趋势。在没有模拟试验条件和项目前期设计时，三级处理的臭氧氧化单元可参考下述经验参数设计：

（1）脱色

1）臭氧投加量：2.50～5mg/L；

2）接触时间：10～20min。

（2）降解 COD：

1）臭氧消耗量：降解 1mg/L COD，需要消耗 4mg/L O_3（臭氧化气）；

2）接触时间：15～60min。

（3）消毒：

1）臭氧投加量：5～15mg/L；

2）接触时间：6～15min；或接触 3～5min，接触后停留 10～15min。

通常情况下三级处理中臭氧氧化单元的接触时间较长、接触装置的设计容积较大，宜采用大型给水处理厂中常用的多扩散室接触池。这是由于接触时间与 COD 的降解幅度和 COD 的组分有关，在大幅度降解 COD 时，往往需要较长的臭氧接触时间。而臭氧在水中的半衰期只有 20min 左右，所以不得不通过增加接触池的段数来满足接触时间的要求。根据不同的处理要求和水质情况可考虑设 3～6 段扩散室，每段扩散室的接触时间为 8～15min。既可按等份分割布置，也可采用变容积的渐扩分割布置。多室接触池中的臭氧扩散装置与曝气池的曝气系统十分相似，多采用微孔曝气头来释放臭氧化气；接触池的设计水深一般不小于 5m，以保证曝气头的浸没深度，提高臭氧的吸收率。其池型与高纯氧曝气池很相似，池顶设盖板将接触池封闭，以利于回收尾气、避免臭氧泄漏。常用的接触池形式见图 8-14。

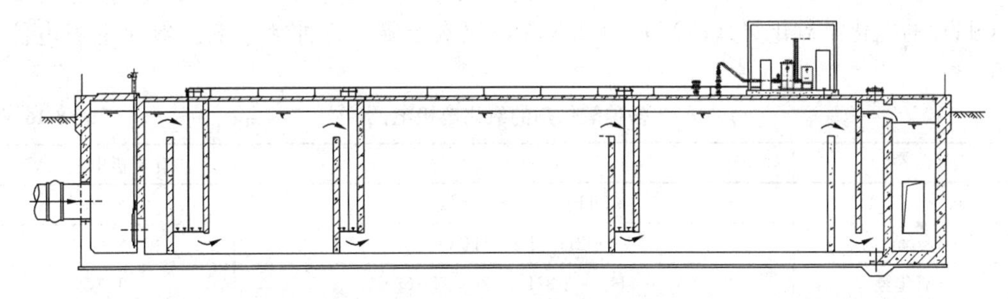

图 8-14 常用接触池形式

典型的四段变容扩散室接触池见图 8-15。

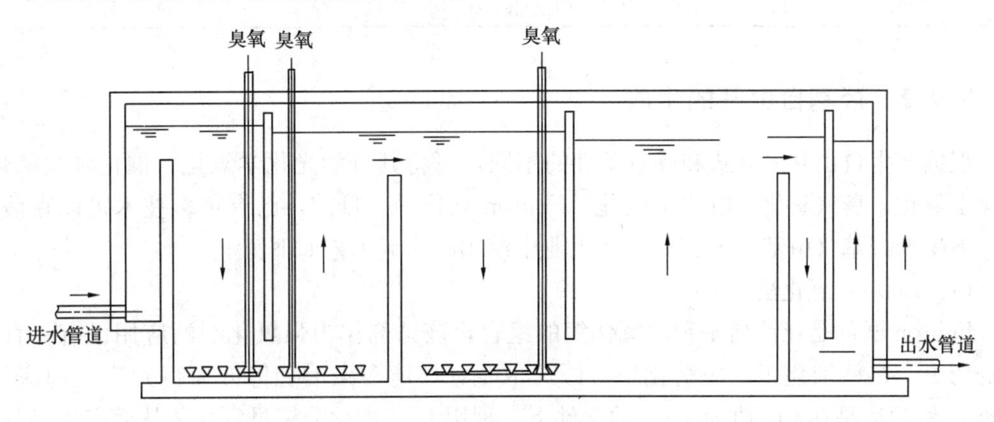

图 8-15 四段变容扩散室接触池

由于臭氧具有强氧化性，所示臭氧接触池内使用的臭氧投加管道、人孔、呼吸阀等管道和设备的材质均应采用SS316L，以保证使用寿命。

8.8.4 尾气处置与利用

臭氧氧化接触后排出的尾气中含有低浓度的臭氧。即使是一个设计良好的接触系统，臭氧的吸收率可以达到90%以上，尾气中的臭氧含量仍会影响环境和危及人员安全，难以达到排放要求，因此必须对尾气做进一步的处理。尾气处理一般采用加热分解和热催化氧化两种方式，采用热催化氧化处理尾气时，需要防止催化剂中毒导致处理效果下降或完全失效。在臭氧接触氧化单元中，常用的尾气处理方法与处理效果均在给水排水设计手册第3册《城镇给水》中有较为系统的介绍，可供设计借鉴、参考。

8.9 高级氧化技术

8.9.1 概念

高级氧化技术（Advanced Oxidation Processes，AOPs）又称做深度氧化技术，以产生具有强氧化能力的羟基自由基（·OH）为特点，在高温高压、电、声、光辐照、催化剂等反应条件下，使大分子难降解有机物氧化成低毒或无毒的小分子物质。羟基自由基（·OH）的电化学氧化势（EOP）为2.80V，仅次于氟。各种氧化剂的氧化电极电位见表8-16。

各种氧化剂的氧化电极电位　　表8-16

名称	方程式	氧化电极电位（V）
·OH	$OH^- + H^+ + e = H_2O$	2.80
臭氧	$O_3 + 2H^+ + 2e = H_2O + O_2$	2.07
过氧化氢	$H_2O_2 + 2H^+ + 2e = 2H_2O$	1.77
高锰酸根	$MnO_4^- + 8H^+ + 5e = Mn^{2+} + 4H_2O$	1.51
二氧化氯	$ClO_2 + e = Cl^- + O_2$	1.50
氯气	$Cl_2 + 2e = 2Cl^-$	1.30

8.9.2 羟基自由基的生成

根据产生自由基的方式和反应条件的不同，可将其分为光化学氧化、催化湿式氧化、声化学氧化、臭氧氧化、电化学氧化、Fenton氧化等。目前，已有很多技术可以在液相条件下生产羟基自由基（·OH），在工业中使用的主流工艺如下：

(1) Fenton氧化法

Fenton试剂是亚铁离子和过氧化氢的组合，该试剂作为强氧化剂的应用已有一百多年的历史，在精细化工、医药化工、医药卫生、环境污染治理等方面得到广泛的应用。Fenton氧化法是在pH值为2～5的条件下，利用Fe^{2+}催化分解过氧化氢从而产生羟基自由基来降解有机物。同时Fe^{2+}最终可被O_2氧化为Fe^{3+}，可以产生Fe$(OH)_3$胶体，利用它的絮凝作用还可降低水中的悬浮物。Fenton试剂可以单独作为一种处理方法氧化有机废水，也可以与其他方法联用，如与混凝沉降法、活性炭法、生物法、光催化等联用，以提高处理效果和降低成本。

但由于 Fenton 氧化法的催化剂难以分离和重复使用，反应 pH 值低，会生成大量含铁污泥，出水中含有大量 Fe^{2+} 会造成二次污染，增加了后续处理的难度和成本。近年来，开始研究将 Fe^{2+} 固定在离子交换膜、离子交换树脂、氧化铝、分子筛、膨润土、黏土等载体上，或以铁的氧化物、复合物代替 Fe^{2+}，以减少 Fe^{2+} 的溶出，提高催化剂的回收利用率，扩宽 pH 值的适宜范围。

（2）臭氧＋UV

这一方法不是利用臭氧直接与有机物反应，而是利用臭氧在紫外光的照射下分解产生的活泼的次生氧化剂来氧化有机物。单纯臭氧与有机物的反应是选择性的，而且不能将有机物彻底分解为 CO_2 和 H_2O，要提高臭氧的氧化速率和效率，就必须采用其他措施促进臭氧的分解而产生活泼的 · OH。臭氧的光解作用如下式所示：

$$O_3 + UV(或\ h\nu,\ \lambda < 310nm) \longrightarrow O_2 + O(^1D)$$

$$O(^1D) + H_2O \longrightarrow \cdot OH + \cdot OH(潮湿空气)$$

$$O(^1D) + H_2O \longrightarrow \cdot OH + \cdot OH \longrightarrow H_2O_2(水中)$$

其中 O_3 表示臭氧，UV 表示紫外辐射，O（^{1}D）表示激发态氧原子，· OH 表示羟基自由基。

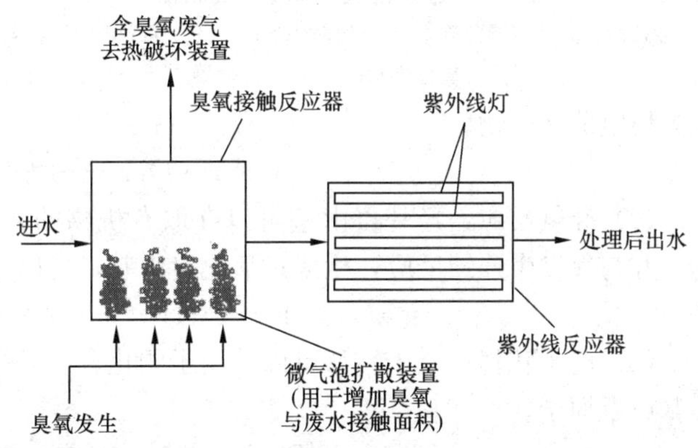

图 8-16 臭氧＋紫外光照射高级氧化工艺示意图

臭氧在水中可光解生成过氧化氢，过氧化氢在水中可光解生成羟基自由基，但是这种臭氧利用方式的性价比较低。臭氧在潮湿空气中的光解作用会生成羟基自由基。在空气中，O_3＋UV 可以直接把有机物氧化，光解或者生成羟基自由基与有机物发生反应，比较适用于去除可以吸收紫外辐射发生光解并能和羟基自由基反应的有机物。臭氧＋紫外光照射高级氧化工艺如图8-16 所示。

（3）臭氧＋过氧化氢

对于不能吸收紫外辐射的有机物，更适合采用本工艺，例如利用过氧化氢和臭氧产生羟基自由基处理含三氯乙烯和四氯乙烯类氯化物的废水。利用过氧化氢与臭氧产生羟基自由基的反应式如下：

$$H_2O_2 + 2O_3 \longrightarrow \cdot OH + \cdot OH + 3O_2$$

臭氧＋过氧化氢高级氧化工艺如图 8-17 所示。

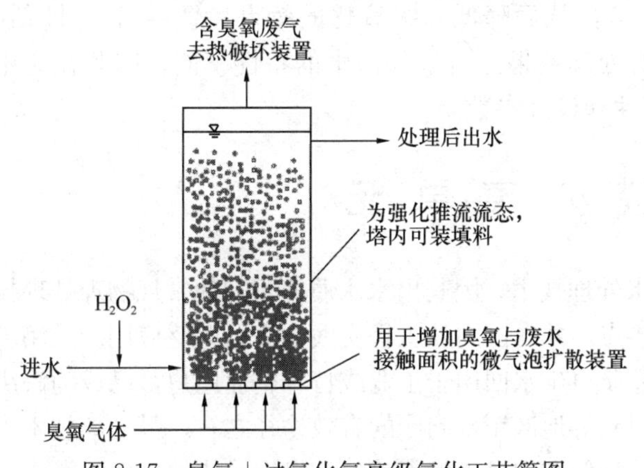

图 8-17 臭氧＋过氧化氢高级氧化工艺简图

（4）过氧化氢＋紫外

水中过氧化氢在接受紫外辐射（λ在200～280nm）的情况下也可以生成羟基自由基。过氧化氢的摩尔消光系数小，对UV的利用率低，需要较高的浓度才能完成反应，因此在工程应用上有一定的局限性。该工艺近些年被应用于水中痕量有机物的去除，例如水中的NDMA和PPCP等。其反应速率与pH值有关，酸性越强，反应速率就越快。反应机理如下式所示：

$$H_2O_2 + UV(或 h\upsilon, \lambda \approx 200 \sim 280nm) \longrightarrow \cdot OH + \cdot OH$$

过氧化氢＋紫外系统流程如图8-18所示。

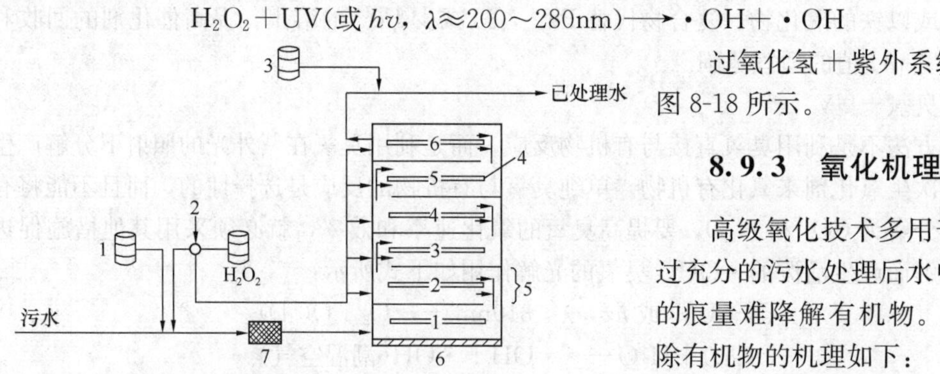

图8-18　过氧化氢＋紫外系统流程图

1—硫酸；2—H_2O_2分流器；3—氢氧化钠；4—UV灯；5—反应器；6—氧化单元；7—静态混合器

8.9.3　氧化机理及应用

高级氧化技术多用于氧化经过充分的污水处理后水中仍残存的痕量难降解有机物。·OH去除有机物的机理如下：

（1）自由基加成：羟基自由基与不饱和脂肪族或芳香族化合物反应，产物可被氧气进一步氧化为稳定的终产物。

$$R + \cdot OH \longrightarrow ROH$$

（2）夺氢反应：羟基自由基可以夺取有机物的一个氢原子，形成激发态的有机化合物，并与氧发生连锁反应，生成过氧化自由基，可以与其他有机物反应。

$$R + \cdot OH \longrightarrow \cdot R + H_2O$$

（3）电子转移：电子转移可以使离子的化合价升高，氧化负一价阴离子会生成一个自由基或者原子。

$$R^n + \cdot OH \longrightarrow R^{n-1} + OH^-$$

（4）自由基组合：两个自由基可生成稳定的产物。

$$\cdot OH + \cdot OH \longrightarrow H_2O_2$$

总体来讲，羟基自由基与有机物的反应，最终会生成水、二氧化碳和盐。水中高浓度的碳酸盐和重碳酸盐会与羟基自由基反应，从而降低高级氧化的效果。悬浮物、pH值、TOC的种类和特性也会影响高级氧化的处理效果。由于各污水的特性不同，因此在应用该技术之前需要做中试确定工程的可行性和设计参数。

8.10　膜分离单元

膜分离技术是一门多种学科交叉的水处理技术，因其出水水质优于其他常规物理处理技术，近年来逐渐成为水处理领域的研究热点，并在国内外工程实践中得以广泛应用。采用膜分离技术来进行污水深度处理，制取高品质再生水回用于工业或特殊企业用户，已成为解决水资源匮乏地区或新鲜水资源用水受到限制等地区用水问题的有效途径之一。膜分离技术当中，微滤、超滤和反渗透技术是当今水处理领域中最具发展前景和发展最快的技术门类。

8.10.1 概述

膜分离技术以选择性透过膜为分离介质，在膜一侧加以某种推动力，使原料侧组分选择性地透过膜，从而达到分离或提纯的目的。不同的膜分离过程中所用的膜具有一定结构、材料和选择特性；被膜隔开的两相可以是液态，也可以是气态；膜侧推动力可以是压力梯度、浓度梯度、电位梯度、温度梯度等，故不同膜分离过程的分离体系和使用范围亦不相同。

与传统过滤的不同在于，膜可以在分子范围内进行分离，并且该过程是一种物理过程。膜的孔径一般为微米级，依据其孔径的不同（或称为截留分子量），可将膜分为微滤膜、超滤膜、纳滤膜和反渗透膜。根据材料的不同，可分为无机膜和有机膜，无机膜主要是陶瓷膜和金属膜，其过滤精度较低，选择性较小；有机膜是由高分子材料做成的，如聚偏氟乙烯、聚氯乙烯、醋酸纤维素、芳香族聚酰胺、聚醚砜等。

在膜分离工艺中，膜分离装置是作为成品选用的，膜分离工艺设计的目的主要是按照处理要求来选择组件、配置设备、确定系统的组成与连接方式等，下面将分别介绍微滤、超滤、纳滤、反渗透膜分离工艺。

8.10.2 膜分离技术

8.10.2.1 膜分离技术分类

膜分离技术有多种不同的分类方法，包括根据制膜材料种类、驱动力性质、分离机理、完成分离目的标称尺寸等进行分类。膜分离技术主要包括微滤（MF）、超滤（UF）、纳滤（NF）、反渗透（RO）、渗析和电渗析（ED）等工艺，其一般技术特点及典型操作范围分别见表 8-17 与图 8-19。

膜分离技术一般特点　　表 8-17

膜工艺	膜的驱动力	典型的分离机理	操作结构（孔尺寸）	典型操作范围（μm）	透过液说明	被去除的典型组分
微滤	水静压差	筛滤	大孔（>50nm）	0.08～2.0	水及溶解溶质	TSS_1 浊度，原生动物卵囊虫及原生动物孢囊，细菌，病毒
超滤	水静压差	筛滤	中孔（2～50nm）	0.005～2.0	水及小分子	大分子，胶体，大多数细菌，某些病毒，蛋白质
纳滤	水静压差	筛滤及溶解/扩散+排斥	微孔（<2nm）	0.001～0.01	水，极小分子，离子化溶质	小分子，某些硬度，病毒
反渗透	水静压差	溶解/扩散+排斥	致密孔（<2nm）	0.0001～0.001	水，极小分子，离子化溶质	极小分子，色度，硬度，硫酸盐，硝酸盐，钠，其他离子
渗析	浓度差	扩散	中孔（2～50nm）	—	水及小分子	大分子，胶体，大多数细菌，某些病毒，蛋白质
电渗析	电动力	具有选择性膜的离子交换	微孔（<2nm）	—	水及离子化溶质	离子化盐离子

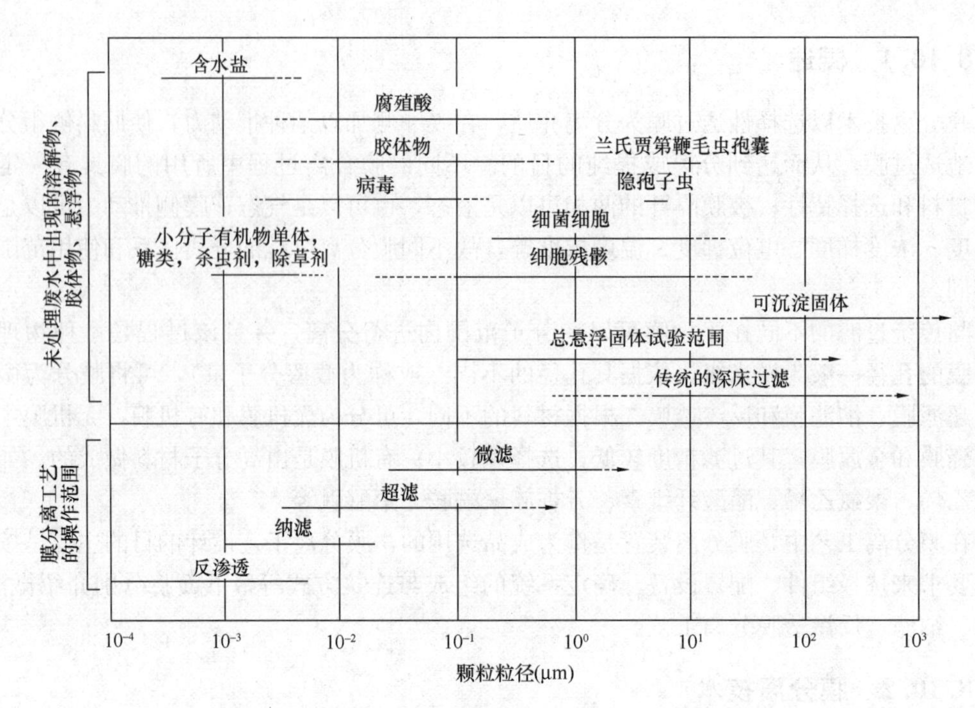

图 8-19　废水组分的颗粒比较及膜分离技术操作范围

8.10.2.2　膜分离技术

水处理领域常用的膜分离技术主要包括微滤（MF）、超滤（UF）、纳滤（NF）、反渗透（RO）等工艺，简述如下。

(1) 微滤

微滤膜（MF）的分离机理为筛孔过滤过程，膜的物理结构起决定性作用，此外吸附和电性能等因素对截留作用也有影响。微滤膜的截留机理因其结构上的差异而不同，大体分为膜表面层截留和膜内部截留，其中膜表面层截留主要是靠机械作用、物理作用或吸附作用、桥架作用进行分离，而膜内部截留主要是靠膜的网络内部作用，将微粒截留在膜内部而不是在膜的表面。总之，微滤分离原理与普通过滤相似，但其过滤精度很高，主要截留微粒尺寸在 0.1～1μm 之间的悬浮颗粒、胶体、细菌及病毒等，因此又称其为精密过滤。微滤过滤具有操作压力低（＜0.2MPa）、对水质的适用性强、占地面积小等优点。微滤膜去除机理见图 8-20。

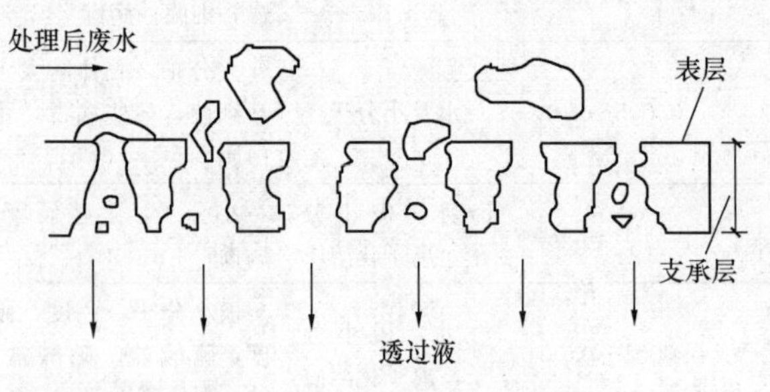

图 8-20　微滤膜去除机理

(2) 超滤

超滤膜（UF）的分离机理类似于微滤膜，亦为筛孔过滤过程，但膜表面的化学性质也是影响超滤分离的重要因素，即超滤过程中溶质的截留包括在膜表面的机械截留（筛分）、在膜孔中停留而被去除（阻塞）、在膜表面及膜孔内的吸附（1 次吸附）三种方式。超滤膜分离与膜的孔径、溶质-膜的相互作用及大分子的形状和粒径有关。超滤（UF）和微滤（MF）同属于压力驱动型膜工艺系列，就其分离范围（即要分离的微粒和分子的大小），它填充了反渗透（RO）、纳滤（NF）与微滤（MF）过滤之间的空隙，膜孔径范围为 0.01～0.1μm，使用压力为 0.1～0.6MPa，能够从水中分离相对分子质量大于数千的大分子、胶体物质、蛋白质等。超滤工艺一般采用非对称膜。

(3) 纳滤

纳滤膜（NF）为无孔膜，通常认为其传质机理为溶解-扩散方式，但纳滤膜大多为荷电膜，其对无机盐的分离行为不仅受化学势梯度的影响，同时也受电势梯度的影响，即纳滤膜的行为与荷电性能、溶质荷电状态及相互作用都有关系。纳滤介于反渗透和超滤之间，适宜于分离分子量在 200g/mol 以上、分子大小为 1nm 的溶解组分，也属于压力驱动型膜过程，操作压力通常为 0.5～1.0MPa，一般为 0.7MPa 左右，最低时为 0.3MPa。纳滤膜的一个显著特点是具有离子选择性，即一价阴离子的盐可以大量渗过膜，然而膜对多价阴离子的盐（例如硫酸盐和碳酸盐）的截留率则高得多。纳滤膜去除机理见图 8-21。

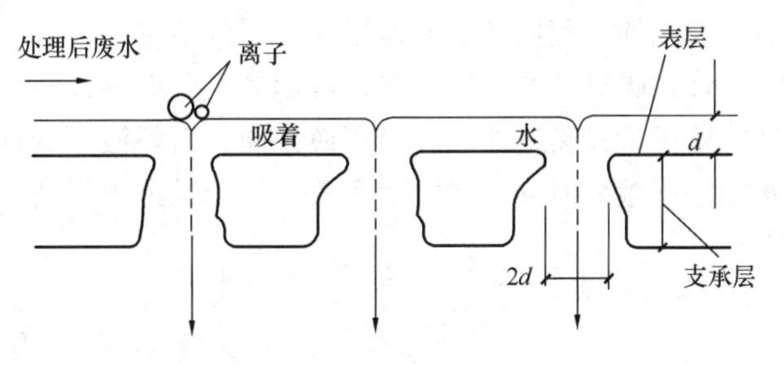

图 8-21 纳滤膜去除机理

(4) 反渗透

反渗透膜（RO）是利用其选择性地只能透过溶剂（通常是水）而截留溶质（通常是离子物质）的性质，以膜两侧静压差为推动力，克服溶剂的渗透压，使溶剂通过反渗透膜而实现对液体混合物进行分离的过程。分离效果不仅与膜孔的大小、结构有关，还与膜的化学、物化性质有密切关系，即与组分和膜之间的相互作用密切相关，所以反渗透分离过程中化学因素（膜及其表面特性）起主导作用。反渗透膜的膜孔径小于 0.1nm，截留组分为 1～10A 的小分子溶质，膜操作压差一般为 1.5～10.5MPa。反渗透膜去除机理见图 8-22。

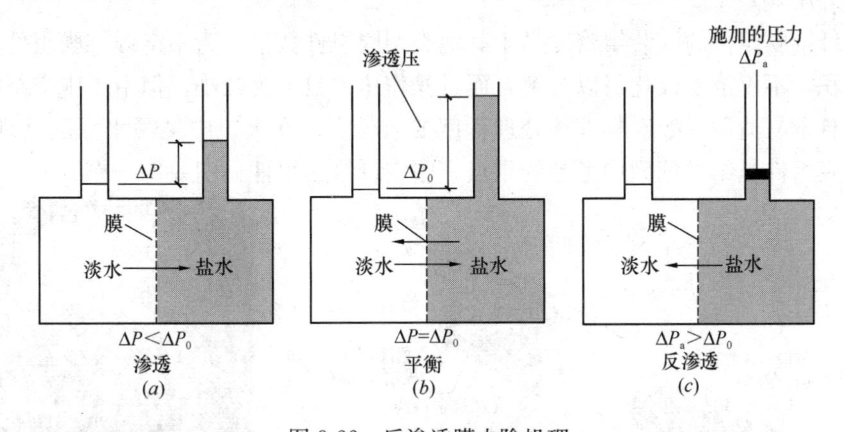

图 8-22 反渗透膜去除机理

(a) 渗透流动；(b) 渗透平衡；(c) 反渗透

8.10.3 膜分离装置

由于膜分离技术在水处理行业极具活力，膜材料和膜分离装置的类型发展很快，在工程中宜根据膜分离技术的发展情况，按照具体产品的有关技术资料进行设计、选型。

在膜分离技术应用领域中，一般使用膜组件一词描述由膜、压力容器、给水入口、透过液出口和滞流部分及单元支撑结构组成的完整系统。污水处理用膜组件主要形式有：管式膜组件、中空纤维膜组件、螺旋卷式膜组件及板框式膜组件。

(1) 管式膜组件

在管式构型中，膜铸在一根支撑管子的内侧，然后把多根管子（或单根管或管束）放置于一合适的压力容器内。给水经泵加压后可通过给水管，产品水则收集于给水管外侧，而浓缩液继续通过给水管流动。管式膜组件一般用于处理含有高浓度悬浮固体或可能引起堵塞的污水。管式膜组件易于清洗，通过化学药品循环或强制一种泡沫状小球或多孔小球通过膜元件，利用其机械作用使膜得到清洗。

管式膜组件的类型较多，常用的主要有内压管式、外压管式、套管式和条束式四种，其中外压管式膜组件具有膜更换方便、对料液预处理要求不高等突出优点，最适合用于污水处理领域，但管式装置生产效率较低且造价较高。管式膜组件见图 8-23。

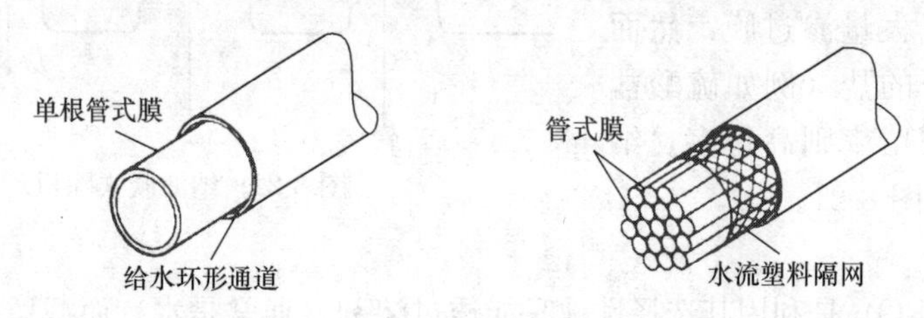

图 8-23　管式膜组件

(2) 中空纤维膜组件

中空纤维膜组件是由数百根至数千根中空纤维组成的纤维束，整个纤维束插入一压力容器（管式）或帘式组件内，水可由纤维内侧向外过流（内压式）或从纤维的外侧由外向内过流（外压式）。

中空纤维膜组件的膜装填密度高于其他类型膜组件数倍，为中空纤维膜组件提供了充裕的膜面积，不仅浓差极化得以排解，而且操作压力也大为减小。但由于中空纤维膜组件较易堵塞且不易清洗，故对料液预处理程度要求较高。在大、中型污水深度处理系统中，中空纤维膜组件是组件选型中考虑的重点。中空纤维膜组件见图 8-24～图 8-26。

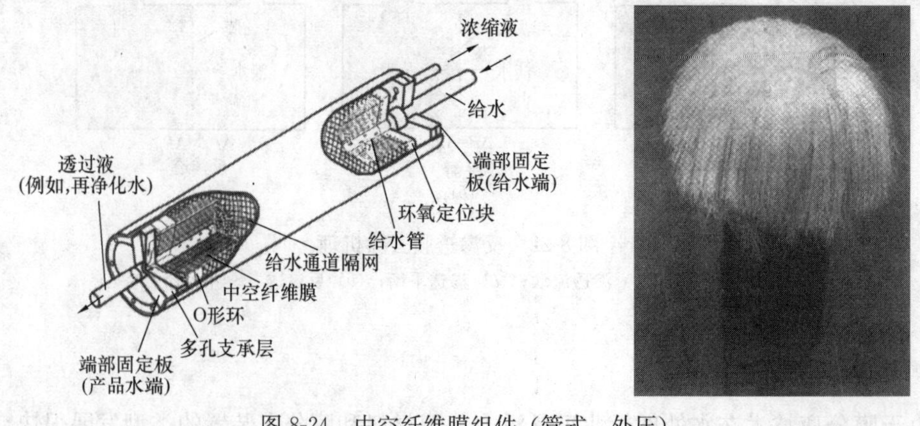

图 8-24　中空纤维膜组件（管式、外压）

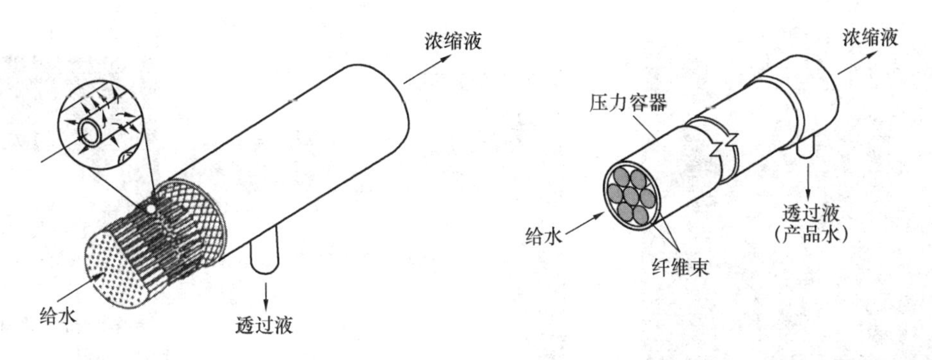

图 8-25　中空纤维膜组件（管式、内压）

（3）螺旋卷式膜组件

螺旋卷式膜组件是在两张膜片中间放置柔性透过液隔离物，膜片的三个侧面封闭起来，敞开一侧与一对孔管粘接，加上一呈弯曲状的给水室并将膜片卷绕成一紧固的圆环构型。复合膜最常用于螺旋卷式膜组件中，螺旋卷式一词是基于水在膜片和支撑件缠绕布置中流动并呈现螺旋形流状态这一事实而得来的。螺旋卷式膜组件通常应用于纳滤及反渗透膜组件中。

图 8-26　中空纤维膜组件（帘式、外压）

螺旋卷式膜组件为膜装填密度较高的组件，不仅单位体积产水量大，而且运行稳定、价格较低，适用于大规模的污水深度处理系统。螺旋卷式膜组件见图 8-27，螺旋卷式膜组件的典型形式为反渗透膜组件，见图 8-28。

（4）板框式膜组件

板框式膜组件由一系列平展膜片和支承板组成，被处理水从两相邻膜片之间通过，板作为膜的支撑体，并为透过液提供流动通道。板框式构型常用于电渗析组件（有时用膜堆表示），近些年超滤膜组件中也有应用。

板框式膜组件具有结构紧凑、成膜工艺简单、膜易更换、较易清洗等优点，但装置成

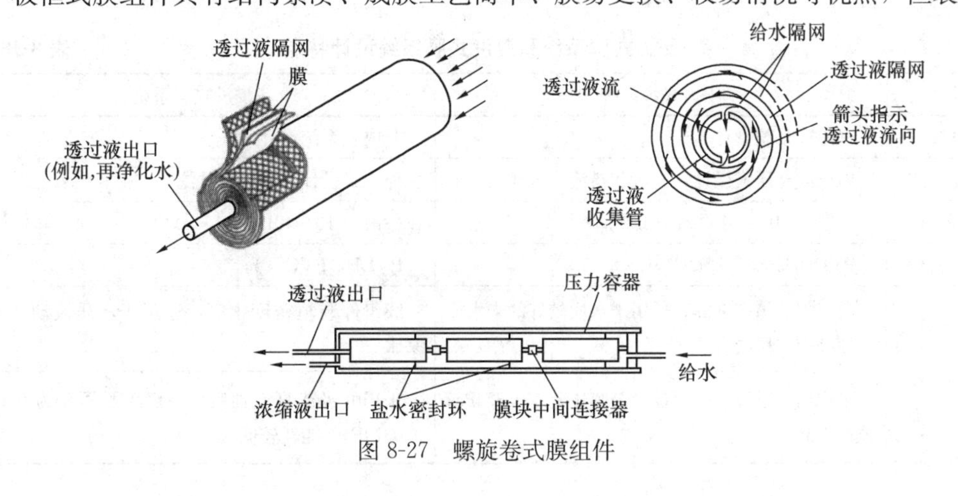

图 8-27　螺旋卷式膜组件

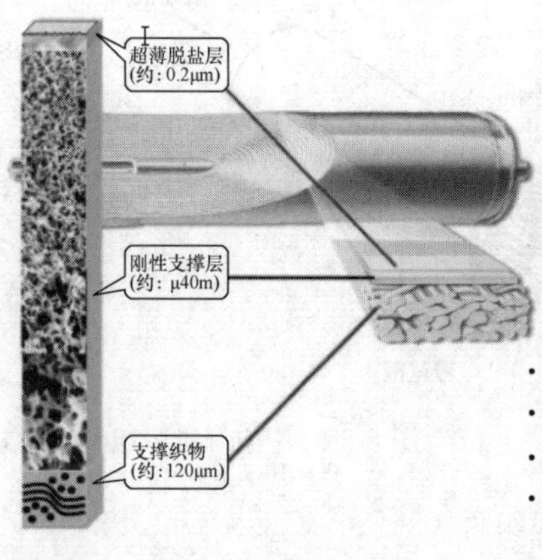

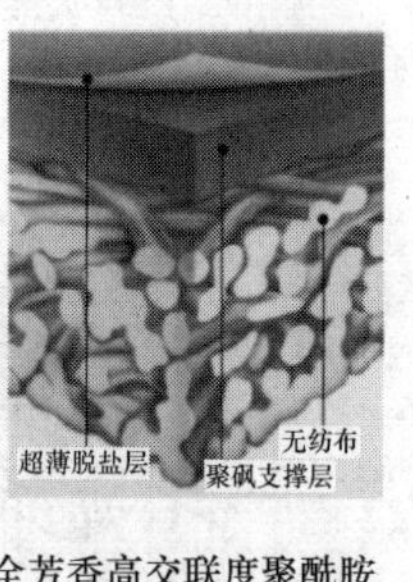

- 全芳香高交联度聚酰胺
- 脱盐层更厚
- 脱盐层厚度分布更均匀
- 脱盐层无补丁

图 8-28　反渗透膜组件

本较高，适用于小规模处理系统。板框式膜组件见图 8-29。

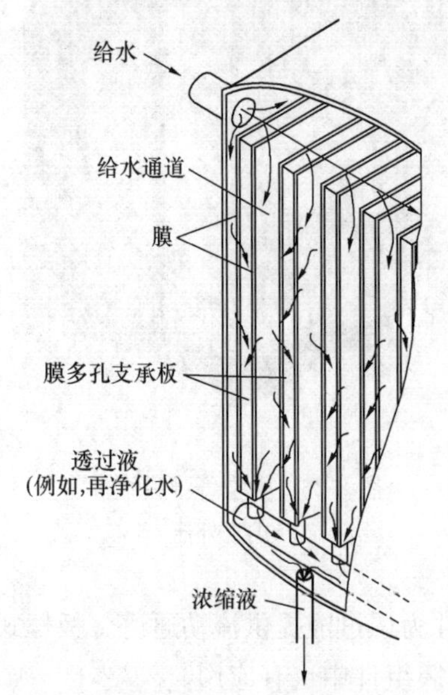

图 8-29　板框式膜组件

8.10.4　微滤与超滤工艺

微滤、超滤通常有压力式和浸没式两种工艺。其中压力式又分为错流模式和直流模式（也称死端）。错流模式下，过滤进水/浓缩水的流动方向和渗透的方向是垂直的，和膜平面是平行的，流体流动平行于过滤表面，产生的表面剪切力可以带走部分膜表面的沉积物，从而减轻膜污染的积累；直流模式下，所有进水均通过膜，只利用定期清洗来去除膜表面积累的污染物。

常见的压力式和浸没式膜系统见图 8-30、图 8-31。

常规压力式微滤、超滤工艺配置见图 8-32。

压力式膜系统和浸没式膜系统设计特点见表 8-18。

压力式膜系统和浸没式膜系统设计特点　　表 8-18

项目	压力式膜系统	浸没式膜系统
系统	密闭式系统设计	开放式系统设计
过滤方式	内压或外压式设计，直流和错流式过滤	外压式设计，直流式过滤
膜通量	一般为 40～60L/(m^2·h)	一般为 10～40L/(m^2·h)
常用膜材料	PVDF，PES，PS，PVC	PVDF，PVC
预处理要求	膜组件装填密度高，适用于水质较好的来水或与预处理工段结合	膜组件装填密度中等，适用于水质波动较大的来水
操作压力	采用压力过滤，一般控制跨膜压差<0.3MPa，能耗较高	采用虹吸或真空抽吸，一般跨膜压差为 0.02～0.03MPa，能耗较低

续表

项目	压力式膜系统	浸没式膜系统
系统组成	过滤器、膜架、膜壳等膜组件，进水泵，反冲洗泵，压缩空气系统、化学清洗系统等	膜组件，产水抽吸泵，反冲洗泵，擦洗风机，抽真空系统，压缩空气系统、化学清洗系统等
操作环境	系统封闭性好，感观较好，操作条件好	为水池，敞开式可加盖，化学清洗时药剂易散发到车间内，操作环境相对较差

图 8-30 浸没式膜系统

图 8-31 压力式膜系统

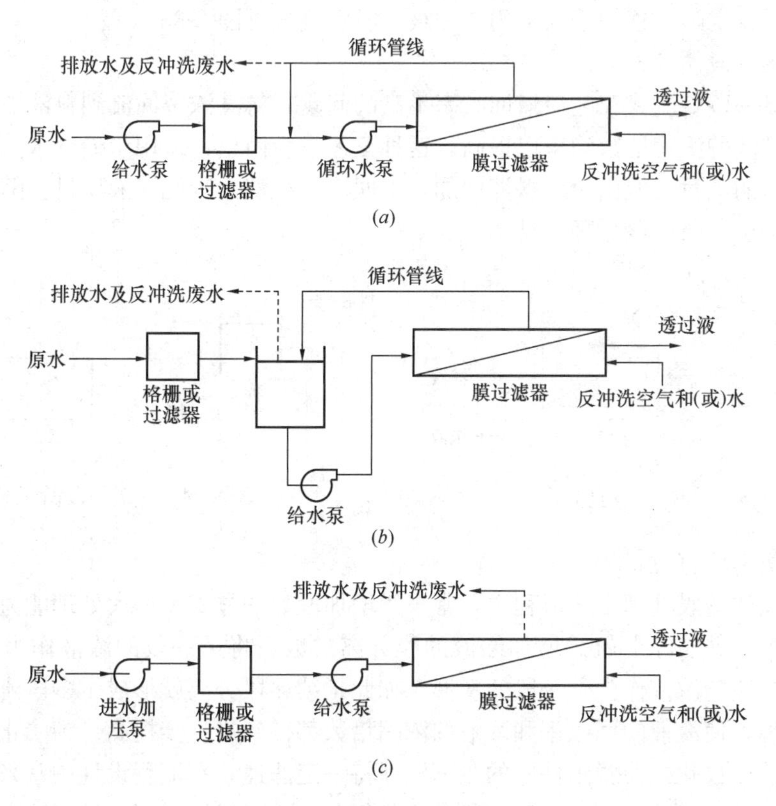

图 8-32 微滤与超滤工艺配置

(*a*) 错流模式（循环水泵也可以安装在循环管线上）；(*b*) 错流模式；(*c*) 直流模式

8.10.5 纳滤与反渗透工艺

8.10.5.1 工艺流程

纳滤也称为低级反渗透，与反渗透没有明显的界限。纳滤膜对溶解性盐或溶质不是完美的阻挡层，这些溶质透过纳滤膜的高低取决于盐分或溶质及纳滤膜的种类，透过率越低，纳滤膜两侧的渗透压就越高，也就越接近于反渗透过程；相反，如果透过率过高，纳滤膜两侧渗透压就越低，渗透压对纳滤过程的影响就越小。纳滤膜允许溶剂分子和某些低分子量溶质或低价离子透过膜，而反渗透膜只允许溶剂分子透过膜。

根据纳滤与反渗透的处理目标可将其处理流程分为：以侧重截留、去除杂质为目的的淡化工艺；以回收原料、侧重于提高溶液浓度为目的的浓缩工艺，在污水三级处理中遇到的通常是前者。通常反渗透处理工艺流程是按照流程的连接顺序特征来分类的。膜分离工艺流程设置有“级”与“段”的概念：所谓级，是指过滤液串联（上级产水作为下级进水）经过膜组件装置的次数；所谓段，是指同一级反渗透的浓缩液继续串联（上段浓水作为下段进水）经过膜组件装置的次数。级越多，产水水质越好；段越多，产水水量越大。

纳滤与反渗透工艺处理流程的基本类型如下。

（1）一级一段直流式

这是最基本流程，常用于描述纳滤与反渗透处理的工艺特点，由于其处理能力和淡液回收率不高，在实际工程中很少采用。一级一段直流式见图 8-33。

（2）一级一段循环式

针对一级一段直流式工艺淡液回收率不高的问题，将其浓液回流到料液端，便可使淡液回收率和浓液的浓缩倍数均得以提高。这种工艺较为简单，适用于处理水量和处理水质要求不是很高的项目，但由于其料液中加入了回流的浓液，因此淡液质量会随着浓缩倍数的增大而下降。一级一段循环式见图 8-34。

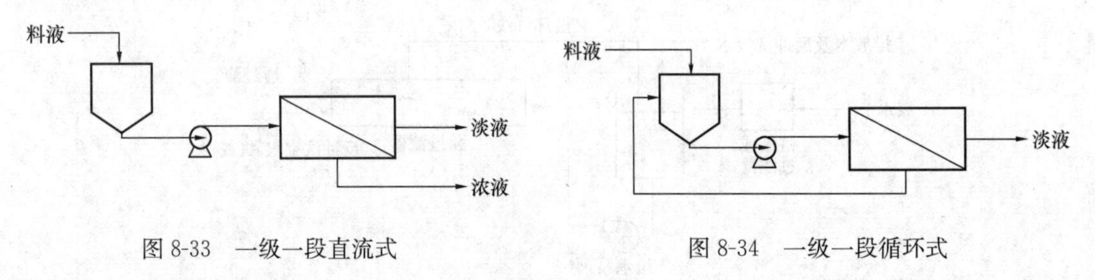

图 8-33　一级一段直流式　　　　图 8-34　一级一段循环式

（3）一级多段直流式

纳滤与反渗透膜处理工艺流程中，常采用增加段数的方式来增大处理能力和提高淡液回收率，增加段数实际上就是增加浓液的膜分离次数，将第一段的浓液作为第二段的料液，再将第二段的浓液作为下一段的料液，如此延续逐段分离就形成了多段流程，通过浓液的多次分离，使淡液的回收率和浓液的浓缩倍数都得到进一步提高。为防止因流量逐段递减而造成浓差极化，使膜组件中的分离液保持一定滤速，在流程设计中常采用逐段缩减组件个数的布置方式。由于浓液按多段串联进行分离，所以压力损失较大，在各段之间应考虑设置增压设施。一级多段直流式见图 8-35。

（4）一级多段循环式

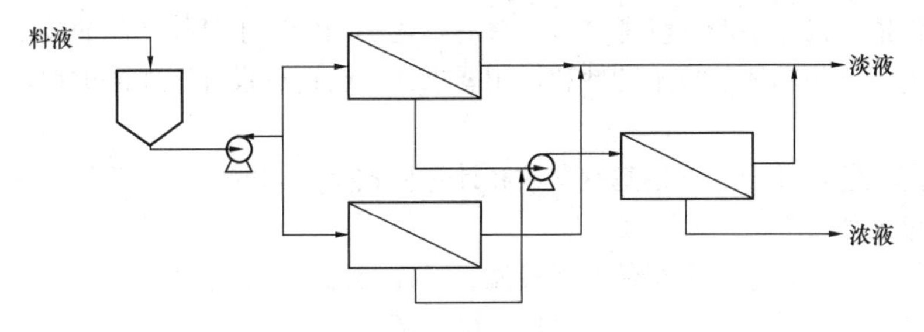

图 8-35 一级多段直流式

将一级多段直流式的末段浓液回流至首段料液池，就构成了浓液的循环浓缩过程，这种流程的浓缩倍数高，多用于浓缩处理。一级多段循环式见图 8-36。

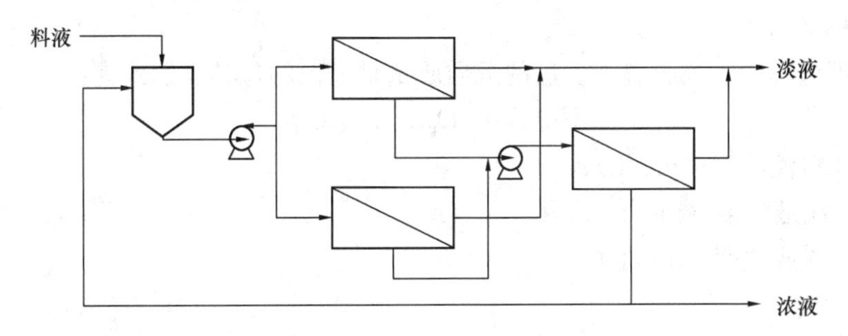

图 8-36 一级多段循环式

(5) 多级多段式

在一级多段式的基础上进行串联、组合，将首级淡液作为后一级料液，再次进行膜分离，就形成了多级流程。随着级数的增加，能耗也将增大。因此，多级流程只适用于对淡液分离要求很高的情况。多级多段式见图 8-37。

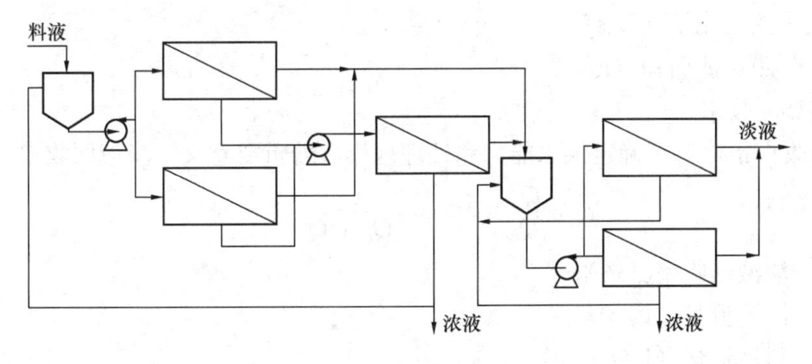

图 8-37 多级多段式

8.10.5.2 膜分离参数

在污水深度处理中，膜分离单元工艺设计的主要任务是根据水质处理目标来确定合理的工艺流程，选择适宜的膜分离装置类型，然后再按照选定的工艺流程和膜组件技术条件与设计参数来配置辅助设备并进行管路连接。由于膜技术和膜产品的多元化，不同类型膜产品有着不同的标定方法与计算公式，如膜产品的去除率是反映产品截污能力的重要指标之一，其标定、测试、计算方法对于不同类型的膜产品而言差异很大。因此，在膜处理单元的设计中仅依靠设计手册和参考书是不够的，还必须借助于具体产品的技术资料与测试计算数据，离开产品具体的技术特性和使用要求往往会造成设计工作的被动，影响设计合理性。

在膜分离工艺设计中，下述基本参数和计算公式是通用的：

（1）流量平衡

在膜组件运行中，进、出组件的溶液流量是连续的，其表达式为：

$$Q_f = Q_p + Q_r \tag{8-10}$$

式中 Q_f——料液流量（L/s）；

Q_p——淡液流量（L/s）；

Q_r——浓液流量（L/s）。

（2）物料平衡

在膜处理过程中，膜分离前、后的溶质质量是守恒的，其表达式为：

$$Q_f C_f = Q_p C_p + Q_r C_r \tag{8-11}$$

式中 C_f——料液浓度（mg/L）；

C_p——淡液浓度（mg/L）；

C_r——浓液浓度（mg/L）。

（3）膜通量

膜通量是反映膜分离装置产水能力的重要参数，影响膜通量的因素可以分为膜自身性质和外界操作条件两大类，关键因素为膜自身的性质，主要包括膜材料、膜的截留分子量、膜的表面性质等。膜通量计算表达式为：

$$F_W = \frac{Q_p}{A} \times 3600 \tag{8-12}$$

式中 F_W——膜通量［L/(h·m²)］；

Q_p——淡液流量（L/s）；

A——膜过滤面积（m²）。

（4）淡液回收率

淡液回收率指标对于确定供水能力和处理规模有着重要意义，淡液回收率表达式为：

$$Y = \frac{Q_p}{Q_f} \times 100 = \frac{Q_p}{Q_p + Q_r} \times 100 \tag{8-13}$$

式中 Y——淡液回收率（%）；

Q_p——淡液流量（L/s）；

Q_f——料液流量（L/s）。

（5）浓缩倍数

浓缩倍数指经过反渗透膜处理后，某污染物质在浓液中浓度与该物质在料液中浓度的比值，浓缩倍数表达式为：

$$C_F = \frac{C_r}{C_f} = \frac{Q_f}{Q_r} = \frac{100}{100 - Y} \tag{8-14}$$

式中 C_F——浓缩倍数（倍）。

（6）膜进料侧的溶质平均浓度

$$C_{ave}=\frac{Q_fC_f+Q_rC_r}{Q_r+C_r}=\frac{2Q_f}{Q_f+(Q_i-Q_p)}=\frac{2C_f}{2-Y_1} \quad (8\text{-}15)$$

式中 C_{ave}——膜进料侧的溶质平均浓度。

(7) SDI

SDI即黏泥密度指数（也称污染指数），是水质指标的重要参数之一，它代表了水中颗粒、胶体和其他能阻塞各种水净化设备的物体含量。在反渗透水处理过程中，SDI值是测定反渗透系统进水的重要标志之一，是检验预处理系统出水是否达到反渗透系统进水要求的主要手段，它的大小对反渗透系统运行寿命至关重要。SDI值是测量通过47mm直径，0.45μm孔径膜的流速衰减而得到的。SDI值越低，水对膜的污染阻塞趋势越小，从经济和效率综合考虑，一般反渗透装置推荐进水SDI值不高于5。

$$\mathrm{SDI}=\frac{100[1-t_i/t_f]}{t} \quad (8\text{-}16)$$

式中 SDI——污染指数；

t_i——收集500mL水样的初始时间（min）；

t_f——收集500mL水样的结束时间（min）；

t——进行试验总历时（min）。

8.10.6 膜污染控制

膜污染指的是待处理水中的组分在膜上潜在的沉积和积累作用。膜污染是膜工艺系统设计和操作中必须考虑的重要因素，因为它影响到是否有必要设置预处理设施、膜的清洗、操作条件、费用及工艺性能等。

8.10.6.1 膜污染因素

待处理水组分对膜的污染主要表现为下列三种形式：膜表面上废水组分的积累、由于待处理水化学性质的改变形成化学沉淀物、由于存在与膜可发生化学反应的化合物或膜上生物活性物质的寄生引起膜的损害，具体膜污染因素如下：

(1) 悬浮物、胶体颗粒对膜的污堵，黏泥密度指数SDI表明发生这类污染的可能性；

(2) 微溶解性盐的溶度积超过饱和值而产生结垢；

(3) 微生物、细菌、藻类污染；

(4) 氧化反应；

(5) 有机物污堵，如油、脂、酮类有机溶剂和大分子阳离子型聚合物等。

8.10.6.2 膜污染控制

膜污染控制一般采用三种方法：预处理、膜反冲洗、膜化学清洗。通过预处理可以降低进水总悬浮固体（TSS）和细菌含量；膜表面积累物质最常用的清除方法是用水反冲洗或水气反冲洗；采用化学处理方法可以去除常规反冲洗不可去除的组分，膜表面积累的化学沉淀物通过改变待处理水化学性质和化学处理加以去除；有害组分造成的膜损害一般是不可逆的。膜污染控制措施如下：

(1) 预处理

1) 常规预处理

常规预处理包括混凝、澄清和过滤或活性炭吸附，一般采用多介质过滤器和砂过滤并加氯消毒来去除水中的微生物。

压力式微滤或超滤膜一般采用自清洗过滤器作为其标准预处理工序，而浸没式微滤或超滤膜则采用1mm网孔超细格栅作为预处理工艺；但常规工艺作为纳滤与反渗透预处理工艺存在如下问题：

① 工艺流程复杂，运行维护困难。工艺的运行可靠性差，处理后的出水水质不够稳定，容易影响反渗透系统的正常运行。

② 出水中尚存在相当含量的微生物，容易引起反渗透膜的微生物污染。如加氯消毒，则出水需要增加脱氯措施来减少余氯对反渗透膜的不利影响。

③ 处理中投加化学药剂，处理后的出水和沉淀污泥中存在残留物。如不处理直接排放将会对环境造成二次污染；如采取措施处理排放会直接增加工程的投资和运行成本。

2）膜法预处理

膜法预处理主要为微/超滤工艺。实际工程中，采微/超滤膜技术作为反渗透的预处理系统，可大大减少设备占地面积，产水水质高且水质稳定，并可延长反渗透系统的使用寿命；同时，系统自动化控制程度高，可以降低劳动强度及运行成本，是较为可行的高效预处理系统。

（2）清洗

根据膜系统自动设定的程序采用水或化学药液对膜进行清洗，包括反冲洗、强化通量维持（EFM）、化学在线清洗（CIP）等。

8.10.7 反渗透浓缩液（浓水）处置

（1）浓水定义

反渗透工艺生产高品质再生水过程当中，反渗透膜进水侧产生的废浓缩液被称之为"浓水"，其具有高含盐量的特点，目前缺少较经济的处置方法。

（2）浓水水量

浓水水量取决于反渗透装置进水量和淡液回收率（即产水率），一般反渗透装置（一级二段式）常规产水率为75%，如进水量为Q，则浓水水量为（1－0.75）Q＝0.25Q。

（3）浓水水质

浓水水质与反渗透装置进水水质和系统产水率有关，如反渗透装置进水中某一污染物含量为C_0，系统产水率为75%，则浓水中该污染物含量为1/（1－0.75）C_0＝4C_0。

（4）浓水处理方法

结合目前国内外浓水处理现状，通常采用的浓水处理方法有以下三种：

1）直接排放

即在满足"污染物质总量控制"的前提下，将产生的浓水直接排入受纳水体。国际上大多数海水淡化的反渗透浓水处理也采用这种方式。美国有些反渗透装置产生的浓水甚至用火车输送到环境容量允许的海边排放。采用此方法的前提是须对下游受纳水体的环境容量以及浓水排放的控制标准进行研究，并征求当地环保部门同意后方可实施。

2）混合处理

即浓水进入附近污水处理厂，与其进水混合进行处理。该方法适用于浓水量与污水处理厂处理水量相比较为悬殊的情况，即浓水的进入不会对污水处理厂正常运行产生明显的冲击负荷。但如果污水处理厂出水作为再生水厂（采用反渗透工艺）水源，那么浓水进入污水处理厂有可能带来盐类富集进而降低再生水厂反渗透系统的膜通量及产水率，为维持产水量将不得不增大过膜压差，最终导致膜使用寿命一定程度的降低。

3）蒸馏法

目前，理论上采用“蒸馏法”可处理浓水实现污水污物的零排放，并且可回收浓水中的盐类物质。通常可以将多级反渗透后浓度高、水量小的浓水蒸馏后处置。国外较大的工程如韩国现代汽车 Asan 工厂反渗透产生的浓水进入蒸发器进行蒸发干燥处理，但该项目的浓水处理量仅为 200m^3/d。国内内蒙古自治区有项目利用自身的余热进行“蒸馏”处理浓水的案例，但运行效果未有明确的报道。目前来看，该法投资、运行费用均较高，大规模的浓水处理项目不适合采用该种方法。

8.10.8 工程实例

8.10.8.1 工程概况

某市经济技术开发区再生水厂工程是专为解决高新微电子工业用户再生水水源供给而建设的重点配套工程。再生水厂工程分两期建设，一期净产水能力为 2.0 万 m^3/d，二期总产水能力为 4.0 万 m^3/d。

工程采用“微滤＋反渗透”双膜法工艺作为再生水主生产工艺，以市政污水处理厂出水作为再生水生产水源，生产的再生水主要为高新微电子工业用户提供工艺生产用水水源，以替代传统的自来水水源。

设计出水水质根据高新微电子工业用户用水需求确定。设计出水水质不仅优于常规工业用再生水水质，同时也优于自来水水质，可完全替代自来水水源作为高新微电子工业用水的工艺生产用水水源。

8.10.8.2 工艺流程

工程采用的再生水生产工艺流程为：进水调节池＋滤布滤池＋提升泵房＋微滤系统＋反渗透系统＋清水池＋回用水泵房，具体流程见图 8-38。

工艺流程简述如下：市政污水处理厂出水进入再生水厂进水调节池，经滤布滤池过滤后，由提升水泵加压进入自清洗过滤器，过滤器出水进入 MF 系统，MF 系统出水进入中

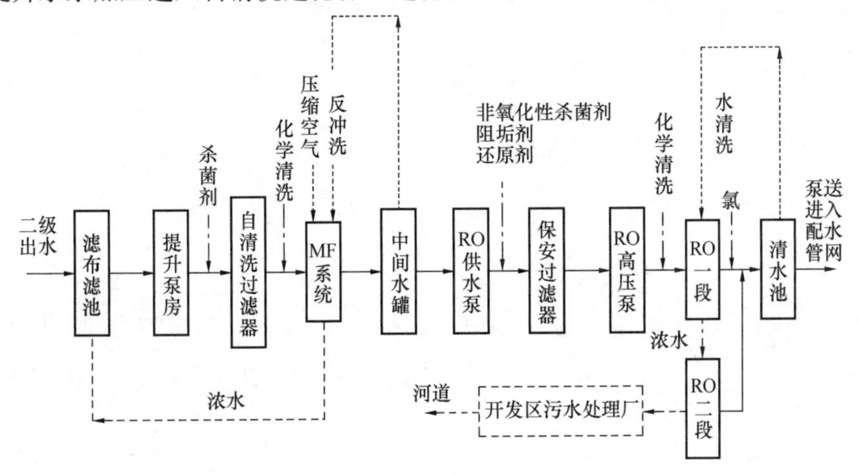

图 8-38 再生水厂工艺流程图

间水罐，其有效容积可保证后续RO系统的供水安全；中间水罐出水经RO供水泵加压进入保安过滤器，保安过滤器出水再经RO高压泵加压后进入RO一段，RO一段产生的浓水经段间增压泵增压后进入RO二段，两段产品水（脱盐水）混合后进入RO清洗水箱；产品水经水箱溢流并加氯消毒后进入清水池，最后通过回用水泵加压送入厂区外配套再生水管网向高新微电子企业工业用户供水。MF系统定时进行气水反冲洗，运行较长时间后进行化学清洗；RO系统定时进行水冲洗，运行数月后进行化学清洗。再生水生产主工艺中相应辅有投加杀菌剂、还原剂、阻垢剂、消毒剂等相关工艺。另外，生产过程中产生的浓水（MF系统废水除外）、反冲洗排水及化学清洗废液等收集后排入开发区污水处理厂进行处理。

8.10.8.3 工艺设计

(1) 滤布滤池

滤布滤池过滤方式为外进内出，单片过滤能力1375m^3/d，每套12片，共3套；平均滤速8～9m/h，滤盘直径2.0m，滤布网孔直径10μm，滤布材质为尼龙纤维（耐氯），采用聚酯纤维支撑体。

(2) 微滤系统

微滤系统由微滤膜组件和清洗系统组成。微滤膜采用UNA-620A型微滤膜；清洗系统的合理配置可满足微滤膜持久稳定运行。

微滤系统设计膜通量为60L/(m^2·h)，此通量即为系统工作通量的上限值。微滤系统共有6套，每套系统含微滤膜组件92支，92支膜组件采用双排布置，保证了系统布水均匀，系统进水量通过提升水泵变频和泵后母管上设置回流管的方式进行调节。

(3) 反渗透系统

反渗透系统由低压供水泵、加药系统、保安过滤器、高压供水泵、反渗透主机、段间增压泵和清洗系统组成。

反渗透系统设计膜通量为15L/(m^2·h)，反渗透系统共有6套，每套系统含反渗透膜壳48支，两段之间按照2∶1的比例进行膜壳排列（即第一段32支，第二段16支），其中每支膜壳含8" 抗污染膜元件6只。

9 污泥处理与处置

9.1 污泥的特性与处理方法

在城镇污水处理过程中，会产生大量的污泥，如果不予以有效的处理和处置，将会对环境造成严重污染。污泥在最终处置前必须进行处理，目的是使污泥减量、稳定、灭菌，并进行资源回收利用，便于后续的运输和处置。

9.1.1 污泥的种类与特性

在城镇污水生物处理过程中，产生的污泥主要为初沉污泥和剩余活性污泥。在污水深度处理中，当采用混凝沉淀时，还会产生化学污泥。当生物处理工艺采用生物滤池时，还会产生生物滤池污泥，亦称腐殖污泥。

(1) 初沉污泥：系指从初次沉淀池排出的沉淀物。在正常情况下，初沉污泥为棕褐色、略带灰色。当发生腐败时，则呈灰色或黑色，有臭味。初沉污泥的 pH 值一般在 5.5～7.5 之间，平均为 6.5 左右，略带酸性。含固率一般在 2%～4%之间，取决于初次沉淀池的排泥操作。初沉污泥的有机成分一般在 50%～70%之间。

初沉污泥的水力特性较复杂，主要指流动性和混合性。流动性系指污泥在管道内的流动阻力和可泵性（是否可用泵提升和输送）。当污泥含固率小于 1%时，其流动性与污水基本相同。当含固率大于 2%～3%，污泥在管道内流速（1.0～1.5m/s）较低时，其阻力比污水大。当污泥在管道内流速大于 1.5m/s 时，其阻力比污水小。因此，污泥在管道内的流速一般宜控制在 1.5m/s 以上，以降低阻力。一般来说，污泥的含固率超过 6%时，污泥的可泵性很差，用泵输送较为困难。污泥的含固率越高，其混合性能越差，不易均匀混合。

初沉污泥的产量取决于污水水质和初次沉淀池的运行效果。污泥量除与污水的 SS 及沉淀效率有关外，还取决于沉淀排泥浓度。

(2) 剩余活性污泥：系指从二次沉淀池、生物反应池（沉淀区或沉淀排泥时段）排出的活性污泥。剩余活性污泥外观为黄褐色的絮状物，有土腥味，含固率一般在 0.5%～0.8%之间，取决于所采用的不同生化处理工艺和排泥控制方式。有机成分常在 60%～85%之间，与污水处理中是否设初次沉淀池及泥龄长短有关。剩余活性污泥的 pH 值在 6.5～7.5 之间，取决于污水处理系统的工艺及控制状态。当采用硝化工艺时，活性污泥的 pH 值有时会低于 6.5。

由于活性污泥的含固率一般都小于 1%，因而其流动性能及混合性能与污水基本一致，但不易沉降。活性污泥的产量取决于污水处理所采用的生化工艺类型，传统活性污泥工艺、A-B 工艺以及 A^2O 工艺等的产泥量均不相同。

污泥比阻为单位过滤面积上，过滤单位质量的干固体所受到的阻力，其单位为m/kg。

通常，初沉污泥比阻为 $20\times10^{12}\sim60\times10^{12}$m/kg，剩余活性污泥比阻为 $100\times10^{12}\sim300\times10^{12}$m/kg，厌氧消化污泥比阻为 $40\times10^{12}\sim80\times10^{12}$m/kg。一般来说，比阻小于 1×10^{11} m/kg 的污泥易于脱水，大于 1×10^{13}m/kg 的污泥难以脱水。机械脱水前应进行污泥的调理以降低比阻。

污泥的植物营养成分主要取决于污水水质及其处理工艺。我国城市污水处理厂污泥中植物营养成分总体状况见表 9-1。

我国城市污水处理厂污泥的植物营养成分（以干污泥计）（%）　　表 9-1

污泥类型	总氮（TN）	磷（P_2O_5）	钾（K）
初沉污泥	2.0～3.4	1.0～3.0	0.1～0.3
生物膜污泥	2.8～3.1	1.0～2.0	0.11～0.8
活性污泥	3.5～7.2	3.3～5.0	0.2～0.4

污泥的热值与污水水质、排水体制、污水及污泥处理工艺有关。各类污泥的热值见表 9-2。

各类污泥的热值　　表 9-2

污泥类型	热值（以干污泥计）(MJ/kg)
初沉污泥	15～18
初沉污泥与剩余活性污泥混合	8～12
厌氧消化污泥	5～7

初沉污泥、二沉污泥及消化污泥中细菌、大肠菌群及寄生虫卵的一般数量见表 9-3。

城镇污水处理厂污泥细菌与寄生虫卵均值表　　表 9-3

污泥类型	细菌总数 [10^5个/g（干）]	总大肠菌群 [10^5个/g（干）]	粪大肠菌群数 [10^5个/g（干）]	寄生虫卵 [10 个/g（干）]
初沉污泥	471.7	200.1	158.0	23.3（活卵率 78.3%）
二沉污泥	738.0	18.3	12.1	17.0（活卵率 67.8%）
消化污泥	38.3	1.6	1.2	13.9（活卵率 60%）

（3）化学污泥：系指混凝沉淀工艺中形成的污泥，其性质与采用的混凝剂有关。一般来说，化学污泥气味较小，且较易浓缩或脱水。由于其中有机成分含量较低，一般不需要进行污泥稳定化处理。

（4）生物滤池污泥：指曝气生物滤池反冲洗排水中的污泥。反冲洗污泥呈黄褐色，除含有被滤料物理截留的大量颗粒状无机物外，还含有有机活性物质，其生物相比较复杂，有大量丝状菌与菌胶团交织在一起，并有线虫、小口钟虫等原生动物和后生动物。反冲洗污泥的沉淀性能较好，但脱水性能略差。曝气生物滤池产泥量可按照去除有机物后的污泥增加量和去除悬浮物两项之和计算，依据负荷不同而不同，每去除 1kgBOD_5可参考产生污泥量 0.18～0.75kg 计算。

曝气生物滤池反冲洗排水具有周期间断性、时间短、瞬时水量大的特点，不能直接排入预处理系统，以免造成对预处理系统的冲击。工程应用中一般宜设置缓冲池，反冲洗排水先进入缓冲池，然后通过提升或自流均匀进入预处理系统，减少瞬时大水量对系统的水力负荷冲击。整个处理工艺的污泥应合并处理。

（5）河道清淤污泥：为实现提高河道的防洪、排涝和灌溉能力以及治理河道内源污染，改善河道水质等目标，需要对河道进行清淤，从而产生河道淤泥。河道淤泥由于长期处于水下，结构松散，孔隙比很大，其含水率非常高，加之其天然结构强度非常低，因此淤泥常处于流塑和流动状态。由于水系的不同，河道淤泥在性状、含水率、颗粒粒径分布、有机物含量、矿物成分、化学成分、重金属含量方面差别较大，目前尚无法给出适宜的范围，在实际的清淤和淤泥处理工程中，需要根据具体情况进行测定，以选择合适的工程方案。

（6）管道疏通污泥：城市排水管道疏通污泥又称为“下水道污泥”或“通沟污泥”，是指排水管道养护中疏通清捞上来的沉积物。雨水管网中的清掏物主要包括砂石、落叶、果皮、纸屑、工程渣土等；污水管网中的清掏物主要有砂石、粘结的油脂、有机污泥等。“下水道污泥”来自雨水和污水管网的清掏，成分复杂，是生活垃圾、渣土、砂石、有机污泥、污水等的混合物。因地域的不同，下水道污泥的产量和组成差别较大。因清掏方式的不同，下水道污泥的含水率范围也较大，如北京下水道污泥的含水率平均为50.4%，上海长宁区的变化范围为43%～82%，天津为91%～93%。

9.1.2 污泥的一般处理工艺

典型的污泥处理工艺流程见图9-1，包括七个阶段。第一阶段为预处理，主要目的是根据后续处理的需要，对来泥进行存储、破碎可能对后续设备造成损坏的大块或坚硬物体（如铁丝、铁钉）、混合均匀、去除渣砂；第二阶段为污泥浓缩，主要目的是使污泥初步减容，缩小后续处理构筑物的容积或设备容量；第三阶段为污泥消化，使污泥中的有机物分解，使污泥趋于稳定；第四阶段为调理，采用物理、化学、热工等方法改善污泥的脱水性能；第五阶段为污泥脱水，使污泥进一步减容，便于运输和后续的处理处置；第六阶段为对脱水污泥的进一步处理，包括热干化、好氧发酵、碱性稳定；第七阶段为单独焚烧、协同焚烧等，以利于最终处置。

以上是典型的污泥处理工艺流程。各个工程可根据具体情况进行组合，使污泥得到有

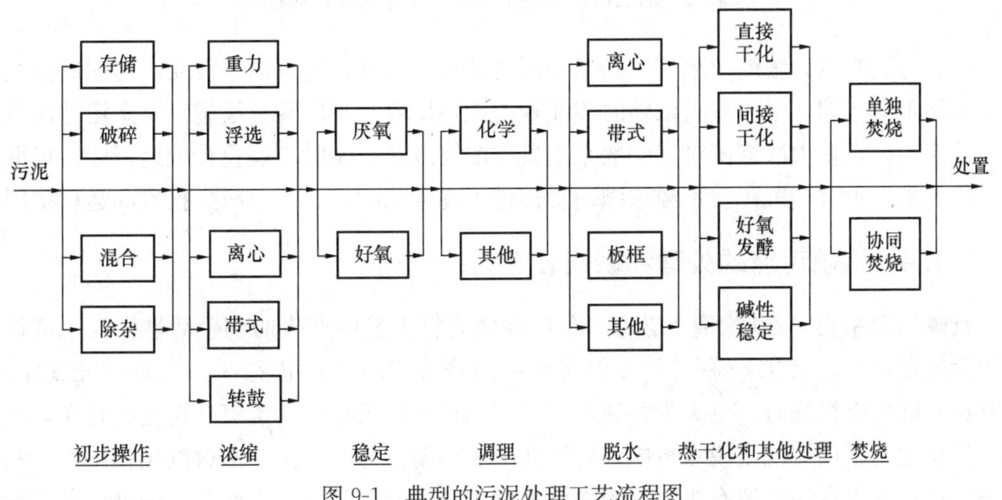

图9-1 典型的污泥处理工艺流程图

效处理。

9.1.3　初沉污泥与剩余活性污泥的处理方式

初沉污泥与剩余活性污泥的浓缩性能、可消化性能以及脱水性能之间都有很大差别。一般有以下两种处理方式。

（1）在初次沉淀池中合并处理

这种合并处理方式系指将剩余活性污泥排入初次沉淀池的进水渠道，与污水混合，然后与污水中的SS在初次沉淀池一起沉淀下来，形成混合污泥。混合污泥沉淀后，排入污泥处理系统进行处理，其工艺流程见图9-2。

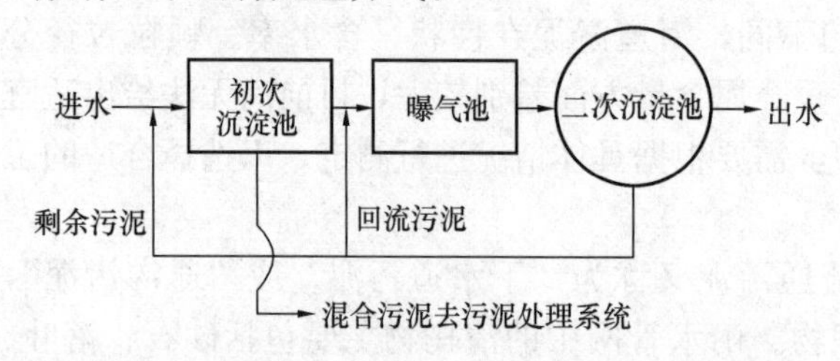

图9-2　剩余活性污泥进入初次沉淀池流程图

该流程的本意是利用剩余活性污泥的絮凝性能提高初次沉淀池对SS的去除率。但很多污水处理厂发现，该流程夏季极易导致初沉污泥上浮。又发现，当二级处理采用生物除磷工艺时，剩余活性污泥中的磷将全部在初次沉淀池中释放到污水中，使系统中磷的去除率降低。当采用A-B工艺时，不允许采用该种流程。因此，采用此流程有其局限性。

（2）分别处理

这种处理方式系指将初沉污泥和剩余活性污泥分别进行处理。首先将初沉污泥和剩余活性污泥分别排入各自的储泥池（初沉污泥储泥池、剩余活性污泥储泥池），然后从这两种储泥池再将初沉污泥和剩余活性污泥分别送入各自的污泥浓缩系统，经过分别浓缩后的初沉污泥和剩余活性污泥再排入同一座储泥池（浓缩后初沉污泥、剩余活性污泥混合池），然后进行消化或直接脱水处理。其工艺流程见图9-3。

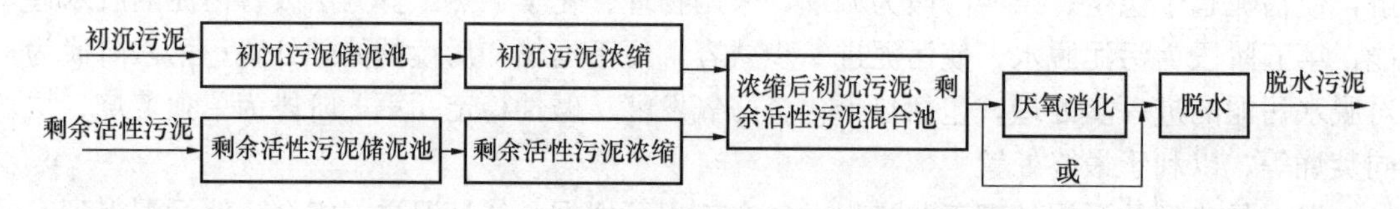

图9-3　初沉污泥和剩余活性污泥分别处理流程

初沉污泥的重力浓缩效果好，除了采用机械浓缩以外，还可以不设初沉污泥储泥池而直接采用重力浓缩。采用重力浓缩时应注意按照环境要求采取除臭措施。剩余活性污泥的浓缩性能很差，重力浓缩困难，一般采用机械浓缩方式。实际工程设计或运行中，根据含水率的要求，也有初沉污泥不经浓缩而直接排入混合池的方式，以减少投资和运行费用。

9.1.4　富磷污泥的处理和磷回收工艺

富磷污泥系指A/O除磷工艺或A^2/O除磷脱氮工艺中产生的剩余活性污泥。富磷污泥中含磷量很高，可达4%～6%，但污泥中的磷处于不稳定状态，一旦遇到厌氧环境，并存在易降解有机物时，可大量释放出来。在污泥处理系统中，厌氧环境处处存在，浓缩池、消化池乃至储泥池或脱水机中，皆存在厌氧环境。另外，由于水解酸化作用，这些构筑物中也存在大量易降解有机物，因而污泥中的磷会大量释放。一些污水处理厂在实际运行中发现，当初沉污泥和富磷污泥在浓缩池合并后，浓缩池上清液中TP浓度可高达60～80mg/L，消化池分离液中TP浓度为70～200mg/L。因此，要使污水处理系统得到较高的除磷效率，必须控制污泥处理区分离液中TP浓度。否则，这些磷将重新回到污水处理系统，导致除磷效率下降。常用的控制方法有两种，一是控制污泥中磷的释放；二是去除分离液中的磷。

（1）控制污泥中磷的释放：当采用厌氧消化工艺时，可向消化池投加适量的石灰或无机混凝剂，控制磷释放到消化池上清液中，称为磷的消化封闭。当采用浓缩脱水工艺时，浓缩工艺最好采用离心浓缩、转鼓浓缩、重力带式浓缩等机械浓缩方式以及好氧的气浮浓缩。污泥脱水的调质，可采用有机高分子絮凝剂与无机混凝剂同时使用的方法。其工艺流程见图9-4。

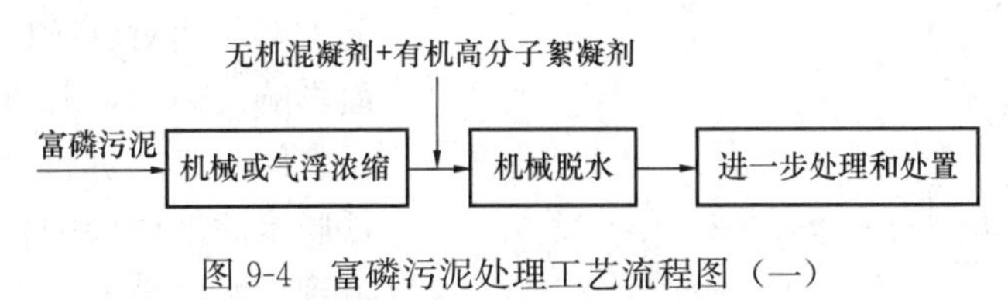

图9-4　富磷污泥处理工艺流程图（一）

（2）去除分离液中的磷：也可以采用常规的污泥处理工艺，不控制磷的释放，而是将含有高浓度TP的浓缩上清液、消化池上清液以及脱水滤液收集起来，进行集中除磷。常用的方法是加石灰或铝盐化学沉淀工艺。其工艺流程见图9-5。

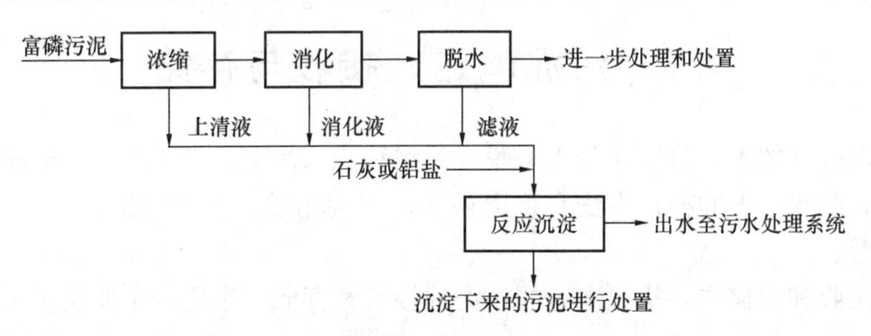

图9-5　富磷污泥处理工艺流程图（二）

磷是不可自然再生的有限资源，将污泥中的磷进行回收利用具有十分重要的意义。污泥中的磷主要以无机磷的形式存在，占总磷的61%以上，有机磷含量较低，为15%～35%。可采用磷酸铵镁（鸟粪石）法对污泥中的磷进行回收。

磷酸铵镁（$MgNH_4PO_4 \cdot 6H_2O$）俗称鸟粪石，简称MPA，是一种非常复杂的晶体化合物。在水溶液中，鸟粪石形成过程的主要化学方程式如下。

$$Mg^{2+}+NH_4^{+}+PO_4^{3-}+6H_2O \longrightarrow MgNH_4PO_4 \cdot 6H_2O$$

$$Mg^{2+}+NH_4^{+}+HPO_4^{2-}+6H_2O \longrightarrow MgNH_4PO_4 \cdot 6H_2O+H^{+}$$

$$Mg^{2+}+NH_4^{+}+H_2PO_4^{-}+6H_2O \longrightarrow MgNH_4PO_4 \cdot 6H_2O+2H^{+}$$

鸟粪石的形成过程分为两步——成核和成长。当各组分离子聚集形成晶体胚胎时即为成核过程，晶体慢慢长大一直到反应达到平衡为成长过程。鸟粪石沉淀主要受水中pH值、过饱和度、温度、其他离子如Ca^{2+}等的影响，其中pH值的变化对其生成反应有很大影响，水中NH_4^{+}、Mg^{2+}和PO_4^{3-}浓度随pH值的变化而不断变化，当这三种离子的活度积超过了磷酸铵镁的溶度积常数时，溶液过饱和，然后发生沉淀。鸟粪石的溶解度随pH值升高而减小，很容易在湍流中形成。

浓缩污泥及消化污泥上清液或消化污泥中含有丰富的磷酸根及铵离子，因此只要补充适量的镁离子（可采用$MgCl_2$药液），一般要求Mg^{2+}：PO_4^{3-}在1.3∶1左右，曝气吹脱CO_2提高pH值（7.8～8.0），必要时添加适量碱液，即可出现鸟粪石沉淀。其工艺流程如图9-6所示。

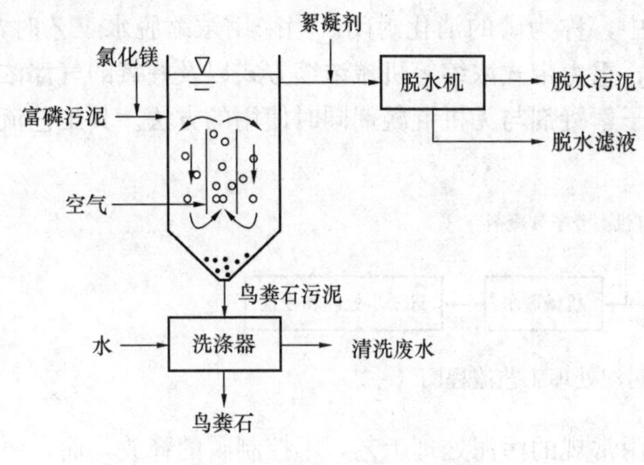

图9-6　磷回收工艺流程图

污泥在消化池的厌氧环境中会出现磷的释放，PO_4^{3-}的浓度可达100～300mg/L。很高的PO_4^{3-}浓度会提高消化污泥（细胞表面蛋白质）的亲水能力，从而对后续的污泥脱水造成负面影响。因此，若直接对消化污泥采用磷回收工艺进行处理，不仅可以降低脱水滤液中磷的含量，从而降低回流到污水处理系统的磷的浓度，而且可以改善污泥脱水性能，节省絮凝剂的投加，并且可以降低消化池后续污泥管路可能因鸟粪石的产生而造成的堵塞风险。

9.2　污泥输送、接收与存储

根据污泥处理的不同阶段，分为未脱水污泥和脱水污泥。未脱水污泥的输送方法主要为管道输送，脱水污泥的输送方法有管道输送、螺旋输送、皮带输送、链板输送、汽车、火车或船运等。

污泥的接收和存储主要指脱水后的污泥的接收和存储，采用的主要设备为污泥接收和存储料仓。

各种含水率污泥的物理状态和流动性见表9-4。

各种含水率污泥的物理状态和流动性　　表9-4

序号	含水率（%）	物理状态	流动性
1	＞99	近似液态	基本与污水一致
2	99～94	近似液态	接近污水
3	94～90	近似液态	流动性较差
4	80～90	粥状	流动性差
5	70～80	柔软状	无流动性
6	60～70	近似固态	无流动性
7	50～60	黏土状	无流动性

9.2.1 污泥管道输送

污泥采用管道输送，一般是最经济的方法，而且安全、卫生。其输送系统有压力管道及自流管道两种形式。为防止管道和水泵的堵塞，减少磨损，防止块状、条状及较大颗粒的物质（特别是金属颗粒）进入污泥泵，在污泥泵前宜设置管式破碎机。

（1）污泥管道的水力特性：由于污泥性质变化很大，污泥的水力特性也很不同。影响污泥水力特性的因素有很多，但综合起来考虑，主要是黏度。

沉淀污泥的黏度很难测定，而测定含水率则比较方便，因此一般可用污泥的含水率来确定污泥管道的水力特性。在任何已知的含水率情况下，悬浮固体的密度越低，泥浆就越黏。

污泥黏度会因污泥浓度增高、挥发物的含量增高、温度下降、流速过高或过低等因素而增高。由此污泥管道的水头损失也会增大。即水力坡降增大。

污泥在管道内，当流速低时，是层流状态，污泥黏度大，流动阻力比水大；流速加大，则为紊流状态，流动阻力比水小。污泥含水率越低，这种状况越明显。

紊流状态开始时，是污泥在管道内最佳的水力状态，其水头损失最小。

当污泥的含水率为 99%～99.5%时，污泥在管道内的水力特性与污水的水力特性相似。

初沉污泥通过重力浓缩，其含水率可降到 90%～92%。由于污泥浓度增高，当其通过 100mm 和 150mm 的管道时，其水头损失一般是污水的 6～8 倍。

消化污泥与初沉污泥相比，具有较大的流动性，颗粒细碎均匀，因此黏度较小。在低流速时，其水头损失比初沉污泥小；高流速时，水头损失加大。由于一般都采用最大水头损失，这些差异在设计时可以忽略不计。

（2）污泥管道的水力计算：污泥管道的管径，应按不同性质的污泥，根据其泥量、含水率、临界流速及水头损失等条件，通过试算与比较，选定合理的管径。选定管径后，还应根据运转过程中可能发生的污泥量和含水率变化，对管道的流速和水头损失等进行核算。

由于目前有关污泥水力特性的研究还很少，因此污泥管道的计算，目前主要采用权宜的经验公式或实验资料。这些经验公式及计算图表极不完善，并有条件限制，因此对于重要的污泥输送管，除按经验公式等计算外，还应参照已有的运行数据，综合确定管径及水力坡降。常用的有以下几种计算方法。

1）公式计算法

① 巴甫洛夫斯基公式：

$$v = \frac{1}{n} R^{1.5\sqrt{n}+0.5} i^{0.5} \tag{9-1}$$

式中 v——流速（m/s）；

R——水力半径（m）；

i——水力坡降；

n——粗糙系数。

$$i = n^2 \frac{v^2}{R^{2y+1}}，式中\ y = 1.5\sqrt{n}$$

粗糙系数采用：

$$d=150\text{mm}, n=0.013$$
$$d=200\text{mm}, n=0.011$$
$$d=250\text{mm}, n=0.011$$
$$d=300\text{mm}, n=0.011$$

按照公式（9-1）计算，须考虑污泥的不同含水率及允许最小设计流速，在最小流速下，污泥颗粒仍处于悬浮状态。

污泥管道的最小设计流速，见表 9-5。

污泥管道最小设计流速（m/s）　　**表 9-5**

污泥含水率（%）		90	91	92	93	94	95	96	97	98
管径（mm）	150～250	1.5	1.4	1.3	1.2	1.1	1.0	0.9	0.8	0.7
	300～400	1.6	1.5	1.4	1.3	1.2	1.1	1.0	0.9	0.8

② 斯特里克勒（Strickler）公式

当污泥管道为圆管时：

$$v=0.397K_{st}D^{2/3}J^{1/2}(\text{m/s}) \tag{9-2}$$

$$Q=0.312K_{st}D^{8/3}J^{1/2}(\text{m}^3/\text{s}) \tag{9-3}$$

式中　v——平均流速（m/s）；

K_{st}——由管道内壁材质决定的常数，其数值见表 9-6；

Q——流量（m^3/s）；

D——管径（m）；

J——水力坡降，即单位长度上的水头损失（mm/m）。

K_{st}的平均值　　**表 9-6**

管道种类	K_{st}值		管道种类	K_{st}值	
	新 管	旧 管		新 管	旧 管
石棉水泥管	95		铸铁管（内涂沥青）	95	
混凝土管	85		钢管（焊接）	95	85
铸铁管	85	78	陶土管	85	

计算水头损失，查用图 9-7 较为方便。

例如：$D=150$mm，$K_{st}=100$，$v=1.0$m/s，查图 9-7，求得 $Q=17.5$L/s，$J=8.2‰$。

2）叶维列维契计算图

① 根据实验资料编制图表，用于初沉污泥及消化污泥。根据污泥的含水率及选用的设计流速，求出每 100m 管段的水头损失，最后选定污泥压力管径。见图 9-8～图 9-11。

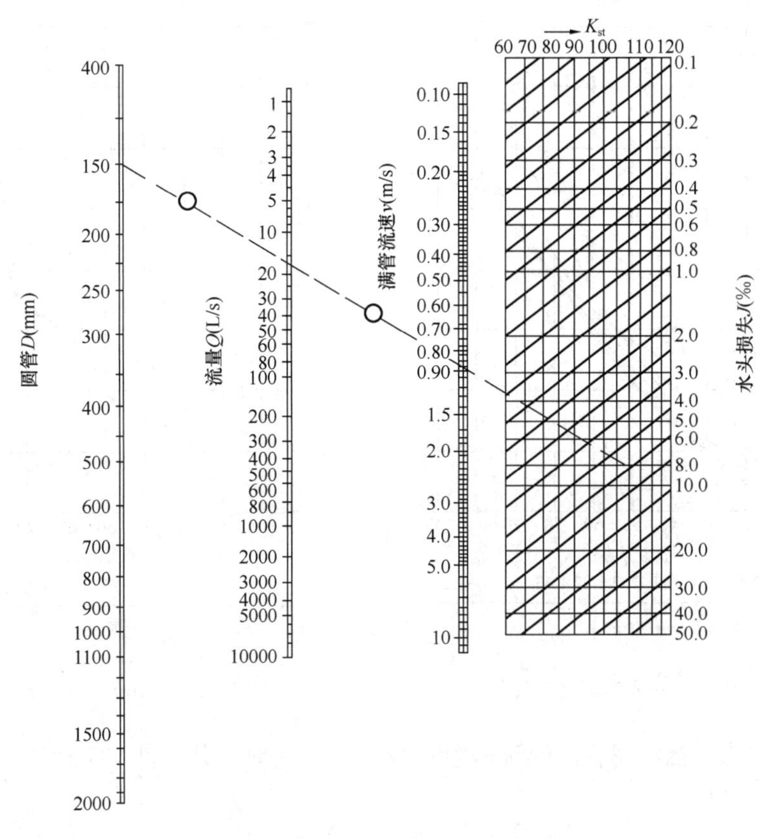

图 9-7 斯特里克勒公式计算压力管

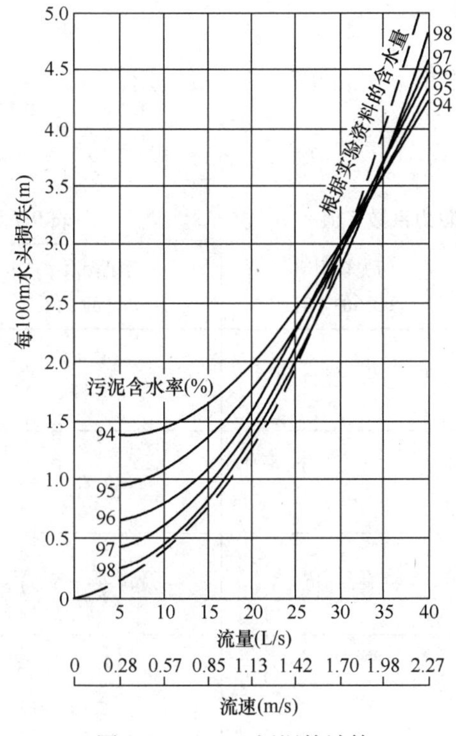

图 9-8 150mm 污泥管计算

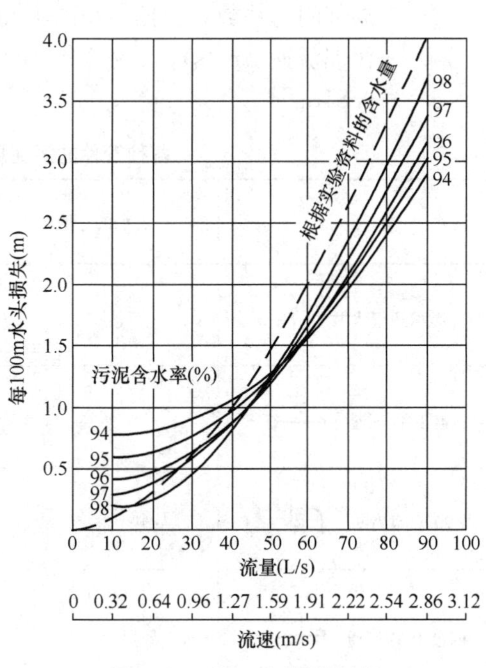

图 9-9 200mm 污泥管计算

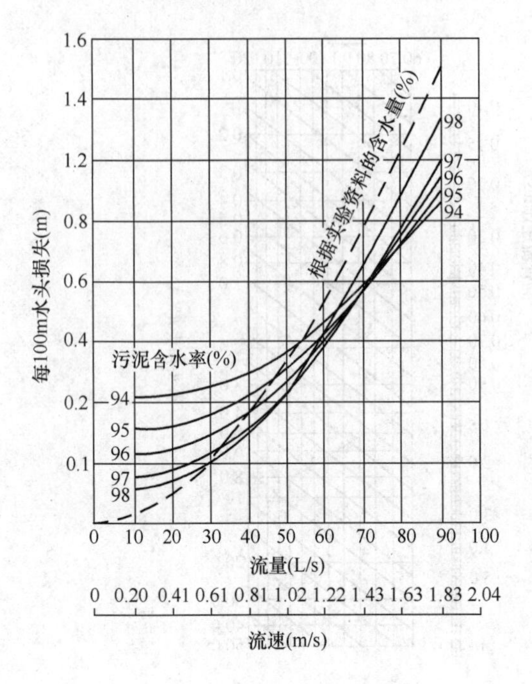

图 9-10 250mm 污泥管计算

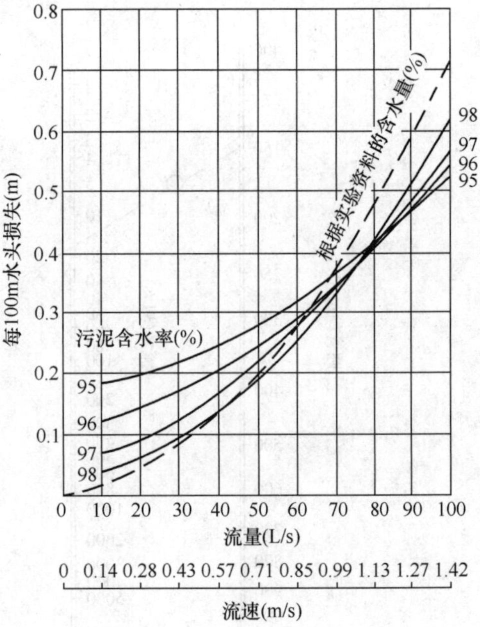

图 9-11 300mm 污泥管计算

② 局部阻力：当污泥管内的流速为 0.6～2.0m/s 时，其局部水头损失 h 按公式（9-4）计算：

$$h=\xi\frac{v^2}{2g} \tag{9-4}$$

式中 h——局部水头损失（m）；

ξ——局部阻力系数，根据污泥的不同含水率，按表 9-7、表 9-8 查用；

v——污泥流速（m/s）；

g——9.81m/s²。

各种管件的污泥局部阻力系数 ξ 值 **表 9-7**

管 件	水的 ξ 值	污泥含水率 98%的 ξ 值	污泥含水率 96%的 ξ 值
盘承短管	0.40	0.27	0.43
三盘丁字(三通)	0.80	0.60	0.73
90°双盘弯头	$1.46\left(\frac{r}{R}=0.9\right)$	$0.85\left(\frac{r}{R}=0.7\right)$	$1.14\left(\frac{r}{R}=0.8\right)$
四盘十字(四通)	—	2.5	—

闸门的污泥局部阻力系数ξ值　　表 9-8

$\frac{h}{d}$	0.9	0.8	0.7	0.6	0.5	0.4	0.3	0.2
水的ξ值	0.03	0.05	0.2	0.7	2.03	5.27	11.42	28.7
污泥含水率96%的ξ值	0.04	0.12	0.32	0.9	2.57	6.30	13.0	27.7

3）伊利诺斯州立大学对抽送消化污泥的压力管道实测的结果：污泥在管道内的流动状态，当为紊流开始时，水头损失最小。最经济的污泥抽送正是发生在这一流态的速度区域内。各种管径极限流速的试验结果，见表 9-9。

各种管径的极限流速　　表 9-9

管　径（mm）	极限流速（m/s）		管　径（mm）	极限流速（m/s）	
	低　限	高　限		低　限	高　限
200	1.09	1.38	350	1.05	1.31
250	1.08	1.35	500	1.04	1.29

极限流速随污泥含水率的减小而增大，当速度超过极限流速的上限时，就会出现过高的水头损失。

污泥管道的水头损失，见图 9-12。

抽送重力浓缩的初沉污泥和活性污泥的混合污泥，即使污泥的含水率很高，其水头损失也可按图 9-12 含水率 90%的曲线计算。

用浮选和离心法浓缩到含水率为 90%～93%的活性污泥，其抽送特性尚不清楚。

除浮选浓缩的活性污泥外，按一般设计标准输送浓缩的活性污泥，运转很少有问题。浮选后的活性污泥，其主要问题是挟带许多微气泡，使体积增加，有时还在离心泵内造成气堵。

热处理污泥，加热到 180～200℃后，其抽送性质完全改变。污泥中的黏着水受热破坏，使其可流动性提高 250%～400%。如经浓缩，则水头损失可比图 9-12 中含水率 90%污泥的水头损失高出 100%。

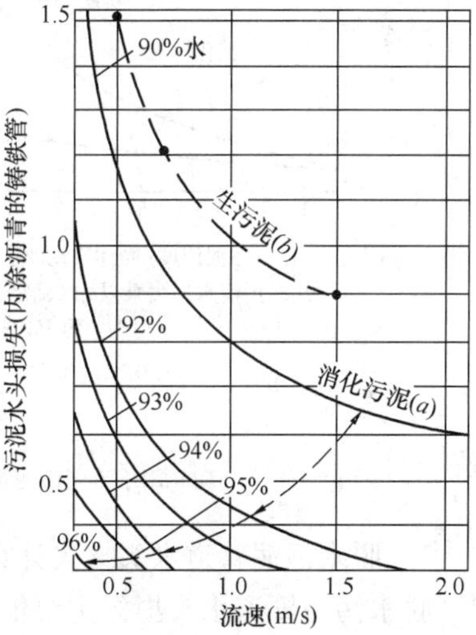

图 9-12　污泥管道水头损失

注：图中（a）150mm、200mm 和 250mm 管中消化污泥的水头损失；（b）150mm 管中生污泥的水头损失

4）污泥管道的水头损失计算

污泥管道的水头损失，按清水计算，乘以比例系数。这种计算方法最为简便，按照污泥流量及选用的设计流速，即可计算水头损失选定管径。设计流速一般为 1～1.5m/s，当污泥管道较长时，为了不使水头损失过大，一般采用 1.0m/s。污泥含水率大于 98%时，其污泥流速均大于临界流速，污泥管道的水头损失可定为清水的 2～4 倍。

简单的压头损失计算方法：用较简单的方法计算短距离污泥管线的压头损失。这些方法的准确度可能是合适的，特别是固体浓度按质量计低于 3%。要确定已给定固体浓度和污泥类型的压头损失，可以从图 9-13（a）获得系数 k。计算提升污泥时的压头损失时可以用 Darcy-Weisbach、Hazen-Williams 或 Manning 方程式确定的水头损失，乘以系数 k。

示于图 9-13（a）的数值应仅用于：①速度至少为 0.8m/s（2.5ft/s）；②速度不超过 2.4m/s（8ft/s）；③不考虑振动液；④管线未被油脂或其他物质阻塞。

另外的近似方法是使用由实验得出的系数曲线［参阅图 9-13（b）］近似法仅考虑速度和固体百分数。

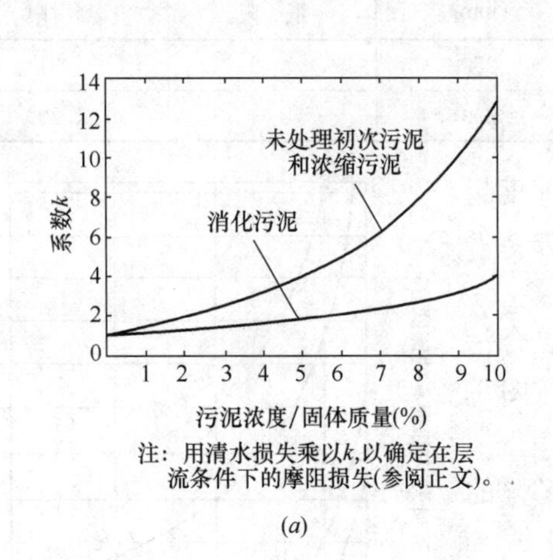

(a)

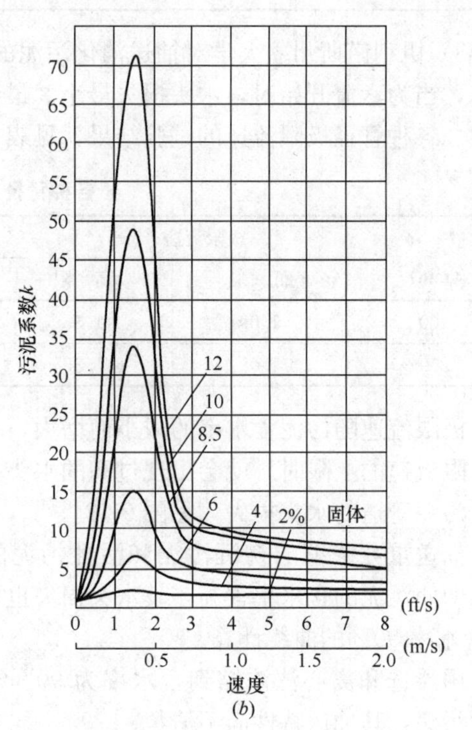

(b)

图 9-13 压头损失系数

（a）用于不同污泥类型和浓度；（b）用于不同管内速度和污泥浓度

5）脱水污泥管道水头损失计算

脱水污泥管道水头损失主要依靠经验数据进行核算，详见 9.2.2 脱水污泥的输送。

（3）污泥管道设计的一般规定及附属设施

1）可选用金属管或塑料管，在建（构）筑物内部宜采用金属管道，埋地宜采用塑料管道。

2）污泥管道的埋深：当为间歇输送污泥时，管顶应埋在冰冻线以下；当为连续抽送时，管底可设在冰冻线以上。

3）污泥压力管道的坡度及坡向；当为压力管道时，如有条件，管道的坡度一般宜向污泥泵站方向倾斜。污泥管道停止运行时，需用清水冲洗管道。为放空管内积水，管道坡度宜为 0.001～0.002，有条件时还可适当加大。当管道纵向坡度出现高低折点时，在管子凸部必须设排气阀，在凹部必须设泄空管，排向下水道或检修井的储泥池。在平面和纵向布置中，应尽量减少急剧的转折。

4）污泥管道的线路，应尽量设置在下水道管线附近，以便排除冲洗水及泄空污泥，参见图 9-14。污泥压力管线可根据需要按双线敷设。

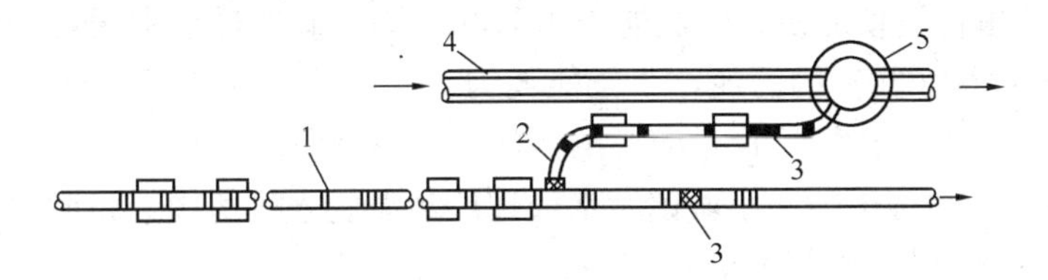

图 9-14 污泥压力管泄空入下水道示意图

1—污泥压力管；2—泄空管；3—闸门；4—下水道；5—检查井

5）检查井：沿污泥管线，每 100～200m 或在适当地点须设检查井，主要是作为观察、检查及清除管道之用。

9.2.2 脱水污泥的输送

城市污水处理厂脱水污泥含水率一般在 80%左右，它既不是理想黏滞性流体，也不是牛顿流体，在常温常压下无流动性。脱水污泥输送量不论是在污水处理厂还是在污泥集中处理设施均十分可观，脱水污泥输送系统按照压力形式分为无压、有压输送系统。无压输送主要有无轴螺旋输送机、皮带输送机、抓斗、汽车、火车或船运输送；有压输送是泵及管道输送系统。

（1）螺旋输送机输送

螺旋输送机根据有无螺旋轴，可以分为有轴螺旋输送机和无轴螺旋输送机；根据螺旋数量多少，可以分为单螺旋输送机和双螺旋输送机。污泥输送中采用较多的是无轴螺旋输送机。螺旋输送设备结构简单、工作可靠，装料、卸料方便，在物料输送过程中可实现物料的搅拌、混合等作业。目前，单螺旋输送机的最大输送能力为 $40m^3/h$，双螺旋输送机的输送能力可达 $120m^3/h$；螺旋的输送倾角不宜大于 30°；输送过程需克服污泥与设备之间的摩擦力，输送含水率为 80%的污泥，单位能耗为 0.1～0.2kW/(m·t)。螺旋输送系统适用场合：1）输送含水率为 60%～85%、结构较松散、黏性中等的污泥；2）短距离（小于 25m）、低扬程（小于 8m）污泥的输送。常用于中、小城镇污水处理厂污泥脱水机房中，将脱水后的污泥输送到污泥储仓或汽车槽车。螺旋输送机示意见图 9-15。

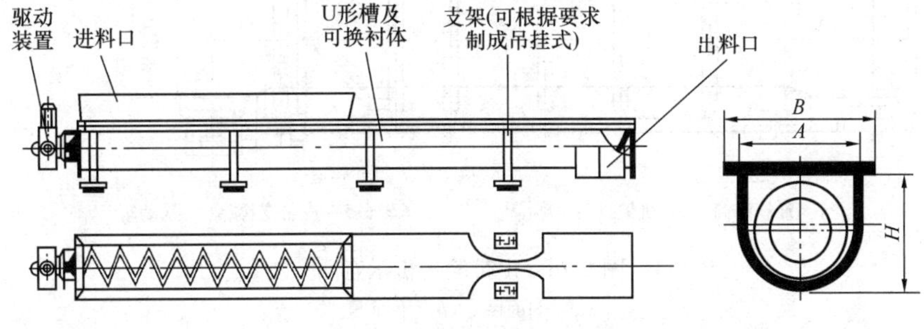

图 9-15 螺旋输送机示意图

（2）皮带输送机输送

皮带输送机种类较多，在污泥输送中，一般采用直行皮带输送机和爬坡皮带输送机。皮带输送设备结构简单、工作可靠，装料、卸料简单方便。当平面上输送方向发生转向时，一般需增设一级输送设备；当输送含水率为 80%左右的污泥时，皮带的输送倾角不宜大于 20°；目前单台设备的最大输送能力为 250m³/h；输送过程中污泥与皮带之间无相对运动，输送含水率为 80%的污泥，单位能耗为 0.0015～0.0025kW/(m・t)。皮带输送机适用场合：1）输送含水率不小于 85%的污泥；2）短距离（小于 50m）、低扬程（小于 20m）污泥的输送。常用于中、小城镇污水处理厂污泥脱水机房中，将脱水后的污泥输送到污泥储仓或汽车槽车。皮带输送机示意见图 9-16。

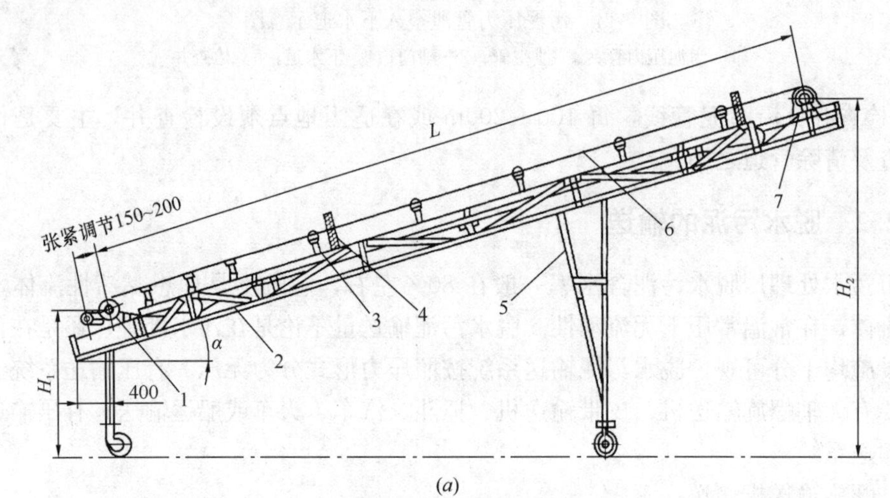

(*a*)

1—油浸滚筒；2—机架；3—支承辊；4—调心辊；5—支撑；6—皮带；7—从动辊

张紧调节150~200用户自定*L*

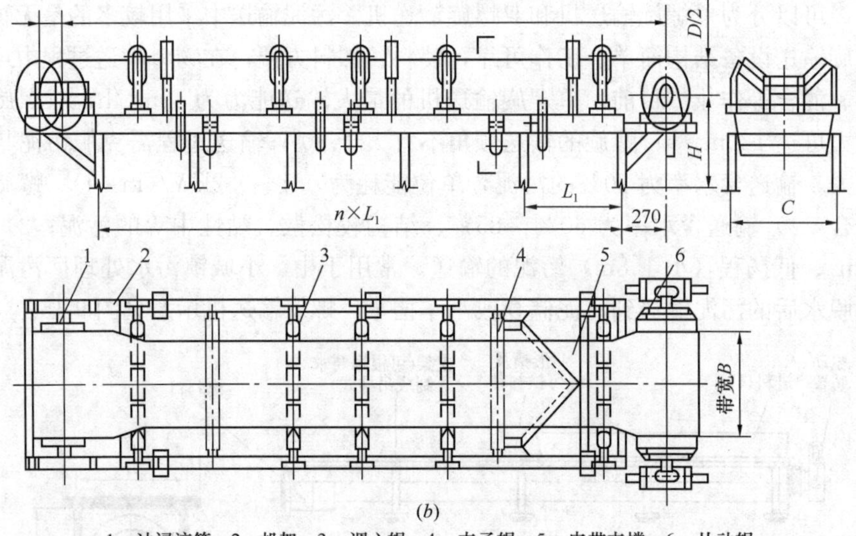

(*b*)

1—油浸滚筒；2—机架；3—调心辊；4—支承辊；5—皮带支撑；6—从动辊

图 9-16　皮带输送机示意图

(*a*) 剖面图；(*b*) 平面图

（3）抓斗输送

当后续系统对进料的连续性没有要求时，污泥处理设施可采用抓斗方式进料。抓斗常用的起吊装置有双梁桥式起重机、悬臂吊车、汽车吊等。含水率小于 85%、较松散的污泥均可采用抓斗输送，单位时间内的输送能力大，尤其适合污泥的就地短距离输送。抓斗设备成熟、结构简单、工作可靠，但需配备专门的操作人员，且操作强度大。输送含水率为80%的污泥，单位能耗为0.15kW/(m・t）左右。抓斗适用场合：水平输送距离短（小于15m)、提升高度大（小于10m）的就近提升场合。常用于大、中型集中式污泥处理处置工艺的前端进料。

（4）管道输送

污泥有压输送系统中，通常采用螺杆泵或柱塞泵进行管道输送。在一定距离内，传统的输送机和汽车运输方式已不能提供安全、环保、快捷的污泥输送。设计应优先选用安全、高效、封闭式的污泥管道输送系统，减少敞开式运输方式，防止因暴露、洒落、漏滴、臭气外逸而造成的二次污染。

污泥管道输送具有以下特点：1）输送过程全封闭、无污染，完全消除了以往敞开式输送方式严重污染环境的问题；2）输送污泥浓度高（可直接输送含水率80%左右的脱水污泥)、距离远（0～10km)、压力大（0～24MPa)、流量大（5～70m³/h)，3）全自动控制，无级调控输送量，无人值守；4）系统结构紧凑，管道可架空或埋地、垂直上升及任意转弯，布置灵活，占地面积小；5）污泥在管道中的分配、分流自动可调。

脱水污泥输送主要采用高压无缝钢管，输送管道设计应注意以下几点：管道选线应本着最短距离、最少弯头的原则布线，管道尽量平直；转弯时应优先采用45°弯头；转弯半径不低于5倍直径；在管段适当位置应考虑清通、清洗、排气设施；与污泥泵连接段应预留设备的检修空间，必要时设置高压伸缩节连接阀件。

输送管道设计流速应根据输送泵形式及型号（流量一扬程)、管道长度、管道布置、介质特性等因素综合确定，建议污泥输送管道设计流速采用0.06～0.16m/s，含水率高流速取高值，含水率低流速取低值。80%含水率泥饼通过*DN*300污泥管道水头损失估算见表9-10。

80%含水率泥饼通过*DN*300污泥管道水头损失估算　　表9-10

水平损失(MPa/m)	竖向损失(MPa/m)	90°弯头(MPa/个)	135°弯头(MPa/个)	三通(MPa/个)	阀门(MPa/个)
0.025～0.040	0.040	0.050～0.075	0.0375	0.075	0.050

污泥输送泵在构造上必须满足不易堵塞、不易腐蚀和耐磨损等基本条件。输送泵的形式主要有偏心螺杆泵和液压柱塞泵，如图9-17、图9-18所示。

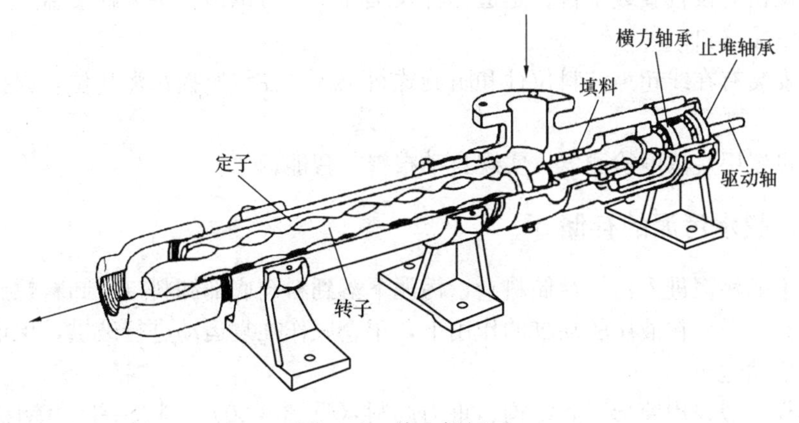

图9-17　偏心螺杆泵

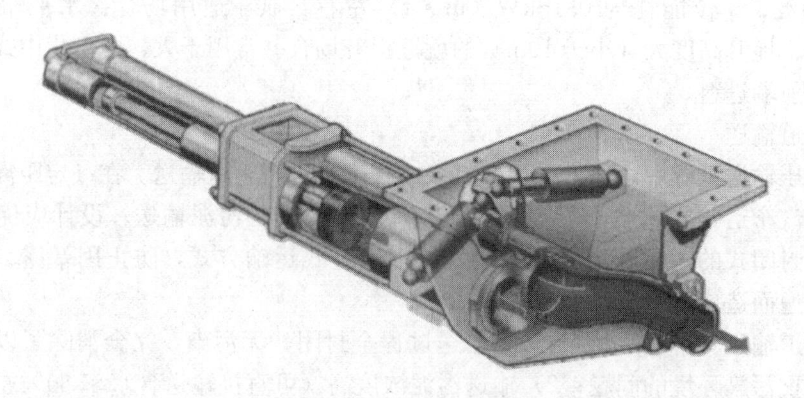

图 9-18 液压柱塞泵

9.2.3 脱水污泥的接收

脱水污泥转运至其他处理处置设施后，一般倾倒至地下接收料仓。接收料仓由仓盖、仓体、滑架、双轴螺旋输送机等部件组成，如图 9-19 所示。

污泥接收料仓一般为钢结构方形平底仓，单座容积一般为 20～250m^3。接收料仓卸料孔为方形，边长一般不小于 3.5m。卸料口宜安装格栅板，栅距可为 400mm×400mm。既可防止超大颗粒杂物进入系统，又可对卸料污泥进行初步破碎，并能有效防止现场人员跌落。料仓口盖板一般由液压或电力驱动，配合卡车卸料动作开启或关闭。为防止卡车卸料的过程中污泥飞溅，盖板外围宜设有围挡。

料仓仓底可安装破拱滑架装置，破拱滑架在液压驱动下，于仓底往复运动以防止污泥架桥，并最终将污泥输送至仓底的液压双轴螺旋输送机或卸料螺旋。

双轴螺旋输送机可直接与料仓底部以法兰连接。大型接收料仓或几个接收料仓之间需要备用时，料仓底部可安装卸料螺旋，将仓内污泥卸料至污泥泵的双轴螺旋输送机料斗内。

闸板阀用于设备检修时切断接收料仓与液压双轴螺旋输送机或卸料螺旋的通道，便于系统的维护，为矩形结构，采用液压传动方式，密封材料采用聚氨酯。

仓体外侧留有设备安装平台、走道栏杆及爬梯，平台以镀锌格栅板覆盖。仓侧壁留有人孔及滑架安装接口。

料仓内安装有在线超声波料位计和阻旋式料位计，在线监控污泥料位，根据料位情况与系统联动。

仓顶可设置甲烷浓度检测器，实现自动报警、智能通风。

9.2.4 脱水污泥的存储

来自管道的污泥进入污泥存储料仓，污泥下落到料仓底部卸料口由卸料螺旋输送机输出，与此同时，滑架在液压驱动缸的作用下，于仓底作往复运动进行破拱，保证物料顺利进入卸料螺旋输送机。

存储料仓一般采用筒形平底结构、重力卸料（见图 9-20）。料仓一般由钢结构支架支撑，下部能够行车，高度不低于 3.5m，保证清空时将污泥卸至卡车外运。常见存储料仓

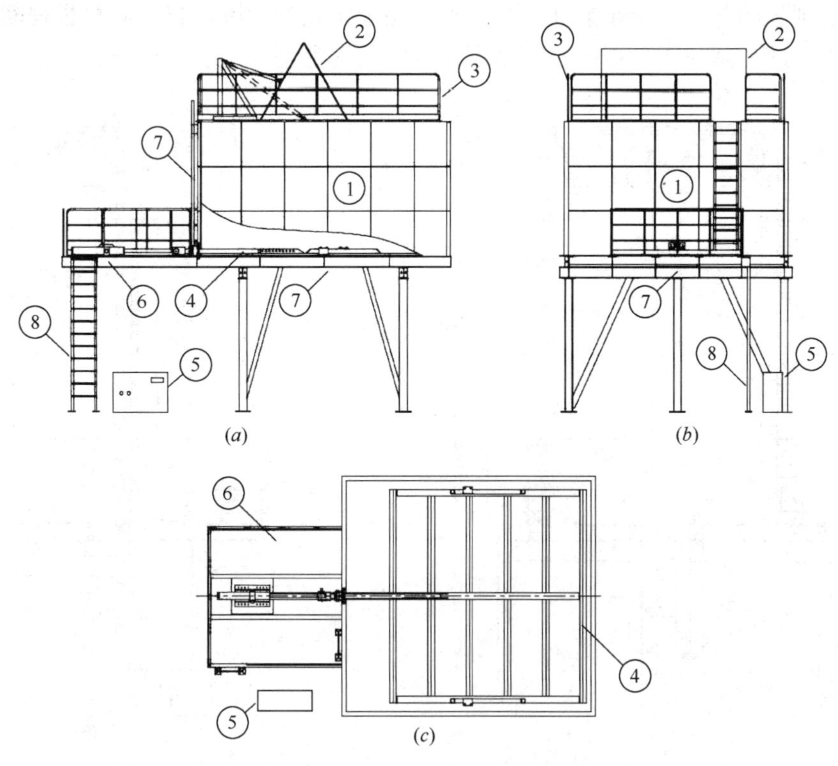

图 9-19 污泥接收料仓三视图

(a) 立面图；(b) 剖面图；(c) 平面图

①—仓体；②—仓盖；③—护栏；④—破拱滑架；⑤—滑架液压站；

⑥—设备安装平台；⑦—出料口；⑧—爬梯

平面规格为 ϕ4500、ϕ5000、ϕ5500、ϕ6000，高度直径比<2.5，单座容积 100～500m^3，存储能力一般为 1～2d。料仓的周边根据需要设置平台、走道和钢爬梯，以便于通达设备的维修点进行检修和管理，各层检修平台的设计高度可视检修点的位置确定。整个钢结构件及基础能承受设备荷载、活载和风力引起的全部荷载及力矩。整个钢结构架上所有平台、铁梯和走道位使用敞开式格栅板。格栅板的承载能力大于 500kg/m^2，最大挠度不得大于板宽的 1/400。

料仓卸料设备一般由如下部件组成：液压动力站、液压油缸驱动的滑架单元、卸料螺旋以及液压驱动的闸板阀。卸料设备开动后，各个部分按以下顺序开始运行：(1) 闸板阀通过滑架液压动力站驱动打开。(2) 卸料螺旋开始旋转。(3) 水平安装于料仓底部的滑架开始运行，滑架以垂直于卸料螺旋方向在单向或双向作用的液压驱动缸的作用下，于仓底作往复运动，保证物料在卸料口均匀输出，并起到破拱作用。滑架横梁单面倾斜，倾斜面刮起物料，竖直断面推动物料至料仓底的出口，在出口处装有卸料螺旋。

滑架主要由破拱滑架、填料函（含自动润滑）、油缸、油缸支架、油缸冲程感应器组成。根据卸料功率的不同，料仓滑架的行程周期介于 2～3min，运行速度<0.05m/s，由于滑架运行缓慢，所以磨损非常小。

液压闸板阀安装于卸料螺旋出口。该闸板采用物料密封形式，在液压驱动下进行开闭动作。液压闸板阀配备安全蓄能保护器，通过蓄能结构的瓣膜，将在卸料过程断电的情况下，强行关闭液压闸板阀，以防止该情况下整仓污泥泄漏。

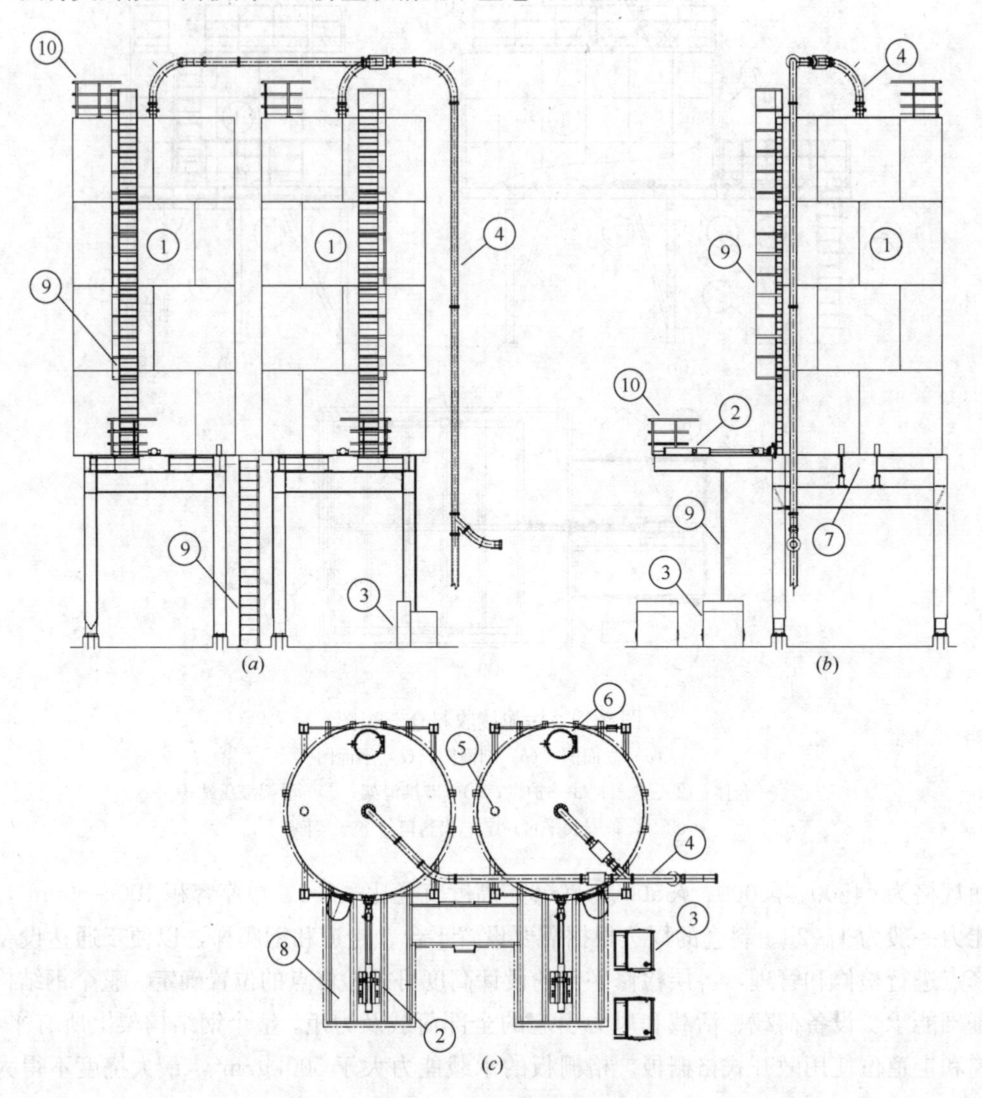

图 9-20　污泥存储料仓三视图

(a) 立面图；(b) 剖面图；(c) 平面图

①—仓体；②—破拱滑架；③—滑架液压站；④—进泥管道；⑤—泥位计；⑥—检修口；⑦—出料口；⑧—设备安装平台；⑨—爬梯；⑩—护栏

液压动力站满足污泥料仓及其配套设备的正常稳定运行，主要驱动滑架和液压闸板阀。液压动力站一般由油泵、油箱、油过滤器、油冷却器、各类控制阀、各类指示仪表和配电系统等组成。

仓顶设置进泥口及直径不小于 700 mm 的检修口，料仓侧壁较低位置设有直径不小于 900mm 的侧壁检修门，方便在紧急情况下清空污泥及进入仓内维护。

仓顶设置超声波料位计用于监测料位，料位计应采取措施防止污泥飞溅污染探头，料位计通过 PLC 与前后设备联动。

料仓一般设置在室外，北方地区需考虑料仓的外保温，料仓外保温主要采用电伴热的方式，有余热热水的系统也可以采用循环热水管进行保温。

仓顶设置臭气抽排口，连接排风管道及小型离心风机。

9.3 污泥浓缩

污泥处理系统产生的污泥，含水率很高，体积很大，输送、处理或处置都不方便。污泥浓缩可使污泥初步减容，使其体积减小为原来的几分之一，从而为后续处理或处置带来便利。首先，经浓缩之后，可使污泥管的管径减小，输送泵的能力减小。浓缩之后采用消化工艺时，可减小消化池容积，并降低加热量；浓缩之后直接脱水，可减少脱水机台数，并降低污泥调质所需的药剂或絮凝剂投加量。

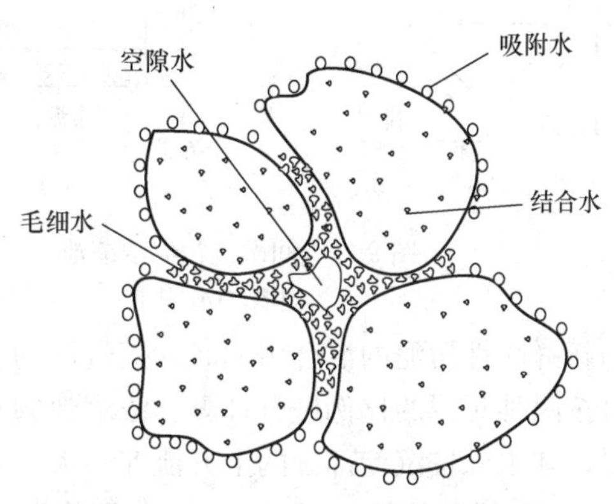

图 9-21 污泥内的水分

浓缩使污泥体积减小的原因，是浓缩将污泥颗粒中的一部分水从污泥中分离出来。从微观看，污泥中所含的水分包括空隙水、毛细水、吸附水和结合水四部分，如图 9-21 所示。空隙水系指存在于污泥颗粒之间的一部分游离水，占污泥总含水量的 65%～85%，污泥浓缩可将绝大部分空隙水从污泥中分离出来；毛细水系指污泥颗粒之间的毛细管水，约占污泥总含水量的 15%～25%，浓缩作用不能将毛细水分离，必须采用机械脱水进行分离；吸附水系指吸附在污泥颗粒上的一部分水分，由于污泥颗粒小，具有较强的表面吸附能力，因而浓缩或脱水方法均难以使吸附水与污泥颗粒分离；结合水是颗粒内部的化学结合水，只有改变颗粒的内部结构，才可能将结合水分离。吸附水和结合水一般占污泥总含水量的 10%左右，只有通过高温加热或焚烧等方法，才能将这两部分水分离出来。

污泥浓缩主要有重力浓缩、机械浓缩和气浮浓缩三种工艺形式。

9.3.1 重力浓缩

重力浓缩本质上是一种沉淀工艺，属于压缩沉淀。浓缩前由于污泥浓度较高，颗粒之间彼此接触支撑。浓缩开始以后，在上层颗粒的重力作用下，下层颗粒间隙中的水被挤出界面，颗粒之间相互拥挤得更加紧密。通过这种拥挤和压缩过程，污泥浓度进一步提高，上层的上清液溢流排出，从而实现污泥浓缩。

重力浓缩池按其运转方式分为连续流和间歇流，按其池型分为圆形及矩形，见图 9-22、图 9-23。

设计规定及数据：

（1）连续流污泥浓缩池可采用沉淀池形式，一般为竖流式或辐流式。

（2）污泥浓缩池面积应按污泥沉淀曲线试验数据决定的污泥固体负荷来进行计算。当无污泥沉淀曲线试验数据时，可根据污泥种类和污泥中有机物的含量参用以下数据：当为

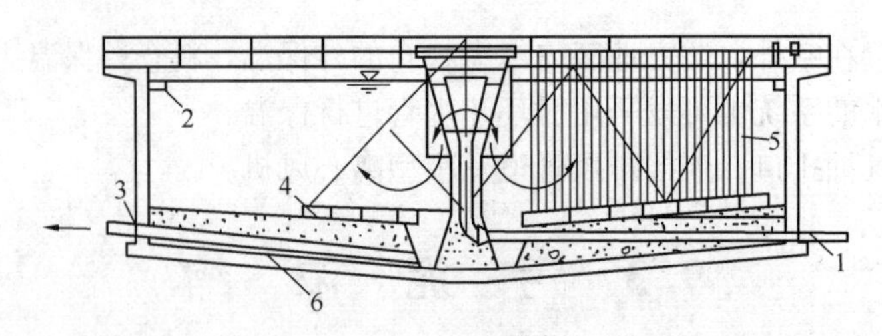

图 9-22　连续流污泥浓缩池（带刮泥机及栅条）

1—中心进泥管；2—上清液溢流堰；3—底流排除管；4—刮泥机；5—搅动栅；6—钢筋混凝土

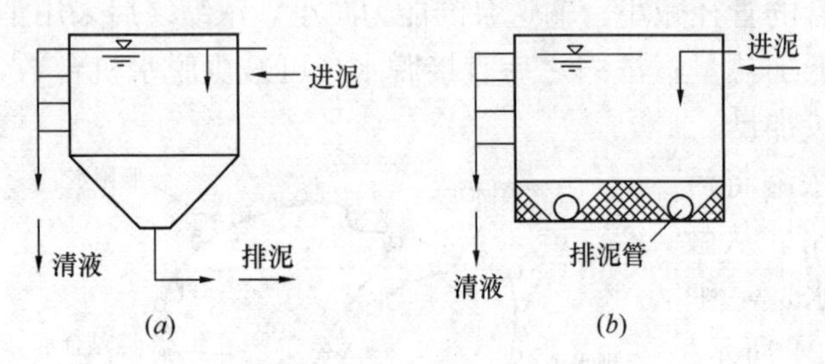

图 9-23　间歇流污泥浓缩池

(a) 圆形；(b) 矩形

初沉污泥时，其含水率一般为 95%～97%，污泥固体负荷采用 80～120kg/(m²·d)，浓缩后的污泥含水率可到 90%～92%；当为活性污泥时，其含水率一般为 99.2%～99.6%，污泥固体负荷采用 30～60kg/(m²·d)。浓缩后的污泥含水率可到 97.5%左右。当为初沉污泥与新鲜活性污泥的混合污泥时，其进泥的含水率、污泥固体负荷及浓缩后的污泥含水率，可按两种污泥的比例进行计算。浓缩池的有效水深一般采用 4m，当为竖流式污泥浓缩池时，其水深按沉淀部分的上升流速不大于 0.1mm/s 进行核算。浓缩池的容积还应按浓缩 12～16h 进行核算，不宜过长。否则将发生厌氧分解或反硝化，产生 CO_2 和 H_2S。

(3) 连续流污泥浓缩池，一般采用圆形竖流或辐流沉淀池的形式。污泥室容积应根据排泥方法和两次排泥间隔时间而定，当采用定期排泥时，两次排泥间隔一般可采用 8h。浓缩池较小时可采用竖流式浓缩池，一般不设刮泥机，污泥室的截锥体斜壁与水平面所形成的角度应不小于 50°，中心管按污泥流量计算。沉淀区按浓缩分离出来的污水流量进行设计。辐流式污泥浓缩池的池底坡度，当采用吸泥机时，可采用 0.003；当采用刮泥机时，可采用 0.01；不设刮泥设备时，池底一般设有泥斗，泥斗与水平面的倾角应不小于 50°。刮泥机的回转速度为 0.75～4r/h，吸泥机的回转速度为 1r/h。还可在刮泥机上安设栅条，以便提高浓缩效果，在水面设除浮渣装置。

(4) 浓缩池的上清液应重新回流到污水处理系统进行处理。如有必要应进行除磷或磷回收。

(5) 浓缩池的其他设计数据可参用沉淀池的有关规定。

(6) 重力浓缩电耗少、缓冲能力强，但其占地面积较大，易产生磷的释放，臭味大，需要增加除臭设施。初沉污泥用重力浓缩，含水率一般可从 95%～97%浓缩至 90%～92%；剩余活性污泥一般不宜单独进行重力浓缩；初沉污泥与剩余活性污泥混合后进行重力浓缩，含水率可由 96%～98.5%降至 93%～96%。

【例 9-1】 污泥量为 550m³/d，污泥的固体浓度为 8kg/m³（含水率 99.2%），求浓缩池所需面积。

【解】 取固体负荷为 60kg/(m²·d)

$$所需面积为\frac{8\times550}{60}=73.33m^2$$

取有效水深为4m，核算停留时间为：

$$\frac{73.33\times4\times24}{550}=12.8h(符合设计规定)$$

9.3.2 离心浓缩

离心浓缩工艺最早始于20世纪20年代初，当时采用的是最原始的筐式离心机。后经过盘嘴式等几代更换，现在普遍采用的为卧螺式离心机。离心脱水也是一种常用的污泥脱水工艺，采用的离心机与用于浓缩的离心机的原理和形式基本一样，其差别在于离心浓缩机用于浓缩活性污泥时，一般不需加入絮凝剂调质，而离心脱水机要求必须加入絮凝剂进行调质。当然，如果要求浓缩污泥含固率大于6%，则可适量加入部分絮凝剂，以提高含固量；但切忌加药过量，否则易造成浓缩污泥泵送困难。

关于离心机的详细内容，将在离心脱水的章节中加以叙述。

离心浓缩是在离心力的作用下使污泥颗粒沉降，适于对不易重力浓缩的剩余污泥进行浓缩。与占地面积较大的重力浓缩相比，离心浓缩在占地面积较小的离心机内即可以完成，且只需十几分钟。

完成离心浓缩过程的设备为离心浓缩机。可将剩余污泥的含水率由99.2%～99.5%浓缩至91%～95%。

离心浓缩机具有占地少、车间工作环境好、避免磷释放等优点。但其噪声较大、电耗高。

9.3.3 带式浓缩

对污泥进行带式浓缩的设备是带式浓缩机，其发展源于带式压滤机对污泥的脱水。这种浓缩设备主要由重力带构成，重力带在由变速装置驱动的辊子上移动，用聚合物调理过的污泥投加到设于端部的进泥分布箱内，然后将污泥均匀分布在移动的带子上。沿着带子的移动方向设置一系列类似犁刀的装置（也称梳水犁），将污泥犁为"垄沟"，使污泥中释放出来的水排出。在浓缩污泥排走后，需要对带子进行冲洗。

带式浓缩机通常在污泥含水率大于98%的情况下使用，常用于剩余污泥的浓缩。通常与带式脱水机装为一体作为带式浓缩脱水机的浓缩单元，可将剩余污泥的含水率从99.2%～99.5%浓缩至93%～95%。

带式浓缩机如图9-24所示。

带式浓缩机具有电耗少、噪声低、避免磷释放等优点。但其易造成现场清洁问题，车

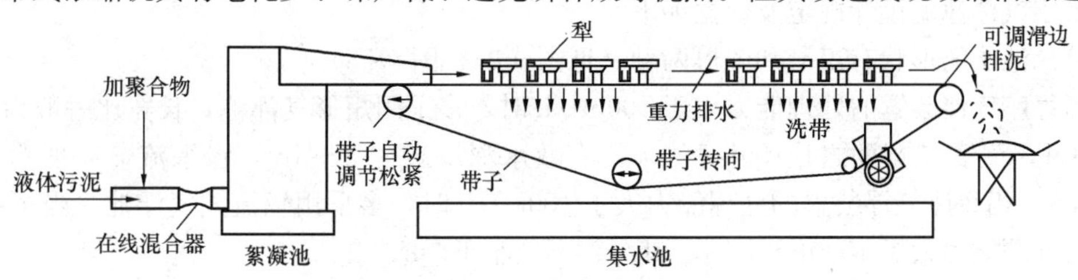

图9-24 带式浓缩机示意图

间空气环境较差。

9.3.4　转鼓浓缩

转鼓浓缩机是一个装有滤网的圆柱体转鼓（见图 9-25），污泥的浓缩和传送是通过其内部可转动的螺旋输送器来完成的。其工作原理是絮凝污泥在螺旋输送器的缓慢推动下，从转鼓的进口向出口缓慢运动。在行进过程中污泥不断翻转，释放出水分，污泥水从滤网中渗出进入收集容器。行进到转鼓另一端的浓缩污泥从出口排出。一般可将污泥的含水率从 97%～99.5%浓缩到 92%～94%。

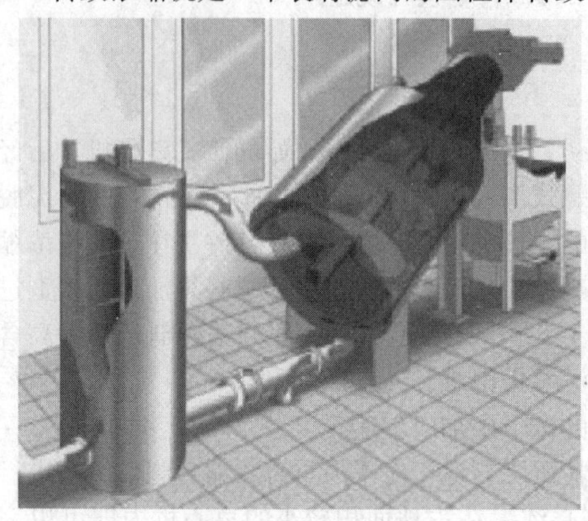

图 9-25　转鼓浓缩机

转鼓浓缩机具有电耗少、噪声低、避免磷释放等优点。但其依赖絮凝剂的添加，加药量较大，一般为 4～7g 药剂/kg 干泥；存在潜在的臭气问题；为防止滤网被细小颗粒堵塞，需要用压力水不停冲洗。

9.3.5　气浮浓缩

气浮法适用于浓缩活性污泥和生物滤池等的较轻污泥，能将含水率 99.5%的活性污泥浓缩到 94%～96%。气浮法按微气泡产生方式来划分，可分为以下四种形式：加压溶气气浮法、真空气浮法、电解气浮法和分散空气气浮法。但只有加压溶气气浮法才适用于活性污泥浓缩。

气浮浓缩与重力浓缩、离心浓缩相比具有以下特点：

（1）气浮浓缩后污泥的含固率高于重力浓缩，低于离心浓缩。

（2）气浮法的固体负荷和水力负荷较高，水力停留时间短，构筑物或气浮设备的体积小。

（3）对水力冲击负荷缓冲能力强，能获得稳定的浮泥浓度及澄清水质，能有效地浓缩膨胀的活性污泥。

（4）气浮法能防止污泥在浓缩过程中的腐化，避免臭味问题。

（5）气浮法电耗比重力浓缩高，比离心浓缩低。

加压溶气气浮法的流程如图 9-26 所示。

采用气浮池的设计规定及数据如下：

（1）池子的形状有矩形和圆形两种（见图 9-27、图 9-28）。

当每座气浮装置的处理能力小于 100m^3/h 时，多采用矩形气浮池。长宽比一般为 3∶1～4∶1，深度与宽度之比不小于 0.3，有效水深一般为 3～4m，水平流速一般为 4～10mm/s。当每座气浮装置的处理能力大于 100m^3/h 时，多采用辐流式气浮池。当每座气浮池的处理能力大于 1000m^3/h 时，其深度不应小于 3m。

（2）系统的进泥量须能调节：如果进泥量太大，超过气浮浓缩系统的浓缩能力，则排

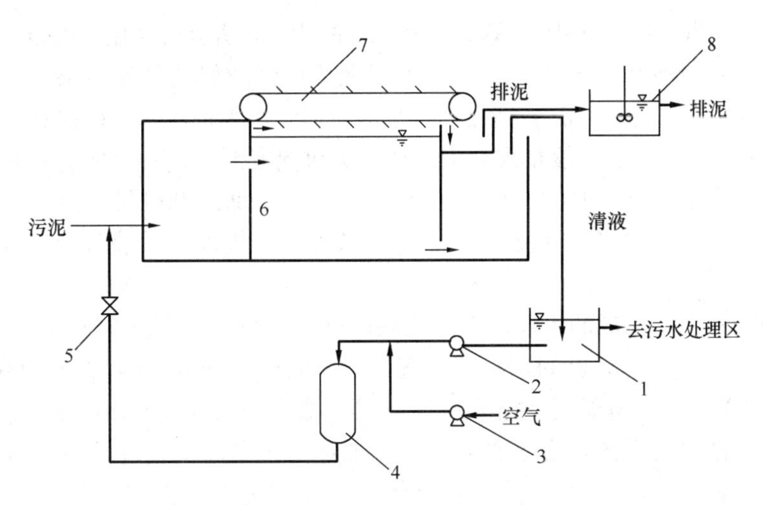

图 9-26 加压溶气气浮法流程图

1—清液池；2—加压泵；3—空压机；4—溶气罐；5—减压阀；6—气浮池；7—刮泥机；8—脱气池

泥浓度降低；反之，如果进泥量太小，则造成浓缩能力的浪费。当为活性污泥时，其进泥浓度不应超过 5g/L，即含水率为 99.5%（包括气浮池的回流）。进泥量 Q 可按公式(9-5)计算：

$$Q=\frac{q_s A}{C_i} \tag{9-5}$$

式中 q_s——气浮池的固体表面负荷 [kg/(m² · d)]；

A——气浮池表面积（m²）；

C_i——入流污泥浓度（kg/m³）。

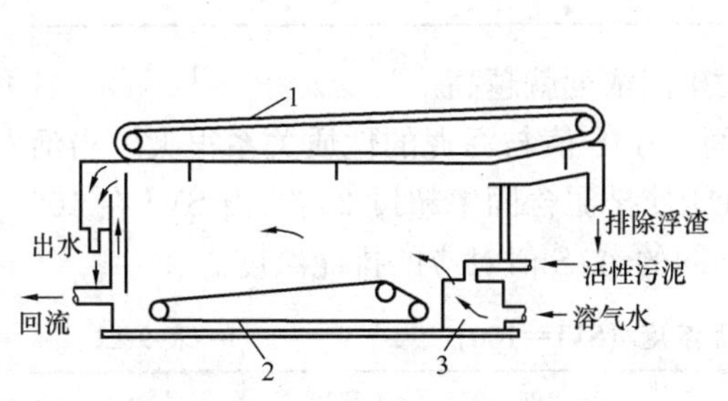

图 9-27 矩形浮选浓缩池

1—刮渣机；2—刮泥机；3—进泥室

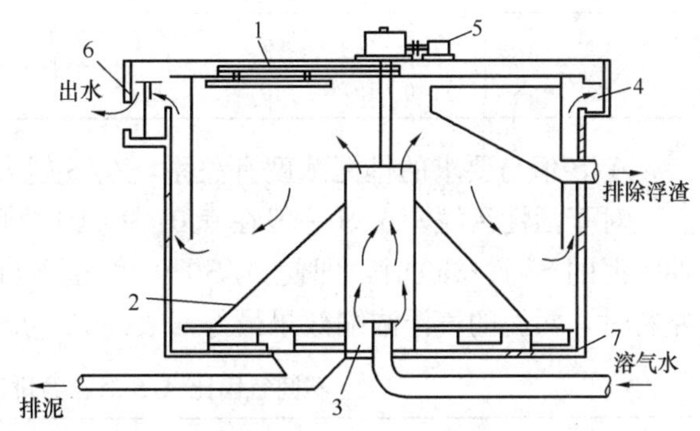

图 9-28 圆形浮选浓缩池

1—刮渣机；2—刮泥机；3—进泥室；4—浮渣槽；5—电动机；6—调节堰；7—钢筋混凝土

当为活性污泥时，q_s 一般在 1.8～5.0kg/(m² · h) 范围内，其值与活性污泥的 SVI 值等有关系。q_s 可由实验确定，也可以在实际运行中得出。

(3) 气浮池所需面积：按水力负荷设计，当不投加化学混凝剂时，设计水力负荷为 1～3.6m³/(m² · h)，一般采用最大水力负荷为 1.8m³/(m² · h)，固体负荷为 1.8～

5.0kg/(m^2·h)。当活性污泥指数SVI为100左右时，固体负荷采用5.0kg/(m^2·h)，气浮后污泥含水率一般在95%～97%。对活性污泥要得到较好的气浮效果，一般污泥在气浮池内的停留时间T应≥20min。当投加化学混凝剂时，其负荷一般可提高50%～100%，浮渣浓度也可提高1%左右。投加聚合电解质或无机混凝剂时，其投加量一般为2%～3%（干污泥重）。混凝剂的反应时间一般不小于5～10min。助凝剂的投加点一般设在回流与进泥的混合点处。池子的容积应按停留2h进行核算，当投加化学混凝剂时，应加上反应时间。

（4）污泥颗粒上浮形成的水面以上浮渣层厚度：一般控制在0.15～0.3m，利用出水设置的堰板进行调节。刮渣机的刮板移动速度，一般用0.5m/min，并应有调节的可能。下沉污泥颗粒的泥量，一般按进泥量的1/3计算，池底刮泥机的设计参见沉淀池刮泥机设计参数。气浮池刮出的浮渣，由于含有气泡，抽送至污泥后续处理池时，应选用螺杆泵为好。

（5）气量的控制将直接影响排泥浓度的高低：一般来说，溶气量越大，排泥浓度也越高。但能耗也相应增加。气量Q_a可用公式（9-6）计算：

$$Q_a=\frac{Q_iC_iA/S}{\gamma} \tag{9-6}$$

式中　Q_i、C_i——分别为入流污泥的流量和浓度；

γ——空气密度（kg/m^3），与温度有关，见表9-11；

A/S——气浮浓缩的气固比，系指单位质量的干污泥量在气浮浓缩过程中所需要的空气量。

空气在水中的溶解度及密度（在常压下）　　**表9-11**

温度（℃）	溶解度（m^3/m^3）	密度（kg/m^3）	温度（℃）	溶解度（m^3/m^3）	密度（kg/m^3）
0	0.0288	1.252	30	0.0161	1.127
10	0.0226	1.206	40	0.0142	1.092
20	0.0187	1.164			

A/S值与要求的排泥浓度有关系，A/S越大排泥浓度就越高。

对于活性污泥，A/S一般在0.01～0.04之间。A/S值与污泥的性质关系很大，当活性污泥的SVI>350时，即使A/S>0.06也不可能使排泥含固率超过2%。当SVI在100左右时，污泥的气浮浓缩效果最好。表9-12为不同的A/S值对应的排泥浓度。

不同气固比 A/S 对应的排泥浓度（SVI=100）　　**表9-12**

气固比	0.010	0.015	0.020	0.025	0.030	0.040
排泥浓度（%）	1.5	2.0	2.8	3.3	3.8	4.5

（6）加压水量应控制在合适的范围内：水量太少，溶不进气体，不能起到气浮效果；水量太多，不仅能耗大，也可能影响细气泡的形成。溶气罐的容积，一般按加压水停留1～3min计算，其绝对压力一般采用0.3～0.5MPa，罐体高与直径之比常用2～4。加压水量可由公式（9-7）计算：

$$Q_w=\frac{Q_iC_iA/S}{C_s(\eta p-1)} \tag{9-7}$$

式中 Q_w——加压水量（m^3/d）；

Q_i——入流污泥量（m^3/d）；

C_i——入流污泥的浓度（kg/m^3）；

C_s——0.1MPa下空气在水中的饱和溶解度（kg/m^3）；

p——溶气罐的压力，一般控制在0.3～0.5MPa；

η——溶气效率，即加压水的饱和度与压力的关系，在0.3～0.5MPa下，η一般在50%～80%之间。

【例9-2】采用加压溶气浮选法浓缩剩余活性污泥。污泥流量为1440m^3/d，污泥浓度为5kg/m^3，即含水率为99.5%；气固比A/S为3%，污泥温度为20℃，浮渣含固率要求达到4%（含水率96%），加压溶气的绝对压力为0.5MPa，试计算回流比和气浮浓缩池面积。

【解】设计两座气浮池，则每座流量$Q=\frac{1440}{2}=720m^3/d<100m^3/h$。

采用矩形气浮池，以下均按单座气浮池进行计算。当水温为20℃时，空气溶解度$C_s=18.7mL/L$，空气密度$\gamma=1.164g/L$，溶气效率η采用0.5，固体负荷率按不加混凝剂考虑$q_s=45kg/(m^2 \cdot d)$，采用出水部分回流加压溶气浮选的流程。溶气水下降到大气压时，理论上释放的空气量为：

$$A=\gamma C_s(fP-1)R\times\frac{1}{1000}$$

式中 A——0.1MPa时释放的空气量（kg/d）；

γ——空气密度（g/L）；

C_s——在一定温度下，0.1MPa时的空气溶解度（mL/L）；

f——实际空气溶解度与理论空气溶解度之比；

P——绝对大气压（0.1MPa）；

R——压力水回流量（m^3/d）。

气浮的污泥干重为：

$$S=QS_a$$

式中 S——污泥干重（kg/d）；

Q——气浮的污泥量（m^3/d）；

S_a——污泥浓度（kg/m^3）。

因此气固比可写成：

$$\frac{A}{S}=\frac{\gamma C_s(fP-1)R}{QS_a\times 1000}$$

则压力水回流量可按下式计算：

$$R=\frac{QS_a\left(\frac{A}{S}\right)1000}{\gamma C_s(fP-1)}$$

则
$$R=\frac{720\times 5\times 0.03\times 1000}{1.164\times 18.7(0.5\times 5-1)}=3308m^3/d=138m^3/h$$

相当于460%。

总流量为：

$$Q_{总} = Q + R = 720 + 3308 = 4028\text{m}^3/\text{d} = 168\text{m}^3/\text{h}$$

所需空气量为：

$$A = \gamma C_s(fP - 1)R\frac{1}{1000}$$
$$= 1.164 \times 18.7(0.5 \times 5 - 1)3308/1000$$
$$= 108\text{kg/d}$$

当温度为0℃，0.1MPa时，空气密度为1.252kg/m³，则 $A = 108\text{kg/d} = 86.3\text{m}^3/\text{d}$。计算所得空气量是理论计算值，实际需要量应再乘以2。则为：

$$86.3 \times 2 = 172.6\text{m}^3/\text{d} = 7.2\text{m}^3/\text{h}$$

气浮浓缩池表面积计算：

污泥干重为：

$$S = QS_a = 720 \times 5 = 3600\text{kg/d}$$

$$F = \frac{S}{M} = \frac{3600}{45} = 80\text{m}^2$$

设长宽比$\frac{L}{B}$为4，则：

$$4B^2 = F = 80\text{m}^2$$

$$B = \sqrt{\frac{80}{4}} = 4.5\text{m}$$

$$L = 4 \times 4.5 = 18\text{m}$$

气浮池高度为：

$$H = d_1 + d_2 + d_3$$

式中 d_1——分离区高度（由过水断面ω算出）(m)；

d_2——浓缩区高度，一般最小值采用1.2，或等于3/10的池宽（m）；

d_3——死水区高度，一般采用0.1m。

水平流速采用5mm/s=18m/h，

则过水断面为：

$$\omega = \frac{Q}{v} = \frac{168}{18} = 9.3\text{m}^2$$

$$d_1 = \frac{\omega}{B} = \frac{9.3}{4.5} = 2.1\text{m}$$

$$d_2 = 0.3B = 0.3 \times 4.5 = 1.35\text{m}$$

$$d_3 = 0.1\text{m}$$

$$H = 2.1 + 1.35 + 0.1 = 3.55\text{m}, 取 3.6\text{m}$$

按水力负荷进行核算：

$$\frac{168}{80} = 2.1\text{m}^3/(\text{m}^2 \cdot \text{h})$$

按停留时间进行核算：

$$T = \frac{4.5 \times 18 \times 3.6}{168} = 1.74\text{h}$$

以上均接近一般设计规定。

溶气罐容积计算：

按停留 3min 计算，则：

$$V=\frac{138\times 3}{60}=6.9\text{m}^3$$

罐高度采用 4m 时，罐直径为：

$$D=\sqrt{\frac{4V}{\pi H}}=\sqrt{\frac{4\times 6.9}{3.14\times 4}}=1.48\text{m},\text{采用 } D=1.5\text{m}$$

罐高度与直径之比为：

$$\frac{H}{D}=\frac{4}{1.5}=2.7\text{(符合设计规定)}$$

图 9-29 一体化气浮设备

一体化气浮设备是将气浮池、溶气罐、溶气水泵、投药设备和空压机或射流器有机地组合为一体，如图 9-29 所示。其工作原理是在一定的压力下，通过射流器吸入适量的空气，与回流水在溶气罐内形成饱和溶气载体，经释放器骤然减压释放而获得大量的微细气泡。气泡迅速黏附于经混凝反应形成的污泥絮体上，造成污泥絮体密度小于水的状态，而被迅速浮于水面，从而实现固液分离。渣浮于水面被刮走，而分离水则通过底部穿孔管进入水箱，部分水回流作溶气水，其余水则通过阀门排出。目前一体化气浮设备十分成熟，品种和型号多样，可根据实际工程需要选用。

9.3.6 微砂循环浓缩

在污水深度处理工艺中，滤池反冲洗水可采用微砂循环浓缩工艺进行浓缩。该工艺是在絮凝池中投加微砂，以微砂作为絮体的核心，形成较大密度的絮体，从而更容易实现固液分离，具有较高的表面负荷。

微砂循环浓缩工艺主要由投加池、絮凝池和沉淀池组成，在投加池内投加粒径约为 100～150μm 的微砂并迅速搅拌，微砂循环和补充可以增加凝聚的几率，确保絮状物的密度，以增加絮体形成和沉淀的速度。在絮凝阶段形成较大颗粒絮凝体后进入沉淀池的斜管（板）底部，然后上向流至集水区。在斜管（板）上沉淀的颗粒和絮体基于重力作用滑下，较高的径向流速和斜管倾斜可以形成一个连续自刮的过程，在斜管（板）上无污泥的积累。

微砂和污泥被循环泵送入水力旋流器中，在离心力的作用下微砂和污泥分离。微砂从下层流出，直接再次投到投加池中；浓缩污泥从上层溢出，然后通过重力排放到后续污泥处理单元，污泥排放浓度由进水颗粒物浓度和回流率确定。

微砂循环浓缩工艺如图 9-30 所示。

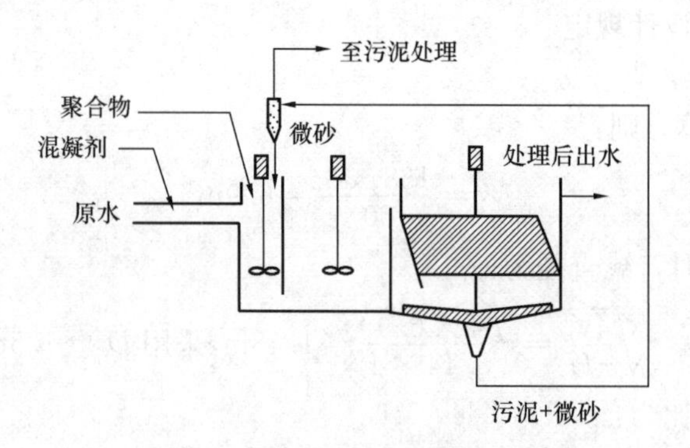

图 9-30 微砂循环浓缩工艺示意图

9.4 厌 氧 消 化

厌氧消化是利用兼性菌和厌氧菌进行厌氧生化反应，分解污泥中有机物质的一种污泥处理工艺。厌氧消化是使污泥实现“四化”（减量化、稳定化、无害化、资源化）的主要环节。首先，有机物被厌氧消化分解，可使污泥稳定化，使之不易腐败。其次，通过厌氧消化，大部分病原菌或蛔虫卵被杀灭或作为有机物被分解，使污泥无害化。第三，随着污泥被稳定化，将产生大量高热值的甲烷（沼气），作为能源利用，使污泥资源化。另外，污泥经厌氧消化以后，其中的部分有机氮转化成了氨氮，提高了污泥的肥效。污泥的减量化虽然主要借浓缩脱水，但有机物被厌氧分解，转化成沼气，这本身也是一种减量过程。主要的厌氧消化处理构筑物就是消化池，这是一种人工处理污泥的构筑物，在处理过程中加热搅拌，保持泥温，达到使污泥加速消化分解的目的。

9.4.1 厌氧消化的机理及影响因素

(1) 厌氧消化机理

将有机物厌氧消化产生沼气，是一个多种细菌参与的多阶段生化反应过程，每一反应阶段都以某类细菌为主，其产物供下一阶段的细菌利用。厌氧消化机理的理论有二段论、三段论和四段论。

1）第一阶段：水解阶段

污泥中的有机物成分很复杂，主要包括碳水化合物（主要是淀粉和纤维素）、类脂化合物（主要是脂肪）和蛋白质。以上物质在污泥液体中基本上都以固态或胶态存在，细菌无法将其直接吸收。但一些兼性细菌可以向体外分泌胞外酶，将以上大分子的固态和胶态物质水解成细菌可吸收的溶解性物质，产物如下：

纤维素或淀粉$\xrightarrow{\text{水解}}$葡萄糖

脂肪$\xrightarrow{\text{水解}}$甘油＋脂肪酸

蛋白质$\xrightarrow{\text{水解}}$氨基酸＋脂肪酸

另外，在水解过程中还伴随有少量 CO_2 和 NH_3 产生。

2）第二阶段：产酸阶段

进行水解的兼性菌完成水解后，可将水解产物吸入胞内，继续进行分解代谢。代谢产物主要为挥发性脂肪酸、挥发醇及一些醛酮物质。但消化液中的脂肪酸则主要为乙酸、丙酸和丁酸，占挥发性脂肪酸总量的95%以上。三种酸中以乙酸（醋酸）为主，占总量的65%～75%。挥发醇主要为甲醇和乙醇。另外，在该阶段内还产生一些CO_2、NH_3、H_2S及H_2。这些细菌统称为产酸菌。产酸菌一般为兼性菌，在有氧的条件下也能存活，并进行生化反应，只是反应产物不同。也还有绝对厌氧的产酸菌，其数量较少，在该阶段不起主要作用。

3）第三阶段：产甲烷阶段

在该阶段起主要作用的是甲烷菌。由于该类细菌繁殖速度慢，代谢活力不强，只能利用挥发性脂肪酸进行代谢，产生甲烷。因此产酸阶段是产甲烷阶段的前提，大部分甲烷菌将产酸阶段产生的乙酸吸入胞内进行代谢，产生甲烷（CH_4）。甲烷菌为专性厌氧菌，氧的存在能使之中毒并失去活性。主要原因是当环境中有氧存在时，O_2能与产酸阶段产生的H_2迅速合成为过氧化氢（H_2O_2），H_2O_2是一种强氧化剂，在其浓度较高时，对所有类型的细菌均有杀伤作用。由于产酸阶段产生的H_2量不可能很大，因而消化液中H_2O_2浓度不高。在H_2O_2浓度较低时，兼性菌会分泌出一种分解H_2O_2的酶，将H_2O_2分解掉，使之失去氧化能力，而专性厌氧菌无此功能，这即是兼性菌和专性厌氧菌之间区别的本质所在。

所谓四段论系将酸性消化阶段分成三个阶段，分别为水解阶段、产酸阶段和酸性衰退阶段。加上产甲烷阶段，称为四段论。

综上所述，二段论、三段论和四段论相互之间并不矛盾，只是从不同角度对厌氧消化过程的描述。因此，综合二段论、三段论和四段论，可以全面深入地理解消化过程的内在机理。基于以上分析，厌氧消化全过程可直观地用图9-31表示。

（2）厌氧消化的影响因素

1）pH值

由于水解、产酸和产甲烷三个阶段同时存在，将不再有明显的酸性衰退期，各种酸性碱性综合作用，具体体现为消化液的pH值；因此pH值是综合各阶段消化状态的一个指标：水解和产酸阶段的速率超过产甲烷阶段，会造成有机酸的积累，使pH值降低；产甲烷与产酸降低速率接近时，因无大量有机酸积累，消化液的pH值则升高。在运行控制中，可以把pH值作为一个控制指标。产酸菌和产甲烷菌所要求的pH值范围，见表9-13。

产酸菌和产甲烷菌所要求的pH值范围 **表9-13**

pH值范围	存活范围	正常代谢范围	高效代谢范围
产酸菌	5.0～9.0	6.0～8.0	6.0～8.0
产甲烷菌	6.0～8.0	6.4～7.8	6.8～7.1

2）温度

除pH值和碱度外，影响消化的另一个重要因素是污泥的温度。由于产甲烷菌繁殖代谢速度较慢，内部整个消化过程的速率由产甲烷阶段控制。产甲烷菌正常生存的温度范围

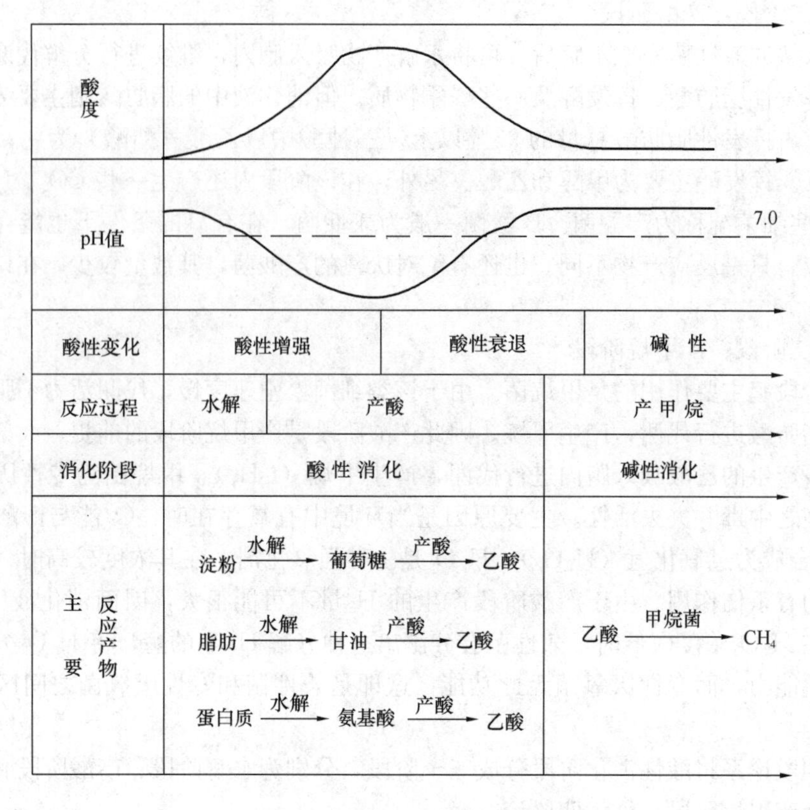

图 9-31 厌氧消化过程示意图

在 10～60℃之间。当温度低压 10℃时，它虽能存活，但代谢将基本停止。产甲烷菌从活性总体上看，随温度升高而增大，在保证有机物分解率在 35%～40%之间的前提下，将消化控制在不同温度下运行，可得到所需消化时间与温度之间的变化关系，见图 9-32。

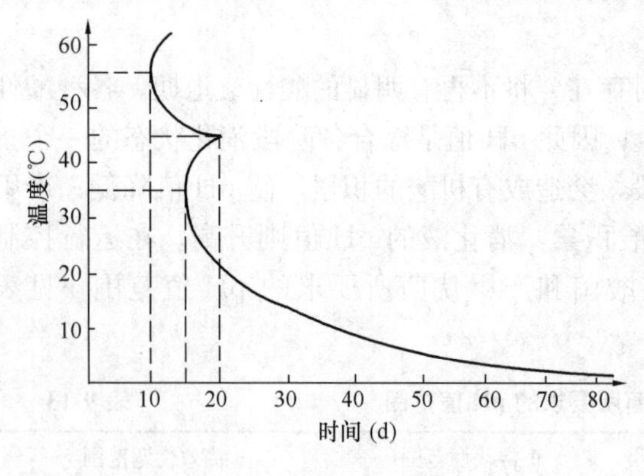

图 9-32 温度与消化时间的关系

从图中可以看出，当温度在 55℃左右时，消化效率最高，消化时间仅需 10d，甚至更短；当温度在 35℃左右时，消化效率也较高，消化时间约需 15d；随着温度降低，消化时间延长。

3）生物固体停留时间（污泥龄）与负荷

消化池容积负荷和水力停留时间（消化时间）的关系见图 9-33。

消化池的容积设计应按有机负荷、污泥龄或消化时间设计。只要提高进泥的有机物浓度，就可以更充分地利用消化池的容积。由于产甲烷菌的增殖较慢，对环境条件的变化十分敏感，因此要获得稳定的处理效果就需要保持较长的污泥龄。

4）搅拌与混合

厌氧消化是由细菌体的内酶和外酶与底物进行的接触反应。因此必须使两者充分混合。搅拌的方法一般有：泵加水射器搅拌、消化气循环搅拌和混合搅拌等。

5）营养与 C/N 比

厌氧消化池中，细菌生长所需营养由污泥提供。合成细胞所需的碳源担负着双重任务，其一是作为反应过程的能源，其二是合成新细胞。合成细胞的 C/N 比约为 5∶1，要求 C/N 比达到 10～20 为宜。如 C/N 比太高，氮量不足，消化液的缓冲能力低，pH 值容易降低；如 C/N 比太低，氮量过多，pH 值可能上升，铵盐容易积累，会抑制消化进程。

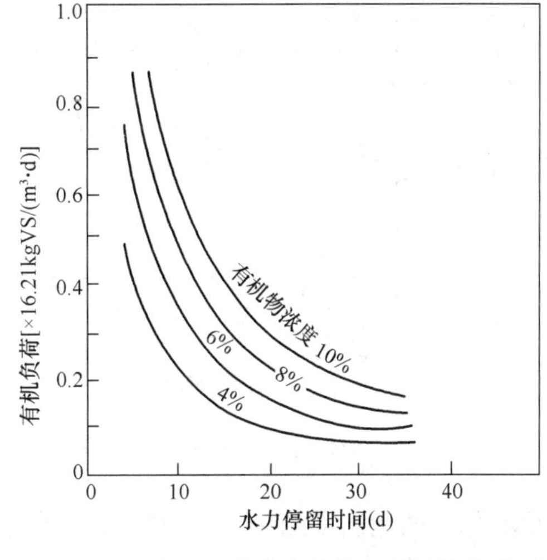

图 9-33 容积负荷和水力停留时间的关系

6）氮的守恒和转化

在厌氧消化池中，氮的平衡是非常重要的因素，尽管消化系统中的硝酸盐都将被还原成氮气存在于消化气中，但仍然存在于系统中，由于细胞的增殖很少，故只有很少的氮转化为细胞，大部分可生物降解的氮都转化为消化液中的 NH_3，因此消化液中氮的浓度都高于进入消化池的原污泥。

7）有毒物质

所谓“有毒”是相对的，事实上任何一种物质对甲烷消化都有两方面的作用，即有促进产甲烷菌生长的作用与抑制产甲烷菌生长的作用。关键在于它们的界限，即毒阈浓度。表 9-14 列举了某些物质的毒阈浓度。低于毒阈浓度下限，对产甲烷菌生长有促进作用；在毒阈浓度范围内，有中等抑制作用，如果浓度逐渐增加，则产甲烷菌可被驯化；超过毒阈浓度上限，对产甲烷菌有强烈的抑制作用。

某些物质的毒阈浓度 **表 9-14**

物质名称	毒阈浓度界限（mol/L）
碱金属和碱土金属 Ca^{2+}，Mg^{2+}，Na^{+}，K^{+}	10^{-1}～10^{6}
重金属 Cu^{2+}，Zn^{2+}，Ni^{2+}，Hg^{2+}，Fe^{2+}	10^{-5}～10^{-3}
H^{+} 和 OH^{-}	10^{-6}～10^{-4}
胺类	10^{-5}～100
有机物质	10^{-6}～100

9.4.2 厌氧消化方式

按照消化温度的不同，消化常分为三类：高温消化、中温消化和常温消化。中温消化的温度可控制在 29～38℃之间，常采用 35℃；高温消化的温度可控制在 50～56℃之间，常采用 55℃；常温消化一般不加热，不控制消化温度，常在 15～25℃之间，但停留时间较长。高温消化的有机物分解率和沼气产量会略高于中温消化，但所需的热能较大，总体比较，得不偿失，因而采用较少，当污泥的卫生指标要求较高时，高温消化仍具有优势。实际普遍采用的是中温消化，池温控制在 35℃。当卫生标准有特殊要求或需高速消化、

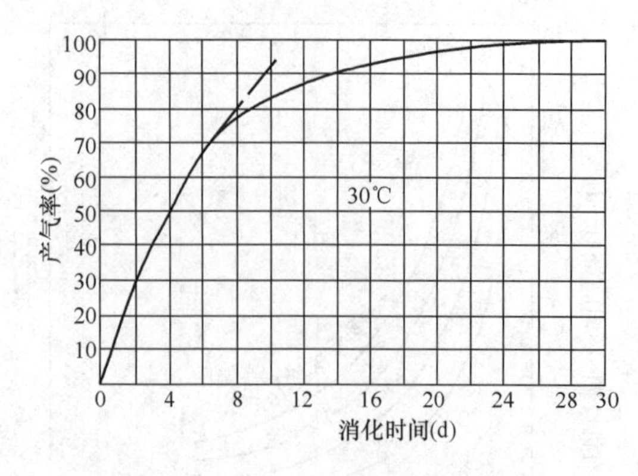

图 9-34　消化时间与产气率的关系

减少消化天数时，可根据情况采用高温消化。具体采用哪种形式较好，设计上应做技术经济比较确定。

按照消化过程产气的规律，可分为一级消化和二级消化。图 9-34 所示为中温消化的消化时间与产气率的关系，在消化的前 8d，产生的沼气量约为全部沼气量的 80%，若把消化池设计成两级，第一级消化池有加温、搅拌设备，并收集沼气，然后把排出的污泥送入第二级消化池；第二级消化池没有加温、搅拌设备，依靠余热继续消化，消化温度约为 20～26℃，产气量约占 20%，可收集或不收集，由于不搅拌，所以第二级消化池有浓缩功能。

由图 9-34 可见，当消化时间到 14d 时，产气量约为全部沼气量的 90%；如果把第一级消化的时间延长到 14d 以上，而仅设置第一级消化池也可以基本完成污泥消化，实现气体的利用和回用。由此，厌氧消化分成了一级消化和二级消化两种类型。

中温消化常采用二级消化，称为中温二级消化。设计运行中一般只考虑一级消化池的消化效果，二级消化池常用于以下几个目的：

（1）作为消化污泥的储存池，缓冲污泥量与脱水污泥量之间的失衡。

（2）作为一级消化池的备用池，当一级消化池容积不足时，二级消化池作一级消化池用。

（3）作为消化污泥浓缩池，进行浓缩分离，提高消化污泥浓度，减少污泥调质的加药量。

（4）作为消化种污泥储存池。当一级消化池检修重新启动时，可直接将二级消化池的污泥注入，为其接种。二级消化池内不加热、不搅拌，基本不产沼气。一些污水处理厂采用后浓缩池代替二级消化池，原因是二级消化池浓缩分离效果差，上清液水质极差。

按消化机理，有两相厌氧消化；由于厌氧消化分为三个阶段即水解与发酵阶段、产氢产乙酸阶段、产甲烷阶段，各阶段的菌种、消化速度对环境的要求及消化产物等都不同。采用两相消化法，即把第一、第二阶段与第三阶段分别在两个消化池中进行，使各自都有最佳环境条件。两相消化的好处有：池容小，加温与搅拌能耗少，运行管理方便，消化更彻底。

9.4.3　厌氧消化预处理

在污泥的厌氧消化过程中，微生物细胞壁的破壁和水解是最关键的限速步骤。污泥中微生物细胞壁的破壁技术，应用较多的主要分为物化技术和生化技术两类。

污泥的物化预处理技术主要是通过对污泥采取一些物理或化学的措施，促进污泥中微生物细胞壁的破壁、提高污泥中有机物的分解与溶出，主要有热水解处理法、超声波处理法、高压喷射法、微波处理法、碱解处理法、臭氧和二氧化氯氧化法等。工程中应用最多的是热水解处理法。

污泥的生物强化预处理技术主要分为两类，即利用高效厌氧水解菌在较高温度下对污泥进行强化水解和利用好氧或微氧嗜热溶胞菌在较高温度下对污泥进行强化溶胞和水解。实际工程中分级分相厌氧消化就是生物强化水解技术的应用。

9.4.4 消化污泥量和沼气产量计算

消化污泥量是指污泥通过消化过程使得挥发性固体的减少量。消化污泥量与投入污泥中的有机分含量、消化时间、消化温度等有关，一般当消化温度为 30～35℃，消化时间为 20d，污泥中有机分在 70%左右时，污泥消化率可达到 40%～50%。

消化过程的沼气产量与挥发性固体的降解量有关，通常挥发性固体含量越高、降解率越大，则沼气产量越高。

消化污泥量、沼气产量、消化池有效池容的计算见以下公式：

（1）进入消化池污泥体积 V：

$$V = V_1 + V_2 \tag{9-8}$$

式中 V——进入消化池污泥体积（m^3）；

V_1——进入消化池初沉污泥产量（m^3）；

V_2——进入消化池剩余污泥产量（m^3）。

（2）进入消化池污泥干重 W：

$$W = V_1 \times (1 - P_1) + V_2 \times (1 - P_2) \tag{9-9}$$

式中 W——进入消化池污泥干重（kg）；

P_1——进入消化池初沉污泥含水率（%）；

P_2——进入消化池剩余污泥含水率（%）。

（3）进入消化池混合污泥含水率 P（%）：

$$P = \frac{V - W}{V} \times 100\% \tag{9-10}$$

（4）初沉污泥中挥发性固体（VSS）含量 W_1：

$$W_1 = b_1 \times V_1 \times (1 - P_1) \tag{9-11}$$

式中 b_1——初沉污泥中的挥发性固体（VSS）含量比例（%）；该比例为经验值，初沉污泥中挥发分比率一般按 55%～70%计取。

（5）剩余污泥中挥发性固体（VSS）含量 W_2（kg）：

$$W_2 = b_2 \times V_2 \times (1 - P_2) \tag{9-12}$$

式中 b_2——剩余污泥中的挥发性固体（VSS）含量比例（%）；未经处理的活性污泥中挥发性固体占活性污泥总量的比率为 70%～85%。

（6）混合污泥中挥发性固体（VSS）含量 W'（kg）：

$$W' = W_1 + W_2 \tag{9-13}$$

（7）混合污泥中挥发性固体（VSS）占混合后污泥干重的比率 a（%）：

$$a = \frac{W'}{W} \times 100\% \tag{9-14}$$

（8）消化池中被厌氧生物降解的挥发性固体（BVSS）量 W'_j（kg）：

$$W'_j = W' \times b \tag{9-15}$$

式中　b——消化池中通过厌氧生物降解的挥发性固体（BVSS）占全部挥发性固体（VSS）的比率；在有限的消化时间（20～30d）内，挥发性固体分解率为40%～50%。

(9) 经厌氧消化后的污泥降解率 b'（%）：

$$b' = \frac{W_i'}{W} \times 100\% \tag{9-16}$$

(10) 厌氧消化的沼气产量 Q（m^3/d）：

$$Q = W_j' \times c \tag{9-17}$$

式中　c——降解单位可厌氧生物降解的挥发性固体产气量；工程设计中一般可选用0.75～1.0m^3/kg降解VSS。

(11) 消化池池容 V_0（m^3）：

$$V_0 = \frac{V}{\eta} \times 100 \tag{9-18}$$

式中　V——进入消化池的初沉污泥及剩余污泥量（m^3/d）；

η——污泥投配率（%）。

(12) 每座消化池的有效容积 V_0（m^3）：

$$V_0 = \frac{V}{n} \tag{9-19}$$

式中　n——消化池数量（座）。

(13) 消化时间 t（d）：

$$t = \frac{1}{n} \tag{9-20}$$

9.4.5　消化池设计一般规定

(1) 新鲜污泥量：二级处理的城市污水处理厂的新鲜污泥一般包括初沉污泥及活性污泥，其污泥量视污水水质、处理工艺的类型及污泥含水率而不同。污泥量计算详见第6章。

(2) 污泥性质：新鲜污泥和消化污泥的性质，可用物理、化学或生物特性表示。物理性质包括含水率、挥发性固体、密度、色、臭、流动性和可塑性等。化学性质包括总氮、磷、蛋白质、碳水化合物、脂肪、碱度、挥发性脂肪酸、pH值等。生物指标包括大肠杆菌、细菌、蛔虫卵等。各类污泥性质的有关数据相差很大，设计时应做水质化验或借鉴类似污水的实测资料，进行具体分析。

(3) 消化池投配率和消化天数：当为中温消化时，池中温度控制在33～36℃（最佳温度35℃），其消化天数根据进泥的含水率及要求有机物分解的程度而定，一般为25～30d，即总投配率为3%～4%。当采用两级消化时，一级消化与二级消化的停留天数的比值，可采用1∶1、2∶1或3∶2。当新鲜污泥的含水率为96%～97%，要求污泥中的有机物经厌氧消化分解50%以上时，总消化天数一般采用25～30d。当一级消化池的产气率为总产气率的90%，二级消化池的产气率为剩余的10%时，其消化天数的比值一般采用2∶1。

（4）污泥浓度：进入消化池的新鲜污泥含水率应尽量减少，即加入消化池的污泥应尽可能地进行浓缩，一方面可以减少消化池的容积，降低耗热量，另一方面可以提高污泥中的产甲烷菌浓度，加速并提前生化反应。虽然希望投配较浓的污泥，但根据污泥中有机物的含量及污泥泵抽送的困难和保持消化池的充分混合要求，污泥固体含量设计值采用3%～4%，目前最大可行的污泥固体浓度范围为10%～12%。二级消化后的污泥含水率一般可达92%左右。

（5）消防、安全措施：消化池设计中，要注重对污泥消化系统的安全防护和消防工作；设计中除需考虑消化池顶部为防爆区域外，与其相关的建筑物和处理设施（如沼气锅炉房、沼气脱硫系统、沼气贮存系统和沼气燃烧设施等）均应设有一定的防护距离和装备消防设施；并设有显著的标识明确污泥消化区域为禁火、禁烟区；进入消化池区域可安装静电消除设施。

9.4.6 消化池池型及搅拌方式

（1）消化池形式和材质

消化池池型按其容积是否可变，分为定容式和动容式两类。定容式系指消化池的容积在运行中不变化，也称为固定盖式，该种消化池往往需附设可变容式的气柜，用以调节沼气产量的变化。动容式消化池的上部设有可变化的储气空间，因而消化池的气相容积可随气量的变化而变化（见图9-35），其后一般不需放置气柜。该类消化池适用于小型污水处理厂的污泥消化。国内目前普遍采用的为圆柱形定容式消化池。

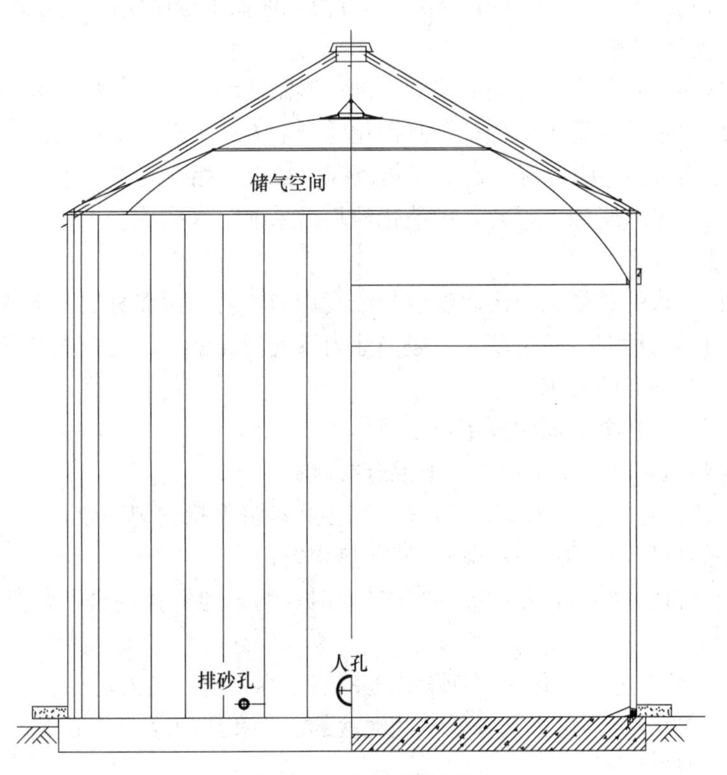

图9-35 动容式消化池

消化池按照池体形状，可分为细高柱锥形、粗矮柱锥形及卵形（见图 9-36）。

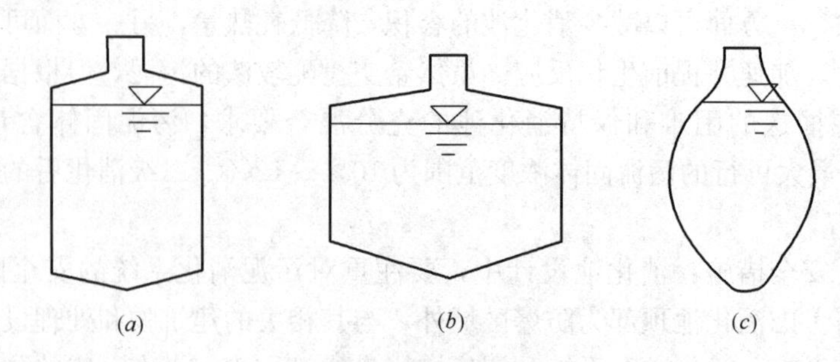

图 9-36　消化池的形状
(a) 细高柱锥形；(b) 粗矮柱锥形；(c) 卵形

卵形消化池，德国和日本采用较多，国内也有采用。与柱形相比，卵形消化池具有以下特点：

1）池底不易集砂或积泥，因而不会使有效池容缩小。

2）易搅拌混合，池内无死区，可使有效池容增至最大；达到同样的混合效果，混合搅拌的能耗低于其他池型。

3）上部不易集结浮渣。

4）对于同样的容积，其表面积较其他池型小，因而热损失小。

5）结构稳定，不易产生裂缝。

6）从结构角度看，受力条件好，结构厚度薄，因而工程中混凝土用量少。

7）较其他池型美观。

消化池从材质上划分主要有钢筋混凝土制和钢制两种形式，圆柱形和卵形钢筋混凝土消化池多为预应力钢筋混凝土结构；钢制消化池制造方式为现场焊接或现场拼装。

由于消化池内液体 pH 值有一定的变化范围，且在气相空间中产生的沼气含有大量水分和硫化氢，对池体有腐蚀，因此各种消化池均需采取防腐措施。

(2) 消化池搅拌方式

消化池搅拌的目的是使池内污泥温度与浓度均匀，防止污泥分层或形成浮渣层，缓冲池内碱度，从而提高污泥分解速度。一般当池内各处污泥浓度的变化范围不超过 10%时，就可认为符合混合均匀的要求。

搅拌能起到以下几个方面的作用：

1）使污泥颗粒与厌氧微生物均匀地混合接触；

2）使消化池各处的污泥浓度、pH 值、微生物种群保持均匀一致；

3）及时将热量传递至池内各部位，使加热均匀；

4）在出现有机物冲击负荷或有毒物质进入时，均匀地搅拌混合可使其冲击或毒性降至最低；

5）通过以上几个方面的作用，使消化池的有效容积增至最大；

6）有效的搅拌混合，可大大降低池底泥沙的沉积和液面浮渣的形成。

搅拌方式一般有以下几类：

1）机械搅拌：机械搅拌系在消化池内装设搅拌桨或搅拌涡轮，搅拌器形式和安装位置有多种，见图 9-37～图 9-39。

桨叶式搅拌器：桨叶式搅拌器为顶部安装的立轴式搅拌器，在一根轴上设有多层搅拌桨，搅拌桨低速旋转，可以使消化罐内的水流形成由内到外、由上到下的高效循环流动。该搅拌器能耗低、效率高，配合经济的圆柱形消化罐，不会形成污泥沉降的死角。搅拌器减速机位于罐外，容易维护保养，不需泄空操作。

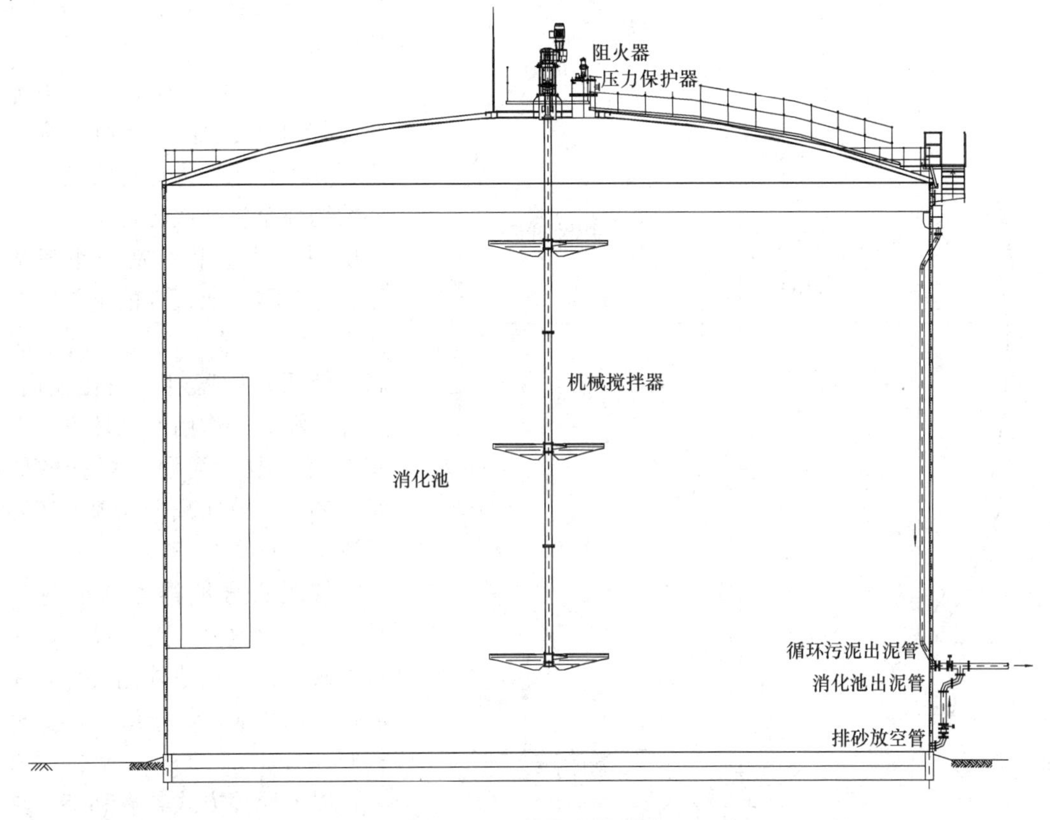

图 9-37 桨叶式搅拌器示意图

螺旋桨式搅拌器：该类搅拌器需与导流筒联合使用，消化池中心设导流筒，导流筒顶部设螺旋桨叶轮（搅拌器），搅拌器可双向旋转，造成导流筒内液体双向流动，因而池内污泥也可双向流动。叶轮上方再设置旋转液体分布盘，消溶泡沫层，并抑制浮渣层硬结；高速喷射流体从导流筒底部流出，冲击沉积的砂石和淤泥，减少池底沉淀。

底部搅拌器：在消化池底部两侧安装搅拌器，竖向一侧安装挡板，水平方向的搅拌使物料旋流，将物料中易形成沉淀的物质富集并定期排出反应器，避免沉砂淤积堵塞管道，避免因沉砂淤积导致的反应器有效厌氧容积减少、系统酸化，确保反应器的稳定运行。竖直方向的搅拌将易形成浮渣的物质引入到立体化的搅拌循环过程中，并随反应器出料一同排出，避免在厌氧反应器内累积形成浮渣并结壳，影响沼气溢出。

2）循环搅拌：消化池设导流筒，在筒内安装螺旋推进器，使污泥在池内实现循环；也可采用外置水泵进行循环搅拌（见图 9-40）。循环泵设置在池外，设备故障检修时可不打开池盖，维护方便。

3）沼气搅拌：沼气搅拌系将消化池气相部分的沼气抽出，经压缩后再送回池内机械

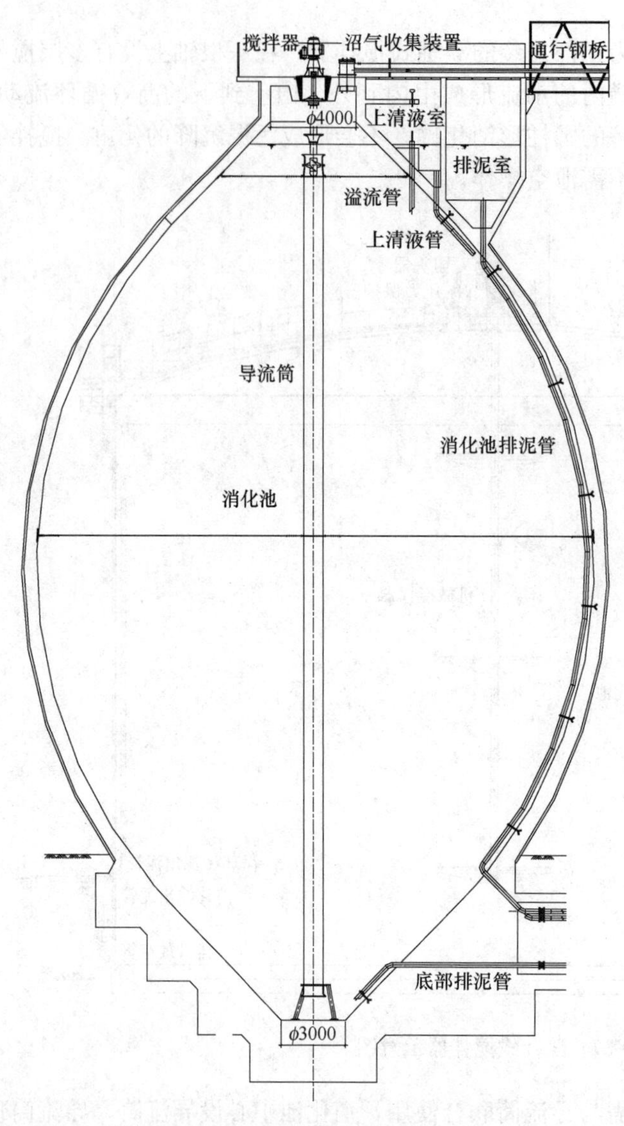

图 9-38 螺旋桨式搅拌器示意图

搅拌。沼气搅拌有自由释放和限制性释放两种形式，见图 9-41。常用的空压设备有罗茨鼓风机、滑片式压缩机和液环压缩机。该搅拌方式设备均设置在池外，设备故障检修时可不打开池盖，维护便捷。

4）气泥联合搅拌：水力循环搅拌和射流器搅拌相结合方式；其工作原理为通过安装在池外的循环泵将池底污泥抽出，在泵出泥管路上装有文丘里射流器，射流器将池顶内的沼气同时抽出并与泵送污泥混合后通过高、低两处喷嘴射入消化池内；这种气泥混合作用的循环方式在实现消化池污泥混合搅拌的同时，还能有效地减少池顶泡沫和浮渣层。见图 9-42。

气泥联合搅拌方式的特点是：在消化池内无旋转设备，所有维修设备均在池外侧底部，无需打开消化池，易于维护，管理方便。

以上搅拌方式各有利弊，具体与消化池的形状、搅拌设备的布置形式及设备本身的性能有关。一般说来，细高形消化池适合用机械搅拌，粗矮形消化池适合用沼气搅拌。

搅拌设备应能在 2～5h 内至少将全池的污泥搅拌一次。

现将各种搅拌方式的计算叙述如下：

1）机械搅拌：经常采用的机械搅拌设备有螺旋桨式搅拌机及喷射泵式搅拌机。

① 螺旋桨式搅拌机：是在一个竖向的导流管中，安装电动机带动的螺旋桨，当其旋转时，不断地将管内污泥提升到泥面，造成循环搅拌。这种设备易附着浮渣及纤维，降低效率，甚至转动困难。当消化池液位变化较大时，易导致空转。传动轴经过池顶需密封，应特别设计。如图 9-43 所示。该设备的计算见表 9-15。

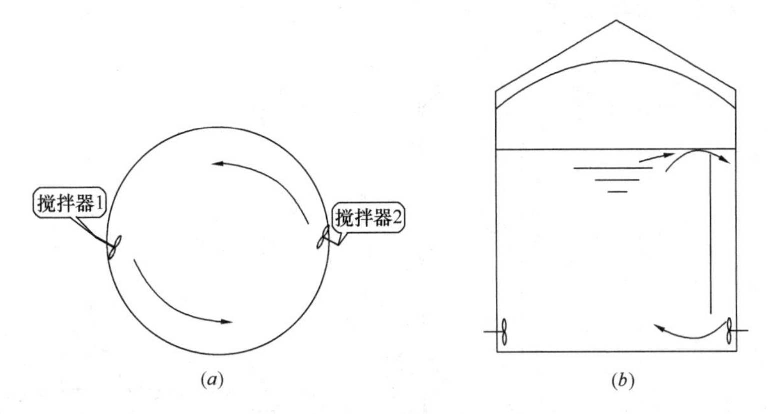

图 9-39 底部搅拌器示意图

（a）水平方向搅拌；（b）竖直方向搅拌

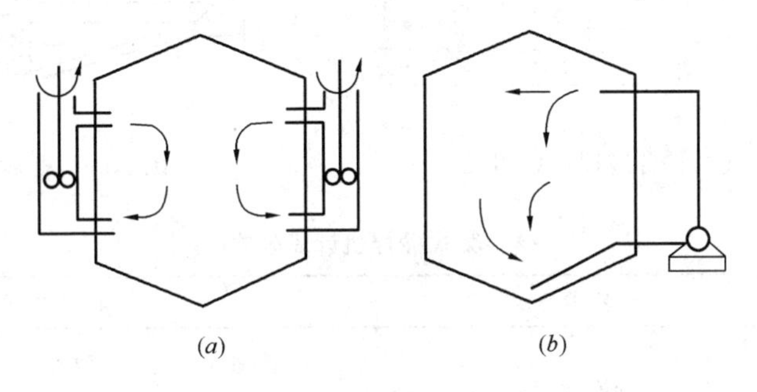

图 9-40 水力循环搅拌示意图

（a）池外导流式；（b）泄外泵循环

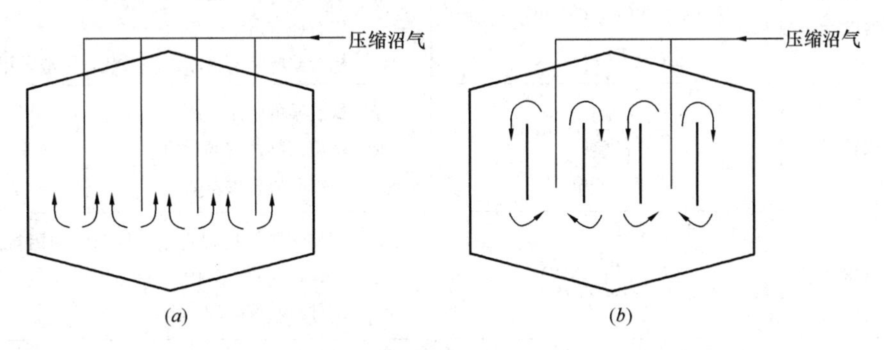

图 9-41 沼气搅拌示意图

（a）自由释放式；（b）限制性释放式

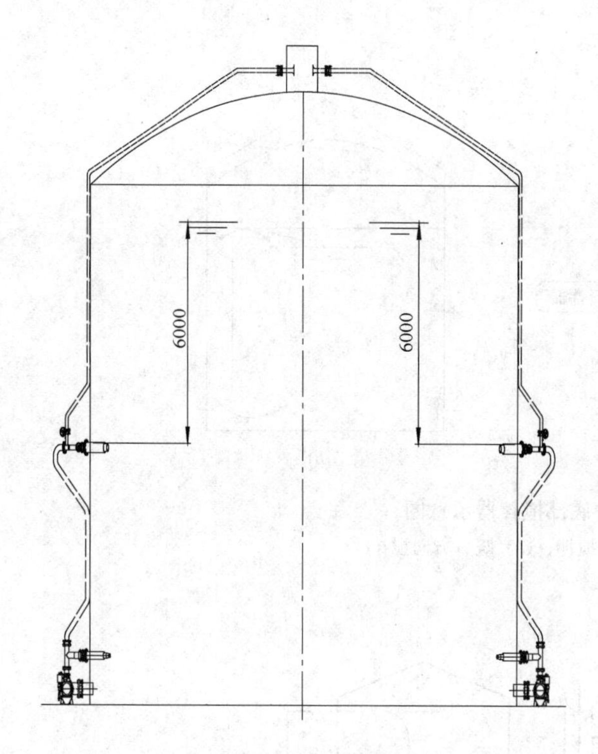

图 9-42　气泥联合搅拌示意图

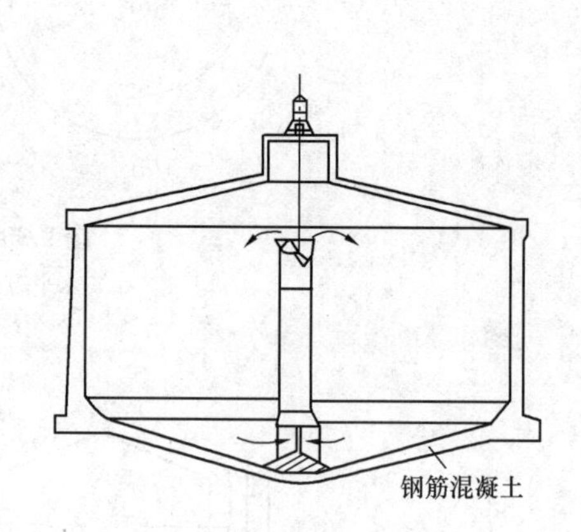

图 9-43　螺旋桨式搅拌机

螺旋桨式搅拌机计算公式　　**表 9-15**

名　称	公式	符号说明
螺旋桨搅拌的污泥量	$q=\frac{mV_0}{3600t}(\mathrm{m^3/s})$	V_0—每座消化池的有效容积（m^3） m—设备安全系数，1～3 t—搅拌一次所需时间，一般取 2～5h
污泥流经螺旋桨的速度	$v_0=\frac{q}{F_0}(\mathrm{m/s})$ $F_0=F(1-\zeta^2)(\mathrm{m^2})$ $F=\frac{\pi d^2}{4}(\mathrm{m^2})$	F_0—螺旋桨有效断面面积（m^2） d—螺旋桨直径（m），通常 $d=D-0.1$，D 为中心管直径（m） ζ—螺旋桨叶片所占断面积系数，一般采用 0.25
螺旋桨转速	$n=\frac{v_0\times 60}{h\times\cos^2\varphi}(\mathrm{r/min})$ $h=\pi d\tan\varphi(\mathrm{m})$	h—螺旋桨的螺距（m） φ—螺旋桨叶片的倾斜角（°） $\cos^2\varphi$—污泥滞后程度系数
螺旋桨所需功率	$N=\frac{qH}{102\eta}(\mathrm{kW})$	H—螺旋桨所需扬程克服惯性与水力阻抗所需水头（m），可采用 1.0 η—搅拌机功率，取 0.8
中心管计算	$D=\sqrt{\frac{4q}{\pi c}}$	c—中心管流速（m/s），一般 $c=0.3\sim0.4$m/s

注：当计算所得螺旋桨直径＞1000mm 时，可以考虑用多个螺旋桨。

② 喷射泵式搅拌机，即射流器：在 15～20m 水头的压力下，将污泥压入直径 50mm 的喷嘴，污泥在离开喷嘴时在混合室产生很大的压降，在负压作用下，污泥从消化池的污

泥液面吸入混合室，通过立管，从消化池的底部排出。污泥泵的压力应大于 0.2MPa。

用泵压入的污泥量与吸入的污泥量之比，采用 1∶3～1∶5。混合室一般浸入污泥面下 0.2～0.3m。喉管长度采用 300mm，扩散室锥角采用 8°～15°，喷口倾角采用 20°。当消化池直径大于 10m 时，应考虑设置 2 个或 2 个以上射流器。污泥泵的吸泥管与新鲜污泥投配池相连通，搅拌与投配新鲜污泥经常一起进行。这种方法搅拌可靠，但效率低。见图 9-44。

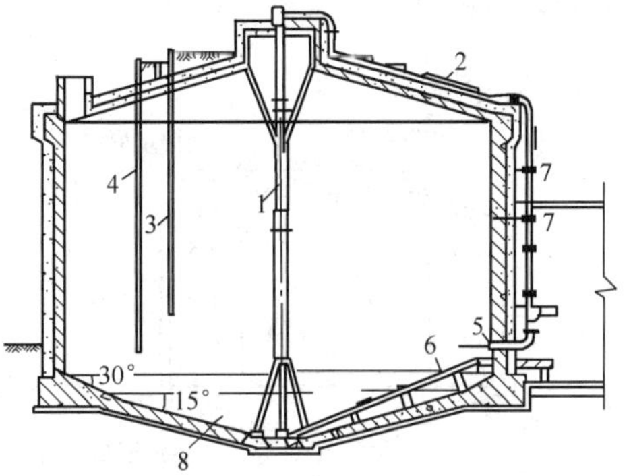

图 9-44 喷射泵式搅拌机

1—水射器；2—生污泥进泥管；3—蒸汽管；4—污泥气管；5—中位管；6—熟污泥排泥管；7—水平支架；8—消化池

2）沼气搅拌：消化池产生的沼气经压缩机加压后送入池内进行搅拌。其特点是没有机械磨损，故障少，搅拌力大，不受液面变化的影响，并可促进厌氧分解，缩短消化周期。

沼气搅拌的方式一般有以下几种：

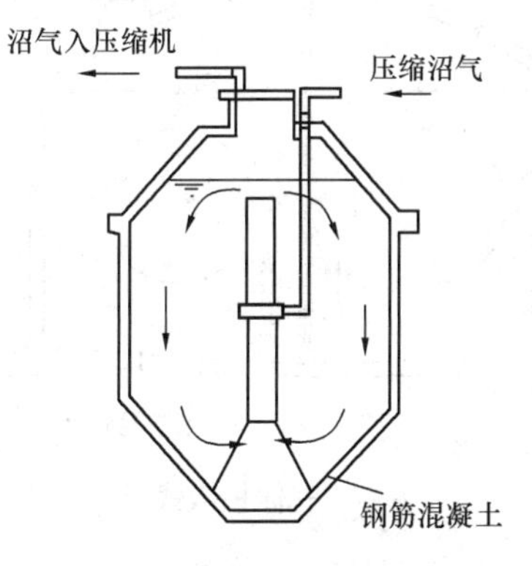

图 9-45 气提泵式搅拌机

① 气提泵式：利用气提泵的原理，将沼气压入设在消化池中的导流管的中部或底部，污泥与沼气混合后，密度减小，含气泡的污泥即沿导流管上升到泥位以上，形成沿垂直方向循环搅拌的流态。见图 9-45。

此种沼气搅拌装置按气提泵设计，其中压缩气体出口的浸没深度根据计算决定，一般应大于提升高度。压缩机的气量，一般按导流筒内提升污泥量的 2～3 倍设计。压缩的沼气取自贮气柜或消化池顶部集气罩。为了同时进行污泥循环加热，导流管的管壁，有时设计为双层夹套式换热器，夹套之间流动热水，当污泥搅拌时，同时加热套管中心流动的污泥。

为方便检修，有时将上述沼气搅拌与加热的混合式换热器置于池外，形成池外间接加热的混合式沼气搅拌机，见图 9-46。

② 多路曝气管式（气通式）：这种方式是根据消化池的不同直径，布置不同数量的沼气曝气立管。管口延伸到距池底 1～2m 的同一平面上，或在池壁与池底的连接面上。压缩的沼气通过配气总管通向各根曝气立管，每根立管按通过的气体流速为 7～15m/s 配管。其单位用气量通常取 5～7m^3/(1000m^3池容·min)（见图 9-47）。另外，有的是将压缩机的沼气通过配气选择器通向各根曝气管，用不同的时间选择器依次接通各根曝气管，每根曝气管将按预先选定的时间间隔，接受沼气压缩机的全

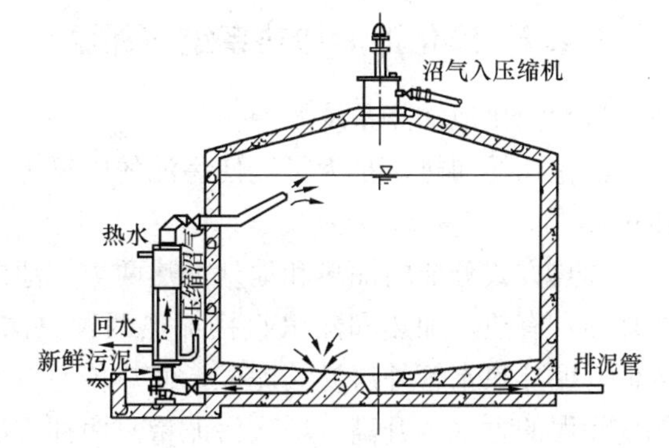

图 9-46 混合式沼气搅拌机（池外加热）

部气量，进行逐点搅拌。沼气压缩机与配气选择器共同安装在消化池池顶上，布置系统简单紧凑，见图 9-48。

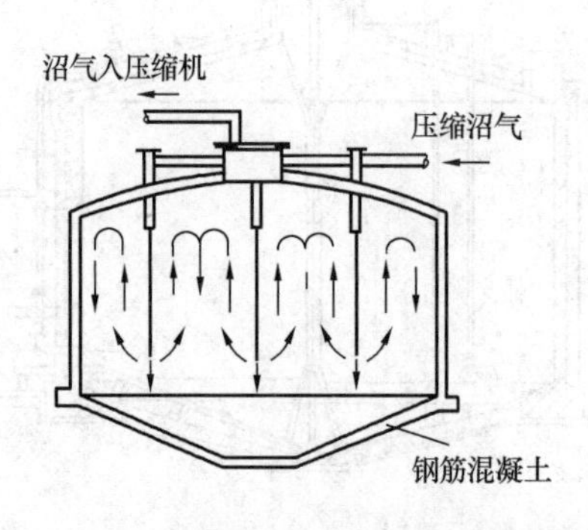

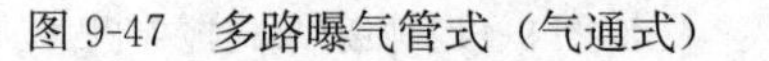

图 9-47　多路曝气管式（气通式）

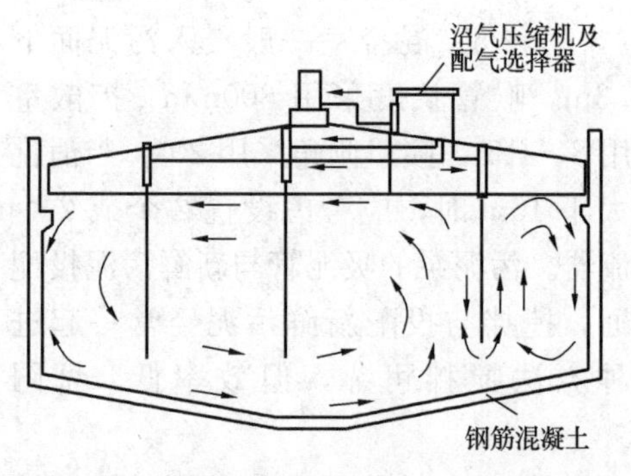

图 9-48　多路曝气管式（气通式带配气选择器）

③ 气体扩散搅拌：在消化池底部，根据消化池的不同直径布置不同数量的气体扩散装置。压缩沼气通过气体扩散器，使消化池内的污泥与循环的沼气相混合，其供气量一般可按 10～20m^3/(每米圆周长・h) 的气量进行计算，或按平均 0.8m^3/(m^2・h) 的气量进行计算，见图 9-49。

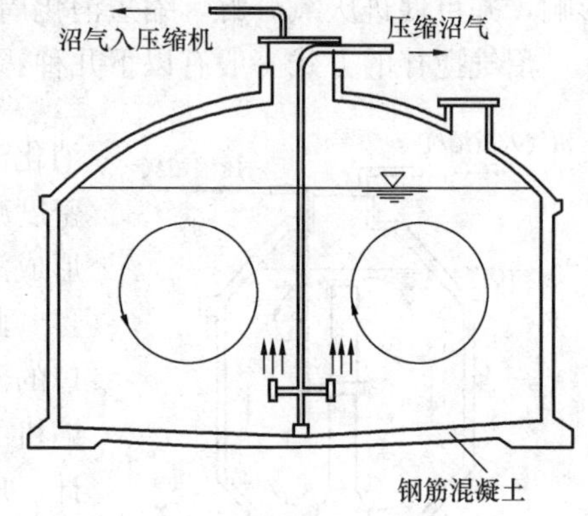

图 9-49　气体扩散式

沼气搅拌所选用的空气压缩机的功率，可按公式 (9-21) 进行核算（单位池容的功率一般为 5～8W/m^3）：

$$N = WV \tag{9-21}$$

式中　N——空气压缩机电动机的功率（W）；

W——单位池容所消耗的功率（kW）；

V——消化池有效容积（m^3）。

或按速度梯度，一般控制为 50～80L/s，即：

$$G = \sqrt{\frac{W}{\mu}} \times 10.1 \tag{9-22}$$

式中　μ——液体的黏度，通常取 35℃水的黏度为 7.3×10^{-5} kg・s/m^2。

9.4.7　消化池的加热系统与保温

(1) 消化池加热系统

消化池的加热，是为了能使污泥的厌氧生物处理系统经常维持要求的温度，以保证消化过程。

加热方式分池内加热和池外加热两类。池内加热系热量直接通入消化池内，对污泥进行加热，有热水加热和蒸汽直接加热两种方法，见图 9-50。前一种方法的缺点是热效率较低，循环热水管外层易结泥壳，使热传递效率进一步降低；后一种方法热效率较高，但能使污泥的含水率升高，增大污泥量。两种方法一般均需保持良好的混合搅拌。池外加热系指将污泥在池外进行加热，有生污泥预热和循环加热两种方法，见图 9-51。前者系将生污泥在预热池内首先加热到所要求的温度，再进入消化池；后者系将池内污泥抽出，加热至要求的温度后再打回池内。循环加热方法采用的热交换器有三种：套管式、管壳式、螺旋板式。前两种为常见形式，因有 360°转弯，易堵塞；螺旋板式换热器占地面积较前两者小，适用于污泥处理，其结构形式见图 9-52。在很多污泥处理系统中以上加热方法常联合采用。例如，利用沼气发动机的循环冷却水对消化池进行池外循环加热，同时采用热水或热蒸汽进行池内加热；以池内蒸汽加热为主，并在预热池进行池外初步加热。

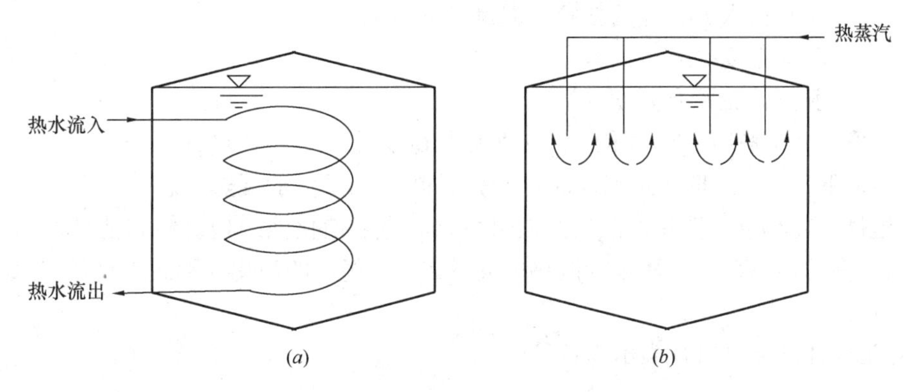

图 9-50 污泥池内加热系统示意图

(a) 热水加热（通过加热盘管）；(b) 蒸汽直接加热

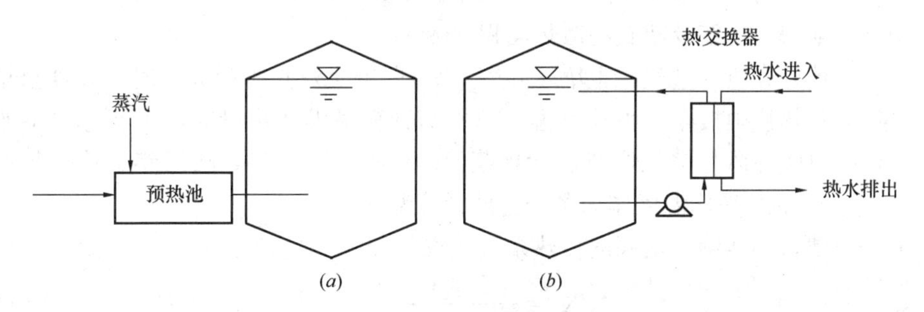

图 9-51 污泥池外加热系统示意图

(a) 生污泥预热；(b) 循环加热

此外，对于钢制消化池，还可在钢罐外侧设置增温盘管，利用钢板的良好导热性能，将盘管热量高效地传递给池内物料，并结合搅拌作用实现物料温度的均匀稳定。池壁、加热盘管及外侧铺设保温层和外彩钢板形成整体的增温保温结构，保证系统的增温保温效果和消化池内的温度恒定。

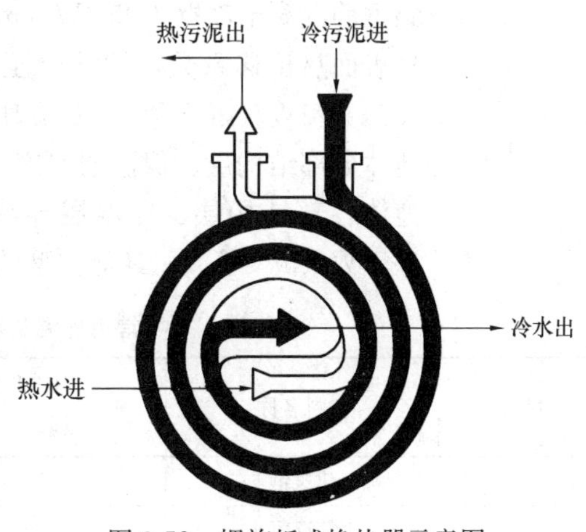

图 9-52 螺旋板式换热器示意图

供给消化池的热量，主要包括新鲜污泥温度升高到要求值的耗热量，补充消化池池盖、池壁、池底及管道的热损失，以及从热源到池子及其他构筑物沿途的热损失。厌氧生物化学反应以及污泥水蒸发为污泥气，也都需要消耗热量，但数量很少，所以在工程上可不考虑。

1）提高新鲜污泥温度的耗热量：为把消化池的新鲜污泥全日连续加热到所需要的温度，每小时的耗热量为：

$$Q_1 = \frac{V'}{24}(T_D - T_S) \times 1163 \quad (9\text{-}23)$$

式中 Q_1——新鲜污泥的温度升高到消化温度的耗热量（W）；

V'——每日投入消化池的新鲜污泥量（m^3/d）；

T_D——消化温度（℃）；

T_S——新鲜污泥原有温度（℃）。

当 T_S采用全年平均污水温度时，计算所得 Q_1为全年平均耗热量。

当 T_S采用日平均最低污水温度时，计算所得 Q_1为最大的耗热量。

2）池体的耗热量：消化池散失的耗热量，取决于消化池结构材料和池型，不同的结构材料有不同的传热系数。从减少散热损失考虑，最经济的消化池形式是直径与深度相等的圆形池体。

消化池池体的耗热量，表示为：

$$Q_2 = \Sigma FK(T_D - T_A) \times 1.4 \quad (9\text{-}24)$$

式中 Q_2——池子向外界散发的热量，即池体耗热量（W）；

F——池盖、池壁及池底的散热面积（m^2）；

T_A——池外介质（空气或土壤）温度（℃）；当池外介质为大气时，计算全年平均耗热量须按全年平均气温计算；当计算最大耗热量时，可参考《工业建筑供暖通风与空气调节设计规范》GB 50019—2015，按历年平均每年不保证5d的日平均温度作为冬季室外计算温度；

K——池盖、池壁、池底的传热系数［$W/(m^2 \cdot ℃)$］。

$$K = \frac{1}{\frac{1}{\alpha_1} + \Sigma\frac{\delta}{\lambda} + \frac{1}{\alpha_2}} \quad (9\text{-}25)$$

式中 α_1——内表面热转移系数，污泥传到钢筋混凝土池壁为350$W/(m^2 \cdot ℃)$；气体传到钢筋混凝土池壁为8.7$W/(m^2 \cdot ℃)$；

α_2——外表面热转移系数，即池壁至介质的热转移系数。如介质为空气时，α_2＝3.5～9.3$W/(m^2 \cdot ℃)$，如介质为土壤时，α_2＝0.6～1.7$W/(m^2 \cdot ℃)$；

δ——池体各部结构层、保温层厚度（m）；

λ——池体各部结构层、保温层导热系数。混凝土或钢筋混凝土池壁的 λ 值为1.55$W/(m^2 \cdot ℃)$；其他类型的保温层的 λ 值见表 9-16。

常用保温材料的物理性能　　表 9-16

序号	材料名称	密度 γ (kg/m^3)	导热系数 λ $W/(m^2 \cdot ℃)$	使用温度（℃）
1	建筑钢	7850	58.2	
2	钢筋混凝土	2500	1.63	

续表

序号	材料名称	密度 γ (kg/m³)	导热系数 λ W/(m²·℃)	使用温度 (℃)
3	钢筋混凝土	2400	1.55	
4	混凝土	2200	1.28	
5	土壤	1800	1.16	
6	水泥砂浆抹面	1800	0.93	
7	泡沫水泥	474	0.34	≤300
8	泡沫水泥	468	0.30	≤300
9	泡沫水泥	229.7	0.19	≤300
10	加气混凝土	500	0.19	
11	加气混凝土	700	0.16	
12	四号沥青	975	0.26	
13	沥青	600	0.17	
14	水泥珍珠岩制品	300～380	0.07～0.084	<800
15	膨胀珍珠岩	130	0.064	<800
16	膨胀珍珠岩粉料	50～80	0.03～0.05	<800
17	矿棉	120	0.06	
18	岩棉板	100	0.03	
19	岩棉毡	80	0.03	
20	聚苯乙烯泡沫	20～30	0.03	
21	聚氨酯泡沫塑料	60	0.02	

3）加热管、蒸汽管、热交换器等散发的热量：

$$Q_3 = \Sigma(KF)(T_m - T_A) \times 1.4 \tag{9-26}$$

式中 Q_3——加热管、蒸汽管、热交换器等向外界散发的热量（W）；

K——加热管、蒸汽管、热交换器等的传热系数 W/(m²·℃)；

F——加热管、蒸汽管、热交换器等的表面积（m²）；

T_m——锅炉出口和入口热水温度的平均值，或锅炉出口和池子入口蒸汽温度的平均值（℃）；

T_A 意义同前。

当计算消化池加热管的全长、热交换器套管的全长及蒸汽吹入量时，其最大耗热量按下列条件考虑。

$$Q_{max} = Q_{1max} + Q_{2max} + \cdots \tag{9-27}$$

4）污泥加热方法的计算：

① 池外加热法。池外加热时，一般采用热交换器补充热量。通过实际应用，套管式泥水热交换器（见图 9-53）、螺旋板换热器，一般内管采用不锈钢管，外管采用不锈钢管

或钢管。污泥在内管流动，流速一般采用 1.5～2.0m/s。热水在内外两层套管中与内管污泥呈相反方向流动，热水流速一般采用 1.0～1.5 m/s。这种方法设备费用虽较高，但因污泥与热水都是强制循环，传热系数较高。由于设备置于池外，清扫和修理比较容易。

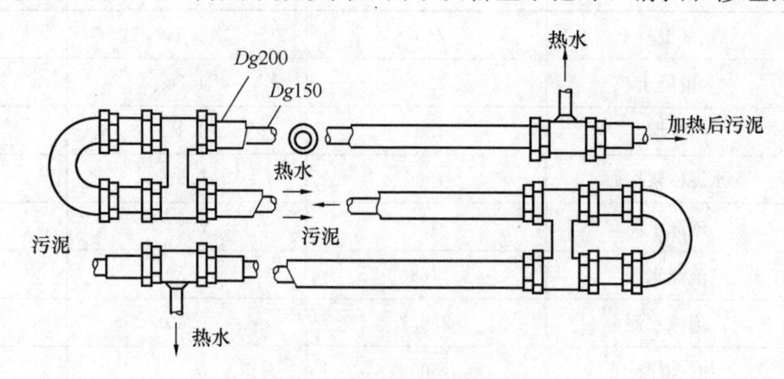

图 9-53　套管式泥水热交换器

套管的长度用公式（9-28）求得：

$$L=\frac{Q_{\max}}{\pi DK\Delta T_{\mathrm{m}}}\times 1.4 \tag{9-28}$$

式中　L——套管的总长（m）；

$Q_{\max}$——污泥消化池最大耗热量（W）；

D——内管外径（m）；

K——传热系数［W/(m²·℃)］；

ΔT_{m}——平均温差的对数（℃）。

K 值也可按下式计算：

$$K=\frac{1}{\frac{1}{\alpha_1}+\frac{1}{\alpha_2}+\frac{\delta_1}{\lambda_1}+\frac{\delta_2}{\lambda_2}} \tag{9-29}$$

式中　α_1——加热体至管壁的热转移系数，一般可选用 3373 W/(m²·℃)；

α_2——管壁至被加热体的热转移系数，一般可选用 5466W/(m²·℃)；

δ_1——管壁厚度（m）；

δ_2——水垢厚度（m）；

λ_1——管子导热系数［W/(m²·℃)］；钢管一般为 45～58，一般选用平均值；

λ_2——水垢导热系数［W/(m²·℃)］；一般选用 2.3～3.5；当计算新换热器时，可不计，而对该式乘以 0.6 进行校正。

ΔT_{m}按下式计算：

$$\Delta T_{\mathrm{m}}=\frac{\Delta T_1-\Delta T_2}{\ln\frac{\Delta T_1}{\Delta T_2}} \tag{9-30}$$

式中　ΔT_1——热交换器入口的污泥温度（T_{S}）和出口的热水温度（T'_{W}）之差（℃）；

ΔT_2——热交换器出口的污泥温度（T'_{S}）和入口的热水温度（T_{W}）之差（℃）。

如果污泥循环量为 Q_{S}(m³/h)，热水循环量为 Q_{W}(m³/h)，T'_{S} 及 T'_{W} 可按公式（9-31）、公式（9-32）计算：

$$T'_s = T_s + \frac{Q_{max}}{Q_s \times 1000} \quad (9-31)$$

$$T'_w = T_w - \frac{Q_{max}}{Q_w \times 1000} \quad (9-32)$$

式中 T_W——一般采用60～90℃。

所需的热水量Q_W，当为全日供热时，按公式（9-33）计算：

$$Q_W = \frac{Q_{max}}{(T_W - T'_W) \times 1000} \quad (9-33)$$

式中 Q_W——所需热水量；

$(T_W - T'_W)$——一般采用10℃左右；

Q_{max}、T_W、T'_W意义同前。

② 直接注入蒸汽的方法：直接往污泥中注入高温蒸汽的方法，设备投资省，操作简单。由于能够充分利用汽化热和冷凝水的热量，所以热效较高。局部污泥虽有过热现象，会使厌氧菌暂时受到抑制，但以后繁殖很快，能立即恢复代谢作用，尚未发现危害。由于增加了冷凝水，消化池的容积一般需增加5%～7%。蒸汽锅炉的用水需随时补充软化水。

注入的蒸汽量按公式（9-34）计算：

$$G = \frac{Q_{max}}{I - I_D} \quad (9-34)$$

式中 G——蒸汽量（kg/h）；

Q_{max}——污泥消化池最大耗热量（kJ/h）；

I——饱和蒸汽的含热量（kJ/kg），见表9-17；

I_D——消化温度的污泥含热量（kJ/kg），其数值可与污泥温度相同。

饱和蒸汽的含热量 **表9-17**

温度（℃）	绝对压力（kPa）	含热量（kJ/kg）	温度（℃）	绝对压力（kPa）	含热量（kJ/kg）
100	103.3	2674.7	160	630.2	2757.6
110	146.1	2690.2	170	807.6	2763.8
120	202.5	2705.2	180	1022.4	2777.7
130	275.4	2719.5	190	1279.9	2786.0
140	368.5	2733.3	200	1585.6	2792.7
150	485.4	2745.8			

用蒸汽直接加热时，蒸汽管道在伸入污泥前应设止回阀，防止污泥倒流入蒸汽管道内。

用蒸汽直接加热污泥消化池的方法中，又有低压蒸汽喷射法和高压蒸汽喷射法两种。

低压蒸汽喷射法，是在进入消化池的污泥压力管上，装有污泥射流器，在其负压区，接入压力为50kPa的蒸汽管段。利用这一负压，使蒸汽均匀地分散到污泥中。此法最适宜用于在新鲜污泥送入消化池中连续预热。

高压蒸汽喷射法，是将蒸汽直接喷入消化池污泥面以下很深的地方，蒸汽流速大，压力高，效率也高。

所有的加热污泥管道，应留有用高压水或蒸汽清洗清扫的连接口。洗管时排出的污泥，应有妥善的出路。

5）锅炉供热设备的选用及热的输送：

① 当选用热水锅炉时，锅炉的加热面积按公式（9-35）计算：

$$F=(1.28\sim1.40)\frac{Q_{max}}{E} \tag{9-35}$$

式中　F——锅炉的加热面积（m^2）；

Q_{max}——最大耗热量（W），包括提高新鲜污泥温度的耗热量、池体的耗热量及加热管、热交换器等散发的热量等；

E——锅炉加热面的发热强度（W/m^2），根据锅炉样本采用；

1.28～1.40——热水供应系统的热损失系数，对于下行式系统，配水和回水干管敷设在管沟内时，采用1.28；敷设在不采暖的地下室时，采用1.4。对于上行式系统，回水干管敷设在管沟内时，采用1.34；敷设在不采暖的地下室时，采用1.4。

在实际设计中，往往可以根据制备热水所需的热量，再乘以热水供应系统的热损失系数，通过计算，直接从样本中选用锅炉，而不必计算出F值。

② 当选用蒸汽锅炉时，锅炉容量按公式（9-36）计算：

$$G_1=\frac{G(I-I_1)}{L} \tag{9-36}$$

式中　G_1——锅炉容量（即蒸发量）（kg/h）；

G——实际蒸发量（kg/h），按公式（9-37）计算：

$$G=\frac{Q_{max}}{I_2}\times(1.4\sim1.5) \tag{9-37}$$

其中　Q_{max}——最大耗热量（W）；

I_2——常压时锅炉产生蒸汽的含热量（J/kg）；

I——饱和蒸汽的含热量（J/kg）；

I_1——锅炉给水的含热量（J/kg）；其数值可与给水温度相同；

L——常压时100℃的水汽化热（J/kg），为2256J/kg。

③ 锅炉台数宜为2台以上，以免发生故障或定期检查时完全停止供热。

④ 锅炉的燃烧、温度、给水等操作，有条件时最好能自动控制。

⑤ 锅炉房的工艺布置、结构要求，应按有关技术规定设计，并应尽量设在消化池附近。但必须保持防火、防爆距离。

⑥ 锅炉用水，应根据水质情况，设置软化装置。

⑦ 在蒸汽管道中，为了不使分离出的冷凝水倒流，蒸汽管道应按与蒸汽流动方向相同的坡度安装。管内的压力也可用来输送冷凝水，沿管道应设排除冷凝水的措施。

⑧ 加热管由于温度升高，发生热膨胀，引起管道伸缩或偏心，应设置伸缩管。

⑨ 当锅炉停止工作时，蒸汽管内出现负压，污泥会倒流进入管内，应设置真空破坏阀。

（2）消化池保温措施

为了减少消化池、热交换器及热力管道外表面的热损失，一般均应采取保温措施。各类消化池一般均在主体结构层的外侧设保温层，保温层外设有保护层，组成保温结构。

选用保温材料时，首先应考虑介质温度，再决定保温材料制品及黏结剂的种类。凡是导热系数小，密度较小，并具有一定机械强度和耐热能力，而吸水性小的材料，一般均可作为保温材料，常用的有泡沫混凝土、膨胀珍珠岩等。所采用的保温材料必须是阻燃型保温材料。消化池一般可选用低温用的保温材料。保温材料的导热系数低，不仅保温效果好，而且用料也少。新型轻质保温材料目前应用日益增多，但这些保温材料有的易被压实或收缩变形，影响保温性能。轻型保温结构热惰性小，受外界温度变动的影响较大，设计其厚度时，较计算值应适当留有富余。

保护层的作用，是为了避免外部的水蒸气、雨水以及潮湿泥土中的水分进入保温材料导致导热系数增加、保温效果降低，避免保温材料遭受机械损伤，同时可使外表平正、美观，便于涂色。常用的有石棉砂浆抹面、砖墙、金属铁皮、铝皮、铝合金板及压形彩色钢板等。

消化池保温结构，采用两种以上的保温材料时，其传热系数应按前列的公式计算。

$$K=\frac{1.16}{\frac{1}{\alpha_1}+\sum\frac{\delta}{\lambda}+\frac{1}{\alpha_2}} \tag{9-38}$$

保温结构的总厚度，应使热损失不超过允许数值。$K\leqslant 1.16$ W/（m^2·℃）时，说明保温良好。

在计算消化池保温层的厚度时，应将消化池分为几个部分，即池盖、池壁与空气接触部分、池壁与土壤接触部分、池底与土壤接触部分、池底与地下水接触部分，分别按本部分钢筋混凝土厚度及保温层厚度计算传热系数 K 值，按不超过一定的允许值，来确定保温层厚度。固定盖消化池各部分的传热系数，当能满足以下数值时，其保温结构厚度认为是满意的。各部分传热系数允许值：

池盖　$K\leqslant 0.8$ W/(m^2·℃)；

池壁　$K\leqslant 0.7$ W/(m^2·℃)；

池底　$K\leqslant 0.52$W/(m^2·℃)。

固定盖形式的消化池，池体为钢筋混凝土时，其各部分保温材料的厚度也可按公式（9-39）简化计算。

$$\delta_B=\frac{1000\frac{\lambda_B}{K}-\delta_G}{\frac{\lambda_G}{\lambda_B}} \tag{9-39}$$

式中　δ_B——保温材料的厚度（mm）；

λ_G——池顶、池壁及池底部分钢筋混凝土的导热系数［W/（m·℃)］；

K——各部分传热系数允许值［W/（m^2·℃)］；

δ_G——各部分钢筋混凝土结构厚度（mm）；

λ_B——保温材料的导热系数［W/（m·℃)］。

热交换器及热力管道的保温结构，国内已有通用图纸，一般可参见《全国通用动力设施标准图集》。

9.4.8 消化池系统

(1) 消化池数量和池容

为了防止检修时全部污泥停止厌氧处理，消化池的数量应至少为两座。消化池的有效容积，按照每天加入的污泥量及污泥投配率进行计算。

每座消化池的大小，可根据运转方式、要求的机动性、结构和基础的考虑来确定。一般每座消化池的容积：小型消化池为 2500m^3 以下；中型消化池为 5000m^3 左右；大型消化池为 10000m^3 以上。圆柱形消化池的直径一般为 6～35m，池底坡度一般采用 8%。

(2) 消化池池顶

常用的固定盖池顶为弧形穹顶或为截圆锥形。池顶中部装集气罩。

考虑检修或观察需求，池顶设置人孔 1～2 个，观察窗一个，直径大于 700mm。观察窗内配置刮刷，便于清扫玻璃并观察池内情况。

池顶设置冲洗水龙头或浮渣冲洗设备。

池顶内的沼气通过管道与沼气贮气柜直接连通，靠近顶盖的沼气收集管上应设置阀门、阻火器和冷凝水排放装置等；为防止运行时压力过大或产生负压，池顶需设置真空压力安全阀。

工作液位与池子圆柱部分的墙顶之间的超高，可以低到小于 0.3m。为防止固定盖因超高不够而受内压，使池顶遭到破坏，池顶下沿应装有溢流管。

(3) 消化池管道布置

消化池敷设的管道有污泥管、排上清液管、溢流管、沼气管、取样管等；污泥管包括进泥管、出泥管、循环搅拌管。污泥管的最小直径为 150mm。

一般消化池进泥口布置在泥位以上，其进泥点及进泥口的形式应有利于搅拌均应，破碎浮渣。小型消化池一般应设一根进泥管，大型消化池可增加进泥管数量。

消化池出泥口布置在池底中央或池底分散数处，大型消化池在池底以上不同高度再设 1～2 处。

消化池排空管可与出泥管合并使用，也可单独设立。

当泵循环搅拌污泥或进行池外加热时，进泥口和出泥口的位置应考虑有利于混合均匀。

为了能在最适当的高度除去上清液，可在池子的不同高度设置若干个排出口，最小管径为 75mm。

溢流管的溢流高度，必须考虑是在池内受压状态下工作。在非溢流工作状态或池内泥位下降时，溢流管仍需保持泥封状态，避免消化池气室与大气连通。溢流管最小管径为 200mm。

消化池需设置取样管，取样点最少为两个，大型消化池最好在消化池上部、中部、底部各设一个。取样管的设置应便于工作人员操作，设置在室外时，寒冷地区需采取防冻措施。取样管的长度最少应伸入最低泥位以下 0.5m，最小管径为 100mm。

各种管道的布置取决于消化池的池型及工艺设计。管道必须牢固地架在池上，而且应尽量保持整齐，安装简单，管材应考虑耐腐蚀，同时应做防腐处理。

一般应备有清洗水或蒸汽的进口及清理污泥管道的设备。

排出的上清液及溢流出泥，应重新导入初次沉淀池进行处理。亦可根据水质情况单独进行处理。设计沉淀池时应计入此项污染物。

（4）消化池清扫

为了维持消化池的设计池容，设计中应包括定期清扫砂子的设备。应能临时将砂子以上的污泥抽送到另一座消化池，或其他储存设备中，借助高压水冲洗池底的砂子，用泵抽空，进行处置。冲洗水压力应大于0.7MPa。

消化池池顶中心工作孔最小直径为1.5m，侧墙和池底的交接处设置直径0.8～1.0m的工作孔1～2处，必要时也可利用各处工作孔清除积砂。井盖宜采用不锈钢或铸铁制成，用耐腐蚀螺栓固定。

（5）消化池构造

消化池的池体要求不渗水，一般采用钢筋混凝土结构。其气室部分应不漏气，需敷设耐腐蚀涂料或衬里，其下沿应深入最低泥位0.5m以下。为了减少池子的热损耗，在池子的周壁及池盖处采取保温措施。若有条件，消化池池体可采用覆土保温方法，以降低工程造价，但占地较大。有条件时，消化池池底应位于地下水位以上，以减少热损耗。当位于地下水位以下时，池底以外宜采用隔水层。

（6）消化池附属设施

1）污泥投配池

至少设置2座污泥投配池，其容积可依据来泥量及投配方式确定，一般为12h的储泥量。池中应设置液位指示仪表，以便控制初沉污泥和活性污泥的配比及进入消化池的投配量。池子应加盖并设排气管，引向除臭设备，经处理后排入大气。池内还应设置溢流管及排除清液管等。

污泥中含有砂子、纤维、杂物，需加强污水处理系统的除砂、除渣能力；同时可以在进入消化池之前再次进行分离；采用旋流分砂设备分离来泥中的砂子；在来泥管处设旋转筛网，分离污泥中的纤维等杂物；采用管道式破碎机将杂物进行破碎，然后送入消化池中。

2）污泥泵及污泥管道

污泥泵的台数应根据消化池的布置和运转方式进行选定，最少为2台。泵型有离心泵、螺杆泵及柱塞泵等，污泥泵设置在防爆区时应选用防爆型电动机，按自灌运行设计。

污泥压力管道的最小流速，按表9-18设计，经济流速为0.9～1.5m/s。

污泥压力管道最小流速（m/s） **表9-18**

管径(mm)	污泥含水率（%）								
	90	91	92	93	94	95	96	97	98
	最小流速（m/s）								
150～250	1.5	1.4	1.3	1.2	1.1	1.0	0.9	0.8	0.7
300～400	1.6	1.5	1.4	1.3	1.2	1.1	1.0	0.9	0.8

污泥压力管道较长时，应考虑排气措施及维护时的排空设施。

3）阀门控制

污泥消化池的各种管线种类繁多，在运转中通过调节各种功能的阀门，达到消化池的正常运行。因此必须注意对阀门的选型和布置。

沼气管线及其阀门最好能集中在一起，并应尽量减少穿过其他机器设备。

阀门操作间一般均设置在消化池附近。室内应有良好的通风、照明、排水设施。平面布置应有利于设备的进出、安装、检修。要考虑构筑物的不均匀沉降造成管道损坏。

4）沼气压缩机

消化池采用沼气搅拌时，其搅拌气量根据搅拌方式通过计算确定。其气体压力应按静压及沿程损失通过计算确定，常用的气体压缩机有回转式鼓风机及滑片式、活塞式压缩机。此类压缩机产生的气体流量为一常数。出气中有机油混入气体中，应设除油装置。离心式鼓风机也可压缩沼气，其气量可通过控制进气进行调节，混入气体中的机油量很少，因此可不设除油装置。压缩机的电动机应选用防爆型。

在沼气压缩机的进气管路上，需设置除水过滤装置，滤除沼气中的水分、杂质，保护压缩机。为确保设备的正常运行，可设置多级过滤。

在沼气压缩机的进出管路上，除应装有闸阀外，一般还应装有水封罐或阻火器，以防回火。

当出气管内壁涂有沥青时，压缩机出口应安装冷却器，将气体温度由 120～200℃降至 50℃以下。

沼气压缩机房宜单独设置，应满足防爆要求。

5）浮渣破碎设备

当消化池的液体表面形成浮渣层时，厌氧消化受到抑制，产气量受到影响，有效容积将减少，必须采取措施防止浮渣的形成或予以破碎。

浮渣的成分由污水的水质决定，当城市污水混有屠宰、造纸、纤维工厂等工业废水时，极易形成浮渣，必须进行预处理。格栅截留的栅渣、沉淀池的浮渣，最好不要回到消化池中，应另行处理。

设计污泥搅拌设备时，应考虑同时破碎浮渣。

6）废气燃烧装置

运行过程中的剩余沼气需经气体除硫、除水后进入燃烧装置燃烧，以防直接排入大气造成危害和污染。废气燃烧装置是一种安全装置，能自动点火和自动熄火，并应为内燃式。燃烧器的来气管路上需设回火防止器。它和消化池顶盖、贮气柜之间的距离一般至少需要 15m，并应设置在容易监视的开阔地区。废气燃烧装置周边应铺设不易燃烧材质的地面，如砾石、卵石、石子等。沼气燃烧产生火焰的传播速度一般在 0.65～0.7m/s 之间，具体取决于沼气中甲烷含量。

(7）消化系统仪表装置

在消化池中，温度是最重要的控制因素，因此必须经常监测。一般常用的是热电阻温度计，放在钢管或不锈钢管内。测点设在池中心或池内壁，在池外任何地方均可得到指示。

消化池的液位计主要用于决定污泥的投入量和排出量。当使用浮子液位计时，其设置方法与取样装置相同，在套管内放置浮子，进行测定。由于池内有压力，所以其指示值必须进行修正。当套管有泡沫或浮渣进入时，误差很大。用吹气法测定液位较为准确。双法兰差压计、电容式液位计等，均可密闭安装于池壁上，并可避免进行内压的修正。

pH 值一般为定时取泥样测定，也可由安装于池上的仪表进行测定。测点一般可设在池子的上、下等位置处。

沼气管路上需设置流量计，通常流量计形式同气体流量计，可为热式流量计，流量计材质需抗腐蚀。但靠近消化池的管路中水分大，对流量计有一定影响，应谨慎选择流量计。

在可能有沼气逸出的地点设置可燃气体和有害气体报警仪。同时可配备便携式有害气体报警仪供运行维护过程中随时监测使用。

9.4.9 消化池计算示例

【例 9-3】已知一城市污水处理厂，初沉污泥量为 $313m^3/d$，剩余活性污泥量经浓缩后为 $180m^3/d$，其含水率均为 96%，采用中温两级消化处理。消化池的停留天数为 30d，其中一级消化池为 20d，二级消化池为 10d。消化池控制温度为 33～35℃，计算温度为 35℃。新鲜污泥年平均温度为 17.3℃，日平均最低温度为 12℃。池外介质为空气时，全年平均气温为 11.6℃，冬季室外计算气温，采用历年平均每年不保证 5d 的日平均温度－9℃。池外介质为土壤时，全年平均温度为 12.6℃，冬季计算温度为 4.2℃。一级消化池进行加温、搅拌，二级消化池不加热、不搅拌。均为固定盖形式。试计算消化池的各部尺寸。

【解】(1) 消化池容积计算

一级消化池总容积：

$$V=\frac{313+180}{\frac{5}{100}}=9860m^3$$

采用 4 座一级消化池，则每座池子的有效容积为：

$$V_0=\frac{V}{4}=\frac{9860}{4}=2465m^3\text{，取 }2500m^3$$

消化池直径 D 采用 18m（见图 9-54）。

集气罩直径 d_1 采用 2m。

池底下锥底直径 d_2 采用 2m。

集气罩高度 h_1 采用 2m。

上锥体高度 h_2 采用 3m。

消化池柱体高度 h_3 应$>\frac{D}{2}=9m$，采用 10m。

下锥体高度 h_4 采用 1m。

则消化池总高度为：

$$H=h_1+h_2+h_3+h_4$$
$$=2+3+10+1$$
$$=16m$$

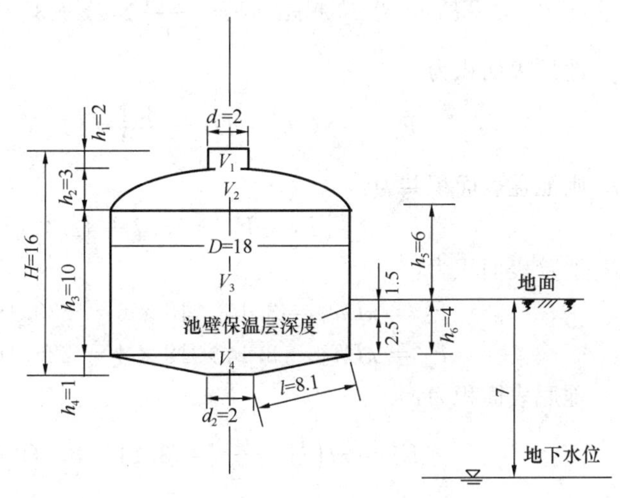

图 9-54 消化池（m）

消化池各部分容积的计算：

集气罩容积为：

$$V_1 = \frac{\pi d_1^2}{4}h_1 = \frac{3.14 \times 2^2}{4} \times 2 = 6.28\text{m}^3$$

弓形部分容积为：

$$V_2 = \frac{\pi}{24}h_2(3D^2 + 4h_2^2)$$

$$= \frac{3.14}{24} \times 3(3 \times 18^2 + 4 \times 3^2) = 395.6\text{m}^3$$

圆柱部分容积为：

$$V_3 = \frac{\pi D^2}{4} \times h_3 = \frac{3.14 \times 18^2}{4} \times 10 = 2543.4\text{m}^3$$

下锥体部分容积为：

$$V_4 = \frac{1}{3}\pi h_4\left[\left(\frac{D}{2}\right)^2 + \frac{D}{2} \times \frac{d_2}{2} + \left(\frac{d_2}{2}\right)^2\right]$$

$$= \frac{1}{3} \times 3.14 \times 1(9^2 + 9 \times 1 + 1^2) = 95.3\text{m}^3$$

则消化池的有效容积为：

$$V_0 = V_3 + V_4 = 2543.4 + 95.3 = 2638.7 > 2465\text{m}^3$$

二级消化池总容积为：

$$V = \frac{V'}{P} = \frac{313 + 180}{\frac{10}{100}} = 4930\text{m}^3$$

采用两座二级消化池，每两座一级消化池串联一座二级消化池，则每座二级消化池的有效容积为：

$$V_0 = \frac{V}{2} = \frac{4930}{2} = 2465\text{m}^3\text{，取 }2500\text{m}^3$$

二级消化池各部分尺寸同一级消化池。

(2) 消化池各部分表面积计算

集气罩表面积为：

$$F_1 = \frac{\pi}{4}d_1^2 + \pi d_1 h_1 = \frac{3.14}{4} \times 2^2 + 3.14 \times 2 \times 2 = 15.7\text{m}^2$$

池顶表面积为：

$$F_2 = \frac{\pi}{4}(4h_2^2 + D) = \frac{3.14}{4}(4 \times 3^2 + 18) = 42.4\text{m}^2$$

则池盖表面积共为：

$$F_1 + F_2 = 15.7 + 42.4 = 58.1\text{m}^2$$

池壁表面积为：

$$F_3 = \pi D h_5 = 3.14 \times 18 \times 6 = 339.1\text{m}^2\text{（地面以上部分）}$$

$$F_4 = \pi D h_6 = 3.14 \times 18 \times 4 = 226.1\text{m}^2\text{（地面以下部分）}$$

池底表面积为：

$$F_5 = \pi l\left(\frac{D}{2} + \frac{d_2}{2}\right) = 3.14 \times 8.1(9 + 1) = 254.3\text{m}^2$$

(3) 消化池热工计算

1）提高新鲜污泥温度的耗热量：

中温消化温度为：

$$T_D = 35℃$$

新鲜污泥年平均温度为：

$$T_s = 17.3℃$$

日平均最低温度为：

$$T_s = 12℃$$

每座一级消化池投配的最大生污泥量为：

$$V'' = 2500 \times 5\% = 125\text{m}^3/\text{d}$$

则全年平均耗热量为：

$$Q_1 = \frac{V''}{24}(T_D - T_s) \times 1000 = \frac{125}{24}(35 - 17.3) \times 1000 \times 1.163 = 107214\text{W}$$

最大耗热量为：

$$Q_{1\max} = \frac{125}{24}(35 - 12) \times 1000 \times 1.163 = 139318\text{W}$$

2）消化池池体的耗热量，消化池各部分传热系数采用：

池盖为：

$$K = 0.8W/(\text{m}^2 \cdot ℃)$$

池壁在地面以上部分为：

$$K = 0.7W/(\text{m}^2 \cdot ℃)$$

池壁在地面以下部分及池底为：

$$K = 0.52W/(\text{m}^2 \cdot ℃)$$

池外介质为大气时，全年平均气温为：

$$T_A = 11.6℃$$

冬季室外计算温度为：

$$T_A = -9℃$$

池外介质为土壤时，全年平均温度为 $T_B = 12.6℃$，冬季计算温度 $T_B = 4.2℃$。池盖部分全年平均耗热量为：

$$Q_2 = FK(T_D - T_A) \times 1.2 = 58.1 \times 0.7(35 - 11.6) \times 1.2 \times 1.163 = 1328\text{W}$$

最大耗热量为：

$$(Q_2)_{\max} = 58.1 \times 0.7[35 - (-9)] \times 1.2 \times 1.163 = 2497\text{W}$$

池壁在地面以上部分，全年平均耗热量为：

$$Q_3 = FK(T_D - T_A) \times 1.2 = 339.1 \times 0.6(35 - 11.6) \times 1.2 \times 1.163 = 6644\text{W}$$

最大耗热量为：

$$(Q_3)_{\max} = 339.1 \times 0.6[35 - (-9)] \times 1.2 \times 1.163 = 12494\text{W}$$

池壁在地面以下部分，全年平均耗热量为：

$$Q_4 = FK(T_D - T_A) \times 1.2 = 226.1 \times 0.45(35 - 12.6) \times 1.2 \times 1.163 = 3181\text{W}$$

最大耗热量为：

$$(Q_4)_{\max} = 226.1 \times 0.45(35 - 4.2) \times 1.2 \times 1.163 = 4373\text{W}$$

池底部分，全年平均耗热量为：

$$Q_5 = FK(T_D - T_B) = 254.3 \times 0.45(35 - 12.6) \times 1.2 \times 1.163 = 3577W$$

最大耗热量为：

$$(Q_5)_{max} = 254.3 \times 0.45(35 - 4.2) \times 1.2 \times 1.163 = 4920W$$

每座消化池池体，全年平均耗热量为：

$$Q_x = 1328 + 6644 + 3181 + 3577 = 14730W$$

最大耗热量为：

$$Q_{max} = 2497 + 12494 + 4373 + 4920 = 24284W$$

3）每座消化池总耗热量，全年平均耗热量为：

$$\Sigma Q = 107214 + 14730 = 121944W$$

最大耗热量为：

$$\Sigma Q_{max} = 139318 + 24284 = 163602W$$

（4）热交换器的计算：消化池的加热，采用池外套管式泥水热交换器。全天均匀投配。生污泥在进入一级消化池之前，与回流的一级消化池污泥先行混合后再进入热交换器，其比例为1∶2。则生污泥量为：

$$Q_{s1} = \frac{125}{24} = 5.2m^3/h$$

回流的消化污泥量为：

$$Q_{s2} = 5.2 \times 2 = 10.4m^3/h$$

进入热交换器的总污泥量为：

$$Q_s = Q_{s1} + Q_{s2} = 5.2 + 10.4 = 15.6m^3/h$$

生污泥的日平均最低温度为：

$$T_s = 12℃$$

生污泥与消化污泥混合后的温度为

$$T_s = \frac{1 \times 12 + 2 \times 35}{3} = 27.33℃$$

热交换器的套管长度按下式计算：

$$L = \frac{Q_{max}}{\pi DK \Delta T_m} \times 1.2$$

热交换器按最大总耗热量计算：

$$Q_{max} = 163601W$$

内管管径选用 $DN60$ 时，则污泥在内管中的流速为：

$$v = \frac{15.6}{\frac{\pi}{4} \times 0.06^2 \times 3600} = 1.53m/s(符合要求)$$

外管管径选用 $DN100$。

平均温差的对数 ΔT_m 按下式计算：

$$\Delta T_m = \frac{\Delta T_1 - \Delta T_2}{\ln \frac{\Delta T_1}{\Delta T_2}}$$

式中 ΔT_1——热交换器入口的污泥温度（T_s）和出口的热水温度（T'_w）之差（℃）；

ΔT_2——热交换器出口污泥温度（T'_s）和入口热水温度（T_w）之差（℃）。

污泥循环量 $Q_s=15.6m^3/h$，

则 $T'_s = T_2 + \frac{Q_{max}}{Q_s \times 1000}$

$= 27.33 + \frac{140671.8}{15.6 \times 1000}$

$= 36.35℃$

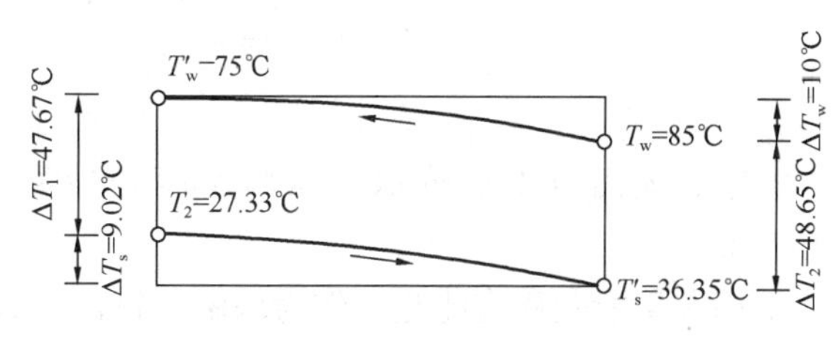

图 9-55 例题附图

热交换器的入口热水温度采用 $T_w=85℃$。

$T_w - T'_w$ 采用 10℃（见图 9-55）。

则热水循环量为：

$$Q_w = \frac{Q_{max}}{(T_w - T'_w) \times 1000} = \frac{140671.8}{(85-75) \times 1000} = 14.07m^3/h$$

核算内外管之间热水的流速为：

$$v = \frac{14.07}{\left(\frac{\pi}{4} \times 0.1^2 - \frac{\pi}{4} \times 0.06^2\right) \times 3600} = 0.78m/s(\text{符合要求})$$

$$\Delta T_1 = 47.67℃; T_3 = 27.33℃; T'_s = 36.35℃$$

$$T_w = 85℃; T'_w = 75℃; \Delta T_2 = 48.65℃$$

则

$$\Delta T_m = \frac{\Delta T_1 - \Delta T_2}{\ln \frac{\Delta T_1}{\Delta T_2}} = \frac{47.67 - 48.65}{\ln \frac{47.67}{48.65}} = 48.28℃$$

热交换器的传热系数选用 $K=600W/(m^2 \cdot ℃)$，则每座消化池的套管式泥水热交换器的总长度为：

$$L = \frac{Q_{max}}{\pi D K \Delta T_m} \times 1.2 = \frac{140671.8}{3.14 \times 0.06 \times 600 \times 48.28} \times 1.2 = 30.93m$$

设每根长 4m，则其根数为：

$$n = \frac{30.93}{4} = 7.73\text{ 根，选用 8 根。}$$

（5）消化池保温结构厚度计算，消化池各部分传热系数允许值采用：

池盖为：

$$K = 0.8W/(m^2 \cdot ℃)$$

池壁在地上部分为：

$$K = 0.7W/(m^2 \cdot ℃)$$

池壁在地下部分及池底为：

$$K = 0.52W/(m^2 \cdot ℃)$$

池盖保温材料厚度的计算：设消化池池盖混凝土结构厚度为 $\delta_G=250mm$

钢筋混凝土的导热系数为 $\lambda_G=1.33W/(m \cdot ℃)$

采用聚氨酯硬质泡沫塑料作为保温材料，导热系数 $\lambda_B=0.02W/(m \cdot ℃)$，则保温材料的厚度为：

$$\delta_{B盖}=\frac{\frac{\lambda_G}{K}-\delta_G}{\frac{\lambda_G}{\lambda_B}}=\frac{\frac{1.33}{0.7}-0.25}{\frac{1.33}{0.02}}=0.025\text{m}=25\text{mm}$$

池壁在地面以上部分保温材料厚度的计算：设消化池池壁混凝土结构厚度为 $\delta_G=400\text{mm}$

采用聚氨酯硬质泡沫塑料作为保温材料，则保温材料的厚度为：

$$\delta_{B壁}=\frac{\frac{\lambda_G}{K}-\delta_G}{\frac{\lambda_G}{\lambda_B}}=\frac{\frac{1.33}{0.6}-0.4}{\frac{1.33}{0.02}}=0.027\text{m}=27\text{mm}$$

池壁在地面以上的保温材料延伸到地面以下的深度为冻深加 0.5。

池壁在地面以下部分以土壤作为保温层时，其最小厚度的核算：土壤导热系数为 $\lambda_B=1.0\text{W/(m}\cdot℃)$

设消化池池壁在地面以下的混凝土结构厚度为 $\delta_G=400\text{mm}$，则保温度度为：

$$\delta_{B壁}=\frac{\frac{\lambda_G}{K}-\delta_G}{\frac{\lambda_G}{\lambda_B}}=\frac{\frac{1.33}{0.45}-0.4}{\frac{1.33}{1.0}}=1.92\text{m}=1920\text{mm}$$

池底以下土壤作为保温层，其最小厚度的核算：消化池池底混凝土结构厚度为 $\delta_G=700\text{mm}$。

$$\delta_{B底}=\frac{\frac{\lambda_G}{K}-\delta_G}{\frac{\lambda_G}{\lambda_B}}=\frac{\frac{1.33}{0.45}-0.7}{\frac{1.33}{1.0}}=1.7\text{m}=1700\text{mm}$$

地下水位在池底混凝土结构厚度以下，大于 1.7m，故不加其他保温措施。

池盖、池壁的保温材料采用硬质聚氨酯泡沫塑料。其厚度经计算分别为 25mm 及 27mm，均按 27mm 计，乘以 1.5 的修正系数，采用 50mm。

二级消化池的保温结构材料及厚度均与一级消化池相同。

（6）沼气混合搅拌计算：消化池的混合搅拌采用多路曝气管式（气通式）沼气搅拌。

1）搅拌用气量：单位用气量采用 $6\text{m}^3/(\text{min}\cdot1000\text{m}^3$ 池容)，则用气量 $q=6\times\frac{2500}{1000}=15\text{m}^3/\text{min}=0.25\text{m}^3/\text{s}$

2）曝气立管管径计算：曝气立管的流速采用 12m/s，

则所需立管的总面积为 $\frac{0.25}{12}=0.0208\text{m}^2$

选用立管的直径为 $DN60$ 时，每根断面 $A=0.00283\text{m}^2$，

所需立管的总数则为 $\frac{0.0208}{0.00283}=7.35$ 根，采用 8 根

核算立管的实际流速为

$$v=\frac{0.25}{8\times0.00283}=11.04\text{m/s}(符合要求)$$

【例 9-4】已知某城市污水处理厂，初沉污泥量和剩余污泥量为 1600m³/d，含水率为 96%，采用中温消化，拟采用卵形消化池，试求消化池各部分尺寸。

【解】(1) 消化池容积计算

消化池总容积，按投配率 5%计算，则消化池总容积为：

$$V=\frac{1600}{0.05}=32000\text{m}^3$$

采用 3 座一级消化池，则每座池子的有效容积为：

$$V_0=\frac{32000}{3}=10667\text{m}^3$$

设卵形消化池的长短轴比例为$\frac{1.6}{1}$，则椭圆体的体积为：

$$V=\frac{4\pi}{3}\frac{a}{b}b^3=\frac{4\pi}{3}\times\frac{1.6}{1}b^3=6.702b^3$$

则 $$b=\sqrt[3]{\frac{V}{6.702}}$$

将 $V_0=10667\text{m}^3$ 代入，得 $b=\sqrt[3]{\frac{10667}{6.702}}=11.68\text{m}$，取 $b=12\text{m}$。

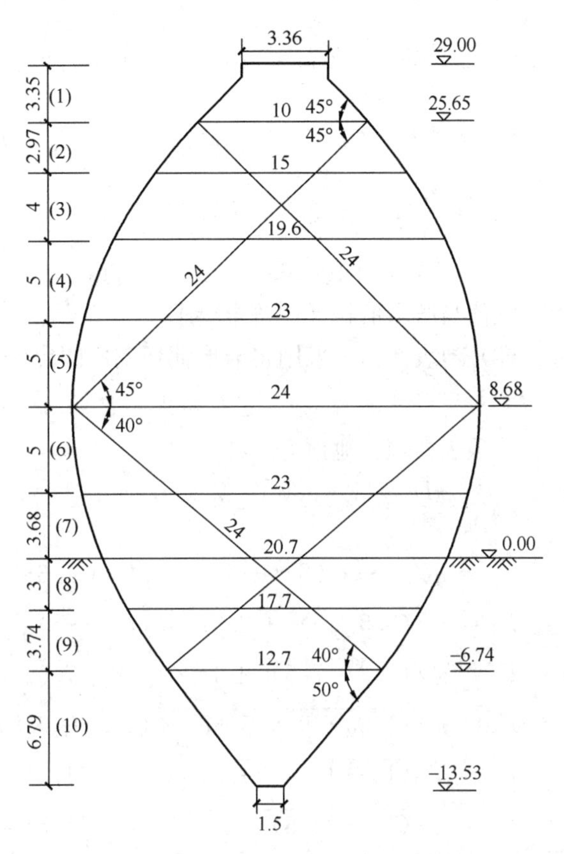

图 9-56 卵形消化池各部分尺寸

设卵形消化池的短轴总长为 2b=24m，以此作图，其底部为 50°角，上部为 45°角，并设定地上部分为 2/3，地下部分为 1/3，最后得出池总高为 42.53m，其中地上部分为 29m，地下部分为 13.53m（见图 9-56）。上述推求过程及各部分体积计算，系为试算，根据所作图形，采用分层切割成圆台，求出每个圆台的容积，叠加而成。也可采用其他数学计算方法求其总容积。

采用圆台法计算卵形消化池总容积（近似值）：

$$\Sigma V=\frac{\pi}{3}b(R^2+r^2+Rr)$$

$$V_1=\frac{\pi}{3}3.35(5^2+1.68^2+5\times1.68)=127.1\text{m}^3$$

$$V_2=\frac{\pi}{3}2.97(7.5^2+5^2+7.5\times5)=369.3\text{m}^3$$

$$V_3=\frac{\pi}{3}4(9.8^2+7.5^2+9.8\times7.5)=945.8\text{m}^3$$

$$V_4=\frac{\pi}{3}5(11.5^2+9.8^2+11.5\times9.8)=1785.4\text{m}^3$$

$$V_5=\frac{\pi}{3}5(12^2+11.5^2+12\times11.5)=2169\text{m}^3$$

$V_6 = \frac{\pi}{3}5(11.5^2 + 12^2 + 11.5 \times 12) = 2169m^3$

$V_7 = \frac{\pi}{3}3.68(11.5^2 + 10.35^2 + 11.5 \times 10.35) = 1381.3m^3$

$V_8 = \frac{\pi}{3}3(10.35^2 + 8.85^2 + 10.35 \times 8.85) = 870.4m^3$

$V_9 = \frac{\pi}{3}3.74(8.85^2 + 6.35^2 + 8.85 \times 6.35) = 684.9m^3$

$V_{10} = \frac{\pi}{3}6.79(6.35^2 + 0.75^2 + 6.35 \times 0.75) = 324.6m^3$

$\Sigma V_1 \sim V_{10} = 10826.8m^3 > 10667m^3$

此值与所求值相近，符合要求。

（2）池表面积：采用将卵形池切割成圆台，求表面积（近似值），图形同上。

$$\Sigma F = \pi\sqrt{(R-r)^2 + h^2} \times (R+r)$$

池顶表面积：池顶 D=336m

$F_0 = \frac{\pi D^2}{4} = \frac{\pi \cdot 336^2}{4} = 8.9m^2$

$F_1 = \pi\sqrt{(5-1.68)^2 + 3.35^2} \times (5+1.68) = 99m^2$

$F_2 = \pi\sqrt{(7.5-5)^2 + 2.97^2} \times (7.5+5) = 152.5m^2$

$F_3 = \pi\sqrt{(9.8-7.5)^2 + 4^2} \times (9.8+7.5) = 250.8m^2$

$F_4 = \pi\sqrt{(11.5-9.8)^2 + 5^2} \times (11.5+9.8) = 353.4m^2$

$F_5 = \pi\sqrt{(12-11.5)^2 + 5^2} \times (12+11.5) = 371m^2$

$F_6 = \pi\sqrt{(12-11.5)^2 + 5^2} \times (12+11.5) = 371m^2$

$F_7 = \pi\sqrt{(11.5-10.35)^2 + 3.68^2} \times (11.5+10.35) = 264.7m^2$

$F_8 = \pi\sqrt{(10.35-8.85)^2 + 3^2} \times (10.35+8.85) = 202.3m^2$

$F_9 = \pi\sqrt{(8.85-6.35)^2 + 3.74^2} \times (8.85+6.35) = 214.8m^2$

$F_{10} = \pi\sqrt{(6.35-0.75)^2 + 6.79^2} \times (6.35+0.75) = 196.3m^2$

池底面积，池底 D=1.5m，$F_{11} = \frac{\pi \times 1.5^2}{4} = 1.8m^2$

池地上部分表面积：$\Sigma F_0 \sim F_7 = 1870m^2$

池地下部分表面积：$\Sigma F_8 \sim F_{11} = 615m^2$

总池表面积：$\Sigma F_0 \sim F_{11} = 2465m^2$

（3）池子热工计算：

1）提高新鲜污泥的热量：

控制温度为 33～35℃，计算温度为 35℃

新鲜污泥量：1600m³/d

新鲜污泥日平均最低温度 10℃。

提高新鲜污泥所需热量：

$$Q_0 = \left(\frac{1600(35-10)\times 1000}{24}\right)\times 1.163 = 1938333\text{W} = 1938\text{kW}$$

2）消化池热损失：

① 地上部分：卵形消化池池盖面积占总面积的比例较小，故合并在池体内计算。

池体地上部分的钢筋混凝土壁厚设定为 $b_1=0.45$m，查表得导热系数 $\lambda_1=1.40$，池体保温采用聚氨酯泡沫塑料，设定厚度为 $b_2=0.05$m，导热系数 $\lambda_2=0.02$，室外冬季计算温度 $T_A=-9$℃，传热系数：

$$K = \frac{1}{\dfrac{b_1}{\lambda_1}+\dfrac{b_2}{\lambda_2}} = \frac{1}{\dfrac{0.45}{1.40}+\dfrac{0.05}{0.02}} = 0.355$$

耗热量（地上部分）：

$$Q_1 = FK(T_D - T_A)1.2$$

式中 F——地上部分表面积=1870m^2；

T_D——池温 35℃。

$$Q_1 = 1870\times 0.355[35-(-9℃)]\times 1.2\times 1.163/1000$$
$$= 40.8\text{kW}$$

② 地下部分：池体钢筋混凝土厚度 $b_3=1.1$m，查表得导热系数 $\lambda=1.4$

传热系数：

$$K = \frac{1}{\dfrac{b_3}{\lambda}} = \frac{1}{\dfrac{1.1}{1.4}} = 1.273$$

冬季地层计算温度：$T_A=1$℃

耗热量（地下部分）：

$Q_2=FK$（T_D-T_A）1.2，地下部分池表面积 $F=615m^2$

$$Q_2 = 615\times 1.273(35-1)\times 1.2\times 1.163/1000 = 37.1\text{kW}$$

3）总耗热量：
$$Q = Q_0 + Q_1 + Q_2$$
$$Q = 1938 + 3(40.8+37.1) = 2172\text{kW}$$

4）锅炉选型：选用沼气锅炉 2 台，锅炉热效率为 91%，

$$所需热能量 = \frac{2172}{91\%} = 2387\text{kW}$$

选用沼气锅炉 2 台，每台热能 1200kW

5）热交换器：选用夹套式热交换器，内管走泥，外管走水。

① 热水量计算：热交换器进水温度：$T_1=85$℃

出口温度：$T_2=75$℃

热水循环量：
$$Q_w=\frac{Q}{(T_1-T_2)\ 1000}$$

式中 Q——总耗热量，

$$Q_w = \frac{\dfrac{2172}{1.163}\times 1000}{(85-75)\times 1000} = 187\text{m}^3/\text{h}$$

选用 4 台热水循环泵（3 用 1 备），则每台泵

$$Q_{sw}^{1}=\frac{187}{3}=62m^{3}/h, H=11m$$

选用夹套式热交换器 3 组，每组的外管管径为 $DN200$，内管管径 $DN150$，外管流速为：

$$V_{1}=\frac{Q'_{w}}{\left(\frac{\pi D_{1}^{2}}{4}-\frac{\pi D_{2}^{2}}{4}\right)3600}=\frac{62}{\left(\frac{\pi 0.2^{2}}{4}-\frac{\pi 0.15^{2}}{4}\right)3600}=1.25m/s(\text{符合要求})$$

② 污泥加热计算：选用热交换器 3 组，污泥为全日均匀加热。

每组热交换器加热量：

$$Q=\frac{1600}{24\times 3}=22.2m^{3}/h$$

选用进泥泵 4 台（3 用 1 备），规格 $Q_1=23m^3/h$，$H=40m$。

选用污泥循环泵 4 台（3 用 1 备），按热污泥：生污泥＝2：1 配备，泵规格：

$$Q_{2}=50m^{3}/h, H=15m$$

管内流速：

$$V=\frac{Q_{1}+Q_{2}}{\frac{\pi}{4}D^{2}}=\frac{23+50}{\frac{\pi}{4}0.15^{2}}=1.15m/s(\text{合格})$$

生污泥与热污泥的混合温度，即热交换器进泥温度：生污泥计算温度　10℃

热污泥计算温度　35℃

混合温度：

$$t_{1}=\frac{10\times 23+356\times 50}{23+50}=27.12℃$$

热交换器出口温度：

$$t_{2}=t_{1}+\frac{Q_{max}}{Q}$$

式中　Q_{max}——每组热交换器的需热量，

$$Q_{max}=\frac{2172}{3}=724kW$$

Q——泥量，

$$Q=23+50=73m^{3}/h$$

$$t_{2}=27.12+\frac{724}{73\times 1.163}=27.12+8.53=35.65℃$$

热交换器温度差计算，见图 9-57。

热交换器对数平均差温度：

$$\Delta t_{m}=\frac{\Delta t_{1}-\Delta t_{2}}{\ln\frac{\Delta t_{1}}{\Delta t_{2}}}$$

$$=\frac{(75-27.12)-(85-35.65)}{\ln\frac{75-27.12}{85-35.65}}$$

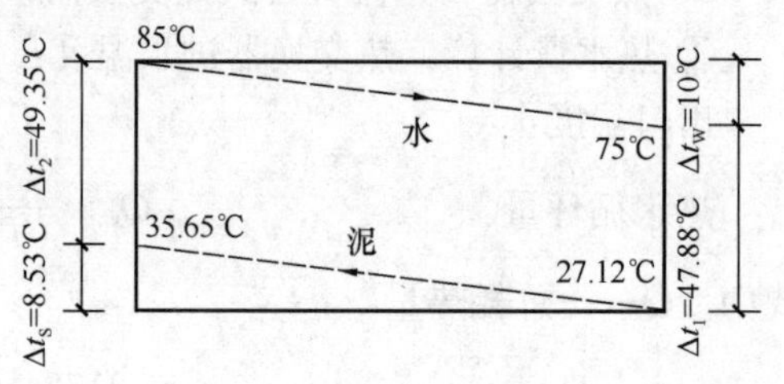

图 9-57　计算图

$= 49℃$

热交换器管长（单组）：

取热交换器传热系数，$K=698\text{W/m}^2$

$$L = \frac{1.2Q_{\max}}{\pi DK\Delta t_{\text{m}}} = \frac{1.2 \times 724000}{\pi \times 0.15 \times 698 \times 49} = 53.9\text{m}$$

选用单根管长 $L_1=6\text{m}$，每组 9 根，共 3 组。

（4）污泥流程（见图 9-58）：图 9-58 所示流程主要由三个系统组成：

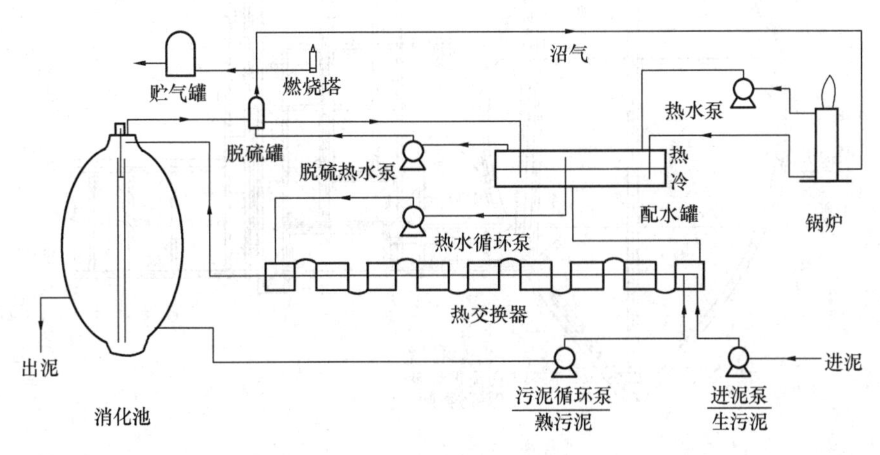

图 9-58 卵形消化池污泥流程图

1）污泥系统。

2）热水系统。

3）沼气系统。

（5）消化池搅拌机计算（选用螺旋桨式搅拌机）：

1）污泥量：

$$q = \frac{V}{3600t}$$

式中 V——消化池有效容积，$V=10700\text{m}^3$；

t——搅拌时间，取 3.6h。

$$q = \frac{10700}{3600 \times 3.6} = 0.83\text{m}^3/\text{s}$$

2）导流管直径：

$$D = \sqrt{\frac{4q}{\pi v}}$$

式中 v——导流管流速，取用 $v=1.6\text{m/s}$，

$$D = \sqrt{\frac{4 \times 0.83}{\pi \times 1.6}} = 0.8\text{m}$$

3）螺旋桨直径，取 0.771m。

4）螺旋桨转速：$V=300\text{r/min}$。

5）电动机功率：$N=18.5\text{kW}$。

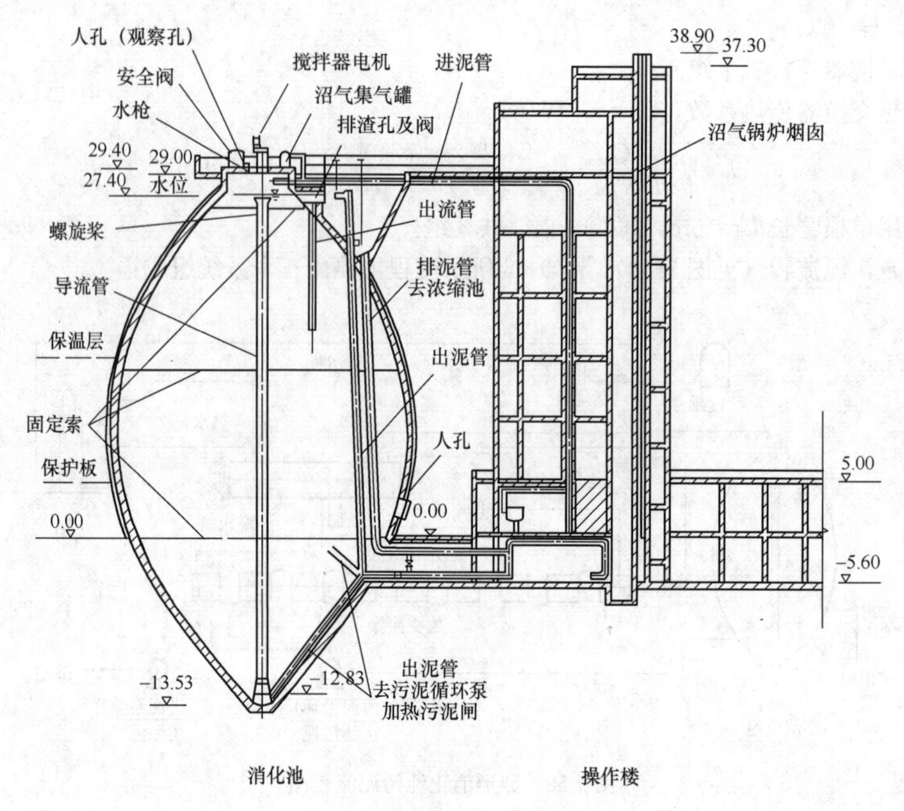

图 9-59　卵形消化池布置剖面图

上述各参数来自进口设备，未作实际校核，仅供参考。

(6) 卵形消化池布置（见图 9-59～图 9-61）：

9.4.10　热水解厌氧消化

污泥的热水解是指在一定温度和压力下，将污泥在密闭的容器中进行加热，使污泥絮体发生一系列的物理化学变化的预处理过程。经过热水解后的污泥固液分离效果提高，机械脱水后可获得低含水率的泥饼；污泥黏度较低，消化池的污泥浓度可以比普通消化池大幅度提高，同时可相应缩短停留时间；污泥的可生物降解性能得到改善，单位时间内的沼气产量和有机物分解率提高，污泥稳定性提高；污泥中病原微生物被彻底杀灭，提高了污泥无害化水平；热水解设备操作复杂，对自控系统的要求较高；消化后滤液中 COD 和氨氮浓度较高。

(1) 热水解厌氧消化工艺流程

图 9-62 以脱水污泥为对象，工艺过程包括收集系统、热水解厌氧消化系统、最终处置与污染控制系统。收集系统的目的主要是将污泥进行稀释、混合和调质，使其泥质更加均化，并达到热水解进泥含固率要求；热水解厌氧消化系统由污泥热水解、高含固率厌氧消化、沼气处理和利用组成。

图 9-63 为基于一个污水处理厂收集外来污泥建设污泥处理中心的情况：本厂污泥部分脱水的同时，采用浓缩污泥对所有脱水污泥进行稀释，可减少稀释水和絮凝剂的用量。

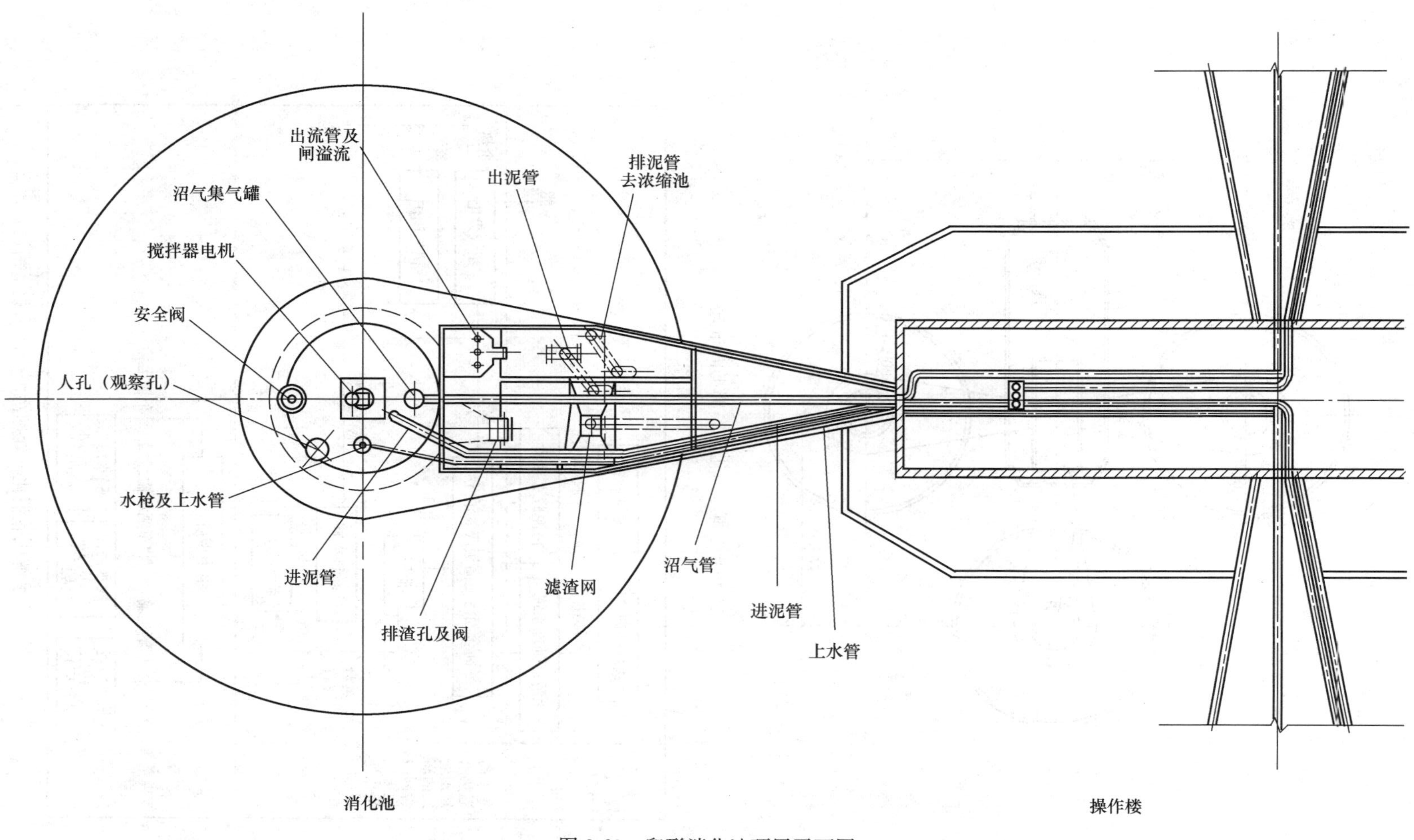

图 9-60 卵形消化池顶层平面图

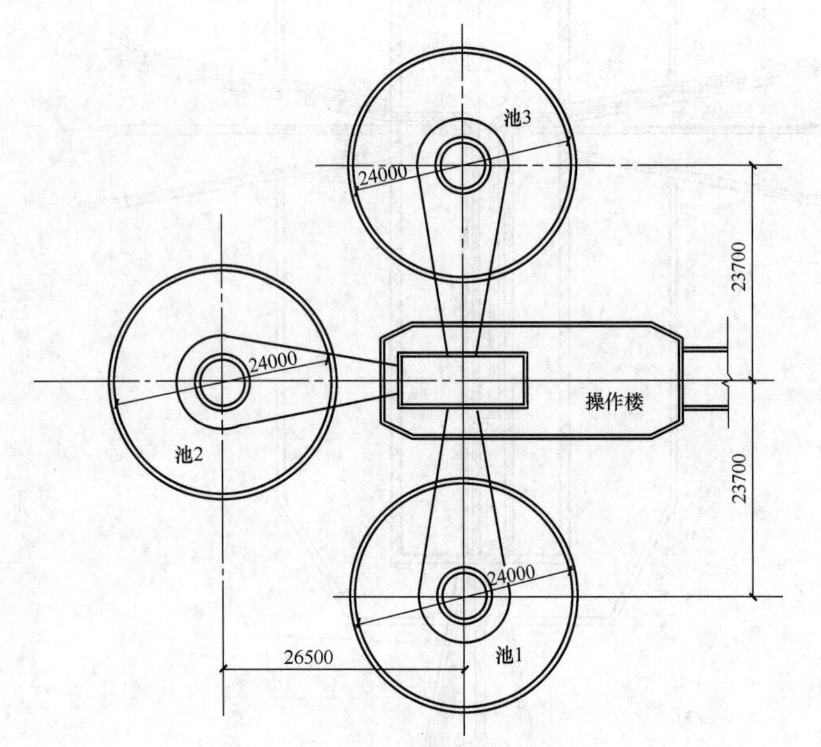

图 9-61 卵形消化池底部平面布置

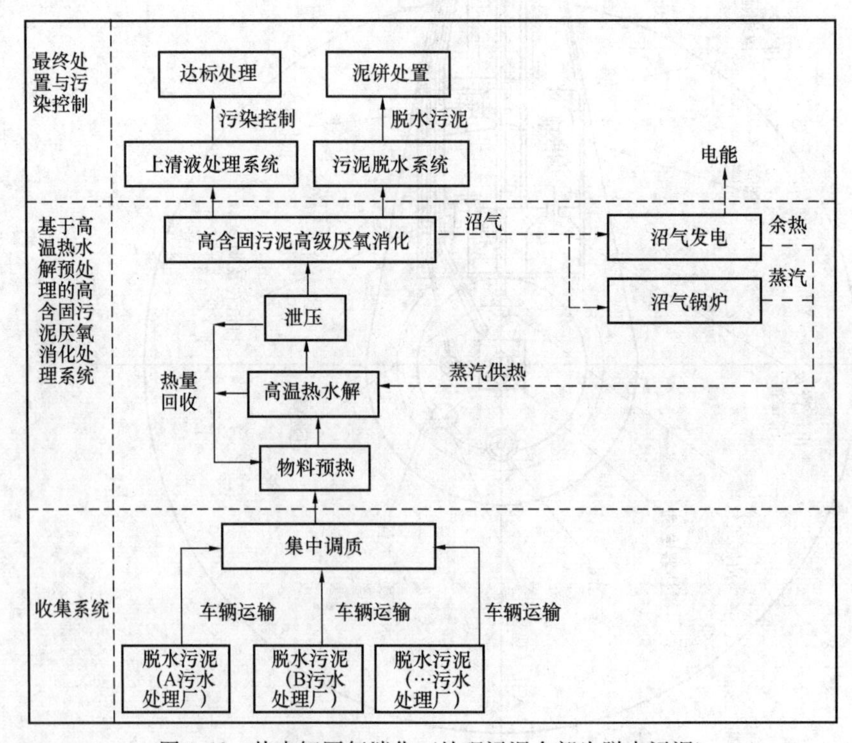

图 9-62 热水解厌氧消化（处理污泥全部为脱水污泥）

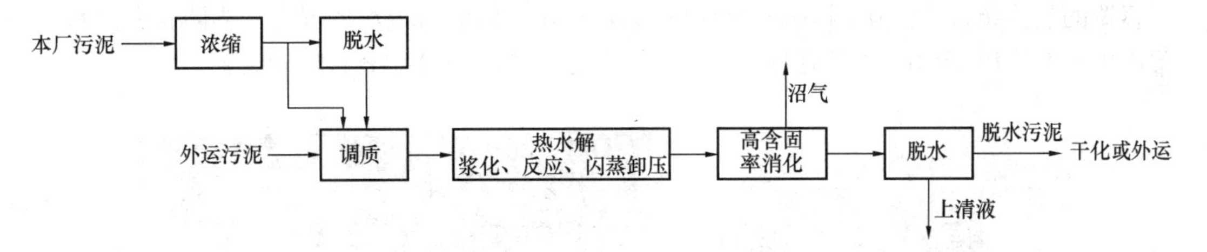

图 9-63　热水解厌氧消化（基于一个污水处理厂建设的污泥处理中心）

图 9-64 为嵌套在污水处理厂内的一般污泥处理工艺，此工艺仅对剩余污泥进行热水解，然后与浓缩污泥混合后一同消化。如果没有卫生学的要求，通常初沉污泥不进行热水解。

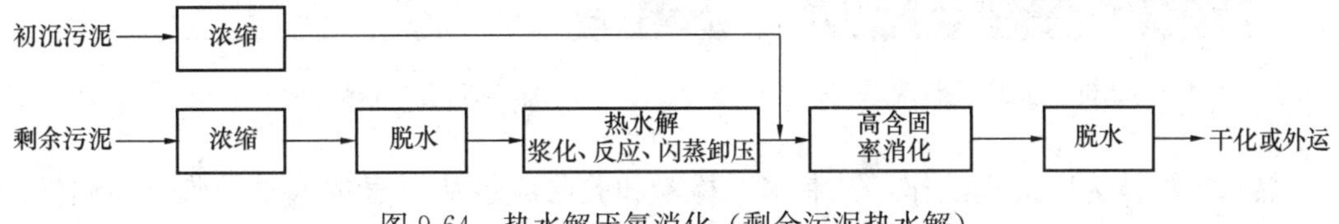

图 9-64　热水解厌氧消化（剩余污泥热水解）

图 9-65 为国外一种热水解厌氧消化的变型，此工艺前端采用传统厌氧消化，易降解生物很快水解产生沼气，不易进行厌氧消化的污泥再经过热水解和第二级厌氧消化，这样可有效发挥热水解和厌氧产气的效果，减少蒸汽用量，同时还可将二级厌氧消化在进泥冷却时回收的热量用于一级消化池的保温。

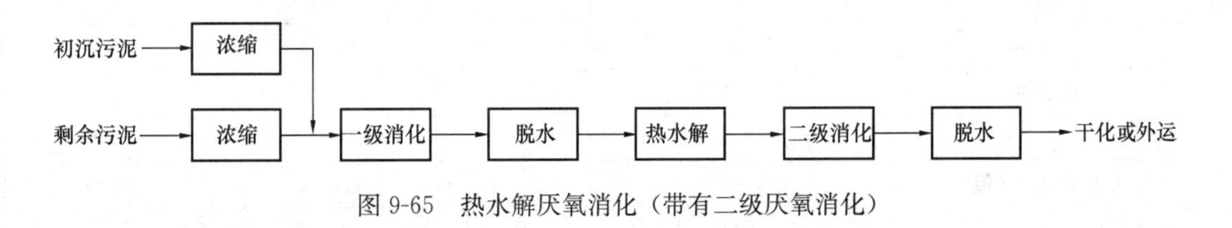

图 9-65　热水解厌氧消化（带有二级厌氧消化）

（2）热水解单元设计要点

热水解单元由浆化预热、水解反应、蒸汽回收三个工序组成。

进泥含水率：15%～18%；

水解反应温度：150～180℃；

水解反应压力：0.6～1.0MPa；

水解反应时间：20～30min；

蒸汽比消耗量：0.9～1.3 t/tDS。

（3）热水解罐体

目前国内已经使用的热水解罐体形式分为两种：立式柱状罐（见图 9-66）和卧式球形罐（图 9-67）。

立式柱状罐在国外和国内项目应用较多，该罐体静止不动，罐体容积多为 $2m^3$、$6m^3$ 和 $12m^3$。这种罐顶设置搅拌桨或者通入蒸汽对罐内污泥进行搅拌。卧式球形罐目前应用较少，该罐体可旋转，这种结构一则有效避免了污泥中砂子对设施的磨损，二则改善了高压容器的受压条件，三则因球罐的自身转动，实现了污泥与蒸汽的混合。为防止在热水解罐内出现纤维缠绕和砂砾沉淀及磨损，建议在进泥前端增设除渣和除砂装置。

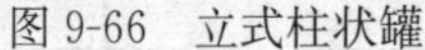
图 9-66 立式柱状罐

图 9-67 卧式球形罐

热水解罐体为序批式工作，其制造、检验和验收应遵从国家技术质量监督局颁发的《压力容器安全技术监察规程》的质量监督和安全监察。

(4) 热水解厌氧消化组合工艺的设计要点

热水解厌氧消化与传统厌氧消化的技术对比如表 9-19 所示。

热水解厌氧消化与传统厌氧消化的技术对比 **表 9-19**

项目	热水解厌氧消化	传统厌氧消化
温度控制	38～42℃	35～38℃
停留时间	15～18d	20～30d
进泥含固率	8%～12%	3%～5%
有机物负荷	2～6kgVSS/(m^3·d)	1～3kgVSS/(m^3·d)
消化池内 pH 值	7.5～8.0	6.8～7.5
沼气质量	65%～68%CH_4，H_2S低	60%～65%CH_4，H_2S高
卫生学标准	高	一般
产生消化泡沫的细菌	无	有，诺卡氏菌（Nocardia）、微丝菌属（Microthrix）
消化液的氨氮浓度	高	低

通常热水解后污泥温度高于厌氧消化的污泥温度，因此热水解后的污泥进入消化池前需进行降温。降温过程和前述对普通消化池污泥加热过程类似，目的均是保证和稳定消化池内的污泥温度。降温时交换介质多为冷水，其工艺设计可参考"消化池的加热系统与保温"相关内容。

(5) 二次污染控制和要求

1) 消化液的处理与磷回收利用

经过热水解厌氧消化后的上清液中含有高浓度的氮、磷（氨氮 300～2000mg/L，总磷 70～200mg/L）。上清液肥效较高，有条件时，可作为液态肥料进行利用。另外，上清液可提取蛋白，制成蛋白液，进而制成泡沫混凝土用发泡剂、泡沫灭火剂、植物营养液等。

针对污泥上清液高氮磷、低碳源的特点，可采用基于磷酸氨镁（鸟粪石）法的磷回收技术和厌氧氨氧化的生物脱氮技术，以避免加重污水处理厂水处理系统的氮磷负荷。

2）消化污泥中重金属的钝化耦合

污泥中的重金属主要以可交换态、碳酸盐结合态、铁锰氧化物结合态、硫化物及有机结合态和残渣态五种形态存在。其中，前三种为不稳定态，容易被植物吸收利用；后两种为稳定态，不易释放到环境中。污泥中锌和镍主要以不稳定态存在；铜主要以硫化物及有机结合态存在；铬主要以残渣态存在；汞、镉、砷、铅等毒性大的金属元素几乎全部以残渣态存在。在污泥的厌氧消化过程中，硫酸盐还原菌、酸化细菌等能促使污泥中硫酸盐的还原和含硫有机质的分解，而生成 S^{2-}。所生成的 S^{2-} 能够与污泥中的重金属反应生成稳定的硫化物，使铜、锌、镍、铬等重金属的稳定态含量升高，从而降低对环境造成的影响。另外，温度、酸度等环境条件的变化，CO_3^{2-} 等无机物以及有机物与重金属的络合，微生物的作用，同样可以引起可交换的离子态向其他形态的转化，使重金属的形态分布趋于稳定态。从而它们可以达到稳定、固着重金属的作用。

3）臭气收集

除厌氧消化工艺在污泥输送和储存中产生的臭气需要收集处理以外，还需注意，热水解工艺会产生少量不凝气体。由于不凝气体中含有 VOC 等成分，因此不能直接外排，通常需将热水解过程的不凝气体冷却后送至消化池内继续降解。

9.5 沼气的收集、贮存及利用

9.5.1 沼气的性质及一般用途

（1）沼气的性质

沼气泛指有机物质通过厌氧分解产生的混合气体。在污水处理厂中指污泥厌氧消化产生的消化气（或称污泥气）。主要是脂肪、蛋白质和碳水化合物。其中脂肪的产气量最大，而且甲烷含量也高。蛋白质产生的沼气甲烷含量虽高，但数量少。碳水化合物产气量和气体中的甲烷含量都比较低。

就分解速度来分析，碳水化合物最快，脂肪次之，蛋白质最慢。

污泥中有机物的分解率一般能达到 50%时，则为完全消化。余下的有机物，大部分不能再分解，以固体或溶解态随上清液及消化污泥排出池外。

污泥按照正常要求的条件：充分搅拌、保持一定温度、含有一定的碳氮比、有毒物质在允许浓度范围内、pH 值调整在正常范围内时，则其产气量及气体的成分，决定于污泥的组分及消化时间。

当污泥中含有大量脂肪时，则产气量高，甲烷占的比例也大。

当污泥中含有大量碳水化合物时，则产气量低，二氧化碳占的比例提高很多。当消化天数较短时，二氧化碳占的比例还会提高。

污泥中脂肪及蛋白质的含量与人们的生活习惯及食物构成有很大关系，当消化天数按污泥完全消化确定时，则其产气量及气体成分与污泥的组分成一定关系。

污泥的产气量波动范围较宽，按分解的挥发性有机物计，一般为 750～1100m^3/t（干），或当投入的污泥含水率为 96%时，产生的沼气量为 8～12 倍污泥量。

沼气的热值常在 21～25MJ/m^3之间，具体取决于其中甲烷（CH_4）的含量。一般说来，其热值高于城市煤气而低于天然气。

(2) 沼气的成分

气体中的成分，一般甲烷（CH_4）为 57%～62%，二氧化碳（CO_2）为 33%～38%，氢（H_2）为 0～2%，氮（N_2）为 0～6%，硫化氢（H_2S）为 0.005%～0.01%左右。

当污水中含有工业废水时，其污泥的组分、产气量、气体的成分，有条件时最好经过试验确定，或按相同的水质，参用已有的数值。

应引起重视的是硫化氢（H_2S）气体，因为硫化氢不仅溶于水汽中产生氢硫酸能腐蚀管道和设备，同时还是一种有毒气体。虽然甲烷和二氧化碳为无色无味无毒气体，但由于少量的硫化氢存在，沼气略有臭味并具有毒性。

(3) 沼气的一般用途

沼气的综合利用途径很广泛。其主要用途有：

1）作为家用生活燃料：国外一些大型处理厂还将产生的沼气直接与城市煤气并网，或适当去除二氧化碳（CO_2），提高甲烷（CH_4）的纯度，使之与城市天然气并网。

2）作为化工原料：其中的甲烷（CH_4）可作为生产四氯化碳或有机玻璃树脂的原料，也可用于制造甲醛；其中的二氧化碳（CO_2）可用于生产纯碱、制造干冰。这些化工利用途径在国内外都有一定程度的实践。

3）作为锅炉燃料：采用沼气锅炉加热污水处理厂消化池污泥。

4）利用沼气发电或驱动设备：到目前为止，沼气的主要利用途径还是在处理厂内进行综合利用，主要包括沼气发电、驱动鼓风机或水泵等。沼气发电及驱动设备过程中产生的余热同时用于消化污泥的加热。

9.5.2 沼气的收集、管道、净化与安全

(1) 沼气收集

消化池中产生的沼气从污泥表面散逸出来，聚集在消化池的顶部，因此应保持气室的气密性，以免泄漏。同时沼气中含有饱和蒸汽和硫化氢，具有一定的腐蚀性。因此气室还应进行防腐蚀处理，喷涂涂料或内衬环氧树脂玻璃钢布等，涂层应伸入最低泥位 0.5m 以下。

消化池顶部的集气罩应有足够的尺寸和高度，对大型消化池，其直径最小为 4～5m，高度为 2～3m。气体收集管至少应高于污泥面 1.5m。气体收集管上应安装阀门和阻燃器，同时在集气罩顶部装有沼气收集管、取样管、测压管、测温管等。为安全起见，消化池的气室及气体管道应保持在正压情况下运行，通常为 3～4kPa。为防止池顶内部沼气压力波动过大，需在池顶设置真空压力安全阀。

(2) 沼气管道

沼气管道一般采用防腐蚀不锈钢管或塑钢复合管。沼气收集管道最小直径为 100mm。管径应按日平均产气量选定。为减少沼气管道的压力损失，还应按高峰产气量进行核算，高峰产气量约为平均产气量的 1.5～3 倍。沼气在管道内的流速，最大为 7～8m/s，平均

流速采用 5 m/s 左右。

当计算沼气管道时，其气体流量应考虑变化系数。管道内的气压损失，当采用低压管道时，按公式（9-40）计算：

$$H = 10Q^2\gamma L / K^2 d^5 \tag{9-40}$$

式中 H——管道内的气压损失（Pa）；

L——管道长度（m）；

d——管径（cm）；

γ——在温度为 0℃，压力为 0.1MPa 下的气体密度（kg/m^3），与气体组分有关，一般当密度为 γ_1 时，其当量气量：

$$Q = Q_1 \frac{\gamma_1}{\gamma} \tag{9-41}$$

其中 Q_1——密度为 γ_1 时的气体流量（m^3/h）；

K——摩擦系数，与管材及管径大小有关。

K^2d^5 可从表 9-20 查得。

管道局部损失按公式（9-42）计算：

$$h = \xi\gamma \frac{v^2}{2g} \tag{9-42}$$

式中 h——管道局部损失（m）；

ξ——局部阻力系数；

γ——沼气密度（kg/m^3）；

v——沼气流速（m/s）；

g——重力加速度，$9.81m/s^2$。

局部损失亦可约略地折合成当量长度（见表 9-21）。

K^2d^5 值 **表 9-20**

管径 d（cm）	K 值	K^2d^5	管径 d（cm）	K 值	K^2d^5
1.3	0.45	0.75	6.3	0.55	3002.12
1.9	0.46	5.24	7.5	0.57	7710.03
2.5	0.47	21.57	10.0	0.59	34810.00
3.2	0.48	77.31	12.5	0.63	121124.27
3.8	0.49	190.24	15.0	0.70	372093.75
5.0	0.52	845.00	20.0	0.71	1613120.00

各种管件局部损失当量长度 **表 9-21**

管件名称	丁字管	支管	闸门	弯管
当量长度（m）	8.7	1.7	1.1	1.7

沼气管道坡度应顺气流方向，以 0.5%进行安装，低点应设冷凝水罐，冷凝水罐排水应能人工排除或自动排除，为提高沼气系统运行的可靠性，建议尽可能采用自动排除方式。为了尽量减少气体因降温而形成的冷凝水，必要时室外架空敷设的沼气管可采取保温措施。

在沼气管道上的适当地点（消化池、贮气柜、压缩机、发电机、锅炉等建、构筑物进出口处）应设置水封罐（井）或阻燃器，起隔绝作用。水封罐（井）也可兼作排除冷凝水之用，其罐体面积一般为进气管面积的4倍，水封高度为1.5倍气体压力（见图9-68）。

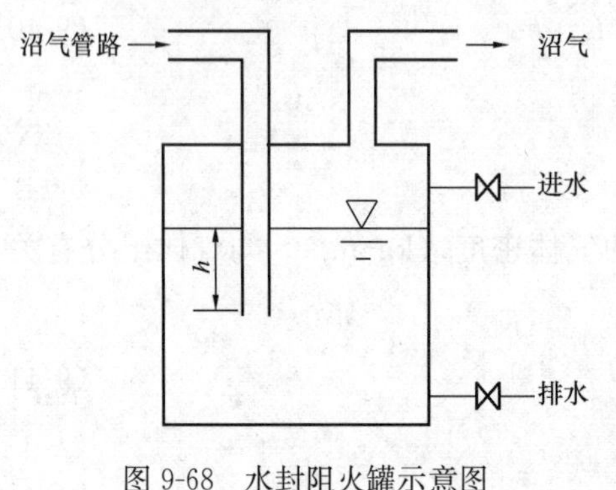

图 9-68 水封阻火罐示意图

在固定盖消化池中，沼气管直接与贮气柜连通，中间绝对不允许接燃烧用气的支管。

当采用沼气搅拌时，压缩机的吸气管最好与集气罩单独连接。若消化池的出气管中气体流量包括沼气搅拌循环流量时，在管径计算中应加入这部分气量。

室外架空敷设的沼气管路需设防静电接地设施和防雷接地设施，导电不连续处应采用金属导体跨接。

(3) 沼气净化

产自污泥消化池的沼气是高湿度混合气体，其中携带了一些杂质，同时含有相当量的毒性硫化氢气体。如果沼气净化不充分，将对系统的运行带来不利影响。

1) 去除杂质

沼气中携带的杂质尤其在消化池运行初期或消化池状态不稳定时较多。因此，沼气利用过程中在其进入各设备前一般应采取过滤措施。

首先考虑在消化池的产气管路上设置杂质去除装置，可以设置颗粒过滤器或滤网。颗粒过滤器可采用卵石或砾石作为过滤材料，该装置可将固体颗粒从沼气中分离出来，同时还能够排除冷凝水，并防止回火。采用滤网过滤时需考虑能定期清洗并且拆卸方便。

在沼气进入设备的前端，可设置细过滤器和除水器，以去除更多、更细小的杂质和水分，保护设备正常、稳定地运行。陶质细过滤器的过滤材料为陶质，该细过滤器可对沼气中极细杂质和冷凝液进行分离，效果很好。

2) 去除水分

沼气管道最靠近消化池的位置，沼气温降值最大，产生的冷凝水最多，在此点设置冷凝水罐最为有效。在沼气管路系统中，条件许可时尽量加大管道坡度，并在管路低点设置一个冷凝水罐去除冷凝水；较长的管线需隔一定距离设置一个冷凝水罐。另外，在重要设备如沼气压缩机、沼气锅炉、沼气发电机、废气燃烧器、沼气脱硫设备等设备沼气管线入口处及沼气柜的进出口处均可设置冷凝水罐。

3) 沼气脱硫

脱硫是将沼气中的硫化氢（H_2S）气体去除，否则 H_2S 与水汽形成氢硫酸将对设备及其管道造成腐蚀，降低使用寿命。另外，脱硫还可以降低对大气的污染程度，因为 H_2S 随着沼气在发动机或锅炉内燃烧后将转化成二氧化硫（SO_2）被排入大气，污染环境。

沼气脱硫通常有干法脱硫、湿法脱硫、生物脱硫和喷淋水洗等方式。

① 干法脱硫：一般采用常压氧化铁法脱硫，选用经过氧化处理的铸铁屑作脱硫剂，疏松剂一般为木屑，放在脱硫箱（塔）中，厚约0.3～0.8m。气体以0.4～0.6m/min的速度通过。当沼气中硫化氢含量较低时，流速可适当提高，接触时间一般为2～3min。硫化氢被铁屑吸收，沼气得以净化，其反应式如下：

$$Fe_2O_3 \cdot 3H_2O + 3H_2S \rightarrow Fe_2S_3 + 6H_2O \tag{9-43}$$

$$Fe_2O_3 \cdot 3H_2O + 3H_2S \rightarrow 2FeS + S + 6H_2O \tag{9-44}$$

再生时，将硫化铁的脱硫剂取出，洒上水，接触空气使其氧化，即可再生利用。

$$2Fe_2S_3 + 3O_2 \rightarrow 2Fe_2O_3 + 6S \tag{9-45}$$

$$4FeS + 3O_2 \rightarrow 2Fe_2O_3 + 4S \tag{9-46}$$

吸收箱（塔）最少设两组，以便交换使用。脱硫作用在20～40℃时效果最好；设计温度为25～35℃时，脱硫装置应有保温措施。脱硫装置应设凝结水疏水器。

② 湿法脱硫：这种脱硫装置由两部分组成，一部分为吸收塔，一部分为再生塔。含有2%～3%的碳酸钠溶液自吸收塔顶部向下喷淋，沼气自下而上逆流与之接触，通过化学反应，除去了沼气中的硫化氢。碳酸钠溶液吸收硫化氢后，经再生塔，通过催化剂，分解硫黄，使其再生，可以反复使用。其反应式为：

$$Na_2CO_3 + H_2S \rightleftharpoons NaHS + NaHCO_3 \tag{9-47}$$

③ 生物脱硫：生物脱硫是通过硫杆菌属和丝硫菌属在新陈代谢的过程中吸收硫元素进而达到脱硫的效果，CO_2作为细菌新陈代谢的碳源。将一定量的空气导入含有硫化氢的沼气中，硫杆菌属、丝硫菌属从混合沼气中吸收硫化氢，并将它们转化为单质硫，进而转化为硫酸。生成的硫酸在营养液的缓冲中和作用下，与营养液一起排出系统。

④ 喷淋水洗：可以利用处理厂的出水，对沼气进行喷淋水洗，去除硫化氢。在温度为20℃、压力为0.1MPa时，每立方米水能溶解2.3m^3硫化氢。

一般当沼气中硫化氢含量高，且气量较大时，适用湿式脱硫方法，同时还可去除部分二氧化碳，提高沼气中甲烷含量。如沼气中硫化氢含量低，则可采用干式脱硫装置，其脱硫剂一般需三个月更换一次。

4）安全措施

沼气中含有65%的甲烷时，燃烧1m^3的沼气需要6.2m^3的空气，因此当空气中含有8.6%～20.8%（按体积计）的沼气时，就可能形成爆炸性的混合气体。最大的火焰速率发生在甲烷占9.6%时。

沼气与空气一定的混合比和遭遇明火是沼气爆炸或燃烧的两个条件。阻燃器的设置能有效地防止外部火焰进入沼气系统及火焰在管路中传播，进而防止了系统产生爆炸。其原理是在阻燃器内部设置了金属材料，当火焰通过阻燃器金属材料的缝隙时，热量被吸收，气体温度降低到燃点以下，达到消焰目的。设计时在消焰器的前后均设置阀门以便维护，在所有沼气系统与外界连通部位（如：与真空压力安全阀、机械排气阀连接处）、消化池出气管、贮气柜的进出口处以及沼气压缩机、沼气锅炉、沼气发电机、废气燃烧器等设备的沼气管进口处均安装阻燃器。

沼气利用系统是一个压力系统，如果沼气收集和使用不平衡，系统压力可能升高超过允许值；污泥或沼气从消化池或贮气柜过快地排出可能引起构筑物内部的真空状态；为防止系统超压或处于真空状态对构筑物和设备造成破坏性影响，在消化池顶部和贮气柜处均应设置压力安全阀。

在沼气管道、阀门及其他装置可能逸出沼气的地点，应装设可燃气体报警器。房间内应有足够的换气次数，一般为8～12次/h。沼气的密度与空气相同（1.292g/L）或略小一些，与其组成有关，因此室内上下均应设置换气孔。所有电气计量仪表、设备、房屋建筑均应按有关规定采取防爆措施。

9.5.3　沼气贮存

由于消化池本身工作状态的波动及进泥泥质和泥量的变化，消化池的产气量也一直处于变化状态。因此要保证各用气点的连续均匀供气，必须在系统中设置沼气贮气柜进行调节，其体积应按需要的最大调节容量确定。当没有此项资料时，一般按平均日产气量的25%～40%，即6～10h平均产气量计算贮气柜容量。

常用的贮存设备为钢制浮动式低压湿式气柜、钢制球形中高压干式气罐和钢制浮动式低压干式膜气柜等。近年来，一种新型的无压干式双膜气柜也应用到一些工程实例中。

(1) 钢制浮动式低压湿式气柜

该类气柜为外导架直升气柜，采用全焊接钢结构，主要材料为普通碳素钢。湿式气柜采用水封的方法密封沼气，内部钢结构与沼气直接接触，需要做好气柜的防腐，在严寒天气的情况下需要对气柜供热以防止水封结冰，运行维护量较大。见图9-69。

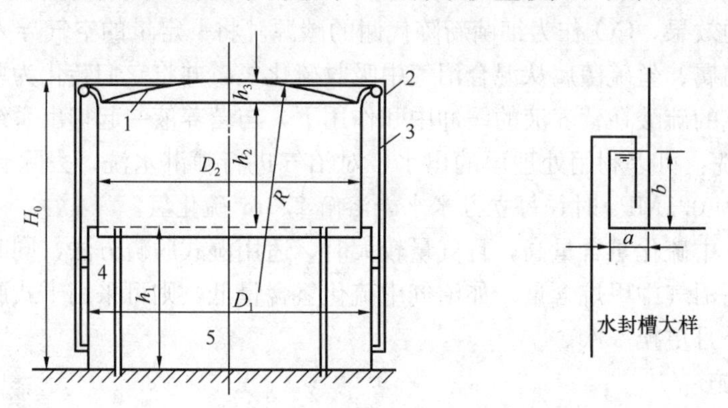

图9-69　单级湿式贮气柜

1—浮盖帽；2—滑轮；3—外轨；4—导气管；5—贮气柜

为了防止腐蚀，贮气柜内外必须进行防腐处理，一般喷刷防腐涂料或金属喷涂。为了减少阳光照射、气体受热膨胀，贮气柜外面应涂反射性色彩，如银灰或淡绿涂料等。浮动罩的直径与高度的比例，考虑到建筑上的美观，一般为1.5∶1。

浮动罩下的水室在冬季时应有防冻措施。应设置热水盘管或吹入蒸汽。有干净的余热废水时，应考虑予以利用。

单级湿式贮气柜圆柱部分总高度：

$$H=\frac{V}{0.785\,D_1^2} \tag{9-48}$$

式中　H——单级湿式贮气柜圆柱部分总高度（m）；

　　V——贮气柜计算容积（m^3）；

　　D_1——贮气柜平均直径（m）。

贮气柜中的压力：

$$p=\frac{1.273G}{D_1^2}\left[\frac{0.1636\,g_1(H-h_1)}{D_1^2 H}+h_1(1.293-\gamma_1)\right]\times\frac{1}{10} \tag{9-49}$$

式中　p——贮气柜中的压力（MPa）；

G——浮盖总质量（kg）；

g_1——浮盖伸入水中的柱体部分质量（kg）；

h_1——气柜中气体柱高（m）；

γ_1——气体密度（kg/m^3）。

图 9-69 中 a 和 b 的数值如下：

a 值：小型气柜 a=200mm；中、大型气柜 a=250～300mm。

b 值：b=400～600mm。

（2）钢制球形中高压干式气罐

钢制球形中高压干式气罐为球形，内部钢结构与沼气直接接触，其工作压力一般为 0.4～0.6MPa。见图 9-70。

（3）钢制浮动式低压干式膜气柜

该气柜包含一个金属圆柱外壳，内含一个干式气囊用于存储沼气，外壳的柜体为全焊接钢结构，由柜壁、柜顶、活塞、密封机构、调平配重装置、紧急放散系统组成，钢结构内敷设有耐老化、耐沼气的气囊（橡胶膜），气囊采用悬挂式安装，沼气贮存在气囊内，贮气工作压力为 2～4kPa（200～400mm 水柱），最大不超过 6kPa。气柜内的沼气通过沼气增压机提升到适当压力后，进入后续用户设备。该气柜克服了湿式气柜的部分缺陷，有着很好的应用前景。见图 9-71。

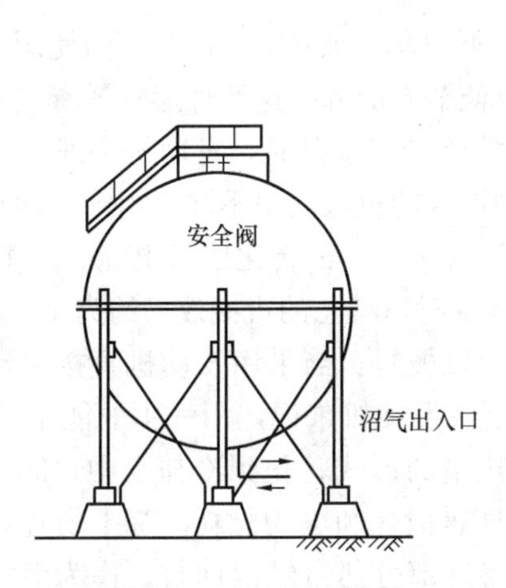

图 9-70 高压式球形罐

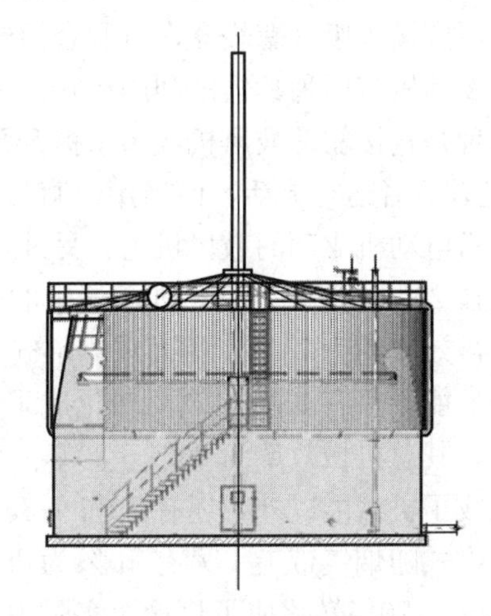

图 9-71 钢制浮动式低压干式膜气柜

（4）无压干式双膜气柜

该气柜为由外层膜和内层膜组成的双层膜贮气柜，外层膜和内层膜之间气密，外层膜构成存储器外部球体形状，内层膜则与底膜围成可变的内腔以贮存沼气。贮气柜设有防爆鼓风机，把空气送入外层膜和内层膜之间的空间，鼓风机自动调节气体的进出量，以保持气柜内气压的稳定，同时使外层膜保持球体形状。气柜贮气工作压力为 1～2kPa（100～200mm 水柱），最大不超过 2.5kPa。见图 9-72。

9.5.4 沼气利用

（1）沼气的利用方式：沼气在处理厂内的利用途径主要是作为动力燃料，通过沼气发

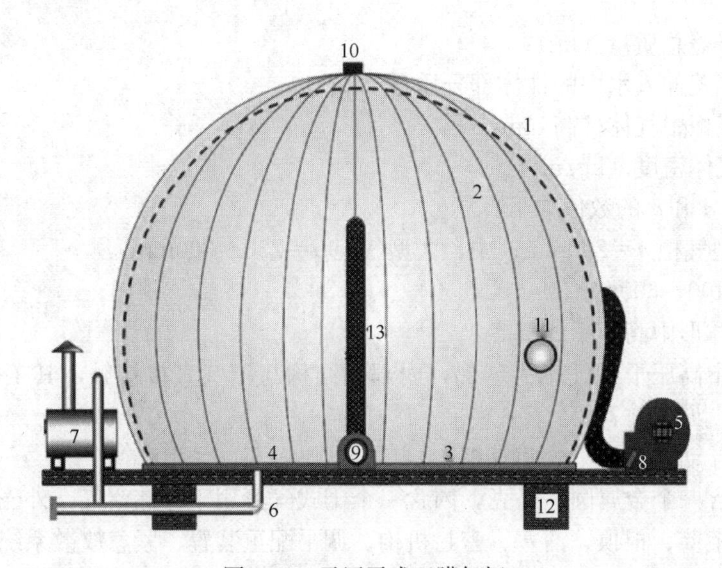

图 9-72　无压干式双膜气柜

1—外膜；2—内膜；3—底膜；4—固定环；5—空气风机；6—沼气管路；7—安全阀；8—止回阀；9—出气调压阀；10—超声波测距仪；11—视窗；12—基座；13—空气软管

动机和沼气锅炉加以利用。另外，为避免剩余的沼气直接排放造成空气污染或产生爆炸危险，一般还应设置废气燃烧器，将剩余沼气烧掉。

沼气发动机有两种具体的利用形式。一种是驱动发电机发电，供给厂内使用或送入电网；另一种是直接驱动鼓风机或污水提升泵，以便节省能源。这两种形式各有利弊，前者的优 点是较后者运行灵活，而当用于直接驱动鼓风机或水泵时，发动机一般应能采用双燃料或备份电动机驱动的鼓风机组。另外，两种形式的机械效率不同。沼气发动机的机械效率一般在20%～30%之间，即沼气中的能量有20%～30%转化成了电能。发电机-电动机组的机械效率约为75%，因而采用沼气发电系统时，其总的机械效率约为15%～23%，即沼气中的能量只有15%～23%转化成了有效的机械能。当采用发动机直接驱动鼓风机或水泵时，其总机械效率为20%～30%。对于沼气发动机来说，沼气中的能量除20%～30%转化成了机械能以外，还有30%～35%以热量的形式转化到冷却水中，30%～35%以热量的形式随烟气带走，另有10%为机体本身热损耗和震动能耗。综上所述，沼气中能量的60%～70%转化成了热量。实际中，常将这部分热量继续回收，作为消化池加热的热源。一般来说，通过有效的热交换，冷却水中热量的90%以上、废烟气中热量的60%～70%可被回收用于污泥加热，两者共计47%～55%，即沼气中能量的47%～55%被回收用于污泥加热。可见，沼气中能量的实际总利用效率为67%～85%。以上分析简明地表示为图9-73。

沼气锅炉的主要用途是为消化污泥加热，可采用热水锅炉，也可采用蒸汽锅炉，主要取决于消化池的加热方式。沼气锅炉的热效率较高，一般在90%以上，即能把沼气中能量的90%转化为热水或蒸汽中的热能对污泥进行加热。

沼气发动机和沼气锅炉这两种沼气利用方式各有利弊，采用何种方式取决于处理厂的具体情况。一般来说，在北方地区，对于典型的城市污水污泥，沼气发动机的余热在春、夏、秋三季均能满足污泥加热的需要，且有较多的剩余热量；而在冬季却不能满足加热要

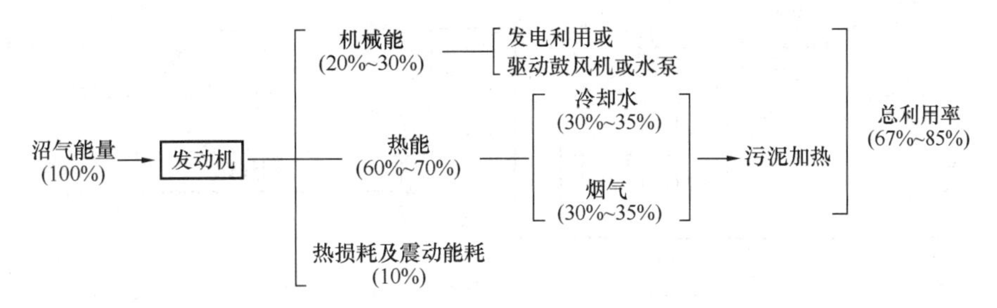

图 9-73 沼气发动机系统的能量分配和流向

求，因而还必须另设燃煤锅炉。如采用沼气锅炉，则一年四季均能满足污泥加热需要，但在春、秋、夏三季均会剩余较多的热量。一些处理厂的沼气系统，既设有沼气发动机，又设有沼气锅炉。在冬季将沼气全部用于沼气锅炉为消化池加热，在春、夏、秋三季则全部用于沼气发电，这样既可省去燃煤锅炉，又可使沼气得以最大限度地利用。在南方地区，沼气发动机的余热一般可满足一年四季污泥加热所需的热量，因而一般不需设置沼气锅炉。当然，以上只是一般分析，具体还与消化池进泥的泥质及含水率、消化效率以及系统的保温情况等因素有关系，实际中应视情况进行具体分析。

燃气发动机满负荷运行时，比非满负荷运行时消耗的热量小，因此应尽量满负荷运行。

纯甲烷扣除水蒸气凝结热以后，它本身具有 35800kJ/m^3 的热值。沼气的热值与所含甲烷的浓度有关。当沼气中含有 65%的甲烷时，其热值为 35800×0.65＝23270kJ/m^3。每 1kJ/h 电能的热值一般按 3600kJ 计算。则当燃气发动机每消耗 1m^3 沼气时总热量为 23450kJ，转变为机械能的热量为 23450×30%＝7035kJ。带动发电机时，其发电能力为 $7035\times95.5\%\times\frac{1}{3600}=1.87\text{kW}\cdot\text{h}$。冷却水中回收的余热为 23450×27%＝6330kJ，排出气体中回收的余热为 23450×14%＝3283kJ。总计回收余热 6330＋3283＝9613kJ。损失的热量为 23450－7035－9613＝6802kJ，占总热量的 6802/23450×100%＝29%。

各种型号燃气发动机的热效率并不一致。应采用生产厂提供的技术参数来计算热平衡。

图 9-74 为一典型的沼气利用系统，主要由沼气发动机、沼气锅炉、湿式气柜、废气燃烧器等部分组成。

(2) 沼气的一般用途有以下各项：

1) 烧茶炉和做饭，每人每日约需 1.5m^3 沼气。

2) 烧锅炉，供消化池本身加热及处理厂采暖，每立方米沼气可代替 1kg 煤。

3) 用来照明，沼气灯每小时耗气 0.2m^3，相当于 60～100 烛光。

4) 作汽车的燃料，每立方米沼气约相当于 0.7L 汽油。

5) 用于纺织厂纱线烧毛。

6) 用苛性钠或苛性钾去掉沼气中的 CO_2，使甲烷含量达到 80%～90%，可代替乙炔进行焊接，能切割 10～20mm 厚的钢板。

7) 作化工产品的原料：用沼气可制造四氯化碳，其为无色液体，是灭火剂、冷冻剂、纤维脱脂剂、溶剂及粮食杀虫剂的重要化工原料。沼气加氨及氧，合成氢氰酸，再经醇化

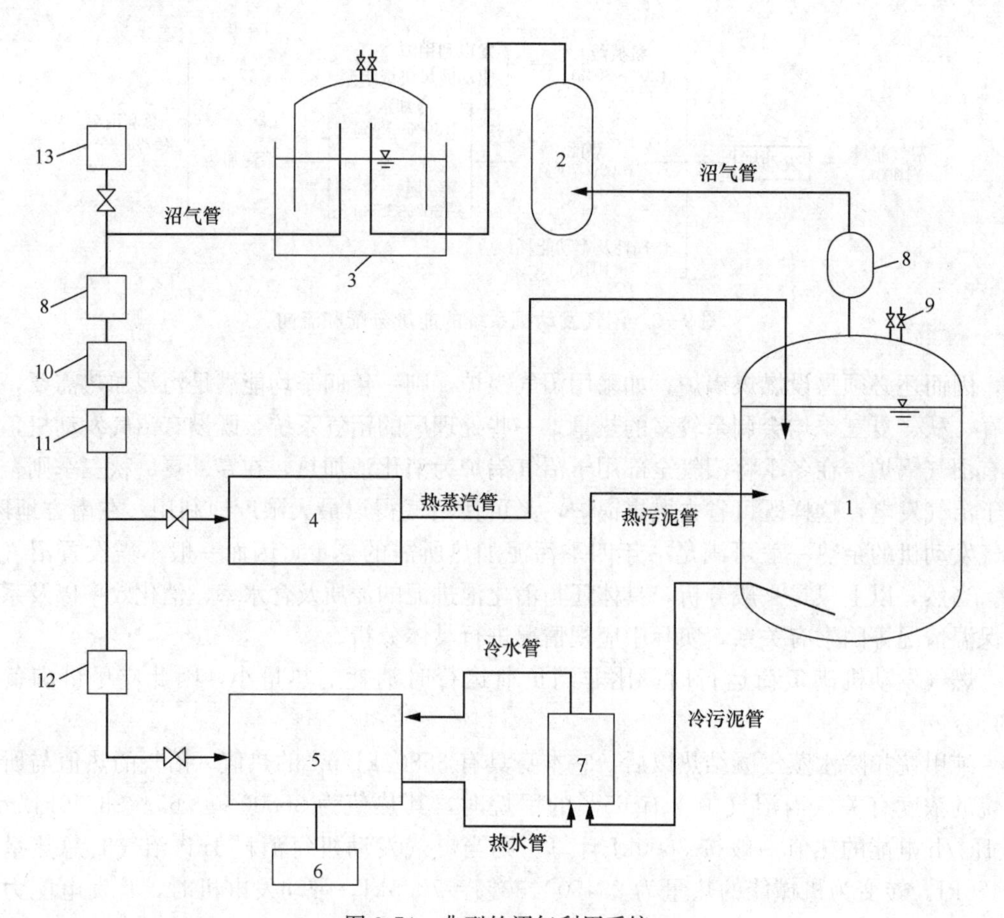

图 9-74　典型的沼气利用系统

1—消化池；2—脱硫塔；3—气柜；4—沼气锅炉；5—沼气发动机；6—发电机；
7—热交换器；8—凝水器；9—压力安全阀和负压防止阀；10—阻火器；
11—粗过滤器；12—细过滤器；13—燃烧器

及酯化，可合成有机玻璃树脂。此外，经氧化可制取甲醛及甲醇。利用沼气中的 CO_2 可制纯碱或干冰。甲烷在高温和纯氧作用下，分子链被破坏，碳与氢分离，可得出炭黑。

8）作为动力利用：沼气利用主要为沼气发动机及余热回收。利用沼气发动机可带动鼓风机、水泵或发电机。同时还可利用沼气发动机的冷却水和废气的热量，给消化池加温或生产热水。其发电量一般可满足二级污水处理厂总耗电量的 1/3 左右。其余热根据气温变化情况，可部分满足或完全满足消化池的需热量，有时还有剩余。

（3）沼气发动机的安装及一般设计规定：

1）排除的废气在 135～140℃时，二氧化硫（SO_2）气体凝结，开始生成亚硫酸（H_2SO_3），有腐蚀危险，因此废气余热利用时，不能冷却到 170℃以下。

排气用的钢制烟囱，须加保温材料，以防气体凝结，造成腐蚀。

2）沼气发动机的安装，当布置两台以上时，发动机主轴的间距一般为 3.5～5.0m。起重设备的吊钩与发动机主轴距离一般为 3.5～4.0m，按此确定机器间的高度。起重机的吊装能力按最大部件质量考虑。

3）沼气发动机的机器间必须采取有效的消声措施，排气管也应设消声装置。发电机与发动机安装在同一独立基础上，基础质量一般应大于四倍机器总重。基础底部须配防震器，如防震弹簧或防震橡胶垫等。发动机与发电机之间采用弹性联轴器连接，可以消除90%～95%的振动。机房的墙壁与天花板应铺设吸声板，控制室与机器间应完全隔离，隔墙上的玻璃窗应为双层。

4）燃料供应系统：各种燃气发动机，对沼气的供给压力有不同要求，当为火花点火式沼气发动机时，其进气压力一般要求为1～2kPa。由消化池的沼气贮气罐直接供给即可。当为压缩点火式双燃料发动机时，必须供给有一定压力的气体，为此沼气要由高压罐供给，或经压缩机加压后供给。其引火燃料油的供给设备与普通柴油发动机相同。需附设贮油池，其容积应按采用柴油作为燃料时，能供给一周以上的用油量。贮油池设置在机房以外。燃油桶一般布置在燃气发动机旁边的地面以下，燃油输送泵的吸油管直接由燃油桶吸取，经齿轮油泵供给燃气发动机。贮油池的出油管直接通向燃油桶，供给燃油。

5）启动装置：沼气发动机最初发动时必须依靠外力，将其起始转动，才能达到运转。启动方式很多，一般是利用压缩空气启动。对于火花点火式燃气发动机带动的180kW发电机组，启动压力为2.5MPa。附有一台空气压缩机及一台能够连续启动6次的压缩空气瓶。这些设备一般都布置在沼气发动机房内。

6）冷却系统及余热利用系统的设备，如循环水泵及热交换器等，一般均与消化池的加热设备统一布置在另一房间内。为了尽量缩短燃气发动机的排气管长度，废气余热利用的热交换器一般布置在发动机的附近。沼气发电机房的设计，一般可参用柴油发电机组的有关规定。

(4) 沼气系统的安全运行：沼气中的CH_4是一种易燃易爆气体。当空气中的CH_4含量在5%～15%范围内时，遇明火或700℃以上的热源即发生爆炸；当CH_4与两倍以上的氧混合时，遇明火或其燃点之上的热源时，即开始燃烧，并引起火灾。这一点必须引起足够的重视。如某处理厂在消化池试压运行中，曾由于池内含有一定量的CH_4，动火焊接管道，而引起消化池顶盖爆裂的惨痛教训。

另外，沼气中的H_2S是一种有毒气体，其致毒极限见表9-22。

H_2S致毒极限 **表9-22**

浓度（mg/L）	反应
1000以上	瞬间猝死
600～700（0.06%～0.07%）	短时间内死亡
400	1h内死亡
120～280	1h内急性中毒
50～120	嗅觉麻痹
25～50	气管刺激、结膜炎
0.41	嗅到难闻的气

未经脱硫的沼气中H_2S含量一般为100～200mg/L，有时可高达800mg/L。含有大量沼气的空气中，除H_2S造成的直接毒害以外，还常由于缺氧使人窒息，从而加剧其毒害。

综上所述，沼气系统的运行管理中，首要问题是安全。主要应注意以下几方面：

1）定期检查沼气管路系统及设备的严密性，如发现有泄漏，应迅速停气检修。检修完毕的管路系统和设备，重新使用时必须进行气密性试验，合格后方可使用。沼气主管路上部不应设建筑物或堆放障碍物，不能通行重型卡车。预防沼气泄漏是运行安全的根本措施。

2）沼气贮存设备因故需放空时，应间断释放，严禁将贮存的沼气一次性排入大气。放空时应认真选择天气，在可能产生雷雨或闪电的天气严禁放空。另外，放空时应注意下风向有无明火或热源（如烟囱）。

3）沼气系统内的所有可能泄漏点，均应设置在线报警装置，并定期检查其可靠性，防止误报。

4）沼气系统区域内一律禁止明火，严禁烟火，严禁铁器工器具撞击或电气焊操作。所有电气装置一律应采用防爆型；操作间内场应铺设橡胶地板，入内必须穿胶鞋。

5）沼气系统区域内应按规定设置消防器材并保证随时可用。操作间内需配置防毒面具。

6）沼气系统区域周围一般应设防护栏，建立出入检查制度，严禁打火机等物品的带入。

7）沼气系统区域的所有厂房场地应符合国家规定的甲级防爆要求，例如是否有泄爆天窗、门窗及防爆墙、顶等。

9.6 污泥好氧消化

9.6.1 好氧消化的工作原理

好氧消化是将初次沉淀池的污泥与二次沉淀池的剩余活性污泥混合后，持续曝气一段时间，其好氧微生物的生长阶段超过细胞合成期，达到自身氧化即内源呼吸期。在进行内源呼吸的过程中，污泥中的细菌由于缺乏食物而逐渐死亡。这时死亡细菌体内含有的物质最大限度地被用作活细菌的养分。这一过程一直持续到污泥中细菌的养分全部用完。即污泥中只存在原有的无机非分解物质和细菌体内的非活性物质，如生物难于分解的细胞壁。这时便认为污泥的氧化分解作用停止，污泥也趋于稳定状态。

好氧消化的目的是减少最后要处置的污泥量。污泥量的减少是因为大部分污泥可经氧化转换成挥发性物质 CO_2、NH_3、H_2。随着污泥中有机物 VSS 数量的减少，同时耗氧量也降至最低。其充氧方式可以用表面曝气机，也可以用鼓风曝气的任何形式（除微孔曝气）。除充氧外，还起搅拌作用，以免污泥发生沉淀形成死区面产生厌氧消化。

污泥好氧消化处于内源呼吸阶段，细胞质反应方程如下：

$$C_5H_7NO_2 + 5O_2 \rightarrow 5CO_2 + 2H_2O + NH_3 \quad (9\text{-}50)$$

NH_3 经生物氧化生成 NO_3^-，最终反应可表示为下列方程式：

$$\underset{113}{C_5H_7NO_2} + \underset{224}{7O_2} \rightarrow 5CO_2 + NO_3^- + 3H_2O + H^+ \quad (9\text{-}51)$$

可见氧化 1kg 细胞质需氧 224/113≈2kg。

在好氧消化中，氨氮被氧化为 NO_3^-，pH 值将降低，故需要有足够的碱度来调节，以便使好氧消化池内的 pH 值维持在 7 左右。参见图 9-75。

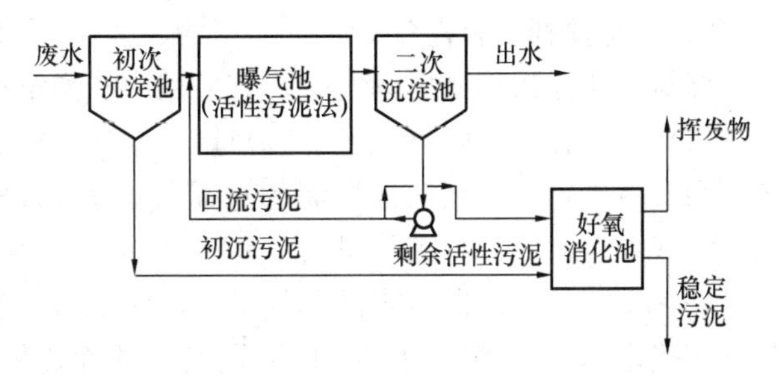

图 9-75 污泥好氧消化工艺与污水处理工艺的关系

9.6.2 好氧消化的优缺点

(1) 优点

1) 污泥在敞开式的消化池中，在不需加温和投加任何物质的条件下，对污泥进行曝气，达到自身氧化，故消化程度高、产泥量小。

2) 好氧消化的污泥生物稳定性比厌氧消化好，稳定后的最终产物没有臭味。

3) 消化时间短、反应速度快、构造简单、运行方便、易于管理、基建费比厌氧消化低。

4) 上清液的 BOD_5 值低，一般为 50～500mg/L。

5) 消化污泥的肥分高，易被植物吸收。

6) 对有毒物质不敏感，控制比较容易，很适合处理工业废水的污泥。

7) 好氧消化适应性较强，易于操作，对负荷、pH 值、温度的变化耐受能力强，因此适合在中小型污水处理厂使用。

(2) 缺点

1) 不能回收沼气。

2) 好氧消化需要长时间曝气，运行能耗高，运行费用高。

3) 因好氧消化不加热，故污泥有机物分解程度随温度波动大。

4) 对致病微生物与寄生虫的去除较差。

5) 消化后的污泥进行重力浓缩时，其上清液中 SS 浓度高。

9.6.3 好氧消化一般规定

(1) 呼吸速率：用呼吸最大速率来表示其好氧消化程度，这一限值为 0.1～0.15kgO_2/（kgVSS·d），相当于内源呼吸范围。大于此限值时，表示好氧消化过程还未完成；小于此限值时，表示好氧消化过程已基本完成。

(2) VSS 去除率：污泥经消化处理后，其有机物降解率一般大于 40%。

(3) 污泥温度：好氧消化反应为放热反应，池内温度高于投入污泥温度，大致在 20～25℃。

(4) 污泥负荷：经重力浓缩处理的一般原污泥，挥发性固体容积负荷宜为 0.7～2.8kgVSS/（m^3·d）；机械浓缩后的高浓度原污泥，挥发性固体容积负荷不宜大于 4.2kgVSS/（m^3·d）。

(5) 好氧消化需要的空气量，应满足两方面需要：

1) 满足细胞物质自身氧化所需：

好氧消化池中溶解氧浓度，不应低于 2mg/L。

活性污泥需气量为 0.9～1.2m^3/（h·m^3）。

初沉污泥与剩余活性污泥混合时需气量为 1.5～1.8m^3/（h·m^3）。

2）满足搅拌混合需气量：

好氧消化池采用鼓风曝气时，宜采用中气泡空气扩散装置，鼓风曝气应同时满足细胞自身氧化和搅拌混合的需气量，宜根据试验资料或类似运行经验确定。无试验资料时，可按下列参数确定：剩余活性污泥的总需气量为0.02～0.04m^3空气/（m^3池容·min）；初沉污泥或混合污泥的总需气量为0.04～0.06m^3空气/（m^3池容·min）。

好氧消化池采用机械表面曝气机时，应根据污泥需氧量、曝气机充氧能力、搅拌混合强度等确定曝气机需用功率，其值宜根据试验资料或类似运行经验确定。当无试验资料时，可按20～40W/m^3池容确定曝气机需用功率。

（6）运行方式：分间歇式和连续式运行，一般在好氧消化池前建有浓缩池，其后建有泥水分离池。

（7）消化池数量及池形：池数以两座以上为好。池形可以为矩形池或圆形池。参见图9-76和图9-77。

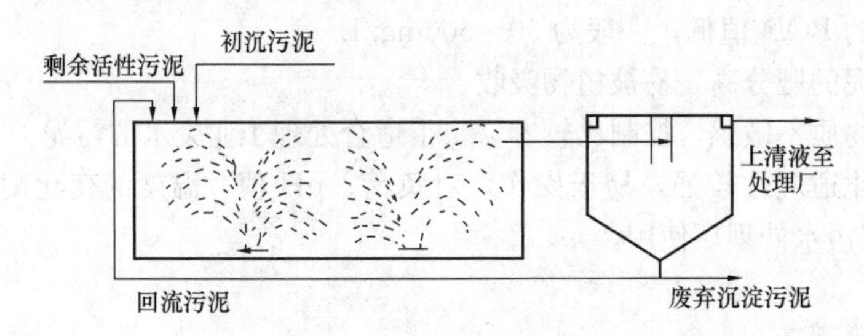

图9-76　连续式好氧消化池

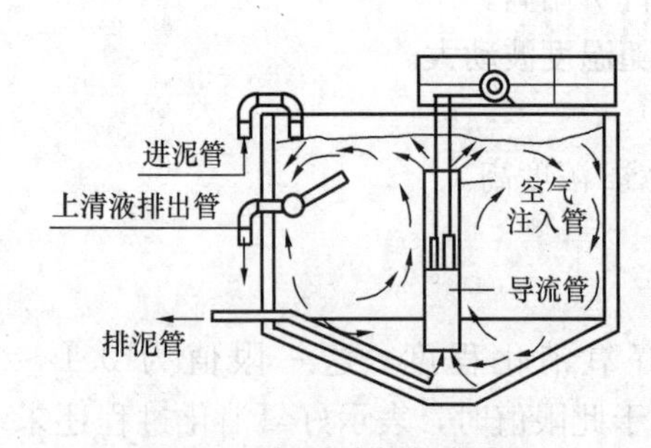

图9-77　间歇式好氧消化池

（8）构造：好氧消化池可采用敞口式，寒冷地区应采取保温措施。根据环境评价的要求，采取加盖或除臭措施。消化池的管路有投配污泥管、排泥管、上清液排除管、溢流管、泄空管等。间歇运行的好氧消化池，应设有排出上清液的装置；连续运行的好氧消化池，宜设有排出上清液的装置。间歇式与连续式好氧消化池的上清液均需排至初次沉淀池或曝气池中。

好氧消化池的总有效容积可根据消化时间或挥发性固体容积负荷按下列公式计算：

$$V = Q_0 \cdot t_d \tag{9-52}$$

$$V = \frac{W_S}{L_V} \tag{9-53}$$

式中　t_d——消化时间（d）；

V——消化池总有效容积（m^3）；

Q_0——每日投入消化池的原污泥量（m^3/d）；

L_V——消化池挥发性固体容积负荷［kgVSS/（m^3·d）］；

W_S——每日投入消化池的原污泥中挥发性干固体质量（kgVSS/d）。

设计参数宜根据试验资料确定。无试验资料时，好氧消化时间宜为10～20d。

9.6.4 好氧消化池的构造与设计参数

(1) 好氧消化池推荐设计参数见表 9-23。

好氧消化池推荐设计参数 表 9-23

序号	名称	数值
1	污泥停留时间(d) 活性污泥 初沉污泥、初沉污泥与活性污泥混合	 10～15 15～25
2	有机负荷 [kgVSS/(m^3·d)] 经重力浓缩处理的一般原污泥 机械浓缩后的高浓度原污泥	 0.7～2.8 ≤4.2
3	空气需要量 [鼓风曝气 m^3/(m^3·min)] 活性污泥 初沉污泥、初沉污泥与活性污泥混合	 0.02～0.04 0.04～0.06
4	机械曝气所需功率(kW/m^3池容)	0.02～0.04
5	最低溶解氧(mg/L)	2
6	温度(℃)	>15
7	挥发性固体去除率(VSS)(%)	≥40
8	污泥含水率(%)	<98

(2) 好氧消化池构造

好氧消化池构造与完全混合式活性污泥法曝气池相似。主要构造包括好氧消化室,进行污泥消化;泥液分离室,使污泥沉淀回流并排除以及把上清液排除;消化污泥排除管;曝气系统,由压缩空气管、中心导流筒组成,提供氧气并起搅拌作用。消化池底坡 i 应不小于 0.25。好氧消化池的有效深度应根据曝气方式确定。当采用鼓风曝气时,应根据鼓风机的输出风压、管路及曝气器的阻力损失确定,一般宜为 5.0～6.0m;当采用机械表面曝气时,应根据设备的能力确定,一般宜为 3.0～4.0m。好氧消化池的超高,不宜小于 1.0m。

沉淀的污泥送至污泥浓缩装置,上清液送回处理厂首部与原污水一并处理。

消化池的排泥率决定于消化池的固体停留时间。消化池的排泥和上清液的撇除使液位下降,此容积即为投泥容积。

9.7 污泥脱水

污水处理过程中所产生的污泥,其含水率在 97%～99.6%,是流动状态的粒状或絮状物质的疏松结构,体积庞大,难以处置消纳,因此在污泥处理和处置中需进行污泥脱水,浓缩主要是分离污泥中的空隙水,而脱水则主要是将污泥中的吸附水和毛细水分离出来,这部分水约占污泥中总含水量的 15%～25%。因此,污泥经脱水以后,其体积减至浓缩前的 1/10,减至脱水前的 1/5,大大降低了后续污泥处置的难度。

污泥脱水的方法,一般有自然干化、机械脱水、石灰稳定等方法。

9.7.1　自然干化

利用污泥干化场使污泥自然干化，是污泥脱水中最经济的一种方法，它适用于气候比较干燥、占地不紧张及环境卫生条件允许的地区。

(1) 污泥干化场的构造及设计数据：

1) 污泥干化场和居民点之间，应按有关卫生标准设置防护地带，当无具体规定时，一般可采用不小于300m。

2) 污泥干化场一般设人工排水层。见图9-78。

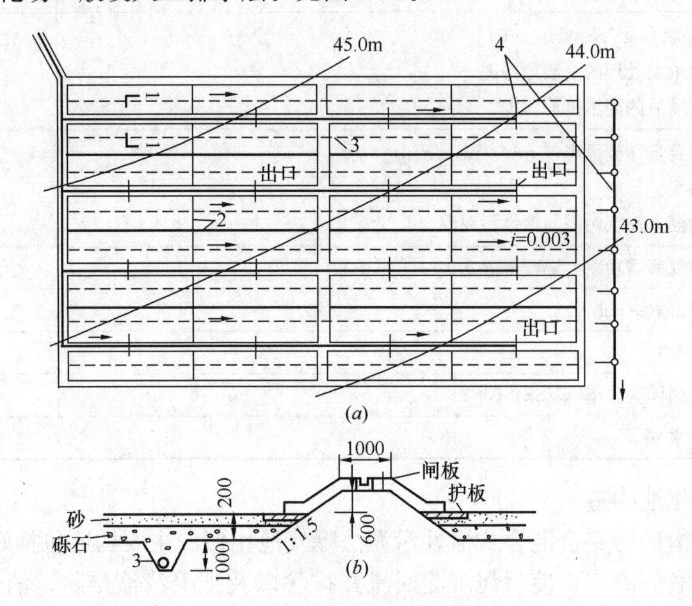

图9-78　污泥干化场

(a) 平面图；(b) Ⅰ—Ⅰ剖面图

1—配泥槽；2—隔墙；3—Dg75排水管；4—渗水排水管线

3) 人工排水层填料一般分为两层，层厚各为0.2m。下层用粗矿渣、砾石、碎石或碎砖，上层用砂或细矿渣等。在填料下面敷设排水管，排水管采用直径75mm未上釉的陶土管，接口处不密封，每两排管中心间距4～8m，坡度用0.0025～0.003。埋设深度由地面到管顶一般为1.2m，排水总管直径为125～150mm，坡度不小于0.08。

4) 当土壤容易渗透而有污染地下水的可能时，应做人工不透水层，并增加排水设施。人工不透水层可用0.2～0.4m厚的黏土做成，或用0.1～0.15m厚的低标号混凝土做成，或用0.15～0.30m厚的三七灰土做成，应根据具体情况选定。不透水层应有0.01～0.02的坡度倾向排水设施。

5) 污泥干化场细部尺寸规定：

① 围堤高度采用0.5～1.0m，顶宽采用0.5～0.7m。

② 干化场块数不少于3块。

③ 宜有排出上层污泥水的设施。

(2) 计算公式：见表9-24。

污泥干化场计算公式 表 9-24

名称	计算公式	符号说明
全年污泥总量	$V=\frac{365SN}{1000}$ (m^3)	S——每人每日排出的污泥量［L/（人·d)］ N——设计人口数（人）
干化场的有效面积	$F=\frac{V}{h}$ (m^2)	h——年污泥层高度（m）
干化场的总面积	$F'=$ (1.2～1.4) F (m^2)	1.2～1.4——考虑增加干化场围堤等所占面积的系数
每次排出的污泥量	$V'=\frac{SNT}{1000}$ (m^3)	T——相邻两次排泥的间隔天数（d）
排放一次污泥所需的干化场面积	$F_1=\frac{V'}{h_1}$ (m^2)	h_1——一次放入的污泥层高度（m），一般为 0.3～0.5m
每块区格的面积（最好等于 F_1 或为 F_1 的倍数）	$F_0=bL$ (m^2)	b——区格的宽度（m），通常 b 采用不大于 10m L——区格的长度（m），一般不超过 100m
污泥干化场的块数	$n=\frac{F}{F_0}$	
冬季冻结期堆泥高度	$h'=\frac{V_1 T' K_2}{F K_1}$ (m)	V_1——每日排入干化场的污泥量（m^3/d） T'——一年中日平均温度低于−10℃的冻结天数 K_1——冬季冻结期间使用干化场面积的系数，$K_1=0.8$ K_2——污泥体积缩减系数，$K_2=0.75$
围堰高度	$H=h'+0.1$ (m)	

9.7.2 污泥调理

由污泥的性质决定，在脱水前需对污泥进行调理。污泥调理对于所有污泥，如原污泥、消化污泥都是适用的，但不同的是所能够达到的调理效果不同。污泥调理的工艺或者方法有很多，如图 9-79 所示，但最主要的方法是化学调理和物理调理。

(1) 化学调理

化学调理就是在需要脱水的污泥中加入化学混凝药剂，使污泥颗粒，包括细小的颗粒及胶体颗粒凝聚、絮凝，以改善其脱水性能。

化学调理一般按照投加的药剂类型分为无机药剂化学调理和有机药剂化学调理。无机药剂主要是铁盐和铝盐及高分子无机药剂，其投加量因污泥性质、药剂和脱水机形式的不同，差异较大。采用无机药剂化学调理，会增加污泥的固体物含量，从而增加后续处理的负荷。有机药剂主要是具有高分子量的水解性的聚合物质，其或是人工合成的，或是天然的。通常采用的有机药剂主要是阳离子型聚丙烯酰胺（PAM）。其投加量视污泥性质和脱水机形式的不同，一般为污泥干固体质量的 2‰～10‰，离心脱水机的药剂用量一般高于带式压滤机。

采用化学调理时，为了取得良好的效果、合理选择药剂类型、合理确定药剂品种和投加量，建议结合所选用的脱水机，在实验室内进行污泥性能试验。通过测定药剂投加前后的污泥比阻、毛细水时间、过滤阻力、可压缩性和离心分离性能指标，分析不同药剂和投加量对污泥改性的影响，这是指导生产最有效的方法。有机药剂分子量越大、阳离子度越

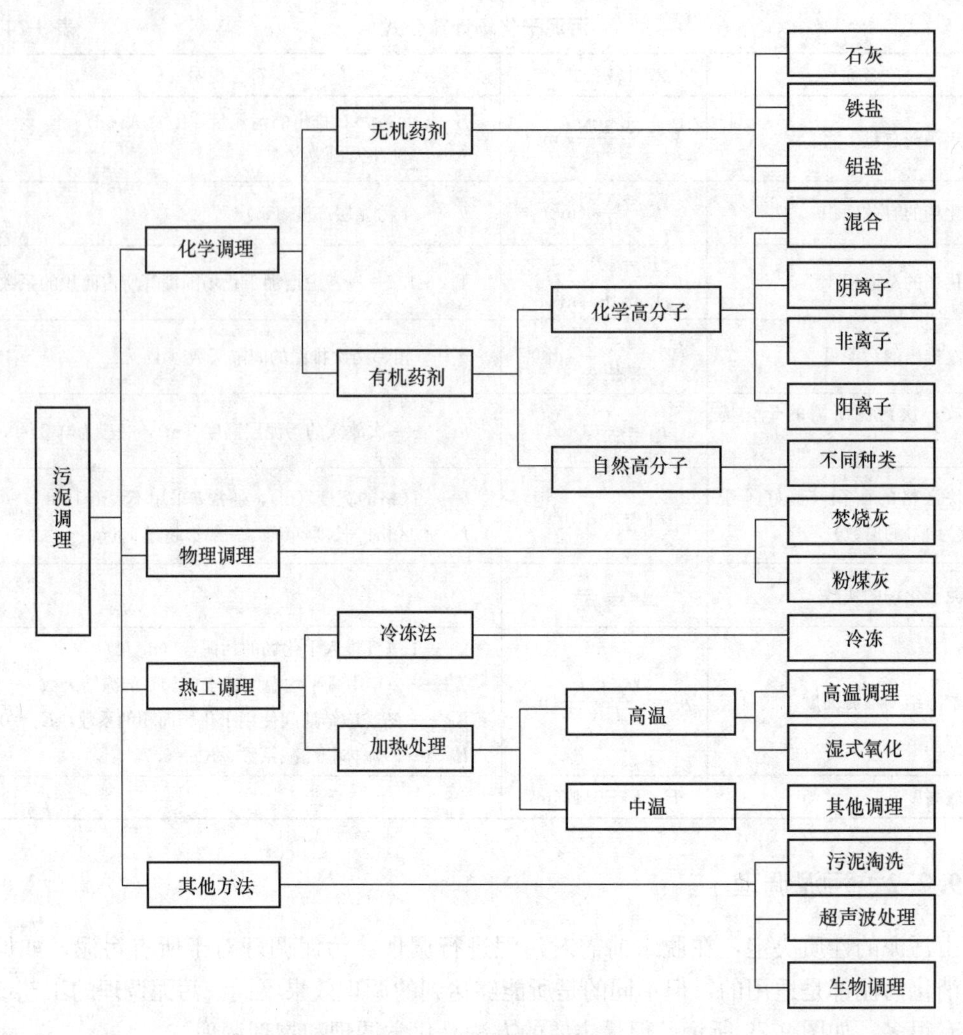

图 9-79　污泥调理方法

高，并不能说明调理改性效果越好。

（2）物理调理

物理调理是向被调理的污泥中投加不会产生化学反应的物质，其与无机药剂化学调理不同的是：无机药剂是在污泥中产生不可压缩的晶体结构，作为污泥的“支架”结构，以降低或者改善污泥的可压缩性。而物理调理是给污泥直接提供“支架”结构的物质，来降低或者改善污泥的可压缩性。物理调理主要采用的物质有：烟道灰、硅藻土、焚烧后的污泥灰、粉煤灰等，其中以烟道灰效果最好。以污泥焚烧灰作为调理剂时，一般按照 2：1（污泥灰：干固体）投加。采用物理调理时，尽管最终处置的污泥量没有增加，但是由于污泥灰的投加量大，后续污泥处理设备的能力必须相应增加。

（3）热工调理

热工调理包括冷冻法、中温和高温加热调理工艺。常用的主要是高温热工调理。高温反应器内温度为 180～220℃，根据反应温度，反应器中压力为 1.0～2.5MPa，污泥在反应器中的反应时间为 30～90 min。

热工调理不需要投加任何外来物质，经热工调理后的污泥具有良好的脱水性能，不仅可以使吸附水、空隙水得到去除，而且可以进一步使细胞水也得到去除，脱水污泥容易达到较高的含固率（>40%）。在高温反应的同时也起到了灭菌作用，调理后污泥具有较高的热值和良好的卫生条件。

高温热工调理常见的有高温工艺和湿式氧化工艺，两者的区别主要在于湿式氧化工艺在反应器中加入空气，使污泥中的有机物在高温、高压条件下部分或者全部氧化，使污泥量进一步减少。

（4）生物调理

生物沥浸技术是通过在浓缩液态污泥中接种复合微生物菌群，在曝气情况下，对污泥进行生物改性处理，使污泥中束缚水变成自由水，在常温常压条件下不加任何絮凝剂，采用高压隔膜压滤进行脱水的技术。

此技术采用以自养型微生物为主并配合有少量特异的异养菌的微生物菌群，此类微生物很快替代污泥中原有的持水能力较强的以异养型微生物为主的活性污泥菌胶团，后者逐渐死亡，从而使更多的毛细水释放成空隙水或自由水，使污泥脱水性能明显提高。

常温常压条件下，将污泥（含水率95%～99%）接入生物沥浸专用反应池，反应40h左右进入污泥浓缩池进行固液分离，污泥排入储泥池后进入高压隔膜压滤机，压滤后污泥含水率为60%以下。重金属超标污泥中的重金属去除率或回收率达80%以上，消除污泥恶臭、病原菌灭活率达99%以上；脱水过程无需加PAM等絮凝剂，也无需添加石灰、$FeCl_3$等化学药剂。

（5）污泥调理方法的选择考虑因素

不同的污泥调理方法直接影响脱水后污泥的固体物含量、承载能力和热值，而且对后续稳定化处理及污泥处置也会带来明显的影响。在选择污泥调理方式时，需将浓缩、调理、脱水作为一个整体来考虑外，还应考虑污泥的最终处置方法或者出路。所采用的污泥调理方法应对污泥量和污泥性质的变化有较强的适应性。

1）污泥调理方法应与操作管理水平等相适应。化学调理，特别是有机药剂化学调理由于设施少、操作简单、不增加固体物含量、药剂采购和运输方便，而得到了最广泛的采用。

2）污泥调理方法应与污泥脱水机形式相对应。采用带式压滤机和离心脱水机脱水时，一般采用有机药剂化学调理。但采用高压隔膜压滤机脱水时，则要求经过调理后的污泥具有良好的不可压缩性，建议首先采用无机药剂化学调理，因为经无机药剂调理后的污泥可产生不可压缩的晶格结构。虽然经物理调理和生物调理的污泥可采用各种脱水机械脱水，但更宜采用高压隔膜压滤机脱水。

3）污泥调理方法应与后续污泥处理方法相协调。如果脱水污泥后续处理采用焚烧处理，用污泥灰进行物理调理，或者作为辅助调理是最经济的。如果后续处理有厌氧消化处理和焚烧处理时，鉴于热源的便捷，可考虑采用热工调理，或者与其他调理的组合。

4）污泥调理方法应与污泥处置方式相衔接。以填埋为处置方式时，污泥的承载力是需要满足的必要条件。采用有机高分子药剂调理和机械脱水后的污泥的承载力指标是达不到要求的，故宜采用无机药剂或者采用物理调理，以保证脱水污泥具备承载力；以土地利用为处置方式时，无机药剂影响相对较小，最适宜采用生物调理工艺。另外，对于厌氧消化后污泥，热工调理在高温反应的同时也起到了灭菌作用，调理后污泥具有良好的卫生条件，有利于土地利用。

9.7.3 带式压滤脱水

带式压滤脱水机具有出泥含水率较低且稳定、能耗少、管理控制较容易等特点，目前被污水处理厂广泛采用。

（1）工作原理及构造：带式压滤脱水机是由上下两条张紧的滤带夹带着污泥层，从一连串按规律排列的辊压筒中呈S形弯曲经过，靠滤带本身的张力形成对污泥层的压榨力和剪切力，把污泥层中的毛细水挤压出来，获得含固量较高的泥饼，从而实现污泥脱水，见图9-80。其构造见图9-81。带式压滤脱水机有很多形式，但一般都分成以下四个工作区：

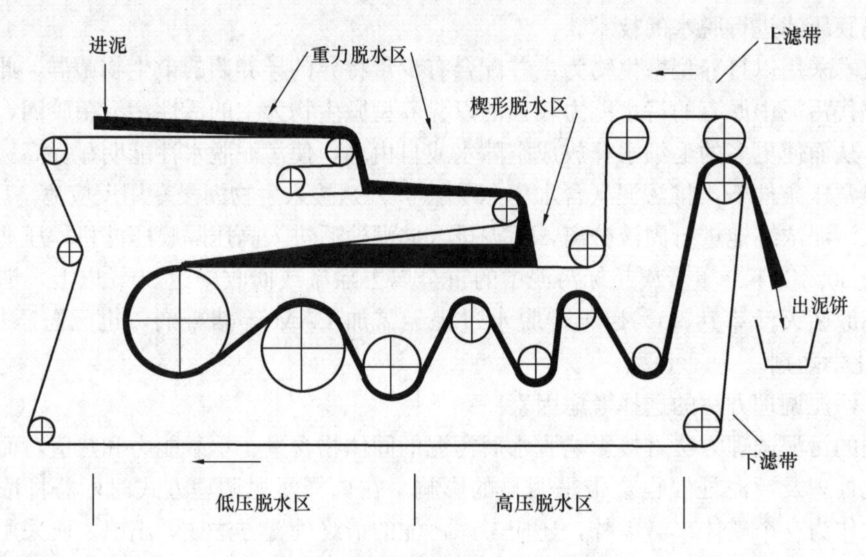

图9-80 带式压滤脱水机工作原理

重力脱水区：在该区内，滤带水平行走。污泥经调质之后，部分毛细水转化成了游离水，这部分水分在该区内借自身重力穿过滤带，从污泥中分离出来。一般来说，重力脱水区可脱去污泥中50%～70%的水分，使含固量增加7%～10%。例如，脱水机进泥含固量为5%，经重力脱水区之后，含固量可升至12%～15%。

楔形脱水区：楔形脱水区是一个三角形的空间，滤带在该区内逐渐靠拢，污泥在两条滤带之间逐步开始受到挤压。在该段内，污泥的含固量进一步提高，并由半固态向固态转变，为进入压力脱水区做准备。

低压脱水区：污泥经楔形脱水区后，被夹在两条滤带之间绕辊压筒作S形上下移动。施加到泥层上的压榨力取决于滤带张力和辊压筒直径。在张力一定时，辊压筒直径越大，压榨力越小。脱水机前边三个辊压筒直径较大，一般在50cm以上，施加到泥层上的压力较小，因此称为低压脱水区。污泥经低压脱水区之后，含固量会进一步提高，但低压脱水区的作用主要是使污泥成饼，强度增大，为接受高压做准备。

高压脱水区：经低压脱水区之后的污泥，进入高压脱水区之后，受到的压榨力逐渐增大，其原因是辊压筒的直径越来越小。至高压脱水区的最后一个辊压筒，直径往往降至

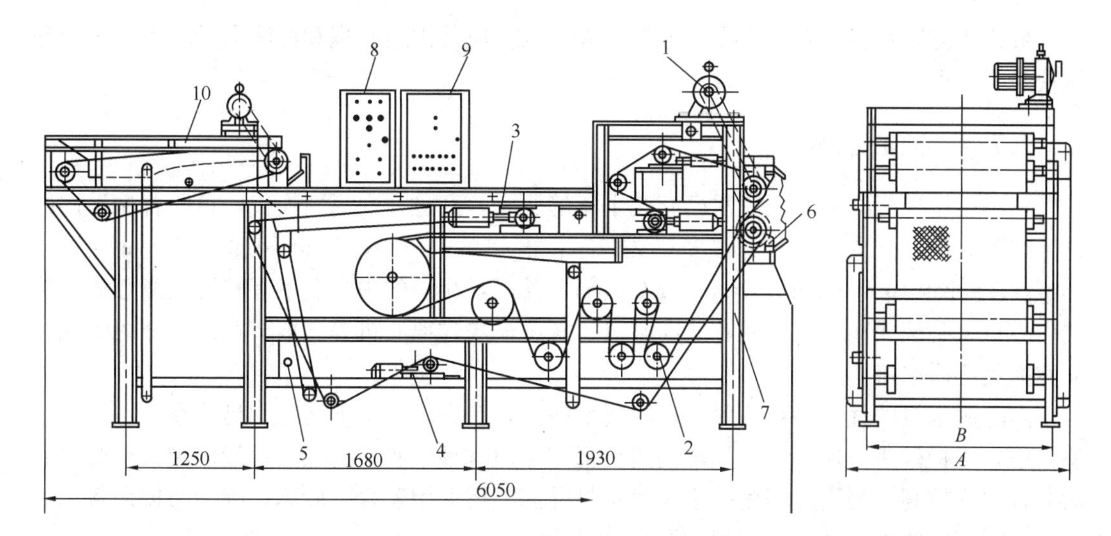

图 9-81 带式压滤脱水机外形构造

1—传动机构；2—滤带运行辊筒；3—滤带气动张紧机构；4—滤带跑偏调整机构；5—滤带清洗装置；6—卸泥饼装置；7—机架；8—气动控制机构；9—电控系统；10—污泥浓缩机

25cm 以下，压榨力增至最大。污泥经高压脱水区之后，含固量进一步提高，一般大于 20%，正常情况下在 25%左右。

（2）处理能力的确定：带式压滤脱水机的处理能力有两个指标：一个是进泥量，另一个是进泥固体负荷。

进泥量系指每米带宽在单位时间内所能处理的湿污泥量 [m^3/（m·h）]，常用 q 表示。进泥固体负荷系指每米带宽在单位时间内所能处理的总干污泥量 [kg/（m·h）]，常用 q_s 表示。很明显，q 和 q_s 取决于脱水机的带速和滤带张力以及污泥的调质效果，而带速、张力和调质效果又取决于所要求的脱水效果，即泥饼含固量和固体回收率。因此，在污泥性质和脱水效果一定时，q 和 q_s 也是一定的，如果进泥量太大或固体负荷太高，将降低脱水效果。一般来说，q 可达到 4～7m^3/（m·h），q_s 可达到 150～250kg/（m·h）。不同规格的脱水机，带宽也不同，但一般不超过 3m，否则，污泥不容易摊布均匀。q 和 q_s 乘以脱水机的带宽，即为该脱水机的实际允许进泥量和进泥固体负荷。运行中，运行人员应根据本厂泥质和脱水效果的要求，通过反复调整带速、张力和加药量等参数，得到本厂的 q 和 q_s，以方便运行管理。

表 9-25 是各种污泥进行带式压滤脱水的性能数据，供设计参考。

各种污泥进行带式压滤脱水的性能数据 **表 9-25**

污泥种类		进泥含固率（%）	进泥固体负荷 [kg/（m·h）]	PAM 投加量 (kg/t)	泥饼含固率 (%)
生污泥	初沉污泥	3～10	200～300	1～5	28～44
	活性污泥	0.5～4	40～150	1～10	20～35
	混合污泥	3～6	100～200	1～10	20～35
厌氧消化污泥	初沉污泥	3～10	200～400	1～5	25～36
	活性污泥	3～4	40～135	2～10	12～22
	混合污泥	3～9	150～250	2～8	18～44
好氧污泥	混合污泥	1～3	50～200	2～8	12～20

带式压滤脱水机具有噪声小、电耗少等优点。但其占地面积和冲洗水量较大，车间环境较差。

9.7.4　离心脱水

离心机用于污泥浓缩及脱水已有几十年的历史，经过几次更新换代，目前普遍采用的是卧螺离心机。这种离心机有很多英文名字，例如 Solid-bowl Centrifuge、Conveyo Centrifuge、Scroll Centrifuge，Decanter Centrifuge 等，相应的中文名字有转筒式离心机、碗式离心机、卧螺式离心机、涡转式离心机、螺旋输送式离心机等。本节在以下介绍中统一简称为离心脱水机。

离心脱水机的优点是结构紧凑，附属设备少，在密闭状况下运行，臭味小，不需要过滤介质，维护较为方便，能长期自动连续运转。但这种脱水机的噪声一般都较大，脱水后污泥含水率较高，当固液密度差很小时不易分离。污泥中若含有砂砾，则易磨损设备。

污泥离心脱水处理工艺流程如图 9-82 所示。

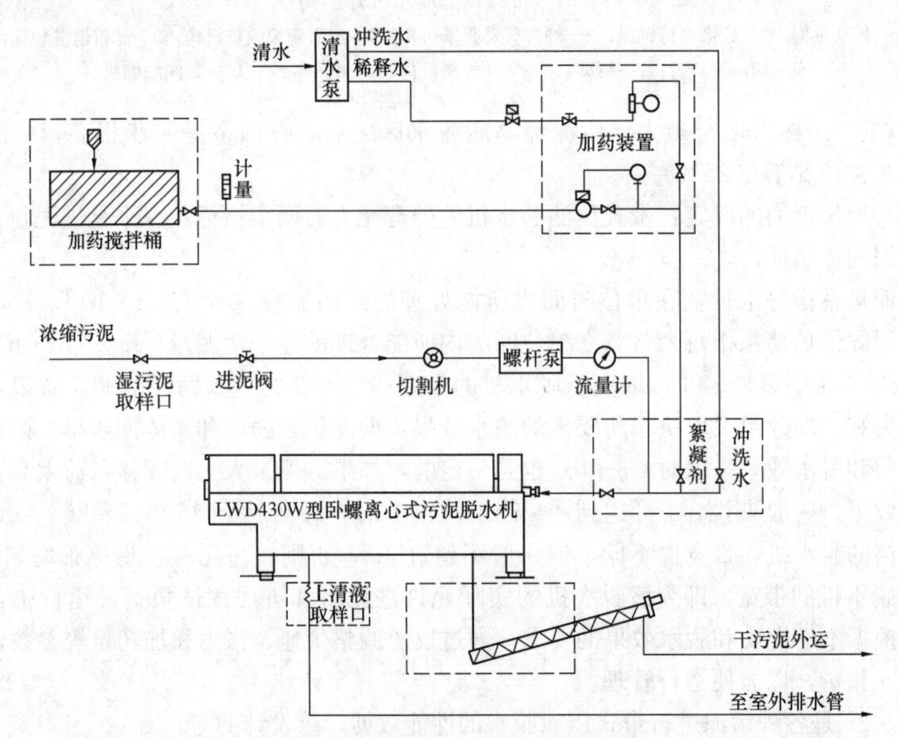

图 9-82　污泥离心脱水处理工艺流程图

(1) 工作原理及构造：离心脱水机主要由转鼓和带空心转轴的螺旋输送器组成。污泥由空心转轴送入转筒后，在高速旋转产生的离心力作用下，立即被甩入转鼓腔内。

污泥颗粒由于密度较大，离心力也大，因此被甩贴在转鼓内壁上，形成固体层（因为环状，称为固环层）；水分由于密度较小，离心力小，因此只能在固环层内侧形成液体层，称为液环层。固环层的污泥在螺旋输送器的缓慢推动下，被输送到转鼓的锥端，经转鼓周围的出口连续排出；液环层的液体则由堰口连续“溢流”排至转鼓外，形成分离液，然后汇集起来，靠重力排出脱水机外。当进泥方向与污泥固体的输选方向一致，即进泥口和出泥口分别在转鼓的两端时，称为顺流式离心脱水机见图 9-83；当进泥方向与污泥固体的输送方向相反，即进泥口和排泥口在转鼓的同一端时，称为逆流式离心脱水机见图 9-84。

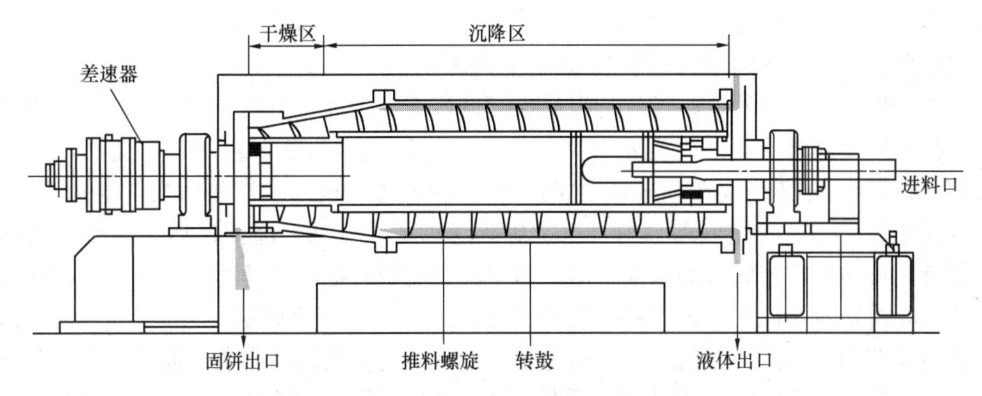

图 9-83 顺流式离心脱水机

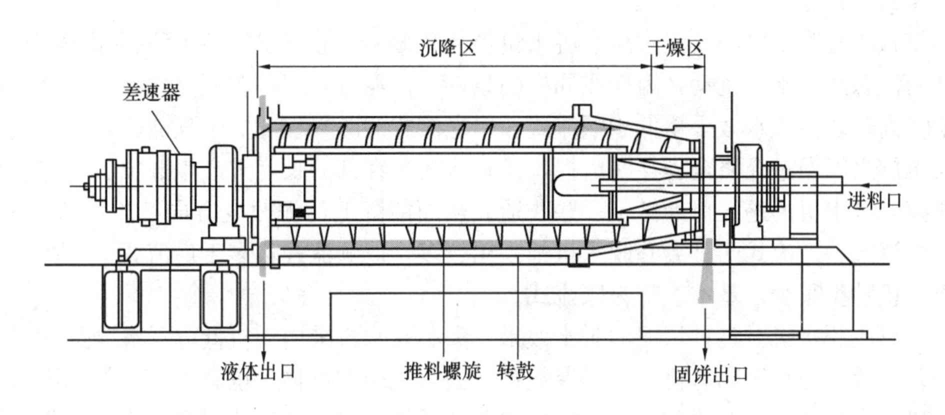

图 9-84 逆流式离心脱水机

转鼓是离心脱水机的关键部件。转鼓的直径越大，离心脱水机的处理能力也越大。转鼓的长度一般为直径的 2.5～3.5 倍，越长，污泥在机内停留的时间也越长，分离效果也越好。目前，最大的离心脱水机的转鼓直径为 183cm，长度为 427cm，每小时处理污泥 135m^3，每天高达 3300m^3。但离心脱水机太大时，制造费用和处理成本都不经济。转鼓的转速是一个重要的机械因素，也是一个重要的工艺控制参数。转速的高低取决于转鼓的直径，要保证一定的离心分离效果，直径越小，要求的转速越高；反之，直径越大，要求的转速越低。离心分离效果与离心脱水机的分离因数有关。分离因数是颗粒在离心脱水机内受到的离心力与其本身重力的比值，用公式（9-54）计算：

$$a = \frac{n^2 D}{1800} \tag{9-54}$$

式中 a——分离因数；

n——转鼓的转速（r/min）；

D——转鼓的直径（m）。

不同的离心机，其分离因数的调节范围不同。a 在 1500 以下的称为低速离心机，或低重力离心机（LOW-G）；a 在 1500 以上的称为高速离心机，或高重力离心机（HIGH-

G)。这两种离心机在污泥浓缩和脱水中都有采用，但绝大部分处理厂均采用低速离心机。高速离心机虽然可获得98%以上的高固体回收率，但能耗很高，并需较多的维护管理。而低速离心机的固体回收率一般也能在90%以上，但能耗要低很多。

离心脱水机的分离因数宜小于3000。

空心转轴螺旋输送器，既投配污泥，又起使污泥产生离心力的作用，同时还负责将固环层的污泥输离液环层，实现泥水分离。螺旋在转鼓的锥角处，直径开始变小，将污泥“捞出”液环层。锥角一般在8°～12°之间。螺旋的外边缘极易被转鼓磨损，磨损严重时，会降低脱水效果。一些新型离心脱水机螺旋外缘做成装配块，磨损以后，可很方便地更换。螺旋的旋转方向与转鼓的相同，但转速略高于转鼓转速，二者速度之差即为污泥被输出的速度，决定着污泥在机内停留时间的长短，因而是一个重要的工艺控制参数。另外，可用溢流调节堰调整液环层的厚度，这也是一个重要的工艺调节参数。通过液环层厚度的调整，可以改变在岸区的停留时间。所谓岸区，系指污泥离开液环层至排出口的距离，为转鼓锥体的一部分。

顺流式离心脱水机和逆流式离心脱水机各有优缺点。逆流式由于污泥中途改变方向，对转鼓内流态产生水力扰动，因而在同样的条件下，泥饼含固量较顺流式略低，分离液的含固量略高，总体脱水效果略低于顺流式。但逆流式的磨损程度低于顺流式，因为顺流式转鼓与螺旋之间通过介质全程存在磨损，而逆流式只在部分长度上产生磨损。一些产品在逆流式离心脱水机的进泥口处做了一些改造，从而能降低污泥改变方向产生的扰动程度。目前，顺流式、逆流式两种离心脱水机都采用较多，但顺流式略多于逆流式。国产污泥脱水用离心机种类很少，基本上都为顺流式。

(2) 离心脱水机对各种污泥的脱水效果：离心脱水机采用无机低分子混凝剂时，分离效果很差，故一般均采用有机高分子混凝剂。当污泥中有机物含量高时，一般选用离子度低的阳离子有机高分子混凝剂；当污泥中主要含无机物时，一般选用离子度高的阴离子有机高分子混凝剂。

混凝剂的投加量与污泥性质有关，应根据试验选定。

当为初沉污泥与活性污泥的混合生污泥，挥发性固体≤75%时，其有机高分子混凝剂的投加量一般为污泥干重的0.1%～0.5%，脱水后的污泥含水率可达75%～80%。

当为初沉污泥与活性污泥的混合消化污泥，挥发性固体≤60%时，其有机高分子混凝剂的投加量一般为污泥干重的0.25%～0.55%，脱水后的污泥含水率可达75%～85%。

投加的有机高分子混凝剂应事先配制成一定浓度的水溶液。当采用阴离子、非离子型的有机高分子混凝剂时，其调配的浓度一般为0.05%～0.1%，当采用阳离子型的有机高分子混凝剂时，其调配的浓度一般为0.2%～0.4%，可根据分子量高低、离子度大小，酌情在上述范围内配制。

有机高分子混凝剂的投药点，应特别注意。当为阳离子型时，可直接加入转鼓的液槽中；当为阴离子型时，可加在进料管中或提升的泥浆泵前。设计时可多设几处投药点，以利运转时选用。

污泥进入离心脱水机前，应通过粉碎机或缝隙为8mm的细格栅，格栅室设在污泥浓缩池前。当原污水已通过很细的格栅时，则可免除污泥格栅。

进入离心脱水机的污泥浓度高时有利于脱水，但太高则污泥黏性过大，混凝剂不易扩散。一般进泥的最佳含水率是90%～92%。

离心脱水机的生产率，最佳工艺参数和操作参数，应根据进泥量及污泥性质，按设备说明书的资料采用。

各种污泥的离心脱水效果如表9-26所示。

离心脱水机对各种污泥的脱水效果　　表9-26

污泥种类		泥饼含固率（%）	固体回收率（%）	干污泥加药量（kg/t）
生污泥	初沉污泥	18～20	90～95	2～3
	活性污泥	14～18	90～95	6～10
	混合污泥	17～20	90～95	3～7
厌氧消化污泥	初沉污泥	18～20	90～95	2～3
	活性污泥	14～18	90～95	6～10
	混合污泥	17～20	90～95	3～8

离心脱水机占地面积小、冲洗水量消耗少、车间环境好，但电耗高、噪声大。

9.7.5 板框压滤脱水

（1）板框压滤机的工作原理与构造：板框压滤机由板与框相间排列而成，在滤板的两侧覆有滤布，用压紧装置把板与框压紧，从而在板与框之间构成压滤室。在板与框的上端中间相同部位开有小孔，压紧后成为一条通道，加压到0.2～0.4MPa的污泥，由该通道进入压滤室，滤板的表面刻有沟槽，下端钻有供滤液排出的孔道，在滤液的压力下，通过滤布沿沟槽与孔道排出滤机，使污泥脱水。见图9-85。

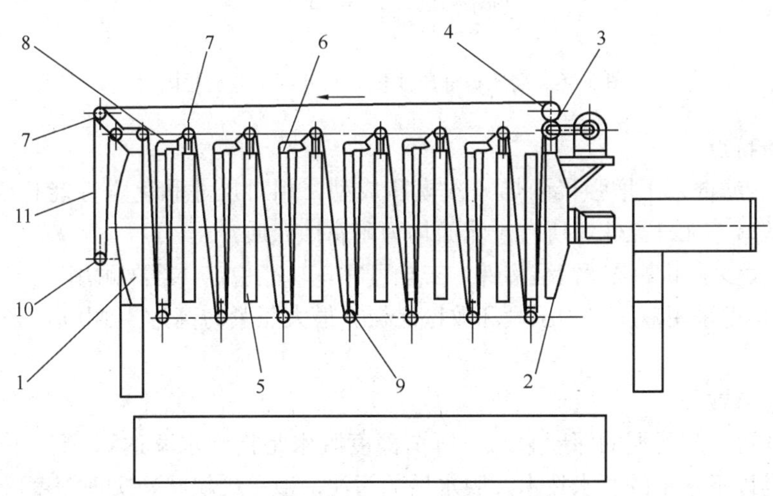

图9-85　普通板框压滤机示意图

1—固定压板；2—活动压板；3—传动辊；4—压紧辊；5—滤框；6—滤板；7—托辊；8—刮板；9—托辊；10—张紧辊；11—滤布

压滤机可分为人工板框压滤机和自动板框压滤机两种。前者需一块一块地卸下，剥离泥饼并清洗滤布后，再逐块装上，劳动强度大，效率低；后者上述过程自动进行，效率较高，劳动强度低，有垂直式和水平式两种。

板框压滤机的过滤压力宜采用0.4～0.6MPa，过滤能力2～4kgDS/（m^2·h），过滤周期1.5～4h。

目前应用较多的是高压板框压滤机（高压隔膜压滤机）。高压板框压滤机与普通板框压滤机的主要不同之处在于滤板与滤布之间加装了一层弹性膜隔膜板。运行过程中，当入料结束后，可将高压流体介质注入滤板与隔膜之间，这时整张隔膜就会鼓起压迫滤饼，从而实现滤饼的进一步脱水（压榨过滤）。

高压板框压滤机工作过程为：首先，进行正压脱水，即一定数量的滤板在强机械力的作用下被紧密排成一列，滤板面和滤板面之间形成滤室，过滤物料在强大的正压下被送入滤室，进入滤室的污泥固体被滤布截留形成滤饼，水透过滤布排出滤室，从而达到固液分离的目的。此后，进行挤压脱水，即在高压水泵的驱动下，由高压水推动滤室一侧的挤压膜，使泥饼进一步脱水，若滤室两侧面都敷有滤布，则液体部分均可透过滤室两侧面的滤布排出滤室，称为滤室双面脱水。脱水完成后，解除滤板的机械压紧力，单块逐步拉开滤板，分别敞开滤室进行卸饼，此时完成一个主要工作循环。见图9-86。

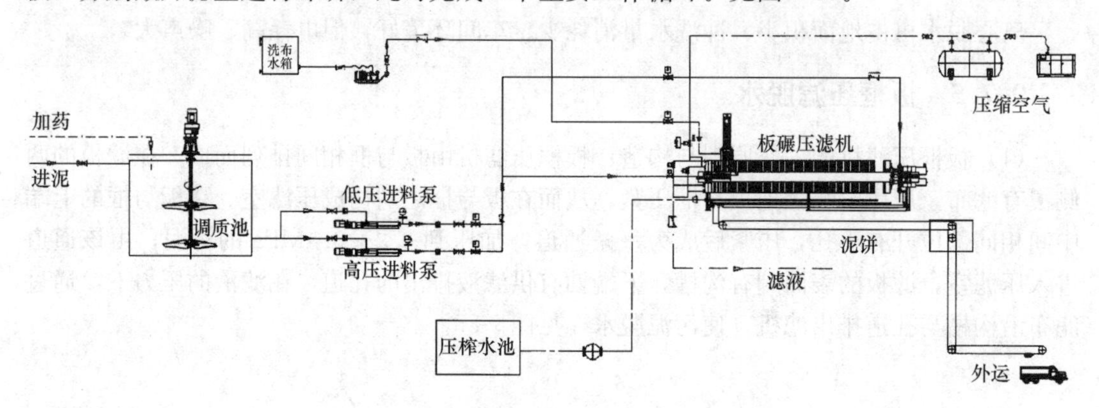

图9-86　高压板框压滤机脱水处理工艺流程图

（2）设备特点

1）滤板、滤框采用增强聚丙烯一次模压成型，相对尺寸和化学性能稳定，强度高、重量轻、耐酸碱、无毒无味，所有过流面均为耐腐蚀介质。

2）机架大多采用高强度钢结构件，安全可靠，功能稳定，经久耐用。

3）大多机型采用液压机构压紧和放松滤板。最大压紧力高达40MPa，采用电气控制实现保压。

（3）运行参数

板框压滤可实现污泥的深度脱水。所谓深度脱水是指含水率达到55%～65%，特殊条件下达到其以下水平的脱水技术。脱水后的污泥一般呈硬块状。实现深度脱水一般采用板框压滤机，或者其他挤压式脱水机械。相关调理方法也应满足高压力的脱水机械的要求。

一般情况应采用无机药剂调理，以在污泥脱水过程中形成一个能够承受高压的骨架(改善其结构)。选用$FeCl_3$和石灰调理时，即便是对于脱水性能较差的污泥，也能够达到良好的脱水效果。表9-27反映了不同性质污泥经调理后可以达到的脱水效果。有条件时可采用物理调理或热工调理。主要调理要求如下：

污泥调理与脱水效果 **表 9-27**

污泥类型	浓缩（无污泥调理）	采用不同脱水方式的脱水能力		
		带式压滤机＊和离心脱水机（采用高分子药剂调理）	板框压滤机（采用金属盐或高分子药剂调理）	
			不投加石灰	投加石灰
	含水率（%）	含水率（%）	含水率（%）	含水率（%）
具有良好的浓缩和脱水性	＜93	＜70	＜62	＜55
具有一般的浓缩和脱水性	96～93	82～70	72～62	65～55
具有较差的浓缩和脱水性	＞96	＞78	＞72	70～65＊＊

＊——进泥含水率＜97%；

＊＊——通过增加石灰的投加量。

1）$FeCl_3$和石灰的投加量分别为污泥干固体质量的3%～15%和10%～50%，调理后污泥的pH值宜大于7。必要时应在试验室进行试验或者进行生产性试验。

2）无机药剂与污泥的反应时间与所采用的药剂类型有关，比如采用单独铁盐时，反应时间为5～10 min；若补充投加石灰时，反应时间至少为10 min；如果在机械脱水设备前无浓缩池，则反应时间至少为30～90 min。

3）为了得到体积大、强度高的污泥絮体，污泥调理的操作应是十分精细的。药剂与污泥的混合宜采用缓慢转动的桨片式或者转鼓式设备，药剂与污泥混合时，应避免产生剪切力和涡流，以免破坏污泥絮体。

4）热工调理温度宜大于200℃，调理时间大于30min。

5）调理后的污泥过滤阻力应小于$0.5\times10^{12}\sim10\times10^{12}L/cm^2$。

6）污泥输送宜采用隔膜泵或者螺杆泵。

7）当被调理的污泥为未消化的新鲜污泥时，应注意避免污泥发酵。否则污泥的过滤阻力会成倍增加，导致药剂投加量大幅度增加。

9.7.6 石灰稳定

污泥石灰处理是脱水污泥进一步处理中最早得到应用的方法之一。由于工艺简单、投资低、运行费用较低等原因，至今仍是污泥应急处理处置中一个常用的手段。

（1）工艺原理与作用

通过向脱水污泥中投加一定比例的生石灰并均匀掺混，生石灰与脱水污泥中的水分发生反应，生成氢氧化钙和碳酸钙并释放热量。石灰稳定可产生以下作用：

1）灭菌和抑制腐化：温度的提高和pH值的升高可以起到灭菌和抑制污泥腐化的作用，尤其在pH≥12的情况下效果更为明显，从而可以保证在利用或处置过程中的卫生安全性。

2）脱水：根据石灰投加比例的不同（5%～30%），可使含水率80%的污泥在设备出口的含水率达到74.0%～48.2%。通过后续反应和一定时间的堆置，含水率可进一步降低。

3）钝化重金属离子：投加一定量的氧化钙使污泥呈碱性，可以结合污泥中的部分金属离子形成无害的化合物达到钝化重金属离子的效果。

4）改性、颗粒化：可改善储存和运输条件，避免二次飞灰、渗滤液泄漏。

石灰干化的原理基于下列反应：

$$1\ \mathrm{kg\ CaO} + 0.32\ \mathrm{kg H_2O} \rightarrow 1.32\ \mathrm{kg\ Ca(OH)_2} + 1177\ \mathrm{kJ}$$

混合反应中以及后续的时间里，污泥还会发生很多后续反应，如：

$$1.32\ \mathrm{kg\ Ca(OH)_2} + 0.78\mathrm{kg\ CO_2} \rightarrow 1.78\mathrm{kg\ CaCO_3} + 0.32\ \mathrm{kg\ H_2O} + 2212\ \mathrm{kJ}$$

(2) 石灰稳定工艺与系统组成

城镇污水处理厂的脱水污泥经螺旋输送器或污泥泵送至污泥石灰稳定处理系统。污泥石灰稳定单元的起点为污泥缓冲料仓（或接收斗），缓冲料仓下设置螺旋，将污泥送入污泥干燥反应器。在干燥反应器起端，污泥与通过螺旋输送机输送的生石灰（或辅助添加剂）充分均匀混合，然后一同进入干燥反应器。在干燥反应器内通过混合过程中反应放出的热量将污泥中的水分进行蒸发（处理过程中反应器内的温度可达到100℃），干燥后的污泥含水率降至60%左右甚至更低（依生石灰投加率，一般为15%～30%），出料温度在70～80℃。干燥反应器出口的污泥由于继续反应的存在，在堆放过程中，温度逐渐降低，水分继续蒸发，含水率进一步降低。

由于干燥反应器内温度较高，使污泥中的水分大量蒸发，蒸发过程产生的粉尘和部分无机气态物质，经喷淋塔降温除尘后排放。

石灰稳定工艺系统流程如图9-87所示。

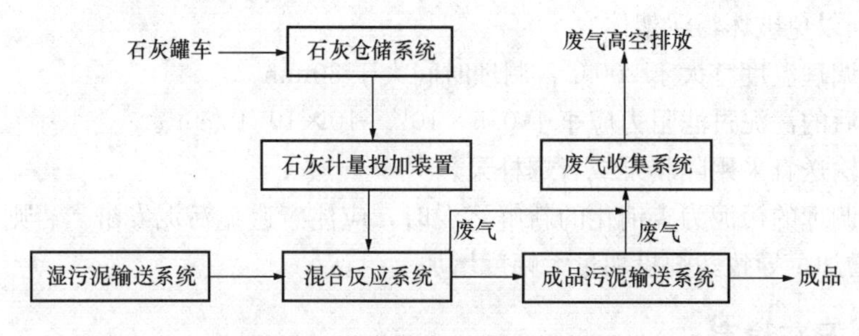

图9-87　石灰稳定工艺系统流程图

(3) 系统组成

1）输送系统（包括湿泥及成品污泥输送）

一般可选择螺旋输送机或带式输送机，应采用全封闭结构，以防止污泥散发的臭气排放到大气中，影响操作环境，危害操作人员的健康。

2）石灰仓储与计量给料系统

石灰料仓用来暂时储存罐车运送过来的石灰粉料。设有破拱装置、仓顶布袋除尘器、料位器等。

计量给料系统可确保在混合反应器开启后石灰能持续及时地定量输送至混合反应器内。主要由进料斗、进料料位监测和出料装置、计量投加装置等组成。

3）干化混合反应系统

作为石灰干化稳定工艺的核心设备，该系统的运行表现直接影响整个项目的效果。目前一般选择传统卧式混合搅拌反应器，其主要由混合圆筒、工作轴、搅拌元件、在线监测装置等组成。

4）废气收集及处理系统

石灰污泥稳定工艺的废气主要特点是高温、高湿、高粉尘浓度、低有毒气体浓度，主要成分为水蒸气、石灰粉尘、氨气和硫化氢，温度约为 30～50℃。针对该类废气，一般选择湿式喷淋塔或增加净化单元可满足需求。

（4）石灰稳定设计参数的选择

1）石灰稳定过程中的 pH 值及其持续时间应符合下列规定：

反应时间持续 2h 后，pH 值应升高到 12 以上；

在不过量投加石灰的情况下，混合物的 pH 值应维持在 11.5 以上，持续时间应大于 24h。

2）石灰投加量应符合下列规定：

投加石灰干重宜占污泥干重的 15%～30%；

石灰污泥体积增加量宜控制在 5%～12%。

（5）石灰稳定污泥的应用原则

城镇污水处理厂污泥经石灰稳定处理后，达到了脱水和灭菌的目的。经石灰稳定化处理后的污泥可作为烧制水泥和制砖的原料、道路的基础垫层和回填土、制作陶粒、用作垃圾填埋场的覆盖土等。

9.8 污 泥 干 化

9.8.1 原理与作用

干化是将热能传递至污泥，使水分汽化，以降低污泥含水率的过程。污泥干化的优点包括降低运输费用、减少病原体、改善储存能力和易于后续处置及再利用。

根据热量传递方式的不同，污泥干化分为：（1）传导加热，蒸发热由安装在干燥器内的静态或者移动的加热面供给，也称间接干化；（2）对流加热，由热空气或者其他气体流过物料表面或者穿过物料层提供热量，蒸发的水分由干燥介质带走，也称直接干化；（3）辐射加热，由红外线灯、电阻元件、燃气的炽热的耐火材料提供辐射能。在某些情况下可能是这些传热方式联合作用。

根据加热产品含固率的不同，污泥干化分为：（1）全干化，指含水率 10%以下；（2）半干化，指含水率在 40%左右。

9.8.2 干化工艺流程和系统组成

污泥热干化系统主要包括储运系统、干化系统、尾气净化与处理系统、电气自控仪表系统及其辅助系统等。污泥热干化系统的一般工艺流程，如图 9-88 所示。

储运系统主要包括料仓、污泥泵、污泥输送机等；干化系统以各种类型的干化工艺设备为核心；尾气净化与处理系统包括干化后尾气的冷凝和处理系统；电气自控仪表系统包括满足系统测量控制要求的电气和控制设备；辅助系统包括压缩空气系统、给水排水系统、通风采暖系统、消防系统等。

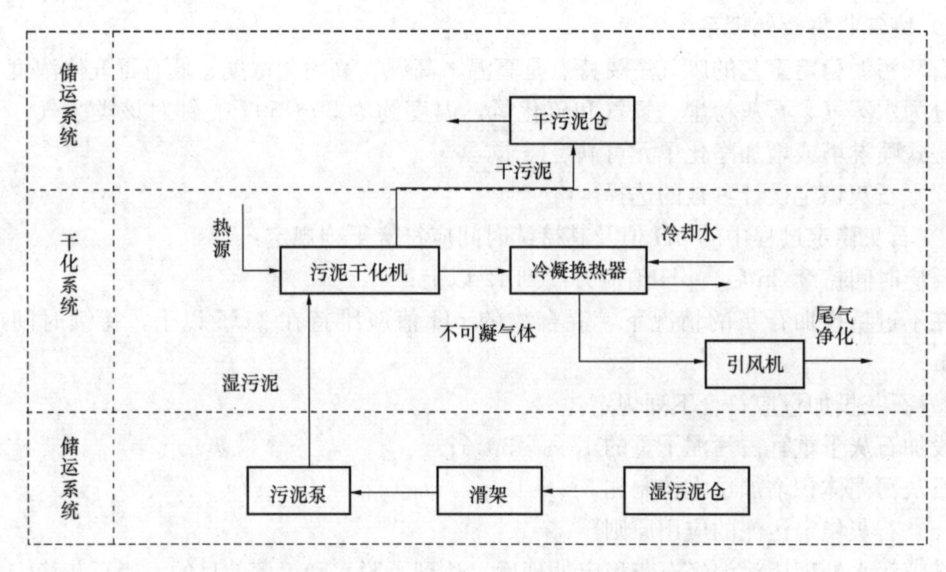

图 9-88　污泥热干化系统工艺流程图

9.8.3　干化设计参数

(1) 蒸发量

蒸发量是衡量干化系统能力的指标。当湿物料被干化成干物料后，从湿物料中蒸发的水量采用公式（9-55）确定。宜考虑备用干化设备或蒸发能力留有富余。

$$W = Q_W \times (1 - P_1/P_2) \times 1000 \tag{9-55}$$

式中　W——蒸发量（kgH_2O/h），单位时间内蒸发的水的质量；

Q_W——干燥前污泥湿重（t/d）；

P_1——干燥前污泥湿基含水率（%）；

P_2——干燥后污泥湿基含水率（%）。

(2) 蒸发耗热

污泥干化所需理论热量可按公式（9-56）计算。

$$Q = W \times i + G_c \times C_m \times (\theta_2 - \theta_1) + W' \times C_{g1} \times (\theta_2 - \theta_1) + W \times C_{g1} \times (\theta_2 - \theta_1) + G_n \times C_n \times (t_2 - t_1) \tag{9-56}$$

式中　Q——污泥干化所需理论热量，kJ/h；

W——湿分的蒸发量，kg/h；

W'——干燥后物料中的湿分量，kg/h；

G_c——绝干物料量，kg/h；

G_n——干空气的量，kg/h；

i——湿分的蒸发潜热，kJ/ kg；

C_m——绝干物料的比热容，kJ/（kg·℃）；

C_{g1}——湿分的液态比热容，kJ/（kg·℃）；

C_n——干空气比热容，kJ/（kg·℃）；

θ_1、θ_2——物料进出干燥机的温度,℃;

t_1、t_2——空气进出干燥机的温度,℃。

计算中一般采用的比热值:

水 0～100℃:4.187kJ/(kg·℃);

污泥的干固体:1.26kJ/(kg·℃);

水蒸气100～500℃:2.09kJ/(kg·℃);

干空气和排出的尾气:1.09kJ/(kg·℃);

100℃蒸发潜热:2260kJ/kg;

污泥干化的总热量还需要考虑设备散热,一般为5%～20%。

(3)单位蒸发耗热量

以蒸发每千克水分为基准进行热量计算:

$$q = Q'/W \tag{9-57}$$

式中 q——蒸发每千克水分的耗热量,kJ/kgH_2O;

Q'——蒸发W千克水分的总耗热量,kJ/h;

W——湿分的蒸发量,kg/h。

干化设备热效率(水分蒸发有效热量/总需要热量)一般在70%～95%之间。

表9-28是一些设备的单位蒸发水量的热能消耗指标,工程设计时供参考使用,具体数值应结合设备情况确定。

各种类型干化器的热量 **表9-28**

干化设备	热量消耗(kcal/kg蒸发水量)
流化床	670～700
带式	750～860
桨叶式	660～700
卧式转盘式	660～690
立式圆盘式	670～700
喷雾式	840～890
薄层干化	660～690
膜带两段式	600～630

9.8.4 污泥干化的黏滞期

干燥过程中,污泥逐渐由浆状变成黏性很大的半固体状,再到块状、颗粒状或粉状。当污泥含固率为45%～65%时,污泥经过一个特殊的塑性和黏性状态,该阶段妨碍干化过程中叶片和圆盘的转动(特别是水平干燥器),或者使污泥黏结在干燥器壁上,从而导致干燥效率的降低,甚至损坏设备。解决这个问题的方法是将脱水后的污泥和已经完全干化的污泥混合,称为污泥返混,使进入干燥器内的污泥含固率达到65%～75%,还可以进一步使污泥颗粒化,以利于干燥。

9.8.5　干化工艺和设备

对流型干燥器有流化床干化器、喷雾干化器、带式干化器等。传导型干燥器有桨叶式干化器、（卧式）转盘式干化器、（立式）圆盘式干化器、薄层干化器等。对一些干燥器来说，有时还会结合对流和传导两种加热的优点。

（1）工艺/设备选择的基本原则

污泥热干化程度的选择应遵循下列原则：将干化和后续处理处置作为整个系统考虑，其投资和运行成本应最低；考虑污泥形态（松散度和粒度）对污泥输送系统、给料系统和后续处置设备的适应性。

干化设备选型应结合可利用热源情况、干化产品后续处置要求、占地面积、当地操作和维护水平、投资和运行成本等因素进行综合比较后确定。下面针对前两点进行说明。

1）可利用热源

污泥干燥的热源可以是天然气、沼气、燃煤、蒸汽、燃油、高温烟气、焚烧余热回收等。一般来说间接加热方式可以使用所有的能源，其利用的差别仅在温度、压力和效率方面。直接加热方式，由于介质与污泥直接接触，其换热效率比间接加热高，但因能源种类不同受到一定限制，其中燃煤炉、焚烧炉的烟气因气量大和腐蚀性污染物（主要包括含硫量和含尘量）的存在而较难使用。

由于干化热源成本受到当地获得热源的难易程度和能源价格的影响，选择热源方案需符合国家政策，并遵循因地制宜、循环利用、稳定供应、满足环保、运行经济的原则。热干化工艺不宜单独设置，需要与余热利用相结合，充分利用污泥厌氧消化处理过程中产生的沼气热能、垃圾和污泥焚烧余热、热电厂余热或其他工业余热等。

考虑到系统的安全性和防止二次污染，建议采用间接加热的方式，传热介质可采用导热油、蒸汽、热水等。

2）干化产品后续处置要求

不同用途的污泥对含水率的要求见表 9-29。

所有的干化设备都可使污泥全干化（含固率 90%）。一些卧式转盘式干化器可用于低含固率污泥半干化（例如含固率＜45%），还有一些卧式转盘式干化器和卧式圆盘式干化器以及带式干化器、桨叶干化器、涡轮薄层干化器可用于高含固率污泥半干化（例如含固率＞65%）。

污泥后续处置要求还包括污泥形态，例如松散度和粒度等。

（2）流化床干化

1）流化床构造

流化床干化器由风箱、气体分配板、带热交换器的中间段、抽吸罩、破碎搅拌器、卸料器组成。通过阀门进行控制，风箱可以把流化气体进行平均分配；流化床横截面上的气体分配板将流化气体进行均匀的分配；中间段装备了管束式热交换器，一般加热的介质采用导热油；抽吸罩的作用是分离流动气体和它携带的粉尘；破碎搅拌器的作用是把进入流化床的污泥切割成可以被流化层分配的小块儿；卸料器可以将干污泥卸出流化床，并隔离流化冷却器与干化气体回路。

不同用途的污泥对含水率的要求 **表 9-29**

污泥处置用途	适用标准	含水率（%）		备注
农用泥质	CJ/T 309—2009	≤60		
园林绿化用泥质	GB/T 23486—2009	<40		
土地改良用泥质	GB/T 24600—2009	<65		
林地用泥质	CJ/T 362—2011	≤60		
混合填埋泥质	GB/T 23485—2009	混合填埋	≤60	
		用作覆盖土	<45	
		用作终场覆盖土	<45	
制砖用泥质	GB/T 25031—2010	≤40		
水泥熟料生产用泥质	CJ/T 314—2009	干法水泥生产工艺 1000～3000t	35～80	添加比<10%
			5～35	添加比 10%～20%
		干法水泥生产工艺 3000t 以上	35～80	添加比<15%
			5～35	添加比 15%～25%
		湿法水泥生产工艺	≤80	添加比<30%
单独焚烧用泥质	GB/T 24602—2009	自持焚烧	<50	
		助燃焚烧	<80	
		干化焚烧	<80	

流化床设置排气温度测量、流化床温度测量、抽吸罩压力测量、风箱压力测量、风箱和抽吸罩间的压差测量等仪表。污泥投加系统包含带变频驱动的进泥泵，可采集流量和压力信号。

2）工艺参数和适用范围

流化床干化系统中污泥颗粒温度一般为 85～40℃，系统氧含量<3%，热媒温度为 180～250℃。热媒常采用热油，可利用天然气、燃油、蒸汽等各种热源。流化床干化工艺可对污泥进行全干化处理，最终产品的污泥颗粒分布较均匀，直径 1～5mm。

流化床干化工艺单机蒸发水量 1000～20000kg/h，单机污泥处理能力 30～600t/d（含水率以 80%计）。可用于各种规模的污水处理厂，尤其适用于大型和特大型污水处理厂。流化床干化工艺干化效果好，处理量大；但投资和维修成本较高；应采取防磨措施。

（3）带式干化

1）带式干化机构造，见图 9-90。

带式干化机的主要结构包括加料器（造粒装置）、输送带、空气加热循环装置和干燥箱等，可分为单层和多层。多层带式干化机由若干独立的单元组成，可对干燥介质的数量、温度、湿度和尾气循环量等操作参数进行独立控制，从而保证带式干化机工作的可靠性和操作条件的优化。

2）工艺参数和适用范围

带式干化系统氧含量<10%；直接进料，无需干泥返混。带式干化工艺设备既适用于污泥全干化，又适用于污泥半干化。出泥含水率可以自由设置，使用灵活。在部分干化时，出泥颗粒的含水率一般在 15%～40%之间，出泥颗粒中灰尘含量很少；在全干化时，

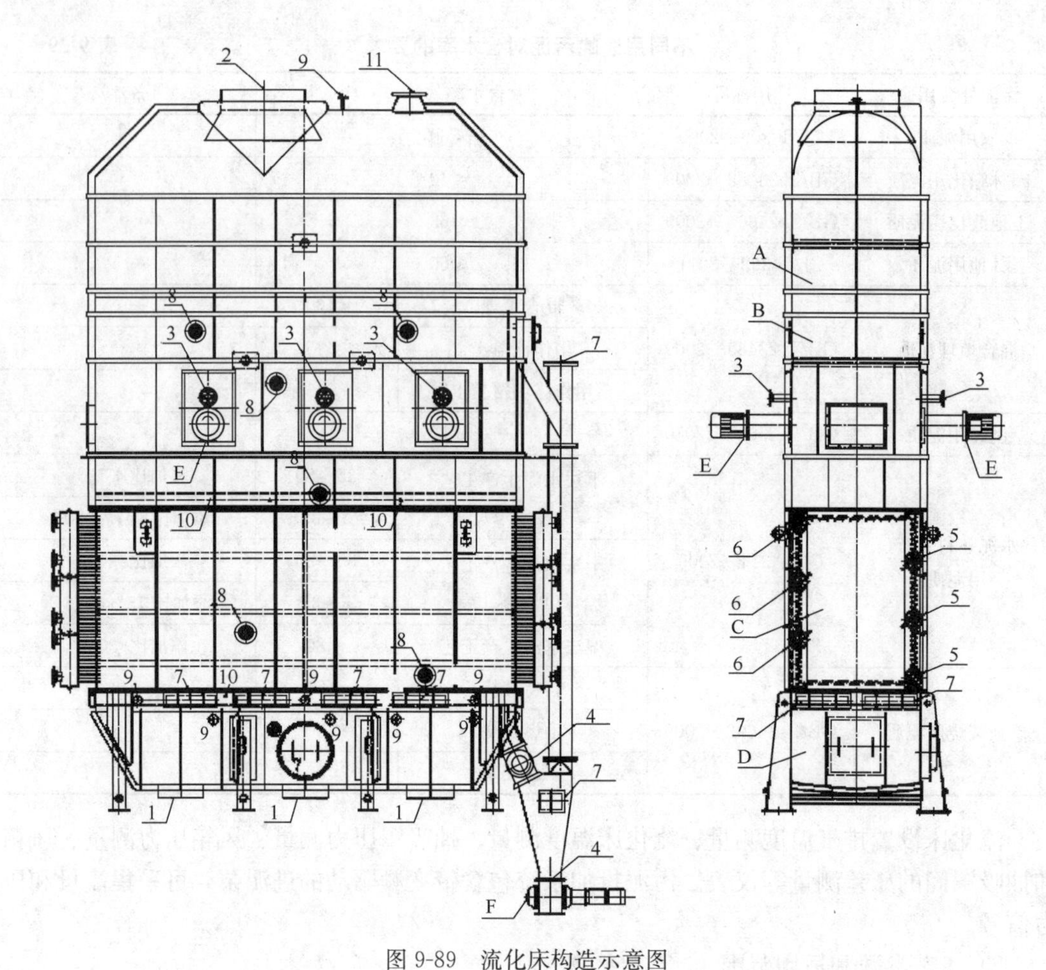

图 9-89　流化床构造示意图

1—气体进口；2—气体出口；3—污泥进口；4—颗粒出口；5—热油进口；6—热油出口；7—检查孔；8—检查孔；9—压力计；10—温度计；11—装料喷嘴；A—吸气罩Ⅱ；B—吸气罩Ⅰ；C—热交换器；D—风箱；E—搅拌器；F—旋锁阀卸料器

含水率小于15%，粉碎后颗粒粒径在3～5mm。带式干化工艺设备可采用直接或间接加热方式，可利用各种热源，如天然气、燃油、蒸汽、热水、热油、来自于气体发动机的冷却水及排放气体等。

带式干化有低温和中温两种方式。低温干化装置单机蒸发水量一般小于1000 kg/h，单机污泥处理能力一般小于30t/d（含水率以80%计），只适用于小型污水处理厂。中温干化装置单机蒸发水量可达5000kg/h，全干化时，单机污泥处理能力最高可达约120t/d（含水率以80%计），可用于大中型污水处理厂，由于主体设备为低速运行，磨损部件少，设备维护成本很低；运行过程中不产生高温和高浓度粉尘，安全性好；使用比较灵活，可利用多种热源。但单位蒸发量下设备体积比较大；采用循环风量大，热能消耗较大。

带式干化的能耗通常较高，但采用内部热量回收时能耗会降低。内循环回收的方式见图9-91。

(4) 桨叶式干化

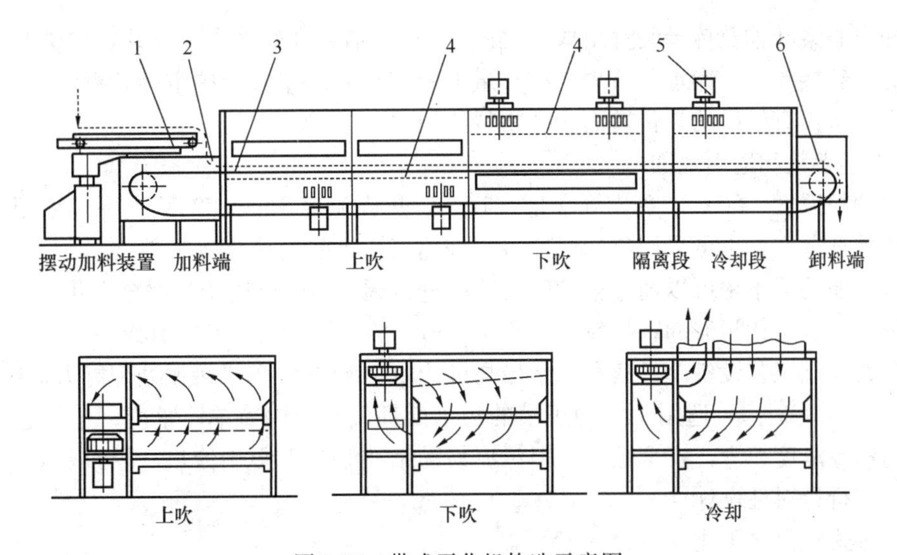

图 9-90 带式干化机构造示意图

1—加料器；2—网带；3—进料端；4—布风器；5—循环风机；6—出料端

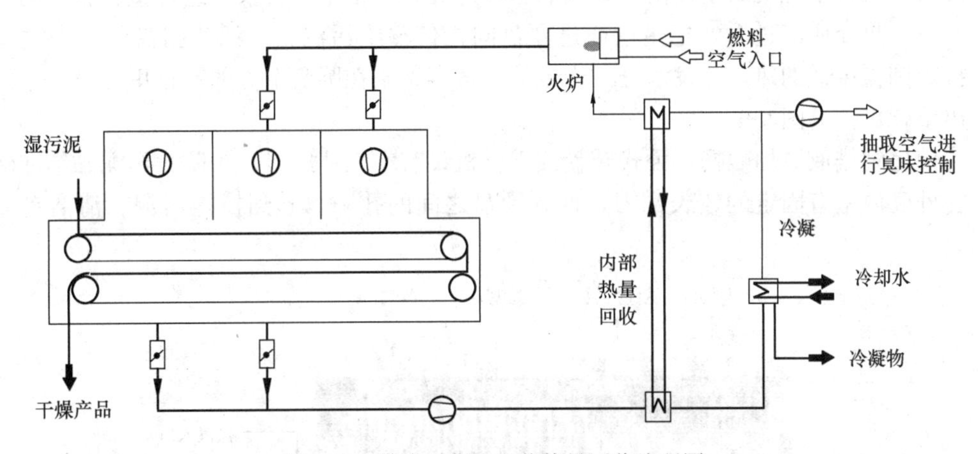

图 9-91 带式干化机工艺热量回收流程图

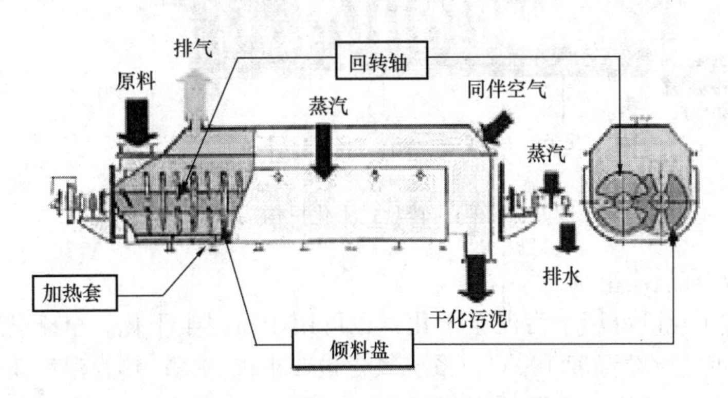

图 9-92 桨叶式干化机构造示意图

1）桨叶式干化机构造

桨叶式干化机是一种以热传导为主的双轴（或四轴）卧式搅拌型干化机，由带有夹套的壳体和空心桨叶轴及传导装置组成（见图 9-92）。轴上排列着中空叶片，轴端装有热介质导入的旋转接头。干燥水分所需要的热量由带有夹套的内壁和中空叶片壁传导给污泥。桨叶式干化机具有较高的热传递面积和物料体积比。

2）工艺参数和适用范围

污泥颗粒温度＜80℃，系统氧含量＜10%，热媒温度 150～220℃。一般采用间接加热，热媒首选蒸汽，也可采用热油（通过燃烧沼气、天然气或煤等加热）。干污泥不需返混，出口污泥的含水率可以通过轴的转动速度进行调节，既可用于污泥全干化，也可用于污泥半干化。全干化污泥的颗粒粒径小于 10mm，半干化污泥为疏松团状。

桨叶式干化工艺设备单机蒸发水量最高可达 8000kg/h，单机污泥处理能力达约 250t/d（含水率以 80%计），适用于各种规模的污水处理厂。结构简单、紧凑；运行过程中不产生高温和高浓度粉尘，安全性高。但污泥易黏结在桨叶上影响传热，导致热效率下降，需对桨叶进行针对性设计。

(5) 卧式转盘式干化

1）卧式转盘式干化机构造

卧式转盘式干化机的主体由一个圆筒形的外壳、一根中空轴及一组焊接在轴上的中空圆盘组成，热介质流过时，把热量通过圆盘间接传输给污泥。污泥从圆盘与外壳之间通过，接收圆盘传递的热，蒸发水分。产生的水蒸气聚集在圆盘上方的穹顶里，被少量的通风带出干化机。见图 9-93。

为使尾气排放更加顺畅，卧式转盘式干化机设有空气补给口。为防止污泥黏结在转盘上，在外壳内壁有固定的较长刮刀，伸到圆盘之间的孔隙，起到搅拌污泥、清洁盘面的作用。

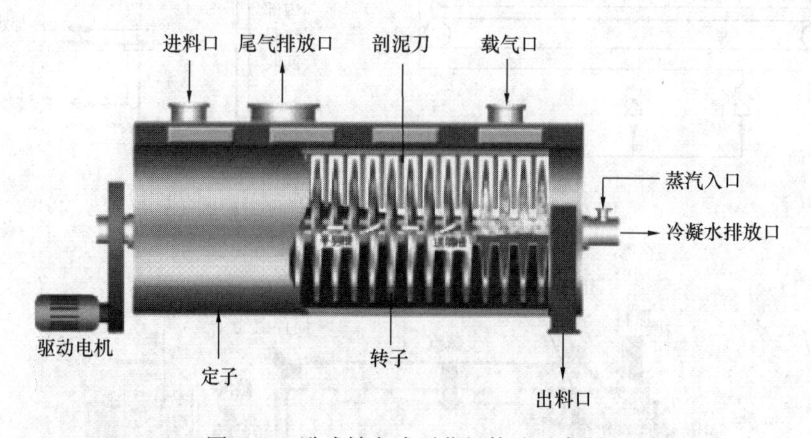

图 9-93　卧式转盘式干化机构造示意图

2）工艺参数和适用范围

卧式转盘式干化既可用于污泥全干化，也可用于污泥半干化。全干化工艺颗粒温度 105℃，半干化工艺颗粒温度 100℃；系统氧含量要求＜10%；热媒温度 150～180℃。采用间接加热，热媒首选饱和蒸汽，其次为热油（通过燃烧沼气、天然气或煤等加热），也可以采用高压热水。污泥需返混，返混后污泥含水率一般需低于 30%。全干化污泥为粒径分布不均匀的颗粒，半干化污泥为疏松团状。

卧式转盘式干化工艺设备单机蒸发水量为 1000～7500kg/h，单机污泥处理能力为 30～225t/d（含水率以 80%计），适用于各种规模的污水处理厂。结构紧凑，传热面积大，设备占地面积较省。所需辅助空气量少、尾气处理量小。但可能存在污泥附着现象，干化后成疏松团状，需造粒后方可作肥料销售。

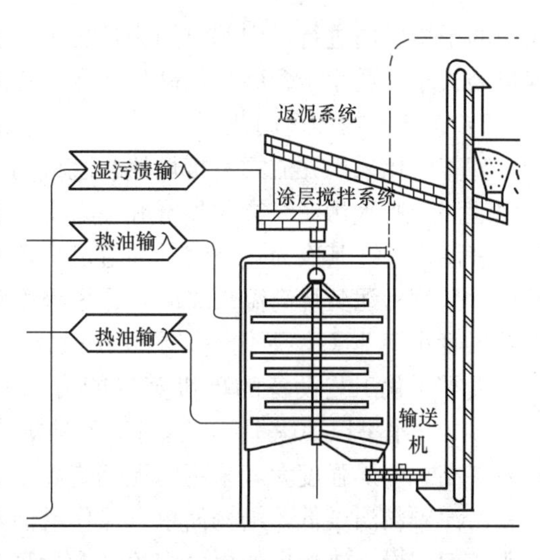

图 9-94 立式圆盘式干化机构造示意图

（6）立式圆盘式干化

1）立式圆盘式干化机构造

立式圆盘式干化又被称为珍珠造粒工艺，关键设备是涂层机和硬颗粒造粒机。在涂层机中，循环的干污泥细颗粒与脱水污泥混合，干颗粒核的外层涂上一层湿污泥后形成颗粒（内核含固率＞ 90 %，外层是一层湿污泥），送入造粒机上部，均匀地散在顶层圆盘上。造粒机呈立式布置多级分布，间接加热。通过与中央旋转主轴相连的耙臂上的耙子的作用，污泥颗粒在上层圆盘上做圆周运动，并由于重力作用直至造粒机底部圆盘，颗粒在圆盘上运动时直接和加热表面接触。污泥颗粒逐盘增大，最终形成坚实的颗粒。见图 9-94。

2）工艺参数和适用范围

立式圆盘式干化仅适用于污泥全干化处理，颗粒温度 100～40℃，系统氧含量＜5%，热媒温度 250～300℃。采用间接加热，热媒一般只采用热油（通过燃烧沼气、天然气或煤等加热）。返混的干污泥颗粒与机械脱水污泥混合，使含水率降至 30%～40%。干化污泥颗粒粒径分布均匀，平均直径在 1～5mm 之间，无须特殊的粒度分配设备。系统设备配置不需要工艺气体循环风机，需配备涂层机、筛分机；颗粒呈圆形，坚实且颗粒均匀。

立式圆盘式干化工艺设备的单机蒸发水量一般为 3000～10000kg/h，单机污泥处理能力 90～300t/d（含水率以 80%计），适用于大中型污水处理厂。结构紧凑，传热面积大，设备占地面积较省；污泥干化颗粒均匀，可适应的消纳途径较多。

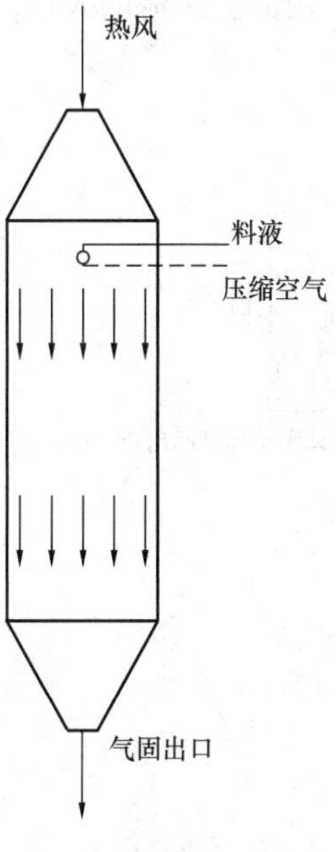

热风
料液
压缩空气
气固出口

图 9-95 喷雾干化工作原理

（7）喷雾干化

1）喷雾干化机构造

喷雾干化系统是利用雾化器将污泥分散为雾滴，然后采用热气体（空气、氮气、过热蒸汽或烟气）干燥污泥的方法。其原理见图 9-95。

雾化器是喷雾干化的关键部件，目前雾化污泥的雾化器通常采用气流式雾化器。

喷雾干化具有如下工艺特点：经过喷嘴后雾滴表面积增大，干燥迅速，最终产品温度较低；干燥后的污泥具有良好的分散性和流动性；结构简单，操作控制方便；干燥过程在密闭的干燥塔内进行，内部空间为负压；适宜于连续化、大规模生产；除喷嘴外，喷雾干燥塔磨损小，适用于含砂量偏高的污泥干化。

2）工艺参数和适用范围

喷雾干化采用并流式直接加热，既可用于污泥半干化，也可用于污泥全干化，且无须污泥返混。脱水污泥经雾化器雾化后，雾化液滴粒径在 30～150μm 之间。热媒首选污泥焚烧高温烟气，其次为热空气（通过燃烧沼气、天然气或煤等产生），也可采用高压过热蒸汽。采用污泥焚烧高温烟气时，进塔温度为 400～650℃，排气温度为 70～110℃，污泥颗粒温度小于 70℃，干化污泥颗粒粒径分布均匀，平均粒径在 20～120μm 之间。

喷雾干化工艺设备的单机蒸发能力一般为 5～12000kg/h，单机处理能力最高可达 360t/d（含水率以 80%计），适用于各种规模的污水处理厂。干燥时间短（以秒计），传热效率高，干燥强度大（采用污泥焚烧高温烟气时，干燥强度可达 12～15kg/（m^3·h））。干化污泥颗粒温度低，结构简单，操作灵活，安全性高，易实现机械化和自动化，占地面积小。但干燥系统排出的尾气中粉尘含量高，有恶臭，需经除尘和脱臭处理。

（8）薄层干化

1）薄层干化机构造

连续式涡轮薄层干化机配有热介质循环衬套。污泥通过与热壁的热传导以及与同向流入的循环热气流的热对流两种热交换方式对污泥进行加热和干燥。涡轮薄层干化机产生涡流，污泥在离心力作用下沿着涡轮薄层干化机热的内壁向前运动。

涡轮由电机及皮带驱动。在入口处有预热空气进气口及需被干燥的湿污泥的入口。见图 9-96。

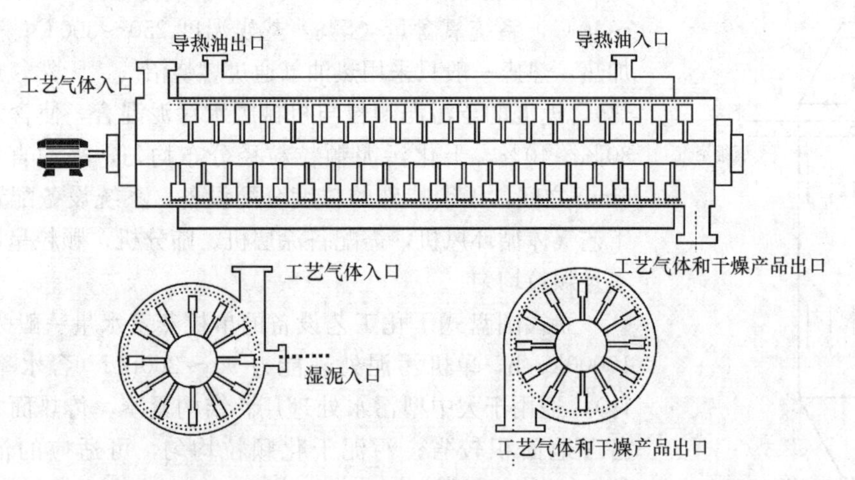

图 9-96　涡轮薄层干化机构造示意图

2）工艺参数和适用范围

污泥在干化机里的停留时间为 0.5～20min，根据污泥性质，出泥含固率范围为 60%～90%，干燥进泥含固率适应范围较大，无需干泥返混。污泥全干化时，干化机后通常配置旋风分离设备和布袋分离设备，半干化时分离设备相对简单。产品如需长期贮存，需全干化，并需配备造粒机。

（9）膜带两段式干化

脱水装置把污泥脱水至含固率18%～30%的污泥饼，然后污泥饼进入薄膜蒸发器。当污泥通过薄膜蒸发器时，水分被蒸发，污泥饼达到50%～60%含固率；然后污泥进入污泥成型器，在那里污泥被挤压成小球状；而后，污泥小球进入带式干化系统，再次被干燥，除去剩余的水分；最终干化系统中的污泥小球的含固率达到90%，并且没有灰尘。图9-97所示为某干化站。

干化系统主要由以下3部分组成。

1）薄膜蒸发器。干化系统的第1步是薄膜蒸发器。旋转的刀片把进入蒸发器的污泥铺到已经被加热的薄膜的表面，这种被加热的表面是呈圆柱形的缸体，内部有热油流动。污泥在旋转刀片作用下沿着薄膜表面被加热，蒸发去除水分。水蒸气被冷凝器收集，热空气又被重新循环利用到下一步的带式干化系统；其中，热空气的循环回流是该系统中热量再利用的关键。

图9-97 干化站

2）污泥成型器。污泥成型器位于薄膜蒸发器的出口。这种装置把热污泥向筛孔挤压，被挤出的污泥看起来像是一串串的粒状"面条"（筛孔控制小粒的直径）；当这些"面条"被干燥处理后，会自己断裂成一段段的干污泥条，长度在25mm左右。污泥成型器带有自我清洁功能，不产生堵塞现象。

3）带式干化系统。第3步由几条缓慢移动的不锈钢打孔传送带组成，它们在全封闭的壳体内上下放置。当污泥条在传送带上随其移动时，热空气流过传送带，进一步干燥污泥到90%含固率。热空气从带式干化器和薄膜蒸发器中回收使用，并被再加热。这种热能再利用把能量的消耗减至最低。

膜带式干化系统的优点是比其他干化系统节约20%的能源消耗。膜带两段式干化工艺流程见图9-98。

（10）转鼓式干化

1）转鼓式干化机构造

转鼓式干化机包括三通道转鼓式干化机、单通道转鼓式干化机、带粉碎装置的转鼓式干化机等。三通道转鼓由带公用轴的三个圆筒组成，当转鼓慢慢转动时，颗粒经由热气流传送从内圆筒进入中间圆筒并且最终进入外圆筒，在此过程中，颗粒也进行悬浮状滚动以形成稳态颗粒。高速空气在转鼓旋转过程中推动颗粒通过转鼓，并被传递到转鼓以外。转鼓式干化机构造见图9-99。

2）工艺参数和适用范围

直接加热转鼓式干化技术的工艺需要干泥返混，混合污泥含固率60%～80%，供热介质为热空气，进口温度为550～650℃，出口温度为110℃，循环系统氧含量<5%，干化的污泥含固率可达92%以上或更高，干化的污泥颗粒直径可控制在1～4mm。这种干化机只能干燥颗粒状的物料，干化系统需要混合机、粉碎机和筛分机等。供热介质为热空气，燃料可以使用天然气、沼气和热油。

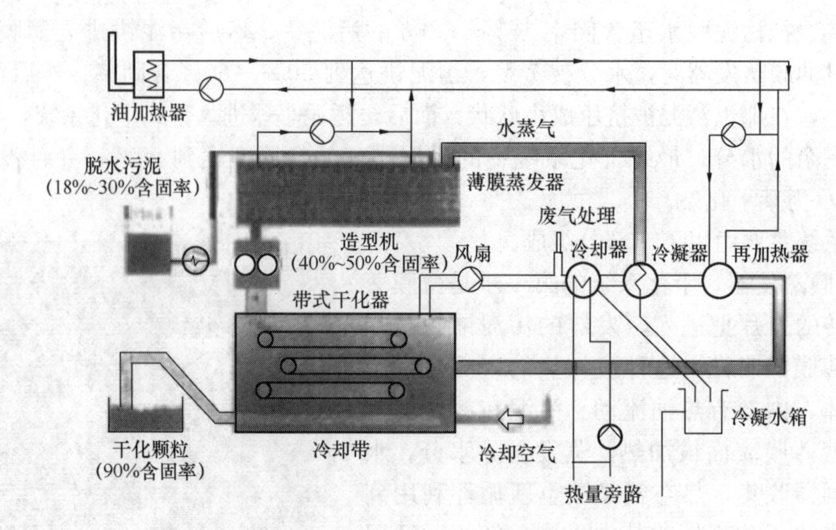

图 9-98　膜带两段式干化工艺流程图

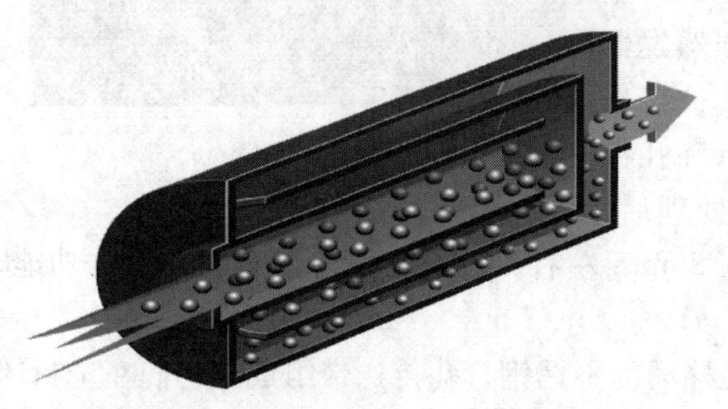

图 9-99　转鼓式干化机构造示意图

9.8.6　干化污泥特性及造粒

通常干燥后的污泥，颗粒密度为 0.50～0.7kg/m^3，一般含固率越高，颗粒密度越低。

干燥设备出泥颗粒粒径还与设备的选型有关。以 90％含固率情况为例，转盘干化的颗粒粒径最均匀，85％（质量比）的颗粒粒径在 5mm 左右；流化床干化工艺干污泥的颗粒粒径为 1～5mm；薄层干化工艺干污泥的颗粒粒径较小，75％（质量比）为 100～2000μm（而 65％含固率时，＞90％（质量比）的粒径为 1000～5000μm），接近于粉状；带式干化工艺颗粒粒径成条形。干燥后污泥性状见图 9-100。

供应市场的最佳粒径范围是 3～5mm。为满足粒径要求，颗粒需进行筛分和造粒。

9.8.7　干化污泥的输送和储存

虽然从热干化设备出来的颗粒产物相当坚固，但长距离输送会产生研磨作用，应避免使用螺旋输送机和链板输送机。即使使用气力输送也有研磨作用，产生碎屑和粉末。可优先选择斗式提升机和带式输送机。

生物固体排出干化设备放入储仓以前，应该冷却到 50℃以下。最初的热量加上在料仓内生物作用产生的热量会造成闷燃或明火。这种情况可能出现在干化操作停停开开及干化不彻底时。为预防灼热夹杂现象和防火，有必要测量温度、压力、一氧化碳浓度及氧含量。污泥进入干料仓，含固率应达到 90％以上。

(*a*) (*b*) (*c*)

(*d*) (*e*)

图 9-100 干燥后污泥性状

(*a*) 立式圆盘干化工艺；(*b*) 薄层干化工艺；(*c*) 流化床干化工艺；

(*d*) 带式干化工艺；(*e*) 喷雾干化工艺

9.8.8 安全和环境

(1) 安全

干化工程需要考虑的安全因素包括：

1) 湿污泥存在甲烷、硫化氢等有毒有害气体释放。通过换气除臭，湿污泥仓中甲烷浓度建议控制在1%以下。

2) 污泥干化过程中有粉尘爆炸的危险。与干化设备爆炸有关的三个主要因素是氧气、粉尘和颗粒的温度。不同的工艺会有些差异，但总的来说必须控制的安全要素是：流化床式和立式圆盘式的氧气含量<5%，带式、桨叶式和卧式转盘式的氧气含量<10%；粉尘浓度<60g/m^3；颗粒温度<110℃。

加热干化的污泥中带有细微的颗粒，干燥度又高，当干化污泥被搬运或储存时可能出现火灾和爆炸危害。如果悬浮在空气中的有机粉尘暴露在点火源，可能迅速燃烧，燃烧的热可以迅速增加热燃烧产物的体积和（或）压力。如果压力超过容器的破裂强度，就发生爆炸。这种现象称为“突然燃烧”，在处理干生物固体时，突然燃烧爆炸是最严重的事件。设计需要考虑的防止粉尘爆炸的建议示于表 9-30。

在加热干化污泥和生物固体时避免粉尘危害的预防措施　　表 9-30

项　目	预 防 措 施
通风系统（对加工、输送和贮存各部分）	设爆炸安全通风管； 爆炸安全通风管尺寸适用于在大气中爆炸的“最坏情况”
填充氮气	对所有干化生物固体的输送和过程设施提供惰性气体氮气。氮的含量按体积计低于5%，以降低生物固体自燃和起爆的潜能

续表

项　目	预防措施
电器设备	按照美国国家消防协会的标准设计，如果存在粉尘，所有的设备必须防尘，电子箱用氮吹气； 电动机控制中心装有带火花的组件如启动器和继电器，必须设于外面的分类区域
管道和容器维护	与干生物固体接触的所有导电组件必须固定结合和接地； 保持场地清洁，防止积聚粉尘； 任何有粉尘的容器在打开以前必须先将粉尘清除，或者在得到安全准入清障以前必须将粉尘冷却到环境温度
其他	从分类区域将所有的热源清除或移至室外。电动机设备位于Ⅱ级2区的场地，并有F级隔热，以降低“外表”温度

注：本表摘自 Haug 等（1993）。

3）导热油或者蒸汽等热源有泄漏和使人烫伤的危害；导热油系统设计应遵循《有机热载体》GB 23971、《有机热载体安全技术条件》GB 24747、《有机热载体炉》GB/T 17410、《锅炉安全技术监察规程》TSG G0001 等规范的要求。

4）天然气和沼气属于可燃气体。

5）全干化的污泥可能会闷燃。详见前面“干化污泥的输送和储存”相关内容。

（2）环境

干化工程设计中必须避免二次污染的产生，主要考虑的内容包括：

1）污泥干化后蒸发出的水蒸气和不可凝气体需进行分离，水蒸气通过冷凝装置冷凝后处理。当干化工程位于污水处理厂内时，污水可排入厂区进水的前端；当污泥干化厂远离污水处理厂时，例如位于电厂、水泥厂内，需建设单独的污水处理设施，并尽量采用污水回用技术。当废水需直接排入水体时，其水质应符合《污水综合排放标准》GB 8978 的规定。

2）干化工程设计还需考虑对湿污泥储存和输送过程产生的臭气以及污泥干化中抽出的不凝气体进行处理。为防止污泥干化过程中臭气外泄，干化装置必须全封闭，干化器内部和污泥干化间需保持微负压。干化后污泥应密闭储存，以防止由于温度过高而导致臭气挥发。干化厂恶臭污染物控制与防治应符合《恶臭污染物排放标准》GB 14554 的规定。

气体的处理可采用热处理的方法，例如在干化后续的焚烧炉（垃圾焚烧炉、污泥焚烧炉或者水泥窑等）中烧掉，或根据污染物浓度采用化学＋生物法、化学法或者直接采用生物法进行臭气处理。

3）干化厂的噪声应符合《声环境质量标准》GB 3096 和《工业企业厂界环境噪声排放标准》GB 12348 的规定，对建筑物内直接噪声源控制应符合《工业企业噪声控制设计规范》GB/T 50087 的规定。干化厂噪声控制应优先采取噪声源控制措施。厂区内各类地点的噪声控制宜采取以隔声为主，辅以消声、隔振、吸声的综合治理措施。

9.8.9 太阳能干化

(1) 我国太阳能资源分布

根据国家气象局风能太阳能评估中心划分标准，我国太阳能资源地区分为四类，见表9-31。

我国太阳能资源地区分布 表 9-31

名称	全年辐射量 (MJ/m^2)	燃烧标准煤 (kg)	分布
一类地区（资源丰富带）	6700～8370	230	青藏高原、甘肃北部、宁夏北部、新疆南部、河北西北部、山西北部、内蒙古南部、宁夏南部、甘肃中部、青海东部、西藏东南部等地
二类地区（资源较丰富带）	5400～6700	180～230	山东、河南、河北东南部、山西南部、新疆北部、吉林、辽宁、云南、陕西北部、甘肃东南部、广东南部、福建南部、江苏中北部和安徽北部等地
三类地区（资源一般带）	4200～5400	140～180	长江中下游、福建、浙江和广东的一部分地区
四类地区（资源最少带）	4200 以下	140 以下	四川、贵州两省

一、二类地区，年日照时数不小于 2200h，是我国太阳能资源丰富或较丰富的地区，面积较大，约占全国总面积的 2/3 以上，具有利用太阳能的良好资源条件。

(2) 系统组成

太阳能干化是利用干化气体的自然吸水能力和太阳辐射能对脱水污泥进行传导干化和辐射干化处理。主要由太阳能温室、进料输送机构、布料翻泥机构、(辅助) 循环加热系统、空气循环系统、干料收集机构、操作控制系统组成。

太阳能温室以钢结构作为温室主体，需抗风、抗雪压，采用阳光板覆盖屋面及侧墙。阳光板要求透光率高，吸热和保温效果好。空气循环系统由吊顶负压风机、温室两侧进风风机群、排风风机群、除臭装置组成。吊顶负压风机的作用是将未饱和的热空气吹到污泥表面，打断污泥表面形成的饱和冷空气层，形成混流效应，以加快蒸发速度。温室两侧进风风机群、排风风机群适时将空气中的水分从温室中排出。温室内安装有氨气、硫化氢浓度监测仪，当温室内有害气体超标时，启动除臭装置。温室内设置温度、湿度探头，根据外部气象条件的变化和污泥干化进程，控制空气循环系统。为保证太阳能不足时的干燥，通常会设置循环加热系统，用以维持干化车间室内温度。可利用辅助热源包括工业余热(废烟气、二次蒸汽、中水等)、污水源热泵、空气能热泵、天然气热泵等。循环加热系统视季节气候状况调整每日运行时间。辅助热源的输入可采用温室下部地暖或者顶部装设蒸发器（换热器）等形式。见图 9-101。

(3) 工艺参数和适用范围

太阳能温室的温度需维持在 20～50℃，污泥干化铺摊高度为 100～300mm。为充分利用太阳辐射能，阳光板的透光率应大于 70%。干化后污泥含水率以 30%～50%为宜。

太阳能干化适用于太阳能资源丰富的地区，但占地面积较大。

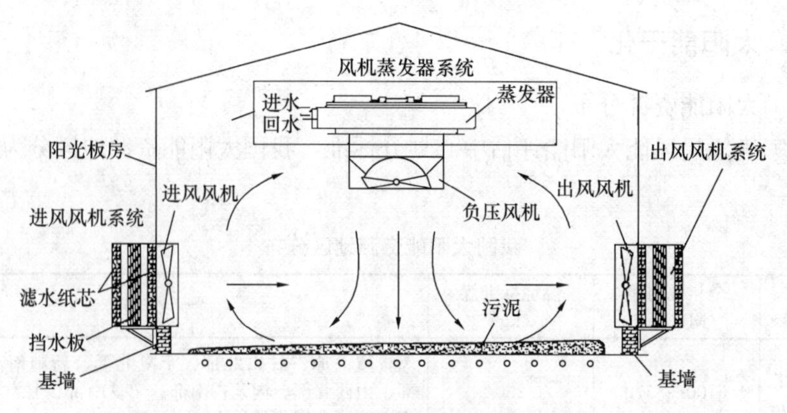

图 9-101　太阳能干化系统组成示意图

9.9　好　氧　发　酵

9.9.1　好氧发酵原理

污泥发酵就是在人工控制下，在一定的水分、C/N 比和通风条件下通过微生物的发酵作用，将污泥中的有机物转变为稳定的有机质的过程。通过发酵过程，污泥由不稳定状态转变为稳定的腐殖质物质，其发酵产品不含病原菌，不含杂草种子，而且无臭无蝇，可以安全处理和保存，发酵的产物称为“堆肥”。从上述概念分析，发酵实际就是污泥稳定化、无害化的一种方式，同时也是实现污泥资源化的系统技术之一。

污泥发酵分为好氧发酵和厌氧发酵，由于厌氧发酵具有周期长（一般需 3～6 个月）、易产生恶臭、占地面积大等缺点，不适合大面积的工程应用，因此重点对好氧发酵的原理及过程进行说明。

（1）好氧发酵过程

好氧发酵工艺中，从废物堆积到腐热的微生物生化过程比较复杂，但大致可分为三个阶段（见图 9-102）。

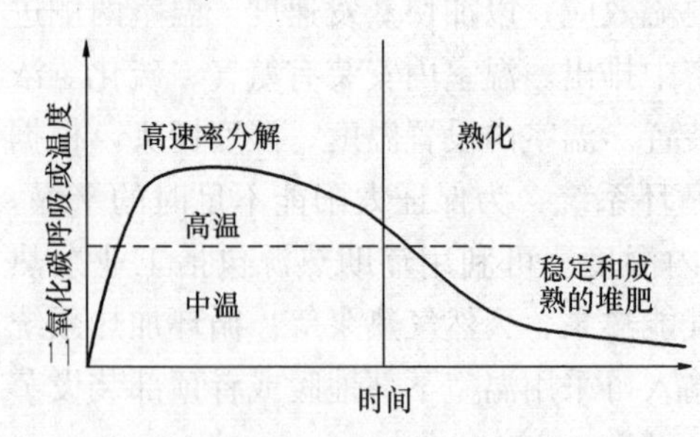

图 9-102　好氧发酵反应的三个阶段

1）升温阶段：一般指好氧发酵过程的初期，在该阶段，堆体温度逐步从环境温度上升到 45℃左右，主导微生物以嗜温性微生物为主，包括细菌、真菌和放线菌，分解底物以糖类和淀粉类为主，期间能发现真菌的子实体，也有动物及原生动物参与分解。

2）高温阶段：堆温升至 45℃以上即进入高温阶段，在这一阶段，嗜温微生物受到抑制甚至死亡，而嗜热微生物则上升为主导微生物。好氧发酵产物中残留的和新形成的可溶性有机物质继续被氧化分解，复杂的有机物如半纤维素-纤维素和蛋白质也开始被强烈分解。微生物的活动交替出现，通常在 50℃左右时最活跃的是嗜热性真菌和放线菌，温度上升到60℃时真菌几乎完全停止活动，仅有嗜热性细菌和放线菌活动，温度升到70℃时大多数嗜热性微生物已不再适应，并大批进入休眠和死亡阶段。现代化好氧发酵工艺的最佳温度一般为55℃，这是因为大多数微生物在该温度范围内最活跃，最易分解有机物，而病原菌和寄生虫大多数可被杀死。

3）降温阶段：高温阶段必然造成微生物的死亡和活动减少，自然进入低温阶段。在这一阶段，嗜温性微生物又开始占据优势，对残余较难分解的有机物作进一步的分解，但微生物活性普遍下降，堆体发热量减少，温度开始下降，有机物趋于稳定化，需氧量大大减少，好氧发酵进入腐熟或后熟阶段。

(2) 好氧发酵反应机理

好氧发酵的基本反应过程可以表示为：

$$\text{有机废物}+O_2 \xrightarrow[\text{新陈代谢}]{\text{微生物}} \text{稳定的有机残余物}+CO_2+H_2O+\text{热} \tag{9-58}$$

好氧条件下，好氧发酵物料中的可溶性有机物透过微生物的细胞壁和细胞膜被微生物吸收；固体和胶体有机物质先附着在微生物体外，由微生物分泌胞外酶将其分解为可溶性物质，再渗入细胞。

同时微生物通过自身的代谢活动，也使一部分有机物被氧化成简单的无机物，并释放能量，使另一部分有机物用于合成微生物自身的细胞物质，提供微生物各种生理活动所需的能量，使机体能进行正常的生长与繁殖。好氧发酵反应过程如图9-103所示。

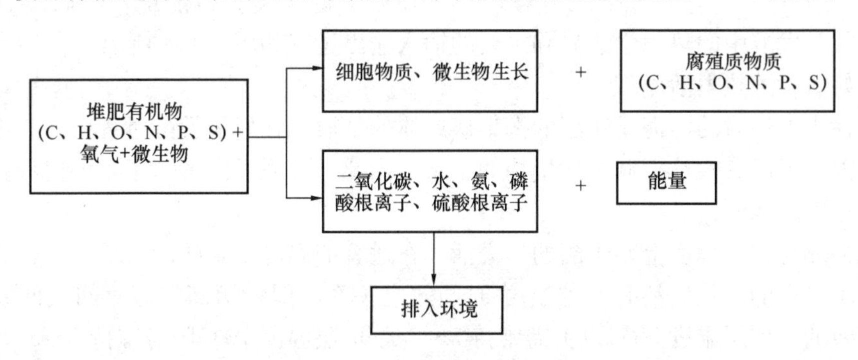

图9-103 好氧发酵反应过程

(3) 好氧发酵生物学原理

好氧发酵过程主要靠微生物的作用进行，微生物是好氧发酵的主体。参与好氧发酵的微生物有两个来源：一是有机废物里面原有的大量微生物；二是人工加入的微生物接种剂。好氧发酵过程中微生物种群随温度的变化发生如下的交替变化：由以低、中温菌群为主转变为以中、高温菌群为主，再由以中、高温菌群为主转变为以中、低温菌群为主。随着好氧发酵时间的延长，细菌逐渐减少，放线菌逐渐增多，霉菌和酵母菌在好氧发酵的末期显著减少。

在高温好氧发酵中，微生物的活动主要分为三个时期：糖分解期、纤维素分解期、木质素分解期。堆制初期主要以氨化细菌、糖分解菌等无芽孢细菌为主，对粗有机质、糖分等水溶性有机物以及蛋白质类进行分解，称为“糖分解期”。当堆内温度升高到50～70℃时，高温性纤维素分解菌占优势，除继续分解易分解的有机物质外，主要分解半纤维素、纤维素等复杂有机物，同时也开始了腐殖化过程，这一阶段称为“纤维素分解期”。当好氧发酵温度降至50℃以下时，高温性纤维素分解菌的活动受到抑制，中温性微生物显著增加，主要分解残留下来的纤维素、半纤维素、木质素等物质，称为“木质素分解期”。

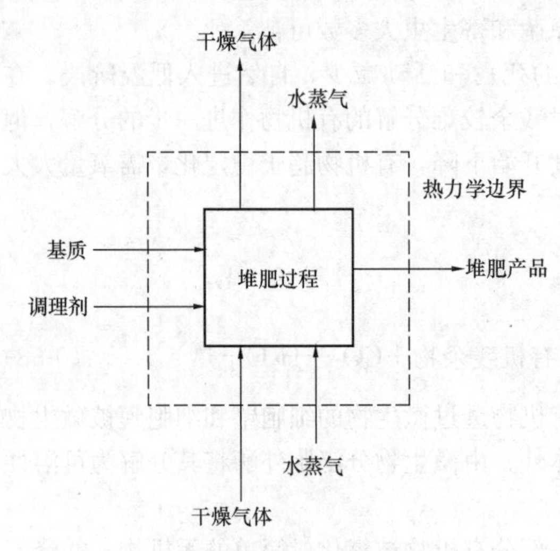

图 9-104　好氧发酵中的热力学边界和主要的输入输出过程

既然好氧发酵是微生物作用的过程，如何通过各种手段满足微生物的生长需要就成为好氧发酵工程的核心。工程设计中应注意考虑这些基本的微生物作用特点，实现合理的物料配比、过程控制，以保证最终的工程效果。

(4) 好氧发酵热力学原理

好氧发酵过程还涉及能量转换，工艺中的主要能量输入是好氧发酵基质的有机分子，当这些分子被微生物分解时，能量可转化为微生物机体或以热形式释放到周围环境中。由此可见，有机物分解产生的能量推动了好氧发酵进程，使温度升高，同时还可干燥湿基质。实际上也正好可以使微生物继续获得能量，对周围有机质进行分解。好氧发酵中的热力学边界和主要的输入输出过程如图 9-104 所示。

(5) 好氧发酵热失活原理

城市污水处理后的污泥是典型的携带病原体的基质。在好氧发酵过程中，通过短时间的持续升温，可以有效地控制这些生物的生长。因此，好氧发酵的一个主要优势就是能够使人和动植物的病原体失活。

细胞的死亡很大程度上基于酶的热失活。在适宜的温度下，酶的失活是可逆的，但在高温下是不可逆的。热失活有一种温度-时间效应关系，即经历高温短时间或低温长时间是同样有效的，堆层温度55℃以上需维持5～7d，堆层温度70℃则需维持3～5d，同样可以达到无害化要求。

几种常见病菌与寄生虫的死亡温度见表 9-32。

几种常见病菌与寄生虫的死亡温度　　**表 9-32**

有机体	死亡情况
伤寒杆菌	超过46℃就不生长；在55～60℃时30min内死亡，在60℃时20min内死亡；在好氧发酵环境中，短时间就被破坏
沙门杆菌	在55℃时1h内死亡；在60℃时15～20min内死亡
痢疾杆菌	在55℃时1 h内死亡
大肠菌	在55℃时1h内大多数死亡，在60℃时15～20min内大多数死亡
溶组织内阿米巴	在45℃时几分钟内死亡；在55℃时几秒钟内死亡
无钩条虫	在55℃时几分钟内死亡
旋毛虫幼虫	在55℃时很快死亡；在60℃时立刻死亡
流产布鲁士菌	在62～63℃时3min内死亡；在55℃时1h内死亡

续表

有机体	死亡情况
细球菌	在50℃时10min内死亡
链球菌	在54℃时10min内死亡
分枝杆菌	在66℃时15～20min内死亡，至67℃后瞬时死亡
白喉杆菌	在55℃时45min内死亡
美洲钩虫	在45℃时50min内死亡
蛔虫卵	在超过50℃时1h内死亡

9.9.2 好氧发酵工艺流程

好氧发酵工艺通常由前（预）处理、主发酵（亦可称一次发酵、一级发酵或初级发酵）、后发酵（亦可称二次发酵、二级发酵或腐熟）、后处理、除臭及储存等工序组成。见图9-105。

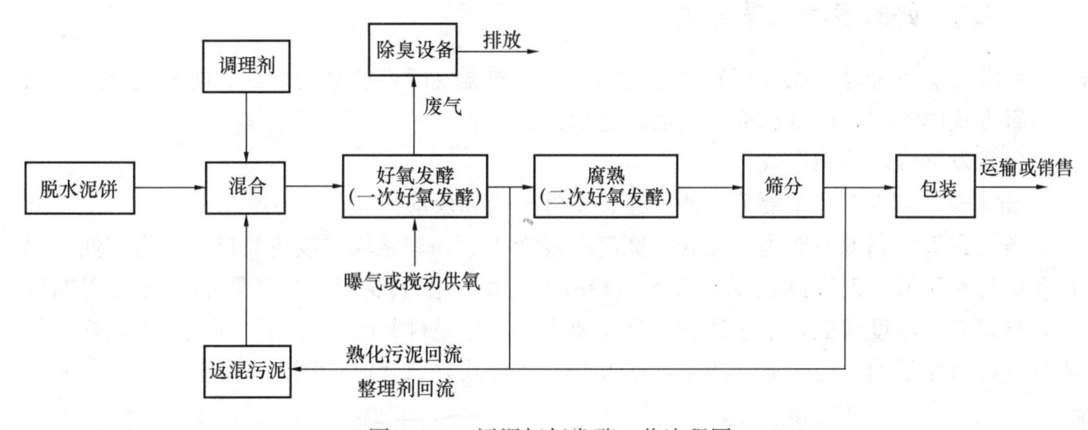

图9-105 污泥好氧发酵工艺流程图

(1) 前（预）处理

以城市污水处理后的脱水污泥等为好氧发酵原料时，前处理的主要任务是调整水分和C/N比，并添加菌种和酶。

(2) 主发酵

污泥好氧发酵的关键过程是主发酵。在好氧发酵阶段，污泥中的有机质在好氧微生物的作用下开始发酵，首先是易分解物质分解，产生CO_2和H_2O，同时产生热量使温度上升。这时微生物吸取有机物中的碳、氮等营养成分，在合成细胞质自身繁殖的同时，将细胞中吸收的物质分解而产生热量，进而进行高效率的分解。污泥好氧发酵阶段主要需保证：发酵环境为好氧条件，一定的堆料体积以达到较高的用地效率，发酵体内持续高温以杀死病原性微生物和寄生虫卵，加快污泥腐熟和含水率的降低。

(3) 后发酵

经过主发酵的半成品被送去后发酵。在后发酵工序尚未分解的易分解及较难分解的有机物可能全部分解，变成腐殖酸、氨基酸等比较稳定的有机物，得到完全成熟的好氧发酵产品。为提高后发酵效率，有时仍需进行翻堆或通风。

(4) 后处理

后处理包括筛分、包装、造粒等，经过发酵的物料，几乎所有的有机物都已细碎和变形，物料的体积与质量也已减少，这时需对物料进行筛分，筛下物（粒径<20mm）为好氧发酵成品，可进行装运；筛上物（粒径>20mm）为未完全腐熟的物料，可回填到发酵场中进行二次发酵。筛分后的产品可以根据需要进行造粒或包装，最终成品外运。

(5) 除臭

在好氧发酵工艺过程中，每个工序系统都有臭气产生，臭气成分主要有氨、硫化氢、甲基硫醇、胺类等，必须进行除臭处理。去除臭气的方法主要有物理吸附、化学洗涤、生物过滤以及基于热化学原理的热处理等。

(6) 储存

好氧发酵产品的供应期多半集中在秋天和春天（中间隔半年）。因此，一般的好氧发酵工厂有必要设置至少能容纳 6 个月产量的储藏设备。好氧发酵产品可以在室外堆放，但此时必须有不透雨水的覆盖物。

9.9.3 好氧发酵工艺形式

发酵反应系统是污泥好氧发酵工艺的核心。根据发酵堆体结构形式、物料运行方式以及供氧方式的不同，可以组成不同的工艺形式。

(1) 发酵堆体结构形式

发酵堆体结构形式主要分为条垛式、发酵池式和反应器式。

条垛式堆体高度一般为 1～2m，宽度一般为 3～5m。条垛式设备简单，操作方便，建设和运行费用低，但堆高较低，占地面积较大。由于供氧受到一定的限制，发酵周期较长，堆层表面温度较低，不易达到无害化要求，卫生条件较差。适用于用地条件宽松、外界环境要求较低的情况，亦适用于二次发酵。条垛式好氧发酵如图 9-106 所示。

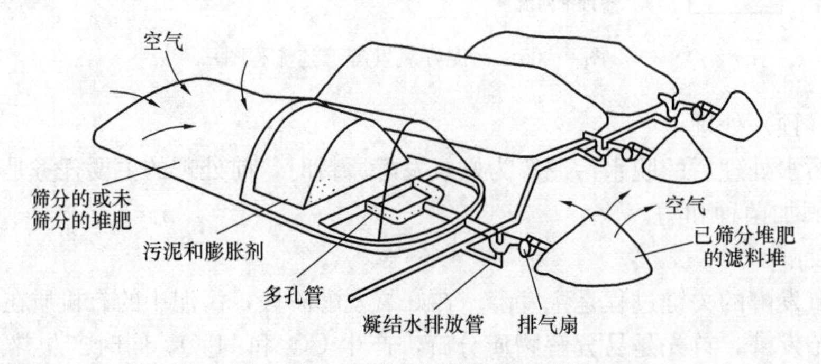

图 9-106 条垛式好氧发酵示意图

发酵池式发酵仓为长槽形，发酵池上小下大，侧壁有 5°倾角，堆高一般控制在 2～3m，堆料在发酵池槽中，卫生条件好，无害化程度高，二次污染易控制，但占地面积较大。发酵池式好氧发酵如图 9-107 所示。

反应器式好氧发酵是在封闭的容器内完成的。机械系统根据空气量、温度和氧浓度来控制环境条件，使气味最小和过程时间最短。反应器式好氧发酵系统的优点为反应条件较好，可控制气味，停留时间较短，劳动力费用较低，需要的面积较小。反应器式好氧发酵如图 9-108 所示。

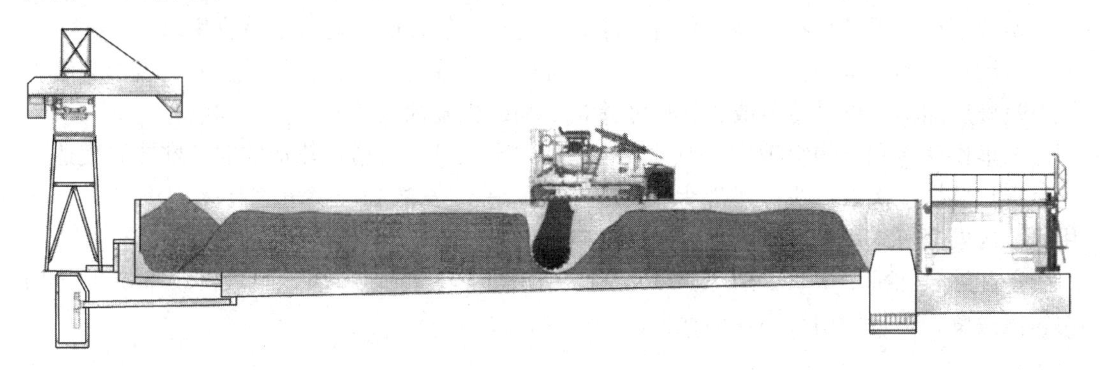

图 9-107 发酵池式好氧发酵示意图

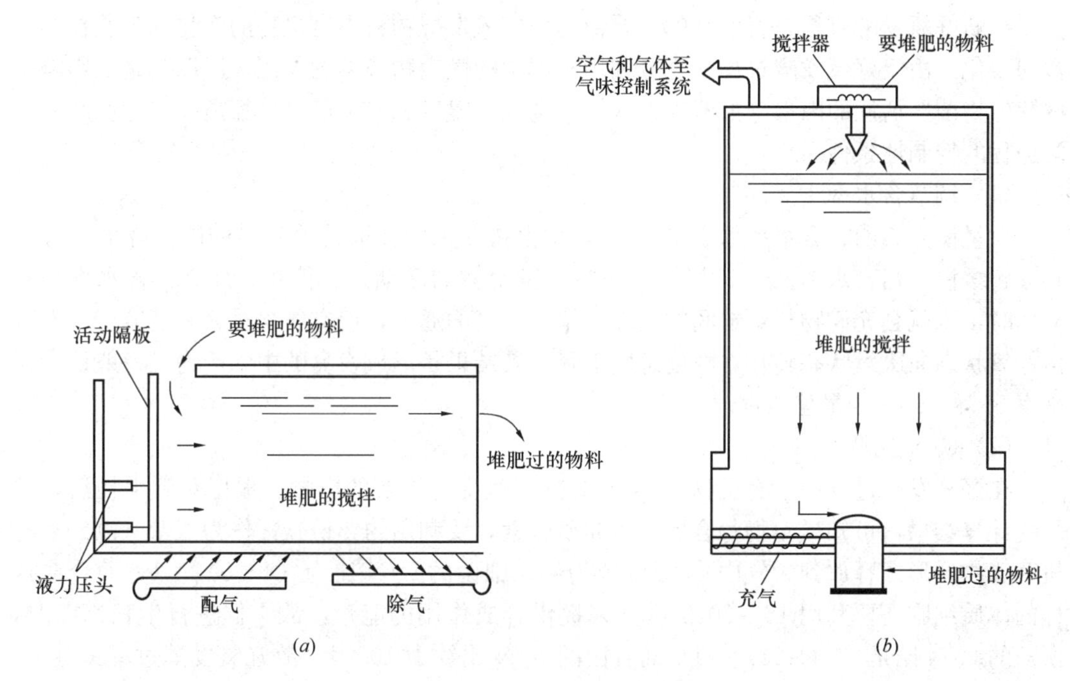

图 9-108 反应器式好氧发酵示意图

(a) 水平反应器；(b) 竖向反应器

(2) 物料运行方式

按物料在发酵过程中的运行方式，好氧发酵可分为静态发酵、动态发酵和间歇动态发酵。静态发酵设备简单、动力消耗省。动态发酵物料不断翻滚，发酵均匀，水分蒸发好，但能耗较大。间歇动态发酵较均匀，动力消耗介于静态发酵与动态发酵之间。

(3) 供氧方式

供氧方式有自然通风、强制通风、强制抽风、翻堆、强制通风加翻堆。

自然通风能耗低，操作简单。供氧靠空气由堆层表面向堆层内扩散，但供氧速度慢，供气量小，易造成堆体内部缺氧或无氧，发生厌氧发酵；另外，堆体内部产生的热量难以到达堆体表面，表层温度较低，无害化程度较低，发酵周期较长，表层易滋生蚊蝇类。需氧量较低时（如二次发酵）可采用。

强制通风的风量可精确控制，能耗较低，空气由堆层底部进入，由堆层表面散出，表层升温速度快，无害化程度高，发酵产品腐熟度高。但发酵仓尾气不易收集。

强制抽风的风量易控制，能耗较低，但堆体表层温度低，无害化程度低，表层易滋生蝇类。堆层抽出气体易冷凝成腐蚀性液体，对抽风机侵蚀较严重。

翻堆供氧有利于物料破碎，但翻堆能耗高，次数过多会增加热量散发，堆层温度达不到无害化要求。次数过少，不能保证完全好氧。一次发酵翻堆供氧宜与强制供氧联合使用。二次发酵可采用翻堆供氧。

强制通风加翻堆供氧，通风量易控制，有利于颗粒破碎和水分的蒸发及堆层发酵均匀。但投资、运行费用较高，能耗大。

9.9.4　好氧发酵相关控制条件

判断好氧发酵过程是否顺利的主要依据是好氧发酵物料中有机物的变化和工艺控制参数的变化。由于好氧发酵过程是充分利用污泥中的微生物菌群的作用，所以凡是能影响这些微生物菌群活性的因素（如营养、水分、空气、温度和 pH 值等）都是决定污泥好氧发酵进程的控制性条件。

（1）调节含水率

大量研究表明，含水率低于 30%时，微生物在水中提取营养物质的能力降低，有机物分解缓慢；当含水率低于 12%～15%时，微生物的活动几乎停止。反之，含水率超过 65%时，水就会充满物料颗粒间的空隙，堵塞空气的通道，使空气含量大幅度减少，发酵由好氧状态向厌氧状态转化，温度急剧下降，其结果是形成发臭的中间产物。一般认为含水率 55%～60%为最佳条件。

（2）C/N 比调节

在好氧发酵过程中，有机物 C/N 比对分解速度有重要的影响。根据对微生物活动的平均计算结果，可知微生物每合成一份体质碳素，要利用约 4 份碳素作为能量（以好氧有机营养物质形式释放到大气中）。以细菌为例，细菌的 C/N 比为（4～5）：1，而合成这样的体质细胞还要利用 16～20 份碳素来提供合成作用的能量，故它们进行生长繁殖时，所需的 C/N 比是（20～25）：1；而真菌的 C/N 比约为 10：1，故好氧发酵过程最佳 C/N 比是（25～35）：1。如果 C/N 比是 40：1，可供消耗的碳素多，氮素养料相对缺乏，细菌和其他微生物的发展受到限制，有机物的分解速度就慢，好氧发酵过程就长。如果 C/N 比更高，容易导致好氧发酵产品的 C/N 比高，这种产品施入土壤后，将夺取土壤中的氮素，使土壤陷入氮饥饿状态，会影响作物的生长。若 C/N 比低于 20：1，可供消耗的碳素少，氮素养料相对过剩，则氮将变成氨态氮而挥发，导致氮元素大量损失而降低肥效。

污泥好氧发酵最适宜的 C/N 为 25：1～35：1，比例若不在此范围内，须进行 C/N 比调节。调节的方法是向脱水污泥中加入含碳较高的物料，如木屑、秸秆粉、落叶等。C/P 比则应控制在 70：1～150：1 的范围。

（3）pH 值调节

物料的 pH 值在污泥好氧发酵过程中是十分重要的。由于在中性或微碱性条件下，细菌和放线菌生长最适宜，所以污泥好氧发酵的 pH 值应控制在 6～8 的范围内，且最佳 pH

值在 8.0 左右，当 pH≤5 时，好氧发酵就会停止。污泥一般情况下呈中性，好氧发酵时一般不必进行特别调节。即使反应过程中 pH 值发生了变化，到好氧发酵结束后，污泥的 pH 值几乎都在 7～8 之间。因此可以用 pH 值作为物料熟化与否的控制指标。常用调理剂有 $CaCO_3$、石灰和石膏等。

（4）温度的控制

温度是反映好氧发酵效果的综合指标。不同温度条件下会有不同种属、不同数量的微生物，它们对各种有机物的分解能力不同。每一种微生物都有自己适宜的温度范围。因此温度直接影响微生物降解有机物的速度，是影响微生物活动和好氧发酵工艺过程的重要因素。

好氧发酵初期，堆层基本上呈中温，嗜温菌较为活跃，大量繁殖，见表 9-33。它们在利用有机物的过程中，有一部分转化成热量，由于好氧发酵物料具有良好的保温作用，一般堆积反应 2～3d 后，温度就可升至 50～60℃，在这个温度下，嗜温菌受到抑制，甚至死亡，而嗜热菌的繁殖进入激发状态。嗜热菌的大量繁殖和温度的明显提高，使好氧发酵直接由中温进入高温，并在高温范围内稳定一段时间。正是在这一温度范围内，好氧发酵物料中病原菌、寄生虫卵被杀死，腐殖质开始形成，物料达到初步腐熟。在后发酵阶段（二次发酵），由于大部分有机物在主发酵阶段（一次发酵）已被降解，因此发酵不再有新的能量积累，物料也就一直维持在中温（30～40℃），这时好氧发酵产物进一步稳定，最后达到深度腐熟。

好氧发酵温度与微生物生长关系 **表 9-33**

温度（℃）	温度对微生物生长的影响	
	嗜温菌	嗜热菌
常温～38	激发状态	不适用
38～45	抑制状态	可开始生长
45～55	毁灭期	激发态
55～60	不适用（菌群萎缩）	抑制状态（轻微度）
60～70	—	抑制状态（明显）
＞70	—	毁灭期

一般而言，嗜温菌最适宜温度在 30～40℃，嗜热菌好氧发酵最适宜温度在 50～60℃。根据卫生学要求，在好氧发酵过程中，物料温度至少要达到 55℃，才能杀灭病原菌和寄生虫卵。但近年来的许多研究发现，温度过高（大于 70℃）会抑制微生物分解有机物的速率，降低发酵处理物的质量，温度过低也不利于好氧发酵过程，微生物在 40℃左右的活性只有最适温度时的 2/3 左右，反应时间延长。好氧发酵温度范围在 55～65℃时综合效果最佳。

9.9.5 好氧发酵主要设计参数

根据对好氧发酵控制条件的分析，可以确定主要设计参数的选取。

（1）混合污泥初始含水率：55%～65%，可通过添加调理剂和返混干污泥调节含水率。

（2）过程中堆内温度：55～65℃，持续时间应在 3d 以上。

（3）初始 C/N 比：25∶1～35∶1，可通过添加调理剂调节营养平衡。

(4) 返混干泥和调理剂添加量按下式计算确定：

$$X_R = (1 - f_2) \times f_1 \times X_C \tag{9-59}$$

$$X_B = f_1 \times X_C - X_R \tag{9-60}$$

式中 X_R——每天返混干污泥的湿重（kg/d）；

X_B——每天添加调理剂的湿重（kg/d）；

f_1——调理剂和返混干污泥的湿重与进泥泥饼的湿重比例，取值范围为 0.75～1.25；

f_2——调理剂添加量占调理剂和返混干污泥总添加量的比例，取值范围为 0.20～0.40；

X_C——每天进泥泥饼的湿重（kg/d）。

(5) 反应时间：根据不同好氧发酵工艺形式，反应所需的时间有一定的差异。

静态条垛式好氧发酵时间：快速好氧发酵时间必须大于 10d，宜为 14～21d，在土地条件允许的情况下，可适当延长；当快速好氧发酵后的污泥含固率小于 50%时，应重新分堆进一步干化，持续时间宜大于 7d；熟化前应筛分回收添加材料，熟化处理持续时间宜为 30～60d。

翻堆式条垛好氧发酵时间：快速好氧发酵时间宜为 21～28d，熟化阶段时间应大于 21d。

仓内好氧发酵包括采用机械水平翻垛的矩形槽、机械圆周翻垛的圆形槽、转筒反应器等，好氧发酵时间为：仓内停留时间宜为 8～15d。仓内好氧发酵完成后，熟化时间应为 1～3 个月。

(6) 好氧发酵通风曝气量应按照有机物氧化需气量、除湿需气量、除热需气量分别计算，取其最大值的 3～5 倍作为设计依据。

有机物氧化需气量应按下式计算：

$$Q_1 = \frac{a \times q_1 + b \times q_2}{F} \tag{9-61}$$

式中 Q_1——标准状态下堆肥过程中有机物氧化需气量（m^3/d）；

a——城镇污泥中生物可降解有机物的需氧量，取值范围为 1.0～4.0kgO_2/kg 干污泥，典型值为 2.0kgO_2/kg 干污泥；

b——调理剂中生物可降解有机物的需氧量，取值范围为 0.5～3.0kgO_2/kg 干污泥，典型值为 1.2kgO_2/kg 干污泥；

q_1——每日处理城镇污泥中的生物可降解量（kg 干污泥/d）；

q_2——每日添加调理剂中的生物可降解量（kg 干污泥/d）；

F——常数，取 0.28，标准状态（01MPa，20℃）下的每立方米空气含氧量（kgO_2/m^3）。

除湿需气量应按下式计算：

$$Q_2 = \frac{\frac{1-s_s}{s_s} - \frac{1-v_s}{1-v_p} \times \frac{1-s_p}{s_p}}{\rho \times (w_0 - w_i)} \times q_1 + \frac{\frac{1-s_T}{s_s} - \frac{1-v_T}{1-v_p} \times \frac{1-s_p}{s_p}}{\rho \times (w_0 - w_i)} \times q_2 \tag{9-62}$$

式中 Q_2——标准状态下堆肥过程中除湿需气量（m^3/d）；

w_0——出口空气饱和湿度（kgH_2O/kg 干空气）；

w_i——进口空气湿度（kgH_2O/kg 干空气）；

s_s——生污泥固体含量，取值范围为 0.15～0.30kg 干污泥/kg 生污泥；

s_T——调理剂固体含量，取值范围为 0.30～0.50kg 干污泥/kg 调理剂；

v_s——生污泥中挥发性固体含量，取值范围为 0.6～0.8g 挥发性固体/g 干污泥；

s_p——堆肥产品中固体含量，取值范围为 0.55～0.75kg 干污泥/kg 堆肥污泥；

v_T——调理剂中挥发性固体含量，取值范围为 0.6～0.8g 挥发性固体/g 调理剂干物质；

v_ρ——堆肥产品中挥发性固体含量，取值范围为 0.3～0.5g 挥发性固体/g 干污泥；

ρ——常数，取 1.18，标准状态下（0.1MPa，20℃）空气密度（kg/m^3）。

除热需气量应按下式计算：

$$Q_3 = \frac{(a \times q_1 + b \times q_2) \times C}{(w_o - w_i) \times c_H + w_o \times c_v \times (T_0 - T_i) + c_g \times (T_0 - T_i)} / \rho \tag{9-63}$$

式中 Q_3——标准状态下去除堆肥过程中产生热量的需气量（m^3/d）；

C——常数，取 13.63，单位耗氧产热量（kJ/kgO_2）；

c_H——常数，温度 T_i 时，水的汽化热（kJ/kg）；

c_v——常数，取 1.84，101.33kPa 下水蒸气的定压比热，kJ/（kg·℃）；

c_g——常数，取 1.01，101.33kPa 下干空气的定压比热，kJ/（kg·℃）；

T_0——出口的温度（℃）；

T_i——进口的温度（℃）。

（7）污泥堆体的气体阻力损失可按下式计算：

$$D = k \times V^n \times H^j \times 3.28^{n+j} \tag{9-64}$$

式中 D——堆体中气体阻力损失（m）；

k——堆体中气体阻力系数，取值范围为 1.2～8.0；

V——堆体中气体的速度（m/s）；

n——堆体中气体速度阻力系数，取值范围为 1.0～2.0；

H——堆体高度（m）；

j——堆体高度阻力系数，取值范围为 1.0～2.0。

不同基质的 k、j、n 取值可参见表 9-34。

不同基质的 k、j、n 值 **表 9-34**

基质		k	j	n
木屑：生污泥（体积比）	2：1	1.245	1.05	1.61
	3：2	1.529	1.30	1.63
	1：1	2.482	1.47	1.47
	1：2	7.799	1.41	1.48
新木屑		0.539	1.08	1.74
使用后的木屑		3.504	1.54	1.39
筛分后的熟污泥		1.421	1.66	1.47

如果污泥堆体的混合物料与表 9-33 不同，也可按照堆体每增加 1m，风压增加 1000～1500Pa 进行估算。

9.9.6 好氧发酵主要设备

(1) 混合-破碎设备

该设备将脱水污泥与填充料均匀混合后，破碎为粒径均匀的颗粒物料，以保证发酵过程中良好的通风性能。混合设备主要为混料机。

(2) 输送-铺料设备

混合后的物料通过输送设备送入铺料机，并将物料置入相应的发酵仓。一般情况下，输送设备与铺料设备相连接，铺料设备将物料均匀铺入堆层上部，避免堆体压实。铺料机建议选择行走速度为 4.5～5.0m/min，可推高度为 1.5～2.0m。

输送设备应具有防黏功能，易耗部件应易于拆卸和更换。主要输送设备包括皮带机和料仓。成套化的输送一铺料设备适合应用于大中型污泥好氧发酵工程，宜与自动化控制系统相结合，以保证工艺运行的稳定性。

(3) 翻抛设备

污泥发酵过程需通过翻抛设备辅助完成供氧，调整堆体结构，均匀温度。对于中等规模的污泥好氧发酵厂，采用的翻抛机工作参数建议选择 250～300m^3/h，操作宽度不宜超过 5m，最大翻抛深度为 2m，行走速度为 1.5m/min。同时还应配备移行车，其功能主要是将翻抛机运送至作业位置，移行车的行走速率建议选择 4.5～5.0 m/min。

(4) 出料设备

发酵过程结束后，可通过出料设备将熟料输送至仓外，以便进一步处置。目前一般采用皮带机作为出料设备。皮带机一般适用于对工艺自动化运行要求较高的大中型污泥好氧发酵工程，小型污泥好氧发酵可采用铲车出料或人工出料。

(5) 供氧设备

在污泥好氧发酵工艺中，应用最多的供氧设备有罗茨鼓风机、高压离心风机、中低压风机等。强制供风方式中，根据风压风量要求，宜采用罗茨鼓风机，一台风机可为多个发酵仓供风，风机风量建议采用 120～150m^3/h。

(6) 监测仪器

污泥高温好氧发酵工艺运行过程中，为保证发酵充分并避免臭气污染，应进行在线监测。在线监测的主要指标是臭气指标（NH_3、H_2S）和工艺指标（温度、氧气浓度），需要配备 NH_3、H_2S、温度、氧气浓度在线监测仪器，采用耐腐蚀、灵敏度高、操作简便的金属类探头。

9.9.7 好氧发酵环境影响控制

好氧发酵设施对周围环境的影响包括臭气、排水、粉尘、噪声和振动等，在工程设计中需注意对以上问题作出合理的应对措施。

(1) 除臭措施

好氧发酵设施建成运营时对周围环境尤其是附近居民的影响主要是臭气，应采取切实可行的除臭措施。好氧发酵设施运行过程中，多个环节均会产生臭气，因此除臭措施的设计要从多个方面注意。

首先，应保持污泥运输车辆及容器密封，防止臭气的泄漏。其次，在发酵阶段，污泥在发酵过程中会产生硫化氢、氨气等恶臭气体，对周围环境产生不良影响。当周边环境对空气质量要求较高时，污泥的接纳供给设备应设在密闭的室内，或采用密封槽。为了防止物料在搬运、堆积过程中臭气的扩散，应在物料堆放场所安装方便开关的窗帘和防臭薄膜，除了用来搬运物料的装载机外，其余的设备都制成密封的，必要时还可以从密封的物料堆放场收集臭气进行处理，防止臭气扩散。为此需设置自动化臭气收集及生物过滤处理设施，以便对臭气进行吸附过滤。将发酵车间厂区的废气通过引风机导入生物滤池中，确保臭气经过生物滤池处理后硫化氢、氨气等气体被完全吸附吸收，满足《恶臭污染物排放标准》GB 14554—1993 的要求，对周围环境和大气不会产生污染。

(2) 污水控制措施

好氧发酵设施运行中排出的污水主要为发酵过程中产生的渗滤液，原则上，好氧发酵设施产生的污水可在车间内回用，用来调节反应过程中产生的水分。若污水量超出了发酵车间的处理能力，那么有必要配备排水处理设施。处理方法多为就地处理，或利用真空清洁车把污水运出设施，或就近排入市政管网等。

发酵车间屋顶应设置集露装置，收集冷凝水进行处理。除臭装置中喷淋水要定期清空处理。好氧发酵厂区内的生活污水可直接排入市政管网。

(3) 粉尘控制措施

控制粉尘的基本方法是抑制粉尘的产生和发生场所的密闭化。好氧发酵设施运行时产生粉尘的主要环节是生产后期，因此肥料加工、粉碎、筛分和烘干时应采取防尘措施。

(4) 噪声、振动控制措施

预处理阶段的粉碎机、混料机，发酵设备的通风机、翻抛机，产品化阶段的筛分设备，除臭设备的除臭鼓风机等，均会产生振动和噪声。把粉碎、混料设备放在厂房内坚固的钢筋建（构）筑物或混凝土上，可以降低振动、噪声的泄漏。发酵槽内的通风机、除臭鼓风机等会产生大量的噪声，因此，当把其放置在发酵槽的侧壁时，应采取隔声对策，以防对周围造成噪声污染。

9.10 污泥焚烧

污泥焚烧是利用污泥中的热量和外加辅助燃料，通过燃烧实现污泥彻底无害化处置的过程。污泥焚烧包括单独焚烧以及与工业窑炉的协同焚烧。单独焚烧指单独建设焚烧设施对污泥进行的焚烧。与工业窑炉的协同焚烧是指利用已有的工业窑炉焚烧污泥。

9.10.1 污泥单独焚烧

污泥单独焚烧应与热干化设施联建，充分利用污泥的热值和焚烧热量。单独焚烧设施应与人群聚居区保持足够的安全距离，符合城乡建设总体规划。

污泥的焚烧处理可以分为污泥直接焚烧、污泥半干化焚烧、污泥全干化焚烧三种方式。

(1) 污泥直接焚烧

污泥直接焚烧是指将脱水污泥（一般80%含水率）直接输送到污泥的焚烧炉中进行焚烧，湿污泥中水分在炉内被蒸发成水蒸气；污泥中的可燃物挥发并与空气中的氧发生化学反应（燃烧），放出热量，产生烟气，污泥中的无机物即灰分也被加热，混入烟气中形成飞灰。这种由水蒸气、飞灰及燃烧后气态物质组成的烟气需在高温环境下（850～900℃）停留2s以上，然后排出焚烧炉，这就是污泥的直接焚烧。烟气离开焚烧炉后进行脱酸、除尘处理。并对烟气处理中收集和产生的废气、废液及固体废物进行处置。其流程见图9-109。

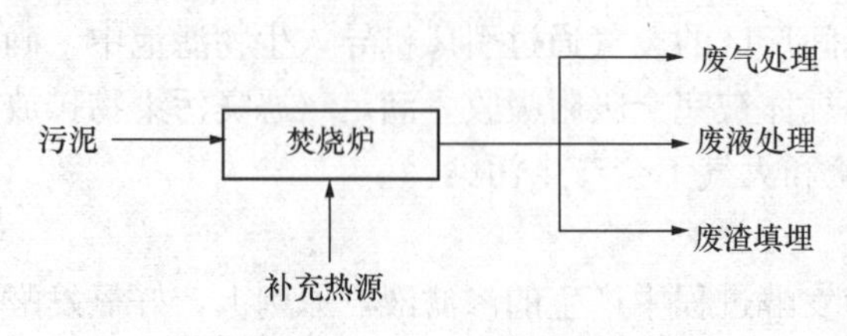

图9-109　污泥直接焚烧工艺流程

污泥直接焚烧系统简单，运行管理方便，但对污泥泥质要求比较高，要保证80%含水率的污泥能自燃，此时的干基热值应达到6000kcal/kgDS以上，如果达不到就必须添加辅助燃料。

（2）污泥半干化焚烧

污泥半干化焚烧的工艺路线可以简述为：脱水污泥经干燥机干化，将含固率提高为40%～65%，然后进入焚烧炉焚烧，污泥焚烧产生的热能经转换为介质的热焓进而用于对湿污泥的干化。入炉污泥的含水率、热值与热平衡自持焚烧范围如图9-110所示。

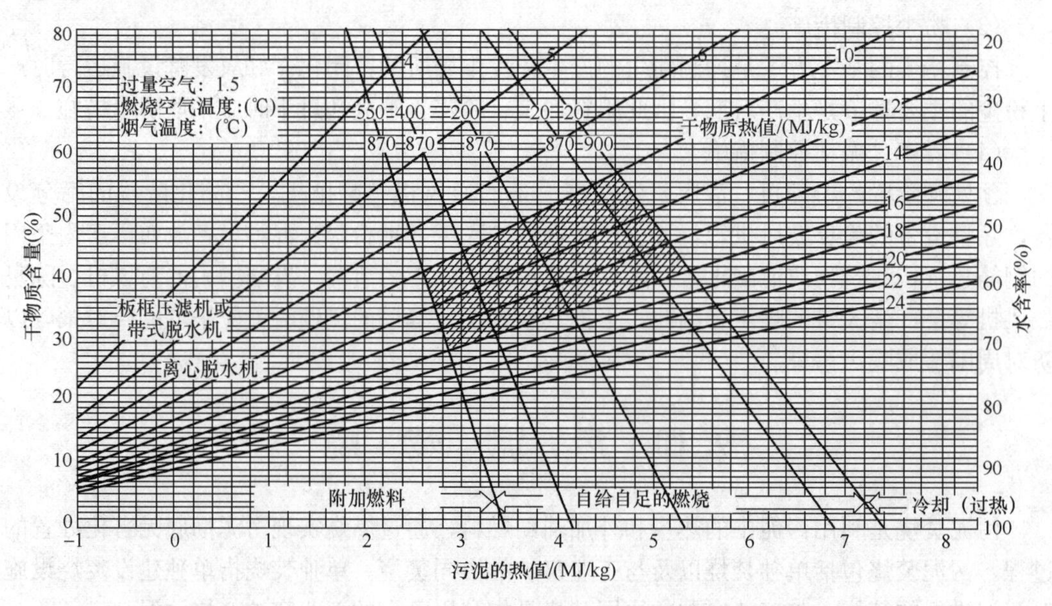

图9-110　热值、干物质含量与热平衡自给自足烘干焚烧范围

污泥半干化焚烧系统通常包括储运系统、干化系统、焚烧系统、余热利用系统、烟气净化系统、电气自控仪表系统及其辅助系统等。污泥焚烧的一般工艺流程如图9-111所示。

污泥干化系统和焚烧系统是整个系统的核心；储运系统主要包括料仓、污泥泵、污泥输送机等；烟气净化系统主要包括脱硫塔、自动喷雾系统、活性炭仓、除尘器、碱液系统等；电气自控仪表系统包括满足系统测量控制要求的电气和控制设备；辅助系统包括压缩

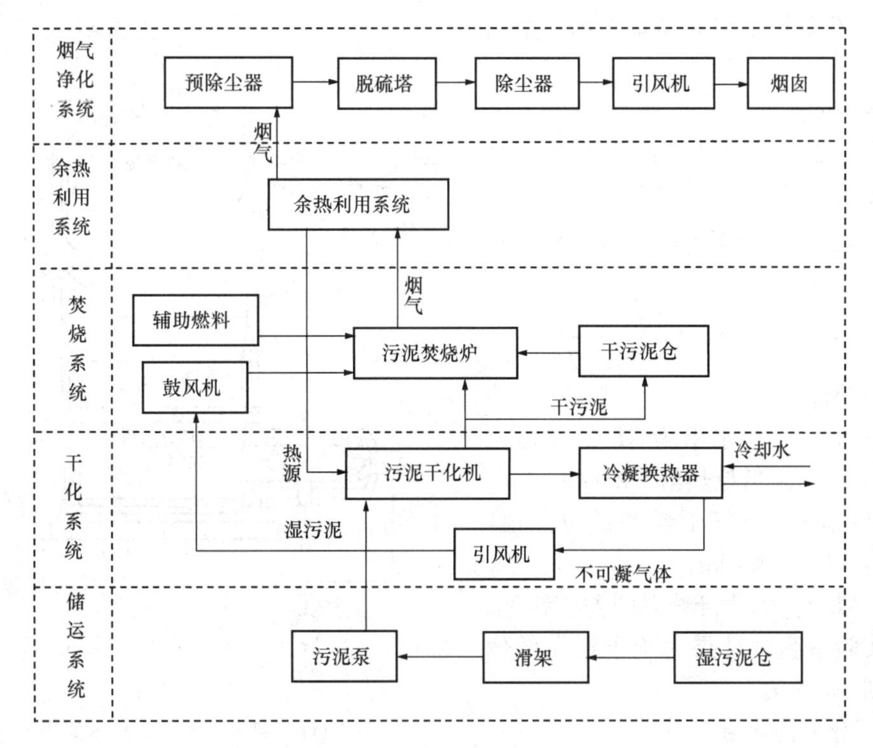

图 9-111 污泥焚烧工艺流程图

空气系统、给水排水系统、通风采暖系统、消防系统等。

污泥焚烧炉主要包括流化床焚烧炉、回转窑式焚烧炉和立式多膛炉。立式多膛炉焚烧能力低、污染物排放较难控制；回转窑式焚烧炉的炉温控制困难、对污泥发热量要求较高；流化床焚烧炉结构简单、操作方便、运行可靠、燃烧彻底、有机物破坏去除率高，目前已经成为主要的污泥焚烧设备。

流化床主要可分为鼓泡流化床（BFB）和循环流化床（CFB）两类，由于后者具有燃烧效率较高、容量较大等特点，在 20 世纪 90 年代后有逐渐取代鼓泡流化床的趋势。随着鼓泡流化床技术的发展，其燃烧效率得到有效提高，尤其是床层热容量大、燃料性质要求低、负荷调节范围大、结构简单等特点使其在生物质燃烧领域独具优势，因此目前污泥焚烧以鼓泡流化床为主。

流化床焚烧炉的基本工作原理是利用炉底布风板吹出的热风将污泥悬浮起呈沸腾（流化）状进行燃烧。一般采用惰性床料进行蓄热、流化，再将污泥加入到流化床中与高温的床料接触、传热进行燃烧。流化床焚烧炉通常采用绝热的炉膛，下部设有分配气体的布风板，炉膛内壁衬耐火材料，并装有一定量的床料。气体从布风板下部通入，并以一定速度通过布风板，使床内床料沸腾呈流化状态。污泥从炉侧或炉顶加入，在流化床层内进行干燥、粉碎、气化等过程后，迅速燃烧。烟气中夹带的床料和飞灰一般用除尘器捕集后，床料可返回流化床内。典型的鼓泡式流化床焚烧炉如图 9-112 所示。

流化床焚烧炉的典型技术指标，应符合下列要求：①污泥处理量应满足设计要求，波动范围宜为 65%～125%；②流化床焚烧炉密相区温度宜为 850～950℃；③排烟温度大于 180℃。

1）干化焚烧系统的能量平衡和余热利用

①污泥的热值

实验室测试污泥热值结果多为空气干燥基低位热值 $Q_{ad,net}$，对于含水率为 M_{ar} 的湿污泥，其热值按照公式（9-65）进行换算：

$$Q_{ar,net} = (Q_{ad,net} + 23M_{ad})\frac{100 - M_{ar}}{100 - M_{ad}} - 23M_{ar} \quad (9\text{-}65)$$

式中　$Q_{ar,net}$——含水率为 M_{ar} 的湿污泥低位热值，kJ/kg；

$Q_{ad,net}$——空气干燥基低位热值，kJ/kg；

M_{ad}——空气干燥基的含水率，%。

若实验室测试结果为绝干污泥低位热值，则 $M_{ad}=0$。

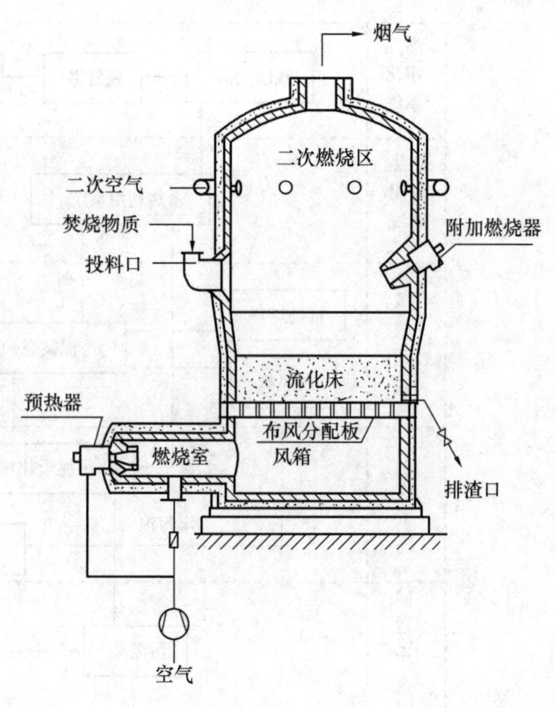

图 9-112　典型鼓泡式流化床焚烧炉

② 干化后污泥量

经过干化后的污泥量通过公式（9-66）计算：

$$A_2 = A_1 \cdot \frac{100 - M_1}{100 - M_2} \quad (9\text{-}66)$$

式中　A_1——干化前湿污泥量，kg/h；

M_1——干化前湿污泥含水率，%；

A_2——干化后干污泥量，kg/h；

M_2——干化后干污泥含水率，%。

③ 热干化系统耗热量

对于一个热干化系统，其耗热量按公式（9-67）进行估算：

$$q_{gh} = (A_1M_1/100 - A_2M_2/100) \cdot \frac{C_v \cdot (T_2 - T_1) + r_{T_2}}{\eta_{gh}/100} \quad (9\text{-}67)$$

式中　q_{gh}——热干化系统耗热量，kJ/h；

C_v——水的平均比热，取 4.187kJ/（kg·℃）；

T_1——污泥的初始温度，通常取为 20℃；

T_2——水汽化的温度，常压下取 100℃；

r_{T_2}——T_2 时水的汽化潜热，常压下为 2261kJ/kg；

η_{gh}——干化机的热效率，%。

④ 辅助热量的计算

污泥焚烧后产生的热量可以通过公式（9-68）计算：

$$q_{gl} = A_2 \cdot Q_{2,ar,net} \cdot \eta_{gl}/100 \quad (9\text{-}68)$$

式中 q_{gl}——焚烧炉产生的热量，kJ/h；

A_2——入炉污泥量，即为干化后污泥量，kg/h；

$Q_{2,ar,net}$——入炉污泥低位热值，即为干化后污泥低位热值，kJ/kg；

η_{gl}——焚烧炉的热效率,%。

如果焚烧炉产生的热量 q_{gl}>干化系统耗热量 q_{gh}，则不需要辅助燃料；如果焚烧炉产生的热量 q_{gl}<干化系统耗热量 q_{gh}，则需要的辅助热量为 $q_{gh}-q_{gl}$，根据辅助燃料的热值可进一步计算辅助燃料的消耗量。

根据以上计算方法，若脱水污泥含水率为80%，干化到含水率40%入炉焚烧，污泥干化机和污泥焚烧炉的热效率均为85%，则只有污泥干基低位热值达到约13510kJ/kg（即3227kcal/kg）才不需要辅助燃料。

⑤ 余热利用

考虑到整个污泥干化焚烧系统的经济性和尾气处理的要求，焚烧炉产生的高温烟气应通过余热锅炉进行利用，可以加热水蒸气、导热油和空气等干化热源和燃烧辅助热风。

2）设计要点

① 焚烧炉所采用的耐火材料的技术性能应满足焚烧炉燃烧气氛的要求，质量应满足相应的技术标准，能够承受焚烧炉工作状态的交变热应力；

② 焚烧炉的设计应保证其使用寿命不低于10万运行小时；焚烧炉应有适当的冗余处理能力，进料量应可调节；

③ 焚烧炉应设置防爆门或其他防爆设施；

④ 必须配备自动控制和监测系统，在线显示运行工况和尾气排放参数；

⑤ 确保焚烧炉出口烟气中氧气含量达到6%～10%（干气）；

⑥ 焚烧炉密相区温度宜为850～950℃；

⑦ 由于污泥焚烧烟气中含湿量较大，为有效防止积灰和腐蚀，焚烧炉排烟温度宜大于180℃。

3）二次污染控制要求

为有效控制二次污染，污泥焚烧泥质须满足《城镇污水处理厂污泥处置 单独焚烧用泥质》GB/T 24602—2009的规定。焚烧产生的烟气、炉渣、飞灰及噪声均应进行监测与控制。

① 烟气

污泥焚烧后的烟气成分与污泥成分密切相关。常规污染物主要有 NO_X、SO_2 和烟尘等。污泥中的氯含量较生活垃圾更低，污泥焚烧所产生的二噁英通常低于生活垃圾。污泥焚烧后重金属大多数都富集在飞灰中。

对 SO_2 的控制，有多种方法可供选择，主要有炉内脱硫以及湿法、干法和半干法等尾部脱硫方法。污泥焚烧的脱硫方法可采用“炉内脱硫+半干法脱硫”。根据国外使用经验，也可以采取湿法脱硫。

用于烟尘控制的除尘设备主要有旋风除尘器、静电除尘器和布袋除尘器。污泥焚烧尾气除尘推荐使用布袋除尘器。

控制污泥焚烧重金属排放的主要方法有：通过余热利用系统使烟气降温，烟气中的重金属自然凝聚成核或冷凝成粒状物后，采用除尘设备捕集；将尾气通过湿式洗涤塔，除去其中水溶性的重金属化合物；通过布袋除尘器吸附部分重金属颗粒；喷射诸如活性炭等粉末，吸附重金属形成较大颗粒而被除尘设备捕集。

控制污泥焚烧烟气中二噁英排放的主要方法有：在燃料中添加化学药剂阻止二噁英的生成；在燃烧过程中提高“3T”（湍流 Turbulence、温度 Temperature、时间 Time）作用效果，通过旋转二次风等布置方式使污泥与空气充分搅拌混合，维持足够的燃烧温度和3s以上的停留时间，减少二噁英前体物的生成；在尾气处理过程中喷射活性炭粉末等吸附二噁英类物质而被除尘设备捕集；布袋除尘器对二噁英也有一定的吸附作用。

流化床焚烧炉通常不需采用额外的脱硝技术即可满足相关标准要求的限值。如需进一步控制 NO_X的排放，推荐采用选择性非催化还原法（SNCR），能达到 30％～70％的脱除效率。

应严格控制焚烧工艺过程，并对烟气采取综合处理措施，烟气排放浓度须满足《生活垃圾焚烧污染控制标准》GB 18485—2014 的规定。

② 炉渣与飞灰

炉渣与飞灰应分别收集、储存、运输，并妥善处置。符合要求的炉渣可进行综合利用。飞灰应按《危险废物鉴别标准》GB 5085—2007 的规定进行鉴定后妥善处置；属于危险废物的，应按危险废物处置，不属于危险废物的，可按一般固体废物处理。

③ 噪声

焚烧厂的噪声应符合《声环境质量标准》GB 3096—2008 和《工业企业厂界环境噪声排放标准》GB 12348—2008 的规定，对建筑物内直接噪声源控制应符合《工业企业噪声控制设计规范》GB/T 50087—2013 的规定。焚烧厂噪声控制应优先采取噪声源控制措施。厂区内各类地点的噪声控制宜采取以隔声为主，辅以消声、隔振、吸声的综合治理措施。

④ 臭气

焚烧厂恶臭污染物控制与防治应符合《恶臭污染物排放标准》GB 14554—1993 的规定。焚烧线运行期间，应采取有效控制和治理恶臭物质的措施。焚烧线停止运行期间，应采取相应措施防止恶臭扩散到周围环境中。

4）设计案例

我国南方某城市的污泥干化焚烧项目由两条生产线组成，每条生产线设计日处理400t 脱水污泥，每条生产线配置 2 台污泥干燥机、1 台鼓泡流化床焚烧炉及 1 套烟气处理系统。

① 干化系统

接收后的污泥经储存和输送设备进入污泥薄层干化机，干化机采用间接干燥工艺，加热工质为 0.9MPa、175℃的饱和蒸汽。蒸汽源自余热锅炉，不足部分由燃气辅助锅炉补充。污泥干燥机将湿污泥干燥至含固率 35％后，半干污泥由柱塞泵输送至鼓泡流化床焚烧炉。

② 鼓泡流化床焚烧炉系统

鼓泡流化床焚烧炉由 4 部分组成，从底部到顶部依次为：风箱，整体采用耐火内衬，可以接收 650℃以上的高温空气；配气格，位于风箱顶部，主体为自承式耐火拱型结构，布置环形耐高温合金风帽阵列，为砂床提供流化空气；砂床，位于配气格上方，由专门粒度的硅砂床料组成，流化后呈现“鼓泡”形态，砂床静态下厚度为1m，流化后厚度约1.5m；后燃烧室（干舷区），位于砂床上方，保证烟气停留时间达到2s以上。

焚烧炉单炉额定热容量14.5 MW（基于高位热值），风箱外径约4.8m，后燃烧室顶部外径约7.9m，焚烧炉高约11m。焚烧炉采用4点进料及密相进料。燃烧后的飞灰被烟气带出焚烧炉。所有的节点和膨胀节都设有吹扫空气以保持其冷却并清除灰分的累积。

流化床辅助燃料（天然气）加注装置包含12支燃气喷枪，安装在砂床区底部的外壳上，沿周长分布。当后燃烧室的温度低于850℃时燃气将自动注入流化床。

每台焚烧炉的燃烧和流化空气由一台流化空气风机提供，同时每台焚烧炉配备一台悬浮段助燃风机，辅助提供运行时段焚烧炉的氧气量，空气经空气预热器，可被焚烧炉产生的高温烟气最高加热至650℃，接至焚烧炉内参与燃烧。

为控制焚烧过程NO_X的产生，焚烧炉配套SNCR尿素投加系统，尿素溶液储存于一座储罐内，由计量泵送至焚烧炉的喷嘴，经压缩空气雾化后喷射到焚烧炉中。

此外，焚烧炉系统还包括砂料储存和投加系统、排砂及砂回收系统、冷却吹扫系统、炉顶高压水喷淋系统等辅助系统。

③ 余热利用系统

焚烧炉产生的高温烟气经空气预热器与空气换热后进入余热锅炉。余热锅炉采用立式火管锅炉，每台锅炉蒸发量为5t/h，蒸汽参数0.9MPa、175℃。余热锅炉产生蒸汽作为加热工质进入干燥机。锅炉补水由软水系统供应。干化系统不足的蒸汽量由燃气辅助锅炉补充。

④ 烟气净化系统

烟气经余热回收后，经“旋风除尘＋急冷器＋布袋除尘器＋湿式洗涤塔”工艺处理后达标排放。旋风除尘器及布袋除尘器中收集分离的灰渣采用气力输送分别输送至灰、渣仓储存，处理达标后外运处置。

(3) 污泥全干化焚烧

污泥全干化焚烧是相对于半干化焚烧而言，一般是将湿污泥的含固率提升到85%以上再入炉焚烧。干化后的湿污泥热值得到很大提高，完全满足燃烧的要求，污泥焚烧后的热量部分回收作为前段污泥干化的部分能源。污泥焚烧后烟气中的水蒸气大量减少，当然烟气仍然要进入烟气处理系统，对废气、废液及固体废物进行处置。具体流程见图9-113。

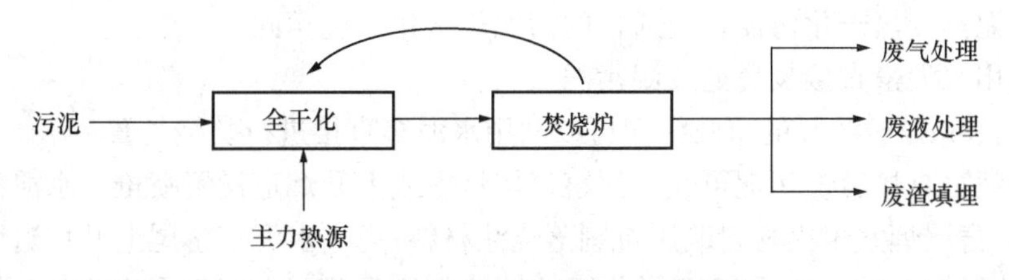

图9-113 污泥全干化焚烧工艺流程图

污泥的全干化过程是一个能源消耗过程，要进行全干化需要大量的能源，可以利用污泥焚烧的高温烟气转换成中间介质的热焓对湿污泥进行干化处理，但由于湿污泥自身具有的能量在转换之后，不足以使其中的水分蒸发，而需要另外补充能源，如果污泥处理厂附近有大量的工业余热可以用来作湿污泥干化的补充能源，可以考虑采用此技术路线，然后再对干化的污泥进行焚烧处置。污泥的全干化焚烧从能量消耗的角度来看，其投资和运行成本较高，并且全干化过程中系统运行的安全隐患大大增加。

9.10.2 污泥的水泥窑协同处置

污泥的水泥窑协同处置是利用水泥窑高温处置污泥的一种方式。水泥窑中的高温能将污泥焚烧，并通过一系列物理化学反应使焚烧产物固化在水泥熟料的晶格中，成为水泥熟料的一部分，从而达到污泥安全处置的目的。

利用水泥窑对污泥进行协同处置，具有以下作用：有机物彻底分解，污泥得以彻底的减容、减量和稳定化；燃烧后的残渣成为水泥熟料的一部分，无残渣飞灰产生，不需要对焚烧灰另行处置；回转窑内碱性环境在一定程度上可抑制酸性气体和重金属排放；水泥生产过程产生的余热可用于干化湿污泥；回转窑热容量大、工作状态稳定，污泥处理量大。

（1）应用原则

利用水泥窑协同处置污泥必须建立在社会污泥处置成本最优化原则之上，如果在生态和经济上有更好的处理处置方法，则应优先采用。同时，污泥的协同处置应保证水泥工业利用的经济性。

水泥窑协同处置污泥应确保污染物的排放不高于采用传统燃料的污染物排放与污泥单独处置污染物排放总和。协同处置污泥水泥窑产品必须达到品质指标要求，并应通过浸析试验，证明产品对环境不会造成任何负面影响。

利用水泥窑协同处置污泥作为跨行业的协同处置方式，应保证从产生到处置具有良好的记录追溯，在全处置过程确保污染物的达标排放和相关人员健康及安全，确保所有要求符合现有的国家法律、法规和制度。能够有效地对废物协同处置过程中的投料量和工艺参数进行控制，并确保与地方、国家和国际的废物管理方案协调一致。

（2）水泥窑协同处置的主要方式

城镇污水处理厂污泥可在不同的喂料点进入水泥生产过程。常见的喂料点是：窑尾烟室、上升烟道、分解炉、分解炉的三次风风管进口。污泥焚烧残渣可通过正常的原料喂料系统进入，含有低温挥发成分（例如烃）的污泥必须喂入窑系统的高温区。

通常，湿污泥经过泵送直接入窑尾烟室；利用水泥窑协同处置干化或半干化后的污泥时，在窑尾分解炉加入；外运来的污泥焚烧灰渣，可通过水泥原料配料系统处置。

利用水泥窑废热干化污泥，与通常的污泥热干化系统相同。

（3）利用水泥窑直接焚烧处置湿污泥

含水率在60%～85%的市政污泥可以利用水泥窑直接进行焚烧处置

利用水泥窑直接焚烧污泥可在水泥窑窑尾烟室或上升烟道设置喷枪。水泥窑应进行如下改造：1）窑尾烟室耐火材料改用抗剥落浇注材料；2）水泥窑窑尾上升烟道增设压缩空气炮以便清理结皮；3）水泥窑窑尾分解炉缩口相应调整；4）窑尾工艺收尘器改造；5）窑内通风面积扩大5%～10%。

（4）利用水泥窑焚烧处置干化或半干化的污泥

干化或半干化后的污泥发热量低、着火点低、燃烧过程形成的飞灰多、燃烧时间短，不适合作为原料配料大规模利用，应当尽可能在分解炉、窑尾烟室等高温部位投入，以保证焚毁效果。

来自干污泥仓的污泥经皮带秤计量后，经双道锁风阀门进入分解炉，分解炉内部增设污泥撒料盒，在撒料盒下方设置压缩空气进行吹堵和干污泥的抛撒分散。如干污泥仓布置离窑尾较远，也可采用气动输送，利用罗茨鼓风机作为动力，经管道输送进入分解炉，干污泥燃烧采用单通道喷管即可。

(5) 污泥焚烧灰渣替代水泥生产原料利用

在污泥焚烧灰渣作为替代原料利用之前，应仔细评估硫、氯、碱等可能引起系统运行稳定性有害元素总输入量对系统的影响。这些成分的具体验收标准，应根据协同处置污泥性质和窑炉具体条件，现场单独进行确定。

(6) 二次污染控制要求

利用水泥窑直接焚烧湿污泥主要的环境问题为烟气的排放，其污染物排放控制应满足《生活垃圾焚烧污染控制标准》GB 18485—2014 的规定。

9.10.3 污泥的热电厂协同处置

采用热电厂协同处置，既可以利用热电厂余热作为干化热源，又可以利用热电厂已有的焚烧和尾气处理设备，节省投资和运行成本。

在具备条件的地区，鼓励污泥在热电厂锅炉中与煤混合焚烧；热电厂协同处置应不对原有电厂的正常生产产生影响；混烧污泥宜在 35t/h 以上的热电厂（含热电厂和火电厂）燃煤锅炉上进行。在现有热电厂协同处置污泥时，入炉污泥的掺入量不宜超过燃煤量的 8%；对于考虑污泥掺烧的新建锅炉，污泥掺烧量可不受上述限制。

(1) 热电厂协同处置的主要方式

热电厂协同处置的主要方式有湿污泥（含水率 80%）直接加入锅炉掺烧和干化或半干化（含水率 40%以下）后的污泥进入循环流化床锅炉或煤粉炉焚烧。

选用电厂余热作为干化热源，与通常热干化系统相同。

(2) 湿污泥直接掺烧

1) 工艺流程

湿污泥直接掺烧的主要工艺流程见图 9-114。

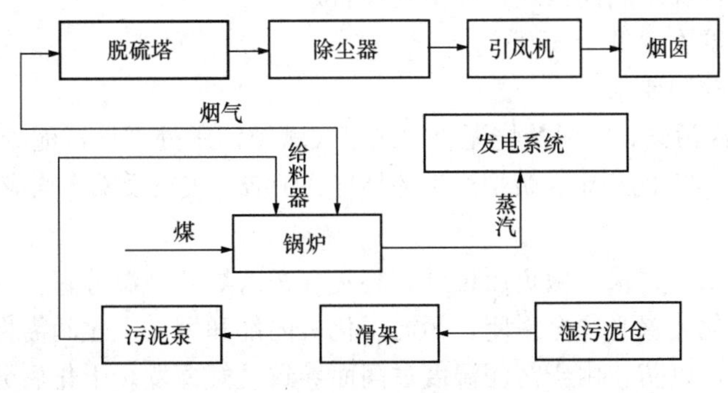

图 9-114 湿污泥直接掺烧工艺流程图

2) 设计与运行控制

湿污泥给入炉膛的位置宜采用炉顶给料；若采用炉膛中部给料，给料器需设置水冷装置。湿污泥直接掺烧须对原锅炉的尾部受热面进行适当改造，以防止烟气中灰分、酸性气体和湿含量升高导致的受热面积灰、磨损和腐蚀。

掺烧后焚烧炉膛温度不得低于850℃。由于烟气中湿含量增加，为防止尾部积灰和腐蚀，排烟温度应适当提高。

(3) 污泥干化后混烧

1) 工艺流程

污泥干化后混烧的主要工艺流程见图9-115。

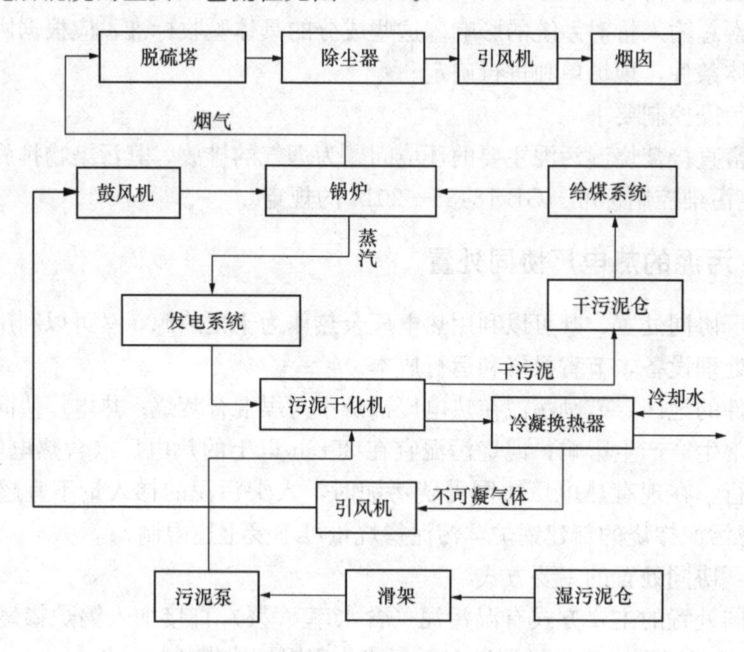

图9-115 污泥干化后混烧工艺流程

2) 设计与运行控制

污泥干化后可进入电厂原有的输煤系统。为防止污泥混入后造成原有给煤系统堵塞，污泥需干化至半干化（含水率40%以下），干化后污泥形态应疏松。为防止污泥干化污染原有电厂的烟气，推荐采用间接式污泥干化设备。

掺烧后焚烧温度不得低于850℃。

(4) 二次污染控制要求

为有效控制二次污染，污泥焚烧泥质须满足《城镇污水处理厂污泥处置 单独焚烧用泥质》GB/T 24602—2009的规定。焚烧产生的烟气、炉渣、飞灰及噪声均应进行监测与控制。

1) 臭气

污泥储仓应密闭，并采用微负压设计，将臭气送入炉膛高温分解。为防止污泥干化过程中臭气外泄，干化装置必须全封闭，污泥干化机内部和污泥干化间需保持微负压。干化后污泥应密封储存，以防止由于污泥温度过高而导致臭气挥发。干化后分离出的不可凝气体（臭气）须送入炉膛高温分解。

焚烧厂恶臭污染物控制与防治应符合《恶臭污染物排放标准》GB 14554—1993的规定。

2）烟气

对于排放的烟气，应核算大气污染物排放限值。

热电厂燃煤锅炉掺烧污泥时，各种大气污染物排放限值通过污泥和煤的烟气份额进行换算，换算公式如下：

$$C=\frac{V_S\times C_S+V_P\times C_P}{V_S+V_P} \tag{9-69}$$

式中 C——污泥混合焚烧厂各种大气污染物排放限值。

V_S——污泥燃烧产生的烟气体积；

C_S——污泥单独焚烧时各种大气污染物排放限值，目前参照《生活垃圾焚烧污染控制标准》GB 18485—2014；

V_P——煤燃烧产生的烟气体积；

C_P——《火电厂大气污染物排放标准》GB 13223—2011 规定的限值。

污泥在热电厂锅炉中与煤混合焚烧，应对烟气中排放的二噁英进行总量控制。全厂排放的二噁英总量限值为：

$$T_{Dioxin}=V_S\times C_{Dioxin} \tag{9-70}$$

式中 T_{Dioxin}——全厂排放的二噁英总量限值；

V_S——污泥燃烧产生的烟气体积；

C_{Dioxin}——污泥单独焚烧时二噁英排放限值，目前参照《生活垃圾焚烧污染控制标准》GB 18485—2014。

3）灰渣

炉渣与飞灰应分别收集、储存、运输，并妥善处置；符合要求的炉渣可进行综合利用。飞灰应按《危险废物鉴别标准》GB 5085—2007 进行鉴定后妥善处置，属于危险废物的，应按危险废物处置，不属于危险废物的，可按一般固体废物处理。

4）废水

污泥干化后蒸发出的水蒸气和不可凝气体（臭气）需进行分离。水蒸气通过冷凝装置冷凝后处理。焚烧厂的废水经过处理后应优先回用。当废水需直接排入水体时，其水质应符合《污水综合排放标准》GB 8978—1996 的规定。

5）噪声

焚烧厂的噪声应符合《声环境质量标准》GB 3096—2008 和《工业企业厂界环境噪声排放标准》GB 12348—2008 的规定，对建筑物内直接噪声源控制应符合《工业企业噪声控制设计规范》GB/T 50087—2013 的规定。焚烧厂噪声控制应优先采取噪声源控制措施。厂区内各类地点的噪声控制宜采取以隔声为主，辅以消声、隔振、吸声的综合治理措施。

9.10.4 污泥与生活垃圾混烧

污泥干化后具有一定的热值。将干化后的污泥与生活垃圾混烧，既可以利用垃圾焚烧厂的余热作为干化热源，又可以利用垃圾焚烧厂已有的焚烧和尾气处理设备，节省投资和运行成本。

污泥和生活垃圾混烧，应采用干化技术将污泥含水率降至与生活垃圾相似的水平，不宜将脱水污泥与生活垃圾直接掺混焚烧。

优先考虑采用生活垃圾焚烧余热干化污泥，不宜选用一次优质能源作为干化热源。

(1) 干化后的污泥与生活垃圾混烧

1) 工艺流程

混烧污泥的生活垃圾焚烧厂，应建设满足国家规定的生活垃圾焚烧系统，污泥与生活垃圾混烧的主要工艺流程见图 9-116。

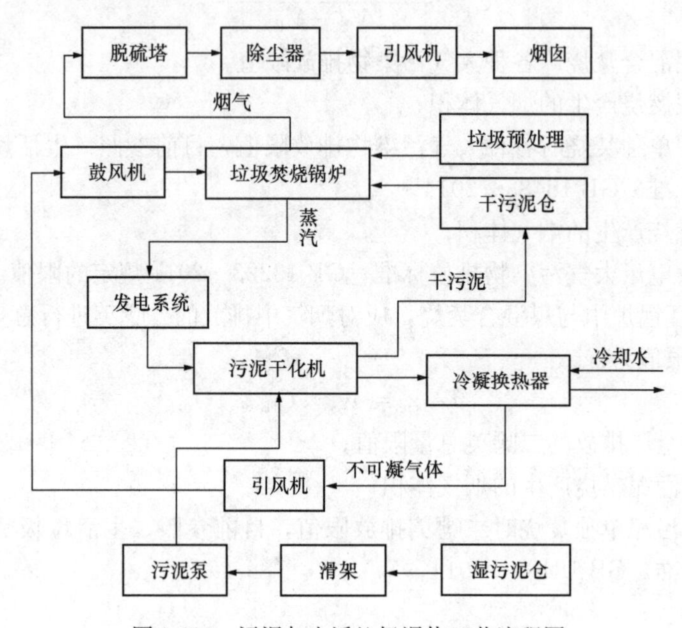

图 9-116　污泥与生活垃圾混烧工艺流程图

2) 设计与运行控制

采用污泥与生活垃圾混烧，应为污泥的输送和给料配备专门的设备，不宜与生活垃圾共用。为防止污泥干化污染原有电厂的烟气，推荐采用间接式污泥干化设备。采用污泥与生活垃圾混烧，应选择流化床焚烧炉进行处理。焚烧炉的设计应考虑污泥焚烧飞灰量大对尾部受热面和烟气净化系统的影响。

混烧后焚烧温度不得低于 850℃。

(2) 二次污染控制要求

污泥与生活垃圾混烧产生的废气、废水、废渣和噪声均应进行监测与控制。

1) 臭气

污泥储仓应密闭，并采用微负压设计，将臭气送入炉膛高温分解。为防止污泥干化过程中臭气外泄，干化装置必须全封闭，污泥干化机内部和污泥干化间需保持微负压。干化后污泥应密封储存，以防止由于污泥温度过高而导致臭气挥发。干化后分离出的不可凝气体（臭气）须送入炉膛高温分解。焚烧厂恶臭污染物控制与防治应符合《恶臭污染物排放标准》GB 14554—1993 的规定。

2) 焚烧烟气

最终排入大气的烟气中污染物排放限值应取污泥单独焚烧污染物排放限值和生活垃圾单独焚烧污染物排放限值中的低者。目前参照《生活垃圾焚烧污染控制标准》GB

18485—2014 的规定。

3）灰渣

炉渣与飞灰应分别收集、储存、运输，并妥善处置；符合要求的炉渣可进行综合利用。飞灰参照《生活垃圾焚烧污染控制标准》GB 18485—2014 的规定进行处理。

4）废水

污泥干化产生的水蒸气和不可凝气体（臭气）需进行分离，水蒸气通过冷凝装置冷凝后进行废水处理。焚烧厂的废水经过处理后应优先回用，高浓度的废液也可采取喷入焚烧炉膛进行焚烧处理。经处理后的废水需直接排入水体时，其水质应符合《污水综合排放标准》GB 8978—1996 的规定。

5）噪声

焚烧厂的噪声应符合《声环境质量标准》GB 3096—2008 和《工业企业厂界环境噪声排放标准》GB 12348—2008 的规定，对建筑物内直接噪声源控制应符合《工业企业噪声控制设计规范》GB/T 50087—2013 的规定。焚烧厂噪声控制应优先采取噪声源控制措施。厂区内各类地点的噪声控制宜采取以隔声为主，辅以消声、隔振、吸声的综合治理措施。

9.11 污泥碳化

9.11.1 污泥碳化原理

（1）碳化概念

污泥碳化（也称“污泥热解”）技术是指在常压或微正压、无氧或缺氧条件下，对污泥进行高温热分解，使污泥中的有机物转化为燃油、燃气、污泥炭和水的技术。根据碳化终温不同可分为低温碳化（≤500℃）和中高温碳化（500～900℃）。

（2）碳化过程

污泥碳化一般在 900℃以下进行，包含以下几个阶段：1）120～180℃脱水阶段；2）200～550℃污泥中主要非挥发性固体组分热解失重阶段；3）温度大于 600℃时挥发分进一步二次催化热解、挥发分含量增加阶段。

从热解组分考虑，脂肪族化合物等生物可降解物质首先热解，其次是蛋白质、生物死细胞等高分子有机聚合物，最后为纤维素、木质素等不可降解物质以及部分无机组分。从热解产物组成考虑，污泥原料热分解首先逸出 CH_4、CO_2 和 H_2O 等挥发分，之后污泥炭二次热裂解产生的烃类和乙醇、挥发分进一步发生二次催化热解，热解阶段产生的液相和气相挥发分主要包括 H_2、CH_4、CO、CO_2、H_2O、乙酸、烃类化合物、醇类化合物等。随着升温和加热时间延长，污泥样品质量不再发生变化，热解反应基本停止。

污泥碳化反应可以描述如下：有机物＋能量→CH_4＋CO＋H_2＋炭＋油＋能量。如图 9-117 所示。

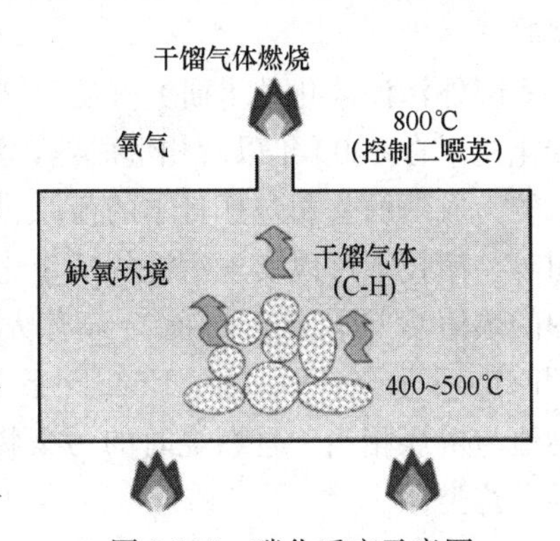

图 9-117 碳化反应示意图

(3) 碳化产物

污泥在热解过程中逐步脱除挥发分并发生碳化反应，热解结束后残留的固体残渣即为污泥炭。未经高热值物料掺混热解所得的污泥炭一般不用作燃料回收热能，而多利用其吸附性能。污泥炭经过反应条件控制或后期处理可提高孔隙度，起到吸附剂作用，可用来处理工厂尾气和废水，还可用作除臭剂、脱色剂和生物净化介质等。污泥炭作为肥料、土壤碳汇和土壤改良剂等农用产品时，可以兼顾农业生产和温室气体排放。污泥炭还可回用于热化学工艺中，例如污泥炭在微波热解中充当增效吸波介质、在热解制油工艺中催化产油或进一步作为气化原料生产合成气。

污泥碳化的气态产物主要通过燃烧回用能量，常作为热解系统的补充热源。液态产物成分复杂，主要由直链脂肪酸、长链烃和芳烃及杂环化合物组成，其热值较高，经处理可制成可利用生物油，一般用作燃料和化工原料，也可以生产肥料和树脂，还可通过酯化工艺来促进其处理和商业化。

(4) 碳化技术特点

同其他处理方法相比，污泥碳化技术的优势可以概括为：1）原料体积大幅度减小，实现减量化；2）原料中的有机成分转化为可用能源，能量利用率高、损失少，减少系统外用能耗，提高经济性；3）产物能按需求制成可回收、易利用、易运输及易储存的能源形态，可供热发电或用作化工及其他产业的原料；4）二次污染小，烟气处理简便，温室气体排放远低于焚烧法，无二噁英排放，污泥重金属实现固定化，环境安全性高。

9.11.2　污泥碳化工艺参数

(1) 碳化条件

一般情况下，污泥碳化工艺的污泥炭产量约50%，液态产物（包括热解油和水溶性热解液）约10%～20%，气态产物约30%～40%。

中低温碳化（400～600℃）、较长的物料停留时间（0.5～2h）和较低的加热速率（<10℃/min）可提高污泥炭产量。

(2) 工艺应用

污泥碳化工艺目前主要采用加热炉加热，主要的反应器为固定床反应器和回转窑反应器，开发较好的主要有带夹套的外热卧式回转窑反应器、电热炉反应器、连续碳化反应器等。

国外污泥碳化技术研究开始于20世纪80年代，美国的低温碳化技术和日本的中高温碳化技术在2000年以后相继成熟，污泥碳化技术得以大规模的商业推广。中高温碳化技术较为成熟的公司包括日本的荏原、三菱重工、巴工业，美国的IES，澳大利亚的ESI公司等。该技术可以实现污泥的减量化和资源化，但由于其技术复杂，运行成本较高，产品中的热值含量较低，目前尚未有大规模的应用。低温碳化技术以美国的EnerTech和Thermo Energy为代表。EnerTech的Slurrycarb工艺是连续式的，生产出来的碳化物的燃值与褐煤相当，且燃烧时的污染物排放比煤要少；Thermo Energy的工艺与EnerTech的工艺类似。

连续高速污泥碳化工艺来源于日本巴工业株式会社，我国企业对其引进消化吸收，在对整个系统进行优化适应研究的基础上，开发了具有可靠节能特点的多段开孔管污泥碳化系统等技术。污泥热解制炭工艺主要由污泥接收系统、污泥干化系统、污泥碳化系统、热量回收系统、废气净化处理系统等组成。其中污泥碳化系统包括污泥碳化炉、预热炉、再燃炉、污泥碳化给料器、碳化物冷却器、碳化物储仓、运行控制设备等。

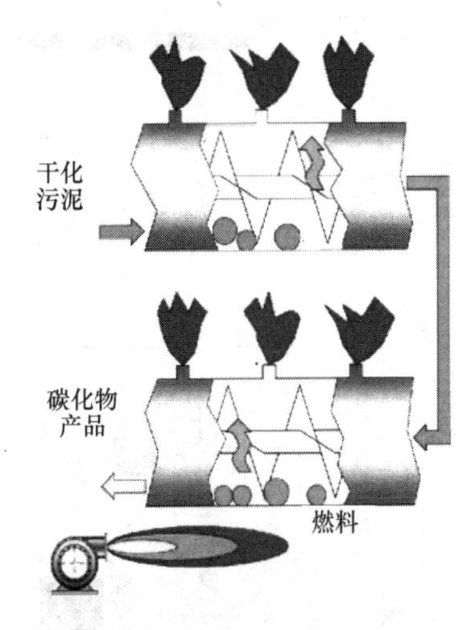

图 9-118 螺旋输送器结构示意图

污泥碳化系统采用立式多段外热螺旋式碳化炉。污泥碳化系统通过在缺氧或无氧的条件下加热干化污泥，产生的可燃挥发性气体从碳化炉开孔管中析出，在碳化炉中燃烧，作为污泥碳化系统热源的一部分。设置专门的再燃炉以保证污泥热解产生的可燃气体完全燃烧，再燃炉燃烧温度应不低于 850℃，燃烧停留时间应不少于 2.5s，燃烧后的高温烟气用于污泥干化。通过调整碳化炉螺旋输送器的转速进行输送速度调节（见图 9-118），控制碳化时间（15～20min），生产出稳定的碳化物产品。

连续高速污泥碳化系统工艺流程见图 9-119。

污泥干化系统可选用粉碎搅拌结构的旋转型干燥机，将高温烟气与污泥直接进行顺流式接触，高速旋转的粉碎搅拌轴将污泥迅速粉碎、分散，保证污泥中的水分得以在短时间内蒸发，获得品质均匀的干燥成品。进入干燥机的湿污泥含水率不宜高于 80%，热干化污泥产品的含水率应在 30%左右，温度在 50℃以下。干燥机入口热烟气温度 800℃，出口排气温度 200℃。干燥系统的燃料可采用天然气、沼气、液化石油气、轻油、重油等。

进入污泥碳化子系统的污泥含水率在 20%～40%之间，污泥碳化物的含水率低于 10%。

污泥碳化物在进入碳化物储存仓前进行冷却并加湿，以保证碳化物安全储存。宜采用螺旋输送冷却器将碳化物冷却至 40℃以下。

为保证系统安全稳定运行，应对湿污泥给料量、碳化炉及干燥机运行温度、干燥机入口烟气的氧含量、系统烟气量、洗涤后烟气温度、碳化物冷却后温度、中间料仓及碳化物料仓温度进行实时监测，并根据监测值实时调整系统运行。

应设专门的管道及气动阀门，在突然停电时，及时将污泥热解产生的可燃气体排放，以避免爆燃事故发生。

高温、高浓度废气经过“旋风除尘器＋热交换器＋水洗降温塔＋生物除臭塔＋活性炭吸附塔”装置净化处理后达标排放。高温（200℃左右）、高浓度废气由旋风除尘器分离收集大颗粒粉尘后进入换热器，回收利用部分热量后温度降低至 150℃左右，再经过水洗降温塔冷却后温度降低至 40℃左右，使除臭系统中的微生物具有良好的生存、处理环境。生物除臭塔炭质生物载体填料上栖息有硫化菌、硝化菌等微生物，废气中绝大部分有机成分可通过微生物细胞膜或酶（微生物分泌物）的水解作用被吸收、降解为无害化合物，如二氧化碳、水及一些无机盐类。废气中无法生物降解的无机物颗粒通过活性炭吸附装置吸附。

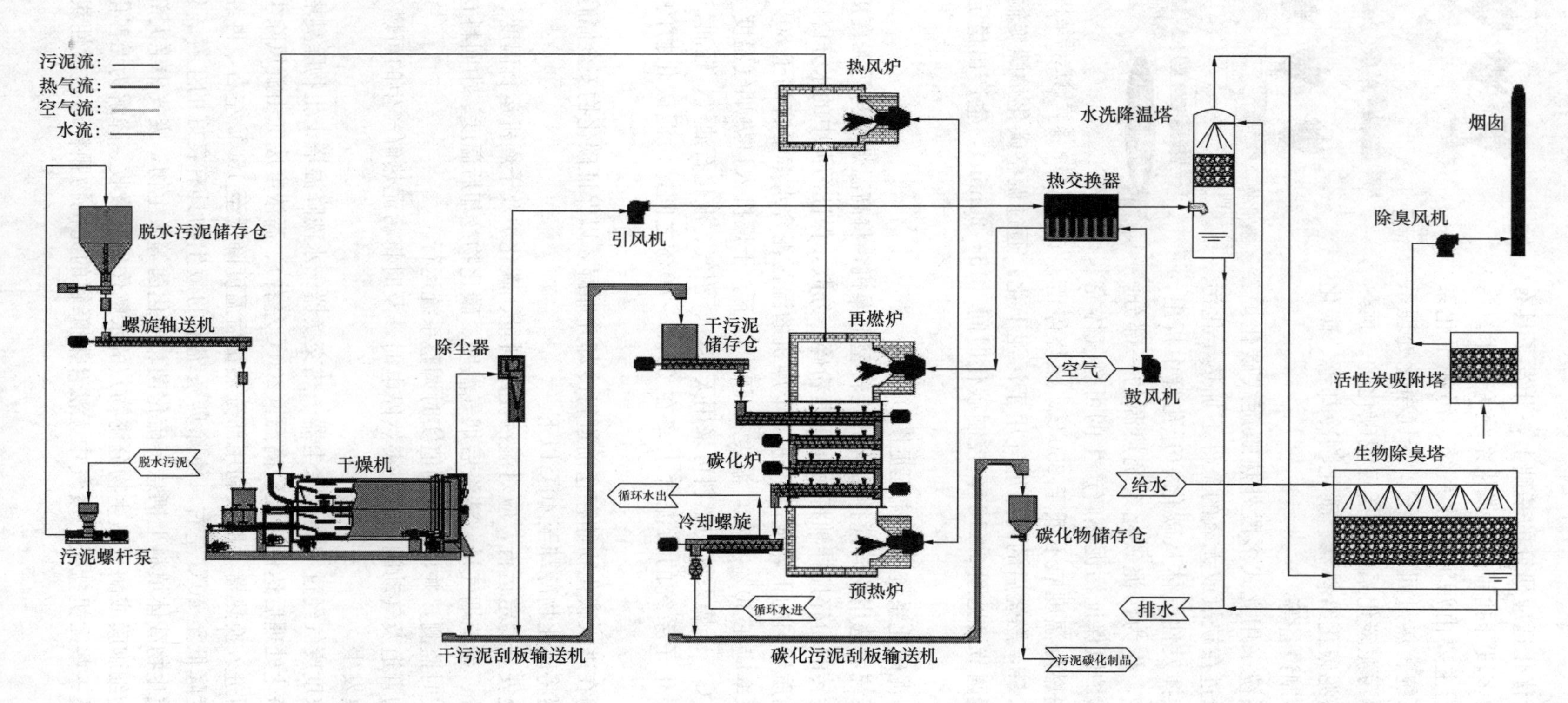

图 9-119 连续高速污泥碳化系统工艺流程图

9.12 污泥的最终处置

9.12.1 污泥处置方式选择

污泥处置是指处理后污泥的消纳过程，处置方式有土地利用、填埋、建筑材料综合利用等。

污泥处理处置的目标是实现污泥的减量化、稳定化和无害化；鼓励回收和利用污泥中的能源和资源。坚持在安全、环保和经济的前提下实现污泥的处理处置和综合利用，达到节能减排和发展循环经济的目的。

鼓励符合标准的污泥进行土地利用。污泥土地利用应符合国家及地方的标准和规定。污泥土地利用主要包括土地改良和园林绿化等。鼓励符合标准的污泥用于土地改良和园林绿化，并列入政府采购名录。允许符合标准的污泥限制性农用。如果当地存在盐碱地、沙化地和废弃矿场，应优先使用污泥对这些土地或场所进行改良，实现污泥处置。用于土地改良的泥质应符合《城镇污水处理厂污泥处置 土地改良用泥质》GB/T 2460 的规定。应对改良方案进行环境影响评价，防止对地下水以及周围生态环境造成二次污染。污泥农用时，污泥必须进行稳定化和无害化处理，并达到《农用污泥中污染物控制标准》GB 4284 等国家和地方现行的有关农用标准和规定。污泥衍生产品应通过场地适用性环境影响评价和环境风险评估，并经有关部门审批后方可实施。污泥农用应严格控制施用量和施用期限。

有条件的地区，应积极推广污泥建筑材料综合利用。污泥建筑材料综合利用是指污泥的无机化处理，用于制作水泥添加料、制砖、制轻质骨料和路基材料等。污泥建筑材料综合利用应符合国家和地方相关标准和规范的要求，并严格防范在生产和使用中造成二次污染。

不具备土地利用和建筑材料综合利用条件的污泥，可采用填埋处置。国家将逐步限制未经无机化处理的污泥在垃圾填埋场填埋。污泥填埋应满足《城镇污水处理厂污泥处置 混合填埋用泥质》GB/T 23485 的规定；填埋前的污泥需进行稳定化处理；横向剪切强度应大于 $25kN/m^2$；填埋场应有沼气利用系统，渗滤液应能达标排放。

9.12.2 污泥土地利用

(1) 一般要求

污泥必须经过厌氧消化、好氧发酵等稳定化及无害化处理后，才能进行土地利用。未经稳定化处理的污泥进行农用时，可能会造成烧苗现象。污泥经稳定化及无害化处理后，有机污染物得到部分降解，重金属活性得到钝化，通过无害化过程产生的热量将污泥中的大肠杆菌、病原菌和虫卵等灭杀，将杂草种子灭活，降低了污泥在进行土地利用时的卫生和环境风险，并提高了植保安全性。

当污泥以农用、园林绿化为土地利用方式时，可采用厌氧消化或高温好氧发酵等工艺对污泥进行处理。有条件的污水处理厂，应首先考虑采用污泥厌氧消化对污泥进行稳定化及无害化处理的可行性，污泥消化产生的沼气应收集利用。为提高能量回收率，可采用超声波、高温高压热水解等污泥破解技术，对剩余活性污泥在厌氧消化前进行预处理。当污水处理厂厌氧消化所需场地条件不具备，或污水处理厂规模较小时，可将脱水后的污泥集中运输至统一场地，采用厌氧消化或高温好氧发酵等工艺对脱水污泥进行稳定化及无害化处理。高温好氧发酵工艺应维持较高的温度与足够的发酵时间，以确保污泥泥质满足土地利用要求。

如污泥泥质经处理后暂不能达到土地利用标准，应制定降低污泥中有毒有害物质的对策，研究土地利用作为永久性处置方案的可行性。

湿污泥直接进行土地利用时，有耕作层施用、深层施用等操作方式。当用于污泥处置的土地远离人群，周围环境不敏感时，可在耕作层直接施用。如周围环境敏感，污泥在土地上摊铺后，应及时深翻至耕作层以下，避免恶臭污染。国外有的城市还将未经脱水的泥浆直接注入耕作层。好氧发酵的污泥施用条件较好，一般可在耕作层直接施用。

区域内污泥土地利用，应结合土壤重金属背景信息开展，规划和分级适宜污泥土地利用的区域。同时，通过厌氧消化、好氧发酵或添加钝化剂等措施，可以有效降低污泥土地利用的重金属风险。多环芳烃（PAHs）、多氯联苯（PCBs）、有机氯农药（OCPs）等有机污染物通过厌氧消化或好氧发酵可部分降解，减少土地利用时向土壤和作物的转移。因此，采取有针对性的预处理措施，可在一定程度上降低重金属和有机污染物的土地利用风险。最重要的是要进一步强化源头控制和管理，严格限制有毒有害的工业废水排入市政下水道。

污泥中含有大量的细菌、病毒、蛔虫卵，其中一部分为人畜共患病源，因此在污泥土地利用之前，需进行无害化处理。但大部分病虫害的致死温度均在 50～60℃，与污泥高温好氧及厌氧发酵的温度要求相符合，因此只要经过高温好氧及厌氧发酵等高温（55℃，5～7d）处理，污泥中的病菌、虫卵均得以灭杀（活），实现土地利用病虫害风险最低化。

污泥中含有的杂草种籽较多，主要源于生活污水夹杂的果蔬种籽，其外壳坚硬，在污水处理过程中并未失活，因此沉淀在污泥中仍具有潜在发芽能力。在进行污泥土地利用，特别是在草坪和育苗基质上应用时，应考虑由此可能造成的生物风险。污泥中的杂草有可能成为入侵草种，影响土地利用效果。

污泥中盐离子成分复杂且含量较高，特别是氯化钠（NaCl）含量达到普通土壤的20～40倍，已超过普通作物的盐分忍耐范围。因此，在污泥土地利用时，应考虑采取辅助措施，如淋洗脱盐、加大喷灌水量等，降低盐分含量，减少其应用对作物的负面影响。

在重要水源地类型的湖库周围 1000m 范围内，不宜进行污泥土地利用。在洪水频繁暴发区域，不建议污泥进行土地利用。在饮用水源地周边和地下水位较高地区，污泥土地利用的施用量应遵循减半原则。在水、冰或雪覆盖地区进行污泥土地利用之前，应该确保径流得到有效控制。禁止在敏感性水体附近区域内，超量和过量施用污泥。

污泥土地利用的场地平面与水平面角度不应大于 15°，在坡度大于 15°的坡地上进行污泥土地利用时，应在下坡处建立有效围挡措施，防治污泥溢流和雨水冲刷造成污染。用于生态修复和植被恢复的污泥，在施用后应进行土壤覆盖，避免污泥过度积累影响恢复效果。在园林绿化和林地等途径进行土地利用时，应将施用后的污泥翻入土内，混合覆盖。

污泥进行土地利用时，应委托有资质的环境评价机构对污泥土地利用进行土壤、水体和大气方面的长期定点监测，其监测数据记录保存时间不低于 6 年。监测指标应包括：重金属（主要为汞、砷、镉、铅、镍、铬、铜和锌）、化学需氧量（COD）、硝态氮、苯并（α）芘、矿物油和多环芳烃类（PAHs），还应包括苍蝇密度和大肠杆菌群总数等。监测频率应依据污泥施用量确定，原则上不低于每季度一次。

污泥在进行土地利用时，污泥产出单位应记录污泥产品去向，同时污泥使用单位应定期向污泥监管单位汇报，建立和完善污泥土地利用登记制度和跟踪体系，保证污泥去向和使用有据可查。对污泥土地利用环境监测数据，应及时上报当地环保主管部门进行备案。

（2）农用

污泥农用是指将污泥在农业用地上有效利用的方式。一般包括污泥经过无害化处理后用于农田、果园或牧草等。

1）泥质标准

根据污泥中的污染物浓度将污泥分为A级和B级，其污染物浓度限值应满足《城镇污水处理厂污泥处置 农用泥质》CJ/T 309的要求，A级和B级污泥分别施用于不同的作物。A级污泥要求较为严格，可用于蔬菜、粮食作物、油料作物、果树、饲料作物、纤维作物，其中蔬菜收获前30d禁止施用，根茎类作物按照蔬菜限制标准施用；B级污泥对重金属限量适度放宽，可用于油料作物、果树、饲料作物、纤维作物，禁止施用于蔬菜和粮食作物。

以有机肥料形式用于农业用途的污泥，其氮磷钾（$N+P_2O_5+K_2O$）含量应不低于30g/kg（干基），有机质含量不低于200g/kg（干基）。

农用污泥的物理指标、卫生学指标、种子发芽指数等应符合《城镇污水处理厂污泥处置 农用泥质》CJ/T 309的规定。

2）施用方法

当污泥经稳定化和无害化处理达到《城镇污水处理厂污泥处置 农用泥质》CJ/T 309等国家和地方现行的有关农用标准和规定时，应根据当地的土壤环境质量状况和农作物特点及《土壤环境质量标准》GB 15618，研究提出包括施用范围、施用量、施用方法及施用期限等内容的污泥农用方案，经污泥施用场地适用性环境影响评价和环境风险评估后，进行污泥农用并严格进行施用管理。

以有机肥料形式进行污泥农业应用，其应用对象包括林木、果树、花卉，在一定的限制条件下，也可用于麦谷类粮食作物等，一般作为基肥（底肥）进行应用，也可作为追肥施用。

农田年施用污泥量累计不应超过7.5t/hm^2，农田连续施用不应超过10年。湖泊周围1000m范围内和洪水泛滥区禁止施用污泥。

（3）园林绿化用

污泥园林绿化用是指将处理后的污泥用于城镇绿地系统或郊区林地的建造和养护过程，一般用作栽培介质土、土壤改良材料，也可作为制作有机肥的原料。

1）泥质指标

污泥园林绿化利用前，应满足《城镇污水处理厂污染物排放标准》GB 18918中的稳定化控制指标，同时要求外观比较疏松，无明显臭味。污泥施用到绿地后，要求对盐分敏感的植物根系周围土壤的EC值小于1.0mS/cm，对某些耐盐的园林植物可以适当放宽到小于2.0mS/cm。其氮磷钾（$N+P_2O_5+K_2O$）含量应不低于30 g/kg（干基），有机质含量不低于 250g/kg（干基）。

园林绿化用污泥的生物学指标、污染物指标、种子发芽指数等应符合《城镇污水处理厂污泥处置 园林绿化用泥质》GB/T 23486 的规定。

2）施用方法

当污泥经稳定化和无害化处理满足《城镇污水处理厂污泥处置 园林绿化用泥质》GB/T 23486 的规定和有关标准要求时，应根据当地的土质和植物习性，提出包括施用范围、施用量、施用方法及施用期限等内容的污泥园林绿化或林地利用方案，进行污泥处置。

园林绿化应用对象包括城市绿化带、公园绿化、行道绿化、公路护坡、隔离带及转盘绿化等。一般园林绿化年度施用量应控制在 4～8kg/m^2，对于公路绿化和树木类可适当提高至 8～10kg/m^2。施用方式以沟施和穴施为主。

用作育苗基质时，可将污泥视为营养土使用，建议适当提高污泥添加比例，一般占育苗基质体积的 50%～70%，特别是林木育苗基质，可全部采用腐熟污泥作为基质原料。

对于人工建植的带土生产和无土生产的草坪，污泥年度施用量一般应控制在 5～10kg/m^2，最高不宜超过 12kg/m^2。施用方式以撒施为主。

（4）林地用

污泥林地用是指将处理后的污泥应用于成片的天然林、次生林和人工林覆盖的土地，包括用材林、经济林、薪炭林和防护林等各种林木的成林、幼林和苗圃等所占用的土地，不包括农业生产中的果园、桑园和茶园等的占地以及园林绿化用地。

1）泥质指标

林地用泥质的氮磷钾（$N+P_2O_5+K_2O$）含量应不低于 25g/kg（干基），有机质含量不低于 180g/kg（干基）。

林地用污泥的理化指标、卫生学指标、污染物指标、种子发芽指数等应符合《城镇污水处理厂污泥处置 林地用泥质》CJ/T 362 的规定。

2）施用方法

林地用污泥施用方式以穴施为主。

林地年施用污泥量累计不应超过 30t/hm^2，林地连续施用不应超过 15 年。湖泊、水库等封闭水体及敏感性水体周围 1000m 范围内和洪水泛滥区禁止施用污泥。施用场地的坡度大于 9%时，应采取防止雨水冲刷、径流等措施。施用场地的坡度大于 18%时，不应施用污泥。

（5）土地改良用

污泥土地改良用就是将处理后的污泥用于盐碱地、沙化地和废弃矿场土壤的改良，使之达到一定的用地功能。

1）泥质标准

污泥土地改良利用前，应满足《城镇污水处理厂污染物排放标准》GB 18918 中的稳定化控制指标，同时要求有泥饼型感官，无明显臭味。其氮磷钾（$N+P_2O_5+K_2O$）含量应不低于 10g/kg（干基），有机质含量不低于 100g/kg（干基）。

土地改良用污泥的理化指标、生物学指标、污染物指标等应符合《城镇污水处理厂污泥处置 土地改良用泥质》GB/T 24600 的规定。

2）施用方法

可在施用土地改良用污泥后的覆盖层上种植恢复性植物。施用方式以覆盖和机械掺混为主。

土地改良年施用污泥量累计不应超过 30t/hm^2。饮用水水源保护区和地下水水位较高处不宜将污泥用于土地改良。污泥用于土地改良后，其施用地的土壤和地下水相关指标应符合《土壤环境质量标准》GB 15618 和《地下水质量标准》GB/T 14848 的相关规定。

9.12.3 污泥建筑材料综合利用

污泥也可直接作为原料制造建筑材料，经烧结的最终产物是可以用于建筑工程的材料或制品。建材利用的主要方式有：制作水泥添加料、制陶粒、制路基材料等。污泥用于制作水泥添加料也属于污泥的协同焚烧过程。污泥建材利用应符合国家、行业和地方相关标准和规范的要求，并严格防止在生产和使用中造成二次污染。

（1）水泥熟料生产

污泥用于水泥熟料生产，是指水泥窑中的高温能将污泥焚烧，并通过一系列物理化学反应使焚烧产物固化在水泥熟料的晶格中，成为水泥熟料的一部分，从而达到污泥安全处置的目的。

1）泥质标准

用于水泥熟料生产的污泥，应满足《城镇污水处理厂污染物排放标准》GB 18918 中的稳定化控制指标。

水泥熟料生产用污泥的理化指标、污染物指标等应符合《城镇污水处理厂污泥处置 水泥熟料生产用泥质》CJ/T 314 的规定。

2）利用方法

对于熟料产量为 1000～3000t/d 的干法水泥生产线，当污泥含水率为 35%～80%时，其污泥添加比例宜<10%，当污泥含水率为 5%～35%时，其污泥添加比例宜为 10%～20%；对于熟料产量大于 3000t/d 的干法水泥生产线，当污泥含水率为 35%～80%时，其污泥添加比例宜<15%，当污泥含水率为 5%～35%时，其污泥添加比例宜为 15%～25%。

城镇污水处理厂污泥可在不同的喂料点进入水泥生产过程。常见的喂料点是：窑尾烟室、上升烟道、分解炉、分解炉的三次风风管进口。污泥焚烧残渣可通过正常的原料喂料系统进入，含有低温挥发成分（例如烃类）的污泥必须喂入窑系统的高温区。通常，湿污泥经过泵送直接入窑尾烟室；利用水泥窑协同处置干化或半干化后的污泥时，在窑尾分解炉加入；外运来的污泥焚烧灰渣，可通过水泥原料配料系统处置。

污泥用于水泥熟料生产过程中的尾气排放，应满足《水泥工业大气污染物排放标准》GB 4915 和《危险废物焚烧污染控制标准》GB 18484 的相关限值规定。

（2）陶粒生产

污泥用于配料生产陶粒（用作轻骨料配制轻骨料混凝土），可在高温焙烧过程中使污泥得以彻底稳定，并固化重金属，充分利用污泥中的土质资源。

1）泥质标准

污泥中二氧化硅等成分含量少，有机质含量较高，不宜直接烧制陶粒。因此，要烧制出合格的陶粒制品，应根据不同类型污泥的化学成分与特性，通过与黏土、粉煤灰、页岩等其他原料混合配料，使陶粒原料化学组成满足一定要求。

2）利用方法

污泥制陶粒的典型生产工艺流程如下：原料计量→混碾搅拌→造粒→过筛→进窑→烘干→预热→焙烧→冷却→分级→入库→检验→出厂。

在一般情况下，宜控制污泥含水率不大于80%，并调整配料用水量；含水率80%的污泥掺量不宜超过30%。在污泥制陶粒的生产过程中，应控制好预热和焙烧这两个关键工序。预热可避免直接焙烧导致陶粒炸裂，并可利用污泥中有机质的燃烧热值；焙烧工序直接影响陶粒产品的性能，烧制温度在1100～1200℃之间为宜。污泥用于制陶粒生产过程中的尾气排放，应满足《危险废物焚烧污染控制标准》GB 18484的相关限值规定。污泥陶粒不宜用于人居及公共建筑。

9.12.4 污泥填埋

污泥填埋有单独填埋、与垃圾混合填埋两种方式。国外有污泥单独填埋场的案例。目前国内主要是与垃圾混合填埋。另外，污泥经处理后还可作为垃圾填埋场覆盖土。

污泥与生活垃圾混合填埋，污泥必须进行稳定化、卫生化处理，并满足垃圾填埋场填埋土力学要求；且污泥与生活垃圾的质量比，即混合比例应≤8%。污泥用作垃圾填埋场覆盖土时，必须对污泥进行改性处理。可采用石灰、水泥基材料、工业固体废弃物等对污泥进行改性。同时也可通过在污泥中掺入一定比例的泥土或矿化垃圾，混合均匀并堆置4d以上，以提高污泥的承载能力并消除其膨润持水性。

（1）与生活垃圾混合填埋

污泥与生活垃圾混合填埋是指污泥进入生活垃圾卫生填埋场与生活垃圾进行共同处置。

1）泥质标准

污泥与生活垃圾混合填埋时，必须降低污泥的含水率，同时进行改性处理。改性处理可通过掺入矿化垃圾、黏土等调理剂，以提高其承载力，消除其膨润持水性。避免雨季时，污泥含水率急剧增加，无法进行填埋作业。混合填埋污泥含水率应小于60%，污染物指标应满足《城镇污水处理厂污泥处置 混合填埋用泥质》GB/T 23485和《生活垃圾填埋场污染控制标准》GB 16889的要求。

2）利用方法

污泥与生活垃圾混合填埋应实行充分混合、单元作业、定点倾卸、均匀摊铺、反复压实和及时覆盖。填埋体的压实密度应大于1.0kg/m³。每层污泥压实后，应采用黏土或人工衬层材料进行日覆盖。黏土覆盖层厚度应为20～30cm。

污泥占生活垃圾的比例应不大于8%。

混合填埋场在达到设计使用寿命后应进行封场。封场工作应在填埋体上覆盖黏土或其他人工合成材料。黏土的渗透系数应小于1.0×10^{-7}cm/s，厚度为20～30cm，其上再覆盖20～30cm的自然土作为保护层，并均匀压实。填埋场封场后还应覆盖植被，同时在保护层上铺设一层营养土层，其厚度根据种植植物的根系深浅来确定，一般不应小于20cm，总覆土厚度应在80cm以上。

(2) 作为生活垃圾填埋场覆盖土添加料

1) 泥质标准

用作生活垃圾填埋场覆盖土添加料时，污泥的含水率应小于45%，臭气浓度小于2级（六级臭度），横向剪切强度大于25kN/m^2。污泥的污染物指标应满足《城镇污水处理厂污泥处置 混合填埋用泥质》GB/T 23485的要求，用作垃圾填埋场终场覆盖土时，还需满足《城镇污水处理厂污染物排放标准》GB 18918中的卫生学指标要求，同时不得检测出传染性病原菌。

2) 利用方法

添加了污泥的生活垃圾填埋场覆盖土应进行定点倾卸、摊铺、压实。覆盖层的厚度在经过压实后应不小于20cm，压实密度应大于1000kg/m^3。污泥添加料应与覆盖土混合充分，堆置时间不少于4d，以保证混合材料的承载能力大于50kPa。污泥入场用作覆盖土添加料前必须对其进行监测。含有毒工业制品及其残物的污泥、含生物危险品和医疗垃圾的污泥、含有毒药品的制药厂污泥及其他严重污染环境的污泥不能进入填埋场作为覆盖土添加料，未经监测的污泥严禁入场。其他技术要求及处理措施详见《生活垃圾卫生填埋处理技术规范》GB 50869。

10 城镇污水处理厂的总体设计

10.1 厂 址 选 择

污水处理厂位置的选择，应符合城镇总体规划和排水工程专业规划的要求。在污水处理厂的总体设计时，对具体厂址的选择，仍须进行深入的调查研究和详尽的技术经济比较。其一般原则如下：

(1) 厂址与规划居住区或公共建筑群的卫生防护距离应根据环境影响评价报告要求确定。

(2) 厂址应在城镇集中供水水源的下游，且应位于一级、二级水源保护区之外。污水处理厂应设置在城镇水体下游的某一区段，由于受某些因素的影响，不能设在城镇水体的下游时，出水口应设在城镇水体的下游。

(3) 厂址应尽可能少占农田或不占良田。

(4) 厂址应尽可能设在城镇和工厂夏季主导风向的下方。

(5) 厂址应设在地形有适当坡度的城镇下游地区，使污水有自流的可能，以节约动力消耗。

(6) 厂区地形不应受洪涝灾害影响，防洪标准不应低于城镇防洪标准，应有良好的排水条件。

(7) 厂址的选择应考虑交通运输、水电供应地质、水文地质等条件。

(8) 厂址的选择应结合城镇总体规划，考虑远景发展，留有充分的扩建余地。

(9) 厂址的选择应便于处理后出水回用和安全排放。

(10) 厂址的选择应便于污泥集中处理和处置。

10.2 平面布置及总平面图

10.2.1 一般规定

(1) 污水处理厂的平面布置包括：处理构筑物、办公、化验及其他辅助建筑物，以及各种管道、道路、绿化等的布置。根据污水处理厂的规模大小，采用1∶200～1∶1000比例尺的地形图绘制总平面图，管道布置可单独绘制。

(2) 处理构筑物的布置应紧凑，有利于节约用地并便于管理。

(3) 污水处理厂的总体布置应根据厂内各建筑物和构筑物的功能和流程要求，结合厂址地形、气候和地质条件，优化运行成本，便于施工、维护和管理等因素，经技术经济比较确定。处理构筑物应尽可能地按流程顺序布置，以避免管线迂回，同时应充分利用地形，以减少土方量。

(4) 生产管理建筑物和生活设施宜集中布置，其位置和朝向应力求合理，并应与处理构筑物保持一定距离。污水和污泥的处理构筑物宜分别集中布置。经常有人工作的建筑物如办公、化验等用房应布置在夏季主导风向的上风向，在北方地区，应同时考虑朝阳。

(5) 在布置总图时，应考虑设置必要的下凹式绿地和雨水调蓄与利用措施，满足雨水径流控制、下渗及规划控制的综合径流系数要求。

(6) 污水处理厂的厂区面积应按项目总规模控制，并做出分期建设的安排，合理确定近期规模。远景设施的安排应在设计中仔细考虑，除了满足远景处理能力的需要而增加的处理池以外，还应为改进出水水质的设施预留场地。

(7) 各构筑物之间的距离应考虑敷设各种管道、附属设施和管渠的位置，运转管理、交通运输的需要和施工的要求，一般不宜小于5m。

(8) 厂区消防的设计和消化池、贮气罐、污泥气压缩机房、污泥气发电机房、污泥气燃烧装置、污泥气管道、污泥干化装置、污泥燃烧装置及其他危险品仓库等的位置和设计，应符合国家现行有关防火规范的要求。污泥处理构筑物应尽可能布置成单独的组合，以确保安全，并方便管理。污泥消化池应距初次沉淀池较近，以缩短污泥管线，同时消化池和贮气罐与其他建（构）筑物的防火间距，应按照《建筑设计防火规范》GB 50016的相关规定执行。

(9) 污水处理厂内管线种类很多，应全面考虑，做好管线综合设计，以免发生矛盾。污水和污泥管道应尽可能考虑重力自流。重力流管道应绘制纵断面图。

(10) 如有条件，可以考虑在污水处理厂内建设综合管廊，将各种压力管线和电缆合并敷设在一条或多条综合管廊内，以利于维护和检修。

(11) 污水处理厂内应设超越管，以便在发生事故时，使污水能超越一部分或全部构筑物，进入下一级构筑物或直接事故溢流。

(12) 污水处理厂总平面布置应考虑除臭、降噪的要求，防止高温、有害气体、噪声等对周边环境和人身安全的危害，营造良好的工作环境，同时应满足《城镇污水处理厂污染物排放标准》GB 18918和《工业企业设计卫生标准》GBZ 1的相关规定。

(13) 污水处理厂内的各建筑物造型应简洁美观，节省材料，选材适当，并应使建筑物和构筑物群体的效果与周围环境相协调。

(14) 污水处理厂的总平面布置应考虑人员进出通道和药剂及污泥等生产车辆的通行，实现人员进出与生产车辆分流，同时做到人流、物流移动顺畅，径路短捷。

(15) 污水处理厂的总体设计应有利于降低运行能耗，促进节能减排。

(16) 污水处理厂应设置水量和水质监测设备和设施。

(17) 污水处理厂内应根据需要，在适当地点设置堆放材料、备件、燃料和废渣等物料及停车的场地。

10.2.2 总平面图

总平面图示例见图10-1。

如图10-1 (*a*) 所示，甲厂位于我国中部地区，设计规模为20万m^3/d，处理后出水执行《城镇污水处理厂污染物排放标准》GB 18918—2002中的一级B标准。污水处理采用预处理＋A/A/O二级生化＋消毒处理工艺，出水入河；污泥处理采用重力浓缩＋中温一级厌氧消化＋机械脱水工艺，脱水后泥饼由建设管理单位集中收集处置。

如图 10-1（b）所示，乙厂位于我国北京市，设计规模为 50 万 m^3/d，处理后出水执行《城镇污水处理厂水污染物排放标准》DB11/890—2012 中的 B 标准。污水处理采用“A/A/O＋砂滤池”工艺。

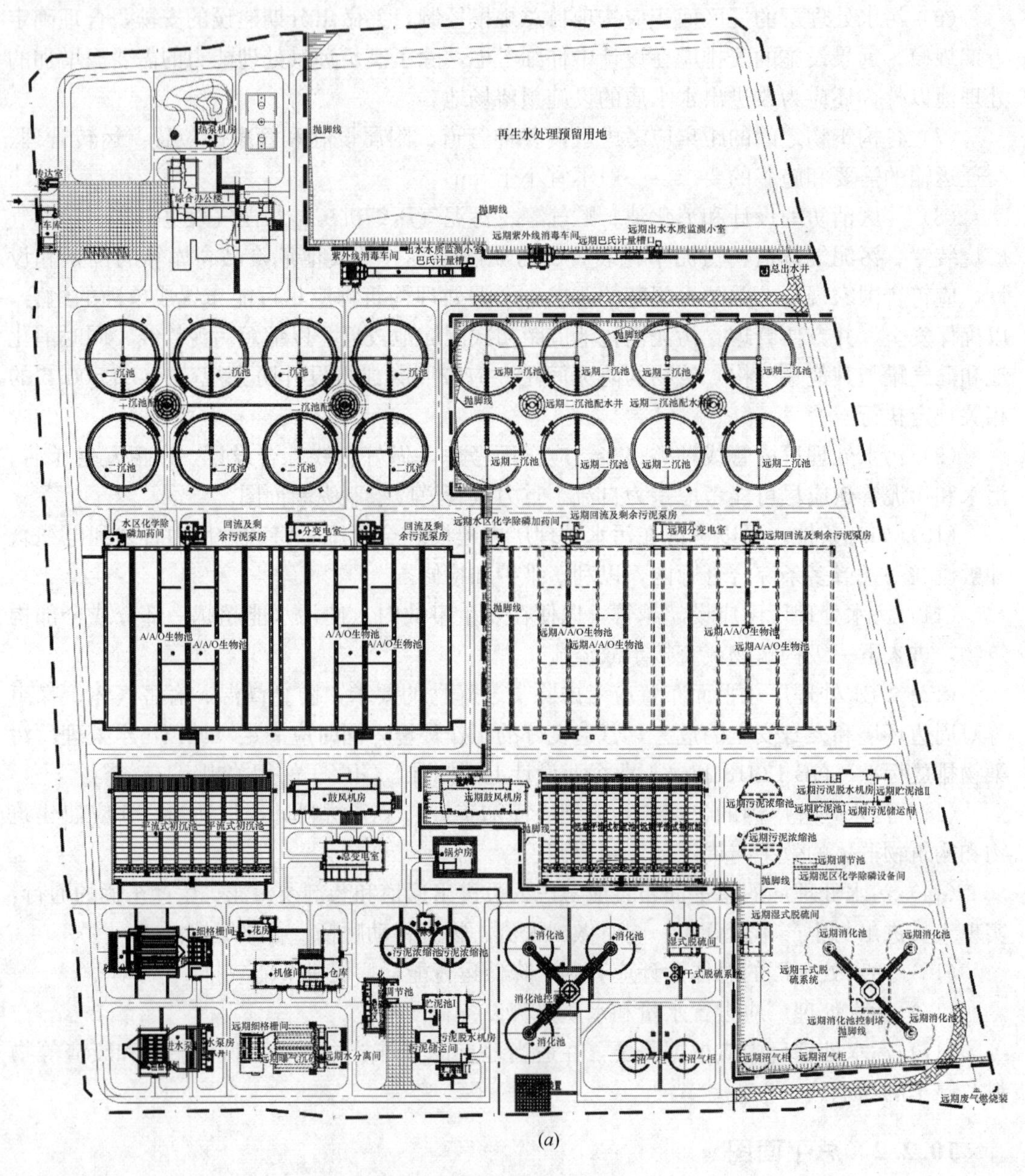

(*a*)

图 10-1　污水处理厂平面布置图（一）

（*a*）甲厂布置

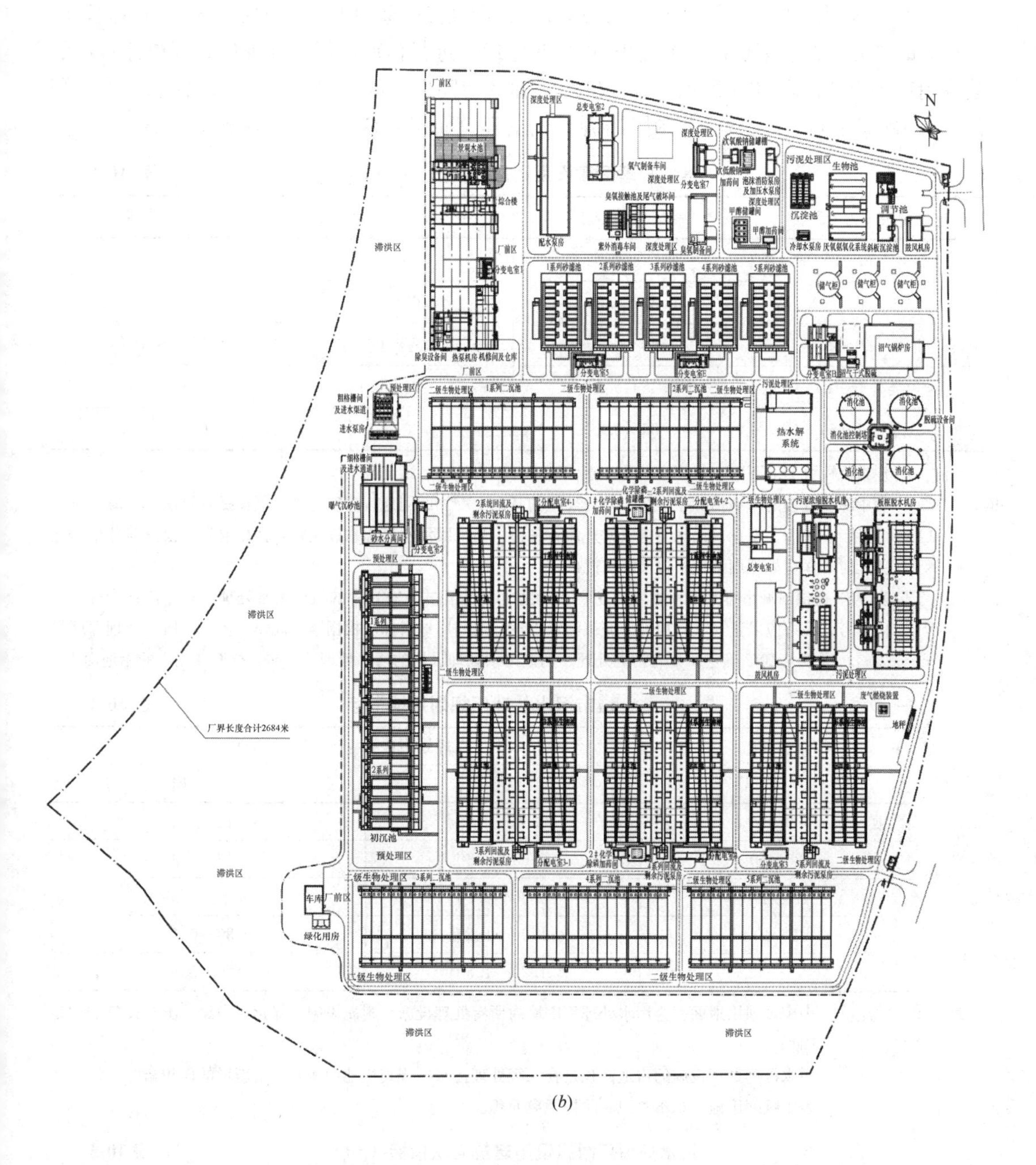

(*b*)

图 10-1 污水处理厂平面布置图（二）
(*b*) 乙厂布置

10.2.3　用地指标

污水处理厂的占地面积，会由于处理方法、构筑物选型的不同以及所在区域的不同，而有很大的差异，在方案阶段，可按表10-1和表10-3进行估算。污水处理厂处理单位水量的建设用地不应超过表10-1所列指标。生产管理及辅助生产区用地面积宜控制在总用地面积的8%～20%之间。污水处理厂附属设施用房的建筑面积可参照表10-3所列指标采用。

污水处理厂建设用地指标[$m^2/(m^3 \cdot d)$]　　表10-1

建设规模（万 m^3/d）	一级污水处理厂	二级污水处理厂	深度处理
Ⅰ类［50～100）	—	0.50～0.40	—
Ⅱ类［20～50）	0.30～0.20	0.60～0.50	0.20～0.15
Ⅲ类［10～20）	0.40～0.30	0.70～0.60	0.25～0.20
Ⅳ类［5～10）	0.45～0.40	0.85～0.70	0.35～0.25
Ⅴ类［1～5）	0.55～0.45	1.20～0.85	0.40～0.35

注：1. 建设规模大的取下限，规模小的取上限。
2. 表中深度处理的用地指标是在污水二级处理的基础上增加的用地；深度处理工艺按提升泵房、絮凝、沉淀（澄清）、过滤、消毒、送水泵房等常规流程考虑；当二级污水厂出水满足特定回用要求或仅需某几个净化单元时，深度处理用地应根据实际情况确定。
3. 表10-2提供《城市排水工程规划规范》（正在修订，未正式发布）中的城市污水处理厂规划用地指标，仅供参考，最终应以正式文件为准。城市污水处理厂规划用地指标应根据建设规模、污水水质、处理深度等因素，可按表10-2确定。设有污泥处理、初期雨水处理设施的污水处理厂，应另行增加相应的用地面积。

城市污水处理厂规划用地指标　　表10-2

建设规模（万 m^3/d）	规划用地指标（$m^2 \cdot d/m^3$）	
	二级处理	深度处理
>50	0.30～0.65	0.10～0.20
20～50	0.65～0.80	0.16～0.30
10～20	0.80～1.00	0.25～0.30
5～10	1.00～1.20	0.30～0.50
1～5	1.20～1.50	0.50～0.65

注：1. 表中规划用地面积为污水处理厂围墙内所有处理设施、附属设施、绿化、道路及配套设施的用地面积。
2. 污水深度处理设施的占地面积是在二级处理污水厂规划用地面积基础上新增的面积指标。
3. 表中规划用地面积不含卫生防护距离面积。

污水处理厂附属设施建筑面积指标（m^2）　　表10-3

规　模		Ⅰ类	Ⅱ类	Ⅲ类	Ⅳ类	Ⅴ类
一级污水处理厂	辅助生产用房	1420～1645	1155～1420	950～1155	680～950	485～680
	管理用房	1320～1835	1025～1320	815～1025	510～815	385～510
	生活设施用房	890～1035	685～890	545～685	390～545	285～390
	合　计	3630～4515	2865～3630	2310～2865	1580～2310	1155～1580

续表

规 模		Ⅰ类	Ⅱ类	Ⅲ类	Ⅳ类	Ⅴ类
二级污水处理厂	辅助生产用房	1835～2200	1510～1835	1185～1510	940～1185	495～940
	管理用房	1765～2490	1095～1765	870～1095	695～870	410～695
	生活设施用房	1000～1295	850～1000	610～850	535～610	320～535
	合 计	4600～5985	3455～4600	2665～3455	2170～2665	1225～2170

注：1. 辅助生产用房主要包括维修、仓库、车库、化验、控制室、管配件堆棚等。
2. 管理用房主要包括生产管理、行政管理办公室以及传达室等。
3. 生活设施用房主要包括食堂、浴室、锅炉房、自行车棚、值班宿舍等。
4. 有深度处理的污水处理厂可根据污水回用规模和工艺特点，适当增加附属设施的建筑面积，一般不应超过相应规模二级污水处理厂附属设施建筑面积的5%～15%。

10.3 竖向布置及流程纵断面图

10.3.1 一般规定

(1) 在进行平面布置的同时，必须进行高程布置，以确定各处理构筑物及连接管渠的高程，并绘制处理流程的纵断面图，其比例一般采用：纵向1∶50～1∶100，横向1∶500～1∶1000，或示意图上应注明构筑物和管渠的尺寸、坡度、各节点水面、内底以及原地面和设计地面的高程。

(2) 污水处理厂的工艺流程、竖向设计宜充分利用地形，符合排水通畅、降低能耗、平衡土方的要求。在整个污水处理过程中，应尽可能使污水和污泥为重力流。

(3) 为了保证污水在各构筑物之间能顺利自流，必须精确计算各构筑物之间的水头损失，包括沿程损失、局部损失及构筑物本身的损失。此外，还应考虑污水处理厂扩建时预留的储备水头。

(4) 进行水力计算时，应选择距离最长、损失最大的流程，并按最大设计流量计算。当有两个及以上并联运行的构筑物时，应考虑某一构筑物发生故障时，其余构筑物须负担全部流量的情况。计算时还须考虑管内淤积，阻力增大的可能。因此，必须留有充分的余地，以防止水头不够而发生涌水现象。

(5) 竖向布置应满足防洪、防潮和排除内涝的要求。污水处理厂的出水管渠高程，须不受水体洪水顶托。

10.3.2 流程纵断面图

竖向布置及高程系统见图10-2。

处理构筑物的水头损失指流经该处理构筑物时，由于构筑物本身构造引起的水头变化值（包括进出水渠）。处理构筑物水头损失应通过水力计算确定。构筑物内的设备水头损失应根据设备性能确定。

构筑物中各处出水跌水堰对于其水头损失影响较大，考虑节能和避免跌水噪声，经核算保证出水安全的前提下，出水堰不宜预留过大的堰后跌水值。

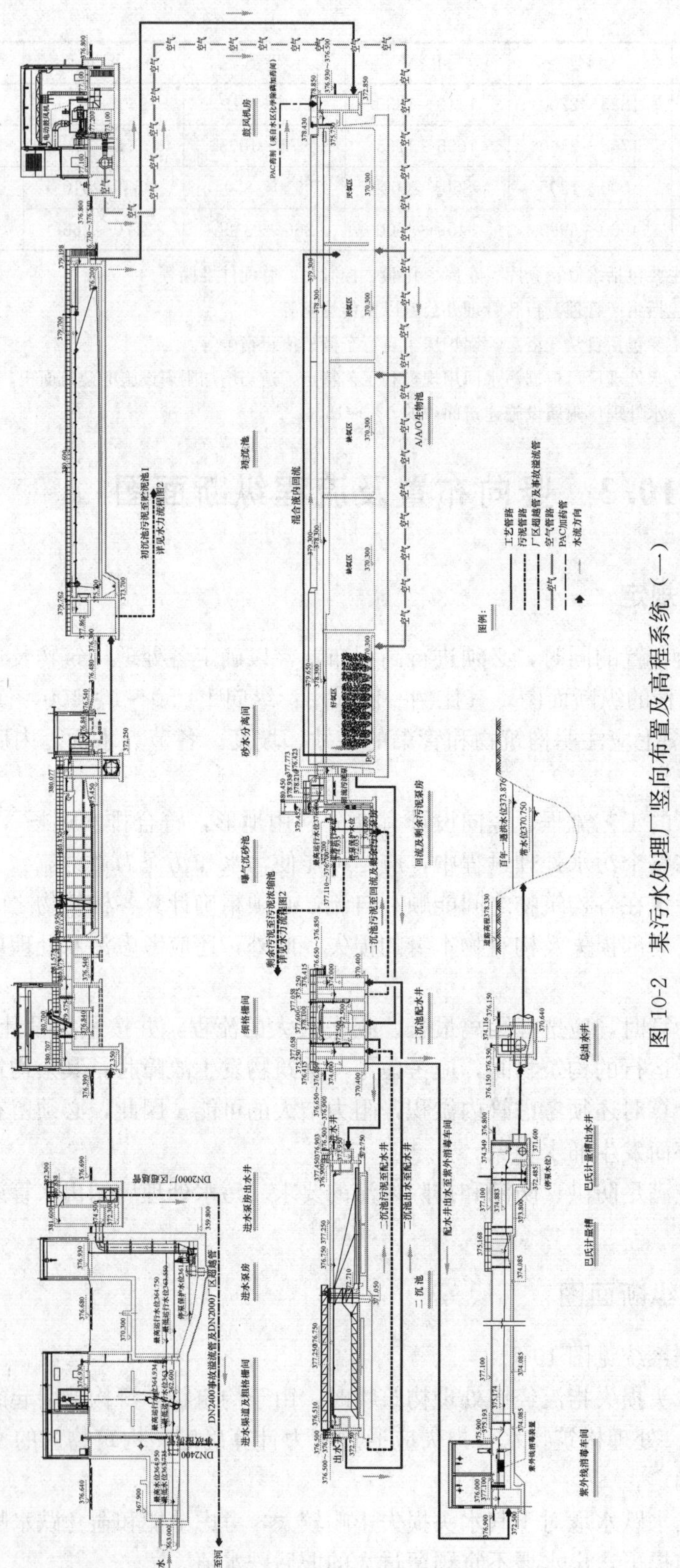

图 10-2　某污水处理厂竖向布置及高程系统（一）

（*a*）污水流程

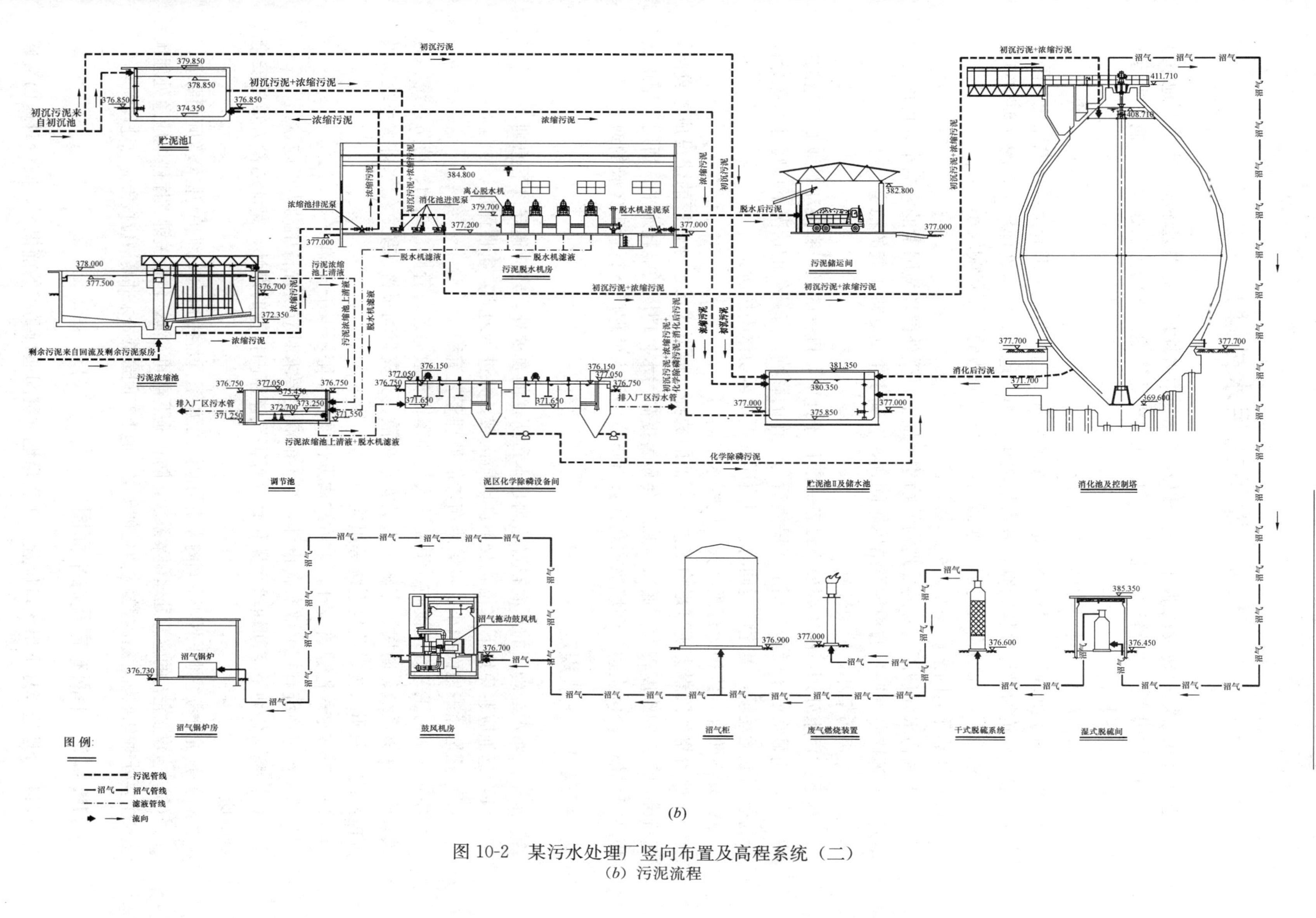

(b)

图 10-2 某污水处理厂竖向布置及高程系统（二）
（b）污泥流程

10.4　地下式污水处理厂

近些年由于城市建设用地日趋紧张以及考虑到污水处理厂对周边环境的影响，地下式污水处理厂在国内外已有较为广泛的应用。相对于传统地面上的污水处理厂，地下式污水处理厂具有如下特点：

（1）占地面积小，对周边环境影响较小

地下式污水处理厂一般选用占地面积小的处理工艺，且地下部分无需考虑绿化及隔离带等要求，构筑物设计比较紧凑，故占地面积较小。地下式污水处理厂主要的处理构筑物一般建于地面下，辅助建筑物建于地面上，因此对周边的环境影响较小。

（2）外部环境因素影响小，处理效果稳定

地下式污水处理厂主要的处理构筑物建于地下，受外部环境因素的影响小，可以有效应对严寒地区冬季厚重的积雪及结冰等问题，有利于生物处理工艺的稳定运行。

（3）噪声污染小，美观性好

地下式污水处理厂的主要处理设备一般位于地下，机械的噪声和振动对地面产生的影响较小，明显降低了噪声对周围居民生活与工作的影响。有条件的情况下可将地面部分设计为公园或运动场，美化环境同时为周边居民提供运动休闲场所。

（4）造价高，维护运行难度大，能耗水平高

土地价格的因素会明显影响工艺与厂址的选择。地下式污水处理厂的建设成本较高，运行维护管理的难度较大，通风与除臭会显著提高污水处理厂的能耗水平。适用于用地面积高度紧张、经济发达、环境要求高并且有丰富的污水处理厂运行管理经验的地区。

10.4.1　一般规定

地下式污水处理厂的平面布置除满足本章所述的要求外，还应遵守以下原则。

（1）选址应避免地下水位高及不良地质区域，并进行地质灾害性评价。

（2）宜选择占地面积小、可紧凑布置的处理工艺流程。

（3）一般由工艺处理设施、道路、人员和车辆疏散通道、管廊、结构、消防系统、通风系统、除臭系统、防腐、车辆及人员安全疏散、火灾自动报警系统、给水排水系统、供配电系统、照明系统、监控系统等组成。

（4）应按永久性建筑设计，主体结构设计使用年限不少于50年。

（5）供电系统宜按一级负荷设计，当不能满足要求时应设置备用动力设施。

（6）应强化地下空间通风除臭和有毒有害气体监测报警的设计，保证巡检人员的安全和健康。

（7）应充分考虑地下封闭空间内设备与池体的防腐、设备的操作、维护与检修等间距要求。

（8）应建立完善的应急处理预案系统，防止地下空间淹泡，包括关键工序停电应急处理预案、主要处理构筑物高液位报警应急处理预案、地下空间最低处泵井高液位报警应急处理预案等。

10.4.2　平面布置及总平面图

（1）合理选择地下出入口位置，在满足地下空间通行要求的前提下，减少对地面交通

的影响。

(2) 根据地下空间上部的使用功能，合理设计地下空间的疏散口、通风口、采光口、吊装口等的位置。

(3) 地下空间与占地红线的距离要考虑基坑支护的空间，以及根据现场情况考虑施工所需的必要空间。

(4) 运行人员经常停留的附属设施宜布置于地面上。

(5) 火灾危险性大的工艺设施、大量存放产生有毒有害等化学药剂的罐区应布置于地面上。

(6) 总进水格栅间及提升泵井宜独立设置，降低地下空间淹泡的风险。

(7) 管线宜在管廊内统一敷设。

某地下式污水处理厂总平面图见图 10-3。

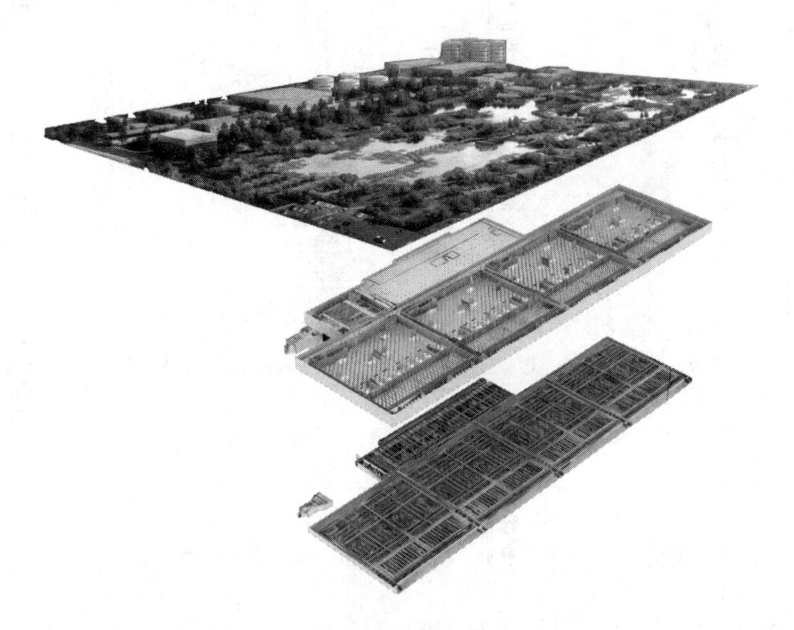

图 10-3 某地下式污水处理厂总平面图

10.4.3 竖向布置及流程纵断面图

(1) 地下式污水处理厂的工艺设计要考虑各单体构筑物的底板之间高差尽量减小，以免造成部分构筑物落在肥槽上，增加不必要的基坑处理费用。

(2) 各种处理设施、设备和管线可在不同的标高层垂直布置，充分利用空间以节约占地。

(3) 地下空间的层高要综合考虑设备安装、通风、照明、消防、除臭、除湿、抗浮、排水、通信、监控及维修检查等众多因素。

(4) 除臭设备、配电室等可设于生物池等构筑物的顶部，节约地下空间。

(5) 地下空间顶盖上覆土的厚度要考虑与周边地面的关系。

某地下式污水处理厂流程纵断面图见图 10-4。

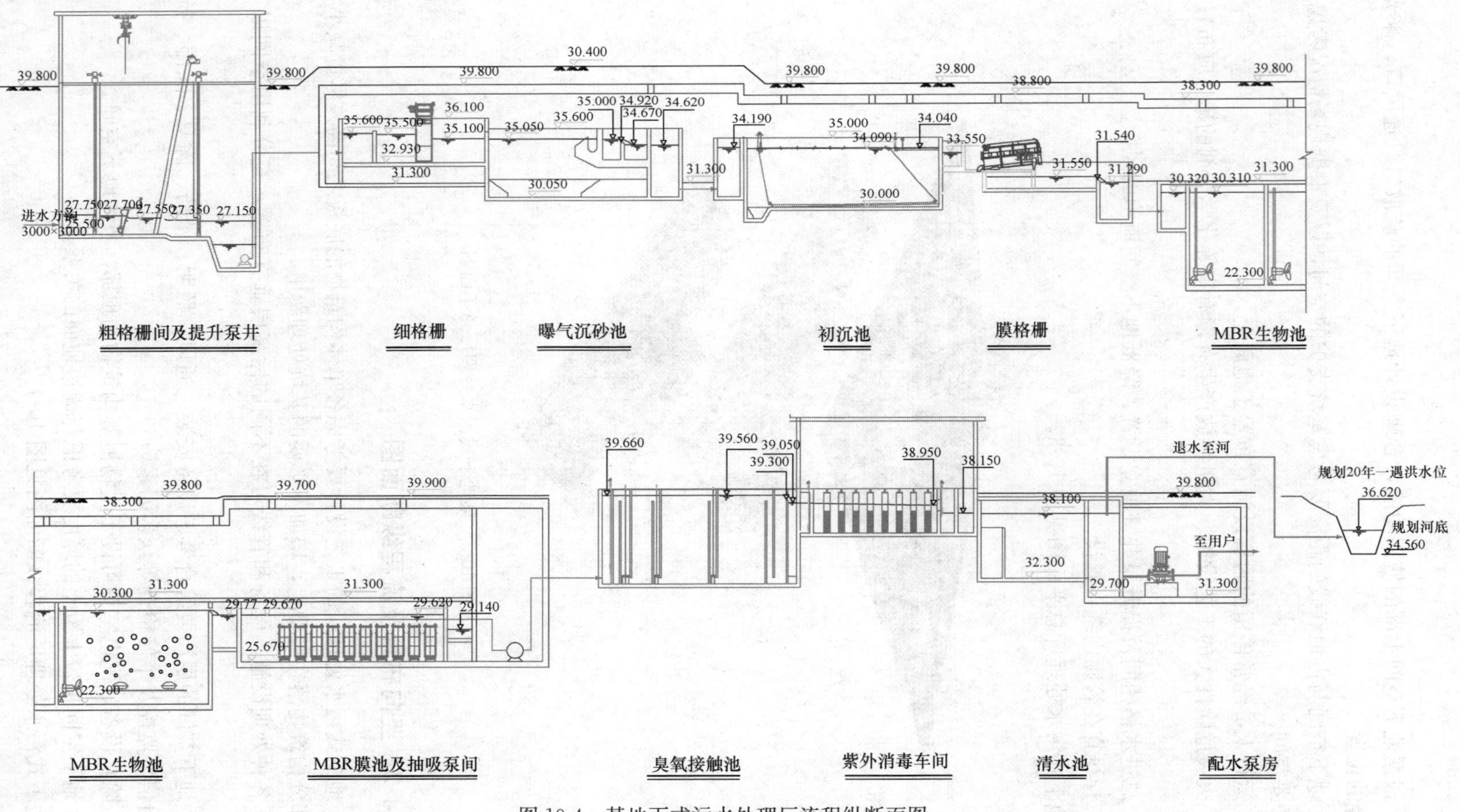

图 10-4 某地下式污水处理厂流程纵断面图

10.5 配 水 设 施

污水处理厂的处理构筑物一般宜建成两座或两座以上并联运行，污水处理厂并联运行的处理构筑物间应设均匀配水装置，各处理构筑物系统间宜设可切换的连通管渠。并联运行的处理构筑物间的配水是否均匀，直接影响构筑物能否达到设计水量和处理效果，所以设计时应重视配水装置。配水装置一般采用堰或配水井等方式。构筑物系统之间设可切换的连通管渠，可灵活组织各组运行系列，同时，便于操作人员观察、调节和维护。

10.5.1 对称式配水

图 10-5 所示配水方式可用于明渠或暗管，构筑物数目不超过 4 座，否则，层次过多，管线占地过大。这种配水形式必须完全对称。

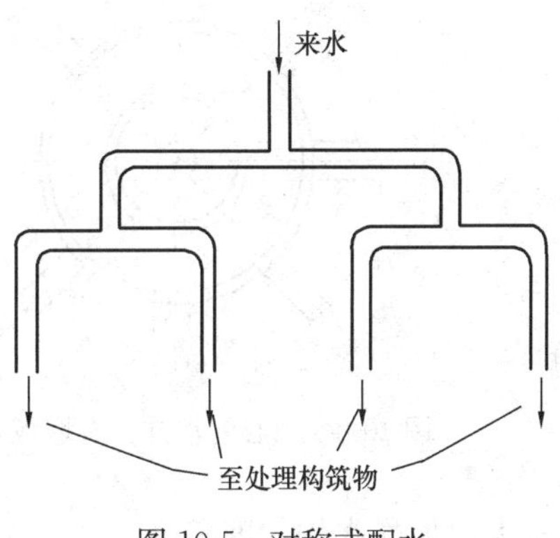

图 10-5 对称式配水

10.5.2 非对称式配水

在场地狭窄处，也有采用图 10-6 的形式配水。这种形式易修建，造价低，但因为流量是变化的，水力计算不可能精确，因此配水很难达到均匀效果，采用较少。

10.5.3 渠道式配水

当污水处理厂的规模较大时，构筑物的数目较多，往往采用配水渠道向一侧进行配水的方式，见图 10-7。

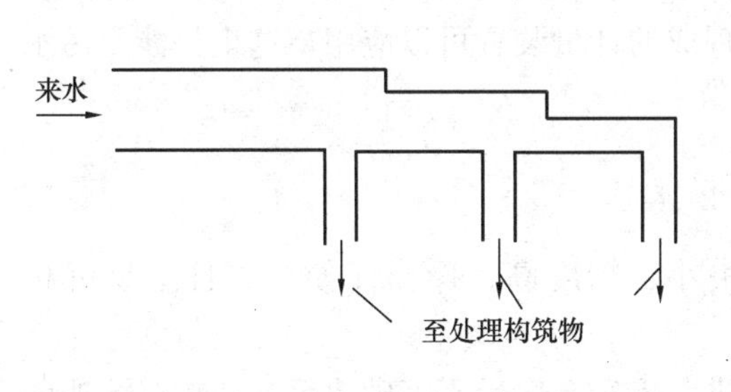

图 10-6 非对称式配水

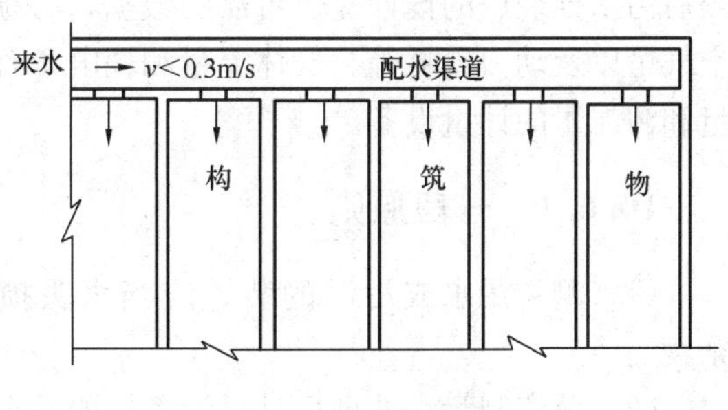

图 10-7 渠道式配水

在这种情况下，由于配水渠道很长，渠中水面坡降可能很大，而渠道终端又可能出现壅水，故配水很难均匀。解决的办法是适当加大配水渠道断面，使其中水流流速小于 0.3m/s，以降低沿程水头损失，这样，渠中水面坡降极小，较易达到均匀配水的目的。为了避免渠中出现沉淀，可在渠底设曝气管搅动。对于大中型污水处理厂，此种配水方式更为适用。

10.5.4 中心配水井

为了均匀配水，辐流沉淀池一般采用图 10-8、图 10-9 所示中心配水井，前者水头损

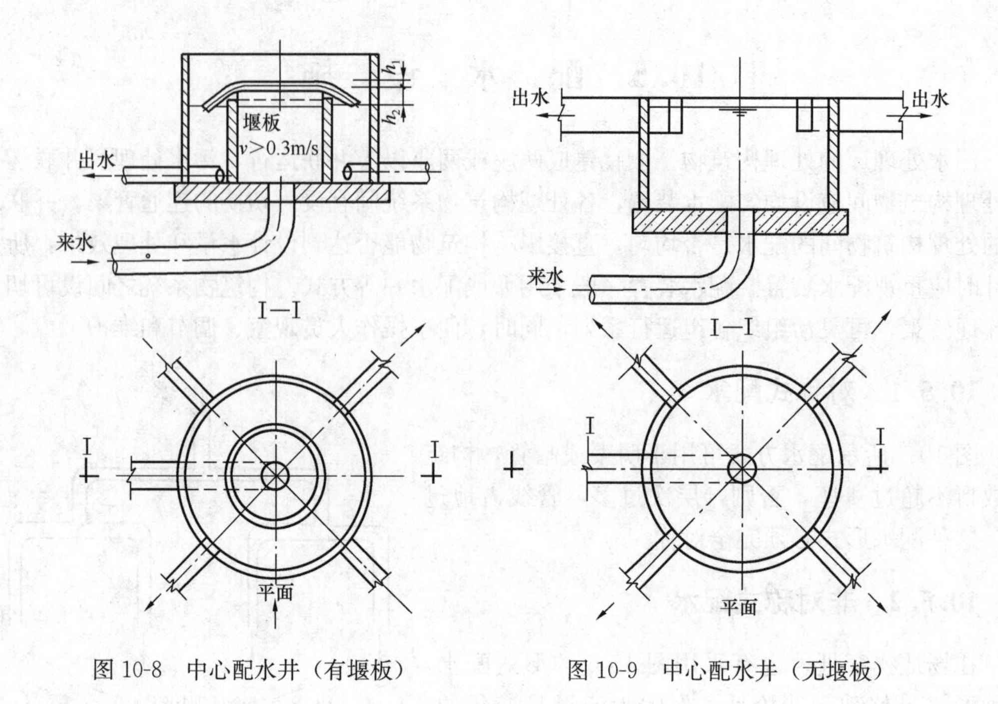

图 10-8　中心配水井（有堰板）　　图 10-9　中心配水井（无堰板）

失较大，但配水均匀度较高。

各种配水设备的水头损失，应通过计算确定。

10.6　计　量　设　施

为了提高污水处理厂的工作效率和管理水平，并积累技术资料，以总结运转经验，为今后污水处理厂的设计提供可靠的数据，必须设置计量设施，正确掌握污水量、污泥量、空气量以及动力消耗等。气体流量和耗电量有现成的计量装置可以应用，这里只涉及污水量和污泥量的计量设备。

10.6.1　一般原则

(1) 测量污水或污泥的装置应当水头损失小、精度高、操作简便，并且不易沉积杂物。

(2) 分流制污水处理厂计量设备一般设在进水提升泵房后、沉砂池后、初次沉淀池前的渠道上，或设在污水处理厂的总出水管道上。如有条件，还可对各主要构筑物的进水分别计量。

(3) 测量原水或污泥的装置，宜采用不易发生沉淀的设备，如巴歇尔量水槽、电磁流量计、超声波流量计等，其中以巴歇尔量水槽应用最为广泛。对二级处理出水的计量，除上述设备外，也可采用各种形式的溢流堰进行测量。

10.6.2　巴歇尔量水槽

(1) 类型与结构

巴歇尔量水槽分为标准巴歇尔量水槽和大型巴歇尔量水槽。巴歇尔量水槽由以下三部分组成：进口段、喉道和出口段，见图 10-10。

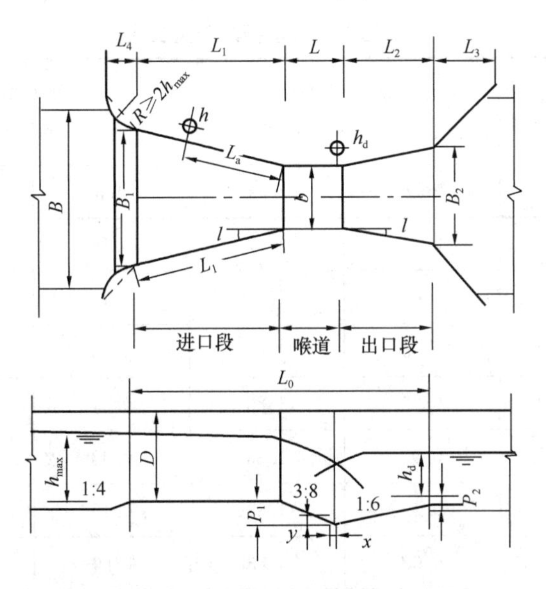

图 10-10 标准和大型巴歇尔量水槽

L—喉道长度；L_1—进口段侧壁长；h_{max}—上游最大水头；L_0—量水槽总长；b—喉道宽；R—进口护墙的曲率半径；L_1—进口段轴线长度；B—上游渠道宽；P_1—槽脊高度；L_2—出口段轴线长度；B_1—进水段上游底宽；P_2—出口段末端至脊顶的高度；L_3—出口段护墙轴线长；B_2—出口段下游底宽；x—下游观测孔与槽底的高差；L_4—进口段护墙轴线长；h—上游观测点水头；y—下游观测孔与槽底的水平距离；L_a—上游水头观测点到槽脊的距离；h_d—下游观测点水头；D—边墙高度

(2) 流量计算

1) 标准巴歇尔量水槽的流量公式：当 b=0.152～2.400m 时，称标准巴歇尔量水槽，其流量公式见表 10-4。

标准巴歇尔量水槽的流量公式　　表 10-4

喉道宽 b (m)	$Q=Ch^n$ (m^3/s)	水头 h 范围 (m)		流量 Q 范围 (L/s)		淹没系数 h_d/h	备 注
		min	max	min	max		
0.152	$0.381h^{1.53}$	0.03	0.45	1.5	100	0.6	C—流量系数；n—由喉道宽确定的指数
0.25	$0.561h^{1.513}$	0.03	0.60	3.0	250	0.6	
0.30	$0.679h^{1.521}$	0.03	0.75	3.5	400	0.6	
0.45	$1.038h^{1.537}$	0.03	0.75	4.5	630	0.6	
0.60	$1.403h^{1.543}$	0.05	0.75	12.5	850	0.6	
0.75	$1.772h^{1.557}$	0.06	0.75	25.0	1100	0.6	
0.90	$2.147h^{1.565}$	0.06	0.75	30.0	1250	0.6	
1.00	$2.397h^{1.569}$	0.06	0.80	30.0	1500	0.7	
1.20	$2.904h^{1.577}$	0.06	0.80	35.0	2000	0.7	
1.50	$3.668h^{1.536}$	0.06	0.80	45.0	2500	0.7	
1.80	$4.440h^{1.593}$	0.08	0.80	80.0	3000	0.7	
2.10	$5.222h^{1.599}$	0.08	0.80	95.0	3600	0.7	
2.40	$6.004h^{1.605}$	0.08	0.80	100.0	4000	0.7	

2）大型巴歇尔量水槽的流量公式：当 $b=3.05\sim15.24$m 时，称大型巴歇尔量水槽，其流量公式见表 10-5。

大型巴歇尔量水槽的流量公式　　表 10-5

喉道宽 b (m)	自由流 $Q=Ch^{1.6}$ (m³/s)	水头 h 范围 (m)		流量 Q 范围 (m³/s)		淹没系数 h_d/h
		min	max	min	max	
3.05	$7.463h^{1.6}$	0.09	1.07	0.16	8.28	0.80
3.66	$8.859h^{1.6}$	0.09	1.37	0.19	14.68	0.80
4.57	$10.96h^{1.6}$	0.09	1.67	0.23	25.04	0.80
6.10	$14.45h^{1.6}$	0.09	1.83	0.31	37.97	0.80
7.62	$17.94h^{1.6}$	0.09	1.83	0.38	47.16	0.80
9.14	$21.44h^{1.6}$	0.09	1.83	0.46	56.33	0.80
12.19	$28.43h^{1.6}$	0.09	1.83	0.60	74.70	0.80
15.24	$35.41h^{1.6}$	0.09	1.83	0.75	93.04	0.80

（3）巴歇尔量水槽测量排水流量的术语、类型、形状、尺寸、流量公式、技术条件、水头测量、综合误差分析和维护等详见给水排水设计手册第 1 册《常用资料》相关章节。

10.6.3　非淹没薄壁溢流堰

在污水处理厂中，有时也可采用非淹没薄壁溢流堰作为计量装置。这种计量装置工作较稳定，精度较高，但为了防止在堰前积泥，一般仅用于处理构筑物之后。常用的溢流堰形式有矩形堰和三角堰（见图 10-11），前者适用于流量大于 1000L/s，后者则适用于流量小于 1000L/s 。

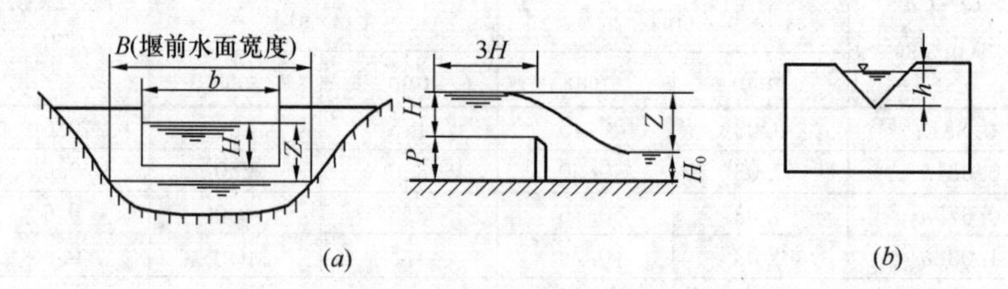

图 10-11　非淹没薄壁溢流堰

（a）非淹没式矩形堰；（b）90°三角堰

（1）非淹没式矩形堰

1）结构形式

非淹没式矩形堰（即当堰后水深 H_o 小于堰壁高度 P 时）见图 10-11（a）。若堰宽 b 与堰前水面宽度 B 相等，则称无侧面收缩；若 b 小于 B，则称有侧面收缩。

2）流量计算

流量及其系数计算，见公式（10-1）～公式（10-4）。

$$Q = mb\sqrt{2g}H^{3/2} \tag{10-1}$$

式中 Q——流量（m^3/s）；

b——堰宽（m）；

H——堰上水头（m）；

g——重力加速度，取 9.81m/s^2；

m——流量系数，可按下列 3 种情况计算。

当无侧面收缩，且来水流速 V 小得可忽略不计时，m 用公式（10-2）计算：

$$m = 0.405 + \frac{0.0027}{H} \tag{10-2}$$

当无侧面收缩，但有显著的来水流速时，m 按公式（10-3）计算：

$$m = \left[0.405 + \frac{0.0027}{H}\right]\left[1 + 0.55\frac{H^2}{(H+P)^2}\right] \tag{10-3}$$

式中 P——堰壁高度（m）。

根据公式（10-3）算得的流量系数 m 值参见给水排水设计手册第 1 册《常用资料》。

当有侧面收缩时，m 按公式（10-4）计算：

$$m = \left(0.405 + \frac{0.0027}{H} - 0.03\frac{B-b}{B}\right) \times \left[1 + 0.55\left(\frac{b}{B}\right)^2\frac{H^2}{(H+P)^2}\right] \tag{10-4}$$

式中 b——堰宽（m）；

B——堰前水面宽度（m）；

其余符号意义同前。

（2）90°三角堰

堰为自由流的非淹没薄壁堰，堰口角度为 90°。测量过堰水深 h 时，应在堰口上游≥3h 处进行。

1）计算公式

当 h=0.021～0.200m 时，过堰流量按公式（10-5）计算：

$$Q = 1.4h^{5/2} \tag{10-5}$$

式中 Q——过堰流量（m^3/s）；

h——过堰水深（m）。

当 h=0.301～0.350m 时，过堰流量按公式（10-6）计算：

$$Q=1.343h^{2.47} \tag{10-6}$$

当 h=0.201～0.300m 时，Q 采用以上两公式计算的平均值。

2）流量计量表详见《给水排水设计手册》第 1 册《常用资料》。

10.6.4 电磁流量计

电磁流量计是用法拉第电磁感应定律来计量流量，一般电磁流量计用于电导率

5μS/cm以上的液体的场合。

电磁流量计具有以下特点：传感器结构简单可靠，内部无活动部件，维护清洗方便；水头损失小，不易堵塞，电耗少；测量精度不受被测污水各项物理参数的影响；无机械惯性，反应灵敏，可测量脉动流量；安装方便，直管段的要求较低。安装时要求变送器附近不应有电动机、变压器等强磁场或强电场的干扰；对气泡敏感，为避免产生误差，要求传感器内必须充满污水。

10.6.5　超声波流量计

超声波流量计通过超声波在流体中测量的顺水流和逆水流时的速度之差或频率变化来推算出流速，再计算出流量。超声波流量计具有测量精度高（一般在2%范围内），无水头损失，电耗少等特点，现已在污水处理厂中应用。超声波流量计根据现场使用需求可以进行满管或非满管测量。超声波流量计原理见给水排水设计手册第8册《电气与自控》。

需要注意的是，满流和非满流流量计的构造和使用条件不同，用于管道计量的计量设备，应根据管道满流或非满流状态区别选用。有条件的前提下，尽量使管道处于满流，推荐使用满流流量计，以减小误差。

10.7　公 用 设 施

污水处理厂的公用设施包括道路、给水、再生水、雨水、污水、热力、天然气、电力及通信电缆、照明设备、围墙、绿化等。

10.7.1　厂区道路

污水处理厂应设置通向各构筑物和附属建筑物的必要通道（行政办公区及厂区中心地带等人流活动较多的路段宜设置人行道）。通道的设计应符合下列要求：

（1）主要车行道的宽度：单车道为4.0m，双车道为6.0～7.0m，并应有回车道；

（2）车行道的转弯半径宜为6.0～10.0m；

（3）人行道的宽度宜为1.5～2.0m；

（4）通向高架构筑物的扶梯倾角宜采用30°，不宜大于45°；

（5）天桥宽度不宜小于1.0m；

（6）车道、通道的布置应符合国家现行有关防火规范的要求，并应符合当地有关部门的规定。

10.7.2　厂区管线

（1）给水

厂内供水一般由城镇生活给水干管接支管供应。管网布置应考虑各种构筑物的冲洗，并应考虑设置消火栓。

（2）再生水

再生水一般可用于处理构筑物的洗涤、厕所冲洗以及绿化、消防用水等。

（3）雨水排除

污水处理厂设计时应考虑雨水排除问题，以免发生积水事故，影响生产。在小型污水处理厂内，可在竖向设计时使雨水自然排除，不需修建雨水管。在大型污水处理厂内，则应设雨水管或雨水渠排除雨水。同时应考虑设置必要的下凹式绿地和雨水调蓄与利用措施，满足雨水径流控制、下渗及规划控制的综合径流系数要求。

（4）污水排除

污水处理厂内各种辅助建筑物如办公楼、化验室、宿舍等均有污水排出，必须设置污水管。污水管最后接入泵站前的城镇污水干管中。厂内污水管也是各种构筑物放空或洗涤时的排水出路。处理构筑物应有超越管渠、排空措施，排空水应回流处理。

（5）通信

对于小型污水处理厂，一般只考虑安装少量的外线电话；大、中型污水处理厂，由于人员较多，生产及辅助生产、生活的建筑和构筑物较多，为满足生产调度、行政管理及生活上的需要，可安装电话交换机。

（6）供电

污水处理厂用电负荷等级应根据处理厂规模及重要性确定。污水处理厂的供电系统，应按二级负荷设计，重要的污水处理厂宜按一级负荷设计。当不能满足上述要求时，应设置备用动力设施。供电电源的电压等级，应根据污水处理厂用电总容量及当地配电电网的情况与供电部门共同协商确定。

（7）燃气和热力

根据污水处理厂具体需求设置燃气管道及热力管道。

10.7.3 仪表及自动控制

污水处理厂的在线测量和控制仪表系统的设计，要遵守“技术先进、经济合理、安全适用”的原则。测量和控制仪表应优先选用电子式。在现场安装的仪表应根据危险或腐蚀区域的等级划分，来选择满足该区域的相应仪表。仪表的防护等级应满足现行的国家标准。应满足仪表安装条件。管道安装仪表过程连接的压力等级应满足管道材料等级表的要求。当选用的材质与管道等级不同时，应保证所选材料应能满足测量介质的设计温度和设计压力及温压曲线的相应要求。进出水水质及水量的监测内容及检测方法要满足当地环保部门的要求。

污水处理厂应根据其规模及重要程度设置自动化控制系统。自动化控制系统应是集成的、标准化的，应按照易于构成一个整体、易于扩充其功能的原则设计。自动化控制系统应构成分散性多级控制系统，应用在不同规模的控制场合。向上级管理部门上传的监测数据应满足相关的技术要求。应根据需求设置信息系统，实时接收、处理和存储污水处理厂内/外部的相关数据，为数据分析及做出决策提供支持。

控制室宜位于靠近工艺设施并满足其设置条件的场所内，应位于爆炸/腐蚀危险区域外。中心控制室宜布置在生产管理区。

应根据需要及条件设置视频监视系统及安防系统。

10.7.4 管线综合

(1) 管线布置应与污水处理厂总平面布置、竖向设计和绿化相结合。管线之间、管线与建筑物、构筑物、道路等之间在平面及竖向上应相互协调、整齐有序。

(2) 污水处理厂内各种管渠应全面考虑、统筹安排，避免相互干扰。

(3) 分期建设的污水处理厂，管线布置应全面规划、远近结合。近期管线穿越远期用地时，不得影响远期用地的使用。

(4) 类别相同的地下管线、渠道、管廊等应集中平行布置。

(5) 应减少管线在道路交叉口处的交叉。

(6) 工程管线竖向交叉的位置关系，宜遵循下列规定：

1) 压力流管道避让重力流管道；

2) 可弯曲管道避让不易弯曲管道；

3) 分支管道避让主干管道；

4) 小管径管道避让大管径管道；

5) 污水管道与给水管道相交时，应敷设在给水管道的下面。

10.7.5 综合管廊

污水处理厂内各种管渠应全面安排，统筹布置，避免相互干扰。当管道种类复杂、平面位置紧张时可考虑设置综合管廊。综合管廊内宜敷设仪表电缆、通信电缆、电力电缆、给水管、污水管、污泥管、再生水管、压缩空气管等，并设置色标。综合管廊应满足纳入管线的安装、安全运营、检修维护、设备更换等方面的要求，具有消防、供电、照明、监控与报警、通风、排水、标识等设施。具体综合管廊设计可参照国家标准《城市综合管廊工程技术规范》GB 50838 执行。

10.7.6 绿化

为了改善污水处理厂的环境和形象，保证工作人员的身心健康，必须尽可能在建筑物和构筑物之间或空地上进行绿化，形成优美和卫生的环境。办公、化验、食堂、宿舍等经常有人工作和生活的地区，与处理构筑物之间，应有一定宽度的绿带隔离。在开敞式的处理池附近，不宜种植乔木，以免树叶落入池内，增加维护工作。新建污水处理厂应充分利用厂区道路两侧的空地和其他空地进行绿化，绿化覆盖率应符合国家现行的有关规定。

污水处理厂的绿化布置应符合厂区总体规划的要求，与总平面、竖向设计及管线布置相协调，合理安排绿化用地。

绿化布置应根据环境保护及厂容、景观的要求，结合当地自然条件、植物生态习性、抗污性能和苗木来源，因地制宜进行布置。

10.7.7 围墙及其他

污水处理厂周围根据现场条件应设置围墙，其高度不宜小于 2.0m。

处理构筑物应设置适用的栏杆、防滑梯等安全措施，高架处理构筑物还应设置避雷设施。

位于寒冷地区的污水处理构筑物，应有保温防冻措施。

应根据维护管理需要，在厂区适当地点设置配电箱、照明、联络电话、冲洗水栓、浴室、厕所等设施。

10.8 辅助建筑物

污水处理厂附属建筑物的组成及其面积，应根据污水处理厂的规模、工艺流程、计算机监控系统的水平和管理体制等，结合污水处理厂所在地区的实际情况，本着紧凑、节约的原则确定，并应符合现行的有关规定。

污水处理厂的辅助建筑物有办公室、监控中心、会议室、化验室、值班宿舍、食堂、仓库、机修车间、锅炉房、值班室、警卫室等房屋，其规模和取舍应根据污水处理厂的规模和需要而定。

10.8.1 办公及化验

办公室（楼）是行政管理的中心，也是全厂的集中控制中心。办公室（楼）应位于厂区进口处，以利来访和邮递人员。办公室的布置应考虑管理方便，其外形应较其他设施美观大方。化验室是检验污水处理工艺成果的地方。两者都是污水处理厂必不可少的建筑物。在中、小型污水处理厂中，办公和化验室可设在同一建筑物内，而在大型污水处理厂内，化验项目较为齐全，仪器设备也较多，为了避免干扰，最好单独设置。有关化验室介绍见10.9节。

10.8.2 机器检修间

污水处理厂的机械设备甚多，经常需要检修，在大型污水处理厂内，必须设机修和电修车间。中、小型污水处理厂的检修工作可由大型污水处理厂的车间或管理单位的检修中心承担，不另设车间。

10.8.3 锅炉房

污水处理厂的锅炉房主要为污泥消化池加热服务，同时也为各辅助房屋供热服务。设计燃煤锅炉房时，应考虑设置堆煤、堆渣场地和运输问题。

10.8.4 变电站

变电站的位置宜设在进出线方便、用电负荷大且没有积水、污染的建（构）筑物附近。对于中、小型污水处理厂，宜设在鼓风机房、进水泵站或膜处理设备间等用电负荷大的建（构）筑物附近。对于大型污水处理厂，可根据用电负荷及建（构）筑物分布情况设置若干个变电站。

10.8.5 出入口

厂区出入口数量一般不宜少于2个。污水处理厂的正门一般设在办公楼附近。污水处理厂的大门尺寸应能容许运输最大设备或部件的车辆出入，并应另设运输废渣的侧门。污泥及物料运输最好另辟侧门，就近进出，以免影响环境卫生，并防止噪声干扰。

10.8.6　人员编制

污水处理厂的人员编制按住房和城乡建设部颁布的规定执行。

10.8.7　噪声防护

污水处理厂的噪声是由运转的机械本身，或由它强迫另一介质（水、空气）运动而产生的。城市污水处理工程的水泵、电机、鼓风机、锅炉房风机和其他机械产生的噪声的控制，应符合《城镇污水处理厂污染物排放标准》GB 18918 和《工业企业设计卫生标准》GBZ 1 的相关规定。具体噪声控制措施和要求详见给水排水设计手册第 1 册《常用资料》的相关章节。

10.8.8　除臭

污水处理厂在污水、污泥处理过程中会产生臭气，主要来源如格栅井、污泥处理设施等。臭气会对周围环境产生一定的影响。对污水处理厂内易产生恶臭的构筑物应采取有效措施降低其影响，防止和避免臭味对工作人员和周围居民生活产生影响，保证操作工人的人身安全。城市污水处理排出的臭气应符合《城镇污水处理厂污染物排放标准》GB 18918 和《工业企业设计卫生标准》GBZ 1 的相关规定。

除臭方式包括离子除臭、植物液除臭、生物除臭、化学洗涤除臭、土壤除臭等。

10.8.9　其他安全卫生措施

（1）污水处理厂消化池、污泥气系统所属设施的消防设施、电气设备的防爆以及电力设备的选择和保护等，应符合国家现行的有关防火、防爆和电力设计标准的规定。

（2）污水管道、污水处理厂泵站的建（构）筑物，应根据需要设置通风设施，并应符合国家现行有关标准的规定。

（3）Ⅱ类（20 万～50 万 m^3/d）及以上规模的二级污水处理厂宜设置危险品仓库，危险品仓库与其他建筑物的距离应符合国家现行有关标准的规定。

（4）污水处理厂的加药、加氯、锅炉房等其他设施的建设与安全防护，应符合国家现行有关标准的规定。

10.9　污水处理化验室

城镇污水处理厂应设置化验室，并应实行分级设计和管理，其设置应根据污水处理规模、水质特征和检测资源共享条件等因素综合确定。化验室的设施、设备和人员配备应根据化验室等级确定，并应建立相应的管理制度。城镇污水处理化验室应按国家现行有关标准，确定对进厂水、出厂水、污泥和气体等进行检测的项目与频率，同时应建立突发事件应急检测预案。

城镇污水处理化验室根据其检测项目应分为三级。地级市或区域内处理规模达到 30 万 m^3/d 以上时，化验室的设置不应低于Ⅱ级，当已有Ⅱ级或Ⅱ级以上化验室时，可降低设置标准；直辖市、省会城市、计划单列市或市域内处理规模达到 50 万 m^3/d 以上时，化验室的设置不应低于Ⅰ级，当已有Ⅰ级化验室时，可降低设置标准。

城镇污水处理化验室设计应遵循安全、环保、高效的原则，其选址应相对独立，远离污染源。按使用功能考虑，化验室应包括化验用房、附属设施用房和办公用房，各用房之间应有效隔离，互不干扰。Ⅰ级城镇污水处理化验室化验用房的建筑面积不宜低于 $500m^2$，Ⅱ级不宜低于 $300m^2$，Ⅲ级不宜低于 $200m^2$。

化验室的具体分级和设置、布局和设计、化验室的管理等按《城镇供水与污水处理化验室技术规范》CJJ/T 182 的相关规定执行。

11 城镇垃圾处理及处置

11.1 城镇生活垃圾特点及处理方法

11.1.1 城镇生活垃圾组分与特点

11.1.1.1 城镇生活垃圾组分

城镇生活垃圾是由多种非均质物质混合而成的复杂体，如：灰土、砖瓦、纸类、织物、玻璃、金属、木材、食品等，可分为2大类：无机成分及有机成分。其中，无机成分包括金属类、玻璃类、砖瓦陶瓷、灰土及其他；有机成分主要包括厨余、木材、纸类、纺织类、橡胶及塑料类。城镇生活垃圾的构成主要受气候条件、城市发展规模、居民生活习惯、燃料结构和居民生活水平等方面的影响。

11.1.1.2 城镇生活垃圾特点

（1）产生量较大。伴随着我国城镇化进程的加快及经济发展水平的迅速提升，城镇生活垃圾的产生量也在不断增加。2014年我国城镇生活垃圾清运量2.45亿t，无害化处理量2.11亿t，无害化处理率86%。

（2）厨余垃圾比例大。可燃组分包括厨余垃圾、塑料、纸类、纺织纤维类、竹木类及橡胶，所占比例约为80%～85%，其主要成分是厨余（约为50%～58%）及塑料类（约为10%～13%）。

（3）厨余垃圾及非可燃成分的比例范围广。二者比例范围分别为15.7%～85.8%和1.5%～66.5%

（4）物理特性参数主要有含水率和密度，化学特性参数主要有挥发分、灰分、元素组成及热值，生物特性包括垃圾本身具有的生物性质及对环境的影响和垃圾不同组分生物处理时的性能以及可生化性。

11.1.2 城镇生活垃圾常用处理工艺

11.1.2.1 卫生填埋

卫生填埋是采取防渗、铺平、压实、覆盖对城市生活垃圾进行处理和对气体、渗沥液、蝇虫等进行治理的垃圾处理方法。包括基础与防渗、渗沥液的收集与处理、填埋气体收集与处理、填埋作业、终场覆盖。

填埋作业采用挖掘、装载、运输、摊铺、压实、覆盖；填埋应采用分单元、分层作业，填埋单元作业工序应为卸车、分层摊铺、压实。

渗沥液收集及处理系统应包括导流层、盲沟、调节池和渗沥液处理设施等。填埋气体导排设施宜采用竖井（管），也可采用横管（沟）或横竖相连的导排设施。

填埋终止后，应进行封场和生态环境恢复。终场覆盖系统由下至上应依次为排气层、防渗层、排水层、最终覆土层以及植被层。

11.1.2.2 高温好氧堆肥

常用的好氧堆肥方法主要包括露天条垛型堆肥法、静态强制通风型堆肥法和动态密闭型堆肥法。好氧堆肥工艺类型可分为一次性发酵堆肥和二次性发酵堆肥。

好氧堆肥工艺设计中应考虑的主要影响因素包括粒度、碳氮比、接种量、含水率、搅拌和翻动、温度、病原微生物的控制、通风量、pH 值等。

11.1.2.3 中高温厌氧消化

厌氧消化按温度可分为常温消化、中温消化和高温消化。按消化固体废物的含固率可分为低固体厌氧消化和高固体厌氧消化。

固体废物厌氧消化技术中，常温消化主要适用于粪便、污泥和中低浓度有机废水的处理，较适用于气温较高的南方地区；中温消化主要适用于大中型产沼工程、高浓度有机废水的处理；高温消化主要适用于高浓度有机废水、城市生活垃圾、农作物秸秆的处理，以及粪便的无害化处理。

厌氧消化反应的主要参数为含水率、有机分、pH 值和温度等。

中温消化反应温度应控制在 30～38℃之间；高温消化反应温度应控制在 55～60℃之间。

低固体厌氧消化工艺的固体浓度应不高于 8%（典型值为 4%～8%），平均水力停留时间应为 10～20d；高固体厌氧消化工艺的固体浓度应在 20%～35%之间，水力停留时间应为 20～30d。

11.1.2.4 焚烧发电

焚烧适用于处理可燃、有机成分较多、热值较高的固体废物，如城市生活垃圾、农林固体废物等。全系统包括预处理和进料系统、焚烧系统、热能回收利用系统和烟气净化系统、灰渣处理系统等。

焚烧炉型宜根据废物种类和特征选择：

（1）炉排式焚烧炉适用于生活垃圾焚烧，不适用于处理含水率高的污泥；

（2）流化床式焚烧炉对物料的理化特性有较高要求，适用于处理污泥、预处理后的生活垃圾及一般工业固体废物；

（3）回转窑焚烧炉适用于处理成分复杂、热值较高的一般工业固体废物；

（4）固定床等其他类型的焚烧炉适用于一些规模较小的固体废物处理工程。

11.1.3 城镇生活垃圾综合处理工艺

11.1.3.1 综合处理工艺简介

原料为混合收集的生活垃圾综合处理厂，其模式可根据单元处理工艺技术组合分为五种类型。

（1）分选回收＋卫生填埋：先分选出可回收物，余下部分进行卫生填埋。

（2）预处理＋生物处理＋卫生填埋：预处理先分选出可回收物并将垃圾分类，可生物降解垃圾进行好氧堆肥或厌氧发酵处理，余下部分进行卫生填埋。

（3）预处理＋焚烧＋卫生填埋：预处理先分选出可回收物并将垃圾分类，可燃垃圾焚烧，焚烧后的灰渣进行卫生填埋。

（4）预处理＋生物处理＋焚烧＋卫生填埋：预处理先分选出可回收物并将垃圾分类，可生物降解垃圾进行好氧堆肥或厌氧发酵处理，可燃垃圾焚烧，灰渣和残渣进行卫生填埋。

（5）预处理＋生物处理＋建材生产＋焚烧＋卫生填埋：预处理先分选出可回收物并将垃圾分类，可生物降解垃圾进行好氧堆肥或厌氧发酵处理，无机垃圾生产建材，可燃垃圾焚烧，灰渣和残渣进行卫生填埋。

"生物预处理"系指利用专门设施，经生物好氧等微生物处理方式和机械分选，较经济地去除生活垃圾中的部分水分、提高热值，以利于生活垃圾的进一步处理或利用的一种工艺。

11.1.3.2　综合处理工艺特点

采用"生物预处理＋焚烧"组合工艺，生物预处理宜符合下列要求：

（1）兼顾厂（场）址面积、建设规模、垃圾数量和性质、后续处理或利用等因素，合理选择工艺，配置装备；

（2）宜采用好氧发酵工艺，发酵温度保持在55℃以上，好氧静态发酵宜持续5～7d，动态发酵宜持续3～5d；

（3）储料仓和发酵设施应采用密闭式结构，对易腐蚀的金属构件及设备，应采取相应的防腐蚀措施。

生活垃圾综合处理工程项目包含卫生填埋、焚烧、堆肥工艺时，其装备配置应分别符合《生活垃圾卫生填埋处理工程项目建设标准》、《生活垃圾焚烧处理工程项目建设标准》和《生活垃圾堆肥处理工程项目建设标准》的规定，以及国家现行相关标准要求（见附录5）。

11.2　城镇生活垃圾收集与转运

生活垃圾的收集运输是将分散的生活垃圾用机动车或非机动车集中到收集站（点），再用专用运输车把生活垃圾从收集站（点）运输到转运站或直接运往末端处理场（厂）的过程。城市生活垃圾实行分类收集，垃圾分类收集方式与后续运输、处理方式密切相关。镇（乡）村生活垃圾也可采用分类收集，以利于统筹运输和处理；农业废物不能纳入生活垃圾收运系统中。垃圾收集运输流程见图11-1。

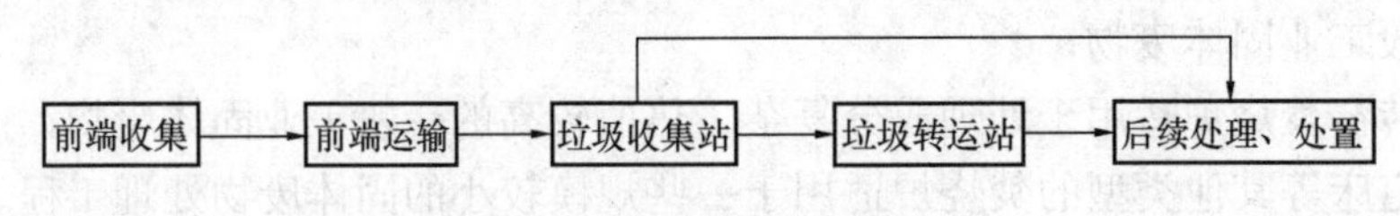

图11-1　垃圾收集运输流程图

11.2.1　收集与运输

目前常用的垃圾收集方式主要有三种，一是将收集容器放置于固定的地点，如居民小区、街道两侧及其他公共场所，由专业环卫人员负责收集；二是在居民小区建有固定的垃圾收集站；三是垃圾气力管道，由进气阀、投放口、垃圾管道等组成。

11.2.1.1　垃圾收集点

城市生活垃圾收集点的服务半径一般不超过70m，生活垃圾收集点可放置垃圾容器或设垃圾容器间；市场、交通客运枢纽等生活垃圾产生量较大的公共设施附近应单独设置生活垃圾收集点；镇（乡）生活垃圾收集点宜设置在垃圾收集车易于停靠的路边等地，其服务半径不宜大于100m；村庄生活垃圾收集点宜设置在村口或垃圾收集车易于停靠的路边等地，其服务半径不宜大于200m。

垃圾收集点应满足服务范围内的生活垃圾及时清运的要求。非袋装垃圾不应敞开存放。

实施生活垃圾分类收集的城市、镇（乡）、村庄，生活垃圾收集点设置及运行应满足日常生活垃圾的分类收集要求，并应与后续分类运输、分类处理方式相适应。

生活垃圾收集点（垃圾桶（箱）、固定垃圾池、袋装垃圾投放点）的设置应符合国家现行有关标准的规定，其主要指标应符合表11-1的规定。

生活垃圾收集点主要指标 **表11-1**

类　型	占地面积 (m^2)	与相邻建筑间隔 (m)	绿化隔离带宽度 (m)
垃圾桶（箱）	5～10	≥3	—
固定垃圾池	5～15	≥10	≥2
袋装垃圾投放点	5～10	≥5	—

注：1. 占地面积不含垃圾分类、资源回收等其他功能用地。
2. 占地面积含绿化隔离带用地。
3. 表中的绿化隔离带宽度包括收集点外道路的绿化隔离带宽度。
4. 与相邻建筑间隔自收集容器外壁起计算。
5. 袋装垃圾投放点仅用于不适合设置垃圾桶（箱）、垃圾池等的地区；垃圾袋的材质应统一、标准化。

垃圾收集点应合理设置。垃圾收集点位置应固定，应便于分类投放和分类清运，方便居民使用。

垃圾收集点用于集中收集的垃圾容器应根据各服务区实际需求进行购置，其类型、规格的选取应符合国家现行有关标准的规定。农村居民住宅单独收集点的垃圾桶应满足桶体密封、加盖的基本要求。

收集点的各类垃圾收集容器的容量应按其服务人口的数量、垃圾的种类、垃圾日排出量及清运周期计算，并宜采用标准容器计算。垃圾收集容器的总容纳量应满足使用需求，垃圾不得超出收集容器的上口平面，垃圾日排放量及垃圾容器设置数量的计算方法应符合下列规定：

（1）垃圾容器收集范围内的垃圾日排出质量应按下式计算：

$$Q=RCA_1A_2/1000 \tag{11-1}$$

式中 Q——垃圾日排出质量（t/d）；

R——收集范围内服务人口数量（人）；

C——预测的人均垃圾日排出质量［kg/（人·d）］，一般取0.5～1.0，城市可取偏大值，村镇及偏远地区可取偏小值；

A_1——垃圾日排出质量不均匀系数，城市取1.10～1.30，村镇取0.80～1.20；

A_2——居住人口变动系数，城市取1.00～1.15，村镇取0.90～1.00。

（2）垃圾容器收集范围内的垃圾日排出体积应按下式计算：

$$V_{ave}=Q/D_{ave}\cdot A_3 \tag{11-2}$$

$$V_{max}=KV_{ave} \tag{11-3}$$

式中 V_{ave}——垃圾平均日排出体积（m^3/d）；

D_{ave}——垃圾平均密度（t/m^3），混合生活垃圾自然堆积的典型密度为0.3～0.6t/m^3；

A_3——垃圾密度变动系数，A_3=0.7～0.9；

V_{max}——垃圾高峰时日排出最大体积（m^3/d）；

K——垃圾高峰时日排出体积的变动系数，取1.5～1.8。

(3) 收集点所需的垃圾容器数量应按下式计算：

$$N_{ave}=V_{ave}\cdot A_4/(EB) \tag{11-4}$$

$$N_{max}=V_{max}\cdot A_4/(EB) \tag{11-5}$$

式中　N_{ave}——平均所需设置的垃圾容器数量；

A_4——垃圾清除周期（d/次）；当每日清除2次时，$A_4=0.5$；每日清除1次时，$A_4=1$；每2日清除1次时，$A_4=2$，以此类推；

E——单只垃圾容器的容积（m^3/只）；

B——垃圾容器填充系数，取0.75～0.9；

N_{max}——垃圾高峰时所需设置的垃圾容器数量。

垃圾收集容器的类别标志应符合现行国家标准《生活垃圾分类标志》GB/T 19095—2008的有关规定。

11.2.1.2　生活垃圾收集运输

生活垃圾收集方式可分为袋装收集和散装收集；也可分为桶装收集和车载容器收集。

应结合辖区社会经济条件和收集设施配置情况等选用投放形式与收集容器的不同组合；并应根据当地人口数量、服务半径、经济条件等因素确定收集方式。垃圾不得裸露，收集运输设备应密闭，防止尘屑撒落和垃圾污水滴漏。

垃圾收集应实施分类收集，餐饮垃圾不得混入生活垃圾收运系统。

垃圾应采用不落地的收集方式，散装垃圾不得投入各类固定容器或堆场作临时存储。清扫垃圾宜单独收集、运输及处理。农村地区的灰土宜就地填埋处理。

农贸市场宜建垃圾收集站或采用大容积密闭容器收集垃圾，应由收集车定时定点收集，并应日产日清。

垃圾运输模式应根据收集点、收集站的分布及运距、运输量，并应结合地形、路况等因素确定。当垃圾实际运输距离小于10km时，宜采用直接运输模式。

11.2.1.3　垃圾气力管道收送系统

垃圾气力管道收送是指利用负压气流通过预先敷设在地下的管道系统，将从建筑室内和小区、市政等室外分类垃圾投放设施投入的垃圾，输送至中央收集站，经固、气分离后压缩集中存储并外运处置；垃圾管道内气体经除尘过滤、除臭净化后达标排放的垃圾收集输送系统。垃圾气力管道收送系统完全密闭，室外输送管道位于地下，系统全部自动化控制，同时可以通过增设投放口直接在源头进行分类，实现分类收集。

垃圾气力管道收送系统包括投放系统、管道系统及中央垃圾收集站等部分。投放系统是指垃圾投放口到输送管道前的部分。管道系统包括输送垃圾的输送支管及干管，其通过负压气流将垃圾从投放系统输送至中央垃圾收集站内。中央垃圾收集站主要实现垃圾的压缩、转运以及空气净化、自动控制等功能。

(1) 投放系统

投放系统主要包括投放口、竖管、储存节、排放阀、进气阀、屋顶风机及除臭装置等。

室内投放口通常设置在住宅、公建等建筑内，分为商业投放口和民用投放口。室外投放口属于成套设备，通常设在室外居住区入口、广场及绿地周边。通过设置不同类型的投放口，可实现垃圾的分类收送。

竖管应用于建筑楼宇内，宜设置在建筑的管道井附近，承接室内投放口及储存节，必须垂直设置。储存节位于垃圾竖管底部，临时存储由室内/外投放口投放的垃圾。楼宇内的储存节应安置在专用的房间内，应考虑机械送风或自然送风，以满足管道系统进风要求。排放阀位于储存节的底部。

(2) 管道系统

由管道、分段阀、检修口及压缩空气管及控制电缆等设备组成。垃圾气力管道收送系统投放及管道系统如图 11-2 所示。

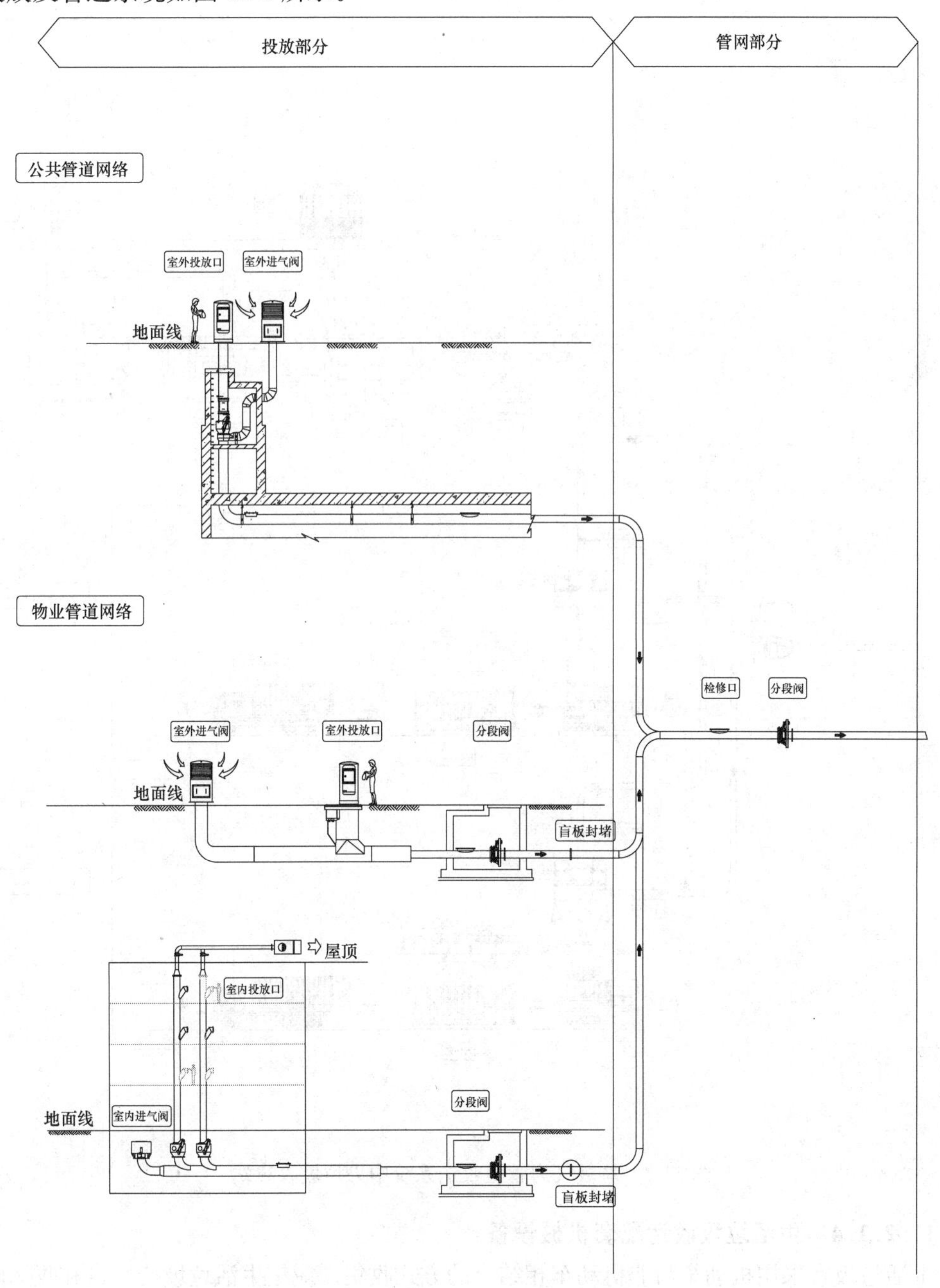

图 11-2 垃圾气力管道收送系统投放及管道系统

(3) 中央垃圾收集站

中央垃圾收集站由旋转分离器、压实机、集装箱、风机及除尘除臭装置等组成，本身已经具备收集站的功能。中央垃圾收集站通过旋转分离器将垃圾和空气分离，其中气体经过除尘除臭后满足现行标准后排出，固体垃圾则经压实机压缩，输送至密闭的集装箱内，通过专业运输车辆直接运往末端处理场进行后续处理。垃圾气力管道收送系统中央垃圾收集站如图 11-3 所示。

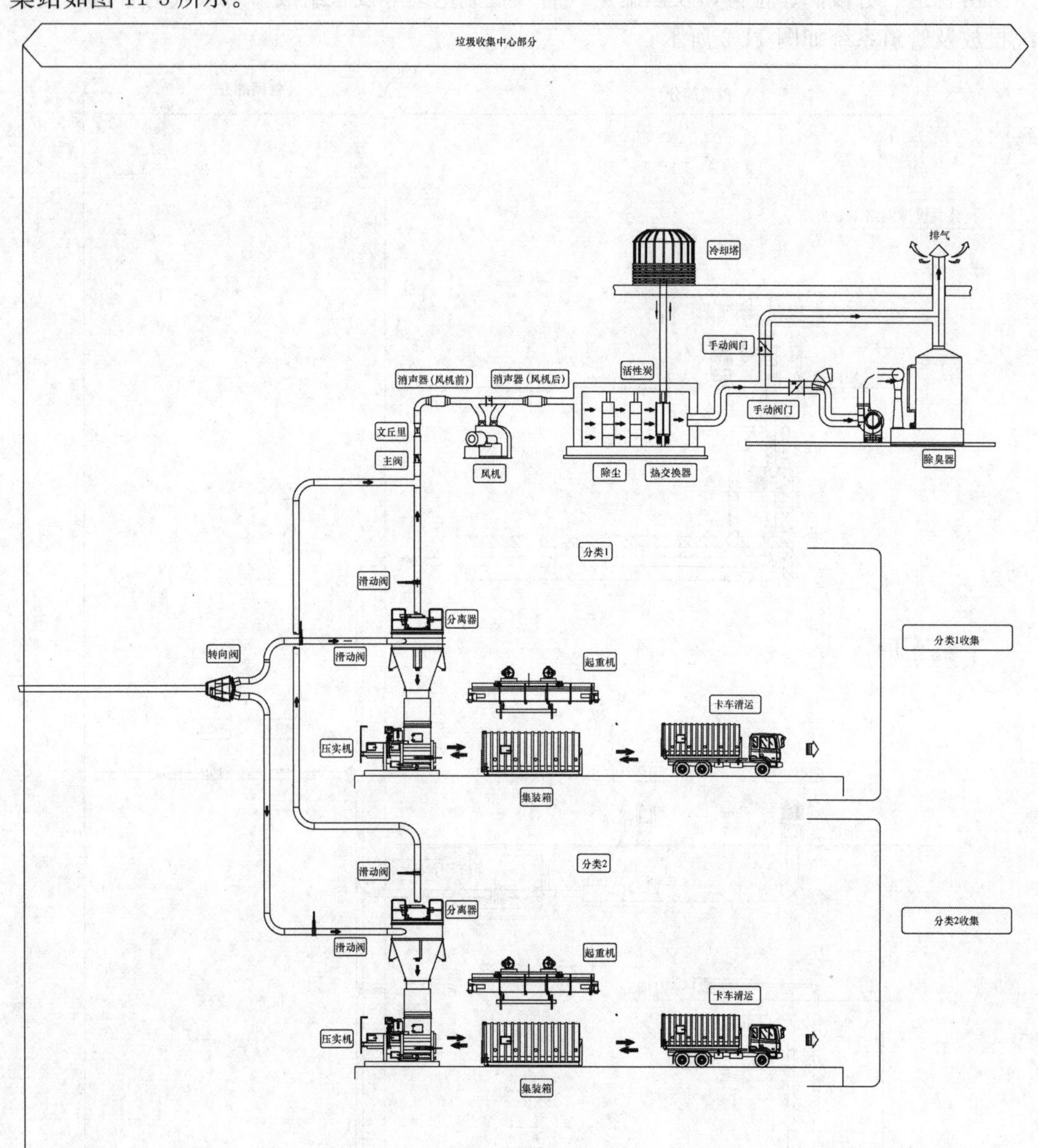

图 11-3　垃圾气力管道收送系统中央垃圾收集站

11.2.1.4　生活垃圾收运配套机械设备

生活垃圾宜采用机动车与非机动车相结合的方式收集；应按生活垃圾产生量和收运距离相应配置非机动车或 1t 左右的小型机动收集车，小型机动收集车辆配置数量应按下式计算：

$$N=Q_{d}/(qm\eta) \tag{11-6}$$

式中 N——收集车数量（车）；

Q_{d}——日均垃圾清运量（t/d）；

q——单车额定载荷[t/(车·次)]；

m——单车清运频率（次/d）；

η——装载系数，取0.85～0.95。

非机动车及其他吨位机动车的数量也可按公式（11-6）进行相应的换算确定。

垃圾收集车除应满足密闭运输的基本要求外，还应符合节能减排、低噪、防止二次污染等整体性能要求。

11.2.2 收集站

11.2.2.1 规划选址与设置

（1）规划选址

收集站选址应符合环境卫生专业规划。环境卫生专业规划应提出收集站的具体要求。收集站宜设置在交通便利的地方，并应具备供水、供电、污水排放等条件。有条件的居住区，可设置专门的垃圾运输通道。

（2）设置

大于5000人的居住区宜单独设置收集站；小于5000人的居住区可与相邻区域提前规划，联合设置收集站。

大于1000人的学校、企事业等社会单位宜单独设置收集站；小于1000人的学校、企事业等社会单位可与相邻区域提前规划，联合设置收集站。

成片区域采用收集站模式时，收集站设置数量不应小于1座/km^2。

收集站服务半径应符合下列规定：采用人力收集，服务半径宜为0.4km以内，最大不超过1km；采用小型机动车收集，服务半径最大不超过2km；采用气力输送管道收集，最远传输距离不宜超过1.5km。镇（乡）和村庄的收集站的服务半径可适当增大。

11.2.2.2 规模与类型

（1）规模

收集站的设计规模应考虑远期发展的需要，设计收集能力不宜大于30t/d。

设计规模和作业能力应满足其服务区域内生活垃圾“日产日清”的要求。采用分类收集的收集站，应满足其分类收运和简单分拣、储存的要求。

收集站的用地指标应符合表11-2的规定。

收集站的设计规模可按下式计算：

$$Q=Anq/1000 \tag{11-7}$$

式中 Q——收集站日收集能力（t/d）；

A——生活垃圾产量变化系数，该系数要充分考虑到区域和季节等因素的变化影响。取值时应按当地实际资料采用，无实测值时，一般可采用1～1.4；

n——服务区内实际服务人数；

q——服务区内人均垃圾排放量（kg/d），应按当地实测值使用；无实测值时，居住区可取0.5～1，企事业等社会单位可取0.3～0.5。

收集站用地指标 表 11-2

规　模 (t/d)	占地面积 (m^2)	与相邻建筑间隔 (m)	绿化隔离带宽度 (m)
20～30	300～400	≥10	≥3
10～20	200～300	≥8	≥2
10 以下	120～200	≥8	≥2

注：1. 带有分类收集功能或环卫工人休息功能的收集站，应适当增加占地面积。
2. 占地面积含站内设置绿化隔离带用地。
3. 表中的绿化隔离带宽度包括收集站外道路的绿化隔离带宽度。
4. 与相邻建筑间隔自收集站外墙计算。

(2) 收集类型

收集站按建筑形式可分为独立式收集站、合建式收集站。

收集站按收集设备可分为压缩式收集站、非压缩式收集站。

11.2.2.3 工艺、设备及技术要求

(1) 工艺

站前垃圾收集系统应密闭，并应与收集站的工艺相匹配。

垃圾进入收集站，应直接倾倒在垃圾收集箱或卸料斗内。

宜采用压缩工艺，以提高收集和运输效率。

分类垃圾收集站，应设置分类收集的收集箱（桶），可回收物可在站内进行简单分拣。

(2) 设备

收集站设备应包括受料装置、收集箱、压缩机、提升装置等，有条件的收集站宜配置垃圾称重系统。

设备焊接应均匀、平直、美观、无缺陷。

所有外露黑色金属表面应作防锈处理。

压缩机、提升装置等应有自动安全保护措施。

受料装置应具备良好的防止垃圾扬尘、遗撒、臭味扩散等性能。

收集箱应符合下列要求：后门应配备锁紧装置，保证后门锁紧严密；应防止污水洒漏，可外置或利用自身结构存储污水；采用高强度钢板，耐磨、耐腐蚀性好，不易变形，表面应采用防腐处理；收集箱的焊接应无漏焊、裂纹、夹渣、气孔、咬边、飞溅等焊接缺陷。

压缩机应符合下列要求：关键部位应采取耐磨、防腐等处理工艺；应有垃圾满载提示装置；液压、控制部件应运行可靠；运动部件应设有安全防护罩和明显标志；电气系统应为防水设计，并应配备紧急停车控制器。

提升装置应符合下列要求：应具备限速、减速功能，保证运行平稳；应有安全保护装置；提升能力应满足收集箱满载后的荷载要求。

(3) 技术要求

受料装置的主要技术参数应符合下列要求：卸料斗容积不应小于 1.2m^3；料斗提升力不应小于 500kg。

压缩机的主要参数应符合下列要求：压实密度不应小于0.65t/m³；压缩循环时间不应大于50s；宜选用低噪声设备。

收集箱的主要参数应符合下列要求：箱体容积不应小于5m³；密封部位应做水密试验，且密封条正常使用寿命不应少于6个月；收集箱上下车最大高度不应大于5.5m。

提升装置的主要参数应符合下列要求：提升高度距地面不应大于5.5m；升降循环时间不应大于60s。

11.2.2.4 收集站配套机械设备

（1）收集站设施设备

生活垃圾收集站设施设备的配置应高效、环保、节能、安全、卫生。

同一行政区域内的垃圾收集站设施宜统筹规划建设，宜选用统一型号、规格的机械设备等。

收集站机械设备的工作能力应按日有效运行时间和高峰时段垃圾量综合确定，并应使其与收集站工艺单元的设计规模相匹配，保证其可靠的收集能力并应留有调整余地。

（2）运输车辆及装载容器

垃圾收集站应按收运工艺要求及特点采用相应的运输方式及装载容器。

应依据垃圾装载容器的类型和规模选择匹配的运输车辆。将垃圾运往末端处理设施的运输车辆额定载荷不宜小于5t。

收集站配套运输车辆数的计算方法应符合下列规定：

1）收集站配套运输车辆数应按下列公式计算：

$$n_v = \eta Q/(n_T \cdot q_v) \tag{11-8}$$

$$Q = m \cdot Q_u \tag{11-9}$$

式中 n_v——配备的运输车辆数量；

η——运输车辆备用系数，取η=1.1～1.3；若同服务区的收集站配置了同型号规格的运输车辆时，η可取下限值；

Q——收集站的收集能力（t/d）；

n_T——运输车日运输次数；

q_v——运输车实际载运能力［t/（车·次）］；

m——收集单元数；

Q_u——单个收集单元的收集能力（t/d）。

2）对于装载容器与运输车辆可分离的收集单元，装载容器数量可按下式计算：

$$n_c = m + n_v - 1 \tag{11-10}$$

式中 n_c——收集容器数量；

m——收集单元数；

n_v——配备的运输车辆数量。

11.2.3 转运站

11.2.3.1 规划选址

转运站选址应符合城市总体规划和环境卫生专业规划的要求，应综合考虑服务区域、转运能力、运输距离、污染控制、配套条件等因素的影响，应设在交通便利、易安排清运线路的地方，应满足供水、供电、污水排放的要求。

不应设在立交桥或平交路口旁，不应设在大型商场、影剧院出入口等繁华地段（若必须选址于此类地段时，应对转运站进出通道的结构与形式进行优化或完善），不应邻近学校、餐饮店等群众日常生活聚集场所。

当运距较远，且具备铁路运输或水路运输条件时，宜设置铁路或水路运输转运站（码头）。

垃圾实行定点倾倒，采取压缩密封转运，站内配套智能车辆称重管理系统、人机界面对话系统、抽风除臭系统、空间异味控制系统、中央监视集中控制系统等辅助工艺。

11.2.3.2　规模

转运站的设计日转运垃圾能力，可按其规模划分为大、中、小型三大类，或Ⅰ、Ⅱ、Ⅲ、Ⅳ、Ⅴ五小类。

新建的不同规模转运站的用地指标应符合表11-3的规定。

转运站主要用地指标　　**表11-3**

类型		设计转运量（t/d）	用地面积（m^2）	与相邻建筑间隔（m）	绿化隔离带宽度（m）
大型	Ⅰ	1000～3000	≤20000	≥50	≥20
	Ⅱ	450～1000	15000～20000	≥30	≥15
中型	Ⅲ	150～450	4000～15000	≥15	≥8
小型	Ⅳ	50～150	1000～4000	≥10	≥5
	Ⅴ	≤50	≤1000	≥8	≥3

注：1. 表内用地不含垃圾分类、资源回收等其他功能用地。
2. 用地面积含转运站周边专门设置的绿化隔离带，但不含兼起绿化隔离作用的市政绿地和园林用地。
3. 与相邻建筑间隔自转运站边界起计算。
4. 对于邻近江河、湖泊、海洋和大型水面的城市生活垃圾转运码头，其陆上转运站用地指标可适当上浮。
5. 以上规模类型Ⅱ、Ⅲ、Ⅳ含下限值不含上限值，Ⅰ类含上下限值。
6. 当采用全密闭式转运站时，用地面积可适当调整。

转运站的设计规模和类型的确定应在一定的时间和一定的服务区域内，以转运站设计接受垃圾量为基础，并综合城域特征和社会经济发展中的各种变化因素来确定。确定转运站的设计接受垃圾量（服务区内垃圾收集量），应考虑垃圾排放季节波动性。

转运站的设计规模可按下式计算：

$$Q_D = K_S \cdot Q_C \tag{11-11}$$

式中　Q_D——转运站设计规模（日转运量），t/d；

Q_C——服务区垃圾收集量（年平均值），t/d；

K_S——垃圾排放季节性波动系数，应按当地实测值选用，无实测值时，可取1.3～1.5。

无实测值时，服务区垃圾收集量可按下式计算：

$$Q_C = n \cdot q/1000 \tag{11-12}$$

式中　n——服务区内实际服务人数；

q——服务区内人均垃圾排放量[kg/(人·d)],应按当地实测值选用，无实测值时，可取0.8～1.2。

当转运站由若干转运单元组成时，各单元的设计规模及配套设备应与总规模相匹配。转运站总规模可按下式计算：

$$Q_T = m \cdot Q_U \tag{11-13}$$

$$m = [Q_D / Q_U] \tag{11-14}$$

式中 Q_T——由若干转运单元组成的转运站的总设计规模（日转运量），t/d；

Q_U——单个转运单元的转运能力，t/d；

m——转运单元的数量；

[ ]——高斯取整函数符号；

Q_D——转运站设计规模（日转运量），t/d。

转运站服务半径与运距应符合下列规定：

(1) 采用人力方式进行垃圾收集时，收集服务半径宜为0.4km以内，最大不应超过1.0km；

(2) 采用小型机动车进行垃圾收集时，收集服务半径宜为3.0km以内，最大不应超过5.0km；

(3) 采用中型机动车进行垃圾收集运输时，可根据实际情况扩大服务半径；

(4) 当垃圾处理设施距垃圾收集服务区平均运距大于30km且垃圾收集量足够时，应设置大型转运站，必要时宜设置二级转运站（系统）。

11.2.3.3 转运类型

转运站可按其填装、装载垃圾动作方式分为卧式和立式；还可按垃圾压实过程在装载容器内或外完成分为直接压缩（压装）式和预压式等。

转运站可根据其服务区域环境卫生专业规划或其从属的垃圾处理系统的需求，在进行垃圾转运作业的基础上增加储存、分选、回收等功能，成为综合性转运站。

11.2.3.4 总体布置

转运站的总体布局应依据其规模、类型、综合工艺要求及技术路线确定。总平面布置应满足流程合理、布置紧凑、便于转运作业、能有效抑制污染。

对于分期建设的大型转运站，总体布局及平面布置应为后续建设留有发展空间。

转运站应利用地形、地貌等自然条件进行工艺布置。竖向设计应结合原有地形进行雨污水导排。

转运站的主体设施布置应满足下列要求：

(1) 转运车间及卸、装料工位宜布置在场区内远离邻近建筑物的一侧；

(2) 转运车间内卸、装料工位应满足车辆回车要求。

转运站配套工程及辅助设施应满足下列要求：

(1) 计量设施应设在转运站车辆进出口处，并有良好的通视条件，与进口厂界距离不应小于一辆最大运输车的长度；

(2) 按各功能区内通行的最大规格车型确定道路转弯半径与作业场地面积；

(3) 站内宜设置车辆循环通道或采用双车道及回车场；

(4) 站内垃圾收集车与转运车的行车路线应避免交叉，因条件限制必须交叉时，应有相应的交通管理安全措施；

（5）大型转运站应按转运车辆数设计停车场地，停车场的形式与面积应与回车场地综合平衡；其他转运站可根据实际需求进行设计；

（6）转运站绿地率应为20%～30%，中型以上（含中型）转运站可取大值；当地处绿化隔离带区域时，绿地率指标可取下限。

转运站行政办公与生活服务设施应满足下列要求：

（1）用地面积宜为总用地面积的5%～8%；

（2）中小型转运站可根据需要设置附属式公厕，公厕应与转运设施有效隔离，互不干扰。站内单独建造公厕的用地面积应符合现行行业标准《环境卫生设施设置标准》CJJ 27—2012中的有关规定。

11.2.3.5　工艺设备及技术要求

垃圾转运工艺应根据垃圾收集、运输、处理的要求及当地特点确定。

转运站的转运单元数不应少于2个，以保持转运作业的连续性与事故状态下或出现突发事件时的转运能力。

转运站应采用机械填装垃圾的方式进料，并应符合下列要求：有相应措施将装载容器填满垃圾并压实。压实程度应根据转运站后续环节（垃圾处理、处置）的要求和物料性状确定；当转运站的后续环节是垃圾填埋场或转运混合垃圾时，应采用较大压实能力的填装/压实机械设备，装载容器内的垃圾密度应小于$0.6t/m^3$；应有联动或限位装置，保持卸料与填装压实动作协调；应有锁紧或限位装置，保持填装压实机与受料容器结合部密封良好。

转运站在工艺技术上应满足下列要求：应设置垃圾称重计量装置；大型转运站必须在垃圾收集车进出站口设置计量设施，计量设备宜选用动态汽车衡；在运输车辆进站处或计量设施处应设置车号自动识别系统，并进行垃圾来源、运输单位及车辆型号、规格登记；应设置进站垃圾运输车抽样检查停车检查区；垃圾卸料、转运作业区应配置通风、降尘、除臭系统，并保持该系统与车辆卸料动作联动；垃圾卸料、转运作业区应设置车辆作业指示标牌和安全警示标志；垃圾卸料工位应设置倒车限位装置及报警装置。

转运站应依据规模类型配置相应的压实设备。

多个同一工艺类型的转运单元的配套机械设备，应选用同一型号、规格。

转运站机械设备及配套车辆的工作能力应按日有效运行时间和高峰期垃圾量综合考虑，并应与转运站及转运单元的设计规模相匹配，保证转运站可靠的转运能力并留有调整余地。

转运站配套运输车数应按公式（11-8）、公式（11-9）计算。

对于装载容器与运输车辆可分离的转运单元，装载容器数量可按公式（11-10）计算。

大型转运站可设置专用加油站。专用加油站应符合现行国家标准《汽车加油加气站设计与施工规范》GB 50156—2012的有关规定。

大型转运站宜设置机修车间，其他规模转运站可根据具体情况和实际需求考虑设置机修室。

11.2.3.6　配套设施

转运站站内道路的设计应符合下列要求：应满足站内各功能区最大规格的垃圾运输车

辆的荷载和通行要求；站内主要通道宽度不应小于4m，大型转运站站内主要通道宽度应适当加大；路面宜采用水泥混凝土或沥青混凝土，道路的荷载等级应符合现行国家标准《厂矿道路设计规范》GBJ 22—1987的有关规定；进站道路的设计应与其相连的站外市政道路协调。

转运站可依据本站及服务区的具体情况和要求配置备用电源。大型转运站在条件许可时应设置双回路电源或配备发电机；中、小型转运站可配备发电机。

转运站应按生产、生活与消防用水的要求确定供水方式与供水量。

转运站排水及污水处理应符合下列要求：应按雨污分流原则进行转运站排水设计；站内场地应平整，不滞留渍水；并设置污水导排沟（管）；转运车间应设置收集和处理转运作业过程产生的垃圾渗沥液和场地冲洗等生产污水的积污坑（沉砂井），积污坑的结构和容量必须与污水处理方案及工艺路线相匹配；如采用将污水用罐车运送至污水处理厂的方案时，积污坑的容积需满足两次运送间隔期收集、储存污水的需求；应采取有效的污水处理措施。

转运站应配置必要的通信设施。

中型以上规模的转运站应设置相对独立的管理办公设施；小型转运站行政办公设施可与站内主体设施合并建设。

转运站应配备监控设备；大型转运站应配备闭路监视系统、交通信号系统及电话/对讲系统等现场控制系统；有条件的可设置计算机中央控制系统。

11.2.4 环境保护与污染控制

环境保护配套设施必须与收集站、转运站主体设施同时设计、同时建设、同时启用。

应设置通风、除尘、除臭、隔声等环境保护设施，并及时维护、保养，同时应设置消毒、杀虫、灭鼠等装置。

除尘、除臭效果应符合现行国家标准《环境空气质量标准》GB 3095—2012、《恶臭污染物排放标准》GB 14554—1993等有关标准的规定。收集站作业时站内噪声不应大于85dB，站外噪声昼间不应大于60dB，夜间不应大于50dB。

站内保持地面平整，不得残留垃圾、积水；收集箱应密封可靠，收集、运输过程中应无污水滴漏；配套的运输车辆必须有良好的整体密封性能。应采取合理有效的措施，减轻收集车辆作业过程中产生的噪声对周围生活环境的影响。

周边应注意环境绿化，并应与周围环境相协调。设置的绿化隔离带应进行经常性维护、保养。

收集站中产生的污水应直接排入市政污水管网。对不能排入污水管网的，站内应设置污水收集装置，收集后统一进行处理。

转运站应设置收集和处理转运作业过程产生的垃圾渗沥液和场地冲洗等生产污水的积污坑（沉砂井），积污坑的结构和容量必须与污水处理方案及工艺路线相匹配；如采用将污水用罐车运送至污水处理厂的方案时，积污坑的容积需满足两次运送间隔期收集、储存污水的需求；应采取有效的污水处理措施。

11.2.5 安全生产与劳动卫生

安全生产与劳动卫生应符合现行国家标准《生产过程安全卫生要求总则》

GB/T 12801—2008和《工业企业设计卫生标准》GBZ 1—2010 的规定。

垃圾收集运输设施设备及运行的安全卫生措施应符合现行国家标准《生产过程安全卫生要求总则》GB/T 12801—2008 的有关规定。

垃圾卸料平台等危险位置的安全警示标志应完好、清晰，并应符合现行国家标准《图形符号 安全色和安全标志 第 1 部分：安全标志和安全标记的设计原则》GB/T 2893.1—2013 的规定。

噪声控制应符合现行国家标准《城市区域噪声标准》GB 3096 的规定。

设置作业人员更衣、洗手和工具存放的专用场所，并应保持其完好、整洁。作业人员上岗应穿戴（佩戴）劳动保护用具、用品。站内应做好卫生防疫工作，设置消毒、杀虫设施及装置。

转运站应结合垃圾转运单元的工艺设计，强化卸装垃圾等关键位置的通风、降尘、除臭措施；大型转运站必须设置独立的抽排风/除臭系统。转运站应根据所在地区水环境质量要求和污水收集、处理系统等具体条件，确定污水排放、处理形式，并应符合国家现行有关标准及当地环境保护部门的要求。转运站的绿化隔离带应强化其隔声、降噪等环保功能。转运站应在相应位置设置交通管制指示、烟火管制提示等安全标志。机械设备的旋转件、启闭装置等零部件应设置防护罩或警示标志。填装、起吊、倒车等工序的相关设施、设备上应设置警示标志、警报装置。转运作业现场应留有作业人员通道。装卸料工位应根据转运车辆或装载容器的规格尺寸设置导向定位装置或限位预警装置。大型转运站应设置专用的卫生设施，中小型转运站可设置综合性卫生设施。

11.3 城镇生活垃圾卫生填埋

11.3.1 建设规模与项目构成

生活垃圾卫生填埋处理工程项目的主体工程是生活垃圾卫生填埋场（以下简称“填埋场”）。填埋场的建设应根据各地区的特点，结合城市总体规划及环境卫生专项规划，合理确定填埋场建设规模并完善配套工程。中、小城市应进行区域性规划，集中建设填埋场。

11.3.1.1 建设规模

填埋场的建设规模，应根据服务区域人口、生活垃圾产生量，考虑发展等因素综合确定。填埋场建设规模分类见表 11-4。

填埋场建设规模分类 **表 11-4**

类 型	日填埋量（t/d）
Ⅰ类	1200 以上
Ⅱ类	500～1200
Ⅲ类	200～500
Ⅳ类	200 以下

注：以上规模分类含下限值不含上限值

填埋场的合理使用年限，应在 10 年以上，特殊情况下不应低于 8 年。填埋库区应一次性规划设计、分期建设，分期建设库容及相应的使用年限应根据填埋量、场址条件综合确定。

11.3.1.2 填埋库容

填埋库容可按方格网法计算确定，也可采用三角网法、等高线剖切法等计算。

填埋库容采用方格网法计算时，将场地划分成若干个正方形格网，再将场底设计标高和封场标高分别标注在规则网格各个角点上，封场标高与场底设计标高的差值应为各角点的高度。

计算每个四棱柱的体积，再将所有四棱柱的体积汇总为总的填埋场库容。计算时可将库区划分为边长 10～40m 的正方形方格网，方格网越小，精度越高。

11.3.1.3 项目构成

填埋场建设项目由填埋场主体工程与设备、配套工程、生产管理与辅助设施及生活服务设施等构成。具体包括下列内容：

(1) 填埋场主体工程与设备包括：场区道路，场地平整，防渗工程，坝体工程，洪雨水及地下水导排，渗沥液收集处理和排放，填埋气体导出及收集处理或利用，水土保持，计量设施，绿化隔离带，防飞散设施，封场工程，环境污染控制与环境监测设施，填埋作业机械设备等。

(2) 配套工程主要包括：进场道路（码头）、机械维修、供配电、给水排水、消防、通信、冲洗和洒水、备料场、应急等设施。

(3) 生产管理与辅助设施主要包括：办公用房、地磅房及门房、锅炉房、仓库等。

(4) 生活服务设施主要包括：职工宿舍、食堂、浴室等。

垃圾卫生填埋场平面布置见图 11-4。

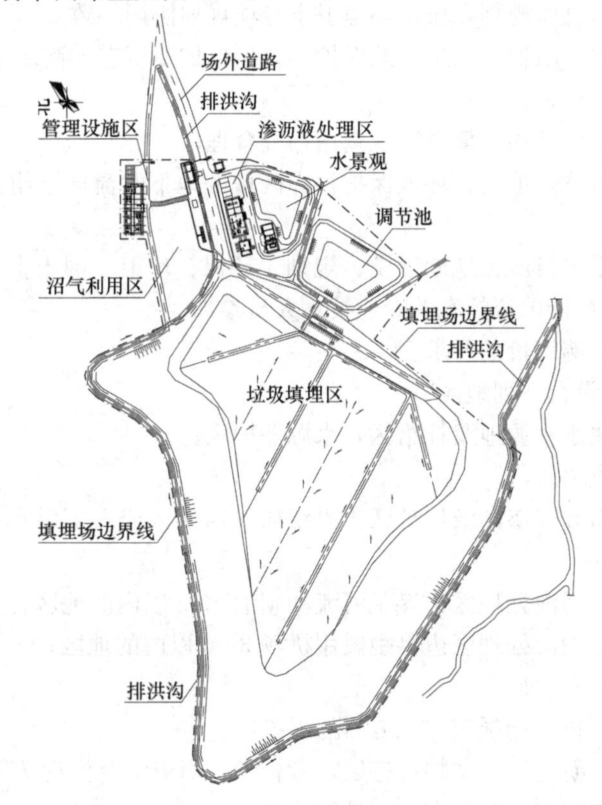

图 11-4 垃圾卫生填埋场平面示意图

11.3.2　填埋场选址及场址评价

11.3.2.1　选址

填埋场选址应符合区域性环境规划、环境卫生设施建设规划和当地的城市规划及相关规划，以及现行国家标准规范的规定，并综合考虑地理位置、地形、地貌、工程与水文地质、地质灾害等条件对周围环境、工程建设投资、运行成本和运输费用的影响，经多方案比选后确定。

（1）资料收集

1）城市总体规划和城市环境卫生专项规划；

2）土地利用价值及征地费用；

3）附近居住情况与公众反映；

4）附近填埋气体利用的可行性；

5）地形、地貌及相关地形图；

6）工程地质与水文地质条件；

7）设计频率洪水位、降水量、蒸发量、夏季主导风向及风速、基本风压值；

8）道路、交通运输、给水排水、供电、土石料条件及当地的工程建设经验；

9）服务范围的生活垃圾量、性质及收集运输情况。

（2）填埋场选址应符合现行国家标准《生活垃圾卫生填埋处理技术规范》GB 50869和相关标准的规定，并应符合下列规定：

1）应与当地城市总体规划和城市环境卫生专项规划协调一致；

2）应与当地的大气防护、水土资源保护、自然保护及生态平衡要求相一致；

3）应交通方便，运距合理；

4）人口密度、土地利用价值及征地费用均应合理；

5）应位于地下水贫乏地区、环境保护目标区域的地下水流向下游地区及夏季主导风向下风向；

6）选址应有建设项目所在地的建设、规划、环保、环卫、国土资源、水利、卫生监督等有关部门和专业设计单位的有关专业技术人员参加；

7）应符合环境影响评价的要求。

（3）填埋场不应设在下列地区

1）地下水集中供水水源地及补给区，水源保护区；

2）洪泛区和泄洪道；

3）填埋库区与敞开式渗沥液处理区边界距居民居住区或人畜供水点的卫生防护距离在500m以内的地区；

4）填埋库区与渗沥液处理区边界距河流和湖泊50m以内的地区；

5）填埋库区与渗沥液处理区边界距民用机场3km以内的地区；

6）尚未开采的地下蕴矿区；

7）珍贵动植物保护区和国家、地方自然保护区；

8）公园，风景、游览区，文物古迹区，考古学、历史学及生物学研究考察区；

9）军事要地、军工基地和国家保密地区。

11.3.2.2　场址评价

场址综合评价的文件应包括：场址地形图、场址水文地质勘探报告、场址环境影响评价报告、填埋场设计方案等。

场址评价应包括下述三个方面：

（1）环境评价

1）场址应符合基本要求。

2）填埋场所产生的噪声、异味以及大气污染物的控制应符合国家环保总局与国家技术监督局颁发的《生活垃圾填埋场污染控制标准》GB 16889—2008 的规定。

3）填埋场所产生的火灾隐患、虫害、臭气以及随风飘落物对周边地区的影响，应有相应的辅助设施。

（2）水文地质评价

1）填埋场对现况地下水及地表水的影响。

2）场址地质构造能否形成天然屏障，从而把垃圾填埋产生的渗沥液对地区地下水的影响降至最低。

（3）经济评价

比较各选址方案的单方造价，其公式为：单方造价＝填埋场总投资/填埋总容积。

11.3.3　卫生填埋场类型

11.3.3.1　按场址地形

（1）平地填埋

指利用平地向上进行填埋作业，适合于平原地区采用。如图 11-5 所示。

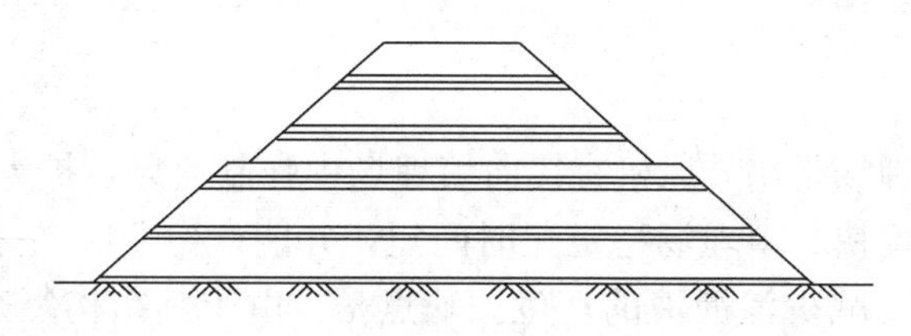

图 11-5　平地填埋

（2）深坑、洼地或山谷填埋

利用价值低的自然形成的洼地、山谷或人为开采挖掘后废弃的洼地、深坑进行填埋。如图 11-6 所示。

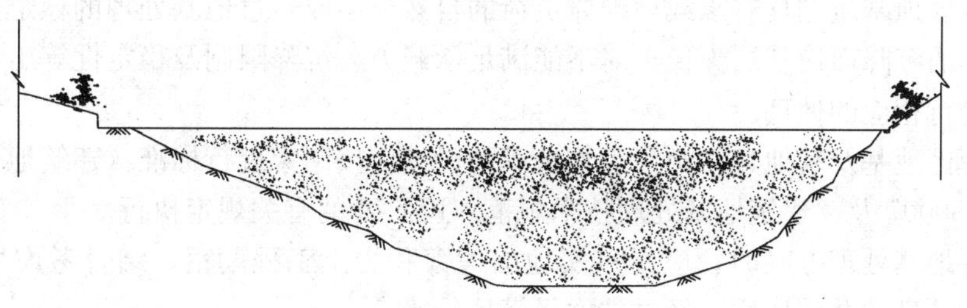

图 11-6　山谷、洼地、深坑填埋

（3）洼地、深坑与平地结合填埋；如图 11-7 所示。

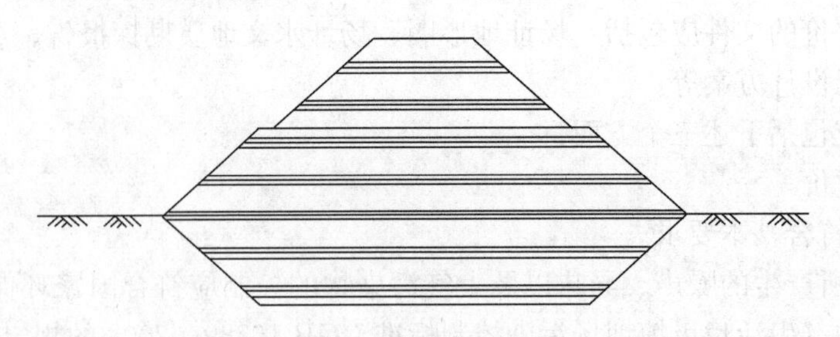

图 11-7 洼地、深坑与平地结合填埋

11.3.3.2 按填埋区构造

（1）厌氧填埋场

厌氧垃圾卫生填埋场是在垃圾堆体内无需供氧，垃圾处于厌氧分解状态的填埋场。由于厌氧填埋场无需强制鼓风供氧，结构简单，电耗、投资和运营费大为减少，管理简单。厌氧填埋场不受气候条件、垃圾成分和填埋高度的限制，适应性广，并可回收利用填埋气体作为能源，此种类型目前应用最为广泛。

（2）准好氧填埋场

准好氧垃圾卫生填埋场是改良型的厌氧垃圾卫生填埋场，不需鼓风设备，只需扩大排气、渗沥液收集管径，增大排水和导气空间，使排气管与渗沥液收集管相通，使得排气和进气形成循环，可在填埋堆体表层、渗沥液收集管和排气管附近形成好氧状态，从而扩大填埋堆体的好氧区域，促进有机物分解，但在空气接近不了的填埋堆体中央部分仍处于厌氧状态，这种好氧、厌氧相结合的填埋方式称为准好氧卫生填埋，准好氧填埋投资与厌氧填埋差别不大。

（3）好氧填埋场

好氧垃圾卫生填埋场是用鼓风机直接向填埋场中强制通风，扩大填埋层的好氧区域。优点是：垃圾分解速度快、填埋场稳定化时间短，并能产生 60℃左右的高温，有利于杀灭垃圾中的致病细菌、减少渗沥液的产生。缺点是：由于其结构复杂、施工困难、造价高，且无法回收填埋气体，有一定的局限性，故其采用不是很普遍。

11.3.4 地基处理与场地平整

11.3.4.1 地基处理

填埋库区地基应是具有承载填埋体负荷的自然土层或经过地基处理的稳定土层，不得因填埋堆体的沉降而使基层失稳。对不能满足承载力、沉降限制及稳定性等工程建设要求的地基应进行相应的处理。

填埋库区地基及其他建（构）筑物地基的设计应按国家现行标准《建筑地基基础设计规范》GB 50007 及《建筑地基处理技术规范》JGJ 79 的有关规定执行。

在选择地基处理方案时，应经过实地的考察和岩土工程勘察，结合考虑填埋堆体结构、基础和地基的共同作用，经过技术经济比较确定。

填埋库区地基应进行承载力计算及最大堆高验算。

应防止地基沉降造成防渗衬里材料和渗沥液收集管的拉伸破坏，应对填埋库区地基进行地基沉降及不均匀沉降计算。

11.3.4.2 边坡处理

(1) 填埋库区地基边坡设计应按国家现行标准《建筑边坡工程技术规范》GB 50330、《水利水电工程边坡设计规范》SL 386 的有关规定执行。

(2) 经稳定性初步判别有可能失稳的地基边坡以及初步判别难以确定稳定性状的边坡应进行稳定计算。

(3) 对可能失稳的边坡，宜进行边坡支护等处理。边坡支护结构形式可根据场地地质和环境条件、边坡高度以及边坡工程安全等级等因素选定。

11.3.4.3 场地平整

(1) 场地平整应满足填埋库容、边坡稳定、防渗系统铺设及场地压实度等方面的要求。

(2) 场地平整宜与填埋库区膜的分期铺设同步进行，并应考虑设置堆土区，用于临时堆放开挖的土方。

(3) 场地平整应结合填埋场地形资料和竖向设计方案，选择合理的方法进行土方量计算。填挖土方相差较大时，应调整库区设计高程。

11.3.5 垃圾坝

(1) 垃圾坝分类

垃圾坝是指建在填埋库区汇水上下游或周边或库区内，由土石等建筑材料筑成的堤坝。不同位置的垃圾坝有不同的作用（上游的坝截留洪水，下游的坝阻挡垃圾形成初始库容，库区内的坝用于分区等）。

根据坝体材料不同，坝型可分为（黏）土坝、碾压式土石坝、浆砌石坝及混凝土坝四类。采用一种筑坝材料的应为均质坝，采用两种及以上筑坝材料的应为非均质坝。

根据坝体所处位置及主要作用不同，坝体位置类型分类宜符合表 11-5 的规定。

坝体位置类型分类 **表 11-5**

坝体类型	习惯名称	坝体位置	坝体主要作用
A	围堤	平原型库区周围	形成初始库容、防洪
B	截洪坝	山谷型库区上游	拦截库区外地表径流并形成库容
C	下游坝	山谷型或库区与调节池之间	形成库容的同时形成调节池
D	分区坝	填埋库区内	分隔填埋库区

根据垃圾坝下游情况、失事后果、坝体类型、坝型（材料）及坝体高度不同，坝体建筑级别分类宜符合表 11-6 的规定。

(2) 垃圾坝地基处理的基本要求应符合国家现行标准《建筑地基基础设计规范》GB 50007、《建筑地基处理技术规范》JGJ 79、《碾压式土石坝设计规范》SL 274、《混凝土重力坝设计规范》NB/T 35026 及《碾压式土石坝施工规范》DL/T 5129 的相关规定。

坝体建筑级别分类　　表 11-6

建筑类别	坝下游存在的建（构）筑物及自然条件	失事后果	坝体类型	坝型（材料）	坝高（m）
Ⅰ	生产设备、生活管理区	对生产设备造成严重破坏，对生活管理区带来严重损失	C	混凝土坝、浆砌石坝	≥20
				土石坝、黏土坝	≥15
Ⅱ	生产设备	仅对生产设备造成一定破坏或影响	A、B、C	混凝土坝、浆砌石坝	≥10
				土石坝、黏土坝	≥5
Ⅲ	农田、水利或水环境	影响不大，破坏较小，易修复	A、D	混凝土坝、浆砌石坝	<10
				土石坝、黏土坝	<5

注：当坝体根据表中指标分属于不同级别时，其级别应按最高级别确定。

（3）坝体防渗处理应符合下列规定：

1）土坝的防渗处理可采用与填埋库区边坡防渗相同的处理方式。

2）碾压式土石坝、浆砌石坝及混凝土坝的防渗宜采用特殊锚固法进行锚固。

3）穿过垃圾坝的管道防渗应采用管靴连接管道与防渗材料。

11.3.6　防渗

防渗系统是指在填埋库区和调节池底部及四周边坡上为构筑渗沥液防渗屏障所选用的各种材料组成的体系。填埋场必须进行防渗处理，以防止对地下水和地表水的污染，同时还应防止地下水进入填埋场。

填埋场防渗处理应符合现行行业标准《生活垃圾卫生填埋场防渗系统工程技术规范》CJJ 113 的要求。地下水水位的控制应符合现行国家标准《生活垃圾填埋场污染控制标准》GB 16889 的有关规定。

图 11-8 是一个简单的城市固体废弃物填埋场构造示意图。

11.3.6.1　防渗方式

防渗系统按铺设方向分为垂直防渗和水平防渗两种方式。

垂直防渗主要有帷幕灌浆、防渗墙和 HDPE 垂直帷幕防渗；水平防渗主要有压实黏土、人工合成材料衬里等。

（1）垂直防渗

垂直防渗是对于填埋区地下有不透水层的填埋场而言的，在这种填埋场的填埋区四周建垂直防渗幕墙。幕墙深入至不透水层，使填埋区内、外隔离开，防止场外地下水受到污染。

根据施工方法的不同，通常采用的垂直防渗工程有帷幕灌浆、地下连续墙。需根据场地地形地质情况做技术、经济比较，确定是否采用垂直防渗和防护范围。

（2）水平防渗

水平防渗是目前使用最为广泛的一种防渗方式。水平防渗是在填埋场的场底及侧边铺

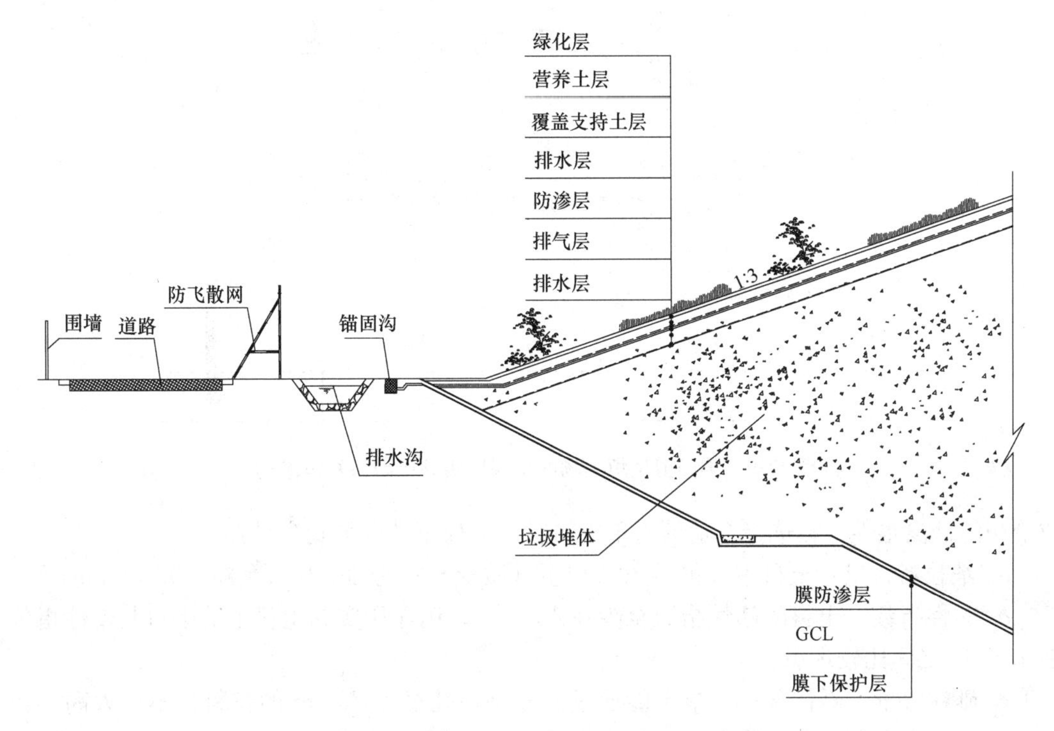

图 11-8 城市固体废弃物填埋场构造示意图

设人工防渗材料或天然防渗材料，防止填埋场渗沥液污染地下水和填埋气体无控制释放，同时也阻止周围地下水进入填埋场。

水平防渗按照防渗材料的来源不同又分为自然防渗和人工防渗两种。

1）自然防渗是指采用黏土类土或改性黏土作为防渗衬里结构。

2）人工防渗是指采用人工合成材料铺设的防渗衬里结构。

11.3.6.2 防渗材料

（1）黏土防渗衬里

压实黏土被广泛用作填埋场的防渗衬里，也可用来覆盖废物处理单元。

1）黏土的构造特性和物理特性

①黏土的结构单元体既可能是单个的矿物颗粒，也可能是多个矿物颗粒的聚集体。自然界中，单粒结构单元体不多见，集粒结构单元体较常见。

②在天然黏土中可以找到的微结构模型，是在一定上覆重压下形成的，结构要素完全不定向，孔隙直径为 2～3μm 或 10～20μm，孔隙度可达 60%～90%。在粉土中也能找到类似的结构。

③黏土的物理性质与其含水状况关系很大，作为主要的填埋场衬里，必须满足一定的压实标准以保护地下水不被渗沥液污染。一般来说，衬里应填筑成至少 2m 厚且其透水率小于 1×10^{-7}cm/s 的压实黏土层。

2）防渗用的压实黏土土料

①美国卫生填埋场的单层压实黏土防渗衬里结构，见图 11-9。

美国卫生填埋场的单层压实黏土防渗衬里结构对衬里土料的主要要求是它能够被压实

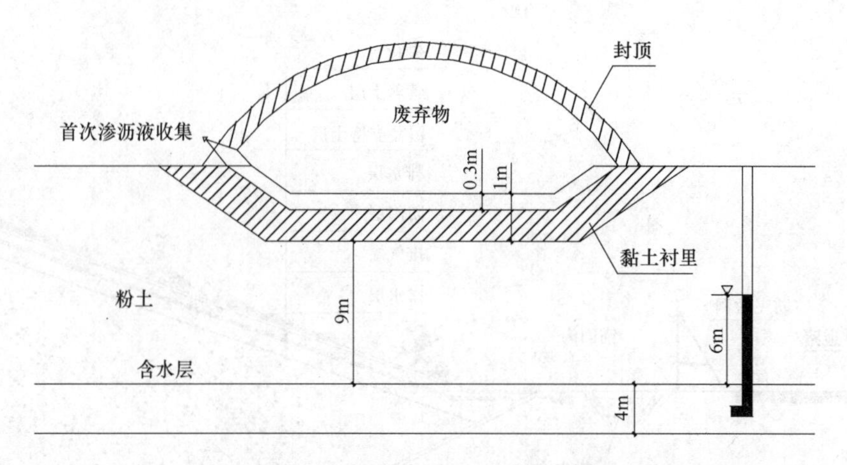

图 11-9　美国卫生填埋场的单层压实黏土防渗衬里结构

成恰当的低渗水性。在选择合适的衬里土料时，下列条件应得到满足：

a. 细粒料含量：土料中应包括 20%以上（质量比）的细粒料（黏粒<0.002mm）。

b. 塑性指数：土料的塑性指数至少在 10 以上，用作压实黏土衬里的土料其塑性指数在 10～35 之间比较理想。

c. 砾粒含量：砾粒含量（指不能通过 4 号筛，孔径 4.76mm 的粒料）不能太高，作为一个保守的数值，建议砾粒含量不要超过 10%。然而，如果砾粒在土中分布比较均匀，而且不妨碍羊脚碾碾压，则虽然数量较大也不必剔除。

d. 砾石：直径大于 2.5～5cm 的块石应从衬里材料中除去。

②德国垃圾填埋场的黏土防渗衬里要求满足以下条件：

a. 在选择黏土材料的颗粒分级时，必须保证其最小颗粒不流失，且不宜出现裂缝现象。最小颗粒（直径 2μm）的质量比应不小于 20%。

b. 黏土的类型和含量应根据具体情况视所要求的吸附能力而定，最小质量比为 10%。

c. 含粗砾石、石块、木块、树根和其他异物的土壤不可用于修建防渗层。土壤中的有机物质量不可大于 5%，碳酸盐含量不能大于 15%。

d. 天然地基表面的压实度必须大于 95%。由于承载力引起的防渗衬里底部变形，可对整个系统的防渗功能产生不利影响，为此应对其沉降值和变形情况进行计算分析。

e. 防渗衬里建成后，其防渗材料必须均匀，并且具有相同的含水率。

f. 每一黏土压实层在建成后，都必须具有大于 95%的压实度。

g. 修建时的含水率必须大于压实度 95%时的含水率。

不能满足上述要求时，必须通过提高压实力来保证孔隙率不大于 5%。

h. 作为填埋场承托层的天然地基必须拥有大于 3m 的地层厚度和良好的吸附性能。如黏土地基的厚度能满足上述要求且渗透系数小于 1×10^{-7}cm/s，则可基本上视为符合标准。此外，天然地基还应有较大的延伸面积。勘探时必须对其地质状况做出充分详细的描述。

3）防渗衬里黏土对含水量与干重度的要求：黏土在高含水量条件下压实能得到较小的透水率，但其抗剪强度却会降低，甚至低到难以承受碾压机具的重量。填埋场衬里的压实标准和其他工程填土（如房屋地基或路基）不同，习惯上工程填土的压实标准是按承载力要求建立在强度基础之上的，而对填埋场衬里，压实标准是按渗水性要求来设计的，黏土衬里的填筑含水量要比其他工程填土大2%～6%。

4）防渗用膨润土改性天然黏土

膨润土具有很好的防渗和吸附性能，在黏土中加入一定量的膨润土可以进一步降低黏土的渗透性。

膨润土掺入量为8%（质量百分比）左右时，混合土样的渗透系数最小。压实干密度是决定土样渗透性的主要因素，但当其达到某一临界值时，其增大对渗透性的影响减小。随着压实干密度的增大，渗透系数对膨润土掺入量的敏感程度降低。

（2）HDPE土工膜

在填埋场防渗系统中使用最广泛的土工膜是HDPE土工膜。HDPE土工膜不仅在用作填埋场防渗结构时表现出优良的耐久性能，而且也适用于污水池、废水处理设施、渠道或水池的衬砌、移动覆盖等。HDPE土工膜厚度有1.0mm、1.25mm、1.5mm、2.0mm、2.5mm几种，它具有下列特征和优点：

1）抗化学腐蚀能力强，一般来说，抗化学腐蚀能力是防渗设计中最需要注意的，而HDPE是所有土工膜中抗化学能力最强的一种，填埋场渗沥液并不会对由HDPE组成的防渗结构造成危害。

2）渗水性低，HDPE的低渗水性可保证地下水不进入填埋场内，雨水不渗入封顶，甲烷（沼气）不会从填埋堆体中溢出。

3）抗紫外线能力强，各土工膜中HDPE对紫外线老化的抵抗能力最强，添加炭黑可增强对紫外线的防护，而且由于在HDPE土工膜中不允许添加增塑剂，因此不必担心由于紫外线照射而引起增塑剂的挥发。HDPE的缺点是现场焊接难，且易被尖物戳破。

防渗土工膜必须达到《土工合成材料 聚乙烯土工膜》GB/T 17643及《垃圾填埋场用高密度聚乙烯土工膜》CJ/T 234中相关要求。

（3）膨润土垫（GCL）

1）膨润土（Bentonite）是美国地质学家W. C. Knight1898年命名美国怀俄明州Fort Benton出露的黏土岩（页岩）时提出并开始采用的，是以蒙脱石类矿物为主要组成的岩石。其分子粒径为10^{-8}～10^{-11}m，又称天然纳米材料（10^{-7}～10^{-9}m即1～100nm）。北京理化分析测试中心对鞍山泰和膨润土有限公司的纳米（膨润土）防水系列产品所用的膨润土，在透射电子显微镜下观测到：≤10nm的颗粒占60%，10～50nm的颗粒占35%，50～100nm的颗粒占5%。该土样是我国出产的天然钠基膨润土。

用膨润土作防水材料，在国外已应用多年，其主要的产品形式是天然钠基防渗膨润土、膨润土板（在带有波纹凹槽的牛皮纸板中填满经过精制的钠基膨润土，重4～8kg/m^2）、膨润土毡（又称纳米防水毯）（两层无纺布中间夹50mm厚的钠基膨润土且用每间隔5～10mm的针刺法将三者形成一个整体、一层高密度聚乙烯、一层膨润土压成的膨润土板（又称纳米板、双重防水板））及止水条、止水膏、防水涂料等。膨润土在我国各地都有，价格便宜（相当于国外的1/5～1/4），耐久性好，施工简便。

2）防水毯原材料中使用的膨润土应为人工钠基膨润土，粒径在0.2～2mm范围内的膨润土颗粒，质量应至少占膨润土总质量的80%。

GCL中的塑料扁丝编织土工布应符合《土工合成材料 塑料扁丝编织土工布》GB/T

17690—1999的要求，并应使用具有抗紫外线功能的单位面积质量为120g/m²的塑料扁丝编织土工布。产品使用的丙纶非织造土工布要求单位面积质量为220g/m²。

性能指标要求见表11-7。

钠基膨润土防水毯主要性能指标 表11-7

项目	技术指标（GCL-NP）
膨润土防水毯单位面积质量（g/m²）	≥4800
膨润土膨胀指数（mL/2g）	≥24
吸蓝量（g/100g）	≥30
抗拉强度（N/100mm）	≥800
抗剥强度（N/100mm）	≥65
最大负荷下伸长率（%）	≥10
非织造布和编织布剥离强度（N/100mm）	≥40
渗透系数（m/s）	$\leqslant 5.0\times10^{-11}$
耐静水压	0.6MPa/h，无渗漏
滤失量（mL）	≤18
膨润土耐久性（mL/2g）	≥20

除满足以上要求外，所采购的产品还应满足《钠基膨润土防水毯》JG/T 193—2006中试验方法、检测规则、标志、包装、贮运及运输等相关规定。

11.3.6.3 填埋场防渗衬里结构组成

依照现行标准《生活垃圾卫生填埋处理技术规范》GB 50869、《生活垃圾卫生填埋场防渗系统工程技术规范》CJJ 113和《生活垃圾填埋场污染控制标准》GB 16889，填埋场必须进行防渗处理，防止对地下水和地表水的污染，同时还应防止地下水进入填埋场，并有如下规定：

（1）当天然基础层饱和渗透系数小于1.0×10^{-7}cm/s，且场底及四壁衬里厚度不小于2m时，可采用天然黏土类衬里结构。

（2）天然黏土基础层进行人工改性压实后达到天然黏土衬里结构的等效防渗性能要求，可采用改性压实黏土类衬里作为防渗结构。

（3）不具备自然防渗条件的填埋场必须进行人工防渗。人工合成衬里的防渗系统应采用复合衬里防渗结构，位于地下水贫乏地区的防渗系统也可采用单层衬里防渗结构。在特殊地质及环境要求较高的地区，应采用双层衬里防渗结构。

（4）不同复合衬里结构应符合下列规定：

1）库区底部复合衬里（HDPE土工膜+黏土）结构（见图11-10），各层应符合下列规定：

基础层：土压实度不应小于93%；

反滤层（可选择层）：宜采用土工滤网，规格不宜小于200g/m²；

地下水导流层（可选择层）：宜采用卵（砾）石等石料，厚度不应小于30cm，石料上应铺设非织造土工布，规格不宜小于200g/m²；

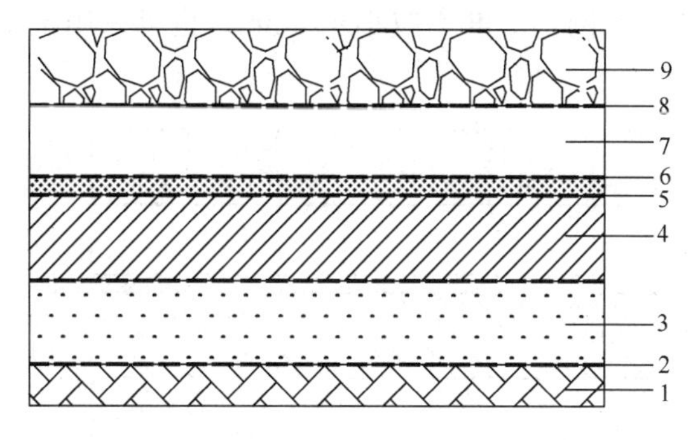

图 11-10 库区底部复合衬里（HDPE 土工膜＋黏土）结构示意图

1—基础层；2—反滤层（可选择层）；3—地下水导流层（可选择层）；4—防渗及膜下保护层；5—膜防渗层；6—膜上保护层；7—渗沥液导流层；8—反滤层；9—垃圾层

防渗及膜下保护层：黏土渗透系数不应大于 1.0×10^{-7}cm/s，厚度不宜小于 75cm；

膜防渗层：应采用 HDPE 土工膜，厚度不应小于 1.5mm；

膜上保护层：宜采用非织造土工布，规格不宜小于 600g/m²；

渗沥液导流层：宜采用卵石等石料，厚度不应小于 30cm，石料下可增设土工复合排水网；

反滤层：宜采用土工滤网，规格不宜小于 200g/m²。

2）库区底部复合衬里（HDPE 土工膜＋GCL）结构（见图 11-11），各层应符合下列要求：

基础层：土压实度不应小于 93%；

反滤层（可选择层）：宜采用土工滤网，规格不宜小于 200g/m²；

地下水导流层（可选择层）：宜采用卵（砾）石等石料，厚度不应小于 30cm，石料上应铺设非织造土工布，规格不宜小于 200g/m²；

膜下保护层：黏土渗透系数不宜大于 1.0×10^{-5}cm/s，厚度不宜小于 30cm；

GCL 防渗层：渗透系数不应大于 5.0×10^{-9}cm/s，规格不应小于 4800g/m²；

膜防渗层：应采用 HDPE 土工膜，厚度不应小于 1.5mm；

膜上保护层：宜采用非织造土工布，规格不宜小于 600g/m²；

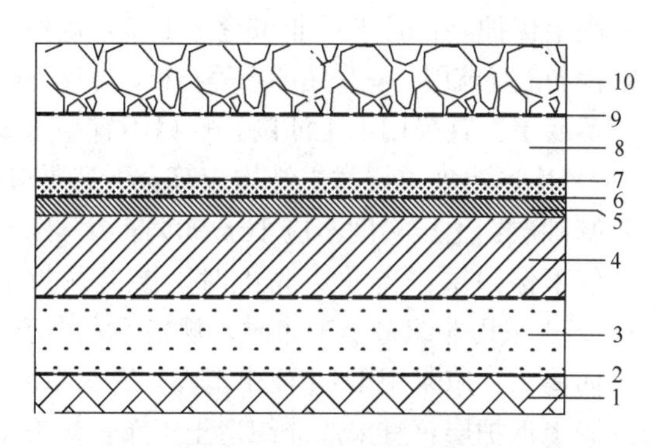

图 11-11 库区底部复合衬里（HDPE 土工膜＋GCL）结构示意图

1—基础层；2—反滤层（可选择层）；3—地下水导流层（可选择层）；4—膜下保护层；5—GCL 防渗层；6—膜防渗层；7—膜上保护层；8—渗沥液导流层；9—反滤层；10—垃圾层

渗沥液导流层：宜采用卵石等石料，厚度不应小于 30cm，石料下可增设土工复合排水网；

反滤层：宜采用土工滤网，规格不宜小于 200g/m²。

3）库区边坡复合衬里（HDPE 土工膜＋GCL）结构，各层应符合下列规定：

基础层：土压实度不应小于 90%；

膜下保护层：当采用黏土时，渗透系数不宜大于 1.0×10^{-5}cm/s，厚度不宜小于 20cm；当采用非织造土工布时，规格不宜小于 600g/m²；

GCL 防渗层：渗透系数不应大于 5.0×10^{-9}cm/s，规格不应小于 4800g/m²；

防渗层：应采用 HDPE 土工膜，宜为双糙面，厚度不应小于 1.5mm；

膜上保护层：宜采用非织造土工布，规格不宜小于 600g/m²；

渗沥液导流与缓冲层：宜采用土工复合排水网，厚度不应小于5mm，也可采用土工布袋（内装石料或沙土）。

（5）单层衬里结构应符合下列规定：

1）库区底部单层衬里结构（见图11-12），各层应符合下列要求：

基础层：土压实度不应小于93%；

反滤层（可选择层）：宜采用土工滤网，规格不宜小于$200g/m^2$；

地下水导流层（可选择层）：宜采用卵（砾）石等石料，厚度不应小于30cm，石料上应铺设非织造土工布，规格不宜小于$200g/m^2$；

膜下保护层：黏土渗透系数不应大于1.0×10^{-5}cm/s，厚度不宜小于50cm；

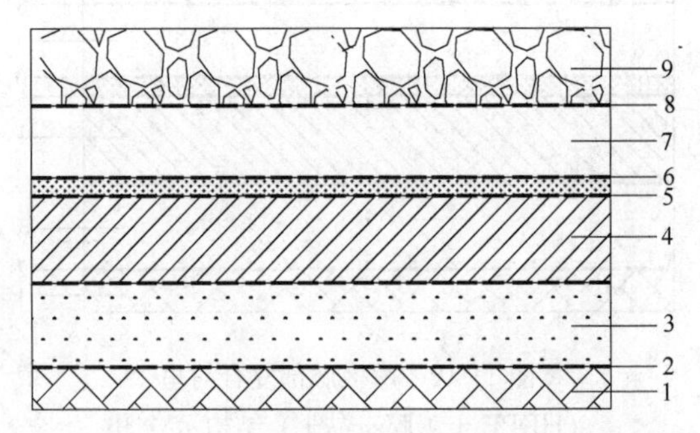

图11-12　库区底部单层衬里结构示意图
1—基础层；2—反滤层（可选择层）；3—地下水导流层（可选择层），4—膜下保护层；5—膜防渗层；6—膜上保护层；7—渗沥液导流层；8—反滤层；9—垃圾层

膜防渗层：应采用HDPE土工膜，厚度不应小于1.5mm；

膜上保护层：宜采用非织造土工布，规格不宜小于$600g/m^2$；

渗沥液导流层：宜采用卵石等石料，厚度不应小于30cm，石料下可增设土工复合排水网；

反滤层：宜采用土工滤网，规格不宜小于$200g/m^2$。

2）库区边坡单层衬里结构应符合下列要求：

基础层：土压实度不应小于90%；

膜下保护层：当采用黏土时，渗透系数不应大于1.0×10^{-5}cm/s，厚度不宜小于30cm；当采用非织造土工布时，规格不宜小于$600g/m^2$；

防渗层：应采用HDPE土工膜，宜为双糙面，厚度不应小于1.5 mm；

膜上保护层：宜采用非织造土工布，规格不宜小于$600g/m^2$；

渗沥液导流与缓冲层：宜采用土工复合排水网，厚度不应小于5mm，也可采用土工布袋（内装石料或沙土）。

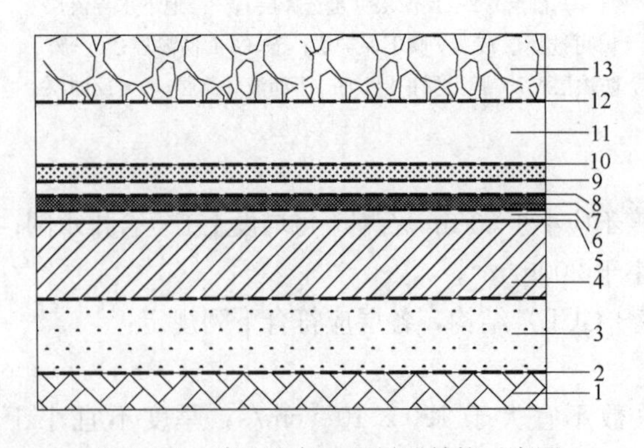

图11-13　库区底部双层衬里结构示意图
1—基础层；2—反滤层（可选择层）；3—地下水导流层（可选择层）；4—膜下保护层；5—膜防渗层；6—膜上保护层；7—渗沥液检测层；8—膜下保护层；9—膜防渗层；10—膜上保护层；11—渗沥液导流层；12—反滤层；13—垃圾层

（6）库区底部双层衬里结构（见图11-13），各层应符合下列规定：

基础层：土压实度不应小于93%；

反滤层（可选择层）：宜采用土工滤网，规格不宜小于$200g/m^2$；

地下水导流层（可选择层）：宜采用卵（砾）石等石料，厚度不应小于30cm，石料上应铺设非织造土工布，规格不宜小于$200g/m^2$；

膜下保护层：黏土渗透系数不应大于1.0×10^{-5}cm/s，厚度不宜小于30cm；

膜防渗层：应采用HDPE土工膜，厚度不应小于1.5mm；

膜上保护层：宜采用非织造土工布，规格不宜小于 400g/m²；

渗沥液检测层：可采用土工复合排水网，厚度不应小于 5mm；也可采用卵（砾）石等石料，厚度不应小于 30cm；

膜下保护层：宜采用非织造土工布，规格不宜小于 400g/m²；

膜防渗层：应采用 HDPE 土工膜，厚度不应小于 1.5mm；

膜上保护层：宜采用非织造土工布，规格不宜小于 600g/m²；

渗沥液导流层：宜采用卵石等石料，厚度不应小于 30cm，石料下可增设土工复合排水网；

反滤层：宜采用土工滤网，规格不宜小于 200g/m²。

（7）HDPE 土工膜应符合现行行业标准《垃圾填埋场用高密度聚乙烯土工膜》CJ/T 234 的规定。HDPE 土工膜厚度不应小于 1.5mm，当防渗要求严格或垃圾堆高大于 20m 时，宜选用厚度不小于 2.0mm 的 HDPE 土工膜。

（8）穿过 HDPE 土工膜防渗系统的竖管、横管或斜管，穿管与 HDPE 土工膜的接口应进行防渗漏处理。

（9）在垂直高差较大的边坡铺设防渗材料时，应设锚固平台，平台高差应结合实际地形确定，不宜大于 10m。边坡坡度不宜大于 1∶2。

（10）防渗材料锚固方式可采用矩形覆土锚固沟，也可采用水平覆土锚固、“V”形槽覆土锚固和混凝土锚固；岩石边坡、陡坡及调节池等混凝土上的锚固，可采用 HDPE 嵌钉土工膜、HDPE 型锁条、机械锚固等方式。

（11）锚固沟（见图 11-14）的设计应符合下列规定：

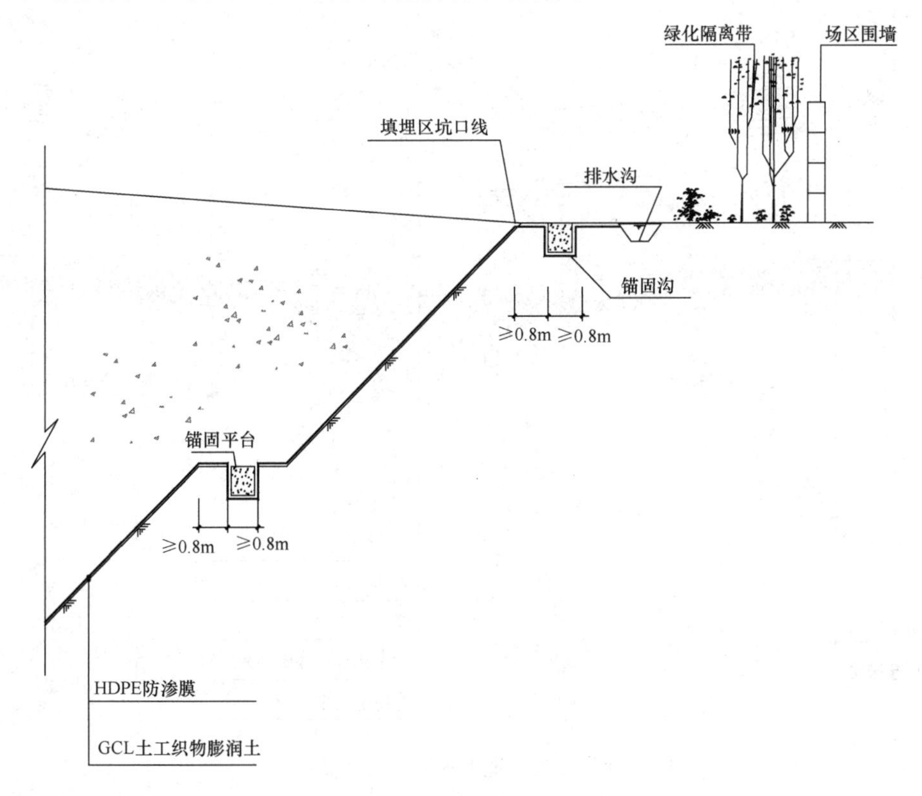

图 11-14 锚固沟示意图

1）锚固沟距离坡边缘不宜小于800mm；

2）防渗材料转折处不应存在直角的刚性结构，均应做成弧形结构；

3）锚固沟断面应根据锚固形式，结合实际情况加以计算，通常不宜小于0.8m×0.8m；

4）锚固沟中的压实度不得小于93%；

5）特殊情况下，应对锚固沟的尺寸和锚固能力进行计算。

（12）黏土作为膜下保护层时的处理应符合下列规定：

1）平整度：应达到每平方米黏土层误差不得大于2cm。

2）洁净度：黏土层不应含有粒径大于5mm的尖锐物料。

3）压实度：位于库区底部的黏土层不得小于93%，位于库区边坡的黏土层不得小于90%。

（13）在设计填埋场底层时，必须考虑好渗沥液流出所需的坡度。填埋场底层承受着垃圾填埋场所有压力，必须牢牢地压实，以便将来发生不同形式的沉降都不会破坏防渗系统。

11.3.7 地下水导排

根据填埋场场址水文地质情况，当可能发生地下水对基础层稳定或对防渗系统破坏的潜在危害时，应设置地下水导排系统（见图11-15）。

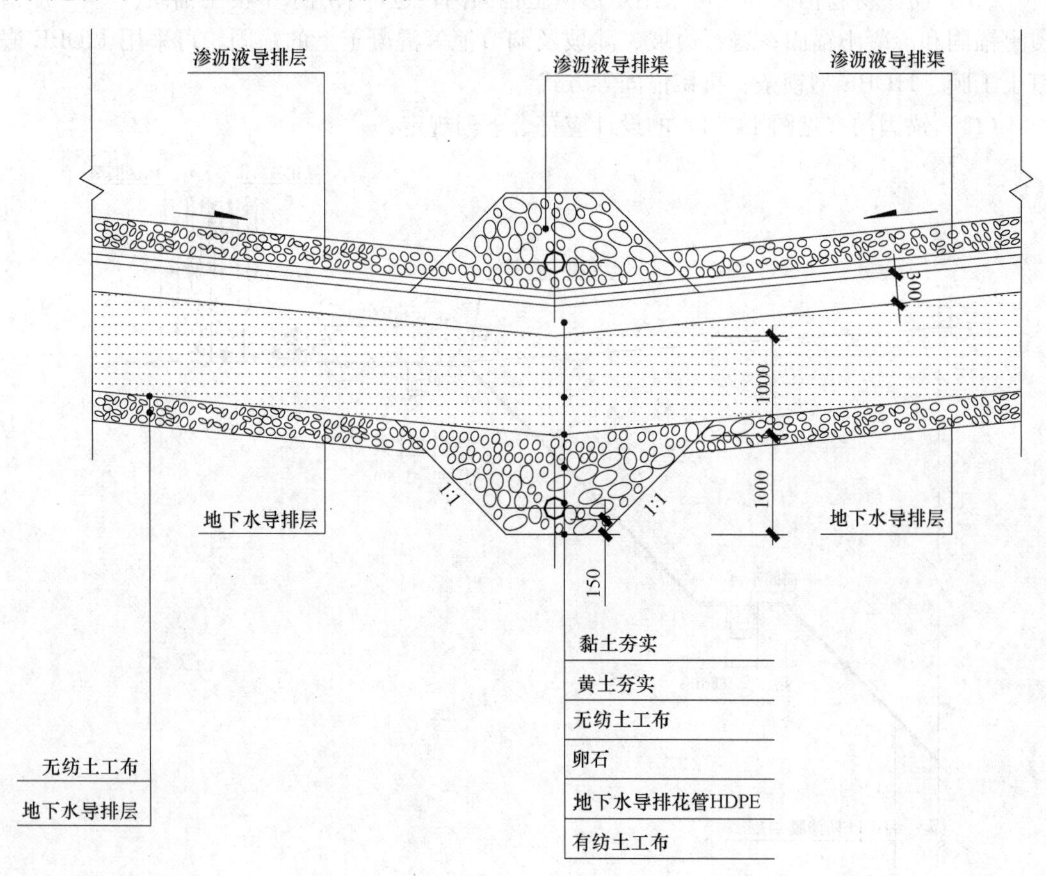

图11-15 地下水导排层（渠）

地下水水量的计算宜根据填埋场场址的地下水水力特征和不同埋藏条件分不同情况计算。计算方法可参照现行行业标准《建筑基坑支护技术规程》JGJ 120。

根据地下水水量、水位及水文地质情况的不同，可选择采用碎石导流层、导排盲沟、土工复合排水网导流层等方法进行地下水导排或阻断。地下水收集导排系统应具有长期的导排性能。

地下水导流层的设计原则：

（1）必须能及时有效导排地下水，以防止其水位过高对防渗层造成危害和破坏。

（2）应有一定的防淤堵能力。

地下水导流层设计的常用方式：

（1）卵石层导流方式：卵石层下宜铺设反滤层，以防止淤堵；卵石层厚度不应小于300mm，卵石粒径一般为20～60mm。

（2）地下盲沟导流方式：应根据渗流计算确定盲沟间距和埋深坡度，地下水最高水位距场底不得小于1m。

地下水收集导排系统宜按渗沥液收集导排系统进行设计。地下水收集管管径可根据地下水水量进行计算确定，干管外径不应小于250mm，支管外径不宜小于200mm。

11.3.8 防洪与雨污分流

11.3.8.1 防洪

（1）填埋场防洪系统设计应符合国家现行标准《防洪标准》GB 50201、《城市防洪工程设计规范》GB/T 50805及相关标准的技术要求。防洪标准应按不小于50年一遇洪水位设计，按100年一遇洪水位校核。

（2）填埋场防洪系统根据地形可设置截洪坝、截洪沟以及跌水和陡坡、集水池、洪水提升泵站、穿坝涵管等构筑物。洪水流量可采用小流域经验公式计算。

（3）填埋库区外汇水面积较大时，宜根据地形设置数条不同高程的截洪沟。

（4）填埋场外无自然水体或排水沟渠时，截洪沟出水口宜根据场外地形走向、地表径流流向、地表水体位置等设置排水管渠。

11.3.8.2 雨污分流

（1）填埋库区雨污分流系统应阻止未作业区域的汇水流入生活垃圾堆体，应根据填埋库区分区和填埋作业工艺进行设计。

（2）填埋库区分区设计应满足下列雨污分流要求：

1）平原型填埋场的分区应以水平分区为主，坡地型、山谷型填埋场的分区宜采用水平分区与垂直分区相结合的设计。

2）水平分区应设置具有防渗功能的分区坝，各分区应根据使用顺序不同铺设雨污分流导排管。

3）垂直分区宜结合边坡临时截洪沟进行设计，生活垃圾堆高达到临时截洪沟高程时，可将边坡截洪沟改建成渗沥液收集盲沟。

（3）分区作业雨污分流应符合下列规定：

1）使用年限较长的填埋库区，宜进一步划分作业分区。

2）未进行作业的分区雨水应通过管道导排或泵抽排的方法排出库区。

3）作业分区宜根据一定时间填埋量划分填埋单元和填埋体，通过填埋单元的日覆盖和填埋体的中间覆盖实现雨污分流。

4）封场后雨水应通过堆体表面排水沟排入截洪沟等排水设施。

11.3.9　渗沥液收集与处理

（1）填埋场必须设置有效的渗沥液收集系统和采取有效的渗沥液处理措施，严防渗沥液污染环境。

（2）渗沥液处理设施应符合现行行业标准《生活垃圾渗沥液处理技术规范》CJJ 150的有关规定。

11.3.9.1　渗沥液水量

填埋场渗沥液的产生量应充分考虑当地降雨量、蒸发量、地面水损失、地下水渗入、垃圾的特性、雨污分流措施、表面覆盖和渗沥液导排设施状况等因素综合确定。（注：新建填埋场渗沥液在没有实测数据的情况下，可参照同地区同类型的垃圾填埋场实际产生量综合确定）

垃圾填埋场渗沥液产生量宜按下式计算：

$$Q = I \times (C_1A_1 + C_2A_2 + C_3A_3)/1000 \tag{11-15}$$

式中　Q——渗沥液产生量（m^3/d）；

I——多年平均日降雨量（mm/d）；

A_1——作业单元汇水面积（m^2）；

C_1——作业单元渗出系数，宜取0.5～0.8；

A_2——中间覆盖单元汇水面积（m^2）；

C_2——中间覆盖单元渗出系数，宜取（0.4～0.6）C_1；

A_3——终场覆盖单元汇水面积（m^2）；

C_3——终场覆盖单元渗出系数，宜取0.1～0.2。

注：I计算，数据充足时，宜按20年的数据计取；数据不足20年时，按现有全部年数据计取。

生活垃圾填埋场渗沥液处理规模宜按垃圾填埋场平均日渗沥液产生量计算，并应与调节池容积计算相匹配。

渗沥液产生量计算取值应符合下列规定：

（1）指标应包括最大日产生量、日平均产生量及逐月平均产生量的计算；

（2）当设计计算渗沥液处理规模时应采用日平均产生量；

（3）当设计计算渗沥液导排系统时应采用最大日产生量；

（4）当设计计算调节池容量时应采用逐月平均产生量。

11.3.9.2　渗沥液水质

垃圾填埋场渗沥液的设计水质应考虑垃圾填埋方法、垃圾成分、压实密度、填埋深度、填埋时间、填埋场区域的降水、防渗系统、渗沥液的收集系统等因素。

按垃圾的填埋年限及渗沥液水质，可将垃圾填埋场渗沥液分为初期渗沥液、中后期渗沥液和封场后渗沥液。填埋场渗沥液的具体水质确定应以实测数据为准，并应考虑未来水质变化趋势。在无法取得实测数据时，可参考同地区、同类型的垃圾填埋场实际情况确定。国内典型填埋场不同年限渗沥液水质范围见表11-8。

国内典型填埋场不同年限渗沥液水质范围 表 11-8

项 目 类 别	填埋初期渗沥液（<5年）	填埋中后期渗沥液（>5年）	封场后渗沥液
COD（mg/L）	6000～20000	2000～10000	1000～5000
BOD_5（mg/L）	3000～10000	1000～4000	300～2000
NH_3-N（mg/L）	600～2500	800～3000	1000～3000
SS（mg/L）	500～1500	500～1500	200～1000
pH值	5～8	6～8	6～9

注：表中均为调节池出水水质。

11.3.9.3 渗沥液导排系统

（1）一般规定

1）渗沥液导排系统能迅速收集渗沥液并使其排至场外指定地点，避免在填埋堆体内部蓄积。

2）渗沥液导排系统的大小，应根据填埋区地形及气象等条件计算出的渗沥液量来决定。

3）渗沥液导排系统应根据填埋区底部的地形条件分布设置，且采用耐腐蚀、无阻塞的滤水管道。

（2）系统组成

渗沥液导排系统由收集系统（见图11-16）和输送系统组成，应包括导流层、盲沟、竖向收集井、集液井（池）、泵房、调节池及渗沥液水位监测井。

1）导流层（见图11-17）

①导流层宜采用卵（砾）石或碎石铺设，厚度不宜小于300mm，粒径宜为20～60mm，由下至上粒径逐渐减小。

②导流层与垃圾层之间应铺设反滤层，反滤层可采用土工滤网，单位面积质量宜大于200g/m^2。

③导流层内应设置导排盲沟和渗沥液收集导排管网。

④导流层应保证渗沥液导排通畅，降低防渗层上的渗沥液水头。

⑤导流层下可增设土工复合排水网强化渗沥液导流。

⑥边坡导流层宜采用土工复合排水网铺设。

2）盲沟

①盲沟宜采用砾石、卵石或碎石（$CaCO_3$含量不应大于10%）铺设，石料的渗透系数不应小于1.0×10^{-3}cm/s。主盲沟石料厚度不宜小于40cm，粒径从上到下依次为20～30mm、30～40mm、40～60mm。

②盲沟内应设置高密度聚乙烯（HDPE）收集管（见图11-18），管径应根据所收集面积的渗沥液最大日流量、设计坡度等条件计算，HDPE收集干管公称外径不应小于315mm，支管外径不应小于200mm。

③HDPE收集管的开孔率应保证环刚度要求。HDPE收集管的布置宜呈直线。Ⅰ类以上填埋场HDPE收集管宜设置高压水射流疏通、端头井等反冲洗措施。

④主盲沟坡度应保证渗沥液能快速通过渗沥液HDPE干管进入调节池，纵、横向坡

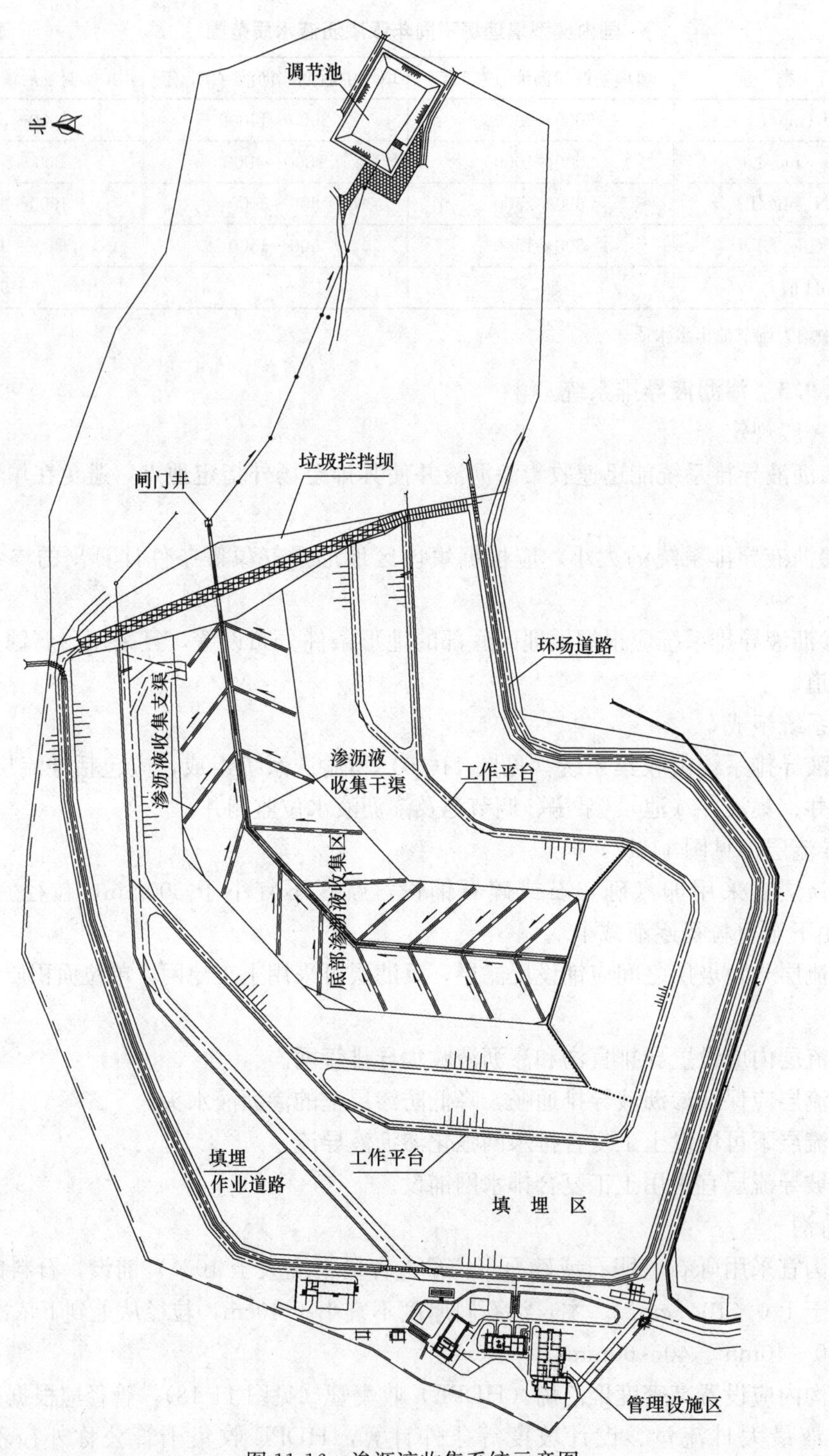

图 11-16　渗沥液收集系统示意图

度不宜小于 2%。

⑤盲沟系统宜采用鱼刺状和网状布置形式，也可根据不同地形采用特殊布置形式（反锅底形等）。

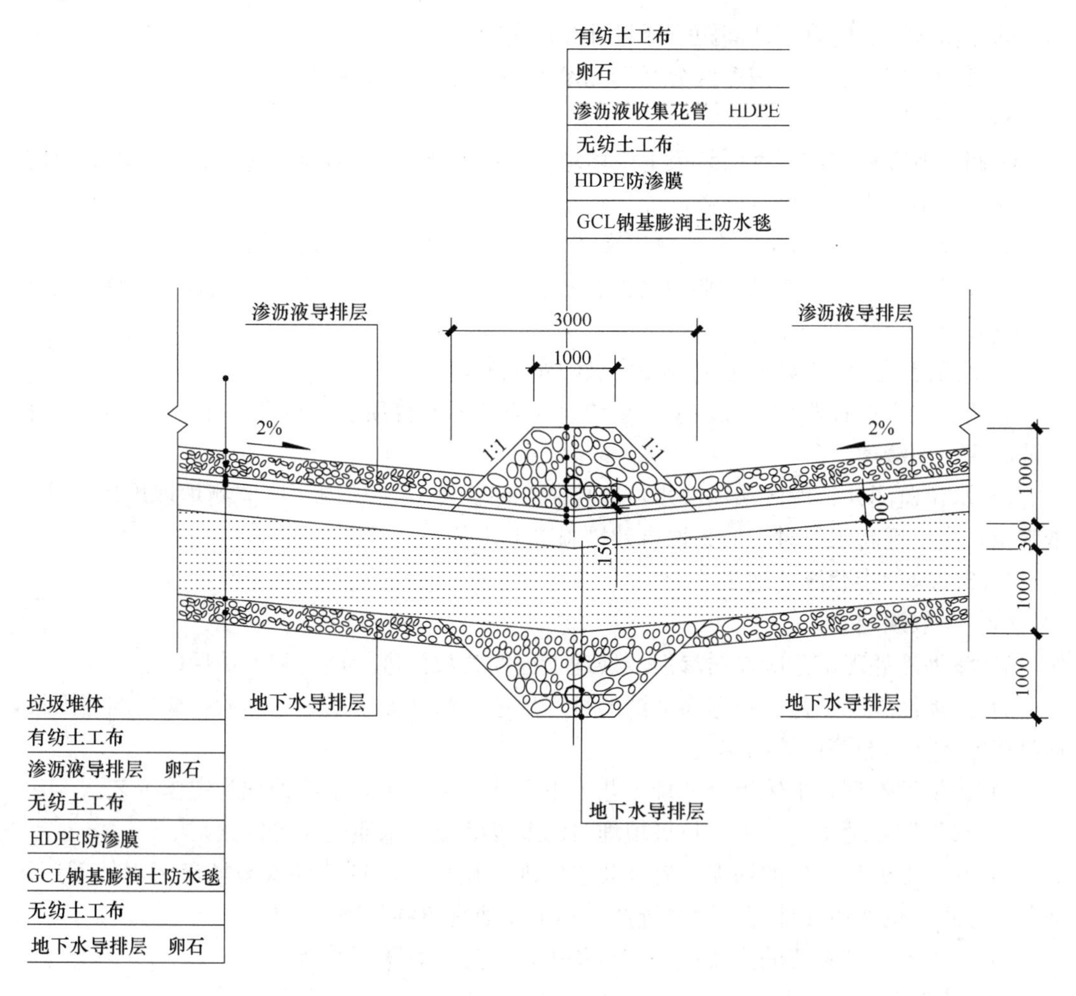

图 11-17 渗沥液导排层（渠）

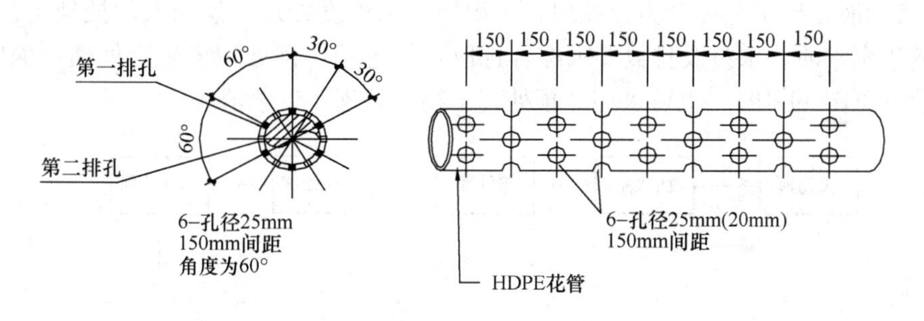

图 11-18 HDPE 管示意图

⑥盲沟断面形式可采用菱形断面或梯形断面，断面尺寸应根据渗沥液汇流面积、HDPE 管管径及数量确定。

⑦中间覆盖层的盲沟应与竖向收集井相连接，其坡度应能保证渗沥液快速进入收集井。

⑧当渗沥液导排干线下游穿过垃圾拦挡坝时，必须设置不少于 2 根干管。

3）阀门：干管出口处需设置阀门，以便于渗沥液处理设施的运行管理。

4）竖向收集井：导气井可兼作渗沥液竖向收集井，形成立体导排系统收集垃圾堆体产生的渗沥液，竖向收集井间距宜通过计算确定。

5）集液井（池）：宜按库区分区情况设置，并宜设在填埋库区外侧。

6）调节池

①调节池容积宜按《生活垃圾卫生填埋处理技术规范》GB 50869 中的计算要求确定，调节池容积不应小于三个月的渗沥液处理量。

②调节池可采用 HDPE 土工膜防渗结构，也可采用钢筋混凝土结构。

③HDPE 土工膜防渗结构调节池的池坡比宜小于 1∶2，防渗结构设计可参考本手册第 11 章的相关规定。

④钢筋混凝土结构调节池池内壁应做防腐蚀处理。

⑤调节池宜设置覆盖系统，覆盖系统设计应考虑覆盖顶面的雨水导排、池内沼气导排及池底污泥的清理。

7）水位监测井：库区渗沥液水位应控制在渗沥液导流层内。应监测填埋堆体内渗沥液水位，当出现高水位时，应采取有效措施降低水位。

11.3.9.4　渗沥液处理工艺

（1）一般规定

1）渗沥液处理工艺应在对渗沥液处理工程相关数据进行调研和评估后确定。

2）渗沥液处理工艺应根据渗沥液的日产生量、渗沥液水质和达到的排放标准等因素，通过多方案技术经济比较确定。

3）渗沥液处理宜采用组合处理工艺，组合处理工艺应以生物处理为主体工艺。

4）渗沥液处理工艺应考虑垃圾填埋时间及渗沥液的水质变化等因素。

5）渗沥液处理产生的污泥，宜经脱水后进入垃圾填埋场填埋或与城市污水处理厂污泥一并处理，也可单独处理。膜系统产生的浓缩液宜单独处理。

6）渗沥液处理系统的主要设备应有备用，且应具有防腐性能。

（2）工艺流程

1）渗沥液处理工艺可分为预处理、生物处理和深度处理。渗沥液的处理工艺应根据渗沥液的进水水质、水量及排放要求综合选取。宜选用“预处理＋生物处理＋深度处理”组合工艺（见图 11-19）。也可采用“预处理＋物化处理”工艺流程。

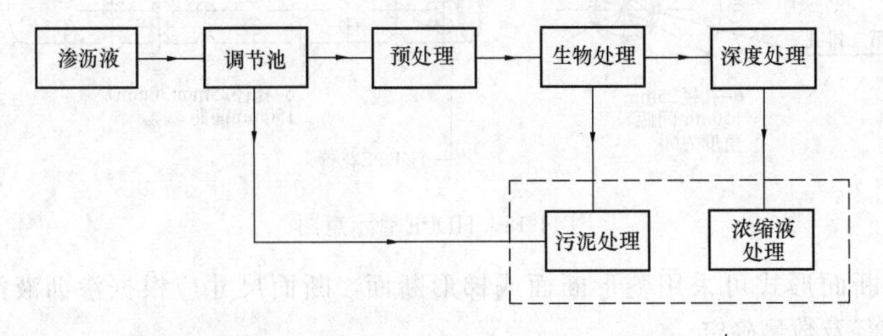

图 11-19　“预处理＋生物处理＋深度处理”组合工艺流程

渗沥液处理工程应设调节池，并宜采取有效措施均化水质、水量。

2）预处理可采用水解酸化、混凝沉淀、砂滤等工艺。

预处理的处理对象主要是难处理有机物、氨氮、重金属、无机杂质等。除可采用上述方法外，还可采用过去作为主处理的升流式厌氧污泥床（UASB）工艺来强化预处理。

3）生物处理可采用厌氧生物处理法和好氧生物处理法，宜以膜生物反应器法（MBR）为主。

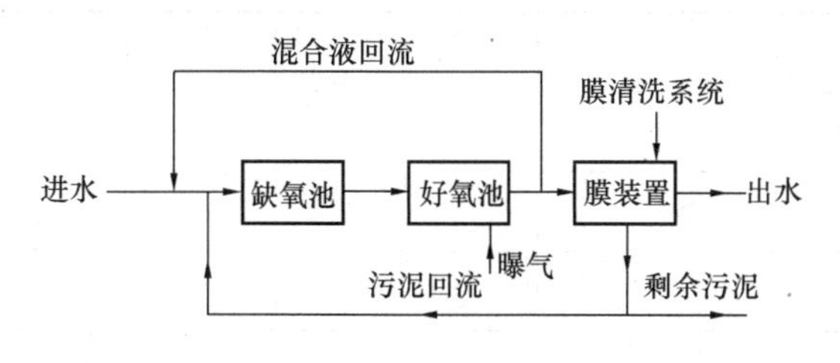

图 11-20　A/O 基本工艺流程图

生物处理的处理对象主要是可生物降解有机污染物、氮、磷等。膜生物反应器（MBR）在一般情况下宜采用 A /O 工艺，基本工艺流程可参考图 11-20。

当需要强化脱氮处理时，膜生物反应器宜采用两段 A/O 工艺。

4）深度处理应根据渗沥液水质和排放标准选择纳滤、反渗透等膜分离深度处理工艺，或选择吸附过滤、混凝沉淀、高级氧化等深度处理工艺，其中膜处理宜以纳滤或反渗透为主。

深度处理的对象主要是难以生物降解的有机物、溶解物、悬浮物及胶体等。可采用膜处理、吸附、高级化学氧化等方法。其中膜处理主要采用反渗透（RO）或碟管式反渗透（DTRO）及其与纳滤（NF）组合等方法，吸附主要采用活性炭吸附等方法，高级化学氧化主要采用 Fenton 高级氧化＋生物处理等方法。深度处理宜以膜处理为主。

当采用"预处理＋生物处理＋深度处理"工艺流程时，可参考图 11-21 的典型工艺流程设计。

5）物化处理可采用多级反渗透工艺或蒸发处理工艺。

物化处理的对象为截留所有污染物至浓缩液中。目前较多采用两级碟管式反渗透（DTRO），近几年也出现了蒸发浓缩法（MVC）＋离子交换树脂（DI）组合的物化工艺。

当采用"预处理＋物化处理"工艺流程时，可参考图 11-22 的典型工艺流程设计。

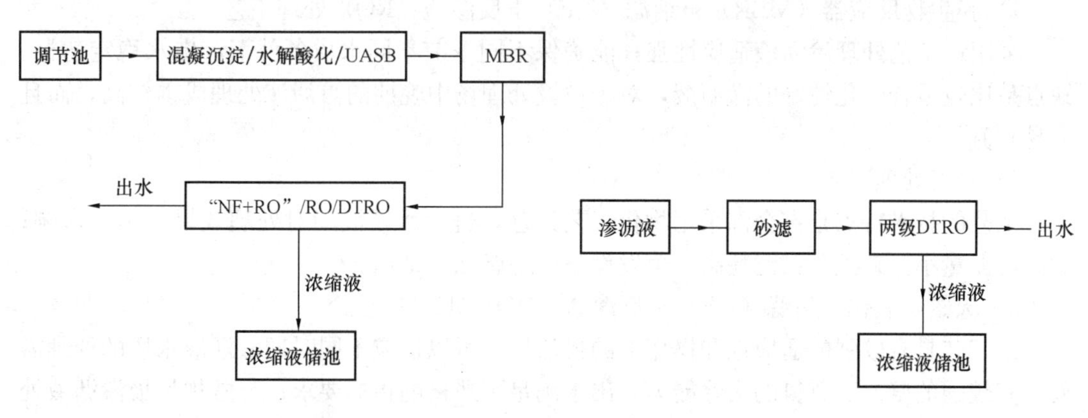

图 11-21　预处理＋生物处理＋深度处理典型工艺流程图

图 11-22　预处理＋物化处理典型工艺流程图

6）各处理单元工艺方法应根据进水水质、水量、排放标准、技术可靠性及经济合理性等因素确定。

7）几种主要工艺单元对渗沥液的处理效果，见表 11-9。

几种主要工艺单元对渗沥液的处理效果　表 11-9

处理工艺	平均去除率（%）				
	COD	BOD	TN	SS	浊度
水解酸化	＜20*	＜20	—	—	＞40
混凝沉淀	40～60	—	＜30	＞80	＞80
氨吹脱	＜30	—	＞80	—	30～40
UASB	50～70	＞60	—	60～80	—
MBR	＞85	＞80	＞80	＞99	40～60
NF	60～80	＞80	＜10	＞99	＞99
RO	＞90	＞90	＞85	＞99	＞99
DTRO	＞90	＞90	＞90	＞99	＞99

* 表示水解酸化处理渗沥液后，BOD 值有可能增加。

（3）渗沥液处理产生的污泥应进行无害化处理。

（4）膜处理过程产生的浓缩液可采用蒸发或其他适宜的处理方式。浓缩液回灌填埋堆体应保证不影响渗沥液处理正常运行。

浓缩液回灌可采用垂直回灌、水平回灌或垂直与水平相结合的回灌形式。

浓缩液蒸发处理可采用浸没燃烧蒸发、热泵蒸发、闪蒸蒸发、强制循环蒸发、碟管式纳滤（DTNF）与 DTRO 的改进型蒸发等处理方法，这些工艺费用较高、设备维护较困难，有条件的地区可采用。

（5）目前国内几种常见的渗沥液处理工艺：

1）膜生物反应器（MBR）＋纳滤（NF）＋反渗透（RO）处理工艺

采用该工艺处理渗沥液适应性强，能确保不同季节不同水质条件下，出水稳定达标。缺点是比较适合生化性好的渗沥液，对于垃圾处理场中晚期的渗沥液处理成本较高，而且不易脱氮。

2）蒸发处理工艺

工艺的技术特点是：全部采用物化工艺处理，进水水质波动对处理效果基本无影响；剩余污泥量小。缺点是：能耗高，蒸发设备容易腐蚀、结垢。

3）厌氧氨氧化＋超滤（UF）＋反渗透（RO）处理工艺

该工艺具有较强的适应性和操作上的灵活性，可以适应不同时期渗沥液水质的处理需要；有较强的氨氮、总氮的去除能力，出水满足更严格的指标要求；与常规垃圾渗沥液处理工艺——生物处理工艺相比，该工艺出水水质优良、占地面积小、节省能耗，可减轻后续膜处理工艺的压力，减少了膜处理工艺的投资费用及运行费用，在经济指标上具有较大的优越性。

11.3.10　填埋气体导排及利用

填埋气体是指厌氧生活垃圾填埋场所产生的气体，具有易燃易爆特性，其典型成分为：甲烷（CH_4）38%～58%；二氧化碳（CO_2）30%～48%；氢气（H_2）0～0.2%：氮（N_2）0.5%～7%；氧（O_2）0.1%～1%。其他微量气体：一氧化碳（CO）0～0.2%，氨气（NH_3）0～0.6%，硫化氢（H_2S）0～1%。甲烷比空气略轻，与空气混合在5%的浓度时会发生爆炸和火灾事故。在填埋场附近的土壤中，甲烷可使土壤缺氧，使得填埋场或附近的植物会受其危害，影响周围景观。

填埋气体中甲烷的产生量主要受垃圾成分、环境温度、堆体内厌氧程度、pH值、毒性物质含量的影响。

填埋气体在填埋堆体内由于温度及压力的变化，存在由浓度梯度和压力梯度导致的迁移和释放。甲烷气体较轻，沿填埋堆体内阻力较小、渗透系数高的孔隙迁移；在没有相对密闭材料覆盖时，大部分填埋气体将通过松散的覆盖层散发到大气中；部分填埋气体也会转移到附近的土壤中，并继续沿阻力小的路线（如沙层、地下管道等）迁移到附近地区。需要通过工程手段或使用密闭材料，来限定填埋气体的活动范围，达到消除安全隐患及保护环境的目的。

（1）垃圾填埋场必须设置填埋气体导排设施。

（2）设计总填埋容量大于或等于100万t，垃圾填埋厚度大于或等于10m的生活垃圾填埋场，必须设置填埋气体主动导排处理设施。

（3）设计总填埋容量大于或等于250万t，垃圾填埋厚度大于或等于20m的生活垃圾填埋场，应配套建设填埋气体利用设施。

（4）设计总填埋容量小于100万t的生活垃圾填埋场宜采用能够有效减少甲烷产生和排放的填埋工艺。

（5）填埋气体导排设施应与填埋场工程同时设计；垃圾填埋堆体中设置的气体导排设施的施工应与垃圾填埋作业同步进行。

（6）主动导排设施及气体处理（利用）设施的建设应于垃圾填埋场投运3年内实施，并宜分期实施。

（7）填埋场运行及封场后维护过程中，应保持全部填埋气体导排处理设施的完好和有效。

11.3.10.1　填埋气体产量估算

（1）对某一时刻进入填埋场的生活垃圾，其填埋气体产生量宜按下式计算：

$$G = ML_0(1 - e^{-kt}) \tag{11-16}$$

式中　G——从垃圾填埋开始到第t年的填埋气体产生总量（m^3）；

M——所填埋垃圾的质量（t）；

L_0——单位质量垃圾的填埋气体最低产气量（m^3/t）；

k——垃圾的产气速率常数（1/a）；

t——从垃圾进入填埋场时间算起的时间（a）。

（2）对某一时刻进入填埋场的生活垃圾，其填埋气体产气速率宜按下式计算：

$$Q_t = ML_0ke^{-kt} \tag{11-17}$$

式中　Q_t——所填垃圾在t时刻（第t年）的产气速率（m^3/a）。

（3）垃圾填埋场填埋气体理论产气速率宜按下式逐年叠加计算：

$$G_n = \sum_{t=1}^{n-1} M_t L_0 k e^{-k(n-t)}\ (n \leqslant \text{填埋场封场时的年数}\ f) \tag{11-18}$$

$$G_n = \sum_{t=1}^{f} M_t L_0 k e^{-k(n-t)} \quad (n>\text{填埋场封场时的年数 } f) \tag{11-19}$$

式中 G_n——填埋场在投运后第 n 年的填埋气体产气速率（m^3/a）；

n——自填埋场投运年至计算年的年数（a）；

M_t——填埋场在第 t 年填埋的垃圾量（t）；

f——填埋场封场时的填埋年数（a）。

（4）填埋场单位质量垃圾的填埋气体最大产气量（L_0）宜根据垃圾中可降解有机碳含量按下式估算：

$$L_0 = 1.867 C_0 \phi \tag{11-20}$$

式中：C_0——垃圾中有机碳含量（%）；

ϕ——有机碳降解率。

（5）垃圾的产气速率常数（k）的取值应考虑垃圾成分、当地气候、填埋场内垃圾含水率等因素；有条件的可通过试验确定产气速率常数（k）值。

（6）填埋气体回收利用工程设计，应估算出利用期间每年的填埋气体产气速率。

（7）在填埋气体回收利用工程实施前，宜进行现场抽气试验，验证填埋气体产气速率。

11.3.10.2 填埋气体导排

（1）一般规定

1）填埋场垃圾堆体内应设置导气井或导气盲沟；两种气体导排设施的选用，应根据填埋场的具体情况选择或组合。

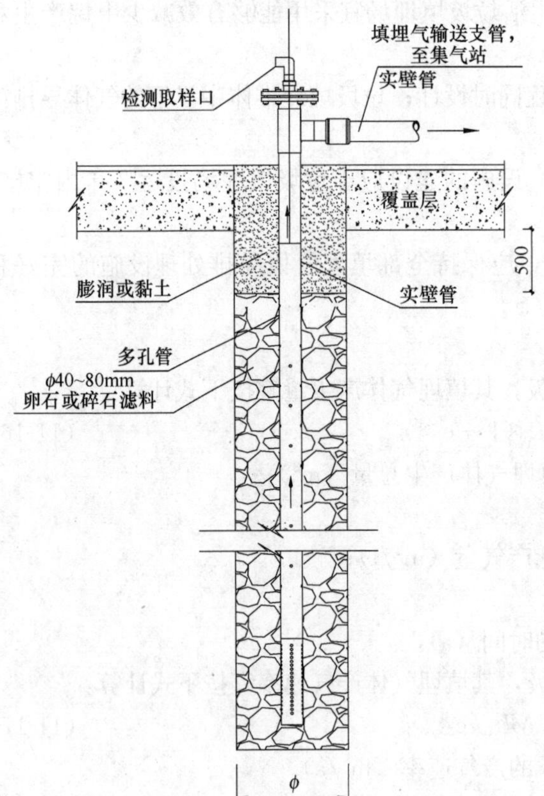

图 11-23 主动导排导气竖井结构图

2）新建垃圾填埋场，宜从填埋场使用初期铺设导气井或导气盲沟。导气井基础与底部防渗层接触时应做好防护措施。

3）对于无气体导排设施的在用或停用填埋场，应采用钻孔法设置导气井。

4）用于填埋气体导排的碎石不应使用石灰石，粒径宜为 10～50mm。

（2）导气井

1）用钻孔法设置的导气井，钻孔深度不应小于垃圾填埋深度的 2/3，但井底距场底间距不宜小于 5m，且应有保护场底防渗层的措施。

2）导气井宜采用下列结构：

①主动导排导气竖井结构应按图 11-23 设计。

②主动导排导气水平井结构应按图 11-24 设计。

③被动导排导气井结构应按图

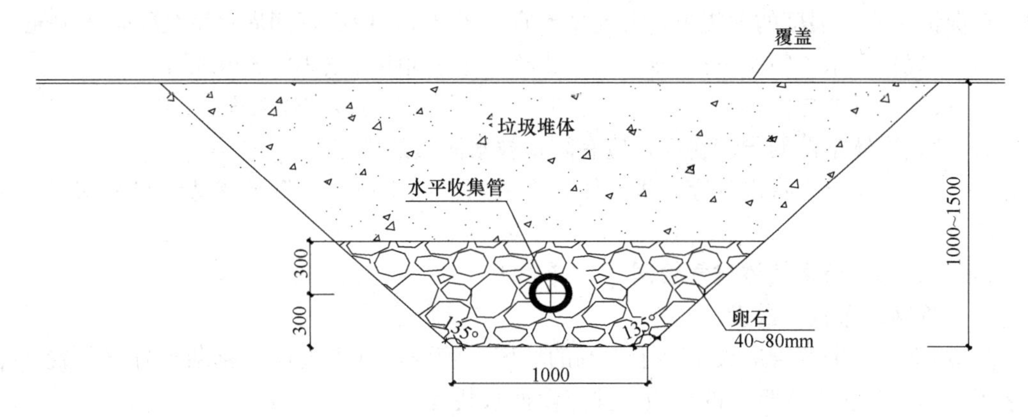

图 11-24　主动导排导气水平井结构图（单位：mm）

11-25设计。

3）导气井直径（中）不应小于600mm，垂直度偏差不应大于1%。

4）主动导排导气井井口应采用膨润土或黏土等低渗透性材料密封，密封厚度宜为3～5m。

5）导气井中心多孔管应采用高密度聚乙烯等高强度耐腐蚀的管材，管内径不应小于100mm，需要排水的导气井管内径不应小于200mm；穿孔宜用长条形孔，在保证多孔管强度的前提下，多孔管开孔率不宜小于2%。

6）导气井应根据垃圾填埋堆体形状、导气井作用半径等因素合理布置，应使全场导气井作用范围完全覆盖垃圾填埋区域；垃圾堆体中部的主动导排导气井间距不应大于50m，沿堆体边缘布置的导气井间距不宜大于25m；被动导排导气井间距不应大于30m。

7）被动导排的导气井，其排放管的排放口应高于垃圾堆体表面2m以上。

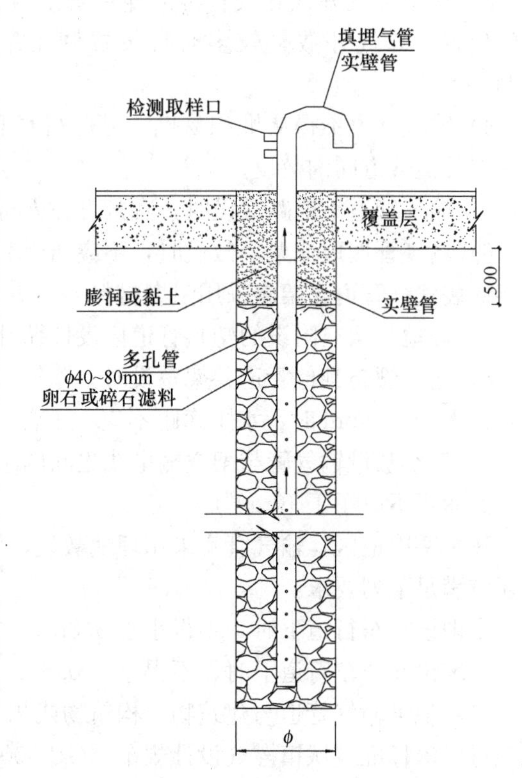

图 11-25　被动导排导气井结构图

8）导气井与垃圾堆体覆盖层交叉处，应采取封闭措施，减少雨水的渗入。

9）主动导排系统，当导气井内水位过高时，应采取降低井内水位的措施。

10）导气井降水所用抽水设备应具有防爆功能。

（3）导气盲沟

1）填埋气体导气盲沟断面宽、高均不应小于1000mm。

2）导气盲沟中心管应采用柔性连接的管道，管内径不应小于150mm；当采用多孔管时，在保证中心管强度的前提下，开孔率不宜小于2%；中心管四周宜用级配碎石填充。

3）导气盲沟水平间距可按30～50m设置，垂直间距可按10～15m设置。

4）被动导排的导气盲沟，其排放管的排放口应高于垃圾堆体表面2m以上。

5）垃圾堆体下部的导气盲沟，应有防止被水淹没的措施。

6）主动导排导气盲沟外穿垃圾堆体处应采用膨润土或黏土等低渗透性材料密封，密封厚度宜为3～5m。

11.3.10.3 填埋气体输气管网

（1）管网的布置与敷设

1）填埋气体输气管应设不小于1 %的坡度，管段最低点处应设凝结水排水装置，排水装置应考虑防止空气吸入的措施，并应设抽水装置。

2）填埋气体收集管道应选用耐腐蚀、柔韧性好的材料及配件，管路应有良好的密封性。

3）每个导气井或导气盲沟的连接管上应设置调节阀门，调节阀门应布置在易于操作的位置。导气井数量较多时宜设置调压站，对同一区域的多个导气井集中调节和控制。

4）输气管道不得从堆积易燃、易爆材料和具有腐蚀性液体的场地下面或上面通过，不宜与其他管道同沟敷设。

5）输气管道沿道路敷设时，宜敷设在人行道或绿化带内，不应在道路路面下敷设。

6）输气管埋地或架空敷设时，不应妨碍交通和垃圾填埋的操作，架空管应每隔300m设接地装置，管道支架应采用阻燃材料。

7）埋地与架空附设的塑料管道应设伸缩补偿设施。

8）输气管与其他管道共架敷设时，输气管道与其他管道的水平净距不应小于0.3m。当管径大于300mm时，水平净距不应小于管道直径。

9）架空敷设输气管与架空输电线之间的水平和垂直净距不应小于4m，与露天变电站围栅的净距不应小于10m。

10）寒冷地区，输气管宜采用埋地敷设，管道埋深宜在土壤冰冻线以下，管顶覆土厚度还应满足下列要求：

①埋设在车行道下时，不得小于0.8m；

②埋设在非车行道下时，不得小于0.6m。

11）地下输气管道与建筑物、构筑物或相邻管道之间的最小水平净距和垂直净距应满足现行国家标准《城镇燃气设计规范》GB 50028和《输气管道工程设计规范》GB 50251的有关规定。

12）输气管道不得穿过大断面管道或通道。

13）输气管道穿越铁路、河流等障碍物时，应符合现行国家标准《输气管道工程设计规范》GB 50251的有关规定。

14）在填埋场内敷设的填埋气体管道应做明显的标志。

（2）管道计算

1）填埋气体输气总管的计算流量不应小于最大产气年份小时产气量的80%。

2）各填埋气体输气支管的计算流量应按各支管所负担的导气井（或导气盲沟）数量

和每个导气井（或导气盲沟）的流量确定。

3）填埋气体输气管道内气体流速宜取 5～10m/s。

4）填埋气体输气管道单位长度摩擦阻力损失宜按下式计算：

$$\Delta P/L = 6.26 \times 10^7 \lambda \rho Q^2 T/(d^5 T_0) \quad (11\text{-}21)$$

式中 ΔP——输气管道摩擦阻力损失（Pa）；

λ——输气管道的摩擦阻力系数；

L——输气管道的计算长度（m）；

Q——输气管道的计算流量（m^3/h）；

d——管道内径（mm）；

ρ——填埋气体的密度（kg/m^3）；

T——填埋气体温度（K）；

T_0——标准状态的温度，273.16K。

11.3.10.4 填埋气体抽气、处理和利用系统

填埋气体收集系统由填埋气竖井、水平收集渠、填埋气收集站、填埋气输送管道、渗沥液收集系统等组成。

填埋气体收集一般采取主动集中式集气方式，使用鼓风机主动抽气，使填埋气井内产生低压真空区，填埋气自填埋气井多孔管流入，在有效控制之下，排入填埋气井中，而由几个填埋气井汇成一个填埋气收集站，再由此填埋气收集站将填埋气输往填埋气处理系统进行处理后再利用。

（1）一般规定

1）填埋气体抽气、处理和利用系统应包括抽气设备、气体预处理设备、燃烧设备、气体利用设备、建（构）筑物、电气、输变电系统、给水排水、消防、自动化控制等设施。

2）抽气、处理和利用设施和设备应布置在垃圾堆体以外。

3）填埋气体处理和利用设施宜靠近抽气设备布置。

4）填埋气体抽气、预处理及利用设施应具有良好的通风条件，不得使可燃气体在空气中聚集。

5）抽气、气体预处理、利用和火炬燃烧系统应统筹设计，从填埋场抽出的气体应优先满足气体利用系统的用气，气体利用系统用气剩余的气体应能自动分配到火炬燃烧系统进行燃烧。

（2）填埋气体抽气及预处理

1）填埋气体抽气设备应选用耐腐蚀和防爆型设备。

2）填埋气体抽气设备应设调速装置，宜采用变频调速装置。

3）填埋气体抽气设备应至少有 1 台备用。

4）抽气设备最大流量应为设计流量的 1.2 倍。抽气设备最小升压应满足克服填埋气体输气管路阻力损失和用气设备进气压力的需要。

5）填埋气体主动导排系统的抽气流量应能随填埋气体产气速率的变化而调节，气体收集率不宜小于 60%。

6）抽气系统应设置流量计量设备，并可对瞬时流量和累计流量进行记录。

7）抽气系统应设置填埋气体氧（O_2）含量和甲烷（CH_4）含量在线监测装置，并应根据氧气（O_2）含量控制抽气设备的转速和启停。

8）填埋气收集站

一般每 2～3hm^2 的填埋区面积须配置一座填埋气收集站。填埋气收集站的位置选择须考虑到填埋面下沉及输送管线架设的方便性。在填埋气收集站可以监控每座填埋气井的流量及浓度。

9）预处理工艺和设备的选择及处理量应根据气体利用方案、用气设备的要求和烟气排放标准来确定。

填埋气体预处理系统一般由过滤器、升压风机、除湿设备和脱硫装置等组成。填埋气首先经过过滤器，然后经风机升压后进入除湿设备除湿干燥，除去气态的水蒸气成为干燥的填埋气。干燥的填埋气随后流经脱硫装置，除去其中的残余杂质，最后经压力调节后可进行利用。在每个处理单元设有旁路，接至旁通火炬，这个旁路也可以在系统启动或者系统超压时作为气体的临时排放出口。

（3）火炬燃烧系统

1）设置主动导排设施的填埋场，必须设置填埋气体燃烧火炬。

2）填埋气体收集量大于 100m^3/h 的填埋场，应设置封闭式火炬。

3）火炬应有较宽的负荷适应范围，应能满足填埋气体产量变化、气体利用设施负荷变化、甲烷浓度变化等情况下填埋气体的稳定燃烧。

4）火炬应能在设计负荷范围内根据负荷的变化调节供风量，使填埋气体得到充分燃烧，并应使填埋气体中的恶臭气体完全分解。

5）填埋气体火炬应具有点火、熄火安全保护功能。

6）封闭式火炬距地面 2.5m 以下部分的外表面温度不应高于 50℃。

7）火炬的填埋气体进口管道上必须设置与填埋气体燃烧特性相匹配的阻火装置。

（4）填埋气体利用

填埋气体高位热值可达 15600～19500kJ/m^3，具有较高的能量价值。

1）填埋气体利用方式及规模的选择应符合下列规定：

①填埋气体利用方式应根据当地的条件，经过技术经济比较后确定，宜优先选择效率高的利用方式。

②填埋气体利用规模，应根据填埋气体收集量，经过技术经济比较后确定，气体利用率不宜小于 70%。

2）填埋气体用于内燃机发电应符合下列规定：

①内燃机发电的总规模应在合理预测各年填埋气体收集量的基础上确定。

②内燃机发电机组应选择技术成熟、可靠性好的产品。

③有热、冷用户的情况下，宜选择热、电、冷三联供的工艺方案回收内燃机烟气和冷却液带出的热能。

④额定负荷下，内燃机发电机组的发电效率不应低于 30%。

⑤内燃机发电机组的技术性能应符合现行行业标准《气体燃料发电机组 通用技术条件》JB/T 9583.1 的规定。

3）填埋气体用作锅炉燃料应符合下列规定：

①应确保填埋气体燃烧系统稳定、安全运行。

②锅炉出力的选择应根据用热负荷和填埋气体收集量及热值确定。

③锅炉排放烟气各项指标应满足现行国家标准《锅炉大气污染物排放标准》GB 13271 的要求。

④锅炉房的设计、施工和运行应符合现行国家标准《锅炉房设计规范》GB 50041 的有关规定。

4）填埋气体制造城镇燃气或汽车燃料应符合下列规定：

①填埋气体处理及甲烷提纯工艺应根据城镇燃气或汽车燃料质量标准要求确定。

②填埋气体提纯处理设施的设计、施工与运行应符合国家现行有关标准的规定。

11.3.11 填埋场封场及封场后生态恢复

11.3.11.1 终场覆盖

填埋场终场覆盖是指垃圾填埋作业至设计标高或填埋场停止使用后，对填埋库区表面进行覆土或铺设防渗材料等防渗处理、地表水导流、填埋气体导排、场区绿化等工程的实施过程。填埋场封场应符合现行行业标准《生活垃圾卫生填埋场封场技术规程》CJJ 112 与《生活垃圾卫生填埋场岩土工程技术规范》CJJ 176 的有关规定。

封场覆盖系统结构由垃圾堆体表面至顶表面顺序应为：排气层、防渗层、排水层、植被层。

（1）排气层

填埋场封场覆盖系统应设置排气层，施加于防渗层的气体压强不应大于 0.75kPa。

排气层应采用粒径为 25～50mm、导排性能好、抗腐蚀的粗粒多孔材料，渗透系数应大于 1×10^{-2}cm/s，厚度不应小于 30cm。气体导排层宜用与导排性能等效的土工复合排水网。

（2）防渗层

防渗层可由土工膜和压实黏性土或土工聚合黏土衬里（GCL）组成复合防渗层，也可单独使用压实黏性土层。

复合防渗层的压实黏性土层厚度应为 20～30cm，渗透系数应小于 1×10^{-5}cm/s。单独使用压实黏性土作为防渗层，厚度应大于 30cm，渗透系数应小于 1×10^{-7}cm/s。

土工膜选择厚度不小于 1mm 的高密度聚乙烯（HDPE）或线性低密度聚乙烯土工膜（LLDPE），渗透系数应小于 1×10^{-7}cm/s。土工膜上下表面应设置土工布。

土工聚合黏土衬里（GCL）厚度应大于 5mm，渗透系数应小于 1×10^{-7}cm/s。

（3）排水层

排水层顶坡应采用粗粒或土工排水材料，边坡应采用土工复合排水网，粗粒材料厚度不应小于 30cm，渗透系数应大于 1×10^{-2}m/s。材料应有足够的导水性能，保证施加于下层衬里的水头小于排水层厚度。排水层应与填埋库区四周的排水沟相连。

（4）植被层

植被层应由营养植被层和覆盖支持土层组成。营养植被层的土质材料应利于植被生长，厚度应大于 15cm。营养植被层应压实。

覆盖支持土层由压实土层构成，渗透系数应大于 1×10^{-4}cm/s，厚度应大于 45cm。

11.3.11.2 封场后场地利用

(1) 绿化：为保证垃圾堆体外表不受雨水和风的侵蚀，通常的做法是在堆体外表种植草皮和植物；应根据不同的气候条件、植物根的长度、覆盖土的类型等确定种植的草种和植物种类，种植的植物必须能有效地防止雨水向堆体的渗入。

绿化完成以后，还需做好维护养护工作。

(2) 种植农作物：封场后的场地如需用来种植农作物，则需在垃圾堆体外部先覆盖一层防渗土层，然后再覆盖农用土层。最终覆土的厚度因农作物的种类不同而异。

(3) 修建建筑物：未经环卫、岩土、环保专业技术鉴定之前，填埋场地禁止作为永久性建（构）筑物的建筑用地。若修建建筑物需考虑填埋场地的沉降及其承载力，防止填埋气体逸入建筑物，对人体造成危害或对建筑物造成腐蚀；修建费用也较高。

11.3.11.3 封场后管理

后续管理期间应进行封闭式管理，后续管理工作包括下列内容：

(1) 建立检查维护制度，定期检查维护设施。

(2) 对地下水、渗沥液、填埋气体、大气、垃圾堆体沉降及噪声进行跟踪监测。

(3) 保持渗沥液收集处理和填埋气体收集处理的正常运行。

(4) 绿化带和堆体植被养护。

(5) 对文件资料进行整理和归档。

11.3.12 填埋作业

11.3.12.1 进场计量

在选择和安装计量衡时要考虑垃圾运输车辆的类型，目前一般设置为双磅计量（进场、出场均计量），宜采用动静态电子地磅，规格宜按垃圾车最大满载质量的 1.3～1.7 倍，分度值一般为 20kg，精度等级Ⅲ。

地磅进、出车端的道路坡度不宜过大，宜设置为平坡直线段，地磅前方 10m 处宜设减速装置。

11.3.12.2 分区作业

(1) 填埋场一般实行分区、分单元、分层作业，填埋区的划分要与生产实际结合。根据每天的垃圾填埋量，确定填埋区域和每天的作业层面，尽量控制垃圾裸露面的范围。

填埋区分区：填埋区分为若干个区域，并应采取雨污分流的措施。

填埋场分层：从填埋区底部起，一般每 5～10m 的平台为一层，以此类推。

(2) 填埋操作顺序

从坑底部至坑口高程的区域填埋完成后，依次向上填埋。在每个区域内从最低点向最高点逐渐推进。当日完成的垃圾堆体为填埋单元。垃圾卸车后按当天的垃圾量在填埋单元内平铺，用压实机碾压。

11.3.12.3 填埋作业

每层垃圾摊铺厚度应根据填埋作业设备的压实性能、压实次数及生活垃圾的可压缩性确定，厚度不宜超过 60cm，生活垃圾压实密度应大于 600kg/m^3。

每一单元的生活垃圾高度宜为 2～4m，最高不得超过 6m。单元作业宽度按填埋作业设备的宽度及高峰期同时进行作业的车辆数确定，最小宽度不宜小于 6m。单元的坡度不宜大于1∶3。

每一单元作业完成后应进行覆盖，覆盖层厚度应根据覆盖材料确定。采用HDPE膜或线型低密度聚乙烯膜（LLDPE）覆盖时，膜的厚度宜为0.50mm，采用土覆盖的厚度宜为20～25cm，采用喷涂覆盖的涂层干化后厚度宜为6～10mm。

每一作业区完成阶段性高度后，暂时不在其上继续进行填埋时，应进行中间覆盖，覆盖层厚度应根据覆盖材料确定，黏土覆盖层厚度宜大于30cm，膜厚度不宜小于0.75mm。

11.3.12.4 填埋机械

（1）填埋设备的选择：应根据填埋场地的地形、填埋规模、填埋方式以及垃圾种类等因素考虑选用适当的设备，同时确定设备的能力。

（2）设备分类：填埋设备主要分为三类：

1）用于处置、摊铺垃圾的设备。

2）用于开挖及覆盖覆土的设备。

3）其他为保证垃圾填埋顺利进行的辅助设备。

（3）主要设备：

1）推土机：主要用于平整场地、推平覆土和垃圾。

2）压实机：主要用于摊铺垃圾和土，并对其进行碾压以达到要求的压实密度。

3）挖土机：主要用于堆筑土堤和开挖排水沟。

4）挖掘机：主要用于近距离运输物料。

5）装载机：主要用于近距离运输及装运物料。

6）小型多功能机械：由于它的机头可以更换，因此它具有和上述设备相同的多种功能。

7）其他机械设备：填埋场在运行过程中还可投入使用一些道路修建设备、运土设备等。

8）洒水车：用于场内道路除尘和工作面除尘，用于车辆冲洗，同时还可作为消防用车。

（4）设备数量：在确定填埋设备的数量时，应考虑以下因素：

1）当日填埋量。

2）最大时填埋量。

3）垃圾填埋场的最终填埋规模。

4）设备的容量。

5）每天设备运行时间。

6）设备检查维修的次数及时间。

7）设备运行的经济性、合理性。

11.3.13 环境保护与监测

11.3.13.1 污染源分析及防治措施

（1）主要污染物分析

1）大气污染物：主要为填埋气体，其主要成分是CH_4、NH_3、H_2S等。

2）污水：主要来自垃圾渗沥液及生活污水等。

3）噪声：主要来自机械设备工作噪声。

4）固体废弃物：主要来自场区的垃圾。

5）臭气：来自生活垃圾本身、垃圾渗沥液及填埋气体（H_2S等）。

（2）环境保护措施

1）大气污染物和臭气：采用防渗层和土覆盖来封闭垃圾堆体，防止垃圾飞散和臭气外逸，同时可减少渗沥液的产生量。为确保填埋场周围区域建筑的安全，填埋气体采用主动导排，并进行综合利用，以消除填埋气体爆炸隐患。

2）污水：将垃圾渗沥液排入渗沥液收集管网，通过管网送至场内的渗沥液处理站处理。

3）扬尘及噪声：在作业过程中采取严格控制作业面、定期洒水、选择低噪声机械设备、避免夜间作业等措施，以减小扬尘和噪声。

11.3.13.2　环境监测

填埋场环境监测要求需满足《生活垃圾卫生填埋场环境监测技术要求》GB/T 18772、《生活垃圾填埋污染控制标准》GB 16889等相关国家及行业标准的规定。环境监测内容见表11-10。

环境监测内容一览表　　表11-10

项目＼内容	测点布置	监测项目	监测频率
大气监测	按不同季节填埋库区上风向一处、下风向两处	CH_4、H_2S、甲硫醇	H_2S、甲硫醇、总悬浮物每月监测一次，CH_4每天监测一次
地表水监测	按三点布置：设于填埋库区下游地表水体处，地表水上游一点，下游两岸各一点	pH值、BOD_5、COD_{Cr}、NH_3-N、SS、细菌总数等	第一年枯、丰、平水期采样分析一次，第二年以后枯、丰、平水期各采样一次
地下水监测	本底井，一眼，设在填埋场地下水流向上游30～50m处；排水井，一眼，设在填埋场地下水主管出口处；污染扩散井，两眼，分别设在垂直填埋场地下水走向的两侧各30～50m处；污染监视井，两眼，分别设在填埋场地下水流向下游30、50m处。 大型填埋场可适当增加监测井的数量	pH值、总硬度、溶解性总固体、高锰酸盐指数、氨氮、硝酸盐、亚硝酸盐、硫酸盐、氯化物、挥发性酚类、氰化物、砷、汞、六价铬、铅、氟、镉、铁、锰、铜、锌、粪大肠菌群	排水井的水质监测频率应不少于每周一次，对污染扩散井和污染监视井的水质监测频率应不少于每2周一次，对本底井的水质监测频率应不少于每个月一次。 地方环境保护行政主管部门应对地下水水质进行监督性监测，频率应不少于每3个月一次
渗沥液监测	渗沥液处理设施的进口及排放口	pH值、BOD_5、COD_{Cr}、NH_3-N、SS、细菌总数等	每月一次
填埋气体	在气体收集导排系统的排气口设置采样点	甲烷气、CO_2、CO、O_2、NH_3-N、其他可燃气体、硫化氢、甲硫醇等	每季度应至少监测一次，一年不少于6次；相邻两次不能在同一个月进行

11.3.14 管理及其他设施

11.3.14.1 管理设施

管理设施通常设在填埋场内上风向处。主要建筑物有：综合办公楼、宿舍、食堂、浴室、机修间、配电室、车库等。

管理设施还包括厂区内所有道路：

(1) 进场道路：填埋场需与现况道路接顺，尽可能利用现况道路。进场道路宽度如果较窄需设置错车带。

(2) 填埋场道路：填埋区周边需内设环状道路，并与场内道路相接。厂内道路为城市型道路。

场区设置两个出入口：物流出入口和人流出入口。人流、物流出入口互不干扰，在人、物流的对外交流上达到人、物分流，避免干扰，有利于组织管理。

填埋场道路根据其功能要求分为永久性道路和库区内临时性道路。永久性道路按现行国家标准《厂矿道路设计规范》GBJ 22 中的露天矿山道路三级或三级以上设计标准设计；库区内临时性道路及回（会）车和作业平台可采用中级或低级路面，并有防滑、防陷设施。填埋场道路能满足全天候使用，并做好排水措施。

道路路线设计根据填埋场地形、地质、填埋作业顺序、各填埋阶段标高以及堆土区、渗沥液处理区和管理区位置合理布设。

道路设计应满足垃圾运输车交通量、车载负荷及填埋场使用年限的需求，并与填埋场竖向设计和绿化相协调。

1) 永久性道路

填埋场永久性道路等级可依据垃圾车交通量选择：

①垃圾车的日平均双向交通量（日交通量以 8h 计）在 240 辆次以上的进场道路和场区道路，可采用一级露天矿山道路。

②垃圾车的日平均双向交通量在 100～240 辆次的进场道路和场区道路，可采用二级露天矿山道路。

③垃圾车的日平均双向交通量在 100 辆次以下的进场道路和场区道路，可采用三级露天矿山道路；辅助道路和封场后盘山道路均宜采用三级露天矿山道路。

不同等级道路宽度可参考表 11-11 选择。

不同等级道路宽度（m） **表 11-11**

计算车宽		2.3	2.5	3.0
双车道道路路面宽（路基宽）	一级	7.0 (8.0)	7.5 (8.0)	9.0 (10.0)
	二级	6.0 (7.5)	7.0 (8.0)	8.0 (9.0)
	三级	6.0 (7.0)	6.5 (7.5)	7.0 (8.0)
单车道道路路面宽（路基宽）	一级、二级	4.0 (5.0)	4.5 (5.5)	5.0 (6.0)
	三级	3.5 (4.5)	4.0 (5.0)	4.5 (5.5)

注：路肩可适当加宽。

道路纵坡要求不大于表11-12的规定。如受地形或其他条件限制，道路坡度极限要求不大于11%；作业区临时道路坡度宜根据库区垃圾堆体具体情况设计，可适当增大坡度。

道路纵坡要求　　**表11-12**

道路等级	一级	二级	三级
最大坡度（%）	7	8	9

注：1. 受地形或其他条件限制时，上坡的场外道路和进场道路的最大坡度可增加1%。
2. 海拔2000m以上地区的填埋场道路的最大坡度不得增加。
3. 在多雾或寒冷冰冻、积雪地区的填埋场道路的最大坡度不宜大于7%。

2）临时性道路

临时性道路包括施工便道、库底作业道路等。临时性道路宜以块石、碎石作基础，也可采用经多次碾压的填埋垃圾或建筑垃圾作基础。临时道路计算行车速度以15km/h计。受地形或其他条件限制时，临时道路的最大坡度可比永久性道路增加2%。

3）回车平台

回车平台是指道路尽头设置的平台，回车平台面积要求根据垃圾车最小转弯半径和路面宽度确定。

4）会车平台

会车平台是指当填埋场的运输道路为单行道时设置的会车平台，平台的设置根据车流量、道路长度和路线决定。会车平台不宜设置在道路坡度较大的路段；平台的尺寸要求根据运输车辆的车型设计，通常要求预留较大的安全空间。

5）防滑、防陷措施

防滑措施是对路面的防滑处理，由于雨季频繁、垃圾含水率高，通常在临时道路上铺设防滑钢板或合成防滑模块等。

防陷措施是指对路基的加固处理等防止路面下陷的措施。

11.3.14.2　其他设施

（1）除臭、灭蝇、灭鼠及降尘设施

1）除臭

填埋场在运行中应采取必要的措施防止恶臭物质排放。

除臭工作主要负责填埋作业面除臭药剂喷洒；场区主干道除臭药剂喷洒；重点臭源的除臭药剂喷洒；远程高压喷雾机的运行管理。

2）灭蝇、灭鼠

填埋区每天进行灭蝇药剂定时喷洒，并记录每日使用药剂种类、数量。填埋区、办公区每年在春季、秋季两次集中灭鼠，记录鼠药投放地点和投放量。

3）降尘

填埋区临时道路、场区道路在非下雨天保证上午、下午定时、定点洒水降尘。降尘用水优先采用渗沥液处理车间中水及雨水。

（2）防飞散设施

填埋库区周围宜设安全防护设施，填埋作业区宜设置防飞散设施。

防飞散设施是为减少填埋作业区垃圾飞扬对周边环境造成的污染。一般要求根据气象资料，在填埋作业区下风向位置设置活动式防飞散网。防飞散网宜采用钢丝网或尼龙网，具体尺寸根据填埋作业情况而定，一般可设置为高 4～6m，并在填埋作业的间歇时间由人工去除网上的垃圾。

(3) 消防设施

填埋场除考虑填埋气体的消防外，还应设置建（构）筑物的室内、外消防系统。消防系统的设置应符合现行国家标准《建筑设计防火规范》GB 50016 和《建筑灭火器配置设计规范》GB 50140 的有关规定。填埋场的电气消防设计除了符合现行国家标准《建筑设计防火规范》GB 50016 的有关规定以外，还应符合《火灾自动报警系统设计规范》GB 50116 的有关规定。

1) 消防等级

①填埋区生产的火灾危险性分类为中戊类。

②填埋场管理区和渗沥液处理区均宜按照不低于丁类防火区设计。其中，变配电间按Ⅰ级耐火等级设计，其他工房的耐火等级均要求不应低于Ⅱ级，建筑物主要承重构件也宜不低于Ⅱ级的防火等级。

2) 消防措施

①填埋场消防设施主要为消防给水和自动灭火设备，具体包括消火栓、消防水泵、消防水池、自动喷水灭火设备、气体灭火器等。

②填埋场管理区建（构）筑物消防参照现行国家标准《建筑设计防火规范》GB 50016 执行，灭火器按现行国家标准《建筑灭火器配置设计规范》GB 50140 配置。

③作业区的潜在火源包括受热的垃圾、运输车辆、场内机械设备产生的火花和人为的破坏，填埋作业区要求严禁烟火。

④作业区内宜配备可燃气体监测仪和自动报警仪，并要求定期对填埋场进行可燃气体浓度监测。

⑤填埋作业区附近宜设置消防水池或消防给水系统等灭火设施；受水源或其他条件限制时，可准备洒水车及砂土作消防急用。填埋场作业的移动设施也要求配备气体灭火器。

(4) 生产安全与劳动保护

填埋场应设置道路行车指示、安全标识、防火防爆及环境卫生设施标志。

填埋场的劳动卫生应按照现行国家标准《工业企业设计卫生标准》GBZ 1 和《生产过程安全卫生要求总则》GB/T 12801 的有关规定执行，并应结合填埋作业特点采取有利于职业病防治和保护作业人员健康的措施。填埋作业人员应每年体检一次，并应建立健康登记卡。

11.4 生活垃圾好氧堆肥

好氧堆肥是利用微生物的作用，将不稳定的有机质转变为较稳定的有机质的分解发酵过程，因堆肥物料中挥发性物质含量降低，其体积、质量和水分会减少，高温堆肥还可杀灭堆料中的病原菌、虫卵，堆肥产品可作为土壤改良剂和植物营养源。

11.4.1　堆肥工艺

堆肥基本工艺流程为：预处理→发酵→后处理。

（1）预处理：其工作内容是调整堆料理化参数，目的是满足好氧生化反应所需条件。常见的处理方法有物料分选、铁金属回收分选、粒度破碎、堆料水分与C/N比调整和物料混合等。

（2）发酵阶段：一般根据发酵时好氧速率将发酵分为两个阶段，即主发酵和次发酵。

主发酵是堆肥化的主要发酵段，耗氧速率高，堆体温度迅速上升，同时含水率迅速降低。主发酵结束时，氧消耗速率明显降低，生化反应产生的热量不能维持堆体温度平衡，导致堆体温度开始下降。次发酵是堆肥化的辅助发酵段，通过进行次发酵，可以使堆料性质进一步趋于稳定，含水率也进一步得到降低。通常又按照发酵时是否翻倒堆料，将堆肥划分为静态堆肥、间歇动态堆肥和动态堆肥。原则上讲，无论是静态堆肥、间歇动态堆肥还是动态堆肥，发酵阶段都需要满足生化反应需氧量、保持堆肥体温度和含水率处于适宜范围，并分布均匀，但采用的方法不同。

发酵阶段按发酵过程分为一步发酵和两步发酵，一步发酵为主发酵和次发酵一步完成，中间没有明显的时间或空间分隔；两步发酵为主发酵和次发酵分两步进行，通过时间分隔或空间分段对主发酵和次发酵过程分别进行控制。

（3）中间处理阶段：我国生活垃圾含水率高，原生生活垃圾普遍缺乏良好的机械可分选性。为改善分选效果，部分实际堆肥工程采用中间处理，即在主发酵后再进行分选的工艺流程。中间处理阶段的目的是进一步分选、破碎和均质，以促进次发酵的生化过程，以及提高堆肥产品质量。

11.4.2　主要工艺类型

堆肥处理工艺主要根据物料搅拌运动、通风、堆肥反应器设备形式和物料发酵分段方式进行分类。主要堆肥处理工艺分类类型详见表11-13。

主要堆肥处理工艺分类类型　　表11-13

分类方式	发酵分段	物料运动	通风方式	反应器类型
工艺类型	一步	静态	自然、强制	条垛式
		间歇动态（半动态）	强制	槽式（仓式）
	两步	动态		塔式
				回转筒式

堆肥处理工艺类型应根据原料组成、当地经济状况、产品要求和处理场地等条件选择确定，应优先比较确定物料运动和堆肥通风方式，再选择相应的反应器类型。

一步发酵与两步发酵所采用的工艺类型要根据实际的稳定化和腐熟化要求进行选择。

11.4.3　原料条件和工艺控制

堆肥化适用于非流体且可进行生物降解的湿物质，城市生活垃圾、市政污泥、动物粪便、农业及城市绿化废物等都可以作为堆肥的原料。

堆肥化的过程是复杂的生物化学反应过程，它受到来自堆料初始参数和工艺控制两方面的影响，适宜的堆料成分和工艺控制是获得良好堆肥效果的重要条件。

11.4.3.1 原料条件

好氧高温堆肥的堆料，由固体物和存在于固体物孔隙中的水和气体构成。其中固体物质起到了支撑堆料稳定的作用，同时也是携带和保持发酵所必需营养物质和水分的载体。

根据堆料状况对堆料的初始理化成分进行调整，是改善堆肥化条件的重要手段，常见的调整内容有堆料含水量、固体物质含量、易于生物降解物质含量、堆料碳氮比值。

为了保证堆肥体的稳定性和具有足够的反应能量，防止水分充满固体物孔隙而妨碍气体流通，用于堆肥的原料必须保持足够数量的固体物，堆料水分与固体物初始含量分别控制在60%和40%较为适宜。同时需要注意的另一个重要因素是，固体物料中易于生物降解物质的含量应当大于25%，当低于此值时应当设法适当调整。

堆料碳氮比（C/N，质量比）宜为20：1～30：1，C/N比过高会导致堆肥化时间的延长。

我国城市生活垃圾C/N比一般为25：1（均值）。但是，如果在调整堆料含水量或可降解物含量时采取添加物料方式，应当注意添加物料对堆料C/N比的影响。这是因为有些有机物质C/N比非常高，例如小麦秸秆和木屑的C/N比分别高达130：1～150：1和200：1～500：1，添加过量，有可能导致最终混合物C/N比不适宜。

11.4.3.2 工艺控制

进行好氧高温堆肥除需要考虑堆肥物料的初始理化成分外，还应当为整个堆肥化过程提供充足的氧，维持堆体适当的温度、堆料理化指标参数均匀化及正确掌握堆肥周期。

在高温堆肥中经常使用的通气方法分为自然通气法和强制通气法。

自然通气法在传统堆肥中曾得到广泛的应用，但是，由于强制通气法能够灵活控制通气量，满足不同堆肥化时段对氧的需要，因而在现代工业化好氧堆肥技术中，强制通气法得到了普遍的应用。

一般来说，堆肥过程通气量的设计与生化反应需氧量、堆肥体温度控制和堆料含水率降低有密切关系，设计通气量时必须综合以上几方面的因素。根据已有实践经验，每立方米堆料强制通风设计通气量为0.05～0.2m^3/min可以同时满足堆肥化过程对氧的需求和控制堆肥体温度的目的，并不致引起堆料含水率的过分降低。

通气控制方式可以设置为连续通气，也可以设置为间歇通气。由于原料、设施和堆肥时段的差别，所需要的通气量是有差别的，需要操作人员在实际操作中，根据实际情况，逐步积累经验，做到既满足通气量的需求，又节省能源。

堆肥体是否具有均匀分布的水分、C/N比、易生物降解固体物以及透气孔隙，对于堆肥化具有重要的意义。理化成分非均匀分布，可能导致局部堆体温度较低，不足以杀灭病原体，或因局部厌氧而产生臭气。

为使理化参数均匀化，可以采取如下的做法：

（1）堆料的颗粒大小适中，并在发酵前进行充分混合。

（2）堆肥化开始之后，一般可以通过翻堆改善堆料理化参数均匀化，但要注意频繁的翻堆会导致热量大量散失，引起堆体温度大幅度降低，不利于杀灭病原体。

（3）在使用静态条垛式堆肥方式时，在堆肥体表层覆盖一层熟堆肥，减缓堆体表层物料的水分和热量散失，可以使堆肥体水分与温度整体上分布均匀，特别是该法能解决堆肥体表层因水分与温度过量散失，导致生物降解过程放慢或停止以及不能杀灭病原体等问题。

堆肥周期是由堆料中有机物的“稳定化”决定的，也就是堆料中有机物达到“稳定”，即表示堆肥化结束，如何认定堆肥物料达到了“稳定”，是确定堆肥周期的关键。

工程中采用《生活垃圾堆肥处理技术规范》CJJ 52—2014 规定的次级发酵终止指标判定，即：①好氧速率应小于 0.1%O_2/min；②种子发芽指数不应小于 60%。

在实际应用中，有经验的操作人员通过堆肥的颜色、气味、颗粒大小、疏松程度和最终产物是否引诱昆虫或滋生昆虫的幼虫等，来判定堆肥是否达到“稳定化”，这种做法通常是可行而且准确的，经验判定也是堆肥工厂普遍采用的方法。

经发酵的堆料已处于“稳定”状态，但是作为合格的农业肥料还需要做进一步的处理，以符合有关标准和满足使用要求。

11.4.4　设计方法

11.4.4.1　计量

通常情况下，堆肥处理工程的计量装置采用地磅秤。地磅秤一般安装在处理场内入口开阔位置、物料收运车的通道上。地磅秤的选择要根据所用车辆载质量的大小确定。

分选后的垃圾或分选物需称量时，可选用皮带秤或吊车秤计量。

11.4.4.2　卸料、给料和输送

(1) 卸料

经计量后的物料需卸料至受料设施，一般为存料区或贮料坑。

(2) 给料

待处理的物料要由存料区或贮料坑送入处理设施，必须通过给料装置来完成。通常使用的给料装置有起重机抓斗、板式给料机、前端斗式装载机。

(3) 输送

运输用于堆肥厂内物料的提升和搬运，用来完成新鲜物料、中间物料、堆肥成品和废弃物残渣的搬运等。常用的运输装置有起重机械、链板输送机、皮带输送机、斗式提升机、螺旋输送机等。

11.4.4.3　预处理

(1) 物料分选

1) 粗选：

①分选方法：人工法。

②使用目的：清除妨碍机械作业或者妨碍堆体透气性的物体（视物料成分确定是否需要）。

③作业方式：人工检验准备进行堆肥的物料，并将可能妨碍机械作业或者是妨碍堆体透气性的物体清除。

④设计要求：检验和清除过程可在来料卸料场地进行。

2) 分类选：

①分选方法：人工法。

②使用目的：分类回收废物；去除不宜堆肥物质。

③作业方式：

场地分拣：设置分拣场地，操作人员在场地内将物料根据要求进行分类。

分选线分拣：分选线由定量给料机、传送带、分拣工位和物料分类回收设施（设备）组成，操作人员于分拣工位完成分拣工作。

④设计要求：

分拣场地：在封闭式分拣车间作业，车间应具有良好的通风与照明条件。

分选线：传送带带速≤0.3m/s；手选带传送物料厚度应方便分拣；手选工位应设置安全防护装置和换气装置。

3）粒度选：

①分选方法：机械法。

②使用目的：选取适宜粒度的物料，去除垃圾中过量的灰土与有碍通气的塑料布、塑料袋等，提高堆料易降解物质含量与堆料的透气性。

③作业方式：由给料机和输送机将物料定量送至筛分机，分离后不同粒度物料由出料输送机分别送出。

④设计要求：常用筛分机为滚筒筛和振动筛；采取措施控制设备噪声与粉尘污染。

4）铁金属回收选：

①分选方法：磁力分选法。

②使用目的：去除并回收堆料中的铁金属。

③作业方式：磁选机安装于输送带上方或卸料端，利用磁力选出铁金属，并通过机构将收取到的金属卸入收集容器。

④设计要求：磁选机分为电磁机和永磁机。在保证分选效果的前提下，使用永磁机可以降低运行费用。

（2）粒度破碎

1）破碎方法：机械破碎。

2）使用目的：获得适宜的堆料粒度，改善堆料粒度均匀程度。

3）作业方式：一般为连续式作业。

4）设计要求：出料粒度≤60mm；采取措施控制设备噪声与粉尘污染。

（3）物料混合

1）混合方法：机械翻倒。

2）使用目的：通过添加物料，调成堆料初始理化参数；提高堆料水分、有机物质等分布均匀程度。

3）作业方式：作业方式可以是间歇式，也可以是连续式。间歇式作业，一般是将需要混合的物料放入场地，然后由人工或机械（如铲车、天车抓斗）进行翻倒。连续式作业，需要定量给料机的均匀供料和连续运转的混合器完成物料混合。

4）设计要求：日处理量≥50t 应考虑连续式作业方式。

（4）堆料水分与固体物质含量调整

作业方法：用于堆肥的物料初始含水率低时，通过向堆料加水可以增加含水率；含水率高时可以采取两种方法调整，一种是晾晒方法，另一种是添加固体物料方法。

1）晾晒脱水法：通过对物料的翻倒晾晒，使物料失去部分水分。晾晒脱水法适应性较差，主要缺点是只适用于蒸发量大于降水量期间使用，目前已较少采用。

2）固体物料添加法：通过按比例向物料混入低含水率固体物质达到调低堆料含水率的目的。固体物料添加法具有较强的适应性，缺点是增加了处理量。

使用固体物料添加法，在使含水率降低的同时会引起堆料中易降解物比例的变化。例如，添加的物料是熟堆肥或者是不可降解的无机物等，可以在使堆料含水率降低的同时引起易降解物比例的降低；添加的物料是脱水后的农作物秸秆、木屑或绿化废物等，可以使堆料含水率降低，但是如果添加过量，就有可能引起堆料 C/N 比的失调。

（5）固体物料添加法计算公式

1）添加固体物料降低含水率混入物料添加比率的计算公式：

①添加比率（干基）计算公式：

$$R_d=\frac{s_i\,x_i}{s_c\,x_c}=\frac{\dfrac{s_m}{s_c}-1}{1-\dfrac{s_m}{s_i}} \tag{11-22}$$

式中　R_d——添加物质干重与混合前堆料干重比值（%）；

s_c——混合前堆料固体百分含量（%）；

s_i——添加的低含水率物质的固体百分含量（%）；

s_m——混合后堆料固体百分含量（%）；

x_c——混合前堆料湿重，t/d；

x_i——添加的低含水率物质湿重（t/d）。

②添加比率（湿基）计算公式：

$$R_w=\frac{x_i}{x_c}=\frac{s_m-s_c}{s_i-s_m} \tag{11-23}$$

式中　R_w——添加物质湿重与混合前堆料湿重比值（%）。

2）调整堆料可降解物质与固体物质含量添加物用量与混合堆料总重计算公式：

$$x_a=\frac{x_c\left[s_r\left(\dfrac{s_c}{s_m}-1\right)(v_r-v_m)+s_c\left(\dfrac{s_r}{s_m}-1\right)(v_m-v_c)\right]}{s_r\left(1-\dfrac{s_a}{s_m}\right)(v_r-v_m)+s_a\left(\dfrac{s_r}{s_m}-1\right)(v_m-v_a)} \tag{11-24}$$

式中　x_a——添加的秸秆等物质湿重（t/d）；

s_a——添加的秸秆等物质固体百分含量（%）；

s_r——添加的熟堆肥（或不可降解的无机物等）固体百分含量（%）；

v_a——添加的秸秆等物质中固体的可降解百分比（%）；

v_c——混合前堆料中固体的可降解百分比（%）；

v_m——混合后堆料中固体的可降解百分比（%）；

v_r——添加的熟堆肥（或不可降解的无机物等物质）中固体的可降解百分比（%）。

$$x_r=\frac{s_c\,x_c(v_m-v_c)+s_a\,x_a(v_m-v_a)}{s_r(v_r-v_m)} \tag{11-25}$$

式中　x_r——添加的熟堆肥（或不可降解的无机物等）湿重（t/d）。

$$x_m = x_c + x_a + x_r \tag{11-26}$$

式中 x_m——混合后物料总湿重（t/d）。

11.4.4.4 发酵阶段

自然通气方法发酵：自然通气堆肥方法，通常使用条垛方式，该方法属传统的堆肥工艺，具有较强的实用性，曾经被广泛使用，但由于堆肥周期长和场地环境等条件的限制，目前实际工程中较少采用。

强制通气方法发酵：强制通气发酵技术有效地解决了自然通气不能充分满足发酵初期剧烈生化反应所需氧的问题，成功地推动了工业化堆肥的发展。

强制通气发酵技术主要应用于耗氧量大的主发酵过程，耗氧量较低的次发酵一般仍采用自然通气方法。

由于主发酵是堆肥工艺主发酵段，通常人们习惯根据主发酵是否翻倒堆料将发酵过程称为静态堆肥、间歇动态堆肥或动态堆肥。

（1）静态堆肥：静态发酵可以采用仓式和条垛式两种方法（见图 11-26、图 11-27）。仓式较条垛式环境效果好，受降雨影响小，但投资高于条垛式。

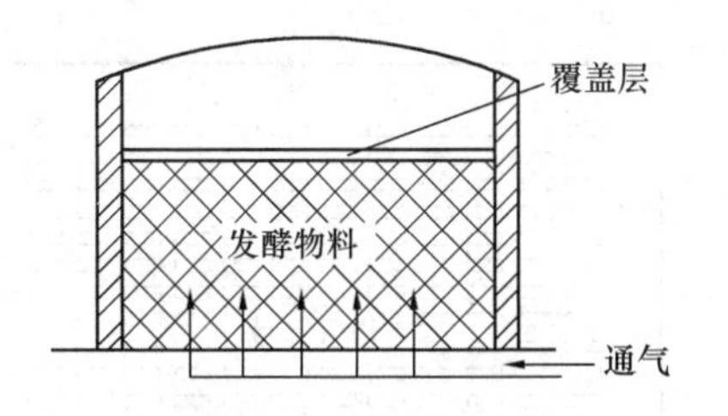

图 11-26 仓式发酵强制通气示意图

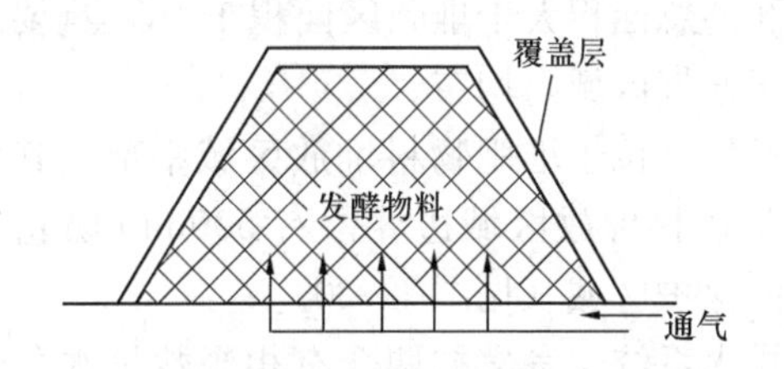

图 11-27 条垛式发酵强制通气示意图

1）主发酵作业方法：

使用前端式装载机或专用布料机，将堆料码放成条垛或送入发酵仓；覆盖堆体裸露表层；强制通气；主发酵结束，堆料移入次发酵场地；清理主发酵现场，排放通气道内积存的渗沥液和清理通气孔及通气道内积存的固体物。

2）次发酵作业方法：

使用前端式装载机或专用布料机，将已完成主发酵的堆料码放成条垛；自然通气。

3）主发酵设计要求：

发酵时间：5～15d。

条垛（发酵仓）初始尺寸：堆体（仓）长度一般无限制，但设计时要考虑场地条件和通气系统向堆体均匀供风要求。

建议条垛（仓）底宽：4～7m。

堆体高度：2～2.5m。

条垛夹角：45°～60°。

堆体表面覆盖：一次发酵覆盖材料使用经过二次发酵、颗粒≤12mm 的熟堆肥，覆盖厚度约为 30～50mm。

通气系统：设计通气量每立方米堆料 0.05～0.20m^3/min。

通气机风压：风压按堆层每升高 1m 增加 1000～1500Pa 选取。原料的有机物含量或含水率低时，风压可取下限，反之取上限。

地下通气道与地面通气孔：通气道的设计方式可参照图 11-28、图 11-29 所示方法。

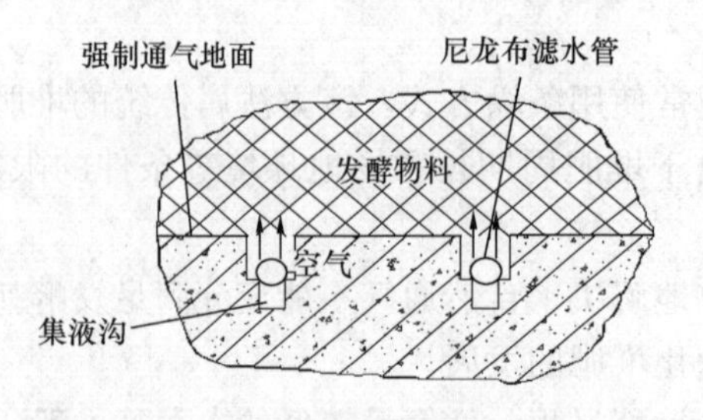

图 11-28　通气道设计方式示意图（一）

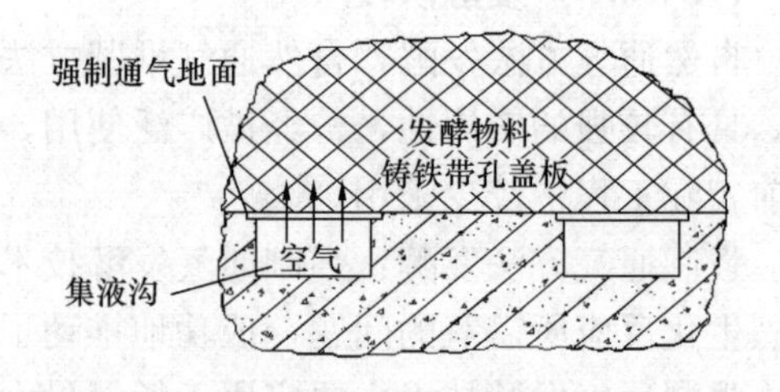

图 11-29　通气道设计方式示意图（二）

设计时需要注意，该通气道同时具有贮存孔隙落下来的固体物和渗沥液的作用，通气道应有足够的空间容纳下落固体物和渗沥液，并使通气道内气体处于低速流动状态，保证地面通气孔出风量相同。

通气孔建议使用宽度为 12mm 左右长形孔，要求孔的总面积大于堆肥区面积 15%，且要求通气孔于通气区域内均布。

通气区位于堆肥物料堆放区域中部，其周边至堆肥物料堆放区域边界留有 500mm 防止气体短路的保护区域（见图 11-30）。

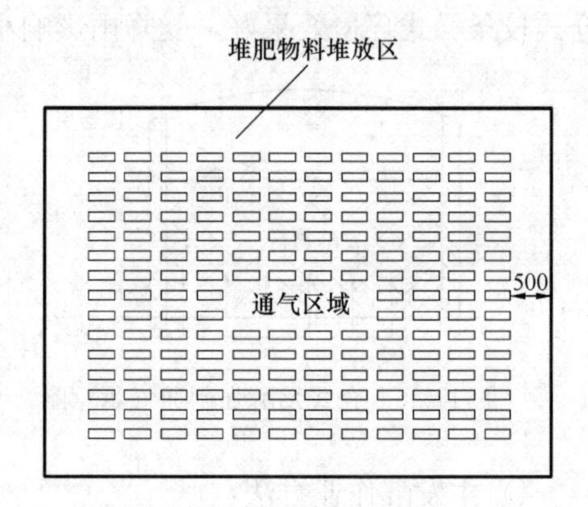

图 11-30　通气区域布置示意图

排水系统：发酵初期会有相当数量水分通过通气孔下渗至地下通气道，排水设计方案见图 11-31、图 11-32。

使用图 11-32 的设计方案时需注意 U 形水封存水深度要≥650mm。

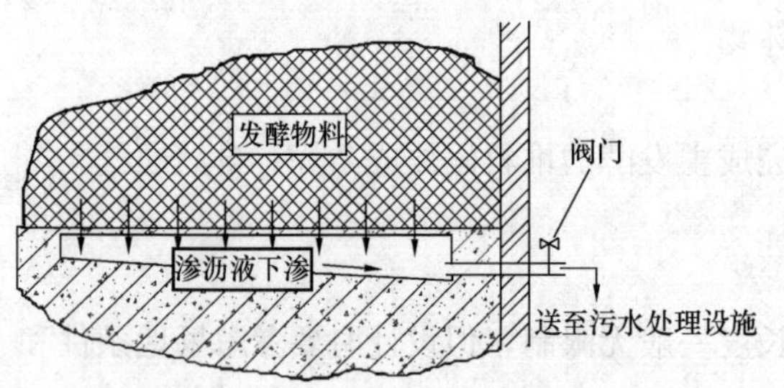

图 11-31　排水设计方案示意图（一）

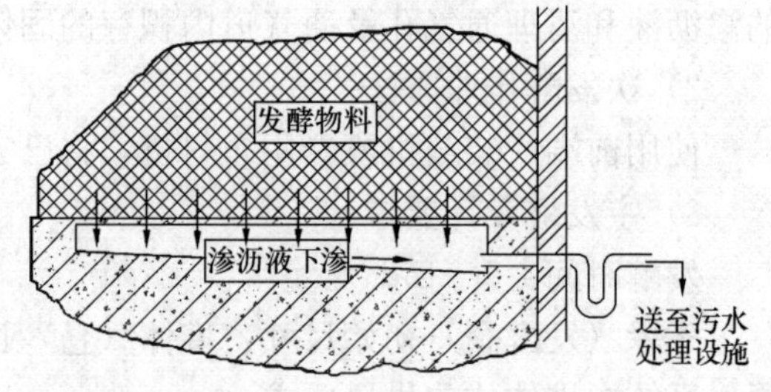

图 11-32　排水设计方案示意图（二）

4）次发酵设计要求：

发酵时间：10～20d。

条垛初始尺寸：堆体长度一般无限制，但设计时要考虑场地条件。

建议条垛底宽：4～6m。

堆体高度：2～2.5m。

条垛夹角：45°～60°。

次发酵通气系统：10d 左右翻一次堆。

场地排水：场地应高于周围地面，防止出现积水浸泡堆料。

（2）动态堆肥、间歇动态堆肥：动态堆肥的主发酵通常是在大型发酵设备内完成，按照设备安装方式可分为竖式、卧式和槽式（仓式）、塔式、回转筒式，按照物料流动状态又可分为仓式和连续式，次发酵同静态堆肥次发酵方法。

1）竖式发酵器：典型竖式发酵设备简图，见图 11-33、图 11-34。

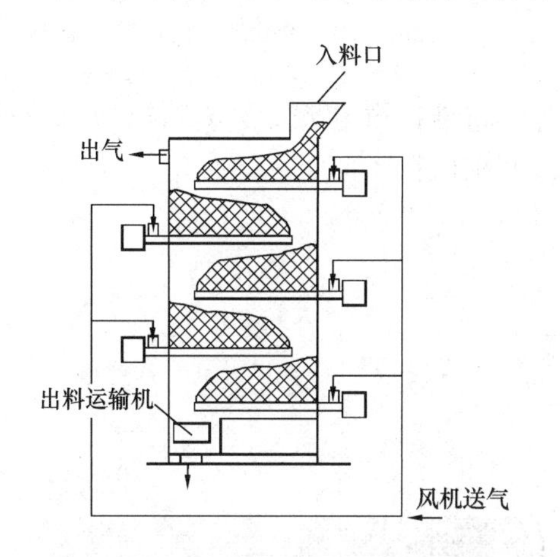

图 11-33 分仓式发酵竖窑示意图

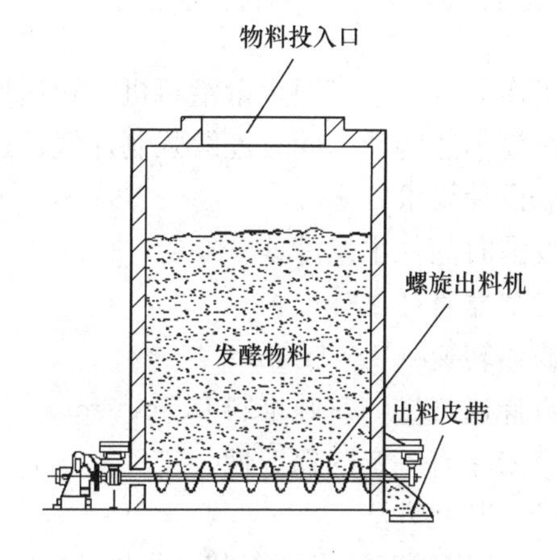

图 11-34 连续式发酵竖窑示意图

2）分仓式发酵器：

①作业方法：使用定量给料机和输送机，连续将堆料均匀送入窑顶自动布料器；布料器将堆料均匀送入顶层发酵仓；通过安装于发酵仓内的送料器，匀速推动堆料，使之均匀下落至下一发酵仓；强制通气；连续或间歇出料。

②设计要求：

发酵时间：主发酵 5～10d。

发酵仓层数＞5 层，每层发酵仓允许料层厚度 1m 左右，有效发酵面积＞3m×3m。

设计通气量：每吨堆料 0.5m^3/min。

仓壁具有一定的保温性。

3）连续式发酵器：

①作业方法：使用定量给料机和输送机，连续将堆料均匀送入窑顶自动布料器；布料器将堆料均匀送入发酵仓；强制通气；安装于发酵仓底部的螺旋出料机连续或间歇出料，随出料过程上层堆料自然塌落；堆料塌落出现空间，再次入料。

②设计要求：

发酵时间：主发酵 5～10d。

发酵仓允许料层厚度 4m 左右，有效发酵面积＞3m×3m。

通气系统设计通气量：每吨堆料 0.5m^3/min，通气机风压 3000～5000Pa（根据物料的密度确定）。

仓壁具有一定的保温性。

4）卧式发酵器：典型卧式发酵器设备简图，见图 11-35、图 11-36。

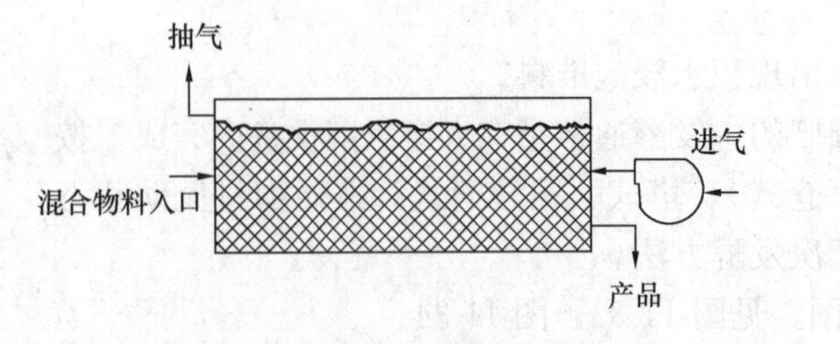

图 11-35　连续式发酵卧窑示意图

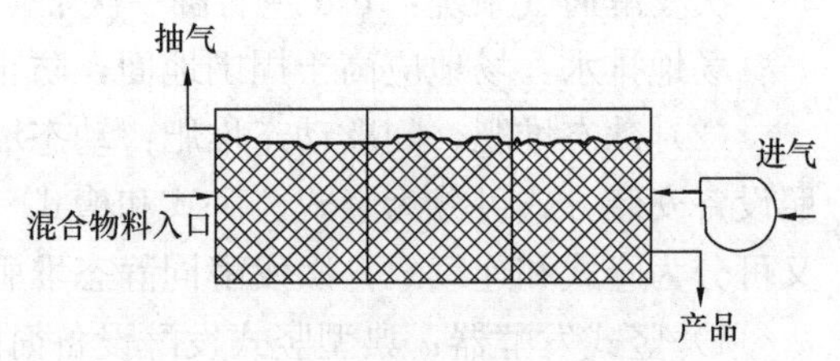

图 11-36　分仓式发酵卧窑示意图

①作业方法：使用定量给料机和输送机，连续将堆料均匀送入发酵滚筒；倾斜安装的发酵滚筒匀速转动，同时连续强制通气；连续或间歇出料。

②设计要求：

发酵时间：主发酵 5～10d。

发酵器直径≥3m。

筒体转速 0.1～1r/min。

设计通气量：每吨堆料 0.5m^3/min。

仓壁具有一定的保温性。

(3) 其他方法

1) 达诺式滚筒发酵工艺（见图 11-37）

物料进入达诺式滚筒，通过滚筒不断转动运行，使筒内物料进行一系列的物理和生物作用，即一边混合摩擦，一边发酵。达诺式滚筒发酵工艺运行周期 3～5d，可完成中温—高温—中温的发酵过程。

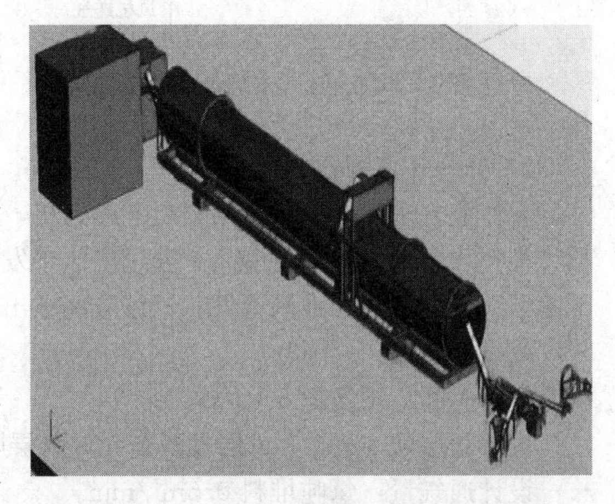

图 11-37　达诺式滚筒反应器示意图

在发酵的初期，中温微生物（嗜温菌，最适宜生长温度 25～45℃）比较活跃，担负了有机物的分解代谢。这些嗜温微生物在转化有机物的过程中产生生物热，加之混合摩擦产生的机械热，使滚筒内温度迅速升高，运行 10h 左右，可达到 60～70℃，这时嗜温微生物受到抑制甚至死亡，由高温微生物（嗜热菌、放线条菌等）取而代之，此时除了易腐有机物分解外，一些较难分解的有机物也逐渐被分解，腐殖质开始形成，混合物料初步定化。经过高温后，混合物料需氧量逐渐减少，温度也继续下降，嗜温微生物开始活跃起来，继续分解有机物并使混合堆肥腐熟。试验证明，混合物料温度达到 50～70℃时，可杀灭其中的寄生虫卵、病原微生物和杂草种子。

达诺式滚筒在运行过程中的需氧量，通过鼓风机供给，保证反应所需的氧量不低于氧扩散控制条件（O_2≥10%），通气量以 4.0～6.0m^3空气/（m^3堆肥·h）为宜。滚筒内的温度通过排气通风方式控制，当温度超过 70℃时，启动鼓风机通风，带走热量，使温度下降到 50℃时停止通风。由于微生物的活动产生热量，使温度上升，至 70℃重新通风，循环至后期。

经达诺式滚筒好氧发酵后的物料自然堆积，将剩余的可分解有机物缓慢氧化，这期间物料内部属于中温厌氧发酵。完成稳定与腐熟所需要的自然堆放厌氧中温发酵周期为20～25d左右。

2）膜覆盖技术。膜覆盖技术是一种改良的静态条垛高温好氧堆肥技术，指高温好氧发酵过程在膜覆盖的环境中进行，控制料堆与周围环境的物质与能量交换，使料堆排放的污染物（如臭气等）浓度低于规定的限值。膜覆盖技术的关键核心是功能性膜，膜应有稳定的化学性能和很宽的温度适用范围，具有良好的防水、透气等功能。膜覆盖技术主要适用于小规模堆肥处理设施、季节性堆肥处理设施、大型临时性堆肥处理设施、备用系统设施等，是目前机械化主流堆肥技术有益的补充。

3）微生物强化堆肥技术。堆肥是通过微生物分解垃圾中有机污染物的生物化学过程，微生物是堆肥中非常关键、活跃的因素。近些年，我国高效微生物菌剂应用于环境污染治理方面取得了一定效果，在提高堆肥效率、除臭、灭蝇等方面均取得了一定的成效。目前，我国随着堆肥复合微生物菌剂研制工作的加强，微生物强化堆肥技术也将逐步推广。

11.4.4.5 后处理阶段

后处理阶段是产品的最终加工阶段，具体的处理方法与产出品的应用目的有着密切关系。一般来说，产出物的应用方向可分为两类，即一般土源应用和作为肥料应用。

（1）“一般土源”生产：“一般土源”指的是产出品用作填埋场覆盖用土、填坑用土、垫路用土等。其常用的生产方法是粒度筛分。

高温发酵完成以后，物料经过生化反应已经进入稳定状态，且已完成灭菌工作，可以通过粒度筛分的方法去除物料中较大颗粒的杂物，例如塑料（膜）、玻璃、金属和橡胶等。

目前，国家没有与此相关的标准，其质量建议参照《城镇垃圾农用控制标准》GB 8172—1987执行，其中杂物粒度和含量也可以根据具体应用目的另行设定。

1）作业方式：由给料机和输送机将物料定量送至筛分机，分离后不同粒度物料由出料输送机分别送出。

2）设计要求：

①常用筛分机为滚筒筛和振动筛（见图11-38、图11-39），目前国内还没有专用筛分机的统一技术标准，选用筛分机时需向专用设备设计、制造厂家详细询问其技术性能。

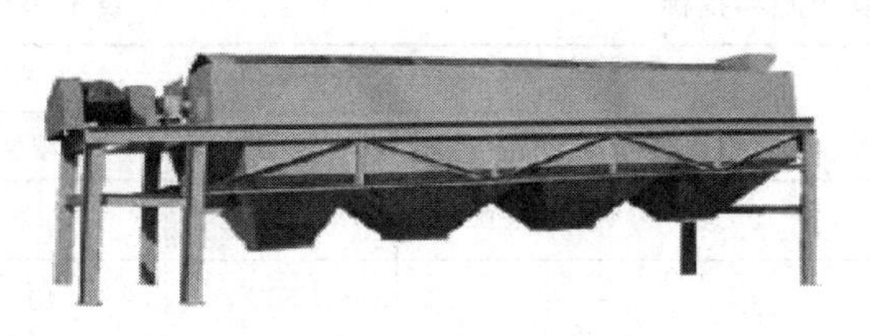

图11-38 滚筒筛分机示意图

图11-39 振动筛分机示意图

②采取措施，控制设备与粉尘污染。

(2)“肥料”生产：产出品作为肥料用于农林生产时，根据加工质量和肥效可分为粗肥和精肥。

1）粗肥生产：我国已于1987年发布，并于1988年实施《城镇垃圾农用控制标准》GB 8172—1987，该标准明确规定了垃圾肥基本质量要求和施用条件，见表11-14。

城镇垃圾农用控制标准值　　表11-14

序号	项目	标准限值	序号	项目	标准限值
1	杂物（%）	≤3	9	总砷（以As计）(mg/kg)	≤30
2	粒度（mm）	≤12	10	有机质（以C计）(%)	≥10
3	蛔虫卵死亡率（%）	95～100	11	总氮（以N计）(%)	≥0.5
4	大肠菌值	10^{-1}～10^{-2}	12	总磷（以P计）(%)	≥0.3
5	总镉（以Cd计）(mg/kg)	≤3	13	总钾（以K计）(%)	≥1.0
6	总汞（以Hg计）(mg/kg)	≤5	14	pH值	6.5～8.5
7	总铅（以Pb计）(mg/kg)	≤100	15	水分（%）	25～35
8	总铬（以Cr计）(mg/kg)	≤300			

注：1. 表中除2、3、4项外，其余各项均以干基计算。
2. 杂物指塑料、金属、玻璃、橡胶等。

《城镇垃圾农用控制标准》GB 8172—1987中明确提出：“施用符合本标准的垃圾，每年每亩农田用量，黏性土壤不超过4t，砂性土壤不超过3t，提倡在花卉、草地、园林和新菜地、黏土地上施用。大于1mm粒径的渣砾含量超过30%及黏粒含量低于15%的渣砾化土壤、老菜地、水田不宜施用。”

这种肥料因粒度粗糙，使用范围受到一定限制，习惯上将这种肥料称为粗肥。粗肥的生产方法与生产“一般土源”相同，采用粒度筛分。

2）精肥生产：目前粗肥不受欢迎，原因有两方面，一是颗粒粗糙，大量施用会引起土壤渣化；二是肥效低，需要大量施用，农民劳动强度大。

通过研磨等精细加工和添入化肥调整肥效，是常用的精肥生产方法。有时还通过进一步加工，将其制造成不同形状和大小的颗粒，并进行适当包装，以方便运输和机械化施肥作业。

由于当前以城市生活垃圾为原料生产的堆肥，定性为有机肥，目前还没有国家标准，产品质量建议参照《城镇垃圾农用控制标准》GB 8172—1987中3～14项指标执行，水分参照《复混肥料》GB 15063—2009中指标执行，见表11-15。

复混肥料指标　　表11-15

项目		指标		
		高浓度	中浓度	低浓度
总养分（$N+P_2O_5+K_2O$）的质量分数[a]（%）	≥	40.0	30.0	25.0
水溶性磷占有效磷百分率[b]（%）	≥	60	50	40
水分（H_2O）的质量分数[c]（%）	≤	2.0	2.5	5.0

续表

项目			指标		
			高浓度	中浓度	低浓度
粒度（1.00～4.75mm或3.35～5.60mm）[d]（%）		≥	90	90	80
氯离子的质量分数[e]（%）	未标“含氯”的产品	≤	3.0		
	标识“含氯（低氯）”的产品	≤	15.0		
	标识“含氯（中氯）”的产品	≤	30.0		

[a] 组成产品的单一养分含量不应小于4.0%，且单一养分测定值与标明值负偏差的绝对值不应大于1.5%。

[b] 以钙镁磷肥等枸溶性磷肥为基础磷肥并在包装容器上注明为“枸溶性磷”时，“水溶性磷占有效磷百分率”项目不做检验和判定。若为氨、钾二元肥料，“水溶性磷占有效磷百分率”项目不做检验和判定。

[c] 水分为出厂检验项目。

[d] 特殊形状或更大颗粒（粉状除外）产品的粒度可由供需双方协议确定。

[e] 氯离子的质量分数大于30.0%的产品，应在包装袋上标明“含氯（高氯）”，标识“含氯（高氯）”的产品氯离子的质量分数可不做检验和判定。

精肥生产的说明如下：

①脱水：

使用目的：降低物料水分，便于磨碎机械工作。

作业方式：气象条件许可地区，可使用风干方法。气象条件不许可地区，应考虑使用烘干设备作业。

温度控制：为防止有机物碳化，烘干温度不得高于200℃。

②物料磨碎：

磨碎方法：机械磨碎。

使用目的：获得适宜的肥料粒度，防止施肥引起耕地迅速渣化。

作业方式：一般为连续作业。

设计要求：出料粒度≤0.1mm，其中≥0.01mm颗粒含量应低于50%；采取措施控制设备噪声与粉尘污染。

③配料：

目的：适量加入化肥，适当提高肥效和改善肥料成型性质。

混拌方法：机械作业。

作业方式：间歇或连续式混拌。

设计要求：混拌均匀。

④造粒：肥料颗粒与形状，建议执行《复混肥料》GB 15063—2009相关规定。

⑤产品包装与贮存：为方便运输与贮存，产品可进行包装。产品贮存应考虑防潮措施。

11.4.5 堆肥过程二次污染的防治

堆肥过程会产生二次污染，如臭气、灰尘、污水、设备噪声等。当堆肥产物作为肥料使用时，如果有害成分超标（例如重金属），将会使农田受到污染。在设计堆肥时，应对可能的污染做好预测分析，并采取相应措施加以防治，使其达到排放标准或使用标准。

(1) 防治垃圾渗沥液污染：堆肥生产中的污水主要发生在堆肥的主发酵阶段。这主要是由于垃圾的自身含水及入场前雨水的淋沥而产生的，这部分污水为垃圾渗沥液。在设计中要注意收集，主发酵仓（场地）的地面要有导流坡度，同时还要做好地面防渗，收集的渗沥液汇入集液井中，统一送至污水处理厂集中处理。

进入次发酵的垃圾基本不会产生垃圾渗沥液，在实施中主要是防止外来水体浸泡堆体，次发酵场地在设计时应高于地坪，以防止雨水汇入该区域。

(2) 大气污染防治：由于堆料的不均匀性，主发酵中有可能出现局部厌氧而产生氨和硫化氢等臭气，这些气体会污染环境，同时给人们嗅觉上造成不快的感觉。

堆肥厂臭气污染物控制通常采用集中收集后通过除臭设施处理，除臭设施可采用物理、化学及生物除臭等工艺。

(3) 扬尘和飘飞物的防治：由于堆肥物含有一定的水分，一般不会产生扬尘，堆肥厂的扬尘和飘飞物主要源于运输过程，同时在露天的堆肥过程中会有飘飞物产生。因此在运行中要在车辆通行的路线上经常洒水，用密封车辆运输垃圾或用苫布遮挡，防止扬尘和轻物质飞扬。同时防止垃圾过多暴露，露天堆肥一定要采用熟堆肥覆盖，防止堆肥物中的轻物质飞扬。

(4) 噪声的防治：部分堆肥设备在运行中会产生较强的噪声，在设计中可考虑采用车间生产，也可采用局部消声、隔声措施，控制噪声对外界的干扰。

场内进出的车辆较多，并有大型机械作业，也会产生噪声。在设计中考虑增加绿化，多种植高大树木，把生产区与场内办公生活区用绿化带隔开，从而达到防干扰的目的。

(5) 有毒有害物控制：有毒有害物不宜作为堆料使用。特别是堆肥产物作为农用肥料时，需要控制其有害成分含量，防止施用后对农田和农作物造成污染。

设计阶段，首先要考虑准备堆肥的物料是否符合要求。当使用城市生活垃圾这类物料堆肥时，由于成分非常复杂，其中含有像电池这类有毒有害物质，应当在预处理阶段通过分选清除。

(6) 环境监测系统：检测工作是一项非常重要的工作，堆肥厂要建立定期检测制度，定期对厂区内的水、气、噪声、扬尘等进行检测，以便及时采取必要的防治措施，保证环境不被污染。

11.5 城镇生活垃圾焚烧

11.5.1 焚烧技术的特点

焚烧技术具有以下特点：

(1) 无害化彻底。经过850～1100℃的高温焚烧处理，垃圾中除重金属以外的有害成分充分分解，细菌、病毒能被彻底消灭，各种恶臭气体得到高温分解，尤其是对于可燃性致癌物、病毒性污染物、剧毒有机物几乎是唯一有效的处理方法。

(2) 减量化明显。城市生活垃圾中含有大量的可燃物质，焚烧处理可以使城市生活垃圾的体积减少90%左右，质量减少80%～85%。焚烧处理是目前所有垃圾处理方式中减量化最为有效的手段。

(3) 资源化利用。垃圾焚烧产生的热量可以回收利用，用于供热或者发电，焚烧产生的渣可以用于建筑材料生产。

(4) 节约土地。焚烧工艺相对其他处理处置工艺工程建设占地面积小，而且可以建设在城市规划建成区边缘，可缩短垃圾的运输距离。

(5) 产生飞灰。在垃圾焚烧过程中产生大量飞灰，飞灰作为重金属及二噁英类污染成分的主要载体而被定为危险废物，需单独收集处理。

11.5.2 垃圾焚烧特性

11.5.2.1 垃圾的焚烧过程

焚烧是固体废物中的可燃性物质与氧气之间发生的剧烈化学反应。固体可燃性物质的燃烧过程通常由热分解、熔融、蒸发和化学反应等传热、传质过程所组成。一般根据可燃物的种类有三种不同的燃烧方式。

(1) 蒸发燃烧。可燃固体受热熔化成液体，进而蒸发成蒸气，与空气扩散混合而燃烧。

(2) 分解燃烧。可燃固体首先受热分解，轻质的可燃气体（通常是碳氢化合物）挥发，剩下固定碳及惰性物，挥发分与空气扩散混合燃烧，固定碳的表面与空气接触进行表面燃烧。

(3) 表面燃烧。如木炭、焦炭等可燃固体受热后不发生熔化、蒸发和分解等过程，而是在固体表面与空气反应进行燃烧。

生活垃圾中的可燃组分种类较多、较为复杂，是包括上述三种燃烧方式的综合燃烧过程。根据生活垃圾在焚烧炉内的实际燃烧过程，依次分为干燥、热分解和燃烧三个过程：

(1) 干燥。干燥是生活垃圾利用燃烧过程中的热能将自身水分蒸发成水蒸气的过程。这其中的热能传递包括传导干燥、对流干燥和辐射干燥三种方式。生活垃圾中的水分含量越高，干燥的时间越长，需要的热能也越多，从而降低焚烧炉内的焚烧温度。

(2) 热分解。热分解是生活垃圾中的可燃组分在高温作用下进行分解和挥发的过程，它将固体废弃物转化为烃类挥发分和固定碳等产物。热分解过程中有吸热过程也有放热过程。热分解速度与可燃组分的组成、传热及传质速度和有机固体物的粒度有关。

(3) 燃烧。在高温条件下，干燥和热分解产生的气态以及固态物质与燃烧空气充分反应，达到着火所需的必要条件时就会形成火焰而燃烧。

11.5.2.2 生活垃圾的热值分析

生活垃圾的化学特性主要是生活垃圾的元素分析与挥发分、灰分、热值等。作为垃圾焚烧技术的基本依据需要确定的元素包括碳、氢、氧、氮、硫、氯以及灰分、水分、热值等。

(1) 生活垃圾的元素分析

生活垃圾由碳、氢、氧、氮、硫、氯、灰分、水分等成分组成，它的质量百分数分别用 C、H、O、N、S、Cl、A、W 表示，单位为%。

垃圾的元素成分有以下几种表示方法：

1) 湿基：以包括水分在内的实际应用成分的总量作为计算基数。

$$C+H+O+N+S+Cl+A+W=100\%$$

2) 干基：以去掉外在水分的垃圾成分的总量作为计算基数。

$$C_g+H_g+O_g+N_g+S_g+Cl_g+A_g=100\%$$

另外，双碳元素（C）为例说明两种计算基数之间的转换关系

$$C = C_g \times (100-W)/100 \tag{11-27}$$

（2）发热量

生活垃圾的热值是单位质量的生活垃圾燃烧释放出来的热量，以 kJ/kg 计。

热值的大小可用来判断固体废物的可燃性和能量回收潜力。通常要维持燃烧，就要求其燃烧释放出来的热量足以提供加热垃圾到达燃烧温度所需要的热量和发生燃烧反应所必需的活化能。否则，便要添加辅助燃料才能维持燃烧。

热值有两种表示法，高位热值（Q_{gr}）和低位热值（Q_{net}）。高位热值指化合物在一定温度下反应到达最终产物的焓的变化。低位热值与高位热值意义相同，只是产物的状态不同，前者水是液态，后者水是气态，二者之差就是水的汽化潜热。工程计算和焚烧工艺及设备选择需要采用低位热值，鉴于低位热值测定困难，需要通过测定高位热值，再用经验公式转化为低位热值。

垃圾热值通常采用量热计（弹筒式量热计、美热分析仪）直接测试的方法或采用经验公式的方法得到，这是目前采用的主要方法。

1）采用量热计测定垃圾热值

由氧弹热量计测得的发热量是弹筒发热量，高位发热量可以根据弹筒发热量求得。

低位发热量可从高位发热量中减去燃料燃烧时所生成水蒸气的汽化潜热求得，对于湿基和干基，低位发热量和高位发热量的换算关系如下：

湿基：$$Q_{net} = Q_{gr} - 206H - 23W \quad (kJ/kg) \tag{11-28}$$

干基：$$Q_{net,g} = Q_{gr.g} - 206H_g \quad (kJ/kg) \tag{11-29}$$

2）经验公式

根据元素分析计算低位热值相对要复杂些，但符合性比较好，因此研究取得了多项计算模型：

①门捷列夫模型

$$Q_{net} = 339C + 1030H - 109(O-S) - 25W \quad (kJ/kg) \tag{11-30}$$

②Steuer 模型

$$Q_{net} = 81(C - 3/8O) + 57 \times 3/8O + 345(H - 1/16O) + 25S - 6(9H + W) \quad (kJ/kg) \tag{11-31}$$

③Dulong 修正模型

$$Q_{net} = 81C + 342.5(H - 1/8O) + 22.5S - 6(9H + W) \quad (kJ/kg) \tag{11-32}$$

式中 Q_{net}——垃圾低位热值（kJ/kg）；

C、H、O、S——分别为垃圾湿基碳、氢、氧、硫元素值，质量百分比；

W——为垃圾含水率，质量百分比。

④三成分法修正模型

$$Q_{net} = a \times V/100 - 25.121W \quad (kJ/kg) \tag{11-33}$$

式中 Q_{net}——垃圾低位热值（kJ/kg）；

V——垃圾可燃分（%）；

W——垃圾水分（%）；

a——垃圾可燃分低位热值（kJ/kg）。

由于氯（Cl）元素成分对热值的影响非常小，因此被忽略。针对我国目前的垃圾成分，当垃圾低位热值低于7100kJ/kg时，可优先采用门捷列夫模型。进入生活垃圾焚烧炉的垃圾低位热值，在任何季节均应不低于5000kJ/kg。

3）水分对生活垃圾热值的影响

垃圾渗沥液对生活垃圾热值的影响显著，当原生垃圾含水率为40%～70%时，垃圾池析出的渗沥液量可选取6%～20%。析出渗沥液后的垃圾热值在边界条件不确定的情况下，可按垃圾渗沥液减少1%，垃圾热值增加104kJ/kg进行初步估算。

11.5.2.3 垃圾焚烧炉燃烧图的应用

燃烧图（负荷图）界定了在设计值下焚烧垃圾的范围，以及不同的垃圾处理量与垃圾热值间的关系。燃烧图对垃圾焚烧发电厂的设计及运行具有指导意义。

绘制燃烧图应以横坐标为处理垃圾量，单位为t/h。在横坐标中应包含70%～100%的焚烧量以及超负荷10%的区间。纵坐标表示垃圾发热量，单位为kJ/h（GJ/h）或MW。

一束与纵、横坐标相对应的垃圾热值直线即垃圾热值（热值线）等于总垃圾发热量（纵坐标点）除以处理垃圾量（横坐标点），单位为kJ/kg。该束热值线至少应包括额定热值线，上、下限热值线，当前垃圾热值线以及不需要添加辅助燃料的最低热值线。如图11-40所示。

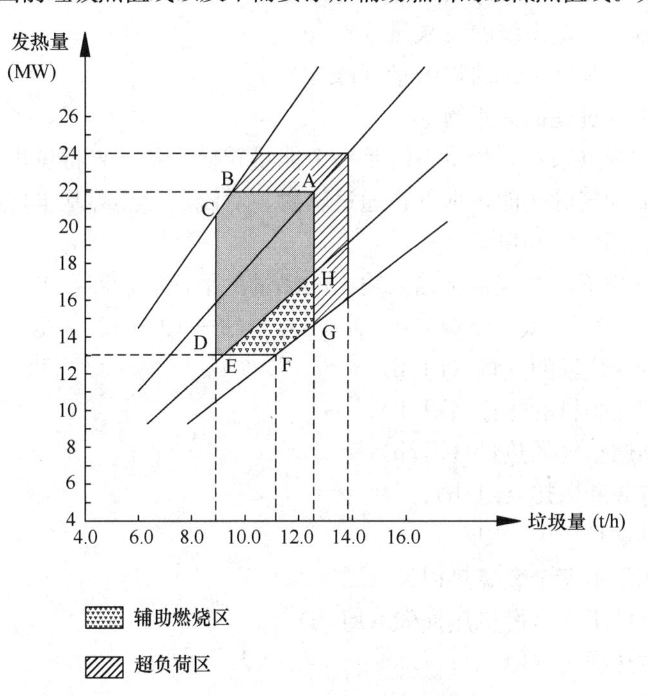

图11-40 燃烧图

图中A点为焚烧炉额定工况下的工作点，多边形$ABCDEHA$围成的区域为焚烧炉正常运行工况范围，满足：

（1）烟气温度大于850℃，烟气停留时间不低于2s；

（2）过热器出口温度和压力达到规定的蒸气参数指标；

（3）焚烧炉不添加辅助燃料运行；

（4）满足炉渣热灼减率规定要求。

燃烧图表示的垃圾处理量为进入焚烧炉的垃圾量，与进厂的垃圾量的差别在于垃圾渗沥出的水分量。焚烧炉最低垃圾焚烧量取额定垃圾焚烧量的70％，并允许按短期超负荷10％运行。

燃烧图中的垃圾低位热值是指进入垃圾焚烧炉时的热值。在焚烧厂初期运行过程中，应使垃圾热值处于额定热值与相应焚烧量的下限热值之间，以保证垃圾正常燃烧。

11.5.2.4 焚烧过程的物质平衡

根据质量守恒定律，输入的物料质量应等于输出的物料质量，即：

$$M_{1入}+M_{2入}+M_{3入}+M_{4入}=M_{1出}+M_{2出}+M_{3出}+M_{4出}+M_{5出} \quad (11\text{-}34)$$

式中 $M_{1入}$——进入焚烧系统的生活垃圾量（kg/d）；

$M_{2入}$——焚烧系统的实际供给空气量（kg/d）；

$M_{3入}$——焚烧系统的用水量（kg/d）；

$M_{4入}$——烟气净化系统所需的化学物质量（kg/d）；

$M_{1出}$——排出焚烧系统的干蒸气量（kg/d）；

$M_{2出}$——排出焚烧系统的水蒸气量（kg/d）；

$M_{3出}$——排出焚烧系统的废水量（kg/d）；

$M_{4出}$——排出焚烧系统的飞灰量（kg/d）；

$M_{5出}$——排出焚烧系统的炉渣量（kg/d）。

11.5.2.5 焚烧过程的热平衡

从能量转换的观点来看，焚烧系统是一个能量转换设备，它将垃圾燃料的化学能，通过燃烧过程转化成烟气的热能，烟气再通过辐射、对流、导热等基本传热方式将热能分配交换给工质或排放到大气环境中。

在稳定工况条件下，焚烧系统输入输出的热量是平衡的，即：

$$Q_{r,w}+Q_{r,a}+Q_{r,k}=Q_1+Q_2+Q_3+Q_4+Q_5+Q_6 \quad (11\text{-}35)$$

式中 $Q_{r,w}$——生活垃圾的热量（kJ/h）；

$Q_{r,a}$——辅助燃料的热量（kJ/h）；

$Q_{r,k}$——助燃空气的热量（kJ/h）；

Q_1——有效利用热（kJ/h）；

Q_2——排烟热损失（kJ/h）；

Q_3——化学不完全燃烧热损失（kJ/h）；

Q_4——机械不完全燃烧热损失（kJ/h）；

Q_5——散热损失（kJ/h）；

Q_6——灰渣物理热损失（kJ/h）。

（1）输入热量

1）生活垃圾的热量 $Q_{r,w}$

在不计垃圾的物理散热情况下，$Q_{r,w}$ 等于送入炉内的垃圾量 W_r（kg/h）与其热值 Q_{net}（kJ/kg）的乘积。

$$Q_{r,w}=W_rQ_{net} \quad (11\text{-}36)$$

2）辅助燃料的热量 $Q_{r,a}$

若辅助燃料只是在启动点火或焚烧炉工况不正常时才投入，则辅助燃料的输入热量不必计入。只有在运行过程中需维持高温，一直需要添加辅助燃料帮助焚烧炉的燃烧时才计入。此时：

$$Q_{r,a} = W_{r,a}Q_a \tag{11-37}$$

式中 $W_{r,a}$——辅助燃料量（kg/h）；

Q_a——辅助燃料热值（kJ/kg）。

3）助燃空气的热量 $Q_{r,k}$

按入炉垃圾量乘以送入空气量的热焓计。

$$Q_{r,k} = W_r\beta(I^0_{rk} - I^0_{vk}) \tag{11-38}$$

式中 β——送入炉内空气的过剩空气系数；

I^0_{rk}、I^0_{vk}——分别为随1kg垃圾入炉的理论空气量在热风和自然状态下的焓值（kJ/kg）。

以上助燃空气的热量只有用外部热源加热空气时才能计入。若助燃空气的加热是焚烧炉本身的烟气热量，则该热量实际上是焚烧炉内部的热量循环，不能作为输入炉内的热量。对采用自然状态的空气助燃，此项为零。

（2）输出热量

1）有效利用热 Q_1。有效利用热是其他工质在焚烧炉产生的热烟气加热时所获得的热量。一般被加热的工质是水，它可产生蒸汽或热水。

$$Q_1 = D(h_2—h_1) \tag{11-39}$$

式中 D——工质输出流量（kg/h）；

h_1、h_2——分别为进、出焚烧炉的工质热焓（kJ/kg）。

2）排烟热损失 Q_2。由焚烧炉排出烟气所带走的热量，其值为排烟容积 $W_{r,w}V_{py}$（m^3/h，标准状态下）与烟气单位容积的热容之积，即：

$$Q_2 = W_{r,w}V_{py}[(\partial C)_{py} - (\partial C)_0]\times\frac{100-q_4}{100} \tag{11-40}$$

式中 $(\partial C)_{py}$、$(\partial C)_0$——分别是排烟温度和环境温度下烟气单位容积的热容量[kJ/(m^3·℃)]；

$\frac{100-q_4}{100}$——因机械不完全燃烧引起实际烟气量减少的修正值。

3）化学不完全燃烧热损失 Q_3。由于炉温低、送风量不足或混合不良等导致烟气成分中一些可燃气体（如CO、H_2、CH_4等）未燃烧所引起的热损失即为化学不完全燃烧热损失。

$$Q_3 = W_r(V_{CO}Q_{CO} + V_{H_2}Q_{H_2} + V_{CH_4}Q_{CH_4} + \cdots)\times\frac{100—q_4}{100} \tag{11-41}$$

式中 V_{CO}、V_{H_2}、V_{CH_4}——1kg垃圾产生的烟气所含未燃烧可燃气体容积（m^3）。

4）机械不完全燃烧热损失 Q_4。这是由垃圾中未燃烧或未完全燃烧的固定碳所引起的热损失。

$$Q_4 = 32700W_r\times\frac{A}{100}\times\frac{C_{lx}}{100-C_{lx}} \tag{11-42}$$

式中 A——湿基灰分质量百分数；

C_{lx}——炉渣中含碳百分比（%）。

5）散热损失 Q_5。散热损失为因焚烧炉表面向四周空间辐射和对流所引起的热量损失。其值与焚烧炉的保温性能和焚烧炉焚烧量及比表面积有关。焚烧量小，比表面积越大，散热损失越大；焚烧量大，比表面积越小，散热损失越小。

6）灰渣物理热损失 Q_6。垃圾焚烧所产生炉渣的物理显热即为灰渣物理热损失。若垃圾为高灰分、排渣方式为液态排渣、焚烧炉为纯氧热解炉，则灰渣物理热损失不可忽略。

$$Q_6 = W_r \alpha l_x \times \frac{A}{100} c_{lx} t_{lx} \tag{11-43}$$

式中　c_{lx}——炉渣的比热［kJ/(kg·℃)］；

t_{lx}——炉渣温度（℃）；

αl_x——灰烬燃烧系数。

11.5.2.6　焚烧过程的影响因素

影响生活垃圾焚烧过程的因素有许多，但主要因素是：城市生活垃圾的性质、停留时间、燃烧温度、湍流度、空气过剩系数等，其中停留时间（Time）、燃烧温度（Temperature）和湍流度（Turbulence）被称为“3T”要素，是反映焚烧炉性能的主要指标。

（1）停留时间

垃圾在炉排上的停留时间受垃圾物理性质制约，且停留时间不仅与物料粒度、传热、传质、氧化反应速率有关，也与温度、扰动程度等因素有关。停留时间的长短直接影响焚烧的完善程度和烟气中有害物质分解的彻底程度。

（2）燃烧温度

燃烧温度对于垃圾的干燥速率、燃烧速率的提高至关重要，燃烧产生的热量必须大于炉体散失的热量，并保持炉内850℃以上的燃烧温度，此温度可以有效分解焚烧过程中产生的二噁英类污染物。但燃烧温度过高也会对炉体材料产生影响，还可能发生炉排结焦、产生高浓度氮氧化物等问题。

（3）湍流度

焚烧炉内的高湍流环境是依靠燃烧空气的扰动来达到的，扰动可以有效促进物料与空气、热解气化产物与空气之间的混合。对于生活垃圾的焚烧效果来说，更为主要的是二次空气喷入搅拌烟气的湍流度，湍流度的大小直接影响生活垃圾焚烧中二噁英的分解程度、其他未完全燃烧成分的多少以及无害化效果。

（4）空气过剩系数

在实际的燃烧过程中，氧气与可燃物质无法完全达到理想程度的混合及反应。为使燃烧完全，仅供入理论空气量很难使其完全燃烧，需要加上比理论空气量更多的助燃空气量，使垃圾与空气能完全混合燃烧。

根据垃圾的低位热值可以近似计算垃圾焚烧的理论空气量，理论关系为：

$$L_0 = rQ_{net}^{0.8197} \tag{11-44}$$

式中　L_0——理论空气量（kg/kg）；

r——系数，0.002kg/kJ；

Q_{net}——垃圾低位热值（kJ/kg）。

11.5.3　焚烧厂选址

垃圾焚烧厂的厂址选择应符合城乡总体规划和环境卫生专业规划要求，并应通过环境影响评价的认定。

垃圾处理工程是一项涉及生活垃圾的收集、转运、压缩、运输等环节的系统工程，在厂址选择上应选择不少于1个备选厂址，结合垃圾产量分布，综合地形、工程地质与水文地质、地震、气象、环境保护、生态资源，以及城市交通、基础设施、动迁条件、群众参与等因素，经过多方案技术经济比较后确定。

厂址应选择在生态资源、地面水系、机场、文化遗址、风景区等敏感目标少的区域。

厂址选择应符合下列要求：

（1）厂址应满足工程建设的工程地质条件和水文地质条件，不应选在地震断层、滑坡、泥石流、沼泽、流沙及采矿陷落区等地区。

（2）生活垃圾焚烧厂投资相对较大，地下设施较多，厂址应考虑洪水、潮水或内涝的威胁；必须建在该类地区时，应有可靠的防洪、排涝措施，其防洪标准应符合现行国家标准《防洪标准》GB 50201—2014 的有关规定，推荐的防洪标准如表11-16所示。

推荐的防洪标准 **表11-16**

垃圾焚烧厂规模	重现期（a）
特大类、Ⅰ类垃圾焚烧厂	50～100
Ⅱ类垃圾焚烧厂	30～50
Ⅲ类垃圾焚烧厂	20～30

（3）生活垃圾焚烧厂，尤其是Ⅱ类以上焚烧厂，运输量大，来往车辆相对集中、频繁，故厂址与服务区之间应有良好的道路交通条件，避免对城市交通造成影响。

（4）厂址选择时，应同时确定灰渣处理与处置的场所。

（5）厂址应有满足生产、生活的供水水源和污水排放条件。

（6）厂址附近应有必需的电力供应。对于利用垃圾焚烧热能发电的垃圾焚烧厂，其电能应易于接入地区电力网。

（7）对于利用垃圾焚烧热能供热的垃圾焚烧厂，厂址的选择应考虑热用户分布、供热管网的技术可行性和经济性等因素。

11.5.4 建设规模

生活垃圾焚烧厂一般设置2～4条焚烧线。当服务区的生活垃圾必须全量焚烧时，为解决垃圾焚烧锅炉分批检修时处理计划内的垃圾量，焚烧线不应少于2条。

垃圾焚烧厂的规模宜按下列规定分为4类，见表11-17。

我国生活垃圾焚烧厂处理规模分类 **表11-17**

垃圾焚烧厂规模分类（t/d）		理论上单台焚烧炉最小容量（t/d）	建议焚烧炉	
			最小容量（t/d）	台数（台）
特大类垃圾焚烧厂	＞2000	500	660	≥3
Ⅰ类垃圾焚烧厂	＞1200～2000	300	400	2～3
Ⅱ类垃圾焚烧厂	＞600～1200	150	300	2～3
Ⅲ类垃圾焚烧厂	150～600	37.5	150	1～2

11.5.5 焚烧厂工艺设施组成

11.5.5.1 垃圾接收与进料系统

(1) 接收系统

垃圾接收、储存与输送系统包括：垃圾称量设施、垃圾卸料门、垃圾池、垃圾抓斗起重机和渗沥液导排系统等垃圾池内的其他必要设施。

1) 垃圾称量设施

根据《生活垃圾焚烧处理工程技术规范》CJJ 90—2009 的规定：垃圾焚烧厂应设置汽车衡，具有称重、记录、打印与数据处理、传输功能。汽车衡规格按垃圾车最大满载质量的 1.3～1.7 倍配置，称量精度不大于 20kg。设置汽车衡的数量应符合下列要求：

①全厂总焚烧能力≥2000t/d 的垃圾焚烧厂应设置 3 台或以上；

②全厂总焚烧能力≥600t/d 且<2000t/d 的垃圾焚烧厂设置 2～3 台；

③全厂总焚烧能力<600t/d 的垃圾焚烧厂设置 1～2 台。

2) 垃圾卸料门

垃圾池卸料口处设置垃圾卸料门。垃圾池卸料口处必须设置车挡、事故报警及其他安全设施。垃圾卸料门的设置应符合下列要求：

①满足耐腐蚀、强度好、寿命长、开关灵活的性能要求；

②数量应以维持正常卸料作业和垃圾进厂高峰时段不堵车为原则，且不应少于 4 个(可参考表 11-18)；

垃圾卸料门设置数量参考表　　表 11-18

处理规模（t/d）	≤150	150～200	200～300	300～400	400～600	>600
卸料门参考数量	3	4	5	6	8	≥10

③宽度不应小于最大垃圾车宽加 1.2m，高度应满足顺利卸料作业的要求；

④垃圾卸料门的开、闭应与垃圾抓斗起重机的作业相协调。

3) 垃圾池

垃圾池有效容积宜按 5～7d 额定垃圾焚烧量确定。垃圾池净宽度不应小于抓斗最大张角直径的 2.5 倍。垃圾池应处于负压封闭状态，并应设照明、消防、事故排烟及停炉时的通风除臭装置。

4) 垃圾抓斗起重机

垃圾抓斗起重机的处理能力主要由焚烧炉额定焚烧能力、垃圾池内搬运能力、垃圾混合能力决定。为了保证垃圾焚烧效果，应选择稳定可靠的大功率起重机和大容量抓斗。

垃圾抓斗起重机设置应符合下列要求：

①配置应满足作业要求，且不宜少于 2 台；

②应有计量功能；

③宜设置备用抓斗；

④应有防止碰撞的措施。

垃圾抓斗可采用液压或机械驱动方式。抓斗容积依据需要的小时抓取垃圾量，通过大车、小车与提升速度计算出运行周期的时间等因素按下式确定：

抓斗容量(t)=需要的小时垃圾供给能力(t/h)×1(h)/(垃圾抓斗起重机小时工作时间/一次投料时间)

抓斗容积(m^3)=抓斗容量(t)/垃圾堆积密度(t/m^3)

推荐采用的垃圾抓斗起重机控制方式见表 11-19。

推荐采用的垃圾抓斗起重机控制方式 **表 11-19**

焚烧处理规模(t/d)	≤150	150～800	>800
推荐采用的控制方式	手动	手动或半自动	半自动或自动

5) 渗沥液导排系统

垃圾池应设置垃圾渗沥液收集设施。垃圾渗沥液收集、储存和输送设施应采取防渗、防腐措施，并应配备检修人员防毒设施。与垃圾接触的垃圾池内壁和池底，应有防渗、防腐蚀措施，应平滑耐磨、抗冲击。垃圾池底宜有不小于1%的渗沥液导排坡度。

垃圾焚烧厂所产生的垃圾渗沥液在条件许可时可回喷至焚烧炉焚烧；当不能回喷焚烧时，生活垃圾渗沥液应收集并在生活垃圾焚烧厂内处理或送至生活垃圾填埋场渗沥液处理设施处理，经过处理符合现行国家标准《生活垃圾填埋场污染控制标准》GB 16889—2008 的相关规定后，可直接排放。

(2) 进料系统

焚烧炉垃圾进料设备包括垃圾进料斗和填料装置。垃圾进料斗暂时储存垃圾吊车投入的垃圾，并将其连续送入炉内燃烧。具有联结滑道的喇叭状漏斗与进料管相连，并附有单向开关盖。进料斗及进料管的形状取决于垃圾性质和焚烧炉类型。

焚烧炉进料斗应有不小于0.5～1h 的垃圾储存量；进料口长宽尺寸按垃圾抓斗全开尺寸加不小于1.0m 确定；倾斜的侧壁倾角不小于45°，内壁应光滑。进料装置与挡板门的主体材料采用普通碳钢，厚度一般不小于12mm。

进料斗采用如红外线、超声波、微波等料位检测指示仪器，保证斗内有足够的垃圾。在进料斗与进料管衔接处装设吸收热膨胀的装置。

进料管的下口纵向尺寸应大于上口纵向尺寸，以避免垃圾在进料管内堵塞；进料管高度应能阻断垃圾焚烧炉内烟气通过进料管和进料斗倒流。宜采用水冷夹套或敷设耐火内衬等装置。

为防止人员意外坠落，进料斗需要高出进料斗平台约80cm；沿垃圾池侧进料斗平台边缘应设置护栏，但不应妨碍投料运行。

11.5.5.2 垃圾焚烧系统

(1) 焚烧炉

垃圾焚烧炉主要有机械炉排焚烧炉、流化床焚烧炉和回转窑焚烧炉三种。

1) 机械炉排焚烧炉

炉排焚烧炉根据炉排形式主要分为顺推式往复炉排、逆推式往复炉排、滚动式炉排等。机械炉排焚烧炉应具有足够的炉排长度和面积，以满足设计垃圾处理量和保证垃圾有足够时间完成燃烧过程，炉渣热灼减率不大于3%，烟气中的一氧化碳含量不大于60mg/m^3。

机械炉排焚烧炉具有以下特点：

① 运行可靠性好，故障率低；

② 单台处理能力较大；

③ 不需要垃圾预处理；

④ 受热面磨损小；

⑤ 机械炉排焚烧炉占地面积大，且当垃圾热值较低时，为满足烟气能在850℃温度区间停留超过2s，需要投入辅助燃料。

焚烧炉的设计主要与垃圾的性质、处理规模、炉排的机械负荷和热负荷、燃烧室负荷、燃烧室出口温度和烟气滞留时间、热灼减率等因素有关。炉排面积热负荷一般取277～694W/m²；水冷炉排热负荷取2000kW/m²。对于引进的焚烧炉排，当垃圾含水量较高时，应加长炉排干燥段的长度；炉排宽度根据焚烧炉的处理规模、机械负荷及炉排长度确定。当进入焚烧炉的垃圾热值低于8000kJ/kg时，顺推式炉排应有台阶式落差，以达到预定的炉渣热灼减率指标。

2）流化床焚烧炉

流化床焚烧炉根据其结构形式主要可分为：鼓泡流化床（SFB）、转动流化床（RFB）、循环流化床（CFB）。流化床焚烧主要依靠炉膛内高温流化床料的高热容量、强烈掺混和传热作用，使送入炉膛的垃圾快速升温着火，形成整个床层内的均匀燃烧。

流化床焚烧炉具有以下特点：

① 适于焚烧处理我国混合收集的原生垃圾，燃尽完全，残渣热灼减率＜1%～2%；

② 可以焚烧处置固态垃圾和其他气态或液态、热值悬殊的燃料和废弃物，垃圾堆放、储存过程中产生的垃圾渗沥液都可以直接送入炉膛焚烧处置；

③ 为避免入炉垃圾品质变化及差异过大对焚烧状态的影响，可以向炉内添加适量的辅助燃料煤，而不必用油；价廉易得，添加量较少；

④ 系统设备配套研发，对垃圾的分选和预处理要求很低，不需要复杂的预处理工艺，运行稳定；炉内没有复杂的运动机构，设备故障率低；

⑤ 单炉处理量较大，目前已形成单炉处理能力100～500t/d的产品系列，能够适应大型垃圾焚烧厂的建设要求；

⑥ 可以把过热器布置在这类焚烧炉型所特有的物料循环通道中，隔绝与焚烧烟气的接触，避免高温HCl腐蚀；所生成的过热蒸汽温度达到常规热电系统参数，提高垃圾发电效率；

⑦ 焚烧炉膛内各处温度均匀，并采用了分级供风及炉内添加石灰石等措施，能彻底分解有毒有害物质，有效控制NO_x、SO_x等的生成。

流化床焚烧炉主要技术性能指标应满足表11-20中的条件。

流化床焚烧炉主要技术性能指标　　　　**表11-20**

序号	项目	指标	检验方法
1	悬浮段温度（℃）	≥850	在炉膛空气进口、中部和烟气出口三断面分别布设至少两个以上监测点热电偶实时在线测量
2	悬浮段内烟气停留时间（s）	≥2	根据焚烧炉设计书检验和制造图核验

续表

序号	项目	指标	检验方法
3	焚烧炉渣热灼减率（%）	≤5	HJ/T 20—1998
4	焚烧炉出口烟气中氧含量（%，体积百分数）	6～8	GB/T 16157—1996
5	CO浓度（mg/Nm^3，小时均值）	150	HJ/T 44—1999

焚烧炉悬浮段内应处于负压燃烧状态，正常工况炉内负压水平宜为－50Pa～200Pa。焚烧空气应自流化床段和悬浮段分级送入，且自悬浮段送入的二次风应分层布置。二次风量与总风量的比例一般选取在0.3～0.5之间。

3）回转窑焚烧炉

回转窑焚烧炉为采用耐火砖或水冷壁炉墙的圆柱形滚筒。窑体通常很长，且须保持适当倾斜度，以利于垃圾的下滑，为达到垃圾完全焚烧，一般设有两个燃烧室。回转窑焚烧有三种焚烧方法，即灰渣式焚烧、熔渣式焚烧、热解式焚烧。

回转窑焚烧炉具有以下特点：

① 用途广泛，适应性好，可以处理各种不同形状和性质的废弃物；

② 可通过调控回转窑焚烧炉的转速来调节垃圾停留时间；

③ 需要设置后燃室，且窑身较长，占地面积大、热效率较低、处理能力较小。

（2）余热锅炉

余热锅炉一般采用4.1MPa（绝），400～420℃的中温中压蒸汽参数，给水温度为130℃/140℃。除非有特殊需求，余热锅炉蒸汽参数一般不采用10MPa以上的高压参数。余热锅炉的热效率不小于78%。

针对垃圾具有的动态特性，以及减轻对过热器腐蚀的特点，对流受热面入口处宜布置捕渣管道（也称前置蒸发器），入口处烟气温度不高于650℃。对流受热面的换热管应采用光管。

在余热锅炉尾部烟道比较低的烟温区布置省煤器，设计排烟温度应不低于180℃。此时省煤器温差较小，一般不再设置空气预热器。

机械炉排焚烧炉的余热锅炉布置形式主要有两种：立式和卧式。这两种方式的比较如表11-21所示。

机械炉排焚烧炉余热锅炉布置形式比较　　表11-21

比较内容	立　式	卧　式
适宜处理规模	一般500t/d以下	一般500t/d以上
占地面积	小	大
结构	紧凑	复杂
换热效率	高	低
受热面检修	较方便	方便

目前，我国常见的用于垃圾焚烧厂的余热锅炉的结构示意图如图11-41～图11-43所示。

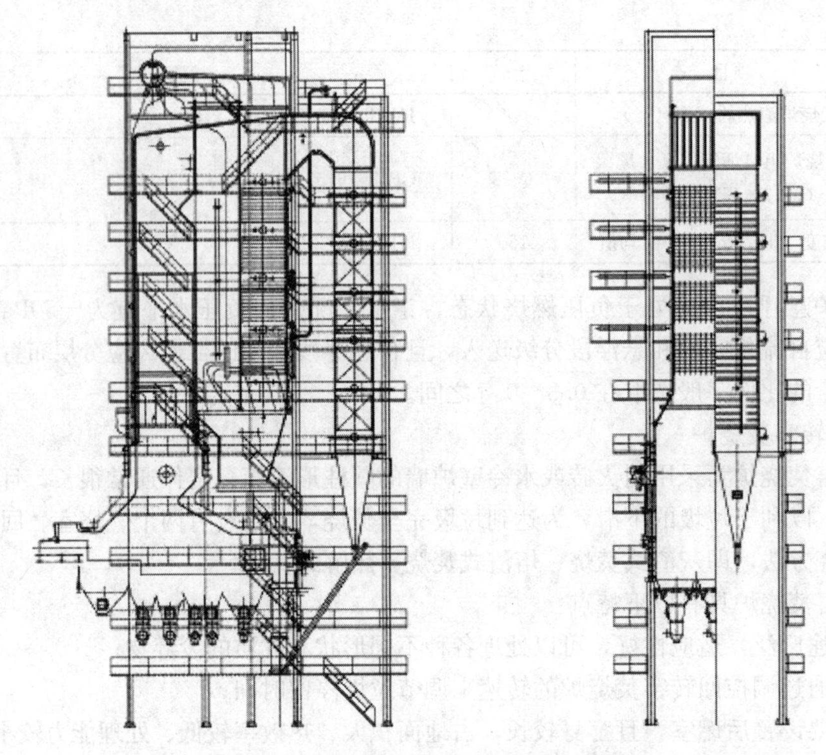

图 11-41　立式布置余热锅炉外形示意图

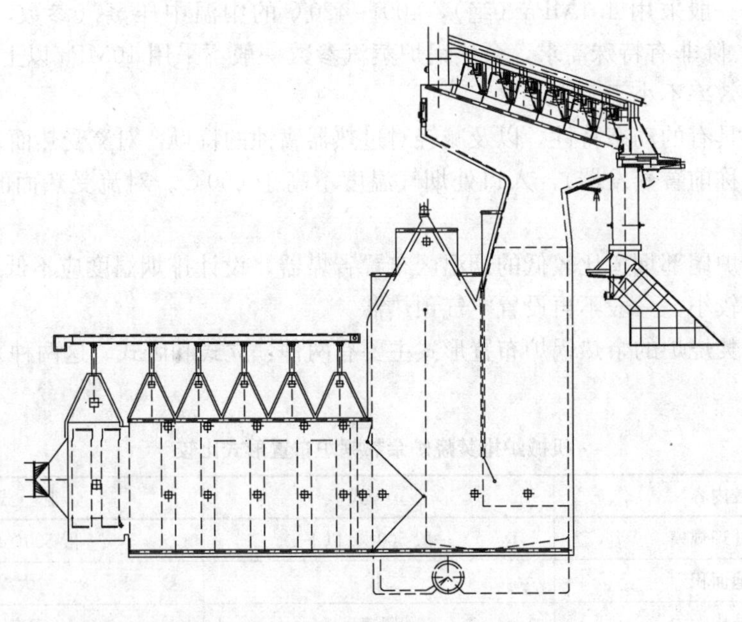

图 11-42　卧式布置余热锅炉外形示意图

(3) 辅助燃烧系统

垃圾焚烧炉必须配置点火燃烧器和辅助燃烧器，燃烧器的数量和安装位置由焚烧炉的设计确定。

在选择燃烧器时需注意：采用的燃料品种、单台燃烧器输出功率和调节范围大小、燃

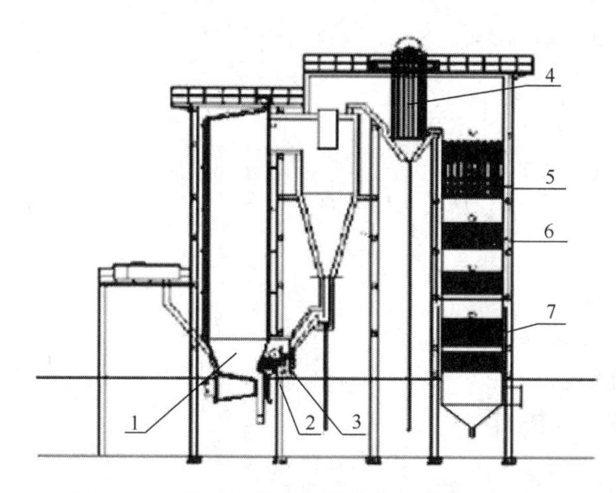

图 11-43 循环流化床垃圾焚烧锅炉外形示意图
1—流化床燃烧室；2—紧凑式外置换热器；3—高温过热器；4—对流管束；5—低温过热器；6—省煤器；7—空气预热器

烧器的屏蔽保护、燃烧空气与燃料的混合特性、设备安装与维护是否简便等问题。

燃烧器调节比不小于 3。在调节比范围内正常工作时，燃烧器不应有脱火、回火和火焰偏斜等异常现象；燃烧产物中的一氧化碳含量不得超过容积的 0.1%，氮氧化物含量不得超过有关规定；在燃烧调节比范围内以最小空气系数工作，不完全燃烧化学热损失有油类燃料时，应不大于 0.45%，有煤气燃料时应不大于 0.4%。

正常工作时，金属手柄表面温度不应大于 40℃，非金属手柄表面温度不应大于 50℃。正常工作时，不应出现燃料、雾化介质及助燃空气泄漏现象；燃烧器停止工作时，不得有燃料泄漏现象。

(4) 燃烧空气系统

垃圾焚烧炉的燃烧空气系统应由一次风和二次风系统及其他辅助系统组成。焚烧炉一、二次风风量应能够根据垃圾的燃烧工况进行调节。

当焚烧炉进料口垃圾水分含量较高、低位热值较低时，应对一、二次风进行加热，加热温度应根据垃圾热值确定。一、二次风机的最大风量，应为最大计算风量的 110%～120%，风压应考虑不小于 20%的富裕量。

一、二次风管道设计应选择合理的管内空气流速，管道及其连接设备的布置应有利于减小管路阻力，系统应考虑空气过滤设施，管材的选择应考虑耐腐蚀、气密性和耐老化等因素。空气预热器后的热空气管道和管件应考虑热膨胀的影响和保温。

垃圾焚烧炉出口的烟气含氧量应控制在 6% ～ 10%（体积百分数）。

燃烧空气计算与风机选型计算如下：

1) 单位垃圾的理论燃烧空气量 V^0（Nm^3/kg）

$$V^0=0.0889C_C+0.2647C_H+0.0333C_S+0.0301C_{Cl}-0.0333C_O \quad (11\text{-}45)$$

2) 一、二次风机选型计算

由于垃圾成分与特性随季节变化，在选择风机时，应针对不同季节的垃圾成分进行核算并按照符合 15%～20%左右时的最大计算风量确定。在垃圾焚烧过程控制中，需要调整和控制一次风量调整炉排运动速度的同时，进行风量调整和控制，因此需要有较大的裕量。一般垃圾焚烧厂的规模越大，风机的设计风量富裕度越小。

① 一、二次风机的风量按下式计算：

$$V_k=\alpha \cdot c \cdot B \cdot V^0 \ (1+t/273) \ \cdot 101/b \quad (11\text{-}46)$$

式中 α——过量空气系数。根据不同焚烧技术确定，传统焚烧炉的取值范围为 1.6～2.0；低空气比燃烧技术的取值范围为 1.3～1.4；

c——一次或二次空气分配系数（%）；

B——每台焚烧炉的焚烧垃圾量（kg/h）；

t——进炉时的燃烧空气温度（℃）；

b——当地的大气压强（kPa）。

② 一、二次风机的风压可按下列公式计算：

$$P = P_1 + P_2 + P_3 + P_4 + P_5 + P_6 + P_7 \tag{11-47}$$

式中 P——风机设计风压（kPa）；

P_1——蒸汽-空气加热器阻力（kPa）；

P_2——管道、管件和闸门阻力损失（kPa）；

P_3——炉排与垃圾层阻力损失（kPa）；

P_4——风机入口静压（一般为负压）（kPa）；

P_5——空气预热器阻力（kPa）；

P_6——二次空气喷嘴阻力（kPa）；

P_7——风压裕量（kPa）。

风压一般取 4.0～6.5kPa，其中一次风压 4.0～5.0kPa，二次风压 5.0～6.5kPa。

（5）炉渣处理系统

炉渣处理系统应包括除渣冷却、输送、储存、除铁设备等设施。炉渣储存、输送和处理工艺及设备的选择，应符合下列要求：

1）与垃圾焚烧炉衔接的除渣机，应有可靠的机械性能和保证炉内密封的措施；

2）炉渣输送设备的输送能力应与炉渣产生量相匹配；

3）炉渣储存设施的容量，宜按 3～5d 的储存量确定；

4）应对炉渣进行磁选，并及时清运；

5）炉渣宜进行综合利用。

目前炉渣的资源化利用途径主要有石油沥青路面的替代骨料；水泥或混凝土的替代骨料；填埋场覆盖材料；路堤、路基等的填充材料等。

11.5.5.3 烟气净化系统

（1）污染物的组成

1）颗粒物

垃圾在焚烧过程中由于高温氧化、热解作用，燃料及其产物的体积和粒度减小，有一部分细小的颗粒被燃烧空气和烟气吹起，最终随烟气从锅炉出口排出，形成含有颗粒物（粉尘）的烟气。在焚烧过程中，还有一部分因高温而挥发的盐类和重金属等，它们在冷却净化过程中又凝缩或发生化学反应而形成细小的颗粒。

垃圾的物理性质、一次风与二次风的比例和分布等都影响烟气中的颗粒物浓度。一次风量/二次风量之比越大，过量空气越多，废气中颗粒物的浓度也越高。装有锅炉的焚烧炉由于设置多个烟道可以改变烟流方向，从而在烟道底部有一部分颗粒物分离下来，使进入到除尘设备的颗粒物浓度有所降低。

2）酸性气体

垃圾焚烧时可产生氯化氢、二氧化硫、氟化氢、溴化氢和极少量的三氧化硫等酸性气体。未经处理的废气中氯化氢和二氧化硫浓度与垃圾中的氯和硫的含量有关。

氯化氢和氟化氢来源于生活垃圾中含氯和氟废物的分解。含氯塑料、厨余（含有大量食盐 NaCl)、纸、布等成分在焚烧过程中会生成 HCl 气体。

二氧化硫通常是由垃圾中含硫化合物焚烧时氧化所形成。硫主要源自于沥青制品、石膏制品以及橡胶车胎等。

3）氮氧化物

因为垃圾中含有有机氮化物，燃烧空气中也含有大量的氮，所以在整个燃料燃烧过程中都会产生氮氧化物。其主要成分是一氧化氮，也含有少量的二氧化氮和一氧化二氮。在垃圾焚烧时，氮氧化物一部分由垃圾中氮在较低温度下转化而来，另一部分在较高温度下由空气中的氮转化而来。氮氧化物的产生机理可用下式表示：

$$2N_2+3O_2 \longrightarrow 2NO+2NO_2$$

$$C_xH_yO_zN_w+O_2 \longrightarrow CO_2+H_2O+NO+NO_2+\text{不完全燃烧物}$$

4）一氧化碳（CO）

一氧化碳是垃圾焚烧时碳的不完全氧化产物。有机可燃物中的“C”元素在焚烧过程中，绝大部分被氧化为 CO_2，但由于局部供氧不足及温度偏低等原因，会有极小一部分被氧化成 CO。CO 的产生涉及几种不同的反应：

$$3C+2O_2 \longrightarrow CO_2+2CO$$

$$CO_2+C \longrightarrow 2CO$$

$$C+H_2O \longrightarrow CO+H_2$$

5）重金属

垃圾中若含有电池、电器、矿物质等物质就会使重金属（如铅、汞、镉等）的含量大大增加。在焚烧过程中，有些金属以颗粒物形式排放，有些金属如汞以蒸气形式排放，元素态重金属、重金属氧化物及重金属氯化物在烟气中将以特定的平衡状态存在，且因其浓度各不相同，各自的饱和温度亦不相同，遂构成了复杂的连锁关系。元素态重金属挥发与残留的比例与各种重金属物质的饱和温度有关，饱和温度愈高则愈易凝结，残留在灰渣内的比例亦随之增高。各种金属元素及其化合物的挥发度见表 11-22。其中汞、砷等蒸气压均大于 7mmHg（约 933Pa），多以蒸气状态存在。

重金属及其化合物的挥发度 **表 11-22**

名 称	沸点（℃）	蒸气压（mmHg）		类别
		760℃	980℃	
汞（Hg）	357	—	—	挥发
砷（As）	615	1200	180000	挥发
镉（Cd）	767	710	5500	挥发
锌（Zn）	907	140	1600	挥发
氯化铅（$PbCl_2$）	954	75	800	中度挥发
铅（Pb）	1620	3.5×10^{-2}	1.3	不挥发
铬（Cr）	2200	6.0×10^{-3}	4.4×10^{-5}	不挥发
铜（Cu）	2300	9.0×10^{-3}	5.4×10^{-5}	不挥发
镍（Ni）	2900	5.6×10^{-10}	1.1×10^{-6}	不挥发

6）有机化合物

有机污染物的产生机理极为复杂，伴随有多种化学反应，如分解、合成、取代等。二噁英类和呋喃类是毒性很强的一类三环芳香族有机化合物。

生活垃圾在焚烧过程中，二噁英的生成机理相当复杂，已知的生成途径可能有：

① 生活垃圾中本身含有微量的二噁英，由于二噁英具有热稳定性，尽管大部分在高温燃烧时得以分解，但仍会有一部分在燃烧以后排放出来。

② 在生活垃圾干燥、燃烧、燃尽过程中，有机物分解生成低沸点的烃类物质，再进一步被氧化生成 CO_2 和 H_2O。如果在此过程中局部供氧不足，含氯有机物就会生成二噁英类的前驱物，前驱物包括聚氯乙烯、氯代苯、五氯苯酚等，这些物质在适宜温度并在氯化铁、氯化铜的催化作用下与 O_2、HCl 反应，通过分子重排、自由基缩合、脱氯等过程就可能生成剧毒性的二噁英类物质，且在 250～350℃烟气冷却过程中，最容易发生二噁英再生成。

③ 因不完全燃烧而产生的剩余部分前驱物，在烟气中所含金属（尤其是 Cu）的催化作用下，可能再次形成二噁英类污染物。

目前，我国执行的生活垃圾焚烧炉排放标准《生活垃圾焚烧污染控制标准》GB 18485—2014 相比《生活垃圾焚烧污染控制标准》GB 18485—2001 焚烧烟气中污染物排放限值有较大的提高，尤其对人身危害极大的二噁英类限值，新标准比旧标准下调 10 倍，即从 1.0（ngTEQ/m^3）下调至 0.1（ngTEQ/m^3），如表 11-23 所示。

生活垃圾焚烧炉排放烟气中污染物限值（GB 18485—2014）　　表 11-23

序号	污染物项目	限值	取值时间
1	颗粒物（mg/m^3）	30	1h 均值
		20	24h 均值
2	氮氧化物（NO_x）（mg/m^3）	300	1h 均值
		250	24h 均值
3	二氧化硫（SO_2）（mg/m^3）	100	1h 均值
		80	24h 均值
4	氯化氢（HCl）（mg/m^3）	60	1h 均值
		50	24h 均值
5	汞及其化合物（以 Hg 计）（mg/m^3）	0.05	测定均值
6	镉、铊及其化合物（以 Cd+Tl 计）（mg/m^3）	0.1	测定均值
7	锑、砷、铅、铬、钴、铜、锰、镍及其化合物（以 Sb+As+Pb+Cr+Co+Cu+Mn+Ni 计）（mg/m^3）	1.0	测定均值
8	二噁英类（ngTEQ/m^3）	0.1	测定均值
9	一氧化碳（CO）（mg/m^3）	100	1h 均值
		80	24h 均值

（2）烟气净化工艺

烟气净化工艺是根据烟气排放标准对烟气中的颗粒物、氯化氢（HCl）、二氧化硫（SO_2）等酸性污染物、重金属及残余有机物等污染物进行控制。目前烟气净化工艺一般分两步处理，一步是脱除烟气中的酸性污染物，脱酸工艺有干法工艺、半干法工艺、湿法工艺及循环流化床工艺等。另一步是应用除尘工艺去除烟气中的颗粒物，主要是布袋除尘与静电除尘工艺。

烟气中酸性污染物（HCl、SO_2、HF）的去除机理是酸碱中和反应。碱性吸收剂（如NaOH、$Ca(OH)_2$）以液态（湿法）、液/固态（半干法）或固态（干法）的形式与以上污染物发生化学反应，涉及的主要反应为：

$$HCl + NaOH \longrightarrow NaCl + H_2O$$
$$SO_2 + 2NaOH \longrightarrow Na_2SO_3 + H_2O$$
$$HF + NaOH \longrightarrow NaF + H_2O$$
$$2HCl + Ca(OH)_2 \longrightarrow CaCl_2 + 2H_2O$$
$$SO_2 + Ca(OH)_2 \longrightarrow CaSO_3 + H_2O$$
$$2HF + Ca(OH)_2 \longrightarrow CaF_2 + 2H_2O$$

1）干法烟气净化技术

干法烟气净化技术是将碱性脱酸物质直接喷射在烟道内，与酸性气体接触反应产生固态化合物。固态化合物与粉尘一起由除尘器捕集下来，经排灰收集系统收集后再进行深化处理。净化的烟气经引风机从烟囱排至大气。如图11-44所示。

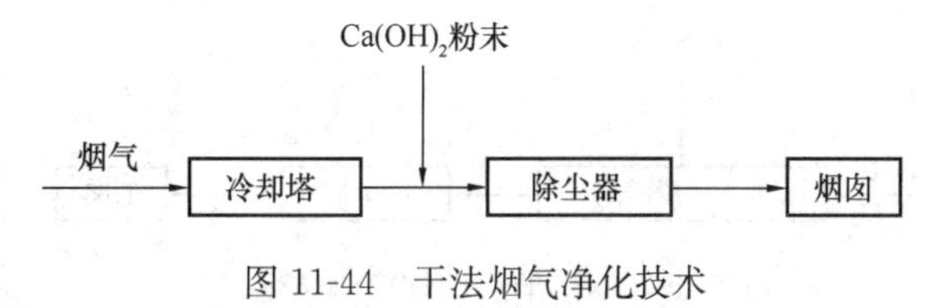

图11-44 干法烟气净化技术

干法烟气净化技术对污染物的去除效率相对较低，为了有效控制酸性气态污染物的排放，必须增加固态吸收剂在烟气中的停留时间，保持良好的湍流度，使吸收剂的比表面积足够大。干法烟气净化所用的吸收剂以$Ca(OH)_2$粉末居多。

2）湿法烟气净化技术

湿法烟气净化技术在一些发达国家应用比例较高，利用碱性物质作为吸收剂可使酸性气态污染物得以高效净化。基本工艺过程为：烟气经冷却塔降温后进入到袋式除尘器除尘，除尘后的烟气进入到湿法工艺系统，脱除酸性污染物以及残余有机物及重金属。经过除尘、脱酸后的净化烟气经加热升温，最终由引风机通过烟囱排入大气，从脱酸塔排出的废水需处理后排放。如图11-45所示。脱酸技术采用的设备有喷雾式洗涤塔、填料式洗涤塔、筛板式洗涤塔、文丘里洗涤器及冷凝洗涤塔等。

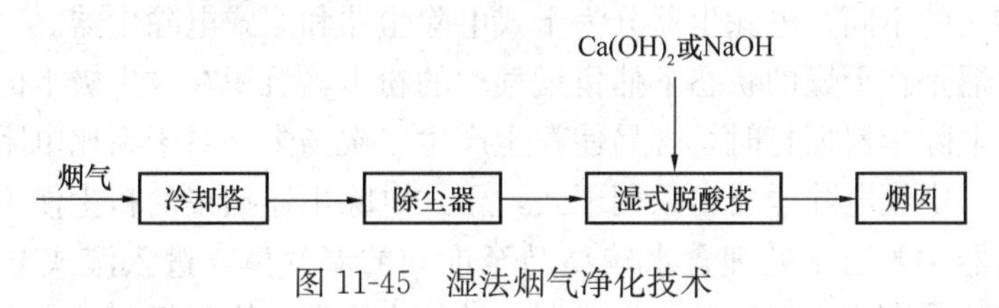

图11-45 湿法烟气净化技术

3）半干法烟气净化技术

半干法烟气净化技术是介于湿法和干法之间的一种工艺，它具有净化效率高、投资和运行费用低、不产生废水、无需对反应产物进行二次处理等优点，是一种极具应用前景的工艺，目前在生活垃圾焚烧电厂烟气净化系统中的应用越来越多。

半干法工艺一般采用喷雾干燥吸收塔，将一定浓度的石灰浆通过高速旋转的雾化器喷入吸收塔中与酸性气体反应并通过喷水控制反应温度。在吸附中和反应过程中水分蒸发，生成的较大固态颗粒沉降到反应器底部排出，而生成的细微颗粒与粉尘一起经除尘器捕集下来，收集后进行处理。净化的烟气经引风机从烟囱排入大气。如图11-46所示。由于采用石灰浆作反应剂，接触反应面比干粉大，其净化效率较高。

4）循环流化法净化技术

循环流化法是根据循环流化床理论，采用悬浮方式，使熟石灰在吸收塔内悬浮、反复循环，与烟气充分接触反应来脱除酸性气体。烟气从净化塔底部进入净化塔，工业水经双流体雾化喷嘴雾化后喷入净化塔与烟气混合，活化后的氢氧化钙颗粒与烟气中的酸性物质混合反应，生成钙盐等反应产物。这些反应物小部分从净化塔塔底排灰口排出，绝大部分随烟气进入除尘器后被捕集。被捕集的颗粒物一部分排出，一部分与熟石灰一起进入净化塔和烟气进行进一步反应。净化的烟气经引风机从烟囱排入大气。如图 11-47 所示。

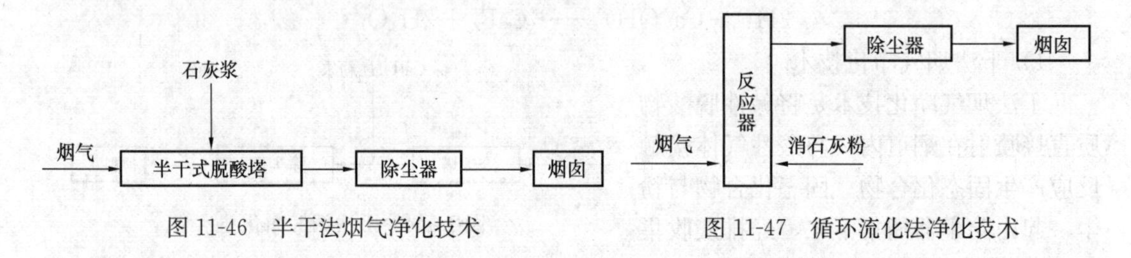

图 11-46 半干法烟气净化技术　　图 11-47 循环流化法净化技术

现阶段应用较多的烟气净化方法为半干法和湿法，其中湿法工艺系统较半干法复杂，另外湿法工艺过程中产生的废水还需要处理，湿法工艺的设备投资及运行费用较半干法工艺较高。相比之下半干法工艺的优势是十分明显的。

(3) 除尘设备

烟尘的处理可采用旋风除尘器、水幕除尘器、电除尘器和袋式除尘器等除尘设备。目前应用最多的是电除尘器和袋式除尘器。

1）电除尘器

电除尘器是利用静电力实现粒子与气流分离沉降的一种除尘装置。利用高压电源产生的强电场使气体电离，即产生电晕放电，从而使悬浮尘粒荷电，并在电场力的作用下将悬浮尘粒从气体中分离出来。

按照清灰方式的不同，电除尘器分为干式电除尘器和湿式电除尘器。

干式电除尘器是在干燥的状态下捕集烟气中的粉尘，沉积在收尘极上的粉尘借助机械振打清灰。这种电除尘器振打时，容易使粉尘产生二次扬尘，对于高比电阻粉尘，还容易产生反电晕。大、中型电除尘器多采用干式，干式电除尘器捕集的粉尘便于处置和利用。

湿式电除尘器主要用于处理含水较高乃至饱和的湿气体。进入湿式电除尘器前的烟气，一般都要在喷雾塔或入口扩散段内增湿，并使之饱和，饱和烟气进入电场后，气流中的尘粒或雾滴很快就带上电荷。在电场力的作用下移向集尘电极，附着在极板上的雾滴连接成片，形成液膜。液膜连同尘粒由于重力作用一起流到除尘器的下部而排出。这种电除尘器不存在粉尘二次飞扬的问题，除尘效率高，但电极易腐蚀，需采用防腐材料，且清灰排出的浆液会造成二次污染。

电除尘器除尘效率高，在正常运行时其除尘效率大于 99%是极为普遍的，最高可达 99.99%，设备压力损失小，总的能耗低。此外，电除尘器处理气量大，耐高温，能捕集腐蚀性大、粘附性强的颗粒。但电除尘器耗材多、设备庞大，对制造、安装和运行水平要求较高。

2）袋式除尘器

袋式除尘器是一种干式高效除尘器，含尘气流均匀进入圆筒形滤袋，在通过滤料的孔隙时粉尘被捕集于滤料上，很快在滤布表面形成粉尘层，常称为粉尘初层。粉尘初层形成后，由于在其上逐渐堆积的粉尘层的滤尘作用，使滤布成为对粗、细粉尘皆可有效捕集的滤料，因而提高了除尘效率。随着粉尘在滤袋上积聚，滤袋两侧的压力差增大，当除尘器阻力达到一定数值时，就需要及时清灰。常用的清灰方式有机械振动式清灰、脉冲喷吹式清灰、逆气流清灰等。

与电除尘器相比，袋式除尘器附属设备少、性能稳定可靠、运行管理简便。但当处理相对湿度高的含尘气体时，容易因结露而造成“糊袋”问题，所以袋式除尘器不适于处理含有油雾、水雾及粘结性强的粉尘。

（4）氮氧化物的控制

氮氧化物的净化方法有选择性催化还原法（SCR）、选择性非催化还原法（SNCR）以及氧化吸收和吸收还原法等多种形式。氧化吸收和吸收还原法都是与湿法净化工艺结合在一起共同使用的。氧化吸收法是在湿法净化系统的吸收剂溶液中加入强氧化剂 NaClO，将烟气中的 NO 氧化为 NO_2，NO_2再被钠碱溶液吸收去除。吸收还原法是在湿法系统中加入 Fe^{2+}，Fe^{2+}将 NO 包围，形成 EDTA 化合物，EDTA 再与吸收溶液中的 HSO_3^- 和 SO_3^{2-} 反应，最终放出 N_2和 SO_4^{2-} 作为最终产物。

1）选择性非催化还原法（SNCR）

SNCR 是一种不用催化剂，在 850～1100℃范围内还原 NO_x 的方法，还原剂常用氨溶液或尿素。余热锅炉预留还原剂的喷入口，将还原剂喷入到 850～1100℃的高温区域，与烟气反应使其生成无害的氮气与水气。

2）选择性催化还原法（SCR）

SCR 是指在烟气温度 200～400℃范围内，在催化剂的作用下，利用还原剂（如液氨、尿素）将氮氧化合物还原成为氮气和水气的方法。使用 SCR 法应注意使用过程中催化剂劣化、氨泄漏等问题。

（5）飞灰处理

1）飞灰的特性

采用干法和半干法烟气净化系统的焚烧厂捕集的飞灰通常含水率较低，飞灰颗粒形状各异，虽然颗粒大小不一，但相对比较均匀。

由表 11-24 可以看出飞灰中 2/3 以上的化学物质是硅酸盐和钙，其他的化学物质主要是铝、铁和钾等。

飞灰的化学组成 **表 11-24**

组分	飞灰（%）	组分	飞灰（%）
硅酸盐	20～35	铅	0.2～0.4
钙盐	30～40	铜	0.03～0.05
铝	10～16	铬	0.01～0.05
铁	5～10	镉	0.005～0.12
镁	0.5～1	其他	

2）飞灰的处置技术

焚烧飞灰含有二噁英及重金属等有害物，根据《生活垃圾焚烧污染控制标准》GB 18485—2014的规定："生活垃圾焚烧飞灰应按危险废物管理"。因此，飞灰必须单独收集，不得与生活垃圾、焚烧残渣等混合，也不得与其他危险废物混合。现行飞灰处理方法主要有安全填埋、高温处理、固化与稳定化处理、湿式化学处理四大类。主要处理方法简单介绍如下：

① 安全填埋法

安全填埋法将飞灰在现场作简单处理后送入安全填埋场直接填埋，安全填埋因设有防止地质滑动、沉陷及水土保持等措施，是目前最安全可靠的飞灰处理方法。但安全填埋场的建设造价高，致使飞灰接收处理收费高。另外，安全填埋法不能达到飞灰处理减容化和资源化的目标。

② 高温处理法

高温处理法又可分为烧结法和熔融法。

烧结法将飞灰及添加物的混合物加热至软化和部分熔融状态后使之冷却为陶瓷体，从而对其中的有毒重金属等物质进行固定。

熔融法将飞灰送入燃烧炉内，利用燃料或电力加热到高温，使飞灰中高含量无机物质变成溶渣，熔渣可作为土木建筑材料使用。

③ 固化与稳定化处理法

固化处理是在飞灰中添加固化剂，使其转变为固态物。由于产物是结构完整的块状密实固体，便于运输。依据固化剂的不同，固化处理可分为水泥固化、沥青固化、塑料固化、石灰固化和其他固化等。工程实践中使用较多的为水泥固化，其具有工艺成熟、操作简单、处理成本低等优点。固化处理的缺点有：由于有结合剂加入，飞灰增容比大；因飞灰含有氯盐，长期仍有溶出趋势；固化体强度低，难以再利用。

稳定化处理是利用化学药剂与飞灰混合或反应使有害物质稳定的处理方法。比较成熟的技术是将液体螯合剂加入飞灰中与重金属反应，效率可高达97%以上。其优点为减容率高(一般可达1/2～1/3)，处理后飞灰稳定性高。其缺点为因螯合剂价格高从而使处理成本高。

④ 湿式化学处理法

飞灰湿式化学处理法有加酸萃取法和烟气中和碳酸化法等。化学法的最大优点为建设成本和运行操作成本低，可回收重金属和盐类。但同时也存在着需要对可溶盐和排水进行处理的弊端，一般只用于重金属浓度较高、有必要进行回收的情况下，因此目前很少应用。

（6）烟囱

焚烧炉烟囱高度不得低于表11-25规定的高度，具体高度应根据环境影响评价结论确定，如果在烟囱周围200m半径距离内存在建筑物时，烟囱高度应至少高出这一区域内最高建筑物3m以上。

焚烧炉烟囱高度 **表11-25**

焚烧处理能力（t/d）	烟囱最低允许高度（m）
＜300	45
≥300	60

注：在同一厂区内如同时有多台焚烧炉，则以各焚烧炉焚烧处理能力总和作为评判依据。

(7) 排放烟气在线连续监测

排放烟气应进行在线监测，每条焚烧生产线应设置独立的在线监测系统，在线监测点的布置、检测仪表和数据处理及传输应保证监测数据真实可靠。

烟气在线连续监测内容包括固态污染物浓度、气态污染物浓度、过程参数与其他四类。

1）固态污染物：颗粒物；

2）气态污染物：包括氯化氢、二氧化硫、氮氧化物、一氧化碳等，有特殊要求时也可监测氟化氢；

3）过程参数：包括烟气湿度、压力、温度、流速等；

4）其他：烟气黑度、氧气、二氧化碳等，从燃烧控制角度看可只监测氧气、二氧化碳中的一项。

重金属以及二噁英类等有机污染物属于微量与痕量物质，其检测过程复杂，检测时间长，故采用实验室检测的方法。生活垃圾焚烧污染物的监测项目与测定方法规定见表11-26。

焚烧炉大气污染物测定方法 **表 11-26**

序号	项目	测定方法	方法来源	备注
1	烟尘	重量法	GB/T 16157—1996	1）暂时采用《空气和废气监测分析方法》（中国环境科学出版社，北京，1990年），待环境保护部发布相应标准后，按标准执行。 2）暂时采用《固体废弃物试验分析评价手册》（中国环境科学出版社，北京，1992年），待环境保护部发布相应标准后，按标准执行
2	烟气黑度	林格曼烟度法	GB 5468—1991	
3	一氧化碳	非色散红外吸收法	HJ/T 44—1999	
4	氮氧化物	紫外分光光度法	HJ/T 42—1999	
5	二氧化硫	甲醛吸收-副玫瑰苯胺分光光度法	1）	
6	氯化氢	硫氰酸汞分光光度法	HJ/T 27—1999	
7	汞	冷原子吸收法分光光度法	1）	
8	镉	原子吸收分光光度法	1）	
9	铅	原子吸收分光光度法	1）	
10	二噁英类	色谱一质谱联用法	2）	

11.5.5.4 热能利用简述

生活垃圾中的可燃分在焚烧过程中热解、焚烧，释放大量的热能，热能将水转化为高温高压蒸汽，可供热力发电，或对外供热、供水、供冷利用，实现城市生活垃圾能源资源化。

(1) 余热利用的主要形式

1）直接热能利用

将垃圾焚烧产生的烟气余热转化为蒸汽、热水、热空气是典型的直接热能利用形式。余热锅炉或其他热交换设备的热利用率高，尤其适合小规模（日处理量100t/d）的垃圾焚烧处理设备和垃圾低位发热量较低的小型垃圾焚烧处理厂。所产生的热水及蒸汽可供周围热用户使用。但这种热能利用形式受到热用户规模的限制。

2）余热发电和热电联供

将垃圾焚烧余热用于发电是充分利用余热的有效途径，利用余热发电具有不受热用户需求量限制的优点。但在热能转化为电能的过程中热损失较大，热能损失率取决于垃圾低位发热量、焚烧炉热效率及汽轮发电机组的热效率。采用热电联供的方式，将供热和发电结合在一起，可提高热能的利用效率。

(2) 余热发电及热电联供的主要形式

1) 纯冷凝式发电

焚烧炉送出的蒸汽全部用于发电或与发电有关的系统设备。所采用的汽轮机为纯冷凝式，汽轮机设置的定压和定量抽气口供加热助燃空气和进行给水加热，蒸汽做完功后全部排入凝汽器，冷凝水作为锅炉补给水。

2) 抽汽冷凝式发电

在纯冷凝机组的基础上，设置中间抽汽点，抽取部分已做功的部分乏汽，供热用户所用，蒸汽抽取量可根据热用户需要调节，并通过发电量的增减予以配合，此时，垃圾焚烧量相应变化。这种方式要求有相对稳定的热用户，抽汽点可根据热用户的要求而设定。

3) 背压式发电

余热锅炉产生的蒸汽全部用于汽轮发电机组，发电后的汽轮机背压蒸汽全部提供给外围热用户使用，全部或部分冷凝回收。这种方式汽轮机的排汽参数比纯冷凝式和抽汽冷凝式要高。采用此方式要求必须有稳定的热用户，以免降低热能利用率。

4) 抽汽背压式发电

在背压式汽轮机的基础上，设置中间抽汽点，抽出部分蒸汽供要求较高蒸汽参数的热用户使用，蒸汽抽取量可根据热用户需要加以调节，并通过发电量及垃圾焚烧量的变化予以配合。

11.5.5.5 全厂控制系统与仪表

(1) 一般规定

垃圾焚烧厂的自动化控制必须适用、可靠、先进，根据垃圾焚烧设施特点进行设计。应满足设施安全、经济运行和防止对环境二次污染的要求。

垃圾焚烧发电机组的自动控制功能应采用分散控制系统（DCS）来实现。自动控制系统应采用成熟和具有数据通信网络的高可靠性、高维护性和可扩展性的控制技术；采用有一定冗余配置，性价比适宜的设备、组件与合理的网络结构；具有机组性能分析、优化运行控制的功能。

(2) 自动化水平

垃圾焚烧处理应有较高的自动化水平，宜尽量减少操作人员的现场操作，应能在少量就地操作和巡回检查配合下，由分散控制系统实现对垃圾焚烧线、垃圾热能利用及辅助系统的集中监视、分散控制及事故处理等。

焚烧线、汽轮发电机组、循环水系统等宜实行集中控制。辅助车间的工艺系统宜在该车间控制；对不影响整体控制系统的辅助装置，可设就地控制柜，但重要信息应送至主控系统。焚烧线的重要环节及焚烧厂的重要场合，应设置工业电视监视系统。应设置独立于主控系统的紧急停车系统。在经济与技术条件允许的情况下，可建立管理信息系统（MIS）和厂级监控信息系统（SIS），实现垃圾焚烧厂的资源整合与数据共享。

(3) 分散控制系统

1) 垃圾焚烧厂的热力系统、发电机—变压器组、厂用电气设备及辅助系统，应以操作员站为监视控制中心，对全厂进行集中监视管理和分散控制。当设备供货商提供独立控制系统时，应与分散控制系统通信，实现集中监控。分散控制系统的功能，应包括数据采集和处理功能、模拟量控制功能、顺序控制功能、保护与安全监控功能等。分散控制系统应按分层分散的原则设计，即监控级、控制级、现场级。分散控制系统的控制级应有冗余配置的控制站且控制站内的中央处理器、通信总线、电源应有冗余配置；监控层应具有互为热备的操作员站。

2）当分散控制系统发生全局性或重大故障时（例如控制系统电源消失、通信中断、全部操作员站失去功能、重要控制站失去控制和保护功能等），为确保机组紧急安全停机，应设置相关独立于主控系统的后备操作手段；DCS 保证连接到数据通信网络上的任一系统或设备故障，不应导致整个系统瘫痪，不应影响其他联网系统和设备的正常运行及各控制站的独立正常运行，不应引起机组跳闸。主控通信网络故障时，应保证过程控制站在安全模式下运行。

（4）检测与报警

垃圾焚烧厂的检测仪表和系统应满足全厂安全、经济运行的要求，并能准确地测量、显示工艺系统各设备的技术参数，应在全厂进行统一装设，避免重复设置。

11.5.5.6 电气系统

（1）一般规定

垃圾焚烧处理工程中，电气系统的一、二次接线和运行方式应首先保证垃圾焚烧处理系统的正常运行。当利用垃圾焚烧热能发电并网并纳入电力部门管理时，电气系统应按照电力行业的规范、规程和规定设计。垃圾焚烧厂附近有地区电力网时，生产的电力应接入地区电力网，其接入电压等级应根据垃圾焚烧厂的建设规模、汽轮发电机的单机容量及地区电力网的具体情况，在接入系统设计中，经技术经济比较后确定。

（2）电气主接线

利用垃圾热能发电时，电气主接线的设计应符合现行国家标准《小型火力发电厂设计规范》GB 50049—2011 的有关规定。

（3）厂用电系统

垃圾焚烧厂厂用电接线设计应符合相关要求。垃圾焚烧厂宜装设一组蓄电池。蓄电池组的电压宜采用 220V，接线方式宜采用单母线或单母线分段。

（4）二次接线及电测量仪表

电气网络的电气元件控制宜采用计算机监控系统。控制室的电气元件控制，宜采用与工艺自动化控制相同的控制水平及方式。6kV 或 10kV 室内配电装置到各用户的线路和供辅助车间的厂用变压器，宜采用就地控制方式。采用强电控制时，控制回路应设事故报警装置。断路器控制回路的监视，宜采用灯光或音响信号。隔离开关与相应的断路器和接地刀闸应设连锁装置。与电力网连接的双向受、送电线路的出口处应设置能满足电网要求的四象限关口电度表。在配电系统设置电气测量表计，其中在集中控制室集中监视的测量信号均通过传感器或脉冲式电度表送到 DCS 检测。

（5）照明系统

照明灯具应采用发光效率较高的灯具，环境温度较高的场所宜采用耐高温的灯具。锅炉房、灰渣间的照明灯具，防护等级应不低于 IP54。渗沥液集中的场所应采用防爆设计，防爆设计应符合现行国家标准的规定。另外，有化学腐蚀性物质的环境，还应考虑防腐设计。厂区道路照明可采用如太阳能电池灯等节能光源，电子镇流器或节能电感镇流器，光控或其他道路照明控制系统。尽量不采用手动控制方式。

（6）电缆选择与敷设

电缆选择与敷设应符合现行国家标准《电力工程电缆设计规范》GB 50217—2007 的有关规定。垃圾焚烧厂房及辅助厂房电缆敷设应采取有效的阻燃、防火封堵措施。易受外部着火影响的区段的电缆应采取防火阻燃措施，并宜采用阻燃电缆。计算机用电缆、控制电缆及与变频器连接电缆采用屏蔽电缆；消防、报警、应急照明、不停电电源、直流跳闸回路和事故保安电源等采用耐火电缆；其他辅助车间可采用普通电缆；有防爆要求区域的电缆及敷设方式应符合相应的防爆规定。电缆夹层不应有热力管道和蒸气管道进入。电缆建（构）筑物中严禁有可燃气、油管穿越。

（7）通信

厂区通信设备所需电源宜与系统通信装置合用电源。垃圾焚烧厂行政电话可由市话局引入一条按需配置多对（如 50 对）市话电缆，各办公室直接作为市话局用户。通信电源设置一套有冗余整流模块的高频开关电源系统，由两路不同段的交流电供电，并对两组免维护蓄电池组做浮充供电，也可向系统通信设备供电。利用垃圾热能发电并与地区电力网联网时，是否装设为电力调度服务的专用通信设施，应与当地供电部门协调。

12 村 镇 排 水

12.1 一 般 规 定

（1）本章节适用于规划设施服务人口在50000人以下的镇（乡）和村庄的新建、扩建和改建的排水工程。村镇污水设计水量一般不超过10000m^3/d，超过此设计规模的可参照城镇排水的相关章节。

（2）村镇排水制度的选择应因地制宜。新建地区宜采用分流制；现有合流制排水地区，可随村镇的改造和发展以及对水环境要求的提高，逐步完善排水设施；干旱地区可采用合流制。

（3）村镇的雨水宜由管渠收集后自流排出。地势平坦、河（湖）水位较高的村镇，可结合周边农田灌溉、防洪、排涝等要求，设置圩垸。地势低洼、雨水难以自流排出的村镇，应采用泵排出雨水。

（4）应按地形条件，分区建立污水收集和处理系统，处理水排放应符合国家现行有关污水排放标准的规定。

（5）位于城镇污水处理厂服务范围内的村镇，应建设和完善污水收集系统，将污水纳入到城镇污水处理厂进行处理；位于城镇污水处理厂服务范围外的村镇，可根据实际情况，联片或单片建设污水处理厂（站）。无条件的村庄，可采用分散处理方式。

（6）村镇污水处理应按照实用性、适用性、经济性、可靠性的原则，因地制宜地选择适合当地自然条件、技术水平和经济条件的工艺和技术。

（7）排入村镇污水收集和处理系统的工业废水和专业养殖场污水，其水质应符合国家现行有关污水排放标准的规定。

12.2 设计水量和设计水质

村镇居民与城市居民经济条件和生活、生产方式的差异，使得村镇污水的水质、水量与城市污水存在较大差异。特别是村庄，由于农村人口密度低，居住分散、日常活动独立，因此村庄污水具有水量小、分散、排放无规律、水质水量日变化系数大等特征。

12.2.1 设计水量

排水量包括污水量和雨水量，污水量包括生活污水量、生产废水量及养殖污水量。排水量可按下列规定计算：

（1）生活污水量应根据当地采用的相关用水定额，结合建筑物内部给排水设施水平、生活用水习惯等因素确定，可按当地生活用水量的40%～90%进行计算，设计水量应与当地排水系统普及程度相适应。

(2) 综合生活污水量总变化系数：农村人口一般相对较少，同一地区农村居民职业基本一致，生活方式相同，夜晚用水量很少，用水主要集中在早晨、中午和晚上做饭时间，因此规模越小的村镇，污水量变化系数越大，通过相关调研分析，综合生活污水量总变化系数可按表 12-1 取值。

综合生活污水量总变化系数　　　　**表 12-1**

污水平均日流量（L/s）	<2	5	15	40	70	100
总变化系数	4	2.5	2.2	1.9	1.8	1.6

注：1. 当污水平均日流量为中间数值时，总变化系数用内插法求得。
2. 当污水平均日流量大于 100L/s 时，总变化系数按《室外排水设计规范》GB 50014 采用。
3. 当居住区有实际污水量变化资料时，可按实际数据采用。

(3) 生产废水量及变化系数应按产品种类、生产工艺特点及用水量确定；无相关资料时，也可按生产用水量的 75%～90%进行计算。

(4) 养殖污水量及变化系数应按畜禽种类、冲洗方式及用水量确定；无相关资料时，宜通过实测分析确定。

(5) 雨水量计算中的设计暴雨强度应采用当地或邻近气象条件相似地区的暴雨强度公式计算。

(6) 雨水管渠的设计重现期，应根据汇水地区性质、地形特点和气候特征等因素确定，可选用 0.3～1.0 年。短期积水即可能引起严重后果的地区，可选用 1.0～2.0 年。合流管渠的设计重现期可适当高于同一情况下分流制雨水管渠的设计重现期。

12.2.2　设计水质

村镇污水的设计水质宜以实测值为基础分析确定，也可参考当地已建村镇污水处理设施进水水质资料，当无资料可供参考时，可按现行国家标准《室外排水设计规范》GB 50014 中的方法计算。

12.3　雨水收集、利用与排放

(1) 村镇雨水应以防洪排涝为主，防洪排涝设施应根据当地地形特点、水文条件、气候特征、防洪排涝设施现状等综合分析后确定，并应与村镇总体规划和建设相协调，统一布置、分期建设。

(2) 村镇建设亦应考虑雨水径流量的削减，开发建设时宜保留天然可渗透性地面和沟塘等，也可设置植草沟、渗透沟等设施接纳地面径流。

(3) 雨水收集排放系统应以重力流为主，雨水管渠及附属构筑物、提升泵站等设计可参考城镇排水的相关章节。

(4) 雨水管道可采用明渠或暗管（沟）形式，充分利用现状沟渠或与道路边沟结合；雨污合流管道宜采用暗管（沟）形式。

(5) 雨水明渠砌筑宜就近取材，可选用混凝土或砖石、条石等地方材料。雨水沟渠断面形式可参考图 12-1。

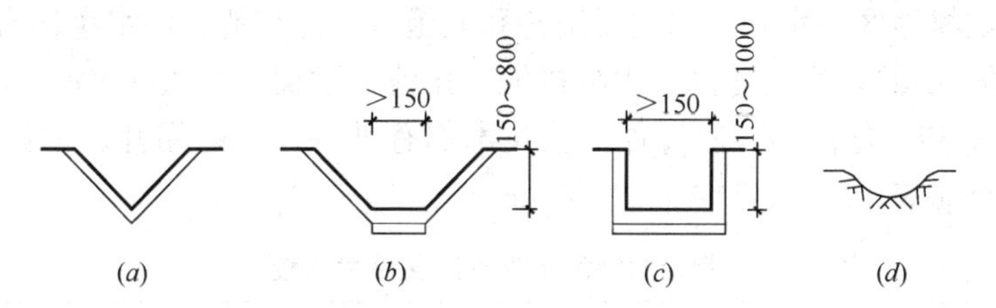

图 12-1 排水沟渠断面形式

(a) 三角沟；(b) 梯形沟；(c) 矩形沟；(d) 浅碟式

房屋四周排水沟渠做法可参考图 12-2。

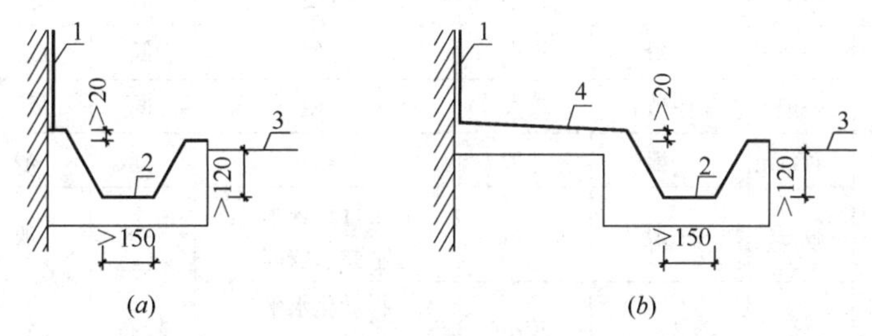

图 12-2 房屋排水沟渠做法

(a) 排水沟（无散水）；(b) 排水沟（有散水）

1—外墙勒脚；2—纵坡度 0.3%～0.5%；3—室外地坪；4—散水坡

(6) 水资源缺乏、水质性缺水、地下水位下降严重、内涝风险较大的村镇宜进行雨水综合利用。雨水收集后经过自然或人工处理，可作为农田灌溉、园林绿化和景观水体用水等。

(7) 雨水综合利用工程设计要点如下：

1) 雨水控制与利用应以削减径流排水、防止内涝及雨水的资源化利用为目的，兼顾村镇防灾需求。

2) 雨水控制与利用形式：入渗、调蓄排放、收集处理回用等形式及其组合。

3) 雨水入渗可采用绿地、透水铺装地面、渗透管沟、废弃坑塘、入渗井等方式。

4) 下凹式绿地宜低于硬化地面 50～100mm；有排水要求时，绿地内宜设置雨水口。

5) 雨水调蓄设施应优先选用天然洼地、湿地、河道、池塘（坑塘）等，必要时可建人工调蓄设施或利用雨水管渠进行调蓄。

6) 有条件的村镇，可设置初期雨水分离设施，将初期雨水排入村镇污水处理厂（站）处理。

7) 调蓄雨水可用作绿地、作物浇灌用水，也可经处理后用作非饮用用途的生活杂用水或生产用水，其水质应符合国家相关水质标准的要求。

12.4 污 水 处 理

随着村镇居民生活水平的不断提高，特别是“十一五”以来，国家高度重视农村地区的人居生活环境状况。全国各地针对农村地区的实际情况，建设了一大批村镇污水处理工程。目前我国农村地区污水处理的主要工艺和设施有：化粪池、污水净化沼气池、人工湿地、稳定塘（氧化塘）、生物滤池、生物接触氧化池、序批式生物反应池（SBR）、膜生物反应器（MBR）和氧化沟等，但每种工艺技术都有其特点和适用性。常见的村镇污水处理工艺技术特点见表 12-2。

常用村镇污水处理工艺技术比较　　表 12-2

工艺名称	处理效果	抗冲击性能	占地面积	运行管理方便程度	建设费用	运行费用	适用模式
化粪池	一般	一般	较小	方便	低	低	分散式
净化沼气池	一般	一般	较小	方便	低	低	分散式
人工湿地	一般	一般	较大	方便	低	低	分散和集中式
稳定塘	一般	一般	较大	方便	低	低	分散和集中式
生物接触氧化池	较好	一般	一般	一般	一般	一般	分散和集中式
生物滤池	较好	一般	一般	运行管理水平要求较高	一般	一般	分散和集中式
序批式生物反应器（SBR）	好	好	较小	自动化水平要求高	较高	高	集中式
氧化沟	好	好	一般	运行管理水平要求高	较高	高	集中式
膜生物反应器（MBR）	很好	一般	较小	运行管理水平要求高	很高	很高	分散和集中式

农村污水处理工艺技术的选择要量力而行，充分考虑农村地区经济特点，选用既成熟可靠又适合农村特点和实际的生态处理技术。把污水处理与农村村落微环境生态修复、生态堤岸净化、农田灌溉和景观用水需求等有机结合，根据不同情况对上述工艺进行优化组合。

本章节重点介绍化粪池、污水净化沼气池、人工湿地、稳定塘等，另外几种常见的污水处理工艺和设施可参考本手册其他相关章节。

12.4.1　调节池

由于村镇污水具有水量小、分散、排放无规律、水质水量日变化系数大等特征，因此应在污水处理系统前设置调节池，用以调节水量、均衡水质。调节池设计应注意以下几点：

（1）调节池的容积应根据污水量变化曲线确定，并适当留有余地。

（2）调节时间宜采用 4～8h。当采用污水处理设施间歇进水时，要满足一次进水需要的水量。

（3）调节池可单独设置，亦可与进水泵房的集水池合并。

（4）调节池应设置冲洗、溢流、放空、防止沉淀、排除漂浮物的设施。

12.4.2　化粪池

化粪池是一种将粪便污水分格沉淀，并将污泥进行厌氧消化的小型处理构筑物。是一种利用沉淀和厌氧微生物发酵原理，以去除粪便污水或其他生活污水中悬浮物、有机物和病原微生物为主要目的的小型污水初级处理构筑物。

污水通过化粪池的沉淀作用可去除大部分悬浮物（SS），通过微生物的厌氧发酵作用可降解部分有机物（COD、BOD_5），池底沉积的污泥可用作有机肥。通过化粪池的预处理可有效防止管道堵塞，亦可有效降低后续处理单元的有机污染负荷。但是化粪池处理效果有限，出水水质差，一般不能直接排放到受纳水体，需经后续好氧生物处理单元或生态技术单元进一步处理。

化粪池设计要点如下：

（1）化粪池宜用于使用水厕的场合。

（2）化粪池宜设置在接户管下游且便于清掏的位置。

（3）化粪池可每户单独设置，也可相邻几户集中设置。

（4）化粪池应设在室外，其外壁距建筑物外墙不宜小于5m，并不得影响建筑物基础；如受条件限制设置于机动车道下时，池顶和池壁应按机动车荷载核算。

（5）化粪池与饮用水井等取水构筑物的距离不得小于30m。

（6）化粪池池壁和池底应进行防渗漏处理。

（7）化粪池的构造应符合下列要求：

1）化粪池的长度不宜小于1.0m，宽度不宜小于0.75m，有效深度不宜小于1.3m，圆形化粪池直径不宜小于1.0m；

2）双格化粪池第一格的容量宜为总容量的75%；三格化粪池第一格的容量宜为总容量的50%，第二格和第三格宜分别为总容量的25%；

3）化粪池格与格、池与连接井之间应设通气孔；

4）化粪池进出水口处应设置浮渣挡板；

5）化粪池应设有盖板和人孔。

（8）化粪池的有效容积宜按下列公式计算：

$$V = V_1 + V_2 \tag{12-1}$$

$$V_1 = \alpha n q_1 t_1 / (24 \times 1000) \tag{12-2}$$

$$V_2 = \alpha n q_2 t_2 (1-b)(1-d)(1+m) / [1000(1-c)] \tag{12-3}$$

式中 V——化粪池的有效容积（m^3）；

V_1——化粪池的污水区有效容积（m^3）；

V_2——化粪池的污泥区有效容积（m^3）；

α——实际使用化粪池的人数与设计总人数的百分比（%），可参考表12-3取值；

n——化粪池的设计总人数（人）；

q_1——每人每天生活污水量[L/(人·d)]，当粪便污水和其他生活污水合并流入时，为100～170L/(人·d)；当粪便污水单独流入时，为20～30L/(人·d)；

t_1——污水在化粪池中的停留时间，可取24～36h；

q_2——每人每天污泥量[L/(人·d)]，当粪便污水和其他生活污水合并流入时，为0.8L/(人·d)；当粪便污水单独流入时，为0.5L/(人·d)；

t_2——化粪池的污泥清掏周期，可取90～360d；

b——新鲜污泥含水率（%），取95%；

m——清掏后污泥遗留量（%），取20%；

d——粪便发酵后污泥体积减量（%），取20%；

c——化粪池中浓缩污泥含水率（%），取90%。

化粪池及污水净化沼气池使用人数百分比 α　　**表 12-3**

建筑物类别	百分比（%）
家庭住宅	100
村镇医院、养老院、幼儿园（有住宿）	100
村镇企业生活间、办公楼、教学楼	50

（9）化粪池可采用钢筋混凝土、砖、浆砌块石等材料砌筑，并宜进行防渗处理。

（10）常用的化粪池结构形式、适用条件可按《国家建筑标准设计图集》选用。

12.4.3　污水净化沼气池

污水净化沼气池是一种污水厌氧处理构筑物，由前处理区和后处理区两部分组成，前处理区为两级厌氧沼气池，后处理区为折流式生物滤池，由滤板和填料组成。其采用厌氧发酵技术和兼性生物过滤技术相结合的方法，在厌氧和兼性厌氧的条件下将生活污水中的有机物分解转化成甲烷、二氧化碳和水，达到净化处理生活污水的目的，并实现资源化利用。

污水净化沼气池作为污水资源化单元和预处理单元，其副产品沼渣和沼液是含有多种营养成分的优质有机肥，如果直接排放会对环境造成严重的污染，可回用到农业生产中，或后接污水处理单元进一步处理。

污水净化沼气池设计要点如下：

（1）污水净化沼气池必须设在室外，其外壁距建筑物外墙不宜小于5m，距水井等取水构筑物的距离不得小于30m。

（2）污水净化沼气池的池壁和池底应进行防渗处理，气室部分内壁应进行防腐处理。

（3）污水净化沼气池应由前处理区和后处理区两部分组成。前处理区宜为两级厌氧沼气池；后处理区应为折流式生物滤池，宜分为四格，并应内设不同级配的填料。填料可采用不同形式；当采用颗粒填料时，第一、二格填料粒径宜为5～40mm，第三格填料粒径宜为5～20mm，第四格填料粒径宜为5～15mm。每格填料高度宜为0.45～0.5m，填料体积宜为后处理区容积的30%。

（4）污水净化沼气池的进、出水液位应根据填料形式确定，其差不宜小于60mm。

（5）后处理区应设通风孔，孔径不宜小于100mm。

（6）当粪便污水和其他生活污水分别进入池内时，宜采用下列工艺流程：

其他生活污水
↓
粪便→污水前处理区Ⅰ→前处理区Ⅱ→后处理区→出流

（7）当粪便污水和其他生活污水合并进入池内时，宜采用下列工艺流程：

粪便、其他生活污水→污水前处理区Ⅰ→前处理区Ⅱ→后处理区→出流

（8）污水净化沼气池前后处理区的容积比宜为2∶1，前处理区Ⅰ与前处理区Ⅱ的容

积比宜为1∶1。

(9) 污水净化沼气池进水管道的最小设计坡度宜为0.04。

(10) 污水净化沼气池的总有效容积宜按下列公式计算：

$$V = V_1 + V_2 + V_3 \tag{12-4}$$

$$V_1 = \alpha n q_1 t_1 / (24 \times 1000) \tag{12-5}$$

$$V_2 = \alpha n q_2 t_2 (1-b)(1-d)(1+m) / [1000(1-c)] \tag{12-6}$$

$$V_3 = k(V_1 + V_2) \tag{12-7}$$

式中 V——污水净化沼气池的总有效容积（m^3）；

V_1——污水净化沼气池的污水区有效容积（m^3）；

V_2——污水净化沼气池的污泥区有效容积（m^3）；

V_3——污水净化沼气池的气室有效容积（m^3）；

α——实际使用污水净化沼气池的人数与设计总人数的百分比（%），可参考表12-3取值；

n——污水净化沼气池的设计总人数（人）；

q_1——每人每天生活污水量[L/(人·d)]，当粪便污水和其他生活污水合并流入时，为100～170L/(人·d)；当粪便污水单独流入时，为20～30L/(人·d)；

t_1——污水在污水净化沼气池中的停留时间，可取48～72h；

q_2——每人每天污泥量[L/(人·d)]，当粪便污水和其他生活污水合并流入时，为0.8L/(人·d)；当粪便污水单独流入时，为0.5L/(人·d)；

t_2——污水净化沼气池的污泥清掏周期，可取360～720d；

b——新鲜污泥含水率（%），取95%；

m——清掏后污泥遗留量（%），取20%；

d——粪便发酵后污泥体积减量（%），取20%；

c——污水净化沼气池中浓缩污泥含水率（%），取90%；

k——气室容积系数，取0.12～0.15。

(11) 污水净化沼气池可采用钢筋混凝土、砖、浆砌块石等材料砌筑，并宜进行防渗处理。

12.4.4 人工湿地

人工湿地是利用土地对污水进行自然处理的一种方法。人工筑成水池或沟槽，种植芦苇类维管束植物或根系发达的水生植物，污水以推流方式与布满生物膜的介质表面和溶解氧进行充分接触，使水得到净化。当有可供利用的土地和适用的场地条件时，经环境影响评价和技术比较后，村镇污水可采用人工湿地处理工艺。

人工湿地处理污水采用的类型包括表面流湿地、水平潜流湿地、垂直潜流湿地及其组合，一般采用二级人工湿地。

人工湿地设计要点如下：

(1) 污水进入人工湿地前应进行预处理。应设置拦污格栅去除悬浮杂质，其后设置沉淀池预处理，停留时间应大于1h。

(2) 人工湿地宜两组或两组以上并联运行。

（3）人工湿地一般由进（配）水系统、集（出）水系统、砂砾或碎石等构成的填料层、防渗层和具有一定净化功能的水生植物组成。

（4）一级人工湿地宜采用水平潜流湿地，填料粒径为4～32mm，填料层厚度0.5～1.0m停留时间应大于24h；二级人工湿地宜采用垂直潜流湿地，填料粒径4～32mm，填料层厚度0.8～2.0m，停留时间应大于24h。过滤层宜按一定级配布置填料。

（5）垂直潜流人工湿地应设置通气管，通气管与人工湿地底部的集水管相连，其管口应高出填料300mm。

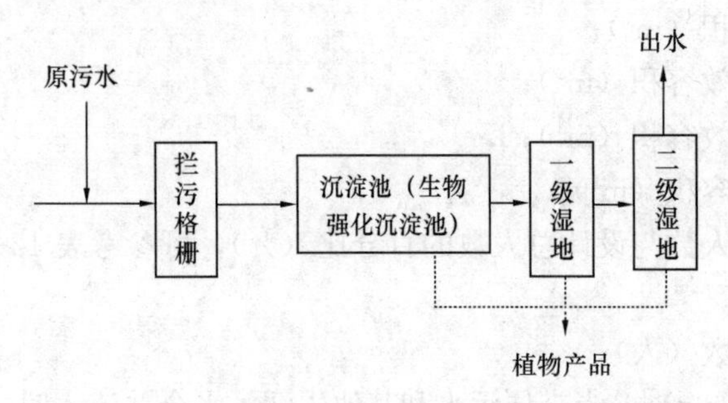

图12-3　人工湿地处理村镇生活污水的工艺流程图

（6）表面流人工湿地的力水坡度宜小于0.5%，潜流人工湿地的水力坡度宜为0.5%～1.0%。

（7）人工湿地表面宜种植芦苇、水葱、菖蒲、茭白等根系发达的水生植物。

（8）人工湿地的表面负荷宜根据试验资料确定；在无试验资料时，可参照当地类似工程经验或按表12-4的数据取值。

人工湿地主要设计参数　　　　**表12-4**

人工湿地类型	BOD_5负荷［kg/（hm^2·d）］	水力负荷［m^3/（m^2·d）］	停留时间（d）
表面流人工湿地	15～50	＜0.1	4～8
水平潜流人工湿地	80～120	＜0.5	1～3
垂直潜流人工湿地	80～120	＜1.0（建议值：北方0.2～0.5；南方0.4～0.8）	1～3

图12-3是利用人工湿地处理村镇生活污水的典型工艺流程，图12-4、图12-5分别是一级人工湿地和二级人工湿地的示意图。

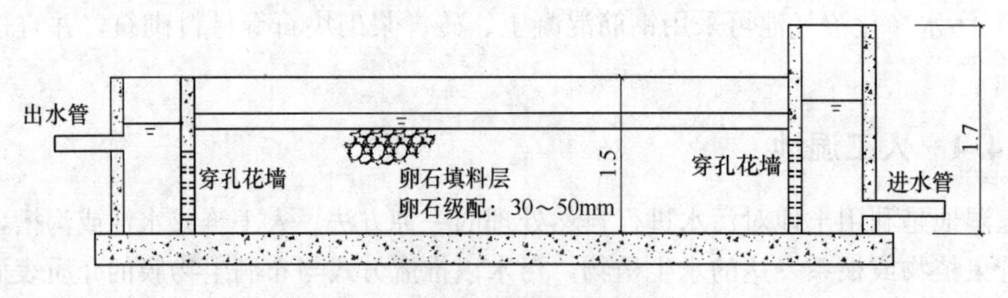

图12-4　一级人工湿地结构示意图（m）

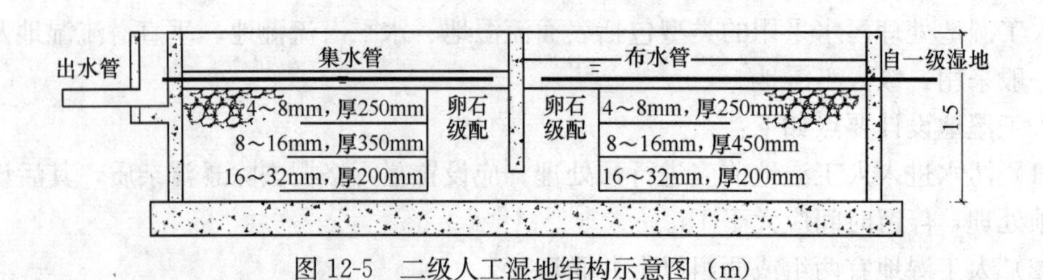

图12-5　二级人工湿地结构示意图（m）

12.4.5 稳定塘

稳定塘是经过人工适当修整，设围堤和防渗层的污水池塘，通过水生生态系统的物理和生物作用对污水进行自然处理。当有可利用的池塘、沟谷等闲置土地或沿海滩涂等条件时，经环境影响评价和技术经济比较后，村镇污水可采用稳定塘处理工艺。用作二级处理的稳定塘系统，处理规模不宜大于 5000m^3/d。

稳定塘设计要点如下：

（1）污水进稳定塘前应进行预处理。

（2）稳定塘可布置为单级塘或多级塘。单级塘应为兼性塘、好氧塘或曝气塘。单级塘应分格并联运行。

（3）当污水 BOD_5 大于 300mg/L 时，宜在多级塘系统的首端设置厌氧塘。

（4）厌氧塘进水口宜设置在距塘底 0.6～1.0m 处，出水口宜设置在水面下 0.6m 处，并应位于冰层和浮渣层之下。

（5）第一级塘应设置排泥或清淤设施，并宜分格并联运行。

（6）稳定塘系统出水水质，根据受纳水体的不同要求，应符合国家现行有关标准的规定。在二级及以上稳定塘后可设置养鱼塘，其水质必须符合国家现行有关渔业水质的规定。

（7）稳定塘的设计参数应由试验资料确定，当无试验资料时，根据污水水质、处理程度、当地气候和日照等条件，可按表 12-5 的规定取值。

稳定塘典型设计参数　　表 12-5

塘型		BOD_5 表面负荷 [kgBOD_5/（hm^2·d）]			单元塘水力停留时间 (d)			有效水深 (m)	BOD_5 处理效率 (%)
		Ⅰ区	Ⅱ区	Ⅲ区	Ⅰ区	Ⅱ区	Ⅲ区		
厌氧塘		200	300	400	3～7	2～5	1～3	3～5	30～70
兼性塘		30～50	50～70	70～100	20～30	15～20	5～15	1.2～1.5	60～80
好氧塘	常规处理塘	10～20	15～25	20～30	20～30	10～20	3～10	0.5～1.2	60～80
	深度处理塘	< 10	< 10	< 10		2～5		0.5～0.6	40～60
曝气塘	部分曝气塘	50～100	100～200	200～300		1～3		3～5	60～80
	完全曝气塘	100～200	200～300	200～400		1～15		3～5	70～90

注：Ⅰ、Ⅱ、Ⅲ区分别适用于年平均气温在 8℃以下地区、8～16℃地区和 16℃以上地区。

（8）塘址为池塘、沟谷时，应有防洪设施；塘址为沿海滩涂时，应考虑潮汐和风浪的影响。

（9）稳定塘的出水水位应根据当地防洪标准确定。

12.4.6 污水处理组合工艺

经济条件较差以及排放水质要求较为宽松的地区，可采用化粪池或污水净化污水净化沼气池等单元工艺，经过化粪池或污水净化沼气池处理后的污水直接利用；由于其出水污染物浓度较高，不宜直接排入村镇水系。当污水处理后排放水质要求较高或处理水回用时，需要采用组合处理工艺进行处理。本章节重点介绍村镇污水处理的一些常用组合工艺流程，其中单元工艺设计可参阅本手册其他章节。

(1) 有较多土地资源可以利用、对排放水质要求较高的村镇，可采用化粪池或污水净化沼气池+生态滤池或人工湿地、稳定塘等组合工艺，其工艺流程如下：

污水→化粪池或污水净化沼气池→调节池→生态处理单元→灌溉或排放

(2) 经济较发达但用地紧张以及对排放水质要求较高的村镇，可采用化粪池或污水净化沼气池+生物滤池或生物接触氧化池、SBR、MBR、氧化沟等组合工艺，其工艺流程如下：

污水→化粪池或污水净化沼气池→调节池→生物处理单元→灌溉或排放

(3) 经济条件允许，对排放水质要求严格及处理水回用的村镇，可采用化粪池或污水净化沼气池+生物滤池或生物接触氧化池、SBR、MBR、氧化沟等+人工湿地、稳定塘等组合工艺，其工艺流程如下：

消毒
↓
污水→化粪池或污水净化沼气池→调节池→生物处理单元→生态处理单元→回用或排放

12.4.7 一体化污水处理设备

一体化污水处理设备是在工厂内加工，具有一定污染物降解功能的污水处理装置。目前市场上一体化污水处理设备非常多，采用的工艺也非常多，基本涵盖了污水处理的所有工艺。

村镇一体化污水处理设备选择应根据进水水质和出水水质要求，结合农村实际情况和当地管理水平等，选择适合当地的污水处理设备。

一体化污水处理设备选择应满足以下要求：

(1) 根据农村污水水量、进水水质和出水水质要求选择一体化污水处理设备，设计规模按近期水量选择，考虑远期增加设备场地。

(2) 根据当地管理水平，宜选择工艺简单、运行成本低、操作管理方便、检修维护方便的设备。

(3) 应具有良好的结构安全性能和防腐性能，其合理设计使用年限不应低于10年。

12.5 污泥处理处置

村镇污水处理厂（站）产生的污泥经检测达到国家现行有关标准的应进行综合利用。当污泥作肥料时应进行堆肥处理，有害物质含量应符合国家现行有关标准的规定。

村镇污水处理厂（站）产生的污泥宜采用重力浓缩等方式处理。当采用污泥机械脱水处理时，可将多个污水处理厂（站）的污泥进行集中脱水处理，也可设置移动脱水机巡回脱水。

本章节重点介绍污泥堆肥。

污泥堆肥的设计要点：

(1) 污泥堆肥的选址应与周边聚居区有一定的卫生防护距离，应选择在村镇夏季主导风向的下风侧。

（2）污泥堆肥使用的填充料可因地制宜，利用当地的废料（如秸秆、牛羊及家禽粪便等）或发酵后的熟料，达到综合利用和处理的目的。

（3）污泥堆肥供氧方式应根据当地实际情况选择，宜优先选择自然通风方式，自然通风能耗低、操作简单。

（4）污泥堆肥肥料宜用于林业、土壤改良等方面，用于农业用途须符合现行标准《城镇污水处理厂污泥处置农用泥质》CJ/T 309 的要求。

附录 1　暴雨强度公式

暴雨强度公式是确定雨水设计流量的基本依据之一。1974 年版的给水排水设计手册第 6 册《室外排水与工业废水处理》列出三种暴雨强度公式推导方法。近年来国内对暴雨强度公式的研究分析，取得了一定的进展。在肯定数理统计法的基础上，对公式形式、选样方法、频率分布、参数求解、电算应用、成果优化、精度提高、工时缩短等做了大量工作，有不少改进。

现将我国若干城市暴雨强度公式及其主要编制方法收编于后，供参考选用。

附录 1.1　暴雨强度公式手算编制方法

暴雨强度公式手算编制方法，系以 1974 年版《室外排水与工业废水处理》手册上暴雨强度公式的推导方法——数理统计法为基础，由北京市市政工程设计研究总院有限公司加以删改增补。

附录 1.1.1　分析资料阶段

附录 1.1.1.1　资料年数及选样方法

（1）编制暴雨强度公式的依据资料是当地的自记雨量记录。记录年数一般要求在 20 年以上，最少也要在 10 年以上。当只有 10 年或略长一点时，必须是连续的。

（2）选取站点的条件：记录年数最长的一个固定点，位置接近城镇地理中心或略偏上游。

（3）选取降雨子样的个数应根据最低计算重现期确定。取样方法为年多个样时：最低计算重现期为 0.25a 时，平均每年每个历时选取 4 个最大值；最低计算重现期为 0.333a 时，平均每年每个历时选取 3 个最大值。由于任何一场被选取的降雨不一定它的 9 个历时的强度值都被选取，因而实际选取的降雨场数总要多于平均每年 3 或 4 场（北京最低计算重现期为 0.25a，实际选取了 5.7 场）。

（4）取样方法为年最大值时：按照不同的降雨历时，在全部降雨资料中每年选取一个最大值作为分析样本。

（5）按超定量法选样。为了保证使准备的资料足够选取之用，又要使剩余而被舍弃的资料不致很多，要确定一个适宜的强度值作为定量标准。例如编制北京新的暴雨强度公式，就是取旧的公式 $P=0.2a$ 与 $P=0.17a$ 之间的一个比较整齐的数值作为标准，见附表 1。

附表 1 中历时应按照《室外排水设计规范（2014 年版）》GB 50014—2006 的规定执行，即年多个样为 5～120min，年最大值为 5～180min；年多个样为平均每年选取 6～8 场降雨；年最大值选取每年一个最大值。

北京暴雨公式准备资料的强度定量标准（mm/min） 附表1

P (a)	平均每年选取场数	旧公式	历时（min）								
			5	10	15	20	30	45	60	90	120
P=0.2	5	$\frac{5.24}{(t+5)^{0.68}}$	1.095	0.831	0.683	0.587	0.467	0.366	0.307	0.237	0.197
北京强度标准	5～6		1.00	0.80	0.65	0.55	0.45	0.35	0.28	0.22	0.18
P=0.17	6	$\frac{4.733}{(t+5)^{0.68}}$	0.989	0.751	0.617	0.530	0.422	0.331	0.277	0.214	0.178

（6）按照以上规定，将达到定量标准的降雨（只要有一个历时达到就算达到）逐场选出，编制各场降雨不同历时强度表，按年月日先后次序排列，见附表2。

各场降雨不同历时强度（mm/min） 附表2

序号	降雨 年 月 日	历时（min）								
		5	10	15	20	30	45	60	90	120
1										
2										
3										
⋮										
⋮										

（7）从上表中选取各历时最大强度（3或4）×N个，按强度大小顺序排列，填入各历时降雨强度统计表，作为编制暴雨强度公式的基础资料。见附表3。

各历时降雨强度统计（mm/min） 附表3

序号	历时（min）								
	5	10	15	20	30	45	60	90	120
1									
2									
3									
⋮									
⋮									
n									
$\sum i$									
$\bar{i}$									
σ_{n-1}									
C_v									

附录1.1.1.2 降雨资料统计注意事项

（1）要求记录的降雨自记曲线完整，没有曲线中断、虹吸发生大的误差、笔尖洇水使线位不准等缺陷。当曲线虽有一些小的缺陷，但能根据已知数据用适当方法插补或调整时，也可以采用。如缺陷较多较大，又无法调整时，应弃之不用。但如系2a以上重现期的暴雨，则最好能找到附近站点（同一城市或距离极近的相邻城镇）的记录补上代用。

（2）在采用的降雨自记曲线上统计5min、10min、15min、20min、30min、45min、

60min、90min、120min 9个规定历时的最大降雨量，即找出该段历时内降雨曲线最陡的部分进行统计，然后除以历时，得出相应历时的最大强度。

(3) 当一次降雨包含前后两段达到选取标准的高强度部分时，若其中间低于0.1mm/min的降雨（包括停止降雨）持续时间超过120min，应分为两场雨统计。

(4) 有时一场雨的实际降雨总历时小于暴雨公式所规定的统计历时，特别是45min、60min、90min、120min这几个较长的历时，这种情况下，统计上规定：大于实际降雨总历时的各时段降雨强度仍由总降雨量降以各时段而求得。

这种规定，把降雨已经停止的历时还按有雨来统计，在汇流上很难讲通，但目前尚无较合理的方法，只能暂时沿用。

(5) 摘取某一历时内的最大降雨量，可采用最简单的目估统计法，即首先直接由记录曲线上目估出最陡的几段，然后累计每一段的总雨量再从中选出最大值。按照这种办法，熟练以后，一般只要比较一二段就可确定。

附录1.1.1.3 降雨资料的频率调整

(1) 直接统计：当精度要求不高时，可采用最简便的直接统计法。按公式（附式-1）算出各计算重现期 P 的序号 m（附表3），由 m 查到降雨强度 i，即得 P、i、t 关系值。

$$m=\frac{N}{P} \tag{附式-1}$$

式中 N——资料记录年数。

采用直接统计法的条件是：

1) 计算重现期小于资料年数。

2) 子样点的频率分布比较规律。

如子样点频率分布上出现严重的不合理现象，则需对实测子样频率加以调整。

(2) 经验频率曲线：按公式（附式-2）计算每一个子样的经验频率。

$$P_{\mathrm{n}}=\frac{m}{n+1}\times 100\% \tag{附式-2}$$

式中 m——计算的子样在系列中按大小顺序排列的序号；

n——子样的总个数。

在几率格纸上，以降雨强度 i 为纵坐标，经验频率 P_{n} 为横坐标，将某一历时的子样逐一点出，根据点群分布趋势，勾绘一条平滑曲线，即为该历时降雨强度经验频率曲线。再按计算重现期对应的频率在各历时经验频率曲线上截取降雨强度，即得 P、i、t 关系值。

经验频率曲线的可取之点使它的图上勾绘要比理论频率曲线的反复试算简便得多，其精度高于直接统计法，低于理论频率曲线，如勾绘的曲线与子样点适合较好，也能满足编制暴雨公式的要求。采用经验频率曲线的条件与直接统计法的两条相同。

(3) 理论频率曲线：目前在我国应用比较广泛的理论频率曲线是皮尔逊Ⅲ型曲线。用皮尔逊Ⅲ型曲线调整频率的步骤如下：

1) 求离差系数 C_{v}：利用电子计算器的功能，在累计每个历时全部子样 i 值之后，同时即可得出总和 $\sum i$、平均降雨强度 $\bar{i}$ 及均方差 σ_{n-1}，然后按公式（附式-3）求出 C_{v}，将这4个数值填入各历时降雨强度统计表的最后，见附表4。

北京1941—1980年各历时降雨强度统计（mm/min） **附表4**

序号	历时（min）								
	5	10	15	20	30	45	60	90	120
1	4.700	3.560	3.393	3.135	2.803	2.513	2.180	1.657	1.388
2	4.000	3.390	3.013	2.520	1.890	1.540	1.270	0.988	0.831
3	3.960	3.380	2.707	2.450	1.880	1.402	1.168	0.916	0.762
4	3.820	3.330	2.693	2.140	1.833	1.391	1.107	0.878	0.731
5	3.760	3.170	2.387	2.085	1.547	1.269	1.022	0.743	0.630
⋮	⋮	⋮	⋮	⋮	⋮	⋮	⋮	⋮	
⋮	⋮	⋮	⋮	⋮	⋮	⋮	⋮	⋮	
156	1.080	0.870	0.733	0.635	0.493	0.382	0.325	0.250	0.203
157	1.080	0.870	0.733	0.635	0.493	0.380	0.325	0.250	0.203
158	1.080	0.860	0.733	0.635	0.490	0.380	0.323	0.247	0.203
159	1.080	0.860	0.733	0.630	0.490	0.380	0.323	0.247	0.203
160	1.080	0.860	0.727	0.625	0.487	0.378	0.323	0.247	0.202
$\sum i$	268.200	213.390	178.258	155.440	124.880	98.193	81.959	62.392	51.337
$\bar{i}$	1.67625	1.33369	1.11411	0.97150	0.78050	0.61371	0.51224	0.38995	0.32086
σ_{n-1}	0.63454	0.49941	0.42291	0.38380	0.32621	0.26951	0.22794	0.17728	0.14729
C_v	0.37855	0.37446	0.37959	0.39506	0.41795	0.43915	0.44498	0.45462	0.45907

$$C_v = \frac{\sigma_n - 1}{\bar{i}} \quad \text{（附式-3）}$$

这种求 C_v 的方法较为简便，避免了过去用 $C_v=\sqrt{\frac{\Sigma\ (K-1)^2}{n-1}}$ 公式列表求 K 的繁重计算。

2）试凑偏差系数 C_s，查离均系数 Φ，计算理论频率强度 i_p：在绘有子样点的机率格纸上，先用铅笔轻轻勾出经验频率曲线，找出一个子样点，既恰好压在这条曲线上，又恰好压在某一理论频率坐标线上，以该点的强度作为理论频率强度 i_p，由公式（附式-4）反算出离均系数 Φ，再以 Φ 和该点的频率从离均系数表中反查出 C_s。

$$i_p = (\Phi C_v + 1)\bar{i} \quad \text{（附式-4）}$$

根据以上求得的 C_s 初值，从离均系数表中查出各理论频率下的 Φ，按公式（附式-4）计算各理论频率强度 i_p，连成理论频率曲线，检查与子样点群的适合情况。如不甚适合，再调整 C_s，重新计算。这样经过一两次的调整，一般可求得较为满意的理论频率曲线。计算可列表进行，见附表5。

各历时降雨强度理论频率曲线计算

（只列出 $t=5$ 一个历时的计算表，说明表格形式及计算步骤，其他历时的计算表从略）

附表5

$t=5$，$\bar{i}=1.676$，$C_v=0.379$，$C_s=2.10$

P (%)	Φ	ΦC_v	$K_s=\Phi C_v+1$	$i_p=K_s i$
0.01	8.43	3.1950	4.1950	7.031
0.1	6.04	2.2892	3.2892	5.513
1	3.66	1.3871	2.3871	4.001
2	2.94	1.1143	2.1143	3.544
5	2.00	0.7580	1.7580	2.946

续表

P (%)	Φ	ΦC_v	$K_s=\Phi C_v+1$	$i_p=K_s i$
10	1.29	0.4889	1.4889	2.495
20	0.59	0.2236	1.2236	2.051
50	−0.32	−0.1213	0.8787	1.473
80	−0.76	−0.2880	0.7120	1.193
90	−0.869	−0.3294	0.6706	1.124
95	−0.915	−0.3468	0.6532	1.095
99	−0.946	−0.3585	0.6415	1.075
99.9	−0.952	−0.3608	0.6392	1.071

在确定的理论频率曲线上按计算重现期对应的频率截取理论频率强度，即得 P、i、t 关系值，见附表6。

P、i、t 关系值 附表6

i (mm/min) \ t (min) \ P (a)	50	10	15	20	30	45	60	90	120
0.25	1.08	0.882	0.740	0.635	0.495	0.378	0.323	0.243	0.208
0.333	1.23	0.985	0.825	0.715	0.565	0.432	0.360	0.273	0.226
0.5	1.47	1.18	0.965	0.835	0.675	0.516	0.435	0.326	0.267
1	1.91	1.52	1.25	1.10	0.895	0.700	0.585	0.442	0.360
2	2.35	1.85	1.54	1.36	1.12	0.895	0.745	0.566	0.460
3	2.60	2.07	1.72	1.53	1.25	1.00	0.845	0.643	0.533
5	2.93	2.33	1.96	1.74	1.44	1.14	0.975	0.745	0.615
10	3.42	2.69	2.30	2.02	1.69	1.35	1.15	0.875	0.725
20	3.81	3.07	2.57	2.32	1.91	1.55	1.31	1.01	0.84
50	4.45	3.55	2.99	2.70	2.25	1.83	1.55	1.20	1.01
100	4.90	3.92	3.32	3.00	2.53	2.05	1.73	1.33	1.14

$$P_n=\frac{N}{(n+1)\ P}\times 100\ (\%)$$

P	0.25	0.333	0.5	1	2	3	5	10	20	50	100
P_n	99.38	74.61	49.69	24.84	12.42	8.28	4.97	2.48	1.24	0.50	0.25

（4）计算重现期：计算重现期一般按0.25a、0.333a、0.5a、1a、2a、3a、5a、10a统计。当选用的公式形式与多年统计的 P、i、t 点分布规律各历时各重现期都比较吻合，也可统计更高的重现期。否则，统计过高的重现期必将出现大的均方差。

【例附1】 北京有40a自记雨量资料，用皮尔逊Ⅲ型曲线对原始资料加以调整。

【解】（1）根据原始自记降雨曲线，经过摘取、统计、选样、排列，40a共取160个取大值见附表4。

（2）用电子计算器累计160个 i 值，得出 $\sum i$、$\bar{i}$ 及 σ_{n-1}，用公式（附式-3）算出 C_v，一并填入附表4。

（3）将160个 i 及其经验频率点在几率格纸上，试凑 C_s，结果见附图1，计算结果见附表5。

（4）将算得的各个频率的 i_{p} 点在几率格纸上，其连线就是经过调整的理论频率曲线，见附图 1，由曲线上截取 P、i、t 关系值，见附表 6。

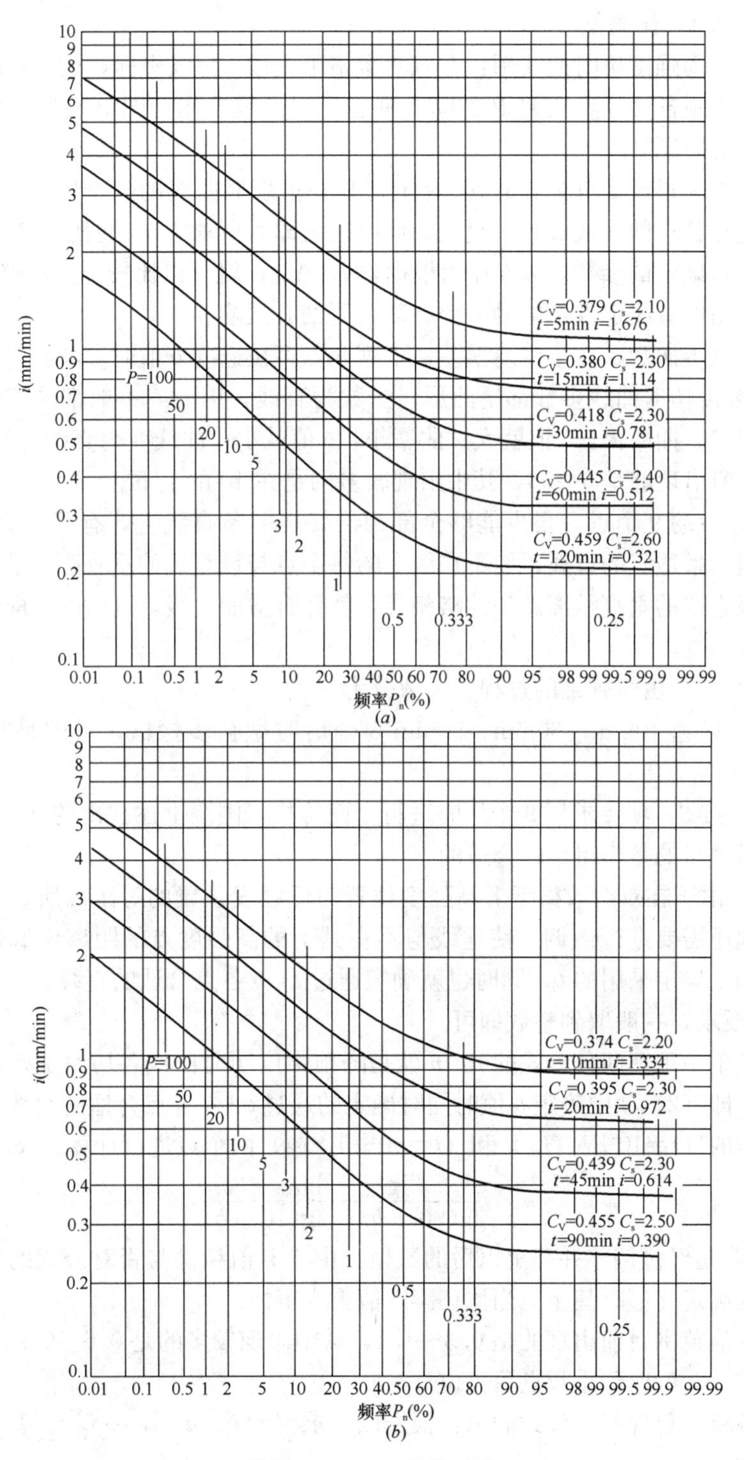

附图 1　P-Ⅲ型曲线适线

（a）Ⅰ组；（b）Ⅱ组

附录 1.1.2 编制公式阶段

附录 1.1.2.1 图解法

(1) 绘制降雨强度历时曲线图：在双对数格纸上以 i 为纵坐标，t 为横坐标，根据 P、i、t 关系值，绘制各计算重现期 P 的降雨强度历时曲线，作为图解求算 b、n、A 三个参数的基础图，见附图 2。

(2) 求各单一重现期分公式的 b：在上述某一重现期曲线的各个历时 t 上，试加相同的一个值，凑至各点的连线成为一直线，此时之值即为所求之 b，见附图 2。在图解法中 b 是比较容易先行确定的参数。以 b 作为根据，n、A、C 就可以比较容易求解。因此 b 又是对其他参数的精度有决定性影响的一个参数，要细心试凑。

为了减少试凑次数，减小试凑误差，下列几点可供选凑 b 值时参考：

1) 降雨强度历时曲线多数都呈凸形，少数为直线，因此 b 一般都是正值，其大小依曲线的曲率而定。曲率大，b 值就大；曲率小，b 值就小；曲线变为直线，b 值为 0。我国的 b 值范围目前出现的是 0～50，其中出现较多的是在 10 的上下。

2) 加 b 以后的 9 个点，很少能够全部都恰好在一条直线上，有些点会有少许出入。只要能够找出一条适宜的直线，使不在线上的每个点与该直线的垂直距离达到最短，并使两边各点与该直线的垂直距离总和约略相等，就算合适的适线，这时的 b 即可确定，否则就须重新选 b 再试。

3) 试凑是一个由粗到细的过程，大致分为三点：

① 探试：只选 10min、30min、90min 3 个历时做初步探试，目的是找出比较接近的 b。

② 核定：按 2) 项要求用 9 个历时进行全面检核，围绕上述找出的 b，再假设不同的值，反复摆试，目的是凑得比较合适的 b。

③ 微调：由于在双对数格纸上高强度位置与低强度位置的等距离所表示的强度差并不相同，因此还需要进行微调，使适线与不在其上的高强度点的距离比低强度点更要近些。经过微调，确定采用的 b，同时也就确定通过 $t+b$ 各点合适的直线。

4) 精度要求，一般取到整数即可。

(3) 求各单一重现期分分式的 n：n 就是降雨强度历时曲线各历时加 b 以后所凑成的直线的斜率，即 (2) 项中确定 b 值时同时确定的通过 $t+b$ 各点合适的直线的斜线，可选用该直线通过的 ($t=10+b$、i_{10}) 和 ($t=90+b$、i_{90}) 两个点进行计算，公式为：

$$n=\frac{\lg i_{10}-\lg i_{90}}{\lg(90+b)-\lg(10+b)} \qquad \text{(附式 -5)}$$

式中 i_{10} 和 i_{90} 都是经过调整并确定以后的数值。由于 n 值精确与否对公式的均方差有很大影响，因此在确定 n 值时甚至应当比选凑 b 值更为审慎。

我国的 n 值范围目前出现的是 0.3～1.1，其中出现较多的是 0.6～0.9。

精度要求，一般取到小数点后三位。

(4) 求各单一重现期分公式的 A：根据以上求得的 b、n、i_{10} 和 i_{90} 计算 A_{10} 和 A_{90} 加以平均，公式为：

$$A=\frac{1}{2}[i_{10}\times(10+b)^{n}+i_{90}\times(90+b)^{n}] \qquad \text{(附式 -6)}$$

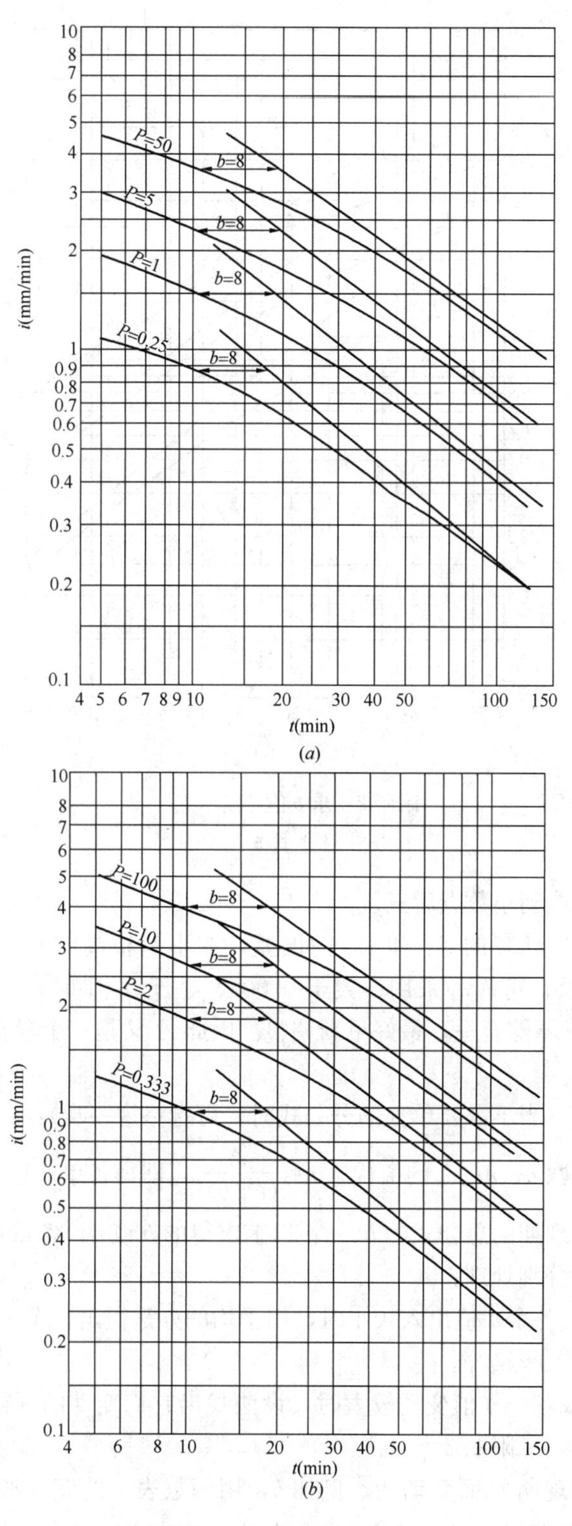

附图 2　求 b 值图解（一）

（a）Ⅰ组；（b）Ⅱ组

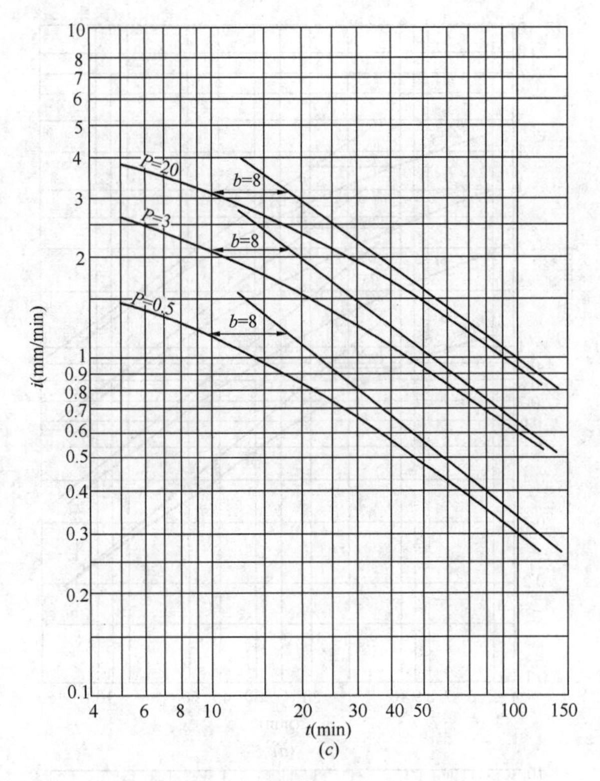

附图2 求b值图解（二）

(c) Ⅲ组

精度要求，一般取到小数点后三位。

用公式（附式-6）计算的A_{10}和A_{90}的误差，在不是很高的降雨强度情况下，小于0.005时属于精度较高，可放心采用；大于0.005、小于0.01时，也属可用；大于0.01时就说明选用的b、n不够合适，最好重新调整。因此A又是三个参数中具有检验精度作用的一个参数。

（5）得出分公式（当不需要单独的分公式时，可省略这一步）：

将以上求得的参数b、n、A的值代入$i=\frac{A}{(t+b)^{n}}$，即得各单一重现期的分公式。

（6）求包括各重现期的总公式的b、n：以上求得的b或n，各重现期一般都是不同的值，可按具体情况，分别处理：

1）当各个b值或各个n值出入较小时，用平均的办法得出$\bar{b}$或$\bar{n}$，作为代入总公式的参数值。

2）当各个b值或各个n值变动较大时，设法找出它们变动的规律，用反映该变动规律的函数代入总公式，见附图3。

一般它们是随重现期P而变动的。例如b，用函数表示的变动形式有$b_1+m\lg P$（上海公式）、b_1P^{m}（成都公式）、$b_1+b_2P^{m}$（天津过去的公式）等。n也可以有类似的函数形式。

（7）求总公式的A_1：分公式的b、n经过总公式调整以后，须据以重新适线，相应地

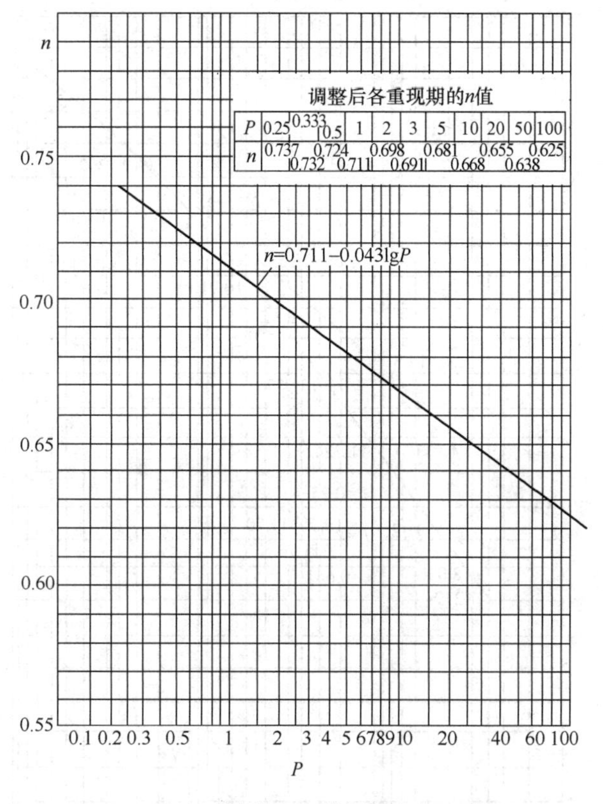

P	0.25	0.333	0.5	1	2	3	5	10	20	50	100
n	0.737	0.732	0.724	0.711	0.698	0.691	0.681	0.668	0.655	0.638	0.625

附图 3　n 值调整

调整各分公式的 A 值。经过 A、P 关系的再一次调整，见下图的（8），将 $P=1$ 的 A 值代入总公式，即为 A_1。

（8）求总公式的 C，即求 A-P 关系：在半对数格纸上，以横坐标（对数格）表示 P，纵坐标（算术格）表示 A（（7）项中根据总公式的 b、n 计算出的 A），绘出各个 P-A 点。

当 b 和 n 都是采用平均办法得出的定值时，情况较简单，各 P-A 点在半对数格纸上基本呈直线关系，可确定一条经过各点的适宜的直线，在该直线上截取 A_1（$P=1$a 的 A 值）和 A_{10}（$P=10$a 的 A 值），即可列出 C 的计算公式：

$$C=\frac{A_{10}-A_1}{A_1} \qquad \text{（附式 -7）}$$

这时总公式中雨力 $=A_1$（$1+C\lg P$）。

当 b 和 n 为采用以函数表示的变值是，情况就比较复杂了，各 P-A 点在半对数格纸上基本呈曲线关系，可在各个 P 上试加相同的一个 d 值，凑成一条适宜的直线，见附图 4，同样截取 A_1 和 A_{10}，再用公式（附式-7）求 C。这时总公式中雨力 $=A_1$ $[1+C\lg(P+d)]$。

精度要求，一般取到小数点后三位。

C 值一般不宜大于 1.5，否则计算低于 1a 重现期（0.25a、0.333a、0.5a）的强度，将会先后得出不合理的负值。

（9）得出总公式：将以上求得的参数 b、n、A_1、C 代入下式，即得包括各重现期的

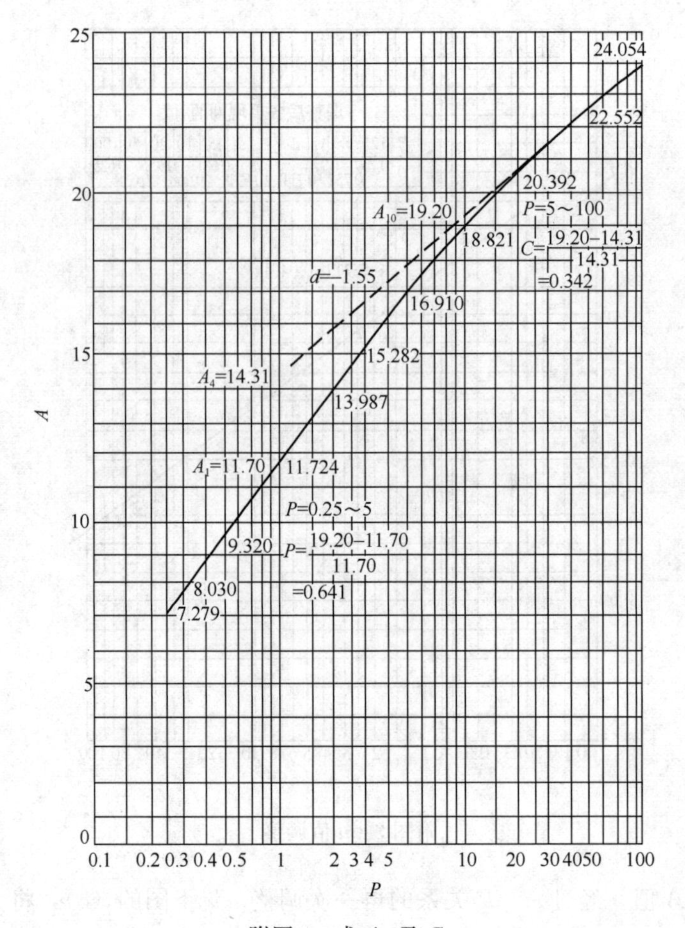

附图4 求 A_1 及 C

总公式：

$$i=\frac{A_1(1+C\lg P)}{(t+b)^n}$$

为了更密切地吻合当地多年统计的降雨强度子样点分布规律，提高精度，总公式的形式也可采用：

$$i=\frac{A_1[1+C\lg(P+d)]}{\left[t+\left(\begin{matrix}\text{反映}\,b\,\text{变化规律}\\ \text{的}\,P\,\text{的函数}\end{matrix}\right)\right]^{\left(\begin{matrix}\text{反映}n\text{变化规律}\\ \text{的}P\text{的函数}\end{matrix}\right)}}$$

（10）计算均方差：按绝对均方差计算：公式为：

$$\sigma=\sqrt{\frac{\sum(i_g-i_j)^2}{m}} \tag{附式-8}$$

式中 i_g——P、i、t 关系值中给定的 i；

i_j——按求得公式计算的 i，一般按总公式计算，当确定使用分公式时也可按分公式计算，但应予注明；

m——历时的项数（一般采用9）。

权衡均方差的标准：对于 $i=\frac{A_1\ (1+C\lg P)}{(t+b)^n}$ 型的总公式，多数点的 $|i_g-i_j|$ 宜不超

过 0.05mm/min。由于各地多年统计的降雨强度变化规律差异很大，按上述公式所求得的各历时公式计算线并不都能与观测的 P-i 点连线吻合得很好（在单对数格纸上表示，见附图 5），总会出现不同程度的剪刀差。同时，观测的 P-i 点连线本身也并非直的线，有的线段会有弯曲，有的点会偏高偏低。这些情况造成那些点的 $|i_g-i_j|$ 不可避免地要超过 0.05mm/min，其中少数甚至会超过 0.1mm/min，但平均总绝对均方差（一般按 0.25～100a 统计）仍宜多方设法争取不使其超过 0.05mm/min。我国目前在有利条件下，编制 $i=\frac{A_1(1+C\lg P)}{(t+b)^n}$ 型总公式的最高精度已能达到 0.03mm/min 以内。有利条件是：

1）多年统计的 P、i、t 点分布规律与所选用的公式形式 $i=\frac{A_1(1+C\lg P)}{(t+b)^n}$ 或其他形式基本吻合或出入较少；

2）降雨强度不算很大。全国除福建南部、广东、广西的近海地区以及海南岛、台湾、南海诸岛等地外，都属这种情况；

3）降雨资料年数较长。

当 P、i、t 点分布规律与 $i=\frac{A_1(1+C\lg P)}{(t+b)^n}$ 型公式出入很大时，就不宜再拘泥于这种惯用的形式，宜另选用其他较为合适的公式形式。

对于分公式、采用两段的总公式或参数为函数型的总公式，其均方差及平均总绝对均方差应远小于 0.05mm/min。

【例附 2】 根据附表 6 的 P、i、t 关系值，用图解法编制北京暴雨强度公式。

【解】 第一种方法：经由分公式编制总公式

（1）求 b：将 P、i、t 关系值点在双对数格纸上，连成曲线试凑，得各重现期的 b 均等于 8，见附图 2。

（2）求 n：先分别求各重现期的 n，由于出入较大，在半对数格纸上适线，得 $n=0.711-0.043\lg P$，以之作为总公式的 n，见附图 3。在各重现期曲线上根据调整后的 n 重新确定通过 $t+b$ 各点合适的直线，见附图 2、附表 7。

调整后经过重新适线的 *n* 值计算（同时确定 i_{10} 和 i_{90}） 附表 7

P (a)	计算式
0.25	$n_{0.25}=\frac{\lg 0.865-\lg 0.248}{\lg 98-\lg 18}=\frac{-0.0629839-(-0.6055483)}{1.9912261-1.2552725}=\frac{0.5425644}{0.7359536}=0.737$
0.333	$n_{0.333}=\frac{\lg 0.968-\lg 0.28}{\lg 98-\lg 18}=\frac{-0.0141246-(-0.5528420)}{1.9912261-1.2552725}=\frac{0.5387174}{0.7359536}=0.732$
0.5	$n_{0.5}=\frac{\lg 1.15-\lg 0.337}{\lg 98-\lg 18}=\frac{0.0606978-(-0.4723701)}{1.9912261-1.2552725}=\frac{0.5330679}{0.7359536}=0.724$
1	$n_{1}=\frac{\lg 1.502-\lg 0.45}{\lg 98-\lg 18}=\frac{0.1766699-(-0.3467875)}{1.9912261-1.2552725}=\frac{0.5234574}{0.7359536}=0.711$
2	$n_{2}=\frac{\lg 1.86-\lg 0.57}{\lg 98-\lg 18}=\frac{0.2695129-(-0.2441251)}{1.9912261-1.2552725}=\frac{0.5136380}{0.7359536}=0.698$
3	$n_{3}=\frac{\lg 2.074-\lg 0.643}{\lg 98-\lg 18}=\frac{0.3168088-(-0.1917890)}{1.9912261-1.2552725}=\frac{0.5085978}{0.7359536}=0.691$

续表

P (a)	计 算 式
5	$n_5=\frac{lg2.362-lg0.745}{lg98-lg18}=\frac{0.3732799-(-0.1278437)}{1.9912261-1.2552725}=\frac{0.5011236}{0.7359536}=0.681$
10	$n_{10}=\frac{lg2.73-lg0.88}{lg98-lg18}=\frac{0.4361626-(-0.0555173)}{1.9912261-1.2552725}=\frac{0.4916799}{0.7359536}=0.668$
20	$n_{20}=\frac{lg3.071-lg1.012}{lg98-lg18}=\frac{0.4872798-0.0051805}{1.9912261-1.2552725}=\frac{0.4820993}{0.7359536}=0.655$
50	$n_{50}=\frac{lg3.567-lg1.21}{lg98-lg18}=\frac{0.5523031-0.0827854}{1.9912261-1.2552725}=\frac{0.4695177}{0.7359536}=0.638$
100	$n_{100}=\frac{lg3.95-lg1.37}{lg98-lg18}=\frac{0.5965971-0.1367206}{1.9912261-1.2552725}=\frac{0.4598765}{0.7359536}=0.625$

（3）求*A*：见附表8。

A值计算 **附表8**

P (a)	计 算 式
0.25	$A_{0.25}=\frac{1}{2}(0.865\times18^{0.737}+0.248\times98^{0.737})=\frac{1}{2}(7.28034+7.27755)=7.279$
0.333	$A_{0.333}=\frac{1}{2}(0.968\times18^{0.732}+0.28\times98^{0.732})=\frac{1}{2}(8.03036+8.03037)=8.030$
0.5	$A_{0.5}=\frac{1}{2}(1.15\times18^{0.724}+0.337\times98^{0.724})=\frac{1}{2}(9.32213+9.31703)=9.320$
1	$A_1=\frac{1}{2}(1.502\times18^{0.711}+0.45\times98^{0.711})=\frac{1}{2}(11.72651+11.72126)=11.724$
2	$A_2=\frac{1}{2}(1.86\times18^{0.698}+0.57\times98^{0.698})=\frac{1}{2}(13.98599+13.98784)=13.987$
3	$A_3=\frac{1}{2}(2.074\times18^{0.691}+0.643\times98^{0.691})=\frac{1}{2}(15.28277+15.28087)=15.282$
5	$A_5=\frac{1}{2}(2.362\times18^{0.681}+0.745\times98^{0.681})=\frac{1}{2}(16.90910+16.91146)=16.910$
10	$A_{10}=\frac{1}{2}(2.73\times18^{0.668}+0.88\times98^{0.668})=\frac{1}{2}(18.82282+18.82009)=18.821$
20	$A_{20}=\frac{1}{2}(3.071\times18^{0.655}+1.012\times98^{0.655})=\frac{1}{2}(20.39310+20.39077)=20.392$
50	$A_{50}=\frac{1}{2}(3.567\times18^{0.638}+1.21\times98^{0.638})=\frac{1}{2}(22.55106+22.55213)=22.552$
100	$A_{100}=\frac{1}{2}(3.95\times18^{0.625}+1.37\times98^{0.625})=\frac{1}{2}(24.05151+24.05675)=24.054$

(4) 求 A_1 及 C：见附图 4。根据各 P-A 点在半对数格纸上呈现的一段为直线一段为曲线的不同状态，分为两段求算：

$P=0.25\sim5$a，呈直线关系，用直线适线，

求得 $A_1=11.7$，$C=0.641$

$P=5\sim100$a，呈曲线关系，经试凑得

$d=-1.55$，各 $(P-1.55)$、A 构成直线，

求得 $A_1=14.31$，$C=0.342$

(5) 得出总公式：

$P=0.25\sim5$a，　$$i=\frac{11.7(1+0.641\lg P)}{(t+8)^{0.711-0.641\lg P}}$$

$P=5\sim100$a，　$$i=\frac{14.31[1+0.342\lg(P-1.55)]}{(t+8)^{0.711-0.043\lg P}}$$

(6) 计算均方差：见附表 9。

第二种方法：不经由分公式，直接编制 $i=\dfrac{A_1(1+C\lg P)}{(t+b)^n}$ 型的总公式

(1) 根据附表 6 的 P、i、t 关系值，在半对数格纸上画出各历时的 P-i 点及其连线，见附图 5。

(2) 求 P_0（即求定公式 $i=0$ 时之 P 值，按求定公式计算的各历时 P-i 点连线延长后共同交于该点)：于附图 5，对 20min 的各 P-i 点进行适线，交于 $i=0$ 基线上，得 $P_0=0.059$。由 $P_0=0.059$ 向 9 个历时的 P-i 点分别进行适线，截取 $P=1$a 的 i 值如下：

i	5	10	15	20	30	45	60	90	120
$i_v=1$	1.86	1.50	1.27	1.12	0.92	0.73	0.62	0.485	0.405

P_0 是一个基本参数，它的取值对于 C、b、n、A 都有直接或间接的影响。

确定的 P_0 一般都在 20min P-i 点的适线与 $i=0$ 基线的交点附近，可以该交点作为初值，按下述要求进行摆动调整，直到 9 个历时都能达到适线较好为止：

1) 要使有尽可能多的历时其适线与 P-i 点连线吻合或贴近。

2) 适线与 P-i 点连线形成交角的，要使剪刀差面积总和最小。

3) 适线时不要只是单纯地吻合 P-i 点连线，而要同时兼顾由公式参数 b 与 n 所反映的强度递减变化规律，两方面都应套得较好。

4) 当在各历时上难于做到每条适线都能与 P-i 点连线吻合或贴近时，要重点依据 10～60min 这一段历时，但其他历时仍应尽量参考，不应完全不顾。当在各重现期上难于做到每个计算点都能与 t-i 点吻合或接近时，要重点依据 0.5～10a（当资料年数少时，可将高限降低为 5a、3a）这一段重现期，但其他重现期仍应尽量参考，不应完全不顾。

试将 P_0 调整为 0.054、0.056、0.058、0.062，分别适线，计算其均方差，均较 $P_0=0.059$ 时为大，确定 $P_0=0.059$。

(3) 求 b、n：将截取各历时的 $i_{p=1}$ 点在双对数格纸上，试凑，得 $b=8.5$，同时确定通过各 $t+8.5$ 点的合适适线，见附图 6。n 值计算如下：

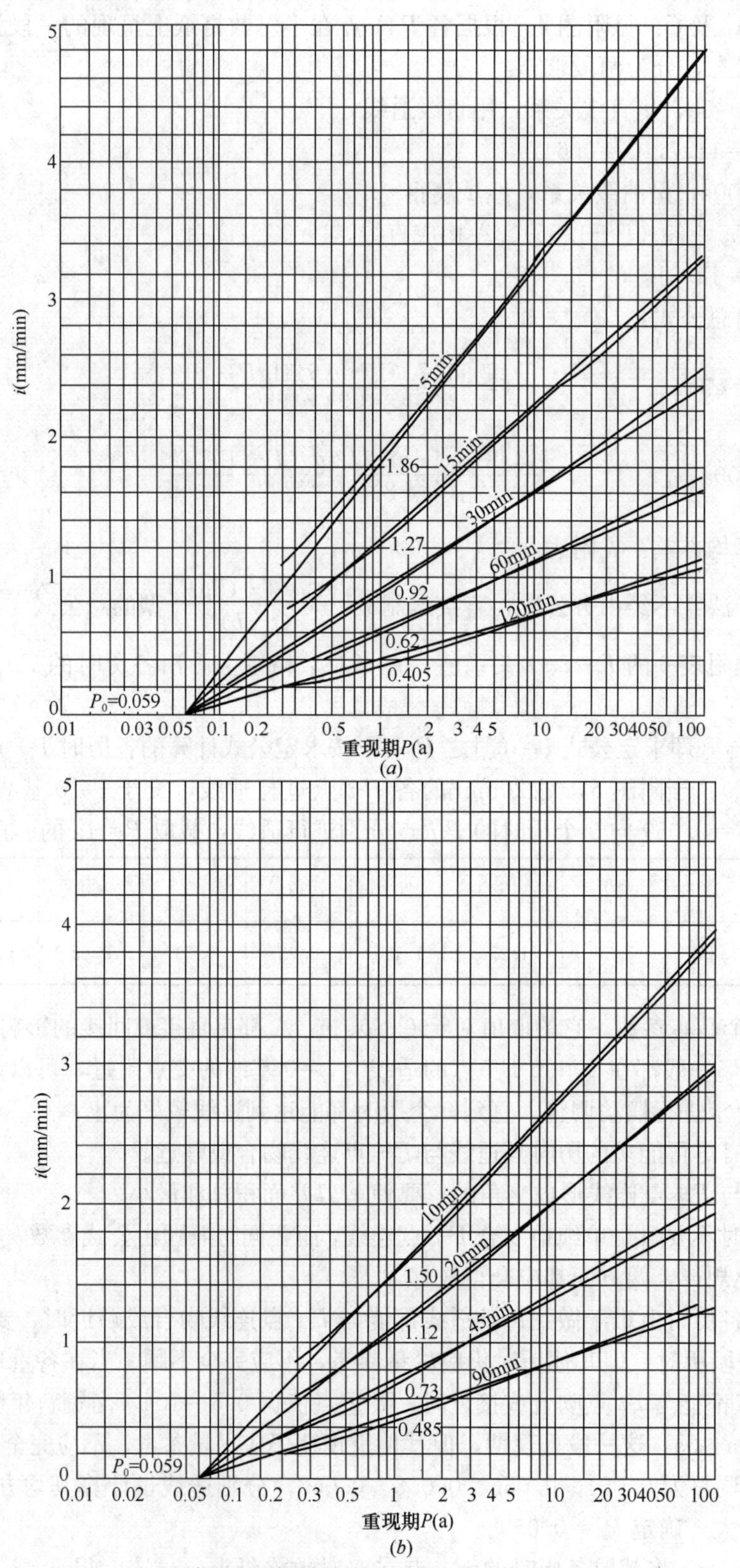

附图5 各历时的 P-i 点连线，求 P

附表9

绝对均方差计算 $\sigma=\sqrt{\frac{\sum d^2}{9}}$

P (a)	根据总公式计算的公式		5	10	15	20	30	45	60	90	120	$\sum d^2$	σ
0.25	$i=\frac{7.185}{(t+8)^{0.737}}$	i_g	1.080	0.875	0.740	0.635	0.495	0.378	0.323	0.248	0.208		
		i_j	1.085	0.854	0.713	0.616	0.492	0.385	0.321	0.245	0.201		
		d	−0.005	0.021	0.027	0.019	0.003	0.007	0.003	0.003	0.007		
		d^2	0.0003	0.00044	0.00073	0.00036	0.00001	0.00005	0	0.00001	0.00005	0.00168	0.014
0.333	$i=\frac{8.118}{(t+8)^{0.732}}$	i_g	1.230	0.985	0.825	0.715	0.565	0.432	0.360	0.273	0.226		
		i_j	1.242	0.979	0.818	0.708	0.566	0.444	0.370	0.283	0.233		
		d	−0.012	0.006	0.007	0.007	−0.001	−0.012	−0.010	−0.010	−0.007		
		d^2	0.00014	0.00004	0.00005	0.00005	0	0.00014	0.00010	0.00010	0.00005	0.00067	0.009
0.5	$i=\frac{9.442}{(t+8)^{0.724}}$	i_g	1.470	1.180	0.965	0.835	0.675	0.516	0.435	0.326	0.267		
		i_j	1.474	1.165	0.975	0.846	0.678	0.533	0.445	0.342	0.281		
		d	−0.004	0.015	−0.010	0.011	−0.003	−0.017	−0.010	−0.016	−0.014		
		d^2	0.00002	0.00023	0.00010	0.00012	0.00001	0.00029	0.00010	0.00026	0.00020	0.00133	0.012
1	$i=\frac{11.700}{(t+8)^{0.711}}$	i_g	1.910	1.520	1.250	1.100	0.895	0.700	0.585	0.442	0.360		
		i_j	1.889	1.499	1.259	1.095	0.881	0.695	0.582	0.449	0.372		
		d	0.021	0.021	−0.009	0.005	0.014	0.005	0.003	−0.007	−0.012		
		d^2	0.00044	0.00044	0.00008	0.00003	0.00020	0.00003	0.00001	0.00005	0.00014	0.00142	0.013
2	$i=\frac{13.958}{(t+8)^{0.698}}$	i_g	2.350	1.850	1.540	1.360	1.120	0.895	0.745	0.566	0.460		
		i_j	2.330	1.856	1.564	1.364	1.102	0.874	0.734	0.569	0.472		
		d	0.020	−0.006	−0.024	−0.004	0.018	0.021	0.011	−0.003	−0.012		
		d^2	0.00040	0.00004	0.00058	0.00002	0.00032	0.00044	0.00012	0.00001	0.00014	0.00207	0.015
3	$i=\frac{15.278}{(t+8)^{0.691}}$	i_g	2.600	2.070	1.720	1.530	1.250	1.000	0.845	0.643	0.533		
		i_j	2.596	2.073	1.750	1.528	1.237	0.983	0.828	0.643	0.535		
		d	0.004	−0.003	−0.030	0.002	0.013	0.017	0.017	0	−0.002		
		d^2	0.00002	0.00001	0.00090	0	0.00017	0.00029	0.00029	0	0	0.00168	0.014

续表

P (a)	根据总公式计算的公式		5	10	15	20	30	45	60	90	120	$\sum d^2$	σ
5	$i=\frac{16.942}{(t+8)^{0.681}}$	i_g	2.930	2.330	1.960	1.740	1.440	1.140	0.975	0.745	0.615		
		i_j	2.954	2.367	2.003	1.752	1.423	1.134	0.957	0.746	0.622		
		d	−0.024	−0.037	−0.043	−0.012	0.017	0.006	0.018	−0.001	−0.007		
		d^2	0.00058	0.00137	0.00185	0.00014	0.00029	0.00004	0.00032	0	0.00005	0.00464	0.023
10	$i=\frac{18.846}{(t+8)^{0.668}}$	i_g	3.420	2.690	2.300	2.020	1.690	1.350	1.150	0.875	0.725		
		i_j	3.397	2.733	2.321	2.035	1.659	1.329	1.125	0.881	0.737		
		d	0.023	−0.043	−0.021	−0.015	0.031	0.021	0.025	−0.006	−0.012		
		d^2	0.00053	0.00185	0.00044	0.00023	0.00096	0.00044	0.00063	0.00004	0.00014	0.00526	0.024
20	$i=\frac{20.506}{(t+8)^{0.655}}$	i_g	3.810	3.070	2.570	2.320	1.910	1.550	1.310	1.010	0.840		
		i_j	3.822	3.088	2.630	2.312	1.893	1.522	1.293	1.018	0.854		
		d	−0.012	−0.018	−0.060	0.008	0.017	0.028	0.017	−0.008	−0.014		
		d^2	0.00014	0.00032	0.00360	0.00006	0.00029	0.00078	0.00029	0.00006	0.00020	0.00574	0.025
50	$i=\frac{22.558}{(t+8)^{0.638}}$	i_g	4.450	3.550	2.990	2.700	2.250	1.840	1.550	1.200	1.010		
		i_j	4.391	3.568	3.052	2.692	2.215	1.791	1.528	1.210	1.021		
		d	0.059	−0.018	−0.062	0.008	0.035	0.049	0.022	−0.010	−0.011		
		d^2	0.00348	0.00032	0.00384	0.00006	0.00123	0.00240	0.00048	0.00010	0.00012	0.01203	0.037
100	$i=\frac{24.065}{(t+8)^{0.625}}$	i_g	4.900	3.920	3.320	3.000	2.530	2.050	1.730	1.330	1.140		
		i_j	4.844	3.952	3.391	2.999	2.478	2.012	1.722	1.370	1.160		
		d	0.056	−0.032	−0.071	0.001	0.052	0.038	0.008	−0.040	−0.020		
		d^2	0.00314	0.00102	0.00504	0	0.00270	0.00144	0.00006	0.00160	0.00040	0.01540	0.041

P=0.25～100a，$\sum\sigma=0.227$，$\bar{\sigma}=0.021$

P=0.25～10a，$\sum\sigma=0.124$，$\bar{\sigma}=0.016$

P=20～100a，$\sum\sigma=0.103$，$\bar{\sigma}=0.034$

附表 10

绝对均方差计算 $\sigma=\sqrt{\frac{\sum d^2}{9}}$

P (a)	根据总公式计算的公式		5	10	15	20	30	45	60	90	120	$\sum d^2$	σ
0.25	$i=\frac{5.48116}{(t+8.5)^{0.675}}$	i_g	1.080	0.875	0.740	0.635	0.495	0.378	0.323	0.248	0.208		
		i_j	0.946	0.765	0.651	0.571	0.466	0.373	0.316	0.247	0.207		
		d	0.134	0.110	0.089	0.064	0.029	0.005	0.007	0.001	0.001		
		d^2	0.01796	0.01210	0.00792	0.00410	0.00084	0.00003	0.00005	0	0	0.04300	0.069
0.333	$i=\frac{6.57054}{(t+8.5)^{0.675}}$	i_g	1.230	0.985	0.825	0.715	0.565	0.432	0.360	0.273	0.226		
		i_j	1.134	0.917	0.780	0.685	0.559	0.448	0.379	0.297	0.248		
		d	0.096	0.068	0.045	0.030	0.006	−0.016	−0.019	−0.024	−0.022		
		d^2	0.00922	0.00462	0.00203	0.00090	0.00004	0.00026	0.00036	0.00058	0.00048	0.01849	0.045
0.5	$i=\frac{8.11508}{(t+8.5)^{0.675}}$	i_g	1.470	1.180	0.965	0.835	0.675	0.516	0.435	0.326	0.267		
		i_j	1.401	1.132	0.963	0.846	0.690	0.553	0.468	0.366	0.306		
		d	0.069	0.048	0.002	−0.011	−0.015	−0.037	−0.033	−0.040	−0.039		
		d^2	0.00476	0.00230	0	0.00012	0.00023	0.00137	0.00109	0.00160	0.00152	0.01299	0.038
1	$i=\frac{10.74909}{(t+8.5)^{0.675}}$	i_g	1.910	1.520	1.250	1.100	0.895	0.700	0.585	0.442	0.360		
		i_j	1.855	1.500	1.276	1.120	0.915	0.732	0.620	0.485	0.405		
		d	0.055	0.020	−0.026	−0.020	−0.020	−0.032	−0.035	−0.043	−0.405		
		d^2	0.00303	0.00040	0.00068	0.00040	0.00040	0.00103	0.00122	0.00185	0.00203	0.01104	0.035
2	$i=\frac{13.38292}{(t+8.5)^{0.675}}$	i_g	2.350	1.850	1.540	1.360	1.120	0.895	0.745	0.566	0.460		
		i_j	2.310	1.867	1.589	1.395	1.139	0.912	0.772	0.604	0.505		
		d	0.040	−0.017	−0.049	−0.035	−0.019	−0.017	−0.027	−0.038	−0.045		
		d^2	0.00160	0.00029	0.00240	0.00122	0.00036	0.00029	0.00073	0.00144	0.00203	0.01036	0.034
3	$i=\frac{14.92366}{(t+8.5)^{0.675}}$	i_g	2.600	2.070	1.720	1.530	1.250	1.000	0.845	0.643	0.533		
		i_j	2.576	2.082	1.772	1.555	1.270	1.017	0.861	0.673	0.563		
		d	0.024	−0.012	−0.052	−0.025	−0.020	−0.017	−0.016	−0.030	−0.030		
		d^2	0.00058	0.00014	0.00270	0.00063	0.00040	0.00029	0.00026	0.00090	0.00090	0.00680	0.027

续表

P (a)	根据总公式计算的公式		5	10	15	20	30	45	60	90	120	$\sum d^2$	σ
5	$i=\frac{16.86477}{(t+8.5)^{0.675}}$	i_g	2.930	2.330	1.960	1.740	1.440	1.140	0.975	0.745	0.615		
		i_j	2.911	2.353	2.002	1.758	1.435	1.149	0.972	0.761	0.636		
		d	0.019	−0.023	−0.042	−0.018	0.005	−0.009	0.003	−0.016	−0.021		
		d^2	0.00036	0.00053	0.00176	0.00032	0.00003	0.00008	0.00001	0.00026	0.00044	0.00379	0.021
10	$i=\frac{19.49869}{(t+8.5)^{0.675}}$	i_g	3.420	2.690	2.300	2.020	1.690	1.350	1.150	0.875	0.725		
		i_j	3.365	2.721	2.315	2.032	1.659	1.329	1.124	0.880	0.735		
		d	0.055	−0.031	−0.015	−0.012	0.031	0.021	0.026	−0.005	−0.010		
		d^2	0.00303	0.00096	0.00023	0.00014	0.00096	0.00044	0.00068	0.00003	0.00010	0.00657	0.027
20	$i=\frac{22.13260}{(t+8.5)^{0.675}}$	i_g	3.810	3.070	2.570	2.320	1.910	1.550	1.310	1.010	0.840		
		i_j	3.820	3.088	2.628	2.307	1.883	1.508	1.276	0.999	0.835		
		d	−0.010	−0.018	−0.058	0.013	0.027	0.042	0.034	0.011	0.005		
		d^2	0.00010	0.00032	0.00336	0.00017	0.00073	0.00176	0.00116	0.00012	0.00003	0.00775	0.029
50	$i=\frac{25.61445}{(t+8.5)^{0.675}}$	i_g	4.450	3.550	2.990	2.700	2.250	1.840	1.550	1.200	1.010		
		i_j	4.421	3.574	3.041	2.670	2.179	1.745	1.477	1.156	0.966		
		d	0.029	−0.024	−0.051	0.030	0.071	0.095	0.073	0.044	0.044		
		d^2	0.00084	0.00058	0.00260	0.00090	0.00504	0.00903	0.00533	0.00194	0.00194	0.02820	0.056
100	$i=\frac{28.24837}{(t+8.5)^{0.675}}$	i_g	4.900	3.920	3.320	3.000	2.530	2.050	1.730	1.330	1.140		
		i_j	4.875	3.941	3.354	2.944	2.403	1.925	1.629	1.275	1.065		
		d	0.025	−0.021	−0.034	0.056	0.127	0.125	0.101	0.055	0.075		
		d^2	0.00063	0.00044	0.00116	0.00314	0.01613	0.01562	0.01020	0.00303	0.00563	0.05598	0.079

$P=0.25\sim100$，$\bar{\sigma}=0.042$

$P=0.333\sim10$，$\bar{\sigma}=0.032$

$\sum\sigma=0.460$

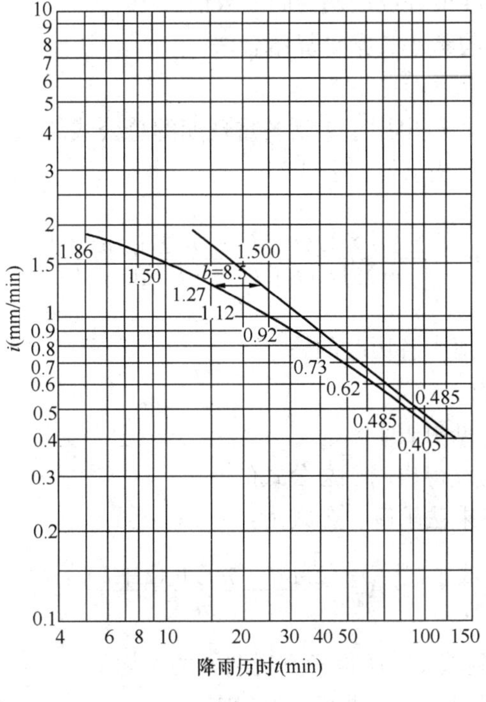

附图6 求 b

$$n=\frac{\lg 1.50-\lg 0.485}{\lg 98.5-\lg 18.5}=\frac{0.17609126-(-0.31425826)}{1.99343623-1.26717173}=\frac{0.49034052}{0.7262645}=0.675$$

（4）求 A_1：取按10min、90min两个历时算出 A 的平均值：

$$A_1=\frac{1}{2}(1.50\times 18.5^{0.675}+0.485\times 98.5^{0.675})$$

$$=\frac{1}{2}(10.75059+10.74759)$$

$$=10.749$$

$$(A_{10}-A_{90}=0.003,\text{属于精度较高})$$

（5）求 C：

$$C=-\frac{1}{\lg P_0}=-\frac{1}{\lg 0.059}=0.814$$

（6）得出总公式：

$$i=\frac{10.749\ (1+0.814\lg P)}{(t+8.5)^{0.675}}$$

（7）计算均方差：见附表10。由于附图5中各历时的 P-i 点连线并非基本上都是直线，而是两端有弯曲，实用时可按常用的低重现期（P=0.25～10a）与罕用的高重现期限（P=10～100a）两段公式编制，适线情况会较好，均方差会较小。由两段公式算出的

搭接重现期 $P=10a$ 的强度最好设法调为同一数值。

附录 1.1.2.2 图解与最小二乘计算结合法

(1) 求 b：用图解法求解，见附图 2。

将各重现期的 b 平均，得出用于包括各重现期的总公式的 b。

(2) 求 n：用最小二乘法求解，公式为：

$$n=\frac{\sum \lg i \sum \lg(t+b)-m\sum \lg i \lg(t+b)}{m\sum \lg^2(t+b)-[\sum \lg(t+b)]^2} \tag{附式-9}$$

式中 i——P、i、t 关系值中各历时的 i；

m——历时的总项数。

计算时可列表进行，见附表 11。

将各重现期的 n 平均，得出用于总公式的 n。

(3) 求 A：用最小二乘法求解。公式为：

$$\lg A=\frac{\sum \lg i+\bar{n}\sum \lg(t+b)}{m} \tag{附式-10}$$

式中 $\bar{n}$——根据公式（附式-9）所得各重现期 n 的平均值。

计算时可与求 n 合用同一个表进行。见附表 11。

(4) 求 A_1：用最小二乘法求解，公式为：

$$A_1=\frac{\sum A\sum \lg^2 P-\sum A\lg P\sum \lg P}{r\sum \lg^2 P-(\sum \lg P)^2} \tag{附式-11}$$

式中 A——根据公式（附式-10）求得的各重现期的 A 值；

r——重现期的总项数。

计算时可列表进行，见附表 12、附表 13。

(5) 求 C：用最小二乘法求解，公式为：

$$B=\frac{\sum A-rA_1}{\sum \lg P} \tag{附式-12}$$

$$C=\frac{B}{A_1} \tag{附式-13}$$

计算时可与求 A_1 合用同一个表进行，见附表 12、附表 13。

(6) 得出总公式：将以上求得的各参数代入 $i=\frac{A_1(1+C\lg P)}{(t+b)^n}$，即得总公式。

(7) 计算均方差：采用的公式、表格与图解法相同。见附表 14。

【例附 3】 根据附表 6 的 P、i、t 关系值，用图解与最小二乘计算结合法编制北京暴雨强度公式。

【解】 (1) 求 b：用图解法试凑，得各重现期的 b 均等于 8，见附图 2。

(2) 求 n、A：用最小二乘法求 n、A 值，见附表 11。

为了计算方便、提高精度，将总公式按重现期分为两段：

$$P=0.25\sim10\text{a},\ \overline{n}=0.711$$

$$P=20\sim100\text{a},\ \overline{n}=0.642$$

n 值和 A 值计算　　　　**附表 11**

（只列出 P＝0.25a 一个重现期的计算表，说明表格形式及计算步骤，其他重现期的计算表从略）

P＝0.25a，b＝8

序号	t（min）	$t+b$	lg（$t+b$）	$\lg^2$（$t+b$）	i（mm/min）	lg$i$	lg$i$lg（$t+b$）
1	5	13	1.11394	1.24087	1.080	0.03342	0.03723
2	10	18	1.25527	1.57571	0.875	－0.05799	－0.07279
3	15	23	1.36173	1.85430	0.740	－0.13077	－0.17807
4	20	28	1.44716	2.09427	0.635	－0.19723	－0.28542
5	30	38	1.57978	2.49572	0.495	－0.30539	－0.48245
6	45	53	1.72428	2.97313	0.378	－0.42251	－0.72853
7	60	68	1.83251	3.35809	0.323	－0.49080	－0.89940
8	90	98	1.99123	3.96498	0.248	－0.60555	－1.20579
9	120	128	2.10721	4.44033	0.208	－0.68194	－1.43699
$\sum$ $m=9$			14.41311	23.99740		－2.85876	－5.25221

$$n=\frac{\sum\lg i\sum\lg(t+b)-m\sum\lg i\lg(t+b)}{m\sum\lg^2(t+b)-[\sum\lg(t+b)]^2}$$

$$=\frac{-2.85876\times14.41311-9\times(-5.25221)}{9\times23.9974-(14.41311)^2}=0.73630$$

$$\lg A=\frac{\sum\lg i+\overline{n}\sum\lg(t+b)}{m}=\frac{-2.85876+0.711\times14.41311}{9}$$

$A=6.622$

P（a）	0.25	0.333	0.5	1	2	3	5	10	20	50	100
n	0.73630	0.75091	0.74890	0.72530	0.70174	0.68668	0.67460	0.66754	0.65407	0.63931	0.63230
分段及累计	P＝0.25～10 $\sum n$＝5.69197								P＝20～100 $\sum n$＝1.92568		
$\overline{n}$	0.711								0.642		

A-P 关系值计算之一（P=0.25～10a） 附表 12

P（a）	A	lgP	$\lg^2 P$	AlgP
0.25	6.622	−0.60206	0.36248	−3.98684
0.333	7.424	−0.47756	0.22806	−3.54541
0.5	8.829	−0.30103	0.09062	−2.65779
1	11.703	0	0	0
2	14.662	0.30103	0.09062	4.41370
3	16.501	0.47712	0.22764	7.87296
5	18.861	0.69897	0.48856	13.18327
10	22.102	1.00000	1.00000	22.10200
r=8 ∑=	106.704	1.09647	2.48798	37.38189

$$A_1=\frac{\sum A\sum \lg^2 P-\sum A\lg P\sum \lg P}{r\sum \lg^2 P-(\sum \lg P)^2}=\frac{106.704\times 2.48798-37.38189\times 1.09647}{8\times 2.48798-(1.09647)^2}=12.004$$

$$B=\frac{\sum A-rA_1}{\sum \lg P}=\frac{106.704-8\times 12.004}{1.09647}=9.733$$

$$C=\frac{B}{A_1}=\frac{9.733}{12.004}=0.811$$

$$i=\frac{12.004(1+0.811\lg P)}{(t+8)^{0.711}}$$

A-P 关系值计算之二（P=20～100a） 附表 13

P（a）	A	lgP	$\lg^2 P$	AlgP
20	19.518	1.30103	1.69268	25.39350
50	22.965	1.69897	2.88650	39.01685
100	25.564	2.00000	4.00000	51.12800
r=3 ∑=	68.047	5.00000	8.57918	115.53835

$$A_1=\frac{68.047\times 8.57918-115.53835\times 5.0}{3\times 8.57918-(5.0)^2}=8.265$$

$$B=\frac{68.047-3\times 8.265}{5.0}=8.6504$$

$$C=\frac{B}{A_1}=\frac{8.6504}{8.265}=1.047$$

$$i=\frac{8.265(1+1.047\lg P)}{(t+8)^{0.642}}$$

这样计算，均方差较小，结果较为满意。

（3）A、P 关系计算：由于 A、P 在单对数格纸上呈折线关系，也按求 n 时所分的两段重现期计算，见附表 12、附表 13。

（4）得出总公式：

$P=0.25$～10a， $i=\dfrac{12.004(1+0.811\lg P)}{(t+8)^{0.711}}$

$P=20$～100a， $i=\dfrac{8.265(1+1.047\lg P)}{(t+8)^{0.642}}$

（5）计算均方差，见附表 14。

绝对均方差计算 $\sigma=\sqrt{\frac{\sum d^2}{m}}$　附表14

P (a)	i_g i_j d d^2	t (min) 5	10	15	20	30	45	60	90	120	$\sum d^2$	σ
0.25	i_g	1.080	0.875	0.740	0.635	0.495	0.378	0.323	0.248	0.208	0.02711	0.055
	i_j	0.992	0.787	0.661	0.575	0.463	0.365	0.306	0.236	0.195		
	d	0.088	0.088	0.079	0.060	0.032	0.013	0.170	0.012	0.013		
	d^2	0.00774	0.00774	0.00624	0.00360	0.00102	0.00017	0.00029	0.00014	0.00017		
0.333	i_g	1.230	0.985	0.825	0.715	0.565	0.432	0.360	0.273	0.226	0.00592	0.026
	i_j	1.187	0.942	0.791	0.688	0.554	0.437	0.366	0.282	0.234		
	d	0.043	0.043	0.034	0.027	0.011	0.005	0.006	0.009	0.008		
	d^2	0.00185	0.00185	0.00116	0.00073	0.00012	0.00003	0.00004	0.00008	0.00006		
0.5	i_g	1.470	1.180	0.965	0.835	0.675	0.516	0.435	0.326	0.267	0.00247	0.017
	i_j	1.465	1.162	0.976	0.849	0.683	0.539	0.452	0.348	0.288		
	d	0.005	0.018	0.011	0.014	0.008	0.023	0.017	0.022	0.021		
	d^2	0.00003	0.00032	0.00012	0.00020	0.00006	0.00053	0.00029	0.00048	0.00044		
1	i_g	1.910	1.520	1.250	1.100	0.895	0.700	0.585	0.442	0.360	0.00461	0.023
	i_j	1.938	1.538	1.292	1.123	0.904	0.713	0.598	0.461	0.381		
	d	0.028	0.018	0.042	0.023	0.009	0.013	0.013	0.019	0.021		
	d^2	0.00078	0.00032	0.00176	0.00053	0.00008	0.00017	0.00017	0.00036	0.00044		
2	i_g	2.350	1.850	1.540	1.360	1.120	0.895	0.745	0.566	0.460	0.01388	0.039
	i_j	2.411	1.913	1.607	1.397	1.125	0.888	0.744	0.573	0.474		
	d	0.061	0.063	0.067	0.037	0.005	0.007	0.001	0.007	0.014		
	d^2	0.00372	0.00397	0.00449	0.00137	0.00003	0.00005	—	0.00005	0.00020		
3	i_g	2.600	2.070	1.720	1.530	1.250	1.000	0.845	0.643	0.533	0.01795	0.045
	i_j	2.688	2.133	1.791	1.558	1.254	0.990	0.829	0.639	0.529		
	d	0.088	0.063	0.031	0.028	0.004	0.01	0.016	0.004	0.004		
	d^2	0.00774	0.00397	0.00504	0.00078	0.00002	0.00010	0.00026	0.00002	0.00002		
5	i_g	2.930	2.330	1.960	1.740	1.440	1.140	0.975	0.745	0.615	0.02541	0.053
	i_j	3.036	2.409	2.024	1.760	1.416	1.118	0.936	0.722	0.597		
	d	0.106	0.079	0.064	0.020	0.024	0.022	0.039	0.023	0.018		
	d^2	0.01124	0.00624	0.00410	0.00040	0.00058	0.00048	0.00152	0.00053	0.00032		
10	i_g	3.420	2.690	2.300	2.020	1.690	1.350	1.150	0.875	0.725	0.03210	0.060
	i_j	3.509	2.784	2.339	2.034	1.637	1.292	1.082	0.835	0.690		
	d	0.089	0.094	0.039	0.014	0.053	0.058	0.068	0.040	0.035		
	d^2	0.00792	0.00884	0.00152	0.00020	0.00281	0.00336	0.00462	0.00160	0.00123		

续表

P (a)	i_g i_j d d^2	t (min)										
		5	10	15	20	30	45	60	90	120	$\sum d^2$	σ
20	i_g	3.810	3.070	2.570	2.320	1.910	1.550	1.310	1.010	0.840	0.00659	0.027
	i_j	3.762	3.053	2.608	2.299	1.889	1.526	1.300	1.028	0.866		
	d	0.048	0.017	0.038	0.021	0.021	0.024	0.010	0.018	0.026		
	d^2	0.00230	0.00029	0.00144	0.00044	0.00044	0.00058	0.00010	0.00032	0.00068		
50	i_g	4.450	3.550	2.990	2.700	2.250	1.840	1.550	1.200	1.010	0.01175	0.036
	i_j	4.425	3.591	3.068	2.704	2.223	1.795	1.530	1.210	1.019		
	d	0.025	0.041	0.078	0.004	0.027	0.045	0.020	0.010	0.009		
	d^2	0.00063	0.00168	0.00608	0.00002	0.00073	0.00203	0.00040	0.00010	0.00008		
100	i_g	4.900	3.920	3.320	3.000	2.530	2.050	1.730	1.330	1.140	0.02283	0.050
	i_j	4.927	3.998	3.416	3.011	2.475	1.999	1.703	1.347	1.135		
	d	0.027	0.078	0.096	0.011	0.055	0.051	0.027	0.017	0.005		
	d^2	0.00073	0.00608	0.00922	0.00012	0.00303	0.00260	0.00073	0.00029	0.00003		
												$\overline{\sigma}=0.039$

附录1.2 城市暴雨公式的统计方法

城市暴雨公式的统计方法系同济大学提出的方法。

暴雨公式的制订方法，需由多年自记雨量资料，通过概率计算，以推测未来暴雨强度的变化规律，据此统计暴雨公式。暴雨公式的精度决定于基础资料的可靠性及其统计方法的合理性。

这里简要介绍本统计方法的理论根据及其特点、电算统计的程序、手算统计的步骤，并附一实例。

附录1.2.1 频率分布计算

在暴雨公式制订中，根据自记雨量资料推求暴雨强度的频率分布规律，是预测暴雨的依据，它决定着所用频率-强度-历时关系的可靠性，因为单个观测值充满着偶然性，同一经验频率的不同历时的观测值并不真正是同频率的，即是低重现期的观测值，其可能偏差也往往达10%～20%，可见观测值如不进行概率计算，统计公式的基础资料的可靠性就缺乏保证，只有多年系列资料规律才具有必然性。因此，必须以系列实测资料推求样本规律，以样本规律作为总体规律，由所得的频率-强度-历时关系统计暴雨公式。

不同选样方法的频率分布形态是不同的，城市暴雨公式常用于历时较短、重现期较低的范围，常常用一年选多个样（4～8个）法或用超定量法选样，其频率分布形态呈高偏态乙形分布，用指数分布配合可获得较高的精度。指数分布是二参数公式，具有计算简易

（便于手算或电算）且精度高的特点。过去国内常用皮尔逊Ⅲ型分布配合，它是三参数公式，在理论上虽然能概括前者，但计算极为复杂（不论手算或电算），难以达到理论精度，它对于短历时高偏态暴雨的配合往往不够理想。1981 年 6 月 14 日周文德教授在第二届城市暴雨排水国际会议上指出：概率的考虑是预测暴雨的核心问题，用二参数频率分布模型代替三参数皮尔逊Ⅲ型模型更加切合实际。于 1980 年 10 月至 1982 年 2 月以 65 个城市的暴雨资料，用电算作指数分布与皮尔逊Ⅲ型分布对比计算，得出同样的结论。

指数分布计算公式：

$$x=a\lg T_E+b \quad \text{（附式-14）}$$

式中　x——一定历时的降雨强度；

a——表示离散程度的参数；

b——分布曲线的下限；

T_E——非年最大值法（如一年选多个样法）的重现期。

参数 a 与 b 用最小二乘法求得：

$$a=\frac{\overline{x}\,\overline{\lg T_E}-\overline{x\lg T_E}}{\overline{\lg T_E^2}-(\overline{\lg T_E})^2} \quad \text{（附式-15）}$$

$$b=\overline{x}-a\,\overline{\lg T_E} \quad \text{（附式-16）}$$

用公式（附式-15）、公式（附式-16）不论以手算或电算均可很简易而精确地求得参数 a 与 b，然后由公式（附式-14）可算出一定历时下所需重现期的暴雨强度，基此频率-强度-历时的关系统计暴雨公式。

附录 1.2.2　暴雨公式的统计

暴雨公式形式应以符合暴雨规律为依据，同时要求形式在统计与应用上的简易与方便。目前排水规范应用 $i=\frac{A}{(t+B)^n}=\frac{R+S\lg T_E}{(t+B)^n}$ 式，精度很好。经用 65 个城市资料用电算统计结果见附表 15。

城市暴雨公式统计的对比成果　附表 15

均方差	频率分布		暴雨公式	
	指数分布	皮尔逊Ⅲ型分布	$i=\frac{A}{(t+B)^n}$	$i=\frac{R+S\lg T_E}{(t+B)^n}$
统计城市个数	65	65	65	65
平均绝对均方差	0.052265	0.064654	0.038864	0.070340
平均相对均方差	0.064703	0.079051	0.030981	0.052036

注：1. 指数分布的最佳个数 48（占 73.85%），皮尔逊Ⅲ型分布最佳个数 17（占 26.15%）。

2. $i=\frac{A}{(t+B)^n}$型为不包含频率参变数的公式。

暴雨公式 $i=\frac{A}{(t+B)^n}$为非线性超定方程，用手算法难以直接求解参数，通常用图解法与线性最小二乘法相结合求取参数。我们采用最优化的方法，用电算解非线性方程组，获得高精度的公式。

暴雨公式 $i=\frac{A}{(t+B)^n}$三参数 A、B、n 的推求，即解以下非线性方程组：

$$\begin{bmatrix} \sum_{j=1}^{N}\left(\frac{-1}{(t_j+B_0)^{n_0}}\right)^2 & -\sum_{j=1}^{N}\frac{n_0A_0}{(t_j+B_0)^{2n_0+2}} & -\sum_{j=1}^{N}\frac{A_0\ln(t_j+B_0)}{(t_j+B_0)^{2n_0}} \\ -\sum_{j=1}^{N}\frac{n_0A_0}{(t_j+B_0)^{2n_0+1}} & \sum_{j=1}^{N}\left(\frac{n_0A_0}{(t_j+B_0)^{n_0+1}}\right)^2 & \sum_{j=1}^{N}\frac{A_0^2n_0\ln(t_j+B_0)}{(t_j+B_0)^{2n_0+1}} \\ -\sum_{j=1}^{N}\frac{A_0\ln(t_j+B_0)}{(t_j+B_0)^{2n_0}} & \sum_{j=1}^{N}\frac{A_0^2n_0\ln(t_j+B_0)}{(t_j+B_0)^{2n_0+1}} & \sum_{j=1}^{N}\left(\frac{A_0\ln(t_j+B_0)}{(t_j+B_0)^{n_0}}\right)^2 \end{bmatrix}\begin{bmatrix}\Delta A\\ \Delta B\\ \Delta n\end{bmatrix}$$

$$=\begin{bmatrix} \sum_{j=1}^{N}\left(\frac{-1}{(t_j+B_0)^{n_0}}\right)\left(i_j-\frac{A_0}{(t_j+B_0)^{n_0}}\right) \\ \sum_{j=1}^{N}\frac{n_0A_0}{(t_j+B_0)^{n_0+1}}\left(i_j-\frac{A_0}{(t_j+B_0)^{n_0}}\right) \\ \sum_{j=1}^{N}\frac{A_0\ln(t_j+B_0)}{(t_j+B_0)^{n_0}}\left(i_j-\frac{A_0}{(t_j+B_0)^{n_0}}\right) \end{bmatrix} \quad \text{(附式 -17)}$$

式中　i——暴雨强度；

t——降雨历时；

A、B、n——暴雨公式的三个参数；

A_0、B_0、n_0——参数的初值；

N——降雨历时数；

$\Delta A=A-A_0$；$\Delta B=B-B_0$；$\Delta n=n-n_0$。

暴雨公式 $i=\frac{A}{t+B}$与$i=\frac{A}{t^n}$型，用公式（附式-17）也能计算，因为它只是特例。

附录 1.2.3　暴雨公式统计方法的步骤和程序

附录 1.2.3.1　手算统计方法

（1）选样方法：在自记雨量纸上，按历时 5min、10min、15min、20min、30min、45min、60min、90min、120min，每年选 8 个最大降雨量，计算暴雨强度，按不同历时将历年暴雨强度以大小次序排列，取资料年数 4 倍的最大个数作为统计的基础资料。

（2）经验频率计算：由统计的基础资料，用经验频率公式 $T_E=\frac{N+1}{m}$计算各组暴雨的重现期 T_E，式中 N 为资料年数，m 为序列数。

（3）频率分布计算：用公式（附式-15）、公式（附式-16）列表算出 a 与 b 参数，而后代入公式（附式-14）计算所需 T_E 值的暴雨强度。并制成暴雨强度-降雨历时-重现期表（$T_E=0.25$a、0.333a、0.50a、1.0a、2a、5a、10a、20a、50a、100a），供统计暴雨公式用。

（4）单一重现期的 $i=\frac{A}{(t+B)^n}$式参数的计算：由上述 i-t-T_E 表，以 i 与（$t+B$）值点绘在双对数纸上用摆试法试凑成直线，以求得 B 值（B 常在 10 左右，当有些偏差时能在确定 A 与 n 时得到调整，因而对精度影响不大），然后用最小二乘法解得的求参公式（附式-18)、公式（附式-19）列表计算参数 n 与 A。

$$n=\frac{\sum \lg i\sum \lg(t+B)-m_1\sum[\lg i\lg(t+B)]}{m_1\sum[\lg(t+B)]^2-[\sum \lg(t+B)]^2} \tag{附式-18}$$

$$\lg A=\frac{\sum \lg i+n\sum \lg(t+B)}{m_1} \tag{附式-19}$$

式中　m_1——不同降雨时段的数目。

（5）包含频率变数的 $i=\frac{A}{(t+B)^n}=\frac{R+S\lg T_E}{(t+B)^n}$ 式参数的计算：

由（3）所述的 i-t-T_E 表，求各历时的平均强度 $\bar{i}$，以 $\bar{i}$ 与（$t+B$）作如上点绘求 B 值，并用公式（附式-8）求 n，由该 B 与 n 为地方常数，用公式（附式-19）分别计算各相应重现期的 A 值，而后由 $A=R+S\lg T_E$ 式用最小二乘法解得的求参公式（附式-20）、公式（附式-21）列表计算参数 R 与 S。

$$R=\frac{\sum(\lg T_E)^2\sum A_T-\sum \lg T_E\sum(A_T\lg T_E)}{m_2\sum(\lg T_E)^2-(\sum \lg T_E)^2} \tag{附式-20}$$

$$S=\frac{\sum A_T-m_2R}{\sum \lg T_E} \tag{附式-21}$$

式中　m_2——参与统计公式的单一重现期公式的个数。

附录 1.2.3.2　电算统计方法

指数分布程序和暴雨公式程序略。

附录 1.2.4　暴雨公式统计实例

【例附 4】兹以昆明暴雨资料（1938—1953，共 16 年自记雨量资料）为例，按 $t=5$～120min 各历时每年选样 8 个最大暴雨，以大小序列排列，取最大 64 组资料进行统计。

【解】（1）手算示例：

1）频率分布计算：把附表 16 观测值 i 与 T 点绘在半对数纸上明显地呈直线倾向，证明它用指数分布配合可更良好精度。

昆明暴雨观测值的频率强度历时　　**附表 16**

序列 m	$T_E=\frac{N+1}{m}$	$\lg T_E$	$(\lg T_E)^2$	$t=5$（min）		………	$t=120$（min）	
				i	$i\lg T_E$		i	$i\lg T_E$
1	17.000	1.23045	1.51401	2.500	3.07613	………	0.807	0.99297
2	8.500	0.92942	0.86382	2.433	2.26128	………	0.572	0.53163
3	5.667	0.75335	0.56754	2.400	1.80804	………	0.543	0.40907
⋮	⋮	⋮	⋮	⋮	⋮	⋮	⋮	⋮
⋮	⋮	⋮	⋮	⋮	⋮	⋮	⋮	⋮
62	0.274	−0.56225	0.31612	1.100	−0.61848	………	0.187	−0.10514
63	0.270	−0.56864	0.32335	1.100	−0.62550	………	0.185	−0.10520
64	0.266	−0.57840	0.33454	1.100	−0.63624	………	0.183	−0.10585
$\sum$		−10.35516	11.41012	95.695	−6.112	………	18.893	−0.268
$\frac{\sum}{64}$		−0.16180	0.17828	1.495	−0.095	………	0.295	−0.004

由附表16资料用公式（附式-14）～公式（附式-16）求得指数分布公式 $i=a\lg T_E+b$ 的参数见附表17。

$i=a\lg T_E+b$ 式的参数 a 与 b 　　附表17

参数	t（min）								
	5	10	15	20	30	45	60	90	120
a	0.958	0.738	0.692	0.662	0.538	0.508	0.438	0.342	0.287
b	1.650	1.318	1.123	1.010	0.813	0.660	0.557	0.418	0.342

由指数分布公式算出统计暴雨公式用的频率强度历时见附表18。

统计暴雨公式用的频率强度历时 　　附表18

T_E（a）	t（min）									
	5	10	15	20	30	45	60	90	120	平均
100	3.57	2.78	2.51	2.33	1.89	1.68	1.43	1.10	0.92	2.02
50	3.28	2.58	2.30	2.13	1.73	1.52	1.30	1.00	0.83	1.85
20	2.90	2.28	2.03	1.87	1.51	1.32	1.13	0.86	0.72	1.62
10	2.61	2.06	1.82	1.68	1.35	1.17	1.00	0.76	0.63	1.45
5	2.32	1.83	1.61	1.46	1.19	1.02	0.86	0.66	0.54	1.28
2	1.94	1.54	1.33	1.21	0.98	0.81	0.69	0.52	0.43	1.05
1	1.65	1.32	1.12	1.01	0.81	0.66	0.56	0.42	0.34	0.87
0.5	1.36	1.10	0.92	0.83	0.65	0.51	0.43	0.32	0.26	0.71
0.333	1.19	0.97	0.79	0.70	0.56	0.42	0.35	0.26	0.21	0.61
0.25	1.07	0.87	0.71	0.61	0.49	0.35	0.29	0.21	0.17	0.53
平均	2.19	1.73	1.51	1.38	1.12	0.95	0.80	0.61	0.51	

2）$i=\frac{A}{(t+B)^n}$ 型（单一重现期）暴雨公式的统计：以附表18资料 i 与 t 直接点绘在双对数纸上呈一上凸曲线；以 $\frac{1}{i}$ 与 t 点绘到方格纸上也呈上凸曲线，可见用 $i=\frac{A}{t^n}$ 与 $i=\frac{A}{t+B}$ 型公式均不理想。经用 i 与（$t+B$）在双对数纸上以摆试法求得当 $B=10$ 时各重现期的 i 与（$t+10$）都呈直线，据此取 $B=10$，用公式（附式-18）、公式（附式-19）列附表19计算，求得各重现期的公式参数见附表20。

昆明 $i=\frac{A}{(t+B)^n}$ 型公式统计 　　附表19

t（min）	lg(t+10)	[lg(t+10)]²	T_E=100a			……	T_E=0.25a		
			i	lg$i$	lg$i$lg(t+10)	……	i	lg$i$	lg$i$lg(t+10)
5	1.17609	1.38318	3.57	0.55267	0.64998	……	1.08	0.02938	0.03455
10	1.30103	1.69267	2.78	0.44404	0.57770	……	0.87	−0.06048	−0.07868
15	1.39794	1.95423	2.51	0.39967	0.55871	……	0.71	−0.14874	−0.20792

续表

t (min)	lg(t+10)	[lg(t+10)]²	T_E=100a			……	T_E=0.25a		
			i	lgi	lgilg(t+10)	……	i	lgi	lgilg(t+10)
20	1.47712	2.18188	2.33	0.36736	0.54263	……	0.61	−0.21467	−0.31709
30	1.60206	2.56659	1.89	0.27646	0.44290	……	0.49	−0.30980	−0.49631
45	1.74036	3.02885	1.68	0.22531	0.39212	……	0.35	−0.45593	−0.79348
60	1.84510	3.40439	1.43	0.15534	0.28661	……	0.29	−0.53760	−0.99192
90	2.00000	4.00000	1.10	0.04139	0.08278	……	0.21	−0.67778	−1.35558
120	2.11394	4.46874	0.92	−0.03621	−0.07654	……	0.17	−0.76955	−1.62678
Σ	14.65364	24.67953	18.21	2.42603	3.45689	……	4.77	−3.14517	−5.83319

$i=\frac{A}{(t+B)^n}$型公式的参数值 **附表20**

参数	T_E (a)									
	100	50	20	10	5	2	1	0.5	0.333	0.25
A	17.7	16.8	15.3	14.4	13.4	12.3	11.7	11.0	10.9	11.6
B	10	10	10	10	10	10	10	10	10	10
n	0.601	0.611	0.623	0.636	0.653	0.684	0.724	0.767	0.810	0.868

3）$i=\frac{R+S\lg T_E}{(t+B)^n}$暴雨公式的统计：

① 求取地区参数B与n：由附表18中不同历时的平均强度$\bar{i}$，以$\bar{i}$与（$t+B$）点绘在双对数纸上，用摆试法绘出直线求得$B=10$，然后用公式（附式-18）列附表21求n。

参数n的计算 **附表21**

t (mm)	lg (t+10)	[lg (t+10)]²	$\bar{i}$	lg$\bar{i}$	lg$\bar{i}$lg (t+10)
5	1.17609	1.38318	2.19	0.34044	0.40039
10	1.30103	1.69276	1.73	0.23804	0.30969
15	1.39794	1.39542	1.51	0.17897	0.25019
20	1.47712	2.18188	1.38	0.13988	0.20662
30	1.60206	2.56659	1.12	0.04922	0.07885
45	1.74036	3.02885	0.95	−0.02227	−0.03875
60	1.84510	3.40439	0.80	−0.09691	−0.17881
90	2.00000	4.00000	0.61	−0.21467	−0.42934
120	2.11394	4.46874	0.51	−0.29243	−0.61818
Σ	14.65364	24.67953		0.32027	−0.01913

$$n=\frac{0.32027\times14.65364-9\times(-0.01913)}{9\times24.67953-(14.65364)^2}=0.659$$

② 求相应B与n的各重现期的A_T：用$B=10$，$n=0.659$以公式（附式-19）求得A_T

值，并列附表22用公式（附式-20）、公式（附式-21）计算得参数R与S。

参数 R 与 S 的计算　　附表22

T_E (a)	$\lg T_E$	$(\lg T_E)^2$	A_T	$A_T \lg T_E$
100	2	4	22.00	44.00000
50	1.69897	2.88650	20.09	34.13230
20	1.30103	1.69268	17.56	22.84608
10	1.00000	1.00000	15.65	15.65000
5	0.69897	0.48856	13.68	9.56191
2	0.30103	0.09062	11.15	3.35648
1	0	0	9.21	0
0.50	−0.30103	0.09062	7.34	−2.20956
0.333	−0.47712	0.22764	6.17	−2.94383
0.25	−0.60206	0.36248	5.29	−3.18490
$\sum$	5.61979	10.83910	128.14	121.20848

$$R=\frac{10.83910\times128.14-5.61979\times121.20848}{10\times10.83910-(5.61979)^2}=9.214$$

$$S=\frac{128.14-10\times9.214}{5.61979}=6.406$$

故

$$i=\frac{9.214+6.406\lg T_E}{(t+10)^{0.659}}$$

4）均方差与相对均方差计算：单一重现期公式与包含频率变数公式的均方差计算见附表23与附表24，前者精度很高，实用价值最大，后者应用范围广，但牺牲精度。

昆明 $i=\dfrac{A}{(t+10)^n}$ 式的均方差与相对均方差计算　　附表23

T_E (a)	t (min)									$\sqrt{\frac{\sum r^2}{m_1}}$	$\frac{\sqrt{\sum r^2/m_1}}{\bar{i}}$ (%)
	5	10	15	20	30	45	60	90	120		
100	−0.10	+0.14	+0.05	−0.04	+0.03	−0.09	−0.05	+0.01	+0.03	0.072	3.58
50	−0.06	+0.11	+0.06	−0.03	+0.03	−0.07	−0.05	—	+0.03	0.057	3.08
20	−0.07	+0.08	+0.04	−0.03	+0.03	−0.06	−0.04	+0.01	+0.02	0.048	2.96
10	−0.04	+0.08	+0.04	−0.02	+0.04	−0.04	−0.03	+0.01	+0.02	0.040	2.76
5	−0.03	+0.06	+0.03	+0.02	+0.02	−0.04	−0.02	—	+0.02	0.031	2.42
2	−0.01	+0.04	+0.04	−0.02	—	−0.02	−0.02	−0.01	+0.01	0.019	1.81
1	—	+0.02	+0.02	−0.01	—	+0.03	−0.02	—	—	0.016	1.84
0.5	+0.02	—	+0.01	−0.03	—	—	−0.01	—	—	0.013	1.83
0.333	+0.03	—	+0.02	−0.01	−0.01	—	—	—	—	0.013	2.13
0.25	+0.03	−0.01	—	−0.01	−0.02	−0.01	—	—	—	0.013	2.45
平均										0.032	2.49

昆明 $i=\frac{9.214+6.406\lg T_E}{(t+10)^{0.659}}$ 式的均方差与相对均方差计算 附表 24

T_E (a)	t (min)									$\sqrt{\frac{\sum r^2}{m_1}}$	$\frac{\sqrt{\sum r^2/m_1}}{\bar{i}}$ (%)
	5	10	15	20	30	45	60	90	120		
100	+0.13	+0.28	+0.13	+0.01	+0.05	−0.11	−0.09	−0.04	−0.03	0.124	6.14
50	+0.09	+0.21	+0.11	—	+0.04	−0.09	−0.08	−0.03	−0.03	0.095	5.16
20	+0.03	+0.16	+0.07	—	+0.03	−0.07	−0.06	−0.02	−0.01	0.068	4.18
10	+0.01	+0.11	+0.05	−0.02	+0.02	−0.06	−0.05	−0.01	—	0.049	3.39
5	+0.02	+0.07	+0.03	—	+0.01	−0.05	−0.03	—	+0.01	0.033	2.58
2	+0.07	+0.01	—	−0.03	—	−0.02	−0.01	+0.02	+0.02	0.028	2.69
1	−0.10	+0.04	−0.02	−0.03	—	—	—	+0.02	+0.03	0.040	4.56
0.5	−0.14	+0.09	−0.05	−0.06	−0.01	−0.01	+0.01	+0.03	−0.03	0.063	8.89
0.333	−0.16	+0.09	−0.05	−0.04	−0.02	+0.02	+0.02	+0.04	+0.04	0.068	11.22
0.25	−0.17	+0.07	−0.07	−0.04	−0.02	+0.03	+0.03	+0.05	+0.05	0.072	13.71
平均										0.064	6.25

(2) 电算成果示例见附表25～附表27。

指数分布 ($i=a\lg T_E+b$) 参数与均方差 附表 25

参数与σ	t (min)								
	5	10	15	20	30	45	60	90	120
a	0.685	0.740	0.676	0.662	0.556	0.506	0.438	0.341	0.284
b	1.638	1.318	1.120	1.010	0.816	0.660	0.556	0.418	0.341
绝对均方差	0.05323	0.03162	0.02793	0.02983	0.03959	0.02107	0.02290	0.01756	0.01798
相对均方差	0.03560	0.02638	0.02762	0.03302	0.05453	0.03643	0.04721	0.04839	0.06093

单一重现期暴雨公式参数与均方差 附表 26

公式	T_E (a)	A	B	n	绝对均方差	相对均方差
$i=\frac{A}{(t+B)^n}$	100	12.229045	11.546298	0.602237	0.051028	0.025432
	50	16.948897	11.316586	0.608101	0.044932	0.024472
	20	15.270769	10.946427	0.617795	0.036256	0.022499
	10	14.021656	10.645458	0.627319	0.030640	0.021267
	5	12.882016	10.339399	0.641105	0.024404	0.019209
	2	11.674239	10.046550	0.671117	0.016362	0.015654
	1	11.023155	9.926493	0.706695	0.010368	0.011847
	0.5	11.205561	10.193014	0.772870	0.004761	0.006755
	0.333	11.972788	10.551709	0.833843	0.002703	0.004469
	0.25	13.583195	11.167741	0.901171	0.003077	0.005758
平均					0.022453	0.015739

包含频率参变数的暴雨公式与均方差　　附表 27

暴雨公式		总绝对均方差	总相对均方差
$i=\frac{R+S\lg T_E}{(t+B)^n}$	$i_1=\frac{10.782+7.475\lg T_E}{(t+10.668)^{0.698}}$	0.096365	0.080779
	$i_2=\frac{8.918+6.183\lg T_E}{(t+10.247)^{0.649}}$	0.074413	0.062345
$i=\frac{KT_E^m}{(t+B)^n}$	$i_2=\frac{8.252T_E^{0.231}}{(t+10.247)^{0.649}}$	0.155550	0.130391
$i=\frac{R+S\lg T_E}{t+B}$	$i_2=\frac{48.904+33.905\lg T_E}{t+27.538}$	0.098154	0.082278
$i=\frac{R+S\lg T_E}{t^n}$	$i_2=\frac{2.897+2.008\lg T_E}{t^{0.392}}$	0.107256	0.089909
$i=\frac{R+S\lg T_E}{(t+10)^n}$	$i_2=\frac{8.699+6.031\lg T_E}{(t+100)^{0.644}}$	0.074494	0.062446

注：i_1 法——用各单一重现期公式的 b 与 n 求取 $\bar{b}$ 与 $\bar{n}$ 的习惯方法。
i_2 法——用统计暴雨公式的 i-T_E-t 表求各历时的平均强度基此求取 b 与 n，经 65 个城市资料作 i_1 法与 i_2 法对比计算，均以 i_2 法为优，精度可提高很多。

附录 1.3　暴雨公式的 CRA 编制方法

暴雨公式的 CRA 编制方法系南京市建筑设计研究院有限责任公司提出的方法。

CRA 方法即采用电子计算机结合复印机、图数转换仪进行大量的数据处理。完成暴雨公式编制工作的系统化方法。该方法有如下特点：

(1) 提高了工作效率，使工作量由人年缩短至 2～4 个工作日。若不计资料搜集时间，则实际只需 6～12h。

(2) 直接以图形输入，提高了工作的可靠性。防止了人工干预产生的错误及遗漏现象。

(3) 摆脱了图解方法，求解过程可采用较高精度。

(4) 无图形输入条件时，仍保留了人工读数输入功能。还可对任何中间成果作后续计算。

完整的工作流程如附图 7。

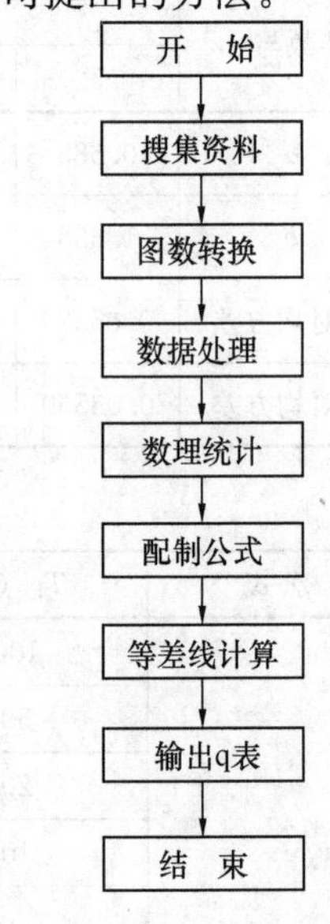

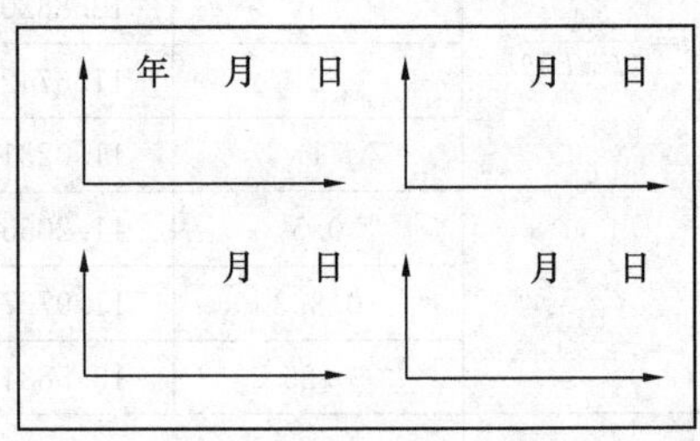

附图 7　CRA 编制工作流程

附录 1.3.1　流程的各个部分及主要计算模式

附录 1.3.1.1　搜集资料

主要搜集对象为“自记雨量计曲线”。原则上使用单站资料并应确保资料的完整性。

应以复印机复制原始记录曲线，每年最好不少于十场较大降雨并标明各场降雨发生的年、月、日。根据当地排水径流情况划分降雨场次，避免遗漏现象。

无复印条件可采用 3 号透明描图纸描制，格式如下：

一张图可描制四场降雨，若降雨历时较长可将几组坐标合用，以墨笔连续描制。

考虑到国内仪器不统一，故需描制每种仪器的原始记录纸一张。

附录 1.3.1.2 图数转换

采用图数转换仪代替人工读出图线数据。以某种记录介质（纸带、磁带、磁盘）将读出的数据录入计算机内，主要转换程式为：

（1）记下该场降雨发生的年、月、日。

（2）标定坐标位置。

（3）扫描降雨曲线，记下各个拐点的坐标（x、y）值。

附录 1.3.1.3 计算机数据处理

主要包括以下几部分工作：

（1）将 x、y 值还原为降雨时间、水深记录，处理雨量计虹吸问题。

（2）计量单位转换。

（3）按规定时段选取每场降雨的最大雨率 i_{max}。

（4）选择并保留最大 N 项统计子样，子样与所在场次同步排序。

（5）将子样按年、时段分组，排列出各时段子样序列的密度直方图。

数据处理遵循以下几项规定：

（1）采用超定量法平衡丰水年与缺水年，平均每年取样 3～5 个。

（2）采用时段、重现期应参照设计手册并结合本地区情况确定。

（3）相邻两场降雨的间隙时间可按本地区最大径流时间考虑。

（4）因仪器误差而作的校正值应将记录曲线向上作相应的延伸，仪器损坏造成记录曲线反常则该场降雨弃之不用。

附录 1.3.1.4 数理统计

采用皮尔逊Ⅲ型频率分布曲线（以下简称 P-Ⅲ分布）。主要工作内容为：

（1）特征参数估算：从已获得的样本来估算均值 $\{\overline{x}\}$、变差系数 $\{C_v\}$、偏差系数 $\{C_s\}$ 三组参数。程序中提供了两种方法供选用。

1）综合法估求：按矩法计算初值，公式为：

$$\overline{x}' = \frac{\sum x_i}{N} \quad \text{（附式 -22）}$$

$$C_v = \sqrt{\frac{\Sigma(K-1)^2}{N-1}} \quad \text{（附式 -23）}$$

$$C_s = \frac{N\Sigma(K-1)^3}{(N-1)(N-2)C_v^3} \quad \text{（附式 -24）}$$

式中 K——$K=\frac{x_i}{\overline{X}}$；

N——子样项数。

以公式（附式-25）求调整系数：

$$a_{c_s}=\frac{(N-1)^{3/2}}{1.9(N-3)}\frac{\Sigma\left(\varphi_i-\frac{1}{N}\Sigma\varphi_i\right)^3}{\left[\Sigma\left(\varphi_i-\frac{1}{N}\Sigma\varphi_i\right)^2\right]^{3/2}}\tag{附式-25}$$

式中 φ_i——离均系数。

调整特征参数：

$$C_s=\frac{C'_s}{a_{c_s}}\tag{附式-26}$$

$$\overline{x}=\frac{\Sigma\varphi_i\Sigma x_i\varphi_i-\Sigma x_i\Sigma\varphi_i^2}{(\Sigma\varphi_i)^2-N\Sigma\varphi_i^2}\tag{附式-27}$$

$$C_v=\frac{\Sigma x_i\Sigma\varphi_i-N\Sigma x_i\varphi_i}{\Sigma\varphi_i\Sigma x_i\varphi_i-\Sigma x_i\Sigma\varphi_i^2}\tag{附式-28}$$

2）适线法：仍以矩法求初值，采用“下山法”优选确定参数｛C_s｝、｛C_v｝、｛$\overline{x}$｝，目标函数为适线最佳，适线指标由公式（附式-29）、公式（附式-30）确定：

均方差：
$$\sigma_D=\sqrt{\frac{\Sigma\ (x_a-x)^2}{N}}\tag{附式-29}$$

相对均方差：
$$\sigma_E=\sqrt{\frac{\Sigma\left(\frac{x_a-x}{x_a}\right)^2}{N}}\tag{附式-30}$$

相对偏离度：
$$E=\Sigma\frac{x_a-x}{x_a}\tag{附式-31}$$

两种方法的适线度均远高于矩法，结果比较可参见例题。

（2）离均系数 φ 值的直接解法：从 P-Ⅲ分布的积分式作变换后可推出 φ 值的直接计算式为：

$$f(\varphi)=P_n-1+\frac{[S(\varphi+S)]^{S2}}{S^2\Gamma(S^2)}$$
$$\left\{e^{-S(\varphi+S)}+\sum_{K=0}^{M}\frac{(-1)^k[S(\varphi+S)]^{k+1}}{K!(K+S^2+1)}\right\}\tag{附式-32}$$

式中 P_n——经验频率；

Γ——函数以切比雪夫多项式计算；

S——$S=\frac{2}{C_s}$。

当 C_s 及 P_n 接近边界条件｛$C_s=0$，$P_n=1$｝时，需对计算式作适当处理。

（3）计算 P、i、t 关系表：由已求得的离均系数 φ_i、变差系数 C_v、均值 $\overline{x}$，可求出相应于各个历时、重现期的理论强度值：

$$i_a=\overline{x}(\varphi_iC_v+1)\tag{附式-33}$$

附录 1.3.1.5 配制公式

配制公式有多种方法。从排水工程的特点出发，按“绝对误差最小”原则，采用直接法配制的 $i=\frac{A}{(t+B)^n}$ 型公式能够较好地适用于不同地区的各类子样，电算程序以此为主，同时编入了按其他原则推导的多种类型的公式（参见南京市建筑设计研究院有限责任公司有关资料）。

配制暴雨公式包括以下几个步骤。

（1）配制单一重现期的公式参数 A、B、n：

$$\frac{\Sigma\frac{i}{(t+B)^{n}}\Sigma\frac{1}{(t+B)^{2n+1}}}{\Sigma\frac{i}{(t+B)^{n+1}}\Sigma\frac{1}{(t+B)^{2n}}}=1 \tag{附式-34}$$

$$A=\frac{\Sigma\frac{i}{(t+B)^{n}}}{\Sigma\frac{1}{(t+B)^{2n}}} \tag{附式-35}$$

$$\left(\frac{i_1}{i_s}\right)^{1/n}(t_m-t_1)-\left(\frac{i_1}{i_m}\right)^{1/n}(t_s-t_1)=t_m-t_s \tag{附式-36}$$

式中　i_1、i_s、i_m——某一重现期雨率值的第一、中间及最后一点；

t_1、t_s、t_m——时段值的第一、中间及最后一点。

配得的三组参数 $\{A\}$、$\{B\}$、$\{n\}$ 须作进一步处理，使 $\{B\}$、$\{n\}$ 在配求分公式的多次反复中逐步优化为单一数值 B、n。

（2）含多重现期的总公式配得的参数 $\{A\}$、$\{B\}$、n 进一步综合为如下形式的总公式：

$$i=\frac{L+K\lg P}{(t+B)^{n}}$$

或标准式：

$$i=\frac{L(1+C\lg P)}{(t+B)^{n}}$$

参数 L、K 按下式计算：

$$L=\frac{\Sigma\lg P_i\Sigma A_i\lg P_i-\Sigma(\lg P_i)^2\Sigma A_i}{(\Sigma\lg P_i)^2-P_0\Sigma(\lg P_i)^2} \tag{附式-37}$$

$$K=\frac{\Sigma\lg P_i\Sigma A_i-P_0\Sigma A_i\lg P_i}{(\Sigma\lg P_i)^2-P_0\Sigma(\lg P_i)^2} \tag{附式-38}$$

$$C=\frac{K}{L} \tag{附式-39}$$

式中　P_0——重现期个数；

P_i——重现期数值。

附录 1.3.1.6　等差线原理

在配制公式参数时，常有同样的子样随不同的人计算而得出不同结果的情况。配得的公式虽适用于当地，但对编制大区域参数等值线时常感难以一致。

若以任意假定的一组（n_1、B_1）值，引用公式（附式-35），可求得 $\{A_1\}$ 序列，进而配求出总公式：

$$i=\frac{L_1(1+C_1\lg P)}{(t+B_1)^{n_1}}$$

依此总公式与 P、i、t 表比较，可求得绝对标准差：$D_1=\Sigma\sigma_i$。再假定另一组（n_2、B_2），又可求出另一个标准差 $D_2=\Sigma\sigma_i$，依次类推可得出 D_3、D_4、D_5……，至足够多时，可在平面坐标系上点出（n、B）坐标点，将相同的 D 值加以连接，这样得到的图形称为等差线图，见附图8。

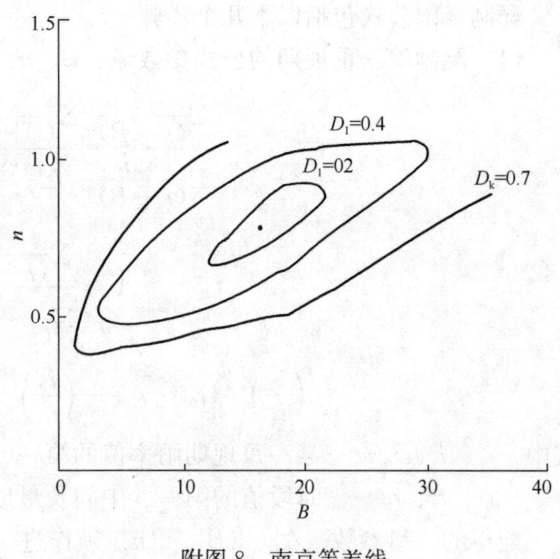

附图8 南京等差线

此图说明：对应于一定的标准差和有效数位，实际存在着一个有限集 A，其子集 $A_j \in A$：

$$A_j = \{n、B、A、L、C \mid D_j = \Sigma \sigma_i\}$$

每一子集 A_j 的数值构成一条闭合的等差线。有限集 A 则包括了可能存在的任何计算结果，其中必定存在一组（n、B、A、L、C）与任一计算者所得参数完全相同，计算的多结果问题可得到完满解释。

等差线呈扁平状，中央部分必有一组具有最小误差的（n、B、A、L、C），可作为地区的代表公式。亦可依一定要求求出一个参数序列｛n、B、A、L、C｝，为编制大区域参数等值线图提供方便，本文给出的电算程序即可提供一个以0.01为 n 值步长，具有最小标准差的参数序列，供编制等值线选用。

附录1.3.1.7 输出 q 表

为方便设计人员使用，计算机将自动选出一组最佳分公式，计算 q 表一套。单位为：L/（hm^2·s）。按给定重现期分页，时段外延至1～200min，可供设计人员直接查用。

附录1.3.2 示例

【例附5】江苏省南通市具有31年资料。计算采用了13个历时：5min、10min、15min、20min、30min、40min、50min、60min、80min、100min、120min、150min、180min；11个重现期：0.25a、0.33a、0.5a、1a、2a、3a、5a、10a、20a、50a、100a。图数转换约6h，各项计算实用1.5h计算机时，以下将分阶段把部分成果以图形及表格形式示例，并将几种特征参数估算方法的结果作一比较。

【解】(1) 数据处理：求出一场降雨中规定历时的最大强度值，输出 x、y 分别为拐点的时间及雨量计算筒内积水深度，见附表28。

每场选取降雨的数据处理及规定历时的最大强度 **附表28**

1949 5 23 [1]

(x)

17.23	17.39	18.06	18.06	18.34	18.43	18.59	19.03	19.24	

(y)

14.8	16.7	19.7	0.0	2.0	3.5	3.6	4.4	5.4	

(I)

5	10	15	20	30	40	50	60	80	100	120	150	180
0.182	0.161	0.129	0.120	0.118	0.116	0.109	0.102	0.100	0.093	0.086	0.069	0.057

从第一场到最后一场降雨，依次计算并输出。

(2) 选出 $N=155$ 项（平均每年取样5个）子样，见附表29。

(3) 同步排列子样所在的场次，见附表30。

子　样　表　　附表29

5	10	15	20	30	40	50	60	80	100	120	150	180
2.782	2.431	2.248	2.106	1.841	1.608	1.420	1.368	1.245	1.090	0.956	0.795	0.673
2.651	2.100	1.828	1.710	1.455	1.257	1.042	0.958	0.889	0.810	0.682	0.556	0.499
2.337	1.886	1.769	1.581	1.257	1.139	1.038	0.916	0.837	0.743	0.630	0.517	0.474
⋮	⋮	⋮	⋮	⋮	⋮	⋮	⋮	⋮	⋮	⋮	⋮	⋮
⋮	⋮	⋮	⋮	⋮	⋮	⋮	⋮	⋮	⋮	⋮	⋮	⋮
⋮	⋮	⋮	⋮	⋮	⋮	⋮	⋮	⋮	⋮	⋮	⋮	⋮
0.529	0.476	0.437	0.400	0.338	0.308	0.271	0.241	0.197	0.174	0.153	0.132	0.118
0.521	0.475	0.428	0.397	0.333	0.306	0.268	0.240	0.196	0.174	0.152	0.131	0.117
0.496	0.475	0.428	0.380	0.332	0.304	0.266	0.237	0.193	0.171	0.152	0.131	0.117

子　样　场　次　　附表30

5	10	15	20	30	40	50	60	80	100	120	150	180
105	105	105	105	105	105	105	105	105	105	105	105	105
56	56	56	78	78	78	78	142	73	142	142	142	73
77	78	132	56	142	142	142	73	142	73	73	73	142
⋮	⋮	⋮	⋮	⋮	⋮	⋮	⋮	⋮	⋮	⋮	⋮	⋮
⋮	⋮	⋮	⋮	⋮	⋮	⋮	⋮	⋮	⋮	⋮	⋮	⋮
40	17	116	58	187	18	195	9	81	83	90	85	85
134	9	59	22	203	71	175	171	100	30	158	158	120
204	101	71	181	181	81	128	8	85	158	85	169	188

表内每一项数字皆标明对应位置的子样所处场次，便于直接查找。

(4) 所选子样按年、时段分组，整理后见附表31。

子　样　分　组　　附表31

〈1949〉						
时段	5	10	15	20	30	40
场次	2	2	2	2	2	2
强度	1.338	0.828	0.753	0.636	0.432	0.327

表中说明1949年的降雨资料仅有6个强度值被选入子样表，且都是来自第2场降雨。

(5) 密度函数直方图数据输出，见附表32。

密度函数直方图数据 附表 32

T=5			M=12	
M	I	UI	FN	F (x)
1	2.782	2	0.0129	0.06774
2	2.592	0	0.0000	0.00000
⋮	⋮	⋮	⋮	⋮
⋮	⋮	⋮	⋮	⋮
⋮	⋮	⋮	⋮	⋮
11	0.877	26	0.1677	0.88063
12	0.687	31	0.2000	1.04998

依表内数据可勾出简单直方图形，可作统计线型的参考。

(6) 数理统计特征值计算结果比较，见附表33、附表34。

矩法计算特征值 附表 33

T	5	10	15	20	30	40	50	60	80	100	120	150	180
C_s	1.171	1.132	1.314	1.404	1.664	1.785	1.847	2.156	2.614	2.806	2.753	2.564	2.276
C_v	0.432	0.362	0.369	0.374	0.378	0.385	0.390	0.396	0.426	0.439	0.435	0.434	0.442
$\overline{x}$	1.100	0.947	0.841	0.753	0.626	0.533	0.465	0.414	0.342	0.292	0.256	0.218	0.194

综合法计算特征值 附表 34

T	5	10	15	20	30	40	50	60	80	100	120	150	180
C_s	1.425	1.379	1.600	1.709	2.026	2.174	2.249	2.625	3.183	3.416	3.352	3.122	2.771
C_v	0.434	0.393	0.399	0.401	0.413	0.429	0.426	0.433	0.479	0.502	0.501	0.484	0.485
$\overline{x}$	1.102	0.949	0.835	0.753	0.612	0.516	0.453	0.406	0.339	0.290	0.249	0.217	0.195

拟合法结果与综合法相近，不再列出。

(7) 三种方法的相对均方误差比较，见附表35。

三种方法的相对均方误差 附表 35

时段	5	10	15	20	30	40	50	60	80	100	120	150	180
矩法	3.367	5.986	5.987	5.864	6.596	6.917	7.227	7.934	8.433	9.180	9.568	8.491	7.633
拟合法	2.604	3.721	4.586	4.518	5.920	6.190	6.543	7.550	7.101	7.255	8.746	6.314	4.159
综合法	2.709	3.774	4.643	4.629	6.130	6.564	6.767	7.653	7.163	7.265	8.765	6.321	4.159

表中反映出拟合法与综合法是非常接近的，以下各表皆是以综合法计算的特征值为依据。

(8) 理论强度 P、i、t 关系，见附表36。

P、i、t关系值　　附表36

P (a)	t (min)												
	5	10	15	20	30	40	50	60	80	100	120	150	180
	i (mm/min)												
0.25	0.710	0.642	0.566	0.511	0.418	0.350	0.310	0.285	0.240	0.206	0.176	0.152	0.132
0.33	0.895	0.789	0.685	0.614	0.489	0.407	0.358	0.317	0.257	0.218	0.187	0.164	0.147
0.50	1.112	0.959	0.832	0.744	0.591	0.493	0.431	0.376	0.299	0.251	0.217	0.192	0.177
1	1.440	1.215	1.062	0.954	0.766	0.646	0.564	0.494	0.402	0.340	0.294	0.259	0.239
2	1.743	1.448	1.297	1.155	0.942	0.803	0.702	0.624	0.526	0.452	0.390	0.339	0.310
3	1.913	1.580	1.403	1.270	1.045	0.895	0.784	0.704	0.605	0.525	0.452	0.390	0.354
5	2.123	1.741	1.557	1.414	1.175	1.013	0.888	0.806	0.709	0.621	0.534	0.456	0.410
10	2.402	1.954	1.762	1.607	1.351	1.174	1.031	0.948	0.856	0.759	0.651	0.550	0.489
20	2.675	2.163	1.964	1.797	1.528	1.336	1.175	1.093	1.008	0.902	0.772	0.647	0.570
50	3.029	2.434	2.229	2.048	1.761	1.550	1.366	1.287	1.214	1.096	0.937	0.779	0.678
100	3.294	2.636	2.427	2.236	1.938	1.713	1.512	1.436	1.374	1.247	1.065	0.880	0.762

（9）配得最优总公式及误差，见附表37。

最优总公式及误差　　附表37

$$i=\frac{12.02\ (1+0.752\lg P)}{(t+17.90)^{0.71}}$$

本公式系删去5min系列后，以12个时段的雨率值配得

P (a)	$\sigma_{绝}$ (mm/min)	$\sigma_{和}$	P (a)	$\sigma_{绝}$ (mm/min)	$\sigma_{和}$
0.25	0.018	0.076	5	0.020	0.028
0.33	0.038	0.126	10	0.022	0.027
0.50	0.052	0.142	20	0.048	0.052
1	0.054	0.117	50	0.090	0.086
2	0.043	0.076	100	0.125	0.108
3	0.033	0.052	$\sum\sigma$	0.543	0.890

（10）输出等差线数据见附表38。

等差线数据　　附表38

$I=A\cdot(1+C\cdot LGP)/(t+B)\uparrow N$					
A	C	B	N	$\sigma_{绝}$ (mm/min)	$\sigma_{相}$
3.06	0.755	0.2	0.42	0.7985	1.3791
3.20	0.755	0.7	0.43	0.7773	1.3470
⋮	⋮	⋮	⋮	⋮	⋮
⋮	⋮	⋮	⋮	⋮	⋮
49.59	0.751	38.3	0.98	0.6120	0.9116
52.29	0.751	39.0	0.99	0.6156	0.9158

（11）输出供设计人员选用的 q 值，见附表 39。

q 值［L/（hm² · s)］ **附表 39**

P=1.00（a）　q=2007/（t+17.90）↑0.71									
249.0	240.1	231.9	224.3	217.3	210.8	204.8	199.1	193.8	188.9
⋮	⋮	⋮	⋮	⋮	⋮	⋮	⋮	⋮	⋮
⋮	⋮	⋮	⋮	⋮	⋮	⋮	⋮	⋮	⋮
45.2	45.1	44.9	44.8	44.6	44.5	44.3	44.2	44.0	43.9

注：表内数据第一行为 1～10min，最末行为 191～200min 的 q 值。

附录 1.3.3 电算程序

电算程序略。

附录 2 “暴雨强度公式”的修订意见

（邓培德执笔）

暴雨强度公式是确定雨水设计流量的重要依据。公式的精度取决于统计资料的可靠性与统计方法的合理性。近年来国内对暴雨公式的研究，取得了一定的进展。在水文统计法的基础上，对选择方法、频率分布、暴雨公式参数求解、电算与非线性方程的应用等有了不少改进，提高了公式的精度。

现将我国暴雨公式的主要编制方法及若干城市暴雨公式收编于后，供参考选用。

附录 2.1 暴雨的选样方法

附录 2.1.1 资料来源

编制暴雨公式的资料应来自当地的自记雨量记录，自记雨量记录可在当地的气象局或水文站取得。

附录 2.1.2 资料年数与选择

记录年数与选样方法有关，按当前规范所用的年多个样法选样，则希望在 20 年以上，最少也要有连续 10 年以上的资料。具有 10 年以上资料统计的公式在用于低重现期时一般已能获得满意的结果。当然资料年份越长越为可靠，适用重现期的范围也越宽广，但工作量也越大。目前我国大多数市县都已具有 30～40 年以上资料。

附录 2.1.3 选样方法

附录 2.1.3.1 降雨时段（历时）的选用

统计城市暴雨公式采用的历时，国内外都统一用 5min、10min、15min、20min、30min、45min、60min、90min、120min 共 9 个时段，个别特大城市需核算暴雨积水的退水时间，则增加 150min、180min、240min 共 12 个时段。

附录 2.1.3.2 每年每个降雨时段选取的暴雨子样个数

暴雨选样在城市暴雨公式中（现国外用年最大值法，我国早年用超定量法，20 世纪 60 年代起用年多个样法），并写入历次排水规范中。原因是当时国内自记雨量资料不多，气象局与水文总站每年各历时分析 8 个最大值，用年多个样法选样资料来源多而方便。现今我国各地都已具有 30～40 年以上的自记雨量资料，特别是自 20 世纪 60 年代后期起国内气象与水利部门已改作年最大值法选择，因此，现今用年多个样法有资料难得、费用大、统计日益麻烦等缺陷。为此，近年不少人建议改用年最大值法选择，该意见是肯定的，条件也已成熟。年最大值法选择是各种历时每年选一个极值，几率意义不同于年多个样法，是1年发生一次的频率年值，资料年份希望在30年以上。

不同选样方法其同一序列的强度是不同的，亦即同一重现期的强度是不等的，年多个样法强度A_E大于年最大值法强度A_M，这是由于年最大值法的大雨年的次大值虽大于小雨年的最大值而不选入的缘故。按概率计算，相同强度的重现期T其年最大值法的T_M与年多个样法的T_E的关系为：

$$T_E = \frac{1}{\ln T_M - \ln(T_M - 1)} \tag{附式-40}$$

由公式（附式-40）可得：T_E与T_M的关系见附表40。

T_E与T_M的关系　　附表40

T_E (a)	0.5	1.0	1.45	5.0	10.0	20.0	50.0	100.0
T_M (a)	1.10	1.58	2.00	5.54	10.52	20.40	50.50	100.5

概率计算表明，只有当$T \geqslant 10a$时，两者强度才较接近，当前城市雨水道设计常用$T_E=1a$，这时T_E与T_M有相当差异，在改用年最大值法选样后需用$T_M=1.58a$才能算得相当于$T_E=1a$的强度，如仍用$T_M=1a$计算，则是把标准降低至T_E不足0.5a重现期。

在水文统计学上选样方法历来有年最大值法与非年最大值法（年超大值法与超定量法）两类，现行《室外排水设计规范（2014年版）》GB 50014—2006所用的年多个样法是属非年最大值法中超定量法类，其几率意义是平均期待值。各历时选用子样个数按最低重现期为0.333a（或0.25a）时，不是选取3（或4）个最大值，而需加倍选取6（或8）个最大值，这是考虑按强度大小序列统计时不致遗漏大雨年的资料。

如上所述，当历时用9个时段，每个时段用（6或8）个最大值时，则每年应选6×9=54（或8×9=72）个最大值雨样。这些降雨资料在20世纪60年代中期以前，一般气象局与水文站都有上述历时的年8个最大值的统计，附表41是气象局的分析样本，往后只做各历时一年一个最大值记录，特殊要求需另作分析。

福州站（气象）1954年各时段最大降水量（mm）　　附表41

序号	项目＼时段（min）	5	10	15	20	30	45	60	90	120
1	降水量	8.3	12.6	18.6	20.4	23.0	30.7	30.8	31.6	33.0
	出现日期	19/6	19/6	19/6	19/6	19/6	19/6	19/6	19/6	19/6
	起讫时间	19：37 19：42	19：35 19：45	19：36 19：51	19：30 19：50	19：27 19：57	19：27 20：12	19：27 20：27	19：27 20：57	19：27 21：27
2	降水量	7.6	11.5	13.9	16.3	16.6	14.8	16.7	17.9	18.0
	出现日期	5/6	5/6	5/6	5/6	5/6	25/4	5/6	25/4	25/4
	起讫时间	14：06 14：11	14：13 14：23	14：03 14：18	13：59 14：19	13：59 14：20	15：35 16：20	18：59 14：59	15：35 17：05	15：35 17：08
3	降水量	6.6	8.7	10.7	12.8	14.1	11.9	16.5	16.8	17.3
	出现日期	17/4	25/4	25/4	25/4	25/4	6/6	25/4	5/6	5/6
	起讫时间	13：45 13：50	14：45 14：55	15：41 15：56	15：41 16：01	15：38 16：08	5：50 6：35	15：35 16：35	13：59 15：29	13：59 15：50

续表

序号	项目＼时段（min）	5	10	15	20	30	45	60	90	120
4	降水量	6.3	8.2	8.9	9.2	10.9	11.0	14.4	16.2	16.9
	出现日期	14/6	17/4	17/4	17/4	14/6	14/6	6/6	6/6	6/6
	起讫时间	13：25 13：30	13：52 14：02	13：45 14：00	13：45 14：05	13：06 13：36	13：06 13：40	5：56 6：56	5：50 7：20	5：30 7：30
5	降水量	5.3	7.1	7.5	8.1	9.9	10.9	11.7	13.7	16.4
	出现日期	24/7	14/6	14/6	14/6	17/4	17/4	17/4	17/2	17/4
	起讫时间	15：10 15：15	13：30 13：40	13：15 13：30	13：10 13：30	13：30 14：00	13：15 14：00	13：18 14：18	10：14 11：44	11：55 13：55
6	降水量	4.6	6.4	6.5	8.0	9.6	9.7	11.4	12.3	14.4
	出现日期	1/6	24/7	9/5	6/6	6/6	10/6	14/6	17/4	29/5
	起讫时间	5：23 5：28	15：10 15：20	17：54 18：09	5：56 6：16	5：50 6：20	9：12 9：57	12：43 13：43	13：13 14：43	17：19 19：19
7	降水量	4.2	5.8	6.4	7.7	8.8	9.3	10.9	12.0	14.2
	出现日期	28/6	3/10	24/7	9/5	6/9	6/9	10/6	29/5	17/2
	起讫时间	14：04 14：09	11：39 11：49	15：10 15：25	17：54 18：14	20：45 21：15	20：45 21：25	9：17 10：17	16：47 18：17	9：56 11：56
8	降水量	4.1	5.7	6.0	6.2	7.9	8.3	9.9	11.5	13.9
	出现日期	3/10	1/6	6/6	7/9	9/5	9/5	17/2	10/6	3/3
	起讫时间	11：39 11：44	5：25 5：35	5：56 6：11	17：16 17：36	17：50 18：20	17：31 18：16	10：14 11：14	9：14 10：40	18：27 20：27

注：本表摘自福建省气象局与水利电力厅水文总站合编的《福建省各时段最大降水量资料》（自记降水记录资料）。

附录 2.1.3.3　所需雨样取自多少场暴雨

上述所需雨样来自多少场暴雨，从两个极端说，最少来自 6（或 8）场暴雨，最多来自 54（或 72）场暴雨。从概率计算前两者是极少出现的。大量资料表明，当每个时段取 6 个最大值时，6×9＝54 个子样一般出现在 9～14 场暴雨之内，取 8×9＝72 个子样一般出现在 12～18 场暴雨之内。有经验的气象水文工作者，可以从 1 年很多场自记雨量记录的暴雨中选出所需要的曲线，而后对每场雨作各时段的最大降雨量分析，降雨时间若不足某一时段，则仍作为此一时段的最大降水量，并记录降雨日期与各时段的实际起讫时间。

有必要在这里提到，原《室外排水设计规范》TJ 14—1974 中，把每年各历时选用 N 个最大值写成 N 场最大暴雨记录，导致有些地区分析暴雨时选择偏低。现行《室外排水设计规范（2014 年版）》GB 50014—2006 中已作了修订。

附录 2.1.3.4　特大值的舍弃及其界限

特大值是指比实测系列资料大得多的稀遇暴雨，它在实测系列资料所点绘的各历时的重现期-强度曲线上远离曲线规律的测点。如50年暴雨记录中挟有500年一遇的暴雨，则该暴雨资料应予舍弃，否则将对计算结果产生相当不利的影响，均方差也会变得很大。通常认为当 $i_t/\overline{i_t} \geqslant 2$（$\overline{i_t}$ 为计入特大值后的系列均值）时，i_t 可作特大值舍弃处理。或可点绘各历时的强度-重现期曲线，对远离规律的测点作特大值舍弃。

附录2.1.3.5 基础雨样：强度-历时-重现期表

由上述所选的年多个样法资料，把时段雨量换算成降雨强度，并按各历时的强度由大至小顺序排列，舍弃特大值后，由经验频率公式计算各序列子样的重现期，删去重现期小于0.33a（或0.25a）的资料，列出基础雨样：强度-历时-重现期表，见附表43。

常用的经验频率公式：

$$P=\frac{m}{N+1}\times 100\% \tag{附式-41}$$

$$T=\frac{1}{P}=\frac{N+1}{m} \tag{附式-42}$$

式中 P——经验频率（%）；

m——雨样由大至小的顺序序列；

N——资料年数；

T——重现期（a）。

基础雨样的强度-历时-重现期表是统计暴雨公式的基础，它的可靠性比统计方法更重要，如果这个基础资料的可靠性差，则任何精确的统计方法都无价值。

附录2.2 频率分布模型

附录2.2.1 频率分布计算的必要性

实测降雨资料是自然界降雨的客观现象的记录，它和其他自然现象一样，对多年的系列来说，含有必然规律的性质，对各个单独资料来说，含有偶然的性质。因此，在理论上应以有限实测系列资料为样本，推求样本规律作为总体规律，据此总体规律统计暴雨公式最为合理。

过去和现在有直接用实测经验频率强度统计公式的。但是，过去的暴雨资料只能证实对已有排水系统过去情况的评价，而暴雨公式统计是用来对未来条件下的排水设计，因为未来充满着不确定性，从而概率计算是必要的方法。大量统计资料表明，用不用概率计算，1a重现期的强度可能偏差达10%以上，10a、20a的有时达20%～30%，为保证暴雨公式精度，作频率分布计算以调整强度是十分必要的。

附录2.2.2 频率分布模型选择

频率分布模型选择是要使模型与资料具有最佳的配合，当然也必须考虑计算的方便性与结果的一致性。我国《室外排水设计规范（2014年版）》GB 50014—2006推荐年多个样法选择用皮尔逊Ⅲ型（P-Ⅲ）分布模型或指数分布模型调整频率强度。

附录2.2.2.1 皮尔逊Ⅲ型分布模型

在暴雨公式统计的频率分布计算中，过去广泛应用皮尔逊Ⅲ型分布模型，该模型是三参数公式，频度分布曲线为一端有限的偏态铃形曲线，它在理论上可以概括很多种分布模型（包括指数分布与耿贝尔分布），但三参数拟合困难，C_s 计算不可靠，需多次试凑，不同的拟合方法与不同的离均系数内插法都能使结果产生一定的差异，用牛顿法电算优化也往往因人而异。手算法极为复杂，难以保证精度，只有具有丰富统计经验的人才能获得满意的结果。

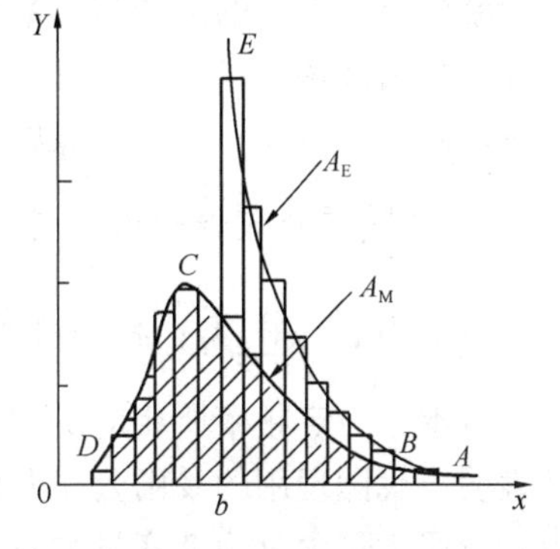

附图 9 频度分布曲线

附录 2.2.2.2 指数分布模型

该模型是二参数公式，频度分布曲线呈高偏态乙形分布（附图 9 中 A_E 曲线），其资料在半对数机率纸上呈一直线，显然可用指数分布表示，这是同济大学于 1982 年在研究我国 65 个大中型城市的暴雨频率分布后提出的。其优点是拟合精度良好，计算简易，可以用计算器手算求得一致的精确结果，近年在全国各地已广泛应用。附表 42 为指数分布与皮尔逊Ⅲ（P-Ⅲ）型分布电算优化的对比情况。

我国年多个样法选样频率分布成果对比 附表 42

统计单位	统计项目	频率分布模型	
		指数分布	P-Ⅲ分布
同济大学 (1982.4)	统计城市数（个）	65	65
	最佳个数与所占比例	48 (73.85%)	17 (26.15%)
福建省城乡规划设计研究院 (1992.5)	统计城市数（个）	14	14
	最佳个数与所占比例	13 (92.86%)	1 (7.14%)

附录 2.2.2.3 耿贝尔分布模型

暴雨选样在城市暴雨公式中现国外用年最大值法，我国早年用超定量法，20 世纪 60 年代起用年多个样法，并写入历次排水规范中。原因是当时国内自记雨量资料不多，气象局与水文总站每年各历时分析 8 个最大值，用年多个样法选样资料来源多而方便。现今我国各地都已具有 30～40 年以上的自记雨量资料，特别是自 20 世纪 60 年代后期起国内气象与水利部门已改作年最大值法选择，因此，现今用年多个样法有资料难得、费用大、统计日益麻烦等缺陷。为此，近年不少人建议改用年最大值法选择，该意见是肯定的，条件也已成熟。

年最大值法选择是各种历时每年选一个极值，几率意义不同于年多个样法，是 1 年发生一次的频率年值，资料年份希望在 30 年以上。其频率分布曲线是偏态铃形分布（如附图 8 中 A_M 曲线），相应的资料在耿贝尔纸上呈一直线，适用于耿贝尔分布模型，拟合精度良好。同济大学用十多个城市对此与电算优化的 P-Ⅲ型分布对比，结果是耿贝尔分布全部优于 P-Ⅲ型分布。

以上三种频率分布模型的具体计算分别见后面各家示例。并由算定的频率分布模型编制统计暴雨公式所需的强度-历时-重现期表。

附录 2.3 暴雨公式的形式与参数推求

暴雨公式形式的选择与参数确定是继频率分布模型后又一要题，它直接影响着能否较好地反映由频率分布模型所确定的强度-历时-重现期表的规律。公式形式的选择应从符合客观暴雨规律出发，同时要兼顾公式形式在统计与应用上的简易性。

国外暴雨公式曾用过多种形式，目前美国主要用 $i=\frac{A}{(t+b)^{n}}$ 型；苏联广泛用 $i=\frac{A}{t^{n}}$ 型；日本用 $i=\frac{A}{t+b}$ 型；我国排水规范用 $i=\frac{A}{(t+b)^{n}}$ 型。对于雨力公式，美国用 $A=kP^{m}$ 型；日本用一定频率所相应的 A 值及其参数；苏联与我国用 $A=A_1$（$1+C\text{tg}P$）型。统计表明，我国现用的暴雨公式及雨力公式的形式是合理的，单一重现期的分公式精度高且统计方便，包含重现期变量的总公式比分公式精度上有损失，但能表示暴雨的整体规律，因而应用广泛。

关于 $i=\frac{A}{(t+b)^{n}}$ 的统计式是三个参数的非线性超定方程，用手算无法直接求解，通常用图解摆试法与线性最小二乘法相结合求参，如用电算则用解析法直接解非线性超定方程最为优化。

暴雨公式 $i=\frac{A_1\ (1+C\lg P)}{(t+b)^{n}}$ 型的参数 n 与 b，过去习惯用各单一频率的 n 与 b 的均值。实践表明，用统计资料 i-t-P 表求各历时的平均强度基此求取 n 与 b，所得公式精度将比上述习惯法为优。

统计雨力公式的重现期，在一般情况下可用 0.25～10a，但对设计重现期要求较高的广场排水、机场排水、防洪沟以及灾害性暴雨积水校核等方面应适当提高统计雨力公式的重现期，一般用 T_E 为 0.25～100a。

值得注意的是，1982 年同济大学对全国 65 个大中城市暴雨资料的统计规律显示：b 与 n 随重现期的增大而减小，通常 b 在 10 左右；令 $b=10$ 计算所产生的偏差，其大部分能在确定 n 与 A 时得到补偿与调整，对精度的实际影响不大，而公式却由三参数变成二参数，可用线性最小二乘法直接求解参数，无论用电算或手算都很方便，其精度仅略低于三参数解析法电算解。当单个城市统计暴雨公式而又缺乏电算应用条件或图解摆试法经验时，值得推荐应用。

暴雨公式求参的各家手算与电算统计方法详见后面有关示例。

附录 2.4 误 差 计 算

分析样本通过频率分布模型求取样本的总体规律，其间必然存在着抽样误差。由频率分布模型所确定的各历时的总体规律在用暴雨公式全面表示强度-历时-重现期时也必然存在着统计误差。误差计算的目的在于检查资料与配置公式的拟合是否良好的程度。上述两种误差的反映通常用绝对均方差与相对均方差表示。

绝对均方差公式为：

$$\sigma = \sqrt{\frac{\sum (x_0 - x)^2}{m_1}} \qquad (附式\text{-}43)$$

相对均方差公式为：

$$\sigma' = \frac{\sigma}{\frac{\sum x_0}{m_1}} = \frac{\sqrt{\sum (x_0 - x)^2 / m_1}}{\bar{x}_0} \qquad (附式\text{-}44)$$

式中　x_0——输入强度；

x——计算强度；

m_1——资料统计数。

排水规范规定：计算抽样误差与暴雨公式均方差，当计算重现期在 0.25～10a 时，在一般强度的地方，平均绝对均方差不宜大于 0.05mm/min。在较大强度的地方，平均相对均方差不宜大于 5%。

附录 2.5　同济大学的暴雨公式统计方法

这里简要介绍本统计方法的理论根据及其特点、手算统计的步骤与实例。电算统计的 P-Ⅲ型分布、指数分布、耿贝尔分布、暴雨公式参数求解等程序从略。

附录 2.5.1　频率分布模型统计

非年最大值法（年多个样法）选样与年最大值法选样其频率分布模型经用大量资料验证，分别用指数分布模型与耿贝尔分布模型最为合适，特别是这两个模型都是二参数公式，便于用手算统计可求得与电算同样精确的参数。

（1）指数分布模型：适用于非年最大值法选样，频率分布形态为乙形分布。

指数分布的几率密度函数公式：

$$Y = f(x) = \alpha e^{-\alpha(x-b)} \qquad (附式\text{-}45)$$

式中　x——水文量；

α——表示离散程度的参数；

b——分布曲线的下限，见附图 10。

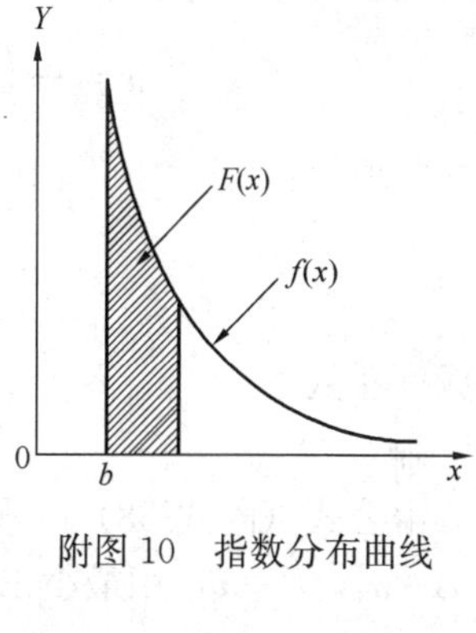

几率分布函数公式：

$$F(x) = \int_b^x f(x) dx = 1 - e^{-\alpha(x-b)} \qquad (附式\text{-}46)$$

超过几率 P_E：

$$P_E = 1 - F(x) = e^{-\alpha(x-b)} \qquad (附式\text{-}47)$$

附图 10　指数分布曲线

因 $T_E = 1/P_E$

故 $T_E = e^{\alpha(x-b)}$

对上式两侧取对数：

$$x = \frac{1}{\alpha}\ln T_E + b = \frac{2.3026}{\alpha}\lg T_E + b$$

$$= \alpha \lg T_E + b \qquad (附式\text{-}48)$$

用最小二乘法可求得公式（附式-48）参数：

$$x = a\lg T_E + b$$

$$a = \frac{\overline{x}\ \overline{\lg T_E} - \overline{x\lg T_E}}{\overline{\lg T_E}^2 - \overline{\lg T_E^2}} \quad \text{（附式 -49）}$$

$$b = \overline{x} - a\ \overline{\lg T_E}$$

列表可把参数 a 与 b 求出，而后得各历时的频率计算公式 x 值。详见附表 43。

（2）耿贝尔分布模型：适用于年最大值法选样，频率分布形态为偏态铃形分布，降雨强度与重现期在耿贝尔纸上呈一直线。耿贝尔分布形式：

$$P(x) = \exp(e^{-(a+x)/c}) \quad \text{（附式 -50）}$$

式中 $P(x)$——耿贝尔分布的非超过几率；

x——水文量；

a、c——统计参数，

$$a = rc - \overline{x} \quad \text{（附式 -51）}$$

$$c = \frac{\sqrt{6}}{\pi}\sigma_x \quad \text{（附式 -52）}$$

式中 r——欧拉常数，r=0.57721；

$\overline{x}$——水文量的平均值；

σ_x——水文量的标准差，$\sigma_x = \sqrt{\overline{x^2} - \overline{x}^2}$。

设超过几率为 P_M：

$$P_M = 1 - P(x) = 1 - \exp(e^{-(a+x)/c}) \quad \text{（附式 -53）}$$

则 $T_M = \frac{1}{P_M}$，即

$$T_M = \frac{1}{1 - \exp(e^{-(a+x)/c})} \quad \text{（附式 -54）}$$

整理公式（附式-54）得：

$$x = -a - c \times \ln[\ln T_M - \ln(T_M - 1)] \quad \text{（附式 -55）}$$

以公式（附式-51）、公式（附式-52）代入公式（附式-55）：

$$x = -\left(r\frac{\sqrt{6}}{\pi}\sigma_x - \overline{x}\right) - \frac{\sqrt{6}}{\pi}\sigma_x \ln[\ln T_M - \ln(T_M - 1)]$$

整理得：

$$x = \overline{x} - \frac{\sqrt{6}\sigma_x}{\pi}\{r + \ln[\ln T_M - \ln(T_M - 1)]\} \quad \text{（附式 -56）}$$

令频度系数 $$K = -\frac{\sqrt{6}}{\pi}\{0.57721 + \ln[\ln T_M - \ln(T_M - 1)]\} \quad \text{（附式 -57）}$$

则 $$x = \sigma_x K + \overline{x} \quad \text{（附式 -58）}$$

由公式（附式-58）以水文量 x 为横轴，K 为纵轴，可在一直角坐标上绘得一直线，令 $A=\sigma_x$，$B=\overline{x}$，用最小二乘法求得：

$$\left.\begin{aligned} x &= AK + B \\ A &= \frac{\overline{K\overline{x}} - \overline{Kx}}{\overline{K}^2 - \overline{K^2}} \\ B &= \frac{\overline{K}\ \overline{Kx} - \overline{K^2}\,\overline{x}}{\overline{x}^2 - \overline{x^2}} = \overline{x} - A\overline{K} \end{aligned}\right\} \quad \text{（附式 -59）}$$

由同一历时的 A_M 资料，按大小序列排列，列表算出各序列的式中有关数值，最后由公式（附式-59）求出 A 与 B 值，从而得该历时的频率计算公式 x 值。详见附表 44。

附录 2.5.2　暴雨公式统计

暴雨公式 $i=\frac{A}{(t+B)^n}$为非线性方程，用手算法难以直接求解参数，通常用图解法与线性最小二乘法相结合求取参数。我们采用最优化的方法，用电算解非线性方程组，获得高精度的公式。

暴雨公式 $i=\frac{A}{(t+B)^n}$三参数 A、B、n 的推荐，即解以下非线性方程组：

$$DF(i,t,C_0)^T \times DF(i,t,C_0) =$$

$$\begin{bmatrix} \sum_{j=1}^{N}\left(\frac{-1}{(t_j+B_0)^{n_0}}\right)^2 & -\sum_{j=1}^{N}\frac{n_0A_0}{(t_j+B_0)^{2n_0+1}} & -\sum_{j=1}^{N}\frac{A_0\ln(t_j+B_0)}{(t_j+B_0)^{2n_0}} \\ -\sum_{j=1}^{N}\frac{n_0A_0}{(t_j+B_0)^{2n_0+1}} & \sum_{j=1}^{N}\left(\frac{n_0A_0}{(t_j+B_0)^{n_0+1}}\right)^2 & \sum_{j=1}^{N}\frac{A_0^2n_0\ln(t_j+B_0)}{(t_j+B_0)^{2n_0+1}} \\ -\sum_{j=1}^{N}\frac{A_0\ln(t_j+B_0)}{(t_j+B_0)^{2n_0}} & \sum_{j=1}^{N}\frac{A_0^2n_0\ln(t_j+B_0)}{(t_j+B_0)^{2n_0+1}} & \sum_{j=1}^{N}\left(\frac{A_0\ln(t_j+B_0)}{(t_j+B_0)^{n_0}}\right)^2 \end{bmatrix} = \begin{pmatrix} a_{11} & a_{12} & a_{13} \\ a_{21} & a_{22} & a_{23} \\ a_{31} & a_{32} & a_{33} \end{pmatrix}$$

（附式 -60）

$$DF(i,t,C_0)^T \times F(i,t,C_0) = \begin{pmatrix} \sum_{j=1}^{N}\left[\frac{-1}{(t_j+B_0)^{n_0}}\right]\left[i_j-\frac{A_0}{(t_j+B_0)^{n_0}}\right] \\ \sum_{j=1}^{N}\frac{n_0A_0}{(t_j+B_0)^{n_0+1}}\left[i_j-\frac{A_0}{(t_j+B_0)^{n_0}}\right] \\ \sum_{j=1}^{N}\frac{A_0\ln(t_j+B_0)}{(t_j+B_0)^{n_0}}\left[i_j-\frac{A_0}{(t_j+B_0)^{n_0}}\right] \end{pmatrix} = \begin{bmatrix} b_1 \\ b_2 \\ b_3 \end{bmatrix}$$

（附式 -61）

式中　i——暴雨强度；

t——降雨历时；

A、B、n——暴雨公式的三个参数；

A_0、B_0、n_0——参数的初值；

N——降雨历时数。

暴雨公式 $i=\frac{A}{t+B}$与 $i=\frac{A}{t^n}$型，用公式（附式-61）也能计算，因为它只是特例。

附录 2.5.3　暴雨公式统计方法的步骤和程序

手算统计方法：

(1) 选样方法：在自记雨量纸上，按历时 5min、10min、15min、20min、30min、45min、60min、90min、120min，每年选 8 个最大降雨量，计算暴雨强度，按不同历时将历年暴雨强度以大小次序排列，取资料年数 4 倍的最大个数作为统计的基础资料。

(2) 经验频率计算：由统计的基础资料，用经验频率公式 $T_E=\frac{N+1}{m}$计算各组暴雨的重现期 T_E，式中 N 为资料年数，m 为序列数。

(3) 频率分布计算：用公式（附式-50）或公式（附式-51）列表算出 a 与 b 或 A 与 B 参数，而后计算所需 T_E 值的暴雨强度。并制成暴雨强度-降雨历时-重现期表（T=0.25a、0.333a、0.50a、1.0a、2a、5a、10a、20a、50a、100a），供统计暴雨公式用。

(4) 单一重现期的 $i=\frac{A}{(t+B)^n}$式参数的计算：由上述 i-t-T 表，以 i 与 $(t+B)$ 值点绘在双对数纸上用摆试法试凑成直线，以求得 B 值（B 常在 10 左右，当有些偏差时能在确定 A 与 n 时得到调整，因而对精度影响不大），然后用最小二乘法解得的求参公式（附式-62）、公式（附式-63）列表计算参数 n 与 A：

$$n=\frac{\Sigma \lg i \Sigma \lg(t+B)-m_1 \Sigma[\lg i \lg(t+B)]}{m_1 \Sigma[\lg(t+B)]^2-[\Sigma \lg(t+B)]^2} \qquad \text{(附式 -62)}$$

$$\lg A=\frac{\Sigma \lg i+n \Sigma \lg(t+B)}{m_1} \qquad \text{(附式 -63)}$$

式中　m_1——不同降雨时段的数目。

(5) 包含频率变数的 $i=\frac{A}{(t+B)^n}=\frac{R+S\lg T_E}{(t+B)^n}=\frac{A_1\ (1+C\ln T_E)}{(t+B)^n}$式参数的计算：

由 3) 所述的 i-t-T 表，求各历时的平均强度 $\bar{i}$，以 $\bar{i}$ 与 $(t+B)$ 作如上点绘求 B 值，并用公式（附式-62）求 n，由该 B 与 n 为地方常数，用公式（附式-63）分别计算各相应重现期的 A 值，而后由 $A=R+S\lg T$ 式用最小二乘法解得的求参公式（附式-64）、公式（附式-65）列表计算参数 R 与 S：

$$R=\frac{\Sigma(\lg T)^2 \Sigma A_T-\Sigma \lg T \Sigma(A_T \lg T)}{m_2 \Sigma(\lg T)^2-(\Sigma \lg T)^2} \qquad \text{(附式 -64)}$$

$$S=\frac{\Sigma A_T-m_2 R}{\Sigma \lg T} \qquad \text{(附式 -65)}$$

式中　m_2——参与统计公式的单一重现期公式的个数。

附录 2.5.4　暴雨公式统计实例

【例附 6】 兹以昆明暴雨资料（1938—1953 年，共 16 年自记雨量资料）为例，按 t=5～120min 各历时每年选样 8 个最大暴雨，以大小序列排列，取最大 64 组资料进行统计。

【解】 (1) 手算示例：

1) 频率分布计算：把附表 43 观测值 i 与 T 点绘在半对数纸上明显地呈直线倾向，证明它用指数分布配合可得良好精度。

昆明暴雨观测值的频率强度历时　　附表 43

序列 m	$T_E=\frac{N+1}{m}$	$\lg T_E$	$(\lg T_E)^2$	t=5 (min)		………	t=120 (min)	
				i	$i\lg T_E$		i	$i\lg T_E$
1	17.000	1.23045	1.51401	2.500	3.07613	………	0.807	0.99297
2	8.500	0.92942	0.86382	2.433	2.26128	………	0.572	0.53163
3	5.667	0.75335	0.56754	2.400	1.80804	………	0.543	0.40907
⋮	⋮	⋮	⋮	⋮	⋮	⋮	⋮	⋮
⋮	⋮	⋮	⋮	⋮	⋮	⋮	⋮	⋮
62	0.274	−0.56225	0.31612	1.100	−0.61848	………	0.187	−0.10514
63	0.270	−0.56864	0.32335	1.100	−0.62550	………	0.185	−0.10520
64	0.266	−0.57840	0.33454	1.100	−0.63624	………	0.183	−0.10585
$\sum$		−10.35516	11.41012	95.695	−6.112	………	18.893	−0.268
$\frac{\sum}{64}$		−0.16180	0.17828	1.495	−0.095	………	0.295	−0.004

由附表 43 资料用公式（附式-58）～公式（附式-60），求得指数分布公式 $i=a\lg T_E+b$ 的参数见附表 44。

$\bar{l}=a\lg T_E+b$ 式的参数 a 与 b　　附表 44

参数	t (min)								
	5	10	15	20	30	45	60	90	120
a	0.958	0.738	0.692	0.662	0.538	0.508	0.438	0.342	0.287
b	1.650	1.318	1.123	1.010	0.813	0.660	0.557	0.418	0.342

由指数分布公式算出统计暴雨公式用的频率强度历时见附表 45。

统计暴雨公式用的频率强度历时　　附表 45

T_E (a)	t (min)									
	5	10	15	20	30	45	60	90	120	平均
100	3.57	2.78	2.51	2.33	1.89	1.68	1.43	1.10	0.92	2.02
50	3.28	2.58	2.30	2.13	1.73	1.52	1.30	1.00	0.83	1.85
20	2.90	2.28	2.03	1.87	1.51	1.32	1.13	0.86	0.72	1.62
10	2.61	2.06	1.82	1.68	1.35	1.17	1.00	0.76	0.63	1.45
5	2.32	1.83	1.61	1.46	1.19	1.02	0.86	0.66	0.54	1.28
2	1.94	1.54	1.33	1.21	0.98	0.81	0.69	0.52	0.43	1.05
1	1.65	1.32	1.12	1.01	0.81	0.66	0.56	0.42	0.34	0.87
0.5	1.36	1.10	0.92	0.83	0.65	0.51	0.43	0.32	0.26	0.71
0.333	1.19	0.97	0.79	0.70	0.56	0.42	0.35	0.26	0.21	0.61
0.25	1.07	0.87	0.71	0.61	0.49	0.35	0.29	0.21	0.17	0.53
平均	2.19	1.73	1.51	1.38	1.12	0.95	0.80	0.61	0.51	

2）$i=\frac{A}{(t+B)^n}$型（单一重现期）暴雨公式的统计：以附表 45 资料 i 与 t 直接点绘在

双对数纸上呈一上凸曲线；以$\frac{1}{i}$与t点绘到方格纸上也呈上凸曲线，可见用$i=\frac{A}{t^n}$与$i=\frac{A}{t+B}$型公式均不理想。经用i与（$t+B$）在双对数纸上以摆试法求得当$B=10$时各重现期的i与（$t+10$）都呈直线，据此取$B=10$，用公式（附式-62）、公式（附式-63）列附表46计算，求得各重现期的公式参数见附表47。

昆明$i=\frac{A}{(t+B)^n}$型公式统计　　**附表46**

t (min)	lg(t+10)	[lg(t+10)]^2	T_E=100a			……	T_E=0.25a		
			i	lg$i$	lg$i$lg(t+10)	……	i	lg$i$	lg$i$lg(t+10)
5	1.17609	1.38318	3.57	0.55267	0.64998	……	1.08	0.02938	0.03455
10	1.30103	1.69267	2.78	0.44404	0.57770	……	0.87	−0.06048	−0.07868
15	1.39794	1.95423	2.51	0.39967	0.55871	……	0.71	−0.14874	−0.20792
20	1.47712	2.18188	2.33	0.36736	0.54263	……	0.61	−0.21467	−0.31709
30	1.60206	2.56659	1.89	0.27646	0.44290	……	0.49	−0.30980	−0.49631
45	1.74036	3.02885	1.68	0.22531	0.39212	……	0.35	−0.45593	−0.79348
60	1.84510	3.40439	1.43	0.15534	0.28661	……	0.29	−0.53760	−0.99192
90	2.00000	4.00000	1.10	0.04139	0.08278	……	0.21	−0.67778	−1.35556
120	2.11394	4.46874	0.92	−0.03621	−0.07654	……	0.17	−0.76955	−1.62678
Σ	14.65364	24.67953	18.21	2.42603	3.45689	……	4.77	−3.14517	−5.83319

$i=\frac{A}{(t+B)^n}$型公式的参数值　　**附表47**

参数	T_E (a)									
	100	50	20	10	5	2	1	0.5	0.333	0.25
A	17.7	16.8	15.3	14.4	13.4	12.3	11.7	11.0	10.9	11.6
B	10	10	10	10	10	10	10	10	10	10
n	0.601	0.611	0.623	0.636	0.653	0.684	0.724	0.767	0.810	0.868

3）$i=\frac{R+S\lg T_E}{(t+B)^n}$暴雨公式的统计：

① 求取地区参数B与n：由附表45中不同历时的平均强度$\bar{i}$，以$\bar{i}$与（$t+B$）点绘在双对数纸上，用摆试法绘出直线求得$B=10$，然后用公式（附式-62）列附表48求n。

参数n的计算　　**附表48**

t (min)	lg（t+10）	[lg（t+10）]^2	$\bar{i}$	lg$\bar{i}$	lg$\bar{i}$lg（t+10）
5	1.17609	1.38318	2.19	0.34044	0.40039
10	1.30103	1.69276	1.73	0.23804	0.30969
15	1.39794	1.95423	1.51	0.17897	0.25019
20	1.47712	2.18188	1.38	0.13988	0.20662

续表

t (min)	lg (t+10)	[lg (t+10)]²	$\bar{i}$	lg$\bar{i}$	lg$\bar{i}$lg (t+10)
30	1.60206	2.56659	1.12	0.04922	0.07885
45	1.74036	3.02885	0.95	−0.02227	−0.03875
60	1.84510	3.40439	0.80	−0.09691	−0.17881
90	2.00000	4.00000	0.61	−0.21467	−0.42934
120	2.11394	4.46874	0.51	−0.29243	−0.61818
Σ	14.65364	24.67953		0.32027	−0.01913

$$n=\frac{0.32027\times14.65364-9\times(-0.01913)}{9\times24.67953-(14.65364)^2}=0.659$$

② 求相应 B 与 n 的各重现期的 A_T：用 $B=10$，$n=0.659$ 以公式（附式-63）求得 A_T 值，并列附表 49 用公式（附式-64）、公式（附式-65）计算得参数 R 与 S。

参数 R 与 S 的计算　　附表 49

T_E (a)	$\lg T_E$	$(\lg T_E)^2$	A_T	$A_T\lg T_E$
100	2	4	22.00	44.00000
50	1.69897	2.88650	20.09	34.13230
20	1.30103	1.69268	17.56	22.84608
10	1.00000	1.00000	15.65	15.65000
5	0.69897	0.48856	13.68	9.56191
2	0.30103	0.09062	11.15	3.35648
1	0	0	9.21	0
0.50	−0.30103	0.09062	7.34	−2.20956
0.333	−0.47712	0.22764	6.17	−2.94383
0.25	−0.60206	0.36248	5.29	−3.18490
Σ	5.61979	10.83910	128.14	121.20848

$$R=\frac{10.83910\times128.14-5.61979\times121.20848}{10\times10.83910-(5.61979)^2}=9.214$$

$$S=\frac{128.14-10\times9.214}{5.61979}=6.406$$

故

$$i=\frac{9.214+6.406\lg T_E}{(t+10)^{0.659}}=\frac{9.214(1+0.695\lg T_E)}{(t+10)^{0.659}}$$

4）均方差与相对均方差计算：单一重现期公式与包含频率变数公式的均方差计算见附表 50 与附表 51，前者精度很高，实用价值最大，后者应用范围广，但牺牲精度。

昆明 $i=\frac{A}{(t+10)^n}$ 式的均方差与相对均方差计算 附表50

T_E (a)	t (min)									$\sqrt{\frac{\sum r^2}{m_1}}$	$\frac{\sqrt{\sum r^2/m_1}}{\bar{i}}$ (%)
	5	10	15	20	30	45	60	90	120		
100	−0.10	+0.14	+0.05	−0.04	+0.03	−0.09	−0.05	+0.01	+0.03	0.072	3.58
50	−0.06	+0.11	+0.06	−0.03	+0.03	−0.07	−0.05	—	+0.03	0.057	3.08
20	−0.07	+0.08	+0.04	−0.03	+0.03	−0.06	−0.04	+0.01	+0.02	0.048	2.96
10	−0.04	+0.08	+0.04	−0.02	+0.04	−0.04	−0.03	+0.01	+0.02	0.040	2.76
5	−0.03	+0.06	+0.03	+0.02	+0.02	−0.04	−0.02	—	+0.02	0.031	2.42
2	−0.01	+0.04	+0.04	−0.02	—	−0.02	−0.02	−0.01	+0.01	0.019	1.81
1	—	+0.02	+0.02	−0.01	—	+0.03	−0.02	—	—	0.016	1.84
0.5	+0.02	—	+0.01	−0.03	—	—	−0.01	—	—	0.013	1.83
0.333	+0.03	—	+0.02	−0.01	−0.01	—	—	—	—	0.013	2.13
0.25	+0.03	−0.01	—	−0.01	−0.02	−0.01	—	—	—	0.013	2.45
平均										0.032	2.49

昆明 $i=\frac{9.214+6.406\lg T_E}{(t+10)^{0.659}}$ 式的均方差与相对均方差计算 附表51

T_E (a)	t (min)									$\sqrt{\frac{\sum r^2}{m_1}}$	$\frac{\sqrt{\sum r^2/m_1}}{\bar{i}}$ (%)
	5	10	15	20	30	45	60	90	120		
100	+0.13	+0.28	+0.13	+0.01	+0.05	−0.11	−0.09	−0.04	−0.03	0.124	6.14
50	+0.09	+0.21	+0.11	—	+0.04	−0.09	−0.08	−0.03	−0.03	0.095	5.16
20	+0.03	+0.16	+0.07	—	+0.03	−0.07	−0.06	−0.02	−0.01	0.068	4.13
10	+0.01	+0.11	+0.05	−0.02	+0.02	−0.06	−0.05	−0.01	—	0.049	3.39
5	+0.02	+0.07	+0.03	—	+0.01	−0.05	−0.03	—	+0.01	0.033	2.58
2	+0.07	+0.01	—	−0.03	—	−0.02	−0.01	+0.02	+0.02	0.028	2.69
1	−0.10	+0.04	−0.02	−0.03	—	—	—	+0.02	+0.03	0.040	4.56
0.5	−0.14	+0.09	−0.05	−0.06	−0.01	−0.01	+0.01	+0.03	−0.03	0.063	8.89
0.333	−0.16	+0.09	−0.05	−0.04	−0.02	+0.02	+0.02	+0.04	+0.04	0.068	11.22
0.25	−0.17	+0.07	−0.07	−0.04	−0.02	+0.03	+0.03	+0.05	+0.05	0.072	13.71
平均										0.064	6.25

（2）电算成果示例见附表52～附表54。

指数分布（$i=a\lg T_E+b$）参数与均方差 附表52

参数与σ	t (min)								
	5	10	15	20	30	45	60	90	120
a	0.958	0.740	0.696	0.662	0.536	0.506	0.438	0.341	0.284
b	1.638	1.318	1.120	1.010	0.816	0.660	0.556	0.418	0.341
绝对均方差	0.05323	0.03162	0.02793	0.02983	0.03959	0.02107	0.02290	0.01756	0.01798
相对均方差	0.03560	0.02638	0.02762	0.03302	0.05453	0.03643	0.04721	0.04839	0.06093

单一重现期暴雨公式参数与均方差　　附表 53

公式	T_E（a）	A	B	n	绝对均方差	相对均方差
$i=\frac{A}{(t+B)^n}$	100	12.229045	11.546298	0.602237	0.051028	0.025432
	50	16.948897	11.316586	0.608101	0.044932	0.024472
	20	15.270769	10.946427	0.617795	0.036256	0.022499
	10	14.021656	10.645458	0.627319	0.030640	0.021267
	5	12.882016	10.339899	0.641105	0.024404	0.019209
	2	11.674239	10.046550	0.671117	0.016362	0.015654
	1	11.023155	9.926493	0.706695	0.010368	0.011847
	0.5	11.205561	10.193014	0.772870	0.004761	0.006755
	0.333	11.972788	10.551709	0.833843	0.002703	0.004469
	0.25	13.583195	11.167741	0.901171	0.003077	0.005758
平均					0.022453	0.015739

包含频率参变数的暴雨公式与均方差　　附表 54

暴雨公式		总绝对均方差	总相对均方差
$i=\frac{R+S\lg T_E}{(t+B)^n}$	$i_1=\frac{10.782+7.475\lg T_E}{(t+10.668)^{0.698}}$	0.096365	0.080779
	$i_2=\frac{8.918+6.183\lg T_E}{(t+10.247)^{0.649}}$	0.074413	0.062345
$i=\frac{KT_E^m}{(t+B)^n}$	$i_2=\frac{8.252T_E^{0.231}}{(t+10.247)^{0.649}}$	0.155550	0.130391
$i=\frac{R+S\lg T_E}{t+B}$	$i_2=\frac{48.904+33.905\lg T_E}{t+27.538}$	0.098154	0.082278
$i=\frac{R+S\lg T_E}{t^n}$	$i_2=\frac{2.897+2.008\lg T_E}{t^{0.392}}$	0.107256	0.089909
$i=\frac{R+S\lg T_E}{(t+10)^n}$	$i_2=\frac{8.699+6.031\lg T_E}{(t+10)^{0.644}}$	0.074494	0.062446

注：i_1 法——用各单一重现期公式的 b 与 n 求取 $\overline{b}$ 与 $\overline{n}$ 的习惯方法。

i_2 法——用统计暴雨公式的 i-T_E-t 表求各历时的平均强度基此求取 b 与 n，经 65 个城市资料作 i_1 法与 i_2 法对比计算，均以 i_2 法为优，精度可提高很多。

【例附 7】以上海暴雨共 60 年自记雨量资料（1919—1978 年），按 $t=5\sim240$min，用年最大值法选样，统计频率分布与暴雨公式。

（1）手算示例：频率分布计算：以附表 55 观测值 i 与 T_M 在耿贝尔纸上点绘，除最大一个极值外，其他测点均密集为一直线，表明用耿贝尔分布模型配合精度良好。最大一个极值与其他值之间有着明显脱离现象，经核算该值为百年以上的特大暴雨，故作舍弃处理。实际统计资料为 59 组。

上海暴雨频率强度历时计算（年最大值法选样） 附表 55

序列 m	$T_M=\frac{N+1}{m}$	K	K^2	$t=5$min			……	$t=240$min		
				X_5	X_5^2	KX_5		X_{240}	X_{240}^2	KX_{240}
1	60.000	2.7358	7.4844	4.280	18.3184	11.7092	…………	0.536	0.2873	1.46639
2	30.000	2.1887	4.7903	3.920	15.3664	8.5797	………	0.524	0.2746	1.14688
⋮	⋮	⋮	⋮	⋮	⋮	⋮	⋮	⋮	⋮	⋮
58	1.034	−1.4076	1.9813	1.280	1.6384	−1.8017	…………	0.129	0.0166	−0.18158
59	1.017	−1.5486	2.3982	1.220	1.4884	−1.8893	…………	0.114	0.0130	−0.17654
$\sum$		−1.1748	49.4215	132.280	322.3728	32.8624	…………	14.349	4.0015	4.68910
$\sum/59$		−0.0199	0.8377	2.242	5.4639	0.5570	…………	0.243	0.0678	0.0795

由附表 55 资料用公式（附式-59）求得耿贝尔分布公式 $x=AK+B$ 的参数见附表 56。

$x=AK+B$ 式的参数 A、B 与均方差 附表 56

参数	t（min）											
	5	10	15	20	30	45	60	90	120	150	180	240
A	0.719	0.502	0.473	0.440	0.398	0.338	0.290	0.226	0.183	0.151	0.125	0.101
B	2.256	1.747	1.499	1.349	1.116	0.868	0.717	0.533	0.427	0.355	0.307	0.245
σ（mm/min）	0.076	0.055	0.039	0.050	0.045	0.035	0.026	0.023	0.024	0.018	0.014	0.013
σ'（%）	3.41	3.17	2.61	3.75	4.07	4.07	3.70	4.26	5.63	4.99	4.52	4.95

由附表 56 得：

总绝对平均均方差 $\bar{\sigma}=0.035$mm/min

总相对平均均方差 $\bar{\sigma}'=4.09\%$

由耿贝尔分布公式算出统计暴雨公式用的频率强度历时见附表 57。

统计暴雨公式用的频率强度历时（耿贝尔分布） 附表 57

T_M（a） \ t（min）	5	10	15	20	30	45	60	90	120	150	180	240	平均
100	4.511	3.322	2.983	2.729	2.364	1.928	1.627	1.242	1.001	0.829	0.699	0.652	1.983
50	4.120	3.048	2.725	2.490	2.148	1.744	1.469	1.119	0.901	0.736	0.631	0.507	1.803
20	3.598	2.684	2.382	2.170	1.859	1.499	1.258	0.955	0.768	0.637	0.540	0.433	1.565
10	3.194	2.402	2.116	1.923	1.635	1.309	1.095	0.828	0.666	0.552	0.470	0.377	1.380
5	2.773	2.100	1.839	1.666	1.402	1.111	0.926	0.696	0.559	0.464	0.397	0.318	1.188
3	2.438	1.874	1.619	1.461	1.217	0.954	0.791	0.590	0.473	0.393	0.339	0.271	1.035
2	2.138	1.665	1.421	1.277	1.051	0.812	0.669	0.496	0.397	0.330	0.286	0.228	0.898
平均	3.253	2.442	2.155	1.959	1.668	1.337	1.119	0.846	0.681	0.568	0.480	0.385	

暴雨公式参数统计用［例附 6］的方法与步骤进行，由此得暴雨分公式参数（见附表 58）与暴雨总公式（见附表 59）。

暴雨分公式 $i=\frac{A}{(t+B)^n}$ 的参数 附表 58

参数	T_M (a)						
	100	50	20	10	5	3	2
A	30.2	28.9	26.0	23.8	21.5	19.9	18.6
B	10	10	10	10	10	10	10
n	0.704	0.719	0.729	0.746	0.754	0.771	0.792

(2) 电算成果及其对比

暴雨公式统计成果 附表 59

项　目	计算方法	成果	总绝对平均均方差 (mm/min)	总相对平均均方差 (%)
耿贝尔分布	手算	见附表 57	0.035	4.09
P-Ⅲ分布	电算	略	0.045	4.82
暴雨分公式	手算	见附表 58	0.072	5.13
	电算	略	0.065	4.64
暴雨总公式	手算	$i_2=\frac{11.206+10.768\lg T_M}{(t+10)^{0.723}}$	0.096	0.068
	电算	$i_2=\frac{11.356+10.933\lg T_M}{(t+11.405)^{0.720}}$	0.094	0.067

注：1. 总平均均方差按 $T_M=2\sim100$a 计算。

2. i_2 意义同附表 54。

附录3　城市暴雨强度公式编制技术导则

（国家气象局执笔）

附录3.1　前　　言

基于历史降雨记录资料，采用数理分析方法，科学表达城市暴雨特征，是一项关键的基础性工作。为规范该项工作的开展，住房和城乡建设部与中国气象局联合制订发布了《城市暴雨强度公式编制和设计暴雨雨型确定技术导则》（以下简称《技术导则》）。以北京某站为例，依据《技术导则》完成暴雨公式的编制。编制流程见附图11。

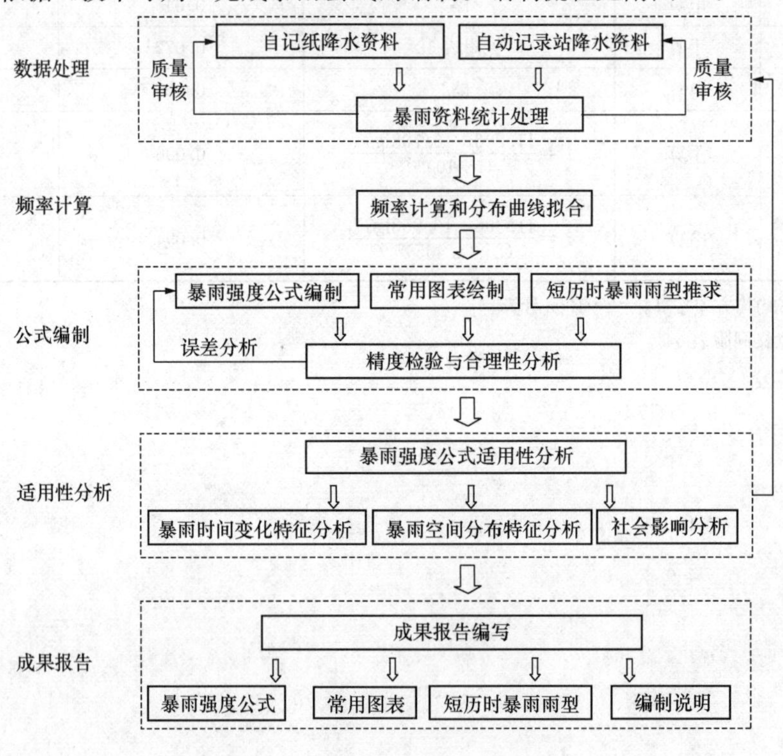

附图11　暴雨强度公式编制流程图

附录3.2　降雨资料和统计样本

附录3.2.1　站点选择

依据《技术导则》要求，可选择的站点种类包括：国家气象站地方基站、地方自动气象站、地方水文站、其他类型雨量站。国家气象站依据国家相关规范标准设置，代表城市降雨特点，可作为推荐代表性站点。地方自动气象站、地方水文站、其他类型雨量站等作为补充代表性站点时，应依据国家有关标准规范对站点选择和数据样本进行科学论证，其中包括：可靠性分析、一致性分析、趋势性分析、周期性分析、相关性分析、代表性分析。国家气象站地方基站周边环境以及其他影响条件发生显著性变化时，亦需要作相同论证。

降雨时空特征分析，是确定代表性站点资料数据年限、代表地域范围的关键工作，因实际情况复杂，各地专业归口管理部门应组织论证，统筹把握。

原始数据质量的影响因素很多，如站点位置、周边地形地貌、站址是否迁移、观测仪器设备型号及变更、资料系列年限、资料缺测或中断、资料整编中的人为因素等，暴雨强度公式编制人员应深入了解实际情况并科学评估，结合实际情况合理应对。

按照《室外排水设计规范（2014 年版）》GB 50014—2006 的要求，对短历时雨量资料进行了整编，选取每年 5min、10min、15min、20min、30min、45min、60min、90min、120min、150min 和 180min 共 11 个历时的最大降雨资料，作为暴雨强度公式的统计样本。

附录 3.2.2 统计样本选取

随机事件序列的频率分析理论和方法是建立在随机、独立样本的基础上，因此统计样本建立须满足随机性、独立性、代表性原则。样本的随机性、独立性、代表性受站点选择、原始数据处理、样本采样等过程影响。

样本建立涉及以下特殊和关键问题的处理方法：

（1）数据筛选

一般地，1440min（24h）降雨量≤10.0mm 的降雨过程不纳入统计样本遴选范围。选取样本时，偶遇特大值时，需要进行专门分析确认。一般地，特大值是指比相应的历史资料序列的平均值（计入特大值后的均值）大 2 倍以上的稀遇暴雨值，例如，在 50 年记录资料中出现 500 年一遇的暴雨，该特大值数据与其他数据相比存在明显偏离。合理取舍特大值有利于理论频率曲线拟合的精度控制。

（2）降雨历时

降雨历时选定主要考虑统计数据密度和实际工程规划设计需要。暴雨强度公式实际应用时，降雨历时应与雨水径流时间一致。单个排水系统泄水范围面积过大将导致排水系统建设的经济性不合理、水力学特征难于保证良好，并影响管道排水效果。从理论上讲，暴雨强度公式属于“短历时暴雨强度公式”。实际工程中，如雨水口、屋面、广场、地下道及立交等雨水量的计算，雨水汇流时间常小于 5min，由于降雨历时越短降雨强度越大，经过理论频率拟合的暴雨强度公式可以外延计算，但计算结果偏小，导致设计偏不安全。各地应注意超短历时（小于 5min）降雨强度的计算问题，合理设置安全系数。条件具备的可以基于降雨资料分析当地超短历时的雨强计算。陆域防涝系统校核时，防涝分区大的地方，有时需要长历时雨强数据，各地应根据需要另行统计。

（3）滑动统计法

滑动统计法的目的是搜寻对应降雨历时的年度最大值雨量。选定降雨历时，设定滑动步长（如 1min），不受日、月界的限制（不跨年界），滑动搜寻该降雨历时内的最大值雨量。同一场次降雨过程中同一种历时降雨不可交叉。

（4）采样方法

可分为年最大值法和非年最大值法，非年最大值法又分为年超大值法、超定量法和年多个样法。

我国在 20 世纪 80 年代以前，排水系统设计重现期较低，如 0.25a、0.33a、0.5a，部分城市降雨资料观测年限较少，城市暴雨强度公式采用年多个样法的较多。尽管年多个样法可涵盖低重现期，但采用年最大值法更适合以年为重现期的周期性水文气象规律的表达，还可使统计样本的随机性、独立性较好。另外，我国城市排水系统的设计重现期已趋于提高到 2a 以上。发达国家均推荐年最大值法。本导则推荐采用年最大值法编制暴雨强度公式。即使利用同一站点同一质控水平的降雨记录原始资料，并采用同样的频率计算和理论频率适线拟合，采用同样的误差控制，采用年最大值法和年多个样法编制的暴雨强度公式所得到的重现期与降雨强度的对应关系也有不同程度的差异。鉴于目前国内大多城市的现行暴雨强度公式多采用年多个样法编制，《技术导则》推荐年最大值法，有必要进行两种采样方法编制的暴雨强度公式的对应关系分析，以合理评价已建排水系统。

（5）样本年限

样本年限的确定应综合考虑降雨规律的代表性、统计误差控制、采样方法等因素，暴雨强度公式编制采用的年最大值法基础资料年限至少需要 30 年以上，通过降雨时间变化特征分析，合理选择资料年限，但需包括最近年份的降雨资料。

附录 3.3　频率计算和分布曲线

频率分布曲线拟合应基于选取的统计样本，采用经验频率曲线或理论频率曲线进行趋势性拟合调整，一般选择理论频率曲线，如皮尔逊Ⅲ型、耿贝尔型和指数型分布函数曲线等。各地宜根据本地降雨特点，选取部分代表站点进行多种频率分布函数的拟合试验，从中选取拟合效果较好的理论频率曲线函数类型。

采用理论频率曲线拟合频率分布曲线时，宜在控制拟合精度的同时，注意频率曲线的总体协调。

根据编制暴雨强度公式重现期的范围要求（2～100a 区间），需对拟合确定的频率分布曲线进行适线外延。

根据确定的频率分布曲线，得出重现期（P）、降雨强度（i）和降雨历时（t）三者关系值，即 P-i-t 关系表。

附录 3.4　暴雨强度公式

附录 3.4.1　暴雨强度公式拟合

暴雨强度公式的表达形式为：

$$q = \frac{167A_1(1 + C\lg P)}{(t + b)^n} \tag{附式 -66}$$

式中　q——暴雨强度（mm/min）；

n——无量纲的参数；

t——降雨历时（min）。

其中 A_1、b、n 为待求的参数。

对公式（附式-66）两端求对数，得到：

$$\ln q = \ln 167A_1 + \ln(1 + C\lg P) - n\ln(t + b)$$

设 $y = \ln q - \ln(1 + C\lg P)$，$b_0 = \ln 167A_1$，$b_1 = -n$，$x = \ln(t + b)$，则上式可写为：

$$y = b_0 + b_1 x \tag{附式 -67}$$

采用最小二乘法求出公式（附式-67）中的 b_0、b_1。

由于公式（附式-66）中的 b 也是未知数，在此推荐采用“数值逼近法”来处理：先给定一个 b 值，采用最小二乘法进行计算，得出相应的 A_1、n 以及 q'（拟合值），同时求出公式的平均绝对均方差 $\bar{\sigma}$：

$$\bar{\sigma} = \frac{1}{m_0}\sum_{j=1}^{m_0}\sqrt{\frac{1}{m}\sum_{i=1}^{m}(q_{ij} - q'_{ij})^2} \tag{附式 -68}$$

公式（附式-68）中 m 为 11 个历时，m_0 为 11 个重现期。

不断调整 b 值，直至使其 $\bar{\sigma}$ 值达到最小。选取使 $\bar{\sigma}$ 最小的一组参数 A_1、b、n，即为最佳拟合参数。

暴雨公式的其他拟合方法，包括求解非线性方程的方法或最优化方法率定暴雨强度公式参数。常用求解非线性方程的方法有：牛顿迭代法、高斯一牛顿法、麦夸尔特法、优选回归分析法等。常用最优化方法有：加速遗传算法、蚁群算法等。

为提高暴雨强度公式重现期 2～20a 区间的拟合精度，各地可根据自身实际情况，在重现期 2～100a 范围内进行分段，分别编制各分段区间的暴雨强度公式，如划分为 2～10a 和 10～100a 两个分段区间。

附录 3.4.2　暴雨强度公式拟合精度检验

为确保计算结果的准确性，在合理取舍有效参数的同时，需对暴雨强度计算结果进行精度检验，按《室外排水设计规范（2014 年版）》GB 50014—2006 的要求，需计算重现期 2～20a 的暴雨强度的平均绝对均方差和平均相对均方差。在一般降雨强度的地方，平均绝对均方差不宜大于 0.05mm/min；在较大降雨强度的地方，平均相对均方差不宜大于 5%。

误差统计表达式：

平均绝对均方根误差：$X_m = \sqrt{\frac{1}{n}\sum_{i=1}^{n}\left(\frac{R'_i - R_i}{t_i}\right)^2}$　（附式-69）

平均相对均方根误差：$U_m = \sqrt{\frac{1}{n}\sum_{i=1}^{n}\left(\frac{R'_i - R_i}{R_i}\right)^2} \times 100\%$　（附式-70）

公式（附式-69）、公式（附式-70）中，R' 为理论降雨量，R 为 P-i-t 曲线确定的降雨量，t 为降雨历时，n 为样本数。

附录3.5 编 制 样 例

采用北京某站1975—2014年降雨资料，经过数据处理，整理出该站不同历时的年最大值和年多个样资料序列，依据此数据编制该站暴雨强度公式，经过精度检验，年最大值法用耿贝尔分布，年多个样法采用皮尔逊Ⅲ型曲线的误差最小：

附录3.5.1 频率计算

（1）年最大值法耿贝尔分布

采用年最大值法取样，并调整耿贝尔分布曲线各参数，得出不同历时、不同重现期的降水量。见附表60、附表61、附图12。

耿贝尔分布曲线 $X=a\ln T+b$ 参数 a 与 b 成果表　　附表60

降雨历时(min) 参数	5	10	15	20	30	45	60	90	120	150	180
a	78.705	67.087	63.443	58.465	52.544	42.987	37.144	29.753	24.838	2.723	17.888
b	316.431	258.536	220.910	189.743	146.215	113.005	93.250	69.961	55.434	46.731	40.334

耿贝尔法适线后计算的重现期（a）-历时（min）-降雨量（mm）　　附表61

重现期	5	10	15	20	30	45	60	90	120	150	180
2	10.338	16.954	21.931	25.290	29.726	34.696	38.394	43.580	46.374	48.796	50.540
3	11.601	19.108	24.986	29.044	34.787	40.907	45.550	52.178	55.944	58.777	60.879
5	13.008	21.507	28.390	33.226	40.424	47.825	53.520	61.754	66.603	69.893	72.393
10	14.777	24.521	32.666	38.480	47.507	56.517	63.534	73.787	79.997	83.861	86.862
20	16.473	27.413	36.768	43.520	54.302	64.855	73.141	85.329	92.844	97.260	100.741
50	18.669	31.156	42.077	50.044	63.097	75.648	85.575	100.269	109.473	114.603	118.705
100	20.314	33.961	46.056	54.933	69.687	83.735	94.893	111.465	121.935	127.599	132.167

（2）年多个样法皮尔逊Ⅲ型曲线

根据实测资料和经验频率公式可以绘制出一条经验频率曲线，由P-Ⅲ型频率密度曲线积分，可以绘制出一条理论频率曲线。由于统计参数的误差，两者不一定配合得好，必须通过试算来确定合适的统计参数，这种方法叫适线法。分别调整11个降水历时（5min、10min、15min、20min、30min、45min、60min、90min、120min、150min、180min）的 C_s/C_V 值，使得降水实际频率曲线和理论频率曲线尽可能地接近。调整后的 C_s/C_V 参数值如附表62所示；各历时频率分布曲线见附图13；重现期-历时-降雨量见附表63；各历时降雨强度曲线见附图14。

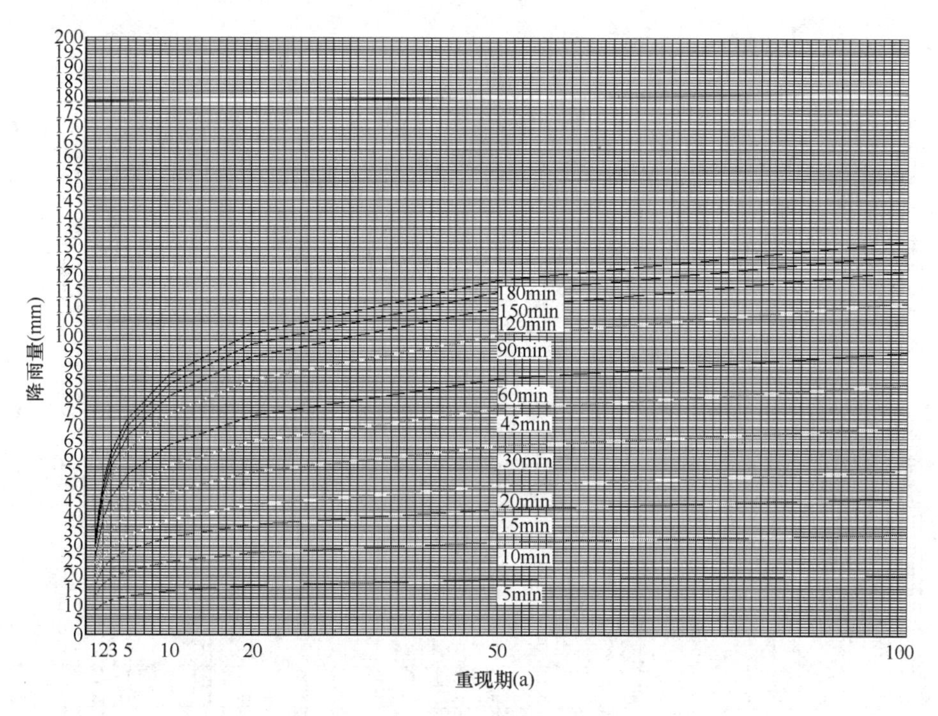

附图 12 各历时降水强度曲线

C_s/C_V 参数值 附表 62

历时	5	10	15	20	30	45	60	90	120	150	180
变差系数 C_v	0.332	0.351	0.368	0.376	0.407	0.426	0.436	0.445	0.446	0.443	0.441
偏态系数 C_s	1.66	1.64	1.80	1.86	1.93	1.97	2.13	2.14	2.21	2.19	2.15

皮尔逊-Ⅲ型曲线适线后计算的重现期（a）-历时（min）-降雨量（mm） 附表 63

重现期	5	10	15	20	30	45	60	90	120	150	180
0.25	4.907	7.345	9.859	11.708	13.280	15.499	17.462	19.642	21.822	23.052	24.038
0.33	6.106	9.673	12.252	14.109	16.395	18.720	20.711	23.427	25.425	26.816	27.933
0.5	7.305	11.865	14.951	17.237	20.454	23.436	25.649	29.181	31.322	32.975	34.308
1	9.196	15.106	19.244	22.256	26.966	31.488	34.747	39.780	42.789	44.951	46.702
2	11.088	18.302	23.722	27.566	33.857	39.885	44.234	50.833	54.747	57.441	59.628
3	12.073	19.991	25.991	30.403	37.538	44.486	49.432	56.890	61.299	64.285	66.711
5	13.272	21.954	28.813	33.821	41.974	50.008	55.801	64.309	69.653	73.010	75.741
10	15.004	24.830	32.861	38.768	48.392	58.060	65.158	75.211	81.775	85.671	88.844
20	16.709	27.660	36.971	43.787	54.905	66.112	74.515	86.113	93.897	98.332	101.947
50	18.866	31.221	42.123	50.115	63.117	76.464	86.732	100.346	109.622	114.757	118.945
100	20.998	34.736	47.214	56.371	71.234	86.817	98.688	114.276	125.184	131.010	135.767

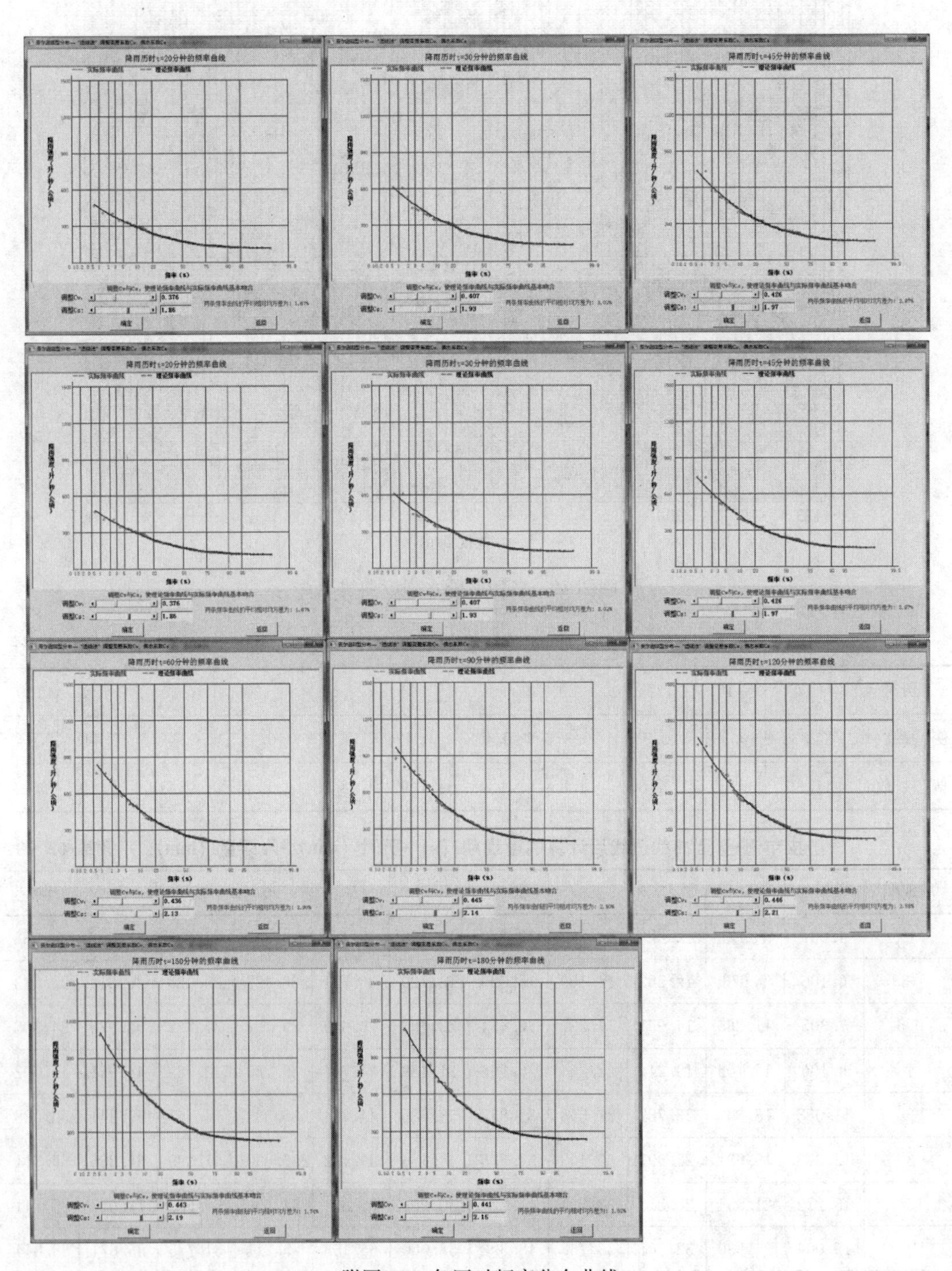

附图13　各历时频率分布曲线

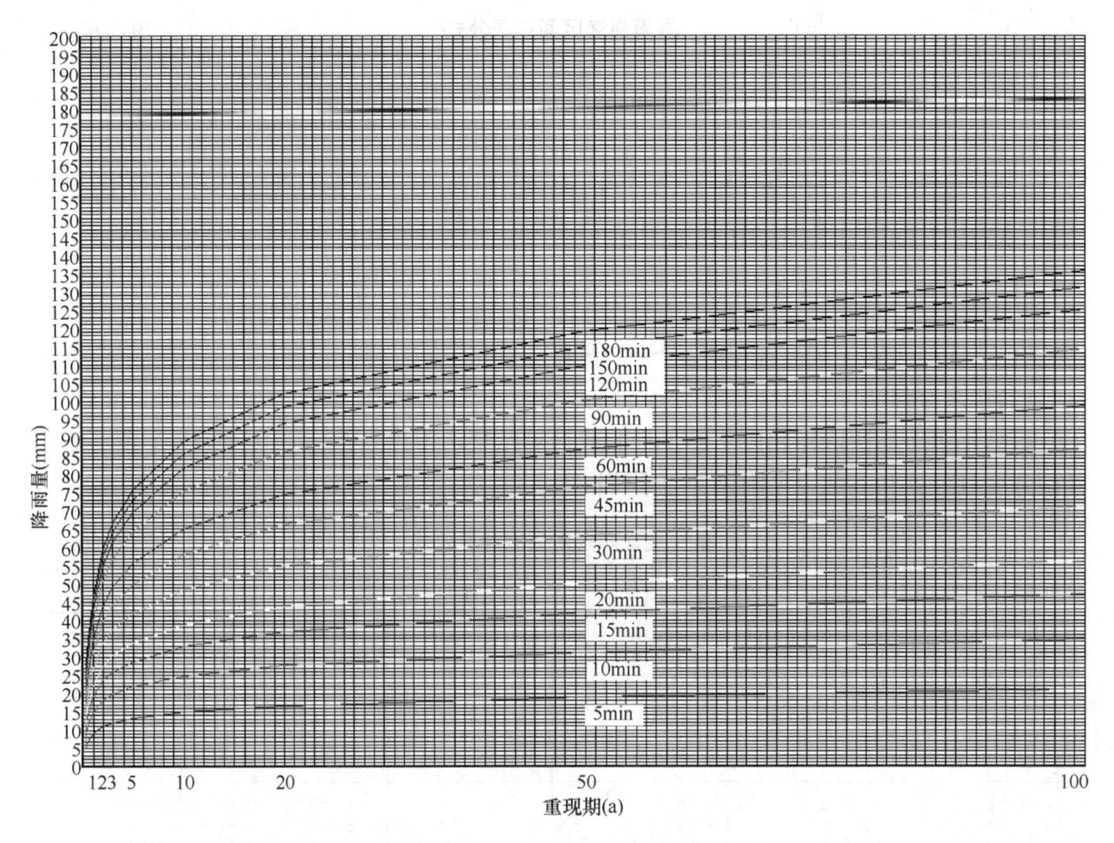

附图 14 各历时降水强度曲线

附录 3.5.2 暴雨强度分公式

(1) 年最大值法

根据年最大值取样和耿贝尔分布曲线计算结果，得出 2a、3a、5a、10a、20a、30a、40a、50a、60a、70a、80a、90a、100a 共 13 个重现期的暴雨强度分公式和参数，见附表 64、附表 65。

单一重现期暴雨强度计算公式 **附表 64**

重现期 T (a)	公式	重现期 T(a)	公式
$T=2$	$4581.478/(t+14.444)^{0.870}$	$T=50$	$7926.154/(t+18.769)^{0.804}$
$T=3$	$4929.506/(t+15.043)^{0.850}$	$T=60$	$8142.586/(t+18.958)^{0.803}$
$T=5$	$5329.304/(t+15.676)^{0.828}$	$T=70$	$8325.284/(t+19.115)^{0.802}$
$T=10$	$5973.757/(t+16.618)^{0.813}$	$T=80$	$8484.266/(t+19.249)^{0.802}$
$T=20$	$6827.461/(t+17.723)^{0.808}$	$T=90$	$8622.544/(t+19.366)^{0.801}$
$T=30$	$7316.437/(t+18.213)^{0.806}$	$T=100$	$8746.959/(t+19.740)^{0.801}$
$T=40$	$7660.457/(t+18.532)^{0.805}$		

暴雨强度区间参数公式 附表65

重现期 T(a)	区间	参数	公式
2～10	Ⅱ	n	$0.877-0.034\ln(T-0.771)$
		b	$14.297+0.967\ln(T-0.836)$
		A	$25.811+4.026\ln(T-0.509)$
10～100	Ⅲ	n	$0.819-0.004\ln(T-5.632)$
		b	$15.250+0.928\ln(T-5.632)$
		A	$20.077+7.024\ln(T-0.660)$

(2)年多个样法

根据年多个样法取样和皮尔逊Ⅲ型曲线计算结果，得出0.25～100a共17个重现期的暴雨强度分公式和参数，见附表66、附表67。

单一重现期暴雨强度计算公式 附表66

重现期 T(a)	公式	重现期 T(a)	公式
$T=0.25$	$1329.988/(t+9.099)^{0.782}$	$T=30$	$7014.167/(t+17.854)^{0.795}$
$T=0.33$	$1845.016/(t+10.451)^{0.803}$	$T=40$	$7358.354/(t+17.838)^{0.794}$
$T=0.5$	$2492.809/(t+11.662)^{0.821}$	$T=50$	$7625.053/(t+18.023)^{0.794}$
$T=1$	$3363.881/(t+12.971)^{0.827}$	$T=60$	$7842.988/(t+18.169)^{0.793}$
$T=2$	$4195.207/(t+14.494)^{0.818}$	$T=70$	$8027.189/(t+18.289)^{0.793}$
$T=3$	$4611.872/(t+14.976)^{0.814}$	$T=80$	$8186.507/(t+18.390)^{0.792}$
$T=5$	$5103.52/(t+15.484)^{0.809}$	$T=90$	$8327.288/(t+18.479)^{0.792}$
$T=10$	$5695.535/(t+15.993)^{0.800}$	$T=100$	$8453.039/(t+18.558)^{0.791}$
$T=20$	$6528.531/(t+17.174)^{0.797}$		

暴雨强度区间参数公式 附表67

重现期 T(a)	区间	参数	公式
0.25～1	Ⅰ	n	$0.847-0.022\ln(T-0.197)$
		b	$13.417+1.470\ln(T-0.197)$
		A	$21.292+6.705\ln(T-0.113)$
1～10	Ⅱ	n	$0.821-0.008\ln(T-0.509)$
		b	$14.376+0.777\ln(T-0.836)$
		A	$22.609+5.194\ln(T-0.378)$
10～100	Ⅲ	n	$0.805-0.003\ln(T-4.527)$
		b	$15.468+0.683\ln(T-7.842)$
		A	$17.739+7.141\ln(T-0.107)$

附录3.5.3 暴雨强度总公式

对北京某气象站历史雨量资料进行年最大值法和年多个样法取样，分别利用耿贝尔和皮尔逊Ⅲ型频率分布曲线进行拟合，采用最小二乘法求参数，推算出暴雨强度总公式如下：

$$q=\frac{2988.538\times(1+0.828\lg P)}{(t+15.316)^{0.796}}\text{(年最大值法)}$$

平均绝对标准差0.038mm/min，平均相对标准差4.73%。

$$q=\frac{2597.287\times(1+0.737\lg P)}{(t+12.649)^{0.757}}\text{(年多个样法)}$$

平均绝对标准差0.035mm/min，平均相对标准差6.97%。

附录 4　我国若干城市暴雨强度公式

附表 68 和附表 69 为给水排水设计手册第二版收录的暴雨公式，大多数是 1983 年由全国各地各单位提供的新编公式，其中部分城市有两个或三个，由于 q_{20} 都差不多，一并列出，以供参考。附表 70 为此次新征集到的新编公式，系年最大值取样，其公式的最低重现期大于 1a，故取消 q_{20} 列。

我国若干城市暴雨强度公式　　　　**附表 68**

序号	省、自治区、直辖市	城市名称	暴雨强度公式	q_{20}	资料年数及起止年份	编制方法	编制单位	备注
1	上海		$i=\frac{33.2(P^{0.3}-0.42)}{(t+10+7\lg P)^{0.82+0.01\lg P}}$	198	41 1919—1959	数理编计法	上海市政工程设计院	仍是 1973 年版手册收录的公式
			$i=\frac{17.812+14.668\lg T_E}{(t+10.472)^{0.796}}$	196	41	解析法	同济大学	已修订，见附表 69
2	天津		$q=\frac{3833.34(1+0.85\lg P)}{(t+17)^{0.85}}$	178	50 1932—1981	数理统计法	天津市排水管理处	
			$i=\frac{49.586+39.846\lg T_E}{(t+25.334)^{1.012}}$	174	15 1939—1953	解析法	同济大学	
3	河北	石家庄	$q=\frac{1689(1+0.898\lg P)}{(t+7)^{0.729}}$	153	20 1956—1975	数理统计法	石家庄市城建局、河北师范大学	
			$i=\frac{10.785+10.176\lg T_E}{(t+7.876)^{0.741}}$	153	20 1956—1975	解析法	同济大学	
4		承德	$q=\frac{2839[1+0.728\lg(P-0.121)]}{(t+9.60)^{0.87}}$	143	21 1963—1983	数理统计法(计算机选优)	南京市设计院	
5		秦皇岛	$i=\frac{7.369+5.589\lg T_E}{(t+7.067)^{0.615}}$	162	21 1958—1978	解析法	同济大学	
6		唐山	$q=\frac{935(1+0.87\lg P)}{t^{0.6}}$	155	14 1949—1963	湿度饱和差法	唐山市城建局	
7		廊坊	$i=\frac{16.956+13.017\lg T_E}{(t+14.085)^{0.785}}$	177	10 1969—1978	解析法	同济大学	
8		沧州	$i=\frac{10.227+8.099\lg T_E}{(t+4.819)^{0.671}}$	198	17 1962—1978			

续表

序号	省、自治区、直辖市	城市名称	暴雨强度公式	q_{20}	资料年数及起止年份	编制方法	编制单位	备注
9	河北	保定	$i=\frac{14.973+10.266\lg T_E}{(t+13.877)^{0.776}}$	162	23 1956—1978	解析法	同济大学	
10	河北	邢台	$i=\frac{9.609+8.583\lg T_E}{(t+9.381)^{0.677}}$	163	21 1956—1976	解析法	同济大学	
11	河北	邯郸	$i=\frac{7.802+7.500\lg T_E}{(t+7.767)^{0.602}}$	176	23 1956—1978	解析法	同济大学	
12	山西	太原	$q=\frac{880(1+0.86\lg T)}{(t+4.6)^{0.62}}$	121	25	数理统计法	太原工业大学	参考1985年山西省城镇暴雨等值线图
			$q=\frac{1446.22(1+0.867\lg T)}{(t+5)^{0.796}}$	112	28 1955—1982	数理统计法	太原市市政工程设计研究院防排室	
			$i=\frac{20.270+17.207\lg T_E}{(t+12.745)^{0.093}}$	106	8 1951—1959 (缺1954)	解析法	同济大学	
13	山西	大同	$q=\frac{1532.7(1+1.08\lg T)}{(t+6.9)^{0.87}}$	87	25	数理统计法	太原工业大学	参考1985年山西省城镇暴雨等值线图
			$q=\frac{2684(1+0.85\lg T)}{(t+13)^{0.947}}$	98	27 1956—1982	数理统计法	大同市城建局	
14	山西	朔县	$q=\frac{1402.8(1+0.8\lg T)}{(t+6)^{0.81}}$	100	24	数理统计法	太原工业大学	参考1985年山西省城镇暴雨等值线图
15	山西	原平	$q=\frac{1803.6(1+1.04\lg T)}{(t+8.64)^{0.8}}$	123	25	数理统计法	太原工业大学	参考1985年山西省城镇暴雨等值线图
16	山西	阳泉	$q=\frac{1730.1(1+0.61\lg T)}{(t+9.6)^{0.78}}$	123	28	数理统计法	太原工业大学	参考1985年山西省城镇暴雨等值线图
			$q=\frac{2639(1+0.97\lg P)}{(t+10)^{0.85}}$	147	23 1956—1980 (缺1967、1968)	数理统计法	阳泉市城建局	
17	山西	榆次	$q=\frac{1736.8(1+1.08\lg T)}{(t+10)^{0.81}}$	110	11	数理统计法	太原工业大学	
18	山西	离石	$q=\frac{1045.4(1+0.8\lg T)}{(t+7.64)^{0.7}}$	102	15	数理统计法	太原工业大学	

续表

序号	省、自治区、直辖市	城市名称	暴雨强度公式	q_{20}	资料年数及起止年份	编制方法	编制单位	备注
19	山西	长治	$q=\frac{3340(1+1.43\lg T)}{(t+15.8)^{0.93}}$	120	27	数理统计法	太原工业大学	参考1985年山西省城镇暴雨等值线图
20		临汾	$q=\frac{1207.4(1+0.94\lg T)}{(t+5.64)^{0.74}}$	109	22			
21		侯马	$q=\frac{2212.8(1+1.04\lg T)}{(t+10.4)^{0.83}}$	130	26			
			$q=\frac{1017(1+1.7\lg T)}{t^{0.73}}$	114	20 1960—1979	图解法	侯马市城建局	
22		运城	$q=\frac{993.7(1+1.04\lg T)}{(t+10.3)^{0.65}}$	108	25	数理统计法	太原工业大学	参考1985年山西省城镇暴雨等值线图
23	内蒙古	包头	$i=\frac{9.96(1+0.985\lg P)}{(t+5.40)^{0.85}}$	106	25 1954—1978		包头市建筑设计院	
24		集宁	$q=\frac{534.4(1+\lg P)}{t^{0.63}}$	81	15 1966—1980	图解法	集宁市市政建设管理处	
25		赤峰	$q=\frac{1600(1+1.35\lg P)}{(t+10)^{0.8}}$	105	24 1950—1973		哈尔滨建筑工程学院	
26		海拉尔	$q=\frac{2630(1+1.05\lg P)}{(t+10)^{0.99}}$	91	25 1950—1974			
27	黑龙江	哈尔滨	$q=\frac{2889(1+0.9\lg P)}{(t+10)^{0.88}}$	145	32 1950—1981	图解法	黑龙江省城市规划设计院	
			$q=\frac{4800(1+\lg P)}{(t+15)^{0.98}}$	147	15 1957—1971	数理统计法	哈尔滨建筑工程学院	
			$q=\frac{2989.3(1+0.95\lg P)}{(t+11.77)^{0.88}}$	142	34 1950—1983		哈尔滨市城市建设管理局	
28		漠河	$q=\frac{1469.6(1+1.0\lg P)}{(t+6)^{0.86}}$	89	18 1960—1961 1966—1981	图解法	黑龙江省城市规划设计院	
29		呼玛	$q=\frac{2538(1+0.857\lg P)}{(t+10.4)^{0.93}}$	106	26 1956—1981			
30		黑河	$q=\frac{2806(1+0.83\lg P)}{(t+8.5)^{0.93}}$	124	22 1959—1980			
			$q=\frac{1611.6(1+0.9\lg P)}{(t+5.65)^{0.824}}$	111	22 1959—1980	数理统计法	哈尔滨建筑工程学院	
31		嫩江	$q=\frac{1703.4(1+0.8\lg P)}{(t+6.75)^{0.8}}$	123	10 1972—1981			
32		北安	$q=\frac{1503(1+0.85\lg P)}{(t+6)^{0.78}}$	118	19 1963—1981	图解法	黑龙江省城市规划设计院	
33		齐齐哈尔	$q=\frac{1920(1+0.89\lg P)}{(t+6.4)^{0.86}}$	115	33 1949—1981			

续表

序号	省、自治区、直辖市	城市名称	暴雨强度公式	q_{20}	资料年数及起止年份	编制方法	编制单位	备　注
33	黑龙江	齐齐哈尔	$q=\frac{2951(1+0.92\lg P)}{(t+11)^{0.94}}$	117	17 1964—1980	数理统计法	哈尔滨建筑工程学院	
			$q=\frac{2822.3(1+1.195\lg P)}{(t+10)^{0.986}}$	99	29 1951—1979	图解法	中国给水排水东北设计院	
34		大庆	$q=\frac{1820(1+0.91\lg P)}{(t+8.3)^{0.77}}$	139	18 1964—1981		黑龙江省城市规划设计院	
35		佳木斯	$q=\frac{3139.6(1+0.98\lg P)}{(t+10)^{0.94}}$	128	23 1959—1981			
			$i=\frac{4.220+6.175\lg T_E}{(t+4.659)^{0.632}}$	93	20 1957—1979 (缺1959、1971、1974)	解析法	同济大学	
			$q=\frac{2310(1+0.81\lg P)}{(t+8)^{0.87}}$	127		湿度饱和差法	中国给水排水东北设计院	
36		同江	$q=\frac{2672(1+0.84\lg P)}{(t+9)^{0.89}}$	133	15 1967—1981	图解法	黑龙江省城市规划设计院	
37		抚远	$q=\frac{1586.5(1+0.81\lg P)}{(t+6.2)^{0.78}}$	124	14 1968—1981			
38		虎林	$q=\frac{1469.4(1+1.01\lg P)}{(t+6.7)^{0.76}}$	121	21 1957—1960 1965—1981		黑龙江省城市规划设计院	
39		鸡西	$q=\frac{2054(1+0.76\lg P)}{(t+7)^{0.87}}$	117	26 1956—1981			
40		牡丹江	$q=\frac{2550(1+0.92\lg P)}{(t+10)^{0.93}}$	108	27 1953—1979		哈尔滨建筑工程学院	
			$q=\frac{2250(1+0.9\lg P)}{(t+10)^{0.9}}$	105	27 1953—1979	数理统计法	牡丹江市城建局	
41	吉林	长春	$q=\frac{1600(1+0.8\lg P)}{(t+5)^{0.76}}$	139	25 1950—1974	图解法	哈尔滨建筑工程学院 长春市勘测设计处	
			$i=\frac{6.377+5.70\lg T_E}{(t+4.367)^{0.633}}$	141	11 1950—1960	解析法	同济大学	
			$q=\frac{896(1+0.68\lg P)}{t^{0.6}}$	148	58 1922—1979	湿度饱和差法	吉林省建筑设计院	
42		白城	$q=\frac{662(1+0.7\lg P)}{t^{0.6}}$	110	26			
43		前郭尔罗斯蒙古族自治区	$q=\frac{696(1+0.68\lg P)}{t^{0.6}}$	115	18			
44		四平	$q=\frac{937.7(1+0.7\lg P)}{t^{0.6}}$	155	26 1954—1979			

续表

序号	省、自治区、直辖市	城市名称	暴雨强度公式	q_{20}	资料年数及起止年份	编制方法	编制单位	备注
45	吉林	吉林	$q=\frac{2166(1+0.680\lg P)}{(t+7)^{0.831}}$	140	26 1958—1983	数理统计法	吉林市城乡建设环境保护委员会	
			$q=\frac{860.5(1+0.7\lg P)}{t^{0.6}}$	143	25	湿度饱和差法	吉林省建筑设计院	
46		海龙	$i=\frac{16.4(1+0.899\lg P)}{(t+10)^{0.867}}$	144	30 1953—1982	图解法	中国市政工程东北设计院	
47		通化	$q=\frac{1154.3(1+0.7\lg P)}{t^{0.6}}$	191	26	湿度饱和差法	吉林省建筑设计院	
48		浑江	$q=\frac{696(1+1.05\lg T)}{t^{0.67}}$	94	10 1967—1981 (缺1968、1969、1670、1971、1980)	图解法	浑江市城建局	
49		延吉	$q=\frac{666.2(1+0.7\lg P)}{t^{0.6}}$	110	26	湿度饱和差法	吉林省建筑设计院	
50	辽宁	沈阳	$q=\frac{1984(1+0.77\lg P)}{(t+9)^{0.77}}$	148	26 1952—1977	数理统计法	沈阳市市政工程设计研究所	
			$i=\frac{11.522+9.348\lg P_E}{(t+8.196)^{0.738}}$	164	26 1952—1977	解析法	同济大学	
51		本溪	$q=\frac{1500(1+0.56\lg P)}{(t+6)^{0.70}}$	153	15 1956—1970	数理统计法	本溪市城建局	
			$q=\frac{1393(1+0.631\lg P)}{(t+5.045)^{0.67}}$	161	27 1956—1982		辽宁省城市建设规划研究院	
52		丹东	$q=\frac{1221(1+0.668\lg P)}{(t+7)^{0.605}}$	166	31 1952—1982	数理统计法	丹东市规划管理处	
			$q=\frac{1697(1+0.82\lg P)}{(t+10)^{0.71}}$	152	22 1959—1980		哈尔滨建筑工程学院	
53		大连	$q=\frac{1900(1+0.66\lg P)}{(t+8)^{0.8}}$	132	10 1966—1975	图解法	哈尔滨建筑工程学院	
54		营口	$q=\frac{1800(1+0.8\lg P)}{(t+8)^{0.76}}$	143	12 1964—1975			
			$q=\frac{1686(1+0.77\lg P)}{(t+8)^{0.72}}$	153	21 1957—1977	数理统计法	营口市城建局	
55		鞍山	$q=\frac{2306(1+0.701\lg P)}{(t+11)^{0.757}}$	171	23 1957—1979		沈阳市市政工程设计研究所	
56		辽阳	$q=\frac{1220(1+0.75\lg P)}{(t+5)^{0.65}}$	151	22 1954—1975		哈尔滨建筑工程学院	
57		黑山	$q=\frac{1676(1+0.9\lg P)}{(t+7.4)^{0.747}}$	141	20 1956—1980		锦州市规划设计处	

续表

序号	省、自治区、直辖市	城市名称	暴雨强度公式	q_{20}	资料年数及起止年份	编制方法	编制单位	备　注
58	辽宁	锦州	$q=\frac{2200(1+0.85\lg P)}{(t+7)^{0.8}}$	158	24 1951—1974	图解法	哈尔滨建筑工程学院	
			$q=\frac{2322(1+0.875\lg P)}{(t+10)^{0.79}}$	158	28 1952—1981 (缺 1958、1960)	数理统计法	锦州市规划设计处	
59		锦西	$q=\frac{1878(1+0.8\lg P)}{(t+6)^{0.732}}$	172	21 1962—1982			
60		绥中	$q=\frac{1833(1+0.806\lg P)}{(t+9)^{0.724}}$	160	17 1956—1982			
61	山东	德州	$q=\frac{3082(1+0.7\lg P)}{(t+15)^{0.79}}$	186	6			
62		淄博	$i=\frac{15.873(1+0.78\lg P)}{(t+10)^{0.81}}$	169			淄博市城市规划设计院	
63		潍坊	$q=\frac{4091.17(1+0.824\lg P)}{(t+16.7)^{0.87}}$	178	20 1960—1980 (缺 1975)	数理统计法	潍坊市城建局	
64		掖县	$q=\frac{17.034+17.322\lg T_E}{(t+9.508)^{0.837}}$	167	16 1963—1978	解析法	同济大学	
65		龙口	$i=\frac{3.781+3.118\lg T_E}{(t+2.605)^{0.467}}$	147	20 1959—1978			
66		长岛	$i=\frac{5.941+4.976\lg T_E}{(t+3.626)^{0.622}}$	139	15 1964—1978			
67		烟台	$i=\frac{6.912+7.373\lg T_E}{(t+9.018)^{0.609}}$	148	23 1956—1978			
68		莱阳	$i=\frac{5.824+6.241\lg T_E}{(t+8.173)^{0.532}}$	165	20 1959—1978			
69		海阳	$i=\frac{4.953+4.063\lg T_E}{(t+0.158)^{0.523}}$	172	20 1959—1978			
70	江苏	南京	$q=\frac{2989.3(1+0.671\lg P)}{(t+13.3)^{0.8}}$	181	40 1929—1977	数量统计法(计算机选优)	南京市建筑设计院	
			$i=\frac{16.060+11.914\lg T_E}{(t+13.228)^{0.775}}$	178	40 1929—1977 (有缺年)	解析法	同济大学	
71		徐州	$q=\frac{1510.7(1+0.514\lg P)}{(t+9.0)^{0.64}}$	175	23 1956—1979 (缺 1964)	数量统计法(计算机选优)	南京市建筑设计院	

续表

序号	省、自治区、直辖市	城市名称	暴雨强度公式	q_{20}	资料年数及起止年份	编制方法	编制单位	备注
71	江苏	徐州	$i=\frac{16.8+6.6\lg(P-0.175)}{(t+13.8)^{0.76}}$	187	23 1956—1979 (缺 1964)	数理统计法	南京市建筑设计院、徐州市城建局	
			$i=\frac{18.604+11.148\lg T_E}{(t+15.101)^{0.801}}$	180	23 1956—1979 (缺 1964)	解析法	同济大学	
72		连云港	$q=\frac{3360.04(1+0.82\lg P)}{(t+35.7)^{0.74}}$	172	21 1951—1979	CRA方法	南京市建筑设计院	
73		淮阴	$q=\frac{5030.04(1+0.887\lg P)}{(t+23.2)^{0.88}}$	183	27 1953—1979	CRA方法	南京市建筑设计院	
			$q=\frac{3207.3(1+0.655\lg P)}{(t+19)^{0.758}}$	200	22 1951—1972	数理统计法	淮阳市城建局	
74		盐城	$q=\frac{945.22(1+0.761\lg P)}{(t+3.5)^{0.57}}$	156	26 1954—1979	CRA方法	南京市建筑设计院	
75		扬州	$q=\frac{8248.13(1+0.641\lg P)}{(t+40.3)^{0.95}}$	168	20 1958—1980	CRA方法	南京市建筑设计院	
76		南通	$q=\frac{2007.34(1+0.752\lg P)}{(t+17.9)^{0.71}}$	152	31 1949—1979	CRA方法	南京市建筑设计院	
77		镇江	$q=\frac{2418.16(1+0.787\lg P)}{(t+10.5)^{0.78}}$	168	28 1951—1979	数理统计法计算机优选	南京市建筑设计院	
78		常州	$q=\frac{3727.44(1+0.742\lg P)}{(t+15.8)^{0.88}}$	160	26 1954—1979	CRA方法	南京市建筑设计院	
79		无锡	$q=\frac{10579(1+0.828\lg P)}{(t+46.4)^{0.99}}$	166	18 1960—1979	CRA方法	南京市建筑设计院	
80		苏州	$q=\frac{2887.43(1+0.794\lg P)}{(t+18.8)^{0.81}}$	149	21 1959—1979	CRA方法	南京市建筑设计院	
81		合肥	$q=\frac{3600(1+0.76\lg P)}{(t+14)^{0.84}}$	186	25 1953—1977	数理统计法	合肥市城建局	
			$i=\frac{24.927+20.228\lg T_E}{(t+17.008)^{0.863}}$	184	25 1953—1977	解析法	同济大学	
82		蚌埠	$q=\frac{2550(1+0.77\lg P)}{(t+12)^{0.774}}$	174	24 1957—1980	数理统计法	蚌埠市城建局	
83		芜湖	$q=\frac{3345(1+0.78\lg P)}{(t+12)^{0.83}}$	188	20 1956—1976 (缺 1968)	数理统计法	芜湖市市政公司	
			$i=\frac{25.170+19.957\lg T_E}{(t+14.941)^{0.871}}$	190	20 1956—1976 (缺 1968)	解析法	同济大学	

续表

序号	省、自治区、直辖市	城市名称	暴雨强度公式	q_{20}	资料年数及起止年份	编制方法	编制单位	备　注
84	浙江	杭州	$q=\frac{10174(1+0.844\lg P)}{(t+25)^{1.038}}$	196	24 1954—1977	数理统计法	杭州市建筑设计院	已修订，见附表 69
			$i=\frac{10.600+7.736\lg T_E}{(t+6.403)^{0.686}}$	187	15 1930—1937 1953—1959	解析法	同济大学	已修订，见附表 69
85		诸暨	$i=\frac{20.688+17.734\lg T_E}{(t+6.146)^{0.891}}$	189	9 1953—1955 1957—1962			
86		宁波	$i=\frac{18.105+13.901\lg T_E}{(t+13.265)^{0.778}}$	198	18 1957—1974			已修订，见附表 69
87		温州	$q=\frac{910(1+0.61\lg P)}{t^{0.49}}$	210	6		（已修订，见附表 69）	仍是 1973 年版手册收录的公式
88	江西	南昌	$q=\frac{1386(1+0.69\lg P)}{(t+1.4)^{0.64}}$	195	7 （1961 年以前资料）	数理统计法	江西省建筑设计院	
			$q=\frac{1215(1+0.854\lg P)}{t^{0.60}}$	201	5			仍是 1973 年版手册收录的公式
89		庐山	$q=\frac{2121(1+0.61\lg P)}{(t+8)^{0.73}}$	186	6 （1961 年以前资料）	数理统计法	江西省建筑设计院	
90		修水	$q=\frac{3006(1+0.78\lg P)}{(t+10)^{0.79}}$	205	6 （1961 年以前资料）			
91		波阳	$q=\frac{1700(1+0.58\lg P)}{(t+8)^{0.66}}$	196	6 （1961 年以前资料）			
92		宜春	$q=\frac{2806(1+0.67\lg P)}{(t+10)^{0.79}}$	191	26	湿度饱和差法	江西省建筑设计院	
			$q=\frac{4125(1+0.903\lg P)}{(t+16.3)^{0.934}}$	144	24 1956—1979	数理统计法	宜春市城建局	
93		贵溪	$q=\frac{7014(1+0.49\lg P)}{(t+19)^{0.96}}$	208	7 （1961 年以前资料）	数理统计法	江西省建筑设计院	
			$q=\frac{910(1+0.49\lg P)}{t^{0.50}}$	203	6			仍是 1973 年版手册收录的公式
94		吉安	$q=\frac{5010(1+0.48\lg P)}{(t+10)^{0.92}}$	210	6 （1961 年以前资料）	数理统计法	江西省建筑设计院	
95		赣州	$q=\frac{3173(1+0.56\lg P)}{(t+10)^{0.79}}$	216	8 （1961 年以前资料）			
			$q=\frac{900(1+0.60\lg P)}{t^{0.544}}$	176	6			仍是 1973 年版手册收录的公式

续表

序号	省、自治区、直辖市	城市名称	暴雨强度公式	q_{20}	资料年数及起止年份	编制方法	编制单位	备　注
96	福建	福州	$i=\frac{6.162+3.881\lg T_E}{(t+1.774)^{0.567}}$	179	24 1952—1959 1964—1979	解析法	同济大学	已修订，见附表69
97		厦门	$q=\frac{850(1+0.745\lg P)}{t^{0.514}}$	182	7		（已修订，见附表69）	仍是1973年版手册收录的公式
98	河南	郑州	$q=\frac{7650[1+1.15\lg(P+0.143)]}{(t+37.3)^{0.99}}$	148	27 1955—1981	CRA方法	南京市建筑设计院	
			$q=\frac{3073(1+0.892\lg P)}{(t+15.1)^{0.824}}$	164	26	数理统计法	机械工业部第四设计研究院	
99		安阳	$q=\frac{3680P^{0.4}}{(t+16.7)^{0.858}}$	167	25 1955—1980			
			$q=\frac{3605P^{0.405}}{(t+16.9)^{0.858}}$	166	24 1956—1979		中国市政工程中南设计院	
100		新乡	$q=\frac{1102(1+0.623\lg P)}{(t+3.20)^{0.60}}$	167	21 1959—1979	CAR方法	南京市建筑设计院	
101		济源	$i=\frac{22.973+35.317\lg T_M}{(t+27.857)^{0.926}}$	107	19 1951—1970 （缺1957）	解析法	同济大学	
102		洛阳	$q=\frac{3336(1+0.827\lg P)}{(t+14.8)^{0.884}}$	145	26	数理统计法	机械工业部第四设计研究院	
103		开封	$q=\frac{5075(1+0.61\lg P)}{(t+19)^{0.92}}$	174	16 1963—1978		中国市政工程中南设计院	
			$i=\frac{9.537+6.584\lg T_E}{(t+8.624)^{0.662}}$	173	11 1963—1964 1967—1970 1972—1974 1977—1978	解析法	同济大学	
			$q=\frac{4801(1+0.74\lg P)}{(t+17.4)^{0.913}}$	176	18	数理统计法	机械工业部第四设计研究院	
104		商丘	$i=\frac{9.821+9.068\lg T_E}{(t+4.492)^{0.694}}$	178	20 1957—1976	解析法	同济大学	
105		许昌	$q=\frac{1987(1+0.747\lg P)}{(t+11.7)^{0.75}}$	149	29 1953—1981	CRA方法	南京市建筑设计院	
106		平顶山	$q=\frac{883.8(1+0.837\lg P)}{t^{0.57}}$	160	23 1954—1977	湿度饱和差法	平顶山市城市规划设计院	
107		南阳	$i=\frac{3.591+3.970\lg T_M}{(t+3.434)^{0.416}}$	161	28 1952—1979	解析法	同济大学	
108		信阳	$q=\frac{2058P^{0.341}}{(t+11.9)^{0.723}}$	168	25	数理统计法	机械工业部第四设计研究院	
109	湖北	汉口	$q=\frac{983(1+0.65\lg P)}{(t+4)^{0.56}}$	166			中国市政工程中南设计院	
			$i=\frac{5.359+3.996\lg T_E}{(t+2.834)^{0.510}}$	182	12 1952—1955 1957—1964	解析法	同济大学	

续表

序号	省、自治区、直辖市	城市名称	暴雨强度公式	q_{20}	资料年数及起止年份	编制方法	编制单位	备　注
110	湖北	老河口	$q=\frac{6400(1+0.059\lg P)}{(t+23.36)}$	148	25 1956—1980	数理统计法	武汉建材学院	
111		随州	$q=\frac{1190(1+0.9\lg P)}{t^{0.7}}$	146	13 1958—1970	湿度饱和差法	中国市政工程中南设计院	
112		恩施	$q=\frac{1108(1+0.73\lg P)}{t^{0.626}}$	170	7			仍是1973年版手册收录的公式
113		荆州	$i=\frac{18.007+16.535\lg T_E}{(t+14.300)^{0.847}}$	151	20 1957—1976	解析法	同济大学	
114		沙市	$q=\frac{684.7(1+0.854\lg P)}{t^{0.526}}$	142	20 1957—1976	图解法	沙市市城建局	
			$i=\frac{39.045(1+0.899\lg P)}{t+15.267}$	185	20 1957—1976	数理统计法	武汉建材学院	
			$q=\frac{1871(1+0.869\lg P)}{(t+9.7)^{0.746}}$	149	20	数理统计法	机械工业部第四设计研究院	
115		黄石	$q=\frac{2417(1+0.79\lg P)}{(t+7)^{0.7655}}$	194	28 1955—1982		黄石市城市规划勘测设计院、武汉建材学院	
			$q=\frac{1026(1+0.711\lg P)}{t^{0.57}}$	186	9 1956—1964		湖南大学	
116	湖南	长沙	$q=\frac{3920(1+0.68\lg P)}{(t+17)^{0.86}}$	176	20 1954—1973	数理统计法	湖南大学	
			$i=\frac{24.904+18.632\lg T_E}{(t+19.801)^{0.863}}$	173	20 1954—173	解析法	同济大学	
117		常德	$i=\frac{6.890+6.251\lg T_E}{(t+4.367)^{0.602}}$	168	20 1961—1980	解析法	同济大学	
118		益阳	$q=\frac{914(1+0.882\lg P)}{t^{0.584}}$	159	11 1965—1975	图解法	益阳市城建局	
119		株洲	$q=\frac{1108(1+0.95\lg P)}{t^{0.623}}$	171	6			仍是1973年版手册收录的公式
120		衡阳	$q=\frac{892(1+0.67\lg P)}{t^{0.57}}$	162	6			
121	广东	广州	$q=\frac{2424.17(1+0.533\lg T)}{(t+11.0)^{0.668}}$	245	31 1951—1981	数理统计法	广州市市政工程研究所	
			$i=\frac{11.163+6.646\lg T_E}{(t+5.033)^{0.625}}$	249	10 1950—1959	解析法	同济大学	
122		韶关	$q=\frac{958(1+0.63\lg P)}{t^{0.544}}$	188	8			仍是1973年版手册收录的公式
123		汕头	$q=\frac{1042(1+0.56\lg P)}{t^{0.488}}$	242	7			

续表

序号	省、自治区、直辖市	城市名称	暴雨强度公式	q_{20}	资料年数及起止年份	编制方法	编制单位	备注
124	广东	深圳	$q=\frac{975(1+0.745\lg P)}{t^{0.442}}$	29	6			仍是1973年版手册收录的公式
125	广东	佛山	$q=\frac{1930(1+0.58\lg P)}{(t+9)^{0.66}}$	209	16 1964—1979	数理统计法	佛山城建局	
126	广东	海口	$q=\frac{2338(1+0.4\lg P)}{(t+9)^{0.65}}$	262	20 1961—1980	数理统计法	海口市城建局	
127	广西	南宁	$q=\frac{10500(1+0.707\lg P)}{t+21.1P^{0.119}}$	255	21 1952—1972	数理统计法	广西建委综合设计院	仍是1973年版手册收录的公式
			$i=\frac{32.287+18.194\lg T_E}{(t+18.880)^{0.851}}$	239	21 1952—1972	解析法	同济大学	
128	广西	河池	$q=\frac{2850(1+0.597\lg P)}{(t+8.5)^{0.757}}$	226	17 1956—1972	数理统计法	广西建委综合设计院	
			$i=\frac{17.930+10.803\lg T_E}{(t+9.014)^{0.775}}$	220	17 1956—1972	解析法	同济大学	
129	广西	融水	$q=\frac{2097(1+0.516\lg P)}{(t+6.7)^{0.65}}$	248	11 1962—1972	数理统计法	广西建委综合设计院	
			$i=\frac{8.081+4.760\lg T_E}{(t+2.969)^{0.552}}$	239	11 1962—1972	解析法	同济大学	
130	广西	桂林	$q=\frac{4230(1+0.402\lg P)}{(t+13.5)^{0.841}}$	221	19 1954—1972	数理统计法	广西建委综合设计院	
			$i=\frac{15.661+7.438\lg T_E}{(t+10.056)^{0.735}}$	214	19 1954—1972	解析法	同济大学	
131	广西	柳州	$q=\frac{2415P^{0.34}}{(t+8.24P^{0.327})^{0.725}}$	214	10 1963—1972	数理统计法	广西建委综合设计院	仍是1973年版手册收录的公式
			$i=\frac{6.598+3.929\lg T_E}{(t+3.019)^{0.541}}$	202	13 1963—1975	解析法	同济大学	
132	广西	百色	$q=\frac{2800(1+0.547\lg P)}{(t+9.5)^{0.747}}$	223	19 1954—1972	数理统计法	广西建委综合设计院	
			$i=\frac{13.304+7.753\lg T_E}{(t+8.779)^{0.691}}$	218	19 1954—1972	解析法	同济大学	
133	广西	宁明	$q=\frac{4030(1+0.62\lg P)}{(t+12.5)^{0.823}}$	230	17 1960—1976	简便法	广西建委综合设计院	
134	广西	东兴	$q=\frac{1217[1+0.0685(\lg P)^2]}{(t+5)^{0.435}P^{0.159}}$	296	12 1960—1972 (缺1961)	数理统计法	广西建委综合设计院	
			$i=\frac{4.557+2.485\lg T_E}{(t+1.738)^{0.314}}$	289	12 1960—1972 (缺1961)	解析法	同济大学	
135	广西	钦州	$q=\frac{1817(1+0.505\lg P)}{(t+5.7)^{0.58}}$	276	18 1955—1972	数理统计法	广西建委综合设计院	

续表

序号	省、自治区、直辖市	城市名称	暴雨强度公式	q_{20}	资料年数及起止年份	编制方法	编制单位	备　注
135	广西	钦州	$i=\frac{6.834+3.540\lg T_E}{(t+1.802)^{0.471}}$	267	18 1955—1972	解析法	同济大学	
136		北海	$q=\frac{1625(1+0.437\lg P)}{(t+4)^{0.57}}$	266	18 1955—1972	数理统计法	广西建委综合设计院	
			$i=\frac{6.019+3.117\lg T_E}{(t+0.756)^{0.456}}$	252	18 1955—1972	解析法	同济大学	
137		玉林	$q=\frac{2170(1+0.484\lg P)}{(t+6.4)^{0.665}}$	246	17 1956—1972	数理统计法	广西建委综合设计院	
			$i=\frac{11.320+6.319\lg T_E}{(t+6.117)^{0.634}}$	239	17 1956—1972	解析法	同济大学	
138		梧州	$q=\frac{2070(1+0.466\lg P)}{(t+7)^{0.72}}$	249	15 1958—1972	数理统计法	广西建委综合设计院	仍是1973年版手册收录的公式
			$i=\frac{9.165+4.761\lg T_E}{(t+3.033)^{0.596}}$	236	15 1958—1972	解析法	同济大学	
139	陕西	西安	$i=\frac{6.041(1+1.475\lg P)}{(t+14.72)^{0.704}}$	83	22 1956—1977	数理统计法	西北建筑工程学院	适用于 $P<20a$，$P>20a$ 另有公式
			$i=\frac{37.603+50.124\lg T_E}{(t+30.177)^{1.078}}$	92	19 1956—1974	解析法	同济大学	
140		榆林	$i=\frac{8.22(1+1.152\lg P)}{(t+9.44)^{0.746}}$	110	16	数理	西北建筑工程学院	
141		子长	$i=\frac{18.612(1+1.04\lg P)}{(t+15)^{0.877}}$	138	18			
142		延安	$i=\frac{5.582(1+1.292\lg P)}{(t+8.22)^{0.7}}$	90	22			
143		宜川	$i=\frac{15.64(1+1.01\lg P)}{(t+10)^{0.856}}$	142	20			
144		彬县	$i=\frac{8.802(1+1.328\lg P)}{(t+18.5)^{0.737}}$	100	20			
145		铜川	$i=\frac{5.94(1+1.39\lg P)}{(t+7)^{0.67}}$	109	20			
146		宝鸡	$i=\frac{11.01(1+0.94\lg P)}{(t+12)^{0.932}}$	73	20			
			$i=\frac{2.264+2.152\lg T_E}{(t+3.907)^{0.573}}$	61	16 1955—1970	解析法	同济大学	
147		商县	$i=\frac{6.8(1+0.941\lg P)}{(t+9.556)^{0.731}}$	96	22	数理统计法	西北建筑工程学院	
148		汉中	$i=\frac{2.6(1+1.04\lg P)}{(t+4)^{0.518}}$	84	19			

续表

序号	省、自治区、直辖市	城市名称	暴雨强度公式	q_{20}	资料年数及起止年份	编制方法	编制单位	备注
149	陕西	安康	$i=\frac{8.74(1+0.96\lg P)}{(t+14)^{0.75}}$	104	22	数理统计法	西北建筑工程学院	
			$i=\frac{14.547+16.373\lg T_E}{(t+23.002)^{0.839}}$	104	22 1953—1974	解析法	同济大学	
150	宁夏	银川	$q=\frac{242(1+0.83\lg P)}{t^{0.477}}$	58	6			仍是1973年版手册收录的公式
151	甘肃	兰州	$q=\frac{1140(1+0.96\lg P)}{(t+8)^{0.8}}$	79	27 1951—1977	数理统计法	兰州市勘测设计院	
			$i=\frac{18.260+18.984\lg T_E}{(t+14.317)^{1.066}}$	70	9 1951—1959	解析法	同济大学	
152		张掖	$q=\frac{88.4P^{0.623}}{t^{0.456}}$	23	5			仍是1973年版手册收录的公式
153		临夏	$q=\frac{479(1+0.86\lg P)}{t^{0.621}}$	75	5			
154		靖远	$q=\frac{284(1+1.35\lg P)}{t^{0.505}}$	63	6			
155		平凉	$i=\frac{4.452+4.841\lg T_E}{(t+2.570)^{0.668}}$	93	22 1956—1977	解析法	同济大学	
156		天水	$i=\frac{37.104+33.385\lg T_E}{(t+18.431)^{1.131}}$	100	15 1945—1959	解析法	同济大学	
157	青海	西宁	$q=\frac{308(1+1.39\lg P)}{t^{0.58}}$	54	26 1954—1979	图解法	西宁市城建局	
158	新疆	乌鲁木齐	$q=\frac{195(1+0.82\lg P)}{(t+7.8)^{0.63}}$	24	17 1964—1980	数理统计法	乌鲁木齐市城建局	
159		塔城	$q=\frac{750(1+1.1\lg P)}{t^{0.85}}$	59	5			仍是1973年版手册收录的公式
160		乌苏	$q=\frac{1135P^{0.583}}{t+4}$	47	5			
161		石河子	$q=\frac{198P^{1.318}}{t^{0.56P^{0.306}}}$	37	5			
162		奇台	$q=\frac{86.3P^{1.16}}{t^{0.45P^{0.37}}}$	22	5			

续表

序号	省、自治区、直辖市	城市名称	暴雨强度公式	q_{20}	资料年数及起止年份	编制方法	编制单位	备注
163	四川	重庆	$q=\frac{2822(1+0.775\lg P)}{(t+12.8P^{0.076})^{0.77}}$	192	8			仍是1973年版手册收录的公式
164		内江	$q=\frac{1246(1+0.705\lg P)}{(t+4.73P^{0.0102})^{0.597}}$	184	7			仍是1973年版手册收录的公式
165		自贡	$q=\frac{4392(1+0.59\lg P)}{(t+19.3)^{0.804}}$	229	5			
166		泸州	$q=\frac{10020(1+0.56\lg P)}{t+36}$	179	5			
167		宜宾	$q=\frac{1169(1+0.828\lg P)}{(t+4.4P^{0.428})^{0.561}}$	195	6			
168		乐山	$q=\frac{13690(1+0.695\lg P)}{t+50.4P^{0.038}}$	194	6			
169		雅安	$i=\frac{7.622(1+0.63\lg P)}{(t+6.64)^{0.56}}$	203	30 1953—1983 (缺1968)	数理统计法	重庆建筑工程学院	
170		渡口	$q=\frac{2422(1+0.614\lg P)}{(t+13)^{0.78}}$	158	11 1966—1976	图解法	渡口市规划设计研究院	
			$q=\frac{2495(1+0.49\lg P)}{(t+10)^{0.84}}$	143	14 1966—1979	数理统计法	渡口市建筑勘测设计院	
171	贵州	贵阳	$i=\frac{6.853+1.195\lg T_E}{(t+5.168)^{0.601}}$	165	13 1941—1953	解析法	同济大学	
			$q=\frac{1887(1+0.707\lg P)}{(t+9.35P^{0.0031})^{0.495}}$	180	17			仍是1973年版手册收录的公式
172		桐梓	$q=\frac{2022(1+0.674\lg P)}{(t+9.58P^{0.044})^{0.733}}$	169	5			
173		毕节	$q=\frac{5055(1+0.473\lg P)}{(t+17)^{0.95}}$	164	6			
174		水城	$i=\frac{42.25+62.60\lg P}{t+35}$	128	19 1958—1960 1963—1978		六盘水市城建局	

续表

序号	省、自治区、直辖市	城市名称	暴雨强度公式	q_{20}	资料年数及起止年份	编制方法	编制单位	备注
175	贵州	安顺	$q=\frac{3756(1+0.875\lg P)}{(t+13.14P^{0.158})^{0.827}}$	208	6			仍是1973年版手册收录的公式
176		罗甸	$q=\frac{763(1+0.647\lg P)}{(t+0.915P^{0.775})^{0.51}}$	162	5			
177		榕江	$q=\frac{2223(1+0.767\lg P)}{(t+8.93P^{0.168})^{0.729}}$	191	10			
178	云南	昆明	$i=\frac{8.918+6.183\lg T_{E}}{(t+10.247)^{0.649}}$	163	16 1938—1953	解析法	同济大学	
			$q=\frac{700(1+0.775\lg P)}{t^{0.496}}$	158	10			仍是1973年版手册收录的公式
179		丽江	$q=\frac{317(1+0.958\lg P)}{t^{0.45}}$	82	1959年以前的资料		云南省设计院	
180		下关	$q=\frac{1534(1+1.035\lg P)}{(t+9.86)^{0.762}}$	115	18 1960—1971 1975—1980	数理统计法	中国市政工程西南设计院	
181		腾冲	$q=\frac{4342(1+0.96\lg P)}{t+13P^{0.09}}$	132	6			仍是1973年版手册收录的公式
182		思茅	$q=\frac{3350(1+0.5\lg P)}{(t+10.5)^{0.85}}$	183	7			
183		昭通	$q=\frac{4008(1+0.667\lg P)}{t+12P^{0.66}}$	125	6			
184		沾益	$q=\frac{2355(1+0.654\lg P)}{(t+9.4P^{0.157})^{0.806}}$	154	6			仍是1973年版手册收录的公式
185		开远	$q=\frac{995(1+1.15\lg P)}{t^{0.58}}$	175	1959年以前的资料		云南省设计院	
186		广南	$q=\frac{977(1+0.641\lg P)}{t^{0.57}}$	177	7			仍是1973年版手册收录的公式

注：1. 表中P、T代表设计降雨的重现期；T_{K}代表非年最大值法选样的重现期；T_{M}代表年最大值法选样的重现期。
2. 解析法见附录。
3. CRA方法见附录。
4. 用i表示强度时其单位为mm/min，用q表示强度时其单位为L/(s·hm^{2})。

我国若干城市暴雨强度公式的补充 附表69

序号	省、自治区、直辖市	城市名称	暴雨强度公式	q_{20}	资料年数及起止年份	编制方法	编制单位	备注
1	上海		$i=\dfrac{9.4500+6.7932\lg T_E}{(t+5.54)^{0.6514}}$	191	55 1916—1921 1929—1934 1937—1938 1949—1989	解析法	上海市城市建设设计研究院、上海市气象中心	
2	浙江	衢州	$q=\dfrac{2551.010(1+0.567\lg P)}{(t+10)^{0.780}}$	180	38 1956—1993	解析法	衢州市建设规划局	
3		宁波	$i=\dfrac{154.467+109.494\lg T_F}{(t+34.516)^{1.177}}$	233	36 1962—1997	年多个样法	余姚市城乡工程技术研究所	指数分布
			$i=\dfrac{114.368+103.217\lg T_M}{(t+35.267)^{1.128}}$	207		年最大值法		耿贝尔分布
			$t=\dfrac{50.38+0.710\lg P}{(t+22.510)^{0.960}}$	230	30 1964—1993	指数分布直接拟合		
4		余姚	$i=\dfrac{21.901+14.775\lg P}{(t+14.426)^{0.817}}$	203	1965—1994	年多个样法		P-Ⅲ分布
			$i=\dfrac{13.041+10.774\lg T_M}{(t+12.107)^{0.721}}$	179	36 1962—1997	年最大值法		指数分布
5		浒山	$i=\dfrac{33.141+28.559\lg T_M}{(t+31.506)^{0.874}}$	177	35 1963—1997			耿贝尔分布
6		镇海	$i=\dfrac{127.397+108.830\lg T_M}{(t+39.331)^{1.145}}$	198	36 1962—1997			
7		溪口	$i=\dfrac{42.004+30.861\lg T_M}{(t+24.272)^{0.954}}$	189	38 1960—1997			
8		绍兴	$i=\dfrac{21.032+0.593\lg P}{(t+11.814)^{0.827}}$	201	33 1963—1995	指数分布直接拟合	浙江省城乡规划设计院	
9		湖州	$i=\dfrac{25.248+0.738\lg P}{(t+16.381)^{0.834}}$	210	30 1967—1996			
10		嘉兴	$i=\dfrac{21.086+0.675\lg P}{(t+15.153)^{0.799}}$	205	30 1964—1993			
11		台州	$i=\dfrac{12.769+0.537\lg P}{(t+13.457)^{0.671}}$	202	30 1965—1994			
12		舟山	$i=\dfrac{48.386+0.701\lg P}{(t+25.201)^{0.982}}$	191	30 1964—1993			
13		丽水	$i=\dfrac{20.527+0.604\lg P}{(t+12.203)^{0.852}}$	178	30 1957—1986			
14		温州	$i=\dfrac{13.274+0.573\lg P}{(t+12.641)^{0.663}}$	219	30 1965—1994			
15		金华	$i=\dfrac{10.599+0.771\lg P}{(t+5.084)^{0.707}}$	181				
16		杭州	$i=\dfrac{20.120+0.639\lg P}{(t+11.945)^{0.825}}$	193	37 1959—1995	P-Ⅲ分布南京法		

续表

序号	省、自治区、直辖市	城市名称	暴雨强度公式	q_{20}	资料年数及起止年份	编制方法	编制单位	备注
17	福建	厦门	$q=\frac{1085.020(1+0.581\lg T_E)}{(t+2.954)^{0.559}}$	188	37 1952—1988		福建省城乡规划设计研究院	
18		漳州	$q=\frac{2003.515(1+0.568\lg T_E)}{(t+6.187)^{0.659}}$	233	26 1963—1988			
19		泉州	$q=\frac{1376.228(1+0.599\lg T_E)}{(t+7.133)^{0.608}}$	185	15 1975—1989			
20		晋江	$q=\frac{1446.154(1+0.588\lg T_E)}{(t+5.492)^{0.615}}$	197	11 1980—1990			
21		莆田	$q=\frac{1735.543(1+0.633\lg T_E)}{(t+6.117)^{0.667}}$	197	17 1974—1990			
22		宁德	$q=\frac{1289.979(1+0.550\lg T_E)}{(t+5.026)^{0.552}}$	218	19 1972—1990			
23		福安	$q=\frac{2060.072(1+0.536\lg T_E)}{(t+8.409)^{0.688}}$	206	25 1966—1990			
24		南平	$q=\frac{1721.684(1+0.515\lg T_E)}{(t+5.596)^{0.655}}$	199				
25		邵武	$q=\frac{2311.212(1+0.552\lg T_E)}{(t+6.044)^{0.742}}$	206				
26		三明	$q=\frac{3885.642(1+0.497\lg T_E)}{(t+12.291)^{0.839}}$	211				
27		永安	$q=\frac{2251.272(1+0.537\lg T_E)}{(t+8.279)^{0.741}}$	189				
28		崇安	$q=\frac{3244.903(1+0.512\lg T_E)}{(t+13.912)^{0.766}}$	218	17 1974—1990			
29		龙岩	$q=\frac{2370.261(1+0.469\lg T_E)}{(t+8.251)^{0.751}}$	193	25 1966—1990			
30		漳平	$q=\frac{2332.100(1+0.599\lg T_E)}{(t+5.093)^{0.784}}$	186	10 1981—1990			
31		福清	$q=\frac{1184.719(1+0.505\lg T_E)}{(t+3.654)^{0.599}}$	184	19 1980—1998			
32		南安	$q=\frac{1470.399(1+0.547\lg T_E)}{(t+6.726)^{0.597}}$	207				
33		连江	$q=\frac{2285.031(1+0.635\lg T_E)}{(t+6.286)^{0.737}}$	205				
34		霞浦	$q=\frac{2012.390(1+0.672\lg T_E)}{(t+8.634)^{0.693}}$	197				

续表

序号	省、自治区、直辖市	城市名称	暴雨强度公式	q_{20}	资料年数及起止年份	编制方法	编制单位	备注
35	福建	福州	$q=\frac{2041.102(1+0.700\lg T_E)}{(t+8.008)^{0.691}}$	204	20 1979—1998		福建省城乡规划设计研究院	
36		罗源	$q=\frac{2623.368(1+0.507\lg T_E)}{(t+10.740)^{0.750}}$	201	19 1980—1998			
37		龙海	$q=\frac{993.098(1+0.625\lg T_E)}{(t+1.797)^{0.501}}$	212				
38		诏安	$q=\frac{992.078(1+0.497\lg T_E)}{(t+3.724)^{0.497}}$	206				
39		沙县	$q=\frac{3235.218(1+0.481\lg T_E)}{(t+10.034)^{0.813}}$	204				
40		东山	$q=\frac{976.469(1+0.723\lg T_E)}{(t+2.491)^{0.475}}$	223	20 1979—1998			
41		云霄	$q=\frac{912.243(1+0.447\lg T_E)}{(t+2.978)^{0.469}}$	210	19 1980—1998			
42		永春	$q=\frac{1865.921(1+0.537\lg T_E)}{(t+7.122)^{0.606}}$	253				
43		福鼎	$q=\frac{3091.566(1+0.636\lg T_E)}{(t+10.935)^{0.771}}$	219	20 1979—1998			
44		惠安	$q=\frac{711.693(1+0.691\lg T_E)}{(t+1.120)^{0.465}}$	172				
45		长乐	$q=\frac{1110.363(1+0.664\lg T_E)}{(t+2.877)^{0.582}}$	180				
46		建瓯	$q=\frac{2591.774(1+0.528\lg T_E)}{(t+8.544)^{0.764}}$	200				
47		建阳	$q=\frac{2773.109(1+0.524\lg T_E)}{(t+7.419)^{0.775}}$	213				
48		浦城	$q=\frac{2898.596(1+0.512\lg T_E)}{(t+8.669)^{0.794}}$	202	14 1985—1998			
49		长汀	$q=\frac{1389.218(1+0.481\lg T_E)}{(t+4.750)^{0.593}}$	207				
50		闽侯	$q=\frac{7168.946(1+0.545\lg T_E)}{(t+21.329)^{0.949}}$	210	20 1979—1998			
51		仙游	$q=\frac{2875.802(1+0.487\lg T_E)}{(t+11.659)^{0.738}}$	225				
52		连城	$q=\frac{2674.369(1+0.508\lg T_E)}{(t+10.124)^{0.752}}$	207	19 1980—1998			
53		漳浦	$q=\frac{2224.151(1+0.564\lg T_E)}{(t+12.806)^{0.693}}$	198				
54	河北	衡水	$q=\frac{3575(1+\lg P)}{(t+18)^{0.87}}$	151	20 1963—1983 缺1970		衡水城建局 刘坤义	

注：本文结稿后又收到余姚市城乡建设工程技术研究所及浙江省水文勘测局的“浙江省暴雨强度公式推导研究报告”，其中平湖、永康、德清、慈溪、奉化、诸暨、龙泉、临安、常山、兰溪、桐庐、富阳、仙居、临海、黄岩、松阳、瑞安、温岭、乐清等地的暴雨公式均为前此本文未及收入及更新者。如有需用，可直接与余姚市城乡建设工程技术研究所邵尧明联系。

根据住房城乡建设部办公厅、中国气象局办公室《关于加强城市内涝信息共享和预警信息发布工作的通知》（建办城函［2015］527号）要求，各地开展暴雨强度公式修订的工作，附表70。为已经当地政府批复并发布实施或已编制完成待批复的公式。

我国若干城市暴雨强度新公式 附表70

序号	省、自治区、直辖市	城市名称	暴雨强度公式	资料年数及起止年份	编制方法	编制单位	备注
1	北京	Ⅰ区	$q=\frac{2719(1+0.96\lg P)}{(t+11.591)^{0.902}}$	50 1965—2014		北京市市政工程设计研究总院有限公司等	已编制完成待批复
2		Ⅱ区	$q=\frac{1602(1+1.037\lg P)}{(t+11.593)^{0.681}}$	74 1941—2014		北京市市政工程设计研究总院有限公司等	已编制完成待批复
3	山东	济南（章丘共用）	$q=\frac{1421.481\times(1+0.932\lg P)}{(t+7.347)^{0.617}}$	23 1991—2013		山东省气候中心	已批复
4		威海	$q=167\frac{10.924+8.347\lg P}{(t_1+t_2+10)^{0.685}}$	20 1994—2013		山东省城乡规划设计研究院、威海市规划设计研究院有限公司	已批复
5		枣庄	$q=\frac{1170.206\times(1+0.919\lg P)}{(t+5.445)^{0.595}}$	34 1980—2013		枣庄市城市管理局、枣庄市气象局	已批复
6	四川	成都	$i=\frac{44.594\ (1+0.651\lg P)}{(t+27.346)^{0.953(\lg P)^{-0.017}}}$	45 1970—2014		成都市市政工程设计院、成都市气象台	已批复
7		达州	$i=\frac{5.573\times\ (1+0.818\lg P)}{(t+5.788)^{0.565}}$	33 1981—2013 两个时段		达州市气象站	已编制完成待批复
8		眉山	$i=\frac{22.093+26.823\lg T}{(t+22.6)^{0.810}}$	30 1981—2010		四川锦都规划设计有限公司	已批复
9	安徽	淮北	$q=\frac{927.306\ (1+0.711\lg P)}{(t+2.340)^{0.505}}$	30 1983—2012			已批复
10		亳州	$q=\frac{1321.161\times(1+0.739\lg P)}{(t+5.989)^{0.596}}$	33 1981—2013			已编制完成待批复
11		马鞍山	$q=\frac{3255.057\ (1+0.672\lg P)}{(t+13.105)^{0.808}}$	30 1983—2012			已批复

续表

序号	省、自治区、直辖市	城市名称	暴雨强度公式	资料年数及起止年份	编制方法	编制单位	备　注
12	安徽	宿州	$q=\frac{559.506\times(1+1.176\lg P)}{(t+0.027)^{0.438}}$	30 1981—2010			已编制完成待批复
13		蚌埠	$q=\frac{2957.275\times(1+0.399\lg P)}{(t+12.892)^{0.747}}$	30 1983—2012			已编制完成待批复
14		阜阳	$q=\frac{2242.494\times(1+1.408\lg P)}{(t+15.517)^{0.749}}$	32 1981—2012			已编制完成待批复
15		淮南	$q=\frac{1693.951\ (1+0.971854\lg P)}{(t+7.691)^{0.689}}$	30 1983—2012			已批复
16		滁州	$q=\frac{2696.075\times(1+0.438\lg P)}{(t+14.830)^{0.692}}$	30 1983—2012			已编制完成待批复
17		芜湖（芜湖站）	$q=\frac{2094.971\times(1+0.633\lg P)}{(t+11.731)^{0.710}}$	32 1981—2012			已编制完成待批复
18		芜湖（无为站）	$q=\frac{1094.977\times(1+0.906\lg P)}{(t+3.770)^{0.605}}$	32 1981—2012			已编制完成待批复
19		安庆	$q=\frac{506.5\ (1+0.75\lg P)}{(t-2.14)^{0.341}}$	30 1983—2012			已批复
20		池州	$q=\frac{783.524\times(1+0.581\lg P)}{(t+1.820)^{0.461}}$	30 1981—2010			已编制完成待批复

附录5 有关标准、规范、规程

一、城镇排水相关标准、规范、规程

1.《地表水环境质量标准》 GB 3838—2002
2.《海水水质标准》 GB 3097—1997
3.《地下水质量标准》 GB/T 14848—1993
4.《渔业水质标准》 GB 11607—1989
5.《农田灌溉水质标准》 GB 5084—2005
6.《防洪标准》 GB 50201—2014
7.《污水综合排放标准》 GB 8978—1996
8.《污水排入城镇下水道水质标准》 CJ343—2010
9.《城市污水水质检验方法标准》 CJ/T51—2004
10.《恶臭污染物排放标准》 GB 14554—1993
11.《污水海洋处置工程污染控制标准》 GB 18486—2001
12.《城镇污水处理厂污染物排放标准》 GB 18918—2002
13.《医疗机构水污染物排放标准》 GB 18466—2005
14.《污水再生利用工程设计规范》 GB 50335—2002
15.《城市污水再生利用 分类》 GB/T 18919—2002
16.《城市污水再生利用 景观环境用水水质》 GB/T 18921—2002
17.《城市污水再生利用 城市杂用水水质》 GB 18920—2002
18.《城市污水再生利用 工业用水水质》 GB/T 19923—2005
19.《城市污水再生利用 地下水回灌水质》 GB/T 19772—2005
20.《城市防洪工程设计规范》 GB/T 50805—2012
21.《城镇给水排水技术规范》 GB 50788—2012
22.《室外排水设计规范》(2014年版) GB 50014—2006
23.《城市排水工程规划规范》 GB 50318—2000
24.《城市工程管线综合规划规范》 GB 50289—98
25.《雨水集蓄利用工程技术规范》 GB/T 50596—2010
26.《灌溉与排水工程设计规范》 GB 50288—1999
27.《给水排水管道工程施工及验收规范》 GB 50268—2008
28.《城市污水处理厂工程质量验收规范》 GB 50334—2002
29.《村庄整治技术规范》 GB 50445—2008
30.《河道整治设计规范》 GB 50707—2011
31.《蓄滞洪区设计规范》 GB 50773—2012

32.《泵站设计规范》　GB 50265—2010
33.《压缩空气站设计规范》　GB 50029—2014
34.《土工合成材料应用技术规范》　GB/T 50290—2014
35.《城镇排水管渠与泵站维护技术规程》　CJJ 68—2007
36.《城镇排水管道维护安全技术规程》　CJJ 6—2009
37.《城镇排水管渠与泵站维护技术规程》　CJJ 68—2007
38.《镇（乡）村排水工程技术规程》　CJJ 124—2008
39.《污水处理卵形消化池工程技术规程》　CJJ 161—2011
40.《村庄污水处理设施技术规程》　CJJ/T 163—2011
41.《市政排水用塑料检查井》　CJ/T 326—2010

二、污泥处理处置相关标准、规范、规程

1.《城镇污水处理厂污泥泥质》　GB 24188—2009
2.《城镇污水处理厂污泥处置　分类》　GB/T 23484—2009
3.《城镇污水处理厂污泥处置　园林绿化用泥质》　GB/T 23486—2009
4.《城镇污水处理厂污泥处置　混合填埋用泥质》　GB/T 23485—2009
5.《城镇污水处理厂污泥处置　单独焚烧用泥质》　GB/T 24602—2009
6.《城镇污水处理厂污泥处置　制砖用泥质》　GB 25031—2010
7.《城镇污水处理厂污泥处置　土地改良用泥质》　GB/T 24600—2009
8.《农用污泥中污染物控制标准》　GB 4284—1984
9.《城镇污水处理厂污泥处理技术规程》　CJJ 131—2009
10.《城镇污水处理厂污泥处置 农用泥质》　CJ/T 309—2009
11.《城镇污水处理厂污泥处置 水泥熟料生产用泥质》　CJ/T 314—2009
12.《城市污水处理厂污泥检验方法》　CJ/T 221—2005

三、垃圾处理处置相关标准、规范、规程

1.《城镇垃圾农用控制标准》　GB 8172—1987
2.《生活垃圾填埋场污染控制标准》　GB 16889—2008
3.《危险废物填埋污染控制标准》　GB 18598—2001
4.《生活垃圾焚烧污染控制标准》　GB 18485—2014
5.《危险废物焚烧污染控制标准》　GB 18484—2001
6.《生活垃圾卫生填埋处理技术规范》　GB 50869—2013
7.《城市环境卫生设施规划规范》　GB 50337—2003
8.《生活垃圾焚烧炉及余热锅炉》　GB/T 18750—2008
9.《生活垃圾卫生填埋场环境监测技术要求》　GB/T 18772—2008
10.《生活垃圾填埋场稳定化场地利用技术要求》　GB/T 25179—2010
11.《生活垃圾综合处理与资源利用技术要求》　GB/T 25180—2010
12.《城市生活垃圾分类及其评价标准》　CJJ/T 102—2004
13.《生活垃圾填埋场无害化评价标准》　CJJ/T 107—2005

14.《环境卫生设施设置标准》 CJJ 27—2012
15.《生活垃圾焚烧厂评价标准》 CJJ/T 137—2010
16.《粪便处理厂运行维护及安全技术规程》 CJJ 30—2009
17.《生活垃圾卫生填埋场防渗系统工程技术规范》 CJJ 113—2007
18.《生活垃圾卫生填埋场封场技术规程》 CJJ 112—2007
19.《生活垃圾转运站技术规范》 CJJ 47—2006
20.《生活垃圾焚烧处理工程技术规范》 CJJ 90—2009
21.《粪便处理厂设计规范》 CJJ 64—2009
22.《生活垃圾焚烧厂运行维护与安全技术规程》 CJJ 128—2009
23.《生活垃圾填埋场填埋气体收集处理及利用工程技术规范》 CJJ 133—2009
24.《生活垃圾渗沥液处理技术规范》 CJJ 150—2010
25.《生活垃圾渗滤液碟管式反渗透处理设备》 CJ/T 279—2008
26.《生活垃圾堆肥处理技术规范》 CJJ 52—2014
27.《城市粪便处理厂设计规范》 CJJ 64—2009
28.《生活垃圾堆肥处理厂运行维护技术规程》 CJJ 86—2014
29.《生活垃圾焚烧处理工程技术规范》 CJJ 90—2009
30.《生活垃圾转运站运行维护技术规程》 CJJ 109—2006
31.《生活垃圾卫生填埋气体收集处理及
利用工程运行维护技术规程》 CJJ 175—2012
32.《生活垃圾收集运输技术规程》 CJJ 205—2013
33.《垃圾填埋场用高密度聚乙烯土工膜》 CJ/T 234—2006
34.《建筑垃圾处理技术规范》 CJJ 134—2009
35.《餐厨垃圾处理技术规范》 CJJ 184—2012
36.《生活垃圾产生源分类及其排放》 CJ/T 368—2011
37.《垃圾滚筒筛》 CJ/T 460—2014

四、其他相关标准、规范、规程

1.《土壤环境质量标准》 GB 15618—1995
2.《声环境质量标准》 GB 3096—2008
3.《大气污染物综合排放标准》 GB 16297—1996
4.《工业企业厂界环境噪声排放标准》 GB 12348—2008
5.《开发建设项目水土保持技术规范》 GB 50433—2008
6.《开发建设项目水土流失防治标准》 GB 50434—2008
7.《工业企业设计卫生标准》 GBZ 1—2010